Das

Buch der Erfindungen, Gewerbe

und

Industrien.

III.

Sechste (Pracht-) Auflage.

Das neue

Buch der Erfindungen, Gewerbe

und

Industrien.

Rundschau auf allen Gebieten der gewerblichen Arbeit.

Herausgegeben in Verbindung

mit

Professor Dr. E. Birnbaum, Professor E. Böttger, Professor H. Gayer, Prof. Fr. Kohl,
Dr. Lindemann, Fr. Luckenbacher, Dr. R. Ludwig, Baurath Dr. Oskar Mothes,
Dr. Regis, K. de Roth, Julius Zöllner u. A.

Dritter Band.

Die Gewinnung der Rohstoffe aus dem Innern der Erde, von der Erdoberfläche sowie aus dem Wasser.

Sechste umgearbeitete und verbesserte Auflage.

Mit vielen Ton- und sechs Titelbildern, nebst mehreren tausend Text-Illustrationen.

Nach Originalzeichnungen

von L. Burger, H. Leutemann, O. Mothes und Anderen.

Springer-Verlag Berlin Heidelberg GmbH 1873

Leipzig: Verlag von Otto Spamer.

Die Gewinnung der Rohstoffe

aus

dem Innern der Erde, von der Erdoberfläche

sowie aus dem Wasser.

Inhalt:

Der Steinbrecher. Die Erdbohrung. Der Bergbau.

Gewinnung der Erze. Die fossilen Brennstoffe. Gewinnung der Salze.

Gewinnung und Verarbeitung der Edelsteine.

Gewinnung der Rohstoffe von der Erdoberfläche. Der Ackerbau. Feld- und Wiesenbau.

Gartenbau, Obst- und Weinbau. Viehzucht und Viehhaltung.

Jagd und Forstwirthschaft.

Das Wasser und seine Schätze. Fischerei und Süßwasserfischzucht.

Von

Prof. Birnbaum, Prof. K. Gayer, Dr. Lindemann, Dr. R. Ludwig, J. Zöllner.

Sechste vermehrte und verbesserte Auflage.

Mit sieben Tonbildern, über 300 in den Text gedruckten Illustrationen, sowie einem Titelbilde.

Anfangs- und Abtheilungsbilder gezeichnet von Ludwig Burger.

Springer-Verlag Berlin Heidelberg GmbH 1873

ISBN 978-3-662-33677-9   ISBN 978-3-662-34075-2 (eBook)
DOI 10.1007/978-3-662-34075-2
Softcover reprint of the hardcover 6th edition 1873

Inhaltsverzeichniß

zu dem

Buch der Erfindungen, Gewerbe und Industrien.

Sechste (Pracht=)Ausgabe.

Dritter Band.

Einleitung.

Die Gewinnung der Rohstoffe aus dem Innern der Erde.

Tonbilder,

welche an den nachstehend bezeichneten Stellen in den Text einzuheften sind.

Berichtigung.

Seite 74, Zeile 13 v. u. soll heißen Selen statt Alaun.

„ 89, „ 2 v. o. soll stehen Wettermaschine für Fördermaschine und der Satz lauten: in dem Kunstschachte geht das Gestänge der Pumpwerke, beim Erzbergbau in der Regel Wassersäulmaschinen, welche die Kunst heißen, und die Wettermaschine.

Gewinnung der Rohstoffe
aus dem Erdinnern,
von der Erdoberfläche
und
aus dem Wasser.

Wie Alles sich zum Ganzen webt,
Eins in dem Andern wirkt und lebt!
Wie Himmelskräfte auf- und niedersteigen
Und sich die goldnen Eimer reichen!
Mit segenduftenden Schwingen
Vom Himmel durch die Erde dringen,
Harmonisch all' das All durchklingen!

Goethe, Faust.

Einleitung.

Die ganze uns umgebende Natur bildet eine wohlgegliederte Kette, in welcher ein Glied das andere unterstützt und hält, ohne daß es dient, denn jedes trägt und wird getragen in gleicher Weise. Wie das eine vermittelt, so stehen sie alle in gegenseitiger Abhängigkeit, aber doch ist auch jedes ein Ring für sich, fertig und schön.

Der glänzende Kryftall, ein strahlender Edelstein, die duftende Blume wie die süße Frucht, der flatternde Falter, die süßschlagende Nachtigall, sie alle leben ein Leben für Andere.

Noch mehr, sie sterben den Tod für die Andern. Aus einer untergehenden Form entwickelt sich eine andere; durch Zerstörung erhält sich die Welt.

Der menschliche Körper stirbt vom Tage seiner Geburt an. Du drückst einem treu scheidenden Freunde die Hand, aber wenn er wiederkommt, ist er nicht mehr derselbe. Es sehen andere Augen dich an, eine andere Zunge ruft deinen Namen, und Haar und Haut, Fuß und Hand, selbst das Herz ist ein anderes.

Das Blut nimmt fortwährend neue Stoffe auf und führt diese den körperlichen Organen zu, in denen sie zu Muskelsubstanz, zu Knochenmasse, zu Sehnen und Bändern verarbeitet werden; dafür aber scheiden aus den Muskeln und Knochen, aus den Sehnen und Bändern andererseits Stofftheilchen aus. Das Absterbende wird durch neu dazu Kommendes erfetzt. Vom Blute aus erneut sich der Körper ohne Unterlaß, wie er ohne Unterlaß von außen abstirbt. Der Stoff ist in ihm in einer ewigen Bewegung, und eine solche Bewegung herrscht in der ganzen Natur.

Wir können ihr nachspüren, wir vermögen die wandernden Theilchen weit zu verfolgen und sie wieder zu erkennen; aber da, wo sich selbständige, gesetzmäßige Formen bilden, wird das Gebiet dunkel.

Wenn es uns hier auch noch eine Zeit lang erlaubt bleibt, die Gesetze zu erkennen, nach welchen die Umbildung geschieht, so bleiben uns doch die Ursachen verhüllt.

Warum sich aus der Lösung von Kochsalz, die wir verdunsten laffen, das feste Salz gerade in würfelförmigen Kryftallen ausscheidet, oder warum der Bergkryftall nur in sechsseitigen Säulen und Pyramiden, der Diamant nur in abgerundeten Oktaëdern vorkommt, das zu erkennen reicht unsere Wissenschaft noch nicht hin.

Wir können Vermuthungen aus der Beschaffenheit der Atome ziehen. Wir dürfen uns die einzelnen Moleküle mit nach gewissen Seiten hin verschieden stark sich äußernden anziehenden und abstoßenden Kräften ausgerüstet denken, die sie veranlassen, sich in

1*

gesetzmäßiger Weise neben einander zu lagern, und die diesen kleinsten Theilchen eine Elementarform geben, welche ausgebildeter im Krystall zu Tage tritt. Denn in ihm haben sich jene schon geformten Moleküle nur in großer Zahl vereinigt, demselben Gesetze der gegenseitigen Anziehung folgend, welches die elementaren Atome zuerst zu einer räumlichen Gruppe vereinigte.

Wir vermögen die Gleichheit der Form aus der Uebereinstimmung in der chemischen Zusammensetzung abzuleiten. Andererseits gestattet das verschiedenartige Verhalten, welches unter Umständen ein und derselbe chemische Körper zeigen kann, daß wir uns besondere Vorstellungen von der Art und Weise machen, wie die Molekularkräfte in mehr als einer Lage zum Gleichgewichte kommen. Kurz, wir dürfen auf die Art der Ortsveränderungen schließen, welche die Atome beim Eingehen oder Aufgeben ihrer Verbindungen erleiden. — Allein es sind dies Vorstellungen, die vielleicht, weil sich nichts Widersprechendes bis jetzt gefunden hat, einen hohen Grad von Wahrscheinlichkeit beanspruchen dürfen. — Wissen liegt denselben wol zu Grunde, aber sie selbst sind kein Wissen.

Und noch befangener stehen wir an der Grenze der organischen Gebilde.

Zelle reiht sich an Zelle und es entstehen die tausend und abertausend Pflanzenformen, die eine Geburt und einen regelmäßigen Tod haben.

Ein Bergkrystall kann Jahrtausende aufbewahrt bleiben, ohne daß er sich verändert. In der Pflanze wirken unausgesetzt Kräfte, die ihr Bestehen an eine fest bestimmte Zeit knüpfen. Wir nennen sie kurzweg Lebenskraft, ohne mit diesem Namen einen klaren Begriff verbinden zu können. Noch auffälliger tritt dieselbe in dem Organismus des Thieres auf und sie wird so lange ein ungelöstes Räthsel für uns sein, so lange wir die Kluft zwischen Körper und Geist nicht mit unserem Wissen auszufüllen vermögen.

Unmerklich belebt sich der Stoff und unmerklich tritt er wieder in das Reich des Unbelebten zurück, um den großen Kreislauf von Neuem zu beginnen.

Pulvis es! Staub bist du und zu Staube sollst du werden.

Der entseelte Körper, wenn die Reihe der Zersetzungen innerhalb seines Organismus geschlossen ist, verwandelt sich in dieselbe Kohlensäure, welche in dem Luftkreise enthalten ist; der von ihm ausgehende Wasserdampf mischt sich ununterscheidbar in den Nebel der Wolken, und die kalkigen oder salpetrigen Bestandtheile, in welche sich Knochen und Muskeln verwandeln, bilden eben solche Krystalle, wie der Kalk oder Salpeter, den wir aus dem Innern der Erde graben. Und umgekehrt wird andere Kohlensäure und anderer Wasserdampf der Atmosphäre Theil an dem buntwimmelnden Leben nehmen. Aus dem Ammoniak werden grünende Wiesen, und die Gesteine der Gebirge gehen allmählig in Fleisch und Blut über. Denn die Menge des Stoffes der uns umgebenden Natur, sie läßt sich nicht vermehren und nicht vermindern. Nur andere Formen kann sie annehmen durch die verschieden darauf einwirkenden Kräfte.

An den hohen Felsrücken der Gebirge schlagen sich die Wasserdämpfe der Atmosphäre als Thau und Nebel nieder. Sie vereinigen sich zu Tropfen und rollen durch die Gewalt der Schwere den tiefer gelegenen Punkten zu. Auf ihrem Wege aber nagen und fressen sie an ihrer Unterlage. Sie nehmen die löslichen Bestandtheile auf und schaffen sich so das Bett, bis sie im langen Laufe der Zeit ein geräumiges Thal erweitert und ganze Gesteinsschichten wieder zerstört haben. Die feinen, ungelösten Sand- und Schlammtheilchen aber setzen sie in den Niederungen ab als einen passenden Boden für das keimende Saatkorn. Durch die Wurzeln nimmt die Pflanze ihre Nahrung auf, die nur aus den unorganischen Stoffen der Gesteinsunterlage, des Wassers oder der Luft besteht, wie wir solche auch in unsern Laboratorien herzustellen vermögen. Sie verwandelt dieselben in Holzsubstanz, in Farbstoffe, in Zucker und wohlriechende Oele, Stärkemehl und nahrhaften Kleber, und bereitet dem Thiere die Möglichkeit seiner Existenz. Denn das Thier vermag nicht die Salze des Bodens oder Luft und Wasser allein als Nahrungsstoff zu sich zu nehmen, sondern zu seiner Erhaltung und Entwicklung können nur die im Innern der Pflanze bereits umgearbeiteten Stoffe dienen.

Das Pflanzenreich lebt vom unorganischen Reiche der Gesteine, von Luft und Wasser; seinerseits dient es wiederum dem Thierreiche zur Nahrung; der Mensch aber, das unersättliche Geschöpf der Natur, zieht Alles, Pflanze und Thier, Stein und Luft, in den Bereich seiner Genüsse, die sich allmählig in Bedürfnisse verwandelt haben.

In welcher Form auch der Stoff auf der Erde erscheint, das nie gestillte Verlangen des Menschen weiß ihm eine nutzbare Seite abzugewinnen, und was besonders brauchbare Eigenschaften für ihn hat, das strengt er sich an, mit allen seinen Kräften zu erlangen. Die in seiner Nähe wildwachsenden Früchte der Bäume und Gesträucher genügen ihm bald nicht mehr zur Nahrung, er holt aus weiter Ferne neue Keime, die er durch Anbau und Pflege an seinen Wohnort zu fesseln sucht. Um den Ertrag des Bodens zu erhöhen, lockert er ihn und führt den Wurzeln vermehrte Nahrung durch Dünger zu. Aber er vermag doch nichts selbst zu schaffen.

Er kann die Bedingungen des glücklichen Gedeihens erleichtern und die Natur zum rascheren Wachsthum, zum schnelleren Produziren veranlassen, allein er muß sie ihre Wege wandeln lassen. Kein Glied der Kette, durch die sich der Stoff bewegt, kann er herausnehmen. Fleisch und Pelz sucht er von den Thieren des Waldes, den Honig von der Biene. Will er diese seine Bedürfnisse sich erzeugen, so muß er immer den Boden bearbeiten, am Anfange beginnen und Gras und Körnerfrüchte zu ernten suchen.

Der feste Körper der Erde ist die unversiegbare Schatzkammer, der lockere Ackerboden aber die Wechselbank, an welcher die starren Massen in brauchbare Formen umgeprägt werden. Zwar erschleichen sich die Kräfte der Natur den Eingang in jenen kolossalen Speicher und entführen atomenweise den unterirdischen Reichthum; der Mensch mit seinen groben Werkzeugen vermag nicht durch die feinen Ritzen zu dringen, durch welche sich Luft und Wasser einen Weg bahnen. Und doch gelüstet es ihn, die Ketten zu sprengen und den gefesselten Plutus zu befreien. Weil ihm die Zeit nicht beisteht, wie jenen langsam wirkenden Zerstörern, so führt er gewaltige Kräfte auf seinen Raubzügen gegen die Natur mit sich. Er erforscht ihre Schwächen und zugänglichen Seiten und setzt das eigene Leben an den Gewinn. Schale und Kern verwendet er; mit jedem neuen Funde wächst bei ihm ein neues Bedürfniß.

Die Festigkeit der Gesteine, ihre Dauerhaftigkeit oder die Schönheit ihres Gefüges und ihrer Zeichnung sucht er für die Errichtung seiner Wohnung. Salzige und süße Quellen erbohrt er zu seiner Nahrung. Nach Erzen und edlen Gesteinen durchwühlt er den inneren Bau, um sich zu schmücken oder Waffen und Geräthe sich darzustellen; ja, die Gräber der Vorwelt zerstört er, die Schriften, in denen die Ueberreste lange vor uns verschwundener Epochen in kohlenreichen Pflanzenmumien sich erhalten haben, sich als Erben der Vergangenheit betrachtend, dem jene Reste willkommene Brennmaterialien abgeben. Mit Meißel und Hammer gräbt er sich tiefer und tiefer, überall spähend, wo das Flimmern eines Erztheilchens, ein Kohlenstrich oder ein glänzender Krystall ihm Beute verheißen könnten.

Die dem Erdinnern entrissenen Stoffe aber zerstreuen sich, sobald sie das Licht der Sonne erblicken. In den verschiedensten Gestalten werden sie hinaus geworfen unter die rastlos flutende Menge. Sie verfallen den auflösenden Kräften, durchstürmen das Leben und finden erst wieder eine kurze Ruhe, wenn sie sich in den Spalten und Rissen der alten Gebirge als zackige Krystalle aufs Neue ansetzen dürfen.

Und wie den festen Bau der Gebirge, so durchsucht der Mensch auch das Wasserreich. Das freundliche Element, das ihm das Leben schafft, das seinen Boden erfrischt und den Pflanzen ihre Nahrung zuführt, er zwingt es, seine Schiffe zu tragen, seine Mühlen zu treiben. Wo es ihm nur nützen kann, da hängt er Räder und Schaufeln an seine Kraft. Er beschränkt seinen freien Lauf und engt die Grenzen der Meere ein, um für Felder und Gebäude den Raum sich zu vergrößern.

Selbst die geheimnißvoll stille Tiefe hält ihn nicht zurück. Jene krystallenen Räume, in denen die edle Blutkoralle emporwächst und die Perle auf räthselhafte Weise sich bildet, wo kein Sturm, kein Geräusch hinabdringt, abenteuerliche Pflanzenformen, riesige Muscheln und vielgestaltete Korallen das Gebiet der Wassergöttinnen bezeichen, in welchem Thier- und Pflanzenreich in unmerkbaren Uebergängen sich vereinen, da hinab läßt er seine Netze und Angelhaken oder sich selbst im verschlossenen Taucherapparat, und was er findet, nimmt er mit.

Auf dem weiten Spiegel der Gewässer treibt er Fischfang, und wie der Wald im Innern des festen Landes den Urbewohnern die erste Nahrung gewährte, so ist es an den Küsten die See mit ihren Produkten, welche der Menschheit den nöthigen Unterhalt schafft.

Jäger und Fischer betreiben dieselben Geschäfte. Es sind die ersten, die der Mensch überhaupt zu betreiben von seinen natürlichen Trieben gezwungen wird. Erst allmählig mildert sich der rohe Sinn, und durch das Stadium der bloßen Beraubung der Natur, aus dem Zustande der Jäger und Fischervölker geht die Menschheit über zu dem gesitteteren Leben der Hirten und Ackerbauer. Die Ertragsfähigkeit der Felder und der zu Herden vereinigten Thiere wird gepflegt, und nur der Bergbau, die Ausbeutung der Erz- und Gesteinschätze ist nicht auf Säen und Ernten gegründet.

Es ist Zweck, den Stoff zu veredeln; er ist das Material, an dem sich Geist und Kraft und Phantasie üben. So edel ein Gestein, so reich ein Erz ist, es ist nutzlos, wenn nicht die menschliche Arbeit es bildet und formt. Während die Produkte des Pflanzen- und Thierreiches ohne Weiteres theils als Nahrung oder als Gewürz oder Heilmittel, oder zur Kleidung benutzt werden können, macht erst die darauf gewendete Mühe, die Arbeit, die Mineralprodukte werthvoll, ausgenommen etwa die Seltenheit giebt einem Vorkommniß einen eingebildeten Taxwerth, wie ein besonders großer Diamant dadurch unbezahlbar wird, daß er der einzige seiner Art ist.

Aber auf der andern Seite sind eben deshalb die Erzeugnisse des festen Erdgerippes, Steine und Erze, für die Menschheit von der hervorragendsten Bedeutung, weil sie sich der mannichfachsten Verwendung fähig und günstig zeigen.

Sie fordern ihn heraus mit ihren verschiedenartigen Eigenschaften, auf deren Verwendung zu sinnen, und entwickeln immer neue, während sie bearbeitet werden. Aus dem rohen Behauen der Gesteine bilden sich feinere Bearbeitungsweisen heraus, Schleifen, Poliren, Graviren, die Veranlassung zu Erfindung neuer Werkzeuge werden, und nicht nur die Geschicklichkeit der Hände erhöhen, sondern das Auge verfeinern und das Gefühl für das Schöne veredeln. Schmelzen und Gießen lernt der Mensch in der Behandlung der Metalle, und unser chemisches Wissen — Inbegriff und Fundament unsers materiellen Wohlbefindens — wurzelt in den Erfahrungen, die unsere Vorfahren in der Gewinnung von Kupfer und Eisen mittels des Feuers aus ihren Erzen machten. Fels und Gesteine sind der Schemel unserer Füße.

Und darum und weil aus ihnen der Stoff erst sich losmachen muß, der uns später im Reiche der Pflanzen und Thiere als liebliche Blüte, als erfrischende Frucht oder als strahlendes Gefieder entzückt, weil sie die Grundlagen unserer Welt, die Grundmasse aller Kreaturen sind, darum geziemt es sich, daß wir mit ihrer Betrachtung und der Art und Weise ihrer Gewinnung zum Zwecke unsers Nutzens diesen Band beginnen, der uns zeigen soll, wie weit der Mensch seine Herrschaft über alle Reiche der Natur ausgedehnt und die Welt seinen Bedürfnissen unterworfen hat.

Die nutzbaren Gesteine und der Steinbrecher.

Einleitung. Bildungsgeschichte der Erde. Erste feste Kruste. Gestein und Mineral. Plutonische, sedimentäre und metamorphosirte Gesteine. Die geologischen Formationen. Wirthschaftliche Bedeutung der Steine. Der Steinbrecher. Werkzeuge und Arbeiten. Gezäh. Die Bohrmaschine im Tunnel des Mont-Cenis. Steinbruchsbetrieb. Die nutzbaren Gesteine. Granit. Syenit. Diorit. Erratische Blöcke. Porphyr. Melaphyr. Basalt. Traß. Puzzuolane. — Kalkstein. Marmor. Onyx. Marmor. Cement. Die lithographischen Schiefer von Solenhofen. Die Marmorbrüche von Carrara. Gips. Alabaster. Serpentinsteinindustrie in Zöblitz. — Schiefer. Dachschiefer. Brüche in Thüringen und Wales. Sandsteine u. s. w.

. . . .

Die wundervollen Entdeckungen, welche die Astronomie in den letzten Jahren mit Hülfe des Spektroskops gemacht hat, haben die Ansichten über die Entstehung und Entwicklung der Gestirne in einer ganz unerwarteten Weise abgerundet, und die Schlüsse, welche man aus den spektroskopischen Beobachtungen an der Sonne, den Kometen, Nebelflecken und an den näher liegenden Planeten ziehen darf, bestätigen auf das Schönste eine Theorie, welche sich vordem nur durch irdische Erscheinungen begründen konnte.

Man hatte längst schon für die Erde einen vormals feurig-flüssigen Zustand angenommen, welchem ein gasförmiger aller Stoffe vorausgegangen sein sollte, und wir haben im II. Bande (Seite 469) dieses Werks schon, gelegentlich der Besprechung der Rolle, welche die Wärme im Haushalte der Natur spielt, den Gegenstand flüchtig gestreift. Für den Planeten, den wir bewohnen, hatte man in seiner physikalischen Natur zahlreiche Erscheinungen beobachtet, welche diese Annahme nicht nur als zulässig erscheinen ließen, sondern sogar sie gebieterisch forderten. Auf die übrigen Weltkörper aber hatten diese Schlüsse nur die Giltigkeit, welche überhaupt Schlüssen aus Analogie zusteht, denn mit Ausnahme der beobachteten Abplattung an mehrern Planeten, der verschiedenen Monde und besonders der wundervollen Ringbildung um den Saturn waren fast keine Erscheinungen für die stoffliche Natur jener Weltkörper zu deuten. Das Spektroskop aber hat unsere Sinne bis auf das Allersubtilste verschärft, so daß wir auf Gebieten völlig neue Beobachtungen und Messungen anstellen können, welche früher für uns ganz ausdruckslos waren. Wir können unterscheiden, ob eine leuchtende Wolke eine Anhäufung von einzelnen festen Körpern ist, wie der Körnerregen etwa, den der Landmann beim Worfeln des Getreides über die Tenne verbreitet, oder ob sie einen gasartigen Charakter hat; ob in ihrem Innern ein dichterer Kern befindlich und ob dieser mit eigenem Lichte strahlt, oder mit reflektirtem; und bei einem hellleuchtenden Sterne, ob derselbe mit einer Atmosphäre umgeben ist oder nicht, ob der Kern eine feste Oberfläche hat, oder ob er von Wasser bedeckt ist; ja, das nicht allein, mancherlei Beobachtungen scheinen sogar darüber Aufschluß geben zu wollen, ob die Oberfläche eisiger oder steiniger Natur ist und ob krystallinische Gesteine oder derbe, thonige die äußere Kruste bilden.

Wenn nun auch manche derartige Folgerungen in Bezug auf ihre Beweiskraft noch mit Vorsicht aufzunehmen sind, so dürfen wir uns doch durch die geistreiche Kombination, die zu ihnen geführt hat, reizen lassen.

Es bleiben neben ihnen viele andere, die mehr als Wahrscheinlichkeit für sich beanspruchen dürfen, und wo sie sich in Uebereinstimmung erweisen mit demjenigen Bilde, welches wir uns nach irdischen Erscheinungen von der Entstehung unserer Erde machen müssen, da gewinnen sie eine erhöhte Bedeutung für uns, wenn sie Bestätigung solcher Ansichten geben, welche wir auf ganz anderen Gebieten und durch ganz andere Methoden erlangt haben. Genug, der Beweis für den einst glühend-flüssigen Zustand unserer Erde hat durch die verschiedenen Phasen, in denen sich uns zahlreiche Himmelskörper zur Beobachtung darbieten, von den ersten Stadien der Bildung an durch alle Zustände, welche wir für die Erde als vergangen auch voraussetzen, jener Beweis hat dadurch neue und ganz wesentliche Stützen erhalten.

Bildungsgeschichte der Erde. Wir wissen aus der Ausbauchung rings um den Aequator, daß schon damals, als sich noch keine feste Rinde um den jungen Planeten gelegt hatte, dieser mit größer Geschwindigkeit sich um seine Achse drehte. Wenn wir den Saturn mit seinem Ringe betrachten, so sehen wir in dieser merkwürdigen Bildung die weiter gehende Wirkung der Centrifugalkraft. Dieselbe war hier infolge einer rascheren Drehung um die eigene Achse so heftig, daß sie nicht blos eine Ansammlung größerer Massen in der Zone des Aequators verursachte, sondern es riß sich, wie Getreidekörner von dem kreisenden Mühlsteine entfliehen, die höchste Schicht der Aequatorzone los und vollbrachte ihre eigene Umdrehung zwar in derselben Weise, aber mit der ursprünglichen Masse durch nichts weiter zusammenhängend, als durch das mächtige Band der gegenseitigen Anziehung, welches das gesammte Sonnensystem zu einem Ganzen vereinigt hält. Es ist dieser Beweis für den früheren glühend-flüssigen Zustand der Planeten ganz besonders zu beachten, weil in ihm die Erklärung einer großen Anzahl derjenigen Erscheinungen mit liegt, welche Geologie und Geognosie zu ihrem Ausgangspunkte machen müssen.

Damals war die Eigentemperatur der Erde eine ungleich höhere als heute; sie verminderte sich aber von Tag zu Tag, denn durch Ausstrahlung in den kalten Weltraum ging der Erde Wärme verloren, welche ihr durch den Zufluß von der Sonne bei weitem nicht ersetzt wurde. Und wenn auch für uns ganz undenkbare Zeiträume vergangen sein werden, ehe der kolossale Tropfen durch den Wärmeverlust allmählig eine andere Beschaffenheit angenommen hat, so ist nichtsdestoweniger der Verlauf kein anderer gewesen, als wir ihn bei jedem Lavastrom, der flüssig aus dem Krater hervorbricht, beobachten können. Wie dieser von der Oberfläche herein zuerst seine Wärme verliert und, wenn seine Temperatur nicht mehr hinreicht, seine ganze Masse geschmolzen zu erhalten, von der Oberfläche herein allmählig aus dem flüssigen in den festen Zustand übergeht, so muß sich auch die Erdkugel verhalten haben. Ihre äußere Oberfläche ist zuerst erstarrt, die Rinde wurde fest, sie hörte

auf zu glühen, zu leuchten, man würde sie von anderen Himmelskörpern nicht mehr haben
wahrnehmen können, wenn sie nicht von der Sonne erborgtes Licht zurückgestrahlt hätte.
Mit der Zeit schritt die Erstarrung fort; die Erdkruste wurde dicker und dicker, und in den=
jenigen Gesteinen, die wir, weil sie allen anderen untergelagert sind, Urgesteine nennen,
glauben wir heute noch die Masse vor uns zu sehen, aus welcher sich damals die ersten
festen Schollen bildeten. Diese Urgesteine sind ausgezeichnet durch ihre krystallinische
Struktur und durch ihren großen·Gehalt an Kieselsäureverbindungen: es sind, wie die geo=
gnostische Terminologie sie nennt, krystallinische Silikatgesteine.

Denn wir müssen hier schon bemerken, daß wir uns die erste Bildung der festen Ge=
steine nicht als eine gleichmäßige Erstarrung zu denken haben, als deren Folge sich eine
durchweg gleichartige Masse, wie etwa das Glas, ergiebt, sondern es bildeten sich beim
Festerwerden schon gewisse Verbindungen, zu denen die einzelnen Bestandtheile durch ihre
chemische Anziehung zusammen traten, und das Ganze bildete schließlich ein Gemenge, in
welchem jene chemischen Körper gesondert als mehr oder weniger große und ausgebildete
Krystalle innerhalb der unkrystallisirbaren oder nicht zu bestimmter Ausbildung gelangten
Masse neben einander lagen. Diese einzelnen, chemisch besonders charakterisirten Verbin=
dungen nennt man Mineralien zum Unterschiede von Gestein, unter welchem Begriff
man die feste Masse des Erdkörpers überhaupt versteht und welche also in der Regel ein
Gemenge von Mineralien darstellt.

Andererseits ist freilich auch der Annahme Raum gelassen, daß die Gesteine im Laufe
der Zeit Veränderungen erlitten haben, welche ihre innere Natur nicht unberührt ließen,
und wenn wir sagten: wir glauben in den sogenannten Urgesteinen die ältesten Erstarrungs=
produkte noch in ihrer ursprünglichen Form und Beschaffenheit vor uns zu sehen, so haben
wir eben dieser Annahme eine gewisse Bedeutung zugestehen wollen.

Um den noch jungen Erdkörper war eine dichte Atmosphäre gelagert, welche nicht
nur die Luft enthielt, sondern worin sich auch noch alles Wasser in luftförmiger Gestalt
befand, welches heute unsere Flüsse und Meere erfüllt, das damals aber und noch lange
Zeit nur als Dunst und Dampf zwischen der oberflächlich immer noch mächtig heißen Erd=
kugel und dem kalten Weltraum existiren konnte. Ein gewaltsamer Kreislauf zwischen Ver=
dunsten in den niedern Schichten dieser dampf= und kohlensäuregeschwängerten Atmosphäre
und Verdichtung in den kalten höheren Regionen mußte sich entspinnen, der allmählig bis
auf den festen Boden hinabreichte, als dieser endlich obenhin eine Temperatur angenommen
hatte, welche unter der des Siedepunktes des Wassers lag. Von da an konnte sich das
Wasser als flüssiger Körper auf der Erde niederschlagen und seine rastlose Wanderung be=
ginnen, der zufolge es sich an den höchsten, kältesten Spitzen verdichtet, im rieselnden Laufe
den niedriger gelegenen Punkten zueilt, um von hier aus wieder als Dampf in die Atmo=
sphäre aufzusteigen. Denn wenn auch Berge und Thäler auf der jungen Erde noch nicht
in den heutigen Größenverhältnissen vorhanden waren, so müssen Niveauungleichheiten
schon in den frühesten Perioden sich gebildet haben; sehen wir doch auf jeder Eisfläche
die Einwirkungen des wasserkräuselnden Windes. — Während des Laufes nun, den das
Wasser über die Oberfläche der Erde machte, begann es auch schon die zersetzende Macht
auszuüben, die ihm eine Gewalt über Alles giebt, was lösliche Bestandtheile enthält. Durch
die herrschende hohe Temperatur wurde diese Macht bedeutend verstärkt, und der hohe Ge=
halt der Atmosphäre an Kohlensäure, zu der sich vielleicht auch noch andere auflösende gas=
artige Stoffe gesellen mochten, arbeitete in gleicher Weise auf Veränderung der kaum zu=
sammengetretenen chemischen Verbindungen wieder hin. Weiterhin brachen aus dem
Innern der Erde von Zeit zu Zeit noch glühend flüssige Massen durch die feste Rinde her=
vor, von verschiedenartiger Beschaffenheit vielleicht, jedenfalls aber von einem Hitzegrade,
der in Gemeinschaft mit den andern schon genannten Faktoren seine verändernde Wirkung
auf die benachbarten Massen so lange ausüben mußte, bis er erkaltet war.

So waren immer, ganz besonders energisch aber in der Jugendzeit unseres Planeten,
die physikalischen und chemischen Kräfte in Wirkung und Gegenwirkung, zeitweilig in ihrem

Verlaufe gestört, nie aber ganz unterbrochen, ließen sie auch die Materie, an deren Atomen sie ja einzig und allein Angriff nahmen, nie zu völliger Ruhe kommen. Und so unscheinbar manche dieser Kräfte auftreten, so gering uns der Effekt vorkommen mag, den sie auf einmal hervorbringen, so Gewaltiges vermögen sie zu leisten, wenn sie unausgesetzt, durch lange Zeiten hindurch thätig sind. Ob wir daher in den Gesteinen, welche allen aufgelagerten Schichten zur Unterlage dienen und die wir also als diejenigen ansehen dürfen, welche zuerst auf der Erde zur Erstarrung gelangten, — ob wir in ihnen noch die ursprüngliche Beschaffenheit der ersten festen Kruste vor Augen haben — diese Frage ist kaum mit Ja zu beantworten.

Die Urbestandtheile der Erde, die Stoffe, aus denen sich die Felsarten zusammensetzten, sind nicht von unwandelbarer Beständigkeit. Aus den festesten Banden machen sie sich unter Umständen wieder los und begeben sich auf die Wanderschaft. Sie verlassen frühere Verbindungen, um neue einzugehen, zu denen sie einen stärkeren Trieb fühlen, und jede ihrer Vereinigungen besteht immer nur unter der stillschweigend von beiden Seiten angenommenen Klausel: „so lange wir nichts Besseres finden".

Der an der Felswand herabrieselnde Wassertropfen nimmt nur eine Spur löslichen Salzes aus seiner harten Unterlage mit, so wenig, daß es selbst der Chemiker nicht nachzuweisen vermag. Aber der nächste Tropfen thut dasselbe, der folgende wieder, und endlich rutscht auch ein festes Theilchen, das durch Fortführung seiner lösbaren Genossen den Halt verloren, mit zu Thale. Es bildet sich eine Rinne, in der das silberne Fädchen rinnt, sie erweitert und vertieft sich — und wenn wir jetzt wilde Thalschluchten durchwandern und sehen, wie sich ein Strom durch viele tausend Fuß hohe Bergzüge sein Bett gegraben hat, so können wir zurückdenken an das erste Tröpfchen, welches die Aushöhlung begann.

Die vom Wasser aufgelösten Bestandtheile der Gesteine, die Salze, Alkalien und Säuren, dringen mit ihrem flüssigen Beförderer in die Poren der festen Gesteine, sie verbreiten sich in die Tiefe und in die Weite, und wo sie Gelegenheit zu neuen stärkeren Verbindungen finden, da bleiben sie haften, indem sie aus dem gelösten wieder in einen unlöslichen Zustand übergehen. Auf Spalten und Rissen scheiden sie sich oft als schön krystallisirte Mineralien, als Drusen und Erzgänge oder in gediegenem Zustande aus. In der innern Masse der Gesteine aber bewirken sie Umwandlungen der chemischen Natur, welche, eben so wie sie bei Fortführung gewisser Bestandtheile die Masse vermindern und zu Schwindungen Veranlassung werden, denen wir in vielen Fällen wol die Erdbeben zuzuschreiben haben, so umgekehrt bei Zuführung neuer Stoffe die Masse vermehren. Diese quillt infolge dessen auf, erhebt sich und erhebt die über ihr ruhenden Schichten mit, sprengt dieselben wol gar, richtet sie auf und verwirft sie und ist dadurch nicht selten zum Kern hoher Gebirge geworden. Einwirkungen unterirdischer Wärme, von unten herauf dringender Dämpfe u. s. w. treten hinzu und vollbringen in Millionen von Jahren vielleicht Werke, deren allmähliges Fortschreiten in der kurzen Spanne Zeit, die wir zu überblicken vermögen, nicht kontrolirt werden kann.

Solcher Art umgewandelte oder metamorphosirte Felsarten sind von der Forschung immer mehr nachgewiesen worden, und es ist sehr wahrscheinlich, daß die Gesteine, welche wir Urgesteine nennen, ihre jetzige Beschaffenheit ebenfalls erst im Laufe der Zeit und auf dem Wege der Metamorphose erlangt haben.

Diejenigen Stoffe endlich, welche sich nicht im Wasser aufzulösen vermochten, wie die kieseligen Sandkörner, die Thonerdeverbindungen u. dgl., entgingen deshalb nicht etwa den oft abgeschlagenen, aber immer wiederholten Angriffen. So lange ihnen noch ein ziemliches Gewicht zu Hülfe kam, konnten sie einen eingenommenen Platz schon eher behaupten, aber dem unausgesetzten Stoßen und Drängen gelang es doch einmal, das Körnchen zu verrücken, und die geneigte Fläche des Bodens unterstützte das Wasser so weit, daß endlich der frühere Gipfel des stolzen Felsenhornes sich beschämt und abgeschabt im Thale finden mußte. Oder die Reise ging noch weiter mit dem Flusse bis hinein in das Meer, und hier erst setzten sich die festeren Theile entweder als Anschwemmungen an der Küste nieder und bildeten, indem sie sich über einander anhäuften und allmählig den Spiegel des Wassers erreichten, neue Ländergebiete, die an den Mündungen großer Flüsse sehr bedeutende Dimensionen annehmen konnten (Flußdelta). Oder die feinsten Schlammtheilchen hielten sich noch länger schwebend in dem flüssigen Elemente und setzten sich erst entfernt von den Küsten langsam ab, horizontale Schichten bildend, die allmählig erhärteten und zu Gestein wurden, welche wir ihrer Entstehungsweise wegen Absatz= oder Sedimentgesteine nennen. Mancher Leichnam, manches leere Gehäuse von Meeresbewohnern fand darin sein Grab, und der Steinbrecher fördert den Abdruck davon oder den versteinerten Körper, nachdem derselbe Millionen von Jahren geruht hat, wieder an das Licht, wo er dem forschenden Geologen zu einem wichtigen Fingerzeige wird, um aus seiner Art und Beschaffenheit das Alter der Schicht, in der er sich fand, und die geologische Periode, in der diese zum Absatz gelangte, zu bestimmen. Denn mittlerweile hatte auf der Erde organisches Leben sich entwickelt. Pflanzen und Thierformen hatten ihr Entstehen, ihre Vervollkommnung, ihre Abscheidung in Arten gefunden. Eine immer formenreichere Vegetation und Fauna belebte den Boden, der vor diesem nur ein Kampfplatz für Festes und Flüssiges, Dampf und Nebel und Glut gewesen war, und unter den herrschenden Verhältnissen war das Wachsthum der Pflanzen ein eben so üppiges in weit nördlich gelegenen Breiten, als es jetzt nur noch unter den Tropen ist. Mächtige Schichten von Kohle lagern unter der Oberfläche — sie sind die Ueberreste jener Pflanzenreiche, welche ihre Endschaft häufig durch irgend eine hereinbrechende Flut fanden, die sie unter Gerölle und Schlamm begrub.

Bei dem noch lange nicht abgespielten, nicht einmal beruhigten Bildungsprozeß der Erde blieben aber diese geschichteten Sedimentgesteine nicht etwa in ihrer ruhigen Lage. Sie waren derselben Metamorphose infolge physikalischer und chemischer Einwirkungen ausgesetzt, die wir kurz vorher besprochen haben. Die anfänglich wagrecht ausgebreiteten Schichten wurden durch Schwinden ihrer Unterlage gesenkt und gebogen, durch Aufquellen derselben zerbrochen, in Stücke zerrissen, zum Theil auch hoch emporgehoben, während andere Theile in die Tiefe sanken, rauh durch die Einwirkung vulkanischer Thätigkeiten in der allerverschiedensten Weise zusammengeknickt oder gestaucht. Den gewaltigen Kräften unterlagen die mächtigen Felsschichten wie dünne Papierblätter, welche die Hand eines Kindes zerknittert. Es erhielten dadurch die Absatzgesteine eine besondere Architektur, eine Anordnung in Falten, Mulden, Stücken, Dome, es entstanden neue Gebirgszüge und Ebenen, See= und Meerbecken.

Formationen. Die verschiedenen geologischen Perioden kann man nach den während ihrer Dauer gelebt habenden und aus Versteinerungen und Abdrücken ihrer Schichten genau bestimmbaren Thier= und Pflanzenformen der Zeit ihres Bestehens nach, in Bezug auf einander, genau bestimmen. Die Zweifel, welche bisweilen vorhanden sind, ob eine Schicht, deren Lagerung man nur unvollkommen beobachten kann, eine jüngere oder eine ältere Bildung ist, als andere an anderen Theilen der Erde unter ähnlichen Verhältnissen auf= tretende — bestehen nur so lange, als es noch nicht gelungen ist, eine genügende Anzahl von charakteristischen, dieser Schicht eigenthümlichen Thier= oder Pflanzenarten nachzu= weisen. Ist dies gelungen, so ist damit dies Gestein in die chronologische Reihenfolge ein= gereiht. Obwol nun die organischen Formen der einzelnen Schichten nach oben und unten hin in einander übergehen, so unterscheidet die heutige Geologie doch nach besonders großartigen Umwälzungen, welche auf der Erde nach einander stattgefunden und welche die Verhältnisse in ganz ungewöhnlicher, Epoche bildender Weise umgestaltet haben, gewisse geologische Perioden, welche sie durch die innerhalb derselben Zeit zum Absatz gelangten Sediment= gesteine und durch die aus dem Innern der Erde während derselben Zeit hervorgebrochenen vulkanischen Gesteine charakterisirt. Betrachten wir die feste Erdrinde in einem Durchschnitt, welcher alle seit der ersten Erstarrungskruste und auf derselben zur Bildung gelangten Ge= steinsbedeckungen der Zeit nach geordnet über einander zeigt, so sagt uns der Geologe, daß die untersten Schichten die Urgebirge oder die primitive oder Urformation heißen. Es sind dies diejenigen Gesteine, welche allem Anschein nach zuerst zur Erstarrung gelangten, und sie treten als Gneus, Glimmerschiefer, Urkalk und Dolomit, Quarzfels u. s. w. auf. Sie bilden zwar die untersten Schichten, aber nicht die zu unterst liegenden Gesteine überhaupt, denn unter ihnen noch treten Gesteine, wie Granit, Syenit, Grünstein, Melaphyr, Porphyr u. dgl., auf; da aber dieselben auch durch die Schichten jener Urgesteine hindurchbrechen und sich selbst über viel neueren Bildungen noch als aus dem Innern heraufgedrungene geschmolzene Massen ausgebreitet haben, so sind sie jedenfalls noch in feurigflüssigem Zustande gewesen, als jene zur Erstarrung gelangten, und unter Berücksichtigung dieses Umstandes hat der Granit seine Führerschaft in der Reihe der Gesteine aufgeben müssen. Außer von diesen ihrem Ursprung nach plutonisch genannten Gesteinen werden die ältesten Schichten auch noch von viel jüngeren vulkanischen Bildungen, wie Phonolith, Basalt, Lava, Obsidian u. s. w., durchbrochen, und diese treten als Gänge, Einlagerungen u. s. w. zwischen ihnen, als Auflagerungen in Kuppen, Decken u. s. w. über ihnen auf.

Die Urformation, deren Gesteine den Charakter krystallinischer Schiefergesteine tragen, zeigt noch keinerlei Spuren organischen Lebens; ihre Schichten sind frei von Versteinerungen und Abdrücken pflanzlicher oder thierischer Formen.

Diese treten erst in der folgenden Formation — in der paläozoischen — auf und bilden das unterscheidende Merk- oder Formationsmal. Zur Bildung der Gesteine dieser Formation hat das Wasser mit geholfen, es sind die ältesten Sedimentgesteine von sandstein-, thonschiefer- und kalksteinartiger Natur. Die paläozoische Formation gliedert man aber weiterhin in die silurische Formation, in die devonische Formation, welche man früher zusammen die Uebergangs- oder Grauwackenformation nannte, in die Steinkohlenformation und in die permische Formation.

Die Uebergangsformation enthält in ihren untersten Schichten (welche man als silurische Formation von den obern Schichten oder der devonischen Formation unterscheidet) vorzugsweise Thonschiefer, Grauwacke und Sandstein; in den oberen treten dazu noch Kalksteinablagerungen, Dolomit und Konglomerate, welche aus der Zusammenschwemmung größerer Gesteinsbruchstücke entstanden sind. Die Granite durchbrechen auch noch diese Formation, sie sind also zum Theil wenigstens jünger als dieselbe, und selbstverständlich gilt dies auch von den späteren vulkanischen Bildungen.

Die Steinkohlenformation hat ihren Namen von den mächtigen Steinkohlenablagerungen, die sich zwischen den Schichten kalkiger und thoniger Schiefergesteine in ihr finden und die ihr eine so hervorragend volkswirthschaftliche Bedeutung geben. Ueber der Steinkohlenformation lagert die permische Formation, deren unterstes Glied, das Rothliegende, Sandstein, Konglomerat, Porphyrbrocken, Kalkstein und Thonstein bilden, während das obere, der Zechstein, namentlich durch bituminöse Mergelschichten ausgezeichnet ist und in Deutschland, im Mansfeldischen, das bekannte Kupferschieferflötz führt, auf welchem trotz seines geringen Gehaltes ein sehr ergiebiger Bergbau betrieben wird.

Die sekundäre oder mesozoische Formation, welche über der primären lagert, enthält drei Hauptabtheilungen, die Trias-, die Jura- und die Kreideformation. Die erstere hat ihren Namen von den drei in ihr zur Ausbildung gekommenen Gliedern: der Buntsandsteinformation, der Muschelkalkformation und der Keuperformation erhalten. Sie ist vorzüglich ausgezeichnet durch die kalkigen Gesteine: Dolomit, Mergel, Kalk, Anhydrit, Gips, welche ihre Schichten bilden, und durch das Steinsalz, welches in ihr auftritt und welches auch für die jüngeren Glieder dieser Formation, den Buntsandstein und namentlich den Keuper, charakteristisch ist.

Die Juraformation zerfällt in den Lias oder untern Jura: Kalkstein, Schieferthon, Mergel, Sandstein; in den mittlern und in den obern Jura, welche fast dieselben Gesteine, nur durch die organischen Einschlüsse als jüngere Bildungen gekennzeichnet, enthalten. Die organischen Ueberreste lassen diese drei Unterabtheilungen als Meeresbildungen ansehen. Es treten aber in dieser Periode auch Süßwasserbildungen auf, die mit dem Namen Wealderformation bezeichnet worden sind.

Die Kreideformation, die jüngste der mesozoischen Formationen überhaupt, ist

benannt worden nach der eigenthümlichen Kalksteinvarietät, welche in England und Frank=
reich, wo sie zuerst studirt wurde, deren oberstes Glied bildet. In Deutschland ist das vor=
wiegende Gestein der Kreideformation der Quadersandstein, außerdem aber kommen noch
vor Kalksteine, Mergel, Thon und Schieferthon u. s. w., und diese verschiedenen Schichten
treten unter sich wieder mit einer Regelmäßigkeit der Aufeinanderfolge auf, welche nach den
eingeschlossenen organischen Ueberresten es dem Geologen gestattet, mehrere Unterabthei=
lungen der Kreideformation (untere Kreide, unterer Grünsand, Gault, obere Kreide, oberer
Grünsand, weiße Kreide) abzugrenzen.

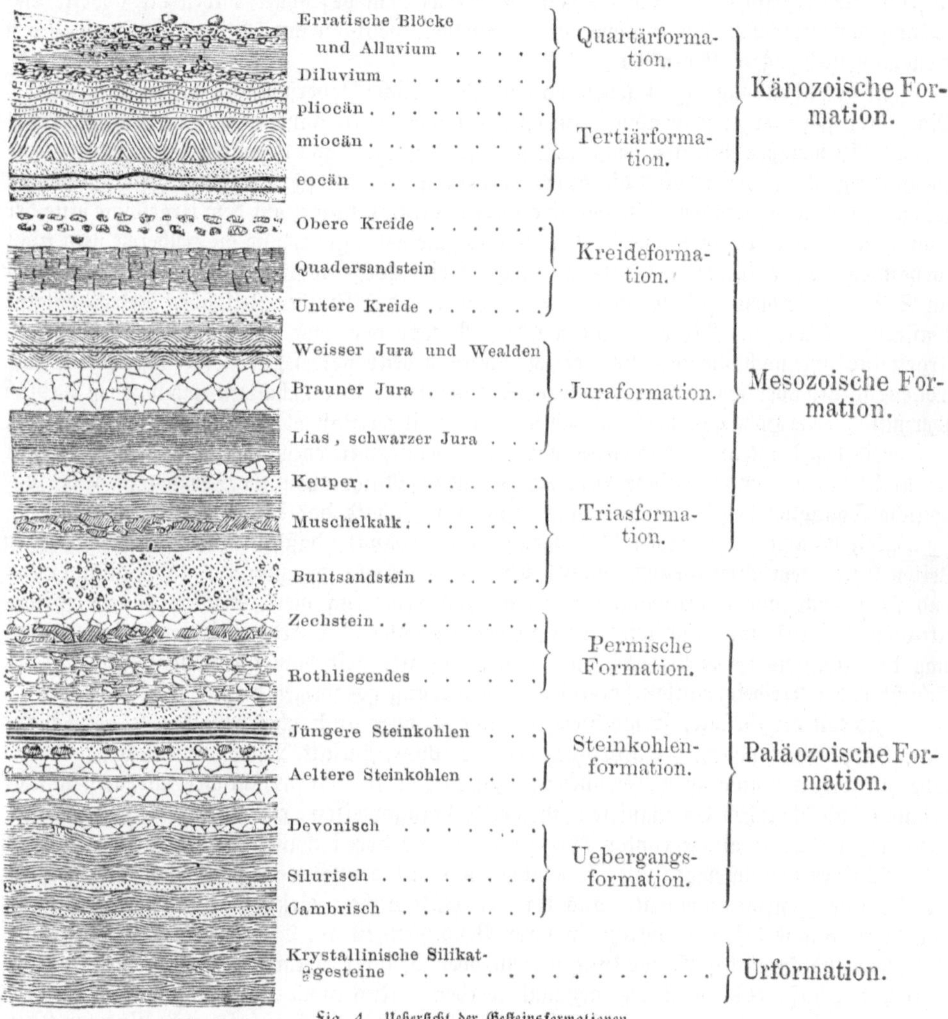

Fig. 4. Uebersicht der Gesteinsformationen.

Mit der Kreideformation endigt diejenige Periode, welche wir die Urzeit der Erde
nennen können. Die organischen Formen derselben sind für uns vollständig ausgestorben,
kein Glied ihrer Thier= und Pflanzenwelt ragt bis in unsere Zeit hinein. Anders ist es
mit der folgenden Abtheilung, mit der känozoischen oder tertiären Periode, deren
organische Welt in ihren jüngeren Bildungen schon viele in der Jetztwelt noch lebende
Spezies aufzuweisen hat. Je nachdem die jetzt ausgestorbenen Formen in den verschiedenen
Schichten der tertiären Formation vorwalten, und es braucht nicht besonders erwähnt zu
werden, daß dies in engem Zusammenhange steht mit dem Alter der Schichten, ist die For=
mation überhaupt in eine eocäne oder ältere Tertiärformation, in eine oligocäne oder

untermittlere, in eine miocäne oder obermittlere und in eine pliocäne oder neuere Tertiärformation eingetheilt worden.

Die Gesteine der tertiären Formation sind Konglomerate, Gerölle, Sandsteine, Schiefer, Thone, Mergel und Kalkmassen. Es gehört hierher der Nummulitenkalkstein und der Nummulitensandstein, der Enkritensandstein, die Braunkohlen, der Süßwasserkalk mit Gips und Mühlsteinquarz, der Molassesandstein, die Nagelflue u. s. w.

Die quartäre Formation endlich oder das Diluvium, aus Geschieben und Anschwemmungen aller Art bestehend, und die allerneuesten Bildungen, welche jetzt noch im Fortschreiten begriffen sind und die man als Alluvium bezeichnet, bilden die oberste Bedeckung der Erdkruste. Sie können nur in einzelnen wenigen ihrer Glieder den eigentlichen Gesteinen noch zugezählt werden.

In der Abbildung Fig. 4 geben wir eine schematische Uebersicht über diese Formationen. Man darf sich aber nicht denken, daß dieselben überall in ganzer Vollzahl über einander liegen. An manchen Punkten der Erdfläche fehlen sie alle; das Urgestein steht nackt hervor, an anderen ist auf diesem blos die älteste oder einige der ältesten Sedimentformationen abgelagert, die anderen fehlen. Wieder an anderen Punkten lagert auf dem Urgesteine eine der Schichten, welche erst in jüngerer Zeit zum Absatze gelangten, und die früheren sind nicht vorhanden. Diese Unregelmäßigkeiten in der Reihenfolge wurden veranlaßt, je nachdem ein Stück der Erdfeste früher oder später, längere oder kürzere Zeit über die allgemeine Wasserbedeckung, das Meer, erhoben war. Manche der jetzt noch nackt hervorstehenden Urgesteine sind noch niemals von einem Meere bedeckt gewesen, andere lagen Anfangs trocken, sanken aber später hinab, nahmen Sediment auf ihre Schultern und wurden endlich abermals in die Höhe geschoben, so daß sie jetzt mit ihrer Last als Gebirge das Land zieren.

Mit der Reihe der Sedimentformationen, welche wir eben betrachtet haben, ist aber die Reihe der die feste Erdrinde zusammensetzenden Materialien nicht erschöpft. Die plutonische Thätigkeit des Erdinnern hörte nicht auf, sobald das Wasser seine umgestaltende Thätigkeit begann. Wir haben schon weiter oben erwähnt, daß Granite, zu verschiedenen Zeiten unter dem alten Grund emporhoben, seine Fesseln durchbrachen und sich über ihn und über noch jüngere Bildungen ergossen. Die Erhebung vieler Gebirge hat in solchen Aktionen ihren Grund, und wie lange in der Geschichte der Erde sie gespielt haben, das mag der Umstand beweisen, daß die jüngsten Granite erst hervorgequollen sind, als die Schichten der Kreideformation bereits zur Ablagerung gekommen waren.

Und wie der Granit, so machten es später — aber auch schon mit ihm — der Grünstein, Serpentin, Gabbro, der Porphyr, der Melaphyr, Basalt, Phonolith u. s. w., und wir haben in diesen plutonischen Produkten, eben so wie in den vulkanischen Laven, den Obsidianen und ähnlichen Erzeugnissen feuriger Bildungsweisen, eine andere Reihe wichtiger Gesteine, welche in ausgedehnter Weise Gegenstand der technischen Benutzung geworden sind. Wollten wir systematisiren, so könnten wir mit dem Geognosten auch aus der Zahl der Sedimentgesteine sowol als aus der der plutonischen diejenigen ausscheiden und in eine dritte Klasse bringen, welche in ihrer Beschaffenheit im Laufe der Zeit infolge physikalischer und chemischer Einwirkungen mehr oder weniger verändert worden sind und die metamorphosirtes Gestein genannt werden. Und noch anderen würden wir begegnen, über deren eigentliche Entstehungsweise sich die Wissenschaft noch keinerlei Vorstellungen machen kann.

Allein es genügt für unsere Zwecke, auf die allgemeinen Verhältnisse hingewiesen zu haben, und wir dürfen uns der nähern Betrachtung derjenigen Gesteine zuwenden, welche von der Technik, der Industrie oder der Kunst eine Verwendung erfahren und zu diesem Zwecke auf der Erde aufgesucht und gewonnen werden.

Wir sagen ausdrücklich Gesteine und nicht Mineralien oder Fossilien, denn wir wollen uns zunächst nicht mit der Gewinnung einzelner in den Gebirgen zufällig vorkommender Bestandtheile, wie die Erze sind, beschäftigen, sondern mit der Gebirgsmasse selbst, so weit sie für die Bedürfnisse unserer Kultur in Anspruch genommen werden kann. Und daß dies in sehr weitgehender Weise geschieht, das haben wir schon früher gesehen, und wenn wir es uns noch nicht klar gemacht hätten, so dürften wir nur unsere Augen um uns gehen lassen, um in tausenderlei verschiedenen Formen diejenigen Materialien wieder zu finden, welche unsere Gebirge in ihrer großen Masse bilden.

Wirthschaftliche Bedeutung der Steine. Die Erzeugnisse der Steinbrecherarbeit, die Bruchsteine, erfahren durch die öffentliche Stimme in der Regel nicht diejenige Werthschätzung, welche den Erzen, den Salzen und Kohlen zu Theil wird, Produkte, deren Gewinnung Sache des Bergbaues ist. Nichtsdestoweniger sind jene für das Bestehen der menschlichen Gesellschaft und für deren Entwicklung von einer nicht minder hervorragenden Bedeutung wie diese. Nicht allein daß dem Bildhauer das Material fehlen würde, durch welches er die Gebilde seiner Phantasie verkörpert, auch die Baukunst würde nur eine sehr beschränkte Ausbildung erfahren haben. Das Zelt und die Blockhütte wären die hauptsächlichsten Formen unserer Gebäude geblieben und die Vereinigung der Menschen in Städten würde nur da ihren veredelnden Einfluß haben gewinnen können, wo die Beschaffenheit des Bodens die Herstellung von Backsteinen und Ziegeln ermöglicht und in diesen einen Ersatz für das natürliche Baumaterial, den Stein, geboten hätte. Stehen also auch die Steine dem Scheine nach anderen Naturerzeugnissen nach — ihrem innern Werthe, ihrer Bedeutung für die Kultur nach müssen wir sie jenen gleichstellen.

Der Sprachgebrauch nennt die Steine Materialien, Rohmaterialien, und wir können sie nach der Verwendung, die sie erfahren, eintheilen in solche, die in dem Zustande, wie sie der Natur abgewonnen werden, sofort zur Verwendung kommen, Bruchsteine der verschiedensten Art, Quadersteine, Sandsteine, Schiefer u. s. w., in dekorative Steine, welche zur Erzielung einer schöneren Wirkung oberflächlich geschliffen und polirt werden, und zu den mehr künstlerischen Zwecken Verwendung finden, wie der Marmor, Granit, Porphyr, der Alabaster, Serpentin u. s. w., und endlich in solche, welche einer besonderen Zubereitung bedürfen, durch die sie in ihrer Masse und in ihren Eigenschaften verändert werden. Der Kalk z. B., aus dem man den Mörtel darstellt, muß gebrannt werden, ebenso der Gips; der Lehm, den man zu Ziegeln verarbeitet und der an dieser Stelle immerhin mit genannt werden darf, erfährt eine noch weitläufigere Behandlung.

Die leichte Art, durch Formsteine, welche aus bildsamem Thon oder Lehm hergestellt werden, künstlerische Wirkungen zu erreichen, hat uns verführt, die edleren Gesteine, welche von den Alten vorzugsweise zum Schmuck ihrer Bauwerke verwandt wurden, zu vernachlässigen, und wir müssen gestehen, daß bei uns die Verarbeitung der festen Silikatgesteine, wie des Porphyr, des Granit, des Basalt u. s. w., nicht mehr jene Stufe einnimmt, welche in früheren Zeiten so bewundernswürdige Werke hervorgebracht hat.

Die Alten, in der Baukunst wie in so vielen anderen Dingen unsere Vorbilder, hatten sehr zeitig gelernt, die festesten Felsarten zu bezwingen — freilich dürfen wir dabei nur an das Ergebniß, an das fertige Werk, nicht aber an die Mittel denken, an den Aufwand von Kraft und Mühe, welche zusammen zu dessen Hervorbringung nöthig gewesen waren. Aber man betrachte die Statuen, die Obelisken, die kolossalen Vasen und Wannen, die Sarkophage — die Pyramiden, aus den gewaltigsten Stücken, oft aus Monolithen von riesigen Dimensionen errichtet, und man wird gestehen müssen, daß die Neuzeit sehr wenig hervorgebracht hat, was jenen an die Seite gestellt werden kann, und nichts, was die hervorragendsten Werke des Alterthums übertroffen hätte. War doch die Kunst, den Porphyr zu schleifen und zu poliren, bis in das 14. Jahrhundert gar nicht mehr geübt worden, bis sie, unter den ersten Mediceern, durch den Florentiner Peruzzi wieder erfunden wurde. Seit dieser Epoche datirt sich auch die Erfindung der Mosaik, welche man die „Arbeit in harten Steinen" nennt. —

Von der Natur der Gesteine, welche in einem Lande vorkommen, ist die Art der Architektur abhängig, die sich daselbst ausgebildet hat in Zeiten, wo die noch schwerfälligen Verkehrsmittel einen Austausch der verschiedenen Produkte im heutigen Sinne entfernt nicht gestatteten. Wie viele Tausende von Menschen stellte Hiram dem König Salomo allein, um die für den Tempelbau nöthigen Cedern auf dem Libanon zu fällen und zu transportiren! Aegypten ist das Lands des Granites — das schwierig zu bearbeitende Material ist Ursache der massiven Bauweise mit ihren glatt anstrebenden Flächen, die man mit dem Meißel mühsam bearbeiten und durch Abschleifen allenfalls glätten und poliren konnte, leichtere Ornamentik aber konnte nicht in Versuchung kommen, sich geltend zu machen. Griechenland und Italien haben den Marmor. — Bei Rom findet man die Puzzolani und den leicht zu bearbeitenden Travertin. Was war natürlicher, als daß die beiden Materialien, deren eines einen vortrefflichen Mörtel hergab, das andere in jede Form mit Bequemlichkeit zu bringen war, mancherlei Konstruktionen und namentlich die Gewölbkonstruktion erfinden ließen — während Griechenland mit seinem so soliden, prächtigen Materiale den Pfeiler und die Säule ausbildete. Wir würden nicht an den Wunderwerken der gothischen Baukunst uns erheben können, wenn die Erdrinde nur von starrem, hartem Granit gebildet wäre und nicht bildsame Gesteine trüge, aus denen die kunstreiche Hand des Steinmetzen ihre kühnen und doch so zierlichen Gebilde zu schlagen vermöchte. Die phantastischen Bauzierrathen der Alhambra und des gesammten maurischen Stiles sind an das Vorkommen des Kalktuffes und des Gipses gebunden, und ohne den edlen Marmor würde die griechische Bildhauerkunst nicht die hohe Blüte erreicht haben, vor deren Werken wir selbst in ihrem verstümmelten Zustande noch heute bewundernd stehen. Genua ist noch die Stadt aus Marmor, und sie dankt dies den nahe gelegenen Brüchen von Carrara — Paris ist aus dem bildsamen Süßwasserkalk aufgebaut, den man in seiner Nähe bricht und der jeder graziösen Laune des Meißels nachgiebt — London steht auf Lehm und ist eine Stadt aus Backsteinen.

Werkzeuge und Arbeiten des Steinbrechers. Sind in einzelnen Fällen die nutzbaren Gesteine so zu Tage liegend, daß deren Gewinnung nur geringe Mühe macht, so hat dies doch nicht immer statt. Ja, in der Regel werden auch da, wo das Gestein in festen Massen zu Tage ansteht, mehr oder weniger schwierige Arbeiten des Lostrennens, Abräumens u. s. w. nothwendig, welche je nach der Natur des Gesteines verschiedenartig sind und verschiedene Verfahren hervorgerufen haben. Die dabei dienenden Werkzeuge sind seit undenklichen Zeiten von ziemlich gleicher Einrichtung. Die Indier, Aegypter, Helenen und alten Germanen schon benutzten spitze oder breitschneidige Meißel, theils an Stielen befestigt als Zweispitze, Haue, theils lose als Meißel und Keil, dazu schwere Hämmer und Brechstangen. Erst in verhältnißmäßig neuerer Zeit, seit dem 14. Jahrhundert christlicher Zeitrechnung, kam dazu noch der Steinbohrer zur Einbohrung von tiefen, engen Löchern, welche, theilweise mit Pulver gefüllt, beim Zersprengen der Felsen förderlich wurden. In allerjüngster Zeit hat man sogar den Diamant zum Ausbohren der Sprenglöcher angewandt. Diejenigen Völker, welchen Eisen und Stahl unbekannt war, wie die alten Aegypter, die Kelten, mehrere asiatische und amerikanische Völkerschaften, bedienten sich des Kupfers und der Bronze zu diesen Brechinstrumenten, und es ist in hohem Grade zu bewundern, wie sie damit so scharfe und zierliche Figuren selbst in den festesten Granit und Porphyr zu graben verstanden haben.

Heutzutage stehen auch für die Lostrennung und Bearbeitung der Gesteine ganz andere Hülfsmittel und Werkzeuge zur Verfügung als früher; indessen sind manche der üblichen Instrumente andererseits auch so einfacher und dabei so zweckmäßiger Natur, daß sie im Verlaufe der Jahrtausende keine wesentliche Umänderung erlitten haben und sie heute noch genau denselben Zwecken dienen wie vor Erbauung der Pyramiden.

Wir erwähnen von dem Arbeitszeug des Steinbrechers, das mit dem Gezäh des Bergmanns im Allgemeinen ganz übereinstimmt, die hauptsächlichsten Stücke, indem wir uns auf die Abbildung Fig. 5 beziehen.

Da sind zuerst für die Wegschaffung des lockeren Erdreichs, Schlammes oder kleiner Steintrümmer verschiedenartig gestaltete Schaufeln und Krätzen in Gebrauch, von denen uns in a und b zwei Formen dargestellt sind; dazu kommen noch Spaten und ähnliche Bodenbearbeitungswerkzeuge, welche hinlänglich bekannt sind. Zum Angriff gegen das feste Gestein dient die Keilhaue oder Bickel, die in mannichfachen Formen und Größen vorkommt (cde) und mit beiden Händen geführt wird. Sie besteht aus einem schweren, spitzen eisernen Keile, welcher an einem langen Stiele befestigt ist und durch wieder=holte kräftige Schwünge an einem bestimmten Punkte, dem Oertchen, in das Gestein ein=getrieben wird. Das Oertchen wird vorher gewöhnlich erst mit leiseren Schlägen bis auf eine gewisse Tiefe ausgearbeitet, so daß der Keil mit voller Wucht tief in das Gestein eindringt, hier Halt gewinnt und seine Wirkung durch den langen Hebel des Stieles verstärkt werden kann. Der Schrämmhammer ist von verwandter Art, er wird mit einer Hand regiert und hat eine der Spitze entgegengesetzte Verlängerung mit flacher Bahn. Er kann infolge dessen sowol als Spitzhammer wie auch als Fäustel dienen. Der Schrämm spieß (k) leistet beim Abstoßen, beim Lostrennen von Wänden, beim Einschneiden von Kerben 2c. Dienste. Neben diesen keilartigen Werkzeugen sind auch die be=kannten Breithauen oder Rade=hauen in Anwendung. Es geht aus der Natur des bis jetzt be=trachteten Gezähes hervor, daß dasselbe seine hauptsächliche An=wendung auf sogenanntes mil=des Gestein, Schiefer und der=gleichen, finden wird. In der That erstreckt sich die Keilhau=arbeit, wie sie von den Berg=leuten genannt wird, auch vor=zugsweise auf die Herstellung eines Einschnittes von einer ge=wissen Tiefe, des Schrammes, welcher das zu gewinnende Stück auf einer Seite von der Haupt=masse ablöst. Die vollständige Trennung kann durch Wieder=holung dieser Operation ge=schehen, oder aber es finden andere Verfahren statt, welche wir im Verlaufe noch kennen lernen werden.

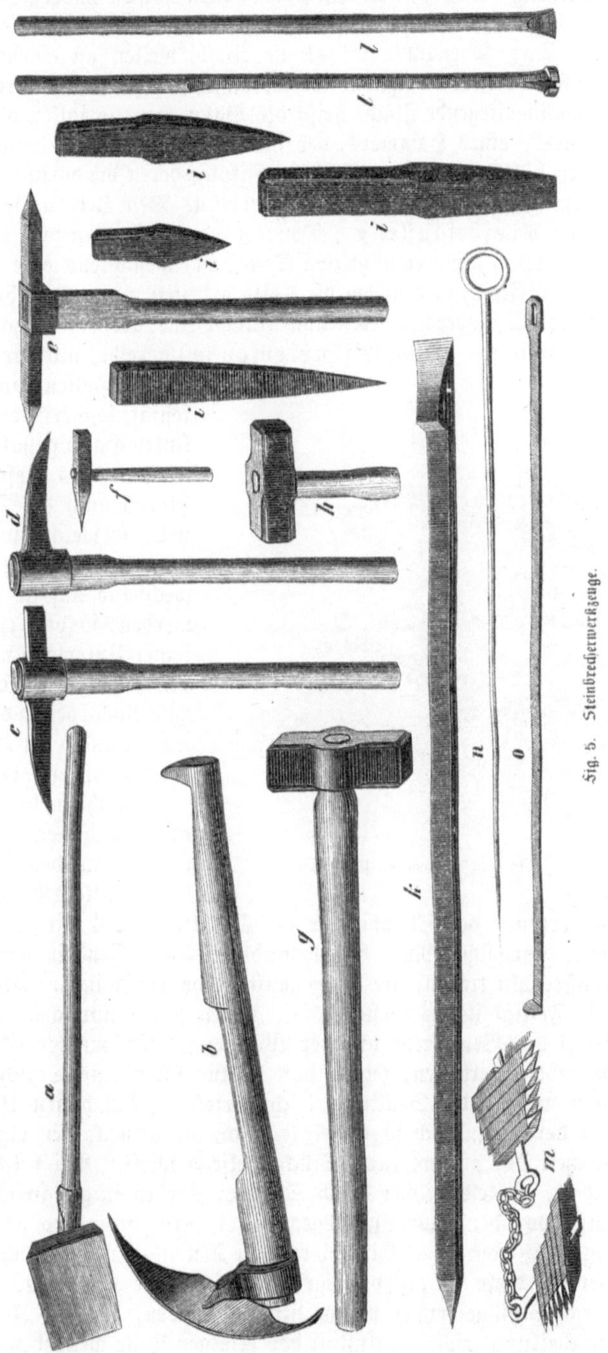

Fig. 5. Steinbrecherwerkzeuge.

    Festeren Gesteinen beizukommen, welche die bergmännische Sprache gebrech oder gepräge nennt, bedarf es der Schlägel und Eisenarbeit. In dem gewöhnlichen Stein=

bruchsbetriebe, wo es hauptsächlich auf Lostrennung großer Stücke ankommt, kommt die=
selbe zwar nicht in dem Grade in Anwendung, wie im engeren Bereiche des Erzbergbaues,
der sehr häufig bei Herausarbeitung der erzführenden Gesteinstöcke Schlägel und Eisen aus=
schließlich benutzt; immerhin aber wollen wir die dabei gebräuchlichen Werkzeuge hier gleich
mit besprechen, uns ein späteres Zurückkommen hierauf ersparend.

Das sogenannte Eisen ist ein bisweilen an einem durchgesteckten Stiel befestigter
stählerner oder wenigstens an beiden Enden gut verstählter Spitzkeil (f). Die der Spitze
gegenüberliegende Fläche heißt die Bahn, auf sie fallen die mittels des Fäustels, Hand=
fäustels, eines Hammers, der mit der rechten Hand geführt wird, während die linke das
Eisen hält, ausgeübten Schläge, infolge deren die darunter liegenden Gesteinstheilchen aus
ihrem Zusammenhange gebracht werden. Dem kleinen Handfäustel h entgegengesetzt ist der
große Treibefäustel g. Den letzteren stellt man wol auch aus Gußeisen her, während
der erstere, wenn er nicht von Stahl ist, wenigstens eine gut verstählte Bahn hat. Das
harte Gestein, in welchem die Keile arbeiten, nutzt aber ihre Schärfe sehr bald ab; deshalb
hat der Steinbrecher deren auch immer eine größere Anzahl bei sich, die er in gutgeschärf=
tem Zustande, an den Eisenriemen (m) gereiht, mit zur Stelle bringt. Sie sind in den
meisten Fällen nicht an einem besondern Stiel be=
festigt, sondern werden während der Arbeit mit der
linken Hand gehalten.

Mittels dieser Werkzeuge werden nun vor=
züglich auch die Schlitze oder Schrämmen herge=
stellt, in welche, wenn sie eine gewisse Tiefe erlangt
haben, eine Reihe Keile eingesetzt und durch ab=
wechselnd auf sie geführte Schläge niedergetrieben
werden, so daß endlich das Felsstück dadurch von
seiner Unterlage abgesprengt wird. Solcher Keile
sind in ii verschiedene abgebildet; ll sind Bohrer
zum Ausarbeiten der Sprenglöcher, n ist die Räum=
nadel und o der Kratzer, ebenfalls Werkzeuge, die
bei der Sprengarbeit in Thätigkeit gesetzt werden.

Nachdem der die meisten Felsmassen bedeckende
erdige und steinige Schutt, die durch Witterungs=
einflüsse aus dem festen Fels entstandene Zersetzungs=
masse, mittels Bickel, Schaufel und Karre abgeräumt

Fig. 6. Bohrloch mit Pulversatz.

ist, erkennt der Steinbrecher die Struktur des Gebirges, welches er in Angriff nehmen
will, vor sich. Nach der besonderen Beschaffenheit derselben wird er seine besonderen
Maßregeln treffen, um die gegenstehende Masse in größere oder kleinere Stücke zu theilen.
Die Festigkeit des Gesteines ist neben der natürlichen Zerklüftung maßgebend für die
Wahl des Verfahrens und der Werkzeuge. Die meisten Gesteine, welche dem Steinbruchs=
betriebe unterliegen, zeigen von Natur schon eine Schichtung, oder doch eine Spaltung,
nach welcher die Spaltung leicht erfolgt. Auf diesen Umstand wird Bezug genommen,
und der Steinbruch so angelegt, daß die Gewalt der eigenen Schwere bei dem Herein=
brechen der abgetrennten Stücke helfend wirkt. Bei solchen Gesteinen ist die Schrämm=
arbeit, mittels welcher durch Schlitze, Kerben in geeigneten Abständen das zu gewinnende
Stück von der Felsmasse losgearbeitet wird, besonders häufig in Anwendung. Sie wird
unterstützt durch das Eintreiben von Keilen. In entsprechender Entfernung von einander
werden diese in die vorgearbeiteten Schlitze eingesetzt, und wenn sie von Eisen sind,
durch Schläge immer weiter hineingetrieben, bis die Zerreißung in der Richtung ihrer
Vertheilung erfolgt. Anstatt der eisernen Keile wendet man auch hölzerne an, oder man
sucht denselben Effekt durch konische Schrauben zu erreichen.

Der Steinbrecher bohrt zu diesem Behufe in Abständen von 10 Centimeter etwa 30
Centimeter weite Bohrlöcher 30—60 Centimeter tief in einer Reihe neben einander in den

zu sprengenden Fels, füllt sie mit stark ausgetrockneten, abgedrehten Holzchlindern, welche noch gespalten und durch Keile angetrieben werden. Alsdann benetzt er sie alle, und die durch das begierig aufgesogene Wasser aufquellenden Holzstücke zerreißen den Stein in der vorgeschriebenen Linie. Solche Bohrlöcher können auch mit in der Mitte durchbohrten Holzchlindern ausgesetzt werden, in welche kegelförmige, aus Stahl angefertigte Schrauben mittels langer Hebel allmählig eingeschraubt werden. Die konische Schraube wirkt auseinandersprengend, ganz ähnlich wie der durch Hammerschläge eingetriebene Steinkeil. In vielen Fällen aber ist der Widerstand des Gesteines gegen derartige Mittel zu groß — es bleibt nichts übrig als „Schießen". —

Das **Felssprengen mittels Pulvers** oder ähnlich wirkender Explosivkörper erfordert folgende Vorarbeiten. Den meißelförmigen, an der Schärfe verstählten, oben aber weichgelassenen eisernen Bergbohrer setzt der Steinbrecher an den Fels und treibt ihn unter beständigem Umdrehen mittels starker Schläge des Handfäustels ein. Dadurch wird der Fels in Sand und Staub verwandelt, es entsteht ein rundes Loch von der Weite, welche der Dicke des Bohrers entspricht. Um den Gesteinsstaub vom Boden dieses Loches zu entfernen,

hält man letzteres beständig mit Wasser gefüllt, und um das heftige Umherspritzen des schlammigen Wassers zu verhüten, wird um den eingebrachten Bohrer eine Scheibe von Werg oder auch von Leder gelegt. Der Bohrstaub (Bohrmehl) mischt sich mit dem Wasser zu einem Schlamme, welcher allmählig an Steifigkeit zunimmt und endlich mittels des Krätzers entfernt werden muß. In weicheren Felsarten wird das Bohrloch zuweilen durch bloßes Aufstoßen und Drehen eines schweren, langen Meißelbohrers hervorgebracht, oder wenn es von unten nach oben in überhängenden Fels angelegt werden soll, mittels einer der gewöhnlichen Wagenwinde ähnlichen Vorrichtung, auf deren Schuh der mittels eines Hebels immerwährend umgedrehte Bohrer sitzt, gewissermaßen eingedreht. Bei festem Fels aber können nur Bohrer und Fäustel dienen, welche zuweilen, wie es unsere Abbil

Fig. 7. Zweimännisches Bohren.

dung Fig. 7 zeigt, von zwei Personen dergestalt gehandhabt werden, daß die eine mit beiden Händen ein schweres Fäustel führt, während die andere den Bohrer im Loche festhält und dreht. Dieses zweimännische Bohren erfordert viel Geschick und Uebung, damit das Fäustel die Hände des den Bohrer Drehenden nicht zerschmettere. Sobald das Bohrloch auf die Tiefe von 60—120 Centimetern fertig ist, wird der Schlamm daraus entfernt, die zurückgebliebene Feuchtigkeit mit Werg ausgewischt und die Pulverladung gegeben. Das Pulver steckt in einer aus dünnem Bleche oder aus geöltem Papiere verfertigten Patrone, welche es nicht gänzlich ausfüllt. Das obere Patronenende ist vielmehr durch zwei, etwa 2—3 Centimeter von einander entfernt bleibende, mitten durchbohrte Holzscheiben geschlossen, damit das entzündete Pulver die eingeschlossene Luft ausdehnen und mit zum Sprengen benutzen kann. Die Patrone wird mittels der kupfernen Raumnadel an deren Spitze gespießt, in das Bohrloch eingeführt, darauf der obere Theil des Loches mit Hülfe des Stampfers mit Thon oder kieselfreiem Kalkstein, unter Vermeidung aller feuerreißenden Kiesel oder Feldspathgesteine, fest verschlossen. Nach Entfernung der Raumnadel schiebt der Arbeiter in das durch sie im Verschlusse ausgesparte Loch den Zünder, eine aus Halmen oder gewundenen Papierstreifen gebildete, mit einer Zündmasse gefüllte Röhre, bis n das Pulver hinein, und legt oben die Lunte an. Letztere muß langsam glimmen und dem Arbeiter Zeit lassen, sich an einem schützenden Orte, wo er vor den durch den Schuß fortgeschleuderten Steinmassen sicher ist, zu verbergen. Mit lautem Krachen entladet sich der Schuß endlich und das Gestein wird durch die entwickelten Pulvergase zerbrochen und losgerissen.

Geschickte Steinbrecher wissen die Pulverladung gerade so stark zu geben, daß die abzusprengende Felsmasse nur eben gelöst, aber keineswegs fortgeschleudert wird; sie helfen dann später mit dem Brecheisen und der Keilhaue nach. Anstatt der Zünder hat man in neuerer Zeit sehr oft und namentlich beim Felssprengen unter Wasser, sowie bei Vertiefung von Flußbetten und Hafeneingängen im Meere, jedoch auch in ausgedehnten Steinbrüchen, worin oft viele Bohrlöcher gleichzeitig abgebrannt werden sollen, zur Entzündung des Pulversatzes die galvanische Elektrizität angewandt. Mit der Patrone oder in das von der Raumnadel gelassene Loch werden zu dem Behufe die beiden isolirten Poldrähte einer starken Bunsen'schen Batterie eingeführt. Diese Drähte stehen unter sich durch einen dünnen Platindraht in Verbindung, welcher bis in den Pulversatz reicht und welcher sofort ins Glühen kommt, wenn die Batterie geschlossen wird und der Strom den Draht durchläuft. Denselben Strom kann man zur Entzündung beliebig vieler hinter einander in der Leitung liegender Sprenglöcher benutzen.

Solche Vorrichtungen dienten, um bei der Eisenbahnanlage bei Dover durch die steilen Kreideklippen des Shakespearefelsen Raum zu gewinnen. Enge, stollenartige Galerien wurden in den Fels eingehauen, in dessen Mitte eine Pulverkammer für viele Hundert Centner Pulver angelegt, diese mit einer galvanischen Batterie in Verbindung gebracht und, nachdem die als Bohrloch dienenden langen Galerien vermauert worden waren, die Pulverladung entzündet. Die Operation gelang so vollständig, daß die zu entfernende Felspartie mit dumpfem Krachen sich in Bewegung setzte und in das Meer stürzte, dessen Brandung jetzt schäumend an ihren Trümmern emporstäubt.

In neuerer Zeit hat man, besonders durch die großartigen Tunnelanlagen der Eisen=bahnen veranlaßt, den Bohrarbeiten zum Behufe der Lostrennung von Gesteinsmassen eine ganz vorzügliche Aufmerksamkeit zugewandt und das langsame Ausarbeiten der Spreng=löcher namentlich, durch welches die Dauer der ganzen Arbeit bedingt war, zu umgehen und dafür schneller zum Ziele führende Verfahren anzuwenden gesucht. Von welcher Wichtigkeit die Abkürzung der Ausführung bei Unternehmungen, welche auf den großen öffentlichen Verkehr sich beziehen und in denen oft enorme Summen angelegt sind, sein kann, beweist die Durchbohrung des Mont=Cenis, deren möglichst rasche Beendigung denn auch die Veranlassung für Erfindung ganz neuer Maschinen und für Anwendung vordem unbekannter Methoden geworden ist. Das Bohren mit der Hand war da, wo eine Länge von 12,220 Meter zu durchbrechen war und also, wenn auch von zwei Seiten her zugleich die Arbeit in Angriff genommen wurde, immerhin von jedem Orte aus 6110 Meter in der Länge abgesprengt werden mußten, ein viel zu langsames Hülfsmittel. Man erfand daher besondere Bohrmaschinen, welche, mittels komprimirter Luft getrieben, die Herstellung der Sprenglöcher besorgten, und zwar, weil sie nicht von der Kraft des menschlichen Armes abhängig waren, mit ungemeiner Geschwindigkeit.

Die ersten dieser Bohrmaschinen, welche in der Maschinenfabrik von Cockerill in Seraing gebaut worden waren, wurden auf der italienischen Seite, wo die Tunnelmündung bei dem Dörfchen Bardonèche zu Tage geht, in Betrieb gesetzt. Die von den Alpen hinabstürzenden Wässer, welche weiter unten das Flüßchen Bardonèche bilden, wurden in großen, hochgelege=nen Reservoiren gesammelt und von da durch starke eiserne Röhren dem eigentlichen Kom=pressionsapparate zugeführt. Derselbe bestand aus zehn dampfkesselförmigen Apparaten, deren jeder mit einer 50 Meter hohen vertikalen Röhre von 60 Centimeter Durchmesser ver=bunden war. In diese Röhren wurde das Wasser aus dem Hauptrohre geleitet und gleich=zeitig erfolgte der Luftzutritt durch den Ventilapparat in den Behälter dergestalt, daß der letztere alle Luft mit aufnehmen mußte, welche das Wasser aus der Röhre verdrängte. Der Druck der hohen Wassersäulen bewirkte eine entsprechende Verdichtung der Luft, welche in diesem Zustande durch lange Röhren (20—25 Centimeter weit) den Bohrmaschinen im Innern des Tunnels zugeführt wurde und hier durch ihr gewaltsames Ausströmen nicht nur wie der Dampf in der Dampfmaschine die Arbeit verrichtete, sondern auch von dem Sprengorte her einen lebhaften Luftzug nach außen hin unterhielt, welcher die durch Pulvergase und das Athmen der Arbeiter untauglich gewordene Luft durch frische ersetzte.

Wir sehen in der Abbildung Fig. 8, wie aus großen horizontalen Cylindern, welche als Luftreservoire dienen, bewegliche Schläuche nach den Arbeitsmaschinen führen, deren Räderwerk durch die ausströmende Luft in Bewegung gesetzt wird. Die Umdrehung des Getriebes wird auf vier stählerne Bohrer übertragen, deren im Ganzen acht thätig waren (unsere Zeichnung giebt nur die Ansicht der einen Hälfte), und treibt diese einen Meter langen Bohrer mit Druck und Drehung stoßweise in das Gestein. In jeder Minute führte ein Bohrer zweihundert Schläge aus. Man bohrte in solcher Art auf die Fläche von 6 Quadratmeter in der Mitte 4 Löcher von 7 Centimeter Weite und 60 Centimeter Länge, außerdem noch 70—80 Löcher von derselben Länge, aber nur halb so weit. In etwa sechs Stunden waren die Löcher fertig; das Bohren selbst dauerte nur halb so lange, das Umstellen, Auswechseln der Arbeitsstähle

Fig. 8. Bohrmaschine im Mont-Cenis-Tunnel

und andere Nebenarbeiten nahmen aber viel Zeit in Anspruch. Hierauf wurde das Gestell, welches die Bohrmaschine trug, und eben so das mit den Luftcylindern auf Rollen etwa 100 Meter weit aus dem Stollen zurückgeschoben, der Sprengraum von den Arbeitern und Maschinen durch einen Vorsatz von starken Bohlen abgetrennt, damit beim Schießen kein Schaden geschehe. Das Schießen selbst war das gewöhnliche mit Pulver und Zünder. Es wurden aber mit dem Satze nur die äußern engeren Löcher geladen, die vier weiteren in der Mitte dienten nur dazu, das Zerreißen der Felsmassen zu erleichtern. Das Abräumen und Entfernen des losgesprengten Gesteins auf Schienen und mittels Ochsenkarren erforderte ebenfalls sechs Stunden Zeit, so daß während 24 Stunden nur zweimal geschossen werden konnte. Trotzdem ist die Riesenarbeit schließlich in bei weitem kürzerer Zeit vollendet worden, als anfänglich angenommen worden war.

Kehren wir aber in unsere gewöhnlichen Steinbrüche zurück, wo die Arbeit weniger auf Massenbewältigung als auf Herausarbeitung brauchbarer Stücke, weniger auf Zerstörung als auf Gewinnung gerichtet ist.

Geschieht in vielen Fällen die Herausarbeitung der Gesteine von der Oberfläche herein (Tagebau), so wird in andern wieder, namentlich da, wo sich in mächtigen Felslagern verhältnißmäßig dünne Bänke zur Gewinnung eignen, ein förmlicher Bergbau (unterirdischer Steinbruch) darauf betrieben. Dicht über der brauchbaren Felslage geht der Steinbrecher mit geräumigen kellerartigen Eingrabungen in den Berg hinein und nimmt mittels Brechstange, Keil und Pulver die unter ihm anstehenden Bausteine Lage nach Lage allmählig heraus. Zum Tragen der Decke bleiben Felspfeiler stehen, und endlich gewinnt ein solcher unterirdischer Steinbruch das Ansehen eines hochgewölbten vielsäuligen Domes. Eine Vorstellung von dieser Abbauart kann man sich in dem berühmten unterirdischen Steinbruche im Petersberg bei Mastricht verschaffen, wo dieselbe zur höchsten Ausbildung gekommen ist. Schon die Römer holten aus diesen Brüchen die sogenannten Sandsteine, eigentlich Kreidetuffe, für ihre Bauzwecke und noch heutzutage stehen dieselben in lebhaftem Betriebe. Bei Trier an der Mosel sind solche Steinbruchsbaue auch in neuer Zeit mehrfach eröffnet worden, sie liefern große Werkstücke zum Kölner Dom und es werden hier die feinsten, zu Steinmetz= und Bildhauerarbeit tauglichsten Felsmassen gefördert. In alter Zeit betrieb man viele Steinbrüche unterirdisch, theils um die Abraumkosten zu ersparen, theils auch, weil man aus Mangel an Transportmitteln für das schwere Material gezwungen war, nahe liegende, einmal eröffnete Brüche so viel wie möglich auszunutzen.

Die Katakomben, welche den ersten Christen in Italien als Schutzstätten ihrer Versammlungen dienten, in denen heimlicher Weise der Gottesdienst gefeiert, die Märtyrer begraben wurden, und aus denen, nachdem das Christenthum als Religion anerkannt worden war, sich prachtvolle Kirchen gestalteten, waren ursprünglich ebenfalls unterirdische Steinbrüche. Die großartigsten finden sich bei Rom im vulkanischen Tuff und führen den Namen der Katakomben des heiligen Sebastian. In einer Länge von ungefähr zwei Stunden Weges ziehen sich die künstlichen Höhlen unter der Erde fort, mit Galerien, die eine Höhe von 4—6 Meter und eine eben so große Breite haben. Förmliche Gassen laufen nach rechts und links von dem Hauptgewölbe ab; sie enthalten zahlreiche Seitennischen, oft mehrfach über einander, und stehen unter sich in Verbindung. Auch im übrigen Italien, vorzüglich bei Neapel, auf den Inseln und in andern Ländern findet man Katakomben, die fast überall eine gleiche Verwendung zu Begräbnißplätzen oder Kirchenräumen gefunden haben. Neuern Ursprungs aber sind die Pariser Katakomben; sie sind ebenfalls aus Steinbrüchen entstanden und nahmen 1786 die Gebeine auf, welche man auf mehreren Gottesäckern, weil diese die Umgegend verpesteten, ausgegraben hatte.

Die Labyrinthe von Syrakus und Kreta und die Tempel von Elephante sind andere bekannte Beispiele unterirdischer Steinbrucharbeiten; Aegypten hat in seinen ausgedehnten Grabhöhlen, Persien in den unterirdischen Palästen am See Wan, Griechenland in den Marmorsteinbrüchen von Paros und Tinos Skylakia ähnliche, später nur zu anderen Zwecken benutzte unterirdische Steinbrüche, wie auch deren noch im Mittelalter in vielen Gegenden Deutschlands, namentlich auf zur Mörtelbereitung taugliche Kalksteine, in Betrieb gesetzt wurden.

In den römischen Katakomben.

Das Buch der Erfindungen. 6. Aufl. III. Bd.   Leipzig: Verlag von Otto Spamer.

Traß, Pozzuolane, Gips und Dachschiefergesteine, welche sich öfters nur in verhältniß=
mäßig dünnen Schichten und oft in sehr steil gegen die Bergflächen geneigten Lagern finden,
werden zur Ersparung der Abraumkosten gewöhnlich durch Bergbau ausgebeutet; dabei
müssen einzelne Lagerstücke als Sicherheitspfeiler stehen gelassen werden, wodurch allerdings
ein Theil des brauchbaren Gesteines verloren geht. In einigen Dachschieferbrüchen des
Thüringerwaldes hat der abzuräumende unbrauchbare Thonschiefer eine so große Dicke, daß
erst allemal der dritte Kubikmeter des losgesprengten und fortgeschafften Gesteines als Waare
(Dachschiefer) anzusehen ist. Nur die gute Qualität dieses Schiefers — man kann aus jedem
Kubikmeter 150—160 Quadratmeter Dachschiefer spalten — erlaubt es, so große Unkosten
auf die Freilegung der Lager zu verwenden. Wo sich diese Verhältnisse noch ungünstiger
gestalten, da kann es vortheilhaft werden, einen unterirdischen Betrieb zu eröffnen. Am
Rhein, an der Mosel, Lahr und Dill, an der Agger, Ruhr und Lenne wird der
Dachschiefer nur durch Bergbau gewonnen. Manche Gruben lieferten schon in grauer Vor=
zeit das Dachbedeckungsmaterial für Kirchen und Privathäuser; solche sind ihrem Alter ent=
sprechend von beträchtlicher Ausdehnung; weil aber die zur Instandsetzung von Abfuhr=
gängen, Stollen und Einbrucharbeiten ausgebrochenen unbrauchbaren Thonschiefermassen
zur Kostenersparniß immer wieder in die schon abgebauten Räume verfüllt (versetzt) werden,
so ist ihr Umfang selten zu übersehen. —

Es dürfte aber für die Darstellung unseres Gegenstandes zweckmäßig sein, wenn wir
eine geordnete Uebersicht über die hauptsächlichsten der nutzbaren Gesteine vornehmen und
mit der Besprechung ihres Vorkommens und ihrer Eigenschaften zugleich der auf ihre
mannichfache Verwendung gerichteten Gewinnungsweisen gedenken.

Die nutzbaren Gesteine und ihre Gewinnung. Wie wir weiter oben schon gesagt
haben, ordnen sich die Gesteine je nach ihrem Alter auch in gewisser Art entsprechend nach
besonderen Eigenschaften, welche für ihre Bearbeitung und Benutzung maßgebend sind. Die
ältesten oder Urgesteine, aus einst geschmolzen gewesenen Massen erstarrt, haben ein kry=
stallinisches Gefüge, in welchem sich einzelne Mineralien in scharf gesonderten Individuen,
Krystallen, neben einander bemerklich machen. Die verschiedene Farbe derselben, welche oft
in schöner Zeichnung hervortritt, die hohe Härte wenigstens einzelner, bisweilen aber auch
aller Bestandtheile, welche eine schöne Politur erlaubt, die große Dichtigkeit — diese Eigen=
schaften lassen die in Frage stehenden Gesteine, trotzdem sie sehr schwierig zu bearbeiten
sind, für viele, namentlich für künstlerische Zwecke werthvoll erscheinen. Wenn auch nicht
in Bezug auf ihr Alter, so doch in Bezug auf ihre pyrogene (aus feurig=flüssigem Zustande
hervorgegangene) Natur und gewisse damit zusammenhängende Eigenschaften, welche Aus=
sehen, Festigkeit, Struktur u. s. w. bedingen, stehen den primitiven Gesteinen, wie Syenit,
Gneis und gewissen Graniten, eine Zahl jüngerer Bildungen nahe, welche entweder geradezu
plutonischer Art, selbst als geschmolzene Massen emporgedrungen, oder wenigstens durch
solche, kraft deren Hitze und chemischer Einwirkung, umgewandelt worden sind. Wir finden
Granite sehr jungen Datums, welche in all' ihren Eigenschaften Uebereinstimmendes haben
mit solchen Graniten, die allem Anschein nach zu den ältesten Gesteinen mit gehören, und
die Diorite, Porphyre, Basalte, Melaphyre, Phonolithe u. s. w. sind zwar nicht für den
Geognosten, wol aber für den Steinbrecher und den das Material verarbeitenden Künstler
neben den Urgesteinen zu nennen, denen ja auch der als Kunstmaterial in erster Reihe
stehende carrarische Marmor sehr lange Zeit selbst von den Männern der Wissenschaft zu=
gezählt wurde, obgleich er nichts Anderes als metamorphosirter Kreidekalk ist.

Gerechtfertigt mag es daher erscheinen, wenn wir unsere Betrachtung von jenem ehr=
würdigen alten Materiale ausgehen lassen, aus welchem das Gerippe unserer Erde gezim=
mert ist, und das in unserm Sinne Verwandte dem Verwandten folgen lassen.

Granit und Syenit sind solche Urgesteine, welche zu Bauten und Kunstwerken ver=
wendet und zu diesem Zwecke durch Steinbruchsbetrieb gewonnen werden. Ihnen schließt
sich der Grünstein oder Diorit an, von mineralogisch analoger Zusammensetzung; denn
alle drei bestehen der Hauptsache nach aus einem Gemenge von Quarz und Feldspath (welch

letzterer beim Grünstein bedeutend vorherrscht) und dazwischen eingestreutem Glimmer (Granit und Syenit) oder Hornblendekrystallen (Diorit). Die Farbe des Feldspathes von Weiß durch alle Nüancen bis in ganz entschiedenes Roth bedingt die Färbung der Granite, welche oft sehr wirkungsvoll werden kann, namentlich wenn der Glimmer von schwarzer Farbe und in deutlich ausgebildeten Tafeln auftritt; der Quarz ist in der Regel weiß oder braun, doch kommen auch bläuliche Varietäten vor. In den Grünsteinen ist die Hornblende regelmäßiger und in kleineren Blättchen vertheilt, daher auch die Farbe gleich= artiger und, wie schon der Name besagt, von einem dunkelgrünen Tone, welcher eben von der Hornblende herrührt.

Diese Gesteine bilden große Gebirge, und selbst da, wo sie nicht an die Oberfläche treten, ist der Granit häufig die Ursache der Erhebung gewesen. Im Sächsischen Erzgebirge, im Harze, dem Riesengebirge, im Böhmerwalde, in den Centralstöcken der Alpen, in den

Fig. 9. Transport von Felsblöcken auf dem Aargletscher. Nach einer Zeichnung von Collomb.

Gebirgen Schwedens und Norwegens eben so wie in den Niederungen Aegyptens — der Syenit hat von der Stadt Syene in Oberägypten seinen Namen — oder in den Felsen= gipfeln des Himalaja, die sich am weitesten über die Oberfläche des Meeres erheben, finden wir derartige Gesteine, die wir auch da, wo sie, von später gebildeten Schichtensystemen überlagert, nicht an die Oberfläche hervortreten, als Grundlage voraussetzen dürfen.

Die Oberfläche der oft sanft gewölbten granitischen Regionen ist sehr häufig mit ein= zelnen Blöcken übersät, wie sie aus der Zersprengung der äußersten Schalen entstanden sind (Fig. 9). Diese Absonderung in einzelne Stücke hat vorzugsweise den Granit unter den Gesteinen die Rolle eines Wanderers spielen lassen. Von den Abhängen der Gebirge losgelöst, wurden die Blöcke auf dem Rücken der Gletscher, welche vor Zeiten den größten Theil des Festlandes der nördlichen Hemisphäre bedeckten, zu Thale geführt und bis auf Entfernungen in die Ebene befördert, welche unglaublich erscheinen könnten, wenn nicht die Uebereinstimmung in der Natur des Gesteines unzweifelhaft den Ort seiner Herkunft ver= riethe. Von Küsten, an denen die Gletscher bis in das Meer hinabreichen und ihren abge= stoßenen Saum als Eisberge von der nie rastenden Strömung fortführen lassen, unternahmen solche Felsstücke auf ihrer Eisunterlage weite Wasserfahrten, bis die Wärme der Fluten ihr weißes Floß so weit zusammengeschmolzen hatte, daß es die Last nicht mehr zu tragen vermochte. Wo sie zu Grunde ging, blieb sie liegen, und wir finden jetzt noch in den weiten nordischen Niederungen unzählige, oft häusergroße Felsblöcke, deren Gesteinsbeschaffenheit unwiderleglich darthut, daß sie von den skandinavischen Gebirgen abstammen und auf Eis= schollen hierher geflößt wurden, als diese Gegend noch mit Wasser bedeckt war. Wander= blöcke oder erratische Blöcke nennt der Sprachgebrauch diese Fremdlinge.

Sie sind sehr häufig Gegenstand der Ausbeutung, da ihr Vorkommen über Tage eine verhältnißmäßig leichte Inangriffnahme gestattet, übrigens aber auch in ihnen oft ein schönes und für Kunstarbeiten geeignetes Material geboten ist, das sich sonst weithin in der Gegend nicht heimisch findet und dessen Bezug von dem Orte seines Vorkommens die geschilderte vorgeschichtliche Spedition in der billigsten Weise bewirkt hat.

Fig. 10. Erratischer Granitblock zu Monthey (Wallis). Nach einer Zeichnung von Colcomb.

Die geeignete Zerkleinerung, die erste Formgebung des Granits, welcher in den grobkörnigen Varietäten ein werthvoller Baustein, in den feinkörnigen, einer hohen Politur fähigen Arten dagegen ein zu ornamentalen Vasen, Säulenschäften, Piedestalen und der= gleichen viel verwendetes Kunstmaterial ist, erfolgt durch allmähliges Eintreiben von eiser= nen Keilen, auch mittels hölzerner Keile oder konischer Schrauben, welche den Block in der Richtung seiner Anordnung zerreißen. Weiterhin vollenden Meißel, Schleif= und Polirmühlen die Arbeit.

In Aegypten wurde der Granit im Alterthume bereits im Steinbruchsbetriebe ge= wonnen, und es sind uns in zahlreichen Obelisken, Sarkophagen und dergleichen Zeugnisse der bewundernswürdigen Kunstthätigkeit jenes alten Kulturstaates überliefert worden. Es finden sich darunter Monolithen von staunenerregender Größe, die in ihrer ersten rohen Form schon aus dem anstehenden Gestein herausgearbeitet wurden.

Außer dem Granit ist der vielverbreitete Grünstein, Diorit, zu ähnlichen Verwen= dungen wie jener geeignet und auch von den alten Aegyptern vielfach schon benutzt worden. Die Abbildung Fig. 11 giebt uns eine Ansicht von einem solchen Werke altägyptischer

Bildhauerkunst. Sie soll den König Schafra, den Chephren des Herodot oder den Chambryes des Diodorus von Sizilien darstellen, den vierten Fürsten der vierten Dynastie, der zu seinem Grabmal die kleinere der Pyramiden von Gizeh aufführen ließ; die Statue würde demzufolge, da dieser König in die Zeit von 2500 — 2300 vor Christo fällt, ein Alter von mehr als 4000 Jahren für sich in Anspruch nehmen können. Gefunden wurde sie von dem um die ägyptischen Ausgrabungen sehr verdienten Mariette auf dem Grunde eines Brunnens, in welchem sie nebst einer anderen Statue desselben Königs aus dunkelgrünem Basalt lag. Die Ausführung der Skulptur ist durch die Härte des Materials in den Grenzen strenger Einfachheit gehalten, trotzdem aber kann man ihr eine mächtige

Fig 11. Altägyptische Kolossalstatue aus Diorit.

Wirkung nicht absprechen, und wie das Gestein, so spiegelt sich aus der förmlich architektonischen Haltung des Königs, der sich der Menge gegenüber für einen Gott hält, die Unbeugsamkeit eines Willens, dem gegenüber keine Menschheit weiter existirte.

Porphyr, Melaphyr, Basalt 2c. In Bezug auf die zusammensetzenden Mineralien mit den genannten Gesteinen verwandt erscheinen die Porphyre insofern, als dieselben ebenfalls Quarz, Feldspath, ferner auch Hornblende enthalten. Es sind dieselben aber nicht in einem gewissermaßen gleichberechtigten Nebeneinander, wie im Granit oder Grünstein, sondern eine feldspathreiche Grundmasse umschließt die Kryftallindividuen jener Bestandtheile, so daß dieselben vereinzelt und dadurch oft sehr schön nach allen Seiten hin ausgebildet auftreten. Je nachdem ein oder das andere Mineral vorzugsweise auftritt, haben die Porphyre verschiedene Farbe, Zeichnung und demgemäß auch Namen. Vorherrschend sind rothe Färbungen durch beigemengtes Eisenoryd bewirkt, doch auch grüne (Dioritporphyr) und graue bis schwarze Gesteine dieser Art kommen vor, welche letztere ihrem Aussehen und der einstigen feurigflüssigen Natur den griechischen Namen Melaphyre verdanken. Der Melaphyr ist das Muttergestein schöner Amethyst-, Achat-, Karneolund Calcedonmandeln, welche der Steinschleiferei ein gesuchtes Material bieten. Um diese zu gewinnen, wurde er daher, früher mehr als jetzt, wo Brasilien und Madagaskar jene Halbedelsteine in schöneren Exemplaren und billiger liefern, im Steinbruchsbetriebe abgebaut. In seinen dichten Varietäten wird er zum Pflastern, in seinen blasigen Arten zu Hochbauten benutzt und ist in diesen Beziehungen für manche Gegenden Deutschlands (Darmstadt, Nahegegend, Thüringen) sehr wichtig. Die berühmte Obersteiner Achatindustrie beruhte, bevor die überseeischen Bezugsquellen zur Lieferung des nothwendigen Materials herbeigezogen worden waren, ausschließlich auf dem Vorkommen des Achates u. s. w. in den dortigen Melaphyren.

Der Thonporphyr oder Thonsteinporphyr wird seiner thonigen Grundmasse wegen, die eine schöne Politur nicht zuläßt, nur als Baustein zu Thürstöcken u. s. w. und gewöhnlichen Steinmetzarbeiten verwandt. Der härtere Feldsteinporphyr dagegen, dessen Grundmasse feldspathhaltig und hart ist, der Dioritporphyr, mit dunkler, hornblendereicher Grundmasse, und ähnliche stehen zu Kunstzwecken in hoher Achtung.

Die gerühmten Eigenschaften ließen den Porphyr schon bei den Alten in bevorzugten Gebrauch kommen, obwol wir keineswegs glauben dürfen, daß mit demselben Namen auch immer dasselbe Gestein, das wir darunter verstehen, gemeint gewesen ist. Der Verde antico der italienischen Künstler ist ein Grünsteinporphyr (Diabasporphyr), der in seiner grünen Grundmasse dunkle Augit- und weiße Feldspathkrystalle eingestreut zeigt; der ebenfalls hochgeschätzte porfido rosso-antico enthält in schön rother Grundmasse größere Krystalle von Feldspath und kleinere von Hornblende. Sehr schöne Porphyre kommen auch in Rußland, namentlich im Ural, vor und finden als Säulenschäfte und zu Wandverkleidungen in den farbenreichen byzantinischen Prachtbauten vielfache Verwendung.

Bekannt ist der Phonolith oder Klingstein als ein Material, welches in den Gegenden seines Vorkommens namentlich wegen seiner Fähigkeit, in großen und verhältnißmäßig dünnen Platten zu spalten, gebrochen wird.

Der Trachyt ist ein vulkanisches Gestein, welches fast allein aus Feldspath besteht. Er ist weiß, perlgrau, röthlich, dicht, porös oder porphyrartig, d. h. es stecken in ihm einzelne Krystalle verschiedener Mineralien wie in einem Teige. Zu Platten und Quadern spaltbar, wird er vielfach zu baulichen Zwecken benutzt; die älteren Theile des Kölner Domes sind daraus aufgeführt. Er läßt sich gut bearbeiten, mit Säge und Meißel schneiden und schaben, und ist außergewöhnlich wetterfest.

Besonders wichtig aber ist seines ausgebreiteten Vorkommens wegen der Basalt, ein Gestein, dessen natürliche Absonderung die Gewinnung brauchbarer Stücke sehr erleichtert. Der Basalt, welcher schwärzlichgrau bis schwarz, dicht, bisweilen blasig, von Kalkspath und Olivineinschlüssen weiß und grün gefleckt erscheint und in bald senkrecht stehenden, bald geneigt liegenden mehrseitigen Säulen abgesondert, hier und da verschiedenartig

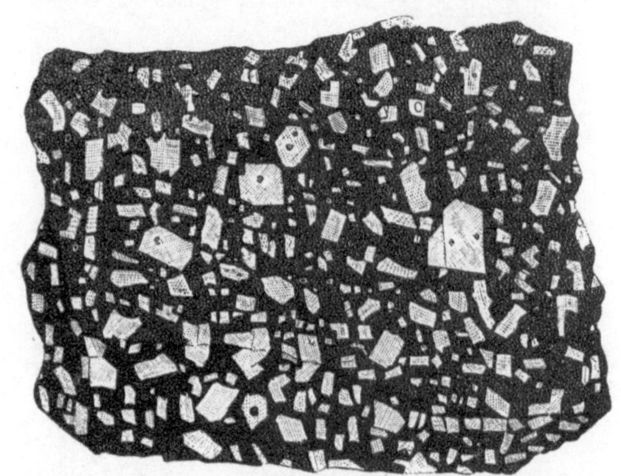

Fig. 12. Diabasporphyr.

gegliedert und in Kugeln zerfallend vorkommt, ist ganz ersichtlich aus dem geschmolzenen feurigflüssigen Zustande erstarrt und fest geworden. Dabei hat er sein Volumen vermindert und die dadurch entstandenen Klüfte schieden die Masse gewöhnlich in die schon erwähnten Säulenformen, bisweilen aber auch sonderten sich die zuerst erhärteten Schichten als einzelne konzentrische Schalen ab, die nach innen zu ein immer dichteres Gefüge bekommen. Die Säulen des Basaltes sind zuweilen gekrümmt, gewöhnlich aber ganz gerade und fünf-, sechs- oder siebenseitig; oft erscheinen sie mehr als 3 Meter lang ganz und mit so ebenen, regelmäßigen Seiten, daß sie als Pfosten und Einfriedigungen, Treppenstufen u. s. w. verwendbar werden. Diese regelmäßige Säulenbildung giebt den Basaltsteinbrüchen oft ein sehr malerisches Aussehen, und wo sie von selbst zu Tage tritt, ist sie oft die Ursache der wunderbarsten Scenerie. Bekannt sind in dieser Beziehung die Insel Staffa, der Basaltberg Detonata in Siebenbürgen, der Schloßberg von Stolpen u. a. Wenn der Basalt in dickern Säulen vorkommt, ist er oft noch durch die Verwitterung in sphäroidische, schalige Stücke getheilt, welche durch ihre perlschnurartige, reihenweise Anordnung einen merkwürdigen Anblick gewähren und den betreffenden Steinbrüchen oft sehr sonderbare Namen eingetragen haben. Diese Theilstücke, von ihren stark zersetzten, mürben, zuweilen ganz lehmartigen Schalen befreit, durch scharfe, schwere Spalthämmer in würfelförmige Stücke zerschlagen, geben ein gesuchtes und vorzüglich gutes Pflastermaterial. Solche Steine werden in der Oberlausitz bei Zittau, bei Fauerbach und Niedermörlen in der Wetterau, am Vogelsberge, bei Gundernhausen und Rosdorf, in der Nähe von Darmstadt bei Runkel und Linz, am Rheine sowie an andern Orten Deutschlands gewonnen. Die Abfälle dienen zum Bedecken der Landstraßen, wofür der harte Stein ein ausgezeichnetes Material ist.

Der Basalt ist als eine ruhig geschmolzene Lava zu betrachten; seine chemische Natur, die Uebereinstimmung mit jetzt noch aus dem Innern der Erde hervorbrechenden geschmol= zenen Laven, seine Struktur und Lagerung, der Umstand, daß man sehr oft die senkrech= ten Kanäle deutlich nachweisen kann, in denen er an die Oberfläche gelangte, weiterhin aber auch noch die mancherlei Uebergänge in andere Gesteine, welche geradezu als geschmolzene Gläser angesehen werden können, setzen dies außer allen Zweifel.

Eine blasige Abänderung des Basaltes (der Lungstein, die sogenannte Nieder= mendiger Lava) von grauer bis brauner Farbe, feinblasig bis schwammig, leicht, aber fest und zähe, im feuchten Zustande fast mit dem Messer zu bearbeiten, bildet einen Theil des nordwestlichen Vogelberges, bei Lich, Gießen, Grünberg und der Eifel bei Nieder= mendig. Aus dieser Lava werden Quadern zu Hochbauten und zierlichen Steinmetzarbeiten, Mühlsteine, Tröge und viele andere Gegenstände bearbeitet.

Fig. 13. Basaltbildungen der Ryklopeninsel.

Niedermendig. Die vulkanischen Gesteine, welche wir bisher kennen gelernt haben, werden gewöhnlich in offenen Steinbrüchen, wie der im gegliederten Säulenbasalt bei Fauerbach in der Wetterau angelegte, mittels Brechstange und Bickel gebrochen. Nur ausnahmsweise wird zum Bergbau geschritten. Der Steinbrecher in der Eifel aber hat seit Jahrtausenden sein Gewerbe gerade in solcher Weise betrieben. Römische Legionen, welche am Rhein und in Trier ihre Lagerstätten hatten, vor ihnen Germanen und noch früher die keltischen Volksstämme, deren Existenz wir nur aus ihren über den deutschen Boden zer= streuten Grabhügeln kennen, gewannen bei Niedermendig schon ihre Mühlsteine, wovon Bruchstücke, ja ganze Handmühlen, sich in jenen Gräbern vorgefunden haben.

Der Mühlsteinbrecher gräbt und bricht einen engen Schacht durch die obere, in Säulen zersprungene und weniger brauchbare Felsdecke bis in die blasige Mühlsteinlava herab. Dann weitet er dasselbe aus und legt die gute Schicht frei. Aus dieser meißelt er nun ein möglichst großes, rundes Stück einer Scheibe los, hebt sie mit der Brechstange von ihrer Unterlage ab und bearbeitet sie weiter bis zur verlangten Form und Größe. Die fertigen Steine werden mittels Haspel und Seil durch den Schacht an die Oberfläche gezogen.

Die Gesteinsmasse ist — wie viele der aus vulkanischen Ausbruchsöffnungen geflossenen Gesteine — nicht durchgängig von gleicher Beschaffenheit und daher auch nicht durchgängig für gleiche Verwendung geeignet. Es erklärt sich die größere und geringere Dichtigkeit, die Zerspaltung in einzelne Blöcke und die Zerreißung in Schollen durch die Art der Abkühlung. Zuerst war Alles in einem glühend geschmolzenen Zustande und verhielt sich wie ein mehr oder weniger steifer Teig. Die unteren Theile des Lavastromes erkalteten unter der ganzen Last der auf ihnen ruhenden Masse, sie konnten also nicht in kleinere Stücke zerspringen; die oberen Theile aber fielen bei der Abkühlung, mit welcher eine Volumenverminderung verbunden war, in Schollen und Scherben aus einander, während die mittleren, langsam erstarrend, gewissermaßen krystallisirend in senkrechte Säulen sich trennten, aus denen die Verwitterung im Laufe der Zeit zuweilen Kugeln oder Sphäroïde formte. Die unter der obersten, in Schollen zersprungenen Lavadecke liegende Masse, in welcher sich während des Erkaltens kleine Gasbläschen entweder infolge der Feuchtigkeit des Bodens oder chemischer Umwandlungen entwickelten, welche die Veranlassung zu der porösen Beschaffenheit wurden, ist von einer großen Härte. Die einzelnen Mineralbestandtheile hatten Zeit, sich gehörig auszubilden, und die scharfen Kanten der herauswachsenden Krystalle, verbunden mit den kleinen Blasenräumen und den glasig scharfen Rändern der Grundmasse, sind für die Zerreibung der Getreidekörner bei Mühlsteinen gerade von besonderer Wirkung. Diese Lage giebt auch die besten Mühlsteine.

Bei den Laven dürfen wir zugleich des Traß und der Pozzuolane gedenken. Beide sind erdige Substanzen, welche aus der Verwitterung von Lava oder vulkanischer Asche entstanden und so viel kieselsaure Thonerde und Alkalien enthalten, daß sie, mit Aetzkalk gemischt, höchst wasserdichte Cemente geben. Bei Andernach und Brohl am Rhein wird der Traß, eine gelblich-graue, Bimssteinstückchen enthaltende, vom Wasser fortgespülte und dann wieder abgelagerte, vulkanische Asche gegraben und weithin rheinauf- und abwärts versendet. In größter Menge aber liegt ein ähnliches Gestein, gelblich-graulich bis weiß, in der Nähe von Neapel und Pozzuoli. Es ist die Pozzuolane, in welcher schon die Römer und Griechen viele tausend Fuß, halbe Wegstunden weit, in den Fels hineinreichende hohe Grotten, die jetzt zum Theil als Tunnels für Chausseen dienen (Piedigrotta im Pausilippo), eingehauen haben, um das Material alsbald auf Seeschiffen weiter zu schaffen. Der leichte, gut zu bearbeitende und wetterbeständige Stein ward, vermischt mit Kalk, unter andern in den kolossalen Thermen des Caracalla bei Rom zur Herstellung der Gewölbe benutzt, welche fast über 30 Meter Spannweite hatten, jetzt aber, von Barbarenhand zerschlagen, nur noch theilweise dem Wetter trotzen. Die Umgegend von Rom liefert noch eine rothbraune vulkanische Asche von außerordentlicher Güte, welche in neuerer Zeit von französischen Unternehmern in großen Quantitäten in den Handel gebracht wird. Es ist dies die zum Romancement verwendete römische Pozzuolane, welche in den Leuzitlaven bei Rom (Ponte molle, Monte Porzia, Frascati) sich häufig findet und den Wasser- und Hochbauten der Alten so große Dauerhaftigkeit gegeben hat.

Nachdem wir solchergestalt die plutonischen und vulkanischen Gesteine abgehandelt haben, erübrigen für unsere Besprechung einige andere, und unter ihnen für Kunst und Industrie sehr wichtige, welche wir ihrem Ursprunge nach nicht mit jenen vergleichen können. Der Mehrzahl nach sind diejenigen Gesteine, welche wir im Sinne haben, sogenannte Sedimentgesteine, wie sie durch Absatz aus Wasser sich gebildet haben; indessen werden wir auch auf das eine oder das andere stoßen, für welches wir eine gleiche Entstehungsweise nicht voraussetzen können. Nichtsdestoweniger sei es uns erlaubt, dasselbe an geeigneter Stelle, wo es vielleicht seiner Verwendung nach Erwähnung finden darf, mit anzuführen. Bei den verschiedenartigen Gesichtspunkten, von welchen aus wir hier die nutzbaren Gesteine zu betrachten haben, haben wir ja ohnedies von vornherein darauf verzichten müssen, sie wissenschaftlich zu ordnen.

Kalkstein. Der wichtigste aller Steine, welche zu Bauzwecken gebrochen werden, ist ohne Zweifel der Kalkstein, aus Kalkerde und Kohlensäure bestehend, denen aber gewöhnlich noch etwas Thonerde oder andere erdige Bestandtheile beigemengt sind. Durch diese Beimengungen wird zum Theil die Verwendung des Gesteines bedingt, welche in ihrem Umfange hinlänglich bekannt ist. Zu Mörtel wählt man den reinsten Kalk, der mindestens 98 Prozent kohlensaure Kalkerde enthält; zu Wasserkalk und Cement nimmt man solche, welche 10—12 Prozent Thon- und Kieselerde und etwas Alkali enthalten. Zu Pflaster und Plattsteinen dienen dichte, feste, kieselige Kalksteine, zu Werkstücken für Hochbauten gern die feinporösen, Bittererde enthaltenden, weil diese der Witterung großen Widerstand entgegensetzen und sich meistens leicht schneiden und behauen lassen. Der krystallinische weiße sowie der bunt gefärbte, geäderte oder sonstwie gezeichnete Marmor ist für die Skulptur, Bijouterie und Ornamentik unersetzlich u. s. w.

Der Kalkstein ist sehr weit verbreitet; infolge seiner Eigenschaft, sich in geringer Menge im Wasser aufzulösen, hat er in allen geologischen Epochen zur Bildung der abgesetzten Schichten der Masse nach ganz wesentlich mit beigetragen. Wir begegnen ihm deswegen in der Natur in sehr verschiedenen Formen.

Wir unterscheiden sie am besten als: körniger Kalkstein (Marmor) von krystallinischem Gefüge und meist hellen Farben, ziemlicher Härte und in einzelnen Varietäten durchscheinend. Der körnige Kalkstein wurde früher als Urkalk angesehen, jetzt ist aber nachgewiesen, daß er auch oft und gerade in seinen schönsten Varietäten, wie zu Carrara, durch Metamorphose aus späteren Bildungen der Kreide- und Juraperiode entstanden ist.

Dichter oder gemeiner Kalkstein, welchem die ausgeprägte krystallinische Struktur des vorigen mangelt, häufig von Adern und Drusen von Kalkspathkrystallen durchzogen, in den verschiedensten Farben und oft mit sehr schöner Zeichnung. Die meisten bunten, geflammten und geäderten Marmore sind hierher gehörig. Oefters enthält der dichte Kalkstein Kohle oder Bitumen, Ueberreste der bei seiner Bildung untergegangenen Thier- und Pflanzenwelt, und die häufig auftretenden dunklen grauen und schwarzen Varietäten haben darin den Grund ihrer Farbe.

Kalksinter kommt als krystallinischer oder faseriger Absatz, als Stalaktiten u. dgl. in Höhlen vor und hat sich auch vor Zeiten schon in ähnlicher Weise in solchen gebildet und dieselben ausgefüllt, so daß er an Gebirgen auch in Stöcken eingelagert erscheint. Manche Varietäten sind gefärbt und werden dann als Kalkalabaster zu Ornamenten verarbeitet.

Onyxmarmor ist ein Kalksinter von durchscheinend weißlicher, aber partienweise grünlich, gelblich, gelbbraun u. s. w. gefärbter Grundmasse, die auch mit bunten Bändern achatartig durchzogen für Bijouterien ein ausgezeichnet schönes Material liefert. Er kommt in der Provinz Oran bei Ain Lekbalek in Algier vor und wird in Paris vielfach zu Kunstgegenständen, namentlich zur Darstellung von Gewändern für Bronze- oder Marmorfiguren verarbeitet. Es bestehen daselbst großartige Etablissements, in denen das schöne Material seine künstlerische Vollendung erfährt. In Aegypten finden sich ähnliche Gesteine, bei Beni Souef und Syout zwei Steinbrüche, die schon im Alterthume berühmt waren.

Der Travertin ist auch ein Kalksinter, der sich durch Ablagerung um Pflanzenstengel u. dgl. gebildet hat, infolge dessen sehr porös ist und auf dem Querschnitt lauter regellos neben einander liegende Röhrendurchschnitte zeigt. Die Felsen von Tivoli bei Rom bestehen aus solchem Gestein, das jedoch auch dicht, z. B. in den altrömischen Wasserleitungen, vorkommt und dann als Baustein gebrochen wird. Aehnlich ist der Kalktuff, welcher vielfach zu Gartendekorationen in Anwendung kommt.

Der Süßwasserkalkstein ist dicht, bisweilen erdig, selten schiefrig und von hellen Farben. Er bildet in der Umgegend von Paris und anderwärts weithin sich erstreckende Ablagerungen, die durch ihre horizontale Schichtenlagerung ein sehr bequemes Abbauen unterirdisch gestatten, indem die in den weichen Stein getriebenen Stollen in demselben Niveau sich straßenartig nach allen Richtungen weiterführen lassen. Die Berge um Orleans und Paris sind in dieser Weise oft meilenweit durchfahren und haben in ihren verzweigten Labyrinthen während des letzten Krieges häufig die Besitzthümer der geflüchteten Bewohner zu bergen gehabt. Die ganze bewegliche Habe von Chelles — einer wohlhabenden Stadt in unmittelbarer Nähe von Paris mit etwa 6000 Einwohnern — hatten diese auch in einen derartigen unterirdischen Steinbruch vermauert, als sie von den Francs=Tireurs im Sommer 1870 gezwungen worden waren, nach Paris zu gehen, um sich dort belagern zu lassen. Allerdings gereichte diese Bergung den Eigenthümern nicht zu großem Segen, denn unsere Soldaten, die das Versteck bald auffanden, hatten nichts Eiligeres zu thun, als sich ihre öden Quartiere mit den entdeckten Möbeln, Betten u. s. w., so gut es anging, wieder aus= zustatten, bei welchem Geschäft denn freilich Manches beschädigt, jedenfalls aber Alles ver= schleppt worden ist. Der Süßwasserkalk ist frisch gebrochen sehr leicht zu bearbeiten, an der Luft erhärtet er, seine schichtenförmige Lagerung erlaubt das Herausarbeiten großer regel= mäßiger Blöcke und Platten, und durch diese Eigenschaften ist er ein Baumaterial, ohne welches die monumentale Pracht des Napoleonischen Paris kaum möglich geworden wäre.

An den Küsten Siziliens und Unteritaliens findet sich ein ähnlicher gelblich=weißer, aus kleinen Muscheln und Kalkkörnchen bestehender poröser Kalkstein, der so weich ist, daß er sich mit Säge und Meißel gleich gut bearbeiten läßt; trotzdem haben sich die aus ihm schon fast vor viertausend Jahren ausgeführten Tempel und andere Bauwerke der Hellenen bis heutigen Tages erhalten. Die Leichtigkeit, womit dieses Gestein sich dem Willen des Steinmetzen und Bildhauers fügt, und die Festigkeit, welche es an der Luft annimmt, haben ohne Zweifel Vieles zu dem reich geschmückten Stile der alten Baumeister beige= tragen, denn auch die sarazenischen, normannischen, deutschen, französischen und spanischen Herrscher, welche nach und nach Sizilien und Unteritalien im Besitze hatten, ließen diesen Kalkstein oft zu ihren Prachtbauten verwenden. Die Kalksteine vom Petersberge bei Mastricht ähneln den unteritalienischen und sizilischen, sind aber ihres höhern Thongehaltes wegen weniger luftbeständig. In Deutschland finden sich feinporöse, aus Tausenden klei= ner Muschelschalen zusammengekittete gelbliche und schwärzliche Kalksteine einer jüngeren Bildung (Tertiärformation) am Rheinstrom bei Mainz und Oppenheim, welche als vor= zügliche Bausteine weit versendet werden.

Der Kalk kommt in der Natur noch in nutzbarer Form vor als Schieferkalkstein von sehr verschiedenen und oft sehr lebhaften Farben, die ihn, bisweilen mit schöner Zeich= nung versehen, als Marmor (Campaner Marmor bei Bagnères, Marmor von Zwickau) Verwendung finden lassen. Ferner ist die der Industrie überaus wichtige Kreide nichts Anderes als ein aus den kalkigen Schalen von Polythalamien oder Foraminiferen zu= sammengesetztes Gestein, welches auf der Insel Rügen, auf den Dänischen Inseln, in England, Irland, bei Paris, an vielen Orten in Italien, in Nordafrika, Kleinasien u. s. w. vorkommt. Und endlich finden sich Kalkgesteine von verschiedenen und oft werthvollen Eigen= schaften in allen Formationen, bald den Sandsteinen, bald den Schiefern, bald krystallini= schen Gesteinen sich nähernd.

Wir erwähnen davon nur die lithographischen Schiefer des bayerischen Jurakalkes. Diese Solenhofener Steine sind ein dichter, höchst feinkörniger, hellgelber oder grau= licher Kalkstein, welcher in 15—30 Centimeter dicken Platten einer mächtigen, dünnplat= tigen Abtheilung der bayerischen Juraformation eingelagert ist. Das Gestein ist in seiner ausgezeichnetsten Qualität bisher einzig und allein in den bayrischen Donaugegenden bei Solenhofen und Pappenheim gefunden worden. Die durch den Steinbruch entblößten, in Fig. 14 abgebildeten Felswände bestehen aus unzähligen dünneren und dickeren Lagen, welche wie die Blätter eines Buches über einander geschichtet sind. Auf diesen Blättern hat die Erdgeschichte ihre Denkwürdigkeiten unvergänglich eingegraben, indem sie Skelette und Abdrücke von Vögeln, fliegenden und kriechenden Amphibien, Fischen, Fliegen, Käfern, Krebsen, Seesternen, Muscheln, Korallen und von Pflanzen verschiedener Art darin einlegte und bis auf unsere Zeiten aufbewahrte. Wir vermögen daran die allmählige Entwicklung der organischen Wesen auf Erden zu studiren.

Aber nur ein geringer Theil der Platten ist für den Lithographen brauchbar. Diese Schichten sind dicker, ganz ohne Schieferung und liegen in verschiedenen Höhen zwischen den dünnspaltenden vertheilt. Etwa nur ein Fünfzehntheil der Felsmasse läßt sich als Lithographieplatten verwenden, ein anderes Fünfzehntheil wird zu 12 Millimeter dicken, etwa $\frac{1}{10}$ Quadratmeter großen Plättchen gespalten und behauen; es liefert Dachplatten. Wieder ein anderer Theil der Schichten wird in dicken Blöcken losgebrochen, welche sich aber durch Hammerschläge leicht in Platten von 12 Millimeter Dicke trennen, die geschliffen und verschiedenartig bearbeitet als Fußbodenbelege, Fensterfutter u. dergl. vielfache Anwendung finden. Diese Stücke besitzen eine gelbliche Färbung, sind wenig politurfähig und deshalb nur für ordinäre Steintische geeignet. Die gewonnene Quantität beträgt vier Fünfzehntheile der anstehenden Felsmasse. Der Rest oder drei Fünftheile des Gesteines sind unbrauchbar und werden als Schutt bei Seite geworfen. Daher erklären sich die ungeheuren Schutthalden, welche wie Festungswälle die Gegend durchziehen. Zur Gewinnung des lithographischen Steines werden auf den Steinbrüchen bei Solenhofen und Pappenheim an 2000 Arbeiter beschäftigt und außerdem mehrere Dampfmaschinen zum Betriebe der Säge- und Schleifwerke benutzt.

Fig. 14. Steinbruch im lithographischen Schiefer von Solenhofen.

Die für die Lithographen werthvollsten Steine sind die blauen; da sie aber nur in verhält= nißmäßig geringer Menge vorkommen, so werden sie im Handel gewissermaßen nur als Prämie bei größeren Bestellungen auf die weniger geschätzten, aber häufiger vorkommenden gelben Steine verabfolgt. Uebrigens steigen auch die Preise der letzteren von Jahr zu Jahr.

Dünnspaltende Kalkplatten, denen gleichend, welche den lithographischen Stein be= gleiten, werden auch in Württemberg und im Juragebirge gewonnen, aber nirgends noch hat sich die eigenthümliche Mischung von Kalk und Thon gefunden, welche Senefelder bei der Erfindung der Steinschreibekunst so wesentlich unterstützte.

Von denjenigen Gesteinen, in welchen der Kalk in Verbindung mit anderen Stoffen auftritt, ist besonders der Dolomit der Massenhaftigkeit seines Vorkommens wegen wichtig. Aus kohlensaurem Kalk und kohlensaurer Magnesia bestehend, bildet er feinporöse, dichte Gesteinsmassen der ältern Formationen, welche im südlichen Tirol, sowie auch an vielen Orten in Deutschland (Corbach, an der Diemel und Eder, bei Limburg a. d. Lahn u. s. w.)

verbreitet sind. Zahlreiche alte Kirchen und Dome sind hier aus dem in quaderförmigen Stücken brechenden Dolomit aufgebaut worden, und die bewahrte Zierlichkeit der Skulpturen beweist die Dauerhaftigkeit des Materials. —

Natürliche Kalksteine, welche einen gewissen Gehalt von Thonerde besitzen, sind als Cemente für die Technik wichtig geworden. Wir werden im IV. Bande dieses Werkes Gelegenheit finden, näher auf diesen Gegenstand einzugehen, und begnügen uns daher an dieser Stelle mit einer kurzen Erwähnung.

Der Cement, der jetzt zu den Wasserbauten in ungeheuern Massen verbraucht wird, findet sich in richtiger Zusammensetzung nur an wenig Orten natürlich gebildet. Die Kalklager, welche die passenden Gesteine liefern, gehören meist der Liasformation an, und sie werden da, wo sie auftreten, auf das Eifrigste ausgebeutet. In Frankreich ist es vorzüglich die

Fig. 15. Cementbruch in der Gegend von Grenoble.

Gegend von Grenoble, die wegen der dortigen Cementbrüche eine große Berühmtheit erlangt hat. Aus dem Gange, von dem unsere Abbildung Fig. 15 eine Ansicht giebt, wurden in einem einzigen Monat für die Kanalbauten auf der Landenge von Suez 6000 Centner des kostbaren Materials gebrochen. Die alten Römer haben übrigens bei ihren Bauten schon cementartige Mörtel angewandt.

So werthvoll und wichtig aber auch namentlich für die chemische Industrie solche Kalkgesteine sind, so wird unser vor der Hand mehr ästhetisches Interesse doch in ungleich höherem Grade angeregt von denjenigen Gliedern der großen Familie, welche durch ihre Schönheit die Künste, die Skulptur sowol als Baukunst und Bijouterie, herausfordern, sich ihrer zu bedienen. Wir wenden uns daher zurück zu dem Marmor, der von jeher den Künstlern diente, die Bilder der Götter darzustellen und deren Tempel zu bauen.

Der **Marmor** kommt in seinen schönsten Varietäten in Griechenland (Paros) und Oberitalien (Carrara) vor. Die Jahrtausende lang verschüttet gewesenen Steinbrüche, aus denen die alten Griechen ihr schönes Kunstmaterial gewannen, sind durch die Anstrengungen des deutschen Gelehrten Siegel, welcher im Auftrage König Otto's Griechenland bereiste, wieder aufgefunden und in Gang gesetzt worden. So lange in Griechenland eine einigermaßen geordnete Regierung bestand, lieferten die Brüche prachtvolle Blöcke nach allen Erdtheilen. Die jetzigen Zustände des bedauernswerthen Landes freilich werden der Fortführung der angefangenen Arbeiten kaum günstig sein. Außer dem schönen, rein weißen Statuenmarmor, wie er auf Paros und im Pentelikon vorkommt, hat Siegel auch jene berühmten antiken rothen und grünen Marmorarten wieder in den Handel gebracht, welche von den Alten bei ihren Bauwerken mit großer Vorliebe angebracht wurden, in späterer Zeit aber nur aus den Ruinen Italiens gewonnen und daher, in dünne Platten zersägt, nur mit Sparsamkeit verwendet werden konnten. Die von ihm in der Maina bei Tynos Skylakia wieder aufgenommenen alten Brüche lieferten die Säulen und Ornamente der neuen St. Paulskirche zu Rom. Das Gestein ist prachtvoll roth, purpur- bis zinnoberroth, von heller und dunkler Farbe, grün, weiß, roth und schwarz geädert und sehr politurfähig. Er gehört zu den schönsten Bausteinen und gestattet eine überaus wirkungsvolle Anwendung zu Säulen und Wandverkleidungen, Mosaiken u. s. w.

Der Hauptsitz der italienischen Marmorindustrie ist in Toscana, woselbst im Territorium von Carrara im Jahre 1865 546 Marmorbrüche existirten, in denen drei verschiedene Sorten gewonnen wurden: weißer Statuenmarmor, le blanc clair und le blanc turquin. Die Marmorindustrie von Carrara beschäftigt $\frac{1}{7}$ der Bevölkerung, gegen 2300 Personen.

Von 1863—65 wurden von hier 126,928 Tonnen exportirt.

Außer in Carrara sind sehr schöne Marmorarten liefernde Brüche in Massa, die leider so hoch liegen, daß der Transport sehr mühsam ist. Serravezza zwischen Massa und Carrara hat gegen 100 Steinbrüche und liefert mit 2000 Arbeitern jährlich circa 20,000 Tonnen. Indessen begeben wir uns selbst nach dem berühmtesten aller Steinbrüche.

Serravezza, Massa und **Carrara.** Auf der Eisenbahn von Livorno nach Florenz gelangt man, nachdem man Pisa und das von den Wellen des Tyrrhenischen Meeres geküßte Pietra Santa berührt hat, nach der Station Viareggio. Das ist der Punkt, von dem aus man, um die berühmten Marmorbrüche zu besuchen, zuerst nach der kleinen Stadt Serravezza sich begiebt, welche fast mitten in dem Bezirke liegt, dessen Mineralschätze Toscana's Reichthum sind. Serravezza liegt zweien der bekanntesten Marmorbrüche gegenüber, dem Monte Altissimo, wo Michel Angelo unter Leo X. vor mehr als drei Jahrhunderten Marmorbrüche eröffnen ließ, die, in der Zwischenzeit verlassen, erst seit ungefähr 40 Jahren wieder in Betrieb genommen worden sind, und Carrara, welches seit zweitausend Jahren schon Marmor für die kostbarsten Werke der Architektur und Bildhauerkunst liefert.

Serravezza hat seinen Namen von zwei kleinen Flüssen, der Serra und der Vezza, welche aus dem Gebirge herabkommen und sich bei der Stadt vereinigen, um unter dem Namen Versilia die fruchtbare Ebene von Pietra Santa zu bewässern. Verfolgt man den Lauf eines dieser Bäche, so erblickt man an den Abhängen der das Thal bildenden Höhenzüge überall die etagenförmig über einander angelegten Marmorbrüche, von weitem schon erkennbar durch die langen Böschungen von Abfallstücken, welche von der Sohle des Bruchs bis in das Thal hinunter reichen und durch ihre rein weiße Farbe an Schneestürze erinnern. Kommt man aber näher, so ergänzt sich der Eindruck durch das eintönige Geräusch der Hammerschläge, welches wie Schneeflocken die ganze Luft erfüllt. Das Kreischen der Schneidewerke, welche die im Bruch aus dem Gröbsten zugearbeiteten Wände in Quadern sägen, das Knirschen der „frulloni", horizontale Mühlwerke, auf denen Marmorquadern auf einer Seite geschliffen und polirt werden, wird hörbar. Die Sägen, welche den Marmor zertheilen, sind nicht wie die bei der Holzbearbeitung gebräuchlichen mit Zähnen versehen, es sind glatte Stahlblätter, und das angreifende Mittel ist scharfer Quarzsand, welcher zugestreut und durch fortwährend zufließendes Wasser unter die Sägeblätter geführt wird.

Außer den Etablissements, welche auf die Ausbeutung der Marmorlager Bezug haben und zu denen Schmieden für Herrichtung des Werkzeugs, Pulvermühlen und mannichfache andere Werkstätten gehören, sind aber hier und in den benachbarten Thälern noch zahlreiche Industrien in Thätigkeit. Bottnio z. B. ist seiner Blei= und Silberwerke wegen bekannt; bei Cardoso werden Schiefer gebrochen, die sowol zum Dachdecken als ihrer Feuerbeständigkeit wegen zum Bau der Schmelzöfen in ganz Toscana gebraucht werden, und die zahlreichen Ochsenkarren, welche den Schiefer zu Thale führen und sich mit den Karren kreuzen, auf denen der Ruhm zukünftiger Phydias', Michel Angelo's oder Rietschel's verfrachtet wird, beweisen, daß jenes unscheinbare Gestein wirthschaftlich ein ebenbürtiger Genosse des edlen Statuenmarmors für die hiesige Gegend ist. —

Die Thäler der Serra und Vezza sind sehr eng, so daß die Sonne nur wenig in ihnen verweilt. Ueberall ist der Horizont abgeschlossen. An den Abhängen kleben einzelne ärmliche kleine Ortschaften, welche von Steinbrechern und Bergleuten bewohnt sind. Unten noch einige Weingärten und Wiesen, Eichenwaldungen und Kastanien, weiter hinauf repräsentiren Buchen und Heidekraut die Vegetation. Orangen und Oliven, Getreide und Mais reichen nicht bis hierher, sie sind die Zierden der Ebene, welche von Serravezza bis zum Meere ihre Reichthümer entfaltet.

Wenn man das Thal der Vezza hinaufschreitet, so gelangt man zuerst zu den Steinbrüchen von Costa, welche rechts vom Wege gelegen sind und wo der Marmor alle Farbenüancen vom Weiß bis Blau in einfachen Tönen sowol als gestreift und gefleckt durchläuft. Je nach dieser seiner Färbung unterscheidet man bianco chiaro, bianco ordinario, bardiglio comune, bardiglio fiorito. Nur der Statuenmarmor kommt hier nicht vor.

In dem Statuenmarmor ist der kohlensaure Kalk fast chemisch rein und krystallinisch. Die gefärbten Varietäten dagegen enthalten Beimengungen von Kohlenstoff, dessen reichlicheres oder geringeres Vorhandensein die Dunkelheit der Farbe bedingt. Trotz dieses Gehaltes an Bitumen, der jedenfalls aus den Ueberresten vorweltlicher Pflanzen und Thiere sich herschreibt, hat man doch in den Marmoren von Serravezza und Carrara noch keine Versteinerungen angetroffen. Ihrem Alter nach werden sie von den Geologen den Jurakalken zugezählt.

Von den Steinbrüchen von Costa weiter gehend, erreicht man auf dem immer steiler ansteigenden Pfade die kleinen Ortschaften Ruosina und gelangt, hoch oben zur Linken Retignano und Stazzema erblickend, nach Rondone, wo die letzten Brüche sind. Weite Aushöhlungen auf beiden Seiten des Weges zeigen die immensen Ausbeutungen an, die hier stattgefunden haben, und die umfangreichen Schutthalden, die sich von hier in die Tiefe ziehen, lassen auf das Alter des Betriebes einen Schluß machen.

Der Marmor, welcher hier gewonnen wird, zeigt auf seiner Bruchfläche ein ganz eigenthümliches Aussehen, es ist der sogenannte Breccienmarmor oder Marmorbreccie, gebildet aus Bruchstücken, Geröllen und Geschiebestücken der verschiedensten Form und Farbe, wie sie bei Eintritt zerstörender Revolutionen die ältern Marmorschichten geliefert haben, und durch ein cementartiges Bindemittel mit einander verkittet. Ein einziges Bruchstück von Handgröße stellt oft eine ganze Musterkarte aller in der Gegend vorkommender Marmorarten dar, und da die Masse, in welcher die einzelnen ganz verschiedenartigen Beiträge eingekittet liegen, von brauner bis rother Färbung ist, so kann man sich vorstellen, daß dieser Breccienmarmor, zu Säulen, Wandverkleidungen und dergleichen verarbeitet, wenn er geschliffen ist und durch Poliren den schönen Glanz, den er annehmen kann, erhalten hat, eine vortreffliche Wirkung hervorbringt. Er ist auch seit alten Zeiten als Dekorationsmaterial hochgeschätzt worden, und der von Rondone, oder, wie er in der Kunst gewöhnlich genannt wird, der Serravezzamarmor, wird am höchsten gehalten. Die schönste Varietät ist der pfirsichblütenfarbene, außerdem aber kommen besonders weiße, rothe und violette Farben vor.

In Toscana heißt der Breccienmarmor „mischio“, gemischter, oder „affricano“, nach einer Marmorart, welche früher von den Römern in Afrika gewonnen und vorzüglich zu Säulen verarbeitet wurde. Das Mittelalter und namentlich die Kunst der Renaissance hat seine Verwendung ganz besonders gepflegt, und man trifft in den italienischen Kirchen und Palästen überall auf Steinhauerarbeiten, welche aus ihm hergestellt worden sind. Bei seiner Schönheit hat er aber den Fehler, den Einwirkungen der Atmosphäre keinen sehr kräftigen Widerstand entgegensetzen zu können und im Freien bald zu verwittern; er eignet sich deshalb besonders nur zur Verzierung innerer Räume.

Die Steinbrüche von Rondone ziehen sich weit in den Berg hinein und das Geräusch der Sägen, das Klingen der Hammerschläge auf den Meißeln, der trübe Glanz der Lampen, das emsige Treiben der Arbeiter, von denen ein Theil an der Lostrennung der Wände beschäftigt ist, ein anderer die gewonnenen Blöcke im Rohen zurichtet, während ein ununterbrochener Zug von Frauen und Mädchen sich durch die Karren und Werkstücke windet und den losgearbeiteten Abfall in Körben auf den Köpfen ins Freie trägt, um ihn auf die Halde zu schütten, — dann und wann der dumpfe Knall einer Sprengmine, das Alles macht auf den Besucher einen eigenthümlichen Eindruck.

Außer diesem kostbaren Marmor aber und außer den schon erwähnten gewöhnlicheren Sorten, von denen der weiße namentlich zu Kaminen, Badebassins, Brunneneinfassungen, Möbelbelegen, der gewöhnliche blaue für Parquetböden, Vasen und Balustraden, der blaue geäderte „fiorito" zu Ornamentationszwecken, Säulen, Konsolen u. s. w. verarbeitet wird, kommt aber in der Gegend von Serravezza auch der edle Statuenmarmor vor.

Ja, es soll derselbe sogar noch schöner als der von Carrara sein, namentlich sich durch ein sehr homogenes Gefüge auszeichnen und die krystallinische Eigenschaft, wegen derer die Mineralogen ihn Saccharoïd nennen, in hohem Grade besitzen. Die Farbe ist ein reines, aber nicht hartes Weiß, und er läßt sich unter dem Meißel leicht bearbeiten.

An dem südlichen Abhange des Monte Altissimo befinden sich die Brüche des Statuenmarmors, die so hoch oben an dem 1800 Meter hohen und sehr steilen Berge gelegen sind, daß man sie nur mit Mühe erreichen kann und für den Transport der gewonnenen Blöcke kein anderes Mittel hat, als dieselben hinabzustürzen. An den Wänden des Berges sind von Entfernung zu Entfernung Mauerungen errichtet, Bastionen, wie sie hier genannt werden, und angebrachte Plattformen erlauben den Steinbrechern das Arbeiten.

Der Marmor, der hier nicht in weit ausgedehnten Schichten lagert, sondern in mächtigen Stöcken vorkommt, welche auf viele Jahrhunderte noch die Ausbeutung gestatten, tritt in dichtem Kalkstein auf, und zwar in einer Weise, die in vielen Punkten mit dem, was die Geognosten ein gangartiges Vorkommen nennen, eine große Uebereinstimmung zeigt. Die Brüche liegen in der Höhe, wo der Paß aus dem Thale der Serra in das Thal der Vezza überführt, und hier ist auch der Bruch von Trambiserra, in welchem Michel Angelo gearbeitet haben soll. Der Bruch von Vasajone wurde im Jahre 1821 eröffnet. Die Höhe, in welcher diese Brüche sich ausdehnen, bietet eine wundervolle Fernsicht, man sieht bei heiterm Himmel Corsica und Sardinien, die Inseln des Toscanischen Archipels, Monte Christo, Pianosa, die Insel Elba, das Meer von Massa und Carrara, den Golf von Spezia, den Meerbusen von Genua, die Hyèrischen Inseln, die Häfen von Toulon und Marseille, ja bis an die spanischen Küsten soll die klare Luft den Blick tragen.

Aus dieser Höhe wurden die Marmorstücke herabgefördert, welche zum innern Ausbau der Isaakskirche bis nach St. Petersburg geschafft wurden. Der Marmor des Altissimo hatte in der Konkurrenz, welche für diesen Prachtbau im Jahre 1842 vom Kaiser von Rußland veranstaltet worden war, den Carrarischen Marmor besiegt, und innerhalb eines Zeitraums von drei Jahren lieferten die vereinigten Brüche von Falcovasa, Pola und Vincarella fast zweitausend Kubikmeter des reinsten Statuenmarmors. Die Brüche von Falcovasa liefern die reinste Qualität, aber — wie die Steinbrecher sagen, la madre natura li ha portato troppo alto — die Mutter Natur hat sie zu hoch gelegt.

Dieser Umstand fällt gerade bei dem Statuenmarmor um so mehr ins Gewicht, als es sich hier in der Regel um sehr große Blöcke handelt, deren Beförderung an sich schon die größten Schwierigkeiten macht. So hatte der Block, aus dem die Statue des Dante für Florenz gemeißelt worden ist, allein ein Gewicht von 80,000 Kilogramm oder 1600 Centnern.

Fig 16. Marmorbruch von Vasazone am Monte Altissimo

Da aus den so hoch gelegenen Steinbrüchen der Transport solcher Monolithen auf Wagen gar nicht ausführbar ist, so hilft man sich, indem man sie auf einer durch Bruchstücke möglichst gleichmäßig hergestellten schiefen Ebene, auf der eine Lage starker und zur Verminderung der Reibung mit Seife bestrichener Pfosten ruht, mittels untergelegter Rollen herabgleiten läßt. Die schwere Masse wird in ihrer Fortbewegung regiert durch starke Seile, welche um Pfosten am Rande der Bahn geschlungen werden und welche die Arbeiter nach Bedürfniß nachlassen oder anziehen. Eine große Anzahl Arbeiter, die, bevor der Marmorblock seine Reise antritt, gewissenhaft ihr Gebet verrichten, begleiten ihn, um sofort Hand anzulegen, wenn es Noth hat. Der Hafen, aus welchem die Steine verschifft werden, heißt Porto de' Marmi.

Hier liegen Unmassen von Marmorblöcken auf dem Sande am Ufer, die im Strahle der Sonne durch ihre weiße Farbe das Auge blenden, von der verschiedensten Größe und Gestalt, denn um die Schwierigkeiten des Transportes nicht zu sehr zu steigern, giebt man den großen, zu monumentalen Zwecken bestimmten Stücken schon in den Brüchen aus dem Rohen die annähernde Form. Jeder Eigenthümer hat seine besondere Marke, die den Steinen eingehauen oder aufgezeichnet ist. Einzelne gefärbte Qualitäten sind darunter verstreut, so der Portor mit braunen und goldgelben Adern auf schwarzem Grunde, welcher aus dem Golf von Spezia kommt, der grüne genuesische, der Clonuto, eine dunkelroth und grüne Marmorbreccie von der Riviera, endlich der Griotte genannte, welcher seiner kirschrothen Farbe den Namen verdankt.

Diese verschiedene fremden Marmore sind hiecher gebracht worden, um in den großen Schneidewerken von Serravezza bearbeitet zu werden, da zur Anlegung derartiger Werkstätten nicht überall in der Nähe der Brüche die nöthige Wasserkraft vorhanden ist. Von hier aus geht dann Alles als italienischer Marmor weiter, wenn er auch, wie der Griotte, der in Languedoc gebrochen wird, ursprünglich gar nicht von hier stammt.

Weiterhin am Ufer des Meeres liegt Massa mit seiner offenen Rhede des heiligen Josef, wo die in den benachbarten Steinbrüchen gewonnenen Marmore verladen werden. Massa, Serravezza und Carrara, das sind die drei Marmorquellen par excellence. Massa selbst ist eine überaus reizend gelegene hübsche Stadt, welche außer den mit der Marmorgewinnung verbundenen Etablissements, die man schon in Serravezza kennen gelernt hat, noch Ateliers höherer Art in großer Zahl besitzt, und zwar nicht blos solche, welche den Marmor etwa zu den für Parquetböden gesuchten kleinen geschliffenen Täfelchen verarbeiten, sondern solche, aus denen Werke der höhern Steinmetzarbeit, Säulen, Konsolen, Balustraden, reich ornamentirte Kamine und dergleichen hervorgehen. Ja, es leben hier Bildhauer von Renommé, welche ihre Werke hier ausführen und zahlreiche Schüler um sich versammeln. Und in der Umgegend ist das Leben eben so geräuschvoll als um Serravezza, denn die Straße, die sich nach den Steinbrüchen hinzieht, ist belebt von den Ochsenfuhrwerken, welche die schweren Massen dem Hafen zuführen, und in der Luft klingt eben derselbe Ton der Meißel und Sägen, wenn man sich den Steinbrüchen nähert, die in dem von dem Flüßchen Frigido durchrauschten Thale gelegen sind.

Eine noch großartigere Industrie zeigt aber das ebenfalls am Ufer gelegene Carrara selbst — und sie dreht sich ebenfalls um nichts Anderes als um den Marmor, dessen Gewinnung die Stadt, civitas Carrariae, die Stadt der Steinbrüche, den Namen verdankt. In Carrara ist eine Akademie für Bildhauer, aus welcher schon berühmte Meister hervorgegangen sind, und außer einheimischen Künstlern haben der Venetianer Canova und der Däne Thorwaldsen ihr angehört. Es wird aber wenig Bildhauer von Bedeutung seit der Zeit der Renaissance gegeben haben, welche nicht wenigstens einmal die Stadt besucht haben, um das kostbare Material, dessen sie bedürfen, auszuwählen. Neben den Schöpfungen des Genies, die man hier unter dem Meißel entstehen sehen kann, werden eine Menge Bildwerke, Statuen, Büsten, Reliefs u. s. w. erzeugt, die, wenn sie auch nur Nachahmungen sind und fast fabrikmäßig hergestellt werden, dennoch nicht eines gewissen Kunstwerthes ermangeln und immerhin das dem Italiener angeborene feine Gefühl für Plastik verrathen.

Man kann den ganzen Olymp hier centnerweise kaufen und findet Hercules=, Dianen=, Bacchus= und Antinousstatuen, in allen Größen, in allen möglichen Auffassungen und nach allen berühmten Künstlern, die sich durch diese Vorwürfe einen Namen gemacht haben — der unzähligen Venusnachbildungen nicht zu gedenken. Die Akademie von Carrara hat eine reichhaltige Sammlung aller antiken und modernen namhaften Skulpturen in Gips= abgüssen. Hier erhält die carrarische Jugend ihre ersten Unterweisungen, und Diejenigen, welche Talent zeigen, werden späterhin unterstützt, um ihre Studien in Rom zu vollenden. Denn in Carrara ist fast jeder Mensch ein Mann des Meißels, und wer nicht Schöpfungen des eigenen Genies hervorzubringen vermag, der arbeitet in Nachahmungen, und wem das Geheimniß der menschlichen Gestalt nicht aufgegangen ist, der bringt Ornamentik her= vor oder er liefert Steinmetzarbeit oder bricht wenigstens das Material dazu aus dem höher gelegenen Gebirge. Außer Marmorarbeitern sieht man fast nur noch Ochsentreiber in diesen Thälern.

Die Ausbeutung der carrarischen Marmorbrüche datirt aus uralten Zeiten — die Etrusker schon versorgten sich aus dieser Gegend. Durch oft wiederholte Invasionen bar= barischer Völker aber kamen die Steinbrüche zeitweilig in Verfall, wie das Bedürfniß nach ihren Erzeugnissen zu Zeiten unterdrückt wurde. Seit dem 11. Jahrhundert jedoch, wo namentlich Pisa für seine Prachtbauten, den Dom, den hängenden Thurm, das Bapti= sterium und den Campo Santo, carrarischen Marmor in großen Massen bezog, hat ihre Be= arbeitung keine Unterbrechung mehr erlitten. Späterhin ward Frankreich, Paris und Ver= sailles ein guter Kunde. Die Steine gingen damals die Rhone hinauf und erreichten Paris durch Vermittlung der Saône, auf welche man in Lyon überging, und der Kanäle, welche die Verbindung mit der Seine herstellten. Diese Reise soll bisweilen zwei Jahre gedauert haben. Heute fährt man durch die Meerenge von Gibraltar, und über Rouen dauert der Transport nur zwei Monate.

Die Hauptniederlagen des carrarischen Marmors befinden sich zu Genua, Livorno und Marseille, wohin die Steine verschifft werden. In der zuletzt genannten Stadt giebt es große Etablissements, in welchen der Stein bearbeitet, gesägt und polirt wird, und man verarbeitet daselbst auch noch Marmor aus dem mittägigen Frankreich, Languedoc, Mar= mor aus den Brüchen von Tholonet bei Aix, den geäderten Onyxmarmor aus Algier, den schwarzen Lütticher Marmor u. s. w. zu Pendulen, Vasen, Kaminen, Kandelabern und der= gleichen Gegenständen, welche theils hier, theils in Paris gewöhnlich noch eine weitere Ar= mirung durch Bronze oder Edelmetalle erhalten.

Gips und **Alabaster** stehen zu den Kalksteinen insofern in naher Beziehung, als sie ebenfalls die Kalkerde als basischen Bestandtheil enthalten.

Der Gips ist schwefelsaure Kalkerde, mit Wasser innigst verbunden. Er ist weiß bis grau, feinerdig bis körnig und faserig, durchscheinend bis undurchsichtig. Der wasserhelle Gips hat den Namen Marienglas bekommen; sehr weißer und reiner, körniger und dichter Gips heißt Alabaster. Das Gestein kommt lagenweise zwischen andern Schichten vor, bildet aber zuweilen ganze Berge für sich allein. Es ist der beständige Begleiter des Stein= salzes.. Weil der Gips im Wasser ziemlich auflöslich ist, so wird er als Baustein selten angewendet, aber die Eigenschaft, durch Glühen das Wasser zu verlieren und später, damit benetzt, es wieder begierig anzuziehen und damit zu erhärten, macht ihn fähig zur Herstel= lung von Stukkatur, Estrich, Tünche, Pseudomarmor, zu Abgüssen und Gipsfiguren und vielen andern Dingen. Ungeglüht ist der Gips ein beliebtes Düngemittel.

Der Alabaster diente im Alterthume zu vielfachen Verwendungen des Luxus, und na= mentlich war er in Aegypten beliebt, wo man nicht nur Vasen und Gefäße für Salben und Schminke vorzugsweise gern daraus darstellte, sondern wo er auch zur Bekleidung der Wände von Bauwerken beliebt war. Die leichte Bearbeitung, welche er gestattet, forderte zur Anbringung von Ciselirung und Skulpturen heraus, und die Mauern vieler ägypti= scher Tempel waren mit Alabasterplatten bekleidet, in denen Scenen der Jagd, Fischerei u. s. w. eingegraben waren. Die Griechen hielten den Alabaster besonders zur Aufbewahrung von

Essenzen und Parfüms geeignet, stellten deshalb die dazu bestimmten Gefäße gern aus diesem Steine her und übertrugen schließlich den Namen Alabaster auf die Salbengefäße im Allgemeinen.

Die heutige Alabasterindustrie wird vorzüglich in Italien betrieben, und namentlich ist es Florenz, welches den Reisenden zierliche Artikel dieser Art in reichster Auswahl anbietet.

Serpentin. Obwol nicht seiner mineralogischen Natur nach, wohl aber seiner Verwendung nach können wir dem Marmor, dem Onyxmarmor und dem Alabaster den Serpentin an die Seite stellen, denn er ist wie jene mehr ein Kunst= als ein Baumaterial.

Der Serpentin ist insofern ein eigenthümliches Gestein, als er meist aus wasserhaltigen Magnesia=Silikaten besteht. Die Hauptmasse bildet das gleichnamige Mineral, welches in seiner reinsten Ausbildung als edler Serpentin sich durch seine schöne grüne Färbung zu mannichfachem Gebrauch für die Kunstindustrie geeignet erweist. Daneben kommen aber eine große Anzahl anderer Mineralien mit darin vor, unter denen besonders Asbest, Granaten, Eisenkies, Magneteisenerz, Glimmer, Bronzit und Talk hervorzuheben sind, weil sie dem Gesteine oft besonders charakteristische Zeichnung oder Färbung verleihen. Der uralische Serpentin führt auch Platin.

Fig. 17. Erratischer Block aus Serpentin am Südabhange des Monte Rosa. Nach Collomb

Das Serpentingestein, über dessen Entstehungsart die Gelehrten noch sehr in Zweifel sind und das vielfach für eine Umwandlungsform einer andern Gebirgsart, des Gabbro, gehalten wird, ist eine milde, glanzlose Masse von dunklen, meist grünen, doch auch rothen, braunen, grauen Farbentönen, die oft sehr schöne Zeichnungen bewirken. Trotz seiner geringen Härte, die es in frisch gebrochenem Zustande mit Leichtigkeit auf der Drehbank behandeln läßt, nimmt es unter geeigneter Bearbeitung eine sehr schöne Politur an, und da es an der Luft allmählig erhärtet, so erlaubt es eine sehr wirkungsvolle Verwendung sowol bei Luxusbauten als auch in kleinerm Maßstabe zu den verschiedenartigsten Gegenständen des täglichen Gebrauchs.

Der Serpentin ist ein sehr verbreitetes Gestein und wird an vielen Orten gewonnen. Besonders schöne Varietäten kommen vor im Ural, in Norwegen (Snarum), England, Pennsylvanien, Frankreich, Epinal in den Vogesen, am Monte Razzo bei Genua, in

Sachsen bei Waldheim und Zöblitz u. s. w. Am südlichen Fuße des Monte Rosa liegt ein gewaltig großer erratischer Block aus Serpentin (Fig. 17), dessen Unterlage, ein durch Gletscherschliff abgeglättetes und fast polirtes Gestein, genugsam die Art illustrirt, auf welche dieser Gast hierher transportirt worden ist.

Als Baustein wird der Serpentin namentlich seiner Feuerbeständigkeit wegen geschätzt und da, wo er in entsprechenden Quantitäten gebrochen werden kann, zu Ofengestellen, Herd= und Brandmauern gern verwendet. In den Vogesen bei Remiremont wird oder wurde — denn neuerdings ist in der Verarbeitung des Magnesit für die Fabrikation der kohlensauren Wässer eine sehr bedeutende Konkurrenz erwachsen — der Serpentin zur Dar= stellung des Bittersalzes — schwefelsaurer Magnesia — im Großen benutzt. Eigenthümlich aber ist für dieses Gestein seine Verarbeitung auf der Drehbank, und sind die Hauptpro= duktionsorte gedrehter Serpentinsteingegenstände Epinal in den Vogesen und vor allen Dingen das weit und breit deswegen bekannte Zöblitz in Sachsen.

Versetzen wir uns ins Sächsische Erzgebirge und steigen aus dem reizenden Thal von Olbernhau aufwärts gen Marienberg, so erreichen wir auf der waldumsäumten Hochebene ein freundliches Städtchen, Zöblitz. Rechts der Straße erhebt sich ein lang= gezogener Bergrücken mit spärlichem Laubgebüsche, an dessen Nordseite ein silberheller Ge= birgsbach dahinfließt. Dieser auffallende Gebirgsstock, wie ein riesiger Sarg in die höher= liegenden Bergketten eingesenkt, besteht ganz aus Serpentin, der übrigens in Sachsen nichts Seltenes ist; aber der Zöblitzer hat vor allen Arten die Eigenschaft, daß er sich auf der Drehbank gut bearbeiten läßt und fast alle die bekannten Geräthschaften und Kunst= gegenstände liefert, die in alle Welt versandt werden. Seine eigenthümliche Milde und Weich= heit macht ihn zu solcher Verwendung besonders geschickt. In Zöblitz bestand seit länger als 300 Jahren eine eigene Innung von Serpentinsteindrechslern, gewöhnlich 40 Meister und 20 Gesellen nebst Lehrlingen zählend. Die ältesten Nachrichten, welche man darüber aufgefunden hat, besagen, daß schon 1546 diese Industrie hier betrieben wurde, wenn auch nicht in der Ausdehnung, wie heute, und nicht nach besonders rationellen Methoden. Der Abbau des Gesteines erfolgte sogar bis in die letzten Jahre nur raubbauartig. Unter der Regierung des prachtliebenden Königs von Polen, August's des Starken, scheint man der Serpentinindustrie von Staatswegen Aufmerksamkeit zugewendet zu haben, und z. B. in in der katholischen Hofkirche hat neben den reichen Marmorarbeiten auch der Serpentin vielfache Verwendung zur Verkleidung der Altäre, Decken und Galerien gefunden.

Im Jahre 1862 erwarb eine Aktiengesellschaft sämmtliche Serpentinsteinareale, und der Abbau sowie die Bearbeitung wurde von jetzt ab auf rationellere Weise betrieben. Die Brüche sind jetzt regelrecht bewirthschaftet und man gewinnt das Gestein nicht mehr blos über Tage, sondern auch in unterirdischen Bauen. Auf durch Wasser= und Dampfkraft bewegten Drehbänken, Hobel= und Schneidewerken, Schleif= und Polirmühlen erhalten die gewonnenen Massen Form und Politur, so daß nicht nur die Produktionsfähigkeit der Masse nach, sondern ganz wesentlich auch nach der künstlerischen Seite der Vollendung be= trächtlich gewachsen ist.

Der Lagerung nach liegt obenauf der spröde Kammstein, in der Mitte ein hellgrüner oder bläulicher Lawezstein, unter aber der wahre, meist dunkelgrüne gemeine Serpentin, insgemein gemischt mit Asbest, Magneteisenstein und Granaten, die man ausklaubt und statt Smirgels zum Poliren benutzt. Die Erzeugnisse, welche man aus Serpentin herstellt, sind sehr verschiedenartiger Natur und bewegen sich ihrer Größe nach innerhalb sehr weiter Grenzen, von kleinen Knöpfen an bis zu großen baulichen Werkstücken, Säulen, Kaminen, Wand= und Thürverkleidungen, Grabmonumenten u. dergl. Namentlich aber werden in neuerer Zeit die Vasen, Konsolen, Lampengefäße und ähnliche Gegenstände der Kunstindu= strie aus Serpentin mit Vorliebe aufgenommen, und der althergebrachte Wärmstein kann seine Familienglieder im elegantesten Salon antreffen, wenn er irgendwie Gelegenheit finden sollte, sich dorthin zu verlieren; vielleicht nur daß eine sorgfältigere Erziehung ihnen höheren Schliff und feinere Formen gegeben hat.

Von den übrigen Gesteinsfamilien, welche durch ihr weitverbreitetes Vorkommen wegen der besonderen Verwendbarkeit ihrer einzelnen Glieder besonders zur Anlage von Steinbrüchen aufmuntern, sind die des Schiefers und des Sandsteins die hervorragendsten.

Schiefer und Sandstein sind beides sehr allgemeine Begriffe, denn sie begreifen in ihrem weitesten Umfange Gebilde sehr verschiedenartiger Natur und weit aus einander liegender Entstehungszeiten in sich. Das Gemeinsame aber haben sie, daß sie sich beide unter Wasser, aus den zu Boden gefallenen festen und ungelösten Bestandtheilen, welches dasselbe mit sich führte, gebildet haben. Waren diese Bestandtheile thoniger Natur, so entstanden Schiefer, waren es einzelne und vorzugsweise quarzige Körner, so entstanden Sandsteine. Den Schiefern wie den Sandsteinen ist deshalb auch eine ursprünglich horizontale Lagerung eigenthümlich, welche freilich infolge geologischer Einwirkungen nicht überall dieselbe geblieben ist.

Schiefer finden wir schon in den ältesten, den Urgesteinen zunächst auflagernden Formationen. Das Material zu ihnen haben die ersten Erstarrungsprodukte der jungen Erde geliefert; von da an ist die auflösende und fortführende Gewalt des Wassers ein Faktor geblieben, welcher die Schieferbildung immer und immer wieder eingeleitet hat. Es sind aber von uns hier hauptsächlich jene ältesten Bildungen in Betracht zu ziehen, von welchen der Dach= oder Tafelschiefer für das bürgerliche Leben besonders wichtige Modifikationen sind.

Der Tafelschiefer, ein leicht und glatt spaltender Thonschiefer, dient überall zu Rechnen= und Schreibtafeln, auf welche mit langspaltigem Thonschiefer, den Griffeln, geschrieben werden kann. Geringere Sorten geben als Dachschiefer eine leichte und dauerhafte Dachbedeckung. Dicker spaltende Abänderungen werden als Tisch= und Fußbodenplatten und zu vielen anderen Zwecken angewendet. Eine besonders schöne Schieferart, die sich ihrer regelmäßigen Zeichnung wegen zu dekorativen Zwecken sehr verwendbar zeigt und in dünnen Platten geschliffen werden kann, ist der sogenannte Frucht= oder Aehrenschiefer aus der Gegend von Rochlitz und Waldenburg in Sachsen. Durch die Einwirkung glühender Gesteinsmassen der Nachbarschaft haben sich einzelne Partien krystallähnlich in der Grundmasse abgesondert und diese sind mit ihrer schwarzen Farbe die Ursache der schönen Zeichnung.

Der Abbau geschieht, wie wir weiter oben schon gelegentlich erwähnt haben, an manchen Orten durch unterirdischen Betrieb. In den offenen Dachschieferbrüchen, Tagebrüchen, muß der Betrieb ganz anders als in diesen Bergbauen geleitet werden.

Nachdem der Steinbrecher die Richtung des Einfallens des Dachschieferflötzes genau untersucht hat, berechnet er, auf welche Tiefe in den Berg hinein, ohne auf Grundwasser zu stoßen, gearbeitet werden kann. Wir haben in unserer Abbildung von den Lehestener Schieferbrüchen in Thüringen (Fig. 18) einen solchen Fall als Muster angenommen. Die in der Zeichnung etwas heller gelassene Dachschieferlage bildet über 20 Meter dick ein mehrfach gewundenes Band, eine sogenannte Muldenfalte, dessen beide an die Oberfläche des Berges gelangende Seiten nach rechts ziemlich steil einfallen (wenn man im Bruche mit dem Gesicht nach Norden gekehrt steht, ist das Einfallen links, d. h. gegen Westen). Man hat die Absicht, diese Mulde bis auf ihre tiefste Stelle abzubauen, was um so leichter geschehen kann, als ihr tiefster Punkt nicht unter den Wasserlauf des nächsten Thales hinabreicht und durch einen von diesem Wasserlaufe in den Berg hinein getriebenen Stollen also das sich in dem Steinbruche ansammelnde Wasser immer fortfließen muß.

Aus dem Neigungswinkel der Dachschieferlage und der senkrechten Entfernung zwischen dem Stollenboden (der Stollensohle) und dem Punkte, an welchem die Dachschieferlage am Bergabhange zum Vorscheine kommt, läßt sich die Linie der vorderen senkrechten Steinbruchswand, der sogenannten Schrämwand, bemessen. Diese Schrämwand legt der Steinbrecher mit dem Verlaufe des Dachschieferflötzes an der Bergoberfläche parallel und in solcher Entfernung davon, daß sie, senkrecht niedergehauen, das am meisten vorgeschobene untere Ende des Flötzes gerade trifft. Aller zwischen der Schrämwand und dem Dachschieferlager anstehende unbrauchbare Thonschiefer, in unserer Zeichnung so weit der

Tannenwald steht, wird nun entfernt: der Schiefer wird abgeraumt. Die auf der Schräm=
wand aufgestellte Maschine in unserer Zeichnung, eine durch Pferde in Gang gesetzte Winde
oder ein Pferdegöpel, dient zum Heraufwinden der losgesprengten Gesteinmassen, welche
an einen geeigneten Punkt zu einer Halde aufgeschüttet werden. Zu Lehesten, wo der
Dachschieferbruch schon seit Jahrhunderten mit mehreren Hundert Arbeitern betrieben wird,
gewannen die Schutthalden im Laufe der Zeit das Aussehen von Bergen; ihre Oberfläche
ist von Schienenwegen durchkreuzt, die zur bequemeren Fortschaffung des Schuttes und der
geförderten Gesteine dienen. Sobald der Abraum bis an den Dachschiefer gelangt ist, wird
dieser selbst in Abbau genommen.

Fig. 18. Dachschieferbruch von Lehesten.

Man räumt immer nur so viel ab, als in einer Campagne gefördert werden kann, und
hält das für spätere Gewinnung übrig bleibende Lager mit einer mindestens 1—1½ Meter
starken Decke des darüberlagernden Gesteines geschützt, weil Sonne, Wind und Frost die
Qualität des Steines sonst beeinträchtigen würden. Um die Loslösung des Schieferflötzes
zu beschleunigen und dieselbe durch möglichst viele Hände gleichzeitig bewirken lassen zu
können, wird dessen schiefe Fläche in Stuffen (Strossen) von 2½—3 Meter Höhe eingetheilt
und darauf von der Seite her auf möglichst vielen Strossen gleichzeitig der Schiefer mittels
Eisen= und Holzkeilen abgelöst oder auch mittels Pulvers gesprengt. Das Ablösen durch
Keile ist dem Sprengen vorzuziehen, weil es die Schiefermasse weniger zersplittert.

Die losgebrochenen Stücke werden darauf durch den Pferdegöpel nach oben gefördert
und gelangen in die Spalthütte. Sollen große Platten für Gerbereien, Tischplatten,
Firmenschilde, Grabmonumente, Billards, Fußbodenbelege u. s. w. hergestellt werden, so
läßt man die Platten entsprechend dick, bringt sie durch Sägen und Behauen in die ver=
langte Form und schabt sie glatt. Gewöhnlich aber wird der geförderte Schiefer mittels
eiserner Meißel in dünne Tafeln zerlegt, auf welche durch blecherne Schablonen die dem
Dachschiefer zu gebende sechseckige, achteckige, viereckige oder anders gestaltete Form vor=
gerissen wird. Große Platten lassen sich dann mittels des Spitzhammers in kleinere zer=
theilen, und diese werden auf einer Schieferschere, einer an einem Holzklotze befestigten
starken, mit langem Hebelarme versehenen Schere, nach Art der Blechscheren, auf den vor=
gezeichneten Linien glatt beschnitten.

Wenn der Abbau des Dachschieferlagers einigermaßen nach der Tiefe fortgeschritten ist, so beginnt der hinter ihm gelegene Thonschiefer, sein Liegendes, wie der Stein=brecher sagt, sich abzulösen, wodurch für die im Steinbruche Arbeitenden große Gefahren entstehen; nicht selten sind schon Arbeiter zerschmettert und verschüttet worden. Das Liegende wird deshalb von den Aufsehern öfters untersucht, und sobald sich losgezogene Stücke finden, werden sie durch neues Abraumen entfernt. Dazu müssen zuweilen die Arbeiter an starken Seilen tief hinabgelassen werden, welche mit Bohrer und Schrämspieß die schiefe Wand bearbeiten. Auf unserer Abbildung befindet sich ein bohrender Steinbrecher links am Liegenden in einer solchen Position.

Nächst Lehesten ist die Umgegend von Gräfenthal in Thüringen mit vorzüglichen Dachschieferlagern gesegnet. Hier kommen auch die zu Schreibtafeln und Griffeln taug=lichen Steine vor, welche in vielen Fabriken mit Rähmchen versehen und durch Sonne=berger Händler in alle Welt verkauft werden. Die Dachschieferbrüche bei Goslar am Harze wetteifern an Großartigkeit mit denen zu Lehesten und Gräfenthal; auch sie liefern ein ganz vorzügliches Dachbedeckungsmaterial, welches wie das des Thüringer Waldes und des Rheinischen Gebirges sich durch Dünnspaltigkeit und große Festigkeit auszeichnet. Ueber=haupt fehlt es dem deutschen Boden nicht an Dachschiefer, und es ist hauptsächlich dem Umstande beizumessen, daß der Seetransport billiger als der über Land durch Eisenbahnen zu bewirkende ist, wenn Norddeutschland zum großen Theil mit englischem Schiefer ver=sorgt wird. Uebrigens sind die englischen Schiefer von vortrefflicher Beschaffenheit.

Die großartigen Schieferbrüche in Wales übertreffen an Umfang die deutschen Brüche. Die Schieferlagen derselben eignen sich außer zu dem eigentlichen Dachschiefer zu Platten aller Art und kommen zugesägt und geschliffen in den Handel. Im Schieferbruche von Penrhyn, einem der größten in Wales, von welchem wir in Fig. 19 eine Abbildung geben, sind 2200 Arbeiter beschäftigt und liefern täglich 2—300 Tonnen fertigen Schiefer.

Der Bruch bildet einen ungeheuren Halbkreis; er ist 200 Meter breit und 900 Meter lang. Auch hier wird der Schiefer in Stufen gegraben, aber diese Stufen oder Etagen sind 12—18 Meter hoch und die ganze Höhe der elf Etagen, aus denen der Bruch besteht, be=trägt gegen 180 Meter. Unsere Zeichnung giebt uns ein Bild dieses von Menschenhand gegrabenen Amphitheaters, von dessen Höhe der schwindelnde Blick in die hochabstürzende Tiefe fällt und auf dessen Grund und jeder Etage man wie Ameisen eine ganze Bevölkerung von Menschen und Pferden erblickt, die sich von der Farbe des Schiefers nur durch ihre Bewegung unterscheiden.

Wie man auf dem Bilde sieht, hat jede Etage ihren besondern Schienenweg, dessen Gesammtlänge 8000 Meter für den ganzen Bruch beträgt. Der himmelhohe Felsen im Vordergrunde war der Pfeiler einer Brücke, welche die beiden Seiten des Bruches verband, aber bald wieder weggenommen werden mußte; er dient zur Messung der Tiefe und wird, ein unwandelbarer Zeuge der menschlichen Industrie, um so höher, je tiefer in den Bruch eingedrungen wird. Die Steine werden gesprengt und hierzu jährlich 3000—4000 Kilo=gramm Pulver verwendet. Das Sprengen wird alle Stunden durch ein Hornsignal angezeigt, und dann gehen in der Regel 30—50 Schüsse auf einmal los. Ein zweites Signal ruft die Arbeiter zurück. Funfzig Schiffe nehmen beständig die Schieferladungen der Wagen auf, die auf einer besondern Eisenbahn zum Hafen fahren. Der Reinertrag beträgt jährlich gegen 130,000 Thaler.

Auf der Weltausstellung sah man Schieferplatten von 9 Meter Länge und Breite und nur wenig über 1 Centimeter Dicke. Solche Riesenplatten kann nur ein Schieferlager liefern, dessen Schichtung durch Lagerungsstörungen wenig gelitten hat. Die deutschen Dachschieferlager sind, wie Fig. 18 wahrnehmen läßt, gefaltet und, durch die im Erdinnern wirkenden Kräfte gehoben, vielfach zerrissen; dennoch liefern auch sie, z. B. die Brüche von Kirchberg bei Gräfenthal, ebene Platten bis zu 6 Meter Länge und 2—3 Meter Breite bei nur 5—6 Centimeter Dicke.

Sehr bedeutende Schieferbrüche hat auch Frankreich in der Gegend von Angers.

Der **Sandstein** ist, wie schon erwähnt, ein der Hauptsache nach aus feineren und gröberen Kieselkörnchen oder Sand bestehendes Gestein, in welchem sich Thon, Eisenoxyd, Kalk und selbst Kieselerde in die zwischen jenen Körnchen verbleibenden Räume gelegt und sie dadurch fest an einander gekittet haben. Er hat verschiedene graue, gelbliche, rothe, oft auch grünliche Farben, selten ist er ganz weiß. Bisweilen wechseln mehrere Farben streifenweise in einem Stücke ab, wodurch das Gestein geflammt, gebändert oder geadert erscheint.

Fig. 19. Schieferbruch von Penrhyn in Wales

Die festeren Sandsteine kommen häufig zwischen Schieferthon eingelagert vor und sind dann in der Regel in dickere und dünnere Bänke getheilt, die wiederum oft durch senkrechte Klüfte in prismatische Stücke oder Quader zerfallen; gewisse Sandsteine der Kreideformation haben wegen dieser Eigenschaft geradezu den Namen Quadersandstein erhalten. Je größer der Umfang dieser Stücke, desto werthvoller der Stein. Guter Sandstein muß dem Froste genügend widerstehen, er darf nicht auffrieren und splittern, er muß sich, ohne zu zer= springen, glatt bearbeiten und sogar schleifen lassen, er darf die aus der Luft angezogene Feuchtigkeit nicht zu lange festhalten. Die rauhkörnigen Sandsteine liefern Mühl= und Schleiffsteine; manche thonige Abänderungen, welche zum Bauen ganz unbrauchbar sind, dienen als feuerfeste Steine für Eisenschmelzöfen und werden wie Schleif= und Mühlsteine weit versendet. Sandsteine von vorzüglicher Güte besitzen die Moselgegenden von Trier, die Elbgegenden von Pirna und die malerischen Felstheater von Adersbach und Weckels= dorf. Die mannichfachen Zerklüftungen, welche die Quadersandsteine nach allen Richtungen hin durchschneiden und in denen das herabrieselnde Wasser seine auswaschende und zer= nagende Thätigkeit wirken lassen konnte, werden die Veranlassung zu den malerischsten Landschaften, die durch die Frische der lebhaft hervorsprudelnden silberklaren Quellen einen wunderbaren Reiz erhalten.

Wer hätte niemals von der Sächsischen Schweiz gehört, von den lieblichen Bergen und den kühlen Thälern, von ihren romantischen Hügeln und Schluchten! Wenn man von Pillnitz über Lohmen durch den Uttewalder Grund mit seinen 60—80 Meter hohen, schauerlich überragenden Felsen geht und endlich auf den Vorsprung der Bastei hinaustritt, liegen die Ueberreste einer weiten, Hunderte von Metern dicken Sandsteindecke vor den erstaun= ten Blicken. Nur die höchsten Höhen der Berge des Königsteins, des Liliensteins, Pabststeins und anderer, die sämmtlich in einer Horizontalebene liegen, bezeichnen noch die ursprüng= liche Oberfläche der Sandsteindecke, in welche eine große Zahl von Bächen und Flüßchen sich immer mehr erweiternde Thäler gegraben haben, und wo der geschwungene Lauf der Elbe die Punkte bezeichnet, an denen die Wässer des innern Böhmens zuerst sich ihren Weg nach dem Norden bahnen konnten.

Die Sandsteinbrüche in der Sächsischen Schweiz, namentlich die bei Pirna, Lohmen, Liebethal, Cotta, sind von großem Umfange. Der Fels ist von der Natur in große Platten und prismatische Stücke zerlegt; festere Schichten und Bänke wechseln mit weicheren ab. Nachdem in den letzten vierhundert Jahren die vordern Böschungen hinweg= gebrochen sind, steht eine etwa 40 Meter hohe Felswand vor uns, welche in treppenförmige Stufen eingetheilt wurde, damit den höher gelegenen Felsstücken leichter beizukommen ist. Unter den festeren zu Baustein, Mühlstein, Schleifstein, Bildwerken u. s. w. tauglichen Bänken werden die weicheren Unterlagen möglichst tief herausgenommen, wobei der Fels auf Holzstücke, sogenannte Steifen oder Bolzen, gestützt wird; man arbeitet unter dem Felsen oder haut einen Schram, wie der Steinbrecher sagt. Auf der obern Fläche der Felsbank haben andere Hände inzwischen schon Bohrlöcher zur Sprengung mit Pulver oder zur Spaltung mit Holzkeilen eingetieft; diese werden nun in Wirkung gesetzt, um den Fels vom Berge loszulösen, damit er abrutschen und in die Tiefe sinken könne. Oft lösen die Pirnaer Steinbrecher auf diese Weise sehr umfangreiche Felsstücke auf einmal. In solchen Fällen werden die am Steinbruch vorüber führenden Wege gesperrt, ja selbst an der im tiefen Thale dahinrauschenden Elbe Posten ausgestellt, um die Schiffe so lange aufzuhalten, bis der Felssturz beendigt sein wird, denn es könnten sich einzelne Quadern, fortspringend, den Bergabhang hinabwälzen und Schaden bringen. Die herabgebrochenen Stücke werden darauf sortirt, rauh behauen und theils zu Lande, meistens aber zu Schiffe versendet.

Wer aber die Naturwunder der Quadersandsteinformation im engsten Rahmen zu= sammengedrängt schauen will, der wandere hin zur Weckelsdorfer Felsenstadt im Böhmischen Riesengebirge. Scheinbar gegen alle Gesetze der Schwerkraft, so phantastisch geformt und auf und über einander gestapelt, weitläufig gewundene Straßen bildend, oder wie zu einem abenteuerlichen Walde, in denen Steine die Bäume bilden, ordnen sich hier die Felsen und bauen eine förmliche Gnomenstadt von den wunderbarsten Formen.

Aehnliche Felsbildungen treffen wir in der Oberlausitz bei Johnsdorf, wo in dem dasigen Quadersandstein vortreffliche Mühlsteine gebrochen werden, die ihre ausgezeichnete Härte der Erhitzung verdanken, welche ein glühend flüssig durch das Gestein gebrochener

Basaltgang während seiner allmähligen Erkaltung auf die anstehenden Partien ausübte. Durch diese lange andauernde Erwärmung ist das kalkige Bindemittel mit dem Sande zu einer glasharten Masse zusammengeschmolzen, und dies wie ihre Porosität sind Eigenschaften, welche die hier gebrochenen Mühlsteine den besten französischen an die Seite stellen lassen. Um den Stein durchgängig von gleicher Härte und von gleichem Korne zu erhalten, damit er sich nicht ungleich abnutze, werden die einzelnen gebrochenen Stücke vorsichtig auf ihre Eigenschaften an allen Punkten geprüft, die gleichmäßigen Steine in die passende Form gebracht, aus den ungleichförmigen dagegen werden die minder guten Stellen herausgesägt und durch besseres, gleichartiges Material ergänzt, die Fugen vergipst und der fertige Stein wird, um ein Zerreißen zu verhindern, schließlich durch einen heiß umgelegten Eisenreifen gefaßt.

In solcher Weise werden jetzt fast alle Mühlsteine zusammengesetzt, und es bietet dies Verfahren den Vortheil, kleinere Stücke geeigneten Materiales verwenden und daraus Steine von sehr großem Umfange herstellen zu können, während früher, wo die Steine aus einem Stücke gemacht wurden, die größten Sorten unverhältnißmäßig im Preise stiegen, da tadelfreie Gesteinsstücke von großen Dimensionen zu den seltenen Vorkommnissen gehören. Die berühmten französischen Mühlsteine kommen aus der Gegend von La Ferté sous Jouarre (Departement Oise) und vielen unserer Soldaten wird es noch in der Erinnerung sein, daß sie daselbst zahlreiche Werkstätten angetroffen haben, in denen ein eigenthümlich gefleckter, poröser, aber darum nicht minder harter und scharfkantiger Stein verarbeitet wurde. Das ist das Material für die Mühlsteine, welches früher mehr als jetzt auch nach Deutschland seinen Weg fand, ein Quarzgestein, dem Süßwasserquarz, Quartz meulière, zugehörig. Auffällig sind in demselben die röhrenartigen Höhlungen, welche bisweilen mit Chalcedon ausgekleidet sind. Die besten Stücke dieses nicht nur in der Gegend von La Ferté sous Jouarre, sondern noch an vielen Stellen des Pariser Beckens brechenden Gesteines werden sorgfältig ausgesucht und in der Weise bearbeitet und mit einander verkittet, daß immer ein achtseitiges Mittelstück den Kern bildet, welcher die Achse trägt, und an dessen acht Seiten acht entsprechende Bogenstücke angesetzt werden, die schließlich ein eiserner Reifen zusammenfaßt. In der genannten Stadt nun ist der Hauptsitz dieser Mühlsteinfabrikation.

Aus dem Quadersandsteingebirge

Der Erdbohrer und die artesischen Brunnen.

Einleitung. Formation der geschichteten Gesteine. Sattel und Mulden. Quellenbildung infolge des hydrostatischen Druckes. Theorie der artesischen Brunnen. Ihre Herstellung. Der Erdbohrer, seine Einrichtung und Anwendung. Meißel-, Kronen- und Ringbohrer. Der Kind'sche Freifallbohrer. Verrohren des Bohrlochs. Verunglückung der Bohrarbeiten. Seilbohren. Interessante Bohrarbeiten. Passy. Die Nauheimer Sprudel. Der artesische Brunnen zu Passy, ein Werk des Ingenieurs Kind.

Wer von uns würde, wenn wir es nicht aus den Erfahrungen der Naturforscher und durch die Ergebnisse ihrer seit Jahrhunderten mit rastloser Anstrengung fortgesetzten Arbeiten wüßten — wer von uns würde dafür halten, daß die Alpen, daß die Cordilleren Südamerika's, welche den Chimborasso tragen, einst unter Wasser gestanden? Und doch breiteten sich über jene Erdtheile, die jetzt ewiger Schnee bedeckt, einst die Wogen, denn man findet in den Gesteinen bis über 3000 Meter hoch noch die Ueberreste und Abdrücke von Muscheln und anderen Meeresbewohnern. Die wunderlichen Ammonshörner, an vielen Punkten der Alpen in großer Zahl sich findend, erzählen, daß Berge, wie der St. Gotthard, in früherer Zeit eben und glatt und der Grund der See waren. Ja, es giebt nur wenige Punkte der heutigen Festländer, die ihre Rücken stets über den Spiegel des Wassers erhoben haben. Der Böhmer Wald, das Erzgebirge, das Riesengebirge sind solche, die uns am nächsten liegen.

Den bei weitem größten Theil der Erde überziehen geschichtete Gesteine, und oft, wo heute der Meiler des Kohlenbrenners raucht, oder wo sich uns eine entzückende Fernsicht eröffnet und fruchtbare Felder unsern Blick erfreuen, ist das Becken eines früheren großen Meeres, in welchem abenteuerlich gestaltete Ungeheuer sich ihre Beute erjagten. Der Aufbau der Formationen ist, wie wir schon im vorigen Kapitel gesehen haben, im Allgemeinen einfach und bisweilen noch ungestört die Lage der Schichten, wie zur Zeit ihrer Entstehung. Oft aber ist diese ursprünglich gleichmäßige Lagerung durch gewaltsame Einwirkungen gestört; nicht nur daß die Schichten geneigt und mehr oder weniger aufgerichtet sind, so sind sie oft gefaltet und bilden dann eine Reihe von Satteln und Mulden (Fig. 22), oder in prismatische Stücke zerbrochen (Grabengebirge, Fig. 23) und sonst noch in mannichfach verschiedener Weise defigurirt. Diese Störungen in dem Parallelismus der Schichten und namentlich die Muldenbildung derselben ist eine der wichtigsten Vorbedingungen für das Bestehen des organischen Lebens in seiner jetzigen Ausbreitung über die trockne Erdoberfläche, denn es ist davon ganz besonders mit abhängig die unterirdische Wasserbewegung, die natürliche Berieselung, die Quellenbildung. —

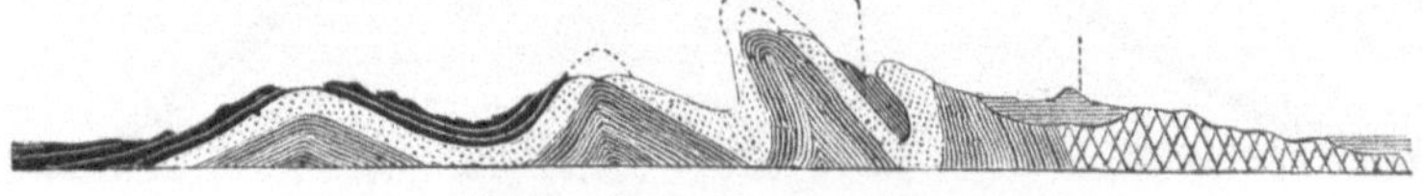

Fig. 22. Gefaltete Gebirgsschichten. Mulden und Sättel.

Bei der Betrachtung der Gesteinsformationen haben wir in den darin auftretenden Felsarten: Kalkstein, Sandstein, Thon und Schiefer, Sand, Granit u. s. w., Gesteine von sehr verschiedenen Eigenschaften kennen gelernt. Manche dieser Gesteine sind fest zusammenhängend, ohne Zwischenräume, und für das Wasser undurchdringlich, wie Thon, Lehm, manche Schiefer; andere wieder sind in ihrer Masse zerklüftet und von Hohlräumen aderartig durchzogen, wie manche Kalksteine; noch andere, Sandsteine oder gar Sandlager, Grus, Gerölle, die nur aus einer Anhäufung einzelner größerer oder kleinerer Bruchstücke bestehen, bilden für den Durchgang des Wassers sehr geringe, oft so gut wie gar keine Hindernisse. In der Natur nun wechseln fast überall, wo Sedimentgesteine abgelagert sind, dergleichen wasserlässige oder wasserführende mit wasserdichten Schichten ab, und die von Tage eindringenden Wässer, Regen, Thau u. s. w., durchziehen nicht die ganze Masse der festen Unterlage, sondern sie sammeln sich in der einen und der andern Schicht an, in welcher sie durch die, jene nach oben und nach unten hin begrenzenden wasserdichten Schichten zusammengehalten werden. Und wenn nun die Schichten geneigt liegen oder gebogen, so bilden die wasserdichten Schichten, als Thon und Thonschiefer, gewissermaßen Röhrenleitungen und unterirdische Wasserbassins, durch deren Vermittelung die Quellen entstehen.

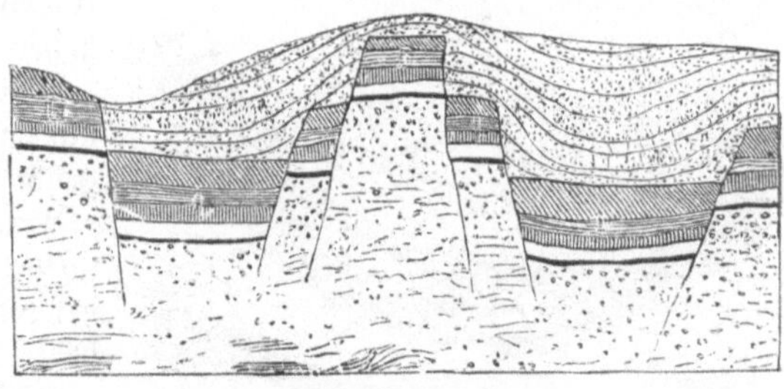

Fig. 23. Grabengebirge.

Wenn in Fig. 24 die untere, in der Zeichnung nicht schraffirte Schicht eine wasserdichte, z. B. Thon ist, der sich nach einer Seite neigt, und darüber eine dicke Lage, ein Berg, aus wasserdurchlassendem Kalk- oder Sandstein liegt, so wird das in letzteren wie in einen Schwamm eingedrungene Thau- und Regenwasser, nachdem es durch die Poren des Gesteins hinabgesickert ist, von dem dichten Thone zurückgehalten werden, und es kann dem Zuge der Schwere nur folgen, wenn es auf der Oberfläche der Thonschicht hinunterfließt, dann aber muß es da, wo dieselbe das Freie erreicht, an der tiefsten Stelle bei a wieder zu Tage treten: es quillt hervor, bildet eine Quelle. Nach diesem Prinzipe entstehen alle Quellen, mag nun der Lauf, den das Wasser vorher nimmt, so einfach sein wie in dem betrachteten Beispiele, oder dasselbe gezwungen worden sein, einem noch so vielfach gewundenen Schichtenverlauf zu folgen, immerhin ist es zuerst an einem höher gelegenen Punkte auf die wasserdichte Schicht aufgetroffen und auf dieser bis zum Punkte seines Austrittes hinabgeflossen.

Die Quelle fließt um so reichlicher, je größer die auffaugende Oberfläche der wasser=
führenden Schicht ist; sie fließt um so andauernder und regelmäßiger, je mächtiger die
Schicht ist, je mehr dieselbe von den eindringenden Tagewässern aufnehmen kann.   Denn
es ist natürlich, daß, wenn das poröse Gestein mit Wasser erfüllt ist, jedes weiter zu=
fließende Quantum gleich an der Oberfläche herabrinnen und für die Quelle verloren
sein wird. Im Kalk= und Sandsteingebirge kommen Quellen vor, die bei ihrem Austritte
alsbald Mühlwerke zu treiben im Stande sind.

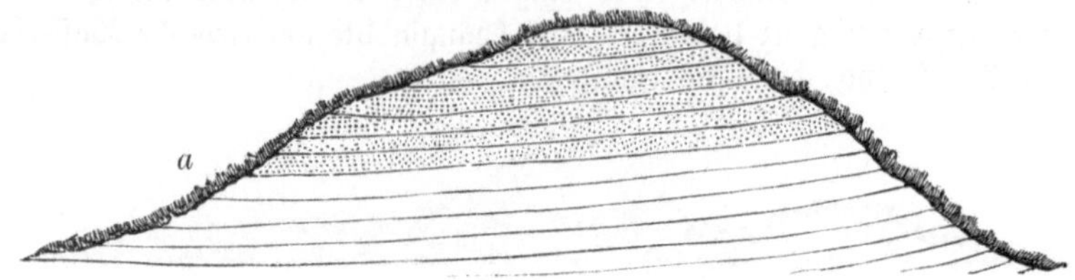

Fig. 24. Quellenbildung an der Grenze wasserdichter Schichten.

Sind nun aber die Schichten in eine Falte gelegt, wie es Fig. 25 zeigt, so daß die
Wasser aufnehmende Schicht a zwischen zwei wasserdichten b und c eingeschlossen ist, so
wird das auf dem höchsten Punkte rechts bei A aufgenommene Wasser an der niedrigern
Stelle links bei B' hervorfließen, in der Tiefe des zwischen beiden Punkten befindlichen
Thales aber kein Quell hervorbrechen können, so lange die obere Schicht b auch wirklich
wasserdicht ist, d. h. einen vollständigen Abschluß herstellt. Die Anlage eines Brunnens selbst
kann nur mittels eines, durch die wasserdichte obere Schicht bis auf die Wasser führende
Schicht a hinabreichenden Senkschachtes bewerkstelligt werden. Durchbohrt man nämlich die
obere wasserdichte Schicht mittels einer Röhre PQ bis in die wasserführende a hinein, so
wird das Wasser durch den Druck, den es von den Wassermassen in den beiden Schenkeln AQ
und B'Q erleidet, in der Röhre PQ emporsteigen.   Und zwar hat es das Bestreben, sich
in derselben so hoch zu stellen, daß es mit dem Wasserspiegel von B in gleiches Niveau

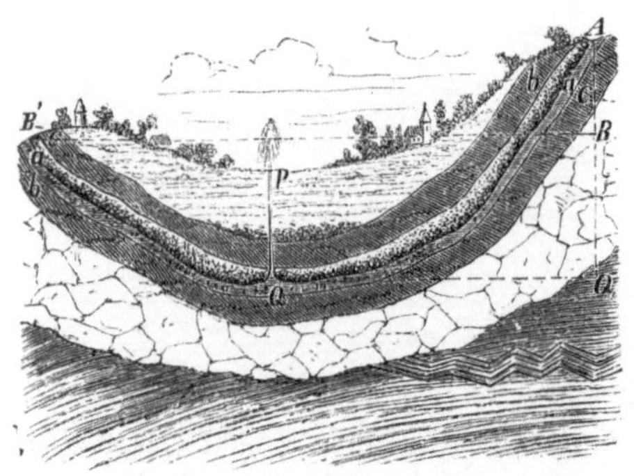

Fig 25. Theorie des artesischen Brunnens.

kommt. Wenn die wasserführende Schicht
höher hinauf angefüllt ist, als der Ausgang
er Röhre bei P liegt, und also bei P noch
auf das ausfließende Wasser ein Druck aus=
geübt wird, der von der Niveaudifferenz PB'
abhängt, so kann der Ausfluß so heftig ge=
schehen, daß das Wasser als ein springbrun=
nenartiger Strahl sich über den Boden er=
hebt. In unserm durch die Abbildung aus=
gedrückten speziellen Falle kann dieser sogar
noch etwas über die Höhenlinie B'B hinaus=
gehen, weil ein ziemlich bedeutender Druck
noch außerdem von dem Stück AB des rech=
ten Muldenschenkels auftritt.

Die Röhren, welche man bis auf die wasserführende Schicht hinabzuführen hat, stellt
man mittels des Erdbohrers her, und man kennt das Verfahren, wie der Bohrbrunnen
auf der Oase des Jupiter Ammon, der jetzigen Siwah, bezeugt, schon seit sehr langer Zeit.
Auch die Chinesen haben schon seit dem grauesten Alterthume durch Bohrungen die Wasser=
adern der Erde geöffnet.

In Europa sind die Bohrbrunnen ebenfalls schon frühzeitig durch Bergleute und
namentlich auch auf Salinen zur Förderung von Salzsole in Anwendung gewesen. Eines
der ältesten bekannten Bohrlöcher nach Süßwasser ist das um das Jahr 1200 in Calais
angelegte. In Frankreich nannte man sie von der Provinz Artois, wo sie, wie es scheint,
frühzeitig schon häufig im Gebrauche waren, artesische Brunnen, eine Bezeichnung,

welche sich auch in Deutschland hier und da Geltung verschafft hat, obgleich die Sache selbst bei uns bereits früher und vor dem Dreißigjährigen Kriege bestanden hat, wie z. B. der in einem Bohrloche gefaßte Salzbrunnen bei Soden=Salmünster im Hanauischen bezeugt, der, während jenes Religionskrieges verschüttet, erst 1833 wieder aufgedeckt worden ist.

Der **Erdbohrer** dient nicht nur zur Erbohrung von künstlichen Quellen, sondern auch seit langer Zeit zur Untersuchung der Schichten, und namentlich ist er schon viele Jahrhunderte lang bei der Aufsuchung von Erz= und Kohlenlagern, Steinsalzvorkommen u. s. w. ange= wendet worden. In gleicher Weise ward er öfters von Bergleuten benutzt, um Oeffnungen aus den Gruben nach der Erdoberfläche zu stoßen, durch welche dann frische Luft in die unterirdischen Gänge hereinströmen konnte, oder um bei Schachtabteufungen unterwärts nach einem tieferen Stollen zu bohren, damit das im Schachte sich sammelnde, die Arbeit hindernde Wasser durch die gemachte Oeffnung abziehen könne, kurz, er ist für die Aus= beutung der Erdrinde ein überaus wichtiger Apparat, mit welchem uns betraut zu machen von hohem Interesse sein muß.

Der älteste und einfachste Bohrer, dessen sich Töpfer noch vielfach zur Aufsuchung von Thon bedienen, bestand aus einer aus Eisenblech gebogenen Tute, welche wie eine Schippe (Fig. 28) an einen sehr langen hölzernen Stiel befestigt ward. Dieses einfache Instrument gebrauchen die sibirischen Goldsucher heute noch zur Aufsuchung von Goldsand. Es ist für tiefere Bohrungen nicht an= wendbar. Zu solchen wählte man schon frühzeitig stärkere Vor= richtungen. Der eigentliche Bohrer sitzt bei diesen nicht an einem hölzernen Stiel, sondern an eisernen Stangen, dem **Bohrge= stänge**, welche sich in 3—6 Meter langen Stücken an einander schrauben lassen. Jede Bohrstange hat an dem einen, dem untern Ende ein starkes Schraubengewinde, an dem andern eine Schrau= benmutter, welche in jenes Gewinde paßt, so daß mittels derselben die einzelnen Stangen mit einander verbunden werden können. Ueber der untern Schraube ist die Stange vierkantig zugefeilt, damit sie von dem Schraubenschlüssel gefaßt und festgehalten werden kann. In ihrem mittleren Theile ist sie rund, gegen das obere Ende aber verdickt sie sich wieder zu einem nach unten scharfeckigen wulstigen Ansatze (Gestämme), mittels dessen sie durch eine untergeschobene zweizinkige eiserne Gabel, die **Fang= schere**, am obern Ende des Bohrloches festgestellt werden kann. Ueber diesem Ansatze wird sie wiederum vierkantig zur An= fassung und Handhabung mittels des Schraubenschlüssels und zuletzt endigt sie in eine Schraube, welche genau in die Schraubenmutter der nächsten Stange paßt. Aus solchen Stücken

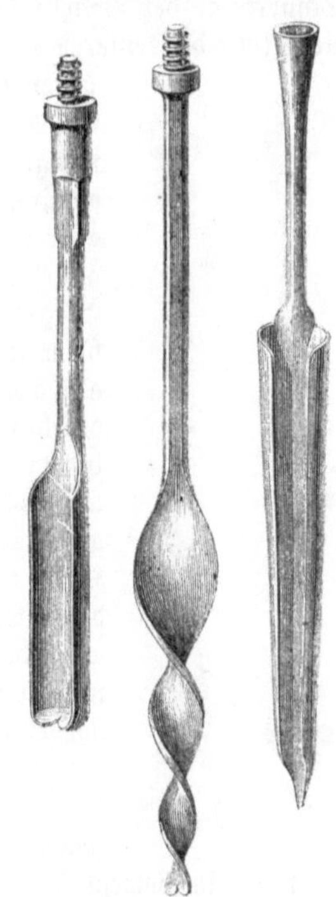

läßt sich nun ein beliebig langes Bohrgestänge zusammenfügen, welches immer mehr ver= längert wird, je tiefer die Bohrung hinabreicht.

An das obere Ende des Gestänges wird ein kurzes Eisenstück geschraubt, welches in seiner Mitte von einem etwa 3 Centimeter weiten runden Loche quer durchbohrt ist, um in dasselbe eine lange hölzerne Handhabe, den **Krückel**, zu stecken. Am Krückel regiert der Bohrmeister das Gestänge, an ihm arbeiten die Bohrleute, wenn das Werkzeug zum Ein= bohren in Thon und Sand dienen muß.

Bei Bohrungen in festem Gestein aber muß man zu einem Verfahren greifen, bei welchem der Bohrer abwechselnd gehoben und fallen gelassen wird und durch sein Gewicht die Unterlage zertrümmert. Ueber dem Krückel ist dann noch eine weitere Einrichtung an= gebracht. Das ganze Gestänge hängt nämlich an einem Hebelarme, dem **Schwengel**, welcher auf= und niedergehen kann und durch seinen Hub den Bohrer in die Höhe zieht. Der Hub wird nie sehr hoch genommen, weil sonst das Instrument leicht zerbricht. Es ist

übrigens auch hierbei ein Krückel nöthig, mittels dessen das Gestänge gedreht wird, damit
der Bohrmeißel nicht immer auf dieselbe Stelle schlägt. Da aber dessen Handhabung nicht
so viel Kraft erfordert als beim Einbohren in weiches Gestein, so genügt in der Regel ein
Mann, um ihn zu dirigiren. Beim Ausziehen oder Einlassen wird der Schwengel abgelegt
und das Gestänge durch einen an einem starken Seile befestigten Haken gehoben oder eingesenkt.

Das eigentliche Bohrinstrument hat je nach dem Zwecke und Gesteine verschiedene und
sehr abweichende Formen. Zum Bohren durch Lehm, Thon und Sand dient, wie schon
erwähnt wurde, eine aus starkem Eisenbleche gebogene Tute von verschiedener sowol koni=
scher als cylindrischer Gestalt, welche an ihrem untern Ende in eine kurze, gebogene Schnecke
nach Art der Bohrer für Holzröhren ausläuft (Fig. 26 und 27). Diese an das Gestänge
festgeschraubte Bohrtute faßt, wenn sie unter starkem Drucke umgedreht wird, die wei=
cheren Schichten auf und muß von Zeit zu Zeit durch Ausziehen des Gestänges und Ent=
fernen der Bohrmasse gereinigt werden. Sobald aber festere Felsarten, in welche die
Schnecke an der Bohrtute nicht mehr eingreift, durchgearbeitet werden sollen, so wird an
die Stelle der letzteren ein Bohrmeißel gesetzt. Der aus Stahl geschmiedete Meißel hat

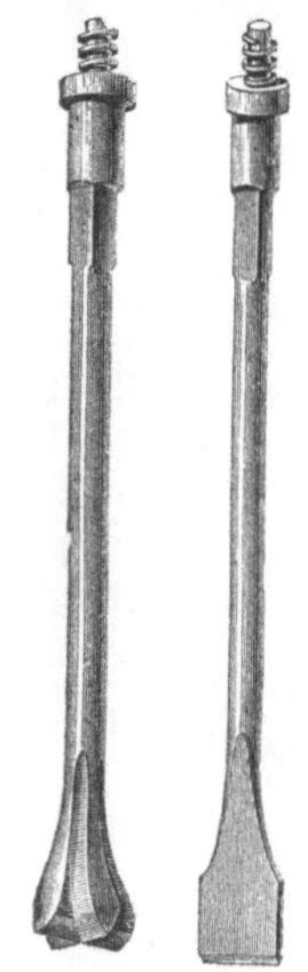

unten eine Schneide von der Breite, welche dem Durchmesser des Bohr=
loches entspricht, oben eine starke Schraube, um damit an das Bohrge=
stänge befestigt zu werden. Man gebraucht ihn, indem man das Bohr=
gestänge abwechselnd aufhebt und fallen läßt, beim nächsten Aufheben
aber immer ein Weniges dreht, so daß des Meißels Schneide allmählig
alle Punkte des Bohrlochbodens (der Bohrlochsohle, oder, wie der
Bergmann sagt, vor Ort des Bohrloches) berührt. Dadurch wird, wie
beim Bohren mit dem Steinmeißel behufs der Sprengung mit Pulver,
allmählig ein rundes Loch in den Fels eingearbeitet. Wenn der zu
durchbrechende Fels ungleich harte Stellen hat, so klemmt sich der Meißel,
indem er in die weicheren tiefer als in die härteren eindringt, leicht fest;
man bedient sich in solchen Fällen anstatt seiner eines Bohrers, welcher
aus zwei sich unter rechtem Winkel kreuzenden Schneiden besteht, des
Kronenbohrers. Beide Formen sind in den Figuren Fig. 28 und 29
dargestellt. Während des Bohrens mit dem Meißel= oder Kronenbohrer
wird das Loch bis auf eine gewisse Höhe immer voll Wasser gehalten,
mit welchem sich das losgestoßene Gestein mischen kann und wodurch es
vor Ort entfernt wird. Mit der Zeit aber sammelt sich daselbst dennoch
ein zäher Schlamm an, der das Eindringen des Meißels hemmt. Zu
dessen Entfernung dient der Bohrlöffel. Nachdem der Bohrer ausge=
zogen ist, wird der Löffel, ein runder Blechcylinder, mit einem Boden,
der wie ein bewegliches Saugpumpen=Klappenventil eingerichtet ist, an einem langen
Seile von Aloëbast oder dünnem Eisendraht eingelassen und unten mehrmals rasch auf
und ab bewegt. Er saugt durch das Ventil, wie ein Pumpenventil das Wasser, den
Schlamm in sich ein, und weil sich die Klappe unter dem Drucke des Eingesogenen
schließt und zur Hälfte auf eine kleine Leiste legt, so kann, wenn der Löffel, um entleert
zu werden, aufgezogen wird, der Schlamm nach unten nicht entweichen. Von diesem
Bohrmehl oder Bohrschlamm nimmt der Bohrmeister Proben und hebt sie sorgfältig
auf, da er aus ihrer Beschaffenheit allein Auskunft über die Natur der durchsunkenen
Schichten erlangen kann.

Es ist aber leicht einzusehen, daß ein solches Bohrmehl nur sehr unvollkommene Auf=
schlüsse zu geben im Stande sein wird. Man wird aus demselben zwar ungefähr ersehen
können, ob das Gestein thoniger oder krystallinischer Natur ist, ob Erztheile darin enthalten
sind oder Salz oder Kohle und andere dergleichen allgemeine, wenn auch immerhin sehr
wichtige Thatsachen. Allein welcher Periode die Schicht angehört (ob der permischen z. B.
oder der Steinkohlenperiode), woraus man sehr häufig erst schließen kann, ob man noch
weiter hinabzugehen hat, um den gewünschten Effekt zu erreichen oder nicht; fernerhin

welcher Art das Fallen der Schichten ist (von großer Wichtigkeit für die Anlage der weiteren Arbeiten, anderer Bohrlöcher, Schächte u. s. w.), diese und viele andere Fragen, die nur zu beantworten sein würden, wenn man ein genügend großes Gesteinsstück aus der Tiefe des Bohrlochs herausbringen könnte, diese kann das Bohrmehl nicht beantworten. In vielen Fällen wird es uns selbst über die Natur des Gesteines in Zweifel lassen, da der Bohrer vorzüglich bei sehr harten Gesteinen oft nicht einmal Splitter absprengt, groß genug, um uns darüber zu belehren. Um hinlänglich große Gesteinsstücke heraus zu arbeiten, hat Ingenieur Kind dem Bohrer eine Ringform gegeben, indem man an ein ringförmiges, hohlcylindrisches Eisenstück unten sechs bis acht schmale Meißel radial eingeschraubt hat (Fig. 30). Wenn mit diesem Ringbohrer gemeißelt wird, was übrigens genau so stattfindet wie mit jedem andern Bohrer, so bleibt in der Bohrlochsmitte eine runde Säule stehen, welche, nachdem sie die genügende Höhe erreicht hat, mit der sogenannten Keilzange abgebrochen und herausgenommen werden kann. Wie dies geschieht, leuchtet aus der Betrachtung der Fig. 32 ein, welche uns zeigt, daß bei dem dargestellten Verfahren durch einen Keil, der beim Aufstoßen des Bohrgestänges sich zwischen die äußere Bohrwand und die starke Eisenhülse, die sich über den ausgearbeiteten Steinkern wegschiebt, klemmt, dieser letztere gewaltsam zur Seite gedrängt und dadurch abgebrochen wird. Jener Keil hält den Cylinder auch fest und bringt ihn als einen Zeugen aus der Unterwelt mit nach oben, wo er wie ein abgefangener Soldat des Feindes nach allen Richtungen ins Verhör genommen wird. Wir bilden ein solches Stück in Fig. 33 ab, welches bei Sciring, Departement Mosel, von Kind heraufgeholt wurde. Geschieht das Abbrechen mit gehöriger Vorsicht, so giebt die Säule dem Geognosten genauen Aufschluß über die Architektur der Schichten

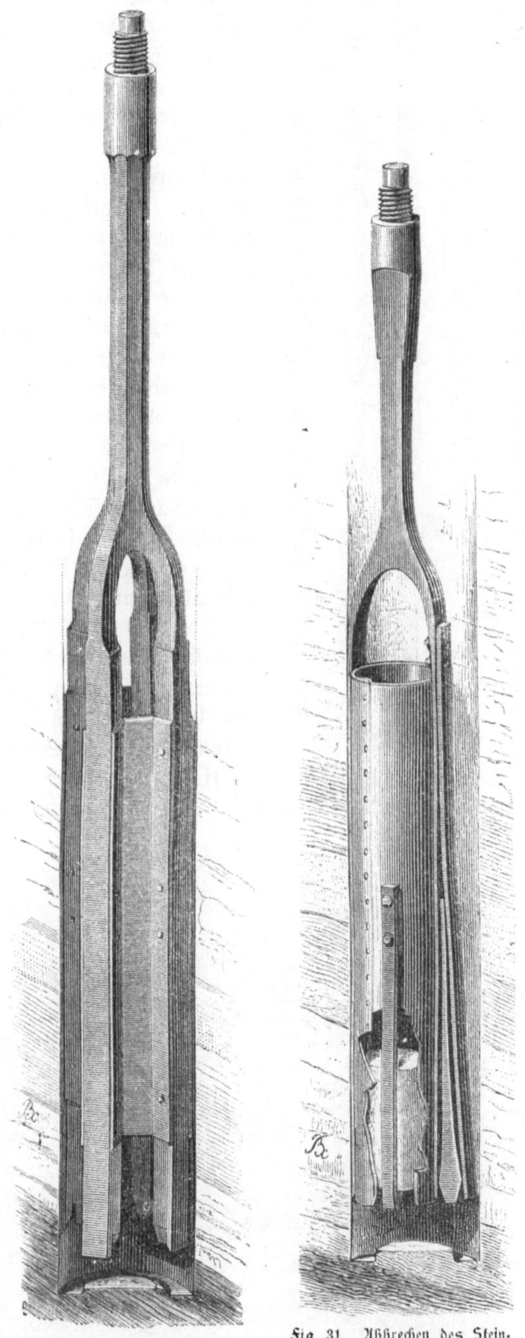

Fig. 30. Ringbohrer.

Fig. 31. Abbrechen des Steinkernes mit der Keilzange.

in der Tiefe, woraus sich dann die Mittel ergeben, die ferneren Arbeiten in rationeller Weise vorzunehmen. Die von Kind erfundene Vorrichtung gestattet also, ohne Schacht, und ohne daß sich der Beobachter an Ort und Stelle begiebt, tief in das Dunkel der Erde hinabzusehen.

Mit den gewöhnlichen Werkzeugen können Bohrlöcher zwar von verhältnißmäßig geringer Weite, aber doch bis auf große Tiefen hinabgestoßen werden. Man hat Bohrbrunnen auf diese Weise hergestellt, welche 600 Meter tief waren und noch mehr. Aber bei den engen Röhren macht die Auskleidung große Schwierigkeiten, und weite Schächte mit den gewöhnlichen Meißelbohrern, die fest an dem Gestänge angebracht sind, auszuarbeiten, ist aus vielerlei Gründen so gut wie unausführbar.

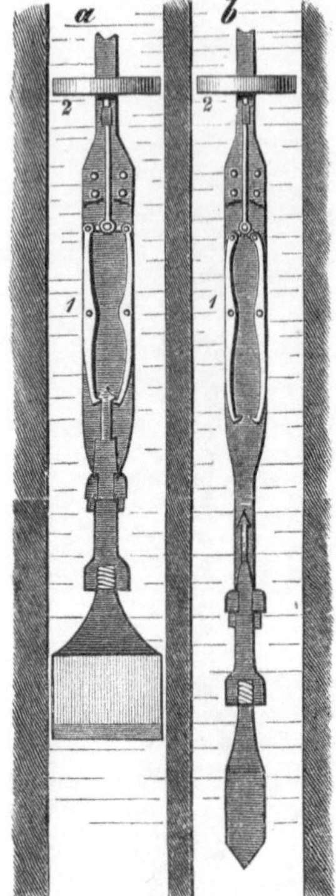

Fig. 32. Kind's Freifallbohrer.

Es liegt in der Natur der Sache, daß die Schwierigkeiten des Bohrens mit der zunehmenden Tiefe, welche man erreicht, wachsen. Abgesehen von den eben angeführten Uebelständen, welche im Bohrloche selbst gefährlich werden, ist es aber namentlich das wachsende Gewicht des Bohrgestänges, welches sich nicht nur mit der Gesammtlänge der anzuschraubenden Gestänge vermehrt, sondern auch dadurch besonders vergrößert wird, daß, weil diese ganze Last gehoben werden muß und beim Niederfallen auf einander staucht, für sehr weit in die Tiefe gehende Bohrungen stärkere Gestänge angewendet werden müssen als für weniger tiefe. Um dies zu vermeiden, erfand der schon früher von uns erwähnte Ingenieur Kind, ein Deutscher von Geburt, das nach ihm benannte Freifallinstrument oder die Rutschschere, welches nur ein schwaches Gestänge verlangt, dessen unterer Theil eine solche Einrichtung hat, daß der Bohrer sich ablöst und allein niederfällt, sobald dies Gestänge auf eine gewisse Höhe gehoben ist. Mit dem wieder niedergeführten Gestänge läßt sich dann der Bohrer fassen und aufs Neue in die Höhe heben. Die Abbildung Fig. 32 gewährt davon eine Vorstellung. Die Einrichtung ist folgende. Um das Gestänge herum liegt unten eine runde Scheibe, welche sich, in der Zeichnung von der Seite gesehen, als eine Platte (2) präsentirt, so groß, als die Weite des Bohrloches es gestattet. Diese Scheibe läßt sich auf= und abschieben; an ihr hängt eine dünne, mit zwei horizontalen Hebelchen verbundene Drahtstange, welche ihrerseits zwei lange, unten mit ankerartigen Haken versehene, senkrechte Hebel (1) bewegen. Die Ankerhaken der langen Hebel fassen unten einen Knopf, der das obere Ende einer starken vierkantigen Eisenstange bildet, die, zwischen Schienen laufend, an ihrem untern Ende den Bohrmeißel angeschraubt trägt. Die Abbildung a zeigt den Apparat geschlossen, der Bohrer ist gefaßt und gehoben. Die Abbildung b stellt ihn geöffnet dar;

Fig. 33. Steinkern aus dem Thonschiefer mit Pflanzenabdrücken.

die Scheibe hat sich etwas gehoben und dadurch die horizontalen Hebelchen in die Höhe gerissen.

Fig. 34. Die Arbeit am Kruckel.

Diese haben die oberen Arme der senkrechten Hebel nach innen gezogen, deren untere Arme sammt den daran befestigten Ankerhaken herausgeschoben und den Bohrer freigemacht, der infolge seines Gewichtes niederfallen mußte. Weil aber das Leitungsstück mit dem Knopfe zwischen Schienen läuft, die mit dem Gestänge fest zusammenhängen, so braucht man nur den Fangapparat abwärts zu schieben, und der Bohrer wird von den Ankerhaken gefaßt und aufwärts gehoben. Die Scheibe, welche die Bewegung der Hebel hervorruft, schwimmt in dem das Bohrloch erfüllenden Wasser. Sobald der Hub vollendet ist, stößt der Schwengel, womit die Bohrleute das Gestänge bewegen, an eine starke Holzfeder, und die dadurch hervorgerufene Erschütterung verursacht, daß das Gestänge etwas zurückfedert, die Scheibe sich rasch mit zu senken aber vom Wasser verhindert wird. Diese geringe Verschiebung der Scheibe genügt, um die Ankerzange zu öffnen. Dem freifallenden Bohrer kann man, um ihn recht wirksam zu machen, eine bedeutende Schwere geben, welche durch zwischen ihn und das Freifallinstrument geschraubte Eisenstücke von 5 bis 10 Centner Gewicht nach Belieben geändert werden kann. Dieses Zwischenstück wird der Bohrklotz genannt. Beim Bohren wird der Meißel nach jedem Schlage versetzt, und bedient man sich sowol des gewöhnlichen Meißels als auch des Kronenbohrers.

Seit Anwendung des Freifallinstruments hat das Bohrgestänge nur noch den Zweck, dasselbe zu regieren, es konnte deshalb anstatt aus Eisen aus dem viel leichteren und zähen Eschenholze dargestellt werden. Die Bohrstangen, bis zu 20 Meter und darüber lang, bestehen denn auch aus solchem Holze und werden mittels Bolzen an einander befestigt. Um so lange Bohrstangen bequem aus dem Bohrloche nehmen zu können, muß über dasselbe ein hoher Thurm, der Bohrthurm, gebaut werden.

Die Abbildung Fig. 34 führt uns in einen solchen Bohrthurm ein, wir befinden uns zu gleicher Erde, wo der mittels eiserner Kammräder und einer Däumlingswelle durch eine im Hintergrunde sichtbare Dampfmaschine in Bewegung gesetzte Schwengel mit dem daran hängenden Bohrgestänge uns zuerst auffällt. An dem Krückel arbeitet ein Bohrmann, der zugleich das Nachrücken des Gestänges mittels der an dem obern Halsstück sitzenden starken eisernen Schraube zu besorgen hat. Denn um das immerhin mühsame Herausnehmen des Gestänges nicht zu oft wiederholen zu müssen und Stangen von wenigstens einigen Meter Länge einführen zu können, muß dem Bohrer einiger Spielraum gegeben werden können, innerhalb dessen er seine Arbeit verrichten kann. Einmal läßt sich dies wol schon durch die Stellung des Schwengels einrichten, den man mehr oder weniger hoch über dem Boden heben lassen kann, aber immerhin würde dies allein nicht weit genügen, und durch die vielen Verschraubstücke, die man bei so kurzen Stangen anbringen müßte, nicht nur das ganze Gestänge sehr schwer, sondern auch in seiner Festigkeit sehr beeinträchtigt werden. Deshalb versieht man das Halsstück mit einer starken 1 bis $1\frac{1}{2}$ Meter langen Schraube, welche zu Anfange, wenn eine neue Stange eingesetzt worden ist und der Schwengel seine höchste Lage einnimmt, ganz zurückgeschraubt ist, später aber, wenn das Bohrloch wieder um eine Stangenlänge tiefer geführt worden ist, sich aus der Mutter herausgeschraubt hat. Der Schwengel hat dann zugleich seine tiefste Lage und kann erst wieder höher gestellt werden, wenn das Gestänge durch Einfügen eines neuen Stückes verlängert wird. Von Zeit zu Zeit werden diese kürzeren Einsatzstücke dann gegen jene längeren Bohrstangen ausgewechselt. Die zur Verlängerung des Gestänges dienenden Holzstücke werden in der Regel niemals aufgestellt, sondern, damit sie sich nicht verziehen, an hoch oben im Thurme angebrachte Haken senkrecht aufgehängt. Einen übersichtlichen Einblick in die vollständige innere Einrichtung eines Bohrthurmes giebt uns unsere Abbildung Fig. 35. Sie stellt das Bohrgebäude von Passy dar, in welchem eines der großartigsten Bohrunternehmen von dem schon oft genannten Ingenieur Kind glücklich zu Ende geführt wurde, nachdem die französischen Techniker an der Ausführbarkeit des Werkes überhaupt verzweifelt waren.

Die Scene stellt uns das Bohrwerk in voller Arbeit dar. Die Arbeiter im oberen Theile des Thurmes treffen die nöthigen Dispositionen, um das Gestänge durch Zufügung neuer Einsatzstücke, wie deren eines links angelehnt steht, zu verlängern. Die Maschinenleute sind auf ihrem Posten. Der leitende Ingenieur ist stets bereit, Jedem die betreffende Anweisung zu geben, und überwacht vorzüglich die Thätigkeit der beiden Arbeiter, welche am Krückel die Drehung des Meißels bewirken.

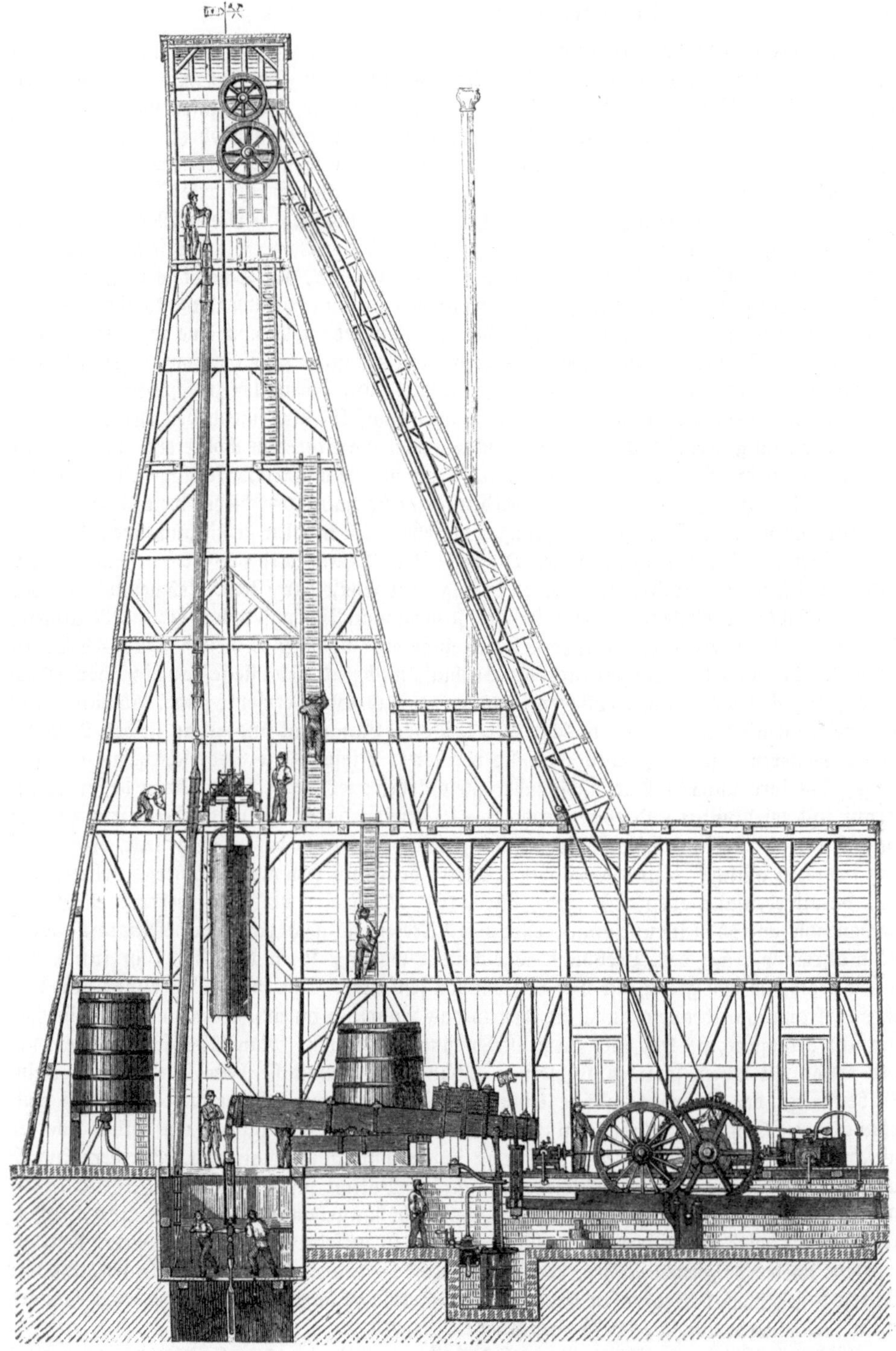

Fig. 35. Bohrthurm zu Passy.

Wir sehen rechts davon die Dampfmaschine, welche mittels des Schwengels den Boh=
rer hebt, wie sie auch das Räderwerk und die Rollen in Bewegung setzt, die, durch lange
Riemenläufe mit einander verbunden, das Gestänge emporziehen, oder den Bohrlöffel, der

in Form eines langen Cylinders von oben herabhängt, in die Tiefe lassen, um den Schlamm des losgearbeiteten Gesteines aus dem Bohrloch zu entfernen. Die Art und Weise der Reinigung sowie die Einrichtung des Bohrlöffels betrachten wir weiter unten noch besonders.

Kind hat mit Bohrern, welche den vorher erwähnten Kronenbohrern ähnlich, aber anstatt mit 2, mit 20 und mehr auf einer eisernen Scheibe festgeschraubten Meißelschneiden versehen und dem entsprechend viel stärker gebaut waren, auch durch starke Dampfmaschinen bewegt werden, bei Forbach und Gelsenkirchen Schächte bis zu 3,75 Meter Weite und bis zu 300 Meter Tiefe durch festen Fels gebohrt und dadurch die Vortrefflichkeit seiner Apparate unwiderleglich bewiesen. Bei Gelsenkirchen gelang es sogar, den Schacht so wasserdicht zu cementiren, daß er als Förderschacht beim Steinkohlenbergbau in Anwendung kommen konnte, und es hat dieses sinnreiche Verfahren für den Bergbau jedenfalls noch eine hohe Bedeutung.

Ein jedes Bohrloch muß, wenn es nicht in sehr festem oder horizontal geschichtetem Gesteine steht, verrohrt werden, um es gegen das Zusammenfallen zu schützen; das heißt, es müssen metallene Rohre von passender Weite in dasselbe hineingeschoben werden.

Sehr häufig verunglücken die Bohrlöcher, weil man oft dem Rohre eine mangelhafte Einrichtung giebt. Die allerschlechtesten sind solche, welche aus trichterförmigen, in einander gesteckten Rohrstücken zusammengesetzt werden, denn sie haben verschieden weite Durchmesser und sind innen und außen mit Vorsprüngen versehen. Man sollte sie nie anwenden, denn sie veranlassen gewöhnlich Unglücksfälle. Die beste Verrohrung wird aus zwei in einander gesteckten, vollkommen cylindrischen Röhren in folgender Weise dargestellt. Nehmen wir an, das Bohrloch habe eine Weite von 50 Centimeter, so biegt man Blechtafeln von etwa 5 Millimeter Dicke und 2 Meter Höhe zu Cylindern, deren äußerer Durchmesser (dessen Dicke) 49 Centimeter beträgt, schärft die Längsränder der Blechtafeln ab und nietet sie fest an einander, jedoch so, daß die Nietköpfe nicht überstehen, sondern in das Blech versenkt sind. Alsdann wird ein zweiter Cylinder gebogen, welcher nur 1 Meter Länge hat und genau in den 2 Meter langen weiteren hineinpaßt, und ebenfalls vernietet. Dieses kurze Rohr schiebt man in das lange, bis ihre unteren Enden einander gleichstehen; es reicht dann bis zu dessen Mitte herauf und wird unten und oben durch 10—12 Nieten damit fest verbunden. Ein zweites enges Rohr von 2 Meter Länge wird nunmehr von obenher in das weite gesteckt, bis es auf dem kürzeren aufsitzt. Jenes wird nun 1 Meter hoch aus dem weiteren hervorstehen, und muß damit ebenfalls oben und unten durch 10—12 Nieten vereinigt werden. Nunmehr werden abwechselnd weite und enge Rohre von 2 Meter Länge in einander befestigt und wenn die Röhrenköpfe auf der Drehbank abgeschliffen waren, so ist das Bohrrohr innen und außen glatt, überall gleich dick und vollkommen senkrecht. Eine solche Röhre läßt sich, weil sie Spielraum hat, bequem durch Drehen in das Bohrloch hineinschieben und bei gehöriger Vorsicht gelingt es, sie 100 und mehr Meter hinabzubringen. Man rüstet sie an ihrem untern Ende mit einem scharfen stählernen Schuh aus, damit sie beim Niedergehen kleine Unebenheiten der Bohrlochswände leichter abschneiden kann. Oben wird sie durch Aufsetzung neuer Stücke nach Bedürfniß leicht verlängert, die hier angesetzten Stücke werden mit Hülfe eines cylindrischen Nietkolbens immer vorsichtig festgenietet. Vor dem Hinabfallen schützt sie eine oben umgelegte, aus starken Balken zusammengefügte Schraubenzwinge, welche sich auf das Gerüste der Bohrlochshängebank auflegt. Die Bohrlochshängebank wird aus einem 4—6 Meter langen, in unserm Falle 50 Centimeter weit gebohrten, starken hölzernen Rohre, der Bohrdeichel, und einem um diese gelegten, aus vier Balken bestehenden horizontalen Gevier gezimmert und durch Eingraben oder Einrammen in die weiche Erdoberfläche im Bohrschachte versenkt.

War wie bei dem gewählten Beispiele das Bohrloch Anfangs 50 Centimeter weit, so beträgt sein Durchmesser, nachdem das Bohrrohr eingesenkt worden ist, nur noch 50 Centimeter weniger zweimal 5 und 10 = 20 Millimeter, also nur noch 48 Centimeter. Es können nunmehr nur noch Instrumente von 48 Centimeter Weite eingeführt werden und unterhalb des untern Endes der Bohrröhre wird die Fortsetzung des Bohrloches also auch nur 48 Centimeter Weite bekommen. Ist man aber Willens, das Rohr noch tiefer einzuschieben — und man kann dieses, so lange es sich noch im Bohrloche drehen läßt und nicht durch von der Seite her angelegtes lockeres Gestein festgeklemmt worden ist — so muß man das Bohrloch unterhalb der Röhre wieder um 2 Centimeter erweitern. Dazu wird der **Erweiterungsbohrer** oder **Ausreiber** angewendet. An einer eisernen Stange werden schaufelförmig gebogene, vorn verstählte und mit Zähnen besetzte handlange Eisenstücke dergestalt befestigt, daß sie sich beim Heraufziehen zusammenlegen, beim Hinunterstoßen aber ausbreiten, und, sich gegen die engere Bohrlochswand stützend, an dieser reiben und kratzen. Ein trockenes Seil hält die Reiber gespannt, eingeschobene hölzerne Keile geben ihnen eine solche Stellung, daß sie durch das engere Bohrrohr eingeführt werden können. Sobald das Instrument mittels der

angeschraubten Bohrstange auf der Bohrlochsohle angekommen ist, wird es durch einen starken Stoß von den Holzkeilen befreit. Die trocknen Stricke saugen Wasser an und verkürzen sich dadurch, sie sperren nun die Reiber flügelartig aus, und indem die Bohrleute das Gestänge in drehender Bewegung auf- und abstoßen, schaben oder feilen sie die Bohrlochswände ab, wodurch der Durchmesser allmählig vergrößert wird.

Zur Ausführung der Bohrarbeit können nur ruhige, besonnene, erfahrene Leute benutzt werden. Jede Unvorsichtigkeit und Uebereilung straft sich alsbald, und öfters sind aus kleinen Ursachen schon Schäden entstanden, welche bei mehr Ueberlegung leicht zu vermeiden gewesen wären, aber, verschlimmert durch zweckwidrige Anordnungen, viele Tausend Thaler Ausgaben oder gar das Aufgeben der kostspieligen Anlage veranlaßten. Wenn Schäden am Bohrzeuge, Brüche u. s. w. vorkommen, so legen die zu deren Ueberwältigung angewendeten Mittel ganz besonders Zeugniß von dem Verstande des Bohrmeisters ab.

Vor allen Dingen muß der Bohrmeister besorgt sein, daß das Bohrloch immer gehörig durch eingeschobene Rohre gesichert bleibt, denn wird dies versäumt, verläßt er sich darauf, daß die Bohrlochswände in bröckligem Gesteine sich selbst halten, so erfolgt leicht, was wir in Fig. 36 auf der rechten Seite bei IV sehen. Unterhalb der im Loche steckenden Bohrröhre hat sich das Gestein nicht selbst getragen. Es brach herein, wodurch eine Weitung entstanden ist. Das herabgefallene Gestein, der **Nachfall**, legte sich in tiefere Bohrlochstheile und verschüttete den darin arbeitenden Bohrer. Als die Bohrleute nun mit Hebel und Winde dessen Befreiung zu bewirken suchten, zerbrach die Bohrstange und legte sich, weil der Bruch zufällig an der entstandenen Weitung erfolgte, in diese herein. Der Bohrmeister, dem die Tiefe des Bohrloches und die Länge des Gestänges immer genau bekannt ist, weil er darüber Buch zu führen hat, versucht nun wol zuerst mit einem flintenkrätzer-ähnlichen, hakenartig gebogenen und an einem starken Eisengestänge IIa befestigten Instrumente, dem **Glückshaken** IVb, sein Glück, indem er ihn in das Bohrloch einführt und so lange behutsam darin hin- und herdreht, bis er den Bruch erfaßt hat. In dem Falle,

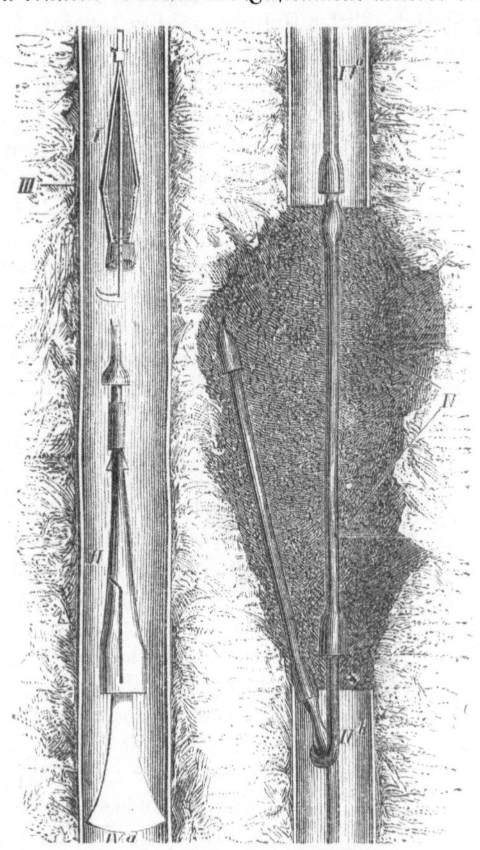

Fig. 36 I. Fangschere. II. Fabian'scher Freifallbohrer. IVb. Glückshaken oder Krätzer, an einem besondern Gestänge IVa. in das Bohrloch geführt, um das abgebrochene Bohrgestänge zu fassen. III. Durch Röhren geschütztes Bohrloch. IV. Bohrloch, welches an der unverrohrten Stelle durch Nachfall erweitert ist.

den unsere Abbildung versinnlicht, ist dies geschehen; bei IV^b hat der Haken gefaßt. Sobald er aber aufgezogen werden soll, stemmt sich das abgebrochene Gestängstück in die Nachfall=weitung, der Glückshaken kann also hier nicht viel ausrichten, und der Bohrmeister wird ihn wieder abdrehen und herauszuziehen versuchen. Bei dieser Gelegenheit schwenkt er ihn etwas hin und her und findet dadurch, daß sich das Bohrloch durch Nachfall erweitert habe. Um jedoch ein möglichst genaues Bild von den Zuständen an der Unglücksstätte zu er=langen, aus dem er zuerst die zu ergreifenden Maßregeln kennen lernen kann, bereitet er sich einen Holzcylinder zur Darstellung eines Abdruckes vor, indem er ihn an seiner untern Fläche mit einem Säckchen voll bildsamen Fensterkittes (Oel und feingemahlener Kreide) ausstattet. Diesen Cylinder läßt er langsam bis zu der Bruchstelle, wo vorher der Glücks=haken gefaßt hatte, herab, drückt auf, zieht ihn hervor und erkennt aus den im weichen Kitt eingedrückten Unebenheiten die Form und Art des Bruches. In unserm Falle muß das Abfeilen des in die Weitung umgebogenen Gestängestückes versucht werden; dazu formt sich

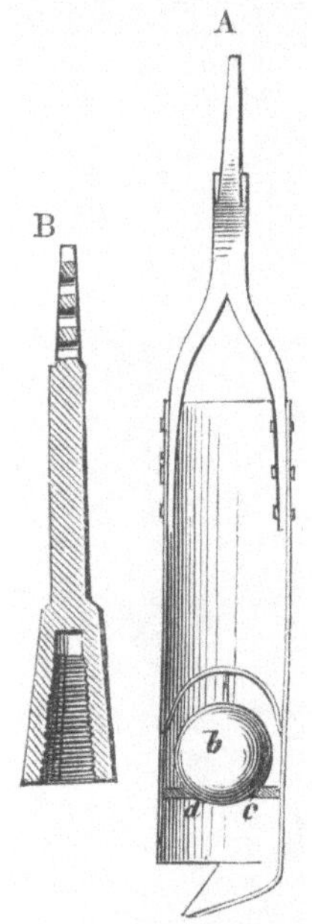

Fig. 37. A Bohrlöffel mit
Kugelventil b, c, d.
B Fangglocke.

der Bohrmeister eine stählerne, feilenartige Säge, durch deren Drehung sich das Gestänge zerreiben läßt. Nach unsäglicher Mühe gelingt dieses; das schiefe Stück des Bohrgestänges fällt herab, stellt sich im Bohrloche aufrecht und kann nun mittels einer Zange oder Fang=schere I, oft auch mit dem Glückshaken, gehoben und beseitigt werden. Darauf sucht man mit der Fangglocke (Fig. 37 B), deren unterer Theil trompetenartig erweitert und mit Schraubengängen ausgerüstet ist, das noch feststeckende Gestängestück festzufassen und durch Drehen ein Glied desselben nach dem andern abzuschrauben. Ist von dem Gestänge auf diese Weise Alles herausgeholt und die Glocke auf dem nachgefallenen Gestein tief unten im Bohrloche angekommen, so bringt man den Löffel (Fig. 37 A) ein, saugt den Nachfall ab, lockert ihn mit einem eingeführten Spieße, löffelt abermals und kann im glück=lichsten Falle so wieder frei werden, d. h. die Hindernisse, welche sich dem Tieferbohren entgegenstellten, überwinden. Einen andern Un=glücksfall zeigt uns Fig. 36, wo in dem verrohrten Bohrloche III das Gestänge an dem Fabian'schen Freifallbohrer II zer=brochen und die Fangschere I eingeführt worden ist, um den Bohrer wieder heraufzuholen. Diese Fangschere giebt sich, auf dem Bruche angelangt, federnd aus einander und es gilt die Kunst, sie so zu diri=giren, daß die Haken, von denen in der Zeichnung nur einer sichtbar ist, sich unter einen Wulst oder Vorsprung, z. B. ein Gestämme des Gestängebruches, anlegen und das Bruchstück beim Heraufziehen mitnehmen. Oberhalb der Zangenhaken befindet sich ein Ring,
welcher jene festhält und sie durch die darüber liegende Schraube noch weiter andrücken kann. Bisweilen helfen aber alle diese Vorkehrungen nichts; nach langen fruchtlosen Versuchen muß der Ingenieur sich gestehen, daß er das abgebrochene Bohrgestänge im Zusammenhange nicht wieder zu Tage fördern kann. Dann freilich bleibt ihm als letztes Mittel nur noch die Zerstörung der widerspenstigen Stücke, um sie wenigstens stück=chenweise aus dem Bohrloche zu entfernen. Es kann vorkommen, daß er durch Anwendung eines frischen Meißelbohrers und durch Weiterbohren, als hätte er unter dem neueinge=führten Bohrer Gestein — freilich ein sehr hartes, denn es besteht aus purem Eisen und im Bohrer selbst aus Stahl — seinen Zweck erreicht und die Sohle des Bohrloches wieder frei=legen kann. In vielen Fällen aber wird auch das immerhin gefährliche Experiment, welches leicht zu neuen Bohrerbrüchen Veranlassung werden kann, nichts helfen, und dann bleibt nichts übrig, als eine Auflösung der Eisen= und Stahltheile mit Hülfe von Säuren, mit welchen vorsichtig das Bohrloch so weit angefüllt wird, als die Bruchstücke es erfüllen.

Während des Bohrlochabteufens muß der Bohrmeister jede Veränderung im Gesteine genau beobachten, alle Bohrmehle sammeln und darüber Buch führen. Oft aber muß er auch mittels eigenthümlicher Inftrumente das etwa in der Tiefe zuftrömende Waffer ganz unten an den Quellen schöpfen und deffen Mineral= oder Salzgehalt unterfuchen, die Ther= mometerftände (Temperaturen) der Tiefenpunkte des Bohrloches meffen und andere Beob= achtungen anftellen, wozu ein zuverläffiger und erfahrener Mann gehört.

In neuerer Zeit ift ein von den Chinefen schon feit dem grauen Alterthume geübtes Bohrverfahren auch bei uns in Anwendung gekommen; es ift das Bohren mit dem Seil. In mürben, aber nicht leicht nachfallenden, horizontal gefchichteten Felsarten, wie in Mergel, Schieferthon und lockerem Sandfteine, kann mit einer schweren Bohrkeule, die an ihrem untern Ende viele kleine Meißelschneiden hat, gebohrt werden, indem man fie mittels eines ftarken Taues oder eifernen Seiles aufhebt und dann plötzlich fallen läßt. Die Scheibe, auf welcher die Meißel befeftigt find, muß durchbohrt fein, damit der Bohrschmand nach oben entweichen kann. Ueber den Löchern können Löffel mit Ventilen angebracht werden, welche den Schmand, so oft der Bohrer fällt, in fich aufnehmen. Das Bohren fördert bei Gebrauch eines folchen Apparates fehr rasch, weil das beim Aus= und Einlaffen des Geftänges nothwendige zeitraubende Abschrauben erfpart wird. Für Geftein von un= gleicher Härte oder für folches, welches abwechfelnd aus weichen und harten, fteil geneigt ftehenden Schichten befteht, die gleichzeitig vor Ort des Bohrloches eintreffen, ift jedoch der Seilbohrer nicht geeignet. Hier ift die Wirkung des Freifallbohrers bis jetzt unübertroffen.

In gutartigem, leicht zerbrechlichem Gefteine, welches ohne Bohrröhre fteht, können mit dem Freifallinftrument (in 24 Stunden) 4—5 Meter abgebohrt werden, bei großer Tiefe aber nimmt die Leiftung ab, weil das Ausziehen und Einlaffen des Bohrers viel Zeit beanfprucht. Beim Seilbohren wird diefe erfpart und es fördert daher etwas rafcher, hat aber den Nachtheil, daß das Bohrmehl nicht vollftändig genug aufgefammelt und nie ein fefter Gefteincylinder herausgebohrt werden kann.

Intereffante Bohrarbeiten. Es ift wol nicht befonders hervorzuheben, daß der Erd= bohrer, je mehr feine Einrichtung und Handhabung vervollkommnet und damit feine An= wendbarkeit erweitert wurde, auch um fo mehr Eingang fand, theils um über die Natur der zu durchfuchenden Gebirgsfchichten Auskunft zu ertheilen, theils um direkt den Zugang zu den in der Tiefe gelegenen ausbeutungswürdigen Schätzen zu vermitteln. Eine Reihe fehr intereffanter und durch ihre Ergebniffe wichtiger Bohrarbeiten find folcher Art im Laufe der Zeit ausgeführt worden, von denen wir nur einige wenige zur Illuftrirung des bisher Gefagten für unfere Schilderung herausgreifen wollen.

Bleiben wir zunächft bei der Anwendung des Erdbohrers zur Herftellung von Bohr= löchern für artefifche Brunnen ftehen, so haben wir der Eingangs unferer Darftellung ge= gebenen Theorie infofern eine Erweiterung zu geben, als wir darin wol die hydroftatifchen Verhältniffe, welche bei der Anlage artefifcher Brunnen vorausgefetzt werden müffen, in Betracht gezogen, jedoch die andern, ausnahmsweife wol auch vorkommenden Fälle außer Acht gelaffen haben, in welchen der die Wafferfäule emportreibende Druck von einer andern Urfache als von dem Drucke einer mindeftens gleich hohen Wafferfäule ausgeht. Eine folche andere Urfache kann namentlich in vulkanifchen Gegenden zur Mitwirkung gelangen, wo die von Tage in das zerklüftete Geftein tief eindringenden Wäffer je tiefer um fo höhere Temperaturen annehmen, infolge derfelben aber und infolge der Natur der Gefteine den Auslaugeprozeß in fehr energifcher Weife unterhalten und außer löslichen Salzen befonders Kohlenfäure aus den Felsmaffen aufnehmen. Die Spannung, welche diefes Gas, das fich in der Wärme nur mit Widerftreben und unter großem Drucke dem Waffer einverleiben läßt, fofort ausübt, wenn es Gelegenheit hat, fich frei zu machen, kann das Waffer hoch emportreiben, und das Verhalten einer etwas erwärmten und dann geöffneten Flasche mit Sodawaffer giebt ein sprechendes Beifpiel dafür, in welcher Weife auch bei den Bohrbrunnen der Druck hochgefpannter Gafe beim Freiwerden derfelben wirken kann.

In Nauheim bohrte man auf Salzfole, und trieb nach einander vier Bohrlöcher nieder. Um den Schichtenbau der mittels des Bergbohrers durchfunkenen Gefteine, durch welchen der Verlauf der Unternehmung eine wefentliche Beeinfluffung erlitt, deutlich zur Anschauung zu bringen, geben wir in Fig. 38 einen Vertikaldurchschnitt nach der Linie, in welcher die Bohrlöcher liegen.

Das Bohrloch, welches am weitesten links steht und ohne Buchstabenbezeichnung geblieben ist, reicht oben durch Sand und Geröll (1) etwa 37 Meter tief, tritt dann in devonischen Thonschiefer (3) und Grauwackenschichten (2). Es lieferte bei 207 Meter Tiefe keine Salzsole und ward deshalb nicht weiter fortgesetzt. Das ihm folgende a ist nur 36 Meter tief, steht ganz in Sand und Geröll, trifft aber auf eine in einem Winkel von 72 Grad geneigt stehende dünne Sandsteinschicht, in welcher sich warme, gasreiche Salzsole befindet. Diese Salzsole stieg von sich selbst nicht in der Bohrröhre aufwärts, als aber eine Pumpe eingehängt und eine kurze Zeit damit gesaugt worden war, entwickelte sich aus ihr so viel kohlensaures Gas, daß nun eine schäumende, 20 Grad warme Salzquelle zum Vorschein kam und ⅓ Meter hoch oben übersprang. Diese Quelle, welche der kleine Sprudel genannt wird, liefert das kohlensaure Gas zu warmen Gasbädern für Gichtkranke und für eine Fabrik künstlicher Mineralwässer. Später stieß man das Bohrloch b nieder. Es steht obenher ebenfalls in Sand und Geröll 40 Meter tief, dann folgt aber fester, schwarzer Marmor (4), der Massenkalk der devonischen Formation. Das Bohrloch erreicht bei 174 Meter Tiefe die Sandsteinschicht mit der warmen Salzsole; aus ihm springt schäumend ein perlender, schneeweißer Strahl 2 Meter hoch, der große Sprudel. Diese prächtige Quelle versorgt die Bäder zu Nauheim mit 28 Grad warmem gasreichen Salzwasser. Endlich ward das Bohrloch c ebenfalls durch Sand, Geröll und Marmor abgestoßen, es erreichte bei 194 Meter Tiefe den solführenden Sandstein und gab, nachdem ebenfalls einige Minuten darin gepumpt worden war, die 16 Meter hoch springende Friedrich-Wilhelms-Quelle, deren Wasser 30 Grad warm und am salzreichsten ist, so daß es für den Salinenbetrieb sich gut eignet.

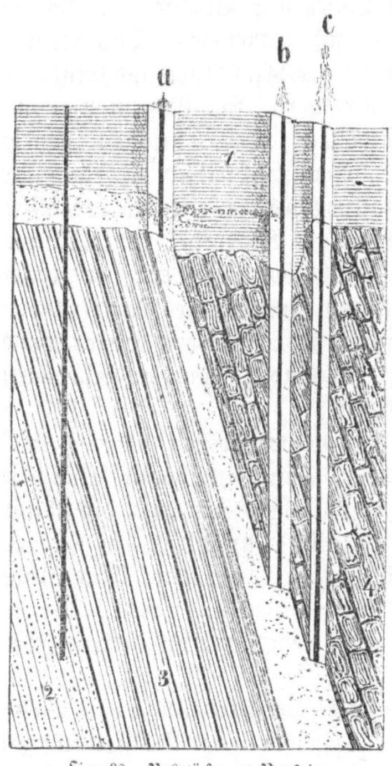
Fig. 38. Bohrlöcher zu Nauheim.

Die drei Bohrquellen entspringen auf ein und derselben, in 72 Grad geneigten Sandsteinschicht, in kurzen Entfernungen von 9—63 Meter von einander entfernt, und dennoch hat eine jede einen andern Salzgehalt, eine andere Sprunghöhe und andere Wärmegrade. Die am tiefsten heraufsteigende

Friedrich-Wilhelms-Quelle hat 5 Prozent Salz, 30° Wärme und springt 16 Meter hoch,
der alte Sprudel hat   3½ =   =   28°   =   =   =   ½   =   =
der kleine Sprudel hat   2½ =   =   20°   =   =   =   ⅓   =   =

Diese Thatsache ist insofern von höchstem Interesse, als sie uns beweist, daß die Sprunghöhe eines Bohrbrunnens auch von andern Umständen als blos dem Drucke eines anderseitigen Wasserschenkels abhängen kann, und zweitens, daß, je tiefer das Wasser aus der Erde heraufkommt, um so höher seine Temperatur ist.

Dieser Wahrnehmung begegnen wir in fast allen Bohrbrunnen sowol als in den tief unter die Erdoberfläche hinabgehenden Bergwerken, und sie hat ihren Grund in der noch nicht vollständig erfolgten Auskühlung unserer Erdkugel, welche nach ihrem Mittelpunkte zu höchst wahrscheinlich noch einen feurig geschmolzenen Kern umschließt.

Je mehr sich die wasserführenden Schichten dem heißen Herde der Erde nähern, um so mehr werden sie sich erhitzen; je tiefer daher die Bohrbrunnen abgeteuft werden,

eine um so höhere Temperatur hat man von dem auffpringenden Wafferftrahle zu er=
warten.

Die nach dem Innern der Erde hin zunehmende Temperatur ift, wie es fcheint, auch die
Urfache der ungleichen Sprunghöhe, welche die drei Sprudel haben. Das Waffer enthält
nämlich Kohlenfäure aufgelöft, wie der Schaumwein oder das Selterferwaffer die fixe Luft
aufgelöft enthalten. Nun ift es aber eine Thatfache, daß heißes Waffer und ebenfo falz=
haltiges die Kohlenfäure wenig oder gar nicht oder nur unter fehr ftarkem Drucke feft=
zuhalten vermag. Die Quellen werden aber, je tiefer, um fo reicher an Salzgehalt; denn
in die oberften, dem Erdboden zunächft liegenden Partien der Sandfteinfchicht fickern die
wäfferigen Niederfchläge aus der Atmofphäre, Thau und Regenwaffer, und verdünnen die
Salzlöfung, während fie in die Tiefe viel langfamer hinabkommen. Es wird fich alfo zwar
das Waffer je tiefer hinab in der poröfen Sandfteinfchicht noch mit Kohlenfäure fättigen,
aber der Sättigungsgrad wird ein ganz verfchiedener fein, und zwar ift er abhängig von
dem gegenfeitigen Verhältniß, in welchem die Temperatur und der Druck zu einander ftehen.
Starker Druck ift der Kohlenfäureaufnahme günftig, denn er preßt das Gas in das Waffer
hinein, die Hitze dagegen wirkt in befreiendem Sinne, und es wird immer die Frage fein,
welcher von beiden Faktoren das Uebergewicht erlangt.

Wenn z. B. dem Waffer in der Tiefe durch ein Bohrloch der Ausweg geftattet wird,
fo hört an diefer Stelle die bannende Kraft des Druckes auf, die Hitze jagt die Kohlenfäure
aus und diefe treibt, indem fie fich mit dem Waffer zu Schaum mifcht, wie fie den Cham=
pagner als Schaum durch den Flafchenhals treibt, die Salzfole aus dem Bohrloch hinaus.

Nehmen wir bei den Nauheimer Sprudeln an, daß die verfchieden ftarken Salzlöfungen
fich in der Tiefe unter Einwirkung des wachfenden Druckes mit je gleich viel Kohlenfäure
fättigen, daß etwa in den Kubikmeter von jeder Sole 2 Kubikmeter Kohlenfäure gepreßt wür=
den, fo würden bei der Aufhebung des Druckes aus dem Waffer der Friedrich=Wilhelms=Quelle
mehr als $1\frac{3}{4}$ Kubikmeter Gas entweichen oder aus jedem Meter Sole mehr als $2\frac{3}{4}$ Meter
Schaum werden. Der alte Sprudel würde aus jedem Kubikmeter nur $2\frac{1}{2}$ und der kleine
Sprudel gar nur 2 Kubikmeter Schaum geben; dem Reft der Kohlenfäure geftattet die ge=
ringere Hitze des Waffers und die geringere Sättigung mit Salz in dem Waffer zu verbleiben.

Die Bohrröhren begrenzen diefe Schaummaffen. Wo die größte Volumenzunahme
ftattfindet, wo aus einem gewiffen Quantum Sole die größte Schaummenge entfteht, da wird
die fchnellfte Bewegung eintreten, der Schaum wird am höchften in die Luft gefchleudert
werden. Da, wo die geringfte Volumenzunahme erfolgt, wird auch das Schaumwaffer mit
der geringften Gefchwindigkeit entweichen und am wenigften hoch fpringen können.

Die Nauheimer Sprudel geben täglich 3 Millionen Liter Salzwaffer und mehr als
5 Millionen Liter kohlenfaures Gas. Das Salzwaffer enthält fo viele fefte erdige Stoffe
aufgelöft, daß das, was fie täglich mit an die Erdoberfläche bringen, getrocknet einen Würfel
von 92 Centner Schwere geben würde.

Der Riefenfprudel zu Kiffingen ift den Nauheimer Sprudeln an die Seite zu
fetzen. Sein Schaumftrahl befitzt jedoch eine geringere Wärme, obgleich er 628 Meter tief
aus der Erde entfpringt. Das Bohrloch, welchem er feine Entftehung verdankt, erreichte
bei diefer Tiefe eine Steinfalzfchicht. Er fpringt 28 Meter hoch, man verhütet aber feinen
immerwährenden Ausfluß, wie man auch die Friedrich=Wilhelms=Quelle zu Nauheim nur
zeitweife in ihrer ganzen Kraft ausftrömen läßt, um andere nahe Mineralquellen ihres
Kohlenfäuregehaltes nicht zu berauben.

An diefe Brunnen fchließt fich der aus einem nur 157 Meter tiefen Bohrloch fpringende
28 Grad warme Sprudel zu Bad Sooden am Taunus an; auch zu Orb im Speffart
beftand früher eine ähnliche Quelle.

Der Salz= und Badebrunnen zu Bad Oeynhaufen bei Rehme im Weferlande ift
697 Meter tief und wird nur von dem 716 Meter tiefen zu Mondorf an der Mofel über=
troffen. Der letztere hat aber kaum ein beachtenswerthes Ergebniß geliefert, während der
zu Rehme die Veranlaffung zur Gründung eines berühmten Heilbades ward.

Bohrlöcher zur Erlangung von selbst springenden Süßwasserbrunnen sind im Allgemeinen Seltenheiten, da ihre Anlage durch eigenthümlichen Bau der Erdschichten bedingt wird. Das Bohrloch zu Grenelle bei Paris ist in dieser Beziehung berühmt geworden, weil es der französischen Hauptstadt täglich etwa 1 Million Liter Wasser lieferte. Dieser Brunnen verlor seine frühere Ergiebigkeit, nachdem der artesische Brunnen von Passy bei Paris erbohrt war, welcher jetzt täglich 4 Millionen Liter Wasser auswirft.

In den trocknen Ebenen der Provinz Algier haben die französischen Geologen Punkte aufgefunden, welche sich zur Anlage von artesischen Brunnen eignen. Die daselbst niedergestoßenen Bohrlöcher geben glücklicher Weise kein Salzwasser und können deshalb zur Bewässerung und Befruchtung jenes durch Klima und Lage begünstigten Erdstriches dienen. Was hier die Wissenschaft sich als einen Triumph zuschreiben kann, das müssen wir auch bei dem großartigen Bohrunternehmen zu Passy der Umsicht und dem Genie des die Arbeit leitenden Ingenieurs zuerkennen.

Paris litt an einem empfindlichen Wassermangel; die prachtvolle Seinestadt mußte sich zum großen Theil mit dem zur Noth filtrirten Wasser des schmuzigen Flusses begnügen. Um den Bewohnern also das nothwendigste Lebensmittel zu verschaffen, hatte man schon den Plan gefaßt, mehrere neue Brunnen zu bohren von 20—30 Centimeter Durchmesser, ganz wie der von Grenelle war, als sich der deutsche Ingenieur Kind erbot, der Stadt einen artesischen Brunnen von noch nicht dagewesenen Dimensionen zu graben. Das Bohrloch sollte im tiefsten Punkt noch einen Durchmesser von circa $\frac{2}{3}$ Meter haben und in 24 Stunden 6000 Kubikmeter Wasser zu einer Höhe von 25 Meter über den höchsten Punkt im Bois de Boulogne liefern. Die Kosten sollten 350,000 Frcs. nicht übersteigen und ein bis zwei Jahre zur Ausführung genügen. Der unternehmende Ingenieur war des Gelingens seines Unternehmens so sicher, daß er in den Kontrakt die Bedingung aufnehmen ließ, daß, im Fall die geforderte Summe nicht ganz verausgabt würde, die Stadt und er selbst sich in das Ersparte theilen sollten.

Ehe man eine Entscheidung traf, legte man sich die Fragen vor: 1. ob man einen neuen Brunnen bohren könne, ohne dem von Grenelle zu schaden; 2. ob die Entfernung zwischen Grenelle und Passy eine genügende wäre, und endlich 3. ob die Vergrößerung des Durchmessers der Bohrrohre auch das hervorströmende Wasserquantum in entsprechender Weise vergrößern würde.

Je mehr die betreffende Kommission über die beiden ersten Punkte einig war, um so getheilter waren die Meinungen über den letzten Punkt. Die meisten Ingenieure hielten dafür, daß das von Kind versprochene Wasserquantum viel zu hoch gegriffen sei, und glaubten, daß der größere Durchmesser nur die Kosten vergrößere; im Grunde sei es aber gleich, ob das Bohrloch $\frac{1}{2}$ oder 2 Meter im Durchmesser habe: man werde nie mehr oder weniger Wasser erzielen als zu Grenelle. Der Magistrat und die städtischen Behörden jedoch gaben bei diesen Meinungsverschiedenheiten der Gelehrten ihr Urtheil dahin ab, daß nur die Erfahrung in diesem Punkte entscheiden könne, daß es aber gerade Paris zukomme, eine solche Erfahrung zu machen, und sollte es auch nur zum Frommen der Wissenschaft sein; denn wenn die Stadt Paris vor einem so kostbaren Experiment zurückschrecke, welche andere Stadt oder Gesellschaft sollte dann je den Muth zu einem ähnlichen Unternehmen haben? Das war ein Ausspruch, welcher eine hohe und würdige Anschauung verräth, wie sie bei großen Unternehmungen in Frankreich nicht selten ist, und die wir gegenüber den kleinlichen Gesinnungen, die infolge des letzten Krieges bei den Franzosen Platz gegriffen zu haben scheinen, nicht vergessen dürfen, da sie viel Versöhnendes in sich haben.

Am 23. Dezember 1854 übergab man daher die Arbeit dem Ingenieur Kind und bezeichnete als den Ort der Ausführung die Ecke der Avenue de St. Cloud und der Rue du Petit Parc in der Vorstadt Passy. Es wurde sogleich mit dem Werke begonnen, und Alles ging vortrefflich von Statten. Am 31. März 1857 hatte man das Bohrloch schon bis zu einer Tiefe von 537 Meter getrieben, das Hervorbrechen des Wassers mußte jeden Tag erwartet werden — da ward plötzlich, circa 32 Meter unter der Erdoberfläche, ein

Rohr aus ftarkem Eifenblech, womit diefe Strecke ausgekleidet war, von der umgebenden Thonmaffe zerquetfcht und dadurch natürlich jede weitere Fortfetzung der Arbeiten abgefchnitten, bis das Hinderniß befeitigt war. Das dauerte aber beinahe drei volle Jahre. Das Uebereinkommen mit Herrn Kind wurde in diefer Zeit aufgelöft, und die Stadt Paris führte auf eigene Rechnung und Verantwortlichkeit, aber unter fernerer Leitung Kind's, das fchwierige Werk weiter.

Es wurde jetzt von oben ein zweiter, größerer Schacht niederzutreiben begonnen, und zwar bis zu einer Tiefe von 48 Meter, um die gefahrbringenden Schichten der Tertiärformation zu durchfchneiden und auf den feften Kalkftein zu kommen. Der Schacht wurde theils mit Gußeifen und innerm Mauerwerk, theils mit Eifenblech ausgefüttert; zwei Drittel der Höhe erhielten einen Durchmeffer von 3, das Uebrige von 2¾ Meter. Es war dies eine langwierige und gefährliche Arbeit: gußeiferne Röhren von 4 Centimeter Stärke

im Eifen zerfplitterten unter dem feitlichen Druck der beweglichen Thonfchichten wie Fenfterfcheiben, und mehr als einmal wollten die Arbeiter nicht mehr ans Werk gehen. Am 13. Dezember 1859 endlich war es gelungen, das urfprüngliche Bohrloch von 537 Meter Tiefe wieder frei zu machen, und man konnte nun mit der Vertiefung weiter fortfchreiten. Leider gab es aber bald wieder neue, unvorhergefehene Hinderniffe. Der ganze Brunnen follte mit einer Auszimmerung aus ftarkem, mit Eifen feft zufammengefügtem Holzwerk verfehen werden, die als ein Ganzes hinuntergefenkt werden mußte. Am untern Ende der Holzverkleidung von 75 Centimeter Durchmeffer hatte man ein Rohr aus Bronze befeftigt, von welchem 2 Meter im Holze fteckten und 12 Meter frei waren; diefer letztere Theil war durchlöchert, um, fobald man die wafferführende Schicht erreicht hätte, das Waffer einzu-

Fig. 39. Ingenieur M. Kind

laffen. Bis zu einer Tiefe von 550 Meter hatte man das Röhrenfyftem glücklich hinabgebracht, ohne noch das Waffer zu erreichen, da bleibt es aber feft fitzen und ift durch keine Gewalt mehr vor- noch rückwärts zu bewegen. Es blieb nun nichts Anderes übrig, als ein zweites Rohr von geringerem Durchmeffer durch das erfte, welches fich feftgefetzt hatte, hindurchzufchieben und damit auf den wafferführenden Grünfand vorzudringen zu fuchen. Man wählte dazu ein Rohr von Eifenblech, 7 Dezimeter im Durchmeffer, 2 Centimeter Blechftärke und von 53 Meter Länge, deffen unterer Theil ebenfalls durchlöchert war; dies Röhrenftück wog mit den Stangen zum Hinablaffen gegen 600 Centner. Das Wagniß gelang; in der Tiefe von 580 Meter ftieß man auf ein Thonlager und am 24. September 1861 Mittags in einer Tiefe von 587 Meter endlich auf das Waffer, das nun fogleich in einer Menge, welche fchließlich die vorausberechnete noch weit übertraf, hervorbrach. Das Wafferquantum betrug fchon in den erften 24 Stunden 6300 Kubikmeter, ftieg aber am folgenden Tage auf faft 11,000 Kubikmeter und beträgt jetzt durchfchnittlich täglich 8000 Kubikmeter oder 8 Millionen Liter. Das Waffer ift chemifch fehr rein; es führt nur

$1/3$ Prozent an mineralischen Bestandtheilen, Sand und Thon mit sich, wovon der Sand sehr schnell absetzt. Seine Temperatur ist 28° C., d. h. genau dieselbe wie die des Brunnens von Grenelle. Es dient jetzt zur Versorgung des Bois de Boulogne, da es zum Trinken nicht benutzt werden kann.

Die Thatsache, daß mit der zunehmenden Tiefe auch die Temperatur steigt, ist eine für die Theorien der Geologie äußerst wichtige; denn sie läßt uns Schlüsse machen auf die physikalische Beschaffenheit des Erdinnern überhaupt, welche für die Praxis so fruchtbar gewordene Wissenschaft der Geognosie zu Fundamentalbegriffen geworden sind. Schon früher hatte man durch Beobachtungen in tiefen Bergwerken die Thatsache selbst erkannt, ihre Gesetzmäßigkeit aber ist erst durch die Erscheinungen außer Zweifel gesetzt worden, welche in den mit Hülfe des Erdbohrers hergestellten Bohrlöchern studirt werden konnten.

In einem Bohrbrunnen bei Rüdersdorf, in der Nähe von Berlin, fand man bei 120 Meter Tiefe eine Temperatur von 17,12° C., bei 160 Meter schon 17,75° C., bei 200 Meter war die Wärme 19,75° C. und bei 280 Meter 23,5° C.; auf eine Tiefe von 160 Meter also betrug die Wärmezunahme mehr als 6° Celsius. Ganz analoge Verhältnisse wurden in den Pariser Bohrbrunnen beobachtet, denn es betrug in dem von Grenelle, welcher in allen Verhältnissen mit dem von Passy große Uebereinstimmung zeigt, bei 290 Meter Tiefe die Temperatur 22,2° C., bei 400 Meter 24° C., bei 490 Meter 26,4° C. und bei 530 Meter gegen 27,7° C. — Suchen wir daraus durch Rechnung zu finden, wie tief man in die Schichten der Erde hinabsteigen müßte, um eine Temperaturzunahme von 1° C. zu empfinden, so werden wir in beiden Fällen das gleiche Resultat erhalten; in der Gegend von Rüdersdorf beträgt die geothermische Tiefenstufe (so nennt die Wissenschaft jenen Abstand) 30 Meter, in der Gegend von Paris dagegen 31 Meter. Und diese Zahlen stimmen auch für andere Punkte der Erde mit merkwürdiger Genauigkeit. Bei Neusalzwerk in Westphalen wurde ein Bohrloch niedergetrieben, welches bei 180 Meter 19,6° C., bei 400 Meter etwas über 27° C., bei 620 Meter 31,4° C. und bei 686 Meter 33,5° C. zeigte. Daraus geht hervor, daß darin ebenfalls die Temperatur bei je 30 Meter hinab um 1° stieg; für manche dagegen zeigen sich Abweichungen, die aber nur die Größe der Ziffer, nicht die Thatsache selbst alteriren, daß die Temperatur nach der Tiefe zu immer mehr und wahrscheinlich bis zu dem Grade zunimmt, wo die Erdmasse noch geschmolzen ist.

Fügen wir diesen ganz wunderbaren Erfolgen noch hinzu, daß man bisweilen hochgelegene feuchte Gegenden, die durch wasserdichte Schichten sumpfig gemacht werden, entwässern kann, indem man die abdichtende Decke mittels eines bis in eine wasseraufnehmende Schicht geführten Bohrloches durchstößt, so wird man den Erdbohrer einen der nützlichsten Apparate und die Kunst und Wissenschaft, ihn richtig anzuwenden, eine der segensreichsten Errungenschaften des menschlichen Geistes nennen müssen.

Er ist ein kluger Bote in die verschlossene Welt der Gesteine, ein Hammer in der Hand des Forschers, der die absperrenden Thore aufspringen macht und unsern Blicken die Einsicht in die Natur und die Schätze des Erdinnern ermöglicht.

Bergparade in Freiberg.

Das Buch der Erfindungen. 6. Aufl. III. Bd.

Leipzig: Verlag von Otto Spamer.

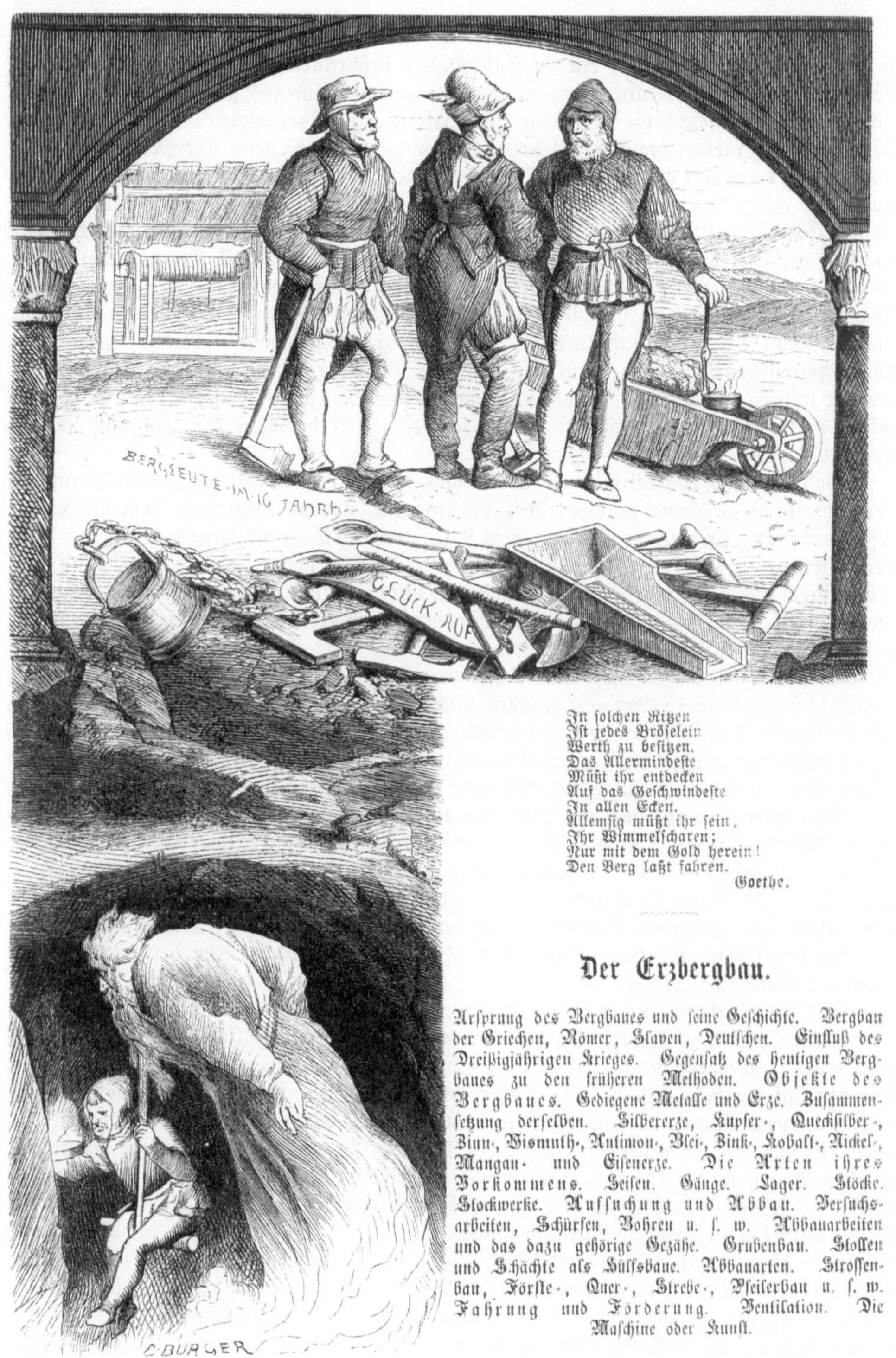

In solchen Ritzen
Ist jedes Bröselein
Werth zu besitzen.
Das Allermindeste
Müßt ihr entdecken
Auf das Geschwindeste
In allen Ecken.
Allemsig müßt ihr sein,
Ihr Wimmelscharen;
Nur mit dem Gold herein!
Den Berg laßt fahren.

Goethe.

Der Erzbergbau.

Ursprung des Bergbaues und seine Geschichte. Bergbau der Griechen, Römer, Slaven, Deutschen. Einfluß des Dreißigjährigen Krieges. Gegensatz des heutigen Bergbaues zu den früheren Methoden. Objekte des Bergbaues. Gediegene Metalle und Erze. Zusammensetzung derselben. Silbererze, Kupfer-, Quecksilber-, Zinn-, Wismuth-, Antimon-, Blei-, Zink-, Kobalt-, Nickel-, Mangan- und Eisenerze. Die Arten ihres Vorkommens. Seifen. Gänge. Lager. Stöcke. Stockwerke. Aufsuchung und Abbau. Versuchsarbeiten, Schürfen, Bohren u. s. w. Abbauarbeiten und das dazu gehörige Gezähe. Grubenbau. Stollen und Schächte als Hülfsbaue. Abbauarten. Strossenbau, Förste-, Quer-, Strebe-, Pfeilerbau u. s. w. Fahrung und Förderung. Ventilation. Die Maschine oder Kunst.

So lange der Mensch mit der Befriedigung seiner Bedürfnisse allein auf die Oberfläche der Erde, auf die Erzeugnisse des Thier- und Pflanzenreiches angewiesen war, so lange er nicht vermochte, die Tiefe sich zu öffnen und ihre Schätze in seinen Nutzen zu verwenden, so lange mußte sein Zustand ein in Hülflosigkeit beschränkter bleiben. Werkzeuge und Waffen, die beiden Momente, durch die er allein zunächst seine geistige Ueberlegenheit wirksam machen kann, durch die er sich die Herrschaft über die ihm ungleich stärker gegenüberstehende Natur erringen mußte, blieben unvollkommen, bevor Steine und Metalle zu ihrer Herstellung verwendet wurden. Wir können uns davon sehr wohl Begriffe machen, obschon aus jener ersten Zeit der menschlichen Entwicklung keinerlei Ueberlieferungen überblieben sind. Unsere älteste Geschichte beginnt mit einer Periode, in welcher wenigstens die Benutzung der Steine schon stattfand; wir unterscheiden allenfalls noch Epochen mehr oder minder vorgeschrittener Zurichtung derselben, weiter zurück aber, als bis zur rohen Zuschärfung des Feuersteines, um diesem eine Schneide zu geben oder eine Spitze, können wir die Geschichte des Menschengeschlechtes nicht verfolgen. Wenn wir aber in dieser schon vorgeschritteneren Zeit die menschlichen Zustände als überaus kümmerliche erkennen, so werden wir jene ältere Vergangenheit, in welcher der Mensch sich dieser primitiven Hülfsmittel noch nicht einmal bedienen konnte, als eine Zeit der äußersten Hülflosigkeit annehmen müssen.

Gebrauch und Bearbeitung der Steine mußten natürlich der Kenntniß und Benutzung der Metalle um so länger vorausgehen, als jene sich, überall verbreitet, dem Bedürfniß sofort erkennbar darboten, diese aber ihres selteneren Vorkommens wegen und wegen ihres versteckten Auftretens in den verschiedenartigsten Verbindungen, aus denen sie nur auf mühseligem und verwickeltem Wege darzustellen sind, ein absichtliches Suchen und eine auf vielfältige Erfahrung gegründete Behandlungsweise voraussetzten. Es ist selbstverständlich, daß es zuerst die gediegen in der Natur vorkommenden Metalle gewesen sein müssen, welche die Aufmerksamkeit der Menschen auf sich zogen und zur Benutzung aufforderten. Zufällig gemachte Beobachtungen, daß aus gewissen Mineralien Metalle entstanden, wenn sie zugleich mit Kohlen im Feuer verbrannten, haben später darauf geführt, dergleichen Erze einem Ausschmelzverfahren zu unterwerfen, das sich allmählig immer mehr vervollkommnete und in demselben Maße mehr und verschiedenartige Erze verarbeiten und neue Metalle kennen lernte.

Den gediegen vorkommenden Edelmetallen folgten die aus ihren Erzen leicht reduzirbaren Metalle: Kupfer, Zinn und Blei, in die Verbrauchssphäre der Menschen. Das Eisen, dessen Darstellung schon einen zusammengesetzteren Betrieb verlangt, trat erst später hinzu. Die wichtige Rolle, welche es sofort als Hauptmaterial für die mannichfachsten Werkzeuge übernahm, war vor seinem Bekanntwerden der Bronze zugefallen, jener bekannten Verbindung von Kupfer und Zinn, deren ausschließliche Verwendung dem betreffenden Zeitalter den Namen gegeben hat.

Als die Menschen einmal gelernt hatten, die Bronze aus den Kupfer- und Zinnerzen darzustellen und sie zu Werkzeugen zu verarbeiten, mußte die Kultur rascheste Förderung erfahren. Jetzt waren die Mittel gegeben, die Erze, auf deren zufällig verstreutes Vorkommen auf der Erdoberfläche man bisher angewiesen war, im Innern der Gebirge aufzusuchen, ihren Spuren nachzugehen und immer größere Mengen davon zu gewinnen. In der That wurde schon in der Bronzezeit ein lebhafter Bergbau betrieben. Mit der zunehmenden Benutzung der Metalle aber ging der menschliche Fortschritt Hand in Hand. Nicht Gold und Silber — sondern Kupfer, Zinn, Eisen haben die Menschheit gehoben, sie gaben ihr die Mittel in die Hand zur Aufschließung der natürlichen Schatzkammern, den Meißel und Hammer, die den Felsen zermalmen, den Pflug, der den Boden lockert, die Sichel, welche die Aehren schneidet —; die Bearbeitung der Rohstoffe in den Gewerben, ihre Behandlung durch die Künste hat nur durch die genannten Metalle in der geschehenen Art möglich werden können; die Wissenschaften endlich, namentlich diejenigen, welche sich auf die Erkenntniß der Natur beziehen, sind nicht nur durch die ihnen eigenthümlichen Hülfsmittel der Beobachtung, nicht allein in der Herstellung der Apparate und Instrumente von den Metallen abhängig, die Geschichte der Physik, der Chemie, der Medizin, und davon abhängig wieder andere Wissenschaften, wie Mineralogie, Geognosie, Bergbau und Maschinenkunde, in manchen ihrer wichtigsten Perioden sind sie nur einzelne Kapitel in der Geschichte der Metalle.

Die Gewinnung der Metalle aus ihren natürlichen Lagerstätten muß daher unser höchstes Interesse in Anspruch nehmen, und es ist der Zweck der folgenden Darstellungen, einen Ueberblick über das Gebiet derjenigen menschlichen Thätigkeit zu geben, welche sich mit der Herbeischaffung der Rohstoffe aus dem Innern der Erde beschäftigt. Erze und Metalle werden für uns Ausgangspunkte sein; in dem erweiterten Sinne aber, in welchem wir den Begriff Bergbau aufzufassen haben, werden wir uns in dem Folgenden auch mit der Gewinnung der fossilen Brennstoffe, des Steinsalzes, der Edelsteine u. s. w. einigermaßen zu befassen haben.

Geschichte des Bergbaues. Aus dem bisher Gesagten geht hervor, daß die Geschichte des Bergbaues weiter hinaufreichen muß, als jede geschriebene Ueberlieferung. Im Altai und in manchen Gegenden des Ural sind in alten, nur wenig tief in die Erde eindringenden Erzgruben hier und da Werkzeuge aus Kupfer aufgefunden worden, ein Beweis, daß alsbald nach Anwendung dieses Metalles auch auf Gewinnung seiner Erze Bedacht genommen wurde. Diese Arbeiten werden den Tschuden, einem untergegangenen Volke, zugeschrieben, in dessen Grabhügeln ebenfalls Stein= und Kupfergeräth nebst Goldschmuck die Todtenurnen umgeben. Bis weit nach Norden, jenseits Perm, hat das bergbautreibende Tschudenvolk seine Spuren in Halden und Pingenzügen hinterlassen, und solche wurden, seit Peter der Große den vielleicht Jahrtausende ruhenden Bergbau im Ural und Altai wieder aufnehmen ließ, sehr oft die Wegzeiger zu bedeutenden und reichen Erzlagerstätten, wie z. B. am Schlangenberge im Altai und bei Bogoslowsk im Ural. Man fand, daß die Tschuden und andere der zuerst bergbautreibenden Völker nur das in sehr weichem Gesteine und in Verwitterungsschalen vorgekommene Erz gewonnen hatten; feste Felsmassen vermochten sie nicht zu durchbrechen.

Die Phönizier und Aegypter bereiteten ihre Bronze wahrscheinlich aus zinkblendereichen Kupferkiesen, welche sich an vielen Orten auf Gängen und Lagern finden, und trieben Handel mit solcherlei Gegenständen. Daher mögen denn auch die zierlichen Bronzearbeiten, denen zuweilen sogar durch Kobalt blau gefärbte Glasflüsse beigefügt sind, in die Grabstätten der damals Deutschland bewohnenden Kelten gekommen sein.

Die Ureinwohner Amerika's kannten außer Gold und Silber nur Kupfer. Dagegen haben andere Völker wieder gleich vom Anfang an neben den Steingeräthen eiserne benutzt. Die afrikanischen Neger stellen sich das Eisen auf eine sehr einfache Weise dar, die auch in manchen Theilen Indiens üblich ist und bei den alten Germanen ebenfalls in Anwendung gewesen zu sein scheint. Die Schmelzöfen sind nur wenige Fuß hohe, enge ummauerte Behälter, welche mit Holzkohlen gefüllt und oben mit dem Eisenerze (Eisenglanz, Magneteisensand und Brauneisenstein) in fast schlackenfreien Stücken belegt werden. Mittels eines Blasebalges von Thierhäuten wird in solche Oefen ein starker Luftstrom von unten eingetrieben, auf solche Weise die zur Schmelzung und Reduktion erforderliche Hitze hervorgebracht, und dadurch werden die Kohlen befähigt, aus dem Eisenerze den Sauerstoff abzuscheiden.

Ueber die deutschen Gebirgsländer sind unzählige Eisenschlackenhalden zerstreut, ein Beweis, daß die eben geschilderte Schmiedeeisendarstellung daselbst seit langer Zeit in Uebung gewesen ist. Die deutsche Sage erzählt Vieles von den Waldschmieden; Siegfried schmiedete sich in einer solchen sein Schwert. Fragen wir den Sprachforscher, so wird er uns sagen, daß die germanischen Stämme von jeher ein ihnen eigenthümliches Wort für das Eisen hatten, was in England durch den deutschen Stamm der Angelsachsen eingeführt und sich auch dort eingebürgert hat. Es ist das altgermanische ison oder iron, ganz verschieden von dem bretonischen Worte fer (woher das lateinische ferrum) und dem griechische σίδηρος. Für Kupfer aber ist seit jeher in Deutschland ein gälischer Name (Copar, Coppar) gebräuchlich, welcher nicht mit dem griechischen χαλκός κύπριος oder dem lateinischen aes cyprium verwandt ist. Auch das die Metallmischung aus Kupfer und Zink bezeichnende Wort Messing ist kein deutsches, wie auch das Wort Bronze nicht deutschen Ursprungs ist. Zinn wird aus dem Chinesischen (tin) abgeleitet.

Nomadisirende und häufig wandernde Völker können keinen eigentlichen Bergbau treiben, sie wühlen nur gelegentlich in der Erdoberfläche nach Metall und Erz, wie die ersten kalifornischen und australischen Goldgräber dies noch vor wenigen Jahrzehnten thaten. Von der Natur werden sie dann insofern unterstützt, als die fortgesetzten felszerbröckelnden Wirkungen der Atmosphärilien diejenigen Gesteine zerstört haben, welche das Gold an geringe Spuren von Schwefel oder Arsenik gebunden eingesprengt enthielten. Das Leichtere, Erdige wurde hinweggespült, die das Gold einschließenden Schwefel- und Arsenmetalle oxydirt und aufgelöst, so daß das edle, diesen zersetzenden Kräften am meisten widerstehende Metall in Form feinster Stäubchen, seltener durch chemische und elektrische Zusammenziehung zu größeren Knollen vereinigt, in dem Grus und Sande zerstreut liegen blieb. Dennoch beträgt der Goldgehalt dieser auf dem uralten Felsgesteine zurückgebliebenen Sand- und Gerölllager (den Goldseifen) in Sibirien kaum ein Kilogramm in 30,000 Ctrn. Sandmasse. An Bachufern und wo kleine Wasserfälle den Schlämmprozeß weiter fortgesetzt haben, findet sich hier und da ein etwas größerer Goldreichthum. Es scheint, als ob das Gold überhaupt an der Erdoberfläche oder in nicht großer Tiefe unter derselben in reichster Menge angesammelt sei. In den Gruben in Australien und bei Beresow in Sibirien verliert sich das Gold schon 20—30 Meter tief unter Tage gänzlich. Aehnliches bezüglich des Vorkommens darf von Silber und Kupfer gelten. Die reichen Erzlager am Rammelsberge bei Goslar am Harze scharrte das Jagdpferd Heinrich's des Finklers auf, die Silbergänge bei Joachimsthal im Böhmischen Erzgebirge wurden entdeckt, als der Sturm eine Tanne umgestürzt hatte, an deren Wurzeln astartige Massen gediegenen Silbers hingen. Anderwärts graste eine arme Magd im Urwalde und schnitt mit ihrer Hippe nebst dem Grase und Kraute auch aus der Erde hervorstehende Silberfäden (drahtförmiges gediegenes Silber) ab. Ein Hirte stört mit seinem Stabe in dem von ihm angefachten Feuer und siehe, sein Stab ist verzinnt. Er hatte die Feuerstelle über einem Zinnsteinlager angelegt, das leicht reduzirbare Erz verwandelte sich in Metall.

In Gegenden, welche noch von keinem bergbautreibenden Volke besucht wurden, sind derartige Erscheinungen auch jetzt noch gewöhnlich; mauerartige Erhöhungen mit Silberdendriten (baumförmigen Silberstücken) sind in den mexikanischen und peruanischen Gebirgsländern auch von den einwandernden Spaniern gefunden worden, es waren dies durch Verwitterung entblößte Silbergänge. Der Reichthum der Oberfläche hat aber begreiflicher Weise in den seit langer Zeit von Kulturvölkern bewohnten Ländern längst seine Verwendung gefunden; man mußte tiefer graben, um neue Schätze zu erlangen; so entwickelte sich der eigentliche Bergbau.

Schon von den Aegyptern und Phöniziern ist derselbe betrieben worden, und von Karthago aus mag er sich unter den am Mittelmeere wohnenden Völkern verbreitet haben. Zu jenen Zeiten schon scheint in England auf Zinn gebaut worden zu sein, welches die Phönizier ja nebst dem Bernstein aus dem Norden holten, hier aber andere Fundstätten nicht zu existiren. Mehr noch als die Griechen wußte das praktische Volk der Römer Vortheile aus der Ausbeutung der unterirdischen Erzlagerstätten zu ziehen, zu welcher sie mit ihrer bekannten unmenschlichen Rücksichtslosigkeit die in den ununterbrochenen Kriegen zu Sklaven gemachten Gefangenen verwendeten. Auch Verbrecher wurden in die Bergwerke geschickt, und wenn wir erfahren, daß diese Verurtheilung der Todesstrafe gleich geachtet wurde, so werden wir das Loos der römischen Bergleute nicht sehr beneidenswerth finden. In solcher Art wurden Bergwerke in Spanien, Frankreich, England, in Ungarn, Galizien, auch vielfach in Deutschland angelegt und betrieben. Am häufigsten wol war die Gewinnung der Erze ein bloßer Raubbau; doch stammen aus der Römerzeit andererseits auch schon Einrichtungen, welche bedeutende Fortschritte zu einem rationellen Betriebe bezeichnen. So hatte man Wasserhebemaschinen, man sorgte durch Ventilation für die Erneuerung verdorbener Luft; das Feuersetzen scheint schon damals in Anwendung gewesen zu sein, wie ja auch die Schriftsteller von Hannibal erzählen, daß er bei seinem Uebergange über die Alpen zur Beseitigung der Gesteine Feuer und Essig gebraucht habe. Gold gewannen die Römer in Aegypten, sehr viel in Spanien und auch in Gallien wurde auf dieses edle Metall gebaut; Silber und Blei holten sie aus Gallien, was ihnen auch Kupfer und Zink für die Bronze lieferte; Zinngruben waren in England und Cornwall; Quecksilber fand sich in Spanien, und für Eisenerze waren die Insel Elba und Schlesien berühmte Fundorte.

In Deutschland hatten, wie eben erwähnt, die Römer gleichfalls schon Bergbau. Bei Ems an der Lahn sind dessen Spuren noch zu bemerken. Es sind niedrige, gerade nur das aus Kupfer=, Zink= und silberhaltigen Bleierzen gemischte Lager umfassende, sogenannte Krummhälsestrecken, welche auch jetzt noch auf den Kupferschieferlagern von Mansfeld und Richelsdorf sowie auf schwachen Steinkohlenflötzen bei Minden u. s. w. im Gebrauche sind. Der Arbeiter muß, auf der Seite liegend, in dem nur 60 Centimeter hohen Bau seine Thätigkeit entwickeln, denn die Herstellung höherer Abbaustrecken würde durch die Gestein=gewinnung und Verzimmerung zu kostspielig ausfallen. Auch bei Wiesloch am Schwarz=walde und im Böhmerwalde sind alte römische Bergwerke; doch scheint es, als ob bei uns die Römer mit dem Bergbau nicht viel Glück gehabt hätten.

Unter den fränkischen Königen hatte der Bergwerksbetrieb, den vordem Jeder ganz frei auf seinem Grund und Boden ausüben konnte, jedenfalls schon eine wirthschaftliche Bedeutung, da jene die Belehnung als ein ihnen zukommendes Recht beanspruchten. Schon Karl der Große erläßt ein Mandat für die Hüttenleute über die Scheidung des Silbers vom Blei. Andere noch vorhandene Dokumente kommen aus nicht viel jüngerer Zeit, so z. B. eine Belehnung, welche der Abt von Corvey auf Salzbergbau erhielt, aus dem Jahre 833. Das Bergregal bildete sich immer entschiedener zu einem Hoheitsrecht der Souveräne. Aber die folgenden Jahrhunderte waren mit ihren völkerbewegenden Unruhen der Ent=wicklung des Bergbaues, der mehr als jede andere Beschäftigung stabile Verhältnisse ver=langt, nicht besonders günstig. Zwar wurde im Jahre 920 der Bergbau im Rammels=berge bei der deutschen Kaiserstadt Goslar im Harze eröffnet, und es ist derselbe bis heute fortgeführt worden. Aber erst im 12. Jahrhundert geschah ein wirklicher Aufschwung.

Vielfach waren es damals und noch späterhin Italiener, namentlich Venetianer, welche nach Deutschland kamen, um Gold und Silber zu gewinnen. Diese wandernden Bergleute erwarteten immer große Reichthümer zu finden und umgaben sich deshalb mit mancherlei Geheimniß; sie trugen meistens Mönchskleider, die damalige Tracht der Reisenden, und suchten die wenig zahlreiche Bevölkerung des Landes durch schauerliche Erzählungen über Berggeister und deren Treiben zu schrecken, um ungestört ihre Beschäftigung treiben zu können. Die Bergmönche, Kobolde, Rübezahl, der Berggeist des Riesengebirges und der wilde Mann des Harzes sind wahrscheinlich mit ihre Erfindungen. An der Schneekoppe des Riesengebirges wurden vor wenigen Jahren die von Italienern auf Silbererz betriebenen Gruben aufgefunden, in einer derselben lagen noch Werkzeuge.

Gleichzeitig aber befaßten sich die Tschechen, die Bewohner Böhmens, denen man für die damalige Zeit werthvolle Kulturbestrebungen nachrühmen kann, mit dem Bergbau. Sie betrieben ihn Anfangs im Böhmerwaldgebirge zwischen Budweis, Reichenstein bis Mies. Jene Gegenden lieferten Silber, Gold, Edelsteine, Blei, Kupfer und Zinn in Massen, und repräsentirten gewissermaßen den metallreichen Ural oder das Kalifornien unseres Jahrhunderts. Auch Ungarn hatte bei Schemnitz und Kremnitz damals schon sehr reiche Gold=, Silber= und Kupferbergwerke. Von Böhmen aus verbreitete sich dann das kunstmäßig betriebene Gewerbe nach dem Erzgebirge und dem Harze, und wir finden heute noch in der Bezeichnung Zeche für Grube, Zechenhaus für Schachthaus, in den Worten Schlacke (slaky), Blech (plach), Draht (drat) und vielen anderen den tschechischen Ursprung mancher Benennungen des deutschen Berg= und Hüttenwesens.

Am Harze hat sich im Laufe der Jahrhunderte der Bergbau weit ausgedehnt, groß=artige Teich= und Wasserleitungsanlagen bedecken das Gebirge, dessen Glieder durch tiefe Schächte, Stollen und Feldörter durchschnitten sind. Ueberall Leben auf den Gruben, den Wäschen, den Hütten; im Walde der Holzfäller und Köhler rühriges Treiben. Das die Musik, namentlich die Harfe, liebende Bergmannsvolk des Oberharzes unterscheidet sich durch sein Aeußeres, seine Sitte und Sprache von den Umwohnern des Flachlandes und hat bis heute noch Reste seiner tschechischen Abstammung aufzuweisen.

Schon in sehr früher Zeit, besonders aber als die reichsten Erzlagerstätten des Böhmer-Waldgebirges erschöpft waren, siedelten Bergleute nach dem Erzgebirge über; es entstanden die Bergstädte Prießnitz, Schlaggenwald, Joachimsthal, Annaberg, Graslitz, Falkenau, Zinnwald und Graupen bei Teplitz, von denen manche ihren Ursprung wol bereits aus dem 12. Jahrhundert datiren dürfen. Alle blühten rasch auf, und die Bergstadt Joachimsthal hatte bereits in zwei Jahrzehnten eine Bevölkerung von 20,000 Seelen; sie münzte um 1500 schon die Silberstücke aus, nach welchen die Thaler (tschechisch tolary) heute noch den Namen haben. Die Grundherren und Landesfürsten gewährten dem Bergbau besondere Rechte, sie erließen zur Eigenthumsfeststellung besondere Gesetze, das Bergrecht, und zogen dadurch fremde Unternehmer herbei. Namentlich betheiligten sich sächsische Ritter und Bergleute, Nürnberger und Augsburger Kaufherren an solchen Unternehmungen. Die Namen der Burggrafen von Meißen, Herren von Plauen, Lobkowitz von Bilin, der Grafen Schlick, derer von Rosenberg, von Schönberg, des Hans Sturm von Nürnberg und des Christoph Pflug von Rabenstein knüpften sich an die durch besondere Bergfreiheiten ausgezeichneten Zinn- und Silberwerke dieses Landes. Die Fugger von Augsburg besaßen in ganz Deutschland Kupferbergwerke. In Thüringen, Mansfeld, Hessen, Tirol, Ungarn, auch in Schweden haben damals deutsche Bergleute viele Gruben eröffnet und in lebhaftem Betriebe erhalten.

In England waren es vorzüglich die Distrikte von Cornwallis, wo die alten Kupfer- und Zinnbergwerke ausgebeutet wurden; in Derbyshire und Cumberland mit ihren Bleilagerstätten, in Staffordshire und Wales wegen der guten Eisenerze, blühte der Bergbau.

Im Uebrigen jedoch war die Gewinnung von Edelmetallen in erster Reihe die Basis der bergmännischen Thätigkeit. Für Eisen und Kohlen, welche heutzutage den Schwerpunkt derselben ausmachen, war damals, wenn überhaupt, so doch nur geringes Bedürfniß vorhanden. Nun sollte man glauben, daß die Entdeckung Amerika's mit seinen überreichen Gold- und Silbergruben die europäische Produktion in ihrer Entwicklung hätte einigermaßen behindern müssen. Dies war jedoch keineswegs der Fall, die goldene Zeit des europäischen Bergbaues dauerte bis zum Dreißigjährigen Kriege. Einmal waren mit der Belebung, welche im 15. Jahrhundert der Welthandel erfuhr, neue und bei weitem größere Bedürfnisse nach Zahlungsmitteln erwachsen, als früher bestanden hatten, dann aber auch wurde der Vortheil, welchen die amerikanischen Gruben in der Reichhaltigkeit ihrer Erze unbestritten hatten, aufgewogen durch vielfache und rationelle Verbesserungen, die bei uns allmählig im Arbeitsbetriebe gemacht wurden. Wir brauchen blos die Anwendung des Schießpulvers, welche im 14. Jahrhundert in Deutschland aufgekommen war, besonders aber die Einführung der Amalgamation zu erwähnen, um damit auf zwei der förderndsten Faktoren aufmerksam zu machen. Dabei aber hatte das ganze Maschinenwesen auch eine heilsame Umgestaltung erfahren, und die Kenntniß der Mineralien nahm einen wissenschaftlichen Charakter an. Georg Agricola, aus Glauchau gebürtig, muß nach diesen Richtungen hin als ein bahnbrechender Geist genannt werden.

Der Dreißigjährige Krieg jedoch, wie er Alles erstickte und verkümmerte, hat auch auf den Bergbau nachtheilig eingewirkt, und erst der Aufschwung, welchen die letzten hundert Jahre in allen Naturwissenschaften nahmen, hat seine unglückseligen Folgen verwischt.

Im Sächsischen Erzgebirge betrug z. B. der Gewinn der Freiberger Gruben in den Jahren 1691—95 zwischen 2600—9100 Thaler; von da an wuchs er zwar 1708 von 12,400 auf 20,000 Thaler, 1717 war die Ausbeute etwas über 28,000 Thaler, und es ist darin ein allmähliges Steigen nicht zu verkennen. Immerhin aber sind dies für so ausgedehnte Werke nur sehr bescheidene Erträge. In wirklicher Blüte stand der europäische Bergbau in jener Zeit nur in Spanien, welches namentlich seine Quecksilbergruben in regem Betriebe halten mußte, um für die Silbergewinnung in Peru und Mexiko, bei welcher man die leicht auszuführende Amalgamation in Anwendung gebracht hatte, das nöthige

Queckſilber zu beſchaffen. Bei der rohen Ausführung, welche das Verfahren daſelbſt fand und welche ſich mit der Wiedergewinnung des eingearbeiteten Queckſilbers wenig zu ſchaffen machte, wurden ungeheure Quantitäten davon verbraucht. Spanien führte damals ſogar auch Eiſen nach England aus. Neben Spanien waren Schweden und Norwegen hervor= ragende Lieferanten von Metallen. Das ſchwediſche Eiſen genoß ſchon hohen Ruhm. Auch Rußland ſchwang ſich empor. Peter der Große berief ſächſiſche Bergleute. In Sibirien, am Ural und Altai wurden reiche Erzlagerſtätten entdeckt, und außer Kupfer und Eiſen gewann man hier auch beträchtliche Quantitäten edler Metalle.

Der Bergbau hatte räumlich zwar eine große Ausdehnung allmählig erlangt, doch war die innere Ausbildung nicht in gleicher Weiſe fortgeſchritten. Wie ſchon geſagt wurde, hing dies hauptſächlich damit zuſammen, daß die Pflanzſtätte richtiger Erkenntniß, Deutſch= land, noch tief unter den Nachwirkungen des fürchterlichen Krieges litt. Die Hülfswiſſen= ſchaften, welche Agricola ſchon als unentbehrlich für den Bergmann bezeichnet, Phyſik, Chemie, Mechanik (er fügt auch Rechtskunde hinzu und Philoſophie, damit er den Ur= ſprung und die Natur aller unterirdiſchen Vorkommniſſe genau würdige), wurden von Phantaſten und Charlatanen gehütet; Geognoſie und Mineralogie lagen noch in den erſten Windeln. Es wurde beſſer, als in die Naturwiſſenſchaften Methode kam, als aus der Alchemie endlich eine wiſſenſchaftliche Chemie wurde. Durch die Darſtellung derſelben hauptſächlich hervorgerufen, erſtreckte ſie ihre Aufmerkſamkeit in erſter Reihe auf die Metalle; ſie lehrte vortheilhaftere Methoden der Scheidung aus den Erzen kennen und ließ die Ver= arbeitung mancher Erze mit Nutzen unternehmen, welche man früher für werthlos gehal= ten hatte. Bei dem mehr und mehr verſiechenden Reichthum an reichen Erzen war dies für den Bergbau überhaupt eine Lebensfrage.

Der heutige Bergbau zieht in ſeinen Bereich nicht nur die Auffuchung und Gewin= nung der edlen Metalle, ſondern die der nutzbaren Mineralien im Allgemeinen, und die Zahl derſelben iſt durch ihre genaue Erforſchung durch die Chemie eine immer größere ge= worden. Erze, an deren Verarbeitung man früher nicht denken konnte, werden jetzt emſig aufgeſucht; wegen ihrer Armuth von unſern Vorfahren verlaſſene Baue lohnen den ver= beſſerten Methoden oft noch den Betrieb; ja ſelbſt die Halden, auf welche in früheren Zei= ten die tauben und für werthlos angeſehenen Steine verſtürzt wurden, erfahren oft noch eine Aufbereitung. Vor allen Dingen ſind es aber zwei Vorkommniſſe, welche im Laufe des letzten Jahrhunderts dem Bergbau im Großen und Ganzen einen andern Charakter gegeben haben: das des Eiſens und das der Kohle.

Wurde auch früher auf Eiſenerze gebaut, ſo ſtand der Verbrauch dieſes Metalles doch nicht entfernt im Verhältniß zu demjenigen, welchen das Jahrhundert der Dampfmaſchinen und Eiſenbahnen eingeleitet hat. Der Kohlenbergbau ſteht in engem Zuſammenhange mit dem Brennmaterialkonſum durch die Dampfmaſchine. Und wenn die alten Bergleute ihre Erfahrungen, ihre Einrichtungen und Methoden ausſchließlich dem Erzbergbau verdankten, ſo hat zur Ausbildung der neueren Bergbauwiſſenſchaften der Kohlenbergbau das Weſent= lichſte beigetragen. Er ſteht jetzt in vorderſter Reihe und wir werden Gelegenheit nehmen, in einem beſonderen Artikel uns mit ihm zu beſchäftigen. Vor der Hand aber wollen wir uns dem älteſten Zweige dieſer ehrwürdigen Thätigkeit, dem Erzbergbau, zuwenden und in einer kurzen Aufzählung diejenigen Erze die Revue paſſiren laſſen, welche vorzugsweiſe Objekte ſeiner Unternehmungen ſind. Manche Mineralien, deren Metallgehalt ihres ſel= tenen Vorkommens wegen nur nebenbei Gegenſtand der bergmänniſchen Aufmerkſamkeit iſt, werden wir auch nur anführungsweiſe erwähnen, und es wird gerechtfertigt erſcheinen, wenn wir ſolche, die ausſchließlich ein nur wiſſenſchaftliches Intereſſe beanſpruchen können, ganz und gar übergehen.

Gediegene Metalle und Erze. Wir beginnen mit den Edelmetallen, welche gediegen, rein oder in Legirungen vorkommen. Von ihnen findet ſich das Gold theils in haarför= migen, moosartigen Theilchen, theils auch in Form kleiner Schüppchen, Körner, die in ſel= tenen Fällen zu Klumpen werden, und kleiner Kryſtalle in ſeiner urſprünglichen Lagerſtätte, auf Gängen, Lagern oder eingesprengt in dem Gebirgsgesteine; andererseits aber auch als Goldstaub oder Goldsand in den aus der Zerstörung jener Gesteine zurückgebliebenen sandigen Ueberresten, oft zusammengeschwemmt auf sekundärer Lagerstätte. Der Sand vieler Flüsse führt Gold, und die Goldfelder Kaliforniens, am Ural, in Victoria und in Afrika, die alten Goldseifen im Böhmerwald, an den Ufern der Donau u. s. w. sind solche aus der Verwitterung ursprünglich fester Gesteine übrig gebliebene Ansammlungen. — Unter ganz entsprechenden Verhältnissen findet sich das Platin körnerartig im Diluvialsande an den östlichen Abhängen des Ural, in Südamerika (Brasilien), Kalifornien u. s. w.; jedoch ist sein Vorkommen ein selteneres, und nur an wenigen Orten werden darauf besondere Gewinnungsarbeiten betrieben. Das gilt noch mehr von seinen Begleitern, dem Platin-Iridium, Osmiridium, Osmium und Palladium, welche in geringen Mengen nur neben dem Platin gewonnen werden. — Das gediegene Silber ist schon häufiger und kommt bisweilen auf Gängen in ziemlich großen Massen vor. Man hat in den Gruben von Kongsberg in Schweden 1834 z. B. eine Masse von $7\frac{1}{2}$ Centnern und vor langer Zeit auf der Grube St. Georg bei St. Johann-Georgenstadt im Sächsischen Erzgebirge sogar einmal eine solche von 100 Centner Gewicht aufgefunden. Der Harz, Mexiko, Chile, Peru, Kalifornien u. s. w. sind bekannte Fundorte. Im älteren Gebirgsgestein eingewachsen erscheint es öfters krystallisirt, häufiger aber in zähnigen Formen, haarartig oder baumförmig, gestrickt, in Platten, derb oder als Anflug.

Quecksilber findet sich als Tropfen, die in den Poren des Gesteines oft als langgezogene und wie geflossene Massen erscheinen, bei Idria in Krain, in Spanien (Almaden), auch in Kalifornien und Peru. Häufig enthält es Silber oder Gold aufgelöst, und diese Amalgame sind sehr leicht zu verarbeiten; allerdings sind sie so selten, daß ihre Gewinnung nur nebenbei mit erfolgt.

Außer den edlen Metallen kommt auch das Kupfer gediegen vor und bildet, wo es in größeren Massen auftritt, oft sehr schöne Krystalle, sonst aber findet es sich gewöhnlich in Gestalt von verästelten Zweigen und Blechen. An dem Oberen See in Nordamerika, wo es am häufigsten auftritt und allein den Bergbau lohnen würde, ist eine gediegene Kupfermasse von 12 Meter Länge, 5 Meter Breite und 0,6 Meter Dicke gefunden worden; dieser einzige Fund betrug nahezu 6000 Centner. Das gediegene Wismuth ist sogar das einzige Mineral, aus welchem das in der Medizin vielfach verwendete Metall gewonnen wird. Es findet sich im Sächsischen Erzgebirge und in geringeren Mengen in Cornwallis und Devonshire. Von den übrigen Metallen ist dagegen nur das gediegene Arsenik noch für den Bergmann wichtig.

Erze, das heißt Verbindungen mit anderen Stoffen, welche an sich nicht mehr eine rein metallische Natur haben, kommen der Natur der Sache nach von einem Metall um so weniger vor, je geringer dessen chemische Verwandtschaft zu anderen Körpern ist, oder, wie der Sprachgebrauch ausdrückt, je edler es ist. Eigentliche Gold- und Platinerze giebt es nicht. Erst das Silber zeigt genügende Anziehung, um seinen Verbindungen mit Sauerstoff, Schwefel, Tellur, Alaun, Arsen, den hauptsächlichsten Erzbildnern, diejenige Beständigkeit zu geben, welche sie vor allzu raschen Zersetzungen durch Luft und Wasser und mancherlei sonstige chemische Einwirkungen schützt. Die Sprache des Bergmanns hat den verschiedenen Erzen schon sehr zeitig Namen gegeben, die, auf zufällige äußere Erscheinungen sich stützend, mit der inneren chemischen Natur nicht gerade immer viel zu thun haben. Indessen hat die neuere Wissenschaft der Mineralogie, dem althergebrachten Gebrauche Rechnung tragend, häufig diese alten Benennungen acceptirt, und aus den Kiesen, Blenden, Glanzen u. s. w., welche vordem nur einzelnen Mineralien zukamen, Gruppen gebildet von bestimmtem chemischen Charakter, welcher bestimmt wurde durch die hervorragendsten Glieder, die man oft von Alters her als verwandt anzusehen gewohnt war.

Von Silbererzen ist das Glaserz oder der Silberglanz, auch Schwarzgiltigerz genannt, aus 87 Prozent Silber und 13 Prozent Schwefel bestehend, das reichhaltigste. Die alten berühmten Baue des Sächsischen Erzgebirges, die von Schemnitz, Kremnitz,

Kongsberg und auch viele in Mexiko verdanken seinem Vorkommen große Ausbeuten; ihm folgt Antimonsilber mit 77 Prozent Silber und 23 Prozent Antimon, dessen Silbergehalt in manchen Varietäten, die am Andreasberge im Harz vorkommen, auch bis auf 86 Prozent steigen kann; der Melanglanz oder das Sprödglaserz besteht aus 68,5 Silber, 15,3 Antimon und 16,2 Schwefel; der Eugenglanz, Polybasit, aus 64 bis über 72 Silber und dem Rest Antimon oder Arsen; Kupfersilberglanz ist ein Schwefelsilber mit Schwefelkupfer, mit 53 Prozent Silber; das Tellursilber, welches am Altai und in Siebenbürgen gefunden wird, enthält 62 Prozent Silber, der Rest Tellur und Spuren von Blei, Eisen und Schwefel. Das Hornsilber oder das Silberhornerz, ein natürliches Chlorsilber mit 75 Silber und 25 Chlor, gehört ebenfalls zu der Aristokratie der Silbererze, an deren Fundorten sich die ältesten Bergstädte gründeten. Mit seinem unscheinbaren Aussehen erinnert es kaum an seinen innern Gehalt; vielmehr deutet das Rothgiltigerz seine edle Natur durch eine oft sehr prachtvolle Erscheinung in schönen, glänzenden, dunkelrothen Krystallen an. Es enthält im reinen Zustande gegen 60 Silber, 22,3 Antimon und 17,7 Schwefel. Wenn das Erz statt des Antimons Arsenik enthält (65,4 Silber, 15,2 Arsen und 19,4 Schwefel), so ist seine Farbe heller, cochenilleroth und durchscheinend. Der Bergmann nennt es lichtes Rothgiltigerz, der Mineralog Arsensilberblende. Beide Varietäten, die Antimon- sowie die Arsensilberblende, kommen ziemlich häufig vor und sind für die Silbergewinnung von wesentlicher Bedeutung. Außer Rothgiltigerz giebt es noch Weißgiltigerz oder Silberfahlerz, dessen Silbergehalt bis auf nahe an 32 Prozent steigen kann, und Graugiltigerz oder Schwarzerz, dessen Silbergehalt zwar sehr gering ist, indem er nur wenige Prozent beträgt, das aber immerhin, zumal sein Hauptbestandtheil Kupfer ist, als ein sehr werthvolles Erz angesehen wird.

Mit dem Namen Giltig-Erze bezeichneten die alten Bergleute diejenigen Erze, deren Verarbeitung bei den damaligen noch sehr unvollkommenen Ausbringungsmethoden einen reichen Ertrag gaben, Erze, die etwas galten. Der Name ist geblieben, obwol für das Berg- und Hüttenwesen andere und viel weniger gehaltreiche Erze sich durch ihr massenhaftes Vorkommen mitunter in nicht minder hohe Bedeutung zu bringen gewußt haben; wir nennen von solchen nur die silberhaltigen Bleiglanze und den Kupferschiefer, auf den im Mansfeldischen gebaut wird.

Als Silbererze von geringerem Gehalt werden auch noch zahlreiche Blei-, Kupfer-, Arsenik-, Antimon- u. s. w. Erze verarbeitet, denn wie in der ganzen Natur, so kommt das Silber namentlich verbreitet in sehr vielen Mineralien vor, und wenn es auch nicht allemal aus denselben direkt gewonnen wird, so dienen doch häufig die bei der Verarbeitung übrigbleibenden Rückstände noch zu einem schließlichen Silberausbringen.

Von Kupfererzen sind für den Bergbau wichtig das Rothkupfererz, ein natürlich gebildetes Kupferoxydul, welches bis über 88 Prozent reines Kupfer enthalten kann; es kommt in vorzüglich schönen Krystallen am Ural und Altai, sonst aber noch an verschiedenen Orten vor. Wenn es mit Eisenoxydhydrat vermengt ist, führt es den Namen Ziegelerz. Seine Verarbeitung auf Kupfermetall ist eine sehr leichte.

Der Malachit ist kohlensaures Kupferoxyd mit einem Wassergehalt von 8 Prozent. Er findet sich sehr verbreitet, in den schönsten und größten Massen aber in Sibirien, wo die Demidoff'schen Gruben bei Nischnei-Tagilsk die ausgezeichnetsten, auch als Schmucksteine in hohem Werthe stehenden Stücke liefern. Es giebt dichte, erdige, krystallinische, blätterige und faserige Varietäten. Seine Farbe ist ein ausgezeichnetes, gewöhnlich durch zierliche Aederung unterbrochenes Grün, welches das Mineral auch als Malerfarbe verwendbar erscheinen läßt. Verwandt in chemischer Beziehung und oft in Malachit übergehend ist die Kupferlasur, ein in schön blauen Krystallen vorkommendes Kupfererz, welches ebenfalls kohlensaures Kupferoxyd, daneben aber auch noch Kupferoxydhydrat enthält. Es giebt beim Verhütten gegen 55 Prozent reines Metall.

Die genannten Erze kommen aber im Ganzen nur in geringer Menge auf der Erde vor und liefern trotz ihrer Reichhaltigkeit und leichten Verhüttung zu der allgemeinen

Kupferproduktion nur einen verhältnißmäßig geringen Beitrag. Anders ist es mit denjenigen Erzen, in welchen das Kupfer an Schwefel gebunden ist: Kupferglanz und Kupferkies.

Der Kupferglanz ist einfach Schwefelkupfer, bisweilen etwas Eisen enthaltend; er gehört zu den reichsten Kupfererzen, denn er enthält nahe an 80 Prozent Kupfer. Im Erzgebirge, Thüringen, Cornwall, Sibirien, Norwegen und in Nordamerika wird auf ihn gearbeitet. Als Kupfersilberglanz mit einem Antheil Schwefelsilber verbunden, haben wir das natürliche Schwefelkupfer schon unter den Silbererzen kennen gelernt. Mit Schwefel= eisen dagegen bildet es diejenige Verbindung, welche für die Kupfergewinnung die höchste Be= deutung erlangt hat, da aus ihr bei weitem der größte Theil alles Kupfers dargestellt wird: den Kupferkies. Derselbe kommt an sehr vielen Orten der Erde (Erzgebirge, Mansfeld, Harz, Thüringen, Cornwall, Falun u. s. w.) vor als ein krystallisirtes Erz, doch auch derb und eingesprengt von schönem goldgelben und metallischen Ansehen, oft in bunten Farben schillernd; in seiner Gesellschaft findet sich gewöhnlich das Buntkupfererz, das, von ähnlicher Zusammensetzung, demselben Verhüttungsprozeß unterworfen wird.

Die Fahlerze sind Schwefelverbindungen sehr verschiedener Metalle; das Kupfer spielt quantitativ in ihnen die Hauptrolle; sie können jedoch als Silbererze für die Aus= beute einen höheren Werth erhalten, denn es kommt vor, daß der Silbergehalt in ihnen bis zu 31 Prozent steigt. In Südamerika, Copiasso, Santa Rosa in Chile und Bolivia findet sich neben anderen Kupfererzen der Atakamit (Kupferoxyd und Kupferchlorid) in großen Massen; außerdem aber ist die Zahl der Mineralien, welche das für unsere Kultur so wichtig gewordene Metall enthalten, noch eine sehr große. Mit Schwefelantimon kommt das Kupfer im Kupferantimonglanz vor, auch im Antimonkupferglanz, in wel= chem noch Schwefelblei und Arsenik mit in die Gesellschaft eingetreten sind; mit Schwefel= wismuth im Kupferwismutherz, mit Schwefelzinn im Zinnkupfererz u. s. w. Eine ganz eigenthümliche Vermengung aber haben gewisse Schwefelkupfererze, Kupferglanz, Buntkupfererz, Kupferkies in dem Mansfelder Kupferschiefer erfahren, einem der Zechsteinformation angehörigen mergeligen Schiefer, welcher von denselben förmlich durch= drungen ist. Bei der Verhüttung müssen infolge dessen zwar sehr gewaltige Gesteinsmassen in Arbeit genommen werden, immerhin aber ist, wie die hohe Rente beweist, welche die Mansfelder Kuxe ihren Inhabern geben, die Ausbeute eine sehr lohnende, vorzüglich da= durch, daß ein geringer Silbergehalt sich findet, welcher bei 1—2 Centner Kupfer auf 50 Centner Kupferschiefer bis 40 Gramm beträgt.

Von Quecksilbererzen ist besonders der natürlich vorkommende Zinnober zu erwäh= nen. Die Flüchtigkeit seiner beiden Bestandtheile, Quecksilber und Schwefel, gestattet eine sehr leichte Verarbeitung. Als Fundorte haben Ruf Moschellandsberg in Rheinbayern, Idria, Almaden in Spanien und Neu=Almaden bei St. José in Kalifornien, wo das werthvolle Mineral wol in größter Menge gewonnen wird.

Das einzige Zinnerz, aus welchem das Zinn hüttenmännisch im Großen dargestellt wird, ist das allgemein Zinnerz oder Zinnstein genannte natürliche Zinnoxyd, mit 78,6 Zinn und 21,4 Sauerstoff. Er findet sich in einzelnen zu Körnern (Zinngraupen) abgerundeten Krystallen (Zwillinge) in den Seifen, wird aber auch aus dem Mutterge= steine gewonnen, in welchem er sich sowol in derbem als krystallisirbarem Zustande findet. Es sind verhältnißmäßig wenig Orte der Erde, wo dieses Erz vorkommt; Cornwall und Galizien in Spanien sind von Alters her berühmt, außerdem findet es sich bei Altenberg und Zinnwald im Sächsischen Erzgebirge, bei Schlaggenwald und Graupen in Böhmen und in reichlicher Menge in Bolivia, dessen Erzreichthum leider noch nicht die entsprechende Ver= werthung hat finden können.

Von dem Wismuth wissen wir bereits, daß es nur in gediegenem Zustande auf dem Wege des Bergbaues gewonnen wird; es giebt zwar eine Reihe von Erzen, welche unter ihren Bestandtheilen auch Wismuth enthalten, man kann sie aber, weil sie in der Haupt= sache auf andere Metalle verarbeitet werden, nicht eigentlich Wismutherze nennen; solche sind z. B. das Wismuthfahlerz, der Wismuthocker, das Nadelerz, der Wis=

muthkobalt= und der Wismuthnickelkies u. s. w. Auch das Antimon hat nur ein einziges Erz, welches genügend davon darbietet, so daß Bergbau darauf betrieben wird. Es ist dies das **Grauspießglaserz** oder der **Antimonglanz**, Schwefelantimon mit 71,9 Antimon und 28,1 Schwefel, welches im Erzgebirge, im Harz, Ungarn und Italien gebrochen wird.

Von Bleierzen steht für die Bleigewinnung der **Bleiglanz** (Schwefelblei mit 86,57 Prozent Blei) im Vordergrunde. Es gehört unter die häufigsten Erze und tritt in den verschiedenartigsten Gesteinsformationen auf. Häufig enthält derselbe einen geringen Antheil (0,01 bis 0,03 Prozent) Schwefelsilber, das, so wenig es auch erscheint, seinen Werth doch wesentlich erhöht, denn es gestattet die Verarbeitung auf Silber und deckt dann allein einen nicht unbeträchtlichen Theil der Verhüttungskosten. Der Bleiglanz ist ein schönes blei=graues, aber in hohem Metallglanze strahlendes Erz, das vorzugsweise gern in Würfeln krystallisirt und beim Zerbrechen in Stücke mit lauter Würfelflächen spaltet. Von geringerer Wichtigkeit sind das **Weißbleierz** (kohlensaures Bleioxyd), das **Grünbleierz** (Chlor=blei mit Arsenblei, gewöhnlich auch Phosphorsäure enthaltend), das **Gelbbleierz**, mo=lybdänsaures, und das **Rothbleierz**, chromsaures Bleioxyd.

Als Zinkerz war in früheren Zeiten nur der **Galmei** (kohlensaures Zinkoxyd) in Verwendung. Aus ihm wurde das von Alters her bekannte Messing mit dargestellt. Auch jetzt ist er, wo er in hinreichender Menge wie in Oberschlesien, bei Aachen, in Rheinpreu=ßen und Belgien vorkommt, noch ein sehr geschätztes Material, doch hat man neuerdings auch die viel häufigere **Zinkblende** (Schwefelzink mit geringen Beimengungen anderer Schwefelmetalle) für die Zinkgewinnung nutzbar machen gelernt. Das **Kieselzinkerz** (kieselsaures Zinkoxyd mit 53,7 Prozent Zink) spielt dagegen eine sehr bescheidene Rolle, und dem **Rothzinkerz** (mit Mangan= und Eisenoxyd gefärbtem Zinkoxyd), welches in New=Yersey in sehr reichhaltigen Lagern vorkommen soll, steht vielleicht in der Zukunft ein Einfluß auf die für die Technik der Neuzeit überaus wichtige Zinkgewinnung bevor.

Weniger für metallurgische Zwecke als für Zwecke der Glas= und Porzellanfabrika=tion und einige andere technisch=chemische Verwendungen sind die Kobalt=, Nickel=, Chrom=, Uran= und Manganerze von Wichtigkeit. Sie gehören zu den selteneren Vorkommnissen, und Bergbau darauf findet sich nur an wenig Orten der Erde. Das Sächsische Erzgebirge, Schweden und der Harz stehen darunter in erster Reihe.

Kobalt und Nickel kommen fast immer zusammen vor: der **Speißkobalt**, ein gelb=lich=silberweißes Erz, häufig schön glänzende Krystalle bildend, welches in den älteren Formationen in der Gesellschaft der Silber= und Kupfererze auftritt, besteht aus Kobalt (gewöhnlich mit etwas Nickel) und Arsen; der **Glanzkobalt** aus Schwefelkobalt und Ar=senkobalt. Der letztere wird besonders in Schweden und Norwegen gewonnen, der erstere dagegen ist häufig im Sächsischen Erzgebirge, außerdem aber auch in Ungarn und in Cornwall. Der Nickelgewinnung wegen wird auf **Kupfernickel** oder **Rothnickelkies** gebaut, ein röthliches Erz, welches trotz seines Namens keine Spur von Kupfer, sondern nur Arsenik (56,4) und Nickel (43,6) enthält; ferner auf **Nickelglanz**, eine Verbindung von Schwefelnickel, Nickelarsenik und Schwefeleisen, **Weißnickelkies** u. s. w.

Das **Chromeisenerz**, eine natürliche Verbindung von Chromoxyd, Thonerde und Eisenoxydul, hat ein verhältnißmäßig seltenes Vokommen, und daraus bestimmt sich auch der hohe Preis, in welchem Chrompräparate, die einzig aus diesem Minerale hergestellt werden können, stehen. Das Chromeisenerz findet sich in Norwegen, Schlesien und Steier=mark, an mehreren Punkten Nordamerika's, im Ural u. s. w., wo es fast überall auf La=gern im Serpentin auftritt. Noch seltener sind die Uranerze, zur Bereitung des in der Porzellanmalerei und in der Glasfabrikation als Farbstoff gebrauchten Uranoxyds. Die reichhaltigsten davon sind das **Uranpecherz** oder die **Pechblende** und der **Uranocker**. Wie aus dem Namen hervorgeht, ist ersteres von schwarzer Farbe; als Fundort ist das Erz=gebirge, namentlich die Gegend um Johann=Georgenstadt und Joachimsthal bekannt. Wir könnten dem Uran noch das verwandte Wolfram anschließen, welches in dem Erze gleichen Namens und in dem **Wolframbleierz** vorzüglich enthalten ist; allein dieses Metall

hat bisher nur eine einzige Verwendung als Zusatz zu dem Stahl (Wolframstahl) gefun=
den, so daß seine Erze, welche überdies auch ziemlich selten sind, nur ausnahmsweise
Gegenstand bergmännischer Aufsuchung wurden. Sie kommen im Erzgebirge (bei Zinn=
wald), im Harz, auch in England, Frankreich und Nordamerika vor.

Eigentlich nicht als Erze zur Darstellung des Reinmetalls, sondern lediglich als Mi=
neralien und der Eigenschaften wegen, die sie in diesem natürlichen Zustande haben, werden
von den Manganerzen der Braunstein oder Pyrolusit, das natürliche Mangansuperoxyd,
aufgesucht, und in den meisten Fällen seiner Verwendung würde es gerechtfertigt sein, wenn
man ihn eher ein Sauerstofferz als ein Manganerz nennen wollte. Der Mangangehalt
kommt nur für einzelne Zwecke der Porzellanmalerei oder der Glasfabrikation in Betracht,
und deshalb sind die übrigen Manganerze, als: Manganspath, Mangankiesel,
Crednerit, Manganglanz u. s. w. für den Bergbau nur von ganz untergeordneter
Bedeutung. Der Braunstein aber hat für viele technisch=chemische Gewerbe, vorzüglich zur
Chlor= und Chlorkalkbereitung, eine hohe Wichtigkeit; er wird in größter Menge im
Nassau'schen gewonnen und stellt meist derbe oder erdige Massen von schwarzgrauer bis
schwarzer Farbe vor, in welchen häufig kleine, nadelförmige Krystalle zerstreut liegen.

Wenden wir uns jetzt noch zu den wichtigsten Erzen, welche überhaupt gegraben
werden, zu den Eisenerzen, so haben wir eine ziemliche Anzahl zu betrachten, die alle, je
nachdem sie in genügender Menge vorkommen, durch Bergbau gewonnen werden. Davon
sind zuerst zu nennen der Magneteisenstein, häufig krystallisirt, meist aber derb in ge=
waltigen Lagermassen auftretend, von eisenschwarzer Farbe mit Metallglanz und oft mit
der zunächst an ihm beobachteten Eigenschaft, das Eisen anzuziehen, welche nach ihm
Magnetismus genannt worden ist. Er besteht aus Eisenoxyd=Oxydul, ist in der Regel sehr
rein und deshalb zur Darstellung guter Eisensorten geeignet. In ausgezeichneter Qualität
findet sich das Magneteisenerz namentlich in Schweden und Norwegen, auch in Rußland,
wo es das hauptsächlichste Rohmaterial für die Eisengewinnung ist. In andern Ländern
kommt es zwar auch häufig, aber doch nicht, mit Ausnahme von Mexiko, in so großer Menge
vor, um dieselbe Bedeutung für die Eisenproduktion beanspruchen zu dürfen, wie dort.
Indeß ist neuerlich bei Pirna in Sachsen ein mächtiges Lager des schönsten Erzes aufgethan
worden. Eisenglanz und Rotheisenstein sind beide von gleicher Zusammensetzung, denn
sie bestehen aus Eisenoxyd, welches in erstgenanntem Erze gewöhnlich ganz rein, in letzterem
dagegen oft mit Mergel und Thon gemengt erscheint. Der Eisenglanz zeigt häufig, wie in
den reichen Lagerstätten der Insel Elba, sehr schöne Krystalle; das Rotheisenerz ist derb,
oder die Tendenz zu krystallisiren hat nur ein faseriges Gefüge bewirken können. Eine
schöne und hochgeschätzte Varietät desselben ist der sogenannte Glaskopf oder Blutstein,
welcher auch von Maurern als Schreibstift auf Steinen, zum Poliren u. s. w. gebraucht
wird. Der Eisenbergbau in Sachsen sowie der auf dem Harze und an der Lahn (Nassau)
hat fast ausschließlich die Gewinnung dieses Erzes zum Zweck.

Der Brauneisenstein mit dem Gelbeisenstein, ersterer mit Lehm und Thon
gemischt, auch unter dem Namen Bohnerz oder Linsenerz, letzterer als Raseneisenerz
vorkommend, sind Eisenoxydhydrat und, wie alle Umstände beweisen, keine ursprünglichen
Bildungen, sondern aus solchen erst durch Zersetzung entstanden. Und zwar dürfte der
Brauneisenstein aus dem verwitterten Spatheisenstein, Schwefel= oder Magnetkies sich ge=
bildet, der Raseneisenstein aber, dessen Bildung wir tagtäglich noch vor unsern Augen vor
sich gehen sehen, sich aus eisenhaltigen Wässern abgesetzt haben. Letzterer heißt deswegen
und wegen seines oberirdischen Vorkommens auch Sumpf= oder Wieseerz. Der Braun=
eisenstein kommt in älteren Formationen vor, so im rheinischen Uebergangsgebirge, in
Steiermark, Kärnten, Oberschlesien, Böhmen, in England, den Pyrenäen, Spanien, Si=
birien, Nord= und Südamerika; das Wieseerz besonders in den Moor= und Heidegegen=
den des nördlichen Deutschland, Holland, Dänemark, Schweden u. s. w. Ein vortreffliches
Eisenmittel ist ferner der Spatheisenstein oder der Sphärosiderit, welcher sowol
krystallisirt als auch in derben, bisweilen faserigen Varietäten vorkommt, welche letztere

gewöhnlich mit Thon verunreinigt sind. Die einfache Zusammensetzung als kohlensaures Eisenoxydul läßt eine sehr leichte Verarbeitung auf gutes Eisen zu, und daher sind die Lagerstätten, wo Spatheisenstein oder Sphärosiderit in großen Massen vorkommt, willkommene Veranlassungen zu vortheilhaftem Eisenhüttenbetriebe. Die reichhaltigsten Lager, welche auf Spatheisenstein abgebaut werden, sind zu Eisenerz in Steiermark und zu Hüttenberg in Kärnten. Das Blackband, ein neben den Steinkohlen vorkommender schwarzer Eisenstein, auf welchen in England, Belgien und Westfalen großartige Hüttenanlagen errichtet worden sind, ist ebenfalls ein Eisencarbonat.

Den Eisenerzen dürfen wir — wenn auch derselbe nicht auf metallisches Eisen verarbeitet wird, dennoch den Schwefelkies anschließen, weil derselbe unter seinen Bestandtheilen außer dem Eisen nur noch Schwefel zählt. Es ist natürliches Doppelschwefeleisen und wegen seines häufigen Vorkommens und seines schönen goldgelben metallischen Aussehens, das schon häufig den Glauben an werthvolle Funde erweckt hat, allgemein bekannt. Man verarbeitet dies Mineral gewöhnlich auf Eisenvitriol und auf Schwefel, und in dieser letztern Eigenschaft bildet es auch einen wichtigen Rohstoff für die Schwefelsäurefabrikation. Die schönsten Schwefelkieskrystalle kommen von der Insel Elba; übrigens ist er ein Begleiter fast aller Erze und erscheint auch in nicht unbeträchtlichen Mengen in jüngeren Formationen, namentlich den Stein- und Braunkohlen eingelagert.

Solchergestalt hätten wir uns eine Uebersicht über die hauptsächlichsten Erze verschafft. Neben ihnen existiren noch zahlreiche nutzbare Mineralien, auf die wol auch Bergbau betrieben wird, so daß wir mit den angeführten Naturprodukten die Objekte der bergmännischen Thätigkeit keineswegs für erschöpft ansehen dürfen. An gelegener Stelle werden wir auf manche derselben noch zu sprechen kommen. Jetzt haben wir es ausschließlich mit den Erzen im engeren Sinne des Wortes zu thun und suchen uns vor allen Dingen darüber Aufklärung zu verschaffen, in welcher Art, unter was für Verhältnissen der Vertheilung dieselben im Innern der Gebirge eingeschaltet sind. Denn darauf muß, wie wir schon jetzt begreifen, der Bergbau seine eigenthümlichen Verfahren begründen.

Entstehung der Erze. Wie sich die Erze in den Gesteinen gebildet, d. h. wie die einzelnen Bestandtheile derselben gerade zu dem bestimmten Körper sich zusammengefunden haben, darüber können wir in vielen Fällen nur Vermuthungen aufstellen. Wir können zwar die Umwandlung von Schwefelkies in Brauneisenstein, die von Kupferkies, Rothkupfererz und dergleichen in Atakamit, die von Kupferlasur in Malachit oder den Absatz von Raseneisenstein aus eisenhaltigen Wässern beobachten und hervorrufen, damit aber sagen zu wollen, daß in der Natur dasselbe Produkt auch auf dieselbe Weise entstanden sein müsse, wäre ganz falsch. Wahrscheinlich waren die metallischen Bestandtheile den Gesteinsmassen schon beigemengt, als dieselben sich noch in glühend flüssigem Zustande befanden. Manche Naturforscher sind sogar geneigt, den innern Erdkern vorzugsweise aus schweren Metallen bestehend sich vorzustellen, weil eine solche Annahme die mittlere Dichtigkeit der Erde (5,44 nach Reich), welche die Dichtigkeit der äußern festen Rinde nahezu um das Doppelte übersteigt, ungezwungen erklären würde. In vielen Fällen sind die schweren Metalle sogar von Haus aus in großer Menge in mineralische Verbindungen eingegangen, wie das Eisen beweist, welches ein Bestandtheil mancher ganz allgemein verbreiteter Mineralien ist. In andern mögen sie ihre Selbständigkeit durch ihre edle Natur gewahrt und sich nur mechanisch beigemengt haben. Schließlich kann ihre Zufuhr auch erst später, nachdem die oberirdischen Verhältnisse schon eine dauernde Festigkeit erfahren hatten, aus der Tiefe erfolgt sein. Es kommt darauf für unsere Zwecke nicht viel an, wenn wir uns der Thatsache erinnern, daß in der stofflichen Welt etwas absolut Festes nicht existirt. Selbst in den Gesteinen, welche dem stählernen Bohrer kaum den Eindruck gestatten, in dem festesten Granit oder Porphyr, dürfen wir die einzelnen Stofftheilchen nicht in einer unwandelbaren Ruhe neben einander gelagert annehmen. Die mikroskopischen Untersuchungen der neuesten Zeit haben gezeigt, daß alle Felsarten von zahllosen Poren durchzogen sind, in denen Flüssigkeiten ihr auflösendes und den Uebergang der Stoffe vermittelndes Spiel treiben.

Wir nennen kurzweg eine Klasse von Anziehungen Elektrizität, eine andere Magnetismus, eine dritte chemische Verwandtschaft — in welcher Weise aber dieselben ausgleichend und von Atom zu Atom in Beziehung stehend, aus einer Hand in die andere gehend durch den ganzen Erdkörper hindurch wirken, davon können wir uns kaum eine sinnliche Vorstellung machen. Daß aber diese Wirkung existirt, das zeigen nicht nur die in den metamorphosirten Gesteinen zu Tage liegenden Resultate derselben, auch in den Ansammlungen der gediegenen Metalle treten Erscheinungen auf, welche die überraschendste Aehnlichkeit haben mit denjenigen Metallabscheidungen, die der elektrische Strom in den galvanoplastischen Apparaten hervorbringt. Sobald wir wissen, daß das festeste Gestein nicht undurchdringlich ist, werden wir genug Kräfte voraussetzen dürfen, welche zu Wanderungen veranlassen. Ist dies jetzt noch der Fall, um wie viel mehr zu Zeiten, wo noch ganz andere Wärmeverhältnisse auf und in unserer Erde bestanden und jene verändernden Kräfte ihren Einfluß in ungleich stärkerem Grade geltend machten.

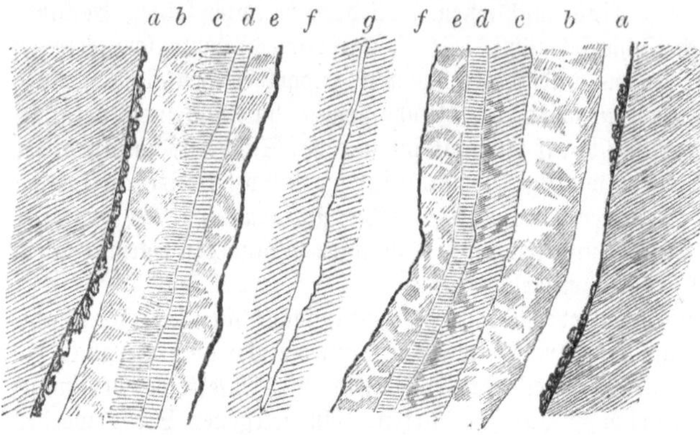

Fig. 41. Vertikaldurchschnitt eines Ganges.

Es ist deshalb auch keine Zufälligkeit, daß diejenigen Formationen, in denen der Stoffwechsel am längsten thätig gewesen ist, die ältesten Formationen der krystallinischen Schiefergesteine und die ersten Sedimentgesteine, die silurische, devonische, die Steinkohlen= und die permische Formation, die reichsten Lagerstätten umschließen und daß die Fundorte der edeln Metalle und Edelsteine ausschließlich an diese oder die noch auf ihnen ruhenden Schuttmassen, die Seifen, gebunden sind. Mit der Zeit wird vielleicht auch in den jüngeren Formationen jener Anreicherungsprozeß ähnliche Resultate bewirken. Jetzt enthält die Triasformation hauptsächlich Steinsalz, daneben aber reiche Lager von Eisenerzen, welche, wie

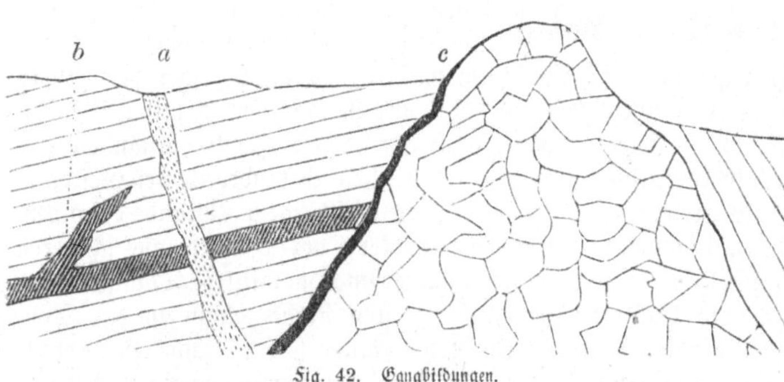

Fig. 42. Gangbildungen.

wir bereits gesehen haben, auch in den noch weiter nach oben liegenden Bildungen vorkommen. Streng genommen ist mit Ausnahme der rein vulkanischen Gesteine, Basalt, Phonolith, Lava u. s. w., keines ganz leer von Erzen.

Die **Art des Vorkommens der Erze** ist eine sehr verschiedene; bald füllen sie mehr oder weniger weit nach Breite und Tiefe sich erstreckende Spaltungsräume mit annähernd parallelen Wänden aus und heißen dann Gänge; bald sind sie als Lager und Flötze den Gesteinen eingeschichtet, als plattenförmige Einlagerungen, welche mit dem umgebenden Schichtensystem in Bezug auf die Richtung der Ausbreitung, das Fallen und Streichen, übereinstimmen, wie es die Stein= und Braunkohlen in ausgezeichneter Weise verdeutlichen; bald endlich treten sie als Stöcke auf: das sind Erzmassen von ganz unregelmäßiger Gestalt, linsenförmig, verästelt und in die einschließenden Gesteine eingreifend, manchmal mit

einer bestimmt ausgesprochenen Richtung des Streichens und Fallens, häufig aber ganz
ohne eine solche. Einzelne Punkte, an welchen sich Erze in besonders reichlicher Menge
angesammelt haben, heißen auch Nester; sie kommen in Gängen sowol als in Stöcken vor,
denn man darf nicht glauben, daß die letzteren durchweg aus Erzmasse bestehen, es sind
damit immer die eigenthümlich gekennzeichneten Lagerstätten gemeint, welche die metallischen
Mineralien enthalten.

Die Seifen endlich
sind sekundäre Bildun-
gen, aus den Ueber-
resten verwitterter Ur-
gesteine entstanden, in
denen diejenigen Erz-
bestandtheile, welche
den Einflüssen des
Wassers und der Atmo-

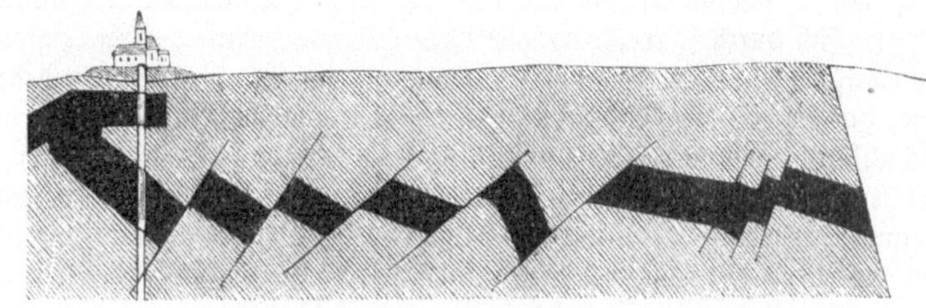
Fig. 43. Kohlenlager bei Vieille-Pompe mit Verwerfungen.

sphäre entgingen, mit verblieben sind und sich infolge eines natürlichen Schlämmprozesses
kraft ihres höheren spezifischen Gewichts in gewissen Schichten reichlicher zusammengefunden
haben, als sie vordem in derselben Menge festen Gesteines enthalten waren.

Betrachten wir, indem wir die Abbildungen
Fig. 41 u. 42 zu Grunde legen, die Gänge als die
interessanteste und häufigste Art des Vorkommens
etwas näher, so können wir uns ihre Entstehung,
wenn wir an der Idee festhalten, daß sie überhaupt sich auf Klüften, Spaltungsräumen, die
im Innern der Gesteine durch gewaltsame Zerreißung entstanden, gebildet haben, auf verschiedene Weise deuten. Es konnten von der Oberfläche her an den Wänden der Kluft herab
mineralische Gewässer in die Tiefe sickern, aus
denen sich die mineralischen und metallischen Bestandtheile absetzten und Schicht auf Schicht bilde-

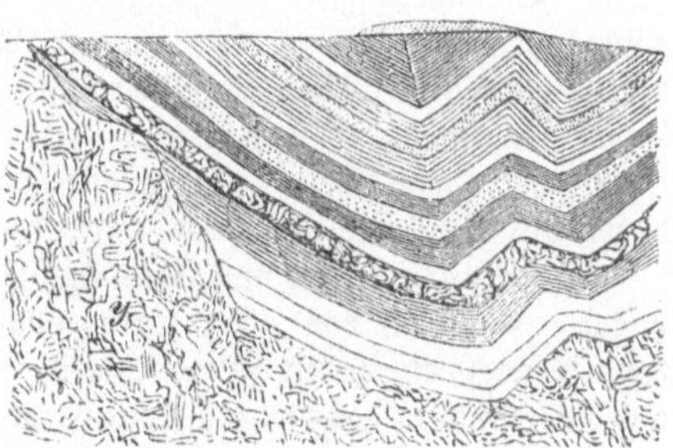
Fig. 44. Kohlenlager von Brassac, muldenformig und
geknickt.

ten, welche nach der Mitte zu allmählig den Raum ausfüllten. Oder die Gangausfüllung
kann von unten her durch Sublimation mineralischer Stoffe oder durch Auftrieb glühend
geschmolzener Massen entstanden sein; endlich auch können verschiedene dieser Bildungs-

weisen successive theilge-
nommen haben. Wenn
wir Gangstücke von ent-
sprechendem Umfange be-
trachten, oder noch besser
uns gleich den Durchschnitt
eines großen Ganges an-
sehen, so werden wir das
Gesagte bestätigt finden.
In unserer Abbildung
Fig. 41 sind die verschiedenartigen Ausfüllungs-

Fig. 45. Stockdurchschnitt.

massen durch verschiedene Schraffirung von einander abgegrenzt; die gleichartigen
und gleichzeitig zum Absatz gelangten liegen symmetrisch von der Mitte aus zu beiden
Seiten. a a die ersten an den gewöhnlich durch Abschleifung an einander spiegelglatt
gewordenen Zerreißungsflächen des Muttergesteines abgelagerten Schichten heißen
die Saalbänder des Ganges, sie sind in der Regel thoniger oder erziger Natur; darauf folgen Flußspath, Blende, Kalkspath, Schwerspath, Quarz, Strahlkies und andere

Mineralien in wechselnder Anordnung, Erznester umschließend und auf der innersten bisweilen noch nicht geschlossenen Spalte (g) schöne krystallene Drusen zeigend. Oft finden sich auch innerhalb der Gänge eingebettet Bruchstücke des Muttergesteines, welche bei der Zerklüftung desselben losgerissen und an dem Herabfallen durch Verengerung der Spalte gehindert worden sind. Derartiges schwebendes Gestein hat ebenfalls Saalbänder von ganz derselben Beschaffenheit wie der Gang selbst. — Außer den gewöhnlichen Gängen a, deren Klüfte sich durch Zerreißung der Gebirgsmasse gebildet haben, giebt es noch sogenannte Lagergänge b, welche durch Einlagerung zwischen den Schichten der Gesteine entstanden sind, die letzteren um ihre Mächtigkeit verdrängt haben, häufig auch durch Ausläufer in die Schichten selbst einbrechen; und endlich Kontaktgänge c auf Klüften, die von unten hereinbrechende Gesteine gebildet haben; in Fig. 42 sind diese drei verschiedenen Arten neben einander abgebildet. Zu bemerken ist noch, daß die Gänge nicht immer ihren ursprünglichen, stetigen Verlauf behalten haben, sondern, da sie den späteren Perturbationen des Gebirges in gleicher Weise wie dieses selbst mit ausgesetzt waren, auch dieselben Verwerfungen, Verquetschungen, Biegungen und sonstige Störungen zeigen, die wir dort antreffen. —

Die Lager und Flötze sind ursprünglich mehr oder weniger in horizontaler Lage zum Absatz gekommen und späterhin erst von den jetzt darüber liegenden Schichten bedeckt worden. Ihre Ausbreitung ist daher vorzugsweise auch eine wagerechte, wenngleich mannigfaltige Veränderungen: Biegungen in Sättel, Mulden und Wellen, Knickungen, Stauchungen, Zerreißungen, Verwerfungen, Aufrichtungen, sogar Ueberkippungen im Verlaufe der späteren geologischen Perioden stattgefunden und die anfängliche Richtung gestört haben, so daß ungestörte Lager jetzt nur noch ausnahmsweise vorkommen. Die Sedimentformationen der Steinkohlen= und Juraperiode liefern dazu die ausgezeichnetsten Belege, von denen die Abbildungen Fig. 43 und 44 einige Anschauungen geben. —

Die Stöcke zeigen von Haus aus keine so regelmäßige Architektur wie die Gänge und Lager. Sie sind von ganz unregelmäßigem nieren= oder linsenförmigen Querschnitt, welcher nach den Seiten zu in schwächeren Partien ausläuft, häufig aber auch nach oben und unten sich in das Nebengestein verzweigt (Fig. 45). Die Stockwerke endlich sind Anhäufungen von Gängen oder ähnlichen Spaltenausfüllungen, die sich innerhalb eines von der Hauptgebirgsmasse in der Regel verschiedenen Gesteins wiederholen und dem letzteren den Charakter eines großen Stockes geben. Bei dem Steinsalz werden wir Gelegenheit haben, für diese Art von Lagerstätten Beispiele zu finden. —

Aufsuchung und Abbau. Gewöhnlich leiten äußere Anzeichen auf das Vorhandensein von Lagerstätten hin, indem dieselben entweder zu Tage ausgehen oder durch abgelöste Bruchstücke, Fundstufen, sich zu erkennen geben. Oft auch hat man für die Aufsuchung von Lagerstätten Anhalt in der Benennung von Bergen, Thälern, Flüssen oder Ortschaften, welche auf früher betriebenen, aber wieder aufgegebenen Bergbau oder wenigstens auf einzelne Funde hindeuten können. Solche Namen sind z. B. Zusammensetzungen mit Gruben, Hütten (Kutten), Seifen, Schlacken, Hammer, Schmiede u. s. w., ebenso mit Erz oder Metallbenennungen in den verschiedenen Namen: Goldberg, Eisenberg, Zinnwald, Goldlautern, Goldcronach, Silberberg und dergleichen. Außer den Namen finden sich häufig auch verlassene Baue, Halden, Schlackenhügel, welche mit noch mehr Grund das Vorkommen von Erzen vermuthen lassen. Für den Sachkundigen giebt es somit mancherlei Umstände, aus denen er die lohnende Inangriffnahme eines Gebirges schließen kann.

Daß mit der Aussicht auf reichlichen Ertrag von jeher viel Schwindel getrieben und von Betrügern oft der Abbau nur in anderer Leute Taschen am gewinnbringendsten gehalten wurde, das ist leider eine nicht zu bestreitende Thatsache. Zu den hauptsächlichsten Aufregungsmitteln diente vorzüglich die Wünschelruthe, hinter deren vorgeblichen Anzeichen schlaue Bergleute oft ihr Wissen geheimnißvoll verbargen, und welche noch öfter von gewissenlosen benutzt wurden, um die leicht erregbare Hoffnung zu erwecken.

Die Wünschelruthe ist eine gabelförmig gespaltene Haselzwiesel oder auch ein gebogener dünner Stab, eine Ruthe, die in beiden Händen nach aufwärts getragen wird und die

durch zuckende Bewegungen zu erkennen geben foll, ob ihr Träger fich in der Nähe von
Erz= oder Wafferadern, oder auch in der Nähe anderer Gegenftände, deren Finden gerade
wünfchenswerth ift, befindet. Es ift mit ihr ein ähnlicher Unfug wie mit dem Tifchrücken
getrieben worden, denn fie follte im Stande fein, auf alles nur Mögliche zu antworten.
Die Bereitung diefes Zauberftabes gefchah unter befonderen geheimnißvollen Beobachtungen.
Die kräftigften Wünfchelruthen mußten unter dem Beten des Ruthenfegens Nachts 12 Uhr
in der Johannisnacht oder in der Nacht zum Neujahr und womöglich nackend gefchnitten
werden. Sie wurden förmlich getauft und mit Namen verfehen; eine kräftige Ruthe war
befonders hochgehalten. Ihr Gebrauch ift fehr alt, und wenn auch nicht, wie die Ruthen=
gänger felbft behaupten, Mofis Stab, mit dem er Waffer aus dem Felfen der Wüfte ge=
fchlagen, ein folches Inftrument gewefen ift, fo kannten doch fchon die alten Römer den
Gebrauch derfelben. Seit dem 15. Jahrhundert wurde fie in Deutfchland häufig zu Rathe
gezogen, allein nicht blos von den Bergleuten felbft, fondern häufig von Schatzgräbern,
und wie uns erzählt wird, ganz befonders auch von den frommen Landsknechten und dem
Soldatenvolk des Dreißigjährigen Krieges, welches nach einem Chronikenfchreiber „mit
den befchworenen Zauberruthen faft alles Geld, fo fich unter Dach befunden, ausgelochert
und manchem armen Mann dadurch wehe gethan und betrübet". Damals glaubten nicht
nur die gewöhnlichen, fondern auch die höher ftehenden Bergleute fteif und feft an ihre
Wirkfamkeit.

Mit der Wünfchelruthe wird aber nur den Leuten das Geld aus der Tafche geholt, und
es bedienen fich jetzt ihrer nur noch Solche, denen man fie auf den Rücken zu fchmecken geben
follte. Freilich entdecken die Ruthengänger z. B. oft Waffer, allein dazu brauchten fie den
Firlefanz nicht. Gewöhnlich wiffen fie, weil fie als alte Bergleute fich eine gute Beurthei=
lung der Erdfchichten in ihrem Berufe angeeignet haben, wo Waffer zu finden ift, fchon
durch eine oberflächliche Betrachtung der Bodenverhältniffe, und fie laffen ihre Ruthe nur
fchlagen, um fich allein im Befitz geheimnißvoller Künfte zu zeigen. Die Erfahrungen der
Geognofie, Kompaß, Hammer und Erdbohrer find beffere Bürgen für das Gelingen einer
bergmännifchen Unternehmung als alle Ruthengänger zufammen.

Hat man eine Lagerftätte durch das Ausgehende oder fonft wie angedeutet gefun=
den, fo geht man ihr nach und fucht fie zu entblößen. Ift der Gangftock oder das Lager
gefunden, fo fucht man fein Streichen, Fallen und feine Mächtigkeit zu ermitteln durch
Schürfen, wobei die Erde in fenkrechter Richtung geöffnet wird oder, indem man ihm
mit Röfchen, grubenartigen Vertiefungen, auf größere Länge geführt, nachgeht. Um
das Unterirdifche auszuforfchen, wendet man den Erdbohrer an, deffen Bedeutung wir
fchon kennen gelernt haben.

Ift das Lager wirklich bauwürdig, fo geht es an die Vorarbeiten zum Abbau. Bei
zu Tage ausgehenden Lagerftätten wird durch die gewöhnliche Füllarbeit die obenauf lie=
gende Dammerde, Seifengebirge, Sand, Grus u. f. w. befeitigt, auch das Lager felbft,
wenn es, wie Braunkohlen oder Seifen, aus leicht zu bewältigenden Maffen befteht, in
folcher Weife abgebaut. Für die Arbeit in das feftere Geftein find je nach dem Zufammen=
halt, der Schichtung oder Zerklüftung, der Härte u. f. w. verfchiedene Verfahren und
Werkzeuge in Gebrauch, welche wir der Hauptfache nach fchon bei den Steinbrecherarbeiten
kennen gelernt haben. Wir können um fo eher auf jene Stelle verweifen, als wir dort
das Gezähe, wie der Bergmann feine Werkzeuge nennt, gleich in derjenigen Vollftändig=
keit behandelt haben, welche auch die der Hauptfache nach mehr dem reinen Bergbau an=
gehörenden Hülfsmittel in ihren Bereich gezogen hat. Füllarbeit, Keilhauarbeit, die Arbeit
mit Schlägel und Eifen, Bohren und Sprengen kommen hier wie dort vor, vielleicht ift
nur das veraltete Feuerfetzen eine Gewinnungsmethode, welche zufällig in entlegenen, holz=
reichen Grubendiftrikten vorzugsweife noch von Bergleuten angewendet wird.

Da der Bergbau bei den unterirdifchen Aushöhlungen, welche das Suchen nach und
das Abbauen von nutzbaren Mineralien bewirkt, nie die Rückficht auf die Sicherheit außer
Acht laffen und nie vergeffen darf, daß die Laft des Gebirges einbrechen und fchreckliche

Verschüttungen hervorbringen kann, wenn ihr nicht die gehörigen Stützen gelassen oder gegeben werden, so hat Alles mit ängstlicher Planmäßigkeit zu erfolgen.

Die Bergarbeiter, welche mit der Hand, beim Erzbergbau vorzugsweise mit Schlägel und Eisen, die Lostrennung verhältnißmäßig kleiner Gesteinsstücke bewirken, heißen Häuer und ihre Arbeit die Häuerarbeit (Fig. 47). Die Stelle des Gesteines, wo gearbeitet wird, heißt in der Sprache des Bergmanns das Ort, daher Häuer vor Ort.

Das Sprengen muß nach einer gewissen Ordnung geschehen. Der hinterste Häuer schießt den sogenannten Steinbruch, die andern die folgenden Abtheilungen nach. Der „Ganghäuer“ überwacht die Anlage der Bohrlöcher, damit nicht dem gebohrten Loche zu viel oder zu wenig (Gestein) vorgegeben wird, und in ersterem Falle die Ladung zum Bohrloche herausgeht, ohne loszusprengen. Im Innern der Bergwerke handhabt aber der Bergmann, wozu ihn schon der beschränkte Raum nöthigt, den Bohrer fast immer allein.

Fig. 46. Das Schürfen. Nach Heuchler's Werk „Die Bergknappen“.

Er setzt das Bohreisen, deren er viele von verschiedener Länge und Form, als Meißel-, Kreuz- und Kolbenbohrer, nach einander gebraucht, auf das feste Gestein und führt mit dem Schlägel kurze, kräftige Schläge. Bald splittert das Gestein, und indem der Berghäuer seinen Bohrer fleißig dreht, entsteht eine kreisrunde Vertiefung oder Zubrüstung, endlich ein Loch, das er immer tiefer macht, je nach der Größe des Steins, welchen er absprengen will. Ist das Bohrloch tief genug, etwa 50—60 Centimeter und 2—3 Centimeter weit, so reinigt er es, füllt es mit der gehörigen Menge Pulver, ungefähr $^1/_3$ seiner Tiefe, setzt die Raumnadel ein, bringt oben auf die Ladung einen Pfropf von Papier, oder besser, er steckt in das Loch eine fertige Patrone mit dem entsprechenden Pulversatz und verrammelt den Raum über dem Pulver fest mit getrocknetem Lehm mittels eines eisernen Stabes, des Stampfers. Damit in der Verrammelung oder dem Besatz noch eine Oeffnung bleibt, durch welche das ganz unten befindliche Sprengpulver entzündet werden kann, wird die Patrone an die 50—60 Centimeter lange kupferne Raumnadel gespießt, nachdem dieselbe durch ein enges Schilfrohr hindurch geschoben worden, welches deren Berührung mit dem Gestein verhindert; sie bleibt im Bohrloche, bis dieses ganz zugerammelt ist. Die Schilfumhüllung schützt vor dem Feuerreißen, d. h. vor einer freiwilligen Entzündung. In die entstehende kleine Röhre durch den Besatz wird der Zünder gesteckt, ein mit Pulver gefülltes Schilfröhrchen, oder ein Sicherheitszünder, eine Hanfschnur mit Pulverbrei. Am vordern Ende des Zünders ist ein Stückchen starker Schwefelfaden, das Schwefelmännchen, angeklebt, welches angezündet wird. Ist dies bewerkstelligt, so flieht der Arbeiter so schnell als möglich in sicheres Versteck — wenige Sekunden noch und man hört einen dumpfdröhnenden Knall, das Ort ist mit Pulverdampf gefüllt. Kaum aber hat sich derselbe verzogen, so zeigt sich die Wirkung der wenigen Loth Pulver. Steinklumpen und Brocken liegen umher, und ein paar Stunden haben hingereicht, um eine Arbeit zu vollbringen, die vor Anwendung des Pulvers wochenlange harte Arbeit erfordert hätte. Jährlich werden bei der Sprengarbeit in Freiberg im Durchschnitt 3000 Centner Pulver gebraucht, da gegen 2 Millionen Bohrlöcher weggethan werden. —

Fig. 47. Arbeiten vor Ort. Nach Heuchler's Werk „Die Bergknappen".

In den schwedischen Eisengruben, von denen viele sogenannte Tagebaue sind, brennt man zu gewissen Tageszeiten — in Danemora zu Mittag, wenn die Arbeiter sich zur Ruhestunde hinaufbegeben — ganze Batterien auf einmal los. Besondere Glocken geben Warnungszeichen; nach kurzer Stille bricht plötzlich aus den Tiefen ein furchtbarer Donner hervor, der lange nachhallt und in den Felsklüften hundertfältige Echos wach ruft. Zuckende Blitze erleuchten das unterirdische Gebiet; es folgt Schlag auf Schlag gleich Kanonensalven, während einiger Minuten zittert der Boden, die nächste Umgebung schwankt wie bei Erdbeben; Gesteins- und Erzstücke fliegen aus schwarzen Rauchwolken empor; krachendes Geräusch verkündet das Einstürzen der Felsmassen in den Tiefen.

Aelter als die Sprengarbeit ist die Methode des Feuersetzens, die zwar sehr theuer, aber bei pölzigem, sehr festem Gestein als letztes Mittel noch an manchen Orten, z. B. in norwegischen Bergwerken, zu Altenberg und Felsöbanya, im Rammelsberge bei Goslar, angewendet werden muß. Der Zweck, den man hierdurch erreichen will, ist, den Berg, wie der Bergmann das Gestein nennt, zu trennen, indem durch die heftige Hitze ungleiche Ausdehnung der Felsmasse und dadurch die Lostrennung einzelner Stücke bewirkt wird; außerdem auch verflüchtigt die Glut das Wasser, welches in etwa schon vorhandenen Zwischenräumen enthalten ist, und die sich entwickelnden Dämpfe führen die Zerreißung weiter. Man hat für das Feuersetzen Vorrichtungen, breite Roste, welche oben und an den beiden

Seiten mit starken Blechtafeln dachförmig überbaut sind, damit die Hitze zusammengehalten und auf eine Stelle hingeleitet werden kann. An der Vorder= und Hinterseite ist dieser Feuerherd offen und es kann immer die erforderliche Luft zur Flamme treten. Die Feue= rung selbst geschieht mit Holz, welches auf dem Roste aufgeschichtet und entzündet wird. Gewöhnlich setzen die Häuer Sonnabend Mittags solche Feuer und lassen sie Sonntags ausbrennen, so daß am Montag ihre Arbeit mit Schlägel und Eisen wieder beginnen kann, weil hinreichender Berg für eine Woche durchgebrannt ist. Das Feuersetzen gewährt einen phantastisch schönen Anblick, da oft 10—12 Feuer auf einer Strecke in verschiedener Höhe in Flammen stehen, jedes mindestens von 1 Klafter Holz genährt. Mit ihren Gluten er= füllen sie den ganzen Raum, feuerzüngelnd an die Förste leckend und immer heftiger auf= lohend, je mehr die halbnackten Bergleute, gleich Feuergeistern, hinter eigenthümlich ausschreitenden Schatten die Flammen schüren, bis sie selbst endlich, vom Rauch ver= trieben, die Strecken verlassen müssen und die Gluthaufen für sich verglühen.

Fig. 48. Ein Stollenmundloch. Nach Heuchler's Werk „Die Bergknappen".

In beschränkterer Weise wird auch das Wasser angewandt, um die erzführenden Ge= steine zu brechen. Es ist dies freilich nur da möglich, wo entweder zeitweilig eintretende große Kälte das in Ritzen und Spalten eingegossene Wasser rasch gefrieren macht, oder wo die Erze in einem lehmigen oder sandigen Mittel eingebettet liegen, wie in den Seifen und sonstigen alluvialen Anschwemmungen, in welchen sich die Goldfelder finden (s. Tonbild).

Grubenbau, Stollen und Schachte. Je nachdem nun das Vorkommen der nutzbaren Mineralien verschieden ist, so ist es auch die Art und Weise, der Lagerstätte anzukommen, die Grube zu betreiben. Grube heißt im Allgemeinen ein unterirdischer Bau.

Liegt das Berggut, das man abbauen will, nicht merklich tief unter der Erdober= fläche, wie dies z. B. bei Schiefer=, Sandstein=, Kalk=, auch Eisensteinbrüchen (auf Rasen= und Wiesenerz) vorkommt, so baut man unter offenem Himmel, „zu Tage" ab. In diesem Falle wird nur das deckende Erdreich, der fruchtbare Boden, weggeräumt, und die weitere Arbeit geschieht in ganz gewöhnlicher Weise mit Keilen, mittels Sprengens u. s. w. Große Tagebaue sind auf den mächtigen Eisensteinlagern bei Kladno in Böhmen, im Ural,

in Schweden, auf vielen nassauischen und rheinischen Eisen= und einigen Kupferbergwerken,
auf den Bleigruben in der Eifel, auf den reichen Galmei= und Bleigruben bei Scharlei,
Tarnowitz in Oberschlesien und Altenberg bei Aachen. Indessen ist der Tagebau, obwol
die natürlichste Art, nur selten anwendbar, da nur wenige Mineralien so dicht unter der
Oberfläche liegen, daß man sie auf diese leichte Art erreichen kann. Im Gegentheil muß
gewöhnlich tief in das Innere eingedrungen werden, um an den Ort zu kommen, wo die
eigentliche Ertragsarbeit beginnen kann.

Liegt die Lagerstätte nun so, daß
man sie durch einen wagerechten oder
ein wenig ansteigenden Gang erreichen
kann, so treibt man einen solchen,
einen sogenannten Stollen vom
Tage in das Innere des Berges
hinein, wo er sich dann in mehrere
Abbaue (Strecken) oder in einzelne
Abtheilungen (Flügel) theilen kann.
Das am Abhange des Berges Aus=
gehende des Stollens heißt das
Stollenmundloch. Die Stollen
dienen sowol zur Kommunikation
für die Bergleute, als auch zur Ab=
leitung der Grubenwässer. Durch

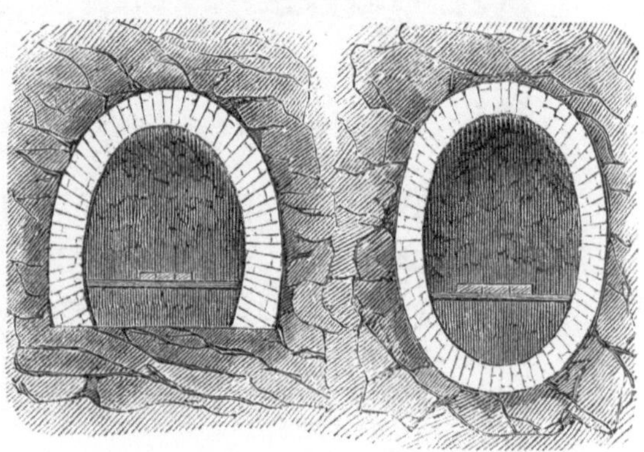

Fig. 49. Gemauerte Abzugsstollen mit Tragwerk.

das Tragwerk sind dieselben daher meist in zwei getrennte Räume geschieden: der
untere, die Wassersaige genannt, zur Wetterung und Wasserabführung dienend, wäh=
rend in dem oberen gegangen, gefahren und gefördert wird. Man unterscheidet bei den
Stollen Such= und Tage= sowie Erb= und Revierstollen. Erstere treibt man ein, um von
dem Abhange des Gebirges aus die Lagerstätte zu erreichen; sie bringen auf kurze Entfer=
nungen geringe, die letzteren, welche meist zur Wasser=
abführung angelegt werden, auf große Längen bedeutende
Teufen ein. Dadurch, daß die Erbstollen die Gewässer
der benachbarten Baue aufnehmen, genießen sie gewisse
Rechte und schreibt sich ihr Name davon her. Die Länge
der Stollen ist sehr verschieden, sie steigt von wenigen
Lachtern bis zu vielen Tausenden. Auf den im Frei=
berger Reviere befindlichen und deren Flügelörtern kann
der Wanderer auf mehrtägige Entdeckungsreisen aus=
gehen, denn der tiefe Fürstenstollen mit seinen nach allen
Hauptgruben abgehenden Oertern allein hat eine Länge
von einigen 20 Stunden. Daß zu solchen Anlagen Jahr=
hunderte Zeit und unermeßliche Arbeiten erforderlich sind,
wird dem Leser von selbst einleuchten. Durch den Georgs=

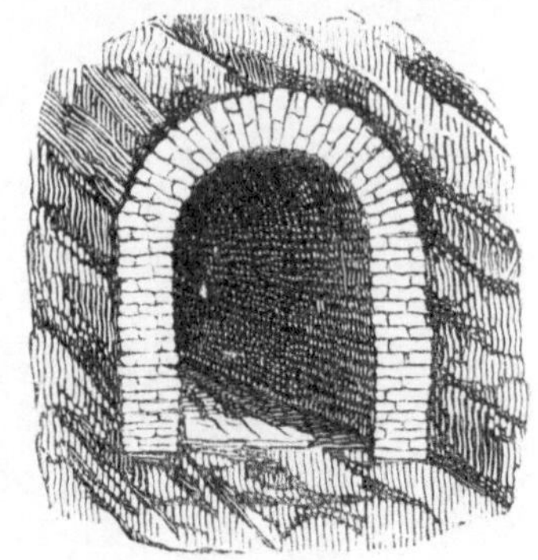

Fig 50 Gemauerte Förderstrecke.

stollen am Harze, welcher, 1777 begonnen, in 22 Jahren von der Bergstadt Grund bis in die
Grube Karolina bei Klausthal getrieben wurde, eine Länge von mehr als 5 Stunden hat
und 300 Meter Teufe einbringt, wurden mit einem Male auf dem Rosenhofer Zuge
15 Wasserkünste, mehrere Schächte und viele Kunstsätze abgeworfen und dadurch große Er=
sparniß erzielt. Eine eben so großartige Anlage ist der Franzensstollen zu Schemnitz, der
dem kolossalen Theresienschachte 400 Meter Teufe verleiht. In Altenberg fährt man auf
dem dort befindlichen Zwitterstocksstollen an und in der nächsten Stadt, Geising, wieder aus.
Am Rathhausberge im Salzburgischen geht der berühmte, 3300 Meter lange Christophs=
stollen durch den ganzen Berg hindurch. Sehr bemerkenswerth ist noch der neue Roth=
schönberger Stollen unter Freiberg, dessen Länge ziemlich 40 Kilometer beträgt. Ob=
gleich an acht verschiedenen Punkten gleichzeitig von sogenannten Lichtlöchern (Schächten)

aus begonnen, so ist er doch, trotzdem schon länger als ein Vierteljahrhundert an ihm gearbeitet worden, noch nicht vollendet. Er wird für den Freiberger Bergbau von größtem Nutzen sein, da er viel tiefer liegt als die jetzigen Stollen, und alle Grubenwasser abzuzapfen vermag. Seine Mündung (das Mundloch) liegt im Triebischthale, unfern Meißen.

Fig. 51. Verzimmerte Strecke.

Die Decke einer Strecke oder eines Stollens nennt man Förste, den Boden die Sohle, die Seiten Ulmen; das Ende der Strecke heißt Ort, daher der Ausdruck „vor Ort".

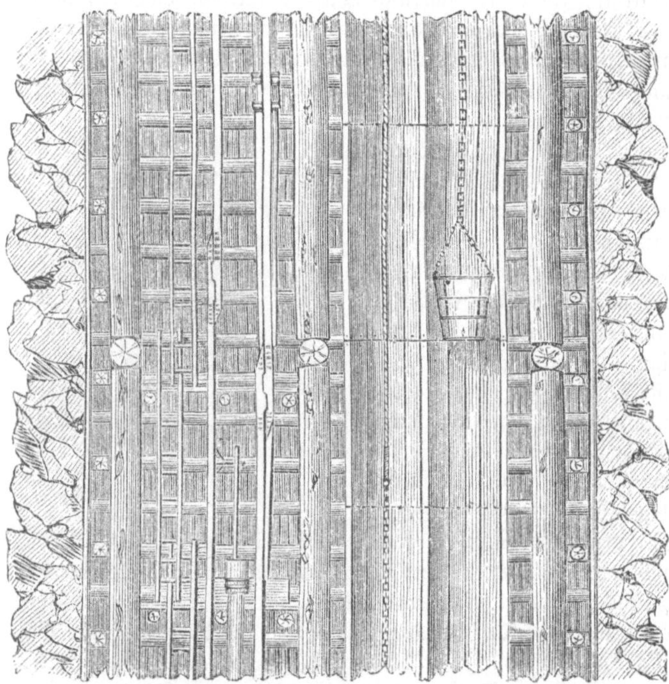

Fig. 52. Ein Hauptschacht mit Verzimmerung.

Sehr wenige Gesteine besitzen die zusammenhängende Struktur und eine so gleichmäßige Festigkeit, daß man die Stollen nur einfach auszuarbeiten brauchte. Man wird dem Herabfallen und Verdrücken vielmehr immer durch vermauerte Wölbungen u. s. w. zu begegnen haben. Kurze Strecken stützt man auch durch Verzimmerung, und die Mauerung wie die Zimmerung bilden einen sehr wichtigen Theil der bergmännischen Thätigkeit.

Außer diesen horizontalen Gängen treffen wir in den Bergwerken senkrechte oder wenig geneigte Aufgänge nach dem Tageslicht, sogenannte Schächte, brunnenartige Oeffnungen mit rechtwinkelig vierseitigem Querschnitt, gleich der Feueresse, oder aber auch von kreisrundem oder elliptischem Querschnitt. Je nach dem Gebrauch belegt man die Schächte mit den Namen Untersuchungs-, Kommunikations-, Wetter-, Förder-, Zieh- oder Treibe-, Kunst-, Stangen-, Hänge-, Tageschächte und Lichtlöcher. Der Wetterschacht hat blos für Ventilation zu sorgen, in dem Kunstschachte geht das Gestänge der Pumpwerke und Fördermaschinen, in der Regel Wassersäulmaschinen, welche die Kunst genannt werden.

Gewöhnlich dienen solche Schächte nicht dazu, daß ihnen selbst die gutzumachenden Erze entnommen werden sollen, sondern man baut sie, entweder um die Arbeiter vor Ort zu bringen, und dann sind sie Fahrschächte, oder um die Erze darin an die Oberfläche der Erde zu schaffen, und dann nennt man sie Förderschächte; oft aber werden auch Schächte über Stollen und Strecken abgeteuft, in welchen der Luftwechsel nicht anders herzustellen ist, und solche Schächte nennt man Wetter- oder Luftschächte, auch Lichtlöcher. Andere Schächte endlich dienen auch zur Förderung der Grubenwasser aus dem Tiefsten und heißen Wasser- oder Maschinenschächte. Sehr oft erfüllt auch ein Schacht doppelte Zwecke, namentlich sind die Fahrschächte fast immer auch Förderschächte. Ist ein Schacht zugleich Kunst-, Fahr- und Förderschacht, so wird er Hauptschacht genannt.

Beim Schachtabteufen muß die Regel festgehalten werden, daß die Richtung in die Tiefe genau senkrecht bleibt (saigerer oder Richtschacht); ein Schacht, der dieser Bedingung nicht entspricht, heißt in seine Stöße verzogen (donlegig); behält der Schacht in ganzer Teufe nicht ein und dasselbe Streichen, so nennt man ihn windflügelig. Bei Wasserhaltungs- und Förderungsschächten üben beide Unregelmäßigkeiten große Nachtheile. Große Schachtanlagen findet man im Sächsischen Erzgebirge, am Harze, in England und Belgien. Der Silbersegner Richtschacht z. B. ist seiner Länge nach in die gewöhnlichen Abtheilungen, den Treibe-, Fahr- und Maschinenschacht, getheilt. Der Förderschacht hat 4 Meter; der Maschinenschacht, in welchem doppelte Wassersäulenmaschinen stehen, nach Erforderniß 3—6 Meter Länge, bei 2 Meter Normalweite. Seine Teufe beträgt gegen 330 Meter.

Da das Gestein, durch welches die Schächte getrieben werden, nicht immer fest genug ist, um sich selbst zu halten, oft auch die Schichten desselben so steil einschießen, daß sie ein Verquetschen der Schachtwände von der Seite her bewirken würden, so muß man

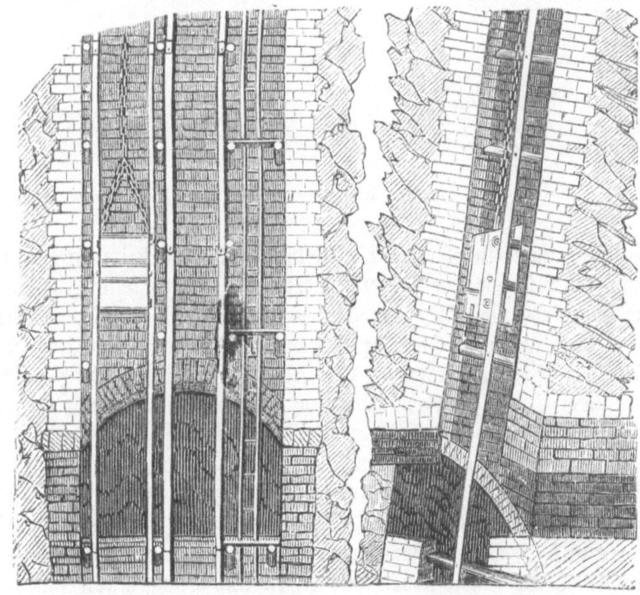

Fig. 53. Verzimmerter Schacht im Harz.

Fig 54. Gemauerte Schächte im Harz.

auf künstliche Weise für die Sicherung sorgen. Man mauert die Schächte aus oder stützt ihre Wände durch Verzimmerung. Wie kunstvoll und geschickt solche Schächte durch Zimmerarbeit hergestellt werden, zeigen uns die Abbildungen Fig. 52 und 53, welche zugleich die Fahrten, Förderungs = und Wasserhaltungsgestänge klar veranschaulichen.

Abbau. Stollen und Schächte sind, wenn sie zur Aufsuchung oder Untersuchung der Lagerstätte dienen, Versuchsbaue, in allen andern Fällen Hülfsbaue. Verschieden davon sind die Abbaue; sie sind der eigentliche Zweck des Bergbaues, und ihre Anlage und Ausführung ist abhängig von der Natur der durch sie auszubeutenden Lagerstätte. Es wird nicht nothwendig sein, erst hervorzuheben, wie auf wenig mächtige, aber sich weit in die Breite und in die Tiefe hinziehende Gänge oder Gangsysteme eine ganz andere Abbaumethode Platz zu greifen haben wird, als auf mächtige Stöcke oder Lager.

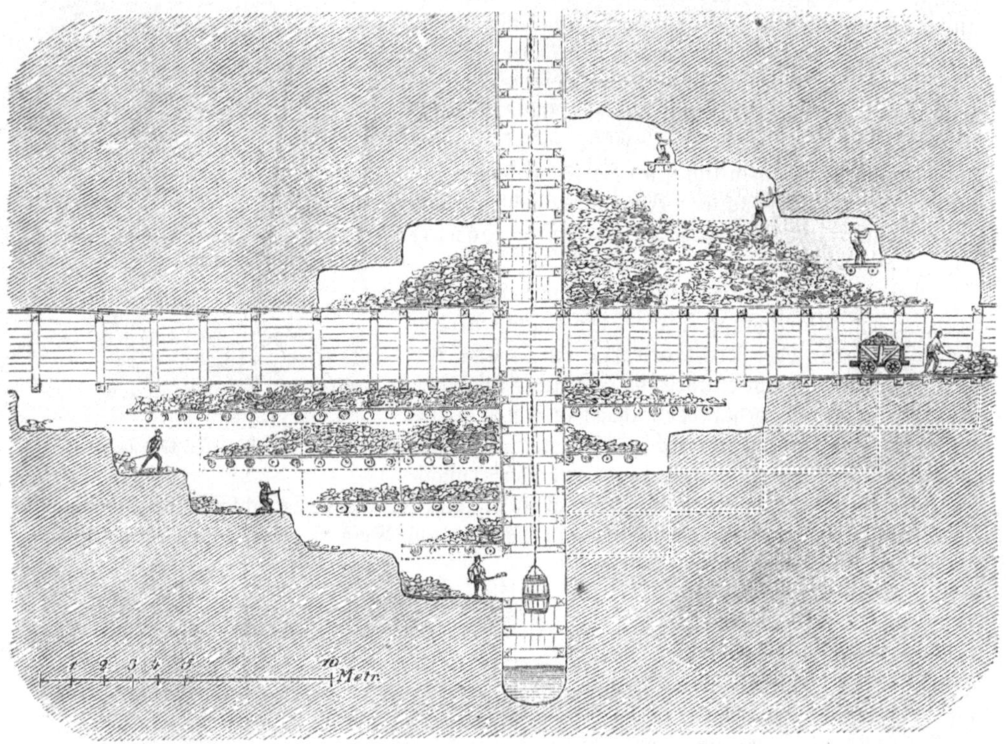

Fig. 55. Stroſſen- und Forſtenbau mit Zimmerung in Schacht und Strecken.

Läßt sich auch eine strenge Eintheilung und Klaſſifizirung der verschiedenen Abbaumethoden nicht durchführen, da die verschiedenen Verfahren häufig in einander übergehen oder durch die Umstände abgeändert werden, so läßt sich doch im Allgemeinen Folgendes darüber sagen.

Auf Gängen richtet der Bergmann Stroſſen=, Förſten= und Querbaue, auf Lagern Strebe=, Pfeiler=, Stoß=, Würfel=, auf Stöcken Bruch= und Stockwerksbaue vor.

Der Stroſſenbau geht auf die Herausarbeitung einer Gangmaſſe zwischen zwei Strecken. Unter der Sohle der obern Strecke beginnen zwei Häuer die ganze Maſſe bis auf Lachtertiefe herauszuschlagen. Sobald sie einige Lachter söhlig (wagerecht) fortgerückt sind, folgen ihnen zwei andere Häuer, welche ganz in derselben Weise im Rücken der vorigen das Gestein herausarbeiten. Nach hinlänglich weiter Vorrückung wird auch die dritte, vierte u. s. w. Stroſſe begonnen. Dadurch bekommt der Bau das Ansehen einer großartigen Treppe. Die neben den Erzen und Pochgängen fallenden tauben Mittel (nutzlose Steinstücke oder Berge) werden auf über den Köpfen der Arbeiter angebrachten Kasten verstürzt, d. h. rücklings geschüttet. Unsere Abbildung Fig. 55 zeigt uns das Innere eines in solcher Art im Abbau begriffenen Erzlagers, und zwar sehen wir in der unterhalb des horizontalen Stollens gelegenen Partie schon eine beträchtliche Anzahl der verzeichneten Quartiere strossenartig von oben nach unten abgebaut; in der oberen Hälfte dagegen schreitet der Abbau umgekehrt von unten nach oben. Aus dem tauben Gesteine entsteht in diesem Falle eine förmliche Halde, welche zwischen sich und dem anstehenden festen Gesteine häufig nur einen geringen Raum läßt, in welchem die Bergleute arbeiten. Es ist diese Art der sogenannte Förstenbau, der sich vom vorigen nur dadurch auszeichnet, daß das Erzmittel eben von unten nach oben angegriffen und herausgehauen wird; er hat das Ansehen einer Treppe von der Kehrseite. Die Staffeln werden ebenfalls von Lachter zu Lachter abgetheilt, heißen aber Förstenstöße. Zur Sicherung dieser Räume verwendet man nicht allein Zimmerung und Mauerung, sondern läßt wol auch unten eine Bergveste stehen, welche die darüber lastenden Massen säulenartig zu tragen hat.

Fig. 56. Ein Förstenbau im Innern. Nach Heuchler's Werk „Die Bergknappen".

Beim Querbau wird zuerst auf dem Liegenden der Lagerstätte eine Strecke getrieben, welche mit dem Förderschacht in Verbindung steht: die Förderstrecke. Von dieser aus baut man ab rechtwinkelig nach dem Hangenden zu, in ganz analoger Weise wie bei dem Försten= oder Strossenbau, nur daß man die Strossen nicht von oben nach unten, sondern der Quere treibt: Querstrossen. Das taube Mittel, den todten Mann, verstürzt man zur Seite. Mit wenig Abänderungen könnte daher unsere Zeichnung Fig. 55, welche den Vertikaldurchschnitt eines Strossenbaues darstellt, den Horizontaldurchschnitt eines Querbaues illustriren, nur müßte dann der Schacht als eine horizontal verlaufende Strecke angesehen werden. Man theilt übrigens bei dem Querbau das auszuarbeitende Quartier der Lagermasse oder das Bergmittel, in lauter lachterhohe Stöcke, die man nach einander in Angriff nimmt und in derselben Weise abbaut.

Der Strebebau, in der Regel auf Lagern und Flözen von geringer Mächtigkeit angewandt, wie im Mansfeldischen auf Kupferschiefer oder an vielen Orten auf Stein= kohlen, richtet eigentlich auch liegende Strossen her. Denn es werden die einzelnen Quar= tiere, in welche das Arbeitsfeld getheilt ist und welche Streben heißen, in horizontaler Richtung söhlig umfahren und die leeren Berge sofort hinter den Arbeitern verstürzt. Da der Ersparniß halber so wenig wie möglich taubes Gestein abgebaut wird, so müssen hier die Häuer bei der geringen Mächtigkeit der Flöze oft in liegender Stellung arbeiten, mit Keilhauen u. f. w. über die Achsel. Bei dieser geringen Höhe würde ein unzeitiges Niedergehen des hangenden Gesteines für den Arbeiter von den schrecklichsten Folgen sein; nichtsdestoweniger aber sind gerade diejenigen Gesteine, in denen vorzugsweise solche Krummhälse strecken (wie der Strebebau von Alters her auch noch heißt) angelegt werden, ganz besonders geneigt einzugehen. Um dieses zu vermeiden, stützt der Bergmann das Hangende mittels hölzerner Stempel. Krummhälsestreckenbau wurde schon von den Alten betrieben, denen in dem Schießpulver noch der mächtigste Bundesgenosse für Bewältigung des Gesteines fehlte und die daher gezwungen waren, möglichst sparsam abzubauen. In der Gegend von Ems ist man auf solche alte römische Baue gestoßen.

Der Pfeilerbau erfordert, daß erst eine Grundstrecke getrieben und 2—5 Lachter unter derselben die Sumpfstrecke zum Wassersammeln angelegt, von ersterer aus Bremsberge (geneigte Fahrbahnen) oder Diagonalen ausgelängt und als Strecken bis zu einer künstlichen Grenze durchgeführt werden; dann nimmt man die äußersten Enden zuerst in Angriff und läßt regelmäßig Pfeiler dazwischen stehen zur Stützung des Hangenden, welche aber schließlich, wenn die Natur des Gesteines ein gleichmäßiges und langsames Niedergehen garantirt, auch noch von hinten nach vorn zu ausgenommen werden. Beim Stoßbau wird vom Schacht aus von 20 zu 20 Meter eine wagerechte Strecke zu beiden Seiten ausgelängt mit 2 Meter Höhe. Ist die Strecke weit genug vorgerückt, so wird ein neuer Streifen von 2 Meter Höhe angegriffen, die fallenden Berge werden verstürzt und die Förderung geht darüber weg wie beim Förstenbau. Am unzweckmäßigsten ist der Würfelbau, weil durch die stehenbleibenden Würfel die Hälfte des Materials unbenutzt bleibt, dabei verloren oder „zu Bruche" geht. Die zuletztgenannten drei Methoden werden besonders bei dem Steinkohlenbau in Anwendung gebracht.

Stockwerksbau wird auf großen Erznieren betrieben, indem man vom Hauptschacht in verschiedenen Sohlen Strecken oder Längenörter nach allen Richtungen anlegt, die Mittel durch Eisenarbeit, Sprengen und Feuersetzen hereinnimmt, in großartiger Richtung söhlig fortgeht, neue Stöße aufsuchend. Innerhalb derselben können dann jedoch auch wieder andere Abbaumethoden statthaben, wenn die Ausdehnung und der Verlauf jener es gestattet. Wenn Theile dieser weiten Baue zu Bruche gehen, was infolge mangelhafter Stützung wol bisweilen entstehen kann, so wirkt die Last der einstürzenden Gesteine dem Bergmann mitunter in unfreiwilliger Weise durch Lostrennung und Lockerung der Massen vor. Indem man aus dem Einsturz gewinnt, was zu gewinnen ist, betreibt man den Bruchbau, ein außerordentlich leichtes, allerdings aber völlig unrationelles Verfahren, das man gleichwol bisweilen absichtlich vorbereitet.

Ausbau. Viele von den Gebirgsmassen stehen von selbst so, daß man alle Baue in ihnen vornehmen kann, ohne Stützen und Ausbaue zu bedürfen. Aber es giebt Fälle, wo die größte Vorsicht nöthig ist, damit Menschenleben und Gruben nicht zu Grunde gehen. Um zerklüftetes und gepräges Gestein vor dem Hereingehen zu sichern, wendet man daher je nach Umständen Zimmerung, Bergversatz oder Mauerung an.

Die Zimmerlinge bedienen sich einfacher Werkzeuge: des Kaukamms, Treibefäustels und der Stollensäge. Im Allgemeinen zerfällt der Ausbau mit Holz in Strecken- und Schachtzimmerung; bei ersterer sind als besondere Arten die Försten-, Thürstock- und Getriebezimmerung hervorzuheben; letztere dient nicht allein zur Unterstützung des Gesteins, sondern ist auch erforderlich, um Fahrung und Befestigung der verschiedenen Maschinentheile herzustellen, was durch Einsetzen von Gevieren, Tragstempeln, Jöchern, Bolzen und sogenannter hängender Zimmerung geschieht. In die gezimmerten Schächte wird beständig Wasser geleitet, welches die Zimmerung feucht erhält und ihr eine längere Dauer giebt. Unter Bergversatz versteht man die Ausfüllung der hohlen Räume mit vorräthigem tauben Gestein oder Bergen, welche dadurch, daß sie sich in einander setzen, fest wie Mauern werden. In Norwegen, jenseit der ewigen Schneegrenze, läßt man wol auch Wasser in solche Höhlen fallen und zu Eispfeilern gefrieren, welche die theuren Grubenhölzer ersparen.

Arbeiten im Bergwerk.

Leipzig: Verlag von Otto Spamer.

Ueberraschend für Denjenigen, welcher zum ersten Male ein größeres Bergwerk befährt, sind aber die Maurerarbeiten, welche er dort häufig zu beobachten Gelegenheit findet.

Fig. 57. Markscheider bei der Grubenaufnahme.

Von einer Kühnheit der Zeichnung und Sauberkeit der Ausführung, wie sie sind, lassen sie die Vermuthung kaum aufkommen, daß sie der Festigkeit wegen aufgeführt sind. Obwol theurer als Zimmerung, sichern sie doch die Räume besser und halten auf ewige Zeiten aus.

Die Mauerung in der Grube ist bei weitem schwerer als über Tage; bei Strecken bildet sie gewöhnlich flach gekrümmte Bogen, in Schachtstößen und Stollen ist sie am zweckmäßigsten elliptisch. Auf hinlänglich festem Gestein werden in den langen Schachtstößen und Füllorts= öffnungen einzelne Tragebögen, am liebsten aus Granit, eingebracht, verklammert, mit Ziegelbögen überspannt, darauf die Mauerung theils aus harten Ziegeln, theils aus Bruch= steinen bis zu der sie stützenden Decke, der Hängebank, ausgeführt. Eine ganz eigenthümliche Art der Mauerung zeigt die sogenannte Senkmauer, mittels welcher man die ausgehauenen Räume von oben nach unten befestigt, indem die Bergmaurer einen Raum zwischen zwei eichenen Kränzen ausmauern und dadurch einen Cylinder von Steinen bilden, der sich um so tiefer senkt, je mehr Lager von Steinen oben aufgemauert werden.

Es ist eine der ersten Verpflichtungen der Bergbeamten, darauf zu sehen, daß die Grubenräume allerwärts hinlänglich gegen den Einsturz und die Arbeiter vor dem Ver= schütten gesichert, mithin alle Abbaue tüchtig verzimmert, versetzt und gemauert sind. Da= her ist eine Rücksichtnahme auf die in andern Theilen des Berges vorhandenen, in Aus= führung befindlichen oder projektirten Baue ganz besonders nothwendig. Es müssen Vermessungen und Verzeichnungen vorgenommen, Risse und Pläne angefertigt werden, welche über die Lage jedes Punktes Auskunft geben können, und damit beschäftigt sich eine besondere Klasse von Beamten, die Markscheider.

Die **Markscheidekunst** arbeitet in ihrem unterirdischen Bereiche ganz nach denselben Methoden wie die oberirdische Feldmeßkunst. Da ihr aber für die Richtigkeit ihrer Aus= führungen nicht die bequemen Kontrolmittel zu Diensten stehen, welche diese bei dem freien Ueberblick über ein großes Terrain sich verschaffen kann, so muß sie mit um so größerer Sorgfalt und Genauigkeit verfahren. Sie bedient sich wie der Seemann in ihrer sternen= leeren Nacht des Kompasses als erster Richtschnur. Nach seinen Angaben trägt sie den in seiner Ausdehnung und seinen Winkeln genau gemessenen Verlauf der neuen Strecken, Stollen und Schächte in ihre Zeichnungen ein und vollendet so das Bild des durchlöcherten Berges in dem Maße, wie die Arbeiten innerhalb desselben fortschreiten. In neuerer Zeit hat jedoch der Gebrauch des Kompasses, wenn auch nicht für die gewöhnlichen, so doch für die höheren Aufgaben der Markscheidekunst einige Einschränkung erfahren, indem der Theo= dolith neben ihm in ausgedehntere Anwendung gekommen ist. Der Umstand, daß die Magnetnadel durch die Nähe großer Eisenmassen (und wie wir wissen, auch durch Magnet= eisenerz) Ablenkung in ihrer Richtung erfährt, und Lager der letzteren in vielen Gebirgen vorausgesetzt werden können, — noch mehr aber die Thatsache, daß die Richtung der Magnet= nadel periodischen Schwankungen unterworfen ist, lassen das auch gerechtfertigt erscheinen.

Jede größere Grube muß nun einen möglichst genauen Plan anfertigen, welcher allein die maßgebende Unterlage sein kann, wenn es sich darum handelt, neue Baue in Angriff zu nehmen, und welcher auch mit dem oberirdischen Grubenfelde in Uebereinstimmung stehen muß.

Zur Orientirung in den verschiedenen Räumen eines Bergwerks sind in den Strecken an gewissen Stellen Marken in die Felswand eingeschlagen; außerdem aber haben die Baue sowol im Ganzen als in ihren einzelnen Theilen Namen.

Es ist merkwürdig, welchen Scharfsinn die Alten oft schon bei Anlage ihrer Berg= werke gezeigt haben, obwol ihnen die Arbeit viel schwieriger war und auch die rationellen Methoden der Vermessung u. s. w. nicht in dem Grade zu Gebote standen, als heutzutage. Ihre Schächte, Stollen und Strecken sind daher in der Regel eng, und nur da, wo die Erze angestanden haben, sind weite Räume durch deren Abbau entstanden. Doch trifft man an einzelnen Stellen auch auf bequeme und sogar elegant hergestellte Hülfsbaue. Im Banat trifft man auf altrömische Baue, welche elliptische Schächte und Stollenmundlöcher haben; in einer römischen Grube in Wales haben die Strecken eine Höhe von über 2 Meter.

In Cour majeur in Piemont sind auf Gängen die Strecken im Zickzack getrieben, so daß sie sich in den Spitzen vereinigen, wo allemal ein runder, saigerer (senkrechter) Schacht darauf trifft; zwischen den Strecken sind Pfeiler stehen gelassen. In Rio tinto in Spanien sind an einigen Stellen die ebenfalls römischen Baue ungeheuer weit und hoch, an andern wieder so eng, daß selbst ein schmächtiger Mensch kaum hindurch kann. Es giebt daselbst Räume von 40 Meter Länge und mehr als 30 Meter Höhe, kuppelfömig aus= gehauen, eine Menge sich kreuzender Strecken, zum Theil geneigt, auf 300 Meter lang.

Im Ganzen charakterisirt sich der alte Bergbau durch zahlreiche enge und weniger tiefe Schächte, die wie= derholt abgesetzt werden mußten, um bedeutende Teufen einzubringen, und ebenso waren die Strecken auf das Aeußerste eng und niedrig, oft in ihrer Richtung durch die Natur des Gesteins bedingt, da man von der ursprüng= lichen Richtung gern abging, wenn eine mildere Gesteinsart ein leichteres Arbeiten gestattete. Findet man doch noch in sächsischen Bergwerken Schächte von solcher Enge, daß man in ihnen schon durch Anstemmen der Kniee und Ellenbogen fortkommen kann.

Die neuere Bergbaukunst, der die Bewältigung der Gesteinsmassen durch Sprengen geringere Schwierig=

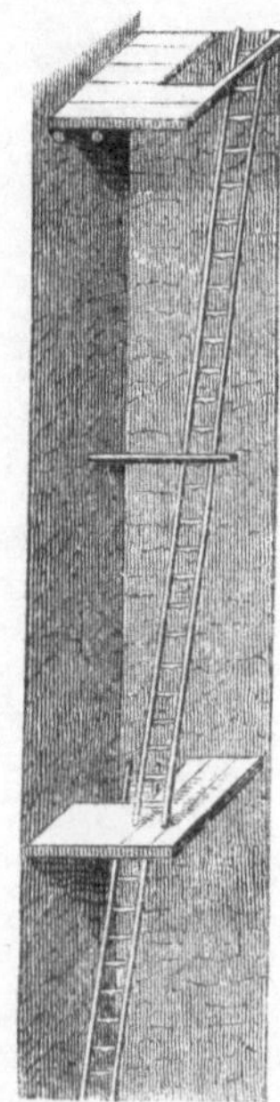

Fig. 58. Leiterfahrt.

Fig. 59. Wendelbahn.

keiten macht, richtet ihr Augenmerk dagegen auf möglichst weite Schächte und Strecken, den doppelten Vortheil günstigerer Ventilation und schnellerer Fahrung im Auge.

Fahrung und Förderung, was bezeichnen diese bei= den Ausdrücke, die in der bergmännischen Sprache eine so große Rolle spielen? —

Unter Fahren versteht man die Fortbewegung von Menschen in Bergwerken; der Bergmann fährt in den Schacht ein, er durchfährt die Strecken und fährt wieder aus, wenn seine Schicht, seine Arbeitszeit beendet ist. Das Gestein, Erze u. dergl. wird g e f ö r d e r t.

Das Fahren geschieht auf sehr verschiedenartige Weise. In vielen Gruben dienen dazu Leitern, welche nach Art von Fig. 58 in den Schacht hinabführen, in andern wieder schraubenförmige Wendelbahnen nach dem Prinzip, wie es Fig. 59 veranschaulicht. Die letzteren sind besonders in Belgien wieder in Anwendung gekommen, wo man sie aus Eisen herstellt und ihnen eine Steigung von 60—70° giebt, so daß sie sich den Leitern nähern. Die sogenannten T r e p p e n s c h a c h t e sind jedoch damit nicht zu verwechseln, da bei diesen die Stufen in das feste Gestein gehauen, wol auch gemauert oder aus Holz hergestellt, aber immer so angebracht sind, daß die Stufen nur aus der Wandung heraustreten, das Innere des Schachtes aber zurFör=

Fig. 60. Einfahrt auf einer Rutsche.

derung frei bleibt. Geneigte Gesenke befährt man auch auf Rutschen, das sind zwei neben einander liegende und ganz glatt gehobelte Bäume, auf die sich der Einfahrende setzt und die unten, um das Aufstauchen zu vermeiden, in eine aufwärts gerichtete Krümmung verlaufen.

Fig. 61. Einfahrt auf der Tonne in einem französischen Kohlenwerk.

An der Wand zur Seite läuft neben der Bahn ein starkes Seil hinab, an das man sich mittels eines starken Lederhandschuhs hält, wodurch man die Geschwindigkeit vermindern kann. Derartige Einfahrten findet man namentlich in Salzbergwerken, wie in Gastein, Wieliczka (Fig. 60).

Ist auch die letztere Art des Einfahrens eine sehr bequeme, so ist das Ausfahren auf dieselbe Weise doch nicht zu vollbringen, und gerade dieses ist bei der Befahrung sehr tiefer Strecken so zeit= und kräfteraubend, daß man für ältere Bergleute namentlich gezwungen ist, die Leiter= und Treppenfahrten durch etwas Anderes zu ersetzen. Das nächstliegende und deshalb früher auch häufig benutzte Aus= kunftsmittel ist, die Kraft, welche das Fördern der Erze besorgt, auch zur Heraufwindung der

Fig. 62. Fahrkunst.

Menschen mit zu benutzen, zumal die durch Gewohnheit sorglos gewordenen Bergleute ohnedies überall darauf kom= men, die leer in die Tiefe gehenden Ton= nen zur raschen Ein= fahrt zu benutzen, indem sie sich in die= selben oder auf deren Ränder stellen und mit den Händen an dem Seil sich festhal= ten. Man hat des= wegen besondere Fahrtonnen hier und da angewandt, namentlich in Bel= gien, Schweden 2c., in denen die Berg= arbeiter auch wie= der im Schachte empor gewunden werden; in andern Gegenden, wiewol seltener, ist das Fahren auf dem Knebel noch in Gebrauch, bei wel= chem ein an dem Seile befestigtes Holzstück den Sitz vertritt. Allein diese Fahrmittel sind so überaus gefährlich, daß in neuerer Zeit überall ihre Abschaffung betrieben wird. Denn nicht nur, daß ein Reißen des Seiles für alle daran Hängenden verderblich werden muß,

Fig. 63. Förderung in schottischen Kohlenwerken.

weil sie den Sturz durch die ganze Tiefe des Förderschachtes erfahren, so können auch Zufälligkeiten, wie das Herabfallen von Gestein oder Gezähstücken von oben, für Fahrende von den schlimmsten Folgen sein. Von diesen Gesichtspunkten aus hat man neuerdings der Idee erfolgreiche Beachtung geschenkt, das auf= und abgehende Gestänge für Beförderung der Menschen einzurichten, indem man an den neben einander befindlichen

Stangen, welche alternirend die eine nach oben, die andere nach unten zu ihre Bewegung ausführen, Trittbrete und Handhaben anbrachte. Mit Hülfe derselben steigt der Bergmann, wie es die Abbildung Fig. 62 zeigt, indem er, mit den Händen die Klammern erfassend, abwechselnd von dem Tritt der eben emporgezogenen Stange auf den gegenüberstehenden der anderen Stange seinen Fuß setzt, welche jetzt ihren tiefsten Stand hat, im näch= sten Moment aber ihre aufwärts gehende Bewegung macht. Um Unglücksfällen durch

Fig. 64. Der deutsche Hund.

Hinabstürzen vorzubeugen und das Ausweichen ent= gegen kommenden Bergleu= ten gegenüber, welche die Fahrkunst zum Hinabsteigen benutzen, zu ermöglichen, sind von 6 zu 6 Lachtern sogenannte Bühnen oder Ruhebühnen angebracht, hori= zontale Böden von Bretern, abwechselnd auf der einen und auf der andern Seite des Gestänges derart, daß sie der Fahrende zu benutzen und auf jeder derselben aus= zusteigen gezwungen ist.

Das Verdienst, diese Fahrkünste eingeführt zu haben, gebührt dem Bergmeister Dörell zu Zellerfeld, welcher den segensreichen Gedanken 1833 zur Ausführung brachte und ihm auch gleich eine überaus praktische Gestalt dadurch gab, daß er die schon vorhandenen Ge= stänge der Wasserkünste zu dieser Fahrkunst benutzte. Hoffentlich ist die Zeit nicht fern, wo seine Erfindung die anderen unheilvollen Fahrmethoden sämmtlich verdrängt haben wird.

Fig. 65. Grubenhaspel.

Die Förderung ist in= sofern verschieden, als es sich bei ihr darum handeln kann, die losgearbeiteten Massen auf mehr oder weniger horizontalen Wegen (Streckenförderung) von den Oertern nach dem Förder= schacht, oder aber in diesem letz= teren vertikal aus dem Innern nach der Oberfläche zu bewegen (Schachtförderung). In ihren primitivsten Methoden kommen freilich beide überein, da bei denselben die Tragkraft des Menschen der Faktor ist. In manchen Fällen macht auch die besondere Natur der Baue andere Verfahren unanwendbar. Die Erze müssen in Körben auf dem Rücken transportirt werden, und in vielen Gruben, namentlich in Südamerika, besorgen Menschen die beschwerlichste aller Arbeiten.

Da jedoch, wo der Bergbau sich über die rohe Stufe des Raubbaues erhoben hat und nach rationellen Prinzipien betrieben wird, sind auch die mechanischen Hülfsmittel so viel nur immer möglich herbeigezogen, um die Förderung rasch, billig und sicher zu machen. Denn von ihrer Leistung hängt der Fortgang und Umfang der Gewinnungsarbeiten wesentlich ab. Nicht die Mächtigkeit eines Kohlenflötzes, nicht die Zahl der Häuer allein bestimmt die Lieferung eines Kohlenwerkes z. B., sondern in erster Reihe die Ausdehnung der Förderung, der Umfang und die Anlage der Wege (Strecken und Schächte) und die Ausgiebigkeit der Förderkräfte.

Die Streckenförderung geschieht fast durchgängig in Karren, deren Räder auf Schienen laufen und welche von Menschen geschoben werden. Die Eisenbahnen haben ihren Ursprung in solchen Schienenleitungen, welche in England in der ersten Hälfte des vorigen Jahrhunderts in Eisen ausgeführt wurden. Die Förderkarren heißen Hunde; der Arbeiter, welcher sie schiebt, führt den wohlklingenden Namen Hundejunge oder Hundestößer. Er bringt die Erzmittel bis an den Förderschacht, wo sie am Füllort in Tonnen oder Körbe umgeladen, durch den Anschläger an das Förderseil angehängt und durch die Fördermaschine nach oben gewunden werden. Hie und da werden die Karren auch auf geneigten Bahnen (sogenannten Bremsbergen) der Wirkung ihrer eigenen Schwere überlassen, welche sie nach dem tiefer gelegenen Füllort treibt. An andern Orten giebt es förmlich eine unterirdische Schiffahrt, so wird z. B. auf dem Rosenhöfer Zuge bei Klausthal eine Strecke von 4 Kilometer Länge mit Förderschiffen befahren.

Fig. 66. Das Füllort. Nach Heuchler's Werk „Die Bergknappen".

Je nach Umständen geschieht das Aufwinden mittels der Haspel, bei welcher sich das Förderseil um eine horizontale Welle, die von den Haspelziehern in Umdrehung gesetzt wird, aufwickelt, oder mittels des Göpels. Bei diesem erfolgt die Aufwicklung um eine senkrechte Trommel in horizontalen Ringen, und wird die Ueberleitung aus der senkrechten Schachtrichtung des Seiles in die horizontale durch Leitrollen bewirkt. An dem Förderseile hängen gewöhnlich zwei Tonnen, so daß eine leere an dem sich abwickelnden Ende in die Tiefe geht, während die gefüllte emporsteigt. Die bewegende Kraft, Menschen-, Pferde- oder Maschinenkraft, arbeitet am Ausgange des Schachtes.

Da die Schächte oft sehr beträchtliche Tiefen erreichen und zu dem Gewichte der Tonnen auch noch die Eigenschwere des Seiles sich addirt, so ist es begreiflich, welch hohe Anforderungen an dessen Festigkeit gemacht werden. Im Harze sind zuerst die widerstandsfähigen Drahtseile angewandt worden, welche jetzt in ganz allgemeinem Gebrauche stehen.

13*

Nichtsdestoweniger kommen Unglücksfälle durch Seilbruch oder Zerreißen vor; die schweren Massen stürzen in die Tiefe und können namentlich in den Fällen, wo der Förderschacht zugleich Fahrschacht für die Mannschaft ist, schreckliches Unheil anrichten. Um dieses zu vermeiden, hat man Fangvorrichtungen eingeführt, welche die fallende Masse arretiren. Es sind dies Apparate mit federnden Sperrklinken, welche beim Aufwärtsgehen an der aus Balken gezimmerten Führung schleifen, beim Abwärtsgehen aber sich mit ihrer Schneide in dieselbe einstemmen und, durch das Gewicht der nach unten ziehenden Masse sich immer tiefer eindrängend, diese in der Schwebe halten und am Hinabstürzen verhindern. Die Abbildungen Fig. 67 und 68 zeigen einen Fahrstuhl mit solcher Fangvorrichtung, welche in Fig. 68 müßig, in Fig. 67 aber in Thätigkeit gesetzt worden ist. Hier sind gleich die Karren auf einen sogenannten Fahrstuhl gesetzt worden, was insofern von großem Vortheil ist, als das Umfüllen am Füllort dabei wegfällt und die Tageförderung von der Schachtmündung nach der Scheidebank bei Erzen oder bei andern Mineralien nach dem Verladungsplatze mittels ein und desselben Vehikels erfolgen kann.

Anstatt der Seilförderung hat man neuerdings auch Maschinen in Anwendung gebracht, welche analog der Fahrkunst durch zwei alternirend auf- und abgehende Gestänge die Fördergefäße ruckweise emporheben und namentlich da Vortheile versprechen, wo es sich um Herausschaffung möglichst großer Quantitäten, wie im Kohlenbergbau, handelt.

Ventilation. Fahrung und Förderung, sowie die ganze Grubenarbeit, ist aber nur ermöglicht, wenn die Bedingungen erfüllt

Fig. 67. Fahrstuhl mit Fangvorrichtung.

sind, unter denen die Arbeiter überhaupt zu existiren vermögen. Vor allen Dingen gehört dazu athembare Luft und Entfernung derjenigen Gase, welche für die Lungen schädlich sind. In Kohlenbergwerken entwickeln sich solche gefährliche Wetter, Schwaden, von selber und haben bei ihrer explosiven Natur schon häufig durch ihre Entzündung die schrecklichsten Unglücksfälle herbeigeführt. Im Erzbergbau können sie zwar auch aus dem Gesteine hervordringen, wäre dies aber auch nicht der Fall, so würde schon der gleichzeitige Aufenthalt vieler athmenden Menschen und brennenden Lichter die beste Luft allmählig desjenigen Sauerstoffgehaltes berauben, der zum Athmen unbedingt nothwendig ist.

Es ist daher von der höchsten Wichtigkeit, auf gute Wetter zu halten und die Betriebsräume zu lüften. Wir sehen auch, daß besondere Wetterschächte hier und da abgesenkt sind, welche frische Luft in die Strecken führen; dieses allein reicht aber nicht hin, da die bösen Wetter zu schwer sind und sich mit der atmosphärischen Luft nicht sogleich vereinigen würden, wenn man nicht einen Luftzug vermittelte. Dies geschieht vermöge gewisser Durchschläge und Zwischengänge, die man zeitweise durch dichtverschließende Thüren ab= sperrt, so daß alle Luft auf bestimmten Wegen auf langem Umzug jeden Raum durch= streichen muß. Der Wetterschacht würde aber seinen Zweck keineswegs vollständig erfüllen, wenn man nicht die aus dem Schacht kommende Luft leichter zu machen suchte, so daß sie

von selbst das Bestreben hat, auf= wärts zu steigen, und wo nöthig sogenannte Blenden und Lotten anbrächte. Zu diesem Zweck ist der Schacht getheilt; die ein= streichende Luft geht in der einen Hälfte abwärts, in der andern hingegen wird in einem unten be= findlichen Ofen ein Feuer unter= halten, durch welches die Luft ausgedehnt wird und aus dem Schachte streicht. Zu bestimmten Jahreszeiten müssen sogar Ma= schinen aufgestellt werden, welche die verdorbenen Wetter saugen und dafür gute einblasen. Das geschieht durch Wettertrommeln, Flagrirmaschinen und Wetter= sätze, welche nach verschiedenen Prinzipien ausgeführt werden und entweder wie gewöhnliche Pumpwerke wirken oder durch Centrifugalkraft, ähnlich wie wir es schon im zweiten Bande dieses Werkes bei Gelegenheit der Be= sprechung der atmosphärischen Eisenbahn gesehen haben. — Oft ist der Wetterwechsel auch ein natürlicher, durch den verschie= denen Druck hervorgebracht, wel= chen die Luft auf zwei oder meh= rere in verschiedener Höhe des Berges ausgehende und im In= nern mit einander in Verbin= dung stehende Stollen ausübt,

Fig. 68. Fahrstuhl nach erfolgtem Seilbruch.

und man sucht einen solchen gern durch besondere Anlage der Stollen zu erreichen. Auch hilft das Aufsetzen von Thürmen, das Auftakeln des Schachtes, bis zu einem gewissen Grade für Hervorbringung solcher Niveauunterschiede u. s. w.

Neben den Wettern sind die Wasser zu bewältigen. Es können große Gefahren entstehen, wenn die an den Schachtwänden herablaufenden Tagewässer, oder die aus den Klüften hervorbrechenden Grundwässer keinen Ausweg finden und sich in den Gruben an= stauen; sie müssen herausgeschafft, gewältigt, besonders durch Kunstgezeuge (Maschinen, welche Pumpen bewegen) auf die Stollen oder aus dem Sumpfbecken gleich zu Tage gehoben werden. Kleine Mengen staut der Knappe in Vorgesümpfe und pfützt sie durch Kannen in Kübel. Die Einrichtung der Pumpen, Kunstsätze, ist gewöhnlich die einer Saug= oder

Hubpumpe; doch werden auch mehrfach gußeiserne Druckpumpen angewendet. Von den bewegenden Maschinen sind oberschlägige Wasserräder von 12—15 Meter Höhe, Kunsträder', unterirdisch aufgehangen, die gewöhnlichsten; an der Wasserradwelle stecken zwei

große Krummzapfen, welche entweder unmittelbar oder durch Vermittelung eines Kunstkreuzes das Gestänge anheben, an welches die Pumpen angeschlossen sind. Jeder Umgang des Rades oder Anhub der Sätze signalisirt sich über Tage durch einen Schlag an ein Glöckchen, und das Aufhören dieses Zeichens würde auf einen Unfall an dem Kunstgezeuge schließen lassen. Turbinen und Dampfgezeuge zeigen im Wesentlichen die bekannte Einrichtung, sind indessen durch Zwischengeschirre und Vorgelege von den gebräuchlichen unterschieden und verlangen jederzeit eine Umsetzung der bewegenden Kraft, da der schnelle Gang nicht von dem Gezeuge getheilt werden kann. Großartig erscheint das Spiel eines Wassersäulengezeuges, wo das Pumpengestänge durch die Kolbenstange der Wassersäulenmaschine aufgehoben wird.　Das Prinzip dieser Maschine haben wir im zweiten Bande dieses Werkes erläutert. Es tritt Betriebswasser von oben durch eine lange Röhrentour in den untern Theil eines

Fig. 70. Grubenlampe.

Cylinders und treibt den darin befindlichen Kolben, an dessen Stange die Pumpengestänge befestigt sind, aufwärts, worauf dann durch eine verschieden einzurichtende Steuerung der Wasserzutritt abgeschnitten und dem Wasser im Cylinder, Treibcylinder, ein Ausweg eröffnet wird, was natürlich das Niedergehen des Kolbens zur Folge hat. Früher bestanden als Transmissionen für die Kraft die Feldgestänge, welche oft Stunden weit reichten, jetzt aber fast ganz außer Anwendung gekommen sind.

Fehlt das Wasser oben, so sammelt es sich unten oft in unheilvoller Weise an. Denn wenn die Hebewerke nicht genug Aufschlagwasser für ihren Betrieb haben, so können sie ihre Arbeit nicht verrichten, und es wachsen die Grundwasser in der Grube oft dergestalt an, daß ganze Strecken sich damit unterfüllen und aus Wassermangel von oben ersaufen müssen. Wasser giebt aber in den Bergen nicht nur die billigste Bewegungskraft, sondern ist auch beim Wasch- und Satzprozeß unerläßlich. Die Wasserzuleitungsvorrichtungen sind daher oft sehr großartige Anlagen und besonders bekannt sind in dieser Beziehung die Sammelanlagen des Freiberger Reviers. Stundenweit hat man die Bäche des Gebirges herbeigeführt und Teiche bis zu 33,000

☐Ruthen Oberfläche und 2 Mill. Kubikmeter Inhalt angelegt. Gegen 1200 Wasserräder werden von diesen Aufschlagswassern bewegt, und um dies zu ermöglichen, ist ein Drittheil der Kunsträder tief unter Tage aufgehängt und fällt der Abfluß des einen

Rades als Aufschlag dem andern zu. Die Grube Centrum bei Aachen hat sechs Kunst=
räder und vier Dampfmaschinen nöthig, um eine Wassermasse von nahe an 20,000 Kubik=
meter täglich zu heben. In England waren die Zinnbergwerke von Cornwallis derge=
stalt ersäuft, daß deren Betrieb aufgegeben werden mußte — die gewaltigen Anstren=
gungen führten damals zur Erfindung der Dampf=
maschine, die, von eignem Erwerbe zehrend, bald jene
ungeheure Kraft entfaltete, die ihr jetzt fast alle Werke
dienstbar macht. —

Schließlich haben wir beim Bergbau noch eines
unentbehrlichen Faktors zu bedenken, ohne dessen Hülfe
wir die Betrachtung unseres Gegenstandes von vorn
herein nicht hätten beginnen sollen: die Beleuch=
tung, oder, wie der Bergmann in seiner Sprache sich
ausdrückt, das

Geleuchte. In den seltensten Fällen wird das
Tageslicht benutzt werden können, um die Arbeiten aus=
zuführen; sobald dieselben unterirdische werden, ver=
schwindet der Unterschied von Tag und Nacht. Der
Bergmann bindet sich deshalb in seiner Arbeitszeit nur
so weit an den Wechsel von Morgen und Abend, als
eine gleichmäßige Eintheilung der Arbeitszeiten in die
wöchentlichen Abrechnungsperioden etwa nöthig er=
scheinen läßt. Er arbeitet nicht tageweise, sondern
schichtweise. Jede Schicht dauert 8 Stunden, und
indem er abwechselnd eine Schicht arbeitet, die andere

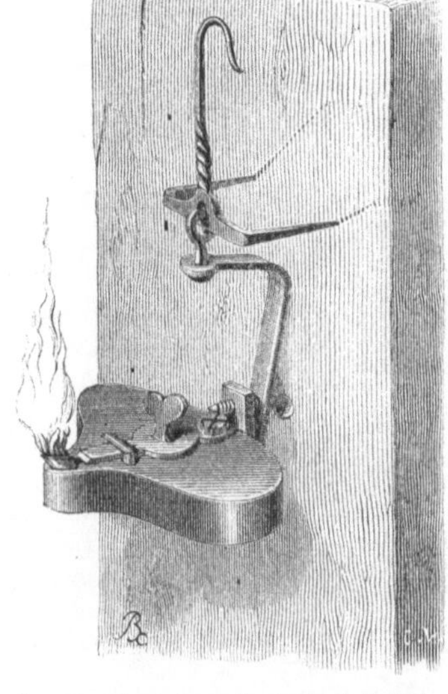

Fig. 71 Grubenlampe, im Harz gebräuchlich

ruht, kann er sich aller zwei Tage einmal 8 Stunden lang wieder des hellen Sonne nlichtes
an der Oberfläche der Erde freuen.

In seinem unterirdischen Arbeitsbezirke aber herrscht ewige
Nacht, die er durch künstliche Mittel erhellen muß. Daß dies nicht
in alle Wege mit denselben Hülfsmitteln ausführbar sein wird,
welche die Technik für die Beleuchtung über der Erde an die Hand
giebt, liegt in der Natur der Sache, denn das Licht des Bergmanns
muß nicht nur so billig wie irgend möglich sein, es muß auch sich leicht
handhaben, von einem Ort zum andern transportiren, nach jeder
Richtung hin verwenden lassen und nirgends den Arbeiter behindern.
Diesen Anforderungen entspricht die Lampe immer noch am besten;
sie wird aber für die hier in Betracht kommenden speziellen Zwecke
mancherlei Abänderungen erfahren müssen, welche sie von den sonst
gebräuchlichen Einrichtungen unterscheidet. Hier und da sind auch
Lichter oder Kerzen in Gebrauch, aus billigen Talgsorten angefertigt
und mit baumwollenem Docht versehen, welche wie die Lampen in
einer inwendig mit Blech verkleideten Blende getragen werden. Allein
im Ganzen ist Oel oder Fischthran ein bequemeres und in den meisten
Fällen auch billigeres Leuchtmaterial. Die Lampen haben je nach den
Gegenden, der Kleidung, der Art des Abbaues, ja selbst nach der
Natur des Gesteines, in welchem gearbeitet wird, eine sehr verschie=
dene Form. An manchen Orten trägt sie der Bergmann beim Fahren

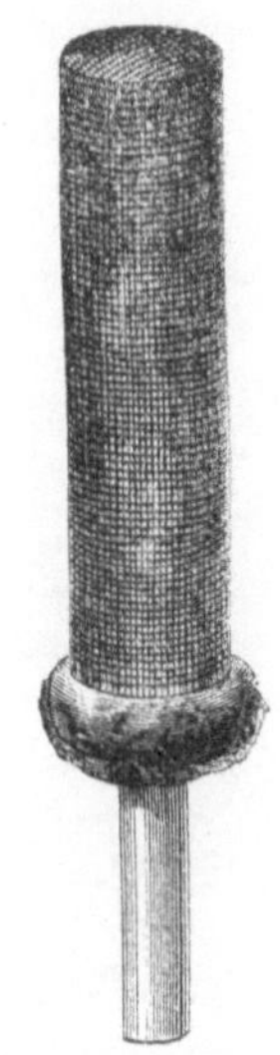

Fig. 72. Aelteste Form der
Davy'schen Sicherheitslampe

mittels eines Hakens in der linken Hand, an andern befestigt er sie am Gürtel, wieder an
andern am Hut; vor Ort steckt er sie mit ihrer eisernen Spitze an geeigneter Stelle in dem
Gestein oder in der Zimmerung fest. Wir wollen uns aber nicht dabei aufhalten, alle die
verschiedenen Arten zu beschreiben; besser als durch Worte werden hier die Vorstellungen
durch Abbildungen erregt werden, und wir verweisen deshalb auf die Figuren 69—72.

Nur einer besonderen Lampe müssen wir uns eingehender zuwenden, weil sie ganz speziell für die Zwecke des Kohlenbergbaues erfunden worden ist, das ist die Davy'sche Sicherheitslampe.

Bei der Umwandlung des Torfes in Braunkohle und der letzteren in Steinkohle wird Kohlensäure und Wasser ausgeschieden, weshalb in den Braunkohlengruben sehr oft kohlen=

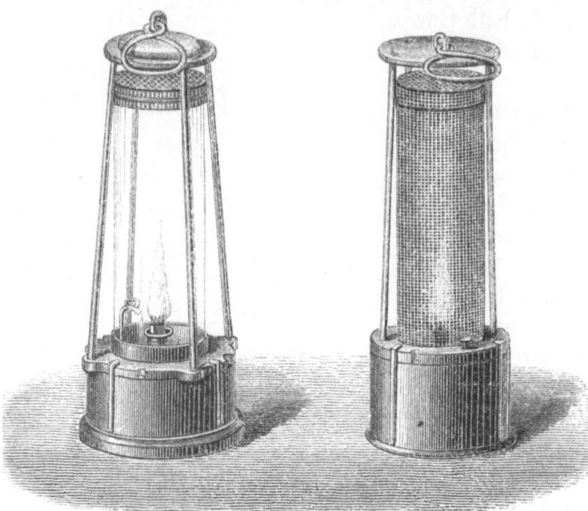

saures Gas die Luft für den Athmungsprozeß untauglich macht. Wenn die Steinkohle aber weiter in Anthrazit und Graphit übergeht, trennt sich auch brennbares Kohlenwasser= stoffgas von ihr, welches man häufig mit einem pfeifenden oder raschelnden Tone aus Klüftchen und Spältchen hervorbrechen hören kann. Dieses Gas ent= zündet sich leicht und ist, mit Sauerstoff der Atmosphäre bei= gemengt, explodirend. Die vielen Unglücksfälle, welche früher so häufig in den englischen, belgi= schen und französischen Kohlen= gruben vorfielen und oft in einem einzigen Augenblicke Hun=

Fig. 73—74. Englische Konstruktionen der Sicherheitslampe.

derte von Menschenleben vernichteten, wurden durch solche Gasexplosionen (schlagende Wetter) veranlaßt. Entzündet flammt die Luft plötzlich in ihrer ganzen Masse; durch die Er= schütterung der Explosion werden die Strecken und Schächte zugeworfen, die Gruben verschüttet,

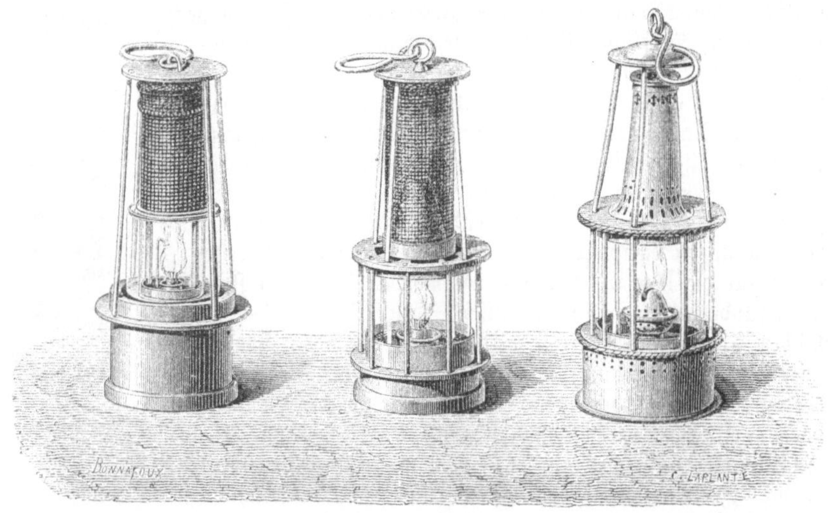

Verbesserte Sicherheitslampe:
Fig. 75 nach Meuseler,   Fig 76 nach Dubrulle,   Fig. 77 mit Petroleum zu brennen.

und die Zerstörung ist gewöhnlich so gewaltig, daß nur geringe Hoffnungen bleiben, von den unglücklichen Begrabenen die etwa noch am Leben Befindlichen zu retten.

Jede gewöhnliche Leuchte aber mußte diese Knallluft entzünden und die Explosion hervorbringen. Hier ist die von dem englischen Physiker Humphrey Davy erfundene Sicherheitslampe ein unschätzbares Geschenk, das die Wissenschaft der Praxis gemacht.

Sie besteht aus einer gewöhnlichen Lampe, welche mit einem Cylinder aus sehr feinem Kupferdrahtgewebe umgeben ist, der genug Licht durchdringen läßt, daß der Bergmann zu seiner Arbeit sehen kann. Das Metallgewebe vertheilt die Hitze so rasch, daß, wenn auch die Flamme in den Bereich des schädlichen Gases kommt, außen hin dasselbe nicht so weit

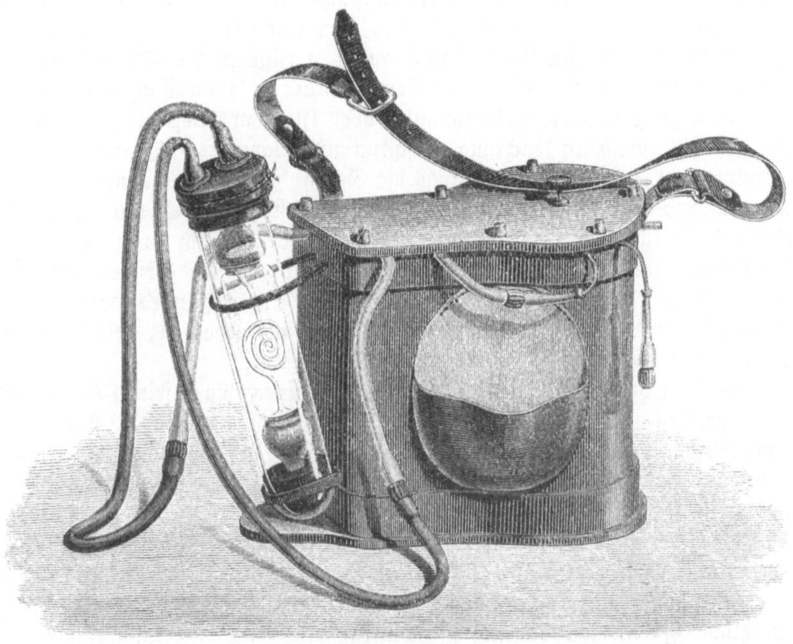

Fig. 78. Elektrische Grubenlampe

erwärmt werden kann, als nöthig wäre, um es zu entzünden. Die Gase können daher nur so weit brennen, als sie ins Innere des Drahtgehäuses eindringen, und diese Entzündungen sind ungefährlich, da sie sich durch den Draht nicht nach außen fortsetzen können.

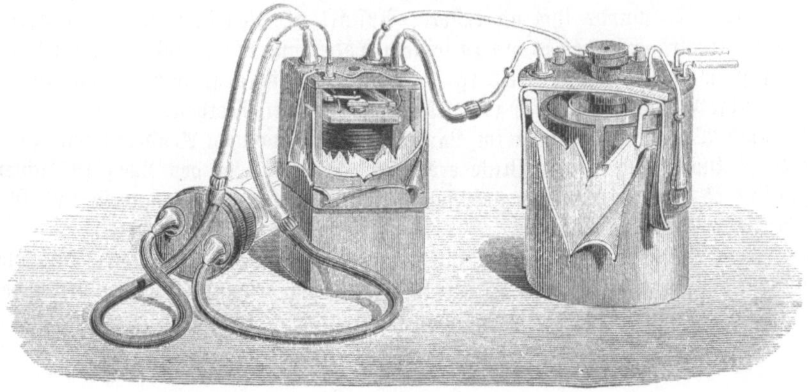

Fig. 79. Anordnung der Elemente der elektrischen Grubenlampe.

Es versteht sich von selbst, daß in solcher Luft der Aufenthalt auch für den Menschen unmöglich wird, und die Davy'sche Vorrichtung, wenn sie in Wirksamkeit tritt, nur als ein Warner, keineswegs aber mehr als Geleuchte dienen darf. Ein starker Luftzug könnte die Spitze der Lampenflamme doch herausziehen, und dann hört die Schutzkraft auf. Das ist die schwache Seite an der Sache, zu deren praktischer Abhülfe schon eine Menge Vorschläge gemacht worden sind. Trotzdem aber auch die Sicherheitslampe noch Mängel hat, so darf man dennoch nicht alle Unglücksfälle auf dieselben schieben, vielmehr ist die Sorglosigkeit der Bergleute viel häufiger daran Schuld; wenigstens entstehen die in England vorkommenden Ereignisse der Art fast immer aus Fahrlässigkeit in einer oder der andern Richtung.

Verbesserungen der Davy'schen Sicherheitslampe sind namentlich von Engländern und Belgiern ausgeführt worden; wir können uns hier ersparen, auf die oft unwesentlichen Abweichungen einzugehen, da sich dieselben aus den Figuren 75—77 von selbst ergeben. Das Prinzip ist bei allen das von dem ersten Erfinder in Anwendung gebrachte.

Von einem ganz andern Gesichtspunkte aber ist man ausgegangen, als man das elektrische Licht zur Grubenbeleuchtung vorschlug und Lampen konstruirte, welche etwa in der Anordnung von Fig. 78, 79 allerdings die Gefahr einer Entzündung der äußeren Luft fast gänzlich umgehen, bei der Kostspieligkeit ihrer Herstellung aber und bei der Subtilität ihrer Behandlung für den gewöhnlichen Bergarbeiter kaum in Frage kommen können. Nichtsdestoweniger können sie zur vorläufigen Untersuchung der Grubenräume durch Beamte von Werth sein. Die Art und Weise ihrer Einrichtung wird nach dem, was in Band II. dieses Werkes über das elektrische Licht gesagt worden ist, leicht von selbst aus der Abbildung klar werden. —

So hätten wir denn den Bergbau in den allgemeinen Zügen seines Wesens betrachtet. Wir haben gesehen, wie Mineralogie, Geognosie, Geologie, Physik und Chemie, im Verein mit Mechanik und Maschinenbaukunde, die Wege gezeigt haben, auf denen die Erlangung der unorganischen Reichthümer möglich wird. Haben sich die Erfahrungen auch sehr langsam im Verlaufe der Jahrhunderte entwickelt und sind auch ganz allmählig nur die alten Irrthümer und Vorurtheile einer abgeschlossenen Thätigkeit, wie der Bergbau ist, vor dem Lichte einer rationellen Erkenntniß zerronnen, so treten uns doch beim Zurückblick auf die Geschichte einzelne Namen und Charaktere entgegen, die wie eherne Merkzeichen plötzliche, bedeutungsvolle Abschnitte ankünden. Und ein deutscher Name ist es, der unter Allen schönen Klang hat: Abraham Gottlob Werner. Was man vor ihm von dem Innern der Erde, von dem Wesen und der Beschaffenheit der Gesteine zu wissen glaubte, war ein grund- und zusammenhangloses Gebäude von Vermuthungen und Hypothesen.

Werner, dessen charaktervolle Züge uns die diesem Bande beigegebene Porträtgruppe zeigt, ist 1750 am 25. September zu Wehrau in der Oberlausitz geboren. Er machte von 1769 seine Studien an der Bergakademie zu Freiberg und später an der Universität Leipzig. Im Jahre 1775 wurde ihm an ersterer Anstalt der Lehrstuhl für Mineralogie und Bergbaukunde übertragen, den er bis zu seinem Tode inne hatte, und es datirt von da an der hohe Aufschwung, welchen Freiberg in wissenschaftlicher Hinsicht nahm und infolge dessen die dortige Bergakademie sich zur Lehrmeisterin aller Erdtheile erhob.

Sind auch Werner's Ansichten im Laufe der Zeit manchen Aenderungen unterlegen und hat die Zukunft auch andere Blicke eröffnet, als wohin er den Weg zu lichten vermeinte, so sind es doch die von ihm gelegten Keime, aus welchen Geognosie und Geologie in ihrer heutigen Gestalt erwuchsen.

Eine große Zahl bedeutender Schüler, unter denen das strahlende Doppelgestirn Alexander von Humboldt und Leopold von Buch obenan stehen, führten das Gebäude aus, wozu der Meister den Grundstein gelegt.

Unter unsers Hammers Schlägen
Quillt der Erde reicher Segen
Aus der Felsenkluft hervor.
Was wir in dem Schacht gewonnen,
Steigt zum reinen Glanz der Sonnen,
Zu des Tages Licht empor.
Herrlich lohnt sich unser Streben,
Bringet eine goldne Welt
Und des Demants Pracht zu Tage,
Die in finstrer Tiefe schwellt.

Th. Körner.

Bergleute und Bergwerke.

Das Leben des Bergmanns. Sprache und Tracht.
Beamte. Bergämter u. s. w. Bergwerke im Harz.
Eisenerz in Steiermark. Schwedische Bergwerke in Falun.
Nordmark. Die Botallakmine in Cornwall. Im Aral.
Die Demidow'schen Kupfergruben. Das Graphitberg-
werk von Batugol in Sibirien. Das spanische Amerika.
Peru. Cerro de Pasco. Die Silbermine von Potosi.
Chile und Mexiko. Erzreichthum Kaliforniens. —
Statistisches über die Metallproduktion der Erde.

Das abgeschlossene Leben in den von den
Mittelpunkten und den Hauptadern des
großen Verkehrs entlegenen Gebirgen, die
gefahrvolle Beschäftigung in den unterirdi=
schen Räumen, die Nothwendigkeit, sich in dem harten Kampfe mit der Natur enge an die
Kameraden anzuschließen, um gemeinsam um so leichter die Beschwernisse und Gefahren
ihres Berufes zu bestehen, hat überall den Charakter der Menschen, welche sich mit der

14*

Gewinnung der Mineralschätze aus dem Erdinnern beschäftigen, in einer ganz besonderen
Weise gemodelt, und wo der Bergbau in einer Gegend seit langen Zeiten heimisch ist, da
unterscheiden sich die ihm Angehörigen von der umliegenden Bevölkerung ganz wesentlich.
Ernste, stille, abgeschlossene Naturen, gewohnt, die Gefahr plötzlich an sich herantreten zu
sehen und in solchen Momenten sofort mit Kaltblütigkeit die Umstände zur eigenen und der
Gefährten Rettung benutzen zu müssen, in jedem Augenblick daran erinnert, daß die Kraft
des Einzelmenschen verschwindet gegen die Aeußerungen der Naturgewalten, und dadurch
von wahrer Demuth erfüllt, ebenso aber auch gehoben durch das Bewußtsein der Erfolge,
welche vor ihren Augen menschlicher Verstand, Ausdauer und weise Vereinigung scheinbar
geringer Kräfte erreichen, auf gegenseitige Unterstützung angewiesen, stets zur Hülfe bereit und stets auch der Hülfe bedürftig, die doch oft nicht ausreicht, das Schreckliche abzu-
wenden, ergeben in das Unvermeidliche, vorsichtig das Gegenwärtige prüfend, den kleinen
Kreis, den das Grubenlicht erhellt, um so genauer beobachtend und dadurch tiefe Einblicke in
das innere Wesen der Natur gewinnend, welche auf dem breiten Markte des Lebens ver-
geblich gesucht werden, das darüber hinaus im Dunkel Liegende mit kräftiger Phantasie
ausbildend und mit eignen Gestalten erfüllend, zu denen das Leben über Tage ihm keine
Vorbilder liefern kann —, so ist der Bergmann: mäßig, ernst, treu, gottesfürchtig, kind-
lich und stark, an dem Gewohnten fest hangend und von der wechselnden Mode der Zeit
wenig berührt.

Unter der Oberfläche der Erde hört der Wechsel, den über derselben das Auf- und
Untergehen der Sonne bewirkt, auf. Die Zeiteintheilung wird davon unabhängig für die
Arbeit, ununterbrochen geht dieselbe fort. Der Bergmann rechnet nicht nach Tagewerken,
für ihn ist auch die Nacht nicht die Zeit der Ruhe. Acht Stunden arbeitet er, dann setzt er
eine gleiche Zeit aus, um darauf wieder acht Stunden thätig zu sein. Eine solche achtstün-
dige Arbeitszeit heißt eine Schicht. Bei den jetzt bestehenden Einrichtungen hat also der
Bergmann täglich zwölf Stunden Ruhe, zwölf Stunden lang muß er sein mühevolles
Werk fördern. Und wenn Tage und Nächte für alle Anderen durchschnittlich gleiche Länge
hätten, für ihn würde doch der helle Tag nur sechs Stunden haben, achtzehn Stunden
dauert Jahr aus Jahr ein seine Nacht, die sich noch verlängert, weil er einen großen Theil
der Tagesstunden zum Schlafen verwenden muß.

Das kann auf den Charakter nicht ohne Einfluß bleiben. Wo auch immer Bergleute
wohnen, sie werden stets eine von den übrigen Bewohnern der Gegend sie scharf unterscheidende Lebensart beibehalten. Sie bilden Gemeinden für sich, die ihre eigene Tages-
eintheilung nach den zu befahrenden Schichten, ihre eigene Kleidung, eigene Verfassung,
ja sogar eine eigene Sprache haben. Ihre Rangordnung ist nicht minder merkwürdig.

In alten Anschauungen wurzelt der Name Knappe, den sich der eigentliche Bergarbeiter, welcher das Aushauen der nutzbaren Mineralien besorgt, der Häuer, heute noch
beilegt; Knappschaft heißt der Verband der Arbeiter einer Grube oder eines gewissen
Revieres; Hülfsarbeiter sind die Knechte, denen das Fördern, Wasserziehen u. s. w. ob-
liegt, und die Jungen, früher zusammen das Grubengesinde genannt; zu Vorgesetzten
hat er Steiger, Markscheider, Schichtmeister, Bergmeister und die Berg-
hauptleute. In Sachsen, welches durch seine Bergakademie zu Freiberg für die Ausbildung des Erzbergbaues auf der ganzen Erde maßgebend geworden ist, ist neuerdings die
Charge eines Berghauptmanns als solche nicht mehr besetzt worden.

Der Bergmann steigt nicht in den Schacht, er fährt ein; er begeht nicht die Strecken,
er durchfährt sie. Das Gestein, worin gearbeitet wird, ist ihm allgemein Berg oder
Gebirge; es ist arm oder reich, je nachdem es wenig oder viel Erz enthält; taub ist
das Gebirge, wenn es keine Erze führt. Das vorzugsweise werthvolle Erz nennt er edel.
Die Richtung der Schichten eines Gebirges nach der Windrose nennt er das Streichen,
die Neigung gegen den Horizont das Fallen derselben; das Liegende ist die Unterlage
einer Schicht oder einer Lagerstätte, das Hangende oder das Dach die über derselben
befindliche Decke. Ein Schacht wird nicht hergestellt, er wird nach der Bergmannssprache

abgeteuft, und ein Gang, der in unerforschte Tiefe hinabgeht, ohne Anzeichen, daß er aufhört, setzt in ewige Teufe hinab; söhlig (von Sohle) ist wagerecht, saiger im Gegensatz senkrecht, und so hat der Bergbau für jeden seiner Begriffe auch seinen eigenthümlichen, von ihm selbst und immer höchst bezeichnend gebildeten Ausdruck. Freilich erscheint der modernen Umgangssprache die Sprache des Bergmanns oft fremd und unverständlich, meist aber nur deshalb, weil jene sich in ihren Formen von den ursprünglichen Wurzeln der Worte mehr und mehr entfernt und den Zusammenhang nicht mehr ersichtlich bewahrt hat, der zwischen mancher allmählig übertragenen Bedeutung und dem ersten ihr zukommenden Sinne besteht. Der Bergmann ist beständiger gewesen, und so wenig gefügig, so starr auch sein Sprachschatz erscheinen mag, so ausdrucksvoll ist er.

Der beste Beweis dafür ist, daß viele seiner Bezeichnungen in die internationale Sprache der Wissenschaft sogar und erst aus dieser wieder in die Sprache des weitern Lebens übergegangen sind. Letten, Löß, Zechstein, Rothliegendes, Talk, Spath, Blende, Kies, Wacke, Flöz sind solche Namen, denen wir zahlreiche andere noch beifügen könnten; leiten doch selbst einige Metalle, wie Kobalt und Nickel, ihre heutigen Namen aus der wenig schmeichelhaften Benennung (Kobold und Nickel) her, womit die alten Bergleute diese silberähnlichen, aber eben darum, weil man eine nutzbare Verwendung noch nicht gefunden hatte, täuschenden Erze beehrten.

Wie die Sprache, so ist auch die Tracht der Bergleute eine eigenthümliche, die sich in denjenigen Distrikten, welche dem ältesten Zweige des Bergbaues, dem Erzbergbau, angehören, auch meistens treu ihrer Jahrhunderte alten Geschichte erhalten hat. Der Kohlenbergbau, der gegenwärtig eine bei weitem größere Zahl von Arbeitskräften beschäftigt als jener, hat mit seinen mehr dem Fabrikbetriebe sich nähernden Einrichtungen die Ueberlieferungen weniger heilig gehalten. In den Bergwerksgegenden aber des Harzes, um Freiberg, in Belgien u. s. w. finden wir jene stabilen Trachtenunterschiede, durch welche sich der Bergmann wie im Berufe so auch im gewöhnlichen Leben auszeichnet. Am festesten hat auch hier der deutsche Bergmann an seiner Gewohnheit gehalten, und aus den Abbildungen, die wir zur Erläuterung geben, wird das Gesagte sich bestätigen, wenn der Leser einen Vergleich machen will zwischen den Trachten, wie sie heute noch im Freiberger Bergbezirk üblich, und denjenigen, die vor mehreren hundert Jahren im Gebrauch waren. Solcher alten Trachten zeigen verschiedene die Anfangsbilder auf Seite 67 und 107; andere, besonders aus dem Kreise der hüttenmännischen Thätigkeit, finden sich im IV. Bande dieses Werkes. Die gewöhnliche Tracht der deutschen Bergleute geht aus vielen unseren Abbildungen hervor, auf denen bergmännische Thätigkeiten dargestellt sind. Das Tonbild, nach einer Darstellung des Freiberger Professor Heuchler (in dem schon oft von uns citirten, das Leben der Bergleute überaus anschaulich abbildenden Werke „Die Bergknappen") gezeichnet, zeigt uns die Galatracht der Bergleute. Im Vordergrunde befindet sich der Oberberghauptmann zu Pferde, in seiner Umgebung die verschiedenen Chargen, durch besondere Abzeichen in der Uniform kenntlich. Das Gros der Bergleute wird von verschiedenen Beamten als Zugkommandanten geführt. Die Hüttenleute tragen als charakteristisches Merkmal anstatt des Kaskets einen Hut und bei festlichen Gelegenheiten weiße Hemden, durch die sie von den in Schwarz gekleideten Häuern sehr malerisch abstechen.

Der Bergbau mit seinen poesievollen Ueberlieferungen hat auch seine eigenen Feste. Die Schutzheilige der Bergleute ist die heilige Anna, von welcher Annaberg den Namen hat. Die Bergleute verehren in ihr die Mutter des Silbers, und in einigen Bergstädten Böhmens, wo die alten Bergwerksgebräuche sich in ursprünglicher Frische erhalten haben, wird der Sct. Annentag feierlich begangen, in andern der des heiligen Procop. Den letzteren feiern namentlich die Bergleute von Gutwasser, Birkenberg und Pilsen. Die Messe wird mit Musik gehalten, die gesammte Bergknappschaft in ihrer Feiertagstracht wohnt ihr bei und zieht dann in Prozession, wie sie gekommen, auf ihren Sammelplatz zurück, worauf ein Festmahl und ein Ball den Tag beschließt. Früher, charakteristischer noch als jetzt, wo ein allgemeines Nivellement sich auch in den Lustbarkeiten bemerklich macht, waren in den erzgebirgischen Distrikten die sogenannten Bergbiere, Festtage, an denen sämmtliche einer Grube Angehörige sich auf einem schön gelegenen Punkte versammelten und in fröhlicher Gemeinschaft bei Musik und Tanz den Tag verbrachten.

Weil es dem Einzelnen meist schwer fällt, die oft sehr kostspieligen Bergbauanlagen zu bestreiten, und weil sich nicht immer die Erwartungen auf reichen Gewinn erfüllen, die Anlagekosten somit verloren gehen, so schlossen sich gewöhnlich mehrere Bergbaulustige zu einer Gesellschaft, der „Gewerkschaft", an einander, um das Risiko zu vertheilen.

Fig. 81. Bergleute im spanischen Amerika im Festkleide.

Die Gewerkschaften vertheilten die ihnen vom Landesherrn beliehenen Grubenfelder in Antheile, „Kuxe" genannt, von denen sie immer einige für die Kirche und den Landesherrn, mitunter auch für die Schule oder ein Hospital frei bauten. Bei dem sächsischen und davon abgeleitet auch bei manchem anderen Bergbau war die Zahl der Kuxe, in welche der Gesammtbesitz an einer Grube getheilt wurde, 128. Betrieb und Verwaltung nicht nur, sondern auch die Begleichung von Streitigkeiten machte die Bestellung eigener Beamten und Aufsichtsbehörden: Bergämter mit Bergrichtern und Schreibern nothwendig, für welche das Bergrecht maßgebend ist.

In der neueren Zeit löst sich der Bergmannsstand vielfältig in den übrigen Massen der Bevölkerung auf. Die aufblühende Gewerbefreiheit zerbricht die Schranken, welche ihn bisher abgetrennt hielten; der durch Eisenbahnen erleichterte Verkehr bringt ihn rascher mit der Welt in Verbindung, die Gesetzgebung wird auch seine Jahrhunderte alten Vor= rechte auflösen, wo es noch nicht geschehen. Der Bergbau wird ein Gewerbe, dem sich Jeder widmen kann, und, wie schon längst in England, Belgien, Frankreich, Rußland und Polen, werden auch in Deutschland allmählig die Besonderheiten des Bergmannsstandes aufhören. An vielen Gruben, Wäschen und Hütten arbeiten jetzt schon Frauen neben den Männern. Die Bergämter sind in vielen Staaten beseitigt, die Ausbeutung der unterirdischen Schätze wird nur noch von den Bau= oder Domänenbehörden polizeilich überwacht, damit aus diesem Betriebe keine Nachtheile für die Umwohnenden entspringen können. Man kann nicht sagen, daß der Bergbau durch diese Veränderung an nationalökonomischer Bedeutung verloren habe, vielmehr ist er eine reichlicher fließende Quelle des Reichthums der Länder geworden.

Fig. 82. Arbeiten am Rammelsberge.

Tausende von Dampfmaschinen unterstützen jetzt den Fleiß des Bergmanns, und wenn wir auf die Tage zurücksehen, in denen 1722 ein hessischer Major Weber, ein österreichischer Ingenieur und der Engländer Isaak Potter die vom Marburger Professor Papinius ausgegangene Erfindung der Dampfmaschine zu Königsberg bei Schemnitz in Ungarn zuerst zum Wasserheben anwandten, und in Hennig Calvör's Beschreibung des Ober= harzer Bergbaues die starken Bedenken lesen, welche die Harzer Bergämter gegen die Mög= lichkeit der Anwendung dieser Feuermaschine erhoben, so erstaunen wir über den innerhalb eines Jahrhunderts gemachten Fortschritt.

 Bergwerke. Wenden wir uns von den Bergleuten zu den Bergwerken, so haben wir Gelegenheit, uns die schönsten in fast unmittelbarer Nähe anzusehen. Es mag wol sein, daß es in Mexiko oder in Chile Gruben giebt, die dem Beschauer romantischer vorkommen, deren Befahrung gefährlicher, wol auch solche, deren Reichthum großartiger sich darstellt; aber das beweist nichts. Ein bestimmter Zweck — und das ist bei einem Bergwerk nicht die Herausarbeitung eines möglichst lohnenden Tages= oder Jahresertrages, sondern die Ausbeutung der ganzen werthvollen Lagerstätte — soll erreicht werden, und dasjenige Bergwerk wird für den Fachmann das bewundernswürdigste sein, in welchem jener Zweck mit den einfachsten und billigsten Mitteln erreicht wird, ohne daß dabei jene Rücksichten außer Acht gelassen werden, die auf die Sicherheit und das Wohlbefinden der Arbeiter zu nehmen sind. Bergwerke, welche nach solch rationellen Plänen angelegt sind, werden vielleicht oft der großartigen Hallen und Höhlungen, der gefährlichen Schluchten und Klüfte, der malerisch hervorstarrenden Felsbildungen entbehren, durch welche die Phantasie der Besucher in manchen andern Gruben erregt wird, dafür aber gewähren sie Sicherheit und eine Regelmäßigkeit des Betriebes, welche auch bei oft sehr wenig reichen Erzen einen gewissen gleichmäßigen Ertrag garantirt, und dadurch zur wirthschaftlichen Grundlage für die Arbeitsverhältnisse sonst unbewohnbarer Gegenden werden kann.

Zu den sehenswerthesten Bergwerken der ganzen Welt aber sind die im sächsischen Erzgebirge im Freiberger Reviere zu rechnen. Sie zeichnen sich aus durch große Tiefe, weite Ausdehnung, eine bedeutende Anzahl vortrefflicher Maschinen aller Art, die sinnreichste und sorgfältigste Ansammlung und Verwendung des Wassers und seiner Kraft.

Fig. 83. Eisenerz in Steiermark.

Alle Nationen der Welt senden darum auch ihre Bergingenieure auf die Bergakademie zu Freiberg, um sie durch Lehre und Praxis ausbilden zu lassen.

In diesem seit vielen Jahrhunderten blühenden Bergwerksbezirke haben Scharfsinn und Noth alle Mittel aufgesucht, die Erzgewinnung zu erleichtern und wohlfeil zu machen; leider aber scheinen auch hier die Erzanbrüche jetzt mehr und mehr zu versiegen, und die Zeit wird vielleicht nicht mehr ferne sein, wo die meisten der altberühmten Gruben ausgebaut und verlassen liegen werden.

Ein ähnliches Geschick steht auch dem Oberharzer Bergbau bevor, der an Großartigkeit mit dem erzgebirgischen wetteifert. Die Schächte haben hier zum Theil ganz enorme Tiefen erreicht, und auf unterirdischen Kanälen gehen Schiffe in größeren Tiefen, als in welcher der Meeresspiegel liegt. Auch die Harzer Bergwerke dienten Jahrhunderte hindurch den Nationen der Erde als Musteranstalten. Um den Andreasberg waren früher 100 Gruben in Betrieb, jetzt wird nur noch auf 7 Gruben gearbeitet. Unter diesen ist die

Grube Samson die tiefste des Harzes, denn sie geht nahe an 900 Meter unter die Ober=
fläche hinab. Wer kennt nicht die Namen Klausthal und Zellerfeld, wo schon im 11. Jahr=
hundert der Bergbau im Gange war? Unter der erstgenannten Stadt wurde in den Jah=
ren 1777—99 der großartige Georgsstollen 300 Meter tief angelegt, der die Wasser aus
den Gruben abzuführen hat und erst bei Grund zu Tage tritt. Wer hätte nicht von Goslar
gehört, jener Bergstadt, die durch die Schätze des nahe gelegenen Rammelsberges (schon
unter Otto dem Großen 968 aufgeschlossen) zu hoher Blüte gelangte, so daß wiederholt
die Kaiser daselbst ihre Residenz nahmen?

Von den schon zur Römerzeit betriebenen Bergbauten im Nassauischen haben wir
bereits gelegentlich gesprochen. Oesterreich und Ungarn, an unterirdischen Schätzen beson=
ders reich, haben in ihren gebirgigen Provinzen zahlreiche und berühmte Bergwerke auf=
zuweisen. Im Salzburgischen hat man (bei Hallstadt) in alten Bauten Bronzegeräthe und
Werkzeuge gefunden, welche bezeugen, daß vor 2000 Jahren schon von römischen Berg=
leuten dort in der Tiefe gearbeitet wurde.

Fig. 84. Salinen über Tage. Nach einer Originalzeichnung von O. Winkler.

Einer der interessantesten Bergorte Europa's ist das schon erwähnte Eisenerz in
Steiermark, wo ebenfalls schon seit dem ersten Jahrhundert unserer Zeitrechnung auf Erze
gegraben wurde. Es liegt am Fuße des Erzberges, einer Alpe, welche mächtige Spath=
eisensteinlager von größter Reinheit einschließt. Die ganze Mächtigkeit der Erzlager
schwankt zwischen 90 und 280 Meter, sie beginnen bei Radmerz und enden bei Admont.
Die Lager sind Eigenthum von etwa zwanzig Hüttenwerken zu Eisenerz und Vordernberg.
Große Steinbrüche, tiefe Stollen und Gruben sind allerwärts in dem Erzfelde angelegt;
Eisenbahnen, kunstvoll durch schiefe Ebenen, Hebe= und Senkvorrichtungen ausgestattet,
führen aus den tiefen, engen Schlünden auf den Alpenstock hinauf. Viele Tausende von
Menschen brechen und Pferde schaffen den reinen Stahlstein bergab, der dann, in Sensen
und andere Schneidwerkzeuge umgewandelt, in die weite Welt wandert. Die Erzgewinnung

beläuft sich am Erzberge allein auf jährlich 1 Million Ctr. Erz, daraus werden über
260,000 Ctnr. Roheisen gewonnen — Arbeiten, welche zwischen 5= und 6000 Berg= und
Hüttenleute beschäftigen. —

Bleiburg in Illyrien besitzt im benachbarten Bleiberge die größten Bleibergwerke Oester=
reichs, welche jährlich über 40,000 Ctnr. des gefürchteten Kriegsmateriales liefern. Die
Gruben gehen bis auf 1250 Meter Seehöhe hinauf, und die ganze Masse des Berges und das
Fundament des Thales sind so von ihnen durchwühlt, daß ein rüstiger Fußgänger mehrere
Wochen lang Tag und Nacht würde wandern müssen, wenn er sie alle durchschreiten wollte.

In Schweden gehört das alte Kupferbergwerk Falun in Dalekarlien unbedingt zu den
berühmtesten Bergwerken der Welt. Es ist indessen bald seiner Erschöpfung nahe. Unter

Fig. 85. Der Stöten. Falun.

Gustav Adolf's Regierung lie=
ferte dasselbe noch 3,464,000
Ctnr., unter Karl XI. nur
2,732,000 Ctnr., jetzt noch etwas
über 1 Mill. Ctnr. jährlich. Die
Grube ist eine sogenannte offene
Pinge. Die Arbeiten werden in
einer Tiefe von 400 Meter be=
trieben; man steigt auf schrägen
Gängen hinab. Den Hauptein=
gang bildet eine tiefe Schlucht,
der Stöten genannt, die wol
200 Meter breit und 70 Meter
tief ist und im Jahre 1687 durch
einen Erdsturz entstand. Schon
seit längerer Zeit hatten mehrere
unvorsichtig abgetriebene Stollen
an dieser Stelle einzustürzen ge=
droht, und der Bergmeister be=
schloß, die Arbeiten hier einzu=
stellen; da aber nach einigen
Tagen kein Einsturz erfolgte,
brachen die leicht erregbaren
Bergleute, die keine Arbeit hat=
ten, in Aufruhr aus und stellten
sich zur Arbeit mit Gewalt wie=
der ein; — aber in dem Augen=
blicke, wo sie den Stollen be=
traten, ging derselbe zusammen,
und eine nicht unbedeutende An=

zahl der Arbeiter büßte ihre Auflehnung gegen die Befehle ihrer Vorgesetzten mit dem Leben.

Die durch den früheren nachlässigen Betrieb herbeigeführten Einstürze gähnen dem
Beschauer als finstere Schlünde an den Eingängen entgegen. Man gelangt zu den Stollen
auf einer an der Seite der Schlucht eingehauenen Treppe bis etwa 50 Meter vom Boden,
dann aber werden die hölzernen Treppen sehr steil und man findet nur noch einzelne An=
haltepunkte. Die Bergleute machen diesen Weg gewöhnlich in Tonnen, deren Dauben
8 Centimeter dick und mit starken eisernen Reifen und Platten beschlagen sind. Diese Ton=
nen werden von den großen Auslegern der Hebezeuge oben an der Schlucht herabgelassen,
und oft genug müssen die Bergleute dieselben mit den Händen von den Felsen ablenken, an
denen sie sonst zerschellen würden. Nichtsdestoweniger sieht man sehr häufig die Frauen
dieser Arbeiter aufrecht auf dem Rande der Fahrzeuge stehen, den Arm um das Seil
geschlungen, und ganz ruhig strickend die Hinabfahrt in den Schlund machen. So groß ist

die Macht der Gewohnheit; sie läßt die Gefahren vergessen, eben weil sie täglich und stünd=
lich wiederkehren. — Von oben gesehen nehmen sich die Knappen tief unten wie Mäuse
aus, die den Berg unterwühlen. Ungefähr auf der Mitte der Fahrt sind zwei große Höhlen
im Felsen, der alte und der neue Saal. Als König Gustav III. den ersteren besuchte, schrieb
er mit Kreide an den Felsen: Gustav III. d. 20. September 1788. Diese Worte sind da=
nach treu in den Felsen eingehauen worden — ein eigenthümliches Autograph!

Fig. 86. Eisenbergwerk Nordmark

Im Jahre 1719 machte man in diesem Bergwerke, dessen Wasser gleich denen der
meisten Bergwerke Schwedens sehr vitriolhaltig ist, einen merkwürdigen Fund. Als man
eine Strecke wieder aufnahm, die seit Menschengedenken nicht befahren worden war, fand
man in einer Tiefe von 125 Meter den Leichnam eines jungen Mannes, der durch die
Vitriollösung und die Erdsalze versteinert erschien, dessen Aeußeres aber so vollkommen
erhalten war, daß man seine Gesichtszüge deutlich unterscheiden konnte und in ihnen den
im Jahre 1670 verschwundenen Bergmann Mat Israelsson erkannte. Die Poesie hat diese
Thatsache, welche allerdings viel Ergreifendes hat, vielfach in ihren Darstellungen verwandt.

Ein Erdsturz hat im Jahre 1833 die Arbeiten in Falun für einige Zeit unterbrochen, indem die Wände des Haupteinganges sich plötzlich lösten und mit fürchterlichem Krachen in das Innere stürzten, dasselbe gänzlich verschüttend.

Glücklicher Weise geschah dieser Unfall an einem Sonntage, wo die Gruben alle leer waren, so daß kein Menschenleben verloren ging. Das Bergwerk wird durch eine Aktiengesellschaft betrieben. Das Erz ist ein unreiner Kupferkies von sehr wechselndem Metallgehalt. Beigemengt sind außer Schwefel und Arsen namentlich Blei, Eisen und Zink, welche durch Röst= und Schmelzprozesse von dem Kupfer getrennt werden.

Wie Falun, so ist auch Danemora, wo sich die reichen Magneteisengruben befinden, in bisher wenig rationeller Weise betrieben worden. Danemora liegt bekanntlich in der Provinz Upland; das Bergwerk besteht aus mehreren offenen Gruben oder Pingen, deren ansehnlichste eine Aushöhlung von 160 Meter Tiefe ist, in der man die Knappen bei Fackelschein tief unten arbeiten sieht. Das Erz wird in großen Körben durch ein Räderwerk heraufgezogen, welches durch Pferde in Bewegung gesetzt wird. Man unterhält eine ziemliche Anzahl dieser Thiere im tiefen Schachte, die meistens nie wieder an die Außenwelt gelangen. Schweden ist wegen seines Magneteisens berühmt, das in den Gruben von Danemora in ungeheurer Masse gewonnen wird und dem nur wenig andere, namentlich steierische und russische Eisenerze, an Güte gleichkommen, so daß viele europäische Länder sich desselben zu ihrer Stahlerzeugung bedienen. Die Provinz Wärmland allein, welche an Dalekarlien grenzt und die reichsten Eisenbergwerke besitzt, liefert jährlich mehr als 300,000 Ctnr. Eisen; ihre Hauptstadt, Philippsstadt, liegt mitten in den Bergwerken, von denen das von Nordmark (Fig. 86) eines der bedeutendsten ist. Schroffe Abgründe bilden die Einfahrten; von ihnen aus ziehen sich nach allen Seiten die Stollen, welche das Innere der Erde durchstreichen, um das Erz zu Tage fördern zu lassen. Hohe Holzthürme erheben sich, um die Krahne und Winden zu bergen, an denen die Tonnen mit den Arbeitern in den Grund hinabgelassen und das Erz in die Höhe gewunden wird. Der Boden desselben bildet einen Absatz, von dem aus ein neuer Spalt sich in die Tiefe hinabzieht. —

Die großen Kobaltwerke bei Fossum in Norwegen sind ebenfalls größtentheils Tagebauten und leiden nicht minder unter dem Mangel verständigen Betriebes, dem durch eine Aktiengesellschaft, welche die Werke übernommen hat, hoffentlich abgeholfen wird. — Es ist eine eigenthümliche Erscheinung, daß gerade die Länder, die von der Natur am freigebigsten bedacht sind, wo die Arbeit den reichlichsten Ertrag gewähren müßte, sich am nachlässigsten in der Ausbeutung ihrer Schätze zeigen. Es ist die alte Wahrheit, daß der Ueberfluß träge macht und nur das Bedürfniß den Fortschritt da fördert, wo der Geist nicht so ausgebildet ist, daß er in sich selbst den Sporn zum Vorwärtsschreiten findet.

Wie ganz anders stellt sich dagegen der Betrieb nicht nur in den schon genannten Werken Deutschlands, denen wir noch viele beizählen müßten, wenn es uns darauf ankäme, eine erschöpfende Zusammenstellung geben zu wollen, sondern namentlich auch in belgischen und englischen Bergwerken. Mit welcher Mühe wird den oft spärlich nur eingestreuten Erzen im Gebirge nachgespürt, mit welcher Sorgfalt werden ihre Bestandtheile dem Gestein entzogen! Nicht allein auf den Gebirgen des Festlandes, sogar unter dem Meere sucht der Mensch sie auf. Ein Beispiel eines solchen Bergbaues bietet das Botallak= Bergwerk in Cornwall, dessen an felsiger Meeresküste liegender Eingang auf der beigegebenen Abbildung Fig. 87 dargestellt ist.

Wenn man, an der Südwestküste Englands reisend, das allen Schiffern dieser Meere wohlbekannte Vorgebirge Landsend erreicht hat, so sieht man vor sich im Norden die prachtvolle Whitesandbucht mit ihrem schimmernden, glatten Sandgestade gleich einem großen Halbmond sich hinstrecken. Es ist die Stelle, auf welcher einst Adelstan von den Scilly= Inseln, dann Stephan von Frankreich aus, nach diesem König Johann von Irland und zuletzt Perkin Warbeck bei seinem tollkühnen Griff nach der Krone Englands den britischen Boden betraten. Auf der andern Seite des gegen 90 Meter hohen Kap Cornwall aber befindet sich eine Sehenswürdigkeit, die nicht weniger eines Besuches werth ist, eben die genannte Botallak=Mine, ein Bau von 130 Meter Tiefe, zwar kaum ein Achtel so tief als die Schächte bei St. Andreasberg am Harze, in seinen Einzelheiten aber dennoch höchst merkwürdig.

Fig. 87. Botallak-Bergwerk in Cornwall.

Die Mine bietet mit ihrem rauchenden Dampfschornstein, ihren mächtigen Holzgerüsten, ihren geschäftig aus= und einfahrenden Bergleuten und Maulthieren, ihren Zechenhäusern, mit ihren knarrenden Rädern und klirrenden Ketten, ihrem Dampfpumpwerk, welches Ströme unterirdischer Wasser heraufbefördert, und ihrer ganzen Einrichtung an sich einen wunderbaren Anblick, ist aber dadurch besonders interessant, daß die Grube tief hinab unter den Grund des Meeres geht, das über ihren Strecken seine Wogen wälzt.

Man muß schwindelfrei und sichren Fußes sein, um sich auf der schlüpfrigen, un=
ebenen Leiter, welche das einzige Mittel ist, um in die Grube hinab zu gelangen, in die
schwarze Nacht des mächtigen Schachts hinunter zu wagen. Unten aber trifft man auf
lange Strecken und Galerien, an deren Wänden beim Schein des Grubenlichtes werthvolle
Kupfererze flimmern, und Karren, gefüllt mit dem gebrochenen Gestein, rollen über die
Bohlenwege. In der metallisch glänzenden Felsendecke ist nicht eine Spalte, die nicht den
geheimnißvollen rauschenden Ton widerhallte, welchen die hoch über dem Haupte des Be=
suchers sich brechende Meeresbrandung hervorbringt, ein außerordentlich majestätisches
Tosen, welches, wenn ein Sturm die Wogen bewegt, so unbeschreiblich grausenhaft wird,
daß die Arbeiter dann häufig sich nach oben flüchten. Der Besucher muß einen aus Flanell
gefertigten Bergmannsanzug anlegen, ehe er hinabsteigt, damit ihm der Wechsel der
Temperatur nicht schadet, wenn er aus der schwülen Atmosphäre, die in dem Schachte
herrscht, zurückkehrt. An seinem Hute wird vorn eine Laterne befestigt, auf diese Art sind
ihm beim Steigen die Hände freigelassen. Die Bergleute arbeiten in der Regel acht von
den 24 Stunden des Tages, gewöhnlich auf Kontrakt, bisweilen für einen Antheil an der
Ausbeute. Ihr Lohn beträgt 40 bis 50 Schilling den Monat. Das Thermometer steht
in der Grube oft auf 30° C., und die Arbeit ist, wenn man bedenkt, daß den aus
dieser Hitze Heraufkommenden im Winter scharfe, kalte Winde, erkältende Nebel und
Schneewetter empfangen, in hohem Grade nachtheilig für die Gesundheit. Selten bleibt
einer der Bergleute nach dem 50. Jahre vom Rheumatismus verschont, und Viele sterben
lange vor dieser Zeit an Schwindsucht und anderen Lungenkrankheiten. Indeß giebt es
auch Beispiele von langer Lebensdauer unter den Grubenarbeitern.

Im Jahre 1854 waren in diesem mächtigen Bergwerke und dem, was dazu gehört,
nicht weniger als 28,000 Menschen beschäftigt. Die Mühe, die auf den Bau verwendet
werden muß, ist unglaublich. Zwanzig Mann konnten täglich nur etwa 5—10 Centimeter
der Galerien und Stollen, welche sich jetzt über mehrere englische Meilen unter der Erde
hinstrecken, dem Felsen abgewinnen. Eine der Gruben hat jetzt eine Länge von 560 Meter,
eine andere gab täglich 200 Tonnen (à 20 Centner) Erz.

Die hier befindlichen Gänge erstrecken sich bis über 125 Meter unter den Meeres=
spiegel hinab. Das Erz besteht aus verschiedenartigen Kupferverbindungen, oft in sehr
schönen, baumähnlich angeschossenen Stufen. Die Klippen sind Hornblendegesteine, welche
mit Thonschiefer abwechseln; sie enthalten eine Menge seltener Mineralien, z. B. Skorodit,
Wismuthglanz, pfirsichfarbene Kobaltblüte, Bluteisenstein, Adern von Granaten, Axinit,
Tremolit und viele andere schöne Vorkommnisse.

Die aufsichtführenden Betriebsbeamten dieses größten Bergwerks des erzreichen
Cornwall führen den Titel „Kapitän" und werden, je nachdem ihre Grube in die Tiefe
geht oder sich mehr an der Oberfläche hält, als „underground" und „grass captain" unter=
schieden. Ueber diesen Leuten, welche etwa unseren Obersteigern entsprechen, steht ein
höherer Beamter; der Zahlmeister hat den Titel „bursar".

Nicht weniger sehenswerth sind die Außenwerke dieser Kupferminen. Sie zeigen in
eigenthümlicher Vereinigung die Schöpfungen des erfindungsreichen Menschengeistes mit
der Erhabenheit der Natur. Düstere Abgründe von Schiefergestein, welche selbst dem Ozean
als unüberwindliches Hinderniß entgegentraten, werden hier durch die Operationen des
Bergmanns aufgebrochen und sind mit seinen komplizirten Maschinen bedeckt. Die auf
schroffer Klippe über der See aufgestellte sogenannte Crown=Engine wurde über eine
65 Meter tiefe Wand nach der Stelle hinabgelassen, wo sie jetzt den Arbeiter in den Stand
setzt, unter das Bett des Ozeans hinabzusteigen.

Wenden wir uns nun nach dem Ural, wo der geregelte Bergbau erst unter Zar
Peter dem Großen begann, nachdem dieser Monarch im Jahre 1700 die Sachsen Fritzsche,
Herold und Henning und später den Hessen Cancrin zu dessen Leitung berufen hatte. Einer
der ersten Russen, welche sich beim Bergbau im Ural thätig zeigten, war ein leibeigener
Schmied, Nikita Demidow mit Namen, der Stammvater des durch den Bergbau so reich

gewordenen fürſtlichen Geſchlechtes. Die Hauptſtadt der Demidow'ſchen Beſitzungen iſt Niſchne Tagilſk, ſie iſt erſt am Anfange dieſes Jahrhunderts gegründet, eine fabrik=reiche Stadt mit großen Plätzen, breiten Straßen und weiten Kaufhallen, von 25,000 Ein=wohnern bevölkert. Goldkuppeln der Kirchen überragen glänzend das Häuſermeer, eherne Standbilder ſchmücken die Plätze, Lokomotiven eilen von Fabrik zu Fabrik, Dampfboote durchſchneiden die ausgedehnten Seen, an deren Ufern ſich die Stadt ausdehnt, und welche geſchaffen wurden, indem die Thäler des Tagil und eines ſeiner Seitenflüſſe künſtlich abge=dämmt wurden. Inmitten der Stadt rauchen die Oefen und Schlote der ausgedehnten Eiſenhütten und Maſchinenfabriken am Fuße eines Felſens, von deſſen Warte man den beſten Ueberblick über die Stadt und den bewaldeten Ural genießt. Man ſieht hier die nackten ſchwarzen Felſen der Magneteiſenberge Wiſſokaja Gora und Lebaſchka und die hohen Halden der Kupfermalachitgrube am Wiſſokaja Gora nebſt der großen Kupfer=hütte auf einen Blick. Im Hintergrunde liegt die Hütte Tſchernostotinſk, an einem eine Quadratmeile großen künſt=lichen See, die Goldwäſche Serlbränſk, welche wöchentlich 1 Pud (= 16 Kilo=gramm) Gold liefert, und die Berge bei Wiſimotkinſk, woran auf europäiſcher Seite des Ural die berühmten Platin=gruben des Ural liegen, auch noch die Chromeiſenſteingruben und die Chrom=fabrik von Tagilſk, ſowie im Oſten die waldigen Hügel, an deren Fuße die Hütten und Walzwerke von Salda be=trieben werden, während im Süden die Kuppeln der Bergſtadt Newjanſk in der Sonne glänzen. Der Eiſenſteinbergbau im Wiſſokaja Gora wird wie ein Stein=bruch betrieben: eine gewaltige Oeff=nung iſt in den Berg gebrochen, aus welcher ſechs große Hüttenwerke ihr Erz holen. Tauſende von Menſchen brechen nur in dem kurzen Sommer den ſchwar=zen magnetiſchen Fels; aber ſie dürften noch Jahrtauſende in gleicher Weiſe thätig ſein, bevor ſie die weit ausge=

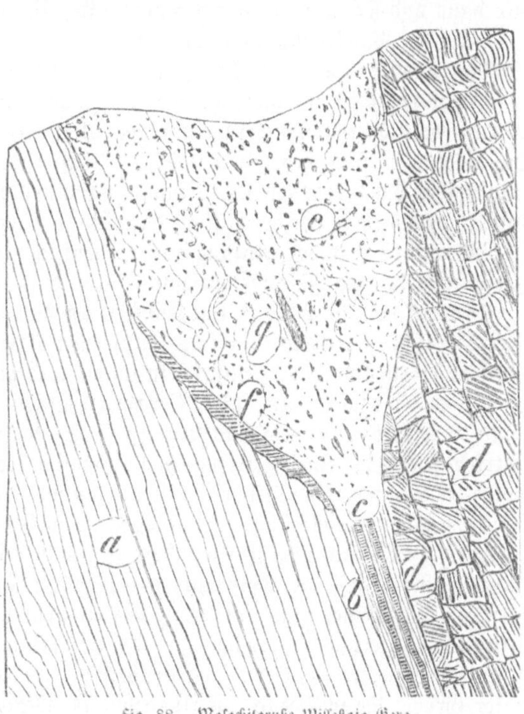

Fig. 88. Malachitgrube Wiſſokaja Gora.

dehnte Hügelreihe gänzlich erſchöpfen. Die Gewinnung beträgt jährlich ungefähr 19 Millionen Centner Erz, wovon 72 Prozent eiſenhaltig.

In der Nähe liegt die Kupfergrube, auf einem durch die Verwitterung angereicherten Lager angelegt, von welchem wir obenſtehend (in Fig. 88) einen Durchſchnitt geben.

Das durch a bezeichnete Geſtein iſt Kalk mit Verſteinerungen der Silurformation, auf deſſen öſtlich einfallende Schichten bei b eine ſchwache Bank Thonſchiefer mit zwei dünnen Schwefelkieslagern c folgt. Das Dioritgeſtein d bedeckt dieſe Thonſchieferſchicht. In einer Tiefe von 200 Meter erreichte man das Schwefelkieslager c und fand darin durch die Hütten=probe 1—3 Prozent Kupfer.

Ueber dieſem kupferhaltigen Schwefeleiſen iſt im Kalk und Diorit eine trichterförmige, weite Vertiefung e ausgefreſſen, welche ſpäter ſich gänzlich mit Thon ausfüllte, dem Brauneiſenſtein, Magneteiſenſtein, Malachit, Kupferroth, gediegen Kupfer, Kupferlaſur, Kieſelkupfer, Hornſtein und Calcedon beigemengt ſind. Bei f iſt der Kalkſtein dick überzogen mit einer aus Gips und ſchaumigem Malachit gebildeten Rinde, welche uns belehrt, daß der Malachit aus der Einwirkung des kohlenſauren Kalkes auf den aus der Zerſetzung des kupferhaltigen Schwefelkieses hervorgegangenen Kupfervitriol entstand. Wir werden durch dieses Vorkommen zu der Ansicht geführt, daß die gesammte Thon= und Erzmasse, in einer durch die Kieszersetzung ausgenagten Höhle angesammelt, der Rückstand der bei der Ge= steinsverwitterung übrig gebliebenen kupferhaltigen Schwefelkiese sein dürfte. Wahrschein= lich waren die Gesteine a, b, c und d hier ehemals noch mehrere hundert, vielleicht tausend Fuß höher, sie sind allmählig vom Wetter abgebröckelt und von Regen und Schneefluten fortgespült worden. Nur das schwere Erz blieb wie auf einem Waschherde zurück, säuerte sich und nagte durch Schwefelsäure jene Weitung aus, worin dann die Kupfererze mancherlei chemische Umsetzungen erlitten. Bei g in der fortgesetzten Linie der Schwefelkieslager c befand sich das berühmte, 600 Centner schwere Malachitstück, aus welchem so viele kunstvolle Vasen, Tische, Säulen u. s. w. geschliffen worden sind. Stücke von 10 Centner Schwere waren nicht selten, in den größeren Tiefen aber kommen solche von $1^1/_2$ bis 5 Kilogr. Gewicht nur dann und wann noch vor; das meiste Erz ist dem Thon in feinen Körnchen zugemengt.

Auf der Pariser Ausstellung von 1867 befand sich aus dieser Grube ein Malachit= block im Gewicht von 2100 Kilogramm, der einen Werth von 75,000 Francs hatte.

Seit 1814 ist auf diesem Lager Bergbau betrieben worden. Ein großer Theil des überall von größeren und kleineren Erzpartikeln durchsprengten Thones ist herausgenommen. Die Höhlungen sind zerbrochen, mächtige Wassermassen sammeln sich in den weiten Gruben und werden durch drei gewaltige Dampfmaschinen herausgepumpt. Hunderte von Menschen sind Jahr aus Jahr ein beschäftigt, das Erz zu hauen, zu säubern und zur Hütte zu liefern. Der Reichthum war von Anfang außerordentlich groß, denn eine am Giebel des Zechen= hauses angebrachte Inschrift besagte 1860, daß von 1814 bis Schluß 1859 auf dieser Grube allein 103,868,923$^1/_2$ Pud Kupfererz gewonnen worden seien, woraus 3,670,830 Pud oder 1,200,361$^1/_2$ Centner reines Kupfermetall im Werthe von wenigstens 40 Millionen Thalern bereitet wurden. Wahrscheinlich wird er aber auch bald erschöpft sein.

Von selbst führen uns diese Bergwerke hinein nach Sibirien, wo eines der interessan= testen Bergwerke unstreitig das Batugol ist, welches, seit Ende der Vierziger Jahre in Betrieb gesetzt, die einzige Bezugsquelle für einen unentbehrlich gewordenen Stoff ist. Nicht Gold ist dies und nicht Silber, es ist überhaupt kein Erz, aber ein Stoff, durch seine Ver= wendung schon segensreicher für die Welt geworden, als jedes der genannten Metalle für sich, obwol es wenig über zweihundert Jahre nur sind, daß er in das Kulturgetriebe ein= getreten ist. Es ist der Graphit, der hier 1847 von einem Franzosen Alibert entdeckt wurde. Die Minen sind im Besitz des ursprünglichen Entdeckers, der dieselben von der russischen Regierung erworben hat; die gesammte Ausbeute daraus gelangt an das be= rühmte Bleistifthaus Faber in Nürnberg. Unsere Abbildung Fig. 89 giebt eine Ansicht dieser Grube, die in Bezug auf Ausdehnung, Maschinen und dergleichen gewiß mit keinem nur irgendwie nennenswerthen Bergwerk in die Schranken treten kann und doch in der kurzen Zeit seit ihrer Eröffnung zu größerem Ruhme gelangt ist, als die Mehrzahl aller anderen. Und wenn wir weiter wandern wollen um die Erde, so können wir fast überall, wo die Kultur Fuß gefaßt hat, auch die Spuren des Bergbaues erblicken. Asien und Afrika liefern schon in den ältesten geschichtlichen Zeiten nicht nur Gold aus den Anschwem= mungen des Alluviums, im Innern ihrer Gebirge arbeiteten der Bronzemeißel und Keil und Hammer, schon als die Phönizier die Küsten des Mittelmeeres befuhren. Italien hat großartige Bergwerke aus alten Zeiten, nicht minder Spanien.

Die interessantesten Verhältnisse aber treffen wir heute noch in jenen mittelalterlichen Goldländern der Erde, deren Schätze die gierigen Entdecker Amerika's berauschten und Zustände herbeiführten, welche zu den bedauernswürdigsten gehören, von denen die Ge= schichte der Menschheit zu berichten hat.

Der ganze amerikanische Kontinent ist überaus reich an Erzen, und namentlich ist es die Westküste von dem vierzigsten Breitengrade südlich bis über den fünfundfünfzigsten nörd= lich vom Aequator — also in einer Ausdehnung von beinahe hundert Breitengraden, wo sich in einer fast ununterbrochenen Zone die kostbarsten Erze finden.

Fig 63. Graphitbergwerk Batugol in Sibirien

Wer denkt nicht an die Schätze, welche die Gefährten des Cortes und Pizarro den unglücklichen Bewohnern Mexiko's und des Inkareiches abgepreßt haben — die silberne Flotte führte unglaubliche Mengen edler Metalle nach Europa hinüber, und doch war dies ein verschwindender Theil der Reichthümer, welche die Erde dort umschlossen hatte und jetzt noch umschließt, ohne alle wirthschaftliche Absicht, fast zufällig nur und von den Einge=
borenen gewonnen.

Selbst heute noch stehen in Amerika einer rationellen Ausbeutung die größten Schwierigkeiten entgegen und nur die Vereinigten Staaten, namentlich aber Kalifornien durch seine ausnehmend günstige Lage, haben vermocht, die Hülfsmittel, welche Wissenschaft und Technik gewähren, zu ausgiebiger Anwendung zu bringen. Die politische Verfassung ist darauf nicht ohne großen Einfluß gewesen, und es rächen sich in den von den Spaniern kolonisirten Ländern die alten Institutionen heute noch in schrecklicher Weise. —

In Peru ist es vorzüglich die Gegend um Pasco, welche durch hohen Mineralreichthum sich auszeichnet.

Cerro de Pasco liegt auf dem Breitengrade von Lima auf einem Hochplateau der Anden, fast 4500 Meter über dem Meere. Hier befinden sich die reichen Silberminen, vielleicht die reichsten der Erde, aber die Gegend ist heute weit davon entfernt, die früheren Bevölkerungsverhältnisse zu zeigen. Wie die übrigen spanischen Republiken, wie Mexiko und Bolivia, so ist auch Peru von schrecklichen Bürgerkriegen verheert worden, und der traurige Einfluß auf die Ausbeutung der fast unerschöpflich scheinenden Mineralschätze ist nicht ausgeblieben. Ein großer Theil der Gruben ist ersoffen, und man arbeitet bei vielen jetzt die Halden auf, auf welche in früheren Zeiten die damals für zu arm gehaltenen Erze verstürzt wurden. Namentlich haben Engländer mit Hülfe deutscher Hüttenleute sich diese Erwerbsart einträglich zu machen gewußt.

Die Reise von Lima nach Pasco ist sehr beschwerlich. Durch die Anden entweder zu Fuß oder auf dem Rücken von Maulthieren oder von Indianern getragen, gilt es die beträchtliche Höhe zu erreichen, welcher in unseren Alpen nur die selten bestiegenen Gipfel, wie die Jungfrau, das Matterhorn, der Monte Rosa und dergleichen, ebenbürtig sind. Die verdünnte Luft, welche hier oben herrscht, ist zwar durchaus nicht in dem Grade lebenswidrig, wie man gewöhnlich annimmt, indessen scheinen doch manche Gesundheitszustände von ihr beeinflußt zu sein, und namentlich eine besondere Krankheitsform, welche im spanischen Amerika auftritt, die Sorocha, und welche die Indianer den Ausdünstungen der Antimongänge in den Anden zuschreiben, dürfte ihre Grundursache allerdings in dem verminderten Druck der Atmosphäre und in der geringeren Sauerstoffzufuhr haben, welche die Lungen erfahren. Das ist jedenfalls sicher, daß die Vegetation hier oben eine überaus spärliche ist. Einige wenige dürre Gräser wachsen hier und wenn nicht der Glanz der schneebedeckten Gipfel und das wechselnde Schattenspiel der Wolken einige Abwechslung in das Gemälde brächte, so würde der Eindruck ein verzweifelt trostloser sein. Von den fünfzehntausend Einwohnern, von denen die Stadt Cerro bewohnt ist, sind bei weitem der größte Theil selbst Bergleute, der Rest hängt wenigstens von dem Bergbau ab.

Berühmt durch seine Quecksilbergruben ist weiterhin Huanca Velica, ebenfalls in rauher Gebirgsgegend und 3600 Meter über dem Meere gelegen; außerdem aber finden sich in der Nähe reiche Gold- und Silbererze, zu deren Gewinnung eine große Menge von Gruben in Betrieb gehalten werden. Sillacasa, Lucañas und weiter Huanca jaya, Saceta Rosa und andere sind solche Bergwerksmittelpunkte, von denen aus ein großer Theil aller Edelmetalle den Weg über die Erde genommen hat.

Nicht minder reich als Peru an edlen Erzen ist Bolivia. Dort liegt die seit Jahrhunderten berühmte Mine von Potosi, die in der Zeit von 1545 bis 1803 für fast 1500 Millionen Thaler Silber geliefert hat. Die ungemein zahlreichen Erzgänge setzen hier im Thonschiefer auf und führen außer Glas- und Rothgiltigerz meistentheils gediegen Silber. Die Mine befindet sich auf einem 5000 Meter hohen Bergrücken, dem Cerro de Potosi, wo sie ganz zufällig aufgefunden ward. Ein armer Indianer Hualpa verfolgte, wie die in solchen Fällen allerdings nicht immer ganz zuverlässige Geschichte erzählt, am Bergabhange ein Wild. Aber das Thier war zu flüchtig, und Hualpa, der im Laufe ausglitt, griff nach einem Bäumchen, um sich daran zu halten. Statt den Fallenden zu stützen, brach es mit sammt den Wurzeln aus der Erde. Der Verdruß des Getäuschten ward jedoch bald vergütet, als er in das entstandene Loch blickte; ein Klumpen gediegenes Silber lag vor ihm und noch kleinere Stücke desselben staken zwischen den Baumwurzeln. Froh trug er den gefundenen Schatz heim, die

Fig. 190. Die Hochebene von Cerro de Pasco in Peru

Umgebung des Bäumchens wurde ihm die Quelle eines nie geahnten Wohlstandes. Aber das Auge des Neides wacht. Einer von Hualpa's Nachbarn erforschte unter dem Scheine treuer Freundschaft sein Geheimniß und forderte halben Antheil. Als ihm Hualpa nicht die Mittel angab, wie er das Silber reinige, verrieth der falsche Freund die Fundgrube den Spaniern, und so hatten nun Beide nichts mehr, denn die Spanier nahmen 1545 die Mine in Besitz.

16*

In kurzer Zeit entstand am Fuße des Berges eine Stadt, in welcher sich 10,000 Spanier ansiedelten, in deren Dienste 60,000 arme Indianer jetzt das edle Metall für sie zu Tage fördern mußten. Ackerbau konnten sie allerdings nicht treiben, denn auch hier, wie in anderen Gebirgsgegenden, erschien der Boden dürftig und kahl. In der That, es scheint, als könne die Mutter Erde, wenn sie in ihrem Schoße dem Menschen köstliches Metall bereitet, nicht zugleich auf ihrer Oberfläche ihm auch goldene Früchte, die Fülle der Pflanzenwelt, darbieten.

Leider ward der Bergbau in Potosi keineswegs mit Verstand betrieben. Man baute auf den Raub, indem man das Metall auf möglichst leichte Weise zu gewinnen strebte, unbedacht, ob die Sache so auch für die Zukunft Bestand haben könne. Kein Schacht ist tiefer als 70 Meter abgesenkt worden, aber es bestehen mehr als 300 Schächte. Viele derselben sind unter Wasser gesetzt; es fehlt an Maschinen, diese Wasser zu bewältigen, so daß man sich vielfach selbst mit Abgangserzen begnügt, welche in 50 Centnern Erz kaum 6—8 Unzen Silber enthalten. Alle hüttenmännischen Arbeiten, Rösten, Amalgamiren und Raffiniren, sind in den Händen unwissender Leute und werden nachlässig betrieben; ungeheure Massen Quecksilber werden verschwendet, und trotzdem wird noch kaum die Hälfte des in dem Erze enthaltenen Silbers gewonnen. Das Anfahren, Losarbeiten und Herausschaffen geschieht auf die leichtfertigste Art. Wie weit durch europäische Arbeiter die verfahrene Sache wieder gut gemacht und durch Ueberlegung, Geschick und Ausdauer der Fluch in Segen verwandelt werden kann, das wird die Zukunft lehren. Ganz in der Nähe von Potosi wurde im Jahre 1660 auch die Mine von Laycacota entdeckt, in welcher das gediegene Silber so mächtig war, daß man es mit Meißeln bearbeiten konnte. Der Besitzer dieser Mine war so freigebig, daß er seinen Landsleuten aus Europa wöchentlich einige Tage freigab, wo sie für sich selbst Silber gewinnen konnten. Diese Freigebigkeit hatte einen schlechten Erfolg, denn bald entstand Streit unter den Suchenden. Von Worten kam es zu Schlägen, man griff sogar zu den Waffen; der edelmüthige Salcedo aber, ursprünglicher Eigenthümer der Mine, machte sich Gewissensvorwürfe, daß er dieses Unglück, dem er nicht mehr wehren konnte, unbedachtsam herbeigeführt habe; er ward tiefsinnig und erhenkte sich.

In Bolivia sind die metallischen Schätze nicht nur im Innern der Berge versteckt, sie liegen auch offen an der Oberfläche. An manchen Stellen, wie im Thale des Tipuam, eines der Nebenflüsse des Amazonenstromes, wird Gold gewaschen, eben so kommen Zinn, Kupfer u. s. w. im Alluvialsande vor. —

Haben wir Peru und Bolivia erwähnt, so dürfen wir Chili nicht vergessen, ein Land, das durch seine unterirdischen Schätze allein schon zu den reichsten der Erde gehören könnte, wenn auch das glückliche Klima und der fruchtbare Boden diese günstige Vorbedingung wirthschaftlichen Wohlbefindens nicht noch vermehrten. Und doch steht das Land weit hinter anderen zurück, deren Reichthum nur in der Arbeitsfähigkeit ihrer Bewohner besteht. Chili hat vorzüglich Gold, Silber und Kupfer; und Copiapo, St. Antonio, Huasco, Coquimbo und San Felipe sind Mittelpunkte der bergmännischen Thätigkeit. Die Kupfergruben ziehen sich in einem Streifen parallel der Küste von der Wüste von Atakama herab bis Coquimbo. In denselben Distrikten findet sich der goldführende Sand, der an vielen Stellen verwaschen, auch anstehende Golderze, auf welche Bergbau unterhalten wird. Die Silbergruben liegen in der Regel weiter dem Lande zu, im Innern der Gebirge.

Die Arbeit in denselben ist höchst beschwerlich, weil weder für Fahrung noch für Förderung auskömmliche Vorkehrungen getroffen sind. Viele Bergwerke sind durch die sinnlose Art, in welcher Jahrhunderte lang der Abbau stattgefunden hat, auch in einen Zustand versetzt worden, daß es jetzt für sie schon zu spät ist, um eine Aenderung eintreten zu lassen. Lebte in dem alten spanischen Amerika nicht eine unglückliche Menschenrasse, an Mühen und Entbehrungen aller Art gewöhnt, ohne Bedürfnisse, freilich auch ohne energisches Streben, so würden sich Zustände, wie sie vielfach in den dasigen Grubendistrikten vorhanden sind, nicht halten können. Die armen eingeborenen Arbeiter, welche die Erze auf ihrem Rücken aus den schlecht gangbaren Gruben fördern müssen, erhalten ein Minimum an

Bezahlung, das in keinem Vergleich mit dem Lohne steht, welchen der neben ihnen beschäftigte englische oder deutsche Bergmann bekommt. Allerdings steht auch die Leistung in ähnlichem Verhältniß.

Die Erze werden zum Theil im Lande selbst verhüttet, zum Theil aber auch gehen sie nach Europa, wo sie zu Gute gemacht werden. Die reicheren Gold= und Silbererze können dabei wol die kostspielige, aber rasche Tour über die Landenge von Panama vertragen, für die Kupfererze aber besteht nur der Weg um das Kap Horn. —

Fig. 91. Erzträger aus den Minen von Cerro de Pasco.

Noch unglücklichere Verhältnisse als in Südamerika, wo wenigstens in der Neuzeit von Europa aus viel für einen vernünftigen Bergbau geschehen ist, finden wir in Mexiko, demjenigen Lande, welches bis vor Entdeckung der großen Goldfelder in Kalifornien, Afrika und Australien allein den bei weitem größten Theil der Edelmetalle in den Verkehr gebracht hat. In der Sonora, zwischen Chihuahua und dem Golf von Kalifornien, findet sich Gold, Silber und Quecksilber in reichster Menge — in Chihuahua selbst wird auf Silber gebaut — aber neben den politischen Zuständen des bedauernswürdigen Landes, welche industriellen Unternehmungen keine Garantie und keinen Schutz gewähren können, sind es hier noch die räuberischen und grausamen Indianerstämme, die, aufgereizt durch ununterbrochene Kriege, durch Ungerechtigkeiten und Schlechtigkeiten von den verwilderten Weißen gegen sie ausgeübt, und besonders die Comanchen und Apachen, welche die geordnete Ausbeutung der Gruben fast unmöglich machen.

Die Gruben von Chihuahua sind seit sehr langer Zeit in Betrieb. Die Arbeit wird von Eingeborenen verrichtet. Natürlich sind auch hier alle Einrichtungen sehr primitiver Natur. Rohe Baumstämme in welche Stufen eingehauen sind, dienen an vielen Stellen als einziges Mittel, um in die Tiefe der Schächte hinabzukommen. Der Tenatero — so heißt der Arbeiter welcher die Erze aus dem Bergwerk herausträgt — steigt acht bis zehnmal in einer Tour und ohne auszuruhen die Leiterfahrt, von denen es welche bis zu achtzehnhundert Stufen giebt. Es muß aber auch erwähnt werden, daß großartige und gut angelegte Baue in den mexi=kanischen Bergwerken nicht gänzlich fehlen.

Aber was ist das Alles jetzt gegen die Ausbeutung, welche die Erzlagerstätten in Kalifornien erfahren. Von den Silberadern der Sierra Nevada ist die reichste der 1859 entdeckte Camstockgang bei Virginia City. Derselbe ist 10—15 Meter, an manchen Punkten bis 70 Meter mächtig und drei englische Meilen lang. Er produzirte 1866 für 16½ Millionen Dollars Silber und Gold, in den ersten fünf Betriebsjahren 1862—66 aber einen Werth von 64 Millionen Dollar aus 1½ Million Tonnen Erz. Die Erze bestehen aus Schwefelsilber und gediegnem Silber mit geringen Beimengungen von Antimonglanz, Bleiglanz, Schwefelkies und Kupfererzen und sind mehr oder weniger goldhaltig. Die übrigen Minen Nevada's sind der Reihenfolge ihrer Entdeckung nach: die Esmeraldamine (1860), etwas über 100 Meilen südöstlich von Virginia City; die Humboldtminen, 160 Meilen nordöstlich; das Silbergebirge, 60 Meilen südlich; der Peavinedistrikt, 30 Meilen nördlich und die Reese=River=Minen, deren jede mehrere Distrikte wieder umfaßt. Aus=gedehnte Distrikte bei Kalifornien, entlang der Sierra Nevada, sind ebenfalls sehr silberreich.

In Colorado sind die Minen des Negorh=Distriktes hervorzuheben, welche eine Fläche von etwa 300 englischen Quadratmeilen goldführender Gebirge umfaßt. Nevada=Territorium zählte 1860 6857 Einwohner, Ende 1863 aber 60,000, wovon beinahe 20,000 in Virginia City. Innerhalb 4 Jahren sind 5 Millionen Dollars für Errichtung von Quarzmühlen und Reduktionswerken, eben so viel für Eröffnung der Minen, und dreimal so viel für andre Einrichtungen und Anlagen ausgegeben worden. Den Frachtverkehr zwischen der Pacificküste und dem Territorium vermittelten 1866 3000 Gespanne, neben zahlreichen Eisenbahnzügen. Die Deutschen hatten Anfangs an der Minenausbeutung verhältnißmäßig geringen Antheil.

Statistisches. Welche Werthsummen durch den Bergbau in den Verkehr eingeführt wer=den, das zeigt ein Blick auf die statistischen Zusammenstellungen. Wir wollen nur anführen, daß im Zollverein im Jahre 1865 aus 4769 Gruben durch 204,340 Arbeiter 646,997,590 Centner im Werthe von 62,921,348 Thaler am Ursprungsorte gefördert wurden, ein Quantum, wozu Preußen allein dem Werthe nach über 75 Prozent beitrug. Während in diesem Lande von 1835—1844 der jährliche Ertrag noch nicht 7 Millionen Thaler betrug, hatte es 1865 die Höhe von 48 Millionen Thaler überschritten. — Oesterreich hatte in demselben Jahre für 26½ Millionen Gulden, Spanien ungefähr für 17 Millionen Escudos (à 21 Sgr.). Natürlich stellen sich die Beträge höher, wenn man nicht den bloßen Erzwerth, sondern den Werth der fertigen Berg= und Hüttenprodukte annimmt, wie aus der folgenden Tabelle hervorgeht, welche die Berg= und Hüttenwerksproduktion einiger Länder für das Jahr 1861 nach Dr. A. Huyssen vergleichen läßt. In dem genannten Jahre hatte erzeugt

Großbritannien für	237,538,137	Thlr.
Ver. Staaten von Nordamerika incl. Kalifornien .	220,000,000	„
Frankreich gegen	80,000,000	„
Preußen	57,285,692	„
Zollverein excl. Preußen	20,698,205	„
Oesterreich	29,968,225	„
Belgien	40,000,000	„

Gold und Silber wurden produzirt in

Kalifornien	für	25,000,000 Dollars,
Montana	„	18,000,000 „
Idaho	„	17,000,000 „
Colorado	„	17,000,000 „
Nevada	„	16,000,000 „
Oregon	„	8,000,000 „
anderen Orten	„	5,000,000 „
		106,000,000 Dollars.

Die gesammte Goldausbeute Kaliforniens von 1848—1866 beträgt 5170 Millionen Francs an Werth, so viel also ungefähr wie die Kriegsentschädigung, welche Frankreich an Deutschland zu zahlen hat, die der Kolonie Viktoria in Australien von 1851—1866: 146 Millionen Pfd. Sterling.

Das gediegene Metall repräsentirt ein Gewicht von 2 Millionen Kilogramm. Da man die übrige Goldproduktion auf der Erde zu einem jährlichen Gewichtsquantum von 45,000 Pfund annehmen darf, so hat die Gesammterzeugung an Gold in dem Zeitraum von 1848—1866 eine Masse von 2,810,000 Kilogramm reines Metall ergeben. —

Richten wir den Blick aus diesen märchenhaften Regionen nochmals in die uns umgebenden Verhältnisse, so werden wir freilich eingestehen müssen, daß wir den Vergleich in Bezug auf die Edelmetalle mit den überseeischen Ländern nicht aushalten. Die schon erwähnte Produktion des Zollvereins im Jahre 1866 ergab nur:

632,591	Centner	Gold- und Silbererze,	2,924	Centner	Antimonerze,
5,394	„	Quecksilbererze,	519,466	„	Manganerze,
3,421,400	„	Bleierze,	301,441	„	Alaunerze,
3,032,724	„	Kupfererze,	804,524	„	Vitriolerze,
6,706,965	„	Zinkerze,	16,307	„	Graphit,
3,127	„	Zinnerze,	16,066	„	Asphalt,
24,388	„	Kobalterze,	148,257	„	Flußspath,
38,507	„	Arsenikerze,			

dafür aber

435,894,109	Centner	Steinkohlen,
135,161,139	„	Braunkohlen,
60,268,261	„	Eisenerze.

Großbritannien hatte 1865

Golderze	für	5,824	Pfund Sterling,	
Silbererze	„	199,335	„	„
Zinnerze	„	867,435	„	„
Kupfer	„	927,938	„	„
Blei	„	1,153,134	„	„
Eisen	„	3,324,804	„	„
Steinkohle	„	24,537,646	„	„

gefördert, eine höchst belehrende Steigerung, welche umgekehrt mit dem spezifischen Preise der betreffenden Produkte wächst und uns recht vor Augen führt, daß heute die wirthschaftliche Größe eines Landes nicht von der Ergiebigkeit seiner Erzlagerstätten an Edelmetallen abhängt, sondern von Kohle und Eisen — in anderen Worten von seiner Arbeit, die in diesen beiden Faktoren die wesentlichsten Hülfsmittel findet. -

Die Gewinnung der fossilen Brennstoffe.

Die Bestandtheile der organischen Welt. Untergang der Pflanzen und Entstehung der fossilen Brennstoffe. Moor- und Torfbildung. Die Braunkohlen und Steinkohlen bezeichnen Stadien weiter fortgeschrittener Zersetzung. Was für Pflanzenfamilien haben zu diesen verschiedenen Bildungen hauptsächlich beigetragen? Vorkommen und Lagerungsverhältnisse der Formationen. Die Gewinnung der fossilen Brennstoffe. Torfstich. Braunkohlengruben. Steinkohlenwerke. Die Abbauarten. Produktionsziffern. Schlagende Wetter und Grubenbrände. Erdöl und Erdölquellen. Graphit und Diamant.

— — — — — — — —

Eine nur geringe Zahl von Elementarstoffen ist es, durch deren verschiedenartiges Zusammentreten die mannichfaltigen Formen des organischen Lebens entstehen. Während wir im Reich der Gesteine einige sechzig Urbestandtheile nachweisen können und doch nur eine verhältnißmäßig kleine Anzahl von Mineralien aus ihnen gebildet sehen, welche unter allen Klimaten auf der höchsten Höhe über dem Meere und in dem tiefsten Innern der Erdeingeweide immer in denselben Formen und mit denselben Eigenschaften und Kräften dem Forscher wieder entgegentreten, — so ist die ganze grüne Pflanzendecke der Erde und nicht minder das fast unbegrenzt scheinende Reich der Thiere mit seinen unzähligen Formen und Verschiedenheiten aufgebaut aus wenig mehr als vier Grundstoffen: Kohlenstoff, Wasserstoff, Sauerstoff und Stickstoff.

In den Früchten tropischer Palmen wie in den zarten Fäden der Moose, welche wir unter der Schneedecke der Polarländer sammeln, begegnen wir diesen vier Elementen; aus ihnen bestehen die feinsten und komplizirtesten Organe des menschlichen Körpers, aber auch die niedrigstehenden Würmer, die plumpen Weichthiere, bilden aus ihnen ihre Werkzeuge.

Wie dieselben wenigen Glassplitter in dem Kaleidoskop eine unendliche Reihe von Bildern bewirken an denen sich unser Auge ergötzt und nichts Schöpferisches dazu hilft, als die Reflexion eines winkeligen Glasspiegels, so ist auch das ganze tausendgestaltige Leben das Produkt weniger Mittel, geformt durch Zusammenwirken von Faktoren, denen wir mit unseren jetzigen Hülfsmitteln der Untersuchung noch nicht folgen können, von denen wir also auch keine Begriffe, sondern nur einen, und darum auch nichtssagenden Namen: Lebenskraft, haben.

Wenn wir sie einem Baumeister vergleichen, welcher seine Materialien je nach dem Zwecke verschieden benutzt, den harten, starren Granit zu den gründenden Mauern, den gefügigen Sandstein und Tuff zu den leichten Verzierungen, so sehen wir in ihren Werken den Kohlenstoff gewissermaßen als den Fundamentalstoff verwendet. Er fehlt nirgends; selbst in denjenigen organischen Verbindungen, welche nur zwei oder drei der oben genann=ten Elemente enthalten, nimmt der Kohlenstoff eine Stelle ein. Während Sauerstoff, Wasserstoff und Stickstoff luftförmig sind, ist er das träge, feste Gerippe und bleibt als solches zum Theil auch bis zuletzt zurück, wenn die abgestorbenen Körper durch Gährung, Fäulniß oder sonstige Zerstörung wieder zerfallen.

Der Kohlenstoff ist für uns von der größten Wichtigkeit, weil er eine unerschöpfliche Licht= und Wärmequelle bildet. Das Pflanzenreich speichert die hellen und warmen Strah=len der Sonne während seines Wachsthums förmlich in sich auf. Denn durch die Ein=wirkung der Sonnenstrahlen wird die in der Luft enthaltene Kohlensäure wieder in das verbrennbare Kohlenstoffprodukt umgewandelt, welches durch seine Rückverwandlung in Kohlensäure, durch seine Verbrennung uns genau eben so viel Licht und Wärme wiederzu=geben im Stande ist, als die Sonnenstrahlen aufwenden mußten, um es aus der Kohlen=säure zu reduziren.

Ebenso sind alle Nahrungsmittel Brennstoffe im eigenthümlichen Sinne des Wortes, die Lunge ist der Ofen, in ihr verbrennt das Blut, das sich durch jene immer wieder mit kohlenstoffreichen Bestandtheilen sättigt und aus ihr entströmt, wie aus den Essen der Fabriken die Kohlensäure in den Luftkreis, um aus diesem durch die Thätigkeit der Pflanzen wieder abgeschieden zu werden. Pflanzen und Thiere sind deshalb auf Erden in beständiger Abhängigkeit von einander. Das Thierreich würde ersticken, wenn die Pflanze nicht aus den ausgeathmeten Luftarten wieder den Sauerstoff, die eigentliche Lebensluft, abtrennte; die Pflanzen würden aber nur spärlich gedeihen, wenn die Thiere ihnen nicht die zu ihrer Entwicklung erforderliche Kohlensäure als Quelle ihres Kohlenstoffes lieferten. Aus den lebenden Pflanzen können wir den Kohlenstoff, die schwarze Kohle abscheiden, wie es der Köhler in den Kohlenmeilern thut. Wir finden aber fast reinen Kohlenstoff auch in der Natur, wo er auf ähnliche Weise seine jetzige Gestalt erhalten hat.

Sämmtliche fossilen Brennmaterialien, Torf, Braun= und Steinkohle, Anthrazit, Asphalt, Naphtha, Bergöl u. s. w., sind nichts Anderes als Ueberreste organischer Stoffe einer längst vergangenen Zeit, die durch die Niederschläge großer Ueberflutungen bald mehr, bald minder tief in das Innere der sedimentären Formationen eingebettet wurden.

Entstehung der fossilen Brennstoffe. Ihre Entstehung und Entwicklung kann man am besten im Urwalde, in Sümpfen und auf hohen Waldgebirgen studiren. Denn wenn wir ein Kohlenlager in seiner weithin sich erstreckenden Ausdehnung und gleichmäßigen Struktur untersuchen, so überzeugen wir uns bald, daß dasselbe nicht durch Anspülung von Treibholz entstehen konnte, weil die auf solche Weise bewirkten Anhäufungen aus Stäm=men sich zusammensetzten, deren Aeste und Wurzeln sperrig abstehen, so daß sich zwischen ihnen erdiger Schlamm und Sand in Menge ansammeln konnte. Solche Anhäufungen finden wir in vielen größeren und kleineren Fluß=, See= und Deltagebieten und wir bemerken sie in allen Sedimentformationen als vereinzelte bituminöse, bisweilen auch nach vollständiger Verwesung ihrer organischen Bestandtheile nur noch in ihren Formen bestehende, sonst aber in Kieselerde verwandelte Stämme, Wurzelstöcke u. s. w. Es sind sogenannte untergegangene Wälder. Die Kohlenlager dagegen setzen eine langsame und stetige Bildungsweise voraus, für welche wir als Ausgangspunkt Sumpfpflanzen, und als Uebergänge: Moor, Torf, Braunkohle und verwandte Bildungen, Steinkohle bis zum Anthrazit ansehen dürfen.

Der Torf wächst aus Moos, Flechten, Wasserhaaren, Heidekraut und Gras an. Lycopodien, Farrnkraut, größere und holzige Pflanzen kommen, insofern sie ebenfalls im Moraste gedeihen, in die kohlige Masse hinein; sie bilden deshalb jetzt häufig noch einen, wenn auch untergeordneten, Bestandtheil der Torflager. Wenn ein Wasserbassin sich oberflächlich gänzlich mit Sumpfmoosen (Sphagnum u. dgl.) überzieht, wie dies am Neusiedlersee in Ungarn, in den Ebenen Hollands, Hannovers, Holsteins, Preußens, Kur- und Livlands, in Nordrußland, Sibirien und Nordamerika so gewöhnlich ist, so entsteht der reinste, nur aus Pflanzenmoder bestehende Torf. Ein solches überwachsenes Tiefmoor trägt, nachdem die auf ihm schwimmende Moosdecke etwa 2 Meter stark geworden ist, endlich Weiden, Birken und Tannenbäume, deren Wurzeln sich in dem Moossitze zu einem Geflechte verbinden, welches selbst Menschen und Pferde zu tragen im Stande ist. Die Bäume wachsen zu einem hohen Walde an, einzelne sterben ab, werden vom Sturme umgebrochen, legen sich auf die Moosdecke und erlangen, indem ihr Holzkern allmählig verwest, elliptische Querschnitte, so daß sie wie plattgedrückt erscheinen. Es bilden sich dadurch dünne Holzlager in jenem Torfmoose, welche immer wieder von Moos überwuchert werden. Während so die Oberfläche des Sumpfes sich durch Anwachs unausgesetzt aus dem Kohlensäuregehalt der Atmosphäre erneuert, lösen sich unten abgestorbene Theile der Moosdecke ab, sinken unter und bilden mit dem Sumpfwasser eine die Fäulniß verzögernde, harz- und gerbstoffreiche, schlammige Flüssigkeit, aus welcher die durch Nachwachsen schwerer werdende Waldbedeckung das überflüssige Wasser mehr und mehr auspreßt. So entsteht endlich eine feste Torfschicht.

Moose und harzreiche Coniferen, gerbstoffreiche Heidekräuter u. s. w. sind die besten Torfpflanzen, deshalb wachsen solche Bildungen reichlicher im Norden und auf kalten Hochgebirgen als im Süden und in warmen Ebenen, wo Gährung und Fäulniß außerdem durch das Klima zu sehr befördert wird. Es entwickeln sich Torflager auf diese Weise, welche, von ihrer Unterlage (dem Liegenden) scharf getrennt, in ihren unteren Theilen aus erdigem Kohlenmoder bestehen, dem nach oben mehr und mehr Holz beigemengt ist. Gras, Seggen, Farne, Lycopodien wachsen immer noch oben auf dem schon mehr abgetrockneten Moor. Wird dieses endlich, durch irgend ein Ereigniß, von Lehm, Sand und schlammigem Wasser bedeckt, so kann sich daraus, wie man es häufig findet, ein in den oberen Theilen mit bituminösem Holze angefülltes Braunkohlenlager bilden.

Anderwärts aber kann auch auf feuchten Stellen eines schattigen Waldes eine Moosdecke anwachsen, welche, indem sie dicker wird, die Waldbäume zerstört. Dann gewinnt das Moos die Oberhand und schwillt, indem es oben stets neue Blättchen entwickelt, endlich zu einem flachen Hügel an, der im Innern durch die überaus hygroskopische Beschaffenheit seiner Pflanzenstoffe oft eine breiartige Masse bildet, die nur durch die mehr oder weniger mächtige filzartige Decke in ihrer Form zusammengehalten wird. Zuweilen platzt ein solches Hochmoor auf und ergießt seinen schlammigen Inhalt über die nächste Gegend, es entstehen Schlammströme, welche in Irland, Schottland, Rußland zuweilen arge Verheerungen anstellen und, unwiderstehlich wie Lavaströme, die tieferen Bodenstellen bedecken und alle Vegetation vernichten. Am 25. Juni 1821 fanden bei Tulamore und am 17. Sept. 1835 in der Grafschaft Antrim in Irland Moosbrüche statt; der letztere hatte innerhalb vier Wochen eine Fläche von 100 Meter breit und 2 Kilometer lang etwa 10 Meter dick mit Moder bedeckt. Auch in Holstein, Ungarn und Rußland sind solche Ereignisse nicht selten. Selbst die aus brennbaren Pflanzenstoffen bestehende, als Brennmaterial benutzte Moia der südamerikanischen Vulkanhochgebirge möchte nichts Anderes als aus hochgelegenen Torfmooren ausgebrochener Schlamm sein und mit eigentlich vulkanischen Ereignissen kaum in Zusammenhang gebracht werden können. Wenn schwere Thiere, Hirsche, Ochsen, Schweine u. d. m., die schwankende Decke der Torfmoore betreten, so sinken sie leicht unter; man findet deshalb in irischen, deutschen und russischen Mooren Skelete vom Riesenhirsch, Elk, Elen, Hirsch, Auerochsen, sogar vom Mammuth, welche durch die gerbstoffhaltigen Bestandtheile der Torfpflanzen oft in einem merkwürdigen Zustande guter Erhaltung sich befinden.

Aus Torflagern, die auf die eine oder die andere Weise sich gebildet haben, sind nun, wie es scheint, sehr häufig die Braunkohlen entstanden. Die Pflanzensubstanz ist bei ihnen noch weiter verwest, sie sind daher reicher an Kohlenstoff, ärmer an Wasser- und Sauerstoff geworden. Die Braunkohle steht in Bezug auf den Grad der Zersetzung, welche die organische Substanz erleidet, in der Mitte zwischen dem jüngeren Torf und der älteren Steinkohle, welche letztere, immer mehr und mehr Wasser- und Sauerstoff verlierend, endlich zu Anthrazit wird. Im Tula'schen Gouvernement Rußlands befinden sich Pflanzenlager aus den frühesten Zeiten der Erdentwicklung (zwischen der devonischen und der eigentlichen Steinkohlenformation eingelagert), welche zum Theil noch Torf, zum Theil Braun-, zum Theil schon Steinkohle sind. Die Pflanzen, aus denen diese Kohlenstoffanhäufungen entstanden, bezeugen aber, daß wirkliche Torflager aus jenen fernen Epochen vor uns liegen und daß die Steinkohle daraus erst durch allmählige Verwesung entstanden ist.

Die Braunkohlenlager enthalten, genau wie die Torflager, entweder in ihrer Unterlage Wurzeln und Stammstücke von Bäumen, sie sind dann als Hochmoortorf gewachsen, oder die oft sehr platt gewordenen Baumstämme liegen, wie bei überwachsenen Tiefmoortorfen, in dem oberen Theile der Lager zusammengedrängt. Man braucht jedoch nicht in allen Fällen für die Braunkohle, noch auch für die Steinkohle, die Torfbildung als ein nothwendiges Vorstadium vorauszusetzen. Es sind ebensowol auch Braunkohlenlager bekannt, ja dieselben dürften sogar die Mehrzahl bilden, welche in ihrer ganzen Mächtigkeit aus Holzpflanzen bestehen und bis auf das Liegende hinab die Ueberreste starker Baumstämme und zwar ausschließlich solcher zeigen. Von dieser Beschaffenheit sind z. B. die Braunkohlen der Sächsischen Lausitz und viele in den benachbarten böhmischen Distrikten. Bei diesen Pflanzenresten hat zwar eine analoge Zersetzung der organischen Substanz, durch Moderung oder Verwesung, vielleicht unter Mitwirkung von Wasser, Wärme und hohem Druck, stattgefunden, aber nicht auf der Stelle ihres ursprünglichen Wachsthums. Vielmehr darf sehr häufig angenommen werden, daß hier infolge großer Zusammenschwemmungen das Material weiter Länderstrecken auf verhältnißmäßig kleinem Raume sich anhäufte.

Die Braunkohlenlager haben in der Regel eine verhältnißmäßig nur unbedeutende Ausdehnung; zwar besitzen sie oft eine bedeutende Dicke (Mächtigkeit), schwanken darin aber auf kurze Erstreckungen, spalten auf und verdrücken sich nicht selten gänzlich.

In der Wetterau dehnen sich Braunkohlenlager über eine Fläche von mehr als 220 Quadratkilometer aus, sie bilden mehrere kleine, neben einander liegende Bassins, von denen das eine bei Dorheim (Friedberg) fast ganz abgebaut ist, so daß dessen Form und Gestalt, genau bekannt, zur Erläuterung der Lagerungsverhältnisse dienen kann.

Das Dorheimer Braunkohlenflöz bildet eine 690 Meter lange, 80 bis 120 Meter breite Ablagerung, deren Begrenzung vielgestaltig ausgezackt ist. Die Ränder des Flözes haben eine Dicke von 25 Meter, der mittlere Theil desselben ist dagegen nur 6—10 Meter dick. Die das Lager bedeckende Thonschicht, 15—30 Meter dick, enthält hier und da Flußschnecken, ein Beweis, daß nach der Anwachsung des Kohlenflözes ein Fluß oder Bach das Terrain bespült hat. An einer anderen Stelle, bei Dornassenheim und Weckesheim, liegen drei Braunkohlenflöze durch Thonschichten getrennt über einander, woraus man schließen muß, daß Anhäufungen der pflanzlichen Massen wiederholt von schlammigen Anspülungen überschüttet worden sind. Solche und ähnliche Verhältnisse wiederholen sich häufig.

Die Braunkohlen schließen zuweilen Ueberreste von urweltlichen Thieren ein, welche wie die Fische und Mollusken entweder in den Wässern gelebt haben, durch welche die auf der Kohle lagernden Sedimentschichten abgesetzt wurden, oder aber wie gewisse, jetzt ausgestorbene Säugethiere, von denen man die Knochen in der Braunkohlenformation findet, Bewohner der Wälder gewesen sind, deren Pflanzen zur Bildung der Braunkohlen das Material geliefert haben, und die, in den alten Moor eingebrochen, mit diesem alle

Stadien seiner Zersetzung durchgemacht haben. Früchte und Blattreste von Laub= und Nadelholz sind nicht selten, sie gehören meist längst untergegangenen Pflanzenarten an und liefern die sichersten Merkmale zur Altersbezeichnung der Formation.

Ueberall da, wo wir fossilen Kohlenablagerungen begegnen, finden wir in Abdrücken und Versteinerungen jene Pflanzenformen mehr oder weniger zahlreich erhalten, denen diese Lager ihren Ursprung verdanken. Je älter die Formation ist, um so mehr weichen die ihr zugehörigen Pflanzen und Thiere von den heutigen Organismen ab, welche an der

Fig. 93. Cycadae (Noeggerathia lactuca?) aus der Steinkohlenflora.

Oberfläche das Leben bilden. In vielen der älteren Braunkohlenlager finden wir mitten in Deutschland und weiter nach Norden die tieferen Schichten aus dem Zimmtlorbeer ähnlichen Bäumen, aus Farnen und anderen Pflanzenfamilien zusammengesetzt, die jetzt nur in tropischen Gegenden noch vorkommen. Die Braunkohlen gehören der Tertiärformation an, welche sich von den vorhergegangenen durch einen großen Formenreichthum der Pflanzen= und Thierwelt auszeichnete, und sie steht mit der Jetztzeit insofern noch in einem ersichtlichen Zusammenhange, da in ihr Spezies der Flora und Fauna schon auftraten, welche auch jetzt noch auf der Erde leben. Diejenigen Formationen, welche älter sind als die Tertiärformation, wie die des Quadersandsteins, des Jura u. s. f., zeigen nur solche Spezies, welche

jetzt nicht mehr lebend angetroffen werden, und weitergehend beweiſen uns die Pflanzenreſte
der Steinkohlenperiode, daß damals, als ſie grünten und blühten, die Erde ganz andere
Vegetationsverhältniſſe beſaß, daß eine durchgängig viel höhere Wärme, größere Feuchtigkeit
und reichlicherer Kohlenſäuregehalt der Luft die Hervorbringung von Formen, die wir jetzt
gar nicht mehr, und zwar in einer Ueppigkeit ermöglichten, wie wir ſie heute ſelbſt in
einem Urwalde nicht mehr annähernd finden.

„Unſre dich=
teſte, üppigſte Wal=
dung — ſagt eine
Darſtellung des
Steinkohlengebirges
in „Aus der Natur“
— würde, zu Stein=
kohle zuſammenge=
preßt, nur ein Koh=
lenflöz von etwa
einem halben Zoll
Mächtigkeit bilden,
und 500 Genera=
tionen würden erſt
ein 20 Fuß ſtarkes
Flöz liefern, zu
ihrem Wachsthum
aber wol 50,000
Jahre bedürfen.
Um mit unſeren
Wäldern und Bäu=
men Hunderte von
Flözen über einan=
der zu lagern, wären
alſo Zeiträume von
vielen Millionen
Jahren erforderlich.
Das feuchte und
warme Klima der
niedrigen Inſeln
des Urozeans beför=
derte aber ungemein
das Wachsthum der
Sigillarien, Cala=
miten und Farn=
wälder, ſo daß wir
mit der Wachs=
thumszeit unſerer

Fig. 94. Odondopteris aus den Steinkohlengruben von Saarbrücken.

Waldbäume die Zeitdauer der Kohlenepoche nicht bemeſſen dürfen.“

Denn wenn vorhin entwickelt worden iſt, in welcher Weiſe aus pflanzlichen Gebilden,
wenn die leichteren gaſigen Beſtandtheile allmählig entweichen, kohlenſtoffreichere Rudi=
mente übrig bleiben, welche zu Torfbildungen Veranlaſſung geben können, und wenn wir
geſagt haben, daß dieſer Torf in Braunkohle übergehen und die Braunkohle ſelbſt infolge
weiterer Zerſetzung zu Steinkohle werden kann, ſo darf daraus keinesfalls geſchloſſen wer=
den, daß alle Steinkohle vorher nothwendig einmal Braunkohle geweſen iſt, noch weniger
aber daß diejenige Verkohlungsſtufe, aus welcher unſere jetzigen Steinkohlen hervor=

gegangen sind, übereinstimmend gewesen sei mit dem, was wir heutzutage als Braun=
kohle bezeichnen.

Die Braunkohle ist das Produkt einer besonderen geologischen Periode, aus Pflanzen
und unter Umständen entstanden, die eben jener Periode eigenthümlich waren. Manche
Braunkohle hat eine weitergehende Zersetzung schon erlitten, so daß sie in ihren Eigen=
schaften der Steinkohle sich nähert oder gar ihr gleichkommt, sie mag Pechkohle oder der=
gleichen geworden sein; aber wirkliche Steinkohle ist sie deshalb auch nicht, denn diese ge=
hört, ihrem Ursprunge nach, einer viel früheren Periode der Erdbildung an und ist aus
ganz andern Pflanzen entstanden. Der Vorgang der Bildung der Steinkohlenlager, in
seinem chemischen Verlaufe im großen Ganzen mit der Torf= und Braunkohlenbildung
übereinstimmend, muß doch ein bei weitem rapiderer und, in Bezug auf das Material,
welches er verarbeitet hat, ganz eigenthümlicher gewesen sein.

Professor Göppert in Breslau hat nach=
gewiesen, daß nicht Farne, obgleich diese in
den Arten der Neuroptern, Odontoptern, Lepi=
dodendren u. s. w. auch sehr zahlreich auftreten,
sondern in erster Reihe Sigillarien in Ver=
bindung mit den zu ihnen gehörenden Stig=
marien, dann Coniferen, und zwar Walchien,
Araucarien mit Calamiten, riesigen Schachtel=
halmen, und Noeggerathien die Hauptmasse
der Steinkohle gebildet haben. In den Ab=
bildungen Fig. 93—96 geben wir einige Dar=
stellungen solcher charakteristischer Steinkohlen=
pflanzen, und Fig. 100 zeigt uns eine ideale
Zusammenstellung der hauptsächlichsten zu
einem Bilde, welches uns eine Vorstellung
von dem landschaftlichen Charakter der Stein=
kohlenflora zu geben im Stande ist. Ueberaus
häufig finden wir die deutlichen Abdrücke
jener untergegangenen Formen in den be=
deckenden Thonschieferschichten, deren vormals
weiches Material die zartesten Eindrücke auf=
zunehmen im Stande war.

Die Steinkohlen sind innerhalb derselben
Formation von verschiedener Beschaffenheit.
Wie in jüngeren Gesteinsschichten sich aus
Pflanzenüberresten, welche der eigentlichen
Steinkohlenperiode nicht mehr angehören, den=
noch infolge gewisser, den Zersetzungsprozeß
beeinflussender Faktoren, großer Druck, hohe

Fig. 95. Annularia longifolia aus der Steinkohlenflora.

Temperatur u. s. w., sich Kohlen gebildet haben, welche dem ersten Blick als vollständig über=
einstimmend mit denen erscheinen, die in der Gegend von Zwickau oder Saarbrücken gegraben
werden, so sind umgekehrt in jener früheren Epoche und seither nicht überall die gleichen ge=
wesen; an manchen Orten finden wir sehr alte Kohlenlager, welche in ihrer Beschaffenheit eben
so viel Verwandtschaft mit Braunkohlen als mit Steinkohlen zeigen. Im großen Ganzen wer=
den wir annehmen dürfen, daß der innere Zersetzungsprozeß, dessen Produkt die fossilen Kohlen
sind, wesentlich auf eine immer reinere Darstellung des Kohlenstoffs hinarbeitete
und noch hinarbeitet, denn er ist auch jetzt noch nicht beendet. Je nachdem er nun vorge=
schritten und je nachdem andere Wirkungen vielleicht mit ihm im Spiele gewesen sind,
sind die Kohlen verschieden. Zwischen dem Torf, der Moderkohle, wie sie in den Alluvial=
schichten liegt, und dem Anthrazit, einem fast ganz reinen Kohlenstoffe, giebt es als Zwischen=

stufen nicht nur Braunkohlen und Steinkohlen kurzweg, sondern eine große Anzahl von verschieden Arten derselben.

Der Anthrazit in seiner ausgeprägtesten Form, wie er sich z. B. in Rhode=Island in Nordamerika findet, hat seinen Bitumengehalt, seine flüchtigen Bestandtheile fast gänzlich verloren', er besteht fast aus reinem Kohlenstoff mit sehr wenig Sauerstoff und Wasserstoff, verbrennt daher auch mit schwacher Flamme und hinterläßt wenig Asche.

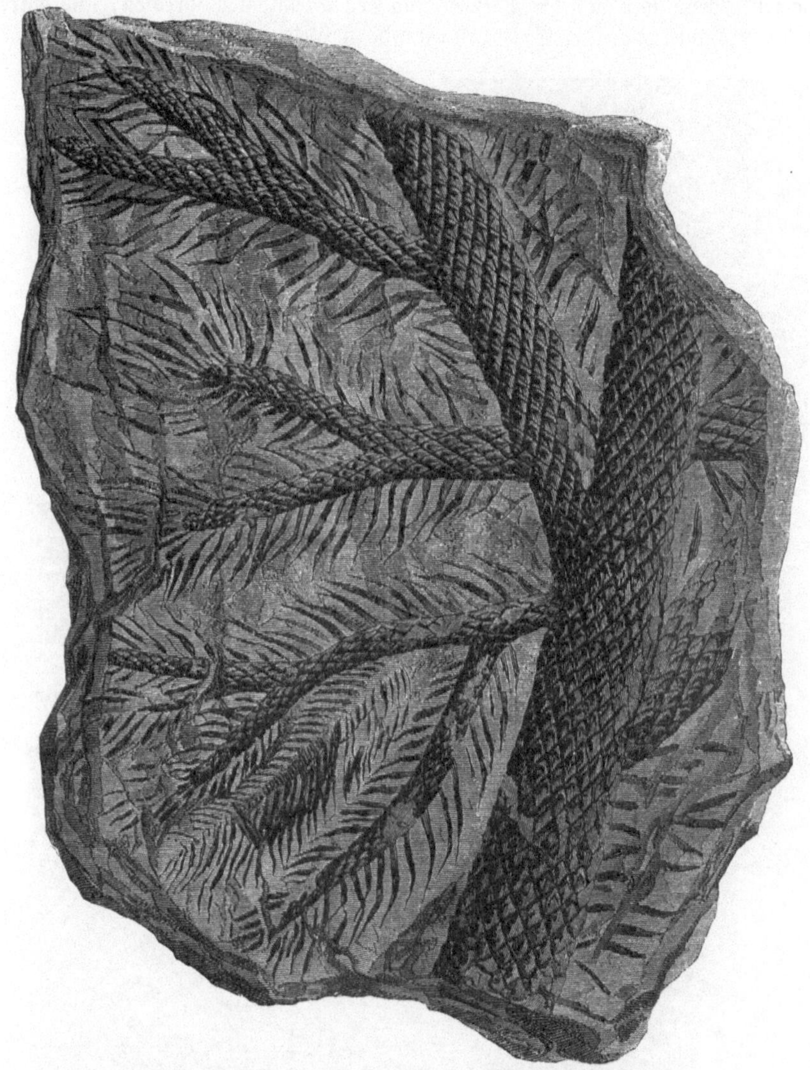

Fig. 96. Lepidodendron gracile aus den Kohlengruben von Eschweiler.

Von eisenschwarzer Farbe, hat er eine ziemliche Härte, etwa wie der Kalkspath, und einen aus= gezeichnet muscheligen Bruch. Obwol als Heizmaterial von großem Werth, ist er für die Gas= fabriken doch nicht zu verwenden, eben weil die Zersetzung der wasserstoffhaltigen Verbin= dungen schon so weit beendet ist, daß durch die Destillation in den Retorten aus ihm sich keine gasartigen Produkte mehr heraustreiben lassen. Er stimmt schon mit dem Residuum bei der Gasfabrikation, mit den Koaks, in seiner chemischen Zusammensetzung überein. Die eigent= liche Steinkohle oder die Schwarzkohle ist ihren äußeren Eigenschaften nach allgemein bekannt, sammtschwarz oder pechschwarz, durch verschiedene Grade des Glanzes, bis in graue Nüancen übergehend, zuweilen bunt angelaufen, von meist muscheligem, doch auch

schieferigem Bruche, geringerer Härte, leicht mit rauchender Flamme verbrennend und
dabei in manchen Varietäten sich erweichend und aufblähend, in anderen wieder zusammen=
sinternd, ist sie von allen unseren Lesern schon beobachtet worden. Der Techniker, der die
Kohle verwendet, und der Bergmann, der sie ihm liefert, unterscheiden besonders: Pech=
kohle, Grobkohle, Kännelkohle, Rußkohle, Schieferkohle und dergleichen, für
uns hat jedoch diese Eintheilung vor der Hand kein weiteres Interesse. Wir werden darauf
zurückkommen, wenn wir von der Verwendung der Steinkohlen sprechen, und wird uns
namentlich das Kapitel von der Gasfabrikation dazu Gelegenheit geben.

Fig. 97. Sigillarienstämme in den Kohlengruben von St. Etienne, an der Stätte ihres ursprünglichen Wachsthums
noch aufrechtstehend.

    In manchen Ländern, wie z. B. in Rußland, Schlesien und Böhmen, liegen die Stein=
kohlen älterer Formation noch fast in derselben Lage, in welcher sie in Torfmooren anwuchsen.
In anderen Gegenden wiederum erkennt man deutlich, daß ihr Material zusammenge=
schwemmt wurde. Bei Kladno, Radnitz, Pilsen u. s. w. in Böhmen bedecken sie die Schichten
der Silurformation in einer Mächtigkeit von 3—12 Meter, finden sich aber vorzugsweise

an dem Nordgehänge in flachen Mulden, während das Südgehänge nur verkieseltes Holz und Farnabdrücke birgt. Aus dieser Eigenthümlichkeit scheint hervorzugehen, daß auch hier schon in frühen Zeiten die Nordgehänge flachen Hügellandes, wo die Schatten länger weilten, von Torfmooren bedeckt waren, während die Südgehänge der Thäler trocken und ohne die Pflanzentwicklung blieben, welche die Steinkohlen hervorbrachten. In Oberschlesien lagern meistens mehrere Steinkohlenflötze, getrennt durch Sandstein und Schieferthon, über einander; die Lagerung findet in flachen Mulden statt. Auch hier erinnert der Bau und die Vertheilung von strukturloser Moderkohle und Holzresten häufig an die Braun= kohlen= und Torfbildungen.

In solchen Lagerstätten hat man bisweilen Ueberreste von Pflanzen unter Umständen gefunden, welche mit Sicherheit annehmen ließen, daß die Grabstätte auch die Wiege der kohlebildenden Gewächse gewesen sei. Man fand die Wurzelstöcke noch senkrecht in dem Boden sitzen und mit ihren Ausläufern noch in demselben Erdreich, dem sie die zu ihrem Wachsthum nöthige Nahrung früher entzogen hatten. Ja, ganze, noch aufrecht stehende Stämme hat man wieder ausgegraben, welche in ihren Strünken sich Festigkeit genug be= wahrt hatten, um dem Umsturz durch Fäulniß zu entgehen. Die schönsten Beispiele dieser Art lieferten die Kohlengruben von Saint=Etienne in Frankreich, wie es die nach einer Photographie hergestellte Abbildung Fig. 97 anschaulich zeigt.

In den verschiedenen Becken sind die Kohlenflötze auch in Bezug auf ihre Mächtigkeit, ihre Ausdehnung, Zahl und ihren Verlauf sehr verschieden. Es ist selten, daß nur ein einziges Flötz vorkommt; meist sind, durch Schieferthon, Sandsteine und dergleichen von ein= ander geschieden, mehrere und oft eine sehr große Zahl zu einem Schichtensystem mit einander verbun= den. Ja, es sind Becken bekannt, in denen 100 und mehr Flötze über einander auftreten. In Lancashire z. B. beträgt die Zahl der Flötze 120, im mittel= rheinischen Becken 164, in Südrußland am Donetz sind gar 225 Flötze bekannt, welche zusammen eine Mächtigkeit von 130 Meter haben. Die ganz schwachen Flötze, deren Mächtigkeit oft nur wenig Centimeter,

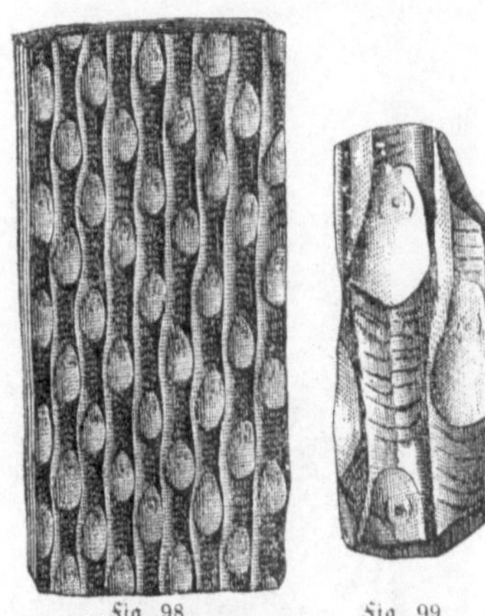

Fig. 98.   Fig. 99.
Stammstückchen von Sigillaria Groesseri aus der Steinkohlenflora.

ja selbst nur Millimeter beträgt, heißen Kohlenschmitze oder Säume; sie folgen ein= ander oft so rasch, daß der Querschnitt des Gebirges wie in großartiger Weise liniirt aussieht; denn die Regelmäßigkeit der horizontalen Ausdehnung ist oft sehr groß, wie an mehreren Flötzen im Saarbrückner Becken beobachtet werden kann. Das High Mainflötz in Northumberland erstreckt sich über einen Raum von 80, das Low Mainflötz über 200 eng= lische Quadratmeilen; das Pittsburger Flötz durch Pennsylvanien, Ohio und Virginien bei 225 Meilen Länge und 100 Meilen größter Breite über eine Fläche von 770,840 Quadrat= kilometer (14,000 Quadratmeilen). Und auf diese ungeheure Ausdehnung behält das letzt= genannte Flötz seine Mächtigkeit von 3 Meter gleichmäßig bei.

In manchen Gegenden jedoch wurden die Kohlenflötze durch Bodenschwankungen, Hebungen und Senkungen in ihrer ursprünglichen Lagerung mehr oder weniger gestört. Die Kohlenflötze an der Ruhr, Worm und in Belgien, die meisten in England, die an der Saar im Schwarzwalde, in den Vogesen und im südlichen Frankreich sind in dieser Beziehung merkwürdig. Sehr oft ist dadurch der Zusammenhang zwischen den Theilen der Kohlenflötze aufgehoben, sie sind in Stücke zerrissen oder die Schichten sind hin= und herge= bogen, geknickt und verschoben. In kaum einer anderen Formation kommen solche Störungen der Schichten vor wie in der Steinkohlenformation; und besonders merkwürdig sind die Sprünge und Verwerfungen derselben, durch welche natürlich die Kohlenflötze ebenfalls in ihrem stetigen Verlauf unterbrochen werden. Nicht nur daß, wie es sehr häufig vorkommt, sich die quer durchgerissenen Flöztheile nur wenige Centimeter von einander nach oben und unten entfernt haben, es machen manche Flöze sogar Sprünge um Hunderte von Metern.

Fig. 100. Ideale Landschaft aus der Steinkohlenperiode.

Diese Sprünge und Verwerfungen setzen dem Abbau sehr große Schwierigkeiten entgegen, da es oft nicht leicht ist, den verworfenen Flöztheil wieder zu erreichen. —

Uebrigens ist keine Sedimentformation ganz ohne Kohlenlager, dieselben kommen aber als auf dem Festlande entstandene Bildungen immer nur vereinzelt vor, während die kohlen=

leeren Meeresabſätze der Formationen eine weit größere Verbreitung haben und deswegen ſich auch nicht alle Formationen durch einen gleich hohen Kohlenreichthum auszeichnen. Die in dieſer Beziehung am beſten ausgeſtatteten Formationen haben in specie den Namen Kohlenformation oder Steinkohlenformation und Braunkohlenformation erhalten. Die letztere hat als Ganzes, als geologiſches Glied, bei weitem nicht die Mächtigkeit wie die erſtere. In den älteren Geſteinen hat die Kohle oft ſchon die Form des Graphits ange= nommen, beſonders wenn die Felsarten in den kryſtalliniſchen Zuſtand übergegangen ſind, wie in den Gneis=, Glimmerſchiefer= und Marmorſchichten Böhmens. Zuweilen aber ſind auch, obgleich Gneis zwiſchen die Kohlen eingeſchoben iſt und die Pflanzenabdrücke in Feldſpathgeſteine eingehüllt ſind, wie bei Offenburg im Schwarzwalde und Thann im Elſaß, die Steinkohlen noch ziemlich reich an Waſſer= und Sauerſtoff und ſelbſt dem An= thrazite fernſtehend.

Die Steinkohlenformation in specie hat ihren Namen zwar von dem Reichthum an Kohlenflötzen, die in ihr von ſehr verſchiedenem Alter auftreten. Man darf aber aus dieſem Namen nicht ſchließen, daß alle ihre Ablagerungen kohlenführend wären. Denn obwol ſie das ganze nördliche Rußland, ganz Irland, einen großen Theil von England, Belgien, Deutſchland und den Alpen (nahezu 80,000 Quadratmeilen) bedeckt, ſind davon doch nur etwa 700 Quadratmeilen Steinkohlen führende Baſſins, deren Kohlenſchichten, zu= ſammengelegt, kaum 200 Quadratmeilen Fläche umfaſſen.

In den jüngeren Formationen iſt in Europa beſonders die Juraformation kohlen= führend. Die Steinkohlen am Dnieſter und Weſergebirge, in Ungarn bei Fünfkirchen, im Kaukaſus bei Tiflis gehören dieſer Formation an. Auch in Amerika und Indien ſind Lias= kohlen bekannt. In der noch ſpäter niedergeſchlagenen Kreideformation Mährens und Oeſterreichs beginnt die Braunkohle, welche in der ſogenannten Tertiärformation Europa's überall verbreitet iſt, wo Süßwaſſer= und Landbildungen ſich anlegen konnten, in den durch Meerwaſſer bewirkten Tertiärſchichten aber gänzlich fehlt.

Die Gewinnung der foſſilen Brennſtoffe. Ueber die Torfgewinnung iſt wenig zu ſagen, ſie iſt unſeren Leſern wol hinreichend bekannt. Die an der Oberfläche der Erde befindlichen Lager werden von oben herein abgeſtochen und die weiche, oft plaſtiſche Maſſe, welche wol noch Stengel und Holztheile der Pflanzen enthält, wird in Ziegel geformt und getrocknet. Ein Bergbau wird auf Torf nicht betrieben. Ueberhaupt iſt zur Zeit der Werth der Torflager noch nicht in der Weiſe gewürdigt, welche dies in ungeheuren Maſſen auf der Erde vorhandene Brennmaterial verdient, und welche ihm auch zu Theil werden wird, wenn die fortſchreitende Ausbeutung der Kohlenlager die Befürchtung der Erſchöpfung näher legen wird.

Die Gewinnung der Braunkohlen geſchieht da, wo dieſelben nicht tief unter Sand und Thon begraben liegen, oft durch Tagebau, indem nach Abräumung der erdigen Decke die Kohlenmaſſe ausgeſtochen wird. In großem Umfange wird dieſer Abbau in der Gegend von Großallmerode in Heſſen, Halle, Bitterfeld, Weißenfels, in manchen Gegenden Sachſens, z. B. bei Zittau, Wurzen, ferner bei Auſſig, Teplitz, Bilin, Karlsbad, Falkenau in Böhmen u. ſ. w. betrieben. Die Kohlen liegen ſchon unter 5—10 Meter dicken Sand-maſſen oft ſelbſt 10—20 Meter dick. Im Sand begrabene Baumſtämme liegen oben, zu= weilen finden ſich in der Kohle unzählige abgeplattete Holzſtücke, die Hauptmaſſe aber beſteht häufig aus nichts weiter als aus Moderkohle, die oft, zu ſteinharten glänzenden Maſſen verdichtet, als Pech= und Glanzkohle erſcheint und ihren Eigenſchaften nach mit der Steinkohle ſehr nahe übereinſtimmt.

Ein ſolcher Tagebau erſcheint wie ein gewöhnlicher Steinbruch. Wo er tiefer in die Erde eindringt, muß das darin ſich anſammelnde Waſſer entweder durch Stollen abgeleitet oder durch Dampfmaſchinen herausgepumpt werden. Auf manchen Gruben der Art werden trotz der mangelhaften Einrichtungen, welche mit ſolchen Tagebauen verbunden zu ſein pflegen, enorme Maſſen von Braunkohlen gefördert. Dieſelben werden theils als Brennſtoffe verkauft, theils zur Paraffin= und Photogenfabrikation verwendet, doch ſind nicht alle Kohlen geeignet für die Darstellung der letztgenannten Produkte. Es gehört dazu ein besonderes Stadium der Zersetzung, in welchem sich namentlich die Kohlen der preußischen Provinz Sachsen, Weißenfelser Gegend, auch manche böhmische Kohlen befinden. Andere wieder geben bei der trocknen Destillation gar keine oder nur so geringe Ausbeute an öligen Produkten, daß man sie ausschließlich nur als Feuerungsmaterial verwerthen kann. Selbst die geeignetsten Braunkohlen liefern aber der Quantität nach immerhin nur so geringe Mengen an Paraffin und Photogen, daß sich deren Bereitung nur an solchen Stellen lohnen wird, an denen die Gewinnung der Kohlen sehr leicht und wohlfeil ist.

Die böhmischen Braunkohlen, welche für Norddeutschland als Brennmaterial noch eine große Rolle zu spielen berechtigt sind, werden fast durchgängig durch offenen Tagebau oder durch Anlage flacher Schächte gewonnen. Wo der Grundeigenthümer zu dem Abbau der Kohlen berechtigt ist, wühlt er sich oft nur einen kreisrunden, brunnenartigen Schacht, der leicht mit Reißholz, Bretern und Reifen verbaut wird, bis auf die Kohlen herab, und nimmt von diesen so viel heraus, als er vor Zusammenbruch des Schachtes erreichen kann. Bei dieser höchst ungeregelten Art, die Kohle zu gewinnen, wird natürlich viel verloren; es bleiben überall Reste der Lager in der Erde zurück, die dann, wenn sich die obere Erdschicht an den ausgebauten Stellen gesenkt hat und den Zutritt von Luft und Feuchtigkeit gestattet, häufig durch Selbstentzündung in Brand gerathen. Die böhmischen Bauern liefern aber in der Umgegend von Aussig, Teplitz und Bilin auf diese Weise die Kohlen so billig, daß der Centner bis an das Elbufer auf nur wenige Kreuzer zu stehen kommt und daß deshalb dieser geschätzte Brennstoff bis Prag stromaufwärts und bis Magdeburg und Berlin stromabwärts auch mit Vortheil Verwendung finden kann.

Wo sich die Braunkohlenflöze in der Hand von größeren Besitzern finden oder wo sie durch Belehnung und Kauf zu größern Gründen zusammengelegt worden sind, hat sich auf ihnen aber auch ein kunstmäßiger Bergbau entwickelt. Da sie oft eine große Dicke besitzen, so erfolgt ihre Herausnahme (ihr Abbau) gewöhnlich nur stückweise von oben nach unten, durch sogenannten Bruchbau.

In den Bergwerken bei Dorheim in der Wetterau oder am Habichtswalde und Meißner in Kurhessen, wo die Mächtigkeit der Kohlenflöze 10—30 Meter erreicht, wird zuerst ein Schacht durchgeteuft und mit Wasserpumpen und Fördermaschine ausgestattet. Von diesem Schachte aus werden dann zuerst in der oberen Abtheilung des Flötzes horizontale Richt-, Grund- und Förderstrecken nach allen Weltgegenden ausgehauen (getrieben), welche endlich wieder mit senkrechten Schächten im Zusammenhange stehen. Diese letzteren dienen als Wetter- und Förderschächte, um den sich aus der Kohle entwickelnden Ausdünstungen leichteren Ausgang zu verschaffen, und bewirken in der Grube eine Luftcirkulation (Wetterwechsel). Die Grundstrecken werden gewöhnlich mit Eisenschienen belegt, auf denen die Karren (Hunde) laufen; von ihnen zweigt man rechtwinklig Nebenstrecken ab, welche das abzubauende Flötz in einzelne große Quadrate theilen. Die Quartiere werden successive ausgehauen, wobei die Decke durch untergestellte Stangen und Stützen gegen das Einbrechen gesichert werden muß. Nach dem Abbau eines Pfeilers schlägt man das Stützenholz so viel als möglich heraus, läßt die Decke herabbrechen und schreitet zum Abbau des nächsten Quadrates. Nach Verlauf eines halben oder ganzen Jahres hat sich das hereingebrochene Dachgestein fest und geschlossen auf den noch stehenden Theil des Kohlenflötzes gelegt. Vom Hauptmaschinenschachte aus wird nun die zweite, tiefere Grundstrecke getrieben, welche abermals von der Grenze des Flötzes aus den Abbau einer zweiten Etage unmittelbar unter der ersten einleitet. Später wird die dritte, vierte, fünfte und sechste Grund- und Abbaustrecke immer tiefer hinabgehend angelegt und das ganze Flötz so allmählig gewonnen. Natürlich entsteht durch das immer tiefere Einsinken des Dachgesteines endlich an der Oberfläche eine Senkung, welche sich, wenn das Dach wasserdichter Thon ist, oft zu einem Teiche gestaltet. Dieser Bruchbau findet bisweilen auch bei mächtigen Steinkohlenflözen Anwendung.

Liegen die Braunkohlenflöze steil geneigt gegen den Horizont, wie z. B. die Pechkohle liefernden bei Leoben (Münzenberg), oder die bei Häring in den Alpen, so wird der

Förstenabbau eingeführt. Man treibt den Schacht zur Förderung und Wasserhaltung in die Tiefe, richtet auf dem Lager Feldörter (Grundstrecken) aus und baut, indem man von unten nach oben den zwischen je zwei Feldörtern anstehenden Kohlenpfeiler heraushaut, von unten nach oben ab. Wenn zwei und mehrere Braunkohlenflöze über einander liegen, so muß, sei nun Bruch= oder Förstenbau anwendbar, immer zuerst das oberste Flöz abgebaut werden.

Fig. 101. Idealer Durchschnitt einer Steinkohlengrube.

Wollte man mit dem tieferen beginnen, so müßte das obere beim Zusammenbruch der Abbaustrecken zerbröckeln und werthlos werden.

    Steinkohlen werden nur selten durch Tagebau gewonnen; in Polen, Oberschlesien und im südlichen Frankreich, sowie an einzelnen wenigen Punkten der Ruhrgegenden, sind solche Steinbruchbaue angelegt, sie erlauben aber immer nur die Gewinnung geringer Kohlenmengen. Weil die Steinkohlenflöze infolge ihrer Bildung in früheren geologischen

Perioden gewöhnlich tief unter der Oberfläche liegen und sich immer mehrere über einander befinden, so ist zu deren Abbau der Bergwerksbetrieb unerläßlich. Großartige Kohlenberg= werke sind in Rheinpreußen, Westfalen, Saarbrücken, bei Zwickau in Sachsen, in Ober= schlesien, Mähren und Böhmen; außer Deutschland in England, Belgien und im südlichen Frankreich, und es zeigt uns die Abbildung Fig. 101 in idealer Zusammenstellung das Innere eines solchen Betriebes mit seinen mannichfaltigen Einzelnheiten, wie wir sie im Laufe dieser Darstellung noch kennen lernen werden. Wir wollen uns zu diesem Behufe in einigen der hervorragendsten Kohlengruben etwas genauer umsehen und werden dabei am besten Ge= legenheit haben, mit den hie und da auftretenden Eigenthümlichkeiten uns bekannt zu machen.

Wir dürfen dabei freilich nicht nach solchen Kohlenbergwerken uns begeben, wie sie in der Türkei, in Kleinasien betrieben werden, wo man erzählt, daß der oberste Bergbeamte bei dem Besuche einer Grube die als Stütze für die Decke stehen gelassenen Pfeiler bemerkte, die seiner Ansicht nach vergessen worden waren, und voller Entrüstung deren sofortige Aus= bringung befahl — ohne Widerspruch. Selbst die Chinesen, welche sonst in allen praktischen Dingen sich durch die Jahrhunderte lange Uebung in der Regel eine zweckmäßige Gewohnheit angeeignet haben, stehen im Kohlenbergbau auf einer sehr tiefen Stufe. Es fehlen ihnen die wissenschaftlichen Grundlagen, welche die Geognosie giebt, und die mechanischen Hülfs= mittel, die wir der Physik und unserem Maschinenwesen verdanken. Ja, sogar in Europa, wo doch der Kohlenbergbau seine systematische Ausbildung erfahren hat, finden wir hier und da noch Einrichtungen, welche an die allerprimitivsten Abbaumethoden erinnern. Im südlichen Frankreich, in der Provence an den Mündungen der Rhone, schleppt man die Kohlen noch auf dem Rücken aus den Gruben, ebenso wie in manchen schottischen Berg= werken, wo die beschwerliche Arbeit noch dazu von Frauen verrichtet wird.

Ein Steinkohlenbergwerk ist in seiner Anlage mit einem Erzbergwerk nur bis auf einen gewissen Grad zu vergleichen. Man baut Schächte und Stollen zur Förderung und Fahrung und zur Gewältigung des Wassers, Strecken und Abbauörter werden in ähnlicher Weise wol angelegt, der Abbau auch unter gewissen Verhältnissen nach übereinstimmenden Methoden vorgenommen, aber dennoch giebt die eigenthümliche Natur der Kohlenlager= stätten, von der der meisten Erzlager verschieden, ganz andere Vorbedingungen, welche von vornherein auch ganz andere Maßnahmen bewirken. Vor allen Dingen ist durch die berg= männische Voruntersuchung die Natur der Lagerstätte, ihr flötzartiger Charakter und die muthmaßlich auf größere Entfernung sich erstreckende Gleichmäßigkeit fast zweifellos gemacht. Darauf hin wird die Anlage der Schächte, die Art und Weise des Abbaues und alles damit Zusammenhängende weniger von Zufälligkeiten abhängig als beim Erzbergbau, der bei dem gangartigen Auftreten der Erze ein fortwährender Suchbau bleibt. Wie ein oberirdisches Bauwerk, wie ein Dom, läßt sich ein Steinkohlenbergwerk in seiner Ausfüh= rung vorher bestimmen und auf dem Plane ausführen, ehe der erste Spatenstich geschieht. Das ist beim Erzbergbau nur in seltenen Fällen möglich. Zwar kommen Zufälligkeiten, welche den ursprünglichen Plan ganz verändern können, auch im Kohlenbergbau vor — Verwerfungen der Flötze, Auskeilungen, Verschwinden derselben u. s. w. — aber es ist aus ihnen dann immer eine neue Regel zu ziehen.

Dann macht die Natur der Gebirgsschichten, welche lange nicht die Tragfähigkeit der erzführenden Urgesteine haben, andere Sicherheitsbaue nothwendig, die auch durch die lagen= weise Abarbeitung schon bedingt werden; die sich fortwährend entwickelnden Gase verlangen sorgfältige Abführungsvorrichtungen, wenn sie nicht als Explosivgase wie als Athmungs= luft gleich gefährlich werden sollen u. s. w. Vor allen Dingen aber stellen die ungeheuren Massen, um welche es sich bei der Förderung der „schwarzen Diamanten" handelt, an das Maschinenwesen und an die Förderungskräfte Anforderungen, welche nicht in Ver= gleich zu stellen sind mit den Bedürfnissen, die in dieser Beziehung der Erzbergbau — mit Ausnahme des Eisenerzbergbaues — macht.

Seit der Kohlenbergbau begonnen hat, seine heutige volkswirthschaftliche Bedeutung zu erlangen, ist er daher auch die Schule für den Bergbau überhaupt geworden.

Er hat übrigens eine sehr weit zurückgehende Geschichte, und Belgien, das heute noch mit seinen Werken in erster Reihe aller Kohlen produzirender Länder steht, darf den Ruhm beanspruchen, die Wiege dieses Riesen gewesen zu sein. Hier haben wahrscheinlich schon im 12. Jahrhundert Kohlengruben in regelmäßigem Betriebe gestanden.

Die Kohlen selbst und ihre Brennbarkeit waren schon viel früher bekannt, allein man fühlte noch nicht das Bedürfniß, ihre Gewinnung zu betreiben, und selbst in England scheint noch lange Zeit vergangen zu sein, ehe man dem jenseit des Kanales gegebenen Beispiele folgte. Noch im 14. Jahrhundert fand es der Magistrat in London angemessen, eine Verordnung zu erlassen, durch welche das Brennen von Steinkohlen auf das Strengste verboten wurde. Im Jahre 1719 gab Strachey die erste Beschreibung der englischen Kohlenwerke und 1778 Withchurch eine wissenschaftliche Bearbeitung, in welcher er das Steinkohlengebirge als eine selbständige Formation hinstellte. In Deutschland waren ihm hierin jedoch bereits mehr als zwanzig Jahre früher der Bergrath Lehmann (1756) und Füchsel (1761) vorausgegangen, welche bereits die Unterabtheilungen der Steinkohlenformation bestimmt hatten. —

Höchst interessant, um sich eine Vorstellung von einem Kohlenwerk zu machen, ist ein Besuch der Gruben bei Kladno in Böhmen. Daselbst liegt ein 12 Meter dickes Steinkohlenflöz zwischen weißem Sandstein eingelagert mit einer geringen Neigung einfallend, am steilen Abhange eines Kieselschieferfelsens, welcher, wie eine kleine Halbinsel aus dem Kohlenbassin hervorragend, die große Kladnoer Eisenhütte trägt. Links und rechts neben den ausgedehnten Hüttenanlagen senken sich die Kohlenschächte bis 250 Meter tief nieder, wir lassen uns auf einer an starken Drahtseilen hängenden, zwischen senkrechten Schienen gleitenden Förderbühne durch die mächtige Dampfmaschine hinabtragen. Am unteren Schachtende betreten wir einen hochgewölbten Raum, das Füllort, von welchem strahlenförmig die schienenbelegten Hauptförderstrecken ausgehen. Dicht neben dem Füllort befindet sich die Bergschmiede; hier werden bei Lampenlicht die Arbeitsgeräthe der Bergleute reparirt und geschärft. Die Schmiede grenzt an den Kesselofen, worin der Dampf für viele Dampfmaschinen erzeugt wird, welche, an verschiedenen Stellen der Grube fixirt, die Kohlenförderung besorgen. Der Gedanke, die Dampfkraft in den Tiefen anzuwenden, ist höchst fruchtbar. Die zur Dampferzeugung nöthigen Kohlen sind unten gleich zur Hand, der Schornstein zur Vermittelung eines starken Zuges und rascher Wärmeentbindung ist im Schachte selbst gegeben. Indem aber die durch den Schacht ausströmenden Verbrennungsprodukte die Luftsäule desselben erwärmen, befördern sie den Luftzug in der Grube in solcher Weise, daß sich nirgends schlagende Wetter (brennbares, heftige Explosionen hervorbringendes Gas) ansammeln können. In vielen Gängen der Grube herrscht ein wahrer Sturmwind, welcher durch eingehängte Thüren gemäßigt werden muß. Die kleinen, in der Tiefe thätigen Fördermaschinen bekommen den nöthigen Dampf durch lange Rohrleitungen zugeführt, sie ziehen schwere Kohlenlasten auf den in die Tiefe der Mulde reichenden Querstrecken herauf und geben sie auf die horizontal nach dem Hauptförderschachte hinführenden Schienenwege ab.

Die Kohlengewinnung geschieht auf diesen Gruben mittels des Bruchbaues; die eigenthümlichen Lagerungsverhältnisse unterstützen dies. Das Kohlenflöz besteht nämlich aus drei Lagen von 3—5 Meter Dicke, welche durch 30—90 Centimeter dicke Sandsteinbänke von einander getrennt sind. Zuerst wird der obere Flöztheil bis auf die oberste Sandsteinbank herausgenommen, und nachdem das Hangende niedergegangen und sich fest aufgelegt hat, greift man das zweite Flözstück zwischen der oberen und unteren Sandsteinbank an und nimmt zuletzt das dritte, tiefste Flözstück heraus. An einzelnen Stellen des Bassins sind die drei Kohlenflöze durch mächtigere Zwischenmittel von Sandstein getrennt und verlieren sich allmählig, so daß der gegen Süden gekehrte Muldenabhang nicht von Steinkohle bedeckt erscheint.

Auf den flachen, nur wenig verworfenen Kohlenflözen in Oberschlesien wendet man ebenfalls den Bruch- oder Pfeilerbau an, indem man jedoch immer ein ganzes Flöz auf

einmal herausnimmt, was bei der 3—4 Meter betragenden Mächtigkeit auch ganz zweck=
mäßig ist.

Schwache Kohlenflöze werden durch ganz niedrige Strecken durchfahren und mittels
Krummhälsebaues, welchen wir schon beim Erzbergbau kennen lernten, gewonnen.
Denn da beim Steinkohlenbergbau billige Arbeit durchaus geboten ist, so werden alle un=
nütze Ausgaben möglichst vermieden und die Strecken immer nur so hoch gemacht, als das
Kohlenlager dick ist. Der Bau auf diesen schwachen Lagern ist oft sehr beschwerlich und
erfordert große körperliche Gewandtheit. Die Abbildungen Fig. 102 und 103 geben uns
eine Vorstellung von der Art der Arbeit und Förderung, wie solche in Krummhälsestrecken
stattfindet. Die Wagen werden in der Regel von Knaben, welche noch nicht das 16. Jahr
zurückgelegt haben, geschoben.

In Westfalen und am Unterrhein hat sich in den letzten zwanzig Jahren ein
Kohlenbergbau entwickelt, welcher an Großartigkeit sich den englischen Werken dieser Art
ebenbürtig vergleichen läßt, zumal er auch mit der Eisenindustrie eng verschwistert ist.

Fig. 102. Arbeiten in den Krummhälsestrecken.

Tausende von hohen Maschinenschloten ragen dort in die Luft, Eisenbahnschienen durch=
weben das Land und liefern die Steinkohlen in Menge auf die Hauptschienen ab, die sie nach
der Elbe, nach der Weser, nach dem Rheine transportiren. Die Ruhrkohlen (die westfälisch=
rheinländischen) wetteifern aber auch an Güte mit den besten; sie treten in allen Qualitäten von
der anthrazitisch schwer brennenden Sand= und Sinterkohle bis zur backenden und lange Gas=
flammen ausstoßenden Koaks= und Gaskohle auf. Die Flöze sind zahlreich, der Abbau meist
nicht sehr schwierig, so daß der Preis der Kohle an der Grube selbst je nach Qualität ein sehr
billiger ist. Durch diese Billigkeit und die mittels Eisenbahnen und Schiffahrt möglich gewor=
dene leichte und wohlfeile Verführbarkeit des Stoffes über Land wurden die Ruhrkohlen bis
Nürnberg und Berlin, Amsterdam und Hamburg ein beliebtes Brennmaterial. Sie unter=
stützen Hunderttausende von Arbeitern, theils indem sie als Schmelzmaterial bei Metall=
arbeiten dienen, theils indem sie den Dampf erzeugen, welcher die Spindel und das Weber=
schiffchen, die Tuchschere, die Drehbank und Säge, den Dampfhammer, die Stabeisen= und
Blechwalze, und ebensowol den Rammblock bei Wasserbauten nebst unzähligen anderen
Maschinen in Bewegung setzen, als sie für Gasbereitung Anwendung finden und Arbeits=
säle, Kaufhallen und Straßen erleuchten.

In der Umgegend von Dortmund, Bochum, Essen, Ruhrort verbirgt sich die Stein=
kohlenformation unter den Kreidemergeln, während sie bei Witten, Steele und sonst an der
Ruhr frei zu Tage tritt. An letzteren Punkten ist die Ausbeutung mit geringeren Schwierig=
keiten verknüpft als an ersteren.

Die einzelnen Flöze liefern gewöhnlich verschiedene Kohlensorten, von denen die einen
als Gaskohlen, die anderen zu Koaks oder als Flammkohlen Verwendung finden. Wo die
Flöze flach liegen, baut man wie in Oberschlesien und Böhmen durch Quadratbau; wo
sie steiler geneigt stehen, treibt man quer durch die Quadrate Förderstrecken und schafft die

Kohlen mittels eigenthümlicher Vorrichtungen, der **Bremsberge**, dahin. Die Brems=
berge sind schiefe Ebenen, auf denen die gefüllten Förderwagen bergab rollen und die
leeren bergan ziehen. Man haut die Kohlen, indem man am Liegenden die Flöße mehrere
Meter tief unterschrämmt, die dadurch abgelöste Bank endlich oben loskeilt oder durch Pul=
ver lossprengt und sie auf diese Weise in möglichst großen Stücken erhält. Diese Stücke
werden sammt dem gefallenen Kohlenklein in Wagen geladen und oft durch Pferde, häufiger
durch Menschenhand, auf das Füllort gefahren.

Die Förderung durch Pferde geschieht in großartigster Weise in den bekannten fran=
zösischen Werken von Creuzot, wo die Thiere, einmal in den Schacht hinabgelassen, das
Tageslicht selten wieder erblicken; denn macht schon das Anfahren dieser Hülfsarbeiter
große Schwierigkeiten (siehe das Tonbild), so würden dieselben beim Ausfahren nicht geringer
sein. Man darf aber nicht glauben, daß der unterirdische Aufenthalt auf das Wohlbefinden
der Pferde einen nachtheiligen Einfluß übt, im Gegentheil scheinen diese sich sehr gut darein
zu finden, wie ihre Lebensdauer beweist, die in der Regel eine längere ist, als oben auf der
Erde. Die Gleichmäßigkeit der Arbeit, Nahrung und aller sonstigen Verhältnisse, besonders
der Temperatur, scheint dazu wesentlich mit beizutragen. Auch in Staffordshire in England
werden Pferde zu Streckenförderung vielfach benutzt.

Fig. 103. Fortschieben der Karren in den Krummhälsestrecken.

In den Kohlenwerken, wo unglaubliche Massen durch die Schächte zu Tage gefördert
werden, würde das Aufziehen in Tonnen nicht ausreichen. Das Umfüllen schon aus den
Karren in die Förderungskübel würde viel zu viel Zeit und Arbeit in Anspruch nehmen.
Man bedient sich daher der schon früher erwähnten und durch Abbildungen (siehe Fig. 67)
erläuterten Förderstühle und Fördermaschinen. Der Fördermaschine ist überall die Ein=
richtung gegeben, daß sie vier solcher Wagen (Hunde) aufnehmen kann; sie liefert die
Kohle ohne vorhergehende Umladung an die Erdoberfläche, wo sie entweder über ein hohes,
steil aufgerichtetes Sieb (ein Rätter) geworfen und in mehrere verschieden grobe Sorten
getrennt oder alsbald in die Eisenbahnwagen verladen wird. Manche Schächte sind im
Stande, täglich 10,000 Centner Kohlen zu fördern. Im Jahre 1862 sind aus dem west=
fälischen Steinkohlenreviere gegen 80 Millionen Centner Kohlen gewonnen worden.

Auch die **Saargegend** ist außerordentlich reich an Steinkohlenflötzen, welche auf
einer sehr kleinen Fläche zwischen St. Ingbert und Saarbrücken zusammengedrängt liegen.
Man glaubt über hundert Flötze über einander zu kennen. Im Jahre 1862 lieferte das
Revier (Preußen und Bayern) an 50 Millionen Centner Kohle.

Das oberschlesische Kohlenbassin hat 1862 etwa 66 Millionen Centner Steinkohlen
in den Verkehr gebracht, während das Königreich Sachsen aus dem Plauen'schen Grunde
und der Chemniß=Zwickauer Gegend nur etwa 23 Millionen Centner, Böhmen, Mähren
und Oesterreichisch=Schlesien etwa 36 Millionen Centner förderten. Die bei Osnabrück
am Harze, im Schwarzwalde und im Limburgischen bebauten Steinkohlenflötze ergaben eine
jährliche Förderung von $1\frac{1}{2}$—2 Millionen Centner, so daß Deutschland aus der eigent=
lichen Steinkohlenformation vor zehn Jahren schon enorme Quantitäten Kohlen entnahm.

Seitdem hat sich die Produktion noch wesentlich gesteigert; 1865 hatte der Zollverein allein 435,894,109 Centner Steinkohlen und 135,161,139 Centner Braunkohlen gefördert, zusammen also fast 6 Millionen Centner. Preußen hatte sich an dieser Produktion mit mehr als $^5/_7$ betheiligt, denn auf seine Kohlenwerke entfiel ein Ertrag von 372,000,000 Centner Steinkohle und über 100,000,000 Centner Braunkohle. Die Zunahme der Ausbeute zeigen folgende Ziffern 1785: 2,500,000 Centner; 1857: 188,000,000 Centner; 1862: 262,000,000 Centner; 1867: 372,000,000 Centner. Oesterreich lieferte in demselben Jahre 50,658,667 Wiener Centner Steinkohlen und 39,989,655 Centner Braunkohlen.

Fig. 104. Pferdestall in den Gruben von Creuzot.

Belgien besitzt reiche Steinkohlenlager, welche, bei Aachen, Eschweiler aus Deutschland in seine Grenzen eintretend, sich über Verviers und Lüttich bis Tournay fortziehen und eine Förderung 1855 von 8,409,330 Tonnen, 1860 von 9,601,895 Tonnen, 1864 von 11,158,336 Tonnen gestatteten. Frankreichs Kohlenbergbau hat sich von 10,600,000 Tonnen im Jahre 1863, auf 12 Millionen Tonnen im Jahre 1864 gehoben. Am reichlichsten unter allen europäischen Ländern aber ist Großbritannien mit diesem Brennstoffe versehen; dort wurden 1865 gewonnen an Steinkohlen 98,150,587 Tonnen à 20 Centner, im Werthe von 245,376,646 Pfund Sterling. Von dieser Masse wurden gegen 9 Millionen Tonnen ausgeführt, 29 Millionen Tonnen zur Eisenfabrikation und 60 Millionen Tonnen zu anderen Zwecken im Inlande verwendet. Die Ausbeute stieg von 64,483,070 Tonnen (1855) auf 83,208,581 (1860), ehe sie jene enorme Ziffer von 1865 erreichte.

Solche Entnahmen haben die Frage nahe gelegt, wie lange wol der Kohlenvorrath der Erde überhaupt noch bei gleichem Bedarfe wie jetzt ausreichen könne. Für die ganze Erde ist die Antwort nicht zu geben, weil die Erforschung aller vorhandenen Kohlenfelder bezüglich ihrer Mächtigkeit und Ausdehnung noch zu unvollständig ist. In England dagegen sind die Verhältnisse genauer bekannt, und wenn man annimmt, daß über eine Tiefe von 1300 Meter hinab der Abbau nach jetzigem Maßstabe nicht mehr ausführbar ist, so berechnet man das Quantum der noch vorhandenen disponiblen Steinkohlen in runder Ziffer auf 8000 Millionen Tonnen. Das würde freilich nur noch für 80 Jahre aus= reichen, indessen darf man derartigen Berechnungen nur einen geringen Wahrscheinlichkeits= werth beilegen. Im Ganzen brauchen wir noch keine Befürchtungen zu haben, daß uns die unterirdischen Kohlenschätze im Stich lassen. — Rußlands Kohlenfelder liegen bei Tula, Rjäsan, am Donetz, bei Lithwinsk im Ural u. a. O.; sie sind sehr beträchtlich, aber zur Zeit noch wenig benutzt.

Schlagende Wetter. Wir haben schon ausgesprochen, daß die Natur, indem sie die vorweltlichen Pflanzen begrub, einen Prozeß einleitete, welcher auf Reindarstellung des Kohlenstoffes durch Entbindung der gasartigen Bestandtheile hinarbeitet und daß dieser Prozeß auch gegenwärtig noch in den meisten Kohlenlagern noch fortdauert. Der französi= sche Chemiker Regnault hat unterschiedliche Steinkohlen der chemischen Analyse unterworfen und gefunden, daß z. B.

		Kohlenstoff	Wasserstoff	Sauerstoff und Stickstoff	Aschebestandtheile
Backkohle	bei	81,71—89,50	4,83—5,66	4,29— 9,12	1,00— 5,23
Sinterkohle	„	75,38—82,72	4,79—5,29	9,02—11,75	0,28—11,86
Sandkohle	„	63,28—76,84	4,35—5,79	13,17—17,91	0,89—19,20

an solchen gasförmigen Bestandtheilen 23,7 % und im Minimum noch 17,52 % enthielt. Die Zersetzung ist jedenfalls bei der Backkohle weiter vorgeschritten als bei der Sandkohle. Sie braucht bei beiden noch nicht beendet zu sein und ist es auch nicht, denn in jedem Kohlenwerke entweichen den Flötzen noch fortwährend Gase, welche ihren Ursprung nirgends anderswo haben können als in jenen Stoffen, die vordem die Kohlenpflanzen mit zu= sammensetzten, und die in langsamer Zersetzung sich kraft ihrer gasförmigen Natur von dem trägen Kohlenstoff wieder trennen oder wenigstens nur in geringem Grade vermögen, ihn zum Mitgehen zu bewegen. Und wir werden der Vermuthung Raum geben dürfen, daß auch die Sandkohle im Laufe der Zeit noch mehr und mehr sich ihrer gasartigen Bestandtheile entledigen und so lange fortfahren wird, sauerstoff=, wasserstoff= und stickstoffhaltige Gase auszustoßen, als sie solche überhaupt noch enthält. Wie schon gesagt, geht mit diesen Gasen auch ein Antheil Kohlenstoff mit fort, indem er mit dem Wasserstoff ein brennbares Gas, das sogenannte Sumpfgas, bildet, dessen übermäßiges Auftreten in den Kohlenwerken zu den gefährlichsten Ereignissen gehört.

Einmal ist das Gas für die Länge durchaus unathmenbar und also im höchsten Grade giftig für Menschen und Thiere, die in einer solchen Atmosphäre leben sollen, und dann ist es überaus brennbar, ja, mit atmosphärischer Luft gemischt, geradezu von einer fürchter= lichen Explosivkraft. Ein solches Gemenge äußert sich, entzündet, ganz wie das Knallgas aus reinem Wasserstoff und Sauerstoff, und da nun die Bedingnisse seiner Entstehung sowol als die seiner Entzündung durch die Grubenlampen überall in den Kohlenwerken gegeben sind, so leuchtet ein, daß diesem Feinde gegenüber die größte Vorsicht angezeigt ist. Von ihrer Wirkung haben diese Grubengase den Namen schlagende Wetter erhalten.

Wir haben von dem Sicherheitsapparate schon gesprochen, den Davy erfunden hat, um der unfreiwilligen Entzündung schlagender Wetter durch die Grubenlampen vorzubeugen. Leider aber sind die Bergleute in vielen Fällen gerade durch die ausgezeichnete Wirkung der Sicherheitslampen so sorglos gemacht worden, daß ihnen der Gedanke an die Gefähr= lichkeit jener Gase ganz abhanden gekommen schien und die gräßlichsten Unglücksfälle durch puren Leichtsinn schon hervorgerufen worden sind. Ende Juni 1839 ereignete sich in der St. Hildagrube bei Southfields eine Explosion, durch welche über 60 Arbeiter ums Leben kamen. Ein anderes entsetzliches Unglück begab sich am 20. Februar 1857 zu Lundhill im Kohlenbezirk von Sheffield. Die Explosion erfolgte nach 12 Uhr Mittags, doch vor 4 Uhr war an keine Rettung zu denken; zwölf brave Männer drangen endlich 250 Meter weit ins Innere, bis sie an das in Flammen stehende Kohlenfeld stießen; es

gelang ihnen, 19 Menschen bei Bewußtsein hervorzuziehen; doch mußten sie eiligst sich zurück=
ziehen. Man ließ alle Zugänge verstopfen und den Luftzug absperren. In einigen Tagen
erst konnte man die Gebeine von 180 Arbeitern ausgraben. Das traurigste durch Explosion
der Grubengase herbeigeführte Ereigniß ist aber das vom 2. August 1869, wobei im
Plauen'schen Grunde bei Dresden 279 Kohlenbergleute ihr Leben verloren. Es war an
einem Montag, schwüle Gewitterluft und niedriger Barometerstand hatten den Austritt der
Gase am Tage vorher, wo die Grube nicht befahren worden war, und deren Ansammlung
begünstigt. Von 400 Arbeitern fuhren früh 4 Uhr 279 an, unter der Führung von vier
Steigern und 2 Obersteigern. Eine Viertelstunde später erfolgte die furchtbare Explosion.
Dem Segen Gottesschachte entstieg eine dichte Rauchsäule unter so starkem Luftdruck, daß
über Tage eine starke eiserne Thür zerschmettert und das Dach des Hauptgebäudes be=
schädigt wurde, und wenige Minuten später mußten die aus einem zweiten Schachte hervor=
brechenden Dampfwolken die entsetzliche Ahnung erwecken, daß ein allgemeines Gewitter
sämmtliche Strecken durchrast und allen Arbeitern den Tod gebracht habe. Leider bestätigte
sich dies auch — nur vier junge Bergarbeiter von Allen hatten das Leben gerettet. Durch
ihre Beschäftigung in die Nähe des Schachtes geführt, waren sie durch die Explosion gegen
die Schachtwand geworfen worden, in der Todesangst auf die Fahrkunst gesprungen, und
hatten das Zeichen zur Auffahrt geben können, ehe der Schacht mit dem Nachschwaden sich
gefüllt hatte. Die ausströmenden Gase schnitten auch auf der Tagesstrecke lange Zeit jeden
Zugang und jede Möglichkeit eines unmittelbaren Hülfsversuchs ab. Was unter Tage war,
blieb seinem Schicksal verfallen und das war der Tod. Wie kopflos die Bergarbeiter den
schlagenden Wettern gegenüber sich benehmen und mit dem Sicherheitsmittel in der Hand
um so leichtfertiger handeln, beweist ein Vorfall im Jahre 1844 auf der Steinkohlengrube
Picquerey. Als ein Arbeiter gewahrte, daß das Gas in seiner Sicherheitslampe brannte,
schleuderte er dieselbe weit von sich weg, das Drahtgeflecht litt, die brennbaren Wetter ent=
zündeten sich im Augenblick und 29 Menschen wurden das Opfer dieser Unvorsichtigkeit. Wir
wollen uns mit einer breiteren Schilderung solcher Explosionen nicht aufhalten, die Zei=
tungen erwähnen traurigerweise nur allzu oft noch neue Fälle der Art, welche nur die alte
Wahrheit von der Gedankenlosigkeit der Menge dem Gewohnten gegenüber bestätigen.

Wo die Ventilation der Gruben gehörig bewirkt ist, entweder durch große Dampfluft=
pumpen oder noch besser, wie in Kladno, durch Wetteröfen unterstützt, und die Arbeiter
aufmerksam auf ihre Lampe achten, kann jetzt eine Wetterexplosion nicht leicht eintreten.

Grubenbrände. Daß ein so brennbares Material wie die Kohlen auch durch ver=
schiedenartige Einwirkungen auf ihrer unterirdischen Lagerstätte in Brand gerathen können,
bedarf wol keiner besonderen Hervorhebung. Aber nicht nur daß unvorsichtiges Gebaren
mit Feuer und Licht seitens der Bergleute, oder Explosionen der schlagenden Wetter solche
Entzündungen hervorrufen können, dieselben können auch von selbst entstehen durch bis zu
großer Hitze gesteigerte chemische Thätigkeit, Zersetzung von Schwefelkiesen z. B. Eine
solche Zersetzung kann in der Regel nur statthaben unter Mitwirkung der atmosphärischen
Luft; tritt sie also in einem Kohlenfelde ein, so sind ihre Nebenumstände häufig auch der
Art, daß das Fortbrennen durch Sauerstoffzutritt unterhalten wird. Wenn nun auch der=
selbe nicht reichlich genug erfolgt, um ein Brennen mit heller Flamme zu gestatten, so setzt
doch die entwickelte Hitze die noch unverbrannten Kohlen in den Stand, das Fortglimmen
um so leichter aufzunehmen und den Brand zu unterhalten und weiter zu führen. Gewöhn=
lich brechen Grubenbrände in abgebauten Feldern aus, wo Kohlenschutt angehäuft ist, theilen
sich aber dann auch den noch unverritzten Lagern mit und nehmen oft große Ausdehnung
an. Fortwährend aufsteigende Rauchsäulen, Wärme des Erdbodens, Erdfälle und Ein=
senkungen des Bodens in die ausgebrannten Oerter, zeigen über Tage die Thatsache an.
Unter der Oberfläche aber macht sich die Wirkung in der Veränderung der benachbarten
Gesteine, Verschlackung und Frittung bemerklich. Solche Kohlenbrandgesteine finden sich
an vielen Orten.

Bekannt sind die Brände auf den Steinkohlenflötzen bei Königshütte und

Zabersche in Oberschlesien. Heiße Dämpfe treten aus den Spalten des Dachgesteines, zugeleitete Wasserbäche werden zersetzt und entweichen als Dampf und heiße Quellen. Der Brand des Flötzes ist dadurch nicht zu löschen; man umdämmt brennende Flötze mit Thon und schneidet ihnen den Luftzutritt soviel wie möglich ab, allein es gelingt nur selten, dem Umsichgreifen zu steuern.

Bei Planitz in der Nähe von Zwickau brennt seit 3—400 Jahren ein kostbares Flötz heute noch! Trotz aller Löschversuche, ja selbst ungeachtet mehrmaligen Verschüttens des Schachtes und aufgedämmter unterirdischer Teiche geht doch der Brand immer weiter, jetzt in einer Tiefe von über 62 Meter unter der Oberfläche; sein Dasein verräth die Temperatur des Bodens und stellenweise entsteigender Qualm, bisweilen wie Chlor in einer Schnellbleiche riechend. Der Wärme wegen bleibt im Winter der Schnee nicht liegen. In verhältnißmäßig geringer Tiefe schon steigt die Hitze so bedeutend, daß Eier darin hart werden. Wol ist allmählig ein Schatz von vielen Millionen an Werth hier ausgebrannt, aber die Wärme ist doch nicht ganz unbenutzt verloren gegangen. Der verstorbene Dr. A. Geitner, berühmt durch zahlreiche Erfindungen im Gebiete der Chemie, der Farbenfabrikation, der künstlichen Mineralwässerbereitung sowie durch erste Erzeugung des Argentan, kam auf die Idee, diese Erdbrände zu Anlegung künstlicher Treibgärten zu benutzen, und erreichte diesen Zweck auf die befriedigendste Art.

Auch bei Duttweiler in der bayrischen Pfalz hat ein Erdbrand ein 12 Fuß dickes Steinkohlenflötz ergriffen und schon seit vielen Jahrhunderten, vielleicht Jahrtausenden, an ihm gezehrt. Der brennende Berg raucht wie ein Vulkan, aus den Felsspalten treten die Dämpfe aus, welche Schwefel, Salmiak und allerlei andere Salze sublimiren. Die Glut hat den Schieferthon gebrannt, geröthet; schwefelsaure Thonerde und Vitriol entstanden durch Zersetzung und wurden früher zur Bereitung von Alaun und Eisenvitriol benutzt.

Braunkohlenlager gerathen ebenfalls sehr oft in Brand; das böhmische Mittelgebirge (Aussig, Teplitz, Bilin u. s. w.) sowie die Umgegend des Meißner- und Habichtswaldes in Hessen haben viele Beispiele aufzuweisen. Zuweilen sind die Kohlenflötze schon gänzlich ausgebrannt, ihre ehemaligen Dachgesteine wurden dabei zu festen, harten Schlacken (Erdschlacken) oder jaspisartigen Gesteinen, bisweilen mit Pflanzenabdrücken (Porzellanjaspis).

Es ist nicht unwahrscheinlich, daß manche warme Quellen, wie z. B. die zu Ems, aus Erdbränden hergeleitet werden müssen; jedenfalls aber sind manche Ausströmungen von brennbarer Luft die Folge solcher in größerer Tiefe vor sich gehenden chemischen Ereignisse. Auf der Halbinsel Baku im Kaspischen See befinden sich zwischen Thon und Kalkstein zwei Braunkohlenflötze übereinander gelagert. Das tiefere ist durch Selbstentzündung in Brand gerathen und glüht seit langer Zeit. Die dadurch entwickelte Hitze destillirt aus dem oberen Flötze, welches von Sand- und Kalkstein bedeckt wird, Naphtha und brennbares Kohlenwasserstoffgas. Dies letztere entweicht durch Spalten und entzündet sich leicht.

Die feueranbetenden Parsen haben diese Naturerscheinung seit undenklicher Zeit verehrt; sie haben in deren Nähe einen Tempel erbaut, in dessen Feuerthürme sie das Gas mittels eines Kanales leiten und verbrennen, und es wallfahrten jährlich Tausende von Gläubigen zu diesem ewigen Feuer. Aber die Feuerpriester machten auch schon eine technische Anwendung von jenem Gase. Sie häuften, wo es der Erde aus Spalten entweicht, Kalksteine auf, zündeten das Gas an und wandelten durch die entstehende Hitze den kohlensauren Kalk in Aetzkalk um; diese sehr einfache Industrie ist die Mutter einer bedeutenderen geworden, welche in den funfziger Jahren dort in das Leben gerufen worden ist. Man hat durch Schachtabteufen das brennbare Gas tiefer aufgesammelt, in Röhren und Kanälen fortgeleitet und dasjenige, welches nicht zur Unterhaltung der Tempelfeuer dient, für die Dampfkesselheizung einer Wollmanufaktur und zum Schmelzofenbetrieb einer Glas- und Stabeisenfabrik herangezogen. Die Feueranbeter erkennen mit Befriedigung, daß jene verehrte Naturkraft durch Unterstützung ihrer arbeitenden Hände ihnen die Quelle des Wohlstandes geworden ist. Dies führt uns von selbst auf das

Erdöl und die Erdölquellen. Die Naphtha, von welcher wir eben hörten, daß sie sich neben dem brennbaren Gase aus den Kohlen von Baku entwickele, ist eine leicht verdampfende, hellgelbe oder wasserklare Flüssigkeit von durchdringendem Geruche. Sie brennt leicht und besteht, wie das brennbare Gas, aus Kohlenwasserstoff. In Wasser löst sie sich nicht auf, sondern sie bildet darauf eine getrennte ölige Schicht. Sie wird daher auch, wo sie mit Quellen vereinigt zu Tage tritt, auf einfache Weise gewonnen, indem man sie von dem Wasser der Senkbrunnen und tiefliegenden Bassins, in welche sie hineinquillt, öfters abschöpft.

Solche und ähnliche Produkte der Kohlen-Zersetzung, die nicht allemal eine durch Kohlenbrände verursachte Destillation zu sein braucht, sondern bei viel geringeren Temperaturgraden sich ganz langsam, aber stetig entwickeln kann, wo die Verhältnisse dazu günstig sind, finden sich an sehr vielen Orten der Erde und ihre Gewinnung und Verwendung hat in den letzten Jahrzehnten eine ganz besondere Industrie hervorgerufen.

Eine durch Kohlenstoff und aufgelösten Asphalt braun gefärbte Naphtha wird Steinöl oder Petroleum genannt. Diese übelriechende Flüssigkeit durchtränkt namentlich viele Kalksteinschichten und ist häufig die Ursache, weshalb solche schwarzbraune Felsarten beim Reiben stinken (Stinkkalk, Stinkstein).

Wo das Steinöl reichlicher aus der Zersetzung der in den Sedimenten eingeschlossenen Pflanzenreste sich entwickelt hat, wird es gelegentlich von eindringendem Wasser mit fortgerissen und in porösen Sandlagern und Quellenschichten angesammelt. Sehr reich an solchen Steinölschichten sind die jüngern, namentlich die Tertiärgesteine. Petroleumquellen entspringen bei Pechelbronn im Elsaß: Bohrlöcher, welche dort 60—80 Fuß tief abgeteuft werden, lieferten, indem man ihren Inhalt auspumpt, täglich schon mehrere Ohm Steinöl. In der Nacht läuft aus dem Nebengestein wieder ölhaltiges Wasser zu und das Bohrloch giebt auf diese Weise längere Zeit einen reichlichen Ertrag. In Oberitalien, Dalmatien, Kroatien, Ungarn, Galizien und Polen sind ähnliche Erdölquellen nicht selten; am reichlichsten fließen sie aber seit einigen Jahren bei Oil-Spring in Pennsylvanien. Dort werden täglich Tausende von Centnern dieses Stoffes durch Bohrlöcher aus den Schichten entnommen.

Daß in den nordamerikanischen Freistaaten Erdöl vorkommt, wußte man schon seit langer Zeit und man gewann dasselbe auch auf die Weise, daß man das Wasser der Salzquellen, mit welchem das Oel heraufkam, sich eine Zeit lang absetzen ließ und die auf der Oberfläche schwimmende Oelschicht sammelte.

Die Gegend, innerhalb welcher Erdöl gewonnen wird, erstreckt sich in einer Breite von 100—200 englischen Meilen von Gaspi-Bay in Ost-Canada bis ungefähr nach Houston in Texas. In diesem Gebiete liegt ein Theil des großen Alleghany-Kohlenfeldes Pennsylvanien, dessen Kannelkohle schon längst zur Destillation roher Oele verwendet wurde. Auf den Wasserläufen bemerkte man bald schwimmendes Oel und in ruhigen, abgelegenen Sümpfen hatte man dasselbe in reichlichen Ansammlungen aufgefunden. Die Seneca-Indianer sollen das Steinöl als Mittel gegen Rheumatismus verkauft haben, und durch diesen Stamm soll auch Dr. Hildreth 1836 schon darauf aufmerksam gemacht worden sein, daß im Thale von Klein-Kanawha in Virginien reiche Petroleumquellen vorhanden seien. Aber erst als man im August 1859 in Oil-Creek beim Graben eines Brunnens bei 22 Meter Tiefe eine Oelquelle fand, welche wochenlang täglich 1000 Gallonen (56 Centner) ergab, wurde die Spekulation rege und die Oelbohrer versuchten massenhaft ihr Glück. Die ersten Bohrbrunnen waren von so ausgezeichnetem Erfolge begleitet, daß unter den Farmern Pennsylvaniens eine wahre Fieberwuth ausbrach, die sich in den großartigsten Landspekulationen, Bohrunternehmungen, Prozessen, Lotterien u. s. w. zu erkennen gab. Man kaufte für schweres Geld von dem Landeigenthümer das Recht, ein Bohrloch von 10 Centimeter im Durchmesser anteufen zu dürfen, und Viele wurden in wenig Wochen durch eine einzige Quelle zu Millionären. Der Preis des Erdöls betrug in der Zeit der ersten Gewinnung 40—45 Cent die amerikanische Gallone; er stieg aber, als sich die Ergiebigkeit der zahllosen Quellen etwas minderte, auf 70 Cent.

Im Sommer 1860 erhielten die Oelquellen einen ganz fabelhaften Aufschwung insofern wieder, als einer der „Bohrer" tiefer ging, als man bisher versucht hatte, und dadurch eine fortwährend fließende Quelle erbohrte, aus welcher die unterirdisch gespannten Gase das Oel in ungeheuern Massen hervordrängten. Früher hatte man von Zeit zu Zeit durch Anlegung von Pumpwerken den Ertrag zu steigern versucht, jetzt langten die Gefäße nicht hin für die

Aufnahme der ohne Unterlaß hervordrängenden Oelmassen. Einzelne Quellen lieferten täglich bis zu 16,000 Gallonen. Im Laufe eines Jahres waren 2000 Oelbrunnen in Betrieb und 1867 bestanden, wie der französische „Furor Daubrée" gelegentlich der Pariser Ausstellung erwähnt, 380 Gesellschaften zur Petroleumgewinnung, deren einzelne mit 5, 10, 20 und noch mehr Millionen Kapital begründet gewesen sein sollen. Das Oel wurde denn auch bald ein höchst wichtiger Handelsgegenstand, der gerade die Aufmerksamkeit der

Kaufmannswelt auf sich zog, als die Baumwolle von dem Markte den Rückzug nahm. Im Jahre 1861 betrug die Ausfuhr nicht viel mehr als 1 Mill. Gallonen (56,000 Centner); 1866 hatte sich dieselbe aber auf 67½ Mill. Gallonen (3,792,962 Centner) erhoben und man schätzt, daß sie von 1868 an jährlich ungefähr 100 Mill. Gallonen betragen hat. Da von dem Gesammtertrag etwa ¾ ausgeführt werden, so kann man die jährliche Petroleum= produktion der Vereinigten Staaten zu 120 Mill. Gallonen (oder etwa zu 6,750,000 Cent= ner) annehmen.

Das Erdöl ist jedenfalls aus der Zersetzung unterirdischer Kohlenlager entstanden, sei es daß sich beim Vermodern die Theile getrennt haben, oder daß die öligen Stoffe durch die innere Hitze des Erdkörpers herausdestillirt und in großen Gesteinsvorlagen gesammelt worden sind. Jedenfalls ist dasselbe nicht in unerschöpflichen Mengen in der Erde enthalten und es hat schon jetzt sich als eine Nothwendigkeit herausgestellt, eine etwas ökonomischere Gewinnungsweise, als sie anfänglich statt hatte, einzuführen.

Die Abbildung Fig. 105 giebt eine Ansicht der Oelquellen zu Oil Creek in Pennsyl= vanien in dem ersten Jahren ihres Betriebes. Wir sehen zwei solcher erbohrten Brunnen, die, wie die Namen Woodfordwell und Phillipswell andeuten, zwei verschiedenen Besitzern gehören, durch hohe Gerüste bezeichnet. Die Ergiebigkeit der letzteren Quelle war ganz enorm. Der wöchentliche Ertrag betrug viele Jahre lang an 3000 Fässer, welche entweder an Ort und Stelle raffinirt oder sogleich verpackt und direkt nach Europa in den Handel gebracht werden. Das ausströmende Oel ist ungemein flüchtig. Die ganze Gegend ist von dem penetrantesten Geruch erfüllt und, was noch bei weitem gefährlicher, bei der geringsten Annäherung einer brennenden Flamme entzündet sich das flüchtige Oel und es sind schon die gräßlichsten Unglücksfälle durch solche Brände vorgekommen. — —

In vielen Tertiärgesteinen und älteren Formationen kommt das Erdöl in geringerer Menge und fester verbunden mit dem Thone vor, so daß es nur durch Erhitzung abgetrennt werden kann. Solche Thone oder Gesteine werden Oelschiefer, Asphaltschiefer, Blätterkohle und bituminöse Gesteine genannt. Sie dienen zur künstlichen Dar= stellung des Steinöles, des Paraffins und des Asphaltes. Im fünften Bande werden wir bei der Gasbeleuchtung diese Produkte der trocknen Destillation noch besonders zu be= sprechen Gelegenheit haben.

Ein besonders merkwürdiges Asphaltvorkommen ist auf Martinique. Eine daselbst entspringende Quelle liefert Steinöl. Da bei der herrschenden Wärme dessen flüchtige Bestandtheile, die Naphtha, rasch verdunsten, so scheidet sich am Rande des Quellbassins Asphalt aus, welcher sich mit der Zeit zu einer sehr erheblichen Masse angesammelt und einen kleinen See aufgestaut hat. Auch das Todte Meer in Palästina wirft Asphalt aus, wahrscheinlich aus ähnlicher Veranlassung entstanden. —

Ob wir, wenn wir von fossilen Kohlen reden, den Graphit mit dazu zählen dürfen, das ist eine Frage, die der Geognost selbst noch nicht entschieden hat, und auch wol schwerlich in dem Sinne entscheiden wird, daß aller in der Natur vorkommende Graphit nichts weiter wäre als das letzte Zersetzungsprodukt vorweltlicher Pflanzen. Mag auch manche pflanzliche Kohle aus Anthracit sich noch in eine graphitähnliche Form verwandelt haben, für sehr viele, ja für die meisten Graphite ist eine solche Bildung schwerlich anzunehmen.

Nichtsdestoweniger ist der Graphit Kohlenstoff, ebenso wie der Diamant, über dessen Entstehungsweise auch die Gelehrten durchaus noch nicht einig sind. Aber für uns gehören beide in andere Bereiche und wir erwähnen sie hier nur ihrer chemischen Verwandtschaft wegen, ihre nähere Betrachtung uns für geeignetere Gelegenheiten aufsparend.

Herablaſſen der Pferde in den Schacht.

Leipzig: Verlag von Otto Spamer.

— — „Doch über Alles preis' ich den gekörnten
Schnee,
Die erst' und letzte Würze jedes Wohlgeschmacks,
Das reine Salz, dem jede Tafel huldiget."

Goethe.

Die Gewinnung der Salze.

Bedeutung des Salzes. Seine Verbreitung in der Natur. Quellsalz. Meersalz. Steinsalz. Entstehung der Salzquellen und Steinsalzlager. Der Eltonsee und die Salzlagerbildung in Kara-Bogas. Erbohrung der Salzlager in Deutschland. Gewinnung des Salzes aus dem Meere. Salinen, Gradirwerke und Siedehäuser. Bergbau auf Steinsalz. Salzbergwerk von Wieliczka. Die Staßfurter Werke und Verwerthung der Abraumsalze. Ausbeutung der Salzlager durch Sinkwerke: der Dürrenberg bei Hallein; durch Bohrlöcher. Borax und Borsäure Vorkommen in Kalifornien, Italien. Gewinnung in den Maremmen Toskana's.

Ja, über Alles zu preisen ist das Salz. Und nicht nur, wie der Altmeister Goethe in den oben angeführten Worten sagt, als erst' und letzte Würze jedes Wohlgeschmacks, nicht als eine Leckerei, sondern als ein eben so nothwendiges Nahrungsmittel, wie es Brot und Fleisch sind, als eine der wesentlichsten Grundlagen der chemischen Technik und damit als eine Stütze der ganzen modernen Industrie, die uns mit den unzähligen Gegenständen des Luxus und des täglichen Bedürfnisses umgiebt.

Wenn wir unsere Speisen mit Salz würzen, genügen wir nicht etwa blos einem angenehmen Kitzel — wir erfüllen eine unumgehbare Forderung des ganzen Lebensprozesses. Unser Blut enthält Salz; zum Aufbau unserer Knochen ist es erforderlich; um den Stoffwechsel, die Verdauung möglich zu machen, muß es dem Magensafte beigemengt werden. Wir empfinden deshalb einen Hunger nach Salz, wenn dasselbe nicht mehr in genügender Weise im Körper enthalten ist, und es gewährt uns einen köstlichen Reiz, dieses Bedürfniß befriedigen zu können; von allen Entbehrungen, die unsere Soldaten im letzten französischen Kriege ausgehalten haben, war nach allgemeinem Geständniß der Salzmangel die allergrößte Drum schmeckt uns auch der „gekörnte Schnee", so gut. „Salz und Brot macht Wangen roth." Ohne Salz würden sie nicht nur welken, der Mensch würde verhungern, wenn er gar kein Salz, im Fleisch nicht, im Wasser, in den Früchten, in seinen Getränken keins genösse, er würde den Salzhunger sterben, ein Fall, der allerdings nicht so leicht vorkommen kann, da dieses Nahrungsmittel infolge seiner Nothwendigkeit für den lebenden Organismus in der Natur auch ungemein verbreitet ist. Gierig läuft das Wild unserer leider immer lichter werdenden Wälder nach der Salzlecke, dem Kameel der Wüste ist ein Stückchen Steinsalz die liebste Leckerei, und die unbändigen Büffel kommen scharenweise aus den grünen Wäldern an die salzigen Ufer des Missouri, wo ihnen der Jäger auflauert.

Ist das Kochsalz für Menschen und die höheren Thiere ein wichtiges Nahrungsmittel, so wirkt es auf eine große Anzahl von niederen Thieren sowie auf viele Pflanzen als ein rasch tödtendes und zerstörendes Gift. Eine Landschnecke, mit Salz bestreut, stirbt bald, ein Frosch geht in Salzwasser alsbald zu Grunde, die Blätter vieler Kräuter verschrumpfen, wenn diese damit begossen werden, und Gras und alle Getreidearten gehen davon ein. Dagegen giebt es aber auch eine große Anzahl von Pflanzen und Thieren, welche ausschließlich im Salzwasser leben und gedeihen, und denen das Süßwasser den Tod bringt.

Wer kennt nicht die zahlreichen Anwendungen des Salzes zum Aufbewahren von Fleisch und Gemüse, zum Einpökeln, zum Düngen, ganz besonders aber zur Herstellung der Soda, auf welcher die Fabrikation der Seife und des Glases beruht! Nicht der mächtigste Fürst, nicht der ärmste Bettler kann des unscheinbaren Stoffes entbehren — es ist so nothwendig wie die Luft; und doch vertheuert zu unsäglichem Schaden der Viehzucht, der Industrie, des körperlichen Wohlbefindens seiner Bewohner fast jeder Staat dieses Elementarbedürfniß durch die beschwerendsten Steuern.

Seine Verbreitung in der Natur ist, wie wir schon erwähnt haben, eine sehr große, und sie gestattet daher eine vielfältige Gewinnungsart. Obwol wir es nun vor der Hand eigentlich nur mit der Gewinnung der Rohprodukte aus dem Innern der Erde zu thun haben, fühlen wir uns doch genöthigt, um die Einheit des Gegenstandes nicht zu verletzen, jetzt schon das Salz in seiner aufgelösten Form als Soole und im Meereswasser, bezüglich die Gewinnung aus beiden mit zu betrachten, wenngleich wir erst später die Gewinnung der Rohstoffe aus dem Wasser zum Gegenstande unserer Darstellung machen.

Das Salz, gewöhnlich Kochsalz genannt, ist die Verbindung eines sehr leichten Metalles, Natrium, mit einer eigenthümlichen giftigen Gasart, dem Chlor. Das Chlornatrium — so heißt in der Sprache der Chemiker das Kochsalz — wird vom Wasser aufgelöst, und zwar in dem Maße, daß 100 Theile Wasser 27 bis 28 Theile davon aufnehmen. Im reinsten Zustande ist es weiß, durchsichtig wie Eis und krystallisirt in Würfeln. Das natürlich vorkommende Steinsalz wird oft in Krystallen von mehreren Centnern Schwere gebrochen. Dagegen bildet das aus dem Meere oder den Soolen durch Verdunstung gewonnene Salz kleine weiße (undurchsichtige), vierseitige Trichterchen. Die Ursache dieser eigenthümlichen Krystallgruppirung werden wir bei dem Salzsieden näher kennen lernen.

Seit den ältesten Zeiten haben die Menschen Salz gewonnen. Dem deutschen Boden entspringen unzählige salzhaltige Quellen, die schon von den Ureinwohnern benutzt worden sind. Bei Bad Nauheim in der Wetterau fanden sich die Reste ausgedehnter alter Salinen, wahrscheinlich von einem keltischen Volksstamme herrührend. Jene Werke, aus allerlei thönernen Kochkesseln, Röhrenleitungen und steinernen und bronzenen Geräthen bestehend, lagen 3—6 Meter tiefer als der jetzige Boden und waren bedeckt von Erdlagern, worin germanische und römische Ueberreste, Waffen und Begräbnißstätten gefunden wurden. Die Darstellung des Salzes war bei den Germanen Anfangs sehr einfach und roh, sie schütteten das Soolwasser auf Haufen glühender Kohlen und erhielten dadurch schwarze, unreine, salzige Krusten, die sie zum Würzen ihrer Speisen gebrauchten. Die Römer dagegen, welche vor fast zwei Jahrtausenden in Deutschland wohnten, bezogen das Salz aus den Meersalinen Italiens und Südgalliens; sie kochten in Deutschland kein solches. Die Salzquellen waren den Alten heilig, man umgab sie deshalb mit Befestigungen wie bei Nauheim, von denen wir noch jetzt Ueberreste finden.

Vorkommen des Salzes. Das Meer, welches über ⅔ der Oberfläche des Erdkörpers bedeckt, ist überall salzig; allein der Salzgehalt ist nicht in allen Meeren gleich groß: während manche ganz besonders salzreich sind, sind andere dies wieder weniger. Namentlich haben die Küstenstriche, an denen Ströme einmünden, süßeres Wasser. Ein sehr belehrendes Bild von diesen Zuständen giebt das Mittelmeer. Das Schwarze Meer ist kaum salzig, es ist ein Bassin, welches große Wasserströme aus Mittel- und Osteuropa aufnimmt und zur Verdunstung bringt. Weil nicht alles zuströmende Wasser verdunsten kann, wird ein Theil durch die Meerenge von Konstantinopel und den Hellespont in das eigentliche Mittelmeer geliefert und dessen Wasser an den Küsten Kleinasiens und Griechenlands dadurch ausgesüßt. Auch an der Nilmündung ist das Meerwasser verdünnt, nicht weniger da, wo Etsch und Po in den Golf von Venedig münden und wo die großen Ströme Frankreichs und Spaniens bei Marseille und Tortosa ihre Wasser zuführen. Dagegen sind die Küsten flußarmer Striche, wie in Syrien, Nordafrika, Sizilien, Dalmatien, Unteritalien, sowie manche Küstenstriche von Frankreich und Spanien, von sehr salziger Flut umgeben. Das Meerwasser enthält bei Barletta in Apulien z. B. 4½ Prozent Kochsalz, bei Trapani auf der Westspitze Siziliens sogar 5 Prozent. Man darf daraus im Allgemeinen schließen, daß die Wasser der Meere nicht überall die gleiche Zusammensetzung besitzen, im Durchschnitte aber wird man dem Ozean einen Kochsalzgehalt von 3½ Prozent zugestehen können. Die ältesten Muschel- und Korallenreste, welche wir in den untersten Meeresabsätzen finden, bezeugen, daß in den frühesten Zeiten der Ozean schon in ähnlicher Weise salzig war wie heute.

Fast alle Gesteine enthalten Salztheile; diese werden bei der Verwitterung von dem Wasser ausgewaschen, und die Flüsse führen die gelösten Stoffe in das Meer. Danach müßte dessen Salzgehalt sich eigentlich immer mehr vergrößern, weil nur reines Wasser aus dem Ozean verdunstet, alles hinzuströmende aber aus der festen Erdrinde Salztheile mitbringt. Doch ist der Zufluß zur Masse des Ozeans unbedeutend.

Alle aus dem Meerwasser abgesetzten Gesteine, namentlich aber alle Küstenbildungen (Dünen), sind salzhaltig, weil das salzige Meerwasser vom Winde weithin über sie getrieben wird. Werden solche Gesteinsablagerungen durch lange fortgesetzte Bodenhebung allmählig vom Meere entfernt, so laugt das auf sie fallende Regenwasser den aufgenommenen Salzgehalt wieder aus und kann damit Salzquellen bilden. Unter gewissen Verhältnissen, namentlich wo Senkungen des Bodens die Entstehung von Binnenseen ohne Abfluß in das Meer veranlaßten, bringen die Quellen ihren Salzgehalt in jene Mulden, und weil aus diesen nur reines Wasser verdunsten kann, so werden diese Wasserbecken immer salzreicher, so daß sie endlich sogar Steinsalz abzusetzen vermögen.

Sehr belehrende Beispiele über die vielen Steinsalzlager zu Grunde liegenden Vorgänge weist die Sibirische Steppe zwischen dem Kaspisee und dem Altai auf. In den Eltonsee (Altin-Nor), einen ziemlich ausgedehnten Landsee, liefern mehrere Flüßchen ihr schwach salziges Wasser ab; da der See aber keinen Abfluß ab, so konzentrirt sich sein Wasser durch Verdunstung dergestalt, daß schließlich eine Lösung entstanden ist, aus der sich das Salz zu einer dünngeschichteten Ablagerung niedergeschlagen hat, welche bereits eine Dicke von mehreren 100 Fuß erlangt hat. Die Flüsse nehmen das Salz aus dem von ihnen durchflossenen und viele hundert Quadratmeilen großen Gebiete; der von der Natur eingerichtete Apparat konzentrirt somit den höchst geringfügigen Salzgehalt einer ausgedehnten Landfläche auf einem verhältnißmäßig kleinen Raume. Solcher Art finden wir in allen Welttheilen Steinsalzlager, fern vom Meere, mitten zwischen Ablagerungen, die durch die von ihnen eingehüllten Pflanzen- und Thierreste als solche bezeichnet sind, an deren Bildung sich das Meer nicht betheiligt hat. Die ungeheuren Salzanhäufungen, welche in Siebenbürgen, Ungarn und Galzien, in Unteritalien, in Spanien der Tertiärformation eigenthümlich sind, liegen ebenfalls mit Schichten verknüpft, die durch ihre Einschlüsse als Landbildungen charakterisirt sind, woraus geschlossen werden darf, daß das Steinsalz dort auf dieselbe Weise entstanden sein möchte als im Eltonsee. Andererseits aber ist das Steinsalz auch solchen Schichten eingebettet, die als vollkommene Meeresbildungen charakterisirt sind, so daß wir eine zweifache Entstehungsweise für die Salzlager annehmen können, einmal aus salzhaltigen Gesteinen durch Auslaugung, das andere Mal durch Meeresaustrocknung; für beide wird aber immerhin das Meer in letzter Instanz das Material geliefert haben.

Am schönsten zeigt die Bildung von Salzlagern der Kaspische See da, wo er an seiner Ostseite in die Nebenabtheilung Kara-Bogas übergeht. In diesen Nebensee führt ein Kanal von nur 100 Meter Breite und 1,6 Meter Tiefe. Die austrocknenden Ostwinde, welche über den Kara-Bogas streifen, verdunsten sein Wasser so rasch, daß in dem Kanale eine fortwährende lebhafte Strömung herrscht, um die Niveaudifferenz auszugleichen. Auf diese Weise wird aus dem großen Kaspischen See ununterbrochen Salzlösung fortgeführt, deren Salzgehalt nur in dem Becken des Kara-Bogas zum Absatz kommen kann, und nach der Wassermenge, welche täglich den Kanal passirt, läßt sich berechnen, daß täglich 60,000 Centner neues Salz auf dem Boden jener großen Abdampfpfanne abgeschieden werden. Das macht im Jahre das Quantum von 22 Millionen Centnern.

In älteren Formationen aber lagert das Steinsalz, abwechselnd mit Gips, oft in außerordentlicher Mächtigkeit; nicht selten befinden sich zehn und mehrere Lager von 10—15 Meter Dicke über einander. Es kommt so vor in der Formation des Muschelkalkes in den Alpen, in Schwaben, Thüringen, Lothringen, im Zechstein bei Erfurt, Staßfurt, Salzungen, Kissingen und bei Jllitschkaja Saßtschitza in Rußland.

Von Oberösterreich zieht sich ein Steinsalzlager, im Alpenkalkstein eingebettet, bis nach Steiermark und durch das Salzkammergut bis nach Bayern hinein. Die Salzwerke von Jschl, Hallein, Hallstadt, Außen, Berchtesgaden, Rosenheim, Reichenhall, Traunstein u. s. w. sind alle mit seiner Ausbeutung beschäftigt. Dasselbe ist so lange bekannt, daß schon Attila eine Saline bei Reichenhall zerstört haben soll. Die galizischen Steinsalzlager von Wieliczka und Bochnia sind bekannt, und wir kommen noch besonders auf sie zu sprechen. — In Württemberg ist ein bedeutendes Steinsalzvorkommen aufgeschlossen worden, dessen Ausdehnung am Neckar, am Kocher, bei Wimpfen u. s. w. nachgewiesen ist und das auch die Schweiz, welche bisher nur geringe Salzproduktion betreiben konnte, veranlaßte, Bohrungen nach Salz anzustellen. Es wurde denn infolge derselben zuerst in Baselland bei Muttenz in einer Tiefe von 340 Meter ein nachhaltiges Steinsalzlager entdeckt, später wurden auch im Aargau deren gefunden.

Durch solche Erfolge veranlaßt, stellte man auch in Norddeutschland Bohrungen an, und es haben sich die Landstriche zwischen Erfurt und Gotha, wo das Steinsalz der dortigen Zechsteinformation eingeschichtet ist, sehr fruchtbar erwiesen. In dem Becken zwischen dem Harze und dem Alvensleber Höhenzuge ließen zahlreiche Salzquellen schon lange auf beträchtliche unterirdische Salzlager schließen, und die durch die geognostische Beschaffenheit der ganzen Gegend unterstützte Vermuthung bestätigte sich auf das Glänzendste, als man nach dem glücklichen Erfolge der süddeutschen Bohrungen hier an ähnliche Unternehmungen ging. Bei Schöningen wurde in einer Tiefe von fast 450 Meter ein Steinsalzlager von 11 Meter Mächtigkeit erbohrt, zu Elmen bei Salze ein anderes nach mehreren vereitelten Versuchen. Die großartigsten Erfolge aber ergaben die Bohrarbeiten bei Staßfurt, im südöstlichen Theile des Magdeburg-Halberstädtischen Beckens, wo schon im 12. Jahrhundert ein Salzwerk betrieben worden sein soll. Hier fand man in einer Tiefe von etwa 260 Meter das Salzlager, dessen Mächtigkeit bis jetzt noch gar nicht erschlossen ist, obwol man seitdem schon über 560 Meter mit dem Bohrer hinabgegangen ist, also bereits über 300 Meter im Steinsalz. Das Lager hat eine beträchtliche Seitenausdehnung, denn es wurde auch auf dem Anhaltischen Gebiete aufgeschlossen, woselbst es schon bei 170 Meter Tiefe auftritt. In seiner obersten Lage ist es gegen 40 Meter mächtig, dann kommt eine 14 Meter dicke Thonschicht, darauf wieder Steinsalz, das auch hier bei 320 Meter Tiefe, so weit man überhaupt bohrte, noch nicht durchsunken war.

Das Lager von Staßfurt ist ganz besonders interessant und wirthschaftlich von ungeheurem Werth durch die besondere Lagerung seiner verschiedenen Salzmineralien, welche beweisen, daß das ganze Becken vordem den Wasserrest eines großen Meeres enthielt, von welchem die heutige Ost= und Nordsee die geographischen Ueberbleibsel sind. Es liegen nämlich die verschiedenen Salze, aus denen das ganze Lager besteht, Steinsalz, Kali= und Magnesiaverbindungen, genau in der Reihenfolge über einander geschichtet, in welcher sie auf Grund ihrer verschiedenen Löslichkeit in Wasser nach einander zum Absatz kommen mußten, und eben so, wie sie sich gruppiren würden, wenn wir eine hinreichende Menge Meereswasser aus der Nordsee oder aus dem Mittelländischen Meere oder irgend sonst wo geschöpft, in einem großen Bottich zur allmähligen Verdunstung bringen wollten.

Man hat nun nach dem Lager auch preußischerseits weiter geforscht und, wie die Berichte der letzten Jahre ergeben, mit dem vorauszusehenden glücklichen Erfolge. Im Januar 1869 hatte man zu Sperenberg bei Berlin eine Tiefe von 300 Meter erbohrt und dabei das Steinsalzlager bereits in einer Mächtigkeit von über 200 Meter durchsunken.

Fig. 107. Steinsalzlager von Cardona.

In derselben Zeit erbohrte man in dem Gipsbruche bei Segeberg ein Steinsalzlager, auf welches schon unter dänischer Herrschaft Bohrversuche angestellt worden waren, jedoch ohne Erfolg, da man die Arbeit an einer ungeeigneten Stelle angefangen und in der Tiefe von 120 Meter aufgegeben hatte. Ueber dem Steinsalz liegt hier ein sehr fester, wasserfreier Gips, Anhydrit, den man bei der späteren Bohrung in einem Abstande von 145 Meter unter der Oberfläche erreichte und nach dessen Durchsinkung der Bohrer in reinem Stein= salz vorwärts ging.

Der neueste derartige Fund ist der bei Inowraclaw im Regierungsbezirke Brom= berg. Aus diesem Magazin werden nun auch die nordöstlichsten Provinzen Deutschlands mit inländischem Salz versorgt werden, der bisher durch den weiten Transport zu theuer wurde, weshalb dort ausnahmsweise Einfuhr fremder Salze gestattet war.

Bisweilen tritt das Steinsalz in großen Felspartien zu Tage, wie an manchen Stellen Siziliens, und eine der interessantesten Steinsalzbildungen in weitgehenden Felsenschichten, wo das Salz im Bau der Erdrinde die Rolle eines Gesteines wie der Granit oder Schiefer spielt, zeigt uns die Abbildung Fig. 106, welche die Steinsalzlager im Thale von Cardona in den Pyrenäen darstellt.

Sehr oft trifft man in den muldenförmig gebogenen Schichten verschiedener Forma=
tionen stärkeres oder schwächeres Salzwasser, Salzsoole, an, welches nichts Anderes ist,
als die aus den (die Mulden zusammensetzenden) Gesteinen ausgelaugte, in der Tiefe kon=
zentrirte, salzige Erdfeuchtigkeit. Weil von oben immer ungesalzenes Regenwasser,
Thau u. s. w. zuströmt, so finden wir in jenen muldenförmigen Bassins gewöhnlich nach
obenhin süßes Wasser, dann schwächere, nach der Tiefe hin stets mehr und mehr an Salz=
gehalt zunehmende Soole. Aus solchen Soolbassins pumpt man die reichere Flüssigkeit
unten weg und versiedet sie zu Salz. Man unterbricht die Arbeit, wenn die ärmere, zur
Siedung nicht mehr verwendbare Soole sich von oben niedergesenkt hat.

Nicht selten entspringen Salzquellen in solchen Gebieten, welche nicht immer das Vor=
handensein von eigentlichen Steinsalzlagern voraussetzen lassen. Die Salzquellen enthalten
meistens nur 1—5 Prozent Salz aufgelöst, manche liefern aber, weil sie stark ausfließen,
dennoch sehr viel Salz aus der Tiefe, wie z. B. die warmen Soolsprudel zu Nauheim,
deren oben bei Besprechung des Erdbohrers gedacht wurde. Viele Salzquellen nehmen mit
der Zeit im Gehalte ab, weil entweder die im Gestein eingesprengten oder eingelagerten
Salzmassen allmählig gänzlich ausgelaugt oder weil die Soolbassins erschöpft wurden.

Es muß schließlich noch einiger anderer Vorkommen des Salzes gedacht werden, ob=
gleich sie für die Kochsalzgewinnung ganz ohne Werth sind. Die Kochsalzauflösungen,
welche sich im Boden und in den Felsarten bilden, werden bisweilen durch die Haar=
röhrchenkraft der lockeren Erdschichten nach der Oberfläche gehoben, wo dann, wenn das
Wasser verdunstet, das Salz ausblüht oder effloreszirt. In sehr trocknen Landschaften,
wie die des mittleren Asiens, Arabiens, Tübets, der afrikanischen Wüsten, der Prärien
und Llanos Amerika's, des Innern Australiens u. s. w., entstanden durch Effloreszenz
Salzsteppen, d. h. der Boden bedeckte sich auf weite Erstreckungen hin mit Salzkörnchen
und ward, weil die wenigsten Pflanzen das Kochsalz ertragen können, zur Wüste. Wenn
man aus fruchtbaren Landstrichen in solche Salzsteppen eintritt, gewahrt man sehr bald die
allmählige Verkümmerung der Pflanzen, der Arten werden immer weniger, bis allein noch
die salzliebenden Salsola=Arten und der Queller (Salicornia) übrig sind; endlich wird Alles
eine nackte, durch Salzkrystalle wie mit Schnee bedeckte, weiße Ebene. Wenn solche Salz=
steppen in späteren Erdentwicklungsepochen wieder von Flüssen durchschnitten werden, so
können sie, ihres Salzgehaltes beraubt, wieder fruchtbaren Boden erhalten, wie die von der
Nordsee abgesetzten Marschen, Anfangs wegen ihres Salzgehaltes unfruchtbar, allmählig
durch Auslaugung den herrlichsten Boden erlangten, auf welchem ohne Düngung ein Jahr=
hundert hindurch Korn gebaut werden kann.

Die Vulkane, welche höchst wahrscheinlich durch Meerwasser in ihrer Thätigkeit unter=
stützt werden und deshalb häufig Chlor ausstoßen, lassen zuweilen, jedoch im Ganzen höchst
selten, auch Kochsalz verdampfen. Diese Kochsalzdestillation erfolgt, wenn der Vulkan die
Zerlegung der ihm durch das Meer zugeführten Stoffe in Natrium und Chlor nicht zu
vollenden im Stande ist, oder das Meerwasser in Regionen des vulkanischen Gebietes ein=
drang, in denen die Hitze nur zur Verflüchtigung des Salzes ausreichte. Das letztere sam=
melt sich dann an der Erdoberfläche in Spalten und Klüften an, aus denen es von der
umwohnenden Bevölkerung wol gesammelt wird. Die Erscheinung ist aber sehr zufällig
und tritt im Ganzen nur höchst selten ein.

Gewinnung des Seesalzes. Die bei der Salzgewinnung eingehaltenen Verfahrungs=
weisen sind eben so mannichfaltig, als es das Naturvorkommen ist. Während man das
Steppensalz durch gewöhnliche Aufsammlung gewinnt, ist für das Steinsalz in der Regel
ein vollständiger Brechwerksbetrieb nöthig, der sich dadurch noch komplizirt, daß man die
Herausarbeitung nicht allerorts mit Bergwerkzeugen vornimmt, sondern häufig einzelne
Strecken, Kammern, durch Wasser auslaugt und die so erhaltene Soole erst weiter ver=
arbeitet. Zur Beschaffung natürlicher Soole werden Bohrlöcher und Sinkwerke angelegt,
durch Gradirung und Sieden wird sodann der Salzgehalt von dem Wasser getrennt; aus dem
Meerwasser gewinnt man das Salz durch Verdampfung, welche die Sonnenwärme veranlaßt.

Das letzte Verfahren ist jedenfalls das einfachste und billigste, es eignet sich jedoch nur für warme Küstenländer, namentlich für die Küstenländer des an Salz reichen Mittelmeeres und die Bahama-Inseln im Golf von Mexiko.

Zur Anlage einer Seesaline wählt man eine flache Küste, deren Boden aus wasserdichten Thonschichten besteht, möglichst entfernt von der Mündung der Bäche und Flüsse. Hat das Meer hohe Flutwelle, so müssen die zur Füllung der Bassins nöthigen Schluchten und Kanäle danach eingerichtet werden. Am besten eignet sich eine Lokalität, an welcher die Flutwelle nicht zu hoch steigt, und deshalb ist das Mittelländische Meer recht eigentlich zur Seesalzbereitung bestimmt. Es hat sehr salziges Wasser und steigt bei Flut nur 50—60 Centim.

In der Nähe von Trapani und auf der ausgedehnten Fläche von dieser Stadt bis nach Marsala treiben die Sizilianer ihre Seesalinen, denen sie folgende in Fig. 108 bildlich dargestellte Einrichtung geben.

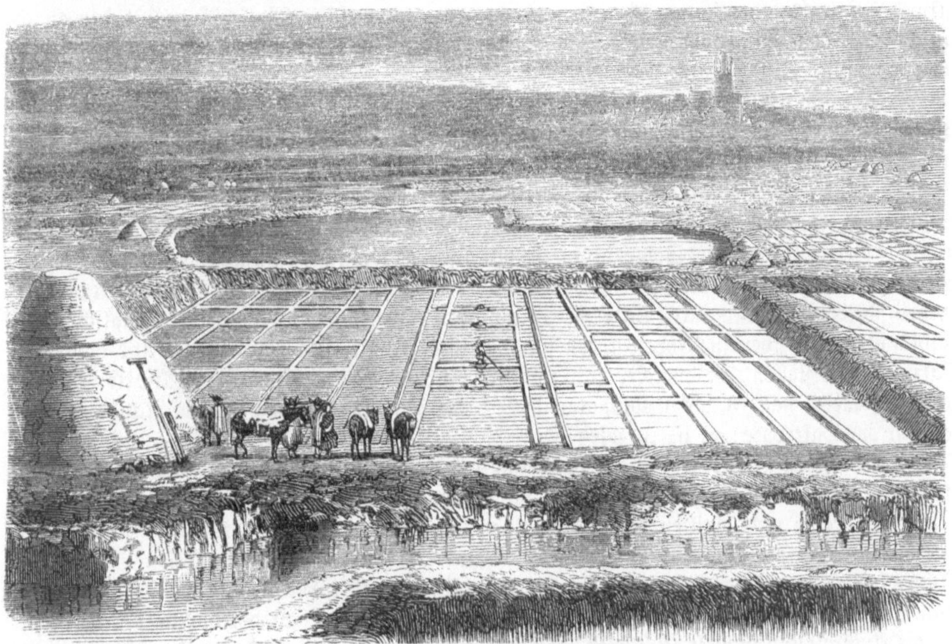

Fig. 108. Seesaline am Mittelmeer.

Von dem im Bilde nach rechts liegenden Meere her führt der Kanal, an dessen Ufern wir im Vordergrunde stehen, das bei der Flut steigende Meerwasser in ein ausgedehntes Sammelbassin. Dieser 6—10 Meter breite Zuführungskanal ist am Meere durch eine thorförmige Schleuße geschlossen, welche von der Flutwelle geöffnet wird. Das Meer dringt ein, erfüllt den Kanal und dies Sammelbassin. Sobald Ebbe eintritt, verschließt das aus dem Kanale zurücktretende Wasser die Schleuße wieder, das von der Flut zugeführte bleibt somit zurück. Bei anhaltenden Landwinden wird die Flutwelle aufgehalten, alsdann kommt mitunter 3 bis 4 Tage kein neuer Zufluß in das Bassin; es ist deshalb rathsam, dasselbe möglichst umfangreich zu machen. An dem Sammelbassin hängt das Klärbassin, dessen Ufer aus Thon gebildet sind und dessen Tiefe über 2 Meter beträgt; hier läßt das Meerwasser mit fortgerissenen Sand, Muscheln und dergleichen fallen; die vorstehende Abbildung umfaßt kein solches. Wo Salinen im Großen betrieben werden, wie bei Barletto am Adriatischen Meere, erreichen die Klärbassins die Dimensionen von Landseen, und da, wo sich der Betrieb, wie bei Trapani, in mehreren Händen befindet, liegen oft viele Salinen um ein großes gemeinsames Klärbassin herum. Von hier wird das Wasser mittelst 10—12 Centim. unter seinem Wasserspiegel vertiefter Kanälchen in die Anreicherungsbassins geleitet. Es sind dies große, unregelmäßig geformte Teiche von $1\frac{1}{3}$—2 Meter Tiefe, von denen einer in der Mitte

unserer Abbildung sich präsentirt, während eine ganze Kette anderer nach links sich aus=
dehnen wird. Sobald die Flutwelle steigt, hebt sie das Wasser aus dem Klärbassin über die
flachen Dammeinschnitte (Kanälchen) in die Anreicherungsbassins, bei eintretender Ebbe
aber sinkt der Spiegel des Klärbassins unter den Boden der Kanäle, und nun hat das in
den Anreicherungsbassins zurückgebliebene Wasser Zeit zu verdampfen.

Die heiße Sonne des Südens, die trocknen Winde, welche von den brennenden Wüsten=
flächen Afrika's herüber kommen, lecken das Wasser begierig weg, die Meersoole nimmt an Salz=
gehalt so zu, daß sie in 50 Kilogramm bald 13 und 14 Kilogramm enthält. Während dieser
Anreicherung scheidet sich der weniger lösliche Gips, welcher außer Kochsalz und Magnesia=
salzen auch im Meerwasser enthalten ist, in Menge aus und bedeckt den Boden der Bassins
als weißes Pulver, so daß er von Zeit zu Zeit entfernt werden muß. Sobald die Soole
27prozentig geworden ist, schöpft man sie in die Krystallisationsbassins über, was
entweder mittels einer durch Menschen bewegten archimedischen Wasserschraube oder durch
an Windmühlen hängende Pumpen oder durch Schöpfwerke geschieht, die ein Maulthier
oder ein Ochse in Bewegung setzt.

Die Krystallisationsbassins (italienisch Campi, Felder) liegen 30—60 Centimeter höher
als die Anreicherungsbassins und stehen nicht mit diesen, wol aber unter sich durch Kanälchen
und Schützen in Verbindung. Sie sind 60—90 Meter lang und breit mit gemauerten Wänden
30—45 Centimeter tief angelegt und treten auf unserer Abbildung wie die Beete eines Gar=
tens hervor, weshalb man die Seesalinen wol auch Salzgärten genannt hat. Jeden Morgen
wird so viel angereicherte Soole in die Krystallisationsbassins gepumpt, daß ihr Wasser=
spiegel um 15—18 Centimeter steigt; denn so viel Wasser kann die Sonne täglich verdunsten.
Dabei scheidet sich nun das Salz in unzählige Würfelchen ab, welche anfänglich oben
schwimmen, bald aber zu Boden sinken und daselbst eine weiße, halbdurchsichtige eisartige
Salzmasse darstellen, in welcher sich nicht selten die prachtvollsten Krystallisationen ent=
wickeln. Wenn nach 3 bis 6 Monaten diese Salzlage das Bassin bis zum Rande erfüllt,
beginnt die Salzernte, d. h. es wird dann das Salz mit Beilen ausgehauen und an das
Ufer der Krystallisationsbassins auf pyramidale Haufen gestürzt, wie der im Vordergrunde
unseres Bildes. Diese Haufen werden mit Ziegeln, mit Rohr oder mit einer dünnen
Thondecke belegt und bleiben einige Zeit, oft ein Jahr und länger in Ruhe, um die im
Seesalze anfänglich eingeschlossene Bittersalzmutterlauge ablaufen zu lassen. Da das
Chlormagnesium, aus welchem dieselbe hauptsächlich besteht, überaus löslich ist, so daß es
schon an der Luft zerfließt, so genügt der geringe Feuchtigkeitsgehalt der dortigen Gegenden,
um die Auslaugung so weit zu führen, daß wenigstens ein genießbares, wenn auch noch nicht
sehr feines Salz hergestellt wird. Ein feineres Salz wird durch eine weitere Raffination
erhalten, womit sich namentlich die Holländer beschäftigten. Durch eine sorgsame Behand=
lung kann auch schon an der Saline ein sehr reines, weißes und feinkörniges Salz erhalten
werden, das dem Siedsalze fast ganz und gar entspricht. Es wird für Tafelsalz und zum
Pökeln der Fische fein gemahlen, für andere Zwecke aber vom Haufen weg in Fässer oder
Säcke verpackt und so in den Handel gebracht.

Das Sammelbassin wird wo möglich am weitesten in das Land verlegt, man giebt
ihm eine über zehnmal größere Flächenausdehnung, als die aus ihm versorgten Krystalli=
sationsbassins haben sollen. An seiner gegen das Meer gekehrten Seite befinden sich die
Anreicherungsbassins, deren Flächeninhalt 5 bis 6 Mal so groß als der der Krystallisations=
campi gewählt wird. Die letzteren verlegt man in die Nähe der Küste, um den Transport
des fertigen Produktes zu erleichtern.

Die Meersalzsaline bei Barletta am Adriatischen Meere hat in ihren Bassins
folgende Ausdehnung:

Sammelbassin   =   891 Hektaren,
Anreicherungsbassin   =   297 =
Krystallisationsbassin   =   52 =
____
Zusammen = 1240 Hektaren oder ¼ Quadratmeile.

Diese Saline ist im Stande, bei gutem, trocknem Sommerwetter aus dem 4½ Prozent Salz enthaltenen Meerwasser jährlich 810,000 Zollcentner Salz zu produziren. Im Jahre 1860 war dies der Betriebserfolg, gewöhnlich liefert sie aber nur 350,000 Zollcentner; die bei der Erzeugung eines Zollcentners im gewöhnlichen Betriebe erwachsenden Unkosten betragen nur 8 Kreuzer süddeutsche Währung oder 2⅓ Sgr. preuß. Kurant.

Die Salinen zwischen Trapani und Marsala auf Sizilien haben noch günstigere klimatische Verhältnisse; daselbst werden jährlich zwei Salzernten gemacht, d. h. die Campi werden zweimal entleert. Während zu Barletta auf eine Hektare (= 3,917 preuß. Morgen) Anreicherungs- und Krystallisationsbassin jährlich nur 50,000 Kilogramm Salz fallen, erzeugt die gleiche Fläche in Sizilien 350,000 Kilogramme. Das Wasser ist hier allerdings salzreicher als bei Barletta, namentlich aber ist die Luft an Siziliens Westküste trockner und wärmer, befördert also die Verdunstung noch rascher. Trapani, der Seeplatz, von welchem das sizilianische Salz nach England, Nordamerika, Spanien, Rußland, Norwegen, Schweden, Holland, Preußen, Dänemark u. s. w. verschifft wird, führt jährlich davon über 3 Millionen Zollcentner aus. Der Zollcentner Salz wird dort für nur 7 Kreuzer oder 2 Silbergroschen verkauft, kostet aber den Produzenten kaum 5 Kreuzer oder 1½ Silbergroschen.

Die südfranzösischen und spanischen Seesalinen haben, so weit sie am Mittelmeere liegen, ungefähr gleiche Einrichtung mit den eben geschilderten. Am Atlantischen Ozean aber, wo die Fluten höher steigen, giebt man den Schützen, welche an dem die Meereswellen in die Sammelbassins lenkenden Kanale liegen, eine festere Konstruktion und öffnet sie mittels Rad und Kurbel. Die Bassins werden daselbst häufig gemauert und viel fester konstruirt, damit sie etwaigen Springfluten widerstehen können.

Die Seesalzgewinnung der Mittelmeerstaaten Oesterreich, Neapel, Sizilien, Kirchenstaat, Frankreich und Spanien ist sehr beträchtlich, sie erreicht die Höhe der aus Salzquellen und Steinsalzbergwerken in Europa erfolgenden Produktion vollkommen, würde aber noch ungleich höher sein und alle europäischen Völker mit ihrem Bedarf versehen können, wenn das Salzgewerbe und der Salzhandel überall freigegeben wären. Leider ist dieser wichtige Zweig der Rohstoffproduktion durch Steuergesetzgebung fast in allen Staaten gehemmt und beschränkt, die Salzverwendung daher weit geringer, als sie sein müßte. In Deutschland und Frankreich, wo die Salzsteuer am höchsten, der Salzhandel am meisten erschwert ist, verbraucht der Kopf der Bevölkerung nur 5—6 Kilogramm jährlich; in England, wo dieses Gewerbe und der Salzhandel früher in gleicher Lage war, wurde damals ebenfalls nur so viel verbraucht, während nach Freigabe desselben jetzt jährlich auf den Kopf nahe an 25 Kilogramm kommen. Diese Quantität wird nicht gegessen, aber sie dient zur Soda-, Chlor-, Seife- und Glasfabrikation, in der Roh- und Stabeisendarstellung und in vielen anderen Gewerben, welche in Deutschland und Frankreich zu ihrem Schaden des billigen Salzes noch entbehren müssen.

Die in den Krystallisationsbassins der Meersalinen zurückgebliebenen sehr konzentrirten Flüssigkeiten (Mutterlaugen) enthalten noch Chlorkalium, Chlornatrium, Chlormagnesium sowie auch Brom- und Jodsalze, welche in neuerer Zeit auf sehr verschiedenartige Weise vorzüglich zu pharmazeutischen, technischen und photographischen Zwecken gewonnen werden.

Die Salzgewinnung an den Binnenseen Rußlands und Sibiriens, namentlich aber im Eltonsee in der Kirgisensteppe, findet in der Weise statt, daß im Sommer während der regenfreien Zeit das im See zu Boden gefallene Salz sammt den sich auf seiner Oberfläche abscheidenden Salzkrusten durch Arbeiter herausgeschaufelt wird. Der See hat nur 60—125 Centimeter Tiefe; die Arbeiter, mit langen Stiefeln ausgerüstet, schreiten in ihn hinein, hacken und schaufeln das Salz in Haufen zusammen und transportiren es auf Kähnen an das Ufer, wo es trocknet. Hier ist beständig Salzernte; der See ist den Krystallisationscampi der italienischen Meersalinen zu vergleichen; er hat jährlich schon an 2 Millionen Centner Salz geliefert, könnte aber bei besseren Verbindungswegen nach der Wolga das ganze russische Reich wohlfeil versorgen.

Die **Darstellung des Kochsalzes aus Salzquellen oder Soole** ist bei weitem kost=
spieliger als die aus Meerwasser, weil in den Ländern, wo sie noch ausgeführt wird, das
Brennmaterial immer theurer wird. Die Siedesalzwerke können sich nur noch in solchen
Staaten halten, in welchen Salzgewinnung und Salzhandel Monopol der Regierung sind,
denn in solchen wird gemeiniglich auf den höhern Darstellungspreis keine Rücksicht genommen,
weil der Verkaufspreis beliebig gesteigert werden kann und keiner Konjunktur ausgesetzt ist.
In Staaten, wo nur der Salzhandel noch Monopol der Regierung ist, sind die Siede=
salzsalinen eingegangen, weil die Finanzverwaltung einen größeren Vortheil darin findet,
das im Lande gebrauchte Salz möglichst wohlfeil von außen hereinzuziehen.

Wenn die Salzquellen wie gewöhnlich nur wenig Kochsalz enthalten (meistens haben
100 Kilogramm zwischen 2—10 Kilogramm) und außerdem noch verhältnißmäßig viel
andere Bestandtheile, Gips, Kalk und Eisen damit verbunden sind, so werden sie vor dem
Versieden gradirt. Die Quellen selbst befinden sich entweder in tiefen, unter hohen Thürmen
angebrachten Brunnen, wie zu Dürrenberg unter dem in der Mitte der Abbildung Fig. 109
stehenden Gebäude ohne Dach, oder es sind freispringende Bohrlochsquellen, wie die
Soolsprudel zu Bad Nauheim, von welchen Seite 48 eine Abbildung gegeben wurde.

Fig. 109   Die Saline Dürrenberg, Provinz Sachsen.

Wenn das Wasser tief unter dem Erdboden geschöpft werden muß, so muß es durch irgend eine
mechanische Kraft, gewöhnlich Wasserkraft und Kunstgestänge, auf die Zinne eines Brunnen=
thurms gehoben und in einem daselbst angebrachten Bassin angesammelt werden. Man
sieht in Dürrenberg von den am Wasser (der Saale) liegenden Gebäuden, den Radstuben,
die Kunststangen ausgehen und in die untere Etage des Brunnenthurmes eintreten. Die
Einrichtung solcher Kunstgestänge ist dieselbe wie bei den Wasserkunstwerken der Bergwerke;
man verläßt aber jetzt diese schwerfällige Methode mehr und mehr und wendet sich der
Dampfmaschine zu. Aus dem oberen Bassin des Brunnen= oder Kunstthurmes wird die
Soole durch Röhren auf die First der Gradirhäuser geleitet.

Ein Gradirhaus ist ein aus starken Tannenbalken errichtetes schmales, aber langes
Gerüste von 10—12 Meter Höhe, dessen Konstruktion die Abbildung Fig. 109 verdeutlicht.
Das Gerüste und die sich kreuzenden Streben, welche wir vorn rechts sehen, stehen in einem
auf Mauern ruhenden, wasserdicht aus guten Doppelbohlen hergestellten Bassin K. Zwischen
den Pfosten und Streben des Gerüstes wird die Gradirwand L in folgender Weise an=
gebracht. Der offene Raum zwischen je zwei Gerüsten wird durch senkrechte Wandruthen in

mehrere Unterabtheilungen zerlegt, die durch horizontale Balkenlagen in verschiedene Gefache getheilt werden. In der Zeichnung sind diese Gestelle auf beiden Seiten sichtbar. Alsdann werden die Gefache mit Schlehbuschholz (den Dornen) wie bei L ausgefüllt. Die in Bündel verbundenen Dornen werden sorgfältig eingelegt und endlich an beiden Seiten beschnitten. Auf der First des Hauses liegt eine breite, beiderseits mit Hähnchen versehene Soolleitung. Das aus den Hähnchen rinnende Salzwasser fällt auf die Dornenwand, zersplittert an derselben und tropft von Dorn zu Dorn. Hiedurch bietet es dem die Gradirwand treffenden Winde möglichst viel Oberfläche dar, die Verdunstung des Wassers kann somit rasch und möglichst vortheilhaft erfolgen. In dem untern Bassin K sammelt sich die gradirte Soole wieder an, sie enthält mehr Salz als die oben in der Soolleitung stehende, während sich an den Dornen die ihr Anfangs beigemischten erdigen Bestandtheile Gips, Kalk und Eisen als sogenannter Dornstein angehängt haben.

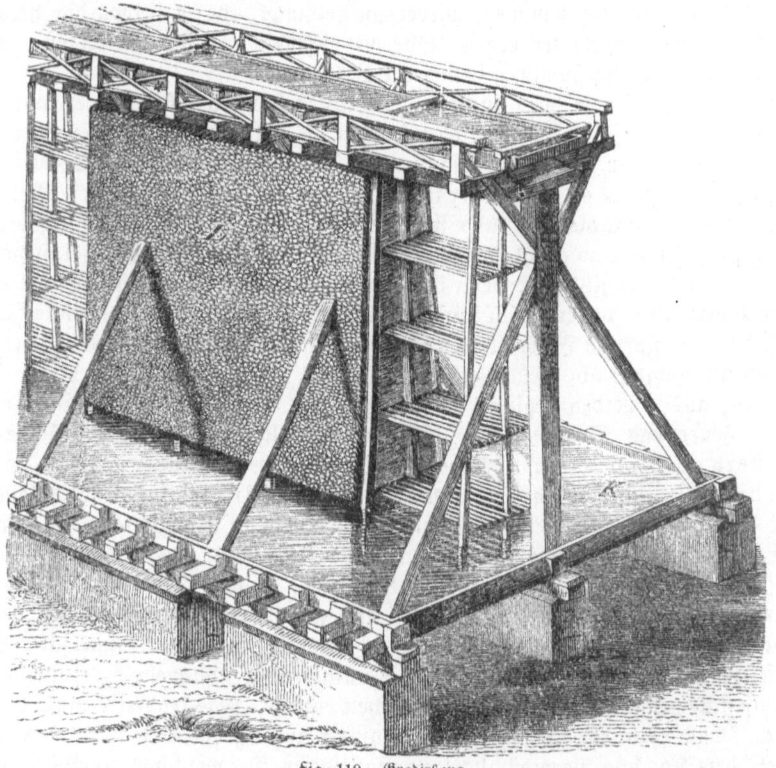

Fig. 110. Gradirhaus.

Die Soole ist somit in zweifacher Hinsicht verbessert. Ist sie noch zu salzarm, so wird sie abermals auf ein anderes Gradirhaus (einen andern Fall) gepumpt, fällt nochmals herab, und dieses Aufpumpen wird wo möglich so lange fortgesetzt, bis das im Bassin K angekommene Salzwasser 27 Prozent Kochsalz enthält, d. h. bis es vollständig damit gesättigt ist und das letztere sich aus ihm abzuscheiden beginnt.

Weil die zu gradirende Soole auf derjenigen Seitenfläche der Gradirwand zugeleitet werden muß, welche der Windrichtung direkt ausgesetzt ist, so müssen bei jeder Windveränderung die sämmtlichen Soolhähnchen geschlossen oder geöffnet werden, was bei ausgedehnten Gradirwerken viel Zeit beansprucht. Geschieht diese Soolstellung nicht rasch, so treibt der Wind unter Umständen viel Soole vom Gradirhause fort, welche dann die umliegenden Felder weithin unfruchtbar macht. Man hat deshalb die Geschwindstellung (nach dem Erfinder die Henschel'sche genannt) angewendet. In der Mitte der First des Gradirhauses befindet sich die offene Soolleitung, wie in unserer Abbildung; sie steht von 125 zu

125 Meter durch Röhrenstücke, welche mittels eines Schützenpropfes geschlossen werden können, mit zwei Soolleitungsröhren in Verbindung, die beiderseits der Dornwand her liegen und in denen die Soolhähnchen stecken. Wird ein Schützenpropf geöffnet oder geschlossen, so werden im Augenblick mehrere hundert Soolhähnchen naß oder trocken gestellt. Um die in dem Bassin K angelangte, sehr angereicherte Soole gegen den verdünnenden Regen zu schützen, werden bei den letzten Gradirfällen Bedachungen von Bohlen angewendet, welche eine solche Einrichtung haben, daß man entweder die über sie rinnende Soole in das Bassin eintreten oder bei Regenwetter, wo die Gradirung ohnehin eingestellt wird, sie seitlich abrinnen lassen kann.

Manche Salinen haben sehr ausgedehnte Gradirgebäude, wie z. B. die Nauheimer, deren von der Main-Weser-Eisenbahn durchschnittene Gradirwerke über eine halbe Million Quadratfuß Dornenwand besitzen, die Kissinger in Bayern, die Schönebecker bei Magdeburg, deren Gradirfläche an eine Viertel-Million Quadratfuß mißt. In Nauheim wird das Salz=wasser 8—10 Mal, oft noch häufiger, wieder aufgepumpt, ehe es siedwürdig herabfällt; natürlich ist die Ausdehnung der ersten Fälle bedeutender als die der letzten, weil die Menge der Soole durch Verdunstung immer mehr abnimmt.

Die angereicherte Soole wird nunmehr in großen bedachten Reservoiren aufbewahrt und von hier aus in die Siedehäuser oder Kothen geleitet. Das Salzkochen oder Sieden geschieht in großen flachen, blechernen Pfannen bei Holz, Torf, Braun= und Steinkohlen. Die Pfannen sind höchstens 45 Centimeter tief, aber 25—30 Meter lang und 8 Meter breit. Sie stehen über Feuerungskanälen und sind bedeckt mit einem Schwadenfange, welcher mittels Klappen geöffnet und geschlossen werden kann. Die in die Pfanne gelassene Soole wird rasch zum Sieden erhitzt und, wenn sie von der Gradirung noch nicht auf den höchsten Punkt angereichert kam, sondern z. B. nur 15—20 Prozent Salz enthielt, eingekocht. Diese Arbeit geschieht bei starkem Feuer und wird das Stören genannt. Dabei scheidet sich Schaum und Unreinigkeit ab, welche von Zeit zu Zeit oben abgeschöpft werden. Sobald die Soole Salz auszuscheiden beginnt, wird das Stören eingestellt, es beginnt nun bei schwächerem Feuer das Soggen oder die Salzkrystallisation. Wo die Soole keinen Pfannenstein, d. h. schwer auflösliche Niederschläge beim Stören absetzt, wird das Soggen in derselben Pfanne fortgesetzt; wenn sie aber solche Unreinigkeiten fallen läßt, zapft man sie in Soggpfannen über. Auf den Salinen bei Halle an der Saale hat man deshalb für je drei Soggpfannen eine Störpfanne; das Stören währt 5, das Soggen 15 Stunden lang. Sobald die Soole gar ist, d. h. Salz fallen läßt, scheiden sich auf ihrer Oberfläche kleine Würfelkrystalle aus, welche schwimmend bis zum Rande ihrer nach oben gekehrten Fläche untergetaucht sind. Rundum hängen sich alsbald an diese Krystallisationspunkte neue Würfelchen, wodurch ein quadratisches, sich immer mehr und mehr vergrößerndes und nach oben hin sich pyramidal erweiterndes Schiffchen entsteht. Das trichterförmige Schiffchen sinkt endlich, sobald es durch das sich ihm auch unten anhängende Salz zu Boden gerissen wird. Diese dem Kochsalz eigenthümliche Krystallisation ist, wie schon erwähnt, von der Krystallbildung des Steinsalzes verschieden. Zwar nicht der Form der Kystalle nach, denn immer sind dieselben regelmäßige Würfel, aber der Ausbildung und Anordnung nach, denn während bei dem aus der Soole sich ausscheidenden Kochsalze jene Trichterchen entstehen, die wir in unserm Speisesalz häufig noch ganz deutlich erkennen können, ist das Steinsalz in großen Würfeln krystallisirt. Unter Umständen kann man jedoch auch eine gesättigte Kochsalzlösung veranlassen, in Steinsalzwürfeln zu krystallisiren.

Das erste aus der garen Soole krystallisirende Salz ist das beste und reinste, es wird mit Krücken an den Pfannenbord gezogen, ausgehoben und in hohe, spitze Körbe zum Trocknen abgegeben. Das Feuer wird unter der Pfanne etwas gesteigert, weil die noch mit anderen Salzen gesättigte Mutterlauge immer schwerer zum Sieden gebracht werden kann und somit das Wasser und das Kochsalz erst bei höherer Hitze sich von einander trennen lassen. Wenn reines Wasser bei 100 Grad der Thermometerskala siedet, so kocht reiche Salz=soole erst bei 106 Grad, die Mutterlauge aber oft erst bei 120—125 Grad. Auch der zweite Kochsalzausfall wird angezogen und getrocknet, endlich vielleicht noch ein dritter Salzzug gemacht, alsdann aber die nun fast kochsalzfreie Mutterlauge zur Glaubersalz=, Magnesia=, Kali= und Chlorcalcium=, Brom= und Jodfabrikation abgegeben. Die späteren Salzauszüge sind immer unreiner als der erste.

Das bei starker Hitze getrocknete Salz wird darauf in den Handel gebracht. Berück= sichtigt man die durch die Gradirung und Siedung erwachsenen Unkosten, so leuchtet ein, daß diese Art der Salzgewinnung sehr theuer sein muß. Bei den bestgeleiteten Fabriken der Art kostet denn auch der Zollcentner Salz im Durchschnitte 1 bis 3 Thlr., je nach dem größeren oder geringeren Gehalte der Soolquellen, das heißt bis 40 Mal mehr als der Centner Seesalz und auch bedeutend mehr als das bergmännisch gewonnene Steinsalz.

Die Gewinnung des Steinsalzes erfolgt auf verschiedene Weise, entweder durch Bergbau, oder durch Auslaugung mittels Sinkwerke und darauf folgende Versiedung, oder durch Auslaugung mittels Bohrlöcher und Versiedung. In jedem Falle findet hierbei die Gradirung nicht statt, da man bei der Bereitung von künstlicher Soole in Sinkwerken oder in Bohrlöchern es immer in der Hand hat, dieselbe vollständig konzentrirt herzustellen.

Fig 111. Durchschnitt des Steinsalzbergwerks Wieliczka.

Salzbergbau. Betrachten wir zuerst die Salzgewinnung durch Bergbau, so haben wir auf das bei dem Steinsalz besonders häufig zu beachtende Vorkommen in Nestern und Stöcken, gewöhnlich durch gestörte Lagerung, Verquetschung der Flötze und dergleichen hervorgerufen, aufmerksam zu machen. Die berühmten Gruben von Wieliczka in Galizien geben dafür ausgezeichnete Belege, wie aus der Betrachtung von Fig. 110 hervorgeht, die einen Vertikaldurchschnitt durch die dortige Lagerstätte zeigt. Zu unterst liegen Sandstein und Thon mit Gips; der Gips ist in der Abbildung punktirt, der Thon dunkelwellig schraffirt; in dem letzteren befinden sich Scheiben weißen Salzes. Darüber liegt das Steinsalz in mächtiger Lage (heller schraffirt), aber verunreinigt durch Thon und Gips mit einzelnen großen krystallreinen (weiß gelassenen) Salzscheiben. Bedeckt wird das Salz von Thon, Gips und Mergel und den darüber gelagerten jüngeren Bildungen.

Das Salzlager befindet sich unmittelbar unter der 6000 Einwohner zählenden Stadt Wieliczka, hat eine Länge von Ost nach West von 3300 Meter, von Nord nach Süd von 1200 Meter und eine Dicke von 400 Meter. Der Bergbau wird in sieben Etagen betrieben, von denen die erste circa 60 Meter unter der Erdoberfläche beginnt. Diese sieben Etagen oder Horizonte heißen: 1. Danielowicz 63,2 Meter; 2. Ludovica (oder Kunigunde) 27,5 Meter; 3. Kaiser Franz 17,5 Meter; 4. Albrecht 27,4 Meter; 5. Rittinger 42 Meter; 6. Haus Oesterreich 28,5 Meter; 7. Tiefster Regis 36 Meter. Jedes Stockwerk besteht aus einem

Labyrinthe von Gängen und Höhlen, ganz in Salz ausgehauen und durch Schächte, Leitern und Treppen verbunden.

Die Abbildung Fig. 112 läßt uns eine lebhafte Anschauung von diesem großartigsten aller Salzbergwerke und seinen verschiedenen Räumen gewinnen. Etagen bauen sich über Etagen, freilich durch dicke Zwischenmittel nach oben und unten von einander geschieden, welche dem Baue die wichtige Festigkeit verliehen. Immerhin aber muß man mit dem Ausbrechen sehr vorsichtig sein, damit nicht die Stockwerke in einander brechen. — Wir sehen die verschie= denen Förderungsarten; zu den bewegenden Kräften werden Pferde hier unten gehalten, welche, obwol nur alle 14 Tage an das Licht kommend, doch sich eines ausgezeichneten Wohlseins erfreuen. Die Losarbeitung der Steinsalzblöcke geschieht mittels Pickel und Beil und das sogenannte Schlitzen, das wir in Staßfurt noch kennen lernen werden. Die rohe Formgebung der reineren Stücke für den Handel wird gleich mit vorgenommen. Nach Rußland wird das Steinsalz in Form großer Blöcke, welche Tonnengehalt haben, verkauft; in den einzelnen Räumen sehen wir deren viele, theils schon fertig bearbeitet zum Ver= laden, theils noch in Behandlung. An anderen Orten finden wir die abfallenden kleinen Stücke in hölzerne Fässer verpackt und bis zur Abfuhr in Magazinen aufgestellt. Alles Baumaterial ist Steinsalz, nur der Schacht und einzelne Pfeiler wurden aus Holz konstruirt. Die tiefere dritte Etage besitzt, wie die zweite, ihren besonderen Pferdestall, in ihr findet eine lebhafte Salzgewinnung statt. Die Grube ist da, wo gearbeitet wird, durch an die Wand befestigte Ampeln und Kandelaber erleuchtet.

Dreizehn Tageschächte führen hinab, zwei davon sind in der Stadt selbst; einer ist für die Beamten, einer für die Mannschaft als Fahrschacht bestimmt; einer dient zum Rauch= fang für die unterirdische Schmiede, vier allein sind für die Wasserbeförderung u. s. w. Von den aus der Stadt hinabführenden Schächten hat der über 60 Meter tiefe Franziscek oder Lezan eine Wendeltreppe von 470 eichenen Stufen; der Hauptschacht Danielowicz ist noch um etwas tiefer und dient vorzugsweise als Förderschacht; der Janina=Schacht ist ein schräglaufender Stufenschacht, in welchem eine gut angelegte Treppe in verschiedenen Absätzen in die Tiefe führt. Die Stufen sind theils aus Salz gehauen und mit Holz ein= gefaßt, theils ganz aus Holz. Wadda=Gora ist der Kunstschacht.

Nach erlangter Erlaubniß des Bergamts kann man entweder durch den Lezanschacht auf Stufen oder im Danielowicz am Grubenseil anfahren, was jedoch jetzt auch bei den Bergleuten nicht mehr so in Gebrauch ist wie früher, da bei solchen Fahrten leicht Unglück vorkommen kann. Allerdings ist die Art der Beförderung romantisch genug. In ein langes, weißes Grubenkleid gehüllt und mit grüner Schachtkappe bedeckt, tritt man dort an das starke Förderseil, das an seinem Ende stark verknotete Hängesitze hat, auf denen man Platz nimmt, während man das Seil mit dem Arm umfaßt. Auf mehreren solchen Sitzbänken kann bequem eine Gesellschaft von 20—25 Personen auf einmal hinabgelassen werden. Zwei oder mehrere Grubenleute fahren voran und halten, mit Lichtern versehen, das Seil fortwährend in senkrechter Richtung; auf diese Art wird die Fahrt von 30 Klaftern in wenigen Minuten vollbracht, man ist auf der Sohle des ersten Stockwerks, von wo man auf 2000 in Salz gehauenen Stufen in die tieferen Stockwerke gelangt. Gleich im ersten Stockwerk nahe dem Fahrschacht nimmt die Antonskapelle die Aufmerksamkeit in Anspruch. Sie ist ganz in Salzstein gehauen. Heiligenbildsäulen, Pfeiler, Kanzel, Gewölbe und eine große Menge von Ornamenten sind aus diesem Stoff. Sonst las ein eigens angestellter Priester täglich mehrere Mal Messe, jetzt ist nur an Kirchfesten noch Gottesdienst. In demselben Stockwerk befindet sich die Kammer Lertow, bestehend aus einem gedielten Saal, einer Orchestergalerie, Säulen und einem Kronleuchter von 6 Meter Umfang, aus dem reinsten Krystallsalz. Bei hohen Besuchen wurde hier öfters die Tafel servirt und getanzt. Alle diese aus Salz gefertigten Kunstwerke erscheinen selbst bei hellster Beleuchtung dunkel= farbig, weil das klare Steinsalz den ihm unterliegenden dunklen Hintergrund durchscheinen läßt. Nur wenn Licht hinter ein Bildwerk gebracht wird, erscheint solches in seiner ganzen Schönheit, durchsichtig, wie aus Eis bestehend.

Obschon das ganze Werk sehr trocken liegt, so sickert doch durch die Erdschichten zwischen den einzelnen Stockwerken Wasser von oben herein, welches, in Bassins geleitet, kleine Seen bildet, die in den Kammern Rosetti und Przykos liegen. Sie enthalten Salzsoole, sind, wie die Abbildung verdeutlicht, schön und kunstvoll gefaßt, werden mit flachen Schiffen befahren und befinden sich über 160 Meter unter der Erdoberfläche. Die Abbaue sind über 330 Meter tief niedergerückt und liegen fast 100 Meter unter dem Meeresspiegel. Mitten durch die weiten Abbauräume geht eine Art Heerstraße, auf welcher eine Menge Wagen hin= und herfahren, um das Salz von den Füllörtern nach dem Hauptförderschacht zu schaffen. Diese Straße wird nie leer, singend ziehend die Fuhrleute neben ihrer salzigen Ladung einher. Mehr als 100 Pferde werden zu diesem Zwecke gehalten; diese Thiere verlieren durch den feinen Salzstaub häufig ihre Sehkraft; dessenungeachtet wissen sie blindlings den gewohnten Weg zu finden.

In der Kammer Clemens erhebt sich ein zugespitztes Monument, zum Andenken an den Besuch des Kaisers Franz I. von Oesterreich im Jahre 1817 errichtet, wobei zugleich der eben erst in Betrieb genommenen Strecke der Name „Kammer Kaiser Franz" gegeben wurde. Kammer bedeutet nämlich hier jeden großen, durch regelrechten Betrieb entstandenen Raum, der kein Stollen ist, und bisweilen sind es wahre Riesenräume. Einen angenehmen Eindruck verursachen die Mosaikbilder aus durchsichtigem bunten Steinsalze, z. B. mehrere Fenster und der kolossale kaiserliche Doppeladler im Tanzsaale.

Die Werkzeuge der Bergleute bestehen aus Keilhauen, Hämmern und Meißeln, mit denen große Cylinder oder Quader abgetrennt werden; noch größere Stücke aber werden mittels Pulver gesprengt. Das Wegthun eines solches Schusses, bei dem oft drei bis sechs Bohrlöcher besetzt sind, erregt durch hundertfältigen Wiederhall den Eindruck eines starken Gewitters. Die größeren Massen werden in kleine Stücke geschlagen und zu Tage gefördert, die klarsten und schönsten wol auch zu allerlei Kunstgeräth verarbeitet. Die Anzahl der Bewohner dieser unterirdischen Stadt beläuft sich auf 500, welche schichtweise von acht zu acht Stunden einander in der Arbeit ablösen.

Wie groß der Reichthum dieser Gruben ist, beweisen Rechnungen, vermöge welcher seit ihrer Entdeckung bis zum Jahre 1812 an 550 Millionen Centner Steinsalz gewonnen wurden. Das jährliche Erzeugniß hob sich mehr und mehr und stieg durch eine den Berg= leuten zugesagte Vergütung sogar auf 1,700,000 Centner.

Aber dieses unterirdische Reich hat auch bereits manche Wandelungen erfahren. Dort haben mehrmals Feuersbrünste gewüthet und sogar Kriegsscharen arg gehaust, indessen sind auch freundliche Erinnerungen zurückgeblieben; bald waren es fürstliche Besuche, bald haben Musikaufführungen die erhabenen Hallen durchklungen, oder es haben kirchliche Feste stattgefunden, ja der russische Feldherr Suwarow hatte einst drei Tage hier unten sein Hauptquartier aufgeschlagen. Das Alles erzählt ein Gedenkbuch.

Eine der beunruhigendsten Katastrophen hat dasselbe aber aus dem Ende des Jahres 1868 zu verzeichnen, nämlich den großen Einbruch von süßem Wasser, der am 19. November statt= fand. Die Erfolge der Staßfurter Salzwerke hatten auch in Galizien die Begierde nach Kalisalzen erregt. Man forschte mit Eifer nach denselben und versäumte darüber die nöthige Vorsicht. Indem man den Querschlag „Kloski" verfolgte, welcher im Hangenden des Salzgebirges angelegt war, hoffte man auf die Abraumsalze zu stoßen. Die an Ort und Stelle befindlichen Geologen sprachen ihr Bedenken gegen dies Vorgehen aus, leider wurden die Warnungen nicht berücksichtigt. Wahrscheinlich hatte man den absperrenden Sandstein geritzt, denn am 19. November spritzte in einem breiten, schrägen Strahle zuerst süßes Wasser durch, dessen Menge rasch wuchs, ehe man noch ernstlich daran gedacht hatte, wirksame Schutzvorrichtungen anzubringen. Bald war dies gar nicht mehr möglich, denn schon am dritten Tage betrug der Zufluß 50 Kubikfuß in der Minute, und er steigerte sich fortwährend. Jetzt kam die Angst — das Bergwerk ist verloren. Es wurden rasch Dämme aufgemauert, um das Wasser abzusperren, aber umsonst, das feindliche Element unterwusch ihr lösbares Fundament — die Pumpen reichten nicht aus, es blieb nichts übrig, als die Wässer in die Tiefe zu leiten. Hier hatte man bei der ungeheuren Ausdehnung des Werkes allerdings viel Platz, und da das Wasser nur so lange Salz auflöst, als es nicht damit gesättigt ist, zu dieser Sättigung aber die massenhaft in Bauen umher= liegenden Salzabfälle rasch beitrugen, so gewann man wieder Vertrauen, zumal der Zufluß, der allerdings im Maximum 120 Kubikfuß pro Minute betragen hatte, allmählig sich verminderte und auf 40, 30, ja im Dezember schon auf 25 Kubikfuß herabging.

Fig. 113. Salzbergwerk Wieliczka.

Nichtsdestoweniger waren große Anstrengungen nöthig, des Feindes Herr zu werden. Es wurden gewaltige Dampfpumpwerke aufgestellt, und in kurzer Zeit war denn, wenn auch nicht alles Wasser wieder herausgeschafft, so doch jeder Grund zu Befürchtungen beseitigt, und die Förderung konnte ganz in demselben Umfange wieder stattfinden wie vorher.

Ebenfalls höchst merkwürdig sind die Lager der Stadt Bochnia, 5 Meilen von Krakau. Auch hier dehnen sich die Salzwerke in vier ungeheuren Stockwerken unter der Stadt und deren Umkreis hinaus, die jährliche Ausbeute beläuft sich auf 250,000 Centner und die Stücke kommen 2—10 Centner schwer in den Handel. Nahe bei der Kirche befindet sich der 75 Meter tiefe Einfahrschacht. Das erste Stockwerk, 800 Meter lang und 60 Meter breit, dient jetzt als Pferdestallung; das zweite liegt gegen 120 Meter tiefer, ist 2600 Meter lang, 100 Meter breit und enthält eine vollständige Kirche; wieder 95 Meter tiefer befindet sich das dritte, 2000 Meter lange, und noch 40 Meter tiefer liegt das vierte und kleinste, welches Süßwasserbassins enthält.

Steinsalzbergwerke von ähnlicher Großartigkeit wie die eben beschriebenen hat auch Unteritalien in der Nähe von Castrovillari, im Gebirge Altomonte bei Lungro, aufzuweisen; Spanien und Rußland sind bereits erwähnt; Frankreich aber verdient noch wegen seines bedeutenden Salzbergbaues bei Dieuze in Lothringen genannt zu werden, eben so Siebenbürgen und Ungarn. In Deutschland sind die Steinsalzbergwerke von Wilhelmshall und Jagstfeld in Württemberg, von Stetten im Hohenzollern'schen, ganz besonders aber von Staßfurt bei Magdeburg zu nennen. Im Württembergischen steht das Steinsalz 20—30 Meter dick an; die Schächte bis zu ihm hinab mußten durch Thon und Gips tief unter den Neckarfluß abgeteuft werden, was nur mit Hülfe sehr kräftiger Dampfmaschinen möglich war. Bei weitem interessanter, sowol wegen seiner geognostischen Beschaffenheit wie wegen seiner Ergiebigkeit, ist das Staßfurter Werk, dessen Produkte für die verschiedensten Zweige der chemischen Technik von höchster Bedeutung sind, so daß eine eingehendere Betrachtung desselben hier wohl am Platze sein dürfte. Wir benutzen dazu einen eingehenden Bericht von H. Stöß, den dieser gelegentlich der Pariser Ausstellung von 1867 veröffentlicht hat.

Bereits im Jahre 1839 am 3. April begannen die Bohrungen nach Salz in der Nähe von Staßfurt; im Juni 1843 stieß man auf die ersten salzführenden Schichten in einer Tiefe von 163 Meter; das Steinsalz erreichte man bei 320 Meter Tiefe und hatte im Jahre 1851 bei einer Gesammttiefe von 630 Meter dessen ganze Mächtigkeit noch nicht durchsunken. Die schon 1843 aus dem Bohrloch quellenden Soolen zeigten trotz ihrer großen Sättigung (spezifisches Gewicht 1,2 bis zu 1,3 in größerer Tiefe) doch eine für die Kochsalzgewinnung gar nicht geeignete Zusammensetzung, denn die Hälfte ihres Salzgehaltes bestand aus Chlormagnesium, und je tiefer man hinabging, um so ungünstiger wurde das Verhältniß, so daß bei einem spezifischen Gewichte von 1,3 der Gehalt an Kochsalz nur 5,6 Prozent betrug, dagegen der an Chlormagnesium bis auf 19,4 Prozent gestiegen war und sich außerdem noch 4 Prozent schwefelsaure Magnesia und 2,24 Prozent Chlorkalium in Lösung zeigten. Der Chemiker Marchand sprach es damals schon aus, der Grund dieser Erscheinung möge darin liegen, daß zu oberst des Salzlagers leicht lösliche Magnesiasalze und darunter erst das schwerer lösliche Steinsalz abgelagert sei, daß also die von oben herabdringenden Wässer sich schon, noch ehe sie auf das Steinsalz gekommen seien, mit Magnesiasalzen geschwängert hätten und bei weiterem Eindringen von dem Steinsalz nur wenig mehr aufzunehmen vermöchten.

Auf diese von allen Fachmännern acceptirte Erklärung ließ die preußische Regierung Ende 1851 und Anfang 1852 den Bau zweier Schächte ins Werk setzen. In 260 Meter Tiefe kamen diese auf die ersten, aber, wie es damals schien, unbrauchbaren Salzschichten, denn dieselben bestätigten allerdings die Ansicht von Marchand, indem sie vorzugsweise aus jenen leichtlöslichen Salzen bestanden, die sich schon in der Soole gefunden hatten. Man ging aber tiefer, und bei 340 Meter Tiefe wurde das reine Steinsalzlager angehauen, dessen Mächtigkeit durch die Bohrung schon konstatirt war.

Dieses glückliche Ergebniß veranlaßte auch die anhaltische Regierung, im Jahre 1858 auf ihrem nahe bei Staßfurt grenzenden Gebiete zwei Schächte niederzutreiben, unter glücklicheren Verhältnissen insofern, als daselbst das Steinsalzlager ansteigt und seine obersten Schichten kaum 160 Meter unter Tage liegen. Das Staßfurter Salzlager läßt sich in vier Etagen eintheilen. Die unterste Etage ist das reine Steinsalzflötz, welches nur durch schwache, 0,5 Centimeter starke Anhydritschnüre in einzelne Bänke gesondert ist. Diese Bänke sind 2—15 Centimeter stark und in ihrer Salzmasse von vollkommener Reinheit, meist wasserhell, und liefern pulverisirt ein schneeweißes Speisesalz. Zusammengenommen beträgt die Mächtigkeit dieser Anhydritregion 212 Meter. Ueber ihr liegt die Polyhalit= region in einer Mächtigkeit von 60 Meter. Das Steinsalz ist in derselben zwar etwas zurückgetreten, denn obwol die Hauptmasse des Gebirges noch aus Chlornatrium besteht, haben sich demselben doch schon nicht unbeträchtliche Mengen anderer Salze, namentlich schwefelsaures Kali und schwefelsaure Magnesia, beigemengt, welche je weiter nach oben um so reichlicher auftreten. Die zweite Region hat ihren Namen von dem ihr eigenthüm= lichen Minerale, dem Polyhalit, welcher aus schwefelsaurem Kalk, schwefelsaurem Kali und schwefelsaurer Magnesia besteht und den Anhydrit der untersten Region vertritt, insofern zu demselben (schwefelsaurer Kalk) nur die entsprechenden Salze des Kali und der Magnesia hinzugetreten sind. Die dritte Region, die Kieseritregion, 55 Meter mächtig, ist charakterisirt durch einen nach oben hin immer mehr wachsenden Gehalt von Chlormagne= sium. Der schwefelhaltige Kalk des Anhydrit und Polyhalit hat aufgehört, seine Stelle nimmt die schwefelsaure Magnesia ein, welche in dem Kieserit genannten Minerale mit dem Wassergehalte vorkommt, den sie bei 100° getrocknet zeigt. Endlich die oberste Abtheilung, die Carnallitregion. Sie ist etwas über 40 Meter mächtig. Das Chlornatrium, welches in den unter ihr lagernden Abtheilungen immer mehr sich zurückgezogen hatte, nimmt nur noch mit etwa 25 Prozent an der Zusammensetzung der Gesammtmasse theil, 16 Prozent ungefähr trägt der Kieserit, 4 Prozent das Chlormagnesium bei. Die Hauptmasse aber, 55 Prozent, bildet der Carnallit, ein Doppelsalz aus Chlorkalium und Chlormagnesium, welches durch seinen Kaligehalt der ganzen Fundstätte ihre Bedeutung gegeben hat. Der Carnallit ist eigentlich wasserhell, von krystallinischem Bruch, in der Regel jedoch sind ihm äußerst zarte Schuppen von Eisenglimmer (Eisenrahm, wasserfreies Eisenoxyd) beigemengt und obwol nur in überaus geringer Menge, so genügen sie bei der Durchsichtigkeit des Carnallits doch, um denselben ganz entschieden zu färben. Man findet alle Farbennüancen, vom zartesten Rosa bis zum dunkelsten Braun, vertreten, und dieser Umstand ist Veranlassung zu dem Namen „bunte Schichten" geworden, welchen man dieser Region auch gegeben hat. Wegen des durch die Magnesiasalze bedingten Geschmackes heißen sie auch bittre Schichten, allgemeiner aber Abraumsalze, weil sie fortgeräumt werden mußten, um zu dem tiefer gelegenen, früher hauptsächlich ins Auge gefaßten Steinsalze zu dringen. —

Außer den genannten Leitbestandtheilen kommen in den Salzlagern von Staßfurt noch mancherlei andere Mineralien: Sylvin, Tachydrit, Boracit, Kainit u. s. w. vor — sie sind aber für die Technik von untergeordneter Bedeutung, da sie ihrer Quantität nach nur verschwindende Bruchtheile im Ganzen ausmachen. Wenn man für dieses, für alle Schichten des Salzlagers zusammengenommen, die Zusammensetzung berechnet, so erhält man, seine Mächtigkeit zu 370 Meter angenommen:

$$
\begin{array}{lr}
\text{Steinsalz} & 305 \text{ Meter,} \\
\text{Anhydrit} & 11 \quad\text{,,} \\
\text{Polyhalit} & 4 \quad\text{,,} \\
\text{Kieserit} & 16 \quad\text{,,} \\
\text{Carnallit} & 30 \quad\text{,,} \\
\text{Chlormagnesiumhydrat} & 4 \quad\text{,,}
\end{array}
$$

und wenn man diese Salze in ihre Bestandtheile zerlegt, so drückt sich die prozentische Zusammensetzung des Staßfurter Salzlagers durch folgende Ziffern aus:

22*

$$
\begin{aligned}
&\text{Chlornatrium} & 85{,}82 \\
&\text{schwefelsaurer Kalk} & 4{,}88 \\
&\text{schwefelsaure Magnesia} & 4{,}70 \\
&\text{schwefelsaures Kali} & 0{,}40 \\
&\text{Chlormagnesium} & 2{,}53 \\
&\text{Chlorkalium} & 1{,}67.
\end{aligned}
$$

Vergleicht man nun mit diesen Verhältnißzahlen diejenigen, welche bei der Seesalz=
gewinnung für genau dieselben Salze sich ergeben, so wird man die größte Uebereinstim=
mung gewahren und daraus zunächst für das Staßfurter Lager mit Sicherheit schließen
können, daß dasselbe aus der Eintrocknung eines Meeres entstanden ist. Weitergehend
wird man eine entsprechende Bildungsweise aber auch für andere Steinsalzlager annehmen
dürfen, selbst wenn bei ihnen die ganze Sippe der Meerwassersalze nicht immer in ihrer
Totalität vorhanden wäre wie hier.

Den Abbau des Steinsalzlagers begann man im Jahre 1857. Er ist sehr leicht, da
das Lager hinreichende Festigkeit hat und kein Wasserzudrang stattfindet. Man räumt
einfach das Salz in einer Breite von 8,5 Meter und in einer Höhe von 6 Meter weg,
worauf man einen sogenannten Abbau= oder Sicherheitspfeiler von 6 bis 7 Meter Breite
stehen läßt. In den verschiedenen Etagen stehen diese Sicherheitspfeiler über einander.
Die Lostrennung der Salzblöcke erfolgt durch Sprengen. Von dem First aus, wo der Ein=
bruch in den Salzstock erfolgt, schlitzt man zuvor denselben in der ganzen Breite des Orts,
d. h. man bringt durch Wasser, welches man an beiden Enden und in der Mitte auf ihn
wirken läßt, Einschnitte hervor, welche der Sprengkraft des Pulvers vorarbeiten. Das
Schlitzen ist ein in Salzbergwerken häufig angewendetes Verfahren. In Staßfurt kann
dasselbe, der dem Steinsalze eingelagerten Polyhalitschnüre wegen, nicht mit der Regel=
mäßigkeit betrieben werden wie anderwärts. Das dazu nöthige Wasser kommt aus den
Vorwärmern der Dampfkessel und wird durch eine Röhrenleitung, deren letzte Ausläufer
aus Guttaperchaschläuchen bestehen, im ganzen Werke herumgeführt. Die Förderung
geschieht in eisernen Karren, welche auf Schienen laufen.

Von einer weiteren Besprechung der Gewinnungsweise, die nach dem gewöhnlichen
Verfahren des Bergbaues erfolgt, absehend, wollen wir nur mit einigen Worten noch der
Verwendung der Abraumsalze gedenken, da auf ihr jene großartigen chemischen Fabriken
beruhen, welche Staßfurt in der kürzesten Zeit hoch berühmt gemacht haben.

Die Verarbeitung der Abraumsalze datirt erst aus dem Jahre 1861, wo die erste
Fabrik von Dr. Frank zu diesem Behufe errichtet wurde, der kurz darauf das großartige
Etablissement von Vorster und Grüneberg folgte. Beide und eben so die nach diesen zahl=
reich entstandenen Fabriken, von denen freilich mehrere der Konkurrenz wieder erlagen
oder von größeren Anlagen, namentlich der Vorster und Grüneberg'schen, aufgenommen
wurden, basirten auf das Kalivorkommen in den Abraumsalzen.

Welche bedeutende Rolle die Alkalien in der Technik überhaupt spielen, darauf hinzu=
weisen ist hier überflüssig; genug daß Glasmacherei, Töpferei, Seifenfabrikation, die Schieß=
pulverbereitung, die Färberei und andere Industriezweige ihrer nicht entrathen können,
abgesehen von den fast unzähligen Fällen, in denen die Alkalien als chemische Mittelglieder,
als Uebertrager in Anwendung sind. Natron und Kali sind deshalb zwei sehr gesuchte
Stoffe. Zu mancherlei Zwecken ist es gleichgiltig, welcher von beiden angewandt wird, und
da man in dem häufig in der Natur vorkommenden Kochsalze ein sehr bequemes Roh=
material für die Sodabereitung hat, so ist der Alkalibedarf, nachdem man die künstliche
Sodabereitung gelernt hatte, in allen diesen Fällen mit Leichtigkeit gedeckt worden. Zu
gewissen Zwecken aber, wie zur Fabrikation des böhmischen Krystallglases, zur Pulver=
fabrikation, für die Ackerdüngung u. s. w., kann das Kali nicht durch das Natron ersetzt
werden, und da jenes sich in der Natur nicht in der Weise wie das Steinsalz findet, so war
man vor 1860 lediglich auf die aus der Einäscherung von Pflanzen dargestellte Potasche
angewiesen. Selbstverständlich, daß man eifrigst sich bestrebte, neue Bezugsquellen des

wichtigen Stoffes aufzufinden. Man versuchte ihn aus leicht zersetzbaren Feldspathgesteinen herauszuziehen, die Melasse aus der Rübenzuckerbereitung, ja selbst der Wollschweiß mußte seinen Kaligehalt hergeben — von Jahr zu Jahr wurde das Mißverhältniß zwischen Produktion und Konsum empfindlicher. Da zeigten die Staßfurter Abraumsalze plötzlich einen vorher ungeahnten Reichthum, der nur durch entsprechende Umwandlung für das gesteigerte Bedürfniß gerecht gemacht zu werden brauchte. Das ist geschehen, und es ist namentlich Dr. Grüneberg, welcher durch die von ihm erfundenen Verfahren diesen Zweig der chemischen Technik emporgebracht hat. Die meisten der übrigen Fabriken arbeiten nach seinen Methoden.

Wir wissen aus dem Vorhergehenden, daß die Abraumsalze der Hauptsache nach Carnallit, Kochsalz und Kieserit enthalten. Die verschiedene Löslichkeit derselben erlaubt eine Trennung insoweit, daß zunächst Chlorkalium, ferner ein Doppelsalz von schwefelsaurem Kali mit schwefelsaurer Magnesia, und endlich Chlormagnesium von einander geschieden werden. Die ersten beiden Salze sind die eigentlich werthvollen Produkte, denn aus dem Chlorkalium stellt man, nachdem es gereinigt worden ist, ein sehr reines kohlensaures Kali her, ferner aber dient dasselbe zur Umwandlung des Chili=(Natron=)Salpeters, der zur Schießpulverfabrikation untauglich ist, in Kalisalpeter, das schwefelsaure Doppelsalz von Kali und Magnesia aber ist ein sehr werthvolles Düngemittel. Das Chlormagnesium hat noch keine entsprechende Verwendung gefunden, man verarbeitet aber die Mutterlauge, in der es enthalten ist, noch weiter auf Brom, von welchem in der Photographie und Farbentechnik gebrauchten Stoffe sie geringe Mengen enthält. Außer den genannten Stoffen werden die Abraumsalze noch verarbeitet auf schwefelsaures Kali, schwefelsaure Magnesia (Bittersalz), schwefelsaures Natron (Glaubersalz) und endlich Borax und Borsäure (aus dem vorkommenden Boracit).

Welchen Umfang diese Produktionen haben, mag daraus hervorgehen, daß eine einzige davon (Vorster und Grüneberg) in einem Jahre (1864) allein 55,000 Centner Chlorkalium dargestellt hat und 100 Centner Brom zu erzeugen vermag; daß eine andere (Ziervogel u. Comp.) täglich 1600 Centner Abraumsalze und mehr zu verarbeiten im Stande ist, und für die Glaubersalzbereitung Krystallisirbassins von 44,000 Quadratfuß Flächenraum hat, in denen bei einem anhaltend strengen Winter in einer Campagne bis zu 80,000 Centner Glaubersalz fabrizirt werden können.

Sinkwerke. Die Salzgewinnung durch Sinkwerke ist im oberösterreichischen Salzkammergute bei Hallstadt, Ischl und Ebensee, im steiermärkischen Salzkammergute bei Aussee, im salzburgischen Salzkammergute bei Hallein, endlich im Unter=Innthal Tirols bei Hall üblich. Bei dem österreichischen Städtchen Hallein besteht der Dürrenberg aus Gips und Mergel, worin Steinsalz in kleineren oder größeren Stücken zerstreut liegt. Das gesammte Salzgebirge ist gegen 510 Meter hoch, 3000 Meter lang und 1350 Meter breit. Es sind Schächte darin angelegt, welche mit Stollen und weiten Kammern in Verbindung stehen. In diese Kammern wird durch die Schächte Wasser geleitet, nachdem ihr Eingang vorher verdämmt worden ist, so daß das Wasser bis an ihre Decken herauftritt. Das Wasser löst das in der Decke eingesprengte Steinsalz, Gips und Mergel lösen sich los und legen sich auf den Boden der Kammer, wodurch mit der Zeit eine siedewürdige Soole entsteht. Diese Soole wird von starken Maschinen ausgepumpt und in die Salzsiedehäuser geleitet, wo sie wie auf den Salzkothen der gewöhnlichen Salinen behandelt wird.

Wir wollen den Dürrenberg im Innern besehen. Das Einfahren geschieht in einem geneigten (tonlägigen) Schachte, worin ein glatter Baum als Rutschbahn dient (Fig. 60). Die rechte, in einen gepolsterten Handschuh gesteckte Hand erfaßt ein neben dem Fahrbaum herlaufendes Seil; zum Sitze nehmen wir ein Lederkissen und flugs rutschen wir in die Tiefe, wo wir, auf einem dicken Heubündel angekommen, absteigen. Unser Weg führt bald durch enge Gänge, bald durch hohe Wölbungen; wir sehen Bergleute wie in Bochnia arbeiten, hören die Pumpengestänge knarren, über und unter uns rauschen Gewässer und kalte Tropfen fallen auf uns herab. Jetzt sind wir am dritten Schacht angelangt, wo das

Grubenlicht eines herauffahrenden Knappen uns dessen steile Tiefe gewahren läßt — noch einmal geht's pfeilschnell in die Tiefe 40 Klaftern hinunter, dann aber halten wir vor einem unbeschreiblich schönen Gemache in Form einer Rotunde, dessen Wände von daran sitzenden Salzdrusen funkeln und dessen Decke einen prachtvollen Kronleuchter, aus Salzkrystallen zusammengesetzt, trägt. Nachdem wir eine merkwürdige Sammlung von buntgefärbten Steinsalzstücken und von Werkzeugen, mit denen die Römer und alten Deutschen hier arbeiteten, besehen haben, schicken wir uns an, eine Seefahrt zu machen. Unser Führer öffnet eine Thür. Vor uns thut sich ein weiter und hochgewölbter Raum auf; darin erglänzt ein weiter Wasserspiegel, vielfach die Lichter widerstrahlend. Unser Schiff wird von unsichtbaren Händen an Seilen gezogen, und so erreichen wir das jenseitige Ufer des Sees (im Salzberge bei Ischl liegen zwölf solcher Salzteiche über einander), der natürlich nicht zum Vergnügen der Besucher oder von der Natur, sondern im Interesse des Bergbaues angelegt und ein eben nicht benutztes Sinkwerk ist. Sind wir in diese dunklen, großen ausgewaschenen Höhlungen auf Fahrledern gerutscht, so reiten wir auf einem Hunde wieder hinaus. Was das für ein Ding ist, weiß der Leser bereits.

Auch zu Berchtesgaden in Bayern befinden sich ausgedehnte Sinkwerke, und die Beschreibung des Dürrenberges oder eines anderen hier gelegenen Salzwerkes würde auch auf die Gruben von Berchtesgaden passen. Das daselbst ausgelaugte Salzwasser wird mittels großartiger Wasserhebemaschinen (neun Wassersäulen- und fünf Radkunstmaschinen) über Reichenhall nach Rosenheim geleitet. Die Röhrenfahrt überschreitet vierzehn Berge, welche zusammen 1176 Meter Höhe haben, und ist 15 Stunden lang. Zu Reichenhall und Rosenheim ist Brennmaterial (Holz) billig, während es bei Berchtesgaden fehlt, deshalb wird die Soole zum Versieden so weit fortgeführt; ihr Transport kostet aber immer noch weniger als derjenige des Brennmateriales und des fertigen Salzes. Indessen würden jetzt derartige Soolleitungen nicht mehr angelegt werden.

Bohrlöcher. Die Erschöpfung der Steinsalzlager durch Bohrlöcher endlich ist vorzugsweise bei Salzungen, Arnsberg und anderen Salinen in Thüringen, bei Wimpfen am Neckar, bei Bex in der Schweiz und in vielen ungarischen Salinen in Anwendung.

Wenn die Lagerung des Steinsalzes durch Bohrversuche genau ausgemittelt ist, so wird ein 25—30 Centimeter weites Bohrloch bis in das Salz abgeteuft, mit einem hölzernen Rohre gut ausgefüttert und mit einer kupfernen Druckpumpe versehen, welche auf dem tiefsten Punkte desselben wirkt. In dem zwischen der Pumpe und dem hölzernen Rohre befindlichen Spielraume wird gewöhnliches Wasser in die Tiefe geführt. Dieses löst unten Salz auf, sättigt sich damit und kann nun mittels der Druckpumpe an die Oberfläche gehoben werden. Die Auslaugung wird so geleitet, daß möglichst alles Salz gewonnen und die Soole immer 27 prozentig gefördert wird. Ihre Versiedung geschieht dann wie auf einer gewöhnlichen Saline in Pfannen. Durch die Auslaugearbeit entstehen aber nach Jahren Erdfälle, indem das Hangende (das Deckengestein) der aufgelösten Salzmassen einbricht. Von Zeit zu Zeit müssen deshalb die Bohrlöcher erneuert und verlegt werden.

In England werden große Salinen betrieben, um die in der Nähe abgebauten, sehr schlechten Steinkohlen angemessen zu verwerthen. Die Salzquellen entspringen der Steinkohlenformation oder werden durch Bohrlöcher aus steinsalzführenden Schichten gewonnen. Die Siedevorrichtungen sind denen auf deutschen Salinen ganz gleich. Man bereitet sowol ungetrocknetes Salz für die Sodafabriken als auch die reineren Sorten für Tafel und Küche.

Zuletzt sei noch einer eigenthümlichen Salzgewinnung bei Zwickau in Sachsen gedacht. Die Grubenwasser des Steinkohlenbergwerkes Bürgerschaft enthalten 4 bis 5 Prozent Salz. Um dieses zu benutzen, läßt sie der erfinderische Chemiker Fikentscher in weite gemauerte Bassins pumpen, über welche die Flammen aus vielen Steinkohlenkoaksöfen hinziehen. Dadurch wird die Soole allerdings geschwärzt, aber sie wird auch angereichert und kann, nachdem sie sich geklärt hat, in Soggpfannen, welche ebenfalls vom Feuer der Koaksöfen erhitzt werden, zur Versiedung kommen. Auf diese Weise wird das Salz sehr billig dargestellt, der Centner kostet nur wenige Silbergroschen, und kann mit Vortheil zur Soda= und Chlorbereitung verwendet werden.

Die gesammte Salzgewinnung im Deutschen Zollverein bezog sich im Jahre 1865 auf 93 Salzwerke mit 4855 Arbeitern. Die 7 Salzbergwerke des Zollvereins lieferten 3,403,424 Centner Steinsalz und in 63 Salzsiedereien wurden 5,724,169 Centner Koch=salz produzirt, ferner wurden 180,352 Centner schwarzes und gelbes (Vieh=)Salz gemacht, und 23 Werke förderten 138,424 Centner Düngesalz. Das gesammte produzirte Salzquan=tum des angegebenen Jahres von 9,446,374 Centnern hatte am Ursprungsorte einen Werth von 4,252,743 Thalern. Ein Centner kostete im Durchschnitt 1 Thaler zu produziren, am billigsten war es in Baden und Württemberg, am theuersten in Bayern. Oesterreich stellt jährlich über 6 Millionen Center Sied=, Stein= und Meersalz dar; Frankreich an 8 Millionen, Italien etwa 5 Millionen, Portugal und Spanien etwa 11 Millionen, England 9 Millionen, die Schweiz $\frac{1}{2}$ Million, Rußland 8 Millionen Centner, so daß die Gesammtproduktion Europa's jährlich gegen 60 Millionen Centner dieses Stoffes beträgt.

Borax und Borsäure. Die Gewinnung der Salze giebt uns Gelegenheit, die Ge=winnung eines anderen interessanten Körpers, der Borsäure, zu betrachten, deren An=wendung, eine sehr vielseitige, in den letzten Jahrzehnten ganz ungemein gesteigert worden ist. Aus der Borsäure stellt man den Borax, zweifach borsaures Natron dar, dessen Eigen=schaft, in geschmolzenem Zustande Metalloxyde zu lösen und mit denselben durchsichtige, gefärbte Gläser zu bilden, ihn in der Chemie zur Erkennung und Unterscheidung der Metalle, in der Glasfabrikation namentlich zur Erzeugung der künstlichen Edelsteine, als Glasur oder wenigstens als Zusatz zu solcher für gewisse Thonwaren, als Flußmittel bei der Ausscheidung vieler Metalle u. s. w. in massenhaften Verbrauch gebracht hat. Man benutzt sein Verhalten zu organischen Körpern für die Herstellung von Firniß und Leim, zum Ent=schälen der Seide statt der Seife, in der Zeugdruckerei zur Fixirung der Mordants u. s. w.

Der Borax kommt natürlich gebildet vor, namentlich in den Wässern einiger Hoch=gebirgsseen von Indien, China, Thibet (See Teschu=Lumba), auf Ceylon, in Bolivia u. s. w., und die bei Verdunstung solchen Wassers sich abscheidenden Krystalle sind seit langer Zeit als Tinkal in den Handel gebracht worden. In größter Menge aber scheint der Borax sich in Kalifornien, auf einer nördlich von San Francisco gelegenen, etwa 20 deutsche Meilen von der Stadt entfernten Halbinsel zu finden. Dort liegt im Napathale ein See von je nach der Trockenheit des Jahres wechselnder Ausdehnung, der Borax=Lake oder Kaysa inmitten vulkanischen Terrains. Im Jahre 1863 betrug die Länge desselben 1300 Meter, die Breite 600 Meter, die durchschnittliche Tiefe etwa 1 Meter. In sehr trocknen Jahren trocknet er gänzlich ein. In dem Wasser dieses Sees wurde 1856 von Veatsch der Borax=gehalt nachgewiesen und späterhin auch auf dem Grunde eine sehr mächtige Ablagerung von festem Borax angetroffen. Das Wasser selbst ist so gehaltreich, daß 1863 aus einem Quantum von 13 Gallonen $\frac{1}{2}$ Kilogramm krystallisirter Borax abgeschieden wurde. Nichts=destoweniger ist die Ausbeutung der auf dem Grunde liegenden Schicht weit lohnender. Sie enthält den werthvollen Stoff theils gemischt mit einem bläulichem Schlamme, theils mit demselben abwechselnd geschichtet. Die Masse bildet ein Haufwerk von sehr kleinen Krystallen dar, doch finden sich auch einzelne größere Krystalle bis zu 6—8 Centimeter, welche so rein sind, daß sie ohne Weiteres Verwendung finden können.   .

Um diese Schicht abzubauen, werden eiserne Senkkästen in den See eingesenkt, das Wasser ausgepumpt und der Boden ausgegraben; auf solche Weise sollen täglich 1500 Kilo=gramm roher Borax gewonnen werden. Wahrscheinlich ließe sich aber diese Ziffer noch be=trächtlich erhöhen, denn das Lager soll nahezu unerschöpflich sein. —

Die Borsäure kommt, außer in dem natürlichen Borax, auch in einigen anderen Verbindungen z. B. in borsaurem Kalk (Boracit) und dergl. vor und ist mit diesen in geringem Prozentsatz, in manchen Gesteinen, Serpentin beispielsweise, sonst auch im Meerwasser enthalten. Die Borsäure ist in der Hitze flüchtig, und diese ihre Eigenschaft veranlaßt ein ganz merkwürdiges Vorkommen. In den Fumarolen gewisser vulkanischer Gegenden nämlich ist sie mit anderen flüchtigen Stoffen enthalten und kann aus denselben gewonnen werden. Berühmt in dieser Beziehung sind die Maremmen von Toskana, öde, fast vegetationslose Landstriche, von vulkanischen Gesteinen bedeckt, zwischen denen verstreut Dampfstrahlen aus dem Boden hervorbrechen, welche durch ihren Gehalt an salzigen und ätzenden Stoffen jedes Pflanzenleben ertödten; denn außer Wasser= und Borsäure= dämpfen hauchen die ununterbrochen thätigen Soffioni noch Dämpfe von Salmiak, Schwefel= wasserstoff, Kohlensäure, Stickstoff, Chloreisen, Salzsäure wie auch von freiem Chlor aus.

Wo ein solcher aus dem Innern herausführender Dampfkanal zu Tage tritt, da ver= dichtet sich ein Theil dieser Bestandtheile, besonders das Wasser, und es bildet sich ein Sumpf, eine kleine Lagune, deren Wasser eine mehr oder minder gesättigte Lösung jener ver= schiedenartigen Salze darstellt, und die ganze Gegend ist mit derartigen Lagunen bedeckt.

Fig. 114. Die Gegend von Monte Cerboli vor 1778

Die Soffioni, früher Ursachen der Verödung, sind aber im Laufe der letzten hundert Jahre Quellen des Reichthums für das Land geworden, einzig durch ihren Gehalt an Borsäure, die man daraus abscheidet und sowol für sich als in Borax übergeführt verbraucht.

Die Existenz der Borsäure in den Lagunen Toskana's wurde durch Malcagni und Peter Höffer im Jahre 1776 dargethan. Die Entwicklung der bald darauf sich gründenden Industrie zerfällt in 4 Perioden. Zuerst wurde zwar die Gewinnung der Borsäure wieder= holt begonnen, jedoch, wie es scheint, aus Mangel an Kapital und Umsicht immer wie= der ausgesetzt. Das dauerte etwa 40 Jahre. Von dem Jahre 1818 an aber legte der französische Graf Larderel seine nach ihm benannten Fabriken am Monte Cerboli an und kondensirte die borsäurehaltigen Wässer mittels künstlicher Wärme. Die Kosten dieser Ausbringungsmethode waren natürlich viel zu bedeutend, so daß ein Gewinn bei dem Unternehmen nicht bleiben konnte und die Produktion sich immer nur in sehr engen Grenzen bewegte. Sie überschritt nie das Quantum von 90 Tonnen jährlich. — Erst als man anfing die natürliche Wärme zur Konzentration der Borsäurelösung zu benutzen, nahm dieser Industriezweig einen wirklichen Aufschwung. Die Hitze der Soffioni, jener kleinen Kraterröhren, welche in das Innere hinabreichen und denen die heißen, borsäurehaltigen Dämpfe entströmen, ersparte das kostspielige Brennmaterial und machte die Arbeit lohnend, so daß im Jahre 1839 schon 717,333, 1846 dagegen 1 Million, 1855 aber 1 $\frac{1}{3}$ und 1857 1 $\frac{2}{3}$ Million Kilogramm Borsäure abgeschieden wurden. — Die letzte Vervollkommnung gab aber eine Idee des Florentiner Professor Garreri, welcher die Anlage künstlicher Soffioni vorschlug. Dieselben bestehen in weiter nichts als in Bohrlöchern, welche tief genug in den borsäurehaltigen Grund hinabgetrieben werden, und sind artesische Brunnen, um deren Mündung dann, wenn sie zu liefern beginnen, eine Lagune gebildet wird. Die erste Einrichtung dieser Art erfolgte durch Mauteri in der Fabrik von Durval, und sie ergab bereits im ersten Jahre (1854) einen Ertrag von 60,000 Kilogramm Borsäure.

Die Soffioni, diese eigenthümlichen Dampfvulkane, führen außer Borsäuredämpfen auch noch andere Stoffe aus dem Innern der Erde empor, z. B. Sulfate von Kali, Natron, Lithion, Ammoniak, Rubidium, Kalk, Magnesia, Thonerde, Eisenoxyd, selbst organische Substanzen, und dies zusammen in solcher Menge, daß die Soffioni in der Umgegend von Travale innerhalb 24 Stunden nicht weniger als 5000 Kilogramm Salz, darunter 150 Kilogramm Borsäure, ausgeben.

Fig. 115. Die Gegend am Monte Cerboli, das heutige Larderello.

In der Gemeinde Massa-Marittima liegt der Monterotondo-See, dessen Wasser ebenfalls borsäurehaltig ist, aber früher, da alles atmosphärische Niederschlagswasser seiner Grenzen in ihn hineinfloß, zu schwach war, um die Versiedung zu gestatten. Es hielt nur etwa $\frac{1}{2000}$ an Borsäure. Dieser See ist circa 7 $\frac{1}{2}$ Hektare groß, sein Wasser ist warm. Aus dem benachbarten Terrain treten hie und da schwache Dampfströme hervor, die, in gewöhnlicher Weise benutzt, auch keine irgendwie erhebliche Borsäureproduktion veranlassen konnten. Man half sich daher, indem man zunächst den See mit einem Graben umzog, welcher die Wässer aufnahm, die früher in den See flossen und zur Verdünnung der Lösung beitrugen. Infolge davon stieg der Gehalt des Wassers an Borsäure in nicht zu langer Zeit bis auf $\frac{2}{1000}$, also auf das Vierfache des früheren Prozentsatzes. Dann aber legte man Bohrlöcher (50—60 Meter tief) an und benutzte die denselben in Menge entströmenden heißen Dämpfe zum Abdampfen des Wassers. Diese Dämpfe enthalten, wie schon gesagt, selbst einen nicht unbeträchtlichen Gehalt an Borsäure, welche man zu gleicher Zeit mit abscheidet, während man die Heizkraft der Dämpfe verwendet.

Mittels dieser Verfahren steigerte sich die Produktion an Borsäure von 65,000 Kilogramm im Jahre 1854 auf 150,000 Kilogramm das Jahr darauf.

In dieser Gegend wurden nun die künstlichen Soffioni des Professor Garreri zahlreich angelegt. Im Jahre 1862 hatte Durval bereits 18 derselben erbohrt, welche, durchschnittlich von gleicher Tiefe, jährlich allein über 200,000 Kilogramm Borsäure liefern. Unsere

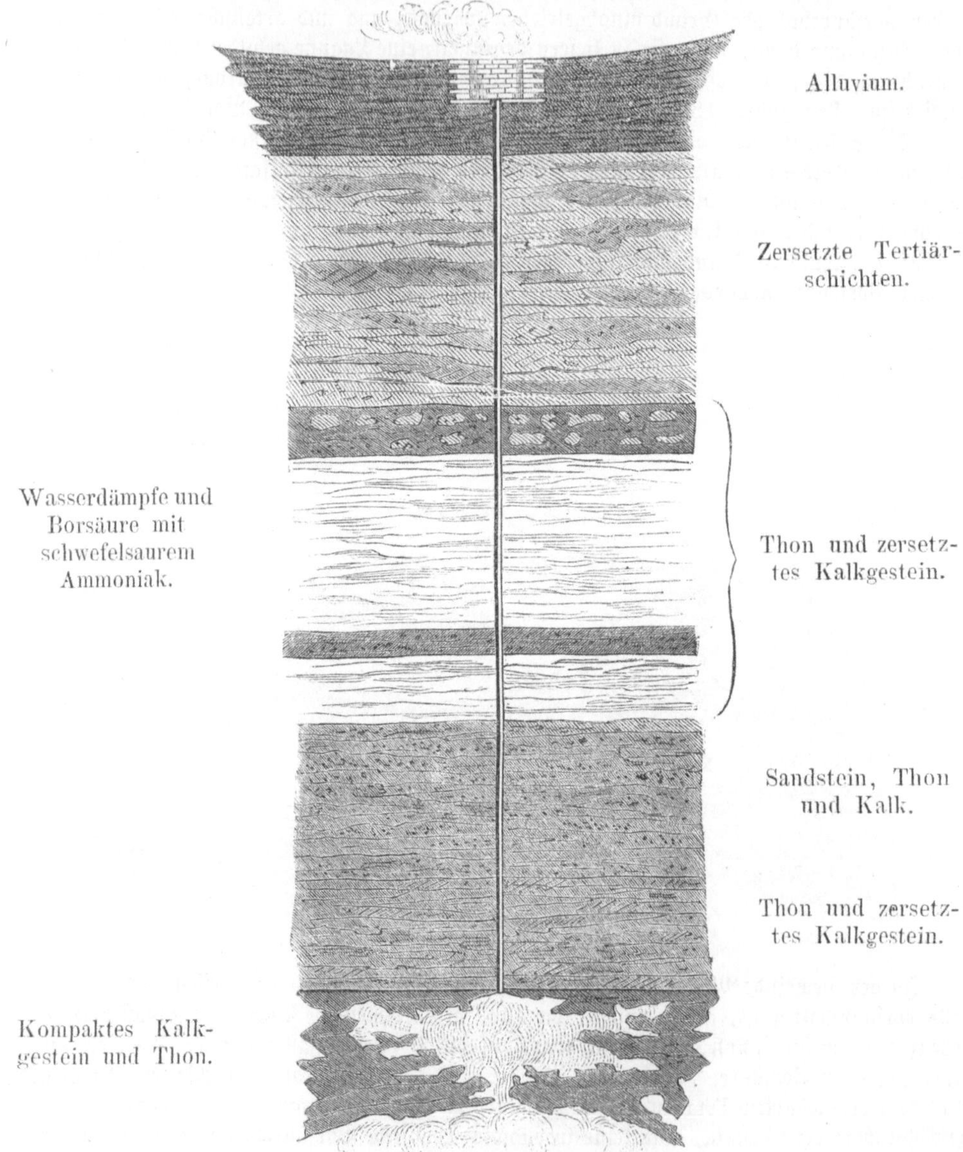

Fig. 116. Durchschnitt der Soffione Carlo.

Abbildung Fig. 116 giebt den Durchschnitt einer solchen künstlichen Fumarole, deren Dampf beim Austritt gefaßt und nach Belieben weitergeleitet wird.

In den letzten Jahren ist auch der Boraxkalk, der sich in Chile findet, für die Gewinnung des Salzes bedeutend geworden. Dieser geht meist über Liverpool ein, so daß die Engländer die Vorhand haben; sie sind aber gegenwärtig auch Generalpächter der gesammten toskanischen Produktion, und durch beide Umstände in der Lage, den Markt dieses Artikels völlig zu beherrschen.

Der beste Edelstein ist, der selbst alle schneidet
Die andern und den Schnitt von keinem andern leidet.
Das beste Menschenherz ist aber, das da litte
Selbst lieber jeden Schnitt, als daß es andre schnitte.

Rückert.

Die Edelsteine.

Kennzeichen. Edelsteine und Halbedelsteine. Vorkommen derselben. Diamant. Zusammensetzung. Künstliche Diamanten aus Bor. Die bekannten größten Diamanten der Welt. Diamantenfelder in Brasilien und im Kaplande. Gewinnungsweise. Diamantenpreise. Korund. Rubin. Saphir. Spinell. Zirkon. Smaragd. Die Smaragde von Santa Fe de Bogota. Beryll. Aquamarin. Topas. Turmalin. Granat. Chrysolith. Türkis. Opal. Lasurstein. Malachit. Flußspath. Adular. Labrador. Rhodonit u. s. w. Der Bernstein und die Bernsteinfischerei. Bergkrystall. Der Fund am Tiefengletscher in der Schweiz. Amethyst. Achat u. s. w. — Schleifen und Bohren der Edelsteine.

Die Edelsteine liefern den überzeugendsten Beweis von der Macht des Scheins. Wir meiden die schwarze und schwärzende Kohle, verachten den schmuzigen Thon und wandern achtlos über die Kiesel des trocknen Baches dahin. Aber das Feuer des Diamanten, der Glanz von Saphir und Rubin und das Farbenspiel des Topases und Smaragds entzückt und blendet uns. Und doch ist der Diamant nichts als krystallisirte Kohle, Saphir und Rubin sind krystallisirter Thon, und Topas wie Smaragd sind bloße gefärbte Verbindungen von unscheinbaren Erden mit Kiesel.

Ein Stück Steinkohle hat für gewisse Zwecke sogar einen weit höheren Werth als der Diamant; mit dem gewöhnlichen Kalkstein, welcher ganze mächtige Gebirgsmassen zusammensetzt, vermögen wir mehr zu leisten, als mit Topas und Granat, deren Kalkgehalt nur mit Mühe daraus zu gewinnen sein würde. Das Nützlichkeitsprinzip ist es also nicht oder nur in geringem Maße, welches uns die Edelsteine werthvoll erscheinen läßt.

Die Vorliebe für die Edelsteine ist trotzdem nichts Zufälliges und Willkürliches, sie ist tief im Wesen des Menschen begründet. Der Mensch haßt von Natur das Dunkel und hat einen Abscheu vor der Finsterniß; er freuet sich, wenn er „athmet im rosigen Licht".

23*

Diese Freude am Licht zieht ihn zu den Edelsteinen hin, die das Licht gleichsam konzentriren und vervielfachen, weshalb man sie in früherer Zeit für Speicher und Vorrathskammern des Lichtes hielt. Wenigstens berichtet uns der Talmud, daß Noah kein anderes Licht in seiner Arche hatte, als das Licht der mitgenommenen Edelsteine, welche den großen dunklen Kasten trefflich erhellten, und wir Deutsche haben ja auch das Märchen von dem Karfunkel, dessen Strahlen unterirdische Höhlen mit Licht erfüllen.

Wie der große Mineralog Hauy die Krystalle als Blumen des unorganischen Reiches auffaßt, könnte man die Edelsteine für Blumen des Lichtes halten. Darauf deutet schon der Name „Gemmen“, abgeleitet von gemma, d. i. Knospe, wie andererseits die Benennung „Juwelen“ von dem italienischen gioia, d. i. Freude, treffend den Eindruck bezeichnet, den die Edelsteine auf uns machen. Sie sind Freudenspender und Erheiterer. Darum gelten sie auch als Sinnbilder alles Großen und Herrlichen. In der „Offenbarung Johannis“ erscheint das neue Jerusalem, die strahlende Kirche der Zukunft, als ein Prachtgebäude, dessen Mauern aus Jaspis bestehen und eine Grundlage aus allen Arten von Edelsteinen haben, während jede der zwölf Thüren eine einzige Perle ist.

Alles, was das Mittelalter Herrliches kannte und ahnte, gipfelte sich in dem Begriff eines Edelsteins, den man den Lapis philosophorum oder „Stein der Weisen“ nannte. In den Meinungen der unklaren Köpfe, die ja überhaupt nur an seine Existenz glaubten, bestand er trotz seiner wunderbaren Wirkungen aus den gemeinsten Elementen; es war ein Stein, wie Ben Jonson satirisch in seinem „Alchemyst“ sagt, „der kein Stein ist; ein Geist, eine Seele, ein Körper; er wurde gelöst, wenn man ihn löste; er koagulirte, wenn man ihn koagulirte, und flog, wenn man ihn fliegen ließ.“

Wie die Edelsteine nicht nur als Sinnbilder für Macht und Reichthum galten, sondern in dem Besitz derselben in früheren Zeiten oder in Ländern ohne entwickelten Verkehr häufig geradezu der Reichthum bestand, so spielten sie auch im Leben und im Tode der Reichen und Mächtigen von jeher eine bedeutsame und manchmal verhängnißvolle Rolle. Wir werden die Geschichte einzelner, besonders werthvoller Steine im Verlauf dieser Darstellung noch erfahren und das Gesagte bestätigt finden. Als Cäsar vor dem Uebergange über den Rubikon seine Truppen anredete, hielt er dabei zugleich den kleinen Finger der linken Hand in die Höhe, indem er feierlich erklärte, daß er sogar sein kostbarstes Kleinod, den Demantring an seinem Finger, Denen opfern würde, die seine Sache mannhaft vertheidigten. Diejenigen Soldaten, welche in größerer Entfernung standen, konnten das Funkeln des Ringes sehen, jedoch nicht die Worte des Redners vernehmen. Sie schlossen aber aus seiner Geberde, daß er ihnen Allen die Würde eines römischen Ritters verspräche, ein Irrthum, welcher nicht wenig zum Erfolge Cäsar's mitgewirkt haben mag. — —

Die Edelsteine im großen Ganzen haben eigenthümliche Eigenschaften, durch deren Vereinigung sie uns werthvoll werden. Farbe, Glanz, Durchsichtigkeit, Härte, Politurfähigkeit und das Vermögen, das Licht zu brechen, in seine einzelnen farbigen Strahlen zu zerlegen — sie zusammen lassen uns Gefallen an diesen Produkten der Natur finden, und die Seltenheit des Vorkommens erhöht den Preis. Derjenige Stein, in welchem sich die genannten Eigenschaften im höchsten Grade finden, wird uns als der schönste erscheinen: er wird edel im vollen Sinne des Wortes sein, während das Auftreten einer oder der anderen Qualität allein ein Mineral noch nicht zu einem Edelsteine macht.

Man unterscheidet daher auch bei den kostbaren Steinen wirkliche Edelsteine und Halbedelsteine, indem man zu den ersteren den Diamant, Rubin, Saphir, Chrysoberyll, Spinell, Zirkon, Smaragd, Beryll, Topas, Turmalin, Granat, Pyrop, edlen Opal, Cordierit, Chrysolith und Türkis rechnet, zu den letzteren dagegen die Glieder der Quarzfamilie, Amethyst, Bergkrystall, Aventurin, Katzenauge, Rosenquarz, Chalcedon, Karneol, Achat, Heliotrop, Jaspis, Feueropal, sodann den Chrysopras, Kaschalong, Vesuvian, Pistazit, Cyanit, Adular, Amazonenstein, Labrador, Lasurstein und Flußspath, Bernstein, Malachit, Gagat u. s. w. zählt. Da aber die Schönheit der einzelnen Stücke der einzige Werthmesser ist und eine mineralogisch wissenschaftliche Grenzlinie zwischen diesen beiden

Gruppen nicht zu ziehen ist, so legt die Praxis des Juwelenhandels und die Liebhaberei des Publikums auch keinen allzugroßen Werth auf die Unterscheidung. Der Aquamarin ist ein Edelstein und der hochgeschätzte Smaragd, dessen Preis bisweilen den des Diamantes übersteigt, gehört in seine Familie, denn beides sind Berylle, aber trotzdem sind die gewöhnlichen Berylle bisweilen billiger als gute Amethyste. —

Allen Edelsteinen voran steht der Diamant; er besitzt die größte Härte, die ihm die höchste Politur geben und bewahren läßt, er ist der durchsichtigste Körper, und obwol farblos, bricht er das Licht doch so, daß seine verschiedenen Flächen in tausendfach verschiedenem Farbenspiel erglänzen. Dazu ist er der seltenste Stein. Ihm zunächst steht an Härte der Rubin und Saphir (Korund), die wol an Farbenschönheit ihrerseits mit dem Smaragd die ersten Stellen einnehmen.

Man hat in neuerer Zeit die meisten Edelsteine durch Glasflüsse nachzuahmen versucht und ist in dieser Kunst zu einem Grade der Vollkommenheit gelangt, daß sich bei einer blos oberflächlichen Prüfung oft Kenner durch die künstlichen Edelsteine täuschen lassen. Allein immer nur sind einzelne Eigenschaften in gewünschter Schönheit erzielt worden, vorzüglich die Durchsichtigkeit und die schöne Färbung. Die lichtbrechende Kraft des Diamanten und die große Härte hat man durch solche Imitationen noch nicht erreichen können. Dagegen ist es nicht unmöglich, daß man auf naturgemäßem Wege, indem man solche Methoden einschlägt, wie die Natur selbst bei der Erzeugung der Edelsteine befolgt hat, auch dahin kommen kann, die echten Edelsteine, wie sie zum Schmuck gesucht werden, darzustellen. Das Problem an sich ist bereits gelöst. Es sind in den Laboratorien deutscher und französischer Chemiker schon eine große Zahl verschiedener Mineralien aus ihren chemischen Urbestandtheilen und mit all ihren natürlichen Eigenschaften und ihren Krystallformen hervorgebracht worden; nur hat man sie noch nicht in genügend großen Exemplaren zu erzeugen vermocht, um ihnen eine praktische Verwendbarkeit zu sichern.

Die Stoffe, aus welchen die Edelsteine bestehen, sind — wie schon erwähnt wurde — durchaus nicht etwa besonders kostbare oder seltene: Thonerde, Kiesel, Fluor, Beryllerde, Zirkonerde u.s.w. kommen massenhaft in der Natur vor, ja sie bilden eigentlich den Hauptkern des ganzen Erdkörpers, und eben so sind die Metalloxyde, denen die Edelsteine meistentheils ihre Farbe verdanken, keine Seltenheiten. Eisen, Chromoxyd, Kobalt, Nickel, Kupfer u. s. w. sind für wenige Groschen in genügender Menge zu kaufen, um ganze Fuder Edelsteine zu färben. Die Schwierigkeit der Fabrikation künstlicher Edelsteine lag also allein in dem Wie. Zuerst war es der echte Korund, welcher von Gaudin durch Schmelzen von reiner Thonerde vor dem Knallgasgebläse dargestellt wurde; Rubin und Saphir unterscheiden sich von dem Korund nur durch die Farbe, und es gelang daher ihr Hervorbringen auf gleiche Weise. Auf einem neuen Wege, indem die betreffenden Stoffe in geschmolzenen Auflösungen einander genähert wurden, gelang es Ebelmen 1847, Krystalle von Spinell in allen Farben, Chrysoberylle, Chrysolithe, Korunde u. s. w. zu erzeugen, deren Krystalle bis 4, ja 6 Millimeter Länge besaßen; Daubré, St. Claire Deville und Caron endlich kamen durch neue scharfsinnige Verfahrungsarten dahin, Topas, Turmalin, Granat, Vesuvian, Smaragd, Zirkon, grünen Korund, Staurolith und andere Mineralien beliebig krystalliren zu lassen. Ja, sie bewirkten sogar die Entstehung einer Anzahl krystallisirter Verbindungen, die man in der Natur noch nicht aufgefunden hat, denen zu begegnen aber Wahrscheinlichkeit vorhanden ist u. s. w. Im vierten Bande dieses Werkes (S. 2 u. ff.) ist darüber Näheres enthalten.

Die Fundorte der Edelsteine sind nicht an ein bestimmtes Klima gebunden. Man glaubte früher, nur der heiße Süden vermöchte so lebhafte Farben, so sprühende Strahlen in den Steinen hervorzurufen. Jetzt hat man aber auch im Ural die prachtvollsten Edelsteine gefunden, und wenn der Norden mehr durchforscht wäre, würde seine Ergiebigkeit in dieser Beziehung noch mehr hervortreten.

Meist finden sich die Edelsteine in jenen tiefliegenden Gesteinen, welche wir als Urgebirge der Erde anzusehen pflegen. Gneis, Glimmerschiefer, Granit, Syenit sind die

Lagerstätten, aus denen die Einflüsse der Atmosphäre die verwitterbaren Bestandtheile aus=
waschen und fortschwemmen, während die widerstandsfähigen, harten Edelsteinkrystalle
nicht angegriffen werden, höchstens ihre scharfkantige Form durch das Fortrollen einbüßen
und dann als rundliche Geröllstücke im Sande liegen bleiben. Es sind daher jene Gegenden,
in denen die Verwitterung der Felsrücken am raschesten vorschreitet, auch am reichsten mit
den sogenannten Seifen, Grus= und Sandlagern versehen, in denen Gold, Platin und Edel=
steine häufig mit einander vergesellschaftet sich finden, und die Gewinnung der Edelsteine
ist dadurch dort leichter als da, wo dieselben noch im festen Gesteine inne sitzen. Auf
Ceylon, in Ostindien, Brasilien, in den Goldfeldern Australiens sowie in Kalifornien wur=
den bisher die meisten Edelsteine gewonnen; aber alle sind in Schatten gestellt durch die jüngst
in Südafrika entdeckten reichen Diamantfelder. Die Methode ist durchgängig dieselbe, die
des Schlämmens oder Waschens, welche auch bei uns am Rheine, im Böhmerwalde und an
anderen Orten seit undenklichen Zeiten zur Gewinnung des Goldes in Anwendung war. —
Betrachten wir die Edelsteine nach dem Grade ihrer Würdigkeit, so müssen wir unsere Augen
zuerst lenken auf den

Fig. 118. Krystallformen der Edelsteine.
1. Diamant. 2. Korund. 3. Zirkon. 4. Topas. 5. Smaragd. 6. Beryll. 7. Turmalin. 8. Hyazinth. 9. Amethyst.
10. Granat. 11. Bergkrystall. 12. Amazonensteine.

Diamant. Seiner ausgezeichneten Eigenschaften wegen ist er schon seit den ältesten
Zeiten bekannt und sein Name ist von fast allen Völkern, die ihn besonders benannt haben,
von der hervorragendsten dieser Eigenschaften, der Härte, abgeleitet worden. Die alt=
indische Sprache nennt ihn Azira (den Unzerstörbaren) oder Lohadshit (den Metallbesieger);
Perser, Araber und Kurden legen ihm den Namen almas oder elmas bei, wahrscheinlich
nach der Benennung der Griechen adamas, der Unbezähmbare, welcher Klang sich auch in
dem syrischen Namen adomos und in dem kurdischen adamand wiederfindet, ebenso wie in
dem deutschen Namen Diamant und in den Bezeichnungen, welche die übrigen modernen
Sprachen für diese Edelsteine haben.

Der Diamant ist der härteste Körper, er ritzt den härtesten Stahl und kann daher
auch nur mit seinem eigenen Pulver geschliffen werden. Er ist ziemlich schwer, denn sein
spezifisches Gewicht ist dreimal größer als das des Wassers. Im reinsten Zustande ist er
ganz farblos und im höchsten Grade durchsichtig. In den lebhaftesten Farben strahlen seine
Flächen das eingedrungene Licht zurück, einem Stücke des gestirnten Himmels vergleichbar
funkeln und blitzen die aus großen und kleinen Diamanten zusammengesetzten Kronen,
Ordensketten und Schmuckbänder, welche die Schatzkammern des Winterpalastes zu Peters=

burg, des Kreml in Moskau, des Tower in London, des Grünen Gewölbes in Dresden u. s. w. einschließen.

Die chemische Zusammensetzung des Diamanten ist sehr einfach: er besteht aus reinem Kohlenstoff und ist wie dieser verbrennlich. Lavoisier und Davy waren die Ersten, welche das kostbare Experiment, den Diamant im Brennpunkte eines großen Brennspiegels zu verbrennen, ausführten; sie sammelten das entweichende Gas, untersuchten dasselbe und fanden es aus derselben Kohlensäure bestehend, welche aus unseren Oefen fortgeht, wenn wir in denselben Holz oder Kohlen verbrannt haben. Newton hatte aber schon lange vorher — wegen der großen lichtzerstreuenden Kraft — vermuthet, daß der Diamant unter die brennbaren Körper zu zählen sein möchte. Durch Reiben wird der Stein in hohem Grade elektrisch, er leitet aber die Elektrizität nicht, und dieser Umstand ist auch das Hinderniß, welches seiner Abscheidung aus flüssigen Kohlenstoffverbindungen durch den galvanischen Strom entgegensteht. Die wiederholt auf diesem Wege versuchte Diamanten= darstellung hat daher zu keinem Resultate geführt. Dagegen hat Wöhler ein Verfahren ent= deckt, aus dem Bor — einem Elementarbestandtheile der Borsäure, der auch in anderer Be= ziehung schon große Aehnlichkeit mit dem Kohlenstoff hat — Krystalle darzustellen, welche sowol in Bezug auf Härte als auch auf Durchsichtigkeit und Lichtbrechung den Diamanten an die Seite gestellt werden können. Die Borsäure läßt sich mittels Aluminium reduziren, und das dabei sich ausscheidende Bor hat die Eigenschaft, sich in dem geschmolzenen Alumi= nium aufzulösen, aus dem erkaltenden aber sich in Krystallen wieder abzuscheiden. Es scheidet sich zwar nicht reines Bor ab, sondern eine Verbindung, welche etwas Aluminium enthält. Diese Krystalle sind nun den natürlichen Diamanten in allen Eigenschaften völlig gleich, nur ist ihre Krystallform nicht die des Diamanten (eines Oktaёders oder eines Acht= undvierzigflächners, Abbildung Fig. 118 Form 1), sondern sie bilden tetragonale Säulen oder Platten. Wöhler und Deville, welche wiederholt dergleichen Diamanten hergestellt haben, erhielten diese bald in granatrothen, bald in honiggelben, in reinstem Zustande jedoch auch vollkommen wasserhellen Krystallen. Sie bilden sich auf ähnliche Weise in dem geschmolzenen Aluminium aus dem reduzirten Bor, wie sich der Graphit in dem schmelzen= den Gußeisen aus dessen überschüssigem Kohlenstoffgehalt krystallinisch ausscheidet. Und der Graphit steht dem Diamant in manchen seiner Eigenschaften ja auch schon nahe. Wie die natürlichen Diamanten entstanden sind, weiß man zur Zeit noch nicht, obwol es keines= wegs an Hypothesen fehlt, welche diese Frage erledigen möchten.

Vor dem Jahre 1728, wo auch in Brasilien deren schon aufgefunden wurden, kamen Diamanten nur aus Indien nach Europa; auch die alten Griechen und Römer erhielten sie über Persien aus Ostindien. Ob den Hebräern der Diamant bekannt war, ist ungewiß; der in dem Brusttuche (Koschen) des Hohenpriesters vorhandene sechste Stein Johalom, den Luther als Diamant bezeichnet, soll nach der Meinung unserer Sprachforscher Kaschalong gewesen sein. In Ostindien sind schon im hohen Alterthume Diamantwäschen betrieben worden, die reichen Lager befinden sich im Dekhân, in der Umgegend von Golkonda, in Bengalen und auf der Insel Borneo. Die ersten Diamantminen, welche in Brasilien ent= deckt wurden, lagen in der Provinz von Minas Geraes in der Gegend von Tejuco. Jetzt hat man auch in anderen Gegenden und namentlich in der Provinz Bahia den kostbaren Stein gefunden, die Art der Gewinnung ist überall dieselbe, wie in Minas Geraes.

Die brasilianische Regierung hat die Gewinnung der Diamanten und den Handel damit lange Zeit monopolisirt; neuerdings aber darf Jedermann gegen eine Abgabe auf Diamanten waschen lassen und auch der Handel damit ist frei. In Nachstehendem sind noch die früheren Zustände geschildert.

Der 150 Quadratmeilen große Diamantenbezirk ist völlig abgesperrt für Einheimische wie für Fremde und hat seine eigene Verwaltung, an deren Spitze der Generalintendant, ihm zur Seite der Kronfiskal steht. Die Gewalt des Intendanten ist beinahe unbegrenzt; despotisch regiert er über den Bezirk; er ist oberster Richter und Präsident der Administrations= Junta. Die bewaffnete Macht muß ihm unbedingt gehorchen, er ernennt die Beamten und

ſetzt ſie ab; auf bloße Vermuthung hin kann er die angeſehenſten Perſonen verbannen oder
ins Gefängniß werfen; fehlt es an Geld, ſo kann er Papiergeld machen; ohne ſeine Erlaub=
niß darf Niemand, ſelbſt nicht der Provinzſtatthalter, in den Bezirk kommen. Unter dem
oberſten Verwalter des techniſchen Betriebs ſtehen acht bis zehn Unteradminiſtratoren;
jeder befehligt eine Truppe von 200 Schwarzen mit mehreren Aufſehern. Dieſe Neger
arbeiten von Morgen bis Abend, nur über Mittag ſind ihnen zwei Stunden Ruhe gegönnt.
Sie werden gewöhnlich von Privatleuten gemiethet und verſtehen die gerade nicht ſeltene
Kunſt, immer auch Einiges für ſich bei Seite zu ſchaffen. Von 1772—1775 arbeiteten gegen
5000 Mann in den Wäſchen von Minas Geraes.

Das Auswaſchen des geſammelten Gerölls geſchieht in Waſchhäuſern oder vielmehr in
offenen Schuppen. Die innere ſchiefe Fläche iſt durch ſechs hohe Breter in 24 oder 48 Waſch=
herde getheilt, deren jeder ein wenig geneigt, 146 Centimeter lang und 46 Centimeter breit
iſt. Am Kopfe derſelben läuft ein verdecktes Gerinne hin, welches für jeden Herd zwei runde
Oeffnungen für den Waſſerabfluß hat. In jeder dieſer Kanoas arbeitet ein Neger, und
für je acht Neger iſt ein Aufſeher beſtellt. Jeden Diamant, den der Neger findet, übergiebt
er ſogleich dem Aufſeher, der dann alle den Tag über geſammelten Steine dem Adminiſtrator
überliefert. Hat ein Neger das freilich ſeltene Glück, einen über 17 ½ Karat wiegenden Dia=
manten zu finden, ſo wird er mit Blumen geſchmückt in Prozeſſion zum Adminiſtrator geführt,
erhält neue Kleider und — die Freiheit, für einen 8—10karätigen Diamanten bekommt er
höchſtens neue Kleider, für kleinere Meſſer oder dergleichen, für noch kleinere — gar nichts.

Eine andere Waſchart iſt die mittels Bateas (Kutſchkaſten oder Wiege); ſie findet
aber nur an Orten ſtatt, wo keine dauernden Serviças eingerichtet ſind. Jeden Monat
ſchickt man die gefundenen Diamanten nach Tejuco, wo man ſie wiegt, ſortirt, in ſeidene
Beutel thut und dann zu Ende jeden Jahres unter ſtarker Bedeckung nach Rio Janeiro ſendet.
Bis jetzt rechnet man, daß alle Diamantenbezirke Braſiliens zuſammen zwiſchen 11 und
12 Millionen Karat im Werthe von mehr als 120 Millionen Thaler ergeben haben. Dieſes
Gewicht iſt ungefähr ſo viel wie 52 Centner. Die durchſchnittliche Ausbeute war in den
Jahren 1850 und 1851 gegen 300,000 Karat, ſank jedoch gleich darauf wieder ſehr herab.
Die Diamanten von Rio de Janeiro aus den Wäſchereien von Bagagem und Cuyba heißen
brut mina, Bahia liefert viel von einer um 10—20 Prozent niedriger im Preiſe ſtehenden
Sorte brut sincora.

Diamanten ſcheinen faſt überall vorzukommen, wo ſich Goldſand findet, wenigſtens
hat ſich in der Neuzeit nicht nur die Provinz Victoria in Auſtralien, ſondern auch
das Land der Kapkolonie bei Hope Town am Vaalfluß als ein ſehr ergiebiges
Diamantenfeld erwieſen. Es ſcheint merkwürdig, daß die Entdeckung neuer Lagerſtätten
immer durch die Funde ganz beſonders großer Steine eingeleitet wird, und doch iſt es
ganz natürlich, daß die Achtloſigkeit der Anſiedler die kleinen Edelſteine jahrelang überſieht,
wenn ſie danach nicht beſonders ſuchen, und erſt ſolche Stücke, die ihrer Größe wegen nicht
überſehen werden können, wenn ſie wiederholt gefunden werden, die Aufmerkſamkeit auf
eine genauere Erforſchung des Bodens lenken, in deren Verlauf dann auch die kleineren
Steine bemerkt werden. Aus der Provinz Victoria z. B. waren in Paris Diamanten von
ziemlicher Größe, einer ſogar von 17 Karat ausgeſtellt, und doch hatte man im Diſtrikt von
Beechworth vor 1865 im Ganzen nur 40 und ſpäter in dem Bergwerksdiſtrikt Wollſhed nur
noch 15 Stück gefunden. Aus den Diamantfeldern am Kap ſind bis jetzt auch vorzugsweiſe
nur größere Steine in den Handel gekommen. Da es nicht mehr zweifelhaft iſt, daß die
reichen Funde, welche an letzterer Stelle gemacht werden, andauernd genug bleiben, um
einen bedeutenden Einfluß auf die Preiſe der Diamanten zu gewinnen, ſo ſei es geſtattet,
dieſes intereſſanten Vorkommens mit einigen Worten zu gedenken.

Die afrikaniſchen Diamantenfelder liegen in der Orange= und in der Transvaal=
republik, nördlich vom Kaplande, welche ſich bildeten, indem alte holländiſche Koloniſten,
unzufrieden mit den von der engliſchen Regierung auferlegten Steuern, den Kaffern das
Land wegnahmen und einen neuen Staat gründeten. So entſtand auch Natal und die Uſur=

patoren hielten sich als entschlossene Männer und treffliche Schützen, trotz ihrer geringen Zahl. Lange Zeit kümmerte sich die englische Regierung um diese Länder gar nicht. Im Jahre 1848 zwar war die Orangekolonie von ihr in Besitz genommen, 1854 aber wieder aufgegeben worden, da die Unterhaltung zu viel kostete. Als aber Ende der Sechziger Jahre hie und da Diamanten vorkamen und 1870 die allgemeine Aufmerksamkeit durch die gemachten Funde erregt und das Land der Zielpunkt zahlreicher Einwanderer wurde, da kamen allmählig auch die Engländer wieder dahin, sich jener Länder zu erinnern; die Kolonisten haben ihre Präsidenten, der neben dem von der Kapregierung hergeschickten Richter regiert, so gut es gehen will.

Der Diamantendistrikt erstreckt sich über 20 bis 30 deutsche Meilen und ist nach einer Schilderung im Ausland voller kleiner Hügel, Kophes genannt, welche sich als ganz besonders ergiebig erwiesen haben. Die einzelnen Flecke, wo die Ansiedler graben, heißen Claims. Da Claim sich an Claim befindet, weil das Terrain schon sehr theuer geworden, so müssen die Steine, die aus dem Erdreich ausgewaschen werden, häufig in der Grube selbst aufgeschichtet werden. Es wird selten tiefer als 3 bis 4 Meter gegraben, bei reichlich 1 Meter Breite und 2,5 Meter Länge. Ist die Grube nicht ergiebig, so nimmt sich der Gräber einen anderen Platz, für 10 Schilling erhält er das Recht dazu von der Obrigkeit. Gewöhnlich arbeiten mehrere Personen, 3—5 in Gesellschaft, und miethen sich zur Unterstützung Schwarze, denen sie $1\frac{1}{2}$ Pfund Sterling monatlich zahlen, wogegen diese verpflichtet sind, Alles abzuliefern, was sie finden. Der Unternehmer schießt gewöhnlich etwa 50 bis 100 Pfund zusammen, wofür Maulesel, Proviant, Karren und Zelte angeschafft werden, und seine Genossen machen sich verbindlich, für 6—8 Monate zusammen zu arbeiten. Nach Ablauf dieser Zeit ist es Jedem erlaubt, zu thun und zu lassen was ihm beliebt.

Nachdem der Grund von großen Steinen gereinigt ist, wird der Kies und Sand auf Karren nach dem Flusse hinunter geführt. Durch eine Wiege werden die großen Kiesel abgesondert und der Rest aus feinem Sand und kleinen Steinchen bestehend wird angefeuchtet und auf einem Tisch ausgebreitet.

An dem Tisch sitzt der Sortirer, welcher eine Sekunde über den Tisch hinsieht und im nächsten Augenblick, falls er nichts entdeckt, Alles mit einem eisenbeschlagenen Stück Holz hinabstreicht.

Es wird angenommen, daß die Felder etwa 10,000 Gräbern für hundert Jahre genügende Arbeit geben würden. Die Funde wurden (bis Ende November 1870) zu 1 Million Pfund Sterling veranschlagt. Einzelne von diesen Gräbern waren damals schon reiche Leute, denn es sind merkwürdiger Weise sehr viel große Steine gefunden worden, so daß sich der Ertrag durchaus nicht gleichmäßig vertheilt. Aber die Arbeit ist sehr hart und die Enttäuschungen bleiben ebenfalls nicht aus. Es macht viele Mühe, die Ladungen Sand an den Fluß zu bringen, da Wege nicht existiren. Während das eine Rad der Karre über einen Hügel geht, hängt das andere über einer 4 Meter tiefen Grube und muß durch Hebebäume unterstützt werden, denn Claim befindet sich neben Claim.

Seither haben sich die anfänglichen Berichte nicht nur bestätigt, die Erwartungen sind sogar immer noch übertroffen worden durch die in der That überraschenden Diamantsendungen, welche von der neuen Fundstätte in den Handel gekommen sind.

Die Diamantenproduktion des Ural ist nicht von Bedeutung. Was bisher auf der ganzen Erde an Diamanten gewonnen worden ist, wird auf ungefähr 90 Centner veranschlagt, welche Annahme jedoch, angesichts des enormen Diamantenreichthums des östlichen Asiens, viel zu gering erscheint.

Der rohe Diamant ist sofort zu erkennen durch seine Form sowol, welche fast immer die eines Oktaëders oder eines Achtundvierzigflächners mit abgerundeten Flächen ist und sich dadurch in manchen Exemplaren der Kugelgestalt nähert. Die Oberfläche ist von einem ganz eigenthümlichen Glanze, der nur bei wenigen Mineralien und bei keinem in solchem Grade vorkommt. Durch die geringen Rauheiten ist die Oberfläche nicht immer vollkommen durchsichtig, vielmehr gelblich gefärbt, und um sich von der Güte des Steines zu überzeugen, muß derselbe zu diesem Zwecke wenigstens auf zwei einander gegenüber liegenden Flächen angeschliffen werden.

Nur wenige Diamanten sind ganz rein, von reinem Waſſer; die Kryſtalle ſchließen nicht ſelten allerlei Unreinigkeiten, als Eiſenoxyd, Manganoxyd, Kieſelerde, Thonerde ein, welche von Manchen ohne Grund für Aſchenbeſtandtheile der Vegetabilien gehalten werden, aus deren Verdichtung der Diamant hervorgegangen ſein ſoll. Dadurch ſind viele ſchwärzlich, bläulich, gelblich, grünlich, röthlich, voller Flecke oder undurchſichtiger Stellen und Riſſe. Die klaren und hellen Steine ſind meiſt von geringer Größe und der Preis ſteigert ſich mit dem Gewichte in ungewöhnlicher Weiſe.

Ueber den Preis der Diamanten läßt ſich etwas Feſtſtehendes nicht angeben. Er wird durch die Seltenheit des Vorkommens und durch die Mode, den Luxus und auch durch politiſche Verhältniſſe bedingt. Da Edelſteine leicht zu transportiren ſind, ſo erſcheinen ſie als ein geeignetes Mittel, um in ihnen in Zeiten politiſcher Umwälzungen Vermögen anzulegen und zu verbergen, und namentlich kommt dieſer Geſichtspunkt in den autokratiſch regierten Ländern Oſtaſiens in Betracht. Trotzdem, daß daſelbſt die meiſten Edelſteine (mit Ausnahme jetzt des Diamanten) gefunden werden, ſind dort die Preiſe in der Regel höher als bei uns.

In Europa haben die Diamantpreiſe große Schwankungen gezeigt und iſt namentlich die Entdeckung großer Fundſtätten darauf von erheblichem Einfluſſe geweſen; eine Periode des Rückganges im Werthe war z. B. die Entdeckung der braſiliſchen Diamantdiſtrikte vor anderthalbhundert Jahren, und wiederum ſcheinen neuerdings die afrikaniſchen Funde eine ſolche einleiten zu wollen.

Das Gewicht der Diamanten wird nach Karat = ($\frac{1}{12}$ Loth oder 212 Milligramm) beſtimmt, und der Preis eines ſolchen bildet die Einheit für die Werthſchätzung größerer und kleinerer Steine. Es wird in der Regel angenommen, daß der Preis größerer Steine (Brillanten) im Quadrate der Zahl der Karate wächſt, ſo daß ein Brillant von 2 Karat 4mal, einer von 3 Karat 9mal, einer von 7 Karat 49mal ſo viel werth iſt als einer von 1 Karat. Doch erleidet dieſe Regel ſehr vielfältige Modifikation, je nach der Schönheit der Steine nicht nur, ſondern auch nach der Menge der größeren Steine, die zu Zeiten im Handel ſind, und nach der Abſatzfähigkeit, die dieſelben haben.

Im Jahre 1871 z. B. wurde in Petersburg ein Brillant reinſten Waſſers mit 300 Rubel, in London mit 35 Pfund Sterling bezahlt. Ein Stein von 30 Karat würde danach 8000 bis 10,000 Pfund mindeſtens gekoſtet haben. Infolge der in Afrika gemachten Funde ſind 1872 Steine von 30 Karat in London zu 3000 Pfund Sterling angeboten worden.

Mitte des 16. Jahrhunderts wurde der Karatſtein, wie Benvenuto Cellini berichtet, mit 100 Goldthalern bezahlt; — 1609 (nach Boetius de Boot) mit 130 italieniſchen Dukaten; — hundert Jahre ſpäter in Holland und Hamburg nur mit 80 Gulden; — 1750 dagegen wieder mit 120 Thalern, während die Kommiſſion zur Schätzung der franzöſiſchen Krondiamanten 1795 einen Mittelwerth von 40 Thalern für den Karat annahm. Von da an ſind die Preiſe ſtetig geſtiegen, 1830 zahlte man 60; 1850 ſchon 100; 1860 gar 120 und 1870 zwiſchen 150 und 200 Thaler. Der zunehmende Reichthum an Edelmetallen hat dieſe Preisſteigerung mit in hervorragender Weiſe bewirkt, und es wird von Intereſſe ſein, zu ſehen, in welcher Art die Preiſe ſich in der nächſten Zeit geſtalten.

Kleinere Steine ſind ſelbſtverſtändlich viel billiger und wenn man erwägt, daß Roſetten bis zu 500, ja ſogar bis 800 und 1000 auf das Karat geſchliffen werden, ſo iſt es erklärlich, daß da der Materialwerth ſeinen preisbeſtimmenden Einfluß verliert.

Die gefärbten Steine ſtehen, vorzüglich die gelben, niedriger im Preiſe als die waſſerhellen; beſonders ſchöne farbige Steine werden dagegen manchmal viel höher bezahlt als dieſe. Die ſchönſten und koſtbarſten ſind ein prachtvoll grüner im Dresdner Grünen Gewölbe und der blaue des Bankier Hope in Amſterdam.

Ganz beſonders haben in den letzten Jahren die ſchwarzen Diamanten viel von

Diamanten-Transport in Brasilien.

  Leipzig: Verlag von Otto Spamer.

sich reden gemacht. Es kamen Steine vor, welche im durchfallenden Licht eine so dunkel=
graubraune Farbe zeigen, daß sie beim Daraufsehen ganz schwarz erscheinen. Nichtsdesto=
weniger ist der Glanz und die Licht= und Farbenbrechung eben so lebhaft wie bei wasser=
hellen Steinen, und man kann sich vorstellen, daß die Wirkung derartiger gutgeschliffener
Steine einen ganz eigenthümlichen Reiz hat. Die schwarzen Diamanten sind daher auch
mit großer Vorliebe als Schmucksteine aufgenommen worden und stehen in reinen Exem=
plaren noch höher im Preise als die farblosen. Neben ihnen findet sich noch eine schwarze
Varietät des krystallisirten Kohlenstoffes, undurchsichtig oder wenigstens nur durchscheinend,
dabei aber von solcher Härte, daß mit dem Pulver der Diamant geschliffen werden kann.
Das ist der sogenannte Carbonat, der von Steinschleifern benutzt wird und in Bahia in
Stücken bis zu 1 Kilogramm Gewicht vorkommen soll.

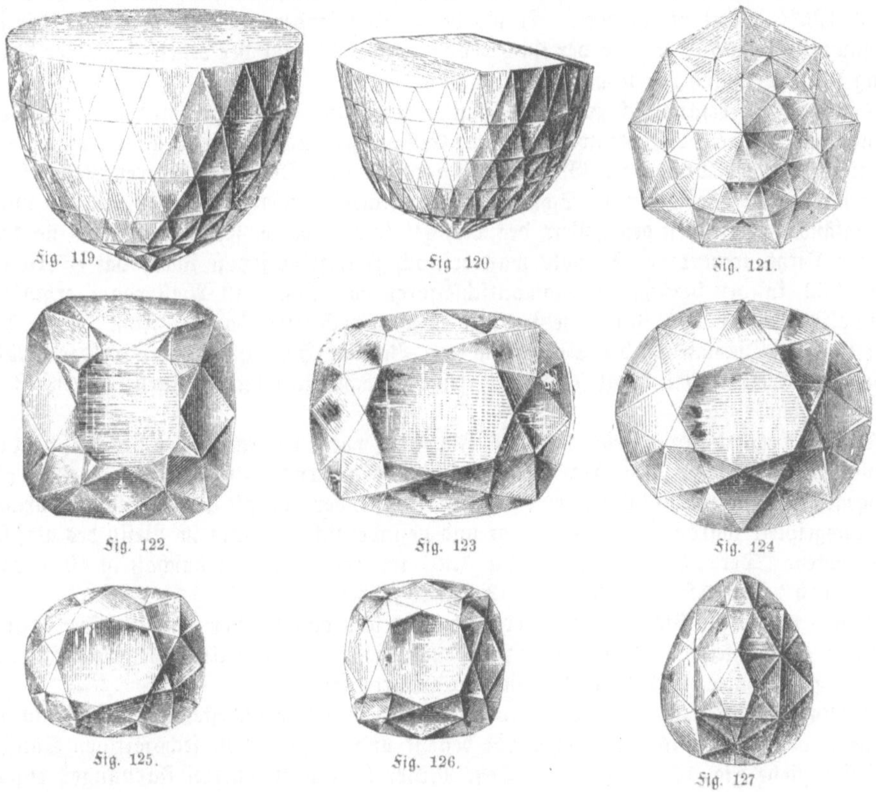

Fig. 119—127. Die größten bekannten Diamanten der Welt.

Die größten Diamanten der Welt sind, so weit man davon Kenntniß hat:

Der Großmogul, nach seinem früheren Besitzer genannt. Er ist als Rosette
geschliffen, vom reinsten Wasser, hat nur an der Basis einen kleinen Sprung und
wiegt 279 Karat. Der berühmte Reisende Tavernier schätzte seinen Werth auf gegen
12 Millionen Francs. Unsere Abbildung Fig. 119 zeigt uns seine Form und natürliche
Größe nach der Zeichnung, welche Tavernier von ihm aufgenommen hat. Ob er noch existirt
oder ob er mit dem größten der jetzt gekannten, dem Orloff (Fig. 120), identisch ist, ist
zweifelhaft. Dieser letztere Stein befindet sich im Besitze des Kaisers von Rußland. Er
hat 21 Millimeter Höhe und 32 Millimeter Dicke und wiegt 193 Karat. Er zierte den
Thron des Schah Nadir und kam nach dessen Ermordung in die Hände eines awasischen
Räubers. Von diesem erkaufte ihn zu Bagdad der Armenier Schafras für 5000 Piaster,
und aus dessen Händen gelangte er 1772 für 450,000 Rubel oder ½ Million Thaler in

den Besitz der russischen Kaiserin Katharina II. Der den Ankauf vermittelnde russische Hof=
juwelier Lazaref ward geadelt und ist der Stammvater des im Ural reich begüterten Adels=
geschlechtes gleichen Namens.

Der Diamant des Großherzogs von Toskana (Fig. 121) wiegt 139 Karat,
ist 38,75 Millimeter im Durchmesser und 25 Millimeter hoch. Gegenwärtig im Besitze der
österreichischen Krone.

Der vierte, Fig. 122, ebenfalls wie alle übrigen in natürlicher Größe abgebildete
Diamant ist der „Regent" oder „Pitt=Diamant", so genannt, weil ihn Thomas
Pitt 1702 zu Malaka, und zwar für 97,000 Thaler kaufte. Er kam unter Ludwig XV.
in den französischen Schatz und Napoleon I. trug ihn an seinem Degengriff.

Der größte aller in Brasilien gefundenen Diamanten ist „der Stern des Südens",
Fig. 123; im rohen Zustande wog er 254 Karat, das Schleifen aber hat sein Gewicht
bis auf 125½ Karat vermindert. Er wurde 1853 gefunden. Wie er auf der Pariser
Ausstellung von 1855, so war der Kohinoor, Fig. 124, auf der ersten Londoner Aus=
stellung der Gegenstand der lebhaftesten Wünsche.

Dieser Stein befand sich zuletzt im Besitze von Rundschit Singh, und an ihn knüpft
sich eine lange, lange Geschichte voll tragischer Ereignisse. Auch von ihm glaubt man, daß
er identisch mit dem Steine des Großmoguls gewesen sei. Die ersten sicheren Nachrichten
datiren für uns aus der Zeit des Schah Nadir, welcher Besitzer auch dieses Steines war.
Die Engländer erbeuteten den „Berg des Lichts" (dies bedeutet sein Name), als sie das
Land der Sikhs eroberten. Damals war er noch roh, seine jetzige Form hat er erst im
Jahre 1853 in der berühmten Diamantschleiferei von Coster in Amsterdam erhalten.
Ursprünglich wog er 186 Karat, jetzt wiegt er nur noch 103 Karat. Ihm dürfte der
berühmte blaue Diamant in der Sammlung des Bankier Hope in Amsterdam der Größe
nach folgen. Dieser Stein wiegt 77 Karat, seiner prachtvollen blauen Farbe wegen ist er
ganz unschätzbar.

Der Diamant Impératrice Eugenie, Fig. 125, wiegt 51 Karat, der des Pascha von
Aegypten 49 Karat; der „Pigott" oder Lotteriediamant — so genannt, weil er als
Werthgegenstand für 200,000 Thaler von Graf Pigott, der ihn mit aus Ostindien gebracht
hatte, ausgespielt wurde — hat 47 Karat und befindet sich ebenfalls im Besitz des Pascha
von Aegypten. Der „Polarstern" (Fig. 126) im französischen Kronschatz ist 40 Karat,
der „Sancy", Fig. 127, ebendaselbst, 33 Karat schwer.

Außer zu Schmucksteinen wird der Diamant und das Pulver davon seiner Härte
wegen von Steinschleifern und Glasern, von den Lithographen und Anderen gebraucht, um
mit seiner Hülfe harte Körper zu schleifen oder zu graviren.

Korund, Rubin, Saphir. Ein dem Diamant an Härte nahestehender Edelstein ist
der Korund, welcher aus reiner Thonerde besteht und in Form von sechsseitigen Säulen
krystallisirt (siehe Fig. 118 Form 2). Dem Minerale sind mancherlei Färbungen eigen,
wonach es von den Juwelieren unter verschiedenen Benennungen aufgeführt wird. Rubin
ist hellrother Korund, Balais blaßrother, orientalischer Smaragd grüner, orienta=
lischer Topas gelber, der Sternsaphir hellblauer, der Saphir ein rein himmelblauer,
der Wassersaphir ein wasserheller Korund.

Dieser geschätzte Edelstein ist in allen seinen Farbenänderungen den orientalischen
Völkern längst bekannt. Er findet sich in den Diamant= und Goldsanden Indiens und Ceylons
und hieß im Orient Jakut oder Jakinth, welches Wort die Griechen in Hyakinthos um=
gestalteten. Nach der Färbung ward ein entsprechendes Beiwort beigefügt. Im Alterthume
bezeichnete das Wort Saphir eine blaue Gemme, welche wir jetzt Lasurstein nennen; neuere
Mineralogen haben einem von dem Korund verschiedenen Minerale, dem Zirkon, den
Namen Hyazinth beigelegt.

Der Korund wird nur vom Diamant geritzt; er selbst ritzt außer den Diamant alle
Edelsteine, weshalb unreine Stücke, namentlich aber der in China häufige blätterige Korund
oder Diamantspath und der auf Naxos und in Spanien als Felsart vorkommende

unreine körnige Korund oder Smirgel zum Schleifen und Poliren vielfach in Anwendung kommen. Er wiegt fast viermal so viel, als ein gleicher Raumtheil Wasser.

Dieser Edelstein findet sich eingewachsen in metamorphosirten kalkreichen Felsarten, ebenso im Gneis und Granit auf Ceylon und im Staate New-Jersey in Nordamerika, auch im Basalte bei Niedermenig am Rhein und bei Le Pay in Frankreich, endlich lose im Sande mit anderen Edelsteinen, wie bei Hohenstein in Sachsen, in Böhmen, vorzugsweise aber in China, Siam und auf Ceylon, wo er beim Goldwaschen gefunden wird. Sehr schöne Saphire sind auch in der Provinz Victoria in Australien gefunden worden. Die Rubine kommen meist nur in kleinen Stücken vor, sie stehen daher in großen Exemplaren höher im Preis als selbst der Diamant.

Der **Spinell** ist ein aus Thon- und Talkerde zusammengesetztes Mineral von grüner, blaurother, rother oder hellgelber Färbung, starkem Glanze und großer Härte. Er wird in kleinen, oft zu zwei mit einander verwachsenen Oktaëdern (Zwillingskrystalle, Form 8 der Fig. 118) krystallisirt im Goldsande Ceylons und Ostindiens gefunden, ist weniger schwer und hart als der Korund, wird aber, obgleich er in anderer Krystallform erscheint, von den Juwelieren häufig mit diesem verwechselt. Den rothblauen Spinell bezeichnen die Juweliere als Almandin-Rubin; den gelben als orientalischen Topas, den blutrothen als Goutte de sang (Blutstropfen), den rosenrothen als Balais, den rein dunkelrothen als Rubinspinell. Der grüne Spinell ist von schmuziger Färbung und wird, wie der schwarze, Pleonast oder Ceylanit, nur selten als Schmuckstein verwendet. Der Name Spinell ist erst im Mittelalter aufgekommen und wird von Spinula (das Spitzchen) entlehnt, weil die Krystalle sehr scharfe Spitzen besitzen; die Alten rechneten ihn wol auch mit zu dem Jakinth.

Ein aus Thonerde und Beryllerde gemischter, den Spinell an Härte übertreffender, goldgrün schimmernder und schillernder, aber nicht sehr stark glänzender Edelstein ist der Chrysoberyll, welcher in Geschiebform dem Gold- und Edelsteinsande Ceylons beigemengt ist. Er war den Römern vielleicht bekannt, wenigstens paßt die Schilderung ganz auf ihn, welche Plinius' von einem Hermeos genannten Edelsteine giebt, der den Löwenstatuen als Auge eingesetzt wurde.

Der **Zirkon** hat eine tiefrothe Farbe, welche nicht selten in das Gelbrothe übergeht. In diesem Falle wird das Mineral jetzt Hyazinth genannt. Es ist ein nicht sehr harter, aber sehr stark glänzender, feuriger Edelstein, welcher Zirkonerde, Kieselerde und Thonerde enthält. Der Name Zirkon stammt aus indischer Wurzel. Auf Ceylon, wo der Stein sehr häufig und von großer Schönheit gefunden wird, heißt er Cerkon.

Große gelblichrothe Zirkone oder Hyazinthe dienen als Ringsteine, die grauen und wasserhellen werden aber häufig als Einfassungen und Garnirungen anstatt des Diamants benutzt, dem sie an farbenzerstreuender Kraft nahe kommen. Durch Glühen verwandeln die Juweliere oft rothe und gelbe Zirkone in wasserhelle. Seine Krystalle zeigen die mit 3 bezeichnete Form der Fig. 118. Der Zirkon nimmt in Norwegen an der Zusammensetzung von Felsarten Theil und bildet daselbst den Zirkonsyenit. Die darin eingesprengten Steine sind jedoch für den Juwelier werthlos.

Smaragd, Beryll. Der Smaragd, welcher in sechsseitigen Säulen (Fig. 118 Form 5), gewöhnlich von tiefgrasgrüner, leuchtender Färbung, bisweilen bläulich- oder gelblichgrün vorkommt, findet sich im Glimmerschiefer von Peru, im Tunkathale und im Ural, bei Jekatherinburg, Miask und Nertschinsk sowie in Aegypten (bei der ehemaligen Stadt Berenice) und im Heubachthale der Salzburger Alpen, in Indien jedoch nicht; alle sogenannten indischen Smaragde der Juweliere sind grüne Diamanten, Chrysolithe oder Turmaline.

Die Spanier entdeckten schon im Jahre 1555 Smaragden in den Bergwerken von Musso bei Santa Fe de Bogota (Republik Columbia). Der Edelstein kommt daselbst in einem der Kreideformation angehörigen und durch beigemengtes Bitumen schwarz gefärbten Kalksteine vor. Das Muttergestein der ägyptischen Fundstätten, welche der französische

Reisende Cailliaud wieder entdeckt hat, ist Glimmerschiefer, und darin stimmen die Salz=
burger Smaragde, sowie die von Mursinsk am Ural, welche ebenfalls im Glimmerschiefer
auftreten, mit den ägyptischen überein.

Die schönste Gruppe natürlicher Smaragde, welche wol je gesehen worden ist, war
1867 in Paris aus den Smaragdgruben von Santa Fe, welche gegenwärtig für Rechnung
eines französischen Hauses ausgebeutet werden, ausgestellt, ein Felsstück jenes schwärzlichen
Kreidekalkes, welches mehr als 50 in schönen sechsseitigen Prismen ausgebildete Smaragde
aufgewachsen zeigte. Die drei größten hatten 6 Centimeter in der Länge und über 3 Centi=
meter im Durchmesser, und selbst die kleinsten, deren es übrigens nur wenige gab, waren
noch 1½—2 Centimeter lang. Dergleichen Exemplare gehören zu den seltensten Vor=
kommnissen, und die beregte Gruppe war insofern allerdings nicht ganz echt, als das
Muttergestein nicht aus einem einzigen, von Natur zusammenhängenden Stücke bestand,
sondern aus einzelnen Theilen, welche die nach und nach gefundenen Prachtkrystalle trugen
und welche künstlich, aber überaus täuschend zu einem Ganzen zusammengefügt worden waren.

Der echte Smaragd besteht aus Beryllerde, Kieselerde und Thonerde, ist weicher als
die meisten anderen Edelsteine und nicht selten unklar und zersprungen oder durch ein=
gewachsene Glimmerblättchen getrübt. Er findet sich aber auch in großen, prachtvollen
Krystallen und wird zu Ringsteinen und dergleichen geschliffen. Woher die schöne grüne
Farbe kommt, ist noch unentschieden. Man hat sie allgemein für die Folge einer Chrom=
beimischung gehalten, allein da sie in vielen Steinen beim Glühen sich verliert, was Chrom=
farbe nicht thun würde, so ist die Ansicht, daß organische Beimengungen die Färbung
bedingen, wol nicht für alle Fälle von der Hand zu weisen. Die Griechen und Römer
liebten den Stein sehr und legten ihm den nach dem äthiopischen Worte Zmaragd gebildeten
Namen Smaragdos bei. Wahrscheinlich aber war das, was die Römer zum Unterschiede
vom echten ägyptischen Smaragd als skythischem bezeichneten, nicht der uralische echte
Smaragd, sondern wol ein grüner Flußspath oder der im Kirgisenlande vorkommende gras=
grüne Dioptas oder Kupfersmaragd, ein zwar sehr glänzender, aber sehr weicher Stein.
Der edle Smaragd ist auf Gängen und in Drusen dem Glimmerschiefer eingewachsen; er
wird durch Bergbau gewonnen. Die russischen Steingräber treiben in den Schichten, welche
sie als smaragdführend kennen, Steinbrüche und finden dabei nicht allein Smaragd, sondern
auch Berylle, Turmaline und Topase, Rauchtopase, Amethyste, Bergkrystalle und andere
Schmucksteine. In neuerer Zeit hat man auch in Steyermark 2000 Meter hoch über dem
Meere Smaragdgruben eröffnet, und die daraus gewonnenen Steine sollen viel Anerkennung
gefunden haben. Im Ganzen ist wol der steierische wie der Salzburger Smaragd etwas unrein.

Sehr viele Smaragde kamen auch nach der Entdeckung des tropischen Amerika nach
Europa. Unter der Beute, welche Fernando Cortez von der Eroberung Mexiko's heim=
brachte, befanden sich fünf Smaragde, die man damals auf 100,000 Kronen schätzte. Diese
Juwelen brachten ihren Besitzer in Ungnade bei Hofe. Denn, wie man sagt, soll die
Gemahlin Karl's V. an den herrlich gearbeiteten Steinen so großes Wohlgefallen gefunden
haben, daß sie dieselben zu besitzen wünschte. Indessen hatte der Eroberer Mexiko's eine
Braut, welcher auch nach dem gelüstete, was die Bewunderung und den Neid des Hofes
erregte, und indem Cortez ihrem Verlangen willfahrte, verscherzte er die Gunst der Kaiserin.

Der größte Smaragd befindet sich im russischen Mineralienkabinet, wenn wir, wie
wol erwiesen ist, die zahlreichen aus dem Morgenlande stammenden und für Smaragde
ausgegebenen Kirchengefäße, wie das Sacro Catino in Genua, unter die künstlichen Glas=
produkte oder zu dem Flußspath zählen. Jener ist ein sibirischer Krystall von 18 Centi=
meter Länge, nach einer Richtung 10,4 Millimeter, nach der anderen 12,23 Centimeter dick,
und wiegt mehr als 2½ Kilogramm.

Ein dem Smaragd in der chemischen Mischung gleichstehendes, ebenfalls in sechs=
seitigen gestreiften Säulen krystallisirendes Mineral ist der Beryll oder Aquamarin
(Fig. 118, Form 6), ein blaugrüner, meergrüner, hellgrüner, blauer oder gelber Stein, von
geringerer Härte als der Smaragd. Der Beryll ist nicht selten, gewöhnlich aber ist er

undurchsichtig und dann als Schmuckstein nicht verwendbar. Die durchsichtige Art findet sich in der Umgegend von Mursinsk und Nertschinsk in Sibirien, nicht in Indien, wol aber in Mittelamerika und in Aegypten. Die in Aegypten betriebenen Gruben waren bereits den Griechen und Römern bekannt und wurden wahrscheinlich von Phöniziern schon ausgebeutet. Der Name Beryll kommt schon bei den Aethiopiern, Griechen und Römern vor. Weil sich die dicken Säulen des Steins mit Leichtigkeit in dünne sechsseitige Tafeln spalten lassen, welche ihrer angenehmen grünlichen Farbe wegen das Auge gegen die blendenden Sonnenstrahlen schützen, verfertigten die Griechen und Römer Augengläser daraus. Auf diese übertrug man den Namen Beryll, woraus dann wahrscheinlich unser Wort „Brille" hervorgegangen ist, obgleich wir dieses Instrument aus Glas schleifen.

Es kommen Beryllkrystalle von mehreren Fuß Dicke und Länge vor. Die undurchsichtige Art ist ein gar nicht so seltenes Mineral und findet sich in hübschen Krystallen auch in Deutschland, z. B. bei Bodenmais in Bayern. In Rußland werden die schöneren zu mancherlei kleinen Schmucksachen, Petschaften u. d. a. verarbeitet. Der helldurchsichtige, meergrüne Aquamarin aber liefert Material zu Ringsteinen.

Topas. Ein anderer geschätzter Edelstein, welcher in dem sonst so reichen Ostindien und Ceylon nicht vorkommt, ist der Topas. Dieser hellgelbe, seltener röthliche, bläuliche oder wasserhelle, in vierseitigen oder sechs- und achtseitigen Säulen mit vielflächigen Enden krystallisirende Stein (Fig. 118, Form 4) ist sehr hart, dem Korund ähnlich, starkglänzend und gewöhnlich sehr klar. Er enthält Kieselerde, Fluor und Thonerde. Man findet ihn eingewachsen im Gneise, so am Schneckensteine bei Schöneck im Sächsischen Voigtlande, wo ihn 1727 der Tuchweber Kraut aus Auerbach entdeckt hat. In dem aus Glimmer, Feldspath, Quarz, Turmalin und Topasmasse bestehenden Fels sitzen Drusen und Klüfte voll der schönsten und reinsten hellgoldgelben Krystalle. Sie sind selten länger als 12 Millimeter, doch fanden sich auch einige größere, selbst einer von fast 50 Gramm Schwere. Im Ural, bei Mursinsk und Miask, kommen die größten und schönsten Topase vom reinsten Goldgelb, auch von hellen röthlichen und bläulichen Farben sowie wasserhell und farblos vor; man hat Stücke von 5—15 Centimeter Länge und Breite daselbst gefunden, welche Zierden der Museen in Petersburg und Berlin bilden und von hohem Werthe sind. Diesen uralischen Topas werden die Alten gekannt, aber wahrscheinlich mit dem Smaragd und Korund vereinigt haben. Was die Aegypter, Griechen und Römer topaz nannten, war, wie neuere Forschungen ergeben haben, gelber Flußspath von der Nilinsel Topazin, welcher, wie mancher Flußspath, die Eigenschaft hat, im Dunkeln zu leuchten, nachdem er eine Zeit lang den Sonnenstrahlen ausgesetzt war. Die Edelsteine, welche die Juweliere orientalische und indische Topase nennen, sind vorher schon bezeichnet worden. In Brasilien kommt bei Villa Rica ein sehr dunkel weingelb gefärbter Topas vor, welcher durch Glühen blutroth wird. Er findet sich in dem Goldsande beim Goldwaschen. Auch bei Miask im Ural liegen Topase mit Amethysten, Beryllen, Smaragden, Bergkrystallen und Turmalinen im Goldsande. Wenn derselbe über flachgeneigte Ebenen (Waschherde) geschlämmt wird, so scheiden sich jene Steine nach Maßgabe ihrer Schwere aus, man erkennt die nassen und dadurch glänzend werdenden grünen, gelblichen, rothen und weißen Edelsteine unter den übrigen trüben Gesteinmassen und liest sie aus.

Der **Turmalin**, in sechsseitigen Säulen (Fig. 118, Form 7) mit drei- und sechsflächiger Zuschärfung krystallisirend, ist durch seine elektrischen Eigenschaften bekannt. Durch Erwärmen erlangen nämlich seine Krystalle die Eigenthümlichkeit, leichte Körper an sich zu ziehen, nach einiger Zeit aber dieselben wieder fortzustoßen. Der Turmalin besteht aus Thon-, Kiesel- und Lithionerde, Bor, Kali, Natron und Eisen. Die gewöhnliche Farbe ist braun oder schwarz, und so kommt er unter dem Namen Schörl sehr häufig im Granit und in umgewandelten Gesteinen vor. Es giebt aber auch schön gefärbte Varietäten, welche als Schmucksteine verwendet werden; diese sind entweder bald pfirsichblütroth, wie der Siberit, mit Topas, Chrysoberyll und Smaragd bei Miask vorkommend, bald blau oder grün, wie die indischen und südamerikanischen Krystalle. Die indischen Smaragde der Juwelenhändler

sind meistens grüne Turmaline. Der Name ist orientalischen Ursprungs; die Hindu nennen
ihn Turnamal, die Araber Turmala, woraus „Turmalin‟ der neueren Mineralogen ent=
standen ist. Oft besitzt ein und derselbe Krystall dieses Steines mehrere Farben, und es wird
besonders die rothe sibirische Abart theuer bezahlt.

Granat. Die unter der Bezeichnung Karfunkel oder Granaten, Pyrope
bekannten Steine bestehen aus Thonerde, Kieselerde, etwas Kalk, Eisen, Talk, Chrom und
Mangan, sie krystallisiren in Rhombendodekaëdern (Fig. 118, Form 10) und verwandten
Krystallen, körnerähnlich isolirt, daher der Name Granat. Sie besitzen eine dunkelrothe,
ins Blaue fallende, oder mehr blutrothe, zum Gelblichen hinneigende Färbung. Der
Pyrop ist namentlich von letzterer Färbung, er wird im böhmischen Mittelgebirge bei
Podsedlitz, Trziblitz, Meronitz und in der Gegend von Gitschin aus dem Schuttlande ge=
waschen und theils in Böhmen selbst (von wo der Edelstein den Namen böhmischer Granat er=
halten hat), vorzüglich in Turnau, mehr aber im Schwarzwalde geschliffen und in den Handel
gebracht. Große Stücke sind ziemlich selten und die größten guten Steine erreichen noch
nicht den Durchmesser einer Haselnuß. Die kleineren Körner dagegen sind ungemein häufig,
allein die Arbeiter, welche sie suchen, verdienen damit kaum so viel, um den dringendsten
Hunger zu stillen, und nur die Hoffnung, einmal einen ansehnlichen Stein zu gewinnen,
giebt ihnen wie den Lotteriespielern den Muth, ihre Beschäftigung fortzusetzen.

Der Karfunkel ist ein dunkelrother Granat, welcher geschliffen wie eine glühende
Kohle leuchtet. Die alten Hebräer, die Aethiopier und Aegypter bezeichneten ihn mit
Worten ihrer Sprache, welche so viel als glühende Kohle bedeuten; auch die Griechen
nannten ihn Anthrax, Kohle, was die Römer in Carbunculus, gleich Köhlchen (von Carbo,
die Kohle), übersetzten. Aus Carbunculus entstand im Mittelalter die deutsche Bezeichnung
„Karfunkel‟.

Der Granat gehört zu den am häufigsten vorkommenden Steinen; er ward schon in
den frühesten Zeiten bearbeitet und ist heute noch ein beliebter und nicht theurer Schmuck=
stein. Manche Abänderungen sind grün, sie heißen Stachelbeersteine oder Grossu=
lare; mit ihnen wird oft der ebenfalls grüne Vesuvian verwechselt. Andere sind schwarz,
wie der römische Melanit. Braune, undurchsichtige Granaten werden pulverisirt und
als Schleifpulver angewendet. Wo das Mineral als Hauptbestandtheil von Felsarten
(Granatfels) vorkommt, wird es sogar bisweilen bei der Eisenfabrikation als Flußmittel
benutzt.

Chrysolith. Unter Chrysolith wird in der Mineralogie ein ölgrünes, glasglänzen=
des, aus Talkerde und Kieselerde bestehendes Mineral verstanden, welches sich in manchen
älteren Lavaarten findet und auch Olivin und Peridot genannt wird. Der echte Chryso=
lith ist ziemlich weich, oliven= bis pistaziengrün und durchsichtig. Er findet sich nicht häufig,
namentlich aber als Geschiebe in Aegypten, Syrien und Indien.

Türkis. Der Türkis ist ein hellblauer oder grünlichblauer, undurchsichtiger weicher
Stein, welcher jedoch einen hohen Glanz annimmt und schon in den ältesten Zeiten als
Schmuckstein berühmt war. Er findet sich besonders schön bei Nischapur in Ostpersien, be=
steht aus wasserhaltiger phosphorsaurer Thonerde und wurde auch in geschichteten Ge=
steinen (im Kieselschiefer) bei Steine und Domsdorf in Schlesien, Oelsnitz bei Reichenbach
und Plauen in Sachsen aufgefunden. Eine Lagerstätte von Türkisen, welche, wie tiefe von
Menschenhand hergestellte Gruben und die mit Basreliefs und Hieroglyphen bedeckten
Felswände beweisen, schon im hohen Alterthume in Betrieb gewesen sein muß, hat neuer=
dings (1865) der Franzose Petiteau wieder erforscht und in Ausbeutung genommen. Sie
liegt an den Ufern des Rothen Meeres, fünf Tagereisen von der Spitze von Akaba, dem
Ende der Halbinsel Sinai, und die Türkisen finden sich hier in einem Sandstein, welcher
mit Pulver gesprengt werden muß.

Der Türkis kommt in Stücken von sehr verschiedener Größe vor und heißt bei den
Persern firuzeh, bei den Kurden und Türken pirusa, ferozeh und peruse. Im Chaldäischen
wird er durch den Namen torkei oder torkeja bezeichnet. Daher stammt der mittelalterliche

Name turcois oder Türkis, der mit Türken nichts zu thun hat. Die alten Griechen bezeichneten den Türkis nach seiner meergrünen Färbung mit dem Worte Kalleinos, woraus die Römer Callais und neuere Mineralogen Calait gemacht haben.

Sehr gewöhnlich werden unechte oder Zahntürkise in den Handel gebracht. Es sind dies Knochen und namentlich Zahnstücke vom Mammuth, welche sich in den sibirischen Kupfererzlagern finden und von Kupfermalachit und Lasur, sowie von phosphorsaurem Kupfer durchdrungen sind. Diese Metallbeimischung giebt ihnen die dem Türkis ähnliche Farbe, welche sich jedoch an der trocknen Luft nicht hält, sondern bald unangenehm grün wird. Die Bucharen ahmen diesen Zahntürkis nach, indem sie die in der Steppe eben nicht seltenen Mammuthzähne blau zu färben wissen.

Opal. Sehr gesucht und auch den ältesten Völkern schon bekannt ist ein besonders in Ungarn bei Czerwenitza zwischen Eperies und Kaschau auf schmalen Klüftchen im Trachyte vorkommender Kiesel, der in mannichfaltigen Farben lebhaft spielende, milchweiße, edle Opal, welcher im Mittelalter der Waise hieß. Dieser Stein ist wasserhaltige Kieselerde, seine Härte ist gering, seine Gestalt kugelig und traubig. Er ist milchweiß, im Innern zersprungen und deshalb in bunten Farben spielend. Man gräbt ihn aus dem Trachytkonglomerate Ungarns, in Indien fehlt er gänzlich. Kleine Stücke finden sich aber auch im Basalte des von Bethmann'schen Gartenparkes auf dem linken Mainufer bei Frankfurt. Der Edelopal ist bei den Orientalen sehr beliebt, sie bezogen ihn von jeher aus Ungarn, verkaufen ihn aber wol wieder nach Italien, Frankreich und Spanien, woher die Bezeichnung orientalischer Opal entstanden sein mag. Die deutsche Kaiserkrone, durch einen seltenen, großen Opal ausgezeichnet; erhielt von ihm selbst den Namen der Waise, welche Bezeichnung Walther von der Vogelweide in seinem gleich einer Prophezeihung an die Ereignisse der jüngsten Zeit gemahnenden politischen Liede an Kaiser Philipp gebraucht:

> O weh dir, deutsche Zunge
> Wie steht deine Ordenunge,
> Daß die Mück' ihren König hat
> Und daß deine Ehre also zergaht.
> Bekehre dich, bekehre,
> Die Zirkel (der kleinen Fürsten Kronen) sind zu hehre,
> Die armen Könige drängen dich,
> Philipp, setz' den Waisen auf,
> Und heiß' sie treten hinter dich!

Der Glas- und Feueropal sind zwei Kiesel, welche ganz wasserhell und entweder farblos oder gelblich, goldgelb bis roth erscheinen. Sie finden sich besonders schön in Mexiko, in Europa bei Hanau, in der Röhn, in Böhmen u. s. w. Unter Halbopal werden matte, milchweiße, oft schwarz, gelb und braun gebänderte, seltener grüne Steine begriffen, die, vielfach im Basalte vorkommend, zu Dosen und Brochen verschliffen werden.

Schließen wir mit diesem letzten, dem Geschlechte des Quarzes angehörenden Mineral die Klasse der Edelsteine, so bleibt noch eine große Zahl gefärbter Steine, die ihrer Schönheit wegen zu Schmuckgegenständen mannichfache Verwendung finden, die Halbedelsteine. Wir wollen die hauptsächlichsten davon einer kurzen Betrachtung unterwerfen und beginnen mit dem Lasurstein.

Lasurstein. Ein schöner orientalischer Schmuckstein, der von tief himmelblauer Farbe, aber undurchsichtig ist und eine hohe Politurfähigkeit besitzt. Er findet sich, mit Kalkspath und Schwefelkies gemischt, von helleren und dunkleren Nüancen, durch goldgelben Schwefelkies wie mit Goldblättchen punktirt, in Persien, in der Kirgisensteppe und am Baikalsee in Sibirien. Seine himmelblaue Färbung verschaffte ihm bei den Arabern den Namen Zumelazuli (von Azul, der Himmel), woraus der Name Lapis lazuli und daraus Lasur entstand. Die Griechen bezeichneten ihn nach den Chaldäern, von denen sie ihn erhandelten, als Saphir, woher auch die Hebräer und Griechen ihn und nicht den blauen Korund so benannten. Der Stein wird im Orient mannichfach bearbeitet und als Amulet getragen, in Rußland schleift man aus größeren Stücken sogar Gefäße, ja im Winterpalaste und in der Isaakskirche zu Petersburg bestehen ganze Säulen, Wandverkleidungen und andere Bauverzierungen aus diesem seltenen Minerale.

Kleine Bruchstücke werden seit langer Zeit gemahlen und geschlämmt und liefern die herrliche blaue Farbe, welche Ultramarin genannt wird. Das künstlich dargestellte Ultramarin enthält zwar dieselben Bestandtheile — Thon, Kiesel, Schwefel, Natrium, Eisen — erreicht aber doch nur selten die Reinheit und den Glanz des natürlichen.

Malachit. Der Malachit, ein grünes, faseriges, seidenglänzendes, kohlensaures Kupferoxyd, ist weich, ziemlich politurfähig und dient ebenfalls schon seit Jahrtausenden als Schmuckstein, namentlich aber auch zur Verfertigung von Gefäßen und architektonischen Zierrathen. Der Name ist von Molochites abgeleitet, womit die Römer einen grünen Schmuckstein bezeichnet haben. Die Griechen nannten ihn Kalchosmaragdos, die Römer Pseudosmaragdus. Er findet sich von besonderer Schönheit und in sehr großen Stücken bei Nischnitagilsk und Gumeschefsk im Ural, in Griechenland, auf Borneo und in Australien.

Fig. 128. Bernsteingräberei zwischen Rauschen und Lapöhnen.

Flußspath. Der Flußspath, Fluorcalcium, ein weicher, fett= bis glasglänzender, durchsichtiger Stein, welcher in Würfeln krystallisirt und in blauen, grünen und gelben Farben vorkommt. Er findet sich in Derbyshire, im Thüringer Walde, im Erzgebirge und anderwärts ziemlich häufig und wird vorzugsweise als Flußmittel beim Metallschmelzen sowie zur Bereitung der Flußsäure zum Glasätzen gebraucht. Auch zu Gefäßen, kleinen Figuren und Zierrathen läßt er sich verarbeiten. Wie wir oben schon erwähnten, wurde eine gelbe Abänderung, die vorzugsweise in Aegypten vorkam, von den Alten Topas genannt.

Adular, Labrador. Edler Adular und Labrador sind zwei Mineralien, welche aus Thon=, Kiesel= und Kalkerde nebst Natron und Kali bestehen; sie werden nicht selten als Schmucksteine und zu Gefäßen, Dosen u. s. w. geschliffen. Der Adular, auch Mond= stein genannt, war den Alten schon bekannt, auch sie benannten ihn nach dem milden, mond= scheinartigen Lichte, in welchem er schimmert. Er krystallisirt in schiefen Säulenformen, die gewöhnlich, wie es Form 12 unserer Fig. 118 zeigt, zu zweien mit einander verwachsen sind, sogenannte Zwillinge bilden. Er ist oft wasserhell, durchsichtig, von mittlerem Glanze, spielt aber in röthlichen und bläulichen Farben. Der Labrador, welcher aus dem hohen Norden Grönlands und von der Küste Labrador zu uns kommt, findet sich in Geschieben von rundlicher Gestalt, welche, in gewissen Richtungen angeschliffen, ein blätteriges Gefüge besitzen, in welchem ein leuchtendes und lebhaftes Farbenspiel von Purpurroth, Blau, Gelb und Grün auftritt. Ein grüner Labrador wird vom Amazonenstrome Südamerika's in den Handel gebracht; es ist der als Amazonenstein bekannte Gemmenstein. Die alten Aegypter erhielten einen ähnlichen grünlich-schillernden Feldspath aus Sibirien, wo er in ausgezeich= neter Schönheit vorkommt. Sie benutzten ihn zu allerlei Zierrathen, welche man noch in den Mumiengräbern findet.

Ein sehr schönes Mineral, welches ebenfalls zu Gefäßen verarbeitet wird und nur im Ural in großen Stücken vorkommt, ist der **Rhodonit**, ein pfirsichblüt= bis rosenrother, undurchsichtiger, oft heller und dunkler geaderter Stein, dessen Bestandtheile Kohlensäure und Manganoxydul sind. Die Steinschleifer zu Jekatherinburg in Sibirien verfertigen daraus sehr zierliche Gefäße, von denen die Paläste Petersburgs mehrere von außerordent= licher Größe aufweisen.

Bernstein. Der Bernstein, welcher seit vielen Jahrtausenden am Ostseestrande gewonnen wird und schon von den Phöniziern, Aegyptern, Karthagern, Griechen und Römern gegen allerlei Waffen, Bronzegeräth und Geld von den Bewohnern jener Küsten eingetauscht wurde, ist ein in der Erde verändertes Baumharz. Er hat verschiedene abge= stufte gelbe Farben und wechselt von wolkigem Weiß bis zu durchsichtigem Gelb. Durch Reibung wird er elektrisch und zieht leichte Gegenstände an. Die Perser nennen ihn deshalb den Spreuraubenden, Kahruba. Bei den Griechen hieß er Harpax, der Geizhals, bei den ehemaligen Bewohnern der Ostseeküste hieß er Glas oder Gles. Die Phönizier, welche ihn von dorther holten und die am Mittelmeere wohnenden Völkerschaften damit versorgten, gaben ihm den Namen Electro, woraus die Griechen Electron machten. Dieses Wort wurde für die neueren Sprachen die Wurzel zur Benennung jener Naturkraft (Elektrizität), welche schon von Thales, einem der sieben griechischen Weisen, am Bernstein beobachtet wurde. Der deutsche Name „Bernstein" bedeutet so viel als Brennstein und hat seine Begründung in der Brennbarkeit des Minerals. Nicht selten um= schließt der Bernstein kleine Blättchen von Nadel= holzbäumen, wodurch es wahrscheinlich wird, daß er von einer untergegangenen Tannenart, der soge= nannten Bernsteintanne, abstammt und den Bäumen

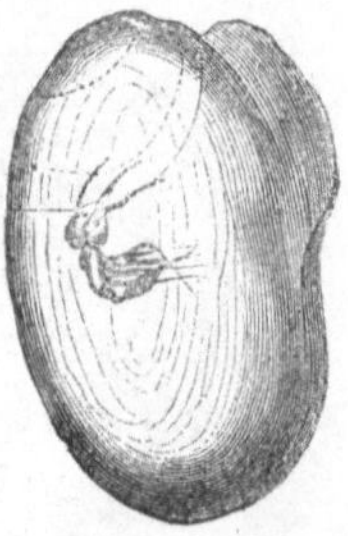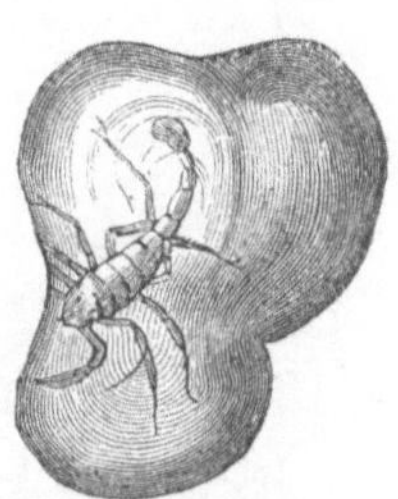

Fig. 129 und 130 Insekteneinschlüsse in Bernstein.

etwa in der Weise entrann, wie das Harz den heutigen Kiefern. Gelegentlich blieben auch Ameisen, Spinnen und Mücken auf diesem klebrigen Baumausflusse hängen, die nun in der klaren, durchsichtigen Masse eingeschlossen liegen (Fig. 129 und 130) und dem Beschauer mancherlei Veranlassung zum Nachdenken geben. Der schönste Bernstein wird an der Ostsee gewonnen, wo ihn das Meer auswirft oder wo er aus den Stranddünen ausgegraben wird. Am häufigsten findet er sich nach heftigen Nordstürmen, welche ihn an das Land tragen oder, indem sie die Dünen unterwühlen und einreißen, ihn bloßlegen. Die Abbildung Fig. 128 stellt eine Bernsteingräberei bei Lapöhnen dar. Die Bernsteinfischer sammeln ihn am Strande, sie fahren aber auch hinaus in das Meer, um ihn am Boden zu entdecken, wo sie ihn mit Stangen loslösen und mit Schleppnetzen heraufziehen; oder aber sie graben ihn aus dem Sande und Thone der Küstenstriche. Der Haupthandel damit wird von Königsberg und Danzig betrieben; die jährliche Gewinnung schwankt zwischen 2600 und 3000 Centner. Der Preis ist je nach Größe und Schönheit der Stücke sehr verschieden. Auch in der Nähe von Catania auf Sizilien kommt Bernstein vor, welcher aber nur von geringer Schönheit ist und lediglich zur Vervollständigung von Mineraliensammlungen dient.

Die kleineren Stücke und Abfälle von den Schleifereien dienen zur Firnißbereitung und zu Räucherwerk. Sie werden seit undenklichen Zeiten zu diesem Zwecke benutzt. Solche kleine Bernsteinstücke hießen bei den alten Aegyptern und Hebräern Sakal und werden noch von den jetzigen Bernsteinhändlern Sakon genannt. Größere Stücke verarbeitet man vor= zugsweise zu Rosenkränzen, Halsketten und Pfeifenmundstücken, und wird vorzüglich nach der Türkei ein lebhafter Handel damit getrieben. Die beste Sorte ist der milchweiße.

Sehr häufig und in den mannichfaltigsten Formen werden diejenigen Mineralien zu

Schmucksachen verwendet, welche der Quarz= oder Kieselerdefamilie angehören und von denen Bergkrystall, Rauchtopas, Amethyst, Opal, Sarder oder Karneol, Rosenquarz, Onyx oder Kaschalong und Kalzedon, Achat und Heliotrop die bekanntesten sind. Den kostbareren Opal haben wir schon weiter oben betrachtet.

Bergkrystall ist die reinste Form der Kieselerde. Er krystallisirt in sechsseitigen Säulen mit sechsfacher Zuspitzung, wie es in der Abbild. Fig. 118 die Form 11 zeigt, ist wasserhell, lebhaft glänzend, oft das Licht in bunten Farben zurückstrahlend, und ziemlich hart. Er findet sich bisweilen in sehr großen Stücken, welche namentlich von Künstlern der Renaissance zu kostbaren geschnittenen Gefäßen verarbeitet wurden, und von denen das Grüne Gewölbe in Dresden einige Prachtexemplare besitzt. Kleinere Steine werden zu Ringsteinen, Halsbändern und anderen Schmuckstücken geschliffen und vermögen bei Kerzenlicht wol den Diamant nachzuahmen. Aus mittelgroßen Krystallen, welche nicht selten allerlei farbige Mineralien eingeschlossen halten, werden Petschafte, Messerstiele u. s. w. gemacht. Hierin zeichnen sich besonders die Schleifereien zu Jekatherinburg, Petersburg und Oberstein aus.

Fig. 131 Bergkrystalle aus dem Funde am Tiefengletscher, im Museum von Bern.

Die schönsten Krystalle liefern der Ural, das Gotthardtgebirge, überhaupt die Urgebirge der Schweizer Alpen. Den interessantesten Fund machte man hier im Jahre 1869 am Tiefengletscher, wo der Führer Peter Sulzer und sein Sohn hoch oben an einer senkrechten Granitwand schon vorher ein mächtiges Quarzband mit einigen dunklen Oeffnungen entdeckten, welche Krystallausbeute versprachen. Damals jedoch hatten die beiden Strahler — wie in der Schweiz die Krystallsucher genannt werden, — das Gestein nicht näher untersuchen können. Mit großer Anstrengung wurde die Höhe erklommen, und nachdem einige aus den Felslöchern vereinzelt herausgeholte schwarze Bergkrystalle, die man fälschlicher Weise Rauchtopas nennt, obwol der Quarz mit dem Topas durchaus nichts gemein hat — die Arbeit lohnend erscheinen ließen, wurden Sprenglöcher an geeigneten Stellen eingetrieben. Es gelang denn auch, nachdem die ersten Entdecker sich mit Verstärkung versehen hatten, endlich eine Höhle aufzuschließen, in welcher die wundervollsten Krystallexemplare haufenweise über einander lagen, in Chloritsand eingebettet, der zur Erhaltung ihrer Kanten und

Flächen hauptſächlich beigetragen hatte; die großen Stücke mußten, in Säcke gewickelt, an
Seilen über die Felswand einzeln herunter gelaſſen und mit unſäglicher Anſtrengung nach
der Grimſel geſchleppt werden.

Da ſich die Fundſtätte auf Urner Boden befand, ſo machte Uri, als die Kunde ſich ver=
breitete, Einſpruch, und die Berner Entdecker mußten ſchleunigſt zu bergen ſuchen, was mög=
lich war. Alles, was in Guttannen Arme und Beine hatte, zog mit Schaufeln, Picken,
Seilen, Räſen, Hammern aus, um den von den Bernern gefundenen Schatz auch den
Bernern zu erhalten. Anfang Septembers wurde in Zeit von acht Tagen die ganze Höhle
geräumt, d. h. die beinahe unglaubliche Maſſe von 200 Centnern Kryſtallen heraus=
geſchafft, auf den Gletſcher geworfen, die größeren an Seilen hinunter gelaſſen, unten auf
Schlitten und Räſen verladen und über den ſehr zerklüfteten Gletſcher und deſſen ſteinige
Moränen nach der Furkaſtraße, von da nach Oberwald und ſpäter nach Guttannen geſchafft,
wo die Steine ſortirt und geſchätzt wurden. Es ergab ſich, daß an guten Kabinetsſtücken
ſo viel vorhanden war, daß alle Muſeen Europa's, wenigſtens die hauptſächlichen, mit

Morionen (Rauchquarz) von nie geſehenen Dimenſionen und nie geahnter Spiegelflächen=
ſchönheit verſehen werden konnten. Stücke von Centnerſchwere bis 2 Centner und darüber
waren in großer Zahl vorhanden. Die beſten ſind für das Muſeum in Bern erworben
worden. Es ſind: der Großvater, 133 Kilogramm ſchwer, 69 Centimeter hoch und von
122 Centimeter Umfang, die Perle des ganzen Fundes; der König, 128 Kilogramm,
Höhe 87, Umfang 100 Centimeter; Karl der Dicke 105 Kilogramm, 68 Centimeter hoch
und an ſeiner Baſis 110 Centimeter im Umfang; der Zweiſpitz Fellenberg, 67 Kilo=
gramm, eine an beiden Enden vollkommen ausgebildete Doppelpyramide, 82 Centimeter
lang und 71 Centimeter im mittleren Umfang; die Zwillinge, 63 Kilogramm, der
Präſident 32 Kilogramm ſchwer u. ſ. w.

In der Neuzeit kommen ſehr ſchöne Bergkryſtalle vielfach aus Madagaskar und aus
Braſilien. Letztere eignen ſich vorzugsweiſe zur Darſtellung von gefärbten Steinen, welche
in der Weiſe bereitet werden, daß man den geſchliffenen Bergkryſtall ſtark erhitzt und

alsdann in eine roth, gelb oder blau gefärbte Flüssigkeit wirft. Der Stein erhält dabei Risse, welche sich mit dem Pigment füllen. Hierdurch lassen sich Opal, Citrin, Rosenquarz u. a. m. nachahmen.

Schon die Alten kannten den Bergkrystall als Schmuckstein. Bei den Chaldäern hieß er Krystallon, woraus die Griechen und Römer Krystallos und wir das Wort Krystall ableiteten, womit alle regelmäßig geformten Mineralgestalten, namentlich aber der Quarz (Bergkrystall), bezeichnet werden.

Der Rauchtopas ist durch beigemischte Kohle gelblichgrau oder rauchbraun gefärbter Bergkrystall, welcher von besonderer Schönheit am Ural vorkommt und zu allerlei kleinen Kunstwerken Verwendung findet.

Auch der Amethyst gehört zu den Bergkrystallen; er ist durch Manganoxyd violblau gefärbt. Nicht selten sind einzelne Amethystkrystalle auf den Spitzen oder an den Seiten von Bergkrystallen wie Knäufe festgewachsen. Die Abbildung Fig. 118 auf Seite 182 enthält unter 9 einen solchen Scepterkrystall, welcher aus Miask im Ural stammt. Gewöhnlich kleidet der Amethyst Drusen aus, wobei dann die Krystalle dicht an einander schließend festgewachsen sind. Ceylon, Ostindien und der Ural lieferten schon den Alten diesen zu Ringsteinen und Ketten vielfach benutzten Stein; in neuerer Zeit werden schöne Drusen aus Brasilien bezogen. Der Name Amethyst ist griechischen Ursprungs. Man glaubte, der Stein habe die Kraft, seinen Träger vor Trunkenheit zu schützen, und nannte ihn daher ἀμέθυστος.

Dem Amethyste nahe verwandt, jedoch von Rosenfarbe, ist der nur selten in Krystallen vorkommende Rosenquarz, welcher sich sehr schön bei Rabenstein in Bayern vorfindet und wahrscheinlich durch Titansäure gefärbt ist. Eine durch Eisenoxyd braun gefärbte Quarzart heißt Sinopel, eine durch Eisenoxydhydrat gefärbte Citrin, beide sind nicht selten und dienen in schönen Stücken zu Ring= und Schmucksteinen.

An diese krystallisirten Quarze oder Bergkrystalle schließen sich diejenigen, in denen die Kieselsäure amorph, ohne gesetzmäßige Gestaltung auftritt, Kalzedon, Karneol, Kaschalong u. s. w. Der Karneol oder Sard ist ein unkrystallisirter rother Quarz, welcher beim Durchsehen blutroth, beim Daraufsehen dunkel bis schwarzroth erscheint, eine sehr hohe Politur annimmt und seit den ältesten Zeiten zu geschnittenen Steinen, namentlich Petschaften, Siegelringen und dergleichen, benutzt wird. Dieser Stein wird je nach seiner Farbe geschätzt. Die eben bezeichnete ist die gesuchteste, während hellere Steine weniger beliebt sind. Die besten, feinsten Sarden liefert das östliche Asien, wo sie bei Baroach am Nerbuddaflusse, bei Kompurwunge und Ratampur in Guzerate als runde Geschiebe vorkommen. Sie werden mehrere Jahre lang an der Sonne stark ausgetrocknet und darauf mit angezündetem Ziegenmist gebrannt, wodurch sie die satte Färbung erlangen. Auch brasilianische und deutsche, welche sich theils als Ausfüllung von Blasenräumen, als sogenannte Geoden im Melaphyr, theils als Lager im Rothliegenden der Dyasformation finden, werden durch Brennen feuriger gefärbt. Der Name Karneol ist den oft herzförmigen, im Melaphyr eingewachsenen Mandeln des rothen Quarzes beigelegt worden und leitet sich nicht von der Fleischfarbe, sondern von dem mittelalterlichen Worte Cornelius ab, welches Herzstein bedeutet.

Der Kaschalong, dessen Name kalmückischen Ursprungs ist (von kasch, schön, und dscholon, Stein), war schon Moses und den Hebräern bekannt, welche den Stein joholon nannten. Er ist ebenfalls unkrystallisirte Kieselerde, halbdurchsichtig wie Horn, milchweiß, röthlich, dunkelbraun bis schwarz gefärbt. Zuweilen liegen auch Einschlüsse von Mangandentriten und moosähnliche Zeichnungen in dem Gesteine, die nach dem Schleifen als schwarze oder grüne Figuren hervortreten (Moosachat, Mochasteine); nicht selten auch besteht der Stein aus abwechselnden Lagen von weiß, roth und schwarz gefärbtem Material. Er findet sich am schönsten im Altai und in den Kirgisensteppen, indessen auch in Brasilien, von wo sehr viele bezogen werden, in der Bucharei, in Kleinasien, Ungarn, Deutschland, namentlich in der Nähe von Basaltbergen und selbst als Kieselsinter an heißen Quellen, wie am Geyser auf Island.

Der zweifarbige heißt Onyx, der dreifarbige Sardonyx. Beide wurden bei den Griechen und Römern zu den herrlichsten Werken der Steinschneidekunst benutzt, indem man die verschiedenen Lagen in der Weise verwendete, daß man die Figuren aus den oft weniger als ein Millimeter dicken weißen Lagen erhaben herausarbeitete, die über den weißen liegenden farbigen Schichten zu den Haaren, Gewändern und Zierrathen stehen ließ, während die unter der weißen Lage befindliche dunkelfarbige Schicht den Grund bildete. In Italien blüht die Genossenschaft solcher Künstler, welche diese Art der Schleiferei verstehen, jetzt noch. Die erhaben geschliffenen Onyxe heißen Cameen, die mit vertieft eingravirten Figuren Intaglien. Häufig werden zu den billigeren Kameen auch verschieden gefärbte und ihrer Weichheit wegen leichter zu bearbeitende Muschelschalen verwendet.

Achat. Wenn Kalzedon, eine bläuliche Kaschalongabänderung, Karneol, Bergkrystall, Amethyst, Rosenquarz und Onyx in dünnen Lagen mit einander abwechseln, namentlich wenn sie, wie in der Abbildung Fig. 133, konzentrisch oder zickzackförmig in und um einander gebogen sind, wird das Gebilde mit der Benennung Achat bezeichnet, abgeleitet von dem armenischen Worte Akat. Der Achat findet sich im Porphyr und Melaphyr. Er ent=
stand offenbar, indem in Hohlräume des Gesteines Auflösungen von Kieselerde und anderen Stoffen eindrangen und an den Wänden höchst dünne Lagen absetzten. Da=
durch wurden die abwechselnden, verschie=
denfarbigen Schichten gebildet. Nicht selten ist die Druse noch hohl und dann mit Berg=
krystall, Amethyst und allerlei anderen Mineralien besetzt; häufiger aber ist sie voll, eine Geode oder Mandel. Schöne Achate kommen bei Oberstein an der Nahe vor, wo sich in der Verarbeitung derselben zu den bekannten Achatwaaren ein bedeutender Industriezweig entwickelt hat, der jedoch sein Rohmaterial jetzt weniger aus dem be=
nachbarten Gebirge als aus Brasilien und Madagaskar bezieht, wo die schönsten Achate, Kalzedone und verwandte Gesteine in den Geröllen vorkommen und von wo sie als Ballast mit nach Europa gebracht werden. Die Steinschleifer verwenden den

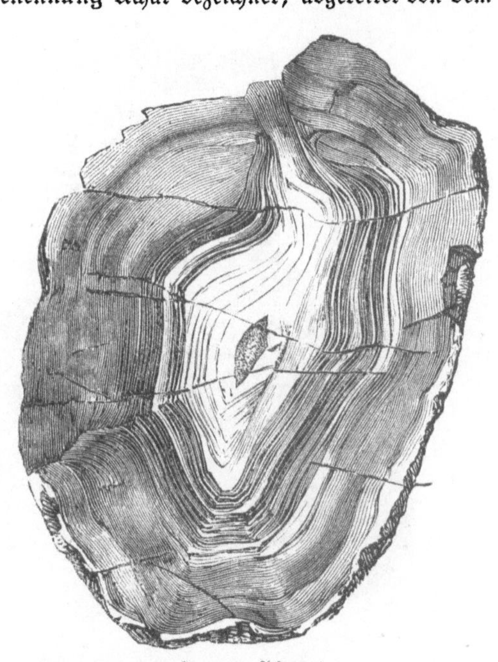

Fig. 133. Achatgeode.

Achat zu Broschen, Dosen, Schalen und dergleichen und wissen seine Färbung künstlich zu verändern.

Ein dunkelgrüner, sehr geschätzter Quarz von hoher Politurfähigkeit, welcher wie der Sarder zu Siegelringen verarbeitet wird, ist die aus dem Oriente (Bucharei) kommende grüne Plasma, auch Heliotrop genannt, wenn nämlich in dem grünen Grunde rothe Punkte eingestreut sind. Eine mehr helle, farbige Abänderung heißt Prasem und wenn das Färbende (grünes kieselsaures Eisenoxydul oder Strahlstein) in haardünnen Stängelchen mit dem Quarze abwechselt, Katzenauge.

Der Chrysopras ist eine apfelgrüne Kaschalongart, welche bei Kosemütz in Schlesien gefunden wird und durch Nickeloxyd gefärbt ist. Man benutzt diesen Stein, welcher die Farbe leicht verliert, früher mehr als jetzt, besonders zu Dosen, doch auch zu Ringsteinen und Brochen.

Der Jaspis, eine aus Kieselerde, Thonerde und verschiedenen farbigen Metalloxyden bestehende Felsart, welche am schönsten in Aegypten und bei Werchuralsk im Uralgebirge vorkommt und grün, gelb, roth und schwarz gestreift und gebändert ist, wird zu Tischplatten,

Vasen und Bauornamenten kunstreich geschliffen; seltener dient er zu kleinen Gegenständen, als Rosenkranzperlen, Briefbeschwerern u. d. m.

Außer den eben besprochenen Mineralien werden hin und wieder auch noch Lava, Serpentin, Nephrit, Alabaster und Marmor zu Schmucksachen, zierlichen Gefäßen und Zimmerverzierungen verarbeitet.

Der Nephrit ist ein fester, undurchsichtiger Stein, von angenehm hell ölgrüner Farbe. Er kommt vorzugsweise in China vor, wird aber nur selten bei uns verarbeitet, obwol er, wie die Pariser Ausstellung von 1867 lehrte, in Verbindung mit Rubinen und Diamanten eine sehr gute Wirkung zu machen vermag. In China macht man daraus Schalen und Bildwerke, in früheren Zeiten lieferte er das Material für kostbare Steinäxte, welche bisweilen in den Gräbern von Häuptlingen gefunden werden.

Fig. 134. Schleifen des Kohinoor.

Ebenfalls von geringer Verwendung ist der edle Serpentin, der uns schon zu denjenigen Gesteinen überleitet, welche wir bereits früher in dem ersten Kapitel dieses Bandes besprochen haben.

Das Schleifen und Bohren der Edelsteine. Um die Schönheit der im Vorhergehenden betrachteten Mineralien in das rechte Licht zu heben, hat man, wie wir im Verlaufe schon gesehen haben, mannichfache Veränderungen mit ihnen vorgenommen. Sei es, daß man die mit dem Edelsteine verwachsenen Gesteine zu entfernen suchte, daß man ihm eine passende Form gab, seine von den Einflüssen der Natur rauh und unscheinbar gewordenen Flächen glättete, um seine Durchsichtigkeit und sein Farbenspiel zur Wirkung zu bringen, oder ihn durch Glühen und chemische Behandlung in seiner Farbe zu verändern suchte. Die wichtigste Bearbeitung der Edelsteine bleibt, weil sie sich auf alle ausdehnt und am meisten zur Hebung der angenehmen natürlichen Eigenschaften beträgt, das Schleifen.

Die Edelsteinschleiferei geschieht entweder aus freier Hand oder mit der Maschine. Diejenigen Theile des rohen Steines, welche über die durch den Schliff zu erlangenden Flächen herausstehen, werden theils abgerieben, theils aber auch mittels Smirgelscheiben förmlich abgeschnitten, wie das Rundholz durch eine Zirkelsäge (rotirende Säge) in kantige Stücke geformt wird.

Es hat sich eine ausgedehnte Industrie auf die Bearbeitung der Halbedelsteine gegründet, die namentlich in Oberstein und Idar an der Nahe ihren Sitz hat.

Die zur gewöhnlichen Schleiferei von Quarz, Achat und ordinären Steinen dienenden Maschinen sind große cylindrische Sandsteine (Schleifsteine), welche durch Wasserräder in sehr rasch kreisende Bewegung gesetzt werden. Die Steine tauchen mit dem unteren Theile in Wasser und sind mit einem starken hölzernen Mantel umgeben, welcher nur an einigen Stellen dem Arbeiter Zutritt gestattet. Dieser Mantel soll durch die Centrifugalkraft etwa zerspringende Schleifsteine zurückhalten, welche sonst leicht die Arbeiter beschädigen könnten. Der Arbeiter befestigt den zu schleifenden Stein in eine hölzerne Zange (Kluppe) und drückt ihn fest gegen die Seiten= oder die Randfläche des Schleifsteines, je nachdem er eine ebene oder gerundete Form schleifen will. Er legt sich dabei der Länge nach auf ein bankartiges Gerüst und benutzt seine Körperschwere als Belastung. Die beschwerliche Lage, worin sich der Arbeiter viele Stunden hindurch befindet, der feine Steinstaub, welchen er beständig einathmet, zerstören seine Gesundheit schnell. Besser sind die Vorrichtungen, bei denen die Steine mittels Schraube und Gestell (Sousporte) gegen den Schleifstein gepreßt werden.

Die rauhgeschliffenen Steine erhalten Politur, indem sie auf einer drehbankähnlichen Maschine an einer schnell kreisenden, mit Smirgel bestreuten Kupferscheibe weiter geglättet werden. Diese Schleifbank kann durch Einsetzen gewisser Vorrichtungen auch zum Zersägen von Edelsteinen sowie zum Einschleifen von Vertiefungen dienen; endlich verwandelt man sie durch Anbringung eines aus einem Diamantsplitter geformten Bohrers leicht in eine Steinbohrmaschine zum Granat= und Perlenbohren. Die Handbohrer, wie sie im Schwarz= walde zum Durchbohren der Granaten angewendet werden, sind nach demselben Prinzip wie unsere Trillbohrer hergestellt.

Steinmosaiken, d. h. aus vielen Steinstiftchen zusammengesetzte Steinschleifer= arbeiten, liefern Rom, Florenz, Petersburg und Jekatherinburg in wunderbarer Schönheit. Die Fußböden und Mosaikbilder der Griechen und Römer, die bunten Domkirchen der Byzantiner und der mittelalterlichen deutschen Baumeister (Palermo, Montreale u. s. w.) werden übertroffen von den Mosaiken in der Peterskirche zu Rom und in der Isaakskirche zu Petersburg, welche ganz den Eindruck von Gemälden machen. Die italienischen und russischen Steinschleifer verfertigen Mosaikbilder, an welchen sich die neben einander liegenden Steinstäbchen kaum noch erkennen lassen. In vielen Palästen bestehen die Fußböden aus Mosaiken, welche bunten Teppichen gleichen.

Hier liegt die Kunst weniger in der Bearbeitung der Steine, als in der höheren Auf= gabe der Zusammensetzung zu einer künstlerischen Wirkung. Anders ist es bei dem eigent= lichen Edelsteinschnitt, welcher keinen malerischen Effekt, keine bildlichen Darstellungen beabsichtigt, sondern eigentlich auf rein mechanischem Wege die schöne Wirkung, welche die Edelsteine durch Farbe, Glanz und Lichtbrechung machen, dadurch zu erhöhen sucht, daß er ihnen die geeignete Form und Zurichtung ihrer Oberfläche giebt. Es ist nicht zu viel gesagt, wenn man behauptet, daß durch die Kunst des Edelsteinschnittes der Diamant zum zweiten Male entdeckt worden ist.

Das Diamantenschleifen ist eine sehr verantwortungsvolle Arbeit, denn leicht kann ein unersetzbarer Stein durch Unaufmerksamkeit oder Ungeschicklichkeit beim Schleifen seinen Werth zum größten Theile einbüßen. Der Kohinoor wurde das erste Mal auf Befehl des Schah Zehan von einem gewissen Hortensio Borgio geschliffen. Der Stein soll damals 793 Karat gewogen haben. Bei diesem Unternehmen wurde aber nicht viel profitirt, denn der Diamant erhielt die bekannte ungünstige Form, welche er noch 1852 in der Londoner Ausstellung hatte, und er war außerdem um mehr als drei Viertel seiner Größe gekommen. Als Schah Zehan den Edelstein wieder erblickte, verurtheilte er nicht nur den Steinschneider des ausbedungenen Lohnes verlustig, sondern er legte ihm auch noch wegen seiner Unge= schicklichkeit eine Strafe von 1000 Rupien auf.

Je nach der Art des Edelsteines, je nach seiner Farbe, Durchsichtigkeit und Härte hat man beim Schleifen verschiedene Gesichtspunkte festzuhalten. Ein gefärbter Stein läßt seine Färbung am besten bei einem rundlichen Schliff erscheinen; ein Stein dagegen, der durch sein Lichtzerstreuungsvermögen, durch seine prismatischen Fähigkeiten wirken soll, wird am günstigsten sich zeigen, wenn er von ebenen Flächen umgrenzt ist. In früheren Zeiten begnügte man sich damit, die natürlichen Flächen der Krystalle zu glätten, und erst allmählig gelangte man dahin, die feineren Formen aufzufinden, welche die Schönheit der Edelsteine am meisten zu erhöhen im Stande waren. Erst von dieser Zeit an wurden die ungefärbten Steine den gefärbten vorgezogen. Da man überall einen Erfinder annehmen möchte, an dessen Namen sich die Ursprünge einer oder der anderen Kunst knüpfen, so schreibt man Ludwig von Berguen die Erfindung des vollkommenen Steinschnittes zu und nennt als ihre Zeit das Jahr 1475. Seit dieser Zeit aber hat sich, wie man durch Vergleiche früher geschnittener Steine mit den jetzigen Leistungen der Kunst leicht erkennen kann, diese letztere noch sehr vervollkommnet. Und vorzüglich hilft ihr die genauere mineralogische Kenntniß der Edelsteine, welche seit früher sehr zugenommen hat. Das innere

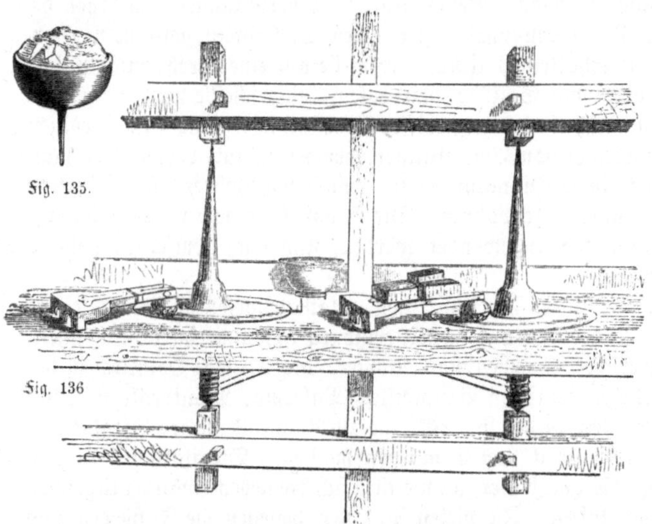

Gefüge, die nach verschiedenen Richtungen verschiedene Spaltbarkeit, Härte und Elastizitätsverhältnisse werden in Betracht gezogen und auf Grund dieser mit den rohen Steinen Operationen des Spaltens, Zersägens, Zerbrechens vorgenommen, aus denen der Stein schon ziemlich in seiner gewünschten Form hervorgeht, und die, weil sie immer die höchste Materialersparniß im Auge haben, fast wichtiger sind als das endliche Schleifen und Poliren selbst.

Fig. 135. Befestigen des Steines in der Dogge.   Fig. 136   Schleifscheiben und Gabel.

Edelsteine werden fast überall geschliffen. Die bedeutendsten Diamantschleifereien aber bestehen in London, Antwerpen und Amsterdam, und in letzterer Stadt lebt bei weitem mehr als der dritte Theil der dort ansässigen Juden direkt oder indirekt von dem Schliff der Edelsteine oder von dem Edelsteinhandel. Die Diamantschneide=Compagnie setzt durch Dampfmaschinen von beinahe 100 Pferdekraft 438 Schleifmühlen in Bewegung und beschäftigt dadurch gegen 1000 Arbeiter. Außerdem bestehen daselbst noch mehrere Privatschneidereien, die bedeutendste von allen ist die des Herrn Coster. Sie hat die beiden größten Diamanten, welche in der Neuzeit zum Schliff kamen, den Kohinoor und den Stern des Südens, geschliffen. Abbildung Fig. 134 zeigt die Maschine in Thätigkeit, an welcher der Kohinoor seine jetzige herrliche Gestalt erlangte.

Die erste Arbeit, welche mit dem rohen Diamant vorgenommen wird, ist das Spalten. Der Stein ist nämlich parallel den Flächen seiner natürlichen Krystallform, also parallel den Oktaëderflächen, ziemlich leicht spaltbar, wenn er zuvor an der Oberfläche geritzt worden ist. Das kann nur mit der Hand geschehen, da eine besondere Geschicklichkeit des Arbeiters dazu erforderlich ist. Der Diamant wird also behufs dieser Operation zunächst in eine Harzmasse fest eingekittet, welche aus einem Gemenge von Mastix und feinem Sande besteht und in der Hitze einer Weingeistflamme weich gemacht wird. In diese Masse, welche sich in einer hohlen, auf einem Holzgriff sitzenden messingenen Halbkugel befindet, wird der

Stein eingedrückt, so daß die betreffende Fläche, zu welcher senkrecht eine Spaltungsrichtung im Kryſtall vorhanden iſt, nach außen gekehrt iſt. Der Arbeiter nimmt nun die Hülſe mit dem Diamant und drückt ſie gegen eine kleine Gabel, welche neben einem vor ihm befind= lichen Käſtchen mit durchlöchertem flachen Boden angebracht iſt. In der rechten Hand hält er einen ganz ähnlich gefaßten, ſcharfkantigen Diamant als Spaltungsſtück, welches er ſo lange gegen den zu ſpaltenden Diamanten reibt, bis auf dieſem eine ſcharfkantige Kerbe entſtanden iſt. Hierauf ſtellt er den letzteren mit ſeiner Faſſung in einen am Rande des Tiſches befeſtigten und mit einer Oeffnung verſehenen Bleiklotz und ſetzt in die Kerbe ein kleines ſcharfes Meſſer, auf deſſen Rücken er in der Spaltrichtung ſo lange Schläge mit einem Eiſenſtabe führt, bis die Fläche abgeſpalten iſt. In dieſer Weiſe beſeitigt er alle fehlerhaften äußeren Partien und giebt dem Steine ſchon ungefähr ſeine Formen.

Nachdem der Edelſtein durch Spalten ungefähr die gewünſchte Form erlangt hat, wird er in ſeiner Form vollendet, und zwar dadurch, daß durch fortgeſetztes Aneinanderreiben zweier Diamanten Reibflächen auf beiden ſich bilden. Dieſe Arbeit erfordert ſehr viel Geſchick, da es bei ihr darauf ankommt, eine ſtreng mathematiſche Vertheilung der einzelnen Flächen, welche weiterhin nur noch zu poliren ſind, eine vollſtändig regelmäßige Form herzuſtellen.

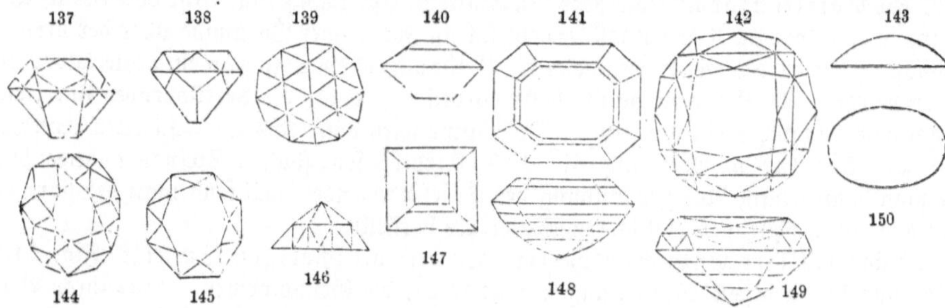

Fig. 137—150. Die gebräuchlichſten Formen des Edelſteinſchnitts.

Die Steine werden zu dieſem Behufe wieder in ganz ähnliche Faſſungen wie beim Spalten, in die Doggen, eingekittet, nur haben dieſe der größeren Kraft wegen, welche bei den Formen ausgeübt wird, ſtärkere Handgriffe. — Das Poliren endlich, welchem der Stein zuletzt unterworfen wird, geſchieht, nachdem man den Stein in ſeine Faſſung mittels einer Legirung von Blei und Zinn befeſtigt hat, die über einem kleinen Lämp= chen erweicht wird. Er muß darin ſo ſtehen, daß die zu polirende Fläche ſenkrecht gegen die Achſe der Scheibe iſt. Dann wird er in einem eiſernen Geſtell von gabelartiger Form ſo befeſtigt, daß er ſeine Lage während der Arbeit nicht verändern kann. Das Geſtell erblicken wir deutlicher in Fig. 136; es iſt von ſtarkem Eiſen und wird außerdem noch entweder mit der bloßen Hand oder durch Auflegen von Gewichten gegen die rotirende Schleifſcheibe niedergedrückt. Dieſe Scheiben drehen ſich in horizontaler Ebene, ſie ſind entweder von ſchwach gekörntem Gußeiſen oder weichem Stahl, damit ſie das mit Oel angeriebene Diamantpulver halten. Ihre Größe iſt ungefähr 0,4 Meter im Durch= meſſer; auf der Oberfläche haben ſie mehrere konzentriſche Ringe von verſchiedener Dicke für die größeren und kleineren Diamanten. Der Diamantſtaub, das einzige Polirmittel, wurde früher vorzugsweiſe aus den beim Spalten und Schleifen abfallenden Theilen her= geſtellt. Jetzt wird vielfach der ſchwarze Diamant, das Carbonat, verwendet. Das ganz feine Pulver wird mit etwas Mandelöl angerieben und mit einem feinen Pinſel aufgetragen. Die ganz kleinen Facetten, welche man beim Schleifen nicht herſtellen kann, werden erſt beim Poliren mit angebracht. Je nach der Lage der Facetten wird die Dogge in der Gabel befeſtigt, welche dazu eine Verſchiebung und Neigung der erſteren geſtatten muß.

Die gebräuchlichſten Formen des Edelſteinſchnittes kommen darin mit einander überein, daß ſie eine Zone des größten Durchmeſſers haben, die Rundiſte, den Gürtel oder das Rondell, den breiteſten Theil oder Rand, an welchem der Stein gefaßt wird. Das, was über dieſem

Rande nach oben liegt, heißt der Obertheil, Oberkörper, die Krone oder das Pavillon, er ist sichtbar; das, was darunter liegt und also von der Fassung verdeckt wird, der Unter=theil, Unterkörper, Cülasse.

Diese Hauptformen sind 1. der Brillant, er eignet sich am besten für diejenigen Steine, welche, wie der Diamant, von Natur ein oktaëdrische Form haben, weil am wenigsten Material verloren geht und durchsichtige Steine die schönste Lichtwirkung zeigen. Der Obertheil hat $^{1}/_{3}$, der Untertheil $^{2}/_{3}$ der ganzen Höhe des Steines. Die oberste Fläche, der Rundiste parallel, heißt die Tafel, sie hat $^{4}/_{9}$ von dem Durchmesser der Rundiste, während die unterste Fläche nur $^{1}/_{5}$ von dem Durchmesser der Tafel hat. Je nach der Zahl der Facetten ist der Brillant dreifaches Gut, wenn der Oberkörper, wie es Fig. 137 zeigt, von einer dreifachen Reihe Facetten, 16 dreiseitigen und 8 vierseitigen, eingeschlossen wird; zweifacher Brillant oder zweifaches Gut, wenn er, wie Fig. 138, nur von 2 Reihen dreiseitiger Facetten am Oberkörper begrenzt wird.

Große Steine werden auch mit noch mehr Facetten am Obertheil versehen, immer aber muß in der Zahl derselben die Acht aufgehen; Brillanten sollen zuerst auf Veranlassung des Kardinals Mazarin geschliffen worden sein.

2. Die Rosettenform, Rose oder Rautenstein, Abbildung Fig. 139, deren erste An=fertigung in das Jahr 1520 fallen soll, erhebt sich in Form einer Pyramide über der breiten Grundfläche. Sie wird angewendet, wenn die Brillantform einen zu großen Materialverlust bedingen würde. Die Grundfläche ist theils elliptisch; die zur Spitze führenden Facetten, der Zahl nach 24, sind meist dreiseitig. Die Spitze wird von sechs Sternfacetten gebildet.

3. Der Tafelstein, Abbildung Fig. 140, wird bei sehr flachen Steinen angewendet, welche man dann häufig blos zur Bildung der Tafel verwendet, während man den übrigen Körper aus einem ähnlichen, billigeren Materiale herstellt.

Das sind mit dem Capuchonschnitt oder dem muscheligen Schnitt, Fig. 143, der aber nur bei farbigen Steinen angewendet wird, die Grundformen. Aus ihrer Ver=mischung können aber eine große Zahl zusammengesetzter Gestalten abgeleitet werden, wie wir an den Formen Fig. 141 und 142 sehen, welche den sogenannten Puppenschnitt dar=stellen. Derselbe besteht aus Obertheil, Rundiste und Untertheil, die Facetten sind meist und am Unterkörper immer längliche Vierecke, die mit der Rundiste parallel laufen. Diese Steine werden nie so dick wie die Brillanten und eignen sich diese Formen deswegen be=sonders für die gefärbten Steine. Dunkle und trübe Steine schleift man nach dem muscheligen oder mugeligen Schnitt, und zwar so, daß man die Grundfläche noch besonders aushöhlt.

Eine andere Art der Edelsteinbearbeitung ist die schon früher erwähnte des Gravirens und der Ausarbeitung vertiefter oder erhabener Bildwerke, wie sie von den Wappenschneidern der Petschaftsteine geübt wird; auf ihre Technik einzugehen ist aber hier nicht der Ort. Sie bedient sich im Wesentlichen auch des Diamantpulvers oder des Smirgels, welcher auf kleine, an einer rasch rotirenden Achse befestigte Scheibchen an deren Rande aufgetragen wird und dadurch diese in eine feine Schneide verwandelt, welche ähnlich wie eine Rota=tionssäge wirkt. Dadurch, daß man allmählig immer kleinere und zuletzt fast mikroskopische Scheibchen anwendet, gelingt es, jene wunderbar feinen Zeichnungen auszuarbeiten, die wir an alten und neuen Kunstwerken bewundern.

Z.

Gewinnung der Rohstoffe von der Erdoberfläche.

Bedeutung der Landwirthschaft für die Kultur. Statistische Nachweise. Geschichtliches. Ursprung der Kulturpflanzen und Hausthiere. Der Ackerbau im Alterthum. Seine Entwicklung bis in die neueste Zeit. Thomasius. Schubart. Thaer und Justus von Liebig. Die englische Landwirthschaft gegenüber der deutschen. — Der Ackerboden. Seine Entstehung aus den Gesteinen. Angestammter und angeschwemmter Boden. Zusammensetzung. Bodenarten. Wie soll der Boden beschaffen sein. Die Bearbeitung des Bodens. Urbarmachen. Rajolen. Entwässerung und Bewässerung. Die wirthschaftliche Bedeutung der Drainage.

Die Bodenproduktion. Als der Häuptling der Missisars sein Volk immer mehr zurückgehen und die „Blaßgesichter" immer mehr auf den Jagdgründen, welche seinen Vorfahren ungetheilt gehört hatten, sich ausbreiten und festsetzen sah, da versammelte er die Seinen um sich und hielt ihnen folgende, durch den Franzosen Crêvecoeur uns überlieferte Ansprache: „Seht Ihr nicht, daß die Weißen von Körnern, wir aber von Fleisch leben? daß das Fleisch mehr als 30 Monden braucht, um heranzuwachsen, und oft selten ist? daß jedes jener wunderbaren Körner, die sie in die Erde streuen, ihnen mehr als 100fältig zurückgiebt? daß das Fleisch, wovon wir leben, vier Beine hat zum Fortlaufen, wir aber deren nur zwei besitzen, um es zu haschen? daß die Körner da, wo die weißen Männer sie hinsäen, bleiben und wachsen? daß der Winter, der für uns die Zeit unserer mühsamen Jagden, ihnen die Zeit der Ruhe ist? Drum haben sie viele Kinder und leben länger als wir. Ich sage also Jedem, der mich hören will, bevor die Cedern unseres Dorfes vor Alter werden abgestorben sein und die Ahornbäume des Thales aufhören, uns Zucker zu geben, wird das Geschlecht der kleinen Kornsäer das Geschlecht der Fleischesser vertilgt haben, insofern die Jäger sich nicht entschließen zu säen."

Niemand kann treffender den Unterschied in der Art und Weise der Bodenbenutzung schildern, als es jener Indianerhäuptling gethan, welcher sich vollständig darüber klar war, daß sein Volk, wenn es nur die Thiere des Waldes jagte und vom Boden die Früchte, die es fand, nahm, ohne wieder zu sparen und das Feld zu bearbeiten, zu Grunde gehen und Denen Platz machen müßte, welche nicht nur zu ernten, sondern auch zu arbeiten entschlossen waren. Nicht in der geistigen Ueberlegenheit, nicht in der der Feuerwaffen sah er die Ursache des Uebergewichtes der Europäer, er hatte richtig erkannt, daß die stille, friedliche Arbeit es ist, welche die dauernde Macht giebt, daß der Mensch hienieden im Schweiße seines Angesichts sein Brot essen und sich erwerben muß.

> „Der Zweck der thätigen Menschengilde
> Ist die Urbarmachung der Welt,
> Ob du pflügest des Geistes Gefilde
> Oder bestellest das Ackerfeld"

singt mit Recht der Dichter.

In Jahrtausende langen Prozessen haben die in der Natur thätigen Kräfte aus starrem Gestein und Fels den Boden, welchen jetzt zum größten Theile die äußerste Schicht der Erde darstellt, zu bilden verstanden. Dieselben Kräfte sind es, welche ihn befähigen, Pflanzen hervorzubringen, und welche auch heute noch unaufhörlich thätig sind, um wieder Boden zu bilden und wieder und wieder Pflanzen zu erzeugen. Da, wo der Mensch nicht eingreift, bedeckt in der Regel bald dichter Wald die ganze Bodenoberfläche und können nur Thiere die Bedingungen des Daseins finden; die einen leben von den Erzeugnissen des Bodens und dienen dann ihrerseits wieder anderen Thieren zur Nahrung. Wo der Baumwuchs fehlt, bedeckt endloser Graswuchs den Boden (Prärien), anderwärts das Wasser, und wieder an anderen Orten bietet sich dem Blick nur wüstes Geröll oder Sand oder Schnee und Eis, oder unfruchtbarer Grund. Erst der Mensch übernimmt die Umgestaltung des Bodens, seine Umwandlung in dauernd tragfähige Gefilde, er lichtet den Wald, dämmt das Wasser ein, trocknet den Sumpf aus, bewaldet und befruchtet die Steppe, rodet das Geröll, und nur die Schnee= und Eisregion begrenzt seine Thätigkeit, hier nur noch der Jagd und etwa dem Fischfang Aussicht auf Erfolg bietend.

Lange Zeit hindurch bildeten diese, sowie heute noch in einigen Gegenden, die ausschließliche Beschäftigung der Menschen; da, wo sie nicht mehr ausgiebig genug war, lernte man bald in den Hausthieren getreue Bundesgenossen des Menschen im Kampfe um das Dasein kennen; der Jäger wird, Anfangs noch mit den Waffen in der Hand, zum Hirten, welcher von Ort zu Ort wandert, um seinen Herden die Nahrung zu sichern und sich vor Noth zu schützen.

In den mittelasiatischen Steppen haben sich die nomadisirenden Hirtenvölker bis in unsere Zeit erhalten; aber auch bei uns finden sich noch solche, deren ganzer Besitz in ihren Herden besteht und welche von Ort zu Ort wandern, in die Ebenen im Winter, in die Gebirge im Sommer, wenn dort das Gras getrocknet und die Quellen versiegen (Spanien, Italien, Schweiz), oder für immer im steppenartigen Flachlande bleiben (Ungarn, Südrußland, Nord= und Südamerika, Australien).

Mit dem Ergreifen fester Wohnsitze und dem Uebergang zur eigentlichen Bodenbe=
wirthschaftung — Ackerbau, Forstwirthschaft, Gartenbau — beginnt für jedes Volk der
Anfang auch seiner Kultur, die fortschreitende Entwicklung bedingt durch die Sicherheit vor
Nahrungssorgen. Bald zwingt die Verschiedenartigkeit der Produkte zum Austausch, der
Handel entwickelt sich und schließlich die Theilung der Arbeit, die Grundlage der modernen
Industrie und unserer gesammten Entwicklung überhaupt. Jeder trägt das Seine dazu
bei, um mit sich selbst auch die Gesammtheit zu fördern; Jeder verwerthet seine Anlagen
nur noch in der Richtung, wozu Neigung und Geschick ihn befähigen, und ist doch sicher,
daß er sich alle ihm nothwendigen Bedürfnisse jederzeit zu verschaffen vermag.

Die Bodenproduktion wird nun erst recht die Grundlage der gesammten menschlichen
Thätigkeit; sie liefert die Nahrungsmittel und die Rohstoffe, jene zum Unter=
halte der Menschen und der nützlichen Thiere, diese zur Umwandlung in höherwerthige
Güter, zur Verarbeitung in den Gewerben und in der Industrie.

Aufgabe der Bodenproduktion muß es nun sein, diese Materialien in ausgiebiger
Menge zu liefern und zu dem Zweck die Mutter Erde selbst, den Boden, zu erhöhter Trag=
fähigkeit zu bringen und in solcher zu erhalten. Immer kleiner wird das dem Einzelnen
zu Gebote stehende Areal, immer größer dessen Erzeugniß. Keine anderen Werthe können
sich mit denen der Bodenproduktion bei entwickelten Völkern messen. Man nimmt an, daß
ein Jäger zu seinem Lebensunterhalte, im Durchschnitt gerechnet, ein Jagdgebiet von
mindestens 1200 bis 1500 Hektaren braucht; ein Hirt kann mit dem ihm nöthigen Vieh=
stande auf 120 bis 150 Hektaren den Unterhalt finden; ein Landmann in einfachster Form
des Ackerbaues wird unter 12 bis 15 Hektaren nicht zu bestehen vermögen, in der Form des
modernen Hochbetriebes aber schon auf 1 bis 2 Hektaren, während der Handelsgärtner mit
$^1/_4$ bis $^1/_2$ Hektare reichlich seinen Lebensunterhalt zu finden vermag und als Blumenzüchter
mit Treibhaus und anderen Hülfsmitteln sogar bei günstiger Lage auf noch kleinerer Fläche
volle Thätigkeit findet, ebenso wie auch der Landwirth als bloßer Züchter gut lohnender
Handelspflanzen — Tabak, Hopfen, Weinrebe und dergleichen — noch unter obiges Maß
heruntergehen kann.

Ermöglicht wird das nur durch vermehrte Anwendung von Arbeit und Kapital; der
Jäger trägt sein Hab und Gut in seinen oft selbstgefertigten Waffen und etwa noch Koch=
geschirr und dergleichen mit sich, der Hirte bedarf schon des Zeltes mit seinen Einrichtungen,
der Geräthschaften zur Verarbeitung der thierischen Produkte, der Transportgeräthe zur
Fortschaffung der Utensilien. Der Ackerbauer bedarf des Hauses und der Stallungen für
das Vieh, der Vorrathsräume und Vorräthe, Ackergeräthschaften und dergleichen mehr; je
höher die Landwirthschaft sich entwickelt, um so komplizirter und kostspieliger werden diese,
um so mehr muß auch der Grund und Boden selbst durch Arbeit und Kapital in seinem
Werthe gesteigert werden; die moderne Landwirthschaft kennzeichnet die rauchende Esse der
Dampfmaschine und eine Fülle von Inventariengegenständen aller Art. Der Forstmann
betreibt blos die Pflanzenkultur und rechnet mit dem mächtigen Faktor Zeit; er kann
den Kräften der Natur das Wesentlichste überlassen und trägt nur Sorge für geregelte
Benutzung des Waldes, im entwickelten Betrieb für Wurzelrodung und regelrechte An=
pflanzung. Der Landwirth lernt bald die Naturkräfte unterstützen durch Bearbeitung und
Düngung, regelrechte Fruchtfolge und wechselnden Anbau; er zieht Pflanzen, züchtet oder
hält Vieh verschiedener Art und muß die Kunst verstehen, Viehzucht und Ackerbau in richtiger,
für die lokalen Verhältnisse passender Ausdehnung mit einander zu verbinden; er wird
Produzent und Konsument in einer Person und verkehrt als Handelsmann mit Anderen;
die Neuzeit kennt ihn nur noch als Industriellen, welcher auch schon an die erste Umwand=
lung der Produkte denkt und auch mit in der Stoffwandlung seine Aufgabe suchen muß.

Der Gärtner ist wieder nur Pflanzenzüchter, aber nur mit Hülfe von abermals ge=
steigerter Verwendung von Arbeit und Kapital: er arbeitet nur auf Grundstücken von
höchstem Werthe, mag er nun den Boden schon im meliorirten Zustand erworben oder selbst
erst in solchen gebracht haben. Er regulirt mittels Triebbauten und Gewächshäusern für

seine Pflanzen sogar auch die klimatischen Verhältnisse und muß durch forcirte Düngung und Bearbeitung sich von Fruchtfolge und dem Wechsel im Anbau zu emanzipiren verstehen.

Statistisches. Die Statistik für Bodenproduktion ist leider noch nicht so entwickelt, daß zuverlässige Angaben über deren Werthe für die einzelnen Länder gegeben werden könnten. Nur aus Oesterreich liegen vollständigere Angaben aus der Neuzeit vor.

Der Werth der Waldungen wird zu 1400 Mill. österreichische Gulden, der des Acker= baues, der Wiesen u. s. w. zu 10,600 Mill. österreichische Gulden angegeben; der Ackerbau repräsentirt im Viehstand 1200 Mill., im sogenannten stehenden Betriebskapital 2000 Mill., im umlaufenden 1000 Mill., mit Grund und Boden zusammen 14,800 Mill. österreichische Gulden oder fast 10,000 Mill. Thaler. Das Jahreserzeugniß berechnet sich auf 1600 Mill. österreichische Gulden für Boden= und 550 Mill. für thierische Erzeugnisse, das der Wal= dungen auf 68 Mill., zusammen also auf 2218 Mill. österreichische Gulden oder fast 1500 Mill. Thaler.

Englands landwirthschaftliche Jahresproduktion wird auf 147 Millionen Pfund Ster= ling an Bodenerzeugnissen und 316 Millionen an thierischen Produkten, zusammen also zu 463 Millionen Pfund Sterling, d. i. über 3000 Millionen Thaler, angegeben. — Für das Königreich Sachsen berechnet sich der Werth des landwirthschaftlichen Grundbesitzes zu 757,3 Millionen Thaler, der der übrigen in der Landwirthschaft repräsentirten Ver= mögensobjekte zu mindestens 200 Millionen Thaler, das Ganze also zu 950 Millionen Thaler. — Für ganz Deutschland kann das Jahreserzeugniß wol über 2500 Millionen Thaler ge= schätzt werden.

England erzeugt in seinen thierischen Produkten an Werth das Dreifache von dem der eigentlichen Bodenerzeugnisse; in Oesterreich ist das Verhältniß beinahe das umgekehrte. Oesterreich führt Getreide in Mengen aus, England zeigt eine von Jahr zu Jahr steigende, gewaltige Einfuhr, jenes Land eine im Ganzen noch sehr wenig entwickelte, dieses die ent= wickeltste Landwirthschaft der Welt, getragen und gehoben durch die großartige Industrie, welche die Mittel liefern muß, um alljährlich Hunderte von Lebensmitteln aller Art vom Auslande beziehen zu können.

In England überwiegt, mehr wie anderwärts, die Viehzucht; man rechnet dort ein sogenanntes Stück Großvieh à 500 Kilogramm lebendes Gewicht auf je 0,75 bis 1 Hektare landwirthschaftlich benutztes Areal, während in Deutschland im Durchschnitt 1 Stück Groß= vieh erst auf 2 bis 2,5 Hektaren kommt und in Oesterreich auf 2,3 bis 3 Hektaren. Unter Großvieh versteht man aber ein ausgewachsenes Stück Rindvieh, und bei der Reduktion auf Großvieh rechnet man im Durchschnitt z. B. 10 Schafe oder 3 Schweine oder 3 Stück Jung= vieh gleich einem Stück Großvieh. In England verwendet man pro Hektare und Jahr, die gesammte landwirthschaftlich benutzte Fläche zusammengerechnet, bis 4 Thaler und mehr für Handelsdünger, in Deutschland kaum bis 1 Thaler, dort rechnet man an sogenanntem Betriebskapital, d. i. an dem außer dem Werthe von Grund und Boden und Gebäulich= keiten nothwendigen Kapital, noch bis zu 400 Thalern pro Hektare und mehr, in Deutschland erst etwa 200 bis 300 Thaler, in Oesterreich kaum bis 200 Thaler. — —

Geschichtliche Entwicklung des Ackerbaues. Ehe die Landwirthschaft ihren heutigen Höhepunkt, wie er sich wenigstens in England und bei uns in den Rheingegenden, der Provinz Sachsen und dem Königreich Sachsen zeigt, erreichen konnte, mußte sie mannich= fache Entwicklungsstufen durchlaufen und oft genug infolge politischer Wirren, besonders in lange dauernden Kriegen, die erreichten Fortschritte wieder verloren gehen sehen. Noch heute steht die gesammte Entwicklung hinter den anderen Gewerben zurück; die Landwirth= schaft, mit welcher das Werden aller Kulturvölker beginnt, bleibt bald zurück und findet erst dann wieder allseitigere Würdigung und Förderung, wenn Kunst, Wissenschaft, Gewerbe, Industrie, Handel und Verkehr bis zu gewisser Vollkommenheit gebracht worden sind und nun gebieterisch höhere Leistungen auch von der Bodenproduktion verlangt werden müssen.

Auch in Bezug auf Ackerbau ist zweifelsohne in Asien der Ursprung zu finden; im ideellen Bilde zeigt uns die Bibel, für uns die werthvollste Urkunde aus alter Zeit, daß

Kain die Viehzucht, Abel den Ackerbau betrieben hatte, oder vielmehr jener als Jäger und Hirte, dieser als Landmann ſich auszubilden ſuchte; Noah iſt als Weinbauer ausdrücklich genannt, während die Nachfolger dem Hirtenleben ſich widmeten und erſt in ziemlich ſpäter Zeit das Volk der Hebräer in Paläſtina zu regelrechtem Ackerbau überging.

Uralt iſt der Betrieb der Landwirthſchaft in China und Oſtindien; die im Sanskrit geſchriebenen Bücher berichten von Weizen, Hanf und anderen Pflanzen; aus China weiß man, daß der Weizen und der Reis um das Jahr 2822 v. Chr. durch den Kaiſer Ching-nong eingeführt und aus Indien gebracht wurden.

Urſprung der Kulturpflanzen und Hausthiere. Nimmt man an, daß Pflanzen und Thiere da, wo ſie noch heute wild vorkommen, urſprünglich zu Hauſe ſind, dann haben wir die Mehrzahl unſerer Kulturpflanzen und der Hausthiere als aus Vorder- und Mittelaſien ſtammend, zu bezeichnen. Unter den Brotfrüchten ſind es nur Mais und die Kartoffel, welche aus Amerika zu uns gekommen ſind und von dort aus ſich nach allen Welttheilen hin verbreitet haben; ebendaher kommt auch der Truthahn und, wie bekannt, der Tabak, während Pferd und Rind, jetzt dort zu Millionen wild vorkommend, erſt durch die Spanier eingeführt wurden. Die Wiſente und Biſamochſen im hohen Norden ſind andere Arten der Gattung Rind. Roggen und Buchweizen wurden erſt gegen die Zeiten der Völkerwanderung von Oſten her nach Europa gebracht, der Hafer dagegen, den alten Völkern gänzlich unbekannt, iſt urſprünglich in unſeren nordiſchen Gebirgen zu Hauſe.

Die Hülſenfrüchte und die Mehrzahl der Futterpflanzen waren ſchon den Griechen bekannt und wurden fleißig angebaut; die Geſammtheit der zur Gattung Brassica gehörenden Oelſämereien wird erſt nach und nach kultivirt, nachdem man die an den engliſchfranzöſiſchen Seeküſten wild wachſende Pflanze in ihrem Gebrauchswerthe erkannt hatte und aus derſelben lohnendere Varietäten ziehen konnte; ähnlich die Runkel, jetzt als Futter- und Zuckerrunkel, beide in vielen Varietäten gebaut, gewiſſermaßen ganz andere Typen darſtellend, welche erſt etwa ſeit 1700 vom Meeresſtrande in die Kulturfelder verſetzt wurde.

Gering iſt bei der ſo großen Artenzahl im Pflanzen- und Thierreich die Gruppe der eigentlichen Kulturpflanzen und die der Hausthiere; viele Pflanzen ſind erſt nach und nach als brauchbar erkannt worden, und noch findet ſich von Zeit zu Zeit da oder dort ein zum Anbau Erfolg verheißendes Gewächs; die wichtigſten Pflanzen jedoch hat der Menſch ſchon ziemlich frühzeitig kennen gelernt und von Jahrhundert zu Jahrhundert in faſt gleicher Weiſe kultivirt. Reis, Mais, Weizen und Roggen bilden im Großen unſere pflanzlichen Nahrungsmittel; Gerſte, Hafer, Kartoffeln, Buchweizen, Hirſe, Hülſenfrüchte, Datteln und dergleichen mehr ſpielen eine weit untergeordnetere Rolle und ſind mehr nur als Nahrungsmittel für beſtimmte begrenzte Gegenden zu bezeichnen, nicht wie jene weit, ſelbſt über verſchiedene Welttheile, verbreitet.

Rind, Pferd (-Eſel), Schaf, Schwein und diverſes Federvieh bilden im Großen die Gruppe der eigentlichen Hausthiere, ſoweit ſolche landwirthſchaftlich in Betracht kommen; von Natur aus und durch Mitwirkung des Menſchen haben ſie ſich nach allen Gegenden hin verbreitet, zum Theil mit weſentlichen Veränderungen. Kameel, Lama und Renthier treten für beſtimmte Gegenden ergänzend hinzu; Hund und Katze, Frettchen, Kaninchen und etwa das Meerſchweinchen vollenden die Gruppe der als Hausthiere gebräuchlichen Gebilde aus der Klaſſe der Säugethiere; alle anderen Thiere haben ſich bis jetzt nicht als Zuchtvieh einbürgern können, und nur der Elephant wird noch als brauchbares Laſtthier eingefangen und gezähmt, nicht ſelbſt gezüchtet.

Die in der Neuzeit gemachten Ausgrabungen von Pfahlbauten und dergleichen aber haben weſentlich Neues nicht geliefert, wohl aber Manches auf ältere Zeiten, als bisher angenommen wurde, zurückgeführt. Die wichtigeren Kulturpflanzen hat der Menſch in oft ſehr großer Zahl von Varietäten zu vervielfältigen, doch aber in allen dieſen nur wenig umzugeſtalten vermocht; die Hausthiere ſind jetzt ebenfalls in vielen Varietäten vorhanden, aber zum Theil wenigſtens in weſentlich vervollkommneten Formen, vom Standpunkte der Brauchbarkeit und Leiſtungsfähigkeit aus betrachtet. Hier hat der Züchter Großes zu ſchaffen vermocht, bei den Pflanzen in nur bescheidenerem Grade das ursprüngliche Naturprodukt veredelt, am meisten in allen in das Gebiet der Gärtnerei einschlagenden Kulturpflanzen, bei Gemüsen aller Art und dem Obste.

Die Landwirthschaft im Alterthum. Die ältesten zuverlässigen Nachrichten über Landwirthschaft besitzen wir aus Aegypten; hier diente ein kunstvolles, über das ganze Land verbreitetes Bewässerungssystem zur sorgsamsten Ausnutzung der im fruchtbaren Nil= schlamm durch die Natur alljährlich gebotenen Pflanzennahrung. Weizen und Gerste waren die Hauptfrüchte, von welchen die Körner geerntet wurden, während man das Stroh ver= brannte. Eine der heutigen ähnliche Sichel, ein sehr einfacher Pflug, eine Art von Eggen und andere Geräthe finden sich zum Theil heute dort noch im Gebrauch, zum Theil sind sie uns auf Münzen und Denkmalen in Abbildung überliefert worden; darunter war auch schon das Schöpfrad zum Heben des Wassers.

Fig. 152. Bodenbearbeitung in Aegypten.

Die Viehzucht war vernachlässigt; das Pferd, von auswärts eingeführt, wird, etwa von 1800 v. Chr. an, schon zum Reiten und am Wagen gebraucht; Pharao besaß schon eine stattliche Kavallerie.

Die hohe Belastung des Grund und Bodens seit Josef, die im Kastengeist gipfelnde Verfassung mit dem Uebergewicht der Priester und des Adels, der Krieger, welche Gewerbe und Ackerbau verachteten, verhinderten jeden Fortschritt und erhielten Jahrhunderte lang die primitive Art der Bebauung. Griechenland, von der Natur minder begünstigt, hatte schon frühzeitig geregelten Ackerbau und bedeutende Viehzucht, besonders in Epirus und Makedonien, für welche selbst schon der Kunstfutterbau sorgsam betrieben wurde. Die aus Aegypten entlehnte Bewässerung wurde hier durch Entwässerung ergänzt; regelrechte Düngung und Bodenverbesserung durch Mergel und Kalk waren schon im Gebrauch. Die Agrarverfassung jedoch war nicht die beste, und als später die Handelsinteressen überwogen und Griechenland fast nur noch auf die Einfuhr angewiesen war, konnte selbst die sorgsamste Bewirthschaftung den Verfall der Landwirthschaft nicht mehr aufhalten.

Im Gegensatz zu Aegypten war aber in den besten Zeiten Griechenlands Ackerbau und Viehzucht hoch geehrt, und hier fanden sich auch die ersten Schriftsteller über Landwirth= schaft. Sie zählten das Landleben und den Landbau zu den schönsten Genüssen und

Beschäftigungen; Alles, was mit ihm zusammenhing, hatte Anknüpfungspunkte an die Götter=
lehre, die ja nichts Anderes war als eine schöne Personifizirung der Natur. Demeter war
die Göttin des Ackerbaues und der Fruchtbarkeit; sie lehrte dem Phytalos die Zucht des
Feigenbaumes, dem Celeus den Weizenbau und dem Triptolemus den Bau sämmtlicher
Getreidearten. Ihr wurde die Erfindung des Pfluges und der Sichel zugeschrieben und ihr
zu Ehren wurden Tempel erbaut und Feste gefeiert. Poseidon lehrte den Griechen nach
der Mythe das Zäumen der Rosse und das Graben der Brunnen, Hestia das Hauswesen
und den Gebrauch der Lampe, Artemis die Jagd, Bakchos den Weinbau, Pallas das
Weben und die Zucht des Oelbaumes, Hephästos die Kunst des Eisenschmiedens, Pan den
Waldbau und die Viehzucht, Hermes den Handel, Priapos den Gartenbau und das
Veredeln der Obstbäume, und die Lemoniaden pflegten und schützten die Wiesen.

Sklaverei, übermäßige Anhäufung des Grundbesitzes in den Händen von Wenigen,
sinnlose Entwaldungen der Berghänge, Ueberhandnehmen des Luxus und der politischen
Parteikämpfe bildeten hier, wie später in Rom, die wesentlichsten Ursachen zum Ruin der
Landwirthschaft und des Staates selbst. Die Blütezeit der Reiche in Vorderasien —
Babylon, Ninive, Judäa, Persien, Phönizien, Phrygien, Syrien — war auch
gekennzeichnet durch sorgsamen Anbau, und besonders die Niederungen am Euphrat zeigten
eine schon hohe Blüte der Kultur, von welcher wir noch die Spuren in den untergegangenen
Denkmalen aus jener Zeit wiedererkennen.

Fig. 153. Anwendung des Pfluges im alten Griechenland

Bei den Juden war die Agrargesetzgebung eine sehr viel bessere, als anderwärts; Vor=
sorge gegen zu große Anhäufung von Grundeigenthum in einer Hand, Aufmunterung zu
Urbarmachungen durch zeitweise Befreiung von Abgaben, die Einrichtung der Hypothek und
dergleichen mehr, sowie eine geregelte Verwaltung der Krondomänen, finden sich hier zuerst.

Ein vollendetes Bild hoch entwickelter Landwirthschaft zeigt sich zur Blütezeit von
Rom; hervorgegangen aus der Jahrhunderte langen sorgsamen Pflege als Ausfluß der
Achtung, welche Alle diesem Gewerbe zollten. Wie die Verfassung der Griechen das Schöne,
so begünstigte die der Römer das Nützliche. Die Gesetzgebung sicherte den Besitz und
behütete die Sitte, die Religion leitete die Handlungen des Volks, und die Liebe zum Ruhme
und Vaterlande ging mit der Liebe zur Natur und der Sehnsucht nach den Freuden des
Landlebens Hand in Hand. Edle Bürger, wie Cincinnatus, verließen den Pflug, wenn
das Vaterland rief, kehrten aber mit weiser Mäßigung zu ihm zurück, wenn es gerettet war.
Marcus Portius Cato schrieb mitten im Drange politischer Wirren über Landbau und
stellte die Erhaltung des väterlichen Erbguts als Bedingung eines rechtlichen Mannes auf.
Virgilius Maro sang seine „Georgika‟, andere Dichter priesen die Seligkeit des Land=
lebens, und viele Tribunen und Edle strebten nach dem Ruhme eines guten Landwirths
und Hausvaters. Zahlreiche Schriftsteller schrieben über die Landwirthschaft, und vollständige
Anleitungen oder Lehrbücher wurden schon frühzeitig edirt (Varro, Columella, Paladius,
Plinius Secundus u. s. w.). Die Bearbeitung des Bodens war ausgezeichnet; die Düngung

vollständiger wie vielfach noch heute bei uns, und hochgeehrt, wie schon daraus hervorgeht, daß die Römer den Stercutius, als Erfinder des Gebrauchs des Stalldüngers, unter die Zahl ihrer Götter versetzten.

Alle drei Reiche der Natur mußten ihr Kontingent dazu liefern; alle Arten von Abfällen wurden sorglichst gesammelt und als Dünger verwerthet; in den großen Columbarien hielt man Tausende von Vögeln, nicht nur um sie zu mästen, sondern auch um ihren Dünger zu sammeln (Guano); die Lupine wurde als Düngungspflanze besonders gebaut, Asche aller Art fleißig verwendet. Gute Geräthe unterstützten die Bearbeitung, welche besonders beim Brachfelde sehr sorgsam war; die Bewässerung war vortrefflich, und zum Entwässern bediente man sich schon einer Art von aus Flach- und Hohlziegeln hergestellter Drains, d. h. verdeckter Abzugskanäle; Ernte- und Dreschmaschinen waren schon im Gebrauch.

Fig. 154. Cincinnatus vom Pfluge zum Staatsdienst berufen.

Die Feldeintheilung war geregelt, die Verwaltung der Güter meisterhaft und bis ins kleinste Detail geordnet. Großartig waren die Zuchtgärten für Vieh aller Art, und selbst die Thiere des Meeres wußte man im Binnenlande zu züchten. In der Kaiserzeit beginnt allmählig die Periode des übertriebenen Luxus; großartige Parkanlagen, Ziergärten und dergleichen verdrängten die Ackerfelder, kostspielige Bauten verschlangen Millionen; der Grundbesitz häufte sich in den Händen Weniger, deren Bedürfnisse immer größere Summen verschlangen, so daß zum Betrieb der Landwirthschaft kein Kapital mehr vorhanden war; die Ländereien wurden nur verpachtet, um möglichst hohe augenblickliche Renten zu ziehen, die Bedrückung der Arbeiter (Sklaven) führte zu blutigen Aufständen, das Land verarmte mehr und mehr, zumal die Wucherpolitik der Großen die Einfuhr von Getreide begünstigte, um am Handel große Summen zu gewinnen.

Blutige Kriege vollendeten dann die Zerstörung und hinterließen verödete, zum Theil heute noch nicht wieder kultivirte Gefilde, da ihnen durch Ausraubung des Bodens und Entwaldung der Höhen die Bedingungen zum gedeihlichen Wachsthum entzogen worden waren. Nur noch in den Werken ihrer Schriftsteller lebte das Bild des ehemals so schönen Betriebes mit seinen stattlichen Gehöften, gut gepflegten Gärten, Weinbergen und Obstanlagen, schönen Stallungen voll ausgezeichneten Viehes, Fischteichen aller Art, gut unterhaltenen Wiesen und Feldern, geregelter Hauswirthschaft, sorgsam betriebener Molkerei, Kellerei, Bienenzucht, Forstwirthschaft u. s. w.

Die ehemals so arbeitsamen, streng erzogenen und genügsamen Römer hatten einem Geschlechte weichen müssen, von welchem Sallertius sagt, daß es „weder ein Erbgut bewahren, noch es ertragen konnte, daß es von Anderen besessen werde", ein Geschlecht, welches, durch sinnlose Verschwendung und habgierige Politik geistig und körperlich ruinirt, den von Norden einbrechenden Horden zur leichten Beute werden mußte. —

Die Entwicklung der Landwirthschaft bis in die neueste Zeit. Nach den Zeiten der Völkerwanderung waren es die Klöster, in welchen die nicht untergegangenen Schriften der Römer aufbewahrt und fleißig studirt wurden, und von ihnen aus verbreitete sich allerwärts hin allmählig wieder eine blühende Landwirthschaft, nach römischen Vorschriften, welche freilich nicht immer den klimatischen Verhältnissen entsprechen konnten.

Germanier, Gallier und Briten hatten zu der Zeit, als die Römer mit ihnen bekannt wurden, einen nur wenig entwickelten Ackerbau. Jagd und Kriegszüge beschäftigten den Mann; den Frauen und Sklaven lag die Feld- und Hausarbeit ob. Hafer, Gerste und Lein waren die Hauptfrüchte; die Viehbestände bildeten den Hauptwerth, weil leichter in Sicherheit zu bringen; die Chauken wurden als Pferdezüchter gerühmt. Den Pflug, den Weizen, die Rebe und Anderes brachten die Römer an den Rhein, damit zugleich ihre Betriebseinrichtung und Bestellungsart der Felder, zum Theil heute noch zu finden. (Zweifelderwirthschaft, ursprünglich mit dem Wechsel zwischen Brache und Weizen, später mit Mais und Weizen, Getreide und Futterpflanzen und dergleichen mehr.)

Als die Franken zur Herrschaft kamen, begann die Landwirthschaft sich wieder zu heben, und besonders erweckt Karl der Große unsere Bewunderung durch seine genauen Vorschriften über die Verwaltung der königlichen Meierhöfe, wenn schon die für das große Gebiet seines Weltreiches erlassenen Vorschriften zur gesetzlichen Regulirung der Preise der Produkte das Verkennen der Grundbedingungen des Handels bekunden. Im Allgemeinen aber waren die ersten Jahrhunderte nicht dazu angethan, die friedlichen Beschäftigungen des Landmannes gedeihen zu lassen und das Lehenswesen, und die zunehmende Macht des Klerus thaten ein Uebriges, um das Aufkommen eines eigentlichen Bauernstandes zu verhindern. Leibeigenschaft, Dienstbarkeiten aller Art, Frohnden, Zehnte, Hutungsrechte, Lehngelder, Zinsen und dergleichen Lasten mehr dienten nur zur Stärkung der Macht des Adels und des Klerus und führten oft zu gewaltsamen Empörungen, welchen dann um so tiefere Knechtschaft folgte. Selbst als mit der Gründung der Städte die Ansiedelung freier Männer in deren Bannkreis begünstigt und zur Zeit der Kreuzzüge jedem Theilnehmer die Freiheit zugesichert wurde, so daß nun der Mangel an Arbeitskräften zur Gewähr größerer Freiheiten führte und gegen Ende des 15. Jahrhunderts die Leibeigenschaft fast ganz wieder aufgehoben war, konnte sich dieser glückliche Zustand nicht lange halten, und nur in der Nähe der Klöster und im Bereich der Städte fand sich ein geregelter Betrieb mit lohnendem Erfolge, welchen freilich oft genug wieder Fehde und Bruderkrieg illusorisch machten.

In dieser ganzen Zeit blühte nur in Spanien unter der Herrschaft der betriebsamen, Künste und Wissenschaften ehrenden und pflegenden Mauren die Bodenproduktion in einer die höchste Höhe der römischen Zeit überstrahlenden Weise. Das ganze Land glich einem Garten; Mangel kannte die zahlreiche Bevölkerung nicht, Getreide wuchs im Ueberfluß, Obst- und Weinbau standen im Flor, die Bewässerung war vortrefflich und führte zur Gründung der ersten Genossenschaften, deren Einrichtungen bis auf heute sich erhalten haben. Ihre Wollzucht und Wollmanufaktur war berühmt. Die christlichen Spanier haben leider das schöne Land, nachdem sie es völlig erobert hatten, verfallen lassen. Die Inquisition entfaltete ihre furchtbare Macht. Fleiß, Industrie und Gewerbe, die Mittel, den Einzelnen kräftig und frei zu machen, wurden vernachlässigt, und als durch die Entdeckung Amerika's die Goldgier erregt wurde und ungeheure Schätze in das Land gebracht wurden, ging Spaniens Produktion an der Anhäufung des todten Mammons zu Grunde und vermochte niemals mehr, trotz des vortrefflichen Bodens und des herrlichen Klimas, sich wieder zu erheben. Nur in der Zucht feiner Wollen behauptete das Land bis zu unserem Jahrhunderte den Vorrang; von da ab hat auch diese keine Bedeutung mehr erlangen können.

In Italien beginnt mit der geistigen Wiedergeburt des Landes zur Zeit der Herr=
schaft der kleinen Republiken auch für die Landwirthschaft eine Zeit der Blüte, welche sich
besonders in der Lombardei durch die Begründung des später so hoch entwickelten und mit
Recht gegenwärtig bewunderten Kanalisations= und Bewässerungs=Systems verewigt hat.
Noch giebt es nirgends eine bessere Gesetzgebung über Benutzung, Zu= und Ableitung des
Wassers, ebenfalls ein Erbtheil jener Glanzperiode, welche leider rasch in den Verfall über=
ging, als auch hier die Inquisition zur Herrschaft gelangte.

Die Niederlande und England boten günstigere Bedingungen zur erfreulicheren
Entwicklung der gesammten Produktion und damit auch für den Aufschwung der Land=
wirthschaft, welche bald Lieblingsbeschäftigung der energischen und ausdauernd schaffenden
Bevölkerung wurde, begünstigt durch freie Verfassungen und humane Gesetzgebung. In
beiden Ländern mußten zwar erst harte Kämpfe im Innern und nach außen ausgefochten
werden, ehe die Freiheit der Bewegung errungen und befestigt war; dann aber auch ging
der Fortschritt unaufhaltsam und wurden und blieben die Länder tonangebend für alle
anderen. Der Kampf mit dem Meere lehrte frühzeitig die Wasserbaukunst, großartige
Dammbauten begünstigten die Trockenlegung weiter fruchtbarer Gründe, ein über das ganze
Land verbreitetes Netz von Kanälen erleichterte den Handel und zugleich die Ent= und
Bewässerung und die Fruchtbarkeit der Wiesen die Viehzucht, welche schon frühzeitig zu hoher
Blüte sich entwickelte; der ausgedehnte Welthandel kam auch der Landwirthschaft zu Gute
und vollendete bald den Umschwung von der einfachsten bis zur intensivsten Bewirthschaftung.
Auch diese beiden Länder führen bald mehr Getreide ein, als sie produziren, aber sie gehen
dadurch wirthschaftlich nicht zurück, sondern im Gegentheil höherer Vervollkommnung ent=
gegen. Die Viehzucht erlangt das Uebergewicht und unterstützt nun wieder den Ackerbau,
welcher mehr und bessere Produkte, als vordem, liefern kann. Von England aus kommen
die verbesserten Bewirthschaftungssysteme, die vorzüglichen Geräthe der Neuzeit, die Drill=
kultur, die rationelle Düngung der Felder, die Einführung der Dampfkraft in die Land=
wirthschaft bis zur glücklichen Durchführung der Dampfpflugbearbeitung des Bodens, die
Drainage, die Tiefkultur, die verbesserten Fruchtfolgen, die Zucht wirklicher hochgezogener
Rassen mit großartigen Leistungen, die zweckmäßigere und einfachere Bauart der Gehöfte,
die Assoziation der großen Grundbesitzer mit ihren Pächtern, welche die höchste Bewirth=
schaftung ermöglicht und Jedem zum Wohlstande verhilft, die umsichtige Agrargesetzgebung
(nicht ohne mancherlei harte Kämpfe gegen Sonderinteressen zur Durchführung gebracht),
und Anderes mehr zu Nutz und Frommen der Landwirthschaft.

Die übrigen Länder Europa's konnten dieser Entwicklung nicht folgen, und erst in der
Neuzeit findet das Bessere von dort nach und nach Eingang, so weit Lage, Boden, Klima,
politische und soziale Verhältnisse es gestatten. Die Reformation hatte auch bei uns in
Deutschland bessere Zustände anbahnen helfen; die Aufhebung der Klöster brachte deren
Güter in den Verkehr, machte Bürgerlichen die Erwerbung oder Pachtung möglich, und
lieferte die Fonds zur Gründung von Schulen, von wo aus die Schätze der Literatur bald
zum Gemeingut wurden, begünstigt durch die Buchdruckerkunst; Schriften über Landwirth=
schaft werden wieder gelesen und neue verfaßt. Der Bauer wird freier, selbst nach den
Bauernkriegen. Vorübergehend zerstörte freilich der Dreißigjährige Krieg unsere Fluren
bis zu fast völliger Vernichtung. Hunderte von Dörfern waren zerstört, und herrenlos lagen
die ehemals schönen Gehöfte, weil sie nicht einmal die Lasten mehr zu tragen vermochten.

Die Gründung der vielen souveränen Gewalthaber und deren, dem französischen Hofe
nachgeahmte Verschwendungssucht, sowie der Uebergang zu den stehenden Heeren, führten
jedoch bald zur Nothwendigkeit geordneterer Finanzverwaltung und für diese zur Errich=
tung von Lehrstühlen für Kameralwissenschaft an den deutschen Universitäten.
Von da ab beginnt die freie Forschung auch auf diesen Gebieten, die Emanzipation von
den bis dahin noch befolgten Vorschriften der römischen Schriftsteller, der Kampf gegen
die Vorrechte des Adels, Leibeigenschaft, Trift= und Hutgerechtigkeiten, Frohnden, Robot,
Zehnt und dergleichen Fesseln.

Thomasius und Schubert, geadelt als Edler von Kleefeld durch Josef II., eröff= neten den Kampf, von Stein mit A. Thaer schloß denselben in schwerer Zeit durch seine geniale Agrargesetzgebung, welche zum guten Theil die Wiedergeburt unseres Vaterlandes, die Befreiung von Napoleon's Herrschaft, mit erringen half. Josef II. und Maria Theresia, Friedrich der Große und andere Fürsten halfen den Kampf fördern, und viele hervorragende Gelehrte widmeten ihm ihre Kräfte so lange, bis ein wirklich freier Bauernstand geschaffen war.

Schubert führte den Kunstfutterbau und die Stallfütterung ein, in beiden das Mittel bietend, die Hutgerechtsame zu entbehren. Bis dahin war im Innern des Kontinen= tes allgemein diejenige Bewirthschaftung üblich, bei welcher man auf den Aeckern nur Ge= treide baute und daneben Wiesen und Weiden zur Futtergewinnung hatte. Alles Vieh er= nährte sich im Sommer nur auf der Weide, mochte das Wald=, Wiesen= oder natürliche Hut sein oder magere Feldweide auf den Aeckern.

Diese waren meistens in drei Felder oder Fluren getheilt: 1. das Brachfeld, wel= ches gar nicht bestellt, sondern nur sorgsam bearbeitet und gedüngt wurde und in den Zwischenzeiten von einer zur anderen Bearbeitung Kräuter aller Art hervorbrachte, welche dem Vieh zur Nahrung dienten; 2. das Winterfeld zum Anbau von Roggen und Weizen, welche im Herbst gesät wurden und nach der Ernte im kommenden August und Juli eine Stoppelhut gaben; 3. das Sommerfeld für Gerste und Hafer. Diese Betriebsweise, als Dreifelderwirthschaft bekannt und noch heute in manchen Dorfgemeinden in der Flur= eintheilung verewigt, hieß eine verbesserte, wenn abwechselnd auch einmal Oel= und Hülsen= früchte im Brachfelde gebaut wurden. Schubert lehrte Klee, Runkeln und dergleichen Pflanzen mit in den Kreislauf aufnehmen, wozu später noch die Kartoffeln kamen, die Brache beschränken, die Fütterung sicher stellen und den Weidegang — außer für Schafe — abschaffen; ein Fortschritt von großer Tragweite, maßgebend für unsere ganze heutige Entwicklung. Im Norden, an den Seeküsten und im Gebirge hatte man an Stelle dieser „Körnerwirthschaften" (denn es gab auch Zwei=, Vier=, Fünffeldersysteme) die soge= nannten „Koppel= oder Schlagwirthschaften", bei welchen es zwar auch einige Wiesen für Winterfutter gab, das gesammte übrige Land aber abwechselnd eine Reihe von Jahren nur Getreide trug und dann eben so lange oder länger dem Graswuchs überlassen blieb und zur Weide diente. Diese Systeme finden sich noch heute, nur mit dem Unterschiede, daß an die Stelle der natürlichen Berasung nach Aberntung der letzten Halmfrucht die künstliche Kleegrassaat tritt, Oelfrüchte, Kartoffeln und Anderes mit in die Rotation auf= genommen sind und die Winterfütterung der Thiere nicht blos auf Heu, Stroh und Kaff beschränkt bleibt.

Von England aus verbreitete sich gegen Ende des vorigen Jahrhunderts die Wechsel= wirthschaft, bei welcher die Wiesen noch mehr beschränkt werden, selbst oft ganz fehlen, und das gesammte Areal abwechselnd mit Halmfrüchten, Futterpflanzen, Hülsenfrüchten, Handelsgewächsen und Hackfrüchten bebaut wird. Da endlich, wo alle Bedingungen zu= sammentreffen, bindet man sich an gar keine bestimmte Folge mehr, sondern hält alle Felder in solchem Kulturzustande, daß man alljährlich auf ihnen die Früchte bauen kann, welche die Wirthschaft gerade bedarf oder welche unter den herrschenden Preisverhältnissen die höchsten Gelderträge versprechen. In Deutschlands Süden und im Binnenlande sind die verbesserten Körnerwirthschaften in mannichfachster Modifikation vorherrschend, vielfach mit thunlichster Annäherung an das Prinzip der Wechselwirthschaft. Sie haben sich ver= breitet, nachdem A. Thaer, „der Vater der deutschen Landwirthschaft", in seiner „Ein= leitung in die Kenntniß der englischen Landwirthschaft" mit dem Hochbetrieb Englands, und N. v. Schwerz durch die „Belgische Landwirthschaft" mit dem intensiven Betrieb der Niederländer bekannt gemacht und beide im Verein mit J. v. Burger in Oester= reich durch ihre vortrefflichen Lehrbücher den Sinn für rationelle Landwirthschaft erweckt hatten. An ihre Namen knüpft sich die Errichtung besonderer landwirthschaftlicher

Lehranstalten in Verbindung mit Musterwirthschaften, in welchen Hochbetrieb gezeigt und erläutert wurde.

Die Einführung spanischer Wollschafe, zuerst nach Sachsen, begeisterte in den bald erlangten großartigen Erfolgen zur Hebung der Viehzucht überhaupt und legte den Grund zur nachmals so berühmt gewordenen deutschen Schafzucht, welche bis vor wenigen Jahren den gesammten Wollhandel beherrschte und die Wissenschaft der Wollkunde mit besonderer Terminologie hervorrief (Leipziger Kongreß).

Die Kartoffel, für den Menschen eher eine Verschlechterung als Verbesserung seiner vordem mehr aus Hülsenfrüchten gemischten Nahrung bedingend, führte zur nachmals großartig entwickelten Spiritusfabrikation, welche den Werth entlegener Güter außerordentlich steigerte und in den Rückständen Futterstoffe lieferte, welche die Viehmast en gros betreiben ließen. Die Zuckerrübe brachte für einzelne Gegenden (Magdeburg besonders) noch großartigere Umwandlungen hervor und verdrängte allmählig, trotz der hohen Besteuerung, den Kolonialzucker so gut wie ganz. Bierbrauereien, Stärkefabriken, Oelschlägereien und verbesserte Mühlen wurden vielfach mit landwirthschaftlichem Betrieb verbunden und sicherten stets in ihren Rückständen werthvolle Futterstoffe, welche die Stallfütterung immer lohnender machten.

Gehoben und getragen wurden alle diese Verbesserungen durch die erstaunlichen Fortschritte und Entdeckungen in allen Naturwissenschaften, durch die Vervollkommnung der Technik, die Gründung des Zollvereins, die Erweiterungen des Verkehrsnetzes durch Dampfschiffe und Eisenbahnen, und durch den zunehmenden Bedarf an Handelspflanzen aller Art: — Taback, Hopfen, Farbepflanzen und dergleichen mehr.

An den Namen J. v. Liebig aber knüpft sich der bedeutsamste Umschwung der Neuzeit; ihm und seiner Schule dankt die Landwirthschaft die richtigen „Naturgesetze des Feldbaues“, Klarheit über das Leben und die Ernährung der Pflanze, Einsicht in die Physiologie der Thiere, Sicherheit in der Technik, die Errichtung agrikulturchemischer Versuchsstationen, die Verbreitung des Handels mit künstlichen Düngmitteln. Hunderte von Schiffen bringen aus allen Welttheilen Guano, Knochenpräparate, bearbeitetes phosphorsäurehaltiges Gestein, Chilisalpeter aus Amerika, Fischguano aus dem Norden; Kalisalze liefern uns die Salzwerke von Staßfurt. Vor Allem aber führte v. Liebig's Auftreten zur höheren Würdigung der Landwirthschaft auch auf den Universitäten, welche jetzt mehr und mehr auch dieser eine Stätte gegründet haben; Physik und Meteorologie, Chemie, Mineralogie und Botanik, sie alle arbeiten mit im Dienste des Landwirths, und ihnen dankt er eine Fülle für ihn wichtiger Entdeckungen, die Herrschaft über seinen Boden, die wirksame Bekämpfung der vielen Feinde und Krankheiten seiner Kulturpflanzen.

Auf der anderen Seite hat der Aufschwung im wirthschaftlichen Leben der Völker auch die Landwirthschaft mächtig gefördert. Die französische Revolution brachte die freie Verfügbarkeit über den Boden, die nachfolgende Zeit deren weise Anwendung, Freizügigkeit, Gewerbefreiheit, Aufhebung der Wuchergesetze, die Genossenschaft in zahllosen Formen, Spar- und Vorschußvereine, Hypothekbanken und Kreditinstitute, bessere Durchführung der Prinzipien des Freihandels, billige Frachtsätze u. A. m., zunächst freilich nicht ohne störende Uebergangsperioden und mancherlei Gefahren, welche aber alle unter richtiger Würdigung der Verhältnisse zu vermeiden und zum Segen umzuwandeln sind. Auch die Ueberflutung unserer Märkte mit fremdem Getreide muß zur Wohlfahrt werden und hat schon in der großartigen Preissteigerung für alle Produkte der Thierzucht ihr Korrektiv gefunden. Nicht mehr drohen zu billige und zu hohe Preise; der Handel mit den Produkten der Landwirthschaft ist Welthandel geworden und bedingt stabilere Preise. Wirft auch gegenwärtig noch die Arbeiterfrage trübe Schatten auch auf die ländlichen Bevölkerungen, so läßt sich doch deren befriedigende Lösung voraussehen, eben so wie sicher zu erwarten ist, daß die Landwirthe die jetzige Uebergangsperiode überwinden und die den neueren Verhältnissen entsprechendsten Betriebsformen finden werden.

Gesetzgebung, Wissenschaft, Kunst, Handel, Technik und Industrie haben das Ihrige

gethan oder doch vorbereitet, um die Bodenproduktion sich mächtig und frei entfalten zu
lassen; die Gewerbtreibenden selbst haben durch großartige Leistungen den Erwartungen,
zum Theil wenigstens, schon entsprochen.

Die Landwirthschaft ist nach diesen Reformationen der Mittelpunkt der gesammten
Volkswirthschaft geworden und eine klare Auffassung der Elemente derselben ist daher in
der Gegenwart um so wichtiger, je mehr durch die raschere Strömung der Kräfte und
Geister die Anforderungen an höhere Bildung und bürgerliche Wohlfahrt gesteigert worden
sind. Nur durch eine entsprechende Intelligenz kann das Gleichgewicht zwischen Stand
und Leben vermittelt, der fundirte Besitz, die Sitte und die Sittlichkeit gewahrt, die Ehre
und Würde des landwirthschaftlichen Gewerbes erhalten und jene maßvolle Bildung verbreitet werden, welche weder hinter dem Stande zurückbleibt, noch darüber
hinausgeht.

Große, mittlere und kleine Güter, Eigenthum und Pachtung stehen Jedem nach
Kräften zu Gebote, höhere, mittlere und niedere Schulen sichern Jedem das Maß der ihm
nöthigen Ausbildung, eine zahlreiche Literatur bietet Allen Belehrung und hält sie auf der
Höhe ihrer Zeit; ein weitverzweigtes Netz von Vereinen mit dem Gipfelpunkt eines Landes-
kulturrathes am Sitze der Reichsregierung wacht über die Interessen des Standes.

Gestützt auf diese Betrachtungen, reichen wir dem Leser die Hand mit der Bitte, uns
auf einer Wanderung durch einige Gebiete der Landwirthschaft zu begleiten, um die Erzeugung, Gewinnung und Veredlung ihrer wesentlichsten Rohprodukte kennen zu lernen.

Der Ackerboden.

Entstehung und Zusammensetzung der Ackererde. Aller Boden ist entstanden aus
der Verwitterung der Gebirge. Die Sonnenstrahlen erwärmen das Gestein und dehnen
seine Bestandtheile in ungleichem Grade aus; Risse und Sprünge entstehen, in welche die
feuchten Niederschläge eindringen; die Frostkälte bildet Eis, dessen sprengende Kraft den
Spalt erweitert; das Wasser löst einzelne Bestandtheile auf, bahnt sich seinen Weg durch
das Gestein, lockert und unterhöhlt seinen Zusammenhalt. Moose und Flechten siedeln sich
auf jedem noch so kleinen Vorsprung der steilen Felswand an, wachsen und vergehen und
bilden einen Standort für höher organisirte Pflanzen, deren Samen der Wind oder Vögel
in die junge Bodenschicht tragen und deren Wurzeln in die Gesteinsspalten eindringen,
diese erweitern und Wasser und Luft in die Tiefe leiten. Der Sauerstoff und die Kohlensäure der Luft zersetzen das Gestein, welches auf die Dauer den vereinten Anstrengungen
der mechanischen und chemischen Kräfte nicht zu widerstehen vermag. Große und kleine
Trümmergebilde lösen sich ab, andere mit sich reißend; Lawinen, Stürme, Gletscher in
ihrem unaufhaltsamen Vordringen zertrümmern in höherem Grade; der Trümmerschutt
rollt in die Tiefe und wird hier von der Gewalt des Wassers fortgeführt, abgerundet und
abgeschliffen, gelöst und gepulvert, um anderwärts als Schlamm und Schutt abgelagert
zu werden. So entstand und entsteht noch der Boden, entweder als Verwitterungsschicht
seines Muttergesteines, dieses bedeckend, angestammter Boden, in der Regel steinig,
grob, gleichartig gemengt, oder als Ablagerungsschicht aus wässerigen Niederschlägen —
angeschwemmter Boden, feingeschlämmten, fruchtbarsten Boden oder Gerölle, Kies-
oder Sandanhäufung darstellend (Deltabildungen).

Die Lava der feuerspeienden Berge erstarrt nach und nach und unterliegt dann gleichfalls der Verwitterung; hier wie dort siedeln sich zuerst Moose, Flechten, Algen und Luft-
pflanzen an, deren Untergang den ersten Humus bildet und allmählig größeren Pflanzen
die Bedingungen des Daseins giebt.

Bringt heute eine Eruption einen nackten Bergkegel aus dem Grunde des Meeres
herauf, Stromboli z. B., so bedeckt er sich schon nach wenigen Jahren mit grünender
Pflanzenerde und ist bald von Wald bekrönt; und wo die Thätigkeit der Korallenthiere ein

Atoll, d. i. einen ringförmigen Wall, vollendet hat, da trocknet bald das Salzwasser im Innern aus und ein analoger Prozeß vollendet sich schließlich im stattlichen Kokoshain.

Boden ist ursprünglich nur Gebirgsschutt, mineralisches Gebilde, welches aber im Verlauf der Zeiten mit untergegangenen Pflanzen= und Thierresten sich bedeckte und vermischte; Ackerboden ist schon Umwandlungsprodukt, ein zum Standorte von Pflanzen bereits präparirter Boden, dazu geeignet gemacht durch die Naturkräfte selbst und durch das Eingreifen des Menschen. Abgesehen von den für die Pflanze nicht in Betracht kommenden Metallen, sind es nur wenige chemische Grundstoffe, welche alle unsere Gesteine zusammen= setzen, also auch den Boden bilden und in den Pflanzen und Thieren sich wiederfinden. Kieselsäure und Thonerde bilden die Masse, Kali, Natron, Kalk, Bittererde, Phosphorsäure, Schwefelsäure, Eisen= und Manganverbindungen, Chlor, Salpetersäure, Ammoniak die wesentlichen Beimengungen, welche freilich nicht überall in gleicher Menge und Vollständigkeit sich finden, zum Begriffe des fruchtbaren Bodens aber alle gehören.

Siebt und schlämmt man den Boden, um ihn mechanisch zu zerlegen, so zerfällt er in Feinerde, welche man abschlämmen kann, und in mehr oder minder groben Schutt, welcher zurückbleibt, Bodenskelet. Das Skelet hat man zerlegt in Grobkies, Mittel= kies, Feinkies und Streusand, die Feinerde in Feinsand mit Beimengungen und thonige Feinerde; diese ist es, welche die eigentliche Pflanzennahrung enthält und durch ihre Eigenschaften das Leben der Pflanzen ermöglicht; die anderen Bestandtheile sind Lockerungsmaterial, Verdünnungsmittel, nothwendig, um der Luft den Zutritt zu gestatten und die Zersetzungs= und Umwandlungsprozesse im Boden zu ermöglichen. Ueberwiegt das Skelet, so hat man die Gruppe der Geröll=, Kies= und Sandbodenarten, überwiegt die Feinerde, die der Thon= und Lehmfelder, in jenen den Typus der Lockerheit, in diesen den der Gebundenheit vor Augen. Diese wie jene erlangen ihren Werth für die Kultur unter dem Einfluß ihrer Lage und dem des herrschenden Klimas.

Bodenarten. Der Landwirth beurtheilt den Boden nach der Brauchbarkeit für seine Zwecke und unterscheidet zunächst wegen des Widerstandes, welcher sich ihm bei der Be= arbeitung entgegenstellt, zwischen leichtem und schwerem Boden; mit dem Gewichte hat aber diese Bezeichnung nichts zu thun; jene wiegen sogar durchschnittlich mehr wie diese.

Thonboden heißt jeder Boden mit überwiegender Feinerde, mit mindestens 50 Pro= zent „Thon", d. i. ein Gemenge von kieselsaurer Thonerde, mit kieselsauren Alkalien und Erden: Kali, Natron, Kalk, Bittererde, und entstanden aus der Verwitterung feld= spathiger Gesteine, wie Thonschiefer, krystallinischer Schiefer, Gneis, Granit, Porphyr, Trachyt, Basalt u. s. w., mit Skeletgebilden, Gesteinstrümmern und Sand vermengt und verschieden gefärbt durch Eisen, Mangan, organische Reste u. dergl. m. Sandboden entsteht durch die Verwitterung quarzführender Gesteine und der Sandsteine, oder durch Niederschlag aus Flüssen, und ist gemengt mit Thon, Kalk, Kies und organischen Resten; der reine Sand muß mindestens 85 Prozent betragen. Lehmboden ist angeschwemmter Thonboden, vermischt mit Sandboden, zusammengesetzt aus 20 bis 50 Prozent Thon und 50 bis 70 Prozent Sand. Kalkboden bildet sich aus der Verwitterung von Kalkgebirgen und Sandsteinen mit kalkigem Bindemittel; er ist vermischt mit Sand, Thon, Bittererde, phosphorsaurem Kalk, Gips, Eisen= und Manganverbindungen; der Kalkgehalt muß 60 Prozent übersteigen und kann bis 80 Prozent gehen; ihm nahe verwandt ist der Mergelboden mit 20 bis 60 Prozent Kalk und größerem Thongehalt. Humusboden ist solcher, in welchem die verweste und verwesende Pflanzensubstanz, der Humus, in höherem Grade als gewöhnlich, also mit über 5 Prozent, vertreten ist.

Alle diese Bodenarten bilden zahlreiche Uebergänge in einander.

Der Thonboden zieht begierig die Feuchtigkeit an und hält sie lange zurück; seine Bestandtheile sind dicht an einander gelagert und gestatten der Luft und den Wurzeln der Pflanzen nur schwierig das Eindringen, um so weniger, wenn bei Nässe der Boden zu= schlämmt und bei darauf folgendem Sonnenschein verhärtet. Er erwärmt sich nur langsam

und erkaltet rasch. An Werkzeugen, den Hufen der Zugthiere und den Sohlen der Men=
schen haftet er leicht an und sein Zusammenhang bildet stets bei der Bearbeitung Schollen
von mehr oder minder festem Gefüge und glänzenden Schnittflächen. Höchst werthvoll wird
er dadurch, daß sein Hauptbestand, die Feinerde, vorzugsweise der Träger aller wichtigen
Absorptionsthätigkeiten, durch welche allein die Pflanzen sich erhalten können, ist und
sowol im trocknen Sommer die Wasserdünste der Atmosphäre, als auch zu jeder Zeit die
düngenden Gase verdichtet und aus den im Boden cirkulirenden Lösungen die wichtigsten
Nährstoffe, Kali, Ammoniak, Phosphorsäure zurückhält, und andere, Kalk, Natron, Bitter=
erde und dergleichen, in Austausch dagegen abgiebt; jene bleiben daher stets in der Acker=
krume zurück, diese folgen der Bewegung des Wassers in die Tiefe und werden schließlich
alljährlich zu Millionen von Centnern in dem großen Weltmeere abgelagert. Das Meer=
wasser ist reich an diesen, arm an jenen Stoffen. Schwierig dagegen ist die Bearbeitung
des Thonbodens, und zumal dann, wenn der günstige Zeitpunkt dazu verfehlt wurde.

Der Sandboden verhält sich fast in jeder Beziehung entgegengesetzt dem Thonboden;
seiner leichten Bearbeitbarkeit als Vorzug steht die starke Erwärmung, die rasche Aus=
trocknung, die Durchlässigkeit für Meteorwasser, das Fehlen der Absorptionskraft, die
Lockerheit der Bestandtheile und die rasche Verflüchtigung der demselben einverleibten
Düngstoffe entgegen, so daß hier die Kunst des Bewirthschafters hauptsächlich die Bin=
dung, die Beschattung, die öfters zu wiederholende Düngung in kleineren Gaben, und die
frühzeitige Saat bei feuchter Witterung im Auge zu behalten hat. Flüssiger Dünger aller
Art, besonders Kloakendünger, bringt die besten Erfolge.

Der Kalkboden steht in Bezug auf Austrocknung, Bearbeitung, Wasser= und
Düngerbedarf dem Sandboden sehr nahe; er erweicht sich bei Regengüssen, trocknet aber
rasch wieder ab. Er ist stets warm und im Frühjahr am ersten mit grünender Vegetation
bedeckt. Feinhülsigkeit und Mehlreichthum der Körner, Wohlgeschmack des Obstes, Geist
des Weines, Pracht der Blüten, Würzhaftigkeit der Kräuter und Ueppigkeit aller Futter=
pflanzen kennzeichnen den guten Kalkboden, während Ueberwiegen des Kalkgehaltes, wie
z. B. beim Kreideboden, bei nicht genügender Befeuchtung das Bild fast absoluter Un=
fruchtbarkeit bietet. Der Kalk bildet das beste Verbesserungsmittel der thonreichen Boden=
arten, Thon und Humus dagegen das des Kalkbodens, welcher bei reichem Bestand an
Thon in die Gruppe der Mergelbodenarten übergeht.

Der Humus ist das Korrektiv für alle Bodenarten und ohne ihn eine fruchtbare
Acker= oder Gartenerde nicht denkbar. Als verweste und verwesende Pflanzenreste enthält
er alle zur Ernährung der Gewächse nöthigen Stoffe und liefert ihnen diese im fortschrei=
tenden Zersetzungsprozeß im Maße des Bedarfes in aufnehmbarster Form; nicht der
Humus als solcher, sondern nur die Zersetzungsprodukte desselben bilden Pflanzennahrung.
Künstlich vermehrt man dessen Masse durch Ansaat starker, blattreicher, tiefwurzelnder Pflan=
zen und durch Unterackern derselben (Gründüngung). Im Kleinen kann Jeder sich Humus
und dadurch vortreffliche Blumenerde schaffen, wenn er alle Arten pflanzlicher Abfälle
über einander schichtet und zeitweise befeuchtet. Im Boden gewinnt der Humus seine wich=
tigsten Eigenschaften dadurch, daß er die Feuchtigkeit begierig anzieht und lange zurückhält,
schwammartig sich vollsaugend; im Walde bildet die Laubdecke das große Wasserreservoir,
aus welchem die Quellen nachhaltig gespeist werden. Ohne Humus und Wald stürzen die
Regengüsse in gefährlichen Strömen die Berghänge herunter, großartige Ueberschwem=
mungen bedingend, nach welchen die Flußbetten wieder austrocknen und die Quellen ver=
siegen. Der Humus erwärmt sich rasch und bildet Wärme durch seine Zersetzungsprozesse,
er selbst wirkt aber als schlechter Wärmeleiter schützend gegen die Sonne und verhindert
die Ausstrahlung der unteren Schichten. Seine schwammige Masse hält den bündigen
Boden locker und den losen Boden im Zusammenhalt; aus der Luft zieht er die nützlichen
Gase an, aus den wässerigen Lösungen absorbirt er die zugeführten Nährstoffe und ver=
mittelt deren Uebergang in die tieferen Schichten. Seine Zersetzung beschleunigt den Ver=
witterungsprozeß des Bodenbestandes. In der Summa seiner Wirkungen ist er unersetzbar.

Humusboden dagegen, in welchem es an Skelet und Feinerde fehlt, bildet bei mangelnder Feuchtigkeit als trockner oder Heidehumus Bodenarten von zu losem Zusammenhang und bei stehendem Wasser als saurer Humus nur für saure Gräser und schlechtere Kräuter einen gedeihlichen Standort. Milder oder Waldhumus von der Beschaffenheit, wie man ihn in hohlen Baumstämmen und gutem Laubwalde findet, bildet allein den Inbegriff der höchsten Fruchtbarkeit.

Nur selten ist der Boden von Haus aus schon normalmäßig gemischt:

Nicht zu kalt und nicht zu warm,
Nicht zu reich und nicht zu arm,
Nicht zu trocken, nicht zu feucht,
Nicht zu schwer und nicht zu leicht,
Keines Herr und Keines Knecht,
Kurz gesagt: gerade recht.

In der Regel aber zeigt der Boden nach einer oder der anderen Richtung hin, vom Standpunkte der Pflanzenkultur aus betrachtet, Mängel, welche entweder zur Melioration, oder zu höchst sorgsamer Bearbeitung und Düngung zwingen oder dem Menschen Beschränkungen im Anbau insofern auferlegen, als er nicht alle, dem herrschenden Klima entsprechenden Pflanzen in beliebiger Weise anzubauen vermag.

Lage und Klima bedingen die Größe dieser Mängel und erweisen sich als einflußreicher, als die Mischung der Bestandtheile an sich. In feuchter Lage und regenreichen Gegenden, in Niederungen und auf der Winterseite der Berge werden die sandigen und kalkigen, auf der Höhe, an der Sonnenseite, im trocknen Klima die thonigen und humusreichen Bodenarten im Allgemeinen den Vorzug verdienen.

In Bezug auf den Verkehrswerth im Handel und Wandel kommt auch noch die räumliche Lage in Betracht; in der Nähe der Städte, in volkreichen Gegenden, im Gebiete guter Verkehrswege ergiebt Boden von gleicher Beschaffenheit und Brauchbarkeit einen ungleich höheren Preis, weil er begehrter ist als da, wo die Verwerthung der Produkte schwieriger bleibt. Für den Einzelnen gewinnt auch noch die Lage seiner Grundstücke zum Wirthschaftshofe eine hohe Bedeutung; am zweckmäßigsten wird dieser im Mittelpunkte des Areals angelegt, nur selten aber kann solche Lage gewählt werden, da auch noch andere Rücksichten hier mit entscheidend eingreifen. Das Gehöfte wird z. B. an die Verkehrsstraße, in der Nähe guten Wassers, geschützt gegen Stürme, angelegt. Der Wald verträgt die weiteste Entfernung, weil er den geringsten Arbeitsaufwand verursacht; der Gärtner dagegen und der Wein- und Obstzüchter müssen in unmittelbarer Nähe ihres Areals wohnen; Wiesen können weiter entfernt als Aecker sein, und von diesen müssen diejenigen, welche zum Anbau von Handelspflanzen und Hackfrüchten dienen sollen, näher liegen, als das Getreide- und Futterland.

Unter den Bestandtheilen des Bodens, welche mehr als Beimengungen erscheinen und zum mindesten doch in nur geringerem Grade, wie Sand, Thon, Kalk, Humus, vorhanden sind, müssen die Phosphate als die wichtigsten betrachtet werden. Auch diese kommen durch Verwitterung der Gebirge in die Krume, aber nur in kleineren Mengen, da sie in den Gesteinen spärlicher vorhanden sind; manchen Gebirgsarten fehlen sie fast ganz, andere sind sehr reich daran. Sie repräsentiren diejenigen Bestandtheile, welche beim gewöhnlichen Betrieb der Landwirthschaft am ehesten mit den zu Markte gebrachten Erzeugnissen verkauft werden, für welche also ein Ersatz durch Handelsdünger gegeben werden muß (Knochenmehl, Knochenpräparate, Superphosphate und dergleichen mehr). Eisenverbindungen, ebenfalls durch Verwitterung in den Boden kommend, geben die rothen und rothbraunen Färbungen, heller, wenn von Mangan begleitet; im Uebermaße und besonders bei Nässe wirken sie schädlich auf die Vegetation. Immerhin aber gehört auch das Eisen zu den wirklichen Nahrungsmitteln der Pflanzen und in der Gesammtkette der so wichtigen Absorptionsthätigkeiten spielt das Eisenoxydhydrat eine große Rolle. Nächst der Phosphorsäure

verarmt der Boden am leichtesten bei nicht sorgsamem Ersatze an Kali, welches hauptsäch=
lich durch feldspathhaltiges Gestein in die Krume kommt. Da das Kali zugleich in der In=
dustrie vielfache Verwendung findet, so können in der Regel nur solche kalihaltige Stoffe
als Dünger angewendet werden, welche dort nicht als brauchbar sich erweisen. Ueberaus
wichtig sind in dieser Beziehung neuerdings die Staßfurter Abraumsalze geworden. Der
Schwefel findet sich in der Ackererde in der Form von schwefelsauren Verbindungen, unter
welchen der Gips ein bekanntes Düngmittel bildet.

In Bezug auf die Lagerung des Bodens unterscheidet man Krume und Untergrund.
Die Krume ist die oberste Schichte, soweit der Einfluß der Atmosphärilien geht und der
Boden der Bearbeitung unterliegt. Was darunter liegt heißt Untergrund; dessen
Mächtigkeit geht bis auf das feste Grundgebirge als den Träger des Bodens. Oft ist die
ganze Bodenschicht nur wenige Centimeter tief, an anderen Orten lagern über dem Gesteine
Hunderte von Metern Bodenmaterial, selten gleichmäßig gemischt, in der Regel aber aus
verschiedenen Schichten gebildet.

Im norddeutschen Flachlande kann man z. B. unter der eigentlichen Ackererde finden:
Sand, Kiesgerölle, Flußlehm, Torf, Thon, Lehm, Lehmmergel, Wiesenkalk, Wiesenerz und
darunter noch Schichten von Formsand, Thon und Braunkohlen, Bildungen, von welchen
einige für den Pflanzenbau so gut wie werthlos, andere sehr werthvoll sind. Der Land=
wirth berücksichtigt den Boden in der Regel nur in etwa Metertiefe und erreicht mit seiner
Bearbeitung selten mehr als einen halben Meter, in der Regel nicht über 3 Dezimeter.

Am werthvollsten ist für ihn ein gleichartiger Untergrund oder ein solcher, welcher
die Krume in ihren Eigenschaften ergänzt und verbessert; z. B. Thon oder Lehm unter
sandiger oder Sand unter thoniger Krume. Zur Untersuchung des Untergrundes dient
der Erdbohrer, mittels dessen man im Stande ist, von Centimeter zu Centimeter das
Bodenmaterial heraufzuholen.

Sehr fruchtbarer Boden kann etwa wie folgt bezeichnet werden: Durch die
tiefstgehenden Wurzeln nicht erreichbar; reich an Nährstoffen und physikalisch verbessernd
im Untergrunde; zu jeder Zeit leicht bestellbar, gut zerreiblich und bröcklich, Feinerde und
Skelet im erwünschten Verhältnisse; Absorption von Gasarten, Wasserdampf und gelösten
Stoffen zu keiner Zeit gehindert; Regulirung der Feuchtigkeit nicht geboten, also stets frisch
und mürbe, so gemischt in allen der Pflanze nothwendigen Bestandtheilen, daß keiner fehlt
und keiner vorherrscht; fähig, alle im herrschenden Klima anbauwürdigen Pflanzen mit
lohnenden Erträgen bauen zu lassen; keine besondere Kulturart geboten, jede möglich und
leicht ausführbar; einer Korrektur nicht bedürftig.

Der Gegensatz in allen diesen Beziehungen repräsentirt den geringwerthigsten Boden;
zwischen diesen beiden Klassen liegen alle anderen Bodenvorkommnisse in zahllosen Ab=
stufungen; die Bonitirung oder Bodenklassifikation hat die Aufgabe zu lösen, die
einzelnen Vorkommnisse genau genug zu zeichnen, um darnach ihren Gebrauchs= und Ver=
kehrswerth beurtheilen zu können.

Jeder Boden zeigt nach der Aberntung einer Pflanze in mehrfacher Beziehung gestörte
Wachsthumsbedingungen; er ist um die Summe der in der Ernte enthaltenen Bodenbe=
standtheile ärmer geworden und während des Wachsthums mehr oder weniger verwildert
oder doch physikalisch ungünstiger hinterblieben. —

Die **Bearbeitung des Bodens** bezweckt die Wiederherstellung der gestörten Wachs=
thumsbedingungen, wenn es sich nur darum handelt, den Boden in seiner Beschaffenheit
zu erhalten, die Herstellung verbesserter Bedingungen, wenn man sich die Aufgabe stellt,
dessen Tragfähigkeit zu erhöhen; Gleiches ist dann der Fall, wenn der Boden noch nicht
genügend zur Pflanzenkultur vorbereitet ist.

In diesem Falle hat man seine Urbarmachung, im anderen die Melioration
und auf schon kultivirtem Boden bei gewöhnlicher Bewirthschaftung nur noch die Instand=
haltung im Auge.

Soll Waldboden „urbar", d. h. für andere Pflanzen geeignet gemacht werden, so ift zunächst der Holzbestand zu entfernen. Am raschesten, aber ohne Verwerthung des Holzes, geschieht dies durch Niederbrennen, wobei man die Asche nach dem Erkalten gleichmäßig ausstreut, dann unterackert und sofort nach guter Durcharbeitung die Saat giebt. Jeder Wurzelausschlag wird immer wieder entfernt, bis die Stöcke im Boden verfault sind; dann erst kann der Boden als Kulturboden gelten. Indessen wird die Holznutzung in der Regel andere Methoden nothwendig machen. Mit den Wurzelstöcken verfährt man fast stets in der angegebenen Weise.

Nur die richtige Baumrodung sichert sofort schon volle Kultivirung. Dem Entfernen des Holzes folgt die Ebnung des Bodens, mittels Wurfs, Schiebkarrens und Muldbretes u. s. w., dann die tüchtige Durcharbeitung mit Pflug, Walze und Egge oder durch vollständiges Rajolen bis auf Metertiefe mit gründlicher Säuberung von Steinen, Wurzelresten und dergleichen. Wenn nöthig, legt man zugleich Entwässerungsanlagen an und giebt Erdmischungen mit Kalk, Mergel und dergleichen.

Der so zubereitete Boden wird dann mehrere Jahre lang mit Hackfrüchten bebaut, während welcher die noch keimenden Unkräuter vertilgt werden können, oder mit beschattenden, auch im roheren Boden fortkommenden Pflanzen, z. B. Buchweizen, Hirse und selbst Hafer. Soll das Land Wiese werden, so legt man die etwa erforderlichen Bewässerungsanlagen an und verfährt eben so, nur mit dem Unterschiede, daß in die erste Halmfrucht der Grassame gesät wird, wenn nicht natürliche Berasung guten Erfolg verspricht.

Vom Felsboden müssen die größeren Steine zuerst beseitigt werden. Geröll und Kiesboden wird durch das Rajolen kultivirt, eine Bearbeitungsweise, welche der Gärtner regelmäßig und der Landwirth da anwendet, wo er die Krume vertiefen oder den Untergrund verbessern will.

Man theilt zu diesem Zwecke ein ganzes Feld in gleich breite Streifen von $\frac{1}{2}$ bis 1 Meter Breite ein; dann wirft man die ganze Erde vom ersten Streifen aus, so daß nun ein eben so breiter Graben von der Tiefe, in welcher man zu rajolen wünscht, entstanden ist; in diesen wird unter tüchtiger Durcharbeitung mit Auslesen der Steine und anderer Hindernisse die Erde des zweiten Streifens angefüllt, wobei man darauf achten muß, daß entweder Krume und Untergrund gut durchmischt werden oder daß erstere wieder obenauf zu liegen kommt. Der zweite Graben wird mit der Erde des dritten Streifens angefüllt, und so fährt man fort, bis an dem Ende des Feldes der letzte Graben mit der zuerst ausgehobenen oder anderer zunächst liegender Erde gefüllt ist. Das ganze Feld liegt nun gleichmäßig gelockert, gemischt und durchgearbeitet, die besten Wachsthumsbedingungen bietend, freilich nur nach beträchtlichem Kostenaufwande, welcher von 30 bis 400 Thaler pro Hektare betragen kann.

Das Rajolen lohnt besonders da sehr gut, wo der Untergrund zu fest lag, und da, wo verbessernde Erdschichten unter der Krume liegen. Loser Sandboden wird am besten durch Erdmischung kultivirbar gemacht; man verwendet dazu Thon, Bauschutt, Lehm, Mergel, Kalk, Torf und dergleichen mehr.

Wo derartige Verbesserung nicht möglich ist, kann eine Bewässerungsanlage und Niederlegen zur Wiese, andernfalls die Besamung und Bepflanzung mit Holzgewächsen oder die reihenweise Anlage von Hecken, letztere insofern dienlich sein, als dadurch der Wind aufgehalten, die Feuchtigkeit erhalten und durch Blattabfall Humus gewonnen wird. Zur Anpflanzung dienen Kiefern, Tannen, Akazien, Birken, Schwarzpappel, Weiden und dergleichen. Neuerdings bebaut man mit Lupinen, welche auf fast jedem Sandboden fortkommen, und ackert diese so lange unter, bis der Boden genugsam verbessert ist.

Flugsand muß durch besondere Vorkehrungen vor dem Verwehen geschützt werden, oft mehr nur zum Schutze der umliegenden Felder und Wiesen gegen Versandung, als zum Zwecke seiner, in der Regel kaum lohnenden Urbarmachung selbst.

Wiesenboden wird durch einfachen Umbruch, gute Durcharbeitung und etwa noch Entwässerung urbar gemacht, eigentlicher Heide- und trockner Grasboden aber durch

Abſchälen der Narbe in ſchmalen Streifen (Plaggen), welche dann aufgerollt und mit Miſt durchſchichtet der Verweſung unterworfen oder nach gutem Abtrocknen verbrannt werden, um als Aſchendüngung zu wirken.

Alte trockne Torflager werden durch Brennen, Kalken oder Mergeln verbeſſert, feuchte Torfgründe dadurch, daß ſie entwäſſert, dann geackert und geeggt und ſchließlich bis auf den Waſſerſpiegel durchgebrannt werden; nach dem Brennen folgt mehrjährige Saat von Buchweizen oder Hafer und Roggen ſo lange, bis erneutes Brennen nöthig wird.

Bruch= und Moorboden kann nur durch vollſtändige Entwäſſerung urbar gemacht werden; Sumpfboden endlich wird im Gebirge oft ſchon dadurch allein trocken gelegt, daß man an der tiefſten Stelle dem Waſſer einen Abzug verſchafft, was mittels Durchbohrung der undurchlaſſenden, den Abfluß hindernden Bodenſchichte geſchieht. Anderwärts werden Wall= und Grabenanlagen, Schöpfvorrichtungen und dergleichen nothwendig.

Schon kultivirter Boden bedarf zu ſeiner Melioration hauptſächlich das Rajolen oder doch tiefe Bearbeitung, die Tiefkultur, oder die Erdmiſchung, oder Ent= und Bewäſſerung.

Tiefkultur, ohne zu rajolen, kann dadurch ſtattfinden, daß man den Boden mit be= ſonders tief gehenden Pflügen bearbeitet, oder das ſogenannte Pflugſpaten anwendet. In der von dem erſten Pfluge ausgeworfenen Furche geht ein zweiter, nur lockernder Pflug oder es wird eine Anzahl von Arbeitern eingeſtellt, welche die Sohle der Furche lockern oder auch umgraben, ſo daß eine Krume von doppelter Tiefe gewonnen wird.

In Gärten kann man über Winter die Erde in Haufen oder breitgewölbte Beete ſchichten, welche dann im Frühjahr ausgebreitet werden.

Die Entwäſſerung gehört mit zu den wichtigſten Meliorationsarbeiten und iſt die Grundbedingung für erſprießliche Tiefkultur und Urbarmachung. Sie wird da angewendet, wo ſchon kultivirte Felder zeitweiſe oder dauernd an Näſſe leiden, und heutigen Tages faſt ausnahmslos nur noch durch Drainage, nicht mehr mit offenen Gräben bewirkt.

Die **Drainage** findet nur da keine Anwendung, wo nicht genügendes Gefälle gewonnen werden kann, und da, wo das Bodenmaterial den Froſt zu tief eindringen läßt, ſo daß die Drains, d. h. die unter der Erde angebrachten verdeckten Waſſerabzüge, durch Einfrieren Schaden leiden würden.

Das Waſſer ſucht überall nach der tiefſten Stelle zu bringen und bleibt nur dann ſtehen, wenn ſich ihm auf dieſem Wege Hinderniſſe entgegenſtellen. Die Herſtellung eines Abfluſſes ohne Hinderniß in der Richtung des ſtärkſten Gefälles heißt alſo entwäſſern. Unter Umſtänden genügt ein einziger Abfluß, in der Regel aber wird man deren mehrere in regelmäßigen Entfernungen anbringen, alſo ein volles Syſtem anwenden. Der in der Richtung des ſtärkſten Gefälles angelegte Abfluß heißt dann Sammeldrain; die im ſtumpfen Winkel von rechts und links in denſelben einmündenden Abflüſſe ſind die Saug= drains; wird an der höchſten Stelle quer ein Abfluß angebracht, um das von oberhalb kommende Tagwaſſer aufzunehmen, ſo heißt dieſer Kopfdrain; er bekommt ſeinen Abfluß für ſich; ſind mehrere Sammeldrains nothwendig, ſo läßt man dieſelben in offene Gräben — Rezipienten — einmünden.

Eine volle Drainage umfaßt demnach eine Anzahl von in regelmäßigen Abſtänden angebrachten Saugdrains, welche alle in einen oder mehrere Sammeldrains einmünden; dieſe vergießen ihr Waſſer direkt oder indirekt in einen Teich oder See oder Fluß oder Bach oder künſtlich angelegten Abzugskanal, ſo daß ſchließlich eine regelmäßige, ſtetig fort= gehende Abwäſſerung möglich iſt. Man beginnt die Arbeit mit dem Nivellement und dem Abſtecken der Grabenlinien, dann hebt man die erforderlichen Erdmaſſen auf den abgeſteckten Linien aus, von dem niedrigſten Punkte beginnend und bis zu dem höchſten aufſteigend, damit hinter den Arbeitern das Waſſer ungehindert abfließen kann; dann füllt man, vom höchſten Punkte beginnend und bis zum tiefſten herunter gehend, mit dem entſprechenden, den leichten Abzug ſichernden Füllmaterial und deckt wieder mit der ausgehobenen Erde zu.

Abzugskanäle kann man dadurch herſtellen, daß man — im bündigen Boden — Sand,

Kies, Gerölle, kleine Steine, zwischen deren Hohlräumen das Wasser abfließt, einfüllt, oder in holzreichen Gegenden, Reiserbündel, Faschinen, Pfähle im Kreuzverband mit darüber gedeckten Bündeln, anderwärts Rasenstücke, Steinplatten und dergleichen, oder Hohl- und Flachziegel oder schräg gegen einander gestellte Platten oder große Steine, einen unten und zwei darüber, rechts und links oder wie immer. Solche Anlagen sind uralt. Von England aus verbreitete sich, nachdem schon im Jahre 1727 in der Grafschaft Suffolk eine gute Drainage ausgeführt worden war, vom Jahre 1825 an durch Smith in Deanstone die Entwässerung mit gebrannten Thonröhren, jetzt allgemein unter Drainage verstanden. Mit dieser Art von Abzugskanälen gewinnt man den Vorzug fast unverwüstlicher Haltbarkeit und den, die Grabenarbeit auf das Minimum beschränken zu können, da die Gräben nur schräg zulaufend gemacht werden und an der Sohle nicht breiter, als zur Aufnahme der Röhren erforderlich ist, sein dürfen, damit diese fest zwischen den Wandungen liegen (Fig. 155). Man hat zum Ausheben der Gräben besondere Werkzeuge, Spaten von verschiedener Breite, Schlemmschaufeln und dergleichen mehr, so daß jede unnöthige Erdbewegung vermieden wird. Die Röhren werden auf besonderen Maschinen, Drainröhrenpressen, gefertigt und gut gebrannt. Man legt sie sorgfältig an einander und deckt zuerst mit feiner Erde; bei Obstanlagen, um das Eindringen der Wurzeln zu verhindern, umkleidet man die Fugen mit Hammerschlag. .

Eine gut ausgeführte Drainage gewährt den großen Vortheil stets gesicherter Abwässerung und den der Herstellung einer Luftcirkulation bis zur Röhrenlage hinunter.

Fig. 155. Legen der Drainröhren.

Dem fallenden Wassertropfen folgt die eindringende Luft, da nirgends leere Räume bestehen können. Die Drainage ist demnach fast so wirksam, wie die Bodenvertiefung, da sie die von der Luft durchdringbaren Schichten vermehrt, und jedenfalls dauernder als diese in der Durchlüftung des Bodens. Drainirte Felder zeigten in trocknen Jahrgängen besseren Stand der Früchte, als nicht drainirte, indem auf ihnen die Absorption von Wasserdampf aus der Luft wesentlich begünstigt wird. England erließ im Jahre 1846 die sogenannte Drainage-Akte, welche der Regierung das Recht gab, Grundbesitzern auf Meliorationen und Drainageanlagen Vorschüsse bis zur Höhe von 21 Mill. Thaler gegen 22jährige $6\frac{1}{2}$prozentige Verzinsung zu gewähren. Dieser Kredit zu Gunsten der Bodenkultur wurde später bedeutend erhöht, und bis Ende des Jahres 1852 waren bereits über 64,000 Acres, annähernd 12 geographische Quadratmeilen, mit einem Kostenaufwande von 37 Mill. Thaler drainirt. Als auch diese Summen noch nicht ausreichten, bildeten sich unter dem Schutze der Gesetze Drainage-Aktien-Companien, welchen das Recht der Staatsanlehen zugesichert wurde. Belgien dekretirte das Durchleitungsrecht des künstlich abgeleiteten Wassers durch fremde Grundstücke, stellte geprüfte Techniker an und gewährte ebenfalls namhaften Kredit.

Im Königreich Sachsen besteht zu gleichem Zwecke die Landes-Kultur-Rentenbank; die Pläne werden selbst gezeichnet oder durch eigene Techniker entworfen und die Kapitalien zu mäßigem Zins und Amortisation ausgeliehen. Hunderttausende von Hektaren sind seitdem in Europa drainirt worden, und oft genug haben sich die nicht unbeträchtlichen Kosten — pro Hektare von 40 bis 80 Thaler und mehr — schon in den ersten Jahren reichlich gelohnt. Nicht leicht hat eine andere Entdeckung in der Landwirthschaft so hohen Gewinn gebracht und so wie diese im Fluge die Runde durch die Welt gemacht. Aber auch außerhalb der Landwirthschaft hat sie schon mannichfache Anwendung gefunden, so zur Trockenlegung von Wohnhäusern, zur Festigung von Eisenbahndämmen u. s. w. Ueberall giebt es jetzt besondere Techniker und Gesellschaften, welche die Arbeiten ausführen.

Die **Bewässerung** wird im nördlichen Europa fast nur für Wiesen angewendet, im Süden, Asien, Afrika auch zur Kultur der Reisfelder. Sie wird ihre Besprechung unter Wiesenbau finden.

Die Instandhaltung der Felder umfaßt die regelmäßigen Arbeiten: Bodenbearbeitung und Düngung, beide müssen sich ergänzen und unterstützen.

Nach der Ernte einer Pflanze soll das Feld wieder zur Ansaat einer neuen vorbereitet werden. Dieses geschieht für Wintersaaten im Laufe weniger Wochen; für Sommersaaten im Spätherbst, über Winter und im Frühjahr. Volle Jahresbearbeitung wird gegenwärtig nur noch selten gegeben, da sie auf die Kreszenz verzichten läßt (Brache).

Zur Bearbeitung dienen der Spaten, die Grabgabel, die Hacke, der Pflug und der Haken, der Skarifikator, die Exstirpatoren und dergleichen Geräthe mehr, die Egge und die Walze.

Die Handarbeit mittels Spatens, Grabgabel oder selbst Hacke ist die vollkommenste und deshalb auch in

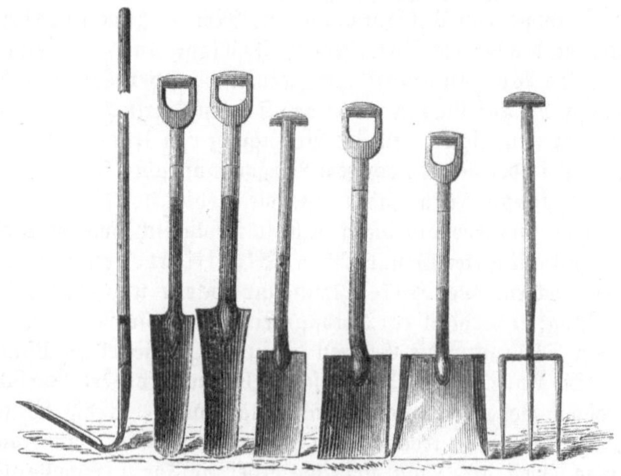

Fig. 156. Drainwerkzeug, Spaten, Grabgabel.

der Gärtnerei am meisten gebräuchlich; Zweck derselben ist die Unterbringung von Unkräutern und Ernterückständen (Stoppeln), die Vermischung des Düngers mit dem Boden, die Durchmengung und Lockerung der Bodenbestandtheile. Je forcirter der Anbau betrieben wird, um so sorgsamer muß die Bearbeitung erfolgen.

Das Pflügen soll die Spatenarbeit ersetzen; es geschieht mehrmals, verschieden nach Bodenart und Wahl der zu bauenden Früchte. Das „Schälen“ oder „Stürzen“ der Stoppeln im Herbste geschieht durch die „Stürzfahre“ in ziemlich groben, breit abzuschneidenden Erdstreifen; soll der Boden über Winter unbesät liegenbleiben,

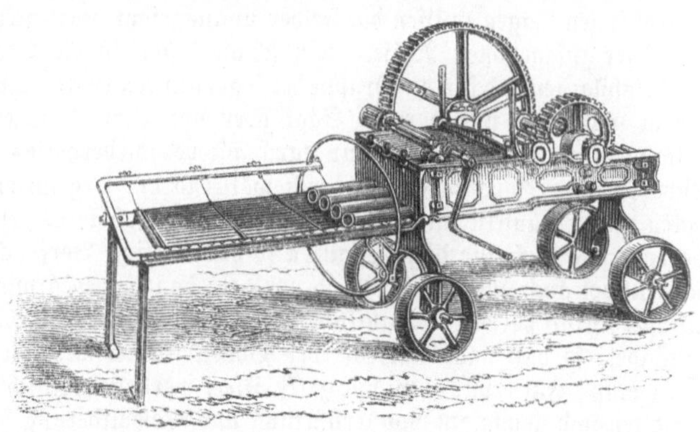

Fig. 157. Drainröhrenpresse.

so wird er in „rauhe Furche“ gelegt, um den Frost besser einwirken zu lassen. „Vor Winter gepflügt, ist halb gedüngt“ und „der Frost ist der beste Ackersmann“ sind bezeichnende Sprüchwörter. Den Boden bearbeiten heißt: dessen Verwitterungsprozeß beschleunigen und unterstützen, ihn der Eindringung des Frostes richtig aussetzen, das in höherem Maße thun. Im Frühjahr giebt man die „Wendefahre“, zum vollkommenen Umwenden des Bodens, im Sommer die „Rühr= oder Ruhrfahre“, ein= oder auch zweimal, wobei man gerne in entgegengesetzter Richtung, quer gegen die vorhergegangenen Furchen ackert und den Dünger mit unterpflügt. Vor jeder Saat folgt die Schlußarbeit, die „Saatfahre“, durch welche der

Boden am feinsten präparirt werden muß. Die mehrmalige Bearbeitung hat alle Boden=
theilchen nach und nach der Luft ausgesetzt, besonders beim Kreuz= und Querpflügen.

Man spricht von Eben= und Glattpflügen, wenn das ganze Feld Streifen an
Streifen zu liegen kommt, ohne dazwischen liegende Furchen, von Beetpflügen, wenn
solche das Land in Abtheilungen trennen. Man hat Beete von nur $1\frac{1}{2}$ bis 2 Meter
Breite, sogenannte Bifänge, hoch gewölbt, welche nur da noch, wo schwache, nicht ver=
tiefbare Krume auf Felsen liegt, oder auf nicht drainirbarem Grunde am Platze sind.

Das Eggen folgt dem Pflügen und dient zur Einebnung und Mischung der Krume,
zum Reinigen von Unkraut (Quecken, Moos), zum Unterbringen des Samens, zur Auf=
lockerung des Bodens, besonders im Frühjahr, und zur Steigerung der Absorptionsfähigkeit.

Das Walzen bewirkt die Zermalmung der Schollen, die Bindung und Ebnung des
Bodens, die Befestigung gehobener Saaten (durch Aufziehung nach Frostwetter), die Erhal=
tung der Feuchtigkeit und die Vertilgung von Ungeziefer (Schnecken, Mäusen und dergl.).
Es folgt in der Regel nach dem Abeggen, oft aber folgt auch der Walze wieder die Egge.

Extirpatoren haben eine die Arbeit der Egge mit der des Pfluges verbindende
Wirkung, sind jedoch in dieser nicht so erfolgreich, wie jedes für sich, und nur am Platze bei
schon gut kultivirten Grundstücken. Skarifikatoren sollen blos Unkraut abschälen und den
Boden lockern. Der Haken kann nur lockern und rühren, nicht vollständig wenden, wie
der Pflug; er verdient zur Herbstarbeit oft vor diesem den Vorzug. Häufelpflüge häufen
bei der Drillkultur die Erde an die in Reihen gestellten Pflanzen von beiden Seiten an.

Die Anwendung aller dieser Arbeiten erfordert Vorsicht, zum mindesten auf allen
bündigen Bodenarten der Thonbodengruppe. Ist die Witterung nicht normal und der
Boden entweder zu trocken, oder zu feucht und zäh, dann kann mehr geschadet als genützt
werden, weil der Thon eine ihm gegebene Form (Scholle) längere Zeit behält und dann
nicht mehr richtig gepulvert und gelockert werden kann. Die Krume muß stets frisch, mürbe
locker und durchdringbar für Gase sein, auf leichtem Boden aber nicht ohne Zusammenhalt.
Hier muß die leichte Walze die Hauptsache thun und möglichst wenig bearbeitet werden; in
der Thonbodengruppe müssen Egge und schwere Walze und viele Furchen gegeben werden.

Vom Erwachen des Frühjahrs an bis in den Spätherbst und selbst im Winter noch
an frostfreien Tagen müssen die Felder unausgesetzt bearbeitet werden, für jede Pflanze in
der dieser zusagendsten Weise. Am schwierigsten ist die Bearbeitung für alle Arten von
Handelspflanzen und für die Gruppe der sogenannten Hackfrüchte: Runkeln, Kartoffeln u. s. w.
Hierzu muß nicht nur vor der Saat oder vor dem Pflanzen der Boden auf das Sorg=
fältigste zubereitet sein, was nur durch öfters wiederholtes Pflügen, Eggen und Walzen
geschehen kann, sondern es muß auch während der Vegetationszeit durch wiederholtes Be=
hacken und Behäufeln immer wieder die Krume gelockert, gereinigt und gemürbt werden.
Deshalb sind auch alle diese Pflanzen so vortreffliche Vorfrüchte für die Getreidearten, zu
welchen wol auch gute Bearbeitung vor der Saat gegeben wird, während der Vegetations=
zeit aber, selbst bei der Drillkultur, nur in sehr geringem Maße eine Krumenbearbeitung
stattfindet, so daß nach Getreide der Boden immer weit sorgsamerer Bearbeitung unter=
liegen muß. Futterpflanzen, wie z. B. Klee, werden gar nicht bearbeitet, da sie den Boden
beschatten und genugsam vor Erhärtung und Verwilderung schützen.

Ackergahr ist der Boden nur dann, wenn er in richtigem Grade gemürbt, frisch,
locker, porös ist und bleibt, und diesen Zustand können nur Düngung und mechanische
Bearbeitung herbeiführen.

Bodenbearbeitung. Groß ist die Zahl der in der Neuzeit konstruirten Geräthschaften
und Maschinen für Verrichtung von in der Landwirthschaft vorkommenden Arbeiten. Wie
anderwärts auch waren die Schwierigkeiten, welche Technik und Wissenschaft überwinden
mußten, um die Maschinenarbeit an Stelle der Handarbeit mit Erfolg setzen zu können,
um so größer, als es hier noch galt, solche Konstruktionen zu wählen, welche auch dem minder
geübten Dorfhandwerker verständlich waren, da sonst jede Reparatur den Transport zur
Fabrik nothwendig oder die Maschine für Viele werthlos machte.

Tausende von Versuchen mußten gemacht werden, ehe es gelang, den Verhältnissen gerecht zu werden, die Konstruktion variabel genug zu machen, um auf schwerem wie auf leichtem Boden, in der Ebene wie im Gebirge, auf ebenen wie auf geneigten Flächen, bei Nässe und bei Trockenheit, mit Pferden und mit Zugochsen, mit Dampf= und mit Wasser=kraft, mit anstelligen und mit ungeschickten Arbeitern brauchbar zu bleiben.

Und doch drängte die Richtung der Zeit auch bei uns dahin, wie in England schon seit Langem, den Grundsatz zu befolgen: niemals eine Menschenkraft da zu ver=wenden, wo ein Thier, und nie ein Thier, wo eine natürliche Kraft, Wasser, Wind oder Dampf dasselbe leisten kann. Hat man doch berechnet, daß unter unseren heutigen Verhältnissen im Durchschnitt, mit Annahme des Satzes, daß der durch $2\frac{1}{2}$ Kilo=gramm Steinkohlen erzeugte Dampf ein Aequivalent ist für die zehnstündige Arbeitsleistung eines Mannes, dessen Leistung 6= bis 7mal theurer als die eines Zugthieres, und 40= bis 60mal theurer als die der Dampfmaschine zu stehen kommt.

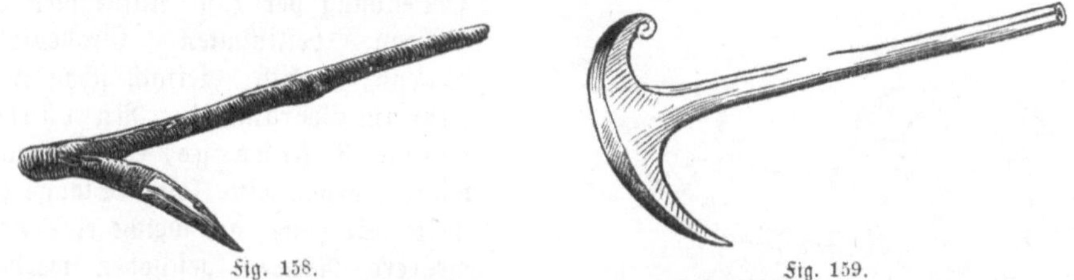

Fig. 158.   Fig. 159.

Aelteste Formen der Werkzeuge für die Bodenbearbeitung.

Englands Dampfmaschinen repräsentiren die Arbeit von über 150 Millionen Arbeitern; sie bedingen die Größe seiner Produktion; sie auch in der Landwirthschaft zur Geltung zu bringen, ist das Streben der Neuzeit. Trotzdem haben Wissenschaft und Technik es noch nicht vermocht, die zur Bodenbearbeitung tauglichen Maschinen und Geräthe in ihren Grundformen wesentlich verschieden von den schon im Alterthum gebräuchlichen zu gestalten.

Geräthschaften und Maschinen. Spaten, Hacke und Karst sind auch heute noch die gebräuchlichsten Handgeräthe und die Mehrzahl der durch Spannthiere oder Dampf zu ziehen=den pflugartigen Maschinen repräsentirt wiederum jene drei Grundformen (vgl. Fig. 156).

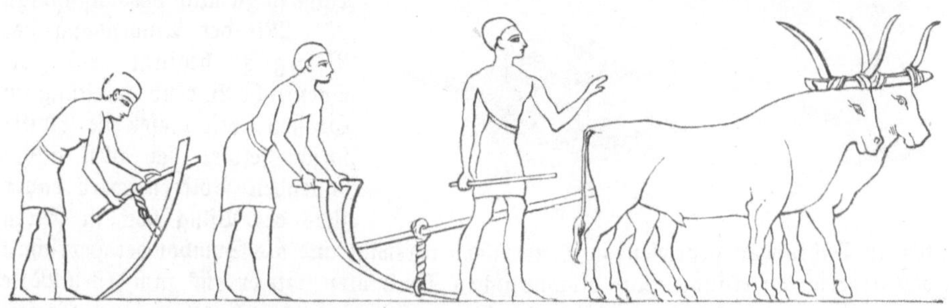

Fig. 160. Pflügen und Hacken nach Darstellungen auf altägyptischen Bauwerken.

Zweifelsohne bestand die älteste Art der Bodenbearbeitung, noch heute und zwar mit nicht viel besseren Werkzeugen bei wenig entwickelten Völkern üblich, nur in einer Art Auflockern des Bodens; es genügte nach der Ernte ein bloßes Aufkratzen, um den Samen vor Vogelfraß und Vertrocknung zu schützen. Ein Baumast mit gekrümmtem Ende, welches man bald zuspitzen und dann mit Eisen beschlagen lernte, bildete den Anfang; in allmähligen Uebergängen vervollkommte er sich zum Spaten, fast nur noch mit starkem eisernen Blatte, herzförmig, zungenförmig oder keilartig nach unten zugespitzt, oder fast viereckig, zur Hacke oder Haue, gegenwärtig in mannichfachen Formen für die verschiedensten Gebrauchszwecke vorhanden, zum Karst, Zweispitz und der Grabgabel, wenn an die Stelle des vollen

29*

Blattes bloße Zinken treten, und zum Pflug und Haken, wenn Zugthiere zur Anwendung kommen. — Kombinationen bilden die Schlammschaufel, der Schaufelspaten, die Plaggen= oder Rasenschaufel, die Grabenhacke, das Rasenmesser und das Wiesenbeil, letzteres hellebardenartig mit an der Schneide halbrund gebogener Scheibe zum Schneiden des Rasens auf der einen Seite und schräg dagegen gestellter länglicher Hacke auf der anderen Seite des zur Anbringung des Stieles bestimmten Ohrs.

Der jüngsten Zeit gehören die Drainwerkzeuge an, gewissermaßen die vollendetsten Formen darstellend. Zu einem vollständigem Satze gehören: der Breitspaten, in gewöhnlicher Größe, bestimmt zum Abstechen der obersten Bodenschichte, der Stichspaten, schmäler und länger, und der Drainspaten, abermals schmäler und länger (bis 60 Centimeter); drei diesen entsprechende Schaufeln, ein rinnenförmiger Hohlspaten, eine Schaufelhaue mit so gekrümmtem Halse, daß sie wagrecht auf der Grabensohle angewendet werden kann, der Schwanenhals, eine noch längere Art von Schaufelhaue, zur

Fig. 161. Altrömischer Pflug.

Vollendung der zum Aufnehmen der Röhren bestimmten Grabensohle dienend, endlich, vielfach schon nicht mehr im Gebrauch, der Rührhaken und die Rührstange, eiserne, recht= winklig gegen eine lange Stange gestellte Spitzen, an welche eine oder mehrere Röhren geschoben werden, um sie in die schmale Grabensohle legen zu können.

Rechnet man zu diesen Geräthen auch die heutzutage sehr in Gebrauch kommenden, dem Bergbau entlehnten Erdbohrer und Bohrzeuge zur Prüfung des Untergrundes, die Schollenbrecher, die Patsche, die Stampfe und den Kloshammer zum Zerkleinern der harten Erdschollen, und die verschiedenen Arten von Rechen und Harken, welche wol allen unseren Lesern aus eigener Anschauung hinlänglich bekannt sind, bis zur von Zug= thieren gezogenen Getreideharke zum Zusammenrechen der bei der Ernte liegen bleibenden

Fig. 162. Späterer römischer Pflug.

Halme, so ist das Bild der gegen= wärtig gebräuchlichen Handge= räthe so ziemlich vervollständigt.

Mit der Anwendung des Pfluges beginnt erst die eigentliche Bodenbearbeitung im Großen, mit dieser die Civili= sation selbst; bei allen acker= bauenden Völkern ward daher stets der Pflug hoch in Ehren gehalten, in Dichtungen gepriesen, in Denkmälern verewigt und als Symbol der Herrschaft über das Erdreich anerkannt. Auf altägyptischen Denkmalen tritt er uns zum ersten Male vor Augen, wenig mehr als den gekrümmten Baumast darstellend, aber noch heute als fast derselbe am Nil gebräuchlich; in einen länglichen, spitz auslaufenden Keil ist an dessen hinterem Ende ein schräg gestellter Stab mit Handhabe gesteckt und eine Zugvorrichtung angebracht.

Die Griechen und Römer verstanden das ägyptische Vorbild schon wesentlich zu verbessern. Jene schrieben die Erfindung des Pfluges der Demeter (Ceres), der allernäh= renden Mutter, auch ihrem Lieblinge, dem Triptolemos von Eleusis, dessen Name „drei= mal gepflügter Acker" bedeutet, zu; Buzyges (Ochsenspanner) in Athen soll das Vorspannen der Ochsen an den Pflug gelehrt haben. Hesiod erwähnt zuerst dessen Anwendung und be= schreibt den Pflug als aus dem Pflugbaum, von Eichenholz gefertigt, der Sohle und den Sterzen, von Rüstern oder Lorber hergestellt, bestehend; später gab es schon Vorder= gestelle mit Rädern; der wirkende Theil war die Schar.

Die Römer sollen die Kunst des Pflügens von dem Aufwühlen der Erde durch die Schweine gelernt und ihren Pflug dem Schweinskopfe nachgebildet haben; das von ihnen erfundene Streichbret, auris, war dem Ohre entsprechend, folglich auf beiden Seiten angebracht; noch heute findet sich im südlichen Frankreich ein ihrem gewöhnlichen Pfluge sehr ähnliches Geräthe unter dem Namen bineur (binae aures, zwei Ohren). Ihre Schriftsteller melden uns, daß bereits mehrere Arten von Pflügen im Gebrauch waren, der sogenannte römische für schweren und der campanische für leichten Boden (Cato), eine Art Häufelpflug (Varro), ein Pflug zum Unterbringen der Saat (Plinius) und einer, welcher das Land in Kämme spalten ließ, zwischen welchen die Furchen zum Ablaufen des Wassers dienten (Palladius). Sie unterschieden an dem Pfluge noch den Pflugbaum, temo, die Sterze, stiva, mit dem Griff, manicula, die Sohle, dentale, die Griessäule, buris oder bura, eigentlich „Ochsenschwanz“, als Ausdruck für den gekrümmten Hintertheil des Pfluges, das Pflugeisen, culter, und die Schar, vomer, als keilförmige und vectis rostratus als langgestreckte,

Fig. 163. Schwingpflug.

gewölbte (Plinius). Bei der Gründung von Städten bildeten sie mit einem Pfluge, welchen ein Ochse und eine Kuh zogen, die Mauerfurche und bei Zerstörung von Wohnorten wurde die Stätte gepflügt, um damit anzudeuten, daß sie nicht wieder mit Bauten bedeckt werden solle. In China führt der Kaiser an einem von den Sterndeutern hierzu bestimmten Tage den Pflug zu Ehren des Ackerbaues. — Kaiser Josef II. erwies dem Pfluge gleiche Ehre, die Landwirthschaft überhaupt fördernd, in einer Zeit, in welcher es bei Vielen noch als Schande galt, sich um die Bewirthschaftung des eigenen Gutes selbst zu bekümmern, fast zu derselben Zeit, als die Madrider Akademie der Wissenschaften die Preisfrage stellte, ob gewerbliche Arbeit den Adel schände oder nicht?

Der Pflug soll für die Kultur im Großen mittels Anwendung einer einzigen Kraft, der Zugkraft, die Arbeit des

Fig. 164. Stelzpflug.

Rechens, des Spatens, der Schaufel und der Hacke zu gleicher Zeit verrichten, in seiner Gangart sicher, leicht zu lenken sein und Dauerhaftigkeit und Festigkeit mit Leichtigkeit, Solidität des Materials mit Wohlfeilheit verbinden lassen. Es soll ein senkrecht und wagrecht scharf abgeschnittener Erdstreifen völlig umgewendet und die Furche rein ausgeputzt werden. Der eigentliche Pflug stellt in seinen wirkenden Theilen einen halben, der Haken einen ganzen Keil dar; deren Bestandtheile sind:

Die Sohle (Pflughaupt, Heft oder Höft) als der Träger des Ganzen, welcher bei der Arbeit auf dem Grund der Furche gleitet und mit der inneren Seite — Land- oder Molderseite — an die stehen gebliebene Erde sich anlehnt. Je länger, um so sicherer und langsamer — staater (Staatenpflug) — geht das Ganze, um so größer wird aber auch die Reibung, besonders wenn die Sohle aus Holz gefertigt ist. Deren Spitze heißt Haupt, das hintere Ende Ferſe. Die Griesſäule bildet den Träger, welcher die oberen Theile mit der Sohle verbindet; verlängert wird ſie zugleich zur Sterze, d. i. die Handhabe, mittels welcher der Pflüger zu lenken hat; in der Regel hat man zwei Sterzen und fügt dieſe für ſich in den Grindel oder Pflugbaum, welcher der Sohle parallel angebracht wird, auf den Griesſäulen (dem verlängerten Streichbret) ruht und in ſeinem Vordertheil zur An= bringung der Zugkraft dient. An dieſen ſo hergeſtellten Pflugkörper werden die eigentlich wirkenden Theile angebracht; zunächſt die Schar, beſtehend aus dem ſchneidenden Flügel und dem Ohr, mittels welcher ſie in die Sohle eingefügt wird; ſie ſoll den Erdſtreifen wagrecht abſchneiden und auf ſchiefer Fläche emporheben laſſen; man fertigt ſie gewölbt, zungenförmig und rechtwinklig; ihre Breite entſpricht der des abzuſchneidenden Erdſtreifens.

Fig. 165. Räderpflug.

Vor derſelben, vom Grindel nach der Scharſpitze zu geſtellt, wird das Sech (Kolter, Meſſer, Vor= oder Vordereiſen) angebracht; es muß den Erdſtreifen ſenkrecht durchſchneiden (Unkraut und andere Hinderniſſe).

Das Streichbret (Rüſter, Rüſterbret) bildet die Verlängerung der Schar, dazu dienend, die Erde noch höher zu heben und ſchließlich umzuwenden, weshalb man neuerdings die gewundenen Formen vorzieht. Regulatoren ſind Vorrichtungen zum Stellen des Pfluges durch Verrückung der Grindelſpitze nach recht oder links, höherer oder tieferer Lage.

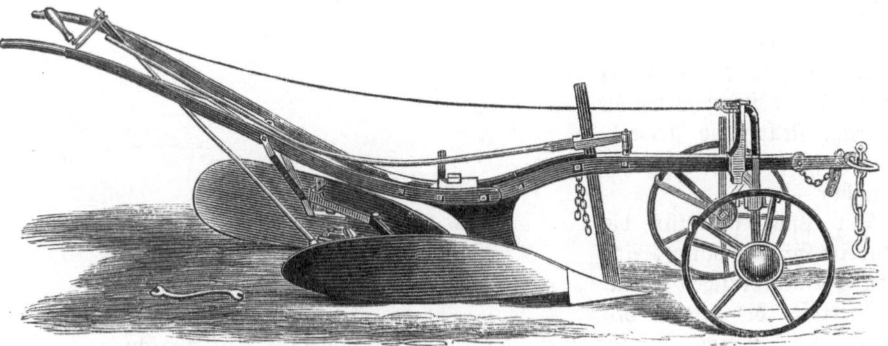

Fig. 166. Skelton's patentirter eiſerner Wendepflug.

Die Zugkette wird mit ihrem Endring durch den Nagel in zu dieſem Zwecke im Grindel angebrachten Löchern gehalten, oder ſonſt wie an demſelben befeſtigt. Der Grindel hat an ſeinem vorderen Theile entweder gar keine Unterlage, Schwingpflüge Fig. 163, oder er ruht auf einem Stelz, Stelzpflüge (Fig. 164), oder auf einem Vordergeſtell mit Rädern (Fig. 165) — Räderpflüge. Die Pflugſchleife und der Pflugſchlitten dienen zum Transport auf der Straße, der Reutel (Spatel) iſt ein ſcharförmiges Eiſen, an einem Stiele befeſtigt, mittels deſſen man Schar, Sech und Streichbret reinigt.

Haken oder Aadl und die Zogge ſind die den nordöſtlichen, beſonders ſlaviſchen

Völkern von Alters her schon eigenthümlich gewesenen Pflugwerkzeuge; aus dem eisenbe=
schlagenen Baumast wurde ein eiserner Keil, oder eine Schar, oder ein ähnliches Schneide=
werkzeug, mit und ohne Streichbret. In verbesserter Form kommt die Sohle, der Grindel,
die Griessäule und Sterze dazu und geht das Instrument in den Hakenpflug über.

Fig. 167. Doppelpflug.

Sind Schar= und Streichbret aus einem Guß, mäßig gewölbt, mit schneidender Spitze, so tritt
uns im Ruchadlo (Böhmen) das Vollkommenste dieser Art entgegen.   Alle hakenartigen
Werkzeuge lockern nur, wenden aber nicht, wenig= stens nicht so, wie die eigent= lichen Pflüge; sie sind zu manchen Arbeiten vorzüg= licher und werden in ihrer Heimat diesen oft vorge= zogen (Schlesien, Böhmen, Mecklenburg, Litthauen, Ost= und Westpreußen u. s. w.; Rußland, Polen, China, Sibirien).

Fig. 168. Untergrundpflug.

Beetpflüge nennt man diejenigen, mittels welcher man nur nach einer Seite die Erde abschneiden kann, so daß
man, am Ende eines Feldes angekommen, nicht in derselben Furche zurück pflügen kann,
sondern nur am anderen Ende des Beetes; ihnen stehen die Kehrpflüge, auch Wechsel=, fälschlich Wendepflüge (wenden muß überhaupt jeder Pflug) genannt, entgegen, welche so eingerichtet sind, daß Schar, Streichbret und Sech auf die andere Seite gestellt werden können; sie ermöglichen es, in dersel= ben Furche zurückzufahren. Doppelpflüge sind

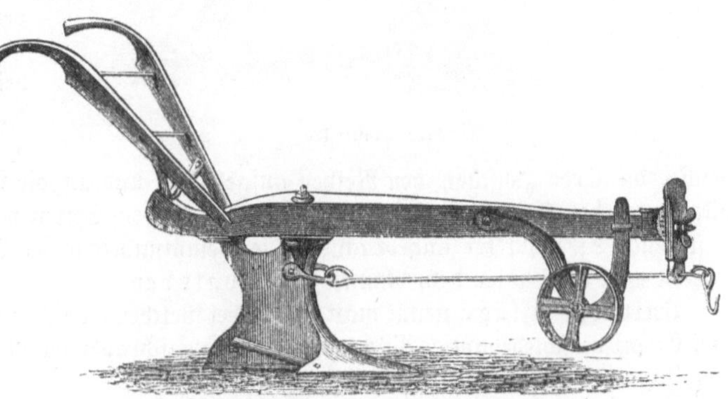

Fig. 169. Amerikanischer Untergrundpflug.

solche mit doppelten, hinter einander gestellten wirkenden Theilen, mit welchen also zugleich
zwei Furchen gezogen werden können. Vielscharige Pflüge werden nicht mehr konstruirt,
außer für Dampfkraft.

Die Untergrundpflüge sollen nur zur Aufschließung des Untergrundes dienen, in

der Regel die tieferen Schichten nur lockern; sie unterscheiden sich dadurch von den Tief=
pflügen, mit welchen man den Boden bis zu 50 Centimeter tief vollständig umwenden
und bearbeiten will.

Jene und diese werden stärker als gewöhnliche Pflüge gefertigt, meistens ganz aus
Eisen; jene ohne, diese mit Streichbretern.

Zur Ziehung von Hohlrinnen in der Tiefe an Stelle von Drains dient der Drainir=
pflug, bestehend aus einem stark gewölbten eisernen Keil, welcher die Hohlrinnen hinter=
läßt, und starkem Pflugkörper, welcher durch eine Winde mit Ketten und Dampfkraft ge=
zogen wird. Mineurpflüge gehören eben dahin und dienen zur Bearbeitung tieferer
Schichten.

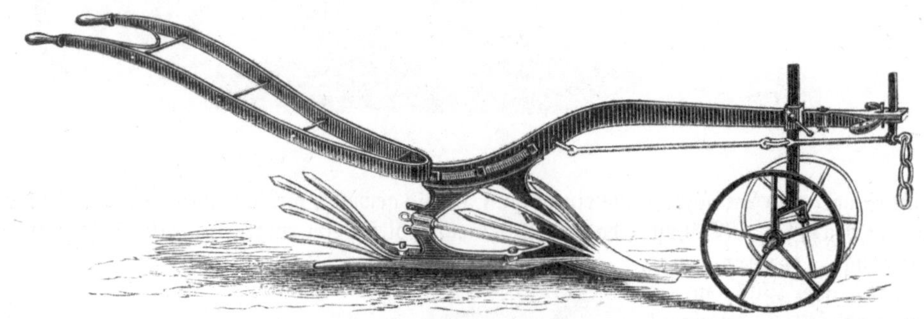

Fig. 170. Kartoffelausgrabepflug.

Schrubber= oder Schälpflüge haben blos den Zweck, die Krume zu lockern, zu
schälen, von Unkraut und dergleichen zu reinigen; sie bestehen in der Regel aus einem
Gestelle mit mehreren hölzernen oder eisernen Balken, durch welche eine Art von Sech,
schneidende Messer, nach vorne gebogen, gesteckt sind, Skarifikatoren, oder an welchen
Träger angebracht sind, die unten kleine Schare tragen, — Extirpatoren und Grubber.

Fig. 171. Häufelpflug.

Sie dienen je nach Konstruk=
tion und Zahl, sowie nach
Stellung der schneidenden
Messer oder Schare, mehr
oder weniger gut auch zur
vollständigeren Bearbeitung
des Bodens und finden ihre
hauptsächlichste Anwendung
bei der Reihenkultur. Zu
diesen gehören noch die
Häufelpflüge, mittels
welcher die Erde zwischen den Reihen aufgelockert und an die Pflanzen geschoben werden
soll; hinter der kleinen Schar sind daher auf beiden Seiten mächtige, enger und weiter
zu stellende Streichbreter angebracht. Die Gesammtheit dieser Reihenbearbeitungsgeräthe
begreift man auch unter dem Namen Kultivatoren.

Universalpflüge nennt man solche, bei welchen an einem und demselben Pflugkörper
(von Eisen) verschiedenartige Pflugwerkzeuge angeschraubt werden können, zum Flach= und
Tiefpflügen u. s. w.

Da, wo stärkere Zugkräfte, wie Pferd und Rindvieh, zu Gebote stehen und der Boden
solche erfordert (Tiefpflüge, Pflüge für schweren Marschboden und Untergrundpflüge
werden nicht selten mit 4, 6 und 8 Pferden gezogen), hat man schon von Alters her weit
stärkere Konstruktionen angewendet. — Neuerdings hat der Dampf die großartigsten
Leistungen dieser Art ermöglicht. Eine auf das Feld gebrachte Lokomobile, welche entweder

am Ende stehen bleibt oder auf an einer Seite angelegten Schienen sich mit dem Pfluge fort=
bewegt oder direkt über das Feld fährt, indem sie die Schienen immer vor sich her legt,
zieht einen eigens für sie gefertigten komplizirten Pflug oder Exstirpator oder Skarifikator.
Der Pflug ist in der Regel vierscharig; da, wo die Lokomobile an der Seite des Feldes sich
bewegt, so konstruirt, daß vier Schare nach rechts und vier nach links gestellt sind, beide
aber so verbunden werden, daß wenn die einen die Furchen ziehen, die anderen, entgegengesetzt
gestellten, in der Luft schweben, um am Ende des Feldes an die Stelle jener zu treten.

Fig. 172. Der Dampfpflug mit Lokomobile, Fowler'sches System.

Es werden auf diese Weise immer vier Furchen hin= und vier Furchen hergezogen
und muß dann die Lokomobile mit dem an der anderen Seite des Feldes, ebenfalls
auf Schienen gehenden Karren mit der Scheibe, über welche das Seil ohne Ende läuft,
um acht Furchen weiter vorgerückt werden (Fowler'sches System). Da, wo die Loko=
mobile stehen bleibt, sind vor derselben Windetrommeln angebracht, über welche Ketten
sich ab= und aufwickeln; an diesen, welche bis an das Ende des Feldes reichen müssen, sind
Anker angebracht, welche rechts und links vom Felde eingelassen werden. Der Pflugkörper
wird zwischen denselben hin und her gezogen und mit jeder Furche näher der Lokomobile
gebracht, bis schließlich das Ganze fertig bearbeitet ist.

Die Fowler'ſchen und Howard'ſchen Dampfpflüge ſind die verbreitetſten; ſie koſten mit allem Zubehör 5= bis 10,000 Thaler und mehr; in England ſind ſie ſchon zu Hun= derten in Gebrauch und beſonders von Aktien=Geſellſchaften zum Vermiethen beſchafft und verwendet; ſie haben eine völlig neue Bodenbearbeitung ermöglicht, in Deutſchland nur erſt wenig Anwendung gefunden; das Nildelta iſt mit Dampfpflügen bearbeitet und zu erſtaun= licher Kultur gebracht worden, in Amerika werden die Plantagen mit ihnen beſtellt und haben dadurch die Sklavenemanzipation nicht mehr als Nachtheil zu empfinden.

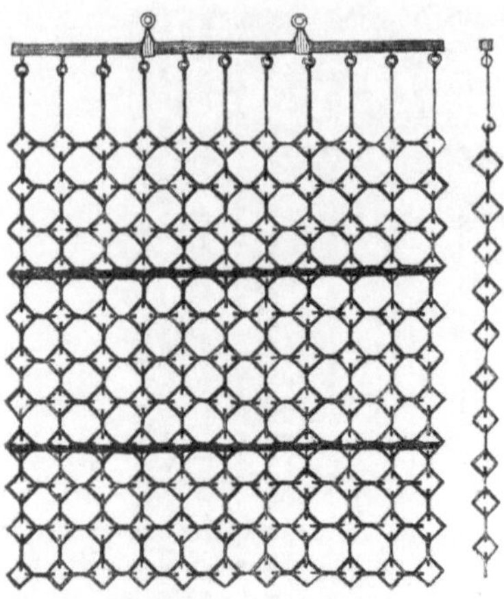

Fig. 173. Kettenegge.

Die Dampfkraft ermöglicht eine Vertiefung der Krume und des Untergrundes, welche andere Kräfte nie zu leiſten vermögen; in deren Folge wird die Drainage erſt zu voller Wirkſamkeit gebracht, Waſſerfurche und Beetbau entbehrlich, das Unkraut völlig vernichtet, jede Arbeit raſch, leicht und ſicher ausgeführt, an Zeit außerordent= lich gewonnen, eine beträchtliche Reduktion des Zugviehes möglich (bis auf $\frac{1}{3}$), an Saatgut er= ſpart, die Brache ganz entbehrlich und in Summe der Ertrag beträchtlich geſteigert, ſowol in Quan= tität wie in Qualität der Kreszenzen. Mit dem Dampfpflug iſt es möglich, die ganze Beſtellung in einem Guſſe zu vollenden, indem dem Pfluge noch die Egge und Walze, die Dungſtreu= und Säemaſchine angehängt werden kann.

Er erfordert aber große, faſt ebene Flächen, billige Kohlen, gute Bedienungsmannſchaft und vermehrte Düngung, im Maße der ge= ſteigerten Erträge. Die Koſten werden für Ackerarbeit pro Hektare auf 4 bis 8 Thaler und mehr berechnet.

Da, wo ſelbſt die Spannkraft die Ackerarbeit billiger zu liefern vermag, verdient, Aus= führbarkeit überhaupt vorausgeſetzt, die Dampfkultur doch den Vorzug, weil ſie höhere Erfolge bringt und die volle Herrſchaft über den Boden ſichert.

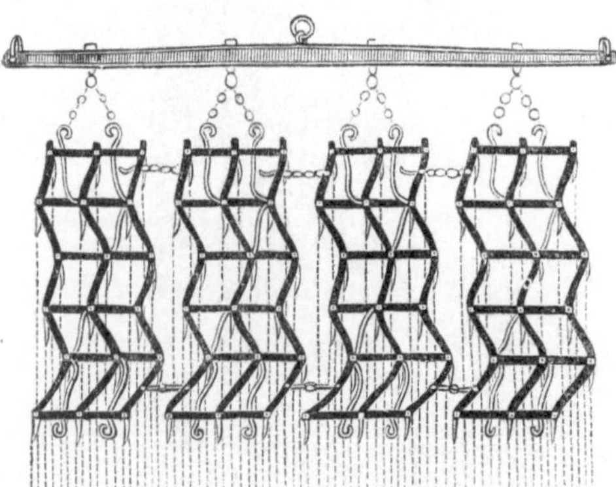

Fig. 174. Eiſerne Zickzackegge.

Die gewöhnliche Bearbeitung wird vollendet mit Eggen und Walzen. Die Egge vertritt den Rechen und die Harke; ſchon die Bibel enthält Andeutungen von ihrem Gebrauch und wir wiſſen, daß die Alten zuſammengebundene Dornen ihren Dienſt verrichten ließen. Noch heute wer= den in Rußland und Norwegen ſtark be= wachſene, buſchreiche Weißdornzweige als Eggen verwendet. Die Römer verehrten den Feldgott Occator als den Gott des Eggens und ließen ſeinen Namen bei den Ceres= opfern vom Prieſter (Flamen) ausrufen.

Die Eggen ſind Geſtelle von beweglichen eiſernen oder hölzernen Balken, in welche eiſerne oder hölzerne Zähne oder Zinken, in der Regel ſchräg geſtellt, eingefügt ſind; mehr als 24 Zähne wendet man nicht gerne für einen Rechen an; ſoll das Ganze breiter werden, ſo hängt man lieber mehrere Eggen an einander. Die Zähne werden 20—30 Centimeter lang gefertigt; in verſchiebbaren Geſtellen kann man ſie näher und entfernter ſtellen. In der Ecke oder in der Mitte bringt man die Zugvorrichtung an. Man unterſcheidet zunächſt ſchwere (Voßteggen) für zwei und mehr Zugthiere, mit bis zu mehreren Kilogramm ſchweren Zinken, und leichte, mit hölzernen oder kleinen eiſernen Zinken für höchſtens zwei Zugthiere.

Die Egge soll den Boden vollständig lockern, pulvern und einebnen, das Unkraut zusammenraffen und völlig aus dem Boden reißen, den Samen gleichmäßig vertheilen und unterbringen, auf krustirenden Bodenarten die junge Saat zum Zwecke der Durchlüftung überziehen und vermooste Wiesen und Kleefelder reinigen. Ihr eigenes Gewicht muß sie in den Boden, aber nicht zu tief, nur bis etwa 10 Centimeter, drücken (eiserne Gestelle haben nicht immer den Vorzug vor den hölzernen, weil sie oft zu schwer werden); die Zugthiere sollen das Ganze durch den Boden ziehen; schnelle Gangart erhöht die Wirksamkeit; Pferde, oft im Trabe laufend, verwendet man am liebsten dazu.

Zickzackeggen, von England kommend, bestehen aus mehreren, zickzackförmig gearbeiteten Sätzen von Eggen mit bis 15 Zähnen und sind ganz von Eisen gefertigt. Rechteckige, Rhomboidal- und dreieckige Eggen sind die gebräuchlichsten, vielfach mit Lokalnamen bedacht, z. B. Hohenheimer, Brabanter u. s. w., oder auch nach dem Erfinder oder Fabrikanten benannt. Die sogenannte Altenburger Krümeregge, auch Kratzigel, Igelegge genannt, ist viel im Gebrauch und nachgebildet worden; die

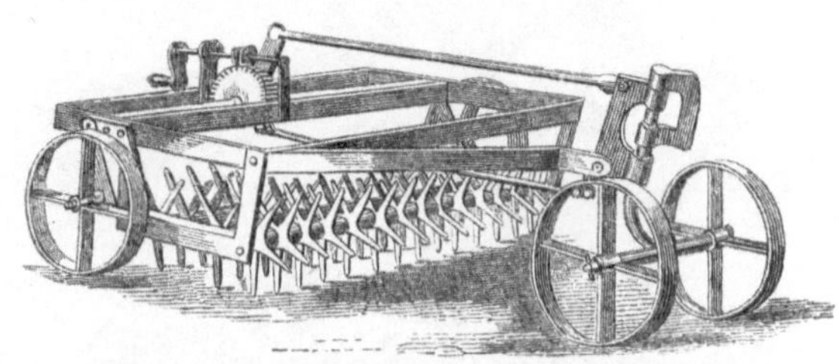

Fig. 175. Die Stachelwalze.

von Norwegen eingeführte Stachelegge (Stachelwalze), hat bei uns nur wenig Eingang gefunden. In England sind diese, auch Rolleggen genannt, bedeutend verbessert, mehr im Gebrauch. Die Rund- oder rotirenden Eggen, welche zeitweise hoch gerühmt wurden und beim Vorwärtsziehen auch noch eine um sich selbst drehende Bewegung zeigten, sind längst als unbrauchbar beseitigt worden.

Fig. 176 Dreitheilige Walze.

Gliedereggen und Ketteneggen unterscheiden sich dadurch von anderen Arten, daß sie nicht aus zusammenhängenden Rechen gebildet sind; die wirkenden Theile sind mit einander zwar verbunden, aber doch unabhängig von einänder und können sich einzeln, jedes für sich, den Unebenheiten des Bodens anpassen. Die in Böhmen viel gebrauchte Althann'sche Wiesen-Moosegge ist wahrscheinlich die älteste Form dieser Art. Scheibeneggen bestehen aus netzartigem Gewebe von starkem Eisendraht, in dessen Kreuzungspunkten sich gußeiserne Zackenscheiben befinden, gebräuchlich hauptsächlich zur Unterbringung von Gras- und anderen feinen Sämereien. Dorneggen sind gewöhnliche Eggen, in welche Dornen eingeflochten werden; die Ackerschleifen, bestehend aus parallel liegenden hölzernen Balken, durch Längsverband zusammengefügt, oft mit scharfer Kante, mit Blech beschlagen, bilden den Uebergang zur Walze.

Von guten Eggen verlangt man möglichste Billigkeit, entsprechendes Gewicht (je nach Boden), Stellbarkeit zum Tief- und Seichteggen, rasche Förderung, Dauerhaftigkeit, eine möglichst wenig Reibung und Zugkraft erfordernde Konstruktion und eine solche Stellung der Zähne, daß die zu ziehenden Furchen gleich weit von einander abstehen.

Die Walze soll die Krümelung des Bodens vollenden und selbst die härtesten Schollen zertrümmern; daneben gebraucht man sie noch zur Festdrückung des Bodens, besonders im Frühjahr zur Erhaltung der den keimenden Saaten nöthigen Feuchtigkeit, zur Vertheilung und Unterbringung feiner Sämereien, zum Andrücken der durch den Frost gehobenen Saaten und zur Ebnung des Bodens, besonders da, wo Säe- und Erntemaschinen im Gebrauch sind.

Fig. 177. Der Schollenbrecher.

Man braucht deshalb leichte und schwere Walzen, solche von Holz, Stein und Eisen, hohle und geschlossene Cylinder. Eine sehr einfache Walze fertigt man sich aus zwei Rädern, welche durch aufgenagelte, dicht an einander liegende Latten verbunden werden; der so hergestellte Hohlraum kann, wie bei allen Hohlwalzen, mit Steinen gefüllt werden, um auch schwere Arbeit damit verrichten zu können. Oft bringt man auch über den Walzen Kasten für Steine an und Sitzvorrichtungen für den Fuhrmann. Walzen von über 3 Meter Länge liebt man nicht; der Durchmesser derselben schwankt von 20 Centimer bis circa 1 Meter.

Fig. 178. Grey's verbesserter Grubber.

Tonnenförmige Walzen erfordern am wenigsten Zugkraft, sechs- und achteckige, kantige oder geriefte haben erhöhte Wirksamkeit. Lange Walzen lassen sich schwieriger handhaben; man zieht daher die getheilten, gegliederten oder Doppelwalzen vor, deren Theile sich selbständiger bewegen können, wenn schon sie mit einander verbunden auf gemeinsamer Achse sind. Glatte Walzen haben bis zu 7 und 8 Centner Gewicht; Ringelwalzen bestehen aus runder oder zweikantiger Achse, auf welcher scheibenförmige Ringe angebracht sind; in der Regel verbindet man zwei Sätze hinter einander mit starkem viereckigen Rahmen und kann die Zugvorrichtung vorn und hinten an demselben anbringen; sie haben bis

18 Centner Gewicht, Prismawalzen bis zu 30 Centner. Am ſchwerſten ſind die ſoge=
nannten Schollenbrecher.

Da Eiſen die glatteſten Flächen darſtellt gegenüber Holz, welches ſtets Uneben=
heiten zeigt und hygroſkopiſch wirkt, d. h. alſo die Feuchtigkeit anziehend, ſo daß
feuchter Boden ſtark anhaftet und haften bleibt, ſo verdient im Allgemeinen das Eiſen für
alle Bodenbearbeitungszwecke den Vorzug; beſonders bei den eigentlich wirkenden Theilen
ſollte es immer zur Anwendung kommen; das höhere Gewicht macht aber dem Arbeiter und
dem Zugvieh den Gebrauch von
Eiſen unter Umſtänden mühe=
voller; im leichten Boden ſinkt
Eiſen zu tief ein. Mit nur einer
Art von Pflug, Egge, Walze,
ſelbſt den am vollkommenſten
konſtruirten, laſſen ſich niemals
alle erforderlichen Arbeiten ver=
richten; jeder gut ausgeſtattete
Wirthſchaftshof muß eine Mehr=
heit davon aufweiſen.

Saat- und Erntemaſchinen.
Dem ſorgfältig vorbereiteten
Boden muß die Saat anvertraut
werden. Schon ziemlich früh=

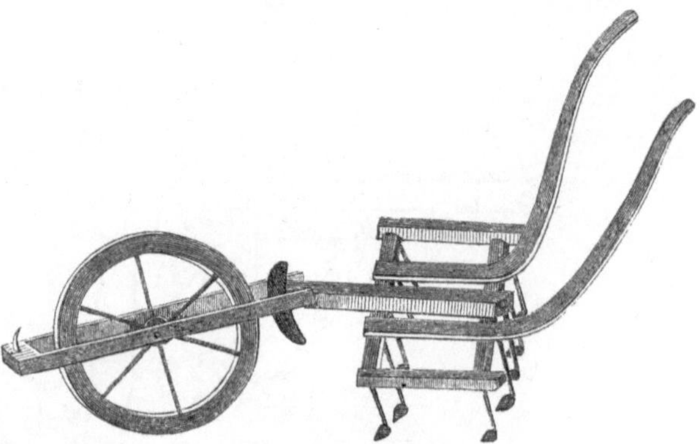

Fig 179. Der Exſtirpator.

zeitig ſuchte man auch hierzu Maſchinen anzuwenden; in China, Japan und Oſtindien ſollen
Säemaſchinen für Reihenſaat ſchon ſehr alt und viel gebräuchlich ſein; das Londoner Techno=
logiſche Muſeum enthält ein hindoſtaniſches Modell, den heutigen Drills entſprechend und
dieſe als Verbeſſerungen deſſelben erſcheinen laſſend. Im Jahre 1650 beſchrieb Gabriel Platte
eine Maſchine, welche Löcher in den Boden machte, in welche der Same gefüllt wurde; Gio=
vanni Cavallina wird als Erfinder einer ſolchen Maſchine ſchon im 16. Jahrhundert genannt.

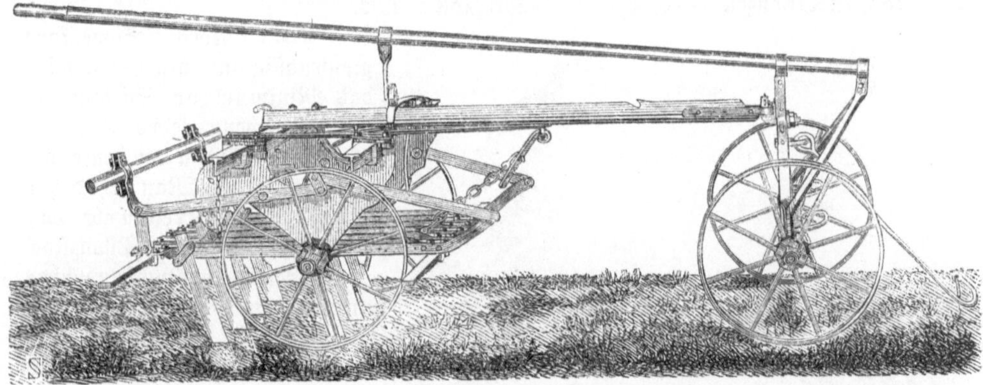

Fig. 180. Sack's Skarifikator mit 7 Meſſern.

Wenig ſpäter werden in England Saatmaſchinen bekannt und beſchrieben. Joſef von Loca=
telli aus Kärnten produzirte gegen Ende des Jahrhunderts einen Saatpflug, „Sem=
brador" genannt, d. h. einen Pflug, an welchem ein Kaſten zur Aufnahme von Samen ange=
bracht war. In dieſem bewegte ſich eine Walze, durch welche das Ausſchütten des Samens aus
einer angebrachten Oeffnung mit der Vorwärtsbewegung des Pfluges ſelbſt bewirkt wurde.
Noch in unſeren Tagen haben Einzelne ſich viele Mühe gegeben, Säepflüge für kleinere Land=
wirthe in verbeſſerten Konſtruktionen zu verbreiten (v. Babo). Der eigentliche Erfinder der
Reihenſaat und der dazu gehörigen Maſchinen — Drills (Drillkultur) — und Pferdehacken,
zur Bearbeitung des Bodens zwiſchen den Reihen auch während der Vegetationszeit, war der

Engländer Jethro Tull, dessen Saatmaschine mehrere Samen zugleich, jeden in der ihm
entsprechenden Tiefe, unterbringen ließ, z. B. Weizen, Bohnen und Möhren (1710 bis 1730).
Von da an versuchte man unausgesetzt, die Drills zu vervollkommnen, daneben aber auch
Breitsäemaschinen anzuwenden, letztere besonders in Deutschland. Die großen Vortheile der
Reihensaat: Samenersparniß, Regelmäßigkeit des Standes, gleichmäßigster Aufgang, Be-
arbeitbarkeit während der Vegetation, bessere Durchlüftung und Vertheilung von Licht und

Fig. 181   Die Drillmaschine.

Samen u. s. w. führten schließlich zur sogenannten Dibbelkultur, worunter man das
Legen einzelner Körner in bestimmte Entfernungen versteht. Jede Pflanze braucht einen
ihr entsprechenden Raum, z. B. Weizen 10 Quadratzoll, Roggen 8, Gerste 7, Hafer 9,
Mais 288, Kleepflanzen 4—8, Lein 1 Quadratzoll u. s. w.

Fig. 182.   Sack's einreihige Drill- und Dibbelmaschine.

Kann jedes Samenkorn gleichmäßig gut aufgehen, so wird das Minimum an Saatgut gebraucht, wenn jedes Korn in gleichen Abständen von den ande-ren gelegt wird. Man zieht daher
Längs- und Querreihen über das Feld, stößt mit dem Pflanzstock an den Berührungspunkten Löcher
ein und legt in diese die Körner mit der Hand. Dibbelmaschi-nen besonderer Konstruktion sind
in neuester Zeit viel verbreitet worden und machen die Hand-arbeit entbehrlich. Die breit-
würfige Saat erfordert mindestens das Doppelte bis Dreifache an Saatgut, die Reihensaat steht in
Bezug auf den Bedarf in der Mitte.

Die Breitsäemaschinen gewähren keine Saatersparniß, streuen aber gleichmäßiger
als die Hand aus; der Same bleibt unbedeckt. Die Drill- oder Reihensäemaschinen
bewirken bedeutende Ersparniß und sind gegenwärtig so konstruirt, daß der Same gleichzeitig bedeckt, also die ganze Arbeit vollendet wird. Jene, wie diese, hat man auch zum

Ausstreuen von pulverförmigem Dünger konstruirt; das geschieht mit, vor und nach der Saat. Neuerdings hat man besondere Dungstreumaschinen.

Bei den Drills mußten viele Schwierigkeiten überwunden werden, ehe sie allgemein brauchbar wurden. Im Saatkasten bildet die Ausstreuungsvorrichtung das Wesentlichste; sie ruht auf beweglicher Welle, welche durch die Bewegung der Fahrräder sich dreht.

Fig 183. Die Mähemaschine

Hierdurch wird der Same an den Oeffnungen ausgeworfen. Die Zuführung des Samens in den Boden (die Reihen) erfolgt durch besondere Leitungen, Schläuche oder Röhren, beweglich, von verschiedenem Material. Am Ende derselben oder vor denselben sind kleine Schare angebracht, welche die Rinnen aufwerfen, und ihnen folgen kleine Rechen oder auch Walzen, welche sie wieder zudecken. Die richtige Konstruktion dieser Leitungen verursacht die größten Schwierigkeiten; besondere Hebelvorrichtungen müssen die Saatkasten beim Gebrauch in stets gleich wagrechter Stellung halten, selbst auf steilem Boden, und außer beim Gebrauch setzen zum Umwenden, sowie beim Hin= und Hertransport. Nach den Aus=

Fig. 184. Die Grasmähemaschine.

streuvorrichtungen unterscheidet man: das Löffelsystem, bei welchem an der Säewelle Gefäße angebracht sind, welche sich beim Umdrehen mit Samen füllen, diesen emporheben und beim Niedergehen in die Vertheilungsvorrichtung auswerfen (Cooke=Garett); das Walzensystem, bei welchem unter dem Säekasten eine Walze mit Vertiefungen läuft; der Same fällt in diese und nach der Drehung in die Röhren — (Ducket, Alban's Breitsäemaschine); —

das System der Säeräder, angebracht an der Säewelle, versehen mit hervorragenden Zähnen, welche den Samen erfassen und aus den Oeffnungen herausstoßen (Slight); analog diesen ist das Bürstensystem, bei welchem Schweinsborsten an Stelle der festen Zähne treten, und die Samenausstreuung mittels Lederwischer oder Lederscheibe erfolgt. Das System der Williamson'schen Kapseln endlich beruht darauf, den Saatkasten selbst in Rotation zu bringen, wobei der Same aus unterhalb angebrachten Oeffnungen von selbst ausfällt.

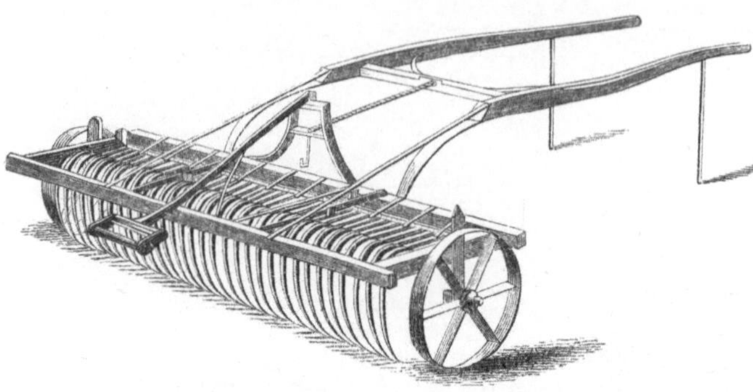
Fig. 185. Grant's Heu- und Kornharke.

Bei den verbesserten Drills hat man an dem Säekasten drehbare Schieber mit Oeffnungen für die verschiedenen Größen der gebräuchlichsten Sämereien; man bringt die, welche dem auszustreuenden Samen gerade entspricht, vor das Ausfallsrohr; mit solchen Maschinen können alle Sämereien ausgestreut werden.

Gute Drills kosten bis 250 Thaler. Außer den allgemein gebräuchlichen hat man solche für nur besondere Sämereien: Mohn, Runkeln, Rips u. s. w. Gezogen werden die Drills von einem bis zu vier Pferden. Unter den Handsäemaschinen sind solche von ähnlichen Konstruktionen, auf leichten Karren angebracht, auch solche zum Anheften an die Brust, Centrifugalsäemaschinen, welche mittels Kurbeldrehung den Samen strahlenförmig ausstreuen.

Fig. 186. Heuwendemaschine.

Zur Aberntung von Getreide und Futterpflanzen dienen die Mähemaschinen; schon in Gallien fanden die Römer eine Maschine vor, mittels welcher die Aehren abgeschnitten und in besondere Kasten geworfen wurden; Denffer's Schnittkasten (1755) und Boyce's Schneidemaschinen (1800) bedingen den Anfang mit den verbesserten Maschinen der Neuzeit, welche jetzt in Tausenden von Exemplaren gebraucht werden und meistens nach

ihrem Erfinder oder dem Fabrikanten benannt sind. Die an dem Messerbalken befestigten
Messer sind die eigentlich schneidenden Theile, welche die Sichel und Sense ersetzen
sollen. Die Sichel ist ein halbmondförmig gekrümmtes, in der inneren Krümmung scharf
gezahntes oder scharfschneidiges Eisen, an kurzem Stiele befestigt, das älteste Geräthe dieser
Art, schon bei den Aegyptern im Gebrauch gewesen; die Sense ist an langem Stiele be=
festigt, rechtwinklig von diesem abstehend, minder scharf gekrümmt im Blatt, aber länger
und breiter, nach vorn spitz zulaufend; die Getreidesensen haben noch ein besonderes
Gestelle von Holztheilen, mittels dessen der Mäher die Halme ergreifen und hinter sich
ablegen kann. Das Sichet, besonders in Belgien gebräuchlich, steht zwischen Sichel und
Sense. Außer im Material hat an diesen Geräthen die Neuzeit nichts zu verbessern vermocht.

Fig. 187. Dreschmaschine mit Lokomobile.

An den Mähemaschinen dient der Fingerbalken mit den daran angebrachten Fingern
zur Unterstützung des Schneideapparates; dieser selbst wirkt sägen= oder scherenartig;
die Finger theilen das Getreide, drücken es gegen die sich hin und her bewegenden
Messer etwas an, und diese schneiden an den Fingern ab, da hier genügender Widerstand
sich findet; gezähnte Messer sind nicht mehr so gebräuchlich wie die glatten, die Messer selbst
sehr lang; sie werden jeder Maschine in Vorrath mitgegeben. Der zweite Theil ist die Ab=
legevorrichtung, dazu bestimmt, die abgeschnittene Krescenz rückwärts in ordentlichen
Gelegen abzulegen; sie bestehen entweder aus fester Platte oder beweglichen Flächen, d. h.
Walzen mit endlosem Tuche; die Bewegung der wirkenden Theile wird mittels des in Ver=
bindung mit den Fahrrädern gebrachten Getriebes bewirkt; vielfach hat man noch oberhalb
Windflügel angebracht, welche das Getreide an die Maschine besser heran bringen sollen.
Man unterscheidet: die automatische Getreidemähemaschine von Samuelson u.

Comp., mit Eisengestell und Windflügeln zum Andrücken und zum Ablegen; die von Mac Cormick-Chicago, schon zu Tausenden verbreitet, mit 3 Haspelflügeln, 1 Harke, sägenförmigem Messer und Holzgestell; die Grasmähemaschine von Wood und Pintus-nach Wood, vorzüglich geeignet auch zu allen Kleearten, von Peltier, von Picksley, Sims u. Comp., von Samuelson u. Comp. und von Burgeß u. Key, endlich kombinirte Maschinen für Futter und Getreide von Samuelson u. Comp., Kemp, Murrey u. Nicholson, Bamlett u. s. w. Die Maschinen kosten bis zu 390 Thaler und fördern mit 2 Pferden pro Tag bis 25 Morgen.

Gute Pferdeharken zum Nachrechen kosten bis zu 130 Thaler. Für Wiesen hat man noch Heuwender vorzüglicher Konstruktion, in England sogar auch Maschinen zum Auf- und Abladen von Heu und Getreide. Zum Ernten der Kartoffeln giebt es besondere Maschinen, sogenannte Kartoffelgraber. Aufbewahrt werden die Früchte, wenn Scheunen fehlen, in besonderen Haufen mit und ohne Bedachung, Feimen; passende Gestelle dazu fertigt man jetzt aus Eisen zum Preise von 60 bis 80 Thaler.

Zum Dreschen dienen außer den von Alters her bekannten Dreschflegeln ebenfalls Maschinen in verschiedener Konstruktion für Hand-, Zugthier- und Dampfkraft. Der Dreschflegel besteht aus dem eigentlichen Flegel, von Holz, 1 bis 2 Kilogramm schwer und bis 60 Centimeter lang, und aus dem Stiel, an welchem er befestigt wird, resp. um welchen er geschwungen wird. Dieser soll dem Mann bis an das Kinn reichen. Vielfach und auch heute noch in Ungarn und anderwärts bediente man sich der Pferde zum Ausdreschen; in Tirol soll sehr frühzeitig eine Dreschmaschine in der Art konstruirt worden sein, daß an einer durch Wasserkraft bewegten Welle, wie in Mühlen, Zapfen angebracht wurden, welche beim Drehen der Welle Flegel aufhoben, die dann, von selbst wieder niederfallend, auf das Getreide schlugen, welches man darunter schob. Aeltere Konstruktionen sind solche mit geriffelten Walzen und Trommeln, in Schottland schon seit 1785 von Meikle; auch gewöhnliche schwere Walzen dienten zum Dreschen. Eine eigentliche Dreschmühle erfand zuerst v. Ambotten in Kurland, 1670; verbessert fand sie sich 1700 in Braunschweig. Anfangs unseres Jahrhunderts hatte man schon viele Arten für allerlei Kunst- und Fruchtart. Gegenwärtig unterscheidet man hauptsächlich Hand- und Dampfdreschmaschinen, getrieben durch Lokomobile, und solche mit Göpelwerk für thierische Zugkraft, einfache als Langdreschmaschinen, bei welchen das Getreide der Länge nach, mit den Aehren voran, in die Maschine geschoben wird, Hand- und Breitdreschmaschinen, bei welchen man das Getreide quer einschiebt, und kombinirte Maschinen, mit welchen auch Reinigung und Sortirung des Getreides verbunden ist. Das eigentlich Wirkende ist eine Welle mit Wellenflügeln, gerieft oder kantig, welche in einer ebenfalls gerieften Trommel sich bewegt, und zwar so, daß das Getreide zwischen dem inneren Mantel der Trommel und den Wellenflügeln hindurchpassiren muß. Vollkommene Dampfdreschmaschinen können bis 3000 Thlr. mit allem Zubehör kosten und erfordern ein zahlreiches Personal zur Bedienung und zum Ab- und Zutragen der Frucht. Sie fördern aber auch bis zu 130 Schock und mehr pro Tag. Am wichtigsten sind aber die Mähemaschinen, weil sie in der wichtigsten und bringendsten Zeit an Arbeitskräften sparen und die sonnigen Tage voll ausnutzen lassen.

Schon geht der Dampfpflug mit Dungstreuer und Drillmaschine über das Feld, um die Bestellung in einem Zuge zu vollenden; zur Erntezeit folgt der Mähemaschine die Lokomobile wieder, um das Getreide zur Marktwaare gleich auf dem Felde fertig zu machen, so daß nur die Körner wegzufahren sind und Stroh und Spreu in Haufen auf dem Felde selbst aufgesetzt werden können. Ja, selbst das Mühlwerk kann mit angebracht werden und gleich in loco Mehl und Kleie liefern. Für die innere Wirthschaft bedarf man noch Maschinen verschiedenster Art: Häcksel- und Rübenschneider, Oelkuchenbrecher und Schrotmühlen aller Art, Kartoffelquetscher, Entgranner, Wurzelwaschmaschinen, Viehfutterdämpfer und dergleichen mehr, ohne der vielfachen Maschinen zu gedenken, welche die Neuzeit zur Ersparung von Arbeit oder zur Vervollkommnung der Leistung für den inneren Haushalt konstruirt hat.

———————

Ernährung der Pflanzen.

Nahrungsstoffe und Nahrungszufuhr; Dungmittel und Düngung. Die Pflanze
ist ein aus Zellen aufgebauter Organismus, welcher, der Bewegungsfähigkeit ermangelnd,
seine Nahrung am Orte seines Wachsthums vorfinden muß; die Ernährungsorgane der
Pflanzen sind die Blätter und die Wurzeln, beide, die letzteren jedoch nur in den jüngeren
Theilen, an ihrer Oberfläche mit feinen, dem bloßen Auge nicht sichtbaren Oeffnungen
versehen, durch welche nur Luftarten (Gase) und Flüssigkeiten einzudringen vermögen.
Alle Nahrung der Pflanzen muß flüssig, Lösung', oder gasförmig sein. Mittels der Stengel
und der Blätter ragt die Pflanze in die Luft, als stattliche Ceder oft weit über 30 Meter
hoch, als zartes Moos oder als Flechte kaum einige Millimeter über den Boden, in wel=
chem sie wurzelt, oder das Gestein, an welchem sie haftet; mit den Wurzeln fußt sie in dem
Boden, seitlich und nach der Tiefe hin sich verbreitend, die einen nur wenige Kubikmilli=
meter Raum beanspruchend, die andere viele Kubikmeter ausbeutend. Die Wurzel kann nach
Nahrung suchen gehen und, je nach Pflanzenart, mit mehr oder minder großer Kraft die
Bodenschichte und Fels und Gestein durchbohren, diese aus einander sprengen und zersetzen
vermöge ihrer Ausscheidungen (Kohlensäure); das Blatt nimmt nur Gasarten auf, be=
sonders Kohlensäure, und haucht Sauerstoff als reines Gas und in Verbindung mit Wasser=
stoff als Wasserdampf aus. Beim Abschluß von Licht wird umgekehrt Kohlensäure ausge=
athmet und Sauerstoff aufgenommen, ebenso immer von den nicht grünen Pflanzentheilen
und von allen blattlosen Schmarotzern, den Pilzen und ähnlich organisirten Pflanzen. Aus
der Luft nehmen also die Pflanzen Sauerstoff und Kohlensäure (Kohlenstoff) auf; der Stick=
stoff der Luft dagegen wird nicht in direkter Form, sondern nur in der des Ammoniaks
oder der Salpetersäure und nicht direkt durch die Blätter, sondern nur durch die Boden=
lösungen, niedergeschlagen im Wasser, aufgenommen. Sauerstoff, Wasserstoff,
Stickstoff und Kohlenstoff sind die in letzter Linie in der Atmosphäre entstandenen
Nahrungsmittel der Pflanze, welche beim Verbrennungs= und Verwesungsprozeß auch
wieder als Gasarten in die Luft zurückkehren. Man nennt sie daher atmosphärische,
Luft=, verbrennliche Bestandtheile der Pflanzen; sie bilden bis zu 90 Prozent und mehr
der gesammten Pflanzenmasse und bilden die für den Menschen wichtigsten Verbindungen
innerhalb der pflanzlichen Organismen. Das Wasser bildet das Lösungsmittel aller Säfte
und saftigen Theile; es kann in frisch geernteten Pflanzen bis zu 95 Prozent des ganzen
Gewichtes betragen, in abgetrockneten Samenkörnern nur bis 10 Prozent. Die Holz=
faser, die Stärke und die ihnen verwandten Gebilde, der Zucker, die Pflanzensäuren,
die Oele, Fette und Harze aller Art bestehen nur aus Kohlenstoff, Wasserstoff und
Sauerstoff und bilden die Gruppe der sogenannten Kohlenhydrate; das Grüne der
Blätter und die grünen Theile sowie die sogenannten Pflanzenalkaloide oder Pflan=
zenbasen (z. B. Chinin, Solanin, Nikotin u. s. w.) bestehen aus Kohlenstoff, Wasserstoff,
Sauerstoff und Stickstoff, die sogenannten Proteinstoffe oder Eiweißkörper aus den=
selben Elementen in Verbindung mit etwas Schwefel und Phosphor.

Der bei der Verbrennung oder Verwesung zurückbleibende Rückstand, Asche oder
erdige Substanz, besteht aus der Gesammtheit der dem Boden entzogenen, in letzter
Linie den Gesteinsarten entstammenden Nährstoffe; man nennt sie mineralische, unver=
brennliche, anorganische, Aschen= oder Bodenbestandtheile. Sie bilden von
0,5 bis zu 10 Prozent der Pflanzentheile, in frischen, ganzen Pflanzen selten über 5 Pro=
zent. Dahin gehören: der Phosphor in der Form der Phosphorsäure, in die Pflanze
kommend in der Verbindung mit Kali und Natron, Kalk, Talkerde und Eisenoxyd, wan=
dernd mit den Säften zu den Blättern und von da mit zunehmender Reifezeit vorzugsweise
nach den Samen und Früchten; der Schwefel, in Form der Schwefelsäure, gebunden an
Ammoniak, Kali, Kalk und Talkerde, auch Natron, wandernd ebenfalls von den Wurzeln
zu den Blättern und Samen; die Kieselsäure, von den Wurzeln bis zu den Blättern
wandernd und hier im Gewebe zurückbleibend; besonders reich in den Halmen aller Gräser

und grasartigen Pflanzen sich findend, in der Regel aufgenommen als kieselsaures Hydrat, herstammend aus der Zersetzung der feldspathhaltigen Gesteine; das Kali, gebunden an Salpetersäure, Phosphorsäure, Schwefelsäure und Kohlensäure, vorkommend in fast allen Pflanzentheilen, hauptsächlich aber in den Stengeln und Blättern. Die Talkerde und der Kalk, gebunden an dieselben Säuren, vorkommend überall, reicher in den Blättern als in den Stengeln; das Eisen, in der Form von Eisenoxyd und seinen Salzen, reicher vertreten in den unteren Theilen, im Ganzen jedoch in nur geringen Mengen vorhanden; ähnlich das Mangan. Das Natron verhält sich ähnlich wie das Kali, ist aber von geringerer Bedeutung. Das Chlor findet sich mit Jod vorzugsweise in den Seestrand-, See- und Salinenpflanzen, ist aber auch in den Landpflanzen, und zwar in allen Theilen derselben, vertreten; Fluor und Lithion finden sich in sehr kleinen Mengen in fast allen Pflanzen, Thonerde, Kupfer 2c. in nur einzelnen Pflanzen oder Pflanzentheilen.

Die wichtigsten Mineralstoffe sind Phosphor- und Schwefelsäure, Kali (Natron), Kalk (Talkerde), Eisen (Mangan).

Dungmittel sind alle diejenigen Substanzen, welche entweder alle oder nur einzelne Nahrungsmittel der Pflanzen enthalten und von der Pflanze, sei es direkt oder indirekt, aufgenommen werden können, also löslich oder gasförmig zu werden vermögen, oder auch solche Stoffe, welche die Wirksamkeit der im Boden schon vorhandenen oder demselben zugeführten Nährstoffe zu erhöhen geeignet sind. Schon die Römer kannten eine Fülle dazu verwendbarer Stoffe, erst die Neuzeit aber hat den vom Pfarrer Mayer von Kupferzell, dem thätigen Verbreiter der Düngung der Kleefelder mit Gips, gegen das Ende des vorigen Jahrhunderts aufgestellten Satz: Alles düngt Alles, fast zur Wahrheit gemacht und Millionen zu gewinnen gewußt aus Materialien, welche vordem bei Seite geworfen oder den Flüssen überliefert oder gar nicht als Werthgüter beachtet wurden. Sie hat aber insofern noch mehr gethan, als sie durch sorgsamstes Studium der Natur der Pflanzen nicht nur die zur Düngung geeigneten Materialien kennen lehrte, sondern auch die zweckmäßigste Art und Weise ihrer Anwendung und deren Verschiedenartigkeit, je nach Bodenvorkommniß, unausgesetzt zu erforschen bestrebt ist. Besondere wissenschaftliche Institute, die agrikulturchemischen Versuchsstationen, haben sich die Lösung der hier obstehenden Fragen zur Aufgabe gestellt und allmählig, von Deutschland ausgegangen, überall ihre segensreiche Wirksamkeit entfaltet, doppelt segensreich, wenn mit den erforderlichen Mitteln ausgestattet und von tüchtiger, umsichtiger und gewissenhafter Hand geleitet. Sie dienen der Wissenschaft durch immer eingehenderes Erforschen des Lebens der Pflanzen, der Praxis durch unausgesetzte Versuche und mittelbar dadurch, daß sie für die Fabrikanten von Handelsdünger aller Art die zweckmäßigsten Formen zu ermitteln suchen, welche die sicherste und lohnendste Wirksamkeit garantiren. Lohnend kann diese aber nur dann sein, wenn, der Transportkosten wegen, die möglichst größte Menge wirklich nützlicher Stoffe im gegebenen Gewicht konzentrirt wird und wenn der düngende Stoff möglichst rasch löslich und übergangsfähig in die Pflanze werden kann.

Die Knochen der Menschen und Thiere enthalten die der Nahrung entzogene phosphorsaure Kalk- und Talkerde, in der Phosphorsäure denjenigen Mineralbestandtheil, an welchem ein Ackerfeld am leichtesten verarmen kann; sie sind daher vortreffliche und hoch begehrte Dungmittel. Als frische Knochen an sich wenig wirksam, sind sie für den Landwirth auch um deswillen weniger empfehlenswerth, weil von den Leimsiedern, Zuckerfabrikanten und anderen Industriellen begehrt, also vertheuert; ausgekocht von Jenen, haben sie zwar das Fett und den Leim verloren, die Phosphorsäure aber behalten und eine erhöhte Wirksamkeit gewonnen. Gedämpft, fein gemahlen, mit Schwefelsäure, als sogenanntes Superphosphat, aufgeschlossen, bilden sie Formen, welche rasch und sicher zur Wirksamkeit kommen, von welchen also sehr viel weniger als von rohen Knochen gebraucht werden kann. Westfalen besitzt mächtige Lager eines an phosphorsaurer Erde reichen Eisensteins; bis noch vor wenigen Jahren vermochte die Montanindustrie diese nicht auszubeuten; jetzt lohnt sich der Abbau, weil die ehemals werthlose Beimengung als Dungmittel verarbeitet werden kann und die Kosten der Abscheidung von Eisen lohnt.

Die mächtigen Salzlager bei Staßfurt sind bedeckt mit fast nicht minder mächtigen Schichten von unreinen Salzen, welche ehemals als sogenannte Abraumsalze weggeworfen werden mußten und die Gewinnung des Kochsalzes außerordentlich erschwerten. Später als reich an Kali erkannt, bilden diese jetzt eine weit lohnendere Ausbeute als das Steinsalz selbst, da sie für die Industrie an Stelle von Potasche (kohlensaures Kali) und für die Landwirthschaft als Dungmittel verarbeitet werden. Die starke Beimengung von Chlorsalzen machte diese Anfangs wenig geeignet für die Pflanzen; die Fabrikation hat es verstanden, sie in brauchbare Formen umzuwandeln, und Wissenschaft und Praxis haben gelernt, auch die Chlorverbindungen entsprechend zu verwerthen.

Der Mangel an Knochen hat dazu geführt, anderweitige Phosphate aufzusuchen. In den Koprolithen und Phosphoriten hat man hier und da in mächtigen Lagern mineralische Vorkommnisse gefunden, welche jetzt zu Phosphatdünger massenhaft verbraucht werden.

Diese Beispiele mögen genügen, um darzuthun, wie heutzutage Technik und Wissenschaft unausgesetzt im Dienste auch der Landwirthschaft thätig sind und alljährlich Millionen Centner von neuen Werthgütern darzustellen lehren. Eine Uebersicht über das Gesammtgebiet der Dungmaterialien möge diese Betrachtung schließen.

Pflanzen und Pflanzentheile sind selbstverständlich als Dungmittel brauchbar; sie enthalten ja sämmtlich Nährstoffe, und zwar in Formen, welche bei der Verwesung leicht assimilirbar werden. In der Form der Gründüngung säet man rasch wachsende, tief wurzelnde, sehr blattreiche Pflanzen zu dem Zwecke an, um sie als Dünger unterzuackern; sie sammeln in diesem Falle die in Boden, Luft und Wasser zerstreute Nahrung; untergeackert, vertheilt sich diese in der Krume, und die Pflanze selbst nutzt durch ihre Verwesung direkt und indirekt der folgenden Saat. Je dichter der Stand, um so besser der Erfolg, am größten, wenn die Gründüngungspflanze selbst tüchtig gedüngt oder in kräftiges Feld bestellt wurde. Große Sandflächen, ehemals unfruchtbar, werden jetzt mittels Lupinen-Gründüngung zu Roggenfeldern nutzbar gemacht. Pflanzen, welche für andere Zwecke wenig Werth haben, z. B. Schilf, Waldgräser, Farrnkraut, Ginster, Seetang, abgeschälter Rasen u. dgl., können zu Dünger gemacht werden. Gleiches gilt von allen Arten von Pflanzenabfällen, unter welchen das Stroh insofern die Hauptrolle spielt, weil es als Streu den Thieren dient, in entsprechender Menge gewonnen wird und wenig Werth zu anderen Zwecken hat; Futterstroh darf freilich nicht als Dünger direkt verwendet werden. Hartstenglige Materialien dieser Art müssen kompostirt, durch Jauche, Kalk, Exkremente u. dgl. in Dünger verwandelt werden. Pflanzliche Abfälle aller Art werden oft in großen Mengen zu Dünger verarbeitet, z. B. bei Stärke-, Zuckerfabriken und dergleichen Anlagen. Oelkuchen und Malzkeime werden zweckmäßiger verfüttert.

Der Thierkörper enthält keine anderen Bestandtheile als die Pflanze; Thierleiber und Theile von Thieren sind daher nicht minder schätzbare Dungmittel, wenn schon zum Theil nicht sofort verwendbar und nur in geringeren Mengen zu haben, da sie größtentheils anderweitig höher verwerthet werden können.

Kadaver aller Art schichtet man in Gruben mit Kalk, um zu Dünger zu werden (gefallenes Vieh, Mäuse, Ratten, Maikäfer, Seethiere u. dergl.). Fleisch von gefallenen Thieren wird in besonderen Fabriken verarbeitet; Granatguano besteht aus kleinen Seekrebsen, welche auf glühenden Eisenplatten getrocknet und dann gepulvert werden, Fischguano aus den großartigen, besonders präparirten Abfällen bei der Walfisch-, Kabeljau- und Heringsfischerei. Thierische Eingeweide und alle Art von Abfällen aus Schlachthäusern werden in großartigen Etablissements zu Dünger verwandelt; das Blut findet, mit viel Wasser verdünnt, in direkter Form für viele Pflanzen, besonders Obst, Weinreben, Wiesen, ausgezeichnete Verwendung und kommt in der Form von Pulver als sogenannter Patentblutdünger viel in den Handel.

Der Knochen wurde bereits gedacht; man mahlt sie auf besonderen Mühlwerken roh in gröberen und feineren Stücken bis zur Pulverform, rohes Knochenmehl, dämpft sie, gedämpftes Knochenmehl, glüht sie, Knochenasche, schichtet sie auf Haufen mit

Asche, Kalk, Jauche u. dergl., fermentirte Knochen, oder auch in bloßem Pferdemist, in welchem sie sehr rasch sich zersetzen, und schließt sie endlich mit Salzsäure oder Schwefel= säure vollständig auf, Superphosphat, in welcher Form sie am raschesten wirken. Auf Boden, welcher leicht erhärtet, zieht man die rohen Knochen in gröberen Stücken vor, weil zugleich lockernd und nachhaltig wirkend. Beinschwarz und Knochenkohle werden direkt als Dünger verwendet. Klauen schlägt man, umgekehrt, mit der Höhlung nach oben, gern auf Wiesen in den Boden, Horn findet als Hornspäne vielfach Anwendung, auch in der Blumenzucht. Haare, Federn, Borsten und Wollabfälle bedürfen be= sonderer Präparation; die letzteren sowie Abfälle aus Hutfabriken sind, weil hygro= skopisch, sehr geeignet für trocknen Sandboden und, weil lockernd, für leicht erhärtenden Boden. Leder und Hautstücke (altes Schuhwerk) werden gedämpft und in Pulverform in den Handel gebracht. Austern= und Muschelschalen, fast nur Kalksalze enthaltend, werden gemahlen, Abfälle von Leim= und Talgsiedereien am besten kompostirt.

Die Exkremente der Thiere — Harn und Faeces — sind schon von Alters her hoch geschätzt gewesen, besonders in der Form des Mistes durch Vermischung mit der Streu (Stroh, Schilf, Binsen, Laub aller Art, Waldstreu, Torf, Rasen, Heidekraut, Plaggen, Ginster, Sägespäne, Gerberlohe, Seetang, Erde, Sand u. s. w.). Sie repräsentiren den= jenigen Theil der thierischen Nahrung, welcher bei dem Prozesse der Ernährung nicht ver= braucht werden konnte, vermischt mit Ausscheidungen aus dem Thierkörper selbst, welcher wiederum nichts Anderes ist, als vordem assimilirter Nahrungsstoff. Der Kohlenstoff aus gewissen Nahrungsmitteln wird mit dem eingeathmeten Sauerstoff aus der Luft in den Lungen zu Kohlensäure verbrannt, welche ausgeathmet wird, oder im Thierkörper als Fett und fettige Gebilde in Verbindung mit Wasserstoff und Sauerstoff abgelagert, zum Theil auch mit den Exkrementen ausgeschieden; der Stickstoff bildet Fleisch und Fleischsubstanz, Leim u. dergl., oder wird zur Unterhaltung der Leistungen verbraucht und mit Harn und Faeces wieder ausgeschieden. Die Mineralstoffe werden im Körper abgelagert oder aus= geschieden. Das Knochengerüste besteht aus der phosphorsauren und kohlensauren Kalk= und Talkerde; Phosphate finden sich noch in den Eiweißsubstanzen, in der Milch, im Ge= hirn, in der Galle u. s. w.; Kieselsäure ist in den Haaren, Federn und der Wolle, Kochsalz in vielen Säften, Eisen im (rothen) Blute, schwefelsaures Kali und Natron in verschiedenen Flüssigkeiten. Alle Nahrung zerfällt im Thierkörper in Blut, welches zur Bildung und Ernährung der Organe dient, und in Ausscheidungen durch die Athmung, die Ausdünstung und die Exkremente; das Blut enthält alle Bestandtheile der Nahrung.

In den Exkrementen sind ebenfalls alle Bestandtheile enthalten, aber nicht in gleicher Menge; die im Thierkörper zurückgebliebenen oder in seinen Produkten enthaltenen Stoffe (Milch, Wolle, Haare z. B.) können sich hier nicht wieder finden; mit Stallmist allein kann also nicht Alles, was in dem Futter den Feldern entzogen wurde, wiedergegeben werden und noch viel weniger Das, was in Körnern und thierischen Produkten auf dem Markte verkauft wurde. Die durch die Exkremente ausgeschiedenen Stoffe sind in Harn und Faeces vertheilt; der Harn enthält hauptsächlich Stickstoff, etwas Kohlenstoff und Aschenbestand= theile, bei den Fleischfressern phosphorsaure Salze und Erden, bei den Pflanzenfressern überwiegend die kohlensauren Verbindungen; die Faeces enthalten die unverdauten Nah= rungsreste, weniger Stickstoff, mehr Kohlensäure und die sämmtlichen Mineralstoffe, aber in geringeren Mengen.

Der frische Harn (Urin) ist nur in Verdünnung mit viel Wasser als Dungmittel brauchbar, nach längerem Stehen bildet er nach erfolgter Gährung als Jauche einen sehr beliebten Dünger, besonders in der Gärtnerei, für Wiesen, Blattpflanzen und Obstbäume; verbessert wird er durch Mischung mit Schwefelsäure, Gips, Vitriol und dergleichen Sub= stanzen, welche dem Entweichen des (riechenden) Ammoniaks vorbeugen oder mit pulver= förmigem Dünger, wodurch seine Wirkung erhöht wird, — Knochenmehl, Kalisalze, Oel= kuchen u. dergl., oder durch Mischen mit Torfgrus, Gerberlohe und ähnlichen Materialien, endlich durch Uebergießen auf poröse Erde und Komposthaufen, von welchen das über=

schüssige Wasser leicht verdunsten kann. Die Faeces werden selten für sich allein ange=
wendet; oft aber mit der Jauche vermischt als Pfuhl oder Gülle, eine z. B. in Belgien
allgemein übliche Verwendung, welche besondere Stalleinrichtungen voraussetzt und die
Streu ersparen läßt. Bei Schafen und Schweinen, hie und da auch bei Rindvieh, ist das
sogenannte Pferchen üblich: die Thiere werden über Nacht in Einzäunungen getrieben, je
nach beabsichtigter Stärke dieser Düngung mehr oder weniger enge, und düngen so das
Feld direkt mit Faeces und Urin. Schafballen, im Wasser gelöst, finden in der Gemüse=
treiberei die beste Verwendung; auch bei der Blumenzucht, Oleander z. B.

Urat ist ein Fabrikat, dargestellt aus Urin und salzsaurer Talkerde, welches in
Pulverform verkauft wird (phosphorsaures Talkerde=Ammoniak). In England hat seiner
Zeit die flüssige Düngung viel Aufsehen gemacht; alle Ausscheidungen der Thiere ließ
man in große Bassins fließen und von dort mittels Dampfkraft und Röhrenleitung auf die
Felder gelangen. Bei uns zieht man das direkte Ausfahren in Fässern oder Karren, woran
eine Einrichtung zur Vertheilung in Form eines Sprühregens angebracht ist, vor.

Da, wo, wie vorherrschend, aller Stalldünger, mit der Streu vermischt, auf die
Dungstätte gebracht wird, erhält man den Mist und fährt diesen mittels Wagen auf das
Feld. Jede Dungstätte enthält an der tiefsten Stelle eine Senkgrube zur Aufnahme der
Mistjauche, in welche auch aus den Stallungen die Jauche oder der Harn direkt abfließt,
und eine Pumpe, um diese über den Mist spritzen oder in Fässer pumpen zu können.

Der Pferdemist ist am reichsten an Stickstoff und Phosphaten; die Ballen mischen
sich schwer mit der Streu, welche das Pferd in größerer Menge verlangt; er zersetzt sich
unter bedeutender Wärmeentwicklung und wird daher vorzugsweise in der Gärtnerei zu
Treibbeeten verwendet; er eignet sich am besten für schwerbündigen, etwas feuchten, kalten
Boden und würde auf den entgegengesetzten Bodenarten nur schaden.

Schafmist, gewonnen bei der Winterhaltung der Schafe im Stalle, ist reich an
Stickstoff und Aschenbestandtheilen, aber ziemlich trocken und mit den geringsten Mengen
von Streu vermischt. Er zersetzt sich im Stalle nur langsam, im Boden schnell, und wirkt
sehr kräftig, weil konzentrirt, aber nicht nachhaltig. Man giebt ihn am liebsten auf feuchtem,
thonigem Boden und zu Hanf, Raps, auch zu Tabak; er begünstigt beim Getreide die
Kleberbildung, bei Lein, Wein, Zuckerrüben aber die Quantität auf Kosten der Qualität.

Der Schweinemist, vielfach noch irrationell behandelt, enthält weniger Aschenbe=
standtheile und ziemlich viel Stickstoff, zersetzt sich nur langsam, ist immer sehr feucht und
daher gut für trocknes Gelände, am besten in Mischung mit Pferdemist.

Der Rindviehmist ist, frisch aus dem Stalle kommend, dem Pferdemist analog,
gut vergohren der eigentliche Normaldünger, anwendbar überall und zu jeder Frucht,
nicht zu rasch sich zersetzend und darum nachhaltiger.

Da, wo gleichartiger Boden sich findet, mischt man die Mistarten unter einander auf
derselben Düngerstätte. Wird die Jauche fleißig über den Mist ergossen, dann kann man
alle Ausscheidungen im Mistwagen ausfahren und hat alle Bestandtheile vereinigt.

Der Mist muß fest geschichtet werden, feucht erhalten bleiben und gegen Verluste
durch Entweichen von Gasen durch Aufstreu von Gips oder Erde oder andere absorbirende
Substanzen geschützt werden. Streut man über dieselben in regelmäßigen Gaben Das, was
man an Handelsdünger anwenden will, dann sichert man sich die höchste Wirksamkeit und
erhält so den vollständigsten und billigsten Dünger. Der Mist wirkt im Boden ähnlich dem
Humus und ist in der Summe seiner Wirkungen unersetzlich.

Die Exkremente der Menschen (Kloakenstoffe) enthalten dieselben Bestandtheile
wie die der Thiere, gut zersetzt, rasch assimilirbar, aber in der Regel mit zu viel Wasser
vermischt (oft bis über 95 Prozent). Der scharfe Geruch und das dem Menschen widerliche
Aussehen erschweren ihre Verwendbarkeit, der hohe Wassergehalt erhöht die Transportkosten.
Die Lösung der für die Wohlfahrt der Städte so wichtigen Kloakenfrage ist bedingt durch
die Verringerung des Wassergehaltes und die Formveränderung schon innerhalb der Städte
oder durch die Verringerung der Transportkosten mittels Wasserkraft oder Druckwerk mit

Dampfkraft. Da, wo Vermischung mit anderen Materialien stattfinden soll, gilt es, das Minimum des Mischmaterials mit dem Maximum der Faeces zu verbinden und die für die Bodenarten der Umgebung geeigneten Materialien zu verwenden, Torfgrus, Gerber= lohe, Sägespäne, Humuserde für festen, bündigen und lockeren Sandboden, Lehm, Ziegel= pulver für Kies und Sand, Kalk, Gips u. dergl. für krustirende, kalkarme Felder u. s. f.

Direkte Verwendung in flüssiger Form setzt lockeren, porösen Boden voraus (Sand= bodengruppe), gute Geruchlosmachung und gutes Abfuhrsystem nebst passender Entfernung der zu berieselnden Flächen, wozu Wiesen sich vorzüglich eignen. Der wirkliche Dungwerth der Ausscheidungen der Menschen berechnet sich nach heutigen Marktpreisen für Dungstoffe auf mindestens 2 Thaler pro Kopf. Fabrikate daraus bilden die pulverförmige Poudrette, Kunstguano u. dergl.

Die Exkremente der Vögel sind außerordentlich reich an Stickstoff und Phos= phaten, sehr energisch wirkend, weil konzentrirt, trocken, nicht pulverförmig, aber darum auch nicht direkt, sondern nur in Mischung mit Erde oder in Lösung mit viel Wasser ver= wendbar. Am höchsten steht der Taubenmist, der der Gänse muß erst gehörig zersetzt werden.

Guano werden die oft in mächtigen Lagern sich findenden Exkremente von Seevögeln, vermischt mit Resten der Vögel selber, genannt, welche zuerst durch A. v. Humboldt in Europa bekannt und seitdem, besonders von der peruanischen Küste, in großen Mengen bezogen wurden. Das trockne Klima schützte dort gegen Verluste an Nährstoffen, daher der Peruguano als der werthvollste gilt, während Bakerguano und verwandte Sorten, weil längere Zeit dem Wasser ausgesetzt gewesen, relativ reicher an Phosphaten, aber ärmer an Stickstoff sind und daher da, wo man nur Phosphate zu geben beabsichtigt, sehr geschätzt, da, wo aber auch die Stickstoffzufuhr Werth hat, minder begehrt sind. Die großen Guanolager in Peru und Chile sind fast erschöpft, nachdem Millionen von Cent= nern ausgeführt wurden; an anderen Orten hat man wol noch Guano gefunden, aber in unbedeutenderen Quantitäten, theilweise auch nur von geringerer Güte. (Baker=, Jarvis=, Howland=, Bolivia=, Saldanha=, Ichaboe=, Sea=Island=, Schwaneninseln=Guano, pata= gonischer, afrikanischer, indischer, Kap der Guten Hoffnung=, Fledermaus=Guano u. s. w.)

Der Guano gehört zu den am raschesten wirkenden Dungmitteln, welche aber deshalb auch nur in geringeren Gaben angewendet werden dürfen (gehörig verdünnt mit Wasser oder Erde, selbst Sand) und in den Gärtnereien sehr beliebt sind. Er wirkt vermöge seines reichen Stickstoffgehaltes zersetzend auf die im Boden enthaltenen Nährstoffe, den augen= blicklich wirksamen Theil derselben auf Kosten der Nachhaltigkeit vermehrend. Wirth= schafter, welche blos noch mit Guano düngten und das Vieh größtentheils abschafften, mußten bald zum vermehrten Ersatz wieder zurückkehren. — Neuerdings verkauft man auf= geschlossenen Guano, gut gepulvert und mit Säure behandelt, als noch rascher wirksam.

Auf den Chincha=Inseln, von wo der Guano, welchen schon die alten Mexikaner als Dungmittel viel gebraucht haben sollen, zuerst kam, unterscheidet man die oberste, jüngste Schichte mit weißer Farbe, als Guano blanco, in der Wirkung analog unserem Tauben= mist, und die darunter liegende, hellbraune Schichte als Angamosguano; dann kom= men die folgenden, immer dunkler werdenden Schichten, bis zu der letzten, rostbraun von Farbe, in welcher, weil vor Jahrhunderten schon abgelagert, keine Spur von Federn, Eierschalen, Vogelknochen u. dgl. mehr zu erkennen ist. Der scharfe Geruch bedingt große Vorsicht beim Ausgraben, besonders der tieferen, oft Hunderte von Fuß unter der Ober= fläche liegenden Schichten. Millionen von Seevögeln liefern auch heute noch Guano, aber in kaum nennenswerthen Mengen gegenüber den gewaltigen Vorräthen aus vergangenen Jahrhunderten. Von Alkalien finden sich nur wenige im Guano.

Unter den rein mineralischen Dungmitteln steht in Vollständigkeit die Asche obenan; besonders die Holzasche, welche freilich nur selten noch preiswürdig für den Landwirth zu haben ist. Sie wirkt ebenfalls sehr rasch und darum unvermischt schädlich, besonders bei keimenden Pflanzen; am besten wird sie auf Wiesen, im Herbste, ausgestreut und auf Kleefeldern im Frühjahr. Torf= und Braunkohlenasche wirken minder energisch und sind ärmer an werthvollen Mineralstoffen, die Steinkohlenasche kommt mehr nur zur Lockerung in Betracht, der Ruß hauptsächlich als Erwärmungsmittel. Ausgelaugte Asche, sogenannter Aescherich, ist weniger ätzend, aber auch weniger werth, weil des kohlensauren Kali, der Pottasche, schon beraubt. Kalk, als gebrannter Kalk, ist schon im Alterthum als wesentliches Korrektiv für bündige und kalkarme Boden= arten verwendet worden. Man giebt ihn im Herbste in Mengen von nur wenigen bis zu einigen Hundert Centnern pro Hektare. Er liefert der Pflanze direkt zwar nur Kalkerde, indirekt aber dadurch, daß er die gesammten Absorptionsthätigkeiten wesentlich befördert und zersetzend auf die humösen Reste, Unkräuter, Ungeziefer u. s. w. wirkt, auch noch andere Nahrungsmittel. Er neutralisirt die Säuren im Boden, fixirt die Salpetersäure der Luft und befördert das Eindringen nützlicher Gasarten. Aehnlich wirken alle Mergel= arten und in mehr spezifischer Richtung der Gips, welcher Schwefelsäure und Kalk liefert.

Ammoniaksalze und Salpeter gehören zwar zu den theuren Dungmitteln, sind aber nichtsdestoweniger sehr geschätzt, weil sie, noch besser als Guano, bei außerordentlich rascher Wirksamkeit, zersetzend auf den Bodenbestand wirken und dadurch den assimilations= fähigen Vorrath von Nährstoffen, freilich auf Kosten der Nachhaltigkeit, vermehren. Man giebt sie hauptsächlich für Wiesen. Gaswasser wirkt ähnlich, weil viel kohlensaures Ammoniak enthaltend. Von den Salpetersalzen kommt der Chilisalpeter (Natronsalpeter) in Betracht, welcher in großen Lagern in Chile gegraben wird; andere Arten sind seltener oder zu theuer (Kalisalpeter). Alle diese Salze müssen sehr verdünnt werden; alle stark stickstoffhaltigen Dünger empfehlen sich besonders da, wo forcirte Ernten erzwungen werden sollen und aus der Atmosphäre nicht genug Stickstoff niedergeschlagen wird.

Kochsalz wird, besonders in England, viel zur Düngung verwendet; es liefert un= wesentlichere Bestandtheile und kann sogar schädlich wirken, wenn nicht sehr verdünnt; sein eigentlicher Nutzen beruht auf der besseren Verbreitbarkeit der Phosphate. Die neuerdings in Staßfurt dargestellten Kalipräparate liefern den Pflanzen dagegen einen sehr wesent= lichen Bestandtheil und gerade den, an welchem leicht Mangel im Boden entstehen kann. Am sichersten und unschädlichsten wirken das salpetersaure, das kohlensaure und das schwefel= saure Kali; besser noch die schwefelsaure Kali=Magnesia, minder gut und zum Theil sogar schädlich, weil die Chlorverbindungen den keimenden Saaten und zarten Wurzeln tödlich sind, die sogenannten konzentrirten Kalisalze (Chlorkalium). Man giebt diese Dünger für Tabak, Lein, Klee= und andere Futterpflanzen, für Kartoffeln, Rebstöcke, Gemüse, vor Allem Spargel, und zur Düngung der Wiesen. Die chlorhaltigen werden zweckmäßiger kompostirt, oder über den Mist gestreut, oder nur im Herbst gegeben.

Phosphate finden sich in den Koprolithen (Exkremente vorsinbflutlicher Thiere), welche im jurassischen Gesteine und in denen der Kreideformation gefunden werden, im Apatit und Phosphorit, von welchen Spanien und Nassau große Lager besitzen, im sogenannten Sombreroguano und in verwandten Gesteinen. Alle diese werden zu Super= phosphaten verarbeitet. Kali und andere Nährstoffe liefern auch feldspathhaltige Gesteine, also auch der Chausseestaub aus solchem Gestein, der Fluß=, Bach= und Teichschlamm 2c.

Derartige Materialien werden in der Regel zu Kompost verarbeitet. Man schichtet dazu alle Arten von Abfällen mit zersetzenden Materialien über einander und befeuchtet die Haufen fleißig mit Jauche. Mehrmaliges Umarbeiten ist erforderlich, um das Ganze brauchbar und zur homogenen Masse zu machen. In der Gärtnerei spielt die Kompostbe= reitung die größte Rolle; man macht Kompost mit der Grundlage von Torf, Humuserde, Gerberlohe, Laub, Kalk, Sand 2c., je für verschiedene Gebrauchszwecke geeignet.

· Mit den Ernten entzieht man den Feldern eine gewisse Menge von Nährstoffen; deren Ersatz soll die Düngung geben. Auf überreichem Boden entbehrlich, selbst schädlich, wird sie um so nothwendiger, je forcirter der Anbau betrieben wird und je ungünstiger der Boden gemischt ist. Im Großen und Ganzen bildet der Mist die Hauptgrundlage des Er= satzes, giebt aber nicht Alles wieder, was entzogen wurde, wenn die Ernte zum Theil verkauft und zum Theil verfüttert wird. Da, wo Wiesen in genügender Menge vorhanden

sind und diese alljährlich durch befruchtenden Schlamm bereichert werden, kann die Stall=
mistwirthschaft für sich allein genügen zur Erhaltung der Fruchtbarkeit; da, wo, wie in groß=
artigen technischen Etablissements, Zucker, Spiritus, Bier, Oel u. dergl. die wesentlichsten
Verkaufsobjekte bilden und mit den Abfällen Mastwirthschaft unterhalten, also nur er=
wachsenes Vieh ge= und verkauft wird, kann ebenfalls weiterer Ersatz oft unterbleiben,
zumal dann, wenn noch Zukauf von Rohmaterialien stattfindet; in diesem Falle liefert der
Zukauf des Rohstoffs den vollsten Ersatz, in beiden wird fast nur organische Masse ausge=
führt und für diese ist die Atmosphäre eine unversiegbare Ersatzquelle. Ueberall sonst muß
der Stallmist um die Summe dessen, was ihm fehlt, ergänzt werden; in weitaus den
meisten Fällen wird die Beidüngung mit Kali und Phosphaten genügen, in vielen anderen
aber auch noch auf Magnesia (Talkerde) und sehr oft noch auf Kalk Bedacht genommen
werden müssen, während die Zufuhr von Natron, Kieselsäure u. dergl. wol nirgends als
nothwendig erscheint. Ohne Ersatz verarmt das Feld und verlieren, wenn selbst nur ein
Nährstoff fehlt, die übrigen, noch vorhandenen, ihre Wirksamkeit, da nur dann die Pflanze
gut zu gedeihen vermag, wenn ihr alle ihr nothwendigen Nahrungsmittel zu Gebote
stehen. Schwache Saaten, mangelnde Körnererträge, Mißrathen einzelner Früchte, Ueber=
handnehmen von Pflanzenkrankheiten und dergleichen unliebsame Erscheinungen lassen stets
darauf schließen, daß der Boden ganz verarmt oder doch ungünstig gemischt ist, also der
Korrektur bedarf. Düngung und Bearbeitung müssen sich ergänzen, jene den Ersatz direkt,
diese indirekt liefern, d. h. den Dünger, den Bodenvorrath und die düngenden Luftarten
wirksam werden lassen. Chemische und mechanische Kräfte zersetzen das Gestein und wan=
deln es in Boden um, sie müssen dem Menschen dienstbar sein, um das Bodenmaterial in
Pflanzennahrung umzuwandeln und das Maximum der Erträge gewinnen zu lassen.

Die geernteten Pflanzen werden zum Theil direkt, zum Theil indirekt auf dem Um=
wege durch die Stallungen dem Boden wieder einverleibt, um neuen Pflanzenwuchs zu
ermöglichen; zum Theil dienen sie Menschen und Thieren zur Nahrung. Diese geben in
ihren Ausscheidungen die Materialien zum Neubau wieder zurück und nach ihrem Tode
auch Das, was sie während ihres Lebens in ihren Organismen an Bestandtheilen der Luft,
des Wassers und des Bodens fixirt haben. Das Wasser verdunstet an seiner Oberfläche in
die Luft als Wasserdampf, welcher, von der porösen Ackerkrume verdichtet, das Wachsthum
der Pflanzen in der regenlosen Zeit ermöglicht; der Wasserdampf verdichtet sich zeitweise
zum tropfbar flüssigen Regen, welcher auf den Boden hernieder fällt, durch Boden und
Gestein dringt, lösend und Nährstoff verbreitend, zu Bächen und Flüssen sich sammelt und
schließlich im Weltmeere sich wieder ansammelt. Die Pflanze entzieht mit der Bodenlösung
die Bodenbestandtheile und verdunstet das Wasser zum Theil, so ihren Tribut der Atmo=
sphäre wieder darbringend. Im ewigen Kreislauf bewegen sich die Stoffe zu
immer neuen Bildungen; Leben und Sterben ist Bilden und Umbilden, Formverän=
derung der Grundstoffe, welche immer und immer wieder zu neuen Gebilden sich zusammen=
finden. Der Mensch muß diese Prozesse zu regieren, in seinen Nutzen zu verwerthen suchen;
er bearbeitet und düngt den Boden, bestellt ihn mit neuer Saat, züchtet Pflanzen und Thiere
und sammelt die Reste und Abfälle, um wieder neue Gebilde zu schaffen und wachsen zu
lassen. Er nimmt und giebt wieder nach Willkür und Bedarf; Raubbau oder Raub=
wirthschaft ist Nehmen, ohne wieder zu geben, oder Nehmen in größerem Grade; vordem,
ehe man die Naturgesetze des Feldbaues kannte, fast allgemein üblich, jetzt nur noch selten
zu finden, nachdem J. v. Liebig die Folgen davon scharf gezeichnet hat. Da, wo der
Raubbau herrschend wird, folgt ihm die Unkultur, die Verarmung der Nationen, und wird
der Boden wieder zu Unland und Einöde; da, wo verständiger Anbau mit reichlichem Er=
satze sich findet, wird das Land immer tragfähiger und vermag einer immer größeren Zahl
von Menschen die Bedingungen des Daseins zu sichern. Die Grundstoffe zum Aufbau der
Pflanzen sind in unerschöpflichen Mengen uns gegeben und werden mit der Zunahme der
Thiere und Menschen in vermehrter Weise wiedergegeben.

Dem Bergwerk ist zu trauen,
Das mit dem Pflug wir bauen.

Friedrich v. Logau.

Der Feld- und Wiesenbau.

Abhängigkeit der Pflanzen von Boden und Klima. Gruppirung derselben: Halmfrüchte, Hackfrüchte, Blattpflanzen, Körnerfrüchte, Handelspflanzen, Knollengewächse. Fruchtwechsel. Getreidebau: Weizen, Roggen, Gerste, Hafer, Mais, Buchweizen, Hirse, Bohnen, Erbsen, Linsen, Reis. Hackfruchtbau: Kartoffeln, Runkeln, Cichorie, Möhren. Oelfruchtbau: Raps, Rübsen, Awehl, Dotter, Mohn, Sonnenblume. Lein und Hanf. Tabak und Hopfen. Futterpflanzen und Futterbau. Wiesenbau.

Daß überhaupt die Zahl der von dem Menschen kultivirten Pflanzen gegenüber der Menge der auf der Erde vorhandenen Spezies eine sehr geringe ist, wurde bereits erwähnt; die bei der Kultur im Großen, dem eigentlichen Ackerbau, irgendwo gebräuchlichen Pflanzen repräsentiren wiederum die engere Auswahl unter diesen, hauptsächlich aus dem Grunde, weil der Landmann nur mit möglichst sicheren Faktoren rechnen soll, also nur diejenigen Früchte bauen darf, welche unter seinen gegebenen Verhältnissen den lohnendsten Ertrag mit Sicherheit erwarten lassen. Jede Kulturpflanze braucht zu ihrer vollkommenen Entwicklung eine gewisse Summe von Wärme und die ihr zusagende Witterung in allen Stadien dieser ihrer Entwicklung; da, wo solche Bedingungen sich nicht finden, kann nur die höhere Kunst des Gärtners mit den diesem zu Gebote stehenden Schutzmaßregeln und direkten Einwirkungen die Kultur wagen lassen, nicht aber die des Landmanns, welcher der Witterung gegenüber ziemlich machtlos bleibt und nach jeder Saat das Beste von der Gunst des Himmels erwarten muß.

So begrenzt aber auch die Zahl der ihm zu Gebote stehenden Pflanzen ist, so ist sie doch da, wo überhaupt Ackerbau noch mit lohnendem Erfolge betrieben werden kann, immer noch groß genug, um eine Wahl noch als räthlich erscheinen zu lassen und die anbauwürdigen Pflanzen in für den Landwirth wichtige Gruppen trennen zu können.

32*

Halmfrüchte nennt er die ihm für die Kultur im Großen zu Gebote stehenden Pflanzen aus der Familie der Gräser, gemeiniglich auch mit dem Namen Getreide oder auch Cerealien (Ceres) bezeichnet; ihnen treten ergänzend die Hülsenfrüchte zur Seite: Erbsen, Bohnen, Linsen u. dgl.; Hackfrüchte sind solche, welche während des Wachsthums mehrmals behackt werden müssen, und wenn schon bei der Drillkultur das Behacken auch für noch andere Pflanzen Anwendung findet, so versteht man doch unter obigem Namen hauptsächlich nur Kartoffeln, Rüben aller Art, Möhren u. s. f.

Blattpflanzen werden diejenigen genannt, welche durch dichten Blattwuchs den Boden vollständig beschatten und bei welchen man hauptsächlich nur Blätter erzeugen will; dahin gehören fast sämmtliche zur Fütterung gebauten Gewächse; man unterscheidet dann von diesen die oben genannten Hackfrüchte auch als Knollengewächse und die Getreide= arten als Körnerfrüchte.

Unter Handelspflanzen versteht man alle diejenigen, deren Produkt größten= theils verkauft werden soll, also in der Wirthschaft selbst nicht zur Verwendung kommt; man trennt sie wieder in Oelfrüchte, Farbepflanzen, Gespinnstpflanzen, narko= tische Pflanzen u. s. w.

Fruchtwechsel. Der Landmann wechselt auf seinen Feldern im Anbau gerne mit den verschiedenen Pflanzen, weil er weiß, daß sie nicht alle in gleichem Grade den Boden und den Dünger in Anspruch nehmen, daß sie tiefe und flachgehende, seitlich stark und weniger stark verzweigte Wurzeln treiben, viel und wenig Rückstände im Boden hinterlassen, mehr und weniger das Wuchern des Unkrautes und das Erhärten des Bodens begünstigen, zu un= gleicher Zeit gesäet und geerntet werden. Durch eine passende Fruchtfolge sichert er sich also die beste Ausnutzung des Bodens, die zweckmäßigste Vertheilung der Arbeiten über das ganze Jahr, die Erleichterung in der Bestellung, die Ersparung an Arbeit und Kapital, die Sicherstellung seiner Ernten gegenüber der Witterung, welche jedes Jahr eine wechselnde ist und bald die, bald jene Pflanze begünstigt oder benachtheiligt. Könnte auch Kunst und Wissenschaft die Fruchtfolge entbehrlich machen lassen, so würde der Landwirth doch nicht auf ihre Vortheile verzichten wollen, weil er nicht alle seine Hoffnungen auf nur eine Karte setzen mag und nicht zeitweise mit Arbeit überhäuft und zu anderer Zeit beschäftigungslos sein will, und weil er oft nach der Ernte nicht die zur Bestellung des Feldes zu neuer Saat nöthigen Arbeiten in der gegebenen Zeit bewältigen könnte. Da, wo der Winter ziemlich frühzeitig kommt, muß die Fruchtfolge sorgsamer gewählt werden als da, wo ein milder Winter erst spät die Fröste bringt und auch in den Wintermonaten die Feldbearbei= tung gestattet. Da, wo die Felder im Frühjahr rasch abtrocknen und sich erwärmen, kann viel sorgloser gewirthschaftet werden als da, wo erst spät die Bestellung ermöglicht wird und deshalb die Auswahl unter den anzubauenden Pflanzen eine sehr beschränkte ist.

Diejenigen Pflanzen, welche in frischer Düngung gut gedeihen, sind vor Allem die Hackfrüchte, die Futterpflanzen und unter den Oelfrüchten die Rapsarten; sie werden des= halb in die erste Reihe, „erste Tracht“, gestellt, alle Getreidearten zweckmäßiger in zweite und dritte Tracht, weil allzu starke Düngung ihnen schaden würde. Das Getreide verliert bald seine Blätter und gestattet damit dem Winde und der Sonne das Eindringen; dadurch wird der Boden erhärtet und verunkrautet leichter. Man läßt daher dem Wintergetreide die Sommerfrucht, welche im Frühjahr gesäet wird, folgen, weil man bis dahin Zeit zur Bearbeitung gewinnt, und säet gerne in die Sommerfrucht den Klee und ähnliche Pflanzen, welche den Boden schon während des Wachsthums des Getreides beschatten und nach der Ernte desselben völlig bedecken, während wiederum das abgeerntete Futterfeld vorzügliche Vorfrucht für Getreide und Hackfrüchte bildet u. s. f.

Jede Pflanze so zu stellen, daß sie von der Vorfrucht die ihr günstigsten Bedingungen vorfindet und der Nachfrucht die besten Standortsverhältnisse darbietet, ist die bei der Wahl der Fruchtfolge zu beachtende Regel. Wenn irgend möglich, wechselt man zwischen Blatt=, Halm= und Hackfrüchten beständig ab, so daß nur dann zwei Pflanzen derselben Gruppe sich auf einander folgen, wenn zwischen Ernte und Saat Zeit genug zur Wiederherstellung der durch die vorangegangene Kreszenz gestörten Wachsthumsbedingungen gegeben ist.

Früher unterschied man noch zwischen bereichernden, schonenden und angrei=
fenden oder beraubenden Pflanzen; jetzt weiß man, daß alle Kulturpflanzen dem
Boden eine gewisse Summe von Nährstoffen entziehen und daß keine mehr giebt als sie
nimmt, also auch keine bereichern kann. Wohl aber hinterläßt die eine Pflanze den Boden
in besserem Zustande für eine folgende Saat als die andere, so daß obige Unterscheidungen
mehr auf die physikalischen Bodenzustände wie auf den Nahrungsbestand zurückzuführen
sind. Man sprach auch von vornehmen und minder vornehmen Früchten und suchte
jenen die besten Bedingungen zu sichern; dazu rechnete man vor Allem das Getreide, dessen
Körner überall da, wo noch wenig entwickelte Verhältnisse sich finden, die alleinige oder
fast ausschließliche Marktwaare bilden. Gegenwärtig haben alle angebauten Gewächse
einen Werth, und hat man längst einsehen lernen, daß es gleichgiltig ist, ob die Ernte
direkt verkauft werden kann oder nur indirekt, z. B. durch Ver=
fütterung an das Vieh oder durch Verarbeitung in Spiritus= oder
Zuckerfabriken, in Oelmühlen und dergleichen Anlagen mehr.

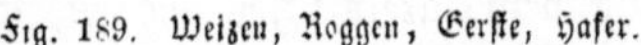

Fig. 189. Weizen, Roggen, Gerste, Hafer.

Manche Handelspflanzen werden nur zum direkten Verkaufe des Hauptproduktes angebaut; sie
geben in ihren unverkäuflichen Theilen minder werthvolle Materialien als das Getreide, wel=
ches außer den Körnern noch Stroh und Spreu als oft eben so hochgeschätzte Produkte liefert.

Der Getreidebau. Das Getreide gehört zu den unentbehrlichsten Nahrungs=
mitteln und liefert außerdem noch das Rohmaterial zu mancherlei wichtigen Fabri=
katen: Bier, Stärke und Spiritus in erster Linie. Unter Korn versteht man die land=
übliche Brotfrucht: Roggen im Osten und Norden von Europa, Weizen in West= und in
Mitteleuropa, Hafer in den Gebirgsgegenden, Mais in Südeuropa, Amerika, Nordafrika
und einem großen Theile von Asien, Reis im übrigen Asien und in Afrika; weitaus die
Mehrzahl der Menschen lebt vom Reis, von dem Reste wieder der größte Theil vom Mais;
Weizen wird von weit mehr Menschen als Brotfrucht verwendet, als Roggen und Hafer;
Gerste, Buchweizen u. dgl. kommen nur in untergeordnetem Grade zur Verwendung; die
Gerste dient hauptsächlich zur Fütterung und zur Bier= und Spiritusfabrikation.

Unter den Getreidearten werden der Weizen und der Roggen schon seit Langem als Sommer= und als Winterfrüchte gebaut, also ein= und zweijährig; ursprünglich kannte man sie nur als Sommerfrucht; auch Gerste wird in manchen Gegenden, aber nur in bestimmter Varietät, als Winterfrucht gebaut, und neuerdings noch, aber nur selten, der Hafer. Alle Winterfrüchte werden im Herbste gesäet, müssen also die Winterkälte vertragen können; sie haben eine weit längere Vegetationszeit und bilden vollkommnere, schwerere Körner mit lohnenderem Ertrage. Die einjährigen Arten vertragen nur wenige Grade Kälte, Mais, Hirse und Buchweizen gar keine und der Reis setzt wärmere Klimate voraus.

Der Weizen (Triticum, vom lateinischen tero, trivi, tritum = reiben, dreschen, weil bei den Römern die ausschließliche Dreschfrucht) geht bis zum 64.° nördl. Br. und, je nach Lage, bis zu 4000 m. Meereshöhe; er braucht als Sommerfrucht bis zu 140, als Winterfrucht bis 280 Tage Reifezeit. Schneelose Winter, Kälteextreme (über 30° C.) und Nässe verträgt er nicht (Auswintern, Ausfrieren). Er liebt die bündigeren Bodenarten der Thonbodengruppe, welche seinen eigentlichen Standort bilden, gedeiht aber auch noch auf den thonreichen Sand= und Kalkfeldern; gute Dungkraft ist ihm nothwendig, Asche und Phosphate, besonders Superphosphate, sind, wie für alle Körnerfrüchte, passende Hülfsmittel zur Steigerung der Erträge. Gleichmäßigste Mischung der Nährstoffe ist Bedingung für gute Weizenkultur, Frische und Bündigkeit kann er nicht entbehren, daher der Boden nicht zu sehr gelockert sein darf. Die besten Vorfrüchte sind: Hackfrüchte, Futterpflanzen, auch Hülsenfrüchte und Rapsarten.

Man baut den Weizen in sehr vielen Varietäten und in mehreren Arten, als: 1. gemeiner Weizen (Triticum vulgare) in zwei Hauptarten: Bartweizen mit Grannen und Kolbenweizen ohne Grannen, ersterer sicherer gegen Vogelfraß, letzterer ertragreicher und besser im Mehle; 2. englischer Weizen (Tr. turgidum), darunter vorzügliche, aber auch viel empfindlichere Varietäten, in der Regel mit festeren Halmen und dickeren Spelzen, weniger leicht dem Lagern und dem Brande unterworfen; 3. Bart=, Glas= oder Gerstenweizen (Tr. durum), mit sehr langen Grannen und 4. polnischer Weizen, beide von untergeordneter Bedeutung; 5. Spelz (Tr. spelta); 6. Emmer (Tr. amyleum) und 7. Einkorn (Tr. monococcum), bilden die uneigentlichen Weizenarten, welche mit den leichteren Bodenarten vorlieb nehmen und da gebaut werden, wo der eigentliche Weizen nicht mehr gedeihen will. Die Spelze sind hochgeschätzt, das Einkorn nimmt die unterste Stufe unter den Weizenarten ein. Man erntet pro Hektare von gutem Winterweizen von 18 bis 50 Centner Körner und 40 bis 120 Centner Stroh, von Spelz etwa 12 bis 45 Centner Körner und 36 bis 100 Centner Stroh, von Emmer 10 bis 20 Centner Körner und 60 bis 80 Centner Stroh, von Einkorn 10 bis 20 Centner Körner und 48 bis 80 Centner Stroh; als Sommerfrucht geben alle Arten bis 20 Prozent weniger Ertrag. Der gemeine weiße Bartweizen liefert, dicht gesäet, vortreffliches Flechtstroh.

Von Roggen, Secale (von dem lateinischen secare, schneiden, weil bei den alten Völkern nur als Grün=, Schnittfutter gekannt), wird nur eine Art, aber in mehreren Varietäten, gebaut; unter diesen ist der Staudenroggen am höchsten geschätzt, weil er sich stärker bestaudet und besseren Ertrag giebt. Der Roggen wird auch bei uns vielfach als Grünfutter gebaut; einzelne Varietäten vertragen es, einen guten Schnitt davon zu nehmen und dann doch noch gute Körnerernte zu liefern. Er geht bis zum 67.° nördl. Br., in der Schweiz noch bis zu 1600 m. Höhe, verträgt mehr Kälte und rauhere Lage als der Weizen, aber keine Nässe; er braucht als Winterfrucht 280 bis 290 Tage Reifezeit, als Sommerfrucht 140 bis 154 Tage. Sein gedeihlichster Standort sind die lockeren Bodenarten, mit genügender Reinheit und Frische in Krume und Untergrund, selbst steinige Berghänge. Im Körnerertrage steht der Roggen dem Weizen nach, denn man erhält von 12 bis 48 Centner Körner und 20 bis 120 Centner Stroh bei gewöhnlichem Roggen, 5 bis 20 Prozent mehr von Staudenroggen und bis 20 Prozent weniger beim Sommerroggen.

Weizen und Roggen werden auch unter einander gesäet als sogenanntes Mengkorn und geben dann höhere Erträge als jede Frucht für sich allein; ebenso beobachtet man, daß die Saat verschiedener Varietäten von Getreide unter einander höhere Erträge sichert, was sich dadurch erklärt, daß die Witterung eine Sorte stets mehr wie die anderen begünstigt, diese also üppiger wächst, die anderen aber schützt, so daß dann diese später bei ihnen zusagender Witterung sich erholen können und gleichfalls noch gut gedeihen.

Die Gerste (Hordeum) beansprucht in allen Beziehungen normale Verhältnisse — Mittelboden, gleich weit von der Thonboden- wie von der Sandbodengruppe. Man baut sie in folgenden Arten: 1. sechszeilige Gerste (H. hexastichon), auch als Wintergerste, schon den Alten bekannt, zur Bierbrauerei nicht geeignet, ertragreich auf gutem Boden; 2. vierzeilige oder gemeine Gerste (H. vulgare), gut für Fütterungszwecke und zum Brotbacken, am meisten verbreitet im Norden, und 3. zweizeilige Gerste (H. distichon), vorzüglich zur Brauerei, sehr ertragreich, mehr im Süden verbreitet — von der Mainlinie an; die beiden letzten Arten werden in vielen Varietäten gebaut.

Wie in Bezug auf den Boden, so stellt auch an die Bestellung die Gerste die höchsten Anforderungen, sie bedarf von 119 bis 154 Tagen zur Reife; eine Varietät der vierzeiligen Gerste kann in 60 bis 90 Tagen reifen und daher noch auf Island und im hohen Sibirien, wo keine andere Getreideart fortkommt, gebaut werden. Je weiter nach Süden, um so feiner und besser ist das Korn. Das Ergebniß ist sehr verschieden, von 16 bis 70 Centner Körner und 20 bis 80 Centner Stroh, je nach Sorte. Das Stroh ist gut zur Fütterung, die Spreu aber nicht wegen der langen Grannen.

Der Hafer (Avena) wächst wild an den Ostseeküsten und anderwärts in den geringen Arten: Wildhafer, Windhafer, kurzer Hafer, nackter Hafer, zum Theil als lästiges Unkraut; andere Arten bilden geschätzte Wiesengräser. Kultivirt werden in mehreren Varietäten 1. der gemeine Hafer oder Rispenhafer (Avena sativa) und 2. der orientalische Hafer (Avena orientalis), auch Fahnenhafer genannt; der letztere verlangt besseren Boden, giebt höheren Ertrag, aber geringwerthigeres Futterstroh und dickspelzigere Frucht. Der Hafer lohnt vorzüglich in gutem Boden, ist aber auch noch auf sehr geringem Boden anbauwürdig und gehört zu den sehr wenigen Pflanzen, welchen unausgeglichene Bodenzustände (Neubruch-, Waldboden u. s. w.) nicht schaden. Er ist das Kind des Nordens, geht bis zum 67.° nördl. Br., in Deutschland noch bis 1150 m. Höhe, braucht 100 bis 150 Tage zur Reife und nimmt noch Felder ein, wo anderes Getreide nicht mehr gedeiht. Man erntet von 12 bis 50 Centner Körner und 25 bis 90 Centner Stroh.

Die Getreidearten leiden alle bei zu üppiger Düngung, und zumal solcher von humösen Stoffen mit zu wenig Mineralstoffnahrung, am Lagern, d. h. daran, daß die Halme sich niederlegen und, besonders nach Regen, nicht wieder sich erheben können. Der Weizen friert leicht aus und kann ganz zu Grunde gehen bei schneelosem Winter. Rost, Brand und Mutterkorn sind durch Pilze verursachte Krankheiten fast aller Getreidearten, welche nicht nur den Ertrag sehr gefährden, sondern auch das Mehl verschlechtern und selbst ungenießbar machen können; das hauptsächlich dem Roggen eigenthümliche Mutterkorn ist sogar giftig. Eine Fülle von Insekten zernagen die Halme oder die Körner, Mäuse, Hamster, Vögel und Wild aller Art stellen den Saaten oder den reifenden Ernten nach; Schnecken können ganze Gewandungen zerstören.

Der Mais (Zea) gehört zu den Pflanzen der wärmeren Zone. Man baut den Mais in sehr vielen Varietäten, welche hauptsächlich nach der Farbe und Zahl der Körner oder nach deren Form unterschieden werden; die Arten werden vorzugsweise nach der Heimat benannt; Pferdezahnmais ist am beliebtesten; der Hühnermais hat die kleinsten Körner. Man kennt die Pflanze auch unter den Namen welsches Korn, türkischer Weizen, Türkenkorn, Kukurutz; sie stammt aus Amerika. Alle ihre Theile sind verwerthbar. Die zahlreichen Seitenschößlinge und Triebe bilden ein zartes Futter, die Kolben enthalten die Körner in Reihen, oft bis zu 600 Stück; die enthülsten Kolben sind vortreffliches Brennmaterial, die Deckblätter dienen zur Papierfabrikation und zur Darstellung von Matten, Strohdecken, Bienenkörben, Polstern u. dgl. Die strohig gewordenen

Halme werden nach der Ernte geschnitten und mit Salz eingemacht und so vom Vieh gerne gefressen. Der Mais beschattet den Boden vollständig, so daß er die Vortheile der Blattpflanzen bietet, und da er in Reihen gesäet wird und öfters behackt werden muß, so vereinigt er damit auch noch die der Hackfrüchte; er verträgt die stärkste Düngung und wird somit vortreffliche Vorfrucht für andere Pflanzen, besonders für Getreide.

Körnermais gedeiht am besten bei 15 bis 17° mittlerer Temperatur und erfordert bis 180 Tage Reifezeit, in warmem Klima nur bis 100 Tage. Er liebt mehr trockne Wärme, aber entsprechende Feuchtigkeit bis zur Entwicklung der ersten Blätter. An Kali, Kalk und Phosphorsäure darf es im Boden nicht fehlen. Bei der Ernte bricht man zunächst nur die Kolben ab; diese müssen getrocknet und dann entkörnt werden, wozu besondere Maschinen dienen. Man erntet bei uns von 40 bis 150 Centner Körner, 120 bis 160 Centner Stroh, 12 bis 16 Centner Deckblätter und 20 bis 40 Centner Kolben, als Grünfutter bis zu 1200 Centner.

Die Hirse (Panicum) wird als gemeine Rispenhirse und als italienische oder Kolbenhirse gebaut; sie gedeiht am besten im Klima des Weines, aber auch noch weit

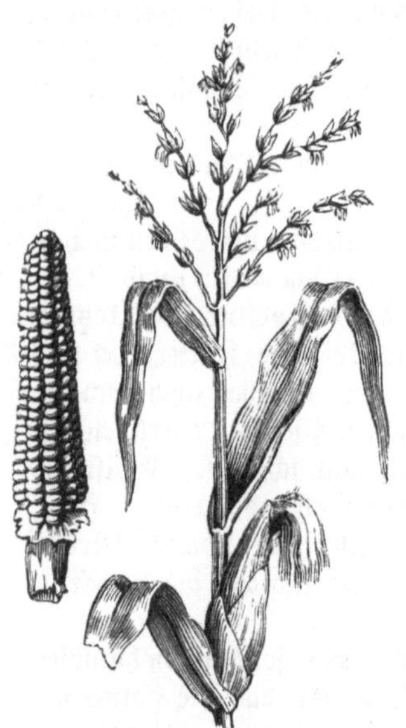

darüber hinaus; sie erfordert bis 110 Tage zur Reife, sonnige Lage, warmen Boden, sorgsamste Bestellung und gute Düngung, giebt dann aber auch bis zu 48 Centner rohe und 28 Centner enthülste Körner und bis 80 Centner Stroh.

Sorghum (Sorghum saccharatum) ist eine neuerdings eingeführte Pflanze, welche da, wo sie gebaut werden kann, d. h. in wärmeren Klimaten, außerordentlich werthvoll wegen der Mannichfaltigkeit ihrer Produkte: Körner, Zucker, Farbstoffe, Futter, ist. Sie stammt aus China und heißt auch chinesisches Zuckerrohr. In Frankreich wird sie auf den Feldern gebaut, jedoch nur verpflanzt, nachdem die Samen in Treibkästen gesäet wurden.

Der Buchweizen (Polygonum Fagopyrum), auch Heidekorn genannt, reift in 100 Tagen, verträgt zwar gar keinen Frost, kann aber doch in rauheren Lagen noch gebaut werden und geht selbst bis zum 72.° nördl. Br. Er ist die genügsamste unter den Getreidepflanzen, leidet aber oft am Taubblühen und durch wechselnde Witterung; man erntet bis 36 Centner Körner und 80 Centner Stroh, rechnet aber unter 4 bis 5 Ernten stets eine Fehlernte. Er ähnelt den

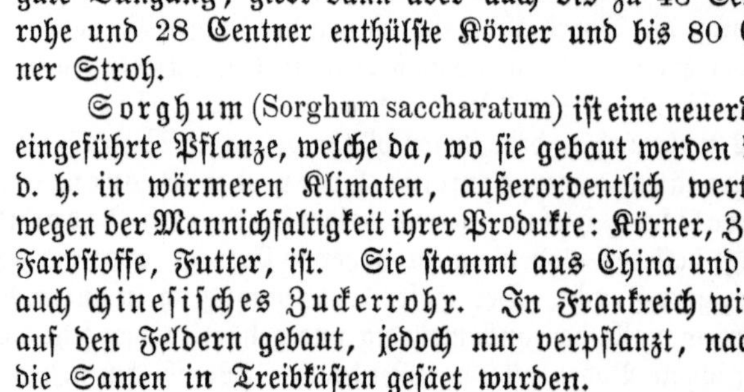
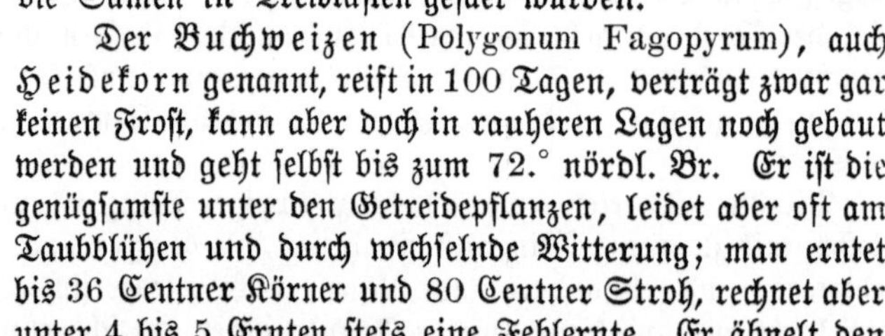
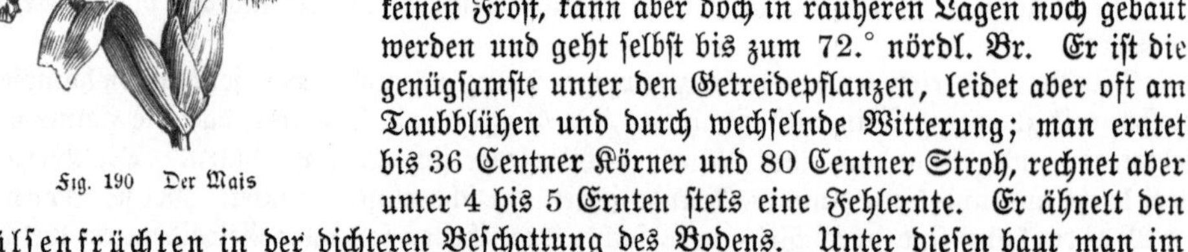

Fig. 190   Der Mais

Hülsenfrüchten in der dichteren Beschattung des Bodens. Unter diesen baut man im Großen vorzugsweise die Erbse, die sogenannte Pferde- oder Sau- oder Ackerbohne, die Linse und die Wicke.

Die Pferdebohne (Vicia faba) gedeiht sehr gut auf feuchterem, bündigem Boden, Bruchboden, abgelassenen Teichen und ähnlichen Grundstücken; sie verlangt viel Mist (Humus) und reichlich Mineralstoffe, gute Bestellung und Reihensaat, und giebt bis 60 Centner Samen und 80 Centner Stroh, welches, wie das aller Hülsenfrüchte, gut zur Fütterung sich eignet.

Die Erbse (Pisum) liebt trocknen, kalkhaltigen Boden, Lockerheit, Reinheit, Wärme und mäßige Frische; sie verträgt die Mistdüngung und bildet deshalb gute Vorfrucht für andere Pflanzen, zumal sie auch dicht beschattet. Sie erfordert 110 bis 140 Tage Reifezeit und geht bis zum 58.° nördl. Br. Taubblühen, Mehlthau und die Erbsenkäfer sind die hauptsächlichsten Kalamitäten beim Erbsenbau. Man erntet bis zu 30 Centner Körner und 80 Centner Stroh, aber auch oft genug nur bis zu 20 Centner Körner. Nicht minder werthvoll ist die Linse (Ervum); sie verträgt starke Frostkälte, geht bis zum 60.° nördl. Br., reift in 150 Tagen, liebt leichte, sonnige Felder, vor Allem Reinheit, Drillkultur und fleißiges Jäten. Der Ertrag ist sehr ungleich, von 12 bis 36 Centner Körner und 20 bis 28 Centner Stroh.

Der gemeine Reis stammt aus Indien und hat sich von da aus, wo er, wie auch in China, das Hauptnahrungsmittel ist, nach den Tropenländern und der gemäßigten Zone verbreitet. Dadurch sind eine Menge von Spielarten entstanden. Man kann mit Recht annehmen, daß die Hälfte der Erdbewohner den Reis zur täglichen Nahrung gemacht und seinen Saft wie sein Stroh zu mannichfachen Zwecken benutzen gelernt hat.

Von Ostindien wurde der Reisbau nach China sowol als nach Persien und Arabien verbreitet, von wo ihn die Sarazenen in Spanien einführten. Nachdem die Spanier ihr Land zurückerobert hatten, lernten auch sie den Reis schätzen und die Kaufleute Südeuropa's wurden auf diese nützliche Graspflanze aufmerksam. Im Jahre 1522 legte daher der General Tribulci, ein geborner Mailänder, auf seinem Gute bei Zeri und Palu am Tartaro eine Reispflanzung an, und schon 1530 war der Reisbau in der Lombardei weit verbreitet und die zeitherige Einfuhr von Damiette in Aegypten und von Majorca sehr beschränkt. Die Regierungen hielten indessen den Reisbau wegen des erforderlichen sumpfartigen Bodens für gemein= schädlich und verboten daher am Ende des 16. Jahr= hunderts denselben. Allein man änderte bald dieses Verbot dahin ab, daß der Sumpfreis — denn nur dieser ist in Europa eingeführt — nicht in der Nähe bewohnter Orte gebaut werden darf, und seitdem hat sich im nörd= lichen Italien ein sehr bedeutender Reisbau entwickelt.

Der Anbau dieser Pflanze ist allerdings eine mühe= volle und ungesunde Beschäftigung, die zum Theil durch Hülfe der Alpenbewohner ausgeführt wird, welche zu be= stimmten Zeiten hinab in die Ebene wandern, obschon diese wegen der Ausdünstungen des über dem Reise stehenden Wassers von Fiebern heimgesucht wird. Im Winter und Frühjahr pflügt man den Boden 2—3 Mal um und setzt ihn dann mehrere Tage lang unter Wasser, ehe die Reissaat hineingestreut wird. Nachdem das Wasser abgelassen ist, ebnet man das Erdreich mit eisernen Schaufeln und tritt es mit den Füßen nieder, worauf man nach etlichen Tagen den Reis säet, welcher zuvor

Fig. 191. Der Reis.

8—14 Tage in Wasser eingeweicht war. Da die Saat viel Wasser zur Entwicklung bedarf, so setzt man wiederum den Acker 4—6 Tage unter Wasser, welches fließend erhalten werden muß, bis man es nach einiger Zeit wieder abläßt, damit der Acker 5—6 Tage trocken liege und die Wurzeln wie die ganze Pflanze sich kräftiger entwickeln. Aus faserigen Wurzeln schießt ein einfacher Halm, $\frac{1}{2}$—1 Meter hoch empor, den lange, gerillte Blatt= scheiden fast ganz verdecken. Die dünnen, langzugespitzten Blätter erreichen eine Länge von 30 Centimeter und darüber und biegen sich in sanftem Bogenschwunge abwärts, wogegen die Rispe mit ihren traubenförmigen Aesten anfangs aufrecht steht und sich erst später überbiegt, wenn die Frucht in den kahnartigen Spelzen mit den spitzigen Grannen zu wachsen beginnt. Hierauf leitet man bis Ende Juni oder bis Anfang Juli von Neuem Wasser auf das Feld und läßt dieses nur auf einige Zeit ab, um das Unkraut auszu= jäten, worauf der Acker zum dritten Mal unter Wasser gesetzt wird, welches bis zum August über demselben stehen bleibt. Um diese Zeit setzt die Pflanze Aehren an, und da deren Entwicklung einen weniger nassen Boden verlangt, so läßt man das Wasser auf 4—5 Tage ab, um die letzte Wässerung Ende September oder Anfang Oktober eintreten zu lassen, wo die Aehre des Reises zu reifen beginnt. Dann läßt man den Boden ab= trocknen, schneidet das Getreide und legt Handvoll neben Handvoll zum Trocknen nieder. Nach einigen Tagen bindet man diese kleinen Bündel zu Garben und stellt dieselben in

Schobern zum völligen Austrocknen auf eine Tenne aus, welche möglichst eben gemacht und mit Ziegeln gepflastert ist. Sobald das Getreide ganz trocken ist, schafft man die Garben auf die Dreschtennen, damit die Pferde die Körner aus dem Stroh treten, welche auf Stampfmühlen von den Hülsen befreit, gesiebt und nun zum Verkauf gebracht werden.

Hackfruchtbau. Darunter begreift man gegenwärtig die Kultur derjenigen Knollengewächse, welche durchaus in Reihen gebaut, weil während des Wachsthums öfters behackt und behäufelt werden müssen. Dahin gehört zunächst

Die Kartoffel (Solanum tuberosum), durch Franz Drake bekanntlich aus Mittelamerika, Peru, zu uns gebracht und erst seit Ende des vorigen Jahrhunderts als Kulturpflanze eingebürgert, fast überall nur mit direkten oder indirekten Zwangsmitteln. In England verbreitete sich der Anbau schon zur Zeit der Religionskriege, und zwar aus dem Grunde, weil die Soldaten, welche damals in beiden Armeen Alles zerstörten, was sie in Feindesland trafen, sich nicht die Mühe nahmen, ein Kartoffelfeld umzuwühlen; in Preußen wurde durch Friedrich den Großen der Anbau bis zu gewisser Ausdehnung jeder Gemeinde zur Pflicht gemacht und durch Einquartierungen erzwungen; in Paris bepflanzte man damit einige Hektaren im Jardin des Plantes und verbot bei Todesstrafe das Stehlen der Frucht, stellte jedoch absichtlich keine Wächter aus. Die Folge war massenhafter Diebstahl, wie erwartet, damit aber auch die Einbürgerung der Frucht.

Gegenwärtig baut man an 2000 Sorten, große und kleine, runde und lange, dick= und dünnschalige, stärkmehlreiche und stärkmehlärmere, weiße, gelbe, rothe und selbst schwarze Varietäten, Früh=, Mittel= und Spätkartoffeln, schwach und stark belaubte, blühende und nicht blühende, Samen tragende und nicht Samen tragende; man bemüht sich, alljährlich neue Sorten einzuführen, resp. zu erzeugen.

Fig. 192. Pflügen der Reisfelder in China.

So sehr sich auch die Kartoffel als Nahrungspflanze verbreitet hat, so kann man ihr doch nicht eine Verbesserung der Ernährung des Volkes nachrühmen, da sie dazu zu stickstoffarm ist und den Hülsenfrüchten weit nachsteht. Ihre Beliebtheit dankt sie hauptsächlich ihrer mannichfachen Verwendbarkeit zu allerlei Speisen und ihrer Genießbarkeit ohne kostspielige Zuthaten. Sie bildet gegenwärtig das Hauptmaterial zur Stärke= und Spiritusfabrikation und hat insofern auf die Verbreitung einer rationelleren Kultur segensreich eingewirkt, als die technische Verarbeitung in der Schlämpe, dem Rückstande bei der Destillation, ein sehr brauchbares Futterverbesserungsmittel liefert, welches mehr Vieh zu halten gestattet, also auch mehr Dünger gewinnen läßt und höhere Körnererträge sichert. In dieser Beziehung übt sie den segensreichen Einfluß aller Hackfrüchte und Handels= pflanzen, welche rationellere Kultur bedingen und durch erhöhte Produktion reichlich den Ausfall an Areal zur Produktion von Nahrungsstoffen für den Menschen ersetzen. In höherem Maße gilt dies noch von der Zuckerrübe, dem Tabak u. s. w. Da, wo diese Pflanzen vorzugsweise gebaut werden, findet man die beste Kultur, die höchsten Erträge, die intelligentesten Landwirthe, den höchsten Wohlstand (Belgien, Pfalz, Magdeburger Niederung, Rheinlande).

Die Kartoffel geht noch bis zum 70.° nördl. Br., in Deutschland bis 1500 Meter Höhe, in den Anden bis 5000 Meter; sie braucht als Frühkartoffel 70 bis 90, als Spätsorte bis 180 Tage zur Reife; letztere wird am besten bei beginnender Belaubung der Buche gelegt; sie erfordert vor Allem lockeren, warmen, trocknen Boden, gute alte Kraft (nicht frische

Fig. 193. Tretmühle für die Bewässerung der Reisfelder.

Düngung), viel Kali, Kalk und Phosphat und folgt am zweckmäßigsten umgebrochenem Klee oder Gras, Körnermais und dergleichen Pflanzen; sie gedeiht sehr gut auf Neubruch aller Art, nicht aber auf nassen, bündigen Feldern der Thonbodengruppe. Auf ihr zusagendem Boden kann sie bei guter Düngung jahrelang sich selbst folgen. Man legt die Saatknollen aus und wählt dazu am besten mittelgroße, gut gereifte, ganze Knollen; das Schneiden derselben oder gar das Legen bloßer Augen ist nicht zu empfehlen; auf bündigerem, nicht gut trocknendem Boden legt man am besten auf Kämme, Dämme oder kleine Hügel (Gülich'sche Methode) mit Düngerunterlage.

Ihre Ernte wird bei feuchter Witterung sehr leicht durch die sogenannte Kartoffel= krankheit gefährdet; diese verursacht ein Pilz, welcher in der Knolle überwintert, inner= halb der Pflanze emporwächst und am Blatt wieder an die Oberfläche kommt, um die Sporen zu treiben, welche dann zur Erde fallen und wieder in die Knollen gelangen. Pilz= freies Saatgut kann allein dagegen schützen; Abhaltung der Nässe und Abschneiden des Krautes sind Palliativmittel. Engerlinge, Mäuse, die Werre und besonders Wildschweine sind gefährliche Feinde der Kartoffel. Man erntet bis zu 800, selbst 1200 Centner Knollen; das Stroh oder abgestorbene Kraut hat selbst zur Streu wenig Werth.

Die Zuckerrübe (Beta altissima) ist eine erst seit diesem Jahrhundert im Großen angebaute Varietät der Futterrunkel oder Mangold (Dickwurz, Dickrübe, Angersen), Beta cicla. Sie geht bis zum 71.° nördl. Br., in Deutschland bis 1500 Meter Höhe, reift in 150 bis 180 Tagen und liebt im Allgemeinen ein mäßig warmes, feuchtes Klima, ohne Extreme; Tiefgründigkeit, Frische, Mürbheit, gute Kultur, reiche Düngung, als Futterrunkel mehr mit Mist, als Zuckerrunkel mehr mit Mineraldüngung: Kali und Phosphat in erster Linie. Die Zuckerrübe wird in Reihen gesäet, die Viehrunkel gepflanzt. Zahlreich sind deren Feinde, besonders schädlich die Engerlinge, Nematoden, Rüssel-, Schild-, Springkäfer u. dergl.; bei ausgedehntem Rübenbau können diese oft so zunehmen, daß die Pflanze zeitweise nicht mehr gebaut werden kann oder der Boden gebrannt werden muß. In der Nähe der Zuckerfabriken hat man schon bis $\frac{1}{6}$ des gesammten Areals mit Rüben bestellt, jedoch nur bei höchst intensiver Düngung und Bearbeitung das ermöglicht. Man

Fig. 194. Die Runkelrübe.

erntet auf der Hektare höchstens bis 1000 Centner Zuckerrüben, aber selbst bis 5000 Centner Viehrunkeln. Die Blätter und Köpfe werden verfüttert. Kartoffeln und Runkeln werden am besten im Felde, in sogenannten Mieten, aufbewahrt, d. h. man schichtet die Rüben über einander, bedeckt sie mit Stroh und Erde und zieht rings um die Miete einen Abzugsgraben.

Die Cichorie (Cichorium Intybus) wird als bekanntes Kaffeesurogat, aber auch zur Fütterung gebaut; sie reift in 70 bis 110 Tagen, wird in Reihen gesäet und ähnlich wie die Runkel behandelt, welcher sie auch zu gutem Gedeihen in Bezug auf Klima und Boden entspricht. Fleißiges Jäten kann auch hier nicht fehlen. „Die Runkel wächst mit der Hacke." Die Ernte ergiebt bis zu 700 und 800 Centner Wurzeln und 80 bis 120 Centner Kraut, welches sehr geschätzt zur Fütterung ist.

Die Möhre (Daucus Carota) wird im Großen ähnlich wie in der Gärtnerei angebaut; sie dient hauptsächlich zur Fütterung.

Der Oelfruchtbau ist auch heute noch, trotz Gas und Petroleum, lohnend genug, weil der zunehmende Verbrauch für Maschinen aller Art gute Preise sichert. Der Landwirth giebt den Rapsarten um deswillen den Vorzug, weil sie die erste Ernte liefern und in Stroh und Schoten ihm werthvoll sind. Man baut von der Gattung Kohl (Brassica) mehrere Arten, als: den Raps, Kohlraps, auch schlechtweg Kohl und Kohlsaat genannt, mit den besten Körnern und dem höchsten Ertrag (Br. campestris oleifera), den Rübsen, Rübsamen, Rübenraps (Br. Rapa oleifera) mit den kleinsten Körnern und minder ertragreich, und den Awehl oder Awöl (Br. Napus), zwischen jenen stehend, aber ausdauernder in Bezug auf den Frost und minder empfindlich gegen Witterungswechsel. Alle diese Arten werden als Winter- und als Sommerfrüchte gebaut. Der Biewitz ist eine neuere Varietät. Gemäßigtes, mehr warmes Klima, Frische, sonniger, luftiger Standort (Ebene), Tiefgründigkeit, Reichthum, mäßige Frische und Gebundenheit, sehr gute Dungkraft, frische, starke Düngung sind Bedingungen für den Raps; Rübsen und Awehl nehmen mit minder günstigem Standort vorlieb und sind auch in Bezug auf die Düngung genügsamer. Oelkuchen, Guano, Jauche, Knochenmehl, Gips sind beliebte Beidünger; unter den Mistarten giebt man gern Schafmist und Pferch. Der Raps reift in 300 bis 350 Tagen als Winterfrucht und in 140 bis 182 Tagen als Sommerfrucht, die anderen Arten bedürfen kürzerer Zeit. Als Vorfrüchte wählt man Futterpflanzen, Frühkartoffeln, Wintergetreide; am liebsten bestellt man nach der Brache.

Die Bearbeitung muß vorzüglich sein, man giebt Reihensaat und gute Bearbeitung während des Wachsthums. Die Saat erfolgt von Anfang August bis September. Zahlreiche Feinde, besonders Engerlinge, Erdflöhe, Schnecken, Glanzkäfer, der Pfeifer, Maden und Raupen, das Auswintern, die Wurzelfäule und das Befallen gefährden den Ertrag, so daß gute Ernten sehr selten sind. Man erntet je nach Sorte von 20 bis 70 Centner Körner, 8 bis 20 Centner Schoten und 30 bis 60 Centner Stroh.

Der Mohn (Papaver somniferum) liefert ein vortreffliches Speiseöl, in seinem Stroh aber nur Brennmaterial, welches besonders die Bäcker lieben. Man baut ihn als Schließ= mohn, welcher ausgedroschen werden muß, und als offenen oder Schüttelmohn, dessen Kapseln bei der Reife von selbst unter dem Deckel aufspringen und in Kufen ausgeschüttelt werden, beide Arten in mehreren Varietäten. Er bedarf 154 bis 180 Tage zur Reife und wird frühzeitig im Frühjahr gesäet. Trockne Wärme, Windstille und Trockenheit bei der Ernte sind Bedingungen für den Mohn, welcher jedoch selbst leichten Frost, Hitze und Dürre vertragen kann und nur bei Trockenheit zur Saatzeit und durch Nässe gefährdet wird. Guter Gersteboden sagt ihm am besten zu, doch gedeiht er auch noch auf minder gutem Lande, wenn nur kalkhaltig und warm. Die Bestellung kann nicht sorgsam genug gegeben werden und muß immer gartenmäßig sein. Er steht am besten nach gut gedüngten Früchten, auch auf Neubruch; Pfuhl, Knochenmehl, Pferch, auch Guano sagen ihm zu. Er leidet weniger von Ungeziefer, wohl aber durch naßkalte Witterung, Mäuse und Vogelfraß. Von der Hektare kann man bis zu 30 Centner Körner und 50 Centner Stroh ernten; der Auf= wand an Handarbeit ist größer als bei Raps, die Ernte aber leichter und der Preis für die Körner in der Regel höher.

Andere Oelpflanzen sind noch der Dotter (Camelina), welcher mehr nebliges Klima liebt, in 102 bis 140 Tagen reift, rasch wächst, den Frost verträgt, bei guter Dungkraft fast auf jedem Boden gedeiht, unter allen Oelpflanzen am spätesten gesäet wird und bis 24 Centner Körner giebt, und die Sonnenblume (Helianthus), besonders in Rußland viel gebaut, auf fast jedem Boden, am besten aber auf kräftigem gedeihend und neben dem Samen noch in den Blättern gutes Futter und in den Stengeln Brennstoff liefernd. Sie reift in 160 bis 190 Tagen, bedarf also wärmerer Klimate, verträgt jeden Dünger, wird in Reihen gesäet und erfordert nur geringe Pflege. Das ungleiche Reifen erschwert das Ernten, welches wegen Vögelfraß schon vor vollendeter Reife vorgenommen werden muß. Man erntet bis zu 28 Centner enthülste Körner, 13 bis 20 Centner Blätter und Seitentriebe und 80 bis 100 Centner Stengel.

Die als Gespinnstpflanzen in Betracht kommenden Hanf= und Leinarten liefern ebenfalls in ihren Samen ein geschätztes Oel.

Der Lein (Linum usitatissimum) wird in zwei Arten, Schließ= oder Dreschlein mit geschlossenen Samenkapseln und geringerem Ertrag an Samen, aber größerem an Bast, und als Klang= oder Springlein, dessen Samenkapseln von selbst aufspringen und welcher feinen, weißen und weichen Bast liefert, gebaut; beide Arten in mehreren Varietäten. Er reift in 70 bis 98 Tagen, verlangt feuchte Wärme mit häufigem Wechsel zwischen Wärme und Feuchtigkeit, gedeiht am besten an Seeküsten, Niederungen, doch auch im Gebirge, überhaupt in der Nähe von Wasser und bei vielen Niederschlägen und reich= lichem Thau; der beste Lein kommt daher von den russischen Ostseeprovinzen (Rigaer Lein); er geht bis zum 65.° nördl. Br. und bis zur Höhe von 2000 Meter. Die Länder seiner Kultur sind noch Belgien, Irland, Frankreich und das nördliche Deutschland; neuerdings nimmt Neuseeland eine hervorragende Stelle für Lein= und Hanfkultur ein. Er verlangt im Boden Kraft, Reichthum an Alkalien (Kalidüngung) und Phosphaten, Mürbheit, mäßige Tiefe, Lockerheit und Frische; Thon=, Sand= und Kalkboden paßt nicht für ihn. Er folgt am besten gut bearbeiteten Früchten und steht gut in zweiter Tracht; Guano, Knochenmehl, Oelkuchen, Asche, Kalisalze sind bester Beidünger, auch verrotteter Mist schadet nicht. Das Feld muß sorgsamst vorbereitet werden, vor Allem frei von Unkraut sein. Man säet im Frühjahr, dünn, wenn Samen, dicht, wenn feiner Bast gewonnen werden soll. Fleißiges

Jäten und Lockerhalten des Bodens dürfen nicht fehlen. Erdflöhe, Engerlinge, Insekten anderer Art, die Flachsseide und das Lagern gefährden den Ertrag. Der Same wird erst nach Bräunung aller Kapseln geerntet; man rauft die Pflanzen aus, ordnet sie nach Länge und Feinheit der Stengel, stellt sie in Bündel zum Trocknen und drischt oder rüffelt nach 14 Tagen; der Same wird noch besonders getrocknet, der Bast der Röste unterworfen (Thau-, Wasserröste). Gute Leinkultur setzt besondere Flachsbereitungsanstalten voraus, an welche die grüne Waare verkauft werden kann. — Die mühsame Bearbeitung des Rohflachses eignet sich nicht für den Landwirth; von derselben wird anderwärts die Rede sein.

Der Hanf (Cannabis) kommt nur in einer Art mit mehreren Varietäten vor. Er dient besonders zu dauerhaften Geweben (Segeltuch, Tauwerk), ist haltbarer, aber minder fein als der Flachs, welcher in der Form der Brüsseler Spitzen die hochwerthigste Stoffumwandlung unter allen Bodenprodukten repräsentirt und den Werth der Kreszenz einer Hektare zu Millionen steigern läßt. Man liebt den Hanf seines scharfen Geruchs wegen als Schutz gegen allerhand Ungeziefer, besonders den Kornwurm, auch als Zwischenfrucht auf Kohlfeldern. Er wird als männlicher Hanf, Femmel oder Fimmel, und als weiblicher, Hempin, Maskel, Mastel, gebaut; dafür gelten auch die Namen Hanfhenne und Hanfhahn. Er verträgt keinen Frost, verlangt feuchte Wärme, gedeiht jedoch noch bis an die Ostsee und reift in 90 bis 105 Tagen (der männliche 14 Tage früher). Im Boden liebt er vorzugsweise Phosphate, Kalk, Kali, Lockerheit, Tiefe, Reinheit, Feuchtigkeit und Humusreichthum; er kann sogar auf bruchigem Boden mit saurem Humus gedeihen und steht am besten in feuchten Niederungen, Moor-, Bruch-, altem Teichboden; er versagt nur bei Trockenheit. Die reichste Düngung sagt ihm zu. Gartenmäßige Kultur ist geboten; er folgt am besten dem Hafer, der Gerste, dem Klee, auch sich selbst (Hanfgärten). „Spare beim Leine das Eggen und beim Hanfe das Pflügen nicht, damit beiden ihre Nothdurft geschicht", ist ein altes Sprüchwort. Sein gefährlichster Feind ist der Hanftödter oder Hanfwürger, wie die Flachsseide eine Schmarotzerpflanze. Man erntet zuerst den Femmel, dann die weiblichen Stengel, vor der Reife der Samen, wenn guter Bast gewünscht wird.

In Deutschland hat die Lein- und Hanfkultur bedeutend abgenommen, Schlesien, Westfalen, und für den Hanf Baden, sind die hauptsächlichsten Lokalitäten für deren Kultur, welche unter der Konkurrenz des Auslandes leidet. Der Zollverein deckt seinen Bedarf aus eigener Zucht nicht. Man rechnet den Ertrag von Lein 4 bis 32 Centner Samen, 8 bis 16 Centner geschwungenen Flachs und 4 bis 8 Centner Werg, von Hanf 8 bis 32 Centner gehechelten Hanf, 8 bis 30 Centner Samen, 80 bis 400 Kilogramm Werg und 60 bis 240 Kilogramm Abgang. Der Lein gehört mit zu den einträglichsten Pflanzen; er erfordert freilich großen Aufwand an Handarbeit und wird daher mehr von kleineren als von großen Landwirthen gebaut. Gleiches gilt auch von anderen Handelspflanzen.

Narkotische Handelspflanzen sind der Tabak und der Hopfen.

Der **Tabak** (Nicotiana Tabacum), von welchem an anderer Stelle ausführlicher die Rede sein wird, ist zu uns aus Amerika gekommen und hat sich rasch trotz päpstlichen und kaiserlichen Bannstrahles, entehrender und scharfer Strafen, selbst Todesstrafe, über alle Welttheile verbreitet. In Europa nahm Holland die erste Stelle unter den Tabak bauenden Ländern ein, in Deutschland (mit nicht viel über 20,000 Hektaren im Ganzen) ist die Pfalz und der Elsaß hervorragend. Oesterreich, besonders Ungarn, die Donauländer, die Türkei, Italien, Frankreich, Spanien und Rußland kommen noch in Betracht. In England ist der Anbau verboten und der Zoll am höchsten (bis über 100 Thaler pro Centner); in Deutschland ist die Steuer am niedrigsten — 3½ Sgr. pro Kopf — und der Konsum am größten, bis zu 1,75 Kilogramm pro Kopf. Die Gesammtproduktion der Welt schätzt man auf über 500 Mill. Kilogramm, Deutschland repräsentirt davon kaum 6 Prozent. Hier ist der Anbau frei, in Oesterreich, Frankreich u. s. w. durch Monopol beschränkt. Amerika liefert die besten Sorten (Havanna) und die größten Quantitäten; in Asien, vorzüglich in Java und Manilla, werden auch gute Tabake gebaut. Der Tabak ist in Deutschland akklimatisirt, er bedarf aber künstlicher Mittel, um gedeihen zu können; man säet den Samen in besondere Mist= oder Treibkasten, Tabakskutschen genannt, und verpflanzt im Juni bis Juli auf das sorgsamst vorbereitete und gut gedüngte Feld. Der Tabak geht noch bis zum 58.° nördl. Br., gedeiht jedoch am besten bei 16 bis 20° mittlerer Wärme, liebt feuchte Wärme, verträgt weder Frost noch Hitze, weder Nässe noch Dürre und gedeiht am besten auf sandigem, warmem Boden in feuchten Niederungen. Man stellt ihn in gut ge= reinigten, tiefgründigen, lockeren Boden, giebt nur verrotteten Dünger, Kali, Pfuhl, Asche, Phosphate, Kalk u. dgl. als Beidünger und läßt ihn am liebsten dem Wickfutter, dem Klee oder den Hackfrüchten folgen. Nach dem Pflanzen wird er öfters sehr sorgsam behackt, die weitere Pflege besteht in dem Entfernen der Seitentriebe, dem Köpfen der Blüte und Nach= triebe (Geizen), dem Ausrotten des Unkrauts, in der Abhaltung der vielen Feinde u. dgl. m. Die Blätter sind der Erntezweck und der Ertrag ist bei uns durchschnittlich 40 Centner pro Hektare.

Der **Hopfen** (Humulus lupulus) ist erst seit der Völkerwanderung bekannt, aber schon unter den Karolingern wurde er benutzt, um das Bier wohlschmeckender, dauerhafter und gesünder zu machen. Böhmen hat von jeher den Ruhm ge= habt, den besten Hopfen zu erzeugen, doch ist er auch in anderen Ländern mit mehr oder weniger Glück angebaut worden. Und Glück gehört auch wirklich zum Hopfenbau, denn während er in manchen Jahren ungeheure Reiner= träge liefert, bezahlt er in anderen die Arbeitskosten nicht. Nächst Böhmen liefern Schwetzingen in Baden und Spalt in Bayern die be= rühmtesten Sorten.

In guten Jahren wird die Kreszenz nicht verbraucht;

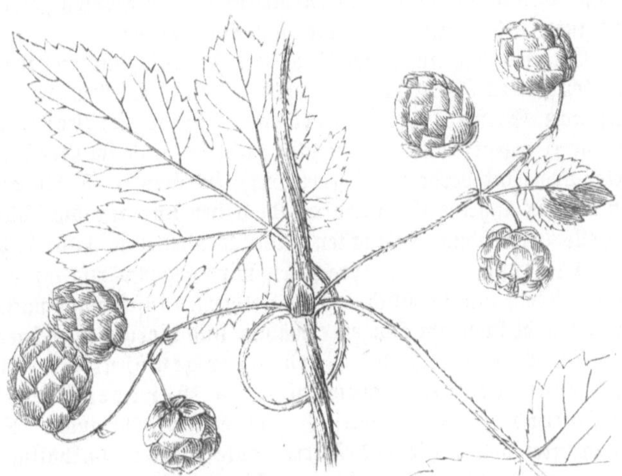
Fig. 195. Die Hopfenpflanze.

England und Amerika liefern bedeutende Quantitäten, aber weniger beliebte Qualitäten. Die gesammte Produktion wird auf 190,000 Centner für den Zollverein geschätzt, der Verbrauch auf 160,000 Centner. Der Hopfen wächst bei uns wild; er wird nach seiner Reifezeit in Früh= und Späthopfen eingetheilt, von denen ersterer oft sehr reichliche Ernten giebt, aber auch leichter mißräth als letzterer. Er verlangt eine geschützte Lage und liebt einen milden, warmen, tiefgründigen, nach Mittag geneigten Lehmboden; allein auch im Sandboden und in Neu= brüchen liefert er zuweilen gute Ernten und gute Waare. Dagegen sagen ihm Thalgründe mit feuchten Niederschlägen, benachbarte Sümpfe und stehende Gewässer nicht zu, weil sich daselbst leicht Honig= und Mehlthau einstellt. Wunderbar ist die Triebkraft des Hopfens, denn er treibt aus kleinen, schwachen Wurzeln in der kürzesten Zeit unter allen Pflanzen die meisten und längsten Ranken. Der männliche Hopfen wird Nesselhopfen genannt und meist als unfähig zur Kultur vertilgt. Die Fortpflanzung geschieht durch die Wurzel= sprossen der weiblichen Pflanze, welche Fechser genannt und nach dem Rajolen des Landes im März oder April in einer Länge von 6—10 Centimeter und in der Stärke eines kleinen Fingers eingelegt werden.

Gut angelegte Hopfenanlagen können 15—20 Jahre stehen, ohne umgepflanzt zu werden. Im ersten Jahre werden sie im Juni oder Juli gehackt, im Herbste abgeschnitten und dann gegen den Frost mit langem Miste geschützt. Liefert er schon im ersten Jahre einen Ertrag, so führt derselbe den Namen „Jungfernhopfen". Im zweiten Jahre müssen die etwa 3 Meter langen Stangen mit anderen vertauscht werden, welche eine Länge von 8—10 Meter haben. Im dritten Jahre werden die Stöcke beschnitten, damit die Wurzeln erstarken; die abgeschnittenen jungen Keime sind eßbar und werden, wie der Spargel zugerichtet, genossen. Von den Rankentrieben werden zwei bis drei an die Stangen gebunden, die übrigen ausgerissen; mit dem Anbinden wird bis zur Höhe von 4 Meter fortgefahren. Die Seitenranken und alle Blätter bis zu einer Höhe von 2—3 Meter werden abgeschnitten, um der Luft und Sonne mehr Einwirkung zu verschaffen. Wenn die Zapfen gelbgrün oder gelbbraun aussehen und stark riechen, wenn das Mehl darin sich fettig anfühlt und die Hand beim Zerreiben färbt, ist der Hopfen reif. Das Ab= pflücken muß sehr sorgsam geschehen, damit der Blütenstaub nicht ausfällt und das Drücken der Dolden vermieden wird. Der stangenrothe Hopfen wird ausgeschieden, der gute aber auf trocknen Böden flach aufgeschüttet und öfters gewendet. Je trockner er wird, desto höher kann er geschüttet werden, und wenn die Stiele beim Biegen brechen, ist er reif zum Verpacken.

Krankheiten des Hopfens sind der Wurm, der Sonnenbrand, der Schimmel, der Wurzelkrebs und Honig= und Mehlthau. Der Hopfen giebt in 12 Jahren durchschnittlich zwei gute, sechs mittlere und vier schlechte Ernten.

Es giebt noch eine große Zahl von Handelspflanzen: Krapp, Waid, Wau, Saflor und dergleichen Farbpflanzen, ferner Senf, Kümmel, Fenchel, Anis, Koriander, Saffran, Süßholz, Weberkarde, diverse Arzneipflanzen und verschiedene, der Gärtnerei eigenthümliche Gewächse, welche auch im Großen auf den Feldern an einigen Orten angebaut werden (Feldgärtnerei); indessen ist ihr Anbau doch nicht ein so allgemeiner, daß wir ein näheres Eingehen auf dieselben uns für die Fälle aufbewahren, wo wir ihre spezielle Verwendung betrachten. Wir wenden uns dafür sofort zum

Futterbau. Der Futterbau wird gegenwärtig mit einer großen Zahl von Pflan= zen betrieben, nur künstlich auf den Feldern, künstlich und natürlich auf Wiesen und Weiden. Soweit nicht schon im Obigen erwähnt, sind hierher zu rechnen in erster Linie:

Die Kleearten, als: Roth= oder gewöhnlicher Klee (Trifolium pratense), Inkarnatklee (Tr. incarnatum), weißer oder Steinklee (Tr. repens); seltener der Bastard= oder schwedische Klee (Tr. hybridum). Sie alle lieben mildes, feuchtes Klima, frei von Nässe und Dürre, gute Winter, kalkhaltigen, tief bearbeiteten, frischen, reinen, mürben Boden der leichteren Thon=, also Lehmbodengruppe, der besseren Sandboden= arten, des Mergel= und Kalkbodens. Man säet sie in Winter= oder Sommergetreide und giebt als Bei= oder Nachdünger Gips, Kalisalze, Asche, Jauche, verrotteten Mist u. s. w. Die Kleearten können das Feld mehrere Jahre lang einnehmen, Inkarnatklee, blattarm und hartstengliger, wird nur einjährig, am liebsten als Vorfrucht vor Raps, in die Brache gesäet; die Pflege beschränkt sich auf Steinelesen, Abeggen, Ausrotten der Flachsseide u. dgl. Man erntet als Grünfutter und als Dürrfutter (Kleeheu); letzteres erheischt sehr sorgsames Trocknen; dazu dienen auch Gestelle von Holz, sogenannte Kleereuter. Man erntet mehrere Schnitte, zur Samengewinnung liebt man den zweiten; nach dem letzten Schnitt können die Felder noch behütet werden. Die Ernte giebt bis 200 Centner Dürrfutter und darüber von Rothklee, bis 50 Centner von Steinklee und entsprechend an Grünfutter; In= karnatklee giebt bis 160 Centner Grünfutter.

Die Luzerne=Arten (Medicago) liefern ein noch besseres Futter, lieben das Klima der Wein= und Maisregion, geben 4 bis selbst 8 Schnitte (Monatsklee) und mit das frühste Futter. Alle Arten sind ausdauernd, die gewöhnliche Luzerne (Med. sativa) kann 12 bis 15 Jahre das Feld einnehmen. In der Pflege und Düngung dem Klee gleich, ist sie diesem an Ertrag überlegen, aber weit empfindlicher gegen Witterungsextreme, sowol Nässe wie Dürre, die allen Futterpflanzen schadet, und gegen Frost. Luzerneheu gehört zu den gehalt= vollsten Futtermitteln; alle derartigen Futterarten sind sehr stickstoffreich, daher gefährlich, besonders im Frühjahr, weil sie leicht blähen. Mit Stroh gemengt sind sie unschädlich.

Die **Esparsette** (Hedysarum onobrychis) übertrifft wiederum die Luzerne an Güte, gedeiht aber nur auf stark kalkhaltigem, am besten auf Geröllboden; ist minder ertragreich, widersteht der Trockenheit und ist ebenfalls ausdauernd (bis zu 10 und 12 Jahren).

Der **Steinklee** (Melilotus) wird nur selten im Großen angebaut; er wird zu hartstenglig und widersteht dem Vieh wegen seines starken, dem Waldmeister ähnlichen Geruchs.

Die **Wicke** (Vicia) wird als Körnerfrucht, am liebsten aber als sogenanntes Wickfutter im Gemenge mit Hafer, Gerste, Mais und dergleichen gebaut und sowol grün gefüttert als zu Heu getrocknet. Erbsen und **Platterbsen** (Lathyrus) werden ebenfalls als Grünfutter gebaut.

Der **Spörgel** (Spergula arvensis) gedeiht am besten in feuchtem, nebligem Klima auf reinem Sand oder lehmigem Sand; er reift in 6—8 Wochen, wird breitwürfig gesäet und liefert ein gutes Futter, bis 60 Centner an Heu.

Die **Lupine** hat neuerdings im Gebiete der Sandregion sich allerwärts hin verbreitet; ursprünglich nur als Gründüngungspflanze bekannt, eingeführt von Wulffen (1820), wird sie jetzt sowol grün gefüttert (von Schafen abgehütet) als auch zu Heu geerntet und um der Körner willen gebaut. Sie gedeiht nur in lockerem Boden, wie auch die **Serabella** und andere neuere Futterpflanzen. Man baut 3 Arten von Lupinen, die weiße, blaue und gelbe.

Topinambur (Helianthus tuberosus) ist eine ausdauernde Pflanze, welche eßbare Knollen und zu Futter dienende Blätter liefert; in der Regel verfüttert man aber die Knollen, welche über Winter im Boden bleiben können und, wenn einmal angebaut, schwer vertilgbar sind.

Wichtig als Futterpflanzen sind noch einige Rübenarten, wie die der Runkel ähnliche **Kohlrübe** oder **Krautrübe** (Brassica campestris Napobrassica), vorzüglich zur Mast geeignet; die **weiße Rübe** (Brassica Rapa communis), in mehreren Varietäten und unter vielen Namen gebaut, als: Teller-, Mai-, Wasser-, Brach-, Stoppelrübe, Turnips; sie geht bis zum 71.° nördl. Br., in der Schweiz bis 2500 Meter hoch, liebt feuchtes, nebliges Klima, leichten, trocknen Boden, gute Düngung und tiefe Bearbeitung. Man säet die Stoppelrübe nach der Ernte des Roggens in die umgestürzte Stoppel und kann solchergestalt zwei Ernten sich sichern. Die **Steckrübe** (Brassica Rapa sativa) wird ebenfalls in mehreren Varietäten gebaut; der **weiße Senf** (Sinapis alba), die **Pastinake** (Pastinaca sativa), auch **Rapsarten**, die **Möhre** u. dgl. m., endlich noch **Kraut** (Kohl), vollenden das Bild der gebräuchlichen Futterpflanzen.

Der **Wiesenbau** bezweckt die Instandhaltung und Verbesserung der natürlichen Wiesen oder die Anlage und Unterhaltung künstlich angelegter Grasländereien; er wird in letzterem Falle zum Kunstwiesenbau, in der Regel mit Bewässerung. Jede Wiese trägt eine Mehrheit von Gräsern und Kräutern; auf der guten Wiese sollen nur wenige und nur gute Arten von Gräsern, diese aber massenhaft, mit viel Kleepflanzen und guten Kräutern vertreten sein; blumige Wiesen in bunter Farbenpracht sind nicht rentabel und liefern geringwerthigeres Heu; gut bewässerte und gedüngte Wiesen tragen fast nur einzelne Gräser, oft sogar nur eine einzige Grasart. Man unterscheidet Ober- und Bodengras; je nach Jahrgang überwuchert dieses oder jenes; in den besten Jahrgängen sind beide gleich gut entwickelt. Grobe, hartstenglige Kräuter, oder solche mit fleischigen Blättern, mit giftigen Stoffen und solche, welche das Vieh nicht frißt, erscheinen als Wiesenunkraut, welches vertilgt werden muß.

Der normale Wiesenboden muß porös, frisch, warm, reich an Nährstoffen und rein sein (Lehm, Lehmmergel, Kalkmergel, Gersteboden), der Untergrund mäßig gebunden, leicht zu bearbeiten, reich an Mineralbestand; bündiger, zu flacher, steiniger, loser Geröll- oder Sand- und Kiesboden eignen sich nicht zur Wiese. Die Lage muß eben oder mäßig geneigt, die Fläche selbst gut ausgeglichen, planirt sein und jedenfalls so liegen, daß die Bewässerung leicht ausführbar ist. Dazu dient jedes nährstoffreiche, nicht kalte Wasser, am besten das aus feldspathreichen Gebirgen und das aus Ortschaften kommende, kurz solches, welches die Instandhaltung der Wiese ohne kostspielige Düngung ermöglicht. Da, wo von Natur aus die Lage nicht völlig eben und so ist, daß das Wasser leicht überall hin und eben so leicht wieder abfließen kann, muß theilweiser oder völliger Umbau stattfinden. Zu diesem Zwecke wird entweder der Rasen abgeschält, um wieder aufgelegt zu werden, oder umgebrochen, wenn man Aussaat vorzieht. Letzteres Verfahren gestattet die vollständige Bearbeitung und Durchdüngung des Bodens.

In Bezug auf die Bewässerung befolgt man verschiedene Methoden und unterscheidet darnach mehrere Systeme des Wiesenbaues. Am einfachsten ist die Be- und Entwässerung mit offenen Gräben (System St. Paul), in welchen man das Wasser stauen kann; der Boden wird dadurch von unten herauf befeuchtet, allerdings frisch erhalten, aber nicht wesentlich durch das Wasser gedüngt, so daß Kompost als Dünger extra gegeben wird. Die Ueberrieselung oder Schlammrieselung ist dann möglich, wenn die ganze Fläche mit Dämmen und Gräben umgeben werden kann; man läßt das Wasser mit seinen Schlammtheilen einlaufen und so lange als möglich ruhig stehen; der Schlamm setzt sich ab, der Boden durchsättigt sich mit Wasser und bleibt vor Erkältung geschützt; man kann aber dadurch nicht mehr bei vorgeschrittenem Wachsthum wässern und verzärtelt leicht die Pflanzen. Die wilde Rieselung besteht darin, daß man das zu Gebote stehende, dann immer an der höchsten Stelle einmündende Wasser über die Fläche rieseln und von selbst wieder abfließen läßt. Der Kunstwiesenbau setzt an deren Stelle die geregelte Rieselung mit vorhergehendem Umbau der Wiesen: Beetbau, Terrassen-, Hangbau u. s. w. Man entwirft Zu- und Ableitungsgräben, Vertheilungsrinnen und dergleichen mehr und sorgt dafür, daß jede Fläche gleichmäßig berieselt werden kann, aber auch eben so rasch wieder, nach Bedarf, entwässert wird, wozu gute Ableitung gehört. Das Rieselwasser kann durch Einwerfen düngender Substanzen in der Tragfähigkeit erhöht werden. Die Drain-Bewässerung nach Petersen aus Wittkiel, einem holsteinischen Landwirthe, ist die vollkommenste Stufe der Kunstbauten; sie besteht darin, daß, unabhängiger von der Oberflächengestaltung, die Wiese ein Entwässerungssystem mit Thonröhren erhält und oberhalb, entsprechend diesen, Bewässerungsanlagen. Von den Drains gehen aufsteigende Röhren nach oben, welche durch Ventile verschlossen und geöffnet werden können und an ihrem oberen Ende Holzaufsätze erhalten, welche über den Boden heraus ragen und in die Bewässerungsrinne mit Oeffnungen münden. Oeffnet man die Wasserzuleitung, so sättigt sich der Boden von Stufe zu Stufe mit Wasser; läuft dasselbe aus den Drainröhren ab, so weiß man, daß der Boden gesättigt ist und verschließt die Ventile; das Wasser bleibt dann erhalten und zwar in genügender Menge und steigt bei weiterem Zufluß sogar wieder an die Oberfläche, diese durchnässend. Soweit hat man die Be- und Entwässerung, die Trockenlegung und Durchfeuchtung vollständig in der Hand, erspart den kostspieligen Umbau, braucht weniger Wasser und bringt die Nährstoffe im Boden und Dünger zu höchster Wirksamkeit. Voraussetzung ist jedoch sehr poröser Boden. Gedüngt werden die Wiesen außer durch das Wasser am besten mit Jauche, Pfuhl, Pferch, Guano, stickstoffhaltigen Salzen, Kalidünger, Asche, Kompost; je reicher, um so höher ist der Ertrag, am höchsten bei starker Ueberrieselung mit Kloakenstoffen, welche schon bis zu 400 Centner Heu und darüber ernten ließ.

Die Pflege der Wiesen beschränkt sich auf die Unterhaltung der Wässerungsanlagen, das Ebenen der Maulwurfshügel, das Entfernen von Gesträpp, das Eggen und Walzen, wenn nöthig die Einsaat von Grassamen und dergleichen, das Ausrotten von Unkraut und die Vertilgung von Ungeziefer, besonders von Engerlingen.

Man erntet auf natürlichen Wiesen selten mehr als 160 Centner Heu, auf Kunstwiesen leicht bis 240 Centner und auf den besten und gut gedüngten Rieselwiesen bis zu 300 Centner und darüber.

Gartenbau, Obstbau und Weinbau.

Bedeutung. Anlage von Gärten. Boden. Düngung. Kohlarten. Rüben. Möhren. Meerrettig. Spargel. Rentabilität. Der Obstbau. Rentabilität. Bedeutung. Obsthandel. Verwendung des Obstes. Obstarten. Boden. — Pflanzung. Düngung. Obstschnitt. — Veredlung. Pflege. — Der Weinbau. — Bedeutung. Rebsorten. Klima. Boden. Düngung. Behandlung. Ertrag. Akklimatisation.

"Alles ist zugleich zu finden, Blätter, Blüte, Knospe, Frucht", diese schönen Worte unseres Goethe bezeichnen besser als alles Andere das Wohlgefallen, den Genuß, den unsere Gärten uns verschaffen. Wie die Welt zum Hause, so verhält sich das Feld zum Garten; das Feld sorgt für die Bedürfnisse der Menschheit, der Garten für die Familie. Der Garten ist der schöne Freund des Hauses, er nützt, indem er erfreut. Er vereint das Nützliche mit dem Angenehmen; er ist der Schauplatz der Erholung von der Last des Tages und die freundliche Werkstatt der Hausfrau, wenn sie Sorge trägt für den Tisch des Hauses. An den Garten knüpft sich die Poesie des Familienlebens; er spendet seine Blumen für die Feste der Familie und schmückt mit ihnen die Gräber der Heimgegangenen. Unverdrossen aber arbeitet er auch für den Bedarf des Hauses, mit frischem Gemüse füllt er die Küche und mit duftendem Obst die Kammern. Und noch einen anderen hohen Werth hat der Garten. Er ist die Uebergangsstation, wo die Pflanzen, welche ferne Länder uns bieten oder die wir durch die Kunst der Befruchtung gezogen haben, verweilen und ihre nützlichen Eigenthümlichkeiten befestigen und den jeweiligen Verhältnissen des Landes anbequemen, ehe sie als selbständige Glieder in dem großen Organismus der Landwirthschaft einer Gegend Platz zu nehmen vermögen.

Es ist unmöglich, nur annähernd zu schätzen, wie weit die Erzeugnisse der stillwirkenden Pflanzenwelt von dem Thierreiche aufgebraucht werden. Es mag wol keine Pflanze

34*

geben, die nicht ein besonderes Thierchen zur heimatlichen Wohnstätte sich erwählt hätte, oder wenigstens deren Wurzeln oder Samen nicht von der hungernden Würmer= und Insektengesellschaft aufgebraucht würden.

Am räuberischsten zeigt sich aber auch hier der Mensch; die Menge der von ihm direkt oder indirekt zu seinen Zwecken benutzten Pflanzen ist eine an sich sehr große, wenn schon klein gegenüber der vorhandenen Flora des Erdbodens. Man kann allein die Zahl derer, welche in europäischen Gärten akklimatisirt werden, auf 2400—2500 Arten schätzen. Von diesen dienen gegen 600 Arten zur Nahrung, und zwar geben 290 Arten eßbare Früchte und Samen, 120 Gemüse, 100 eßbare Wurzeln, Knollen und Zwiebeln; 40 sind Getreide= arten, gegen 20 liefern Sago und Stärkemehl und eben so viel mögen etwa Zucker und Honig geben. Von 30 Arten gewinnt man fette Oele, von 6 Wein. Die Zahl der zu medizinischen Verwendungen benutzten Pflanzen beläuft sich auf 1400, die Zahl derer, welche in den verschiedenen Zweigen der Technik zur Verwendung kommen, beträgt über 350. Von diesen liefern 76 Farbstoffe, 8 Wachs, 16 Salz und mehr als 40 werden als Futterkräuter gezogen. Giftige Pflanzen werden gegen 250 kultivirt, unter diesen befinden sich nur 66 narkotische, alle übrigen gehören zu den scharfen Giften.

Diese Uebersicht, welche lange nicht erschöpfend genannt werden kann, zeigt besser als alles Andere die ungeheure Bedeutung, welche der Gartenbau für die Bewohner kultivirter Länder hat. Sind auch unter der großen Zahl von Pflanzen sehr viele, denen nur eine geringe Bodenfläche gegönnt ist, weil ihre Erträgnisse auch nur eine entsprechend geringe Verwendung haben, so sind andere darunter wieder von einer Bedeutung, welche sie geradezu unentbehrlich für die Bedürfnisse der Menschen macht.

Wir erwähnen nur des Obstes, des Weines, der zahlreichen Gemüsearten, — alles Dies sind Pflanzen, welche nur in der unmittelbaren Nähe des Menschen ihre schönste Entwicklung finden. Ihre Abwartung ist von der ersten Pflanzung, ja schon von der Be= handlung des Samens an, eine bei weitem subtilere als die der gesellschaftlichen Getreide= arten. Boden und Umgebung, Luft und Bewässerung müssen mehr beaufsichtigt werden, weil jede Pflanze für sich gewöhnlich bei weitem mehr des Nutzbaren produzirt als die Gewächse des Feldes, und deswegen auch mehr Nahrung und Begünstigung durch die Um= stände verlangt.

In der Anlage von Gärten werden in der Regel viele Fehler gemacht; die Wahl des Bodens ist freilich nicht immer frei, der Gärtner muß denselben nehmen, wie er ihn findet, er hat aber der Mittel und Wege genug, um ihn zu melioriren und zum Gartenbau geeignet zu machen.

Der guten Bodenvorbereitung muß die zweckentsprechende Anlage folgen, gleichgiltig ob der Garten zur Quelle des Verdienstes, oder mehr nur zum Vergnügen und zur bloßen Befriedigung des Hausbedarfs dienen soll. Jeder Gartenboden muß möglichst wagrecht liegen, terrassirt oder doch planirt werden. Die besten Lagen sind die nach Osten, Süd und selbst noch nach West geneigten; gegen Nord, Nordost und Nordwest muß Schutz gegeben sein oder künstlich hergestellt werden, was durch Schutzwände und Bepflanzen mit hohen Bäumen geschehen kann. Einfriedigungen müssen ohnedies angebracht werden; am besten sind solche mit Mauerwerk, Breterverschlag oder lebende Hecken. Wasser muß in der Nähe sein oder leicht zugeleitet werden, am besten ist Bach= und Flußwasser; Quellwasser muß, wenn zu kalt, vorher erwärmt, also in Bassins geleitet oder durch Grabenleitung längere Zeit der Sonne ausgesetzt werden können. Es ist ferner darauf Bedacht zu nehmen, daß die höheren Gewächse keinen Schatten auf minder hohe werfen; nach Norden pflanzt man die Walnuß=, Kastanien= und die hohen Kirsch=, Birn= und Apfelbäume, vor denselben deren niedrige Varietäten, Zwetschen, Reineclauden u. dgl., vor diesen die Himbeeren, dann Johannisbeeren und Stachelbeeren, wenn Obst in den Gärten stehen soll, und so immer niedriger wachsende Gewächse bis zu den Erdbeeren herunter.

Am besten werden alle Obstarten für sich auf besonderen Feldern, nicht zwischen dem Gemüse gebaut. Feine Sorten verlangen noch besonderen Schutz durch Mauern mit Nischen

oder Holzwände u. dgl. Jeder Garten muß einen besonderen Platz zur Anlage von
Komposthaufen erhalten; Mist= und Treibbeete sind an der sonnigsten Stelle zu errichten
und nach Norden durch Umwallung zu schützen; man muß um jedes derselben frei gehen
können und darf sie nicht zu groß anlegen, damit man bequem darin arbeiten, pflanzen,
jäten und begießen kann. Der Boden muß tiefgründig (rajolt), möglichst rein, locker, frisch,
im höchsten Grade absorptionsfähig, normalmäßig gemischt, dungkräftig, warm und leicht
zu bearbeiten sein.

Es ist für uns nicht ausführbar, die große Zahl der Gartenkulturpflanzen im Einzelnen
hier in Betracht zu nehmen. Nur von den wichtigsten soll geredet werden.

Dahin gehören zunächst die **Kohlarten**, als:

Der **Blumenkohl** (Brassica oler. Botrytis), empfindlicher als die anderen Arten,
verlangt wärmere Lage, kräftigeren Boden und häufiges Begießen. Zur Frühzucht wird
er ins Mistbeet ausgesäet und im März verpflanzt. Mit der Bildung der Käse, wie der
Gärtner die Blumenkronen nennt, wird die Pflanze kräftig ge=
düngt, der Käse selbst durch Zusammenbinden der Blätter gegen
das Schießen gedeckt und im Oktober die ganze Pflanze in den
Keller versetzt. Zur Ueberwinterung ist Verpflanzen in ein ge=
schütztes Beet und abermaliges Verpflanzen im April nothwendig,
worauf im Mai schon geerntet werden kann. Eine andere ge=
schätzte Pflanze ist der **Brokoli**= oder **Spargelkohl** (Br. oler.
asparagoides), er steht aber dem Blumenkohl nach.

Der gewöhnliche **Kohlkopf** oder **Kappes** (Br. oler. capi-
tata) wird auch auf Feldern im Großen gebaut; er verträgt kräf=
tigste, wiederholte und besonders Kloakendüngung. Man unter=
scheidet Weißkraut und Rothkraut, letzteres verlangt ge=
schütztere Lage und kann dichter gepflanzt werden (30 Centimeter
weit). Der Kopfkohl wird im Februar ins Mistbeet gesäet und
Anfangs April verpflanzt oder gleich auf das sorgsamst vorbe=
reitete Feld gesäet und dort verpflanzt; er kann bei guter Kultur
(Düngung) bis 5 Kilogramm und darüber schwer werden. Zur
Bildung der Samenstengel wird ein Kreuzschnitt in den Kopf
gemacht. Die **Kohlrabi** — **Oberkohlrabi** (Br. oler. gon-
gyloides) wird am besten im Mistbeet vorgezogen. Sie liebt
leichten, warmen, kräftig frischgedüngten Boden und viel Feuch=
tigkeit. Zweckmäßig wird sie zweimal, erst dicht, dann 30 Centi=
meter weit verpflanzt und im Uebrigen wie die anderen Arten
kultivirt. Nur der sogenannte **Winterkohl**, oder **Kohl** kurzweg
genannt (Br. oleracea), bleibt über Winter im Lande, und wird

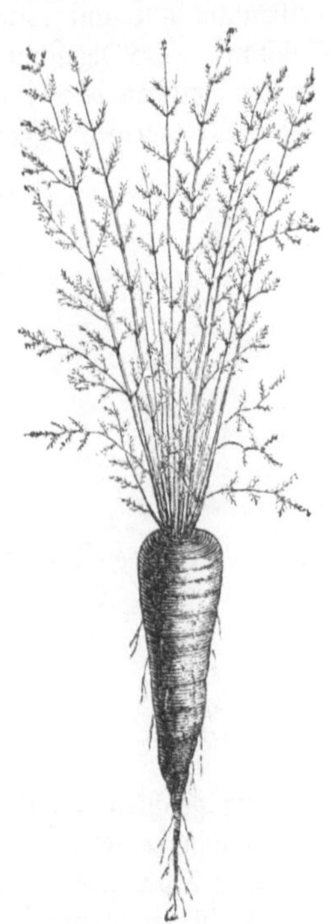

Fig. 197. Mohrrübe.

deshalb spät gesäet. Andere Arten dieser zahlreichen Familie,
die bei uns viel gebaut werden, sind der **Sprossen**= oder **Rosenkohl** (Br. oler. gemmi-
fera), welcher, früh im März oder April gesäet, sonnige, freie Lage mit lockerem, gut ge=
düngtem Boden verlangt; er treibt dann aus den Blattwinkeln die als Speise genossenen
Blattröschen, welche bei der Aufbewahrung im Keller an Zartheit gewinnen; der **Wirsing**
(Br. oler. bullata seu vabanda) verlangt sehr kräftiges, tiefgründiges Land, wird über
Winter in Erde im Freien eingeschlagen und erhält die den anderen Kohlarten gleiche
Behandlung. Dem Kohl am nächsten stehend ist der **Lattich**, eines der am meisten kulti=
virten Gartengewächse. Endivien, Schnittsalat, Rabinschen, die verschiedenen Kressen,
Löwenzahn u. s. w. gehören, wenn auch nicht dem Linné'schen oder natürlichen Pflanzen=
system nach, so doch wegen ihrer unbestreitbaren Hinneigung zu Essig und Oel, mit unter
das große Kapitel, dessen harte, gelbgrüne Blätter die ersehnte gastronomische Frühlings=
lektüre bieten.

Das unterirdische Reich des Gartens wird von verschiedenen Wurzelkräutern und

Zwiebeln beherrscht. Die Rüben und Rettige gedeihen faſt überall und vergelten die geringe, auf ſie gewandte Mühe reichlich. Wer kennt nicht die Runkelrübe? Ihre Verwendung als ausgezeichnetes Viehfutter, ſowie in der Zuckerfabrikation, bedingt einen großartigen Anbau, der in Gegenden wie um Magdeburg ſich über Quadratmeilen erſtreckt. Sie nimmt aber ihren Weg auf das Feld aus dem Garten, denn jedes Pflänzchen wird beſonders geſetzt und aus dem Mutterkaſten verpflanzt. Einige feinere Sorten werden in den Gärten großgezogen, theils als Zierpflanzen ihrer ſchön gefärbten Blätter, theils als Gemüſe ihrer Benutzung zu Salat wegen. In Fig. 199 ſehen wir eine andere hochgeſchätzte Rübe, die wohlbekannte Möhre, Mohrrübe oder Karotte (Daucus Carota), deren zuckerreiche Wurzel von den Kindern viel begehrt wird. Sie muß zeitig im Frühjahr geſäet werden; da der Samen lange Zeit zum Aufgehen braucht, ſo bringt man ihn wol auch mittels feucht gehaltenen Sandes auf warmer Ofenplatte zeitiger zur Keimung und ſäet ihn mit dem Sande aus. Da das Unkraut raſcher wuchert, ſo empfiehlt ſich die Reihenſaat und auf bündigerem Erdreich das Bedecken der Reihen mit leicht kenntlicher Subſtanz, z. B. weißem Sand, dunkler Poudrette oder Kompoſterde u. dgl. Man kann dadurch zwiſchen den Reihen jäten, ohne die Pflanzen zu gefährden; das Jäten muß öfters wiederholt werden. Im Herbſte werden die Wurzeln herausgenommen und pyramiden

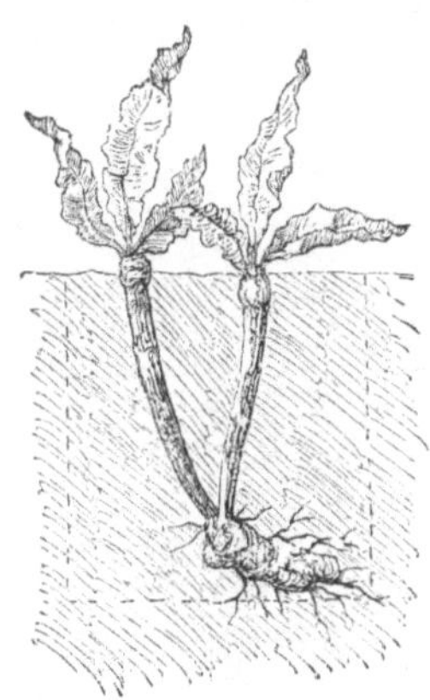

förmig im trocknen Keller aufgeſchichtet oder in Sand gebettet; ſie halten ſich ſolchergeſtalt bis zum Frühjahr friſch. Die Samenmöhren werden beſonders behandelt und im folgenden Frühjahr wieder in das Land verpflanzt.

Rettig und Radieschen, aus Aſien in unſere Gärten eingebürgert, aber ſeit undenklichen Zeiten ſchon darin gezogen, gehören zu ein und derſelben Familie, welche an Farbe und Geſchmack zahlreiche verſchiedene Glieder aufzuweiſen hat. Erwähnen wir noch des Meerrettigs (Fig. 200), der Sellerie und der Peterſilie, ſo haben wir die hauptſächlichſten Wurzelgewächſe an uns vorübergehen laſſen.

Der Meerrettig (Cochlearia Armoracia) wird auch im Großen auf Feldern kultivirt, verlangt ſandigen, fetten, tiefgründigen Boden und iſt nur ſchwer auszurotten. Er wird deshalb gern auf durch Gräben geſonderten Beeten gezogen oder durch eingelegte Breter am Ausſchreiten gehindert. Die Vermehrung geſchieht durch Fechſer, welche in den ³/₄ Meter tief bearbeiteten Boden ſchräg gegen einander gelegt werden.

Der Spargel (Fig. 201) nimmt ſeinem ganzen Weſen nach eine geſonderte Stellung ein. Er iſt der Ariſtokrat unter den Gemüſen. Die Gelehrten zählen den Spargel (Asparagus officinalis) in der Regel unter die Verwandten der bekannten Sarſaparille. Man bereitet ihm mit ganz beſonderer Sorgfalt ſeinen Standort an geſchützten Lagen, aus dem beſten Boden und auf das Reichlichſte mit Dünger verſehen. Er wird wie eine Treibhauspflanze gepflegt, und die Spargelzucht iſt, wie ſie eine der lohnendſten ſein kann, eine der mühſamſten der Gartenkultur (bis zu 1600 Thaler Erlös pro Hektare). Man ſucht die jungen Triebe der Pflanze zu gewinnen, und zwar ſo lange dieſelben zart und weiß ſind. Außer dem weißen Spargel werden auch Spargel mit grünen Wurzelſchoſſen im Großen auf dem Felde — in Hopfen= und Weinbergen — gezogen. Berühmt ſind die Ulmer und Darmſtädter. Er liebt leichten, gut gedüngten Boden und warme, ſonnige Lage. Die Krone oder der Wurzelſtock treibt im Frühjahr die jungen Triebe, die Pfeifen, welche genoſſen, und dann die Samenſtengel, welche reichlichſt Samen tragen; die Vermehrung geſchieht außerdem durch die Wurzeln — Spargelklauen.

Das Land wird im Herbſt tief ausgegraben, die Sohle ¼ bis ³/₈ Meter hoch mit Laub bedeckt und dieſes feſtgetreten; darauf bezeichnet man durch Pfähle Länge und Breite der Beete; zwiſchen je zwei Beeten von ³/₈ Meter Breite wird ein ¼ Meter breiter Weg gelassen, alsdann das Laub mit feiner Erde oder Sand bedeckt, wieder Laub und auf dieses guter Rindviehmist gelegt und mit Erde zugedeckt. In kommendem März werden in Entfernungen von $^1/_2$ bis $^5/_8$ Meter Pfähle derart gesteckt, daß dieselben in je zwei Beeten kreuzweise stehen; an diesen gräbt man Gruben von $^1/_4$ bis $^3/_8$ Meter Tiefe aus und legt in dieselben die 2- bis 3jährigen Spargelklauen sorgsamst ein, umgiebt sie gut mit Erde, drückt sie an und schlämmt mit Wasser zu, worauf die Löcher ausgefüllt und mit Dünger bedeckt werden. Mit dem Aufschichten von Laub und Mist über den Spargel wird fortgefahren bis zur Höhe von $^1/_4$ Meter; alle 2 Jahre wird wieder gedüngt.

Sorgsamstes Reinhalten der Beete von Unkraut und Abschneiden der gelben Stengel im Herbst sind die in den nächsten Jahren zu gebende Pflege.

Bei Setzlingen kann man im 3., bei gesäeten Pflanzen erst im 6. oder 7. Jahre die Pfeifen stechen, was mit Vorsicht früh Morgens geschieht und bis Johanni fortgesetzt wird. Im Herbst wird der Stengel geschnitten. Die Samen werden durch Abstreifen gewonnen, gequetscht, mit Wasser ausgewaschen und sorgsamst getrocknet; sie stehen hoch im Preise. Nach 20 Jahren ist die Anlage zu erneuern und durch junge Triebe zu ergänzen.

Unter dem Gemüse, welches der Früchte wegen gezogen wird, nehmen Melonen (Cucumis Melo), Gurken (Cucumis sativus) und der durch Jonas aus der Bibel uns bekannte Kürbis (Cucurbita Pepo) eine hervorragende Stelle ein. Die Melonen, in den südlichen Ländern eins der hauptsächlichsten Nahrungsmittel des Volkes, bedürfen bei uns schon ganz besonderen Schutzes gegen die Unbilden der Witterung, während ihre beiden artenreichen Verwandten sich mit unseren Verhältnissen vollständig einverstanden erklärt haben.

Es kann nicht unsere Absicht sein, hier von den übrigen zahlreichen nährenden und würzenden Erzeugnissen der Gartenkultur ausführlich reden zu wollen; wir verlassen daher das Lieblingsgebiet der wirthlichen Hausfrau, aus dem uns noch weit die hellen Blüten der dankbaren Feuerbohne grüßend zunicken.

Gut gepflegter Gartenbau giebt unter allen Kulturen die höchsten Erträge; Hauptorte für intensivsten Gartenbau im Großen sind Bamberg, Erfurt, Wolfenbüttel, Quedlinburg, die Mainz-Darmstädter Ebene u. s. w. In Wolfenbüttel leben 137 Gärtnerfamilien auf etwas über 300 Hektaren Areal und erlösen im Durchschnitt pro Familie 1190 Thaler, wovon aller-

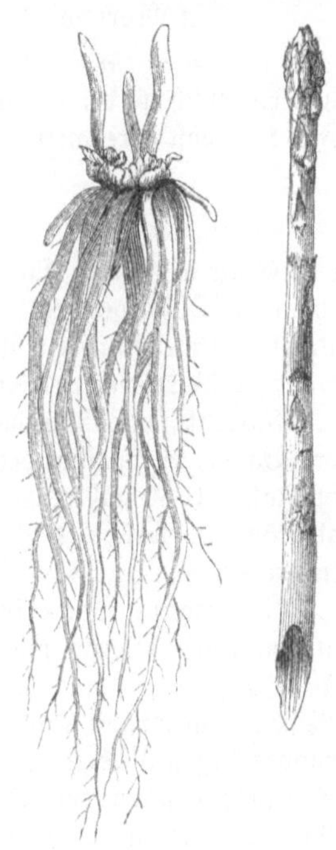

Fig. 199. Spargel.

dings die Kosten der Anlage, Löhne, Zins, Verkaufskosten und Unterhalt zu bestreiten sind. Zur Düngung dient der Mist von 260 Kühen, 350 Schweinen, 50 Pferden, städtischer Dünger und 250 Centner Guano, also pro Hektare 80 Pfund davon; anderweitiger Handelsdünger wird nicht gegeben. Mette verwendet in seiner großartigen Gärtnerei zu Quedlinburg, über 800 Hektaren groß, ebenfalls nur Guanolösung außer dem Stallmist und Kompost. Er hat großartige Dampfmaschinen zur Leitung des Wassers eingerichtet, bestellt das Feld mit dem Tiefpflug und hat ein Contorpersonal von 10 bis 14 Personen. Ueber 600 Arbeiter finden hier lohnende Beschäftigung. In den oben genannten Emporien des Gemüsebaues im Großen wird die Hektare Feld oft mit über 4000 Thaler bezahlt, bei Mainz sogar bis zu 8000 Thaler und darüber. Man sucht womöglich in 2 Jahren fünf und mindestens vier Ernten zu nehmen, z. B. Frühkartoffel, dann Kraut, dann Winterkohl, im folgenden Frühjahr wieder in ähnlicher Weise. Zwiebeln, Spargel, Erdbeeren bringen die höchsten Renten; in Schwetzingen allein giebt es über 100 Spargelbauer, welche auf 8—9 Hektaren über 60,000 Stöcke bauen und im Durchschnitt 450 Centner Spargel erzielen, welche an 7000 Thaler eintragen. Ulm in Württemberg, Koblenz, Köln und Büderich am Rhein, Aschersleben und Eisleben und andere Orte sind nicht minder berühmt durch ihren Gemüsebau. Er erreicht seine höchste Stufe im Kunstgarten mit Blumenzucht in Treibhäusern und Mistbeeten. —

Obstbau. Leider wird die wirthschaftliche Bedeutung des Obstbaues bei uns noch fast überall viel zu wenig beachtet; nur etwa Württemberg kann als durchweg reichlich mit Obstplantagen versehen betrachtet werden; Deutschland im Allgemeinen bedarf noch bedeutender Mehreinfuhr an Obstprodukten, während es aus der Mehrausfuhr große Summen gewinnen könnte. Allerdings ist der Obstbau viel Zufälligkeiten unterworfen, die seine Rentabilität nicht immer und überall außer Zweifel stellen, indessen können bei der Pflege der Obstbäume nicht die in Thalern und Groschen ausdrückbaren Erträge allein das Bestimmende sein. Im Durchschnitt kann man rechnen, daß von einem tragbaren Baume im Großen pro Jahr erlöst werden:

in Maximo   9 Mark, in Minimo 0,9 Mark bei Birnen und Aepfeln,
    „   „   10   „   „   „   1,2   „   „ Kirschen

und entsprechend bei anderem Obste.

Für Kernobst berechnen sich 2   Mark, für Steinobst 1½ Mark Anlagekosten,
    „   „   „   „ 5   „   „   „   3   „ Kosten bis zur Tragfähigkeit,
    „   „   „   „ 0,2 „   „   „   0,1   „ jährlicher Unterhalt

vom Eintritt der Tragfähigkeit an. Außerordentlich hohe Erträge sind nichts Seltenes, und in guten Obstgegenden zahlt man gerne pro Hektare Obstplantagen bis zu 180 Thaler Pacht und mehr für die bloße Obstnutzung.

In Württemberg zählte man im Jahre 1852 bis zu 4,724,102 Kernobstbäume und 3,223,572 Steinobstbäume, welche in mittlerer Ernte zusammen 2,692,583 Thaler oder pro Baum, durch einander gerechnet, bis zu 1 Mark einbrachten. Reutlingen allein besaß im Jahre 1860 auf etwa 465 Hektaren Baumfeld 60,000 Kernobst= und 18,000 Steinobststämme, welche 136,240 Centner Obst und pro Baum im Durchschnitt 3 Mark eintrugen.

Die Hauptfehler beim Obstbau sind: schlechte Pflanzung, Wahl unpassender Sorten, ungenügende Pflege, mangelnde Düngung. Viel wird besonders über den Obstbau im Felde geklagt; er kann hohe Renten bringen, wenn nur hochstämmige Sorten gewählt, die Reihen in gehöriger Entfernung angelegt werden und für jede Reihe entsprechende Streifen Landes liegen bleiben, welche gut bedüngt und bearbeitet werden müssen. Zu dichte Bepflanzung schädigt den Ertrag, auch im Obstgarten. Es bleibt immer vorzuziehen, die Baumanlagen auf besonderen Grundstücken zu machen und im Felde nur die Ränder, vor Allem die Feldwege und die Straßen, mit Bäumen einzufassen. Sehr empfehlenswerth ist das Bepflanzen der Eisenbahnböschungen, der Lokalität angemessen, mit Obstbäumen. Dazu gehört vor Allem die Wahl der dem Klima und der Oertlichkeit entsprechenden Sorten; feineres Obst ist im Allgemeinen an die Linie des Weinbaues gebunden, darüber hinaus nur mit besonderen Schutzvorkehrungen räthlich; es giebt aber noch zum mindesten für ganz Deutschland entsprechende Sorten von Obst, welches bis an die Ostsee und innerhalb unserer Grenzen ziemlich hoch in den Gebirgen gehen kann.

Allerdings ist vom Standpunkte des materiellen Gewinnes aus der Obstbau nicht durchweg zu empfehlen, da die Erfahrung lehrt, daß die guten Obsternten erst alle 5—7 Jahre wiederkehren, wo dann die Menge des vorhandenen Obstes zu Spottpreisen weggegeben werden muß, während in dazwischen liegenden Jahren oft kaum für gutes Geld ein ordentlicher Apfel zu haben ist. Das Obst ist auch kein Nahrungsmittel im vollsten Sinne, obgleich erwiesen ist, daß das Mißrathen des Obstes etwas mit auf die Steigerung der Getreidepreise einwirkt, denn alle Obstsorten enthalten viel zu wenig eiweißartige (Fleisch und Blut bildende) Bestandtheile. Der bekannte Chemiker Dr. Fresenius in Wiesbaden sagt mit Beziehung hierauf, daß, um 1 Theil wasserfreien Eiweißes in Betreff seiner Wirkung als blutbildendes Nahrungsmittel zu ersetzen, erforderlich sind:

117 Theile Kirschen,	192 Theile engl. Reinetten,	222 Theile Johannisbeeren,
120 „ Trauben,	196 „ Brombeeren,	227 „ Stachelbeeren,
120 „ Aprikosen,	209 „ Reineclauden,	307 „ Mirabellen,
161 „ Erdbeeren,	210 „ Pflaumen,	385 „ Rothbirnen,
183 „ Himbeeren,	210 „ Pfirsichen,	254 „ weiße Tafeläpfel.

Anstatt eines Eies von circa 50 Gramm Gewicht würde man demnach fast 2 Kilogramm Rothbirnen verzehren müssen, um eben so viel Eiweiß (Proteïnsubstanz) zu sich zu nehmen. In dem gedörrten Obste, mit dem stellenweise ein großer Handel getrieben wird, ist das Verhältniß der Bestandtheile freilich ein anderes, und wenn Backobst auch nicht als alleinige Speise betrachtet werden kann, so kommt es doch in solchen Mengen in den Verkehr und ist so allgemein als Nebenspeise beliebt, daß es schon der Beachtung werth und dadurch von höchster Bedeutung für den Welthandel geworden ist. Wir erinnern dann an die Weinbereitung, der wir später einen besonderen Theil widmen werden, ferner an das Auspressen des Kirschsaftes, des Himbeersaftes, an das Einmachen und Kandiren der Früchte, an den großartigen Handel mit Südfrüchten aller Art, bei welchem wir in Deutschland nicht blos als Konsumenten und Zahler, sondern auch als Produzenten und Verkäufer auftreten, denn wir senden Obst nach dem Norden, z. B. die schönen würzigen Aepfel aus Sachsen in Menge nach Petersburg, wo sie unstreitig Südfrüchte sind, und zwar nicht die schlechtesten. Dem Obste im Allgemeinen kommt seine große Bedeutung bei der Ernährung des Menschen in Bezug auf seine Verdauungsbeförderung zu.

Der Orangenhandel hat eine Ausdehnung erlangt, von welcher sich wol Wenige träumen lassen. Es scheint, daß vor der Zeit der Dampfboote Orangen und Citronen beinahe ausschließlich aus Portugal und Spanien nach England kamen; jetzt können sie von den Azoren, von Madeira, von Malta und von Kreta gebracht werden. Auch die Verminderung des Einfuhrzolls, welcher früher anderthalb Schilling vom Scheffel betrug, jetzt aber auf weniger als die Hälfte herabgesetzt ist, hat die Zufuhr sehr vermehrt. St. Michael, eine der Azoren, führt jährlich 200 Schiffsladungen Orangen aus, zusammen 200,000 Kisten zu je 1000 Stück; ebenso verschiffen Terceira, Fayal und die anderen Azoren große Mengen. Ein schlagendes Beispiel von dem Nachtheil allzuhoher Zölle giebt die Thatsache, daß früher in Spanien und Portugal alle großen Orangen lieber geradezu weggeworfen, als nach England verschifft wurden, weil nur die kleinen den Zoll ertragen konnten. Die Citronen kommen alle aus Sizilien in viereckigen Kisten, während die Orangen in lange Verschläge verpackt sind. Es wird berechnet, daß jährlich etwa 300 Millionen Orangen in England verzehrt werden, hiervon 100 Millionen in London. Diese große Menge erfordert zum Transport 200 schöne Klipper, welche in den Winter- und Frühlingsmonaten unterhalb der Londoner Brücke anlegen. Kräftige Träger bringen die Kisten in die Magazine von Botolth Lane und von Pudding Lane, und wer in dieser Zeit durch die untere Themsestraße geht, thut wohl daran, sich mit seinem Hute oder Kopfe gut vorzusehen.

Von all den bunten Bildern aber, die sich an die Vorstellung von Südfrüchten reihen, kehren wir zurück zu unserem einfachen Kern-, Stein- oder Schalenobst und zu den Beeren, die tausendfältig die niederen Sträucher bedecken.

Der Apfelbaum ist in vielen Zonen verbreitet und kam in mehreren Arten, deren die Römer 29 kannten, auch aus Aegypten, Indien und Griechenland nach Europa, wo man gegenwärtig gegen 400 Varietäten zählt. An Schönheit der Blüte übertrifft er alle anderen Obstbäume; sein Holz wird zu Tischler-, Drechsler- und Schnitzarbeiten benutzt; die Frucht dient zur Nahrung und liefert Apfelsäure, Apfelpomade, Apfelwein und Apfelessig.

Der Birnbaum soll aus Kleinasien kommen und hat eine Familie von 1300 Arten. Wild erreicht er eine Höhe von über 30 Meter und ein Alter von 100 Jahren. Das Holz wird wegen seiner Dauer und Politurfähigkeit geschätzt, aber den Hauptnutzen gewähren seine Früchte, welche sehr viel Zuckerstoff haben und in mancherlei Gestalten genossen werden. Man bereitet aus ihnen Sirup, Essig, Senf, Branntwein, Oel und Backobst.

Der **Pflaumenbaum** ist ein Kind der gemäßigten Zone, verdrängt aber auch im Norden noch die übrigen Obstbäume. An Höhe steht er den Aepfel- und Birnbäumen nach; das Holz davon ist sehr spröde, nimmt aber eine gute Politur an und hat einen vorzüglichen Brennwerth. Seine Frucht ist sehr nutz-, aber weniger haltbar und dient frisch, gekocht, gebacken, gesotten und eingemacht zur Nahrung; die Kerne geben ein durch Fettigkeit und Wohlgeschmack ausgezeichnetes Oel und der Saft liefert den in Böhmen und Ungarn beliebten Branntwein „Sliwowitzer."

Der **Kirschbaum** stammt ebenfalls aus Kleinasien und erreicht ein Alter von 50 Jahren. Sein Holz ist zu feinen Arbeiten verwendbar. Die Frucht ist theils süß, theils säuerlich, zählt mehrere hundert Sorten und wird zu Kompot, Gelée, Eis, Torte, Likör, Branntwein und Essig benutzt.

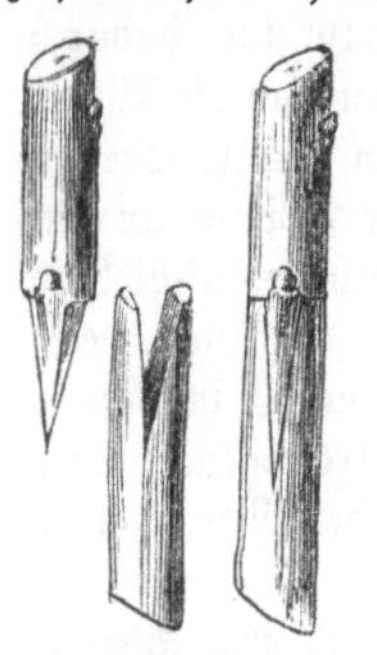

Der **Quittenbaum** ist heimisch in Kreta, von da kam er nach Griechenland, dann nach Rom und in verschiedene Länder Europa's. Den Namen Cydonia erhielt er von der Stadt Cydon in Kreta. Sein Holz hat wenig Werth, aber die Früchte werden vorzüglich ihres aromatischen Geruchs wegen zu Kompot, Mus, Gelée, Brot, Likör ꝛc. benutzt.

Eine der edelsten Obstsorten ist die **Pfirsiche**. Der Pfirsichbaum stammt aus Persien und wurde von da zuerst nach Griechenland und Rom verpflanzt, wo zur Zeit des Plinius (23 bis 79 n. Chr.) eine einzelne Frucht mit 300 Sestertien (ungefähr 15 Thaler) bezahlt wurde. Die Blüte wetteifert an Schönheit mit der Frucht, deren saftige Beschaffenheit und würziger Geschmack nur von wenig Früchten übertroffen

Fig. 200. Das Kopuliren.

wird. Die Kerne enthalten viel Blausäure und werden zu dem bekannten Likör Persiko verwendet. Würdig steht ihr die **Aprikose** zur Seite, deren Heimat Armenien ist; sie ist zwar weniger saftig, aber dafür aromatischer als ihre Vorgängerin. Der Aprikosenbaum ist empfindlich gegen Winterkälte; man zählt über 20 Arten von ihm und die Früchte nehmen mit dem Alter an Größe und Güte zu; sie müssen abgebrochen werden, ehe sie von der Sonne erwärmt worden sind.

Auch der **Maulbeerbaum**, durch seine Blätter der Ernährer der Seidenraupen und uns wegen seiner Früchte lieb, stammt aus Asien und wurde früh schon in verschiedene Länder Europa's, später erst nach den wärmeren Gegenden Deutschlands eingeführt. Seine der Brombeere ähnlichen schwarzrothen Früchte sind saftig und wohlschmeckend und werden roh und eingemacht genossen. Aber dort breitet ein Nußbaum seine Arme mit duftenden Blättern aus, zwischen denen die Früchte in grüner Schale sich runden. Unwillkürlich fällt uns dabei das Weihnachtsfest ein, der Knecht Ruprecht im Winter und das Wandern in die Haselnüsse im Spätsommer. Weithin senden Frankreich, Böhmen und die Rheinprovinzen die Früchte des stolzen Baumes, der kein Verschneiden duldet, aber in freier Entfaltung ein

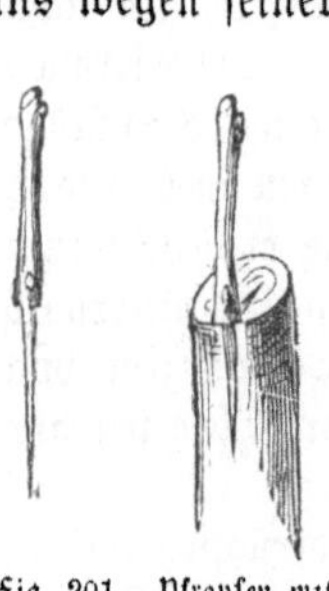

Fig. 201. Pfropfen mit einem Reise.

treffliches Nutzholz mit geflammter Maser liefert. Und neben ihm träumt der **Mandelbaum** von Griechenland, seiner Heimat, und schüttet seinen Pflegern bittere und süße Kerne in den Schoß. Kastanien und Feigen — doch unmerklich überschreiten wir wieder die Grenzen, welche uns Land und Klima ziehen; zurück ruft uns der kältere Himmel, der uns aber für die leuchtenden Früchte des Südens durch hunderterlei andere kleine würzige Gaben erfreut — Erdbeeren und Himbeeren, Johannis- und Stachelbeeren mit ihren zahlreichen Verwandten halten uns schadlos, wenn die verheißende Blüte des Mandelbaumes ihr schönes Versprechen nicht hält.

Der **Obstbau** gedeiht auf der Mittagsseite und an Osthängen am besten; intensive Erwärmung erhöht den Wohlgeschmack der Früchte; Brechen des Obstes im Sonnenschein sichert ihm auch im Winter besseres Aroma. Auf Berghängen wächst das Obst am besten; im Allgemeinen sollen die Kirschen in der Höhe, die Aepfel in der Mitte, die Nüsse am Fuße der Berge und die Birnen und Pflaumen in der Ebene im Uebergewicht vertreten sein.

Wichtig ist die Pflanzung; man gräbt entsprechend große Löcher aus und füllt diese mit Stroh, Kartoffelkraut, Schilf und dergleichen. Dann wird Kloakenmasse bis zum Rande darüber gegossen und nach Senkung der Masse mit solcher nochmals aufgefüllt. In der Mitte häufelt man dann gute Erde und pflanzt den jungen Baum hinein. Für Walnüsse wählt man Abstände von 10 bis 12 Meter im Geviert, für Hochstämme bis 10 Meter, für Mittel= stämme bis 7 Meter, für Pyramidenbäume bis 3½ Meter, für Spalierobst bis 3 Meter und für Zwergobst bis 1½ Meter als Abstand; die ausgegrabenen Löcher, welche man auch im leichten, fruchtbaren Boden macht, sind für Kernobst 1½ bis 2 Meter im Geviert und 1½ bis 2 Meter in die Tiefe auszugraben; für Steinobst nimmt man die Proportionen von höchstens 1 Meter. Eine Hauptsache ist, gute Stämmchen zu ziehen.

Der Boden für Obst muß frisch, locker, sehr tief, warm und trocken im Untergrund und reich an Mineralstoffen, besonders an Phos= phaten sein; Grasbedeckung schützt gegen Austrocknen.

Als Dünger giebt man verrotteten Rindviehmist, vergohrene Jauche, Pfuhl und Phosphat; am besten macht man in Entfernungen von ½ Meter vom Stamme Löcher in den Boden und füllt diese mit dem Dünger aus; ebenso soll nur in solche Löcher der Baum begossen werden, nicht allerdings um den Stamm, weil hier der Boden zu leicht verhärtet und dadurch die feinen Thauwurzeln zu Grunde gehen.

In der Neuzeit liebt man vorzugsweise Spalierzuchten, Pyramiden und Cordonzucht; am vorzüglichsten werden diese in Frankreich, z. B. zu Tours, gezogen und am zweckmäßigsten von dorther bezogen.

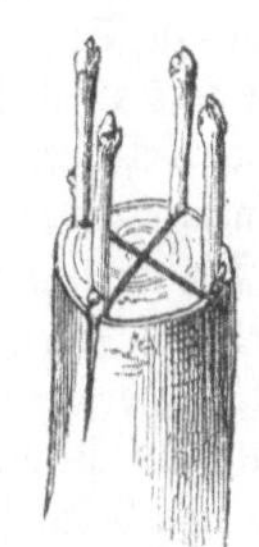

Fig. 202. Pfropfen mit mehreren Reisern.

Der Baumschnitt bildet eine der wesentlichsten Bedingungen zum guten Gedeihen der Bäume; er ist fast nur praktisch zu erlernen; im Allgemeinen soll alles überflüssige Holz damit entfernt werden, ebenso jeder Zweig, welcher einen anderen berührt oder im Wachsthum stört. Der Baum soll eine schön gewölbte Krone darstellen und im Innern Raum und Luft genug bieten. Viele Sorten verlangen jedoch besondere Schnittart, welche dem natürlichen Wachsthum entlehnt sein muß.

Das Obst verlangt im Ganzen nur eine geringe Pflege. Die Hauptfürsorge erstreckt sich auf das Erzielen guter Sorten, auf das Veredeln; denn wie wir die fruchttragenden Bäume in unseren Gärten sehen, sind sie sämmtlich Produkte der Gärtnerkunst, welche durch mancherlei Verfahren die ursprünglichen Eigenschaften gehoben und zum Bessern gewandt hat. Nur die wilden Obstbäume, Holzäpfel und Holzbirnen, etwa noch Sauerkirschen oder Ostheimer Kirschen, verändern sich nicht in der Vermehrung durch Samen, alle anderen Sorten arten aus und werden durchgängig schlechter.

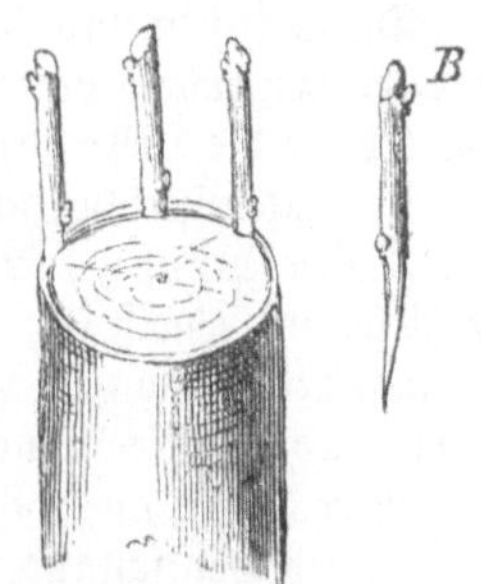

Fig. 203. Pfropfen in die Rinde.

Zur Erhaltung guter Obstsorten richtet man Baumschulen ein. Man säet die Samenkerne der schönsten, ganz reifen Früchte im Herbste in ein Beet, dessen Erde von Steinen befreit, gut ge= düngt und sorgsam bearbeitet worden ist. Die Kerne legt man 2½ Centimeter tief in den Boden und sorgt dafür, daß die Erde zwischen den jungen Pflanzen immer hübsch locker bleibe. Das nächste Jahr im Herbste werden die stärksten von ihnen verpflanzt, man verschneidet sie dabei vorher oben und unten, so daß nur die untersten zwei Knospen und von der Pfahlwurzel ein etwa 10 Centimeter langes Stück stehen bleiben. Im folgenden Jahre werden sie beschnitten und das zweite Frühjahr kann die Veredelung vorgenommen werden. Dieselbe geschieht durch Kopuliren, Pfropfen oder Okuliren. Bei allen diesen Verfahren wird von einem edlen Obstbaume ein Trieb auf das junge Stämmchen übergetragen, damit er mit diesem verwachse.

Beim Kopuliren wird ein ganzes edles Reis genommen, die Spitze desselben ent= weder nach einer oder keilförmig, wie in Fig. 200, nach zwei Seiten schräg abgeschnitten und der gleich schrägen Schnittfläche des zu veredelnden Stammes, der gleiche Stärke haben muß, angepaßt, die Anfügungsstelle mit Baumwachs verstrichen und fest umwickelt. Beim Pfropfen wird in den abgesägten und oben gespaltenen Stamm des Wildlings, wenn derselbe schwach ist, an der Seite ein unten keilförmig zugespitztes edles Reis eingefügt (Fig. 201); ist derselbe stark, so setzt man zwei, sogar vier Reiser (Fig. 202). Man pfropft auch zwischen die Rinde, wie es Fig. 203 zeigt. Bei dem Okuliren wird nur ein Auge der edlen Pflanze mit einem Stück Rinde eingesetzt.

Diese sogenannte geschlechtslose Vermehrung edler Pflanzen hat in der Vermehrung durch Senker, Stecklinge, Ausläufer, Wurzeln, Knollen, Zwiebeln u. s. w. noch vielerlei Hülfsmittel. Durch Einwirkung auf den Samen während der Blüte und durch künstliche Befruchtung geschieht die geschlechtliche Veredlung, welche in der Neuzeit überraschende Erfolge zu Tage gefördert hat, die vorzüglich in der Blumenzucht sichtbar werden. Es würde uns zu weit führen, hierauf näher einzugehen; jeder Gartenfreund kann sich besser darüber belehren, wenn er im Sommer die blühenden Rosen-, Georginen-, Nelken- und Stiefmütterchenbeete durchwandelt.

Die weitere Pflege des Obstbaumes bezieht sich noch auf die Abwehr von Ungeziefer, zu welchem Zwecke man sorgsamst die Nester aller Arten von Raupen zerstören muß; man schabt im Herbste die Rinde glatt, bestreicht sie mit Kalkmilch, umzieht den Baum mit Theerringen, auf Papier geklebt, schwefelt die höher liegenden Nester, reinigt den Boden von Moos und dergleichen und lockert ihn vor Winter auf, um die Brut solcher Insekten und Käfer zu zerstören, welche Frostkälte nicht vertragen können. — —

Der Weinbau. Wenige Gewächse haben eine größere Geschichte in der Vergangenheit als die Rebe mit ihren erquickenden Früchten. Die Weinrebe wächst wild in vielen Gegenden Asiens; sie wurde schon von den ältesten Völkern kultivirt, von den Phöniziern nach Griechenland, von den Römern nach Italien, Gallien und später an den Rhein und die Donau verpflanzt. In Frankreich wurde der Wein schon vor Julius Cäsar und in Deutschland bereits im dritten Jahrhundert nach Christi Geburt gebaut. Daß die Bereitung des Weines sehr alt ist, wissen wir durch Noah, der das Wasser nicht sonderlich liebte:

> „Dieweil darin ersäufet sind,
> Viel sündhaft Vieh und Menschenkind."

Die Griechen und Römer verehrten den Bachus als Gott des Weines und zu seiner Ehre feierten erstere die Anthesterien in der Weinblüte und die Orgien in der Weinlese; letztere die Liberalien und die Bacchanalien.

Uns interessirt vor allen Dingen der deutsche Wein, der Rheinwein, weil einzig in seiner Art. Kaiser Probus (276 n. Chr.) soll die ersten Reben an den Rhein und die Mosel gebracht haben; gewiß ist, daß Karl der Große (800) solche aus Burgund und Orleans zu Ingelheim pflanzte, und noch heute nennt man die besten Trauben in Rüdesheim „Orleaner". Die Mönche erwarben sich um den Bau des Weins am Rhein großes Verdienst.

Man nimmt an, daß in Europa 660 geographische Quadratmeilen mit Wein bebaut sind und daß Deutschland 37 Millionen Eimer mit einem Werthe von 114 Millionen Thaler erbaut; auf Ungarn kommen allein 24 Millionen Eimer mit 67 Millionen Thaler, auf ganz Oesterreich an 35 Millionen Eimer zum Werthe von 135 Millionen Thaler, erbaut auf 1 Million Joch Areal. Frankreich erbaut durchschnittlich 54 Millionen Eimer mit einem Werthe von 117 Millionen Thaler. Auf ganz Europa rechnete man im Jahre 1869 einen Ertrag von 140 Millionen Eimer, von welchem Frankreich fast die Hälfte lieferte.

Außer dem gekelterten Wein liefern Jonien, Griechenland, Spanien, Italien, Portugal, Frankreich und die Türkei noch bedeutende Massen von getrockneten Trauben, welche als Rosinen einen wichtigen Handelsartikel bilden. Man schlägt die durchschnittliche Rosinenernte auf 1,400,000 Centner an, jedoch hat die Traubenkrankheit in den letzten Jahren einen ansehnlichen Minderertrag verursacht. —

Die Traube erlangt ihre gewünschte Güte nur unter dem Zusammentreffen vielerlei, theilweise noch nicht genugsam gekannten Wachsthumsbedingungen; vor Allem liebt die

Rebe eine geschützte Lage, Ost- und Südseiten, starke Sonnenbestrahlung und gegen den Herbst hin viel Nebel, daher Berghänge an Flußufern immer die besten Standortsver-hältnisse bieten. Sie kann gegenüber allen anderen Kulturpflanzen noch sehr steile Berg-hänge einnehmen; da, wo die Neigung zu groß ist, hilft man durch Terrassenbau mit Mauerwerk nach. Oft genug muß der Winzer Hunderte von Treppenstufen bei jeder der vielen Arbeiten, welche die Rebe verlangt, auf- und niedersteigen und selbst das Trans-portmittel darstellen, um abgeschwemmte Erde oder Dünger auf dem Rücken hinauf zu tragen. Gleichmäßige warme Temperatur, entsprechende Trockenheit und doch nicht Mangel an Feuchtigkeit in der Tiefe, heller Sonnenschein, die zusagende Witterung in jeder Periode des Wachsthums und eine nicht über 19° C. gehende Winterkälte sind Be-dingungen für die Kultur der Reben im Freien, sei es in Weinbergen oder Weingärten. Da, wo die Sonne zu brennend wirkt, wird die Rebe im Schatten der Bäume ge-zogen (Italien). Gute Wein-jahre sind selten, weil bald in dem, bald in jenem Monate die Normalwitterung fehlt, schlechte häufig genug, bei uns wenigstens, weil die Sommer oft genug zu kalt und zu naß sind, oder der Winter und das Frühjahr die besten Triebe schon zerstörten.

Im rauheren Klima ge-deiht die Rebe nur noch an Schutzwänden und dadurch, daß sie im Winter eingebunden wird; in Holland und Eng-land steckt man nicht selten jede einzelne Traube in Flaschen, um sie sicher zur Reife zu bringen, oder man zieht die vorzüglicheren Tafeltrauben in vollendet schönen Exem-plaren im Treibhaus oder wenigstens dadurch, daß man die Ranken in das Treib-haus leitet.

Fig. 204. Die Weinrebe.

Vorzügliche weiße Sorten sind: Gutedel, Beeren groß, rund, grünlich beduftet, durchsichtig (Markgräfler, Schweizer Weine); Sylvaner, mit grünlich-gelben Beeren, Hauptbestand am Rhein, der Nahe, der Mosel, am Main, Neckar und in Oesterreich; der Rießling, kleinbeerig, gilt in der Pfalz, dem Rheingau und an der Mosel als Königin der Trauben, welche den vornehmsten Rebsatz bildet und mehr und mehr andere verdrängt; der Rothgipfler, in Oesterreich verbreitet; der frühe Malvasier, großbeerig, paßt am besten für Spaliere, und der Burgunder, mit mittelgroßer Frucht, für der Champagne ähnliche Bodenarten. Rothe Sorten sind: Gutedel, Sylvaner, Clevner oder schwarzer Burgunder, kleinbeerig, gut zum Keltern, am besten für die Lehmboden-gruppe, Trollinger (Schwarzwelscher), kleinbeerig, mit Muskatgeschmack, verlangt guten Boden, spät reifend; der frühe blaue Portugieser, für mageren Boden, der blaue Limberger, großfruchtig, in Oesterreich, Kalk- und Thonboden verlangend, der schwarzblaue Affenthaler, mittelgroß, im Lehm und kühlen Boden, der blaue Liv-erden, kleinfruchtig, für kräftigen Boden, der frühe Malvasier, mit großen, dicken Beeren, Spalierfrucht, der rothe Urban und der schwarze Urban, auf Kalk-, Thon-,

Schiefer=, Mergel=, Lehmboden, spät treibend, vor Frost sicher, endlich der rothe Tra=
miner, mit kleiner, länglicher Frucht, auf gutem Thonboden, bilden die edelsten Weine.

Guter Weinbergsboden muß sich rasch erwärmen, langsam erkalten, die Sonnen=
strahlen gut zurückwerfen, tiefgründig sein oder auf gelockertem Felsgrund ruhen, frisch
und reich im Untergrund, und trocken, locker, warm und reich an Mineralstoffen in der
Krume sich darstellen. Vordem ging der Weinbau viel weiter nördlich, damals war er ein
Regal der Bischöfe, welche den Wein verkauften; gute Transportgelegenheiten gab es
nicht und die Geschmacksempfindungen waren noch nicht so wie heutigen Tags ausgebildet;
man trank Weine, welche in unseren Tagen kaum zur Essigfabrikation verwendet werden
könnten, trotz aller uns heute gebotenen Hülfsmittel der Chemie.

Verwitterter Basalt und dunkler Thonschiefer bilden die Normalbodenarten für die
Rebe, welche jedoch auch mit minder reichem Boden fürlieb nimmt; die edelsten Sorten am
Rhein wachsen auf Grauwacke und Thonschiefer; Stein= und Leistenwein und die Weine
der Champagne auf Boden aus der Jura= bis zur Kreideformation, viele geringere deutsche
Landweine auf solchem aus der Muschelkalkformation; in Johannisberg am Rhein bildet
blättriger Taunusthonschiefer in weißer und in rother Varietät die Weinberge; jene soll
auf hohen Zuckergehalt (also Kraft), diese auf Bouquet von Einfluß sein. Hohen Kalkge=
halt will man auf größeres Feuer von Einfluß erkannt haben. Die allgemeine Klage der
Weinbauern am Rhein ist, daß die Rebe nicht mehr so ergiebig ist wie vordem, weit weniger
tragendes Holz bringt und in weit kürzerer Zeit wieder umgerodet werden muß. Vordem
konnte man eine tragfähige Zeit von mindestens 40 bis 50 Jahren annehmen, bis zu dieser
nach der Anpflanzung höchstens 4 bis 5 Jahre und nach der Umrodung höchstens 5 Jahre
Zwischennutzung. Jetzt verliert die Rebe in der Regel schon nach höchstens 30 Jahren die
Tragkraft, und man muß nach dem Umroden bis zu 10 Jahren den Boden landwirthschaftlich
benutzen und dabei tüchtig bearbeiten und düngen, ehe man ihn wieder bepflanzen kann.
Bekannt sind Rebstöcke von mehr als hundertjährigem Alter, welche volltragfähig bleiben
(an Spalieren z. B.). Auf dem Wege der künstlichen Düngung hat man noch nicht die ver=
lorene Tragfähigkeit vollständig wieder herzustellen vermocht, wenn schon durch Kalisalz
bedeutend auf tragfähiges Holz gewirkt werden kann.

Bester Dünger für die Rebe ist und bleibt gut verrotteter Rindviehmist, welcher
denn auch in Weingegenden außerordentlich begehrt ist und hohe Preise erzielt; nächstdem
tritt Kompost aus passenden Materialien an die Stelle und von Beidüngungen sind Kali=
salze und Phosphate die unentbehrlichsten. Eine sehr rationelle Düngung für Reben ist
nach Knop die folgende: in gut rajoltem Boden wendet man $^3/_4$ Meter tief pro Hektare
2 Centner Potasche, $^1/_2$ Meter tief 12 Centner Knochenmehl und $^1/_8$ Meter tief 2 bis
3 Centner Superphosphat an. Es dürfte sich jedoch wol noch mehr empfehlen, die Bei=
düngungen mit dem Stallmist zu vermischen, da sie dann sicher in allen Schichten zur
Wirksamkeit kommen. Spalierreben zur Zucht von Tafeltrauben treibt man zu hohen Er=
trägen mit Blut, Küchenspülicht, Hornabfällen u. dgl. m.

Die Vermehrung der Reben geschieht durch Stecklinge oder sogenannte Knothölzer,
das sind ein= oder zweijährige, bis fast 1 Meter lang geschnittene Reben, welche im Herbste
geschnitten, im Winter eingeschlagen und im Frühjahre verpflanzt werden; sie gedeihen bei
einiger Feuchtigkeit vortrefflich; Fechser, d. h. Knothölzer, welche zuvor in die Reb= oder
Pflanzschule und erst nach vollendeter Wurzelbildung an Ort und Stelle verpflanzt werden,
sind die gebräuchlichste Art der Vermehrung, am seltensten geschieht sie durch Kerne und
durch Pfropfen; da jeder Rebzweig an jeder mit Erde bedeckt bleibenden Stelle leicht Wur=
zeln schlägt, so bildet man auf diese Art auch gerne neue Stöcke, welche vom Mutterstock
später getrennt werden. Zu Neuanlagen wird der Boden gehörig rajolt, stark gedüngt,
eine Zeit lang mit viel Dung liebenden Früchten bebaut und dann bei trockner Lage im
Herbste, bei schwerem Boden und genügender Feuchtigkeit auch im Frühjahr bepflanzt,
immer in Reihen. Die Art und Weise, wie dann der freistehende Stock gezogen, und haupt=
sächlich die, wie er geschnitten wird, ist maßgebend für den Erfolg. Abgesehen von

kunſtvolleren Schnittarten bei Reben am Spalier oder in Gärten, unterſcheidet man den
Schenkelſchnitt, bei welchem von Jugend an ein Schenkel oder Stamm (altes Holz) ge=
laſſen wird; den Kopfſchnitt, das iſt das fortgeſetzte Einſchneiden bis auf den Wurzel=
hals unter alljährlicher Entfernung aller (kahler, öſterreichiſcher Kopfſchnitt) oder der
Belaſſung von einzelnen langen Bogreben (Bogenkopfſchnitt); der Bockſchnitt iſt die Er=
ziehung ohne Stützen. Man erzieht an Pfählen oder an Spalieren; an Stelle der Pfähle
tritt neuerdings mit Erfolg die Drahtzucht; in Gärten hat man noch die Lauben= oder
Arkadenerziehung und die ſtrauch= oder heckenartige, welch letztere, ähnlich wie die baum=
artige, in der Lombardei gebräuchliche, nur für warme Klimate ſich eignet. Die Pflege
des Weinſtocks iſt eine ſehr mühſame, viel Arbeit erfordernde, als: Aufräumen der
Winterbedeckung, Lockern des Bodens, Beſchneiden, Düngen, Anbinden der Reben, Heften,
Ausblatten, Abgipfeln (im Juli), Schutz gegen Krankheiten und Feinde, beſtändiges Be=
arbeiten des Bodens, beſonders Jäten, Unterhaltung der Mauern und Spaliere u. dgl. m.
Die durch einen Pilz verurſachte, ſo gefährliche Traubenkrankheit wird durch Schwefel=
dämpfe, wozu beſondere Apparate zu haben ſind, bekämpft, und zwar mit Erfolg.

Fig. 205. Weinleſe in Ungarn.

Es iſt kaum nöthig, daran zu erinnern, daß ein günſtiges Weinjahr für die Bewohner
der ſogenannten Weinländer eines der freudigſten und wichtigſten Ereigniſſe iſt; wer wird
aber auch nicht gern einen Augenblick im Geiſte dort verweilen, wo ein tauſendſtimmiger
Jubel die Herbſtluft erfüllt, wo unter heiterem Scherzen die koſtbaren Trauben geſammelt
und gekeltert werden, wo die Nacht durch viele Freudenfeuer, die auf den Gipfeln der mit
Reben bepflanzten Hügel lodern, erhellt wird, wo Raketen hoch in die Luft emporſteigen
und ſchließlich eine ländlich=gemüthliche Muſik die Winzer und Winzerinnen zum Tanze
vereinigt? In Frankreich, am Rhein, in der Schweiz, in Ungarn, kurz überall, wo Wein=
bau getrieben wird, feiert man den Schluß der Weinleſe durch ein ſolches Feſt, welches
den glänzendſten Lichtblick in dem mühevollen Leben der Winzer bildet.

In Ungarn iſt die Weinleſe ein Nationalfeſt, denn nur in ſechs Geſpannſchaften iſt
kein Weinberg zu finden, in den übrigen hat dagegen jeder Bauer und Bürger ſeinen Wein=
berg oder wenigſtens ſein Weingärtchen. Iſt die ländliche Arbeit vollendet, ſo ziehen Bauer
und Städter mit Weib und Kind hinaus auf den Weinberg, um etliche Wochen im Häuschen
dort zu wohnen, bis alle Trauben abgeleſen ſind. Da jauchzt es vor Luſt und Freude, da
knallen die Böller, Flinten und Piſtolen, da ziehen heitere Geſellſchaften unter Zigeunermuſik

mit dem Erntekranze heim und selbst der Bettler erhält seinen Antheil an der Segens=
gabe der Weinhügel. Den weltberühmten Tokayer dankt Ungarn dem Könige Belar IV.,
der ihn auf den Hügeln der Hegyallya anpflanzen ließ, wo ihn jetzt 21 Ortschaften auf
5 Quadratmeilen Fläche pflegen; er bringt nahezu 1 Million Eimer von dem herrlichen,
durch seine balsamische Heilkraft und sein würziges Feuer ausgezeichneten, klaren, gelb=
grünen Weine. Das Pester Komitat mit seinem rothen Ofener und dem weißen Steinbrucher
liefert circa 1½ Million Eimer, das Erlauer Weingebirge 200,000 Eimer Visconta, eine
dunkelrothe Burgunderart, das Baranyaer Komitat dunkelrothen Villanyer und weißen
Beßender, das Preßburger und Arader seine Tischweine, das benachbarte Syrmien den
süßen Karlowitzer und weißen Rakowitzer und die Walachei den feurigen, dunkelrothen,
etwas nach Zimmt schmeckenden Menescher. Aber auch am Rhein und anderwärts ist die
Weinlese ein Nationalfest im wahrsten Sinne des Wortes; wochenlang vorher sind, selbst
für die Besitzer, die Weinberge und die dazwischen gehenden Wege gesperrt, mit der Lese
öffnet sich Allen der bis dahin verschlossene, streng bewachte Besitz, um in demselben lesen
zu können, was die Glut des Sommers gereift hat.

Akklimatisation. Es erübrigte noch eine große Anzahl nützlicher Erzeugnisse des Land=
baues, welche wir in den Bereich unserer Betrachtung ziehen könnten, indessen müssen wir
uns an dieser Stelle des Raumes wegen beschränken, da es zunächst nur unser Zweck sein
kann, ein gedrängtes Bild der einheimischen Landwirthschaft vor den Augen unserer Leser
zu entrollen. Der Garten ist ein unauflösbares Glied in derselben. In der Neuzeit ist
er noch als Kulturstätte, als Erziehungsanstalt von ganz besonderer Wichtigkeit geworden.

Bei weitem der geringste Theil derjenigen Pflanzen nämlich, welche irgend eines
Nutzens wegen von uns angebaut oder des Vergnügens wegen in Töpfen vor den Fenstern
des Armen oder in den weitläufigen Glashäusern der Großen oder in anmuthigen Park=
partien gezogen werden, ist in unseren Gegenden von Haus aus heimisch gewesen. Die
meisten sind auf zufällige oder absichtliche Weise erst bei uns eingeführt worden und würden
wieder verschwinden, oder sie würden wenigstens ausarten und ihre nützlichen oder ange=
nehmen Eigenschaften verlieren, wenn sie nicht fortwährend in unmittelbarer Nähe des
Menschen von diesem beaufsichtigt, gepflegt und gezogen würden. Viele von ihnen haben
sich selbständig gemacht und unsern klimatischen Verhältnissen angepaßt und wir vermögen
diesen oft nicht mehr ihre ursprüngliche Heimat anzusehen.

Der Mensch hat alle Welttheile durchsucht und alle Zonen durchwandert, um das, was
die Natur dort unbeirrt in ihrem stillen Schaffen erzeugte, an sich zu reißen. Holland vor=
züglich, wo vom 17. Jahrhundert an ein reger Eifer für die Naturwissenschaften und vor=
züglich für die Botanik sich entfaltete, hat ungemein viel für die Einführung und Akkli=
matisirung fremder Pflanzen gethan. Dort entstanden zuerst die großartigen Gewächs=
häuser, die botanischen Gärten, denen der große Linné seine Pflanzenkenntniß zum größten
Theile zu verdanken hatte. Jetzt hat die Ueberzeugung von der großen Nützlichkeit der=
artiger Bestrebungen überall Platz gegriffen. Es haben sich unter Begünstigung der Regie=
rungen Gesellschaften gebildet, die es sich zur Aufgabe gemacht haben, fremde Gewächse und
fremde Thiere einzubürgern, theils um sie unverändert fortzuzüchten, theils aber auch, um
durch Kreuzung mit heimischen Pflanzen und Thieren neue Arten mit nützlicheren Eigen=
schaften zu erzielen. Das sind die sogenannten Akklimatisationsgesellschaften. Zu
ihren Versuchen haben sie große Gärten angelegt, Fig. 206 zeigt uns einen Theil des Pariser
Akklimatisationsgartens, der durch seine Erfolge bereits eine große Berühmtheit erlangt hat.

Zu früheren Zeiten war die Einbürgerung fremder Naturerzeugnisse mehr die Sache
einzelner, zufälliger Unternehmungen, als das Ergebniß planmäßiger, wissenschaftlicher
Arbeiten; dennoch haben die Jahrtausende allmählig durch ausländische Einwanderer den
großen Reichthum unserer Gärten und Felder hervorzubringen gewußt. Aus Persien
brachten sie die Pfirsiche und Haselnußstaude, dasselbe Land gab den Maulbeerbaum
und den Hanf für die Kleidung. Aus Aegypten kam die Zwiebel, von den Hochebenen
Centraltibets vielleicht der Weizen und die Gerste, welche noch am Himalaya wild wächst.

Fig. 206   Im Pariser Akklimatisationsgarten.

Der Reis wanderte aus dem südlichen Afrika nach Indien, von da nach Europa und von da machte er sich endlich auch in Amerika heimisch. Während unser Deutschland das Heimatland der gewöhnlichen Rübe, des Selleries, des Hopfens, Senfs und Kümmels ist, außer diesen aber auch noch die Nessel und in südlichen Gegenden wol auch den Apfelbaum und den Birnbaum hervorbrachte, haben uns die Ufer des Mittelmeeres die Steck= und Runkelrübe gegeben, Sardinien die Petersilie, Arabien den Spinat. Der Kürbis ist eine Pflanze der östlichen Länder, wie die Gurke in Ostindien heimisch ist. Die Quitten kamen aus Kreta zu uns, die Radieschen aus China oder Japan.

Bekannt ist es, daß wir die Kirschen aus Kleinasien erhalten haben, in ihrer Gesell= schaft den Pflaumenbaum und den von den Dichtern besungenen Oelbaum. Die Mandel findet sich heutzutage noch dort wild und giebt sich, wie die Citrone, die unter dem milden Himmel Griechenlands zuerst gedieh, als ein Geschenk sonnenheiterer, von den Göttern geliebter Länder zu erkennen. Der Norden sorgte für die Werktage, indem er uns den Roggen aus Sibirien, den Buchweizen und das Schwarzkorn aus der Tatarei und den Lein aus den russischen Steppen schickte. Die edle Kastanie ist in Italien zu Hause, die Erbse in Aegypten. Früchte dieser Art fand man in den Mumien noch so gesund, daß sie, in den Boden gelegt, keimten und wieder Früchte trugen. Das Leben hatte mehr als 3000 Jahre in ihnen geschlummert. Von Aegypten aus haben sich auch die Kresse und der Anis über die Erde verbreitet. Raps und Kohl wachsen in Sizilien und in der Umgegend von Neapel wild. Die Möhre ist eine asiatische Pflanze, obwol sie Einige von den Ufern des Mittelmeeres herstammen lassen, wo auch der Koriander gedeiht. Die Kreuzfahrer brachten den Krapp aus dem Morgenlande mit, und im 17. Jahrhundert kam aus Virginien der erste Tabak zu uns, welcher sich mit dem wahrscheinlich vom Himalaja stammenden Thee zu den am meisten begünstigten Lieblingen der Menschheit zählen kann. Die Pastinake soll aus Arabien bei uns eingewandert sein. Die Moosbeere findet sich wild sowol in Europa als in Amerika. Vorzügliche Rettige liefert noch jetzt Südeuropa. Von dort kamen auch die Johannisbeere und Stachelbeere, die sich jetzt in den kleinsten Gärtchen eingebürgert haben. Die prachtvolle Helianthus oder die Sonnenwende hat ihr Heimatland auf den Hochebenen Peru's und die Topinambur oder die Jerusalemer Artischocke, wie sie die Eng= länder nennen, in dem fruchtbaren Brasilien.

Von einigen Pflanzen, welche jetzt völlig eingebürgert erscheinen, wissen wir noch das Jahr ihrer Uebersiedelung anzugeben, so von der Tulpe, welche Auger de Busbeck 1562 aus dem Orient nach Europa brachte, wie von dem persischen Flieder, welcher 1640 zu uns kam. Die Trauerweiden verdanken wir dem englischen Dichter Pope. Derselbe hatte einen Zweig aus Smyrna erhalten, und von diesem sollen sämmtliche europäische Exemplare ab= stammen. Im Dorfe Montelimart fand sich 1802 noch der mehr als 300 Jahre alte Maul= beerbaum, von welchem alle französischen Bäume dieser Art abstammen. Von Blumen, die wir jetzt zu unserer Freude in den Gärten ziehen, waren in dem alten Europa nur die wenigsten einheimisch. Vom Mittelmeere kamen die Sommerlevkoje, Nachtviole, Rosmarin, Oleander, Goldregen, Päonie, Lavendel, Krokus, Hyazinthe, Narzisse, Meerzwiebel u. s. w.; aus Aegypten kam die Reseda, aus Japan die Hortensie (1788), die Camellia (durch den Jesuitenpater Camelles oder Kamel um die Mitte des vorigen Jahrhunderts eingeführt); die japanische Rose; aus China die Aster (1728), die Monatsrose u. s. w. Mexiko ver= danken wir vorzüglich die Kaktusgewächse, besonders aber auch den Triumph der neueren Gärtnerei, die prachtvolle Georgine, welche zwar schon 1789 in den Botanischen Garten zu Madrid kam, aber eine weitere Verbreitung erst durch die von A. v. Humboldt mitge= brachten Samen und die in Paris daraus gezogenen Exemplare erhielt.

Nordeuropäische Rindviehrassen.

1 hornloser Suffolkstier. 2 und 5 schottische Hochlandskuh. 3 und 4 Shorthornstier und Kuh. 6 Lancashirestier.

Das Buch der Erfindungen. 6. Aufl. III. Bd. Leipzig: Verlag von Otto Spamer.

Viehzucht und Viehhaltung.

Rentabilität. Zuchtrichtungen. Statistik. Krankheiten. Akklimatisation. Thiergärten. Leistungen. Die hauptsächlichsten Hausthiere. Das Pferd. Geschichtliches. Rassen. Züchtung. Gestüte. Das Rind, eines der ältesten Hausthiere. Verschiedene Rassen desselben. Züchtung. Leistungen. — Schafe und die Wollproduktion. Die Schweinezucht. — Federvieh. Bienen und Seidenraupen

Noch vor wenigen Jahrzehnten waren die Landwirthe, in Deutschland wenigstens, darüber einig, daß die Viehzucht ein nothwendiges Uebel sei und keine Rente bringen könne, und daß nur der Düngergewinn es rathsam erscheinen lasse, überhaupt Vieh zu halten.

Freilich gab es auch schon damals einzelne hervorragende Züchter, welche ihre Viehstämme um fast fabelhaft klingende Preise verkaufen konnten, und wurden überhaupt für werthvolles Zuchtvieh Summen erlöst, welche man in unseren Tagen nicht mehr anzulegen wagt, aber nur ausnahmsweise und nur bei so Wenigen, daß diese die allgemeine Regel nicht zu alteriren vermochten. Selbst im Gebiete der Schafzucht auf feine Wollen, in welchen damals Deutschland den Markt beherrschte und Preise erzielte, welche wir jetzt nicht mehr kennen, war nur selten auf einen hohen Gewinn zu rechnen.

Seitdem haben sich die Verhältnisse zu Gunsten der Viehzucht und Viehhaltung mächtig geändert; die Preise für Getreide sind relativ gesunken, zum Mindesten doch stationär geblieben, die für thierische Produkte aller Art haben sich wesentlich gesteigert.

Verschiedene Umstände haben dazu beigetragen. Es ist nicht zu verkennen, daß die früheren ungünstigen Verhältnisse für den Produzenten der Vermehrung der Viehstapel nicht Vorschub geleistet haben und daß nur da, wo bessere Einnahmen schon seit längerer

Zeit sich finden, wie z. B. in England, die Größe der Viehstände einigermaßen dem Bedarfe entspricht; in Deutschland und anderwärts steht sie nicht im Einklang zu dem Bedarf. Die Landwirthe haben seit langer Zeit schon den Ackerbau auf Kosten der Viehzucht begünstigt und sind nun nicht im Stande, dem infolge des steigenden Wohlstandes gleicherweise sich vermehrenden Bedarf an thierischen Produkten zu entsprechen.

Wenn aber auch nicht in der Zahl, so hat doch in dem Werthe der Thiere selbst eine beträchtliche Erhöhung stattgefunden, und die Leistungen in der Thierzucht sind geradezu großartig zu nennen. Die Thiere sind unter der Hand des Menschen leistungsfähiger geworden, vielleicht unter Umständen auf Kosten der Schönheit der Formen, vom Gesichtspunkte der Aesthetik betrachtet, und allerdings fast überall auf Kosten der Gesundheit und Lebensdauer. Bis zu gewissem Sinne kann man sagen, daß die Zwecke des Züchters die Ausbildung krankhafter Anlagen verfolgen; die bis in das fast Unglaubliche gesteigerte Milchergiebigkeit ist zweifelsohne eine solche und die künstlich ausgebildete erstaunliche Schnellreife und Mastfähigkeit bei unseren Schlachtthieren ist nichts Anderes als künstlich gesteigerte Fettsucht.

Es ist abar dem Landwirthe nicht nur gelungen, beim einzelnen Individuum gewisse, für die Verwerthung vortheilhafte Eigenschaften künstlich hervorzurufen, sondern auch in

Fig. 208. Profil eines Ochsen der Landrasse.

ganzen Viehherden diese allmählig zur Vererbung zu bringen und besonders geeigenschaftete Rassen zu schaffen.

Die Viehzucht der Jetztzeit unterscheidet sich hauptsächlich dadurch von der früherer Zeiten, daß sie die Viehstämme nach verschiedenen Richtungen hin ausbildet, in jeder wünschenswerthen Richtung das Vollkommenste zu erreichen sucht und so z. B. Rind, Schaf und Pferd in Formen zu züchten versteht, welche unter einander weit größere Verschiedenheiten zeigen,

wie die im Verlaufe der Jahrhunderte unter dem Einflusse lokaler Einwirkungen entstandenen natürlichen Rassen. Die Veränderbarkeit der thierischen Formen hat der Landwirth längst sich zu Nutzen gemacht und zu Darwin's geistvoller Erklärung der Entstehung der Arten das werthvollste Material geliefert. England leuchtet in dieser Art voran; dort hat man die Landrassen nach den verschiedensten Richtungen hin zu veredeln verstanden, einzelne individuelle Abweichungen zu Gunsten der Zwecke des Thierzüchters zu fixiren und in den Nachkommen zu steigern gewußt, und so allmählig Formen produzirt, welche dem Willen des Menschen und seinen Zwecken am vollkommensten entsprechen. Man legt daselbst hohen Werth auf gut durchwachsenes Fleisch; Fleisch und Fett sind werthvoller als Haut, Knochen und Gehörn, daher bildete man Thierformen aus, welche sich uns nur noch als viereckige Rumpfe darstellen, für welche die Beine die Tragfähigkeit verloren zu haben scheinen und oft genug wirklich verloren hatten, und bei welchen die Köpfe nur noch ein Anhängsel bilden und selbst schon hornlos gestaltet wurden.

Der Engländer legt aber auch Werth auf möglichst viel gutes Fleisch; er weiß, daß nicht jeder Theil eines Ochsen gleichwerthiges Fleisch hat, sondern daß einzelne Partien vor anderen durch Güte, Wohlgeschmack, durchwachsenes Fett u. s. w. sich auszeichnen. Er verkauft das Thier nicht zu gleichen Preisen nach Gewicht, sondern nach der Güte der einzelnen Theile, und der Züchter weiß deshalb, daß er mehr lösen kann, wenn die besten Partien relativ vollkommen ausgebildet sind. Er züchtet Thiere und Rassen, welche auch dem entsprechen.

Wir versuchen durch unsere Abbildung Fig. 210 dem Leser einen Begriff zu geben, in welcher Weise in England das Werthverhältniß der verschiedenen Fleischsorten aufgefaßt wird. Die mit 1 bezeichnete Partie gilt für das beste Stück, dann kommt der Güte und auch dem Preise nach 2, hierauf 3 u. s. f.

Minder in die Augen fallend, aber kaum weniger hervorragend sind die Leistungen im Gebiete der Schafzucht, in welcher Deutschland lange Zeit hindurch die hervorragendste Rolle gespielt hat; je nach den Anforderungen des Marktes weiß man hochfeine und minder feine, kurze und lange Wolle zu produziren, Wollschafe oder Fleischschafe zu züchten.

Auch das Pferd hat sich dem Menschen dienstbar erweisen müssen und ist in seiner Hand zur bildsamen Form geworden, hier zum Renner mit ausschließlicher Lauffähigkeit für kurze Zeit, dort zum ausdauernden Jagdpferd oder zum Zugpferd u. s. f.

Sig. 209. Profil eines Ochsen der Mastrasse.

Vordem hatte man überall, wie auch heute noch, für den kleineren Mann Rassen, welche möglichst allen Gebrauchszwecken dienen konnten, beim Rindvieh z. B. für Zug, Milch und Mast, so gut es eben gehen wollte; heutzutage züchtet man Rassen mit der hervorragendsten Befähigung nach nur einer dieser Richtungen auf Kosten der übrigen.

Die **Statistik** der Thierzucht, leider noch zu wenig ausgebildet, zählt nach Köpfen und stellt Vergleichungen an mit der Kopfzahl in Bezug auf Quadratmeilen und Einwohnerzahl. Daraus gewinnt sie freilich nicht immer das richtige Bild und noch viel weniger den richtigen Maßstab zu Vergleichungen. Wenn z. B. von Rußland gesagt wird, daß es die

meisten Pferde besitze, so ist das absolut nicht zu bestreiten, und wenn die Zahl mit der der Einwohner verglichen wird, so wird sie auch hier als die größte erscheinen. Rußlands Pferde sind aber über ungeheure Länderstrecken verbreitet und darum beispielsweise in Kriegsfällen keine Bedrohung für andere Länder, da es heutzutage darauf ankommt, in kürzester Zeit alle Kräfte zu konzentriren. Wohl aber bildet in Friedenszeiten der Pferdestapel Rußlands einen sehr werthvollen Handels-

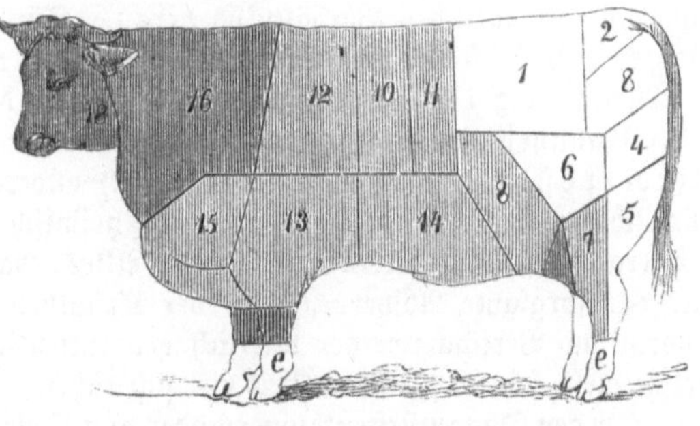

Sig. 210. Eintheilung des Schlachtviehes in England.

artikel; der Zollverein bezog in den letzten Jahrzehnten im Durchschnitt pro Jahr über 30,000 Stück vom Osten. Rußland soll über 26 Mill. Pferde besitzen; Oesterreich-Ungarn und Frankreich (vor 1870) besaßen beide gleich viel, 3,3 Mill., letzteres Land noch dazu über 1 Mill. Stück Maulthiere und Esel; der Zollverein repräsentirt 3,2 Mill., Großbritannien 2,7 Mill., Italien 1,3 Mill. Alle übrigen Länder haben weit unter 1 Mill. Maulthiere und Esel haben Italien, Spanien, Portugal und Griechenland in größter Menge, bei uns sind sie selten. Südamerika besitzt zahllose Herden wilder Pferde; nachweisbar haben erst die Spanier das Pferd nach Amerika gebracht; jetzt werden von dort aus allein jährlich an 20,000 Stück Häute in den Handel gebracht.

Nicht minder groß ist dort der Reichthum an wildem Rindvieh, ebenfalls erst durch die Spanier dorthin verpflanzt. In Bezug auf die Größe der Rindviehherden sind zu nennen: Rußland mit über 20 Mill., England, Oesterreich und der Zollverein je mit etwa 15 Mill., Frankreich mit 14 Mill., die Niederlande und Belgien mit zusammen 2,6 Mill., die Schweiz mit 0,8 Mill., Italien mit 3,3 Mill., Spanien mit 2,9 Mill. u. s. w.

An Schafen zählen England 35 Mill., Spanien 22 Mill., Frankreich 33 Mill., der Zollverein an 30 Mill. (Preußen allein 20 Mill.), Oesterreich 17 Mill., Holland und Belgien 1,6 Mill., Italien 12 Mill., Portugal 2,6 Mill. u. s. w.

Schweine haben: Rußland über 12 Mill. Stück, Oesterreich 8 Mill., Frankreich 5,3 Mill., Spanien und England je 4,2 Mill., der Zollverein über 6 Mill. (Preußen allein 3,25 Mill.), Portugal 0,9 Mill., Belgien 0,6 Mill. u. s. w.

Ziegen finden sich hauptsächlich in Ländern mit viel Gebirge, in Spanien bis zu 4,5 Mill.; Portugal hat 1,14 Mill., Oesterreich 1,5 Mill., Frankreich 1,4 Mill.

Großartig ist die Zunahme der Viehbestände in Australien und zum Theil auch in Südamerika, obschon hier die fortdauernden Bürgerkriege die von der Natur gegebenen außerordentlich günstigen Bedingungen zur Viehzucht nicht recht ausnutzen ließen und oft genug wieder zerstören, was in den Friedensjahren geschaffen wurde. Australien hatte Anfangs des Jahrhunderts noch so gut wie gar kein Vieh dieser Art, jetzt zählt man über 5 Mill. Stück Rindvieh und 60 Mill. Schafe. Freilich wird dort die Schafhaltung sehr oft durch, infolge von anhaltender Dürre entstehende, Krankheiten gefährdet; man kennt Jahre, in welchen nur noch wenige Millionen Stück übrig blieben; daß dann in kurzer Zeit die frühere Höhe des Bestandes wieder gewonnen werden konnte, spricht für die außerordentlich günstigen Bedingungen zur Schafzucht.

Nordamerika treibt großartigen Handel mit Viehprodukten aller Art.

Den besten Maßstab zur Vergleichung über die Bedeutung der Viehzucht in den einzelnen Ländern gewinnt man dann, wenn die gesammten Viehstapel auf sogenanntes Großvieh reduzirt werden und dieses mit der landwirthschaftlich benutzten Fläche in Relation gebracht wird. Zur Basis dient dabei Rindvieh à 500 Kilogramm Lebendgewicht. Auf je 1000 Hektaren landwirthschaftliches Areal kommen solcher Art in England an 900 Stück Großvieh, in Frankreich 108, in Holland 157, in Belgien 139, in Italien 54, in Oesterreich 117, in Portugal 129, in Spanien 39, in Rußland 82 Stück; die Schweiz kommt nahe an die englischen Verhältnisse heran. Für den Zollverein lassen sich die Zahlen im Ganzen nicht feststellen, hervorragend ist Sachsen mit 187 Stück; in Preußen kommen 108, in Württemberg 178, in Bayern 135 Stück auf die gleiche Fläche. —

Krankheiten. Rußlands Viehherden werden beständig bedroht durch die sogenannte Rinderpest, eine Krankheit, welche auch anderes Vieh ergreift und unter dem vorderasiatischen und südrussischen Steppenvieh heimisch ist; ein Mittel dagegen giebt es nicht; der Krankheitsstoff überträgt sich durch Alles, was mit dem Vieh in Berührung kommt; nur das sorgsame Absperren aller der Krankheit verdächtigen Thiere und das sofortige Tödten und Verscharren der wirklich erkrankten kann gegen die enormen Verluste schützen, welche diese schreckliche Krankheit mit sich führt. Zeitweise verschleppte sie sich von Rußland oder den Donaufürstenthümern oder von Oesterreich nach dem Westen; aus dem vorigen Jahrhundert kennt man Jahrgänge, in welchen die Viehherden mehr wie dezimirt wurden. Vor wenigen Jahren brachte eine Schiffsladung mit russischem Vieh aus Odessa die Krankheit nach England, von da nach den Niederlanden und an den Rhein. Infolge sehr sorgloser Behandlung erlitt England einen Verlust von über 3 Mill. Stück seiner höchst werthvollen Rindviehherden; Holland verlor einige hunderttausend Stück; in Deutschland verhinderte die energische Handhabung der Absperrung und Tödtung größeren Schaden. Andere gefährliche Krankheiten sind beim Rindvieh noch besonders die Lungenfäule, die Maul- und Klauenseuchen, der Milzbrand, Lähme, Räude, Pocken, bei Pferden Rotz, Koller oder Druse, Koliken und überhaupt Krankheiten der Gedärme, dann solche der Hufe, Sprunggelenke u. s. w., Mauke und Augenkrankheiten, bei Schafen besonders Räude, Pocken, Drehkrankheit, Milzbrand, Koliken, Traberkrankheit, Ruhr, Maul- und Klauenfäule, bei Schweinen analoge Krankheiten und die ihnen eigenthümlichen Finnen und Trichinen, welch letztere den Schweinen selbst weniger zu schaden scheinen als den Menschen.

Die genannten Krankheiten sind theils den Thieren von Haus aus eigenthümliche, theils infolge der Haltung, Fütterung und Benutzung entstandene. Im Allgemeinen kann jedoch gesagt werden, daß alle unsere Hausthiere unter der pflegenden Hand des Menschen weniger von Krankheiten zu leiden haben als wie in freiem Zustande, dagegen aber auch weichlicher geworden sind und zum Theil ihre Fruchtbarkeit einbüßten, trotzdem man bei einzelnen Rassen auch diese beträchtlich zu steigern verstanden hat.

Die Akklimatisation der Hausthiere. Es ist so gut wie unbekannt, wann dieselbe begann, und was man auch immer darüber aufgestellt hat, ist nicht mehr als Hypothese.

Der Hund scheint der erste Gesellschafter der Menschen gewesen zu sein, wenigstens finden sich in der Schweiz und in Dänemark in den Ueberresten der Pfahlbauten Hunde= knochen, untermischt mit Resten von Kochgeschirren und Küchenabfällen. Danach dürfte das Schaf, das wild fast über die ganze nördliche Erdhälfte verbreitet vorkommt, sich dem Menschen zunächst angeschlossen haben; später das Rind, die Ziege, das Pferd, früher aber noch der Esel. Das Schwein, so wird allgemein angenommen, stammt von dem noch jetzt in Deutschland lebenden wilden Schweine ab. Die Hauskatze tritt erst in historischen Zeiten in ihre Funktionen als Mäusefängerin; im nördlichen Europa waren die Katzen noch im 12. Jahrhundert sehr selten. Die Hauskatze stammt aus Aegypten, durchaus nicht von der in unseren Wäldern noch vorkommenden wilden Katze.

Unter dem Geflügel mag die Taube zuerst die Gesellschaft der Menschen gesucht haben; die Hühner wurden schon im frühesten Alterthum gezüchtet. Die Gänse scheinen zuerst in Aegypten gezogen worden zu sein, bei den alten Griechen waren sie sehr gemein. Die in allen, aber vorzugsweise in den kälteren Himmelsstrichen verbreitete Graugans wird als die Stammmutter des Geschlechtes angesehen. Später als die Gans ist die Ente zum Hausthiere geworden; es ist ungewiß, wo sie herstammt. Der Schwan hat seinen Ur= sprung in den nördlicheren Gegenden Asiens und Europa's. Bei Beschreibung der einzelnen Arten wird auf ihren Ursprung zurückzukommen sein.

Es ist schon in der Einleitung zum 1. Bande dieses Werkes bemerkt worden, wie durch die Züge Alexander's die Anschauungsweise der Griechen erweitert wurde. Namentlich zeigte sich dies in dem Aufschwunge, welchen die Zucht der Hausthiere in der folgenden Zeit nahm. In Persien bestanden bereits großartige Thiergärten, sogenannte Paradiese, in denen die merkwürdigen oder schönen und nützlichen Thiere gehegt und gepflegt wurden. Von da kam die Liebhaberei nach Griechenland; bei den Römern überwucherte sie dermaßen alle Vernunft, daß sie Ursache der lächerlichsten Verschwendung wurde. Die Argonauten= fahrer sollen den Fasan nach Griechenland von dem Flusse Phasis gebracht haben; er wurde bald berühmt und galt bei den Gastronomen Roms sehr viel. Karl der Große züchtete ihn in Deutschland, und bereits im 16. Jahrhundert war dieser Vogel hier so ver= wildert, daß auf ihn in den Jagdordnungen Bedacht genommen wird. Der Goldfasan lebt halbwild in China. Pfauen und Papageien wurden von Alexander dem Großen aus Asien nach Griechenland geschickt, bei den Römern wurden die ersteren gegessen und sie scheinen daher ziemlich häufig gewesen zu sein; in Deutschland haben sie sich erst seit dem 14. Jahrhundert verbreitet. Das Perlhuhn stammt aus dem nördlichen Afrika.

Außer diesen Thieren, welche sich in den neuen Ländern bald das Bürgerrecht er= warben, wurden aus fernen Gegenden, besonders nach Rom, große Mengen anderer merk= würdiger Thiere gebracht, theils um durch ihre Erscheinung dem Volke ein Schauspiel zu geben, theils um in den barbarischen Kampfspielen mitzuwirken, wo sie gewöhnlich auf die allerroheste Weise hingeschlachtet wurden. Strauße, Löwen, Panther, Giraffen, Bären, Elephanten, Krokodile, Tiger, Hyänen, sogar Nilpferde, Nashorne, Hirsche, wilde Esel, wilde Pferde, wilde Schweine und Bergschafe wurden zu diesen greulichen Schlächtereien herbeigeschafft, und nicht etwa in einzelnen Exemplaren, nein, zu vielen Hunderten. Der Kaiser Probus ließ bei seinem Triumphe im Cirkus einen Wald errichten, in welchem 1000 Strauße, 1000 Hirsche, 1000 wilde Schweine, 1000 Damhirsche, 100 männliche und eben so viel weibliche Löwen, 100 Leoparden aus Libyen und eben so viel aus Syrien, 300 Bären, Kameele, wilde Bergschafe und noch viele andere Thiere umherliefen, um mit einander zu kämpfen und schließlich von den Gladiatoren erschlagen zu werden.

Wenn auch im Grunde nicht viel achtenswerther als diese unsinnige Verschwendung, so ist der Luxus der römischen Küche insofern von segensreicheren Folgen begleitet gewesen, als durch die systematische Züchtung gewisser Thierklassen diese besondere Beförderung erhielt. Namentlich war es die Fischzucht, welche vervollkommnet wurde. Pipertius Optatus verpflanzte den Springfisch oder Papageifisch aus dem Griechischen in das Toskanische Meer, wo er jetzt noch sich aufhält und seines Fleisches wegen hochgeschätzt wird.

Im Mittelalter haben sich die Araber besonders um die Züchtung und Akklimatisation edler Thierrassen viel Verdienste erworben; sie hatten edle Pferde an den Hof Karl's des Großen gebracht, sie führten die Merinos in Spanien ein und gaben dem Kameel eine weitere Verbreitung. Auch das Stachelschwein verdankt ihnen Südeuropa, namentlich aber die Pflege und Zucht der Seidenraupe.

Aus Amerika kam einige Jahrhundert später der Truthahn, das Meerschweinchen und die Bisamente zu uns. Die Cochenille wurde aus Mexiko nach Kalkutta und Madras, nach Spanien und Korsika und 1827 nach den Kanarischen Inseln übergeführt, wo das Insekt ausgezeichnet gedeiht. Im Austausch dafür wurden in die neuentdeckten Länder die Produkte der Heimat verpflanzt. Hühner und Gänse nahm Columbus mit nach Hispaniola, Karpfen versetzte man in die süßen Gewässer Amerika's und die Seidenraupe bürgerte sich bald ein. Am treuesten aber blieb den Weißen bei ihrem Vordringen nach dem Innern die Biene, welche in gleichen Richtungen, aber selbständig, ihre Eroberungszüge ausführt und jetzt durchschnittlich an 40 Meilen jährlich gegen Westen vorrückt. Im Jahre 1675 wurden die ersten Bienen nach Amerika gebracht, 1797 waren sie noch nicht bis zum Mississippi gelangt, aber 14 Jahre später kommen sie schon 120 Meilen darüber hinaus, am Missouri, vor. —

Durch die Spanier sind Pferde und Rinder, durch Cook auch Schweine auf den Inseln der Südsee verbreitet worden, die zum Theil verwilderten, und jetzt sind die Akklimatisationsversuche nach jenen Gegenden wieder mit erneutem Eifer in Angriff genommen worden. Man will die Kameele dort einheimisch machen, wie man es mit den Schafen schon gethan hat. Sperlinge, Nachtigallen und Fasanen sind in großen Mengen dort und anderwärts eingeführt worden, aber während sich die letzteren sehr gut eingewöhnt haben, soll sich der Spatz noch nicht häuslich einrichten wollen, wenigstens nicht überall gleich gut.

Es hat sehr lange Zeit gedauert, ehe die Naturforscher die Wichtigkeit der Akklimatisirung fremder Pflanzen und Thiere in ihrem vollen Umfange erkannten; wir können Buffon als einen der Ersten anführen, welcher immer und immer wieder darauf aufmerksam machte und dazu aufforderte. Indessen hatten seine höchst praktischen Ermahnungen keinen großen Erfolg; erst als die englischen Grundbesitzer im vorigen Jahrhundert anfingen, zunächst aus Liebhaberei, ihre Hühnerhöfe mit chinesischen Fasanen zu bevölkern, wurde dieser Gegenstand in den Kreis der landwirthschaftlichen Fragen eingereiht. Die Geflügelzucht, welche den ersten Anstoß gegeben hatte, wurde am ersten ausgebildet, endlich aber wendete man auf die gesammte Viehzucht die gemachten segensreichen Erfahrungen an. Es bildeten sich Akklimatisationsgesellschaften, und große Etablissements wurden angelegt, innerhalb deren den Thieren die gewohnten Lebensbedürfnisse gewährt werden konnten, wie die Farm zu Kingston an der Themse eine derartige Anstalt besaß. Die zoologischen Gärten, die sich jetzt einer immer noch wachsenden Begünstigung zu erfreuen haben, hängen in ihrem ersten Ursprunge mit den systematischen Akklimatisationsversuchen nur lose zusammen. Der Jardin des Plantes in Paris, das älteste Institut dieser Art, war von Haus aus nichts weiter als eine großartige Menagerie, und ebenso hatte der größte Thiergarten Europa's, der in Regents-Park in London, anfänglich keinen anderen Zweck als den, der Neugierde des Publikums eine anständige Nahrung zu bieten. In der letzten Zeit aber sind hier, wie in allen den später entstandenen zoologischen Gärten von Berlin, Frankfurt, Dresden, Hamburg u. s. w., Akklimatifationsversuche als ein wesentlicher Paragraph in das Programm mit aufgenommen worden, und im Bois de Boulogne bei Paris ist neuerdings ein großartiges Etablissement lediglich für Akklimatifation eingerichtet worden, dessen Leitung der frühere Direktor des Thiergartens in Regents=Park, Mitschel, übernommen hat.

Fig. 211. Das Geflügel im Akklimatifationsgarten zu Paris.

Auch in Deutschland hat sich in der letzten Zeit ein reges Leben auf diesem Gebiete erkennen lassen, und vorzüglich sind die Bestrebungen bemerkenswerth, welche sich in Preußen durch das Berliner Centralinstitut für Akklimatifation angeregt zeigen und die bereits eine große Anzahl Zweigvereine hervorgerufen haben.

Hat sich auch im Ganzen die Zahl der Hausthiere im Verlaufe der Zeiten nur wenig vermehrt, denn sie zählt von den bis jetzt bekannten über 140,000 Thierklassen kaum mehr als einige 40 bis 50, so liegt doch nicht in einer Vergrößerung dieser Zahl der Schwerpunkt der Akklimatifation. Zunächst ist es eine ihrer Hauptaufgaben, dem als gut Erkannten eine allgemeine Verbreitung zu geben, und sie betrachtet daher einzelne Spezialarten, Rassen, die sich in einer Gegend eigenthümlich ausgebildet haben, ebenso als

Gegenstände der Einbürgerung und vielleicht noch mit größerer Bevorzugung, als sie vielleicht ihr Augenmerk auf die Herbeiziehung völlig fremder Thiergeschlechter richtet.

Hoffentlich wird es noch gelingen, nachdem inzwischen auch die Aquarien als höchst wichtige Belehrungsinstitute und Centralpunkte zum Studium der Thierwelt der Gewässer hinzugekommen sind, mit der Zeit eigentliche Rassegärten zu errichten, welche haupt=sächlich den Züchtungszwecken zu dienen hätten; von ihnen wird neben der Unterhaltung und Belehrung auch direkter Gewinn zu erwarten sein.

Von dem hohen Werthe, welchen in dieser Beziehung auch die Viehausstellungen haben, brauchen wir wol nicht besonders zu sprechen. Es liegt auf der Hand, daß die er=weiterte Kenntniß, welche der direkten Anschauung entspringt, die Vergleichung, die hier ermöglicht ist, der Sporn und die Anreizung, welche der Ehrgeiz erhält, dem guten Neuen einen raschen Eingang sichern, wie sie auch zur Hervorbringung von immer Vollkommnerem veranlassen. — Hohe Prämien, welche dabei zur Vertheilung kommen, sind geeignet, eine wesentliche Triebfeder zur Vervollkommnung der Thierzucht zu bilden, denn sie reizen an sich durch ihren Werth, indirekt aber durch die erhaltene Auszeichnung, welche den Herden des Prämiirten einen höheren Verkaufswerth sichert. Die höchste Leistung in Mastvieh beim Rinde war bis jetzt der sogenannte Ochse von Durham, welcher im 10. Jahre 1739 Kilogramm schwer war und für 14,000 Thaler verkauft wurde, um ihn für Geld sehen zu lassen. Nach einer schweren Erkrankung erlangte er sein früheres Gewicht nicht wieder; ausgeschlachtet hatte er aber doch noch 1310 Kilogramm Schlachtgewicht: 1161 Kilogramm Fleisch, 78 Kilogramm Haut und 71 Kilogramm Talg; auf dem Rücken soll er eine Fettschicht von 23 Millimeter, auf den Hüften eine solche von 30 Millimeter gehabt haben. Das Schlachtgewicht repräsentirt 86,6 Prozent von Lebendgewicht; in der Regel kommen Mastochsen nicht über 75 Prozent und erreichen in den größten Schlägen nur sehr selten über 25 Centner Lebendgewicht.

Leistungsfähigkeit. In Bezug auf Rindvieh nimmt man an, daß die Kälber im Durchschnitt mit $\frac{1}{10}$ bis $\frac{1}{12}$ Gewicht der Mutter zur Welt kommen; an Zunahme kann man bei Mastvieh mit 1 Kilogramm pro Tag schon sehr zufrieden sein, hat aber schon bis $2\frac{1}{2}$ Kilo=gramm erreicht. Einzelnen Züchtern ist es gelungen, innerhalb Jahresfrist das Gewicht der Mutter erreicht und selbst übertroffen zu haben, während normalmäßig das Rind erst in 4 bis 5 Jahren völlig ausgewachsen ist. Frühreife ist das Ziel, welches man bei all den=jenigen Herden zu erreichen sucht, welche zur Schlachtbank bestimmt sind; denn je früher die Auslagen durch den Verkauf wieder erlangt werden, um so größer die Rentabilität.

Milchvieh muß ganz anders gezüchtet werden, hier kann Schnellreife nicht nutzen; die höheren Aufzuchtskosten muß der spätere Erlös, der Nutzen aus der Haltung, bezahlen; gute Milchkühe hält man, so lange es nur geht, und wer einen guten Stamm davon besitzt, ist sorgsamst bemüht, ihn sich zu bewahren. Die höchste bis jetzt bekannte Leistung gab die „schwarze Jette", eine vom Grafen Pinto in Schlesien gezüchtete Kuh, ausgestellt auf der ersten großen Hamburger Ausstellung, mit einem nachgewiesenen Milchertrag von über 8000 Liter. Unsere besten Milchkühe — Holländer, Schweizer, englische Rassen und Allgäuer — geben im Durchschnitt nicht viel über 3500 Liter; den sächsischen Landwirthen ist es gelungen, den Ertrag von Allgäuer und Holländer Kühen bis über 5000 Liter zu steigern. Gewöhnlichere Landkühe geben von 1500 bis 2500 Liter. Ausgezeichnete Milch=kühe hat man in England schon bis zu 7000 Thaler pro Stück bezahlt.

In der Schafzucht ist das Problem noch nicht gelöst, hochwerthige Wolle mit hohem Fleischgewicht zu vereinigen; man züchtet Fleischschafe als solche, die größten in England bis zu 125, selbst 150 Kilogramm Schlachtgewicht, und Wollschafe — grob= und feinwollige. Die edelsten Wollen lieferten die Merinos, kleine Thiere mit kaum über 20 bis 25 Kilo=gramm Schlachtgewicht, aber einer so feinen Wolle, daß ehedem bis 200 Thaler und darüber pro Centner erlöst wurden; jetzt erzielt man für die beste Waare kaum noch über 130 Thaler, weil die Industrie gleich werthvolle Gewebe auch aus minder guten Wollen zu fertigen versteht. Feinste Schafe tragen im Durchschnitt der Herden bis etwas über $\frac{1}{2}$ Kilogramm pro Kopf, die englischen Fleischschafe über 3 Kilogramm und einzelne Exemplare geben selbst bis 6 Kilogramm und mehr, freilich aber Wolle von minderer Güte. Für ausgezeichnete Woll= und Fleischthiere zahlt man gegenwärtig noch enorme Preise, bis an 1000 Thaler und darüber; vordem löſten einzelne Böcke ſelbſt mehrere tauſend Thaler. Durchſchnitts= preiſe bei Auktionen guter Herden gehen, je nach Raſſe, noch von 60 bis zu 300 Thaler.

Bei Schweinen kommt blos die Gewinnung von Fleiſch und Speck oder die Erzielung ſehr fruchtbarer Thiere in Betracht. Das Schwein bringt ſehr raſch ſeine Verwerthung und erlangt das höchſte Schlachtgewicht, bis zu 96 Prozent des Lebendgewichts. Die Ziege wird mehr und mehr auf Gebirgsgegenden beſchränkt; da, wo Waldſchutz nothwendig iſt, erweiſt ſie ſich als nachtheilig; ſie bleibt das Milchvieh des kleinen Mannes.

Die vorzüglichſten Hausthiere.

Das **Pferd** iſt unſtreitig das edelſte der an die Geſellſchaft des Menſchen gewöhnten Hausthiere. Es war nach der Mythologie von Poſeidon, dem Gott des Meeres, ge= ſchaffen, als er mit Minerva, der Göttin der Weisheit, um die Provinz Attika ſtritt, deren Beſitz im Rathe der Götter von der nützlichſten Gabe abhängig gemacht worden war. Obwol Minerva mit dem Oelbaum ſiegte, wurde doch das edle Roß ein Gegenstand hoher Verehrung. Dem Dienſte der Menſchen wurde es verſchiedenen Mythen nach von Kaſtor oder Bellerophon, von den Amazonen oder Kentauren gewidmet. Mit dem Flügel= roſſe Pegaſos, welches aus dem Blute der Meduſa entſtand, beſiegte Perſeus das Ungeheuer Letos und Bellorophon die Chimära und die Amazonen. Die roſenfarbenen Roſſe Lampos und Phaëton zogen den goldenen Wagen der Aurora, die Seepferde Enkelados, Rhenoe, Eriolo und Glaukos den Wagen des Meergottes Neptun und feurige Sonnenroſſe den Wagen des Helios.

Aber nicht allein mit der Göttergeſchichte iſt das edle Roß verwachſen, auch in der Kulturgeſchichte und in dem Leben der Menſchen tritt ſein Anſehen hervor. Alexander der Große bändigte den Bukephalos und baute ihm zu Ehren die Stadt Bukephala. Caligula hielt ſeinem Lieblingspferde einen Hofſtaat und wollte es ſogar zum Konſul ernennen, als es glücklicher Weiſe ſtarb. Der Brilliader des tapfern Roland, der Vogliantino Olivier's, die Gazelle Balduin's, die Roſinante Don Quixote's und andere leben in den Liedern der Dichter und in dem Munde des Volkes. In der Bibel beſingt Hiob das Pferd. Der König Salomo legte Stutereien an, bis auf welche noch heute die Stammbäume edler arabiſcher Raſſen zurückgeführt werden. Er betrieb den Pferdehandel als ein Regal der Krone. Die Perſer opferten der Sonne weiße Pferde; Karthago wählte das Roß zum Symbole; die Hunnen und Skythen aßen, tranken und ſchliefen auf den Pferden, und manche Völkerſchaften verbrannten das Schlachtroß mit der Leiche des Herrn. Die alten Eſthen hielten Pferdeorakel, welche bei Opfern den Ausſchlag gaben. Es wurde ein heiliges Pferd herbeigeführt, deſſen linker Fuß der Gnadenfuß, der rechte der Todesfuß war. Schritt es mit erſterem über die auf den Boden gelegte Lanze, ſo wurde das Opfer begnadigt. Die alten Wenden verehrten auf der Inſel Rügen zu Arkona das dem Gotte Swantewit geweihte weiße Roß, welches nur der Hoheprieſter füttern und reiten durfte. Auch ſie hatten ihre Orakel und zu Sedinum (Stettin) wurde ein ungerittenes ſchwarzes Roß vor Raub= und Kriegszügen dreimal über neun Spieße hin= und zurückgeführt. Unſere Ahnen, die Germanen, fütterten weiße Pferde in heiligen Hainen und deuteten aus dem Wiehern derſelben Glück oder Unglück im Streite, denn man ſchrieb ihnen die Mitwiſſenſchaft der Prieſtergeheimniſſe zu.

Das Mittelalter entkleidete die Verehrung des Roſſes ihrer religiöſen Beziehungen, ſchuf aber zwiſchen Ritter und Roß das intimſte Verhältniß und entlehnte von letzterem für Erſteren das Wort Chevalier. Stuten zu reiten galt in Spanien für unadelig. Ein Erzbiſchof von Salzburg hatte 117 Pferde im geiſtlichen Stalle, während die Armen des

Sprengels darbten. Die Marställe der Großen glichen Palästen, und wie es schon zur Zeit der Karolinger Stallgrafen gab, so ist noch heute der Oberstallmeister einer der Höchstange= stellten im Staate.

Die beste Würdigung läßt der Araber seinem Pferde angedeihen; sie ist fern von jener oft lächerlichen Abgötterei, die früher und bis jetzt mit Luxuspferden getrieben wurde, aber eben so fern von den Plagen, welche der Unverstand über dies edle Thier verhängt und unter denen Wettrennen, das Todtjagen an Wagen, übermäßiges Aufbürden von Lasten und Verunstalten des Körpers, wie das Englisiren, mit obenan stehen. „Wenn Leiden hienieden zur Fortdauer berechtigen, so dauern die Pferde fort, und herrscht dort Wieder= vergeltung, so reiten sie auf ihren Reitern", sagt Swift — wenn er nur Recht hätte.

In der That vermag sich mit dem Rosse kein anderes Thier an inneren und äußeren Schönheiten zu vergleichen. Feuer und Muth, Klugheit und Treue, Majestät und Schönheit sind seine Attribute, wenn sie der Mensch nicht durch Mißbrauch oder Thyrannei herab=

Fig. 212. Das arabische Pferd

würdigt. Seine Wild= heit ist Stolz, sein Muth fürchtet weder Feuer noch Abgrund, seine Schnelligkeit be= schämt den Wind, und den Adel des Blicks theilt es nur mit seinem Beherrscher, dem Men= schen, von welchem es leider auch die schlech= ten Leidenschaften an= nehmen kann. Als eine Abtheilung Spanier im Dreißigjährigen Kriege in Jütland sich einschiffen mußte, ließ sie ihre edlen Anda= lusier frei; von den Schiffen aus mußte man zusehen, wie die Thiere sich zerfleisch= ten, gewohnt in langem

Kriege an Kampf und Schlacht. Von dem edlen Rosse Arabiens bis zum sibirischen Wild= pferde stufen sich unzählige Rassen ab.

Ob die Heimat des Pferdes in den Steppen Hochasiens zu suchen ist, ob die wilden Pferde der mongolischen Wüste Gobi einer Urrasse angehören, ist nicht aufgeklärt; daß es aber in frühen Zeiten nur der Alten Welt angehörte, ist zweifellos. Klima, Zucht und Umstände erzeugten nach und nach eine Menge Gattungsunterschiede in Gestalt, Farbe und Leistungsfähigkeit. Man betrachte nur einzelne Theile des Thieres. Da giebt es lange, kurze, breite, Rams=, Schweins=, Hecht= und Keilköpfe; gerade, Karpfen= und Senk= rücken; kleine, große, steife, bewegliche und schlappe Ohren; runde, hohe, platte, Zwang= und Spalthufe und Kreuze, Beine, Hälse und Mähnen aller Art. Die Größe schwankt von 1—2,20 Meter; das Alter hängt von der Rasse, dem Gebrauche und dem Zustande ab. Aristoteles erzählt von einem 69jährigen Pferde, aber auf 25 Jahre kann man durch= schnittlich die Grenze der Brauchbarkeit und auf 40 Jahre die der Lebensdauer annehmen.

Die Farbe des Pferdes ist sehr verschieden. Man unterscheidet eine Unmasse von Nüancen, welche die Uebergänge der Hauptfarben Schimmel, Rappen, Füchse, Braune, Falben, Isabellen, Tiger und Schecken vermitteln. Zu den Grundfarben treten noch die

Abzeichen an den Extremitäten, z. B. weiße, gekreuzte, gesprenkelte, gefesselte, gestiefelte Füße, Flecke, Bläſſen, Mäuler u. ſ. w.

Das Ideal des Pferdes an äußerer Schönheit, ſagt Maſius in ſeinen Naturſtudien, iſt heute noch, wie in den Blütentagen Aſſyriens und Perſiens, das arabiſche Roß (Fig. 212). Dort, wo der ſilberne Achos und Arios die hyrkaniſchen Ebenen von Nikäa bewäſſerten, weideten jene aus Feuer und Wind geborenen Roſſe, zu deren Stammmutter Allah ſprach: „Ich habe dich erſchaffen ohne Gleichen; die Güter der Welt werden zwiſchen deinen Augen ruhen; ich will dich glücklich machen vor allen Thieren, denn ſtets wird Liebe zu dir im Herzen der Menſchen wohnen. Du wirſt fliegen ohne Flügel und deinen Rücken werden nur beſteigen, die mich erkennen."

Dem Pferde verwandte Arten ſind: das Zebra, das Quagga, der wilde Eſel, das Dſchiggetai oder der Halbeſel und der Dauw oder das Tigerpferd; davon haben Eſel, Halbeſel und Tigerpferd 5 Lendenwirbel, die anderen alle deren 6. — Als Gebrauchs=

thier wird das Pferd zuerſt 1860 v. Chr. bei Jakob erwähnt; an den älteſten Denkmalen ſieht man es immer nur am Wagen; als Reitthier lernte man es ſpäter erſt benutzen; Pharao hatte ſchon eine ſtattliche Kavallerie.

Aus der Paarung von Pferd und Eſel entſteht das Maul= thier, wenn ein weibliches Pferd mit dem männlichen Eſel gepaart wird, und umgekehrt der Mauleſel; erſtere Thiere ſind weit werthvoller als

Fig. 213. Engliſches Vollblutpferd.

dieſe und werden in Südeuropa viel zum Fuhrwerk, ſelbſt an eleganten Chaiſen, gebraucht; bei uns ſieht man ſie öfters in Badeorten an Droſchken. In Spanien und Italien bilden ſie die Beſpannung für die Bergartillerie und den Trainpark; ſie ſind genügſamer als Pferde, geſünder, ausdauernder und im Gebirgsland zuverläſſiger, weil ſicherer in der Gangart; ſie vermögen aber die Laſten, welche gute Pferde überwinden, nicht zu bewältigen und ſtehen ihnen in der Schnelligkeit weit nach. In der Landwirthſchaft ſind ſie für Bear= beitung in den Reihen bei Drillkulturen ſehr brauchbar, weil weit ſchmaler im Hufe gebaut. Der Eſel iſt hauptſächlich Laſtthier, weit kleiner als das Pferd, genügſamer, geſünder, aber langſam, ſtörrig und tückiſch.

Von den Pferden unterſcheidet man folgende Arten:

Das nackte Pferd, ganz haarlos, in Abeſſinien zu Hauſe und in Aſien. Das Zwergpferd, die Stammart aller Ponies. Dieſe finden ſich noch wild in Sardinien und Corſica; hochgezogene Arten hat England in ſeinen verſchiedenen Raſſen; die kleinſte Sorte bilden die Shetlands=Ponies; ein engliſcher Offizier ſoll ein erwachſenes Exemplar der Königin Viktoria unter dem Arme in das Zimmer gebracht haben. Das wilde orientaliſche Pferd, von welchem alle edlen Pferde abſtammen; das leichte Pferd

und das schwere Pferd, letzteres am vollkommensten in den schweren flandrischen Karren=
pferden, wie man sie in großen Städten hauptsächlich bei den Bierbrauern findet, Thiere
mit breiten, zottigen Füßen, außerordentlich starkem Kopf, Hals und Rücken, von einer
Höhe, daß selbst ein großer Mann nicht über sie hinweg sehen kann. Aehnlich sind die
schweren englischen Karrenpferde, benannt nach der Heimat: Suffolk, York, Cleveland.
In Frankreich waren von jeher berühmt die Boulogner, Ardenner, Bretagner und Picarden;
neuerdings werden von dort aus am meisten die Percherons als gute Pferde für schweres
Fuhrwerk verbreitet; ihr leichterer Schlag giebt werthvolle Reitpferde. Deutschland hat
seine Birkenfelder und Donnersberger und Oesterreich die Salzburger und
Pinzgauer.

Unter den edlen Pferden nehmen die Araber die erste Stelle ein; man unterscheidet
dort die Kochleani von den Attachi oder wilden Pferden und von den Kadischi oder
Pferden von unbekannter Abkunft, und führt die edelsten Thiere bis auf die Lieblingsstuten
des Propheten Muhamed zurück; die besten Familien führen die Namen derselben. Die
Araber halten große Stücke auf ihre Pferde und schätzen die Stuten am höchsten; man
verkauft dort fast nur Hengste. Preise bis zu 10,000 Thaler werden auch heute noch für
gute Stuten verlangt. Nicht minder edel von Ansehen, aber minder geschätzt, sind die
persischen Pferde, die Berbern, die nubischen Pferde und die Turkomanen.

Alle diese bilden den Inbegriff der edlen orientalischen Pferde, sie zeichnen sich vor
allen anderen durch ihre Ausdauer und Unverwüstlichkeit aus; gute Araber können 5 bis
6 Tage lang 15 bis 18 deutsche Meilen pro Tag den Reiter tragen und nach zwei Tagen
der Ruhe wieder ähnliche Anstrengung aushalten; es ist bekannt, daß in Algier Ordonnanzen
in 24 Stunden mit einem Araberpferde bis 36 deutsche Meilen, und daß Araber auf der
Flucht oder Verfolgung in 36 Stunden 48 deutsche Meilen zurücklegten. Das Pferd ist
des Arabers Hausgenosse, sein treuester Begleiter und Beschützer. Man erprobt ihre
Echtheit durch einen scharfen Wüstenritt, nach welchem die Thiere, schweißgebadet, durch
das Wasser müssen; fressen sie, aus dem Wasser kommend, die ihnen vorgehaltene Gerste,
dann sind sie als echte Kochleani legitimirt.

Nach Europa kamen schon frühzeitig echte Araber; die besten Zuchten hatten die
Mauren in Spanien, die vollendetsten Thiere zog man später in England. Dort geht man
im sorgsam geführten Stammbaume, verzeichnet im großen Gestütsbuch, auf König Karl's II.
12 berberische Stuten und die Hengste Godolphin (Berberpferd), Darley (Araber) und
Byerley (Turkoman) zurück; Thiere aus diesen Zuchten nannte man Vollblut; diesen
Namen überträgt man aber gegenwärtig überhaupt auf alle diejenigen Thiere, welche am
vollkommensten den gewünschten Leistungen entsprechen, also eben so gut auf Schweine,
Schafe, Rinder, Hunde u. s. f. Ursprünglich nahm man an, daß die gewöhnlichen Land=
pferde oder Landthiere nur „gemeines Blut" haben und glaubte, daß bei Paarungen mit
Thieren von edlerem Blute eine vollkommene Ausgleichung der Eigenschaften stattfände.
Man bezeichnete das Blut der edlen Thiere mit der Zahl 100, das der gemeinen mit 0;
eine Paarung von $100 + 0$ gab nach damaliger Ansicht als Mittelausdruck $\frac{100 + 0}{2} = 50$

oder Halbblut, dieses wieder gepaart mit 100 gab $\frac{100 + 50}{2} = 75$ oder Dreiviertel=

blut u. s. f. Bei der Veredlung konnte man selbstverständlich niemals auf den vollen
Werth 100 kommen; man erlangte aber schon in der 8. Generation den Werth von an=
nähernd 100. Da, wo man gewöhnliche Schläge mit edlerem Blute konsequent veredelt,
kann mit der 8. bis 10. Generation die Veredlung als vollendet angesehen werden.

Vollblutpferde im eigentlichen Sinne sind dagegen Thiere, welche direkt von jenen
edlen Pferden abstammen, in welchen sich also kein fremdes Blut finden darf; wohl aber hat
man Vollblut in England und anderwärts zur Veredlung benutzt. Unter den Züchtern
besteht ein noch nicht ausgefochtener Streit darüber, ob Araber oder englisch Vollblut zur
Veredlung sich besser eignen. Das echt englische Vollblut repräsentirt ohne Zweifel das

aktionsfähigste Pferd der Welt; es ist größer, stärker und muskulöser als der Araber, welchem es dagegen an äußerer Schönheit und Leistungsfähigkeit auf die Dauer nachsteht. Es ist Produkt der sorgsamsten Pflege, des Klimas, des Bodens und der Ernährung, so gut wie der Araber, und in England hervorgerufen worden durch die Nationalliebhaberei der großen Wettrennen. Der Verlauf derselben wird mit fieberhafter Aufmerksamkeit verfolgt und die Namen der siegenden Pferde sind wochenlang in Aller Munde. Als vor einigen Jahren die französischen Zuchten (aus England importirt) den Sieg beim großen Derby-Rennen erhielten, trauerte halb England, und in Paris fand man im vorigen Jahre im Siege der französischen Pferde Trost für die Niederlagen, welche kurz vorher die französische Armee den Deutschen gegenüber erlitten hatte. Eines der berühmtesten Pferde war Eclipse, welcher die Meile (engl.) stets in zwei Minuten lief, nie besiegt wurde, nie Reugeld zu zahlen hatte und seinem Besitzer über 25,000 Pfd. Sterling an Prämien brachte. Er verlangte in dessen 10. Lebensjahre 25,000 Pfd. Sterling Kaufgeld, außerdem eine Leibrente von 500 Pfd. Sterling und andere Vortheile.

Fig. 214. Das Maulthier.

Flying Childers durchlief einmal 4 Meilen in 7 Minuten und 30 Sekunden, Hull's Quibbler 23 Meilen in 57 Minuten 10 Sekunden; das Pferd Hero sprang 24 Fuß weit, der Baronet 30 Fuß; der Foxhunter durchlief in 13 Minuten $\frac{7}{8}$ Meile und nahm dabei 64 Hindernisse, darunter Mauern von 5 Fuß Höhe; Mytton übersprang mit seinem Pferde einen Moorgraben von 18 Fuß Breite in einem Sprunge von 27 Fuß 9 Zoll.

In England züchtet man neben dem Vollblut-Rennpferd noch ein besonderes Jagdpferd (den Hunter), Reit-, Damen-, Reise-, Kavallerie-, Bauern-, Acker-, Wagenpferde, Kutschpferde, Postgänger, Doppelponies u. s. f., kurz, für bestimmte Zwecke auch besondere Rassen, und darin liegt der unbestrittene Vorzug vor den Zuchten in anderen Ländern. Die Rennbahnen haben die Anregung dazu gegeben und insofern haben sie ihr Verdienst; das Rennpferd ist aber zu einseitig fortgezüchtet worden und hat für andere Zwecke wenig Werth. Im französischen und österreichischen Kriege haben sich die preußischen Zuchten am besten bewährt, sowol bei der Kavallerie wie beim Train und bei der Artillerie.

In Frankreich bilden die Pferde von Limousin (maurisch-berberisch-arabisches Blut), die von Auvergnat (aus diesen und leichten Bretagner Pferden) und der edle Normane (aus Berbern und Arabern) die edleren Pferderassen; Spanien glänzte vordem durch seine Andalusier, stolze, schwerere Pferde (aus Berbern und schweren französischen Pferden), welche jetzt so gut wie ganz ausgestorben sind; Italien durch die edlen Neapolitaner und römischen Pferde, mit andalusischem, arabischem und Blut von schweren französischen Pferden. Oesterreich besitzt sehr werthvolle Gestüte und viele edle Pferde; die durch Andalusier veredelten Siebenbürger mit obenan stehend; die Krone haben die Gestüte Lipizza, Araberzucht, und Kladrup mit besonderer Rasse, gezüchtet aus altspanischen und neapolitanischen Pferden; Militärgestüte sind: Mezöhegyes (Normaner, Kladruper, Neapolitaner, Araber, englisch Vollblut), Bobolna, reine Araber, Kis=Ber, Reinzucht von englischem Vollblut, Radau arabisch=englisch, Piber, reine Lipizzaner, und Osiach, reine Kladruper; außerdem giebt es daselbst viele Privatgestüte von großem Rufe. Bayern hatte in Zweibrücken und Ansbach, Hannover in Celle (Vollblut), Lippe in Lopshorn Sennergestüte (Araber), Württemberg an verschiedenen Orten schöne Gestüte mit Arabern, Vollblut und anderen edlen Pferden. In Preußen glänzt vor Allem Trakehnen mit dem schönsten Kutschpferd der Welt, guten Reit=, Kavallerie= und Artilleriepferden, herangezogen aus Vermischung der edelsten Rassen mit dem Landschlage und konsequenter Fortzüchtung; in Graditz kamen Spanier, Zweibrücker, Trakehner zur Verwendung, in Neustadt a/D. (Friedrich=Wilhelm=Gestüte) Araber und Vollblut. Mecklenburg verwendete ursprünglich in Redefin und anderen Gestüten vorzugsweise Araber und geht mehr und mehr zum Vollblut über; Oldenburg züchtet fast nur mit solchem (ohne Gestüte), Dänemark hat mit spanischem Blut veredelt. In Rußland blieben die Orientalen vorherrschend; berühmt sind die Orlow'schen Traber, die Kosakenpferde, die vom Kaukasus u. s. w.

Die Frage, ob am ehesten durch Gestüte in der Hand des Staates sich die Pferdezucht heben läßt oder durch Private, ist noch eine offene; das Interesse der Armee erheischt zum mindesten die staatliche Oberaufsicht. Billig können durch den Staat die Pferde nicht erzogen werden; man rechnet, daß im Durchschnitt für das brauchbare Pferd im Alter von 3—4 Jahren wenigstens 25 bis 40 Prozent mehr an Kosten erwachsen, als die Marktpreise für Remontepferde gleicher Qualität betragen, und daß die Kosten der Haltung der Hengste oft über das Doppelte dessen ausmachen, was Private anlegen, endlich daß die Zahl der lebenden Fohlen bei diesen größer als dort ist. Daß auch heute noch hohe Preise zu erzielen sind, beweist die erst kürzlich abgehaltene Auktion des aufgehobenen, berühmt gewesenen Gestütes Middle=Park in England; 50,000 und 90,000 Thaler wurden für die Sieger auf dem Derby=Rennen Blair=Athol und Gladiateur erlöst; Preußen erstand ein Pferd mit 45,000 Thalern, für Graditz ein anderes mit 12,000 Thalern; ein Nachkomme der Sieger wurde mit 20,000 Thalern bezahlt u. s. f. Selbst gute Suffolkzuchthengste, also Karrenpferde, sind schon mit bis 14,000 Thalern bezahlt worden.

Neuerdings verwendet man das Pferd auch mehrfach zum Verspeisen; es kommt ein geschlachtetes Pferd in Kopenhagen auf 140, in Berlin auf 177, in Wien auf 481 und in Paris auf 750 Einwohner; in Berlin wurden im Jahre 1868 schon 4026 Pferde verzehrt, gegen 500 im Jahre 1847.

Rindvieh. Vom Rinde hat man bis jetzt 10 lebende Arten und 11 fossile kennen gelernt; in den Pfahlbauten findet man den echten Auerochsen, jetzt ganz ausgestorben, eine mit dem Schweizer Braunvieh verwandte Art, eine analog den fossilen Resten im italienischen Schwemmlande und eine dem scheckigen Vieh in Mitteleuropa verwandte Art. Von den jetzt noch lebenden Arten finden sich der europäische Wisent, fälschlich Ur oder Auerochse genannt, nur noch im Bialowiczer Wald und im Kaukasus künstlich gehegt. Der amerikanische Wisent, auch Büffel und Buffalo genannt, kommt in den Gebirgen von Nordamerika vor, ebendaselbst der Bisamochse, charakterisirt durch starken Moschusgeruch, schafähnliches Gesicht und Fettklumpen an den Schultern, der Yak oder Grunzochse, mit Pferdeschweif, langer Mähne und zottiger, bis zur Erde reichender Behaarung in Tübet und China, der Stachelochse in Mittelasien, der Gayall oder Gyall oder Waldochse in Bengalen und Arrakan, der Gaur, ungezähmt, in Vorderasien, der Zebu mit Fettbuckel, zierlicher gebaut, vorzüglich als Last= und selbst Reitthier in Ostasien und Afrika, und der Büffel in Asien, Afrika, Italien und Ungarn als geschätztes Zugthier.

Fig. 215. Schweizer Rindvieh auf den Alpen.

In Südafrika kommt er als ungezähmter Kafferochse oder kaffrischer Büffel, in Ost=indien als Arni, wild und gezähmt vor. Die Büffel lieben die sumpfigen Niederungen und

haben eine weit dickere, schwärzliche, für Insektenstiche unempfindlichere Haut als andere Arten;
sie sind von unbändiger Kraft, haben aber als Milch= und Fleischvieh wenig Werth. Das
gezähmte Rind, mit welchem wir uns hauptsächlich zu beschäftigen haben, kommt in sehr
vielen Rassen und Abarten vor; sie lassen sich sämmtlich mit größter Wahrscheinlichkeit auf
den Wisent, den Zebu und Büffel zurückführen; früher kamen Wisente und Auerochsen noch
gemeinschaftlich vor (Nibelungenlied), diese waren die gefährlichsten und größten unter der
Gattung Rind, auch das größte europäische Säugethier; sie und der Yak haben 14 Rippen=
paare und Rückenwirbel, die anderen Arten nur 13.

Die Mythen, Gesänge und Urkunden der Völker zeugen von der Verehrung des Rindes
zu allen Zeiten, und selbst am Himmel prangt sein leuchtendes Bild im Geleite der Ple=
jaden und Hyaden, denen Orion seine 2000 Sternfackeln voranträgt. Hundert weiße Stiere
mit goldenen Hörnern wurden dem Jupiter als Hekatombe geopfert, und er selbst entführte
die schöne Europa, die Tochter Agenor's, Königs von Phönizien, in Gestalt eines Stieres.

Fig. 216   Yak und schottisches Rind.

Einer der thätigsten Rinderzüchter des Alterthums scheint der König Augias gewesen
zu sein, da es eine der herkulischen Arbeiten war, den Stall, worin 3000 Rinder dem
Kreislauf der Stoffe jahrlang ihren Tribut gebracht hatten, in einem Tage von dem
aufgehäuften Miste zu reinigen. Später erschlug der Heros den Riesen Geryon, um ihm
befohlenermaßen seine Herden zu entführen, und den Riesen Kakus, weil er ihm einen
Theil derselben geraubt hatte. In Aegypten wurden der heilige Sonnenstier Osiris und
die Mondkuh Isis verehrt; ebenso wurde in Memphis der Stier Apis zu einem Mittel=
punkte religiöser Gebräuche.

Auch die Indier erwiesen den Rindern große Ehren. Nach der Lehre der Brahmanen
mußten die gefallenen Götter nach einer Wanderung von 87 Stufen ihre Läuterung in dem
Körper einer Kuh bestehen, ehe sie in den eines Menschen übergehen konnten, und das
heilige Zeichen der Schiwaverehrer wurde mit Kuhmist an die Stirne gemacht. Der Büßer
Wasischta besaß die Kuh des Ueberflusses, welche alle Wünsche gewährte, und der durch
Heine auch bei uns unsterblich gewordene König Wiswamitra verlor, als er sie ihm
stehlen wollte, in dem dadurch entbrannten Kampfe von seinen 100 Söhnen 99 und mußte
7000 Jahre für seinen Frevel büßen. Bezeichnend für die indische Verehrung des Rindes

war das Verbot, welches den höheren Kasten den Genuß des Kalbfleisches versagte, nicht weil es für unrein, sondern weil es für heilig galt. Aus Gründen der Humanität war auch in Attika in Phrygien der Genuß des Fleisches von den zum Ackerbaue bestimmten Rindern gesetzlich verboten, weil sie Theilnehmer an den Beschäftigungen der Menschen waren. Bei den Griechen waren die Rinder Gegenstände des Tauschhandels, und manche schöne Sklavin ward für mehrere Rinder eingetauscht; Eurykleia, die Wärterin des Odysseus, hatte dem Laërtes 20 Rinder gekostet. Könige zählten ihren Reichthum nach Rinderherden. Für Münzen und Wappen entlehnte man das Bild des Stieres; der Kanton Uri führt einen Stierkopf im goldenen Felde, und der Anführer der Mannen von Uri und Unterwalden hieß „der Stier von Uri", weil er sie mit dem Horne eines Auerochsen zum Kampfe rief.

Das männliche Rind heißt Bulle, Farren, Fassel, das weibliche Kuh; das Junge Kalb; verschnittene männliche Thiere heißen nach dem ersten Jahre Stier, vom vierten Jahre an Ochse, weibliche Thiere nach dem ersten Jahre bis zur Geburt des ersten Kalbes Ferse, Rind, Starke, Kalbin.

Fig. 217. Zebu und Büffel.

Die Farbe der Rinder ist sehr verschieden, einfarbig und bunt; ihre Gestalt ist schwerfällig, der Gang langsam, die Bewegung plump, der Verstand beschränkt, die Gelehrigkeit mäßig; die Kuh ist sanft, der Bulle trotzig. Das Rind ist ein Wiederkäuer und hat vier Magen; es kann 25 bis 30 Jahre alt werden, wird aber selten über 10 bis 12 Jahre alt gehalten und als Mastthier schon früh geschlachtet; mit dem 14. Jahre versiegt bei den Kühen die Milch. Wild lebendes Rindvieh giebt nur während der Saugzeit der Kälber Milch, die Kulturrassen sind durch Zucht zu dauernderer Milchgebung gebracht worden.

Das Rind nützt, außer durch die Milch, durch das Fleisch und seine Zugkraft; die Häute bilden einen wichtigen Handelsartikel; die Hörner verarbeitet man zu mancherlei Geräthen. Die Haare verfilzt der Russe zu einem Tuche (Woilok); mit dem Ochsenschwanz gerbt der Weißgerber seine Felle. Das Blut dient zum Reinigen des Zuckers, zum Schäumen des Salzes und als vortreffliches Dungmittel. Die Klauen werden ausgeraspelt zum Härten des Eisens verwendet; der Talg dient zur Seife und Beleuchtung; der Magen der Kälber zum Gerinnen der Milch; die Blasen werden zu Ballons und Beuteln verwendet; die Därme beherbergen die Würste und werden zu Goldschlägerhäutchen benutzt, ja selbst die Galle brauchen Maler, Apotheker und Fleckenreiniger zu ihren Zwecken.

Bei keinem Hausthiere zeigt sich so, wie beim Rinde, die umwandelnde Hand des Menschen, welcher von sich sagen kann, daß er geradezu neue Rassen geschaffen hat; — hochgezogene oder Kulturrassen im Gegensatze zu primitiven Rassen. Man kann dieselben eintheilen in Milch, Mast, Zugrassen und Rassen für Alles, von welchen allen es werthvolle und minder werthvolle giebt, oder in Gebirgs und Niederungsrassen, oder sie nach den Heimatsbezirken benennen und unterscheiden. In England wählt man das Gehörn als Unterscheidungsmerkmal. Von mittelhörnigen Rassen sind berühmt die Herfords und Devons, vorzugsweise Mastvieh, die Zugrasse von Sussex, die sogenannte AlleMannsKuh von Pembrokeshire, „das nützlichste Vieh von England", berühmt wegen der denkbar höchsten Vereinigung der am Rinde geschätzten Eigenschaften, mit vortrefflichem Fleische und sehr genügsam, ferner die von Ayrshire, die beste Milchkuh von England. Ungehörnte Rassen sind die von Galloway, Angus, Norfolk, York, alle vorzüglich als Mastvieh; die Langhorns waren ehemals die berühmtesten, erzeugt oder doch zur Berühmtheit gebracht durch Bakewell und seine Nachfolger, welchen man (Ende des vorigen Jahrhunderts) enorme Preise zahlte. Neuerdings liefern die kurzhörnigen Rassen, Shorthorns, das Beste, was überhaupt in Bezug auf Mastgewicht, Feinheit der Knochen, Güte des Fleisches, Schnellreife und ausgezeichnete Mastfähigkeit erreicht worden ist.

Frankreich ragt in Zugrassen hervor und hat in seinem Milchvieh in der Normandie und den angrenzenden Departements, in den Fleischthieren von Charolais, Berry, Durcet und in Kreuzungsrassen mit Shorthorns vorzügliche Stämme, in Camargue im Rhonedelta ein wildes, büffelartiges Vieh, welches mehr gejagt als gezüchtet wird. Die Fleischrassen liefern ein sehr gesuchtes, auch in England beliebtes Fleisch. Hochberühmt in ihrer Rindviehzucht ist auch die Schweiz: Frutiger, SimmenthalSaaner und Freiburger scheckiges Vieh und das Braunvieh in Bern, Uri, Hasli u. s. w. sind alle grobknochig, groß, stark und doch gute Milchthiere; als Mastvieh erreichen sie hohes Gewicht, wenn schon nicht das der Shorthorns; das Fleisch ist härter. Oesterreich hat gute Zugrassen in seinem Gebirgsvieh, sehr geschätzte Stämme in den Montefunern und Walserthalern, dem Schweizer Braunvieh analog, den berühmtesten Schlag in den Münzthalern und Mariahofern mit ungarischpodolischem Blute, und in Ungarn ein dem Steppenvieh verwandtes, langhorniges, zum Zuge außerordentlich brauchbares Vieh, welches auch geschätztes Fleisch liefert und hohes Gewicht erlangen kann.

In Deutschland findet sich ein rothes Landvieh, höchst werthvoll durch Vereinigung der gewünschten Eigenschaften bei ziemlicher Genügsamkeit, in den Stämmen Voigtländer und Egervieh, Harzvieh, Vogelsberger, Rhöner, schönes Mastvieh in Franken und Württemberg, vortreffliches Milchvieh in Norden, verwandt mit den Holländern, den ergiebigsten Milchthieren (bis 3000 Liter und mehr), als Oldenburger, Dessauer, Holsteiner, Breitenburger u. s. w., und mit dem werthvollsten Stamm in den Algäuern, verwandt den Montefunern und dem Schweizer Braunvieh. Die Milch der Holländerkühe ist am wässerigsten, sehr käsereich, die der Algäuer am fettreichsten, die der Schweizer reich an Fett und Käsestoff, freilich mehr im Heimatlande als auswärts.

Das Rind wird in England und an den Nord und Ostseeküsten im Sommer auf der Weide ernährt, dort oft mit Beigaben von anderem Futter; die Stallfütterung bringt aber die größten Resultate; zahlreich sind die Futtermittel für das Rind, welches im Allgemeinen etwas saftiges Futter liebt oder viel Saufen verlangt. Von Heu rechnet man zu guter Fütterung bis $1\frac{1}{2}$ Kilogramm und mehr pro Tag auf je 50 Kilogramm Lebendgewicht, Schweizer und Shorthorns brauchen aber oft bis zu 20 Kilogramm Heu oder das Aequivalent in anderen Futterstoffen. In der Nähe großer Städte findet sich fast nur der Betrieb mit stets frischmelkenden Thieren, in der Nähe der Zuckerfabriken und ähnlicher Anlagen nur noch die Mast, beide ohne eigene Zucht, mit käuflichem Erwerb des Materials. Weiter davon findet sich die Butter und noch weiter die Käsewirthschaft.

Das Schaf. Himmel und Erde zeugen von seinem Reichthume; die heiligsten Urkunden nahmen das Schaf zu ihrem Symbole und die Kulturgeschichte verknüpft sein Bild mit den Sitten, Gebräuchen und Festen der Völker und vereint es mit ihren höchsten Würden, Ehren und Attributen. Hoch oben am Firmamente glänzt das Sternbild des Widders mit seinen 16 leuchtenden Welten und von dem Punkte in ihm, wo der Aequator die Sonnenbahn

durchschneidet, gehen die Frühlinge der Welt aus. Jupiter zeigte sich dem nach dem Antlitz des Vaters dürstenden Herakles im Felle eines geschlachteten Schafbocks und der ägyptische König Ammon, der Unsichtbare, schmückte sein Haupt mit Widderhörnern. Dionysos (Bakchos) wurde in der Libyschen Wüste von einem Widder zu einer Oase geleitet, wo er Ammoniaka mit dem Ammonstempel erbaute, in welchem die von geschmolzenen Edelsteinen und Smaragden ge=
fertigte Statue des Gottes thronte.

Fig. 218. Die Heidschnucke.

Pan hütete in Arkadien die Herden und flößte als Begleiter des Bakchos auf dem Zuge nach Indien durch das Blasen in ein Bockshorn den Feinden jenen Schrecken ein, den man noch heute einen „panischen" nennt. Beiden wurden weiße Lämmer geopfert und dem Pan als Luperkus zu Ehren die Luperkalien gefeiert.

Das Schaf aller Schafe war der Widder Chryso= mallos mit dem goldenen Vließe. Er konnte fliegen und reden, trug die Kinder des Atha= mas, Phrixos und Helle, durch Thessalien, Pierien und Thrakien, durchschwamm mit ihnen die Meerenge, welche Europa und Asien scheidet, und wo Helle in die Fluten sank — da= her der Name Hellespont, — zog mit dem Bruder der Ertrunkenen weiter durch Mysien, Bi=

Fig. 219. Lincoln-Widder.

thynien und Galatien bis Kolchis, wo er endlich auf sein Verlangen von dem Geretteten dem Zeus geopfert wurde. Das goldene Vließ hing Phrixos in einem dem Mars ge= heiligten Haine auf; hier wurde es von wilden Stieren und Drachen bewacht, von Jason aber, dem Führer der Argonauten, erobert.

Hohe symbolisch=poetische Bedeutung hat das Schaf auch in den Religionsgebräuchen der Juden, und von diesen entnahm es die Verehrung des Heilandes als Bild der Sanftmuth und Geduld. In der kirchlichen Kunst spielt seine Darstellung eine große Rolle, indessen müssen wir uns an dieser Stelle von der ästhetischen Auffassung weg und der naturhistorisch= praktischen zuwenden.

Von Schafen giebt es viele lebende Arten: die größte ist der Argali, kleinen Rindern an Größe gleich, bis 3 Centner schwer, in den Gebirgen vom innern Asien zu Hause; wild kommen ferner vor die Mufflons in Asien, Sardinien, Afrika und Amerika, mit und ohne Mähne, und das amerikanische Bergschaf in Mexiko, den Cordilleren und Californien. Das gewöhnliche Hausschaf kommt vor als: fetthüftiges Schaf, Tatarei und Persien, mit Fettwulst an der Lendengegend, 1—2 Centner schwer; als fettschwänziges Schaf, in Syrien, dem südlichen Rußland, Aegypten, Südafrika, Indien und China, mit 16 bis 20 Kilogr. schwerem Fettschwanze, lang, breit (Vorderasien und Nordafrika) und kurz (Arabien und Bucharien); das Schaf von Guinea, ohne Wolle, behaart, und das bärtige Schaf von Guinea, das Schaf von Marokko, ehemals das Material zur Merinozucht; das Schaf von Tübet, zugleich als Lastthier gebraucht, mit langer weicher Wolle (indische Schals).

Fig. 220. Schafhürde.

Schafe ohne besonderen Charakter in Bezug auf Wolle oder Fleisch sind die Krimschafe, das walachische oder Zackelschaf, das kleine isländische, das Hundaschaf (Ostindien), die Heidschnucke in Deutschland, Frankreich, Polen, klein, 10—15 Kilogramm schwer, das Zaupelschaf in Bayern und Oberschwaben, das deutsche Landschaf (Rhön u. s. w.), gesucht als Fleischthier, das gewöhnliche englische Schaf u. s. w. Mastschafe sind: das Niederländer Marschschaf, bis 75 Kilogramm schwer, an der Nord= und Ostsee, das Bergamasker Wanderschaf, Schweiz, Oberitalien, bis 125 Kilogramm schwer, aus= gezeichnet durch große Fruchtbarkeit, wird auch gemolken, und das englische Fleischschaf, das vollkommenste unter allen, vorkommend als mittelwollig, als: Southdowns, am beliebtesten zur Veredlung in Deutschland, bis 150 Kilogramm schwer, Cheviots, 40 bis 50 Kilogramm schwer u. s. w., und langwollig, als: Leicester= oder Dischleirasse, bis 125 Kilogramm schwer, die frühreifste, mastfähigste, aber auch anspruchsvollste, Romery=

marschrasse, bis 50 Kilogramm, Cotswoldrasse und die von Lincolnshire, bis 75 Kilogramm, alle ausgezeichnet durch Schwere und schönes Fleisch. Wollschafe sind: die Merinos, ursprünglich nur in Spanien als Wanderschaf gezüchtet, seit 1770 nach Sachsen, Oesterreich und anderwärts hin verbreitet, das eigentliche Edelschaf, unterschieden in Elektoral=(Escurial=)Rasse mit der feinsten Wolle, bis 15 Kilogramm Schlachtgewicht und Infantado= oder Negrettirasse, schwerer, bis 20 Kilogramm Schlachtgewicht und mit kräftigerer Wolle, jenes vorzüglich in Sachsen und Schlesien, dieses mehr in Preußen und Mecklenburg gezüchtet. Noch größer und mit mehr seidenartiger Wolle sind die Rambouillets in Frankreich, die Schafe von Maurchamps und Charmoise, hochfein noch die von Padua.

Das männliche Schaf heißt Bock, Stähr, Widder, verschnitten Kappe oder Hammel und Schöps, das weibliche Schaf Zibbe, Mutterschaf, das Junge bis zum Ende des ersten Jahres Lamm, dann Jährling, dann Zeithammel oder Zeitschaf; es bringt 8 spitze Vorderzähne mit auf die Welt; im 2. Jahre werden die beiden mittleren durch neue ersetzt, „Zweischaufler“, im 3. Jahre die jederseits nächsten beiden „Vierschaufler“; im 4. Jahre wird es „sechs“= im 5. Jahre „achtschauflig“, also im Wechseln vollendet.

Fig. 221. Schafschur.

Das Schaf wird zur feinen Wollzucht mit der höchsten Sorgsamkeit gezogen; wichtig wird hier die Auswahl der zu paarenden Thiere, da jeder Fehler in den Nachkommen sich geltend macht. Weidegang auf trocknen Höhen bleibt für das Schaf das Beste, Stallfütterung ist nur im Winter üblich.

Interessant für Jeden ist in großen Landwirthschaften die Beobachtung der Schafschur. Die frischgewaschenen Thiere werden, sobald das Wasser aus ihrer Wolle abgetropft ist, auf den Boden gelegt und mit eigenthümlichen Scheren ihres wärmenden Ueberzuges entkleidet. Es gehört zur Verrichtung dieses Geschäftes eine ziemlich bedeutende Geschicklichkeit, um die Wolle möglichst in ihrer ganzen Länge zu erhalten und bei diesem Bestreben dem Thiere nicht in das Fleisch zu schneiden.

Neuerdings legt man viel Werth auf reine Wäsche und errichtet besondere Bassins
dafür, verwendet auch künstliche Mittel, Dampf u. dergl. m. Andererseits ist man bestrebt,
den Verkauf der ungewaschenen Wolle einzuführen und besonderen Anstalten das Waschen
zu überlassen oder in solchen die Wäsche besorgen zu lassen. Die Wäsche soll allen Schmuz
und zum Theil auch den Fettschweiß entfernen; die Größe des Gewichtsverlustes beim
Waschen ist sehr verschieden, da der Fettschweiß Rasseeigenthümlichkeit ist; er kann bis zu
50 Prozent und mehr betragen. In der Fabrikwäsche zur Darstellung ganz reiner Wollen
findet ein weiterer Verlust bis zu 26 Prozent statt. Die Wollkunde ist ein besonderer Zweig
des landwirthschaftlichen Wissens geworden; sie hat eine spezielle Terminologie hervor=
gerufen, welche seiner Zeit auf dem Wollkongreß in Leipzig (1824) festgestellt wurde.

Fig. 222. Preisschweine der kleinen weißen Rasse.

Das **Schwein** stammt vom Wildschwein ab; dieses kommt noch heute in vielen Waldungen
ganz wild oder in Parks, halbverwildert, vor; das Männchen heißt Eber oder Keuler,
das Weibchen Sau oder Bache, das Junge Frischling. Es wird bis 150 Kilogramm
schwer. Beim Hausschwein unterscheidet man das gewöhnliche und das indische; von
letzterem stammen alle veredelten Rassen der Neuzeit; es findet sich als kurzohriges oder
chinesisches Schwein und als langohriges, mit Gesichtsfalten, Masken=, Larven=
schwein, äußerst fruchtbar, weniger zur Zucht verwendet. Die anderen Kulturrassen in
England und anderwärts unterscheidet man als kurz= und langohrige, große und kleine,
weiße, schwarzrothe und bunte Rassen und nach der Heimat als Schweine von Yorkshire,
Berkshire, Essex, Suffolk u. s. w., alle höchst mastfähig, frühreif, fettreich. Das gemeine
Schwein findet sich weit verbreitet in vielen Landrassen; in Ungarn hat man das krause
Schwein, grobknochig, mit dünnen, gekräuselten Haaren, bekannt in den Szelothaner
und Mangaliczer Schlägen; Schweine finden sich in allen Gegenden und allen Zonen;
am ausgedehntesten wird die Schweinezucht in Ungarn in jenen Gegenden betrieben, wo
Eichen= und Buchenwaldungen und zugleich auch starker Maisbau die Mast billig machen,
also im Arader und Biharer Komitat, besonders im Bakonyer Wald. Zu Tausenden wird
das unruhige, grunzende Borstenvieh auf den großen Märkten zu Debreczin, Gyula, Groß=
wardein und Zarand verkauft und bis nach Hamburg ausgeführt.

Ungleich großartiger aber noch als in Ungarn ist die Schweinezucht in einzelnen Staaten Nordamerika's, unter denen namentlich Ohio mit der Hauptstadt Cincinnati dadurch einen großen Ruhm erlangt hat. Die Schweine, von denen in Cincinnati alljährlich an 450,000 Stück geschlachtet und von da in alle Welt versandt werden, stammen aus den Provinzen, von den Farmen und Staaten des Ohiothales, wo sie in den Wäldern von den Bucheckern und Hickorynüssen sich mästen, die dort in Menge wachsen. Viele werden aber auch in Ställen gezogen und mit Mais gefüttert; vorzüglich aber sind die großen Brennereien und Brauereien von Kentucky, Indiana und Illinois wichtige Bezugsquellen für die Cincinnati=Fleisch= und Wurstfabriken.

Unter allen Hausthieren vermehrt sich das Schwein am raschesten; 12 bis selbst 18 Junge auf einen Wurf sind nicht selten. Man hat berechnet, daß ein Schweinepaar bei ungehinderter Vermehrung in 10 Jahren sich schon auf 39,062,500 Stück vermehrt haben würde, wenn man auf eine Sau in einem Jahre 20 Junge und darunter die Hälfte weibliche Thiere rechnet. Das Schwein kann bis 20 Jahre alt werden, wird aber selten über 4 bis 5 Jahre gehalten und in den meisten Fällen schon im ersten Jahre schlachtbar gemacht. Es gehört zu den Allesfressern; Abfälle aller Art, Waldhut, Körnerfutter, Kartoffeln, Topinambur, auch Fleisch und Fleischreste sagen ihm besonders zu. Man hat als Formen der Schweinezucht und Haltung den Mastbetrieb mit eigener Zucht oder zugekauftem Material und den Zuchtbetrieb zum Verkauf der Ferkel, welche besonders von kleineren Leuten in Mengen gekauft werden. Die allzu fetten englischen Schweine finden hierzu in Deutschland keinen rechten Absatz mehr, beliebter sind Kreuzungen und unter diesen auch solche mit Maskenschweinen.

Die **Federviehzucht** ist unter allen Zweigen der Thierzucht in der Regel die am wenigsten rentable, mehr Sache der Liebhaberei als der gewinnbringenden Thätigkeit. Liebhaber legen auch hier enorme Preise für die ihnen werthvollen Rassen an, bei welchen nicht immer die Nutzbarkeit in erster Linie entscheidet. Die Kataloge der Geflügelausstellungen werden immer reichhaltiger; besonders bei den Tauben liebt man neue Varietäten, oft nur unterschieden durch eine besondere Feder, Schnabelform, Fuß oder Fußbekleidung u. dgl. Fast alles Geflügel gehört ursprünglich den wärmeren Zonen an und muß daher warm gehalten werden; Grasplätze sind unbedingt zu seinem Gedeihen erforderlich, für den Fasan auch noch Wald, für Gans und Ente Wasser, und zwar am besten fließendes Wasser. Gut gepflegt, lohnt freilich das Geflügel die Mastung so gut wie anderes Vieh; man rechnet bis 3 Loth Körner für ein Huhn und 50 Gramm für Ente und Gans als Beifutter. Fleisch wird vielfach gegeben, ertheilt aber dem Geflügel, wenn nicht mit Körnerfutter untermischt, leicht einen thranigen Geschmack. In großen Mastanstalten schlachtet man Pferde u. dgl. für das Geflügel. Am rationellsten und billigsten ist Wurmfutter; man schichtet verwesende Substanzen in lockere, poröse Erde, Fleisch=, Käsereste u. dgl. und giebt nach Bedarf den Thieren davon.

Die Henne hat von Haus aus im Eierstock an 600 Eier, welche sie nach und nach legen könnte; sie giebt am meisten, bis 180 Stück, im zweiten Jahre, und von da an wieder abnehmend; Hennen sollte man also, wenn nicht als Bruthennen, nicht länger leben lassen, da sie im Anfang des dritten Jahres auch noch gutes Fleisch liefern. Zum reichlichen Eierlegen gehören auch kalkige Materialien (Phosphate). Am höchsten steht die Geflügelzucht in Frankreich, besonders die Mastung von Kapaunen und Poularden. Wo nicht genügende Pflege und reichliche Fütterung gegeben wird, kann die Zucht nicht rentiren; am lohnendsten ist die der Enten, welche bei gutem Wasser nur wenig Beifutter brauchen und nicht wählerisch im Futter sind, auch in Gärten zur Reinhaltung von Ungeziefer gebraucht werden. Mühsam ist bei allem Geflügel die Aufzucht der Jungen, trotzdem diese, sowie sie aus dem Ei schlüpfen, selbständig zu fressen vermögen, besonders die der Truthühner, welche keine Nässe und Kälte vertragen und doch fleißig auf die Weide getrieben sein wollen

Die Gans, der altberühmte Retter des Kapitols, wird aus Mähren und Böhmen in großen Herden über die Grenze nach Sachsen und weiterhin nach Preußen verhandelt, welches letztere Land in einzelnen Gegenden selbst bedeutende Gänsezucht hat, ebenso aus

Westfalen nach Holland, wo die Gänse zu thranig werden, die Entenzucht aber großartig betrieben wird. Einzelne Bauern versenden bis 4000 Stück nach England. Man braucht von der Gans Eier, Fleisch und Federn und schlägt, um Brust oder Leber besonders groß und wohlschmeckend zu machen, ganz eigenthümliche Ernährungsweisen ein. Entweder setzt man die Mastgänse, um ihnen jede Bewegung, welche auf Stoffverbrauch hinarbeiten könnte, unmöglich zu machen, in besondere Körbe, welche von der Decke herabhängen, und sie werden in dieser peinlichen Lage dann reichlich mit gedörrten Nudeln gefüttert — oder sie hängen gar in der Nähe des Backofens, dessen Hitze ihren Durst reizt, welcher dann, nur selten gestillt, zur unnatürlichen Vergrößerung der Leber führen soll, oder sie werden zu gleichem Zwecke mit Spießglanz traktirt; — kurz, die mannichfachsten Reizmittel werden angewandt, um das freudenlose Dasein der Gans zu einer möglichst günstigen Spekulation auszunutzen. Gänse verwendet man bis zum 5., 6. Jahre zur Zucht; man giebt dem Gänserich bis zu 5 Stück Gänse, welche bis 20 Stück Eier legen und bis 6 Junge ausbrüten. Bei weitem glücklicher lebt die Ente, weil sich Niemand um sie kümmert. Der Enterich kann bis zu 10 Enten haben; diese legen bis 60 Stück Eier. Truthühnern wird sogar durch alle mög=
lichen Delikatessen die Existenz so angenehm als möglich gemacht. Die Heimat des Truthahns ist Amerika; hier wurde er schon von den alten Mexikanern gezähmt, lebt aber dort auch heute noch im wilden Zustande. In Europa hat sich sein ursprünglich prächtiges Federkleid mehr und mehr verfärbt. Die alten Krieger Mexiko's schmückten ihren Kopfputz und die

Fig. 223. Zahme Bankivahühner.

Mädchen ihren Schurz mit den Federn des Trut=
hahns, aber Benjamin Franklin's Vorschlag, ihn in das Wappenschild Amerika's zu setzen, wurde im Rathe verworfen, weil er ein „aufgeblasener Vogel" sei. Die Truthühner, auch welscher Hahn, Puter, Kurre und Kalekut genannt, gehören den Hühnerarten und der Familie der Fasanen an. Gattungskennzeichen sind: kurzer, starker, oben gekrümmter Schnabel, von einem Fleischzapfen gekrönt, nackte, warzige Haut am Kopfe und Halse, eine bläuliche Haut an letzterem

und kräftige Beine mit langer Fußwurzel und stumpfem Sporn. Der Hahn hat an der Brust einen Haarbüschel, das Huhn eine Warze. Rothe Farbe reizt den Zorn des Hahnes und unter den Vögeln repräsentirt er den Poltron und seine Henne die Zimperliche; die Henne legt jährlich zweimal 15—20 Eier; die Lust zum Brüten liegt ihr dergestalt im Blute, daß sie darüber oft das Fressen vergißt. Man legt guten Hennen zuerst Gänse=, Schwanen= und Enteneier unter, dann Hühnereier, zuletzt noch, wenn sie gehörig heruntergekommen sind, Fasaneneier, von welchen allen sie bis zu 30 Stück ausbrüten kann. Die Jungen sind gegen Sonnenschein, Regen, Thau und Kälte sehr empfindlich. Selbst beim Fressen müssen sie zärtlich behandelt werden und bekommen daher in der Jugend zur Schonung der weichen Schnäbel ihre Eier= und Erbsenspeise mit grüner Zuthat auf Tüchern servirt.

Der weiße Truthahn giebt sehr geschätzte Federn, welche pro Stück bis zu 8 Thaler eintragen können; die Henne ist bis zum 10. Jahre brauchbar, der Hahn höchstens bis zum 5. Jahre; man erhält pro Henne bis 15 Junge.

Die Taubenzucht ist in den letzten Zeiten bei uns etwas zurückgegangen, einmal weil sich die Liebhaberei auf andere Gegenstände geworfen hat, und dann, weil durch den Telegraph die Brieftauben, deren Züchtung vorzüglich in den Niederlanden blühte, über= flüssig geworden waren. Seit dem letzten Kriege hat aber auch die Brieftaube wieder mehr Freunde gewonnen. Die Taube lebt paarig, jedes Paar liefert bis 10 Junge pro Jahr.

Die Hühnerzucht oder die Hühnerologie ist zu einer solchen Bedeutung empor= gestiegen, welcher sich in der Meinung ihrer Anhänger gewiß nichts Aehnliches an die Seite stellen läßt. Es giebt Hühnerologen, hühnerologische Vereine, hühnerologische Bücher, ja selbst hühnerologische Zeitungen, und wie zur Zeit des holländischen Tulpenschwindels einzelne Zwiebeln mit Tausenden von Gulden bezahlt wurden, war es vor einigen Jahren nichts Seltenes, ein einziges Ei wenigstens mit vielen Louisd'ors aufgewogen zu sehen.

Das Huhn ist nach allen Ueberlieferungen eines der ältesten Hausthiere, und wahrscheinlich lebte es schon in vorgeschichtlicher Zeit in Gesellschaft des Menschen. Ob es durch die Römer nach Deutschland gekommen ist oder durch ältere, arische Völkerstämme, ist vielleicht am ehesten durch die Sprachforschung zu entscheiden. Die keltische Sprache scheint bereits einen Namen für das Thier gekannt zu haben. Man hält das Bankivahuhn, welches in Hindostan und auf Java in den Wäldern lebt, für den Ahnen unseres Haushuhns, welches durch Zucht in unzählige Formen verwandelt worden ist.

Wir brauchen uns nicht bei der Beschreibung der verschiedenen Arten aufzuhalten, dieselben sind so verbreitet und bilden jetzt noch eine Liebhaberei so Vieler, daß jeder unserer Leser leicht Gelegenheit haben wird, eingehende Studien an der Natur selbst zu machen; dafür wollen wir in Fig. 223 und Fig. 224 einige der Hauptrepräsentanten des Geschlechtes in Abbildung geben. Das erste von diesen (Fig. 223), das zahme Bankivahuhn, kommt der Urrasse fast vollkommen gleich, nur ist es etwas größer als diese; in Fig. 224 erblicken wir dagegen die Ergebnisse der zahlreich vorgenommenen Züchtungsversuche.

Fig. 224. Gezüchtete Hühner.

In der Mitte stehen die prächtigen Dorkinghühner, welche ein Schlachtgewicht bis zu 6 Kilogr. erreichen und Eier bis zu 80 Gramm Schwere legen; sie werden vorzüglich in der Nähe der englischen Stadt Dorking gezüchtet. Rechts von diesen stehen ein Paar polnische Hühner, etwas größer, aber zärtlicher als das gewöhnliche Landhuhn, und als vortreffliche Eierleger bekannt; links die vielbesprochenen Cochinchinesen, welche 1845 aus China nach England gebracht wurden, wo sie die Königin Victoria zuerst besaß, bereits eine ziemliche Verbreitung hatten und eigentlich den Geschmack an der Hühnerzucht hervorgerufen haben. Alle Thiere dieser und ähnlicher Arten sind aber viel zärtlicher als unsere Landhühner und leiden stark an Gicht und Podagra. Die Mehrzahl der Landwirthe giebt dem deutschen Landhuhn und verwandten Arten den Vorzug. Sehr geschätzt, seines Fleisches wegen, ist auch das Perlhuhn.

Das künstliche Ausbrüten der Eier wurde schon bei den alten Aegyptern ausgeübt. Da nämlich das befruchtende Prinzip bei den Eiern der Vögel von Haus aus schon im Eie liegt und nur der Wärme von außen bedarf, um sich zum Leben zu gestalten, so setzte man mit dem glücklichsten Erfolge an die Stelle der brütenden Henne die künstliche Wärme und ließ durch deren Wirkung die jungen Küchlein in das Leben rufen. Eine gleichmäßige, durch 21 Tage erhaltene Wärme verrichtet diesen Dienst und man hat verschiedene Vorrich= tungen zum künstlichen Ausbrüten der Eier benutzt, und die Wärme ebensowol durch eine Lampenflamme, als auch durch erwärmtes Wasser, durch gährenden Dünger u. s. w., unter Anwendung der nothwendigen Modifikationen des Apparates erzeugt.

Es kommt eben nur darauf an, die feuchte Lebenswärme der Bruthenne nachzuahmen und auf gleichmäßiger Höhe zu erhalten. Wasser ist daher ein eben so nöthiges Erforderniß zum Gelingen als Wärme, und die Luft der Kästen oder sonstigen Räume, worin die Eier unter einer Glas= oder anderen Bedeckung liegen, wird stets mit Wasserdunst gesättigt er= halten. Unser Bild (Fig. 225) stellt eine der mancherlei Formen von Brütmaschinen dar; in den gewöhnlichen landwirthschaftlichen Betrieb läßt sich die Sache aber eben so wenig einfügen als etwa der Seidenbau; die Regulirung der Temperaturen, das Umlegen und Prüfen der Eier, die Abwartung der mutterlosen Kleinen verlangt viel Aufmerksamkeit und subtile Arbeit und paßt nur für besondere Anstalten und eingeübte Personen.

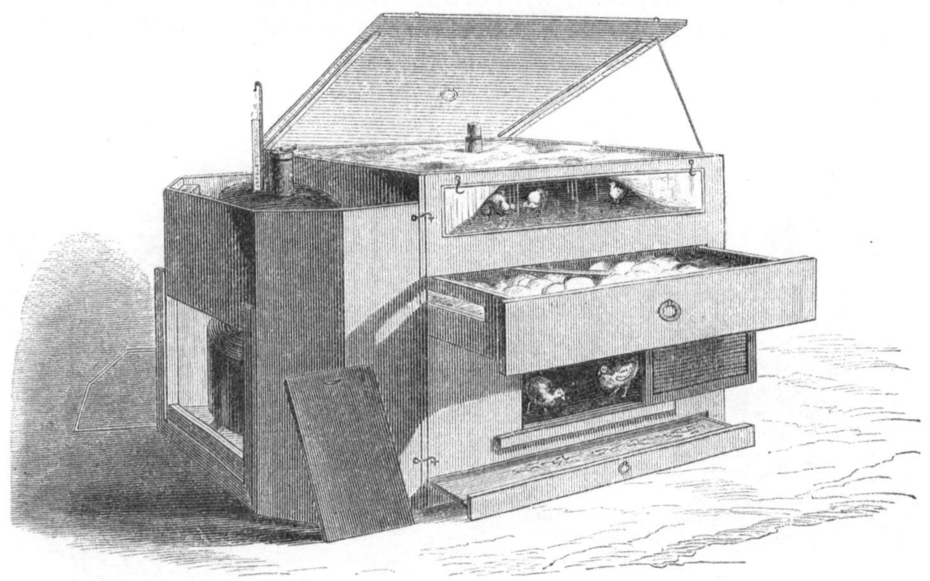

Fig. 225. Künstlicher Brütapparat.

Die **Zucht der Seidenraupen** gehört hauptsächlich Italien, dem südlichen Frankreich, Oesterreich und südlicheren Ländern an; China und Japan sind bekanntlich darin hervor= ragend. In Deutschland sind alle Versuche, die Seidenraupenzucht in größerem Maß= stabe einzubürgern, bis jetzt fast immer fehlgeschlagen; sie ist und bleibt Gegenstand der Liebhaberei Einzelner. Für den größeren Landwirth empfiehlt sich nur die Zucht der Maulbeerbäume, um das erforderliche Futter zu erzeugen und als solches zu verkaufen. Die Zucht erfordert große Aufmerksamkeit bei Tag und Nacht während etwa 30 bis 36 Tage im späten Frühjahr. Deutschland züchtet in großem Maße Eier für andere Länder, in welchen die Seidenraupenkrankheit große Verheerungen anrichtet. Die Raupen, welche sich eingesponnen haben und in ihrem Gespinnste das werthvolle Material, die Seide, liefern (Cocons), werden mit Wasserdampf nach dem Einspinnen getödtet, dann wird die Seide auf besonderen Anstalten abgehaspelt. Ein Loth Eier wird mit 16 bis 18 Sgr. bezahlt, es giebt bis zu 18,000 Räupchen, welche im Ganzen 450 Kilogramm Laub fressen und 20 Kilogramm Cocons, aus diesen aber 2 bis 2½ Kilogramm roher und 380 bis 500 Gramm gehaspelter Seide geben. Europa produzirt etwa 277,000 Centner Seide im Werthe von 580 Mill. Francs, davon kommen auf Deutschland nur 160 Centner, auf

Italien 144,000, auf Frankreich 55,000, auf Oesterreich 26,600, auf Rußland 6000, auf die Türkei 29,000 Centner u. s. f.

Die **Bienenzucht** liefert Honig und Wachs. Man rechnet, daß auf jeder Quadrat= meile bis 400 Stöcke möglich sind, ohne künstliches Futter geben zu müssen; Deutschland könnte danach bis 5 Mill. Stöcke haben, besitzt aber kaum die Hälfte davon. Da im Durchschnitt pro Stock 10 Kilogramm Honig und 5,5 Kilogramm Wachs zu gewinnen sind, so müßte die Gesammtproduktion 45 Mill. Kilogramm Honig und 25 Mill. Kilogramm Wachs repräsentiren. Gegenwärtig werden aber im Zollvereine noch für 8 Mill. Thaler an Honig und Wachs jährlich eingeführt. Die Biene erfordert eine sehr sorgsame Pflege, weniger direktes Ab= warten durch den Menschen als unausgesetztes Ueberwachen, und eignet sich daher nur für Solche, welche Lust und Freude mit der nöthigen Kenntniß und Geschick verbinden. Für diese kann die Zucht sehr einträglich werden, da man durchschnittlich pro Stock an 6 Thaler Reinertrag erhält und leicht Stände bis zu 200 Stöcke angelegt werden können.

Wichtig für die Biene ist die Ueberwinterung, d. h. die Anlegung eines passenden Raumes zur Ab= haltung des Winterschlafes, in wel= chem die Thiere nicht zu früh im Frühjahr erweckt werden, ferner die Sorge für gute Nahrung, besonders in der ersten Zeit nach dem Er= wachen. Viel kann in dieser Be= ziehung noch geschehen durch An= pflanzung von geeigneten Bäumen und seitens der Landwirthe durch passende Ansaaten, besonders an wüstem Gelände. Die Weiden= und Rapsarten, weißer Klee, Espar= sette, Buchweizen, Linden u. dgl. sind hier in erster Linie in Betracht zu ziehen. Heidekraut giebt vor= treffliche Weide; in die Gebirgs= gegenden bringt man zum Herbste die Stöcke aus der Ebene. Gefähr= lich ist die Biene den Zuckerfabriken, wo sie sich gerne einschleicht und

massenhafte Quantitäten vertilgt. In guten Jahrgängen ist der Ertrag der Bienenzucht außerordentlich groß und der Honig ausgezeichnet durch Aroma und Süße, in schlechten, kalten und nassen Jahren muß dagegen oft mehr gefüttert werden, als der Stock eintrug, und wird oft genug die Ueberwinterung nur dadurch möglich, daß man mehrere Stöcke zusammenbringt. Je kälter, um so mehr Futter wird nöthig; je dichter ein Stock bevölkert ist, um so mehr erspart die thierische Wärme an Heizungsmaterial im Futter.

Die besten Bienen sind die italienischen, neuerdings in Deutschland sehr verbreitet zur Kreuzung mit den einheimischen Stämmen. Die Biene hat außerordentlich viele Feinde, Vögel, Mäuse, Raubinsekten u. dgl. m., vor welchen man möglichst die Stöcke bewahren muß.

Ein normales Bienenvolk besteht in den Sommermonaten aus drei Arten: der **Königin**, den **Arbeitsbienen** und den **Drohnen**. Die Königin ist das einzige voll= kommne Weibchen im Volke und die Bienen dulden in jedem Stocke nur eine einzige als Herrscherin. Sind mehrere verhanden, so müssen sie ausziehen oder werden getödtet. Die Königin vermag an einem Tage bis 3000 Bieneneier und in einem Jahre bis 70,000 zu legen.

Aus jedem Arbeitsbienen-Ei kann unter gewissen Bedingungen eine Königin gezogen werden, wenn die Zelle und der Futterbrei dazu hergerichtet wird. Wie die Speise der Götter, so besteht die der Königin nur in reinem, von den Arbeitsbienen besonders reichlich beigetragenem Honig. Stirbt die Königin, so bauen die Arbeitsbienen eine neue Zelle, legen ein frischgelegtes Ei hinein und erziehen eine andere Herrscherin. Die Arbeitsbienen sind zur Fortpflanzung unfähig, und wenn ja einzelne die Fähigkeit zum Eierlegen besitzen, so können sich aus diesen Eiern nicht wie bei der Königin alle drei Bienenarten, sondern nur Drohnen entwickeln. Den Arbeitsbienen liegt das ganze Departement des Inneren und Aeußeren ob. Sie sammeln und bereiten den Honig, sie bauen das Haus und richten es ein, sie pflegen die Brut, halten den Stock rein und bewachen ihn. Sie sind zu ihrem Schutze mit einem Stachel versehen, dessen Verlust ihren Tod zur Folge hat. Die Drohnen dagegen sind die Faullenzer im Bienenstaate und dienen zur Begattung der Königin, wonach sie sterben. Man zählt in einem guten Stocke eine Königin, 15—20,000 Arbeitsbienen und 1000—3500 Drohnen.

Die Wohnungen, welche der Mensch den Bienen bereitet, die Bienenstöcke, sind von sehr verschiedener Konstruktion. Es kommt sehr viel auf die Art der Bienenhäuser an, denn dem betriebsamen Thierchen gefällt es nicht in jeder Behausung gleich gut, wie dies am besten die Resultate beweisen, welche der Pastor Dzierzon zu Karlsmarkt in Preußisch-Schlesien angestellt hat. Lange Jahre hindurch hat dieser Forscher seine Züchtungsversuche fortgesetzt und sein System ist jetzt allgemein als das beste anerkannt und eingeführt. Je nach den klimatischen Kulturverhältnissen giebt Dzierzon verschiedene Stöcke an, und nicht nur dies, er hat eine neue, für die deutschen Verhältnisse besonders angepaßte Bienenart hervorgebracht, indem er die oberitalienische Biene als Veredlungselement einführte. Dieselbe übertrifft unsere einheimische Biene bedeutend an Fleiß und sticht fast nie. — Das Leben und die Thätigkeit innerhalb der Bienenstöcke beobachten zu können, hat man Gehäuse konstruirt, aus denen die eine Wand herausgenommen werden kann; dahinter befindet sich dann eine zweite abschließende Glaswand, welche den Einblick in das Innere erlaubt. Indessen darf man nicht zu oft das Licht in den Stock hineindringen lassen, wenn man nicht eines schönen Tages sein Beobachtungsfenster von innen mit Wachs verklebt sehen will. In Fig. 226 geben wir die Abbildung eines derjenigen Dzierzon'schen Stöcke, welche sich der allgemeinsten Annahme von Seiten der Bienenzüchter zu erfreuen gehabt haben. Es ist der sogenannte Zwillingsstock, so genannt, weil immer ihrer zwei mit der Rückwand an einander gestellt werden. Er ist sehr einfach, demzufolge auch wohlfeil, und eignet sich, weil die Ueberwinterung in ihm sehr leicht ist, besonders für größere Bienenzüchtereien. Wir können hier nicht weitläufig erörtern, welche Methoden die besten sind, wir wollen nur die Wichtigkeit der Bienenzucht in Verbindung mit der Landwirthschaft hervorheben und dazu aufmuntern, auch diesen schönen, interessanten und lohnenden Zweig der Volksindustrie nach Kräften zu betreiben und zu fördern.

Es erübrigte noch einen Blick auf die landwirthschaftliche Fischzucht zu werfen; da wir aber der Fischerei späterhin in einem besonderen Kapitel eine ausführliche Betrachtung schenken, verweisen wir unsere Leser auf den letzten Abschnitt dieses Bandes, der sich mit der Gewinnung der Schätze befaßt, die das Wasser uns bietet.

B.

Der Wald und seine Pflege.

Bedeutung des Waldes. Klimatologischer Einfluß. Verbreitung der Wälder in horizontaler und vertikaler Richtung. Der deutsche Wald und seine Bäume. Forstkultur. Bewirthschaftung. Plenterwald. Hochwald. Mittelwald. Feinde des Waldes. Ausbeute des Waldes. Holzfällen. Roden. Rücken des Holzes. Holzriesen. Triften und Flößen.

Die Geschichte des Alterthums läßt bei allen Völkern eine ausgesprochene Liebe und Verehrung für den Wald erkennen. Er war der naturgemäße Aufenthalt für die Jägervölker, denn er gewährte ihnen nicht blos Schutz gegen die Unbilden der Witterung, das Material zu ihren Geräthschaften und zur Feuerung, sondern in den vormals so reichen Wildbeständen auch die Nahrung. Wenn auch die nächst höhere Kulturstufe der Hirtenvölker dem Walde schon feindlicher gegenübersteht, da sie in den holzfreien Weidegründen und deren Erweiterung (gewöhnlich durch Feuer) ihre Existenz suchen mußten, so ist doch erst der Ackerbau der geschworene Feind des Waldes geworden, denn je mehr die Bevölkerung und mit ihr die Bedürfnisse der Menschen wuchsen, um so mehr mußte sich der Wald auf die entlegenen und für die Landwirthschaft nicht mehr benutzbaren Flächen zurückziehen. Heute sind wir an dieser äußersten, von dem Ackerbau naturgemäß nicht mehr überschreitbaren Grenze fast überall nicht nur angelangt, sondern sie ist in den meisten europäischen Staaten, ja selbst zum Theil in unserem deutschen Vaterlande, in der That mehr oder weniger überschritten. Dieses Zurückweichen des Waldes und die durch die Bevölkerungsmehrung stets wachsenden Anforderungen an die Erzeugnisse desselben erfolgten lange ohne Rücksicht auf die Forderungen der Zukunft, bis der frühere Ueberfluß sich in Mangel zu verwandeln drohte und in der Mitte des vorigen Jahrhunderts die Holznoth beängstigend an die Thüre pochte. Nun erst begann man, der Natur die Gesetze abzulauschen, welche den Wald schufen, und diesen als nothwendiges Objekt des Volksvermögens unter den Schutz des Staates zu stellen. Allmählig entwickelte sich eine Forstwissenschaft und eine Forstgesetzgebung.

Ist auch die heutige Welt gegen den Wald nicht mehr feindlich gesinnt, da sie wol die absolute Nothwendigkeit der Wälder zur Befriedigung der Bedürfnisse an Holz jeglicher Art erkennt, — so steht sie ihm doch vielfach mit Gleichgiltigkeit gegenüber. Der Menge liegt der Wald fern, sie tröstet sich mit dem Gedanken, „Holz wächst über Nacht", und leider gewahrt sie nicht, daß der Sinn dieser Worte auf die Wälder der Jetztzeit nicht mehr paßt; sie erkennt den Rückgang nicht, den viele deutsche Wälder nehmen, — und geht viel= fach theilnahmlos an der fortgesetzten Beeinträchtigung ihrer Produktionsmittel, — einer langsamen Devastation — vorüber.

Der Mangel an Holz und Nebenprodukten ist's aber nicht allein, durch welchen sich die Ausrottung der Waldungen rächt; letztere haben größere, weitreichende Bedeutung fürs ganze Land in vielfach anderer Weise.

Einfluß des Waldes auf die physikalische Beschaffenheit der Länder. Die Existenz und das Wohlbefinden der Menschen ist an gewisse Zustände des Klimas und des Bodens gebunden, — an eine bestimmte physikalische Beschaffenheit der Länder. Auf letztere aber übt der Wald einen mächtigen Einfluß. Die Wärme= und Feuchtigkeitsverhältnisse, die Wirkung der Winde, die größere oder geringere Veränderlichkeit der Bodenoberfläche u. s. w. sind wesentlich durch die Wälder bedingt. Das lehrt die Geschichte und die tägliche Er= fahrung.

Auf die mittlere Jahrestemperatur der Luft hat der Wald in unseren Breiten keinen wesentlichen Einfluß, wohl aber auf die Vertheilung der Wärme nach den Tages= und Jahreszeiten. Während der Vegetationszeit kommt im Walde durch den Lebensprozeß der Bäume fortwährend eine enorm große Wassermasse zur Verdunstung; dadurch sowol wie durch Abhaltung der Sonnenstrahlen ist die Waldluft am Tage stets kühler als das wald= freie Terrain, bei Nacht dagegen ist die Waldluft wärmer, denn die Ausstrahlung (d. h. das Entweichen der Wärme bei klarem Himmel) im freien Lande ist dann stets beträchtlich größer als im Walde, der durch seinen dichten Sonnenschirm die empfangene Wärme besser zurückzuhalten vermag. Was für den Tag gilt, gilt ähnlich auch für den Sommer, im Gegensatz zu den anderen Jahreszeiten. Während die im Walde länger festgehaltene Sommerwärme das Hereinbrechen des Winters hinausschiebt, verzögert sich hier anderer= seits der Eintritt des Frühjahres. Da nun die Luftschichten stets in einander streichen, so ergiebt sich leicht, daß der Wald durch Abstumpfung der Extreme in den Wärmeverhält= nissen einer Gegend höchst wohlthätig wirken müsse, — daß in einem mit Wäldern hin= reichend versehenen Lande Frühling und Herbst noch von bemerkbarer Dauer möglich sein müsse, und die Luft im Sommer nicht zu jenen hohen Wärmestufen dauernd ansteigen kann, welche die Existenz der Pflanzenwelt oft in Frage stellen.

Die Temperaturunterschiede zwischen Wald und Feld haben aber mehr oder weniger ständige Luftströmungen zur Folge, ähnlich wie an den Seeküsten. Diese Strömungen haben aber nur lokale Bedeutung; weiter greifend ist der Schutz, den der Wald gegen Stürme gewährt, indem er ihre Gewalt bricht, ihre Geschwindigkeit mäßigt und damit ihre nachtheiligen Wirkungen moderirt. An den Meeresküsten vermag nur der Wald dem Vordringen der Alles zerstörenden Sandwehen ein Ziel zu setzen; viele exponirte Freilagen sind nur durch den Waldschutz kulturfähig, und überall in den höheren Gebirgen gehen die vorher oft so trefflichen Weidegründe verloren, wo der Schutz gegen die kalten, trocknen Winde durch Zerstörung der Wälder verschwunden ist.

Man ist sehr häufig geneigt, den Waldungen auch einen Einfluß auf die Regen= menge eines Landes zuzumessen, nachdem dieser Einfluß allerdings für die Länder der heißen Zone konstatirt ist; für unsere mittel= und nordeuropäischen Länder aber ist dieses nicht statthaft, denn hier wird die Regenmenge (d. h. der Gesammtbetrag der durch atmosphärische Niederschläge einer gewissen Fläche jährlich zukommenden Wassermenge) durch ganz andere Ursachen bedingt, vorzüglich durch die geographische Lage und Terrain-form, die absolute Höhe und die herrschende Windrichtung eines Ortes. Auch ist es bis jetzt wol noch gewagt, die Wasserabnahme unserer Flüsse unmittelbar mit etwaigen Entwaldungen in direkte Beziehung zu bringen; denn sehr gewöhnlich wirken hier Fluß-korrektionen, Meliorationen der Landwirthschaft, Entsumpfung, Trockenlegung der Weiher u. s. w. in erster Linie. Ja, man hat Abnahme der Flüsse für Bezirke beobachtet, in welchen thatsächlich die Bewaldung eine wenigstens intensiv bessere geworden ist. Da-gegen aber ist es die Vertheilung des einem Lande zukommenden Wassers, bei welcher der Wald die Hauptrolle spielt. Die Luft der Waldungen ist stets feuchter als jene außerhalb derselben, und da sie im Sommer auch kühler ist, so findet viel häufiger auch eine Verdichtung des Wasserdampfes statt. Im Walde thaut es öfter und reichlicher und regnet auch öfter, wenn auch die Gesammtmenge des Regens nicht größer ist als jene im waldfreien Gelände. Vor Allem aber wichtig ist, daß die dem Walde zukommende Feuchtig-keit länger und besser festgehalten wird. Der Waldboden ist lockerer und wird bis zu größerer Tiefe von den Wasserinfiltrationen durchdrungen, er ist mit Laub- und Nadel-schichten und von Moospolstern überlagert, welche eine überaus große Wassermasse auf-zunehmen und festzuhalten vermögen. Allmählig sickert das Wasser von hier aus in den Untergrund und speist die Quellen nachhaltig und unausgesetzt das ganze Jahr. Quellen aber bilden Bäche, und Bäche vereinigen sich zu Flüssen. — Im freien Lande entführen Sonne und Wind rasch die Feuchtigkeit, über waldentblößte Gehänge fließt der Regen un-aufgehalten herab, sammelt sich rasch zum verheerenden Bergwasser, das Sand, Kies und Gerölle hinab und weit hinaus in die angebauten Gelände trägt, um Wiesen und Aecker mit unfruchtbarem Schutte zu überdecken. Die Wasser, welche zur wohlthätigen Befruchtung der umgebenden Gelände auf Wochen hinaus hätten dienen sollen, sind rasch verronnen, und bald liegen die kahlen, von mächtigen Erosionen durchfurchten Gehänge wieder dürr und öde wie zuvor. Alljährlich ertönt aus jenen Ländern, welche so unklug waren, ihre Bergwälder zu zerstören, die Klage über fortschreitende Verwüstung der Wasser und der Ueberschwemmungen. In diesen Gegenden regnet es zwar seltener, aber die Regen sind stets wolkenbruchartig. Denn die über den kahlen Bergen sich stark erwärmende Luft faßt eine überaus große Menge Wasserdampf, es bedarf dann nur einer anfänglich geringen Abkühlung, um allen Dampf in kurzer Zeit zu Wasser zu verdichten. Regen und Schnee schmelzen immer rasch auf den kahlen Gehängen und sammeln sich zu Wogen, welche dann, wie in den Landschaften der Seealpen, mancher Tiroler Alpen, aber auch der Rheinischen, Pfälzer Gebirge u. s. w., gleich Wasserfällen über die bebauten Fluren sich ergießen.

Der Wald ist der natürliche Regulator für gleichförmige Vertheilung des Wassers, und hiermit die Bedingung einer geordneten nachhaltigen Kultur aller zu einem Quellbe-zirke gehörigen Landschaften.

Welche Veränderungen in der Oberflächengestaltung der Gebirgsländer in kurzer Zeit sich ergeben müßten, wenn man die Waldungen überall niederschlagen und die Gebirge zur sterilen Oberfläche umwandeln würde (Zustände, wie sie leider in unserm Deutschland da und dort nicht mehr zu den Seltenheiten gehören), läßt sich aus dem Gesagten leicht ermessen. Die schließliche Folge wäre die Unbewohnbarkeit der Gebirgsländer, wie sie bereits für mehrere Thäler der Alpen thatsächlich eingetreten ist. Der Mensch wandert aus und überläßt seine heimatliche Stätte der wilden Gewalt der Wasser, die nun allmählig die Berge ins Thal hinabführen und die lachenden Fluren zur Steinwüste um-gestalten.

Wenn übrigens der Wald die betrachteten Wohlthaten für Kulturfähigkeit und Be-wohnbarkeit der Länder spenden soll, so muß er in unverdorbener Frische und Kraft er-halten bleiben, er muß namentlich seine natürliche Bodendecke, die Streu-, Humus-und Moosdecke unverkürzt besitzen, denn diese sind es ja vorzüglich, welche das Wasser im Walde festhalten.

Einfluß der Waldvegetation auf die Gesundheitsverhältnisse. Es steht fest, daß die Luft auf dem Lande gesünder ist als jene der größeren Städte. Wenn auch der Sauerstoffgehalt überall der gleiche ist, so mischen sich der Stadtluft doch eine Menge von Bestandtheilen bei, wie Rauch und Ruß der Fabriken und Oefen, die Ausdünstungen der Gerbereien, Seifensiedereien, der Schlachthäuser, der Leimfabriken u. s. w., die faulenden Stoffe der Kloaken und Kanäle u. s. w., welche für das Athmen nicht nur unnütz, sondern als schädliche Miasmen oft sogar gefährlich sind. Der Pflanzenwelt, und vorzugsweise den Bäumen, ist die Aufgabe zugewiesen, die meisten dieser Stoffe aufzunehmen und die Luft davon zu reinigen. Andererseits schreibt man die größere Gesundheit der Landluft, und der Waldluft insbesondere, dem größeren Ozongehalte zu, doch wie es scheint mit Unrecht. Wie dem auch sei, die statistischen Forschungen bestätigen überall diese Wahrnehmungen aufs Evidenteste, und mit Recht ist man in allen großen Städten bemüht, durch Anlagen und Erhaltung von Parken, Alleen, Promenaden und eine frische Baumvegetation innerhalb derselben den fehlenden Wald wenigstens theilweise zu ersetzen, — und wer nur kann, flüchtet im Sommer aus den Städten zur Sammlung neuer Lebenskräfte in die Waldungen zur Sommerfrische.

Der wichtigste hygienische Werth der Waldungen liegt aber in der betrachteten Regulirung der Wärme und Feuchtigkeit der Luft. In einem passend mit Waldungen besetzten Lande stumpfen sich die Extreme der Wärme und Feuchtigkeit erheblich ab. Welchen Einfluß aber unvermittelte Uebergänge auf die Gesundheitszustände haben, ist allbekannt; es steht in der ärztlichen Praxis längst fest, daß Jahrgänge mit grellem Witterungswechsel immer jene sind, in welchen heimische und fremde Krankheiten am energischsten auftreten. Der Wald bietet endlich Schutz gegen den trocknen, scharfen Nordostwind, der so vielfach Entzündung der Athmungsorgane im Gefolge hat. Trifft dieser Wind vorerst auf einen benachbarten, in dieser Richtung belegenen Wald, so nimmt er hier ein beträchtliches Maß von Feuchtigkeit und Wärme auf, und seine schlimme Wirkung wird gemildert. Ueberdies bricht der Wald überhaupt die Kraft des Windes, und eine Menge fein zertheilter Stoffe, die der Wind mit sich führt, wie Sand, Staub, Ruß u. s. w., bleiben im Walde zurück, der hier wie ein Sieb wirkt.

Die Beziehungen der Waldvegetation zum Geist und Gemüthe des Menschen sind nicht minder beachtenswerth. „Das deutsche Volk", sagt Riehl, „bedarf des Waldes, wie der Mensch des Weines bedarf, obwol es zur Nothdurft hinreichen mag, wenn sich lediglich der Apotheker ein Viertelohm in den Keller legte. Brauchen wir das dürre Holz nicht mehr, um unseren äußeren Menschen zu erwärmen, dann wird dem Geschlechte das grüne, in Saft und Trieb stehende um so nothwendiger." Und wahrlich! würden wir mit Hülfe der Technik im Stande sein, den unmittelbaren Nutz- und Brennwerth des Holzes zu ersetzen und jene Einflüsse zu surrogiren, welche die Waldvegetation auf die klimatischen, Fruchtbarkeits- und Gesundheitsverhältnisse unserer Länder hat, wir müßten verarmen an Geist und Kraft, an Gemüth und Poesie, — der Kampf um das materielle Dasein würde dem Menschen Alles rauben; was ihn zum Menschen macht, würde ihn um so rascher zur sittlichen Verwilderung führen, je weiter er sich von den Gesetzen der natürlichen Weltordnung entfernt. Eine Welt ohne Waldesgrün, ohne Waldluft und Schatten, ohne Waldeinsamkeit bedingt ein anderes Geschlecht, und namentlich in unserem Deutschland, denn die Liebe des deutschen Volkes zum Walde spielt in allen seinen Ideen, Vorstellungen und Schöpfungen mit, welchen das sittlich-ästhetische Element zur Grundlage dient; sie bedingt zum großen Theile die an den meisten Völkern der Jetztzeit so sehr vermißte und am Deutschen so sehr gerühmte Gemüthstiefe. Ja, die Wälder sind die ewigen Urtempel der Menschheit, hier fühlt sich die Brust zu jener ungemachten Andacht gestimmt, welche die Nähe des Schöpfers ahnt; hier wohnt ein Freund, der für alle Lagen des Lebens paßt, der mit dem Traurigen weint, mit dem Fröhlichen lacht, den Müden einwiegt in stille Träume und besänftigend und beruhigend auf Jeden wirkt, der sich dem Zauber seiner Natur übergibt.

In einem paradiesischen Walde beginnt die Geschichte des Menschen, aus den völkerreichen Ländern Centralasiens kamen die kräftigen Stämme bis zum Mittelmeer hervor; wie der Refrain eines Heldenliedes rauschen die Cedern des Libanon durch das Alte Testament, heilig waren die Bäume und Wälder den Griechen und Mauren, und von hohem Geiste blieben die Heldenvölker durchweht, so lange die Haine von Kolonos, von Argos und Thessalien, des Athos und Olymp rauschten, der Skamander seine schiffbaren Fluten dahin rollte und das Hochplateau von Spanien noch den Wald auf seinen Bergrücken trug. Es ist anders geworden, die Länder sind verdorrt und die Völker mit ihnen, — mehr und mehr verschwindet die Kraft aus den romanischen Stämmen, vorher aber hatte man die Waldungen zerstört, jene letzte Stätte der frei wirkenden Naturkraft! Wir in Deutschland sehen es noch ziemlich grün um uns her, die Vögel singen noch in den Wipfeln, noch zählen wir die Jahrhunderte an unseren Tannen und Eichen, eine große Zahl für den Wald begeisterter Männer opfern ihm ihre ganze Lebenskraft und Hunderttausende werden zu seiner Erhaltung und Pflege alljährlich aufgewendet. Möge es noch lange so bleiben, dem Vaterland zu Schutz und Ehre!

Zusammensetzung und Verbreitung der Wälder. Die Hauptarbeiter in des Waldes Werkstatt sind die Bäume, ihnen untergeordnet die kleineren Sträucher; beides sind Holzgewächse. Das Holz entsteht aus weichen, saftigen Theilen; es bedarf durchschnittlich mindestens drei Monate Frist, um den nöthigen Grad von Festigkeit zu erhalten, um reif zu werden. Da, wo die Temperatur in kürzerer Zeit wieder unter den Gefrierpunkt sinkt, in den Polargebieten und in den höheren Theilen der Gebirge, vermag kein Holzgewächs mehr zu gedeihen. Die noch safterfüllten und nicht völlig zu Holz erhärteten Triebe erfrieren. Ein ähnliches Hinderniß bildet die Dürre in Steppen und Wüsten. Fehlt dort das Wasser gänzlich, oder ist es nur so kurze Zeit vorhanden, daß das Holz sich nicht völlig bilden kann und die Knospen zur nächsten Wachsthumsperiode nicht ihre gehörige Ausbildung erlangen, so können Wälder nicht gedeihen.

Außer den angedeuteten natürlichen Grenzen, welche das Vorkommen hochstämmiger Holzgewächse im Allgemeinen einschränken, gilt für jede Baumart noch insbesondere ein niedrigster und meist auch noch ein höchster Wärmegrad, deren Ueberschreitung tödlich für sie wirkt. Der Mineralgehalt des Bodens, Neigung und Bewässerungsverhältnisse desselben, Lage des Standortes in Bezug auf rauhe oder austrocknende Winde und absolute Höhe führen außerdem bei jeder Baumart zahlreiche Beschränkungen ihres Vorkommens herbei, die nur in untergeordnetem Grade durch die pflegende Hand des Menschen, durch Akklimatisirung, überwunden werden können.

Beide Polarkreise entbehren die eigentlichen Waldungen. Was man z. B. in Grönland unter diesem Namen begreift, ist nur die poetische Auffassung von Weidengebüsch in geschützten südlichen Fiorden. Eine Linie vom 68.° n. Br. in Westeuropa, dem 66.° in Sibirien, dem 61. und 62.° in Kamtschatka, dem 61.° in Nordwestamerika bis zum 57.° in Labrador bezeichnet ungefähr die Grenze des Baumwuchses nach Norden zu. Nur da, wo größere Flüsse durch ihre Gewässer die Temperatur der Luft etwas erhöhen und gleichzeitig einfassende Berge Schutz vor dem Winde gewähren, rücken die Waldungen noch einige Meilen weiter hinaus. Auf der südlichen Hälfte der Erde entbehren bereits die meisten Inseln außerhalb des 50.° s. Br. des Waldwuchses.

Die gemäßigten Zonen sind ausgezeichnet durch das Vorherrschen von Nadelhölzern und von Laubwäldern, die ersteren gehören in Europa vorzugsweise dem Geschlechte der Tannen (Pinus) an. Kiefer (P. sylvestris), Fichte (P. Abies) und Weißtanne (Tanne, P. pectinata) sind die vorzüglichsten. Auf der Südhälfte der Erde sind die verwandten Gattungen der Araukarien und Podocarpus vorherrschend. Unsere Laubhölzer gehören der Hauptsache nach zur Familie der Näpfchenfrüchtler (Cupuliferae), nämlich die Eiche, Roth- und Weißbuche. Hierzu kommen noch einige Kätzchenblütler (Amentaceae): Birke, Pappel, Espe, Erle und Weide.

Die wärmeren Theile der gemäßigten Zone, in Europa z. B. die Umgebung des Mittelmeeres, besitzen eine reiche Menge Holzgewächse mit lederartig hartem, glänzendem und immergrünem Laube, die verschiedenen Pflanzengruppen angehören. Außer mehreren Pinusarten finden sich hier immergrüne Eichen, Lorbern, Buchsbaum, Granaten, Orangen und andere; indessen gruppiren sich die letzteren selten oder nie zu eigentlichen Wäldern.

Die Waldungen unserer kühleren gemäßigten Zone tragen bei aller Schönheit, die wir an ihnen rühmen, doch den Charakter der Einförmigkeit. Die meisten bestehen nur aus einer oder zwei Arten von Bäumen, selbst die des Mischwaldes aus höchstens zehn bis fünfzehn. Das Blattwerk derselben ist meist einfach gestaltet, die Blüten sind fast durchgängig unansehnlich, die Früchte ebenfalls sowol in Bezug auf ihr Aussehen als in Bezug auf ihre Verwendung. Die Waldungen der Tropenzone dagegen sind überreich an Arten und Formen: Palmen, Lorbergewächse, Myrtaceen, Hülsenfrüchtler, Ebenaceen, Terebinthen, Feigen, Cedrelen, Bombaceen und viele andere Familien sind mitunter in mehreren hundert Arten auf verhältnißmäßig beschränktem Areal vertreten. Ihre Blätter sind meist schön geformt, gefiedert, tiefzertheilt, oft ausdauernd. Die Blüten treten mitunter so üppig und in so prächtigen Färbungen auf, daß das Grün des Laubwerks zeitweise unter ihnen verschwindet. Die Früchte sind nach ihren Größen, Formen und Färbungen höchst verschieden, von der nahrungsreichen Brotfrucht und der Kokosnuß bis zum köstlichen Gewürz der Muskate und dem Giftkorn des Strychnos.

In ähnlicher Weise, wie die Hauptbestandtheile des Tropenwaldes, die Bäume, von denen kühlerer Zonen abweichen, ist dies auch bei seinen untergeordneten Elementen der Fall. In unseren Wäldern erinnern nur Hopfen, Waldrebe, Winde und der Epheu in höchst bescheidener Weise an Lianen und Kletterpflanzen, und die Mistel ist der einzige Schmarotzer — in den Tropen zählen Kletter- und Schlinggewächse zu Hunderten: Pfefferreben, Mondsamengewächse, Kletterpalmen, selbst Gräser und Farrne, Winden, Gurkengewächse, Passifloren, Schmetterlingsblütler u. s. w. Schmarotzende Feigen, Aroideen, Pothos, Orchideen, Farrne und viele andere verwandeln nicht selten einen einzigen Baum in einen Garten und machen seine Aeste zu Blumenbeeten über der Erde. Eine Spezialisirung sämmtlicher Waldungen der Erde würde uns hier zu weit führen; mit einigen Andeutungen werden wir darauf zurückkommen, wenn wir einen Blick auf die fremden Hölzer werfen.

Aehnlich wie die Wälder in Bezug auf ihre Zusammensetzung ihren Charakter ändern, je nachdem sie sich vom Aequator nach den Polen hin entfernen, in ähnlicher Weise werden sie auch andere, je nachdem sich ihr Standort über den Spiegel des Meeres erhebt. Selbst in der Tropenzone finden sich höher am Gebirge hinauf Formen kühlerer Klimate wieder, zwar nicht dieselben Arten, aber doch verwandte. Diese Bergwälder zeigen oft analoge Verhältnisse wie unsere Alpen. — An den europäischen Alpen scheiden sich drei Höhengürtel ziemlich scharf von einander. Am unteren, wärmeren Saume geht die Walnuß bis 900 Meter, Eiche, Ulme, Linde steigen bis 1060 Meter, die Buche bis 1250 Meter. Dann folgt auf diese Region der Laubhölzer der Gürtel der Nadelwaldungen, aus Fichten, Tannen, Kiefern, Lärchen und Arven zusammengesetzt. Bei 2000 Meter verschwinden durchschnittlich die letzteren, und höher hinauf steigen nur noch krüppelhafte Gebüsche von Knieholz, Zwergwachholder, Seven, Gletscherweiden, niederen Birken und ähnlichen.

Wir verweilen zunächst etwas eingehender bei den Wäldern unserer Heimat und vorerst bei ihrer Flächenausdehnung. Deutschland hat gegenwärtig einen Wälderbestand von 16,473,000 Hektaren, der sich auf die einzelnen Länder folgendermaßen vertheilt:

	Gesammtareal in Hektaren:	Waldfläche in Hektaren:	Mit Wald bestockte Fläche in Prozenten:
Preußen	34,831,923	8,137,352	23,4
Bayern	7,585,738	2,596,831	34,1
Württemberg . . .	1,950,597	595,102	30,5
Baden	1,530,967	510,924	33,4
Sachsen	1,496,644	472,419	31,5
Elsaß-Lothringen .	1,435,823	434,702	30,2
Uebrige Länder . .	5,257,099	1,160,738	22,1

Die stärkste Bewaldung haben Bayern und Baden, überhaupt Süddeutschland, wo nahezu der dritte Theil des Areales mit Wald bestockt ist. Das ist bedingt durch den Gebirgscharakter und den Mangel an Steinkohlen, an welchen Norddeutschland so reich ist. Das Gesammtbewaldungsprozent Deutschlands beträgt immer noch 23,8, und steht dasselbe wol gegen Oesterreich=Ungarn (29,5 Prozent), Rußland (31 Prozent) und Norwegen und Schweden (63 Prozent) zurück, aber allen übrigen europäischen Staaten steht Deutschland in der Bewaldung voran, denn in Frankreich sind nur 15,4 Prozent, in der Schweiz 17,5 Prozent, in Italien nur 19,6 Prozent, in Belgien und den Niederlanden nur 7 Prozent, in Spanien und Portugal gar nur 6 Prozent des Gesammtareales mit Wald bestockt.

Was das Eigenthumsverhältniß an den Waldungen Deutschlands betrifft, so gehören von sämmtlichen Waldungen 32 Prozent dem Staat, 17 Prozent den Gemeinden, 2 Prozent den Instituten und Stiftungen und 49 Prozent den Privaten. Von dem ganzen, nicht mehr übermäßigen deutschen Waldbestande befindet sich also nahezu die Hälfte in der Hand der Privaten, und wenn auch unter

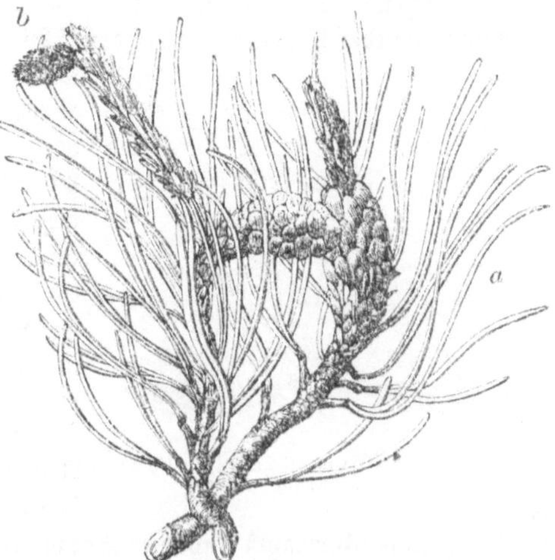

Fig 228. Ast der Kiefer mit Nadeln, Staubblüten (a) und Samenblüten (b).

diesen Letzteren viele Großbesitzer sind, welche der Walderhaltung und nachhaltigen Bewirthschaftung alle Rücksicht zuwenden, oft in gleichem Maße wie der Staat selbst, — so ist doch immer noch ein großer Theil der Privatwaldungen im Besitze der kleinen Hand und dadurch mehr oder weniger der fortschreitenden Devastation preisgegeben, wenn nicht Mittel getroffen werden und Jeder an seinem Platze dazu beiträgt, diesen Verlust zu verhindern. Die Erfahrung zeigt nämlich täglich und überall, daß die Zukunft der Waldungen nur im Großbesitze gesichert ist, und daß die kleinen Privat= und Gemeindewaldungen dem Unverstand und der Habsucht ihrer Besitzer mehr und mehr zum Opfer fallen. Ist dieser Umstand für die reich mit Kohlen und Torf ausgestatteten Tiefländer unseres deutschen Nordens vielleicht auch weniger schwerwiegend als für die gebirgischen übrigen Landschaften, so muß eine fortschreitende Reduktion unseres an vielen Orten schon auf das äußerste Maß zurückgegangenen Waldbestandes in seinen Folgen für die ganze Nation dennoch sehr fühlbar werden, denn die Wirkungen des waldgekrönten Berglandes reichen weit hinaus in die Länder.

Ein Objekt, an dessen Existenz sich die Interessen Aller knüpfen, muß auch Gegenstand der Staatsfürsorge sein, und mehr als bisher sollten die sämmt-

Fig. 229. Fichtenzweig mit Zapfen.

lichen deutschen Wälder derselben unterstellt und gegen die allmählig sich vollziehenden Wirkungen der Unvernunft geschützt werden.

Unsere Nadelwälder werden vorzugsweise durch die Kiefer (Pinus sylvestris, Fig. 228) und die Fichte (Pinus Abies, Fig. 229) gebildet. Erstere bedeckt in ausgedehnten Beständen hauptsächlich die sogenannten Heiden, die sandigen Gegenden des nördlichen und nordöstlichen flachen Tieflandes, kommt aber auch in den Gebirgen Mittel= und Süddeutschlands, und hier durch mehr und mehr um sich greifendes Ausgehen der Laubhölzer in fortschreitender Mehrung vor. Die Fichte bevorzugt das höhere Gebirge und bildet dort meistens den herrschenden Waldbaum. In mehreren Berggegenden gesellt sich zu diesen die Edeltanne (Abies pectinata, Fig. 230), theils reine Bestände bildend, theils der Fichte oder Buche sich beimischend. Der Taxus (Taxus baccata), vor Alters häufiger, ist nur noch in wenigen Exemplaren in den Ostseeprovinzen, dem Thüringer Wald, noch seltener in den Alpen vorhanden.

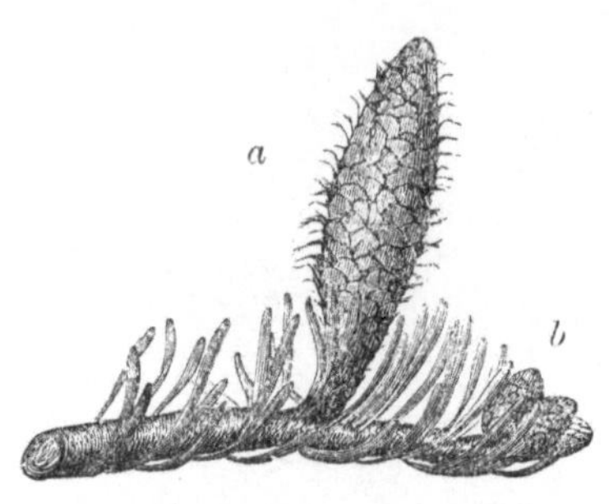

Fig. 230. Edeltannenzweig mit Samenblüte (a) und Staubblüte (b).

Ebenso kommen in den höheren Theilen der letzteren ziemlich vereinzelt Arvenwälder (Pinus Cembra) vor. Die Lärche (Larix europaea, Fig. 231) ist ein Baum des Nordens und der Alpen, doch wird er wegen seiner hohen Nutzbarkeit jetzt überall in Deutsch= land, durch Beimischung zu Buchen= und Fichten= beständen, theils in reinem Bestande, angebaut und gepflegt. Die Krummholzkiefer (Pinus Mughus) ist ausschließlich dem Hochgebirge eigen, tritt dort meist erst über 1250 Meter absoluter Höhe auf und bildet am Riesengebirge, an den Karpaten und den Alpen einen verhältnißmäßig schmalen Gürtel. Die Weymouthskiefer (Pinus Strobus), die Schwarz= kiefer (Pinus nigricans) und die Seekiefer (Pinus maritima) treten nur vereinzelt auf und sind daher von untergeordneter Bedeutung.

Von den Laubhölzern spielt die Rothbuche (Fagus sylvatica, Fig. 232) die Haupt= rolle, und zwar von den Küsten der Nord= und Ostsee an bis in die Alpen. Nächst ihr würden die beiden Arten Eichen (Quercus Robur und Qu. pendunculata) und die Weißbuche (Carpinus Betulus, Fig. 233) zu nennen sein, dann die Birke. Ferner kom= men vor drei Ahorne, Espe, Pappel, Linde, Edelesche, Eberesche, Rüster (Ulme), Erle, die Weiden, Vogel= und Traubenkirsche, sowie anderes Waldobst. Die letztgenann= ten Baumarten bilden keine ausschließlichen Waldungen, sondern finden sich nur mit anderen gemischt, wenn auch häufig, so doch nur in untergeordneten Zahlen vor. Leider reduziren sich die Laubholzwaldungen Deutschlands durch die fortschreitende, hauptsächlich der Streulaubnutzung zuzumessende Bodenvertrocknung immer mehr; nament= lich sind es die Ahorne, Ulmen, Linden, Eschen u. s. w., welche an den meisten Waldorten schon fast zu Raritäten geworden sind.

Forstkultur. Nachdem man den hohen Nutzwerth der Waldungen und ihren Einfluß auf Fruchtbarkeit und Bewohnbarkeit der Länder erkannt hatte, andererseits aber auch zur Ueberzeugung gekommen war, daß dieselben rasch von der Erde verschwunden sein würden, wenn man ihnen

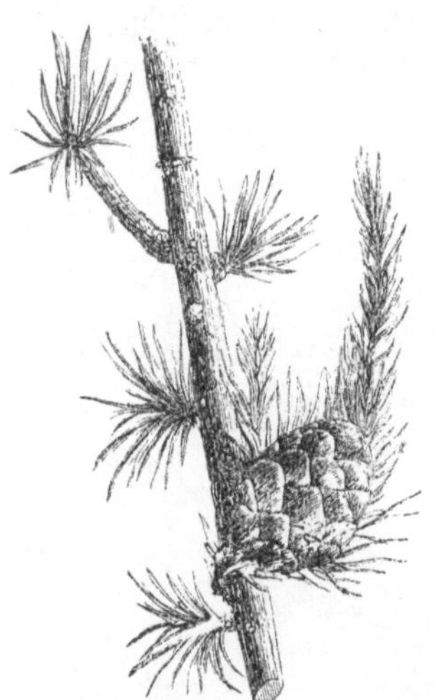

Fig. 231. Ein Lärchenzweig; links die Na= deln in Büscheln, rechts einzeln am Sprossen. Am Grunde des letzteren ein Samenzapfen.

nicht gleiche Pflege zuwendet wie den landwirthschaftlichen Geländen, mußten die Wal= dungen den Charakter eines förmlichen Kulturobjektes gewinnen. Es werden des= halb heutzutage die Forsten von besonderen Beamten, den Förstern, beaufsichtigt und kultivirt und von Staatswegen sowol in Bezug auf Schutz der Waldungen durch ent= sprechende Gesetze, als auch durch Verwilligung ansehnlicher Geldmittel bedeutende An= strengungen gemacht, die Forstkultur in das richtige Verhältniß zu den übrigen Boden= kulturen des Gebietes zu bringen. Frankreich, das schwer an den Wunden zu leiden hat, welche seit Ende vorigen Jahrhunderts seinen Waldungen geschlagen wurden, hat neuerdings auf zehn Jahre jährlich eine Million Francs ausgesetzt, um entblößte Gebirge allmählig wieder zu bewalden.

Aus dem Gesagten ergiebt sich die Wichtigkeit der Forstpflege; sie fällt aber noch dadurch besonders schwer ins Gewicht, daß Fehler, welche hierbei gemacht werden, auf lange Zeiträume hinaus fühlbar und gewöhnlich sehr schwer, mitunter gar nicht wieder gut zu machen sind. Der Staat hat deshalb an Universitäten und isolirten Akademien Anstalten getroffen, durch welche die theoretische Bildung der Forstleute in derselben Weise vermittelt wird, wie die einer jeden anderen Berufsart; ihre praktische Bildung beginnt erst im Walde selbst.

Fig 232. Rothbuche. a Staubblüten, b Samenblüten, nebenstehend vergrößert.

Fig. 233. Weißbuche. a Staubblüten, b Samenblüten.

Ein tüchtiger Forstmann ist Naturforscher, Waldgärtner und spekulativer Handelsmann in einer Person, und namentlich in naturwissenschaftlicher Beziehung muß man heutzutage die Forderung umfassender Kenntnisse an ihn stellen. Außerdem ist er bewandert in der Staatswissenschaft und in der auf die Forstwirthschaft bezüglichen Gesetzgebung, wie er auch in Wegebau und Wasserbau Bescheid wissen muß. Er kennt die Lebensgeschichte und die besonderen Eigenthümlichkeiten jedes Baumes, ebenso die genaue Beschaffenheit jedes Thales und Berges in seinem Revier. Er beobachtet zunächst, in welcher Weise Wind und Wetter, Regen und Schnee hinderlich oder förderlich auftreten; er kennt den Einfluß der trocknen und feuchten Winde und Luftströmungen auf seinen Waldwuchs, wie er sich gegen die Nachtheile aller atmosphärischen Prozesse zu schützen und wie er dieselben zum Vortheile des Waldes zu nutzen hat.

Nächst den klimatologischen Eigenthümlichkeiten widmet der Förster seine Aufmerksamkeit der Beschaffenheit des Bodens. Er muß die pflanzenerzeugende Kraft seiner verschiedenen Böden vollständig kennen zu lernen suchen, um ihnen die entsprechende Holzproduktion abzugewinnen. Am meisten schätzt er, wie der Landwirth, den Humus; derselbe entsteht aus der Zersetzung der die Streudecke bildenden abgefallenen Blätter, Nadeln und selbständigen Bodengewächse; diesen, zur Holzproduktion absolut unentbehrlichen Humus kann man aber dem Waldboden nicht wie in der Landwirthschaft durch Düngung zuführen, sondern der Wald muß sich selbst ernähren, — und wo man demselben die naturgemäß gebotenen Mittel, wo man ihm diese Streudecke und damit den Humus räuberisch entzieht, da begeht man denselben Vandalismus, wie wenn man dem Landwirth seinen Dünger nehmen wollte. Ganz besonders anspruchsvoll an den Humusgehalt des Bodens und an ein gleichbleibendes Maß von Bodenfruchtbarkeit (denn diese ist fast immer durch die Streu- und Humusdecke bedingt) sind die Laubhölzer, vorzüglich die Buche, die Eiche, die Esche, der Ahorn und die Linde, — und eben im Entzuge der Streudecke (woraus man an sehr vielen Orten zum Unglück der Waldungen eine förmliche Waldnutzung gemacht hat) liegt der Grund, daß diese Holzarten mehr und mehr aus den Waldungen zu verschwinden drohen.

Die Streufrage ist heutzutage in der Mehrzahl unserer deutschen Wälder geradezu die brennendste; die dem Forstmanne zu Gebote stehenden Mittel, dem Walde seinen natürlichen Dünger zu bewahren, reichen nicht mehr aus, und wenn nicht die gesammte Nation für dieselbe und damit für die Erhaltung der Waldungen in die Schranken tritt, wenn letztere nicht unter den Schutz energischerer Gesetze gestellt werden, — so fließen die Millionen, welche alljährlich für die Forstwirthschaft verwendet werden, in ein Danaïden- faß, und alle Waldkultur ist umsonst. Der Laie gewahrt den langsam, aber naturnothwendig sich vollziehenden Prozeß der Bodenverarmung unserer Waldungen freilich selten, und ist häufig geneigt, die Klagen des jammernden Forstmannes zu verkennen. Aber das Pro- gnostikon, das dieser den Waldungen der Zukunft stellt, ist kein Trugbild.

Waldverjüngung. Wenn es sich darum handelt, den Wald zu erziehen, für den Nachwuchs in entsprechender Weise zu sorgen, so muß der Förster die Eigenthümlichkeiten jedes Baumes während seiner Entwicklung vom Samenkorn bis zum eigenen Fruchttragen, zur Mannbarkeit, kennen.

Ehedem kümmerte sich Niemand um Anpflanzung neuer Bäume. Hatte man die alten zu Nutz- und Brennholz weggeschlagen, so überließ man es dem Zufall, d. h. den noch übrigen Bäumen, durch die ausfliegenden Samen Nachwuchs zu erzeugen. Das Einzige, was man that, war, daß man einzelne Samenbäume stehen ließ und ihre Verletzung durch schwere Strafen zu verhindern suchte; letztere waren dann gewöhnlich so grausam und roh, wie die Jahrhunderte, in denen sie entstanden. Man macht heutzutage von der natür- lichen Besamung auch noch in den dazu geeigneten Lagen Gebrauch, vorzugsweise bei der Rothbuche und Weißtanne, die während ihrer ersten Lebensjahre die Ueberschirmung durch die Mutterstämme zum Schutze gegen den Frost und gemäßigt feuchte Waldluft nicht entbehren können. Die älteren Stämme werden in solchen Waldungen nur allmählig weg- genommen, so daß zwischen ihnen währenddeß junger Nachwuchs entstehen kann. Mit- unter schlägt man auch die reife Waldung in der Weise weg, daß man Reihen (Coulissen) älterer Bäume in bestimmten Zwischenräumen stehen läßt, von denen man nachher die Be- samung der Blößen erwartet. Aber auch bei diesen Verfahrungsarten greift der gewissen- hafte Förster da helfend ein, wo es nöthig ist. Er läßt den Boden der Blößen durch seine Arbeiter mit Hauen aufreißen, verwunden, damit der abfliegende Samen möglichst sicher in die Erde und in keimfähige Lage kommt. Tritt nicht sofort ein gutes Samenjahr ein, worauf selten mit Sicherheit zu rechnen ist, so säet oder pflanzt er, denn jedes Jahr Zuwarten verzögert nachmals die Holzernte und verschlechtert durch fortschreitende Ver- angerung den Boden. Die jungen Pflanzen werden bei der Pflanzkultur theilweise von solchen Stellen entnommen, an denen sie von selbst dichter aufgeschossen sind, als zu ihrem weiteren Gedeihen von Vortheil ist; die Hauptmenge derselben wird aber durch künstliche Aussaat in sogenannten Saatschulen erzeugt und hier durch Verpflanzung und sorgfältige Pflege das nöthige Pflanzenmaterial förmlich erzogen. Die Gründung neuer oder die Verjüngung bestehender Waldungen durch künstliches Ansäen des Bodens bezieht sich vorzüglich auf die Kiefern, aber auch auf Eiche und Fichte.

Begleiten wir einen erfahrenen und wohlunterrichteten Förster zu einer Rundschau in seinem Reviere, so werden wir, wenn wir anders Freunde der Natur und eines ratio- nellen Beherrschens derselben sind, uns einen großen Genuß bereiten. Der Forstmann wird uns zuerst seine Vorräthe an Waldsamen zeigen. Er hat besondere Kustelnsteiger, verwegene Kletterer, welche selbst aus den Kronen der Edeltannen die Zapfen mit reifen Samen für ihn sammeln, — ein gefährlich Handwerk, dem der Wildheuer nicht nachstehend.

Bei seiner Wohnung hat der Förster seine Klenganstalt, ein heizbares Zimmer, in wel=
chem durch entsprechende Wärme die gesammelten Zapfen der Lärchen, Kiefern und Fichten
zum völligen Aufspringen und zum Auslassen der Samen veranlaßt werden. Die Zapfen
der Edeltannen und Erlen bedürfen einer solchen Beihülfe nicht. Eben so lassen sich die
Birkenkätzchen leicht schon mit den Händen zerreiben und die Schuppen dann durch Sieben
von den geflügelten Samen trennen. Durch Reiben und Sieben oder durch Worfeln und
Fegemühlen entfernt man auch leicht die Flügel von den Samen der Nadelhölzer, die für
die Saat keine Bedeutung weiter haben. Die Samen der Eichen, Rothbuchen, Birken und
Ulmen behalten nicht länger als ein halbes Jahr ihre Keimkraft. Bis zu einem vollen
Jahre lassen sich die Samen des Ahorn, der Esche, der Weißbuche und Weißtanne aufbe=
wahren. Diejenigen der Kiefer halten sich bis zu drei Jahren, ohne die Fähigkeit zum
Keimen zu verlieren. Manche Samen liegen lange Zeit in der Erde, ehe sie zum Auf=
gehen Anstalt treffen, z. B. die der Esche, Weißbuche und Zirbelkiefer. Der Forstmann
mengt sie deshalb oft gleich mit feuchter Erde an, um sie so zur Aussaat vorzubereiten.
Auch die anderen trocknen Sorten der Samen weicht er einen Tag vor der Aussaat ge=
wöhnlich wohl in Wasser ein.

Jetzt führt uns unser Freund in seinen Pflanzgarten, einen hübschen Platz, rings
durch ein hohes, dichtes Gehege gegen das Wild und durch hohe Waldungen gegen rauhe
Winde und die unmittelbaren Sonnenstrahlen gleich gut geschützt. Gerade Wege durch=
schneiden ihn wie einen gewöhnlichen Garten, und zu beiden Seiten derselben breiten sich
gut bearbeitete Beete aus. Jede dieser Abtheilungen ist für eine besondere Baumart be=
stimmt, der Boden von Steinen gesäubert, umgegraben, zerkleinert, auch wol mit ver=
westem Laube oder mit Pflanzenasche gedüngt. Die meisten Samen gehen im Frühlinge
nach vier bis sechs Wochen auf; manche, wie die Weißbuche und Esche, liegen freilich auch
ein ganzes Jahr, ehe sie sich regen. Fast alle unsere Waldbäume wachsen in ihren ersten
Lebensjahren verhältnißmäßig nur um ein Geringes; dann erst fangen sie an, kräftig in
die Höhe zu treiben, und wachsen in einem einzigen Sommer mitunter mehr als 30 Centi=
meter in die Länge. Rothbuchen und Weißtannen sind als junge Pflänzchen sehr empfindlich
gegen zu jähe Hitze und anhaltenden Frost, sowie gegen Dürre. Die Saatbeete derselben
schützt der Förster deshalb durch eine Moosdecke oder übergelegte Reiser; mitunter bringt
es ihm auch Vortheil, Bewässerungsvorrichtungen für dieselben zu treffen.

Die meisten Förster lieben es, die Waldblößen durch Setzen von Baumpflanzen wieder
zu füllen, da die Besamung derselben mehr Gefahren ausgesetzt und in ihrem Erfolge des=
halb unsicherer ist. Die Einen geben drei= bis fünfjährigen Pflanzen, besonders bei Nadel=
hölzern, den Vorzug; Andere halten ein= bis dreijährige für vortheilhafter. Beim Ver=
pflanzen muß natürlich darauf geachtet werden, daß die Wurzeln nicht vertrocknen und
möglichst wenig verletzt werden. Je älter die zu verpflanzenden Bäumchen sind, desto vor=
sichtiger muß bei ihrer Verpflanzung zu Werke gegangen und deshalb oft der Erdballen
um die Wurzeln gelassen werden. Ist der Boden zu nahrungsarm, so wird mitunter in
jedes Loch etwas gute Erde beigegeben. Manche Forstleute setzen die jungen Bäumchen in
Büscheln von mehreren Stücken ein, Andere tadeln dies mit Recht und pflanzen nur ein=
zelne, achten aber dabei möglichst sorgsam darauf, daß alle schwächlichen, krüppelig oder zu
schlank gewachsenen Pflanzen ausgeschieden werden.

Die Entfernung der Pflanzlöcher von einander ist höchst verschieden, eben so die Ord=
nung, in welcher sie angelegt werden. Am meisten liebt man es, die zwei= bis fünfjährigen
Bäumchen in Reihen zu stecken, welche 1½ — 2½ Meter von einander abstehen. In den
Reihen wiederum haben die Pflanzen kürzere Entfernungen.

Formen und Bewirthschaftung des Waldes. Die Hauptaufgabe des Försters liegt
darin, den größtmöglichen Gewinn aus dem Forste zu ziehen. Er wird deshalb diejenige
Baumsorte am meisten ziehen, welche sich am höchsten verwerthen läßt. Je nach der
Gegend und je nach den Bedürfnissen des kaufenden Publikums ändert sich dies. Mitunter
wird er genöthigt sein, auf einer Fläche erst eine geringere Baumsorte anzupflanzen, um

durch den Laubfall derselben den Boden so weit zu verbessern, daß er zur Aufnahme für eine geschätztere, aber anspruchsreichere Sorte vorbereitet wird. Gewöhnlich enthält daher ein größeres Revier auch verschiedene Arten von Kulturen, um den abweichenden Bedürfnissen des Publikums entsprechen zu können und nicht durch einseitige Pflege einer bestimmten Baumart den Markt zum eigenen Nachtheil zu überfüllen.

Lassen wir uns von unserem Freunde, dem Förster, durch sein Revier im Hochgebirge führen. Auf schmalem Fußsteig bringt er uns zuerst an einen steilen Abhang. Von einer Klippe aus übersehen wir den Wald, welcher die Bergwand deckt. Fast möchte es unserem Auge scheinen, als zeigte uns unser Freund dasjenige Stück Arbeit zuerst, was ihm am schlechtesten gerathen ist, denn wir sehen kleine und große Tannen anscheinend regellos durch einander stehen, während wir erwartet hatten, Stamm an Stamm von gleicher Höhe und Stärke wie die Säulen eines Domes anzutreffen. Der Förster dagegen bedeutet uns, daß wir vor einem Bannwald stehen, der das Thal gegen den Lawinensturz und gegen Erdfälle zu schützen habe. „Hier darf ich nicht die ganze Fläche mit einem Male abschlagen lassen, ohne Berg und Thal für immer zu verderben!“ Der Forstmann muß darauf achten, daß stets eine gewisse Anzahl kräftiger Stämme von etwa 100 bis 120 Jahren als Hauptstützen des Waldes vorhanden sind. Diese müssen möglichst in entsprechenden Entfernungen stehen. Zwischen ihnen vertheilt muß eine größere Anzahl jüngerer Bäume sich befinden, und zwar von jeder Altersstufe um so mehr, je jünger dieselbe ist.

Die Pflege eines solchen Waldes ist für den Förster eines der schwierigsten Stücke Arbeit, und zwar um so mehr, als dergleichen gewöhnlich an steil abschüssigen Gehängen zu erhalten sind. Gewöhnlich wird ein solcher Bannwald von 10 zu 10 Jahren durchhauen, so daß eine Nutzung und Entwicklung der jüngeren Bestandtheile stattfinden kann, ohne den Waldschluß aufzuheben. Der Förster nennt eine solche Art der Waldbehandlung Plenter- oder Fehmelwirthschaft. In früherer Zeit war die Fehmelform die allgemeine Waldform, und nachdem man sie fast vollständig zum Vortheil der Hochwaldform verlassen hatte, kehrt man heute, besonders in den Weißtannenwaldungen, mit Recht zu ihr zurück, jedoch in geregelter und modifizirter Art.

In gleicher Weise wie die Bannwälder der Hochgebirge müssen auch jene Kiefernwaldungen behandelt werden, welche dem Vordringen des Flugsandes an Meeresküsten und auf Sandheiden wehren sollen. Hier ist es nicht selten sogar nöthig, bei Bepflanzung entstandener Blößen kleine Flechtzäune aufzuführen, durch welche das Verwehen der Pflanzung verhindert wird.

Wir folgen unserm Freunde jetzt in jene Hauptgebiete des Forstes, welche seinen Stolz und seine vornehmste Einnahmequelle bilden: in den Hochwald. Es ist dieser in Schläge getheilt, d. h. in Abtheilungen, von denen jede mit Bäumen von demselben Alter bestanden ist, also auch mit einem Male und gleichzeitig verjüngt worden ist. In der Jugend steht das Holz sehr dicht, und können dann zwanzig-, ja hunderttausend Pflanzen auf dem Morgen stehen. Bald aber scheiden viele aus, sie werden überwachsen und dörren ein. Dieser Ausscheidungsprozeß setzt sich bis zum Gertenholzalter mit gesteigerter Energie fort, und sobald das Holz einmal nutzbare Stärke erreicht hat, unterstützt man diesen Prozeß durch Herausnahme allen unterdrückten Gehölzes und bezeichnet diese Operation mit dem Namen Durchforstung, die alle 6—12 Jahre wiederholt wird. Dem zurückbleibenden Bestande wird dadurch Raum zu lebhafterer Steigerung des Wachsthums gegeben.

Eine andere Waldform oder Betriebsart ist der Niederwald. Während beim Hochwald Alles aus Samen erwächst und die Bestände bis zu dem oben angegebenen hohen Alter geführt werden, erneuert sich der Niederwald durch Stock- und Wurzelausschlag, und läßt man die derart erzeugten Lohden nur 10—30 Jahre alt werden. Es eignen sich zu dieser Betriebsart nur Holzarten, welche dieses Reproduktionsvermögen in höherem Maße besitzen, wie die Weichhölzer, dann Eiche, Hainbuche, Erle, Buche u. s. w.; den Nadelhölzern dagegen fehlt das Vermögen vom Stocke auszuschlagen vollständig. Auch die Eichenschälwaldungen bewirthschaftet man im Niederwaldsbetriebe und läßt dabei die Eichenstocklohden 15—20 Jahre alt werden, da bei diesem Alter die Rinde, um deren Gewinnung es sich hauptsächlich handelt, am reichsten an Gerbstoff ist. Diese auf Gerbstoff gerichtete Waldproduktion bildet in jenen Gegenden, welche sich besonders dazu eignen, gegenwärtig die lukrativste Wirthschaft, da gute, richtig behandelte Schälwaldungen einen jährlichen Ertrag von 4—6 Thalern per Morgen abwerfen können, ja in günstigen Fällen noch mehr. Hierzu gehört aber durchaus ein sehr günstiges Klima, deshalb ist die in den rheinischen Ländern produzirte Lohrinde die beste in Deutschland. — An den Niederwaldbetrieb reiht sich der Buchholz= und der Kopfholzbetrieb; ersterer ist ein Niederwald mit 5—6jährigem Umtrieb, bei letzterem läßt man statt der niederen, kurz über dem Boden gehauenen Stöcke den Stamm bis über Mannshöhe stehen, um in dieser Höhe den Lohdenausschlag zu veranlassen. Für beide bilden die verschiedenen Weidenarten die Hauptholzart.

Je älter also ein Schlag wird, desto weniger Bäume zählt er auf demselben Areal, um so höher und stärker sind diese aber auch. Der letzte Zweck dieser Behandlungsweise ist, die Bäume bis zu jenem Alter zu erziehen, in welchem sie den Höhepunkt ihrer Ausbildung erlangt haben und von welchem an die Zunahme an Holzmasse weniger bedeutend, dagegen die Gefahr des Eingehens um so größer wird. Es ist dieser Zeitpunkt nach Art der Bäume etwas verschieden und wird z. B. bei Kiefer, Fichte und Lärche (im Gebirge) nach 80 bis 120, bei der Buche und Weißtanne nach 90—140 Jahren und bei der Eiche erst nach 150 bis 300 Jahren erreicht.

Will der Besitzer einer Waldfläche auch dafür Sorge tragen, daß er außer dem Reisholz, das ihm sein Niederwald liefert, eine gewisse Menge stärkerer Stämme in Vorrath hat, so läßt er beim Abschlagen des Niederwaldes in entsprechenden Entfernungen von geeigneten Baumarten einzelne schöne Exemplare stehen (Laßreiser oder Laßreitel), etwa 30 bis 60 Stück auf den Morgen. Es kommt hierbei darauf an, daß letztere nicht so dicht beisammen sind, daß sie dem üppigen Aufschießen des Unterholzes Eintrag thun. Sie dürfen nicht viel über ein Drittheil des Flächenraumes beschatten. Einen solchen Wald bezeichnet der Förster als Mittelwald (Kompositionsbetrieb). Diese übergehaltenen Oberhölzer wachsen nach und nach zu starken Bäumen heran, in welchen dann bei jedem Niederholzabtriebe in der Weise gehauen wird, daß möglichst viele Starkhölzer ohne allzugroße Ueberschirmung des Unterholzes fortgesetzt auf der Fläche erzeugt werden.

Feinde des Waldes. Ein Theil der Forstpflege besteht darin, daß der Wald vor seinen Feinden geschützt wird. Deren sind gar mancherlei, deshalb auch der Mittel, ihnen zu begegnen, gar viele. Um dem Sturm hinreichenden Widerstand entgegenzusetzen, hält der Forstmann diejenigen Seiten seines Waldes besonders kräftig und dicht, welche dem Winde am ehesten ausgesetzt sind. Bei uns sind dies vorzugsweise die West= und Nordwestlagen, in Gebirgen ändert sich solches aber sehr nach den örtlichen Verhältnissen. Daß der Frost von manchen Baumarten in der Jugend abgehalten werden muß, wurde bereits erwähnt, und besteht hierin eine der wichtigsten, aber auch schwierigsten Aufgaben des Forstmannes. Ist ferner ein Wald so stark versumpft, daß dies den Bäumen nachtheilig wird, so sucht man das Wasser durch Gräben abzuleiten. Schlimmer als das Wasser benimmt sich dagegen das Feuer. Der Ruf: „Der Wald brennt!" hat für den Förster denselben Schrecken, wie der Feuerruf in Stadt und Dorf für den Hauswirth. Am häufigsten entstehen Waldbrände im Sommer nach vorhergegangener Dürre. Sie können verursacht werden durch leichtfertiges Feueranzünden von Hirten, Aschenbrennern, durch die Lokomotive, durch Verwahrlosen von brennendem Schwamm, Cigarren, durch Verladen noch glimmender Kohlen, ja selbst durch die glimmenden Pfropfen und Pflaster nach dem Büchsenschuß. Starker Wind facht dann den Funken zur Flamme an, dürres Laub und Reisig, trockene Grashalme und Krautstengel nähren diese. Sind die Bäume reich an dürren niederen Aesten, so kann die Gewalt des Elementes in kurzer Zeit zur verheerenden Furie anwachsen. So schnell als möglich sucht der Forstmann möglichst viele Leute herbeizuschaffen; im Nothfalle läßt er die

Feuerglocke läuten. Mit Aexten, Schaufeln, Hacken und Spaten eilt die Schar zur Brand=
stelle. Begnügt sich die leichte Flamme noch mit dem dürren Laub am Boden und dem
kleinen Unterwuchs, hat der Brand noch keine zu große Breite, so stellt der Förster sofort
seine Leute an der Seite des Feuers, nach welcher der Wind hinweht, in zwei Reihen
auf. Die vorderste Reihe sucht mit dichten grünen Laubzweigen die heranleckenden
Feuerstreifen auszuschlagen, die andern, weiter Zurückstehenden scharren möglichst rasch
einen Streifen des Bodens von allen brennbaren Stoffen rein. Ist dieser auch zunächst
nur etwa einen Schritt breit, so nützt er doch schon Vieles; wenn nöthig, wird er erweitert.

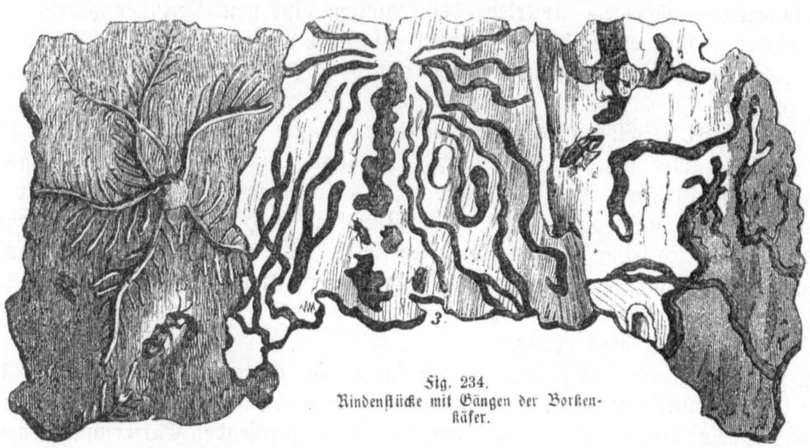

Fig. 234.
Rindenstücke mit Gängen der Borkenkäfer.

Ist der Boden torfhaltig und deshalb mit in Brand gerathen, so wird nachträglich der
kahle Streifen zu einem Graben vertieft. Schwieriger wird es dagegen, den Brand zu
bewältigen, wenn die Bäume selbst in vollen Flammen stehen, wie solches in harzreichen
Nadelwäldern mitunter vorkommt. Dann verwehren Hitze und Rauch das Nahen, und die
Gegenmittel müssen in größerem Maßstabe angewandt werden. Um gegen eine solche
Gefahr nicht ganz unvorbereitet zu sein, läßt der Förster im Walde in bestimmten Ent=

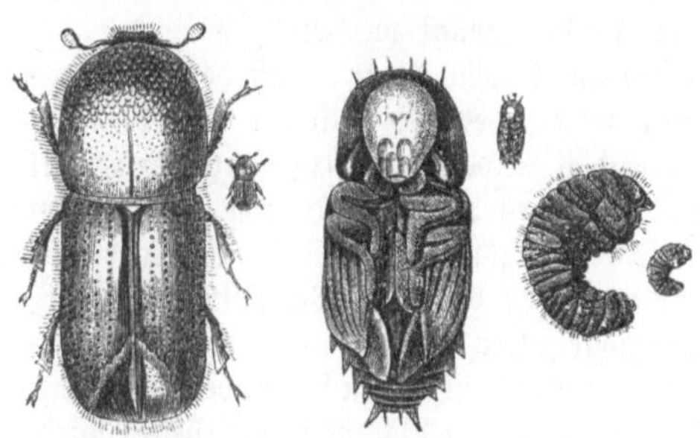

Fig. 235—237. Der Buchdrucker (Bostrichus typographus).
Fig 235. Käfer. Fig. 236. Puppe. Fig 237. Larve. Die
Figur links ist stets vergrößert, rechts zeigt die natürliche Größe.

fernungen Schneußen hauen, diese sucht er
rasch zu erweitern und zu verlängern, indem
er alle gefällten Bäume mit den Kronen nach
der Feuerseite werfen läßt. Fehlt es zum
Durchhauen einer solchen kahlen Stelle an
Zeit und den nöthigen Arbeitskräften, so bleibt
nur noch das eine Mittel übrig: in der Rich=
tung eines solchen Streifens eine Anzahl
kleiner Gegenfeuer anzuzünden, deren Umsich=
greifen man verhüten und überwachen kann.
Durch dieselben läßt man alles Brennbare
verzehren, räumt die Reste so viel als mög=
lich auf und raubt dadurch dem heranrücken=

den Brande die Nahrung. Mancher Waldbrand, den vielleicht ein Blitz entzündete, ge=
winnt freilich vor dem Winde eine solche Ausdehnung, daß Menschenhände wenig gegen ihn
vermögen und nur erst des Himmels geöffnete Schleußen ihn bezwingen.

In den meisten Fällen verzehrt ein Waldbrand zwar nicht gerade bedeutend große
Mengen von Holz, er sengt aber fast stets die jüngeren Bäume so, daß sie infolge dessen
eingehen. Ist der Brand gelöscht, so hat der Förster die Stämme zu untersuchen. Findet
er ihren Bast von der Hitze gelbgesengt, so muß er sie fällen lassen. Würde er das absterbende
Holz lange stehen lassen, so würde er dadurch die Vermehrung der Borkenkäfer befördern.

Ist der Bast dagegen noch saftig und weiß, so bleiben die Bäume auch am Leben und tragen das Ihre treulich bei, die entstandenen Blößen durch Besamung zu füllen.

Unter den Feinden aus dem Thierreich sind die kleinsten für den Forstmann gerade die schlimmsten, vorzugsweise in Bezug auf den Nadelwald. Winzige Borkenkäfer (Bostrichus), die so klein sind, daß der Unkundige sie leicht gänzlich übersieht, richten in mehreren Arten, welche alle ziemlich häufig vorkommen, mitunter die großartigsten Ver= heerungen an, indem sie ihre Eier in die Rinde legen und die ausschlüpfenden Maden dann im Bast so zahlreiche Gänge graben (Fig. 234), daß die Bäume davon absterben.

Nach der eigen=
thümlichen Form
jener Larvengänge
sind sie Buchdrucker
(B. typographus,
Fig. 235), Stein=
drucker (B. chalco=
graphus, Fig. 238)
und ähnlich be=
nannt worden.
Nächst den genann=
ten sind der Kiefern=
Borkenkäfer (B. pi=
nastri), Lärchen=B.
(B. laricis), Tan=
nen=B. (B. abieti=

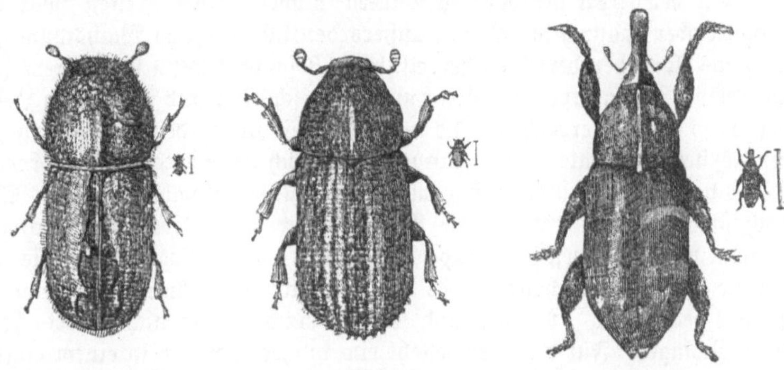

Fig. 238. Der Steindrucker (Bostrichus chalcographus). Fig. 239. Gelbbrauner Bastkäfer (Hylesinus palliatus). Fig. 240. Harzer Rüsselkäfer (Curculio hercynae). Die Figur links ist stets vergrößert, rechts zeigt die naturliche Größe

perda) und der zottige B. (B. villosus) als schädlich berüchtigt. Außerdem sind zu nennen der sogenannte Waldgärtner (Hylesinus piniperda), mehrere Rüsselkäfer (Curculio) und für die Laubhölzer der allbekannte Maikäfer. Unter den Schmetterlingen sind der Kiefern= spinner (Bombyx Pini), die Nonne (B. monachi), der Kiefernspanner (Geometra piniaria), der Kieferntriebwickler (Tortrix Buoliana) und die Lärchenmotte (Tinea laricinella) die schlimmsten, unter den Blattwespen die Kiefernblattwespe (Tenthredo pini).

Die Borkenkäfer, als die
verderblichsten Waldinsekten, grei=
fen zunächst nur kranke Bäume
an und ziehen solche, wenn sie
die Wahl haben, den gesunden
vor. In letzteren droht ihnen der
zu reichliche Saftzufluß Ver=
derben. Sie vermehren sich des=
halb reichlich an solchen Stellen,
wo Bäume durch den Wind oder
zu starken Schnee locker geworden
sind, wo sie durch zu dichten
Schluß, durch Frostschäden und
andere Einflüsse kränkeln. Haben

Fig. 241. Der Kiefernspinner.

sich hier nun die Käfer einige Jahre hindurch im Uebermaß vermehrt, so fallen sie auch die gesunden Bäume an, und man kennt Fälle, daß ausgedehnte Forsten durch sie zum Absterben gebracht worden sind.

Merkt man, daß Käfer in einem Reviere sich eingefunden haben, so sucht man dieselben durch Fangbäume zu locken. Es wird, je nach der vermutheten Menge der In= sekten, eine größere oder geringere Anzahl Bäume gefällt, denen man die Zweige läßt. Das untere Ende des Stammes legt man auf den Strunk, die Zweige halten den übrigen Theil des Stammes über dem Boden. Im Nothfall hilft man durch Unterlagen nach, daß der Stamm nicht auf dem Grunde aufliegt. Die Käfer verlassen selbst die gesunden Bäume wieder, an denen sie etwa ihr Brutgeschäft bereits begonnen, und suchen die gefällten Bäume auf. Nach ein paar Wochen wird die Rinde von den Fangbäumen abgeschält. Sind in ihr die Käfer nur noch als Larven (Würmer) oder Puppen vorhanden, so genügt es, um sie zu tödten, wenn man sie dem unmittelbaren Sonnenstrahl aussetzt. Zeigen sich dagegen schon junge, ausgebildete Käfer, so muß die Borke so rasch als möglich verbrannt werden. In den mit Rinde versehenen Scheitklaftern, die noch im Walde stehen, legen die Borkenkäfer ebenfalls gern ihre Bauten an.

Die Raupen der oben genannten Schmetterlinge greifen zwar nur die Blätter an, bringen aber dadurch die Bäume außerordentlich in ihrem Wachsthum zurück, ja sie können auch das Absterben derselben herbeiführen, besonders wenn sie mehrere Jahre nach einander auftreten. Die Raupen des Kiefernspinners schüttelt und klopft man zwar von den Zweigen herab, so weit sie erreichbar sind und nicht fest sitzen, den Hauptkrieg gegen sie führt aber der Förster im Winter. Die Raupen haben sich im Spätherbst zur Erde herabgelassen, ins Moos verkrochen und daselbst zum Winterschlafe zusammengerollt. So lange der Boden noch schneefrei ist, scharren die Waldarbeiter das Moos einige Schritte rings um jeden Stamm weg und lesen die Raupen zusammen. Das Moos breiten sie nachher wieder aus, um die Wurzeln zu schonen. Es werden auch die Schmetterlingseier von der Rinde der Bäume gesammelt. Raupen und Eier vernichtet man nicht sofort, sondern bringt sie in einen Zwinger. Für die Eier besteht ein solcher Zwinger in einem engmaschigen Gazenetz. Viele Eier sind von Schlupfwespen angestochen, den ausgezeichnetsten Helfern des Forstbeschützers. Die Maschen des Netzes müssen weit genug sein, um die kleinen ausschlüpfenden Fliegen durchzulassen, damit sie im Walde ihren Vernichtungskampf fortsetzen können. Die jungen Raupen dagegen werden durch die Gaze zurückgehalten. Beim Abklopfen der Raupen erhält man ebenfalls zahlreiche kranke mit, da gerade diese weniger fest sitzen. Da dieselben meistens ebenfalls die Brut von anderen Schlupfwespen-Arten in sich tragen, so würde man sich durch ihre sofortige Vernichtung mehr schaden als nützen. Als Zwinger für diese wählt man ein Stück Waldblöße, das man mit einem Graben umgiebt. Die äußere Seite des Grabens wird senkrecht abgestochen, um den Raupen das Entkommen zu verwehren, die innere Seite dagegen ist schräg abgebüscht und gestattet den Flüchtlingen bequemen Rückzug. Die eingezwingerten Raupen erhalten zu Zeiten frisch aufgesteckte Reiser als Futter und dienen ebenfalls nur zur Schlupfwespen-Erzeugung.

Unter den Vögeln werden Tauben und Finken mitunter dadurch lästig, daß sie die ausgestreuten Waldsämereien auflesen. Abgesehen hiervon sind aber die kleineren Vögel höchst nützlich durch Absuchen einer zahllosen Menge von schädlichen Raupen, Käfern und Schmetterlingen, die größeren Spechte durch ihre Angriffe auf die Holzwürmer (Käferlarven), und Eulen und Bussarde, Raben und ihre Verwandten durch die Mäusejagd, an welcher sich der Fuchs ebenfalls stark betheiligt. Die Waldmäuse schaden vorzüglich dadurch, daß sie Bucheckern und Eicheln verzehren, und zwingen mitunter sogar den Förster, jeden einzelnen dieser Samen, ehe er ihn steckt, mit Steinöl zu bestreichen.

Ein zu starker Wildstand ist eben so für die Forstwirthschaft verderblich, wie das Eintreiben des Herdenviehs in die Schonungen mit jungen Baumpflanzen.

Das Holzfällen. Der sorgsame Forstwirth berechnet gewöhnlich die ihm bevorstehenden Arbeiten auf 10 bis 15 Jahre voraus und bestimmt, welche Verrichtungen in jedem Jahrgange vorgenommen werden sollen. In größeren Waldungen ist das ein Geschäft, das umfassende taxatorische Vorarbeiten erheischt und mit dem Namen Forstbetriebsregulirung belegt wird. Oft genug wird der Wirthschaftsplan durch unvorhergesehene Zwischenfälle mehr oder weniger verändert, z. B. durch Windbrüche, Schnee- und Eisschäden, Insektenfraß, Waldbrände einerseits, dann auch durch besondere Nachfrage nach einer bestimmten Holzsorte (Eisenbahnschwellen) und die daraus entspringenden Ertragsrücksichten andererseits.

Im Allgemeinen hält der Forstwirth bei der Gewinnung des jährlichen

Holzertrages als Grundsatz fest, daß zuerst die Bäume beseitigt werden müssen, welche durch Windbrüche und Schnee oder durch andere Umstände abgestorben und verletzt sind. Als nächst wichtig erscheint ihm das Wegschlagen solcher älteren Stämme, die er absichtlich in Verjüngungen als Samen= oder Schutzbäume ehedem stehen gelassen, die nun aber denselben nachtheilig werden. Dann schlägt er die lückenhaften älteren Bestände weg, um neue, gleichmäßige Schläge heranziehen zu können; ebenso fällt er solche jüngere Bestände, die verkümmert sind und deren längeres Verbleiben keinen Vortheil verspricht. Nach diesem werden die Durchforstungen der kräftig wachsenden Stangenhölzer vorgenommen und die zu dicht stehenden Stämme entfernt, schließlich die älteren, zum Hiebe reifen Bestände in Angriff genommen, sowie deren Ersatz berücksichtigt. Anhaltendes Frostwetter kann wiederum Ursache werden, einen Sumpfwald zu fällen, dem man ohne diesen Umstand nicht beikommen kann. An Gebirgen, in denen Windschäden zu befürchten sind, gilt es als Gesetz, diejenigen Theile des Waldes am längsten stehen zu lassen, die dem Winde als Vorhut und erster Wall entgegenstehen, also mit dem Hiebe der Windrichtung entgegen zu gehen.

Bei älteren Beständen, in welchen nicht alle Bäume weggenommen werden, ist es nöthig, daß der Förster jeden einzelnen Baum anhauen läßt und mit dem Waldzeichen markirt. Letzteres bringt er auch wol an den Hauptwurzeln des zurückbleibenden Stockes an, um kontroliren zu können, daß nur die ausgezeichneten Bäume gefällt worden sind.

Ist das Forstrevier nicht besonders ausgedehnt, so nimmt der Forstwirth die Holz= hauer selbst in Kontrakt und Lohn. Sind deren zahlreiche nöthig, so gruppiren sich die= selben in Rotten unter verantwortlichen Rottenmeistern, welche auch wol die Zahlmeister spielen. In sehr ausgedehnten Forsten überläßt der Förster mitunter auch wol den Holz= schlag Privatunternehmern, sogenannten Holzmeistern, die ihrerseits für ihre Leute ver= antwortlich sind, freilich den Wald selten so schonend behandeln wie der eigentliche Forst= mann. In manchen einsamen Gebirgsgegenden muß der Staat für seine Forsten sogar eigene Holzhauerkolonien anlegen, die je nach den Schlägen weiter rücken. Ausgedehnte Walddistrikte in Gebirgen bieten für eine bestimmte Anzahl Leute fortwährend Beschäf= tigung im Revier, erzeugen besondere Vorliebe für diese und rufen förmliche Genossen= schaften und Innungen ins Leben, wie dies z. B. auf dem Harze der Fall ist. Wer in eine solche Gemeinschaft aufgenommen werden will, muß außer seiner Unbescholtenheit auch seine Geschicklichkeit nachweisen und hat dann Mitgenuß an der Krankenkasse, den Alters= gnadengeldern und sonstigen Vortheilen.

Die Jahreszcit, in welcher das Holzfällen vorgenommen wird, kann je nach den zu nehmenden Rücksichten eine höchst verschiedene sein. Der Förster muß oft den Winter wählen, weil es ihm im Sommer vielleicht nicht möglich ist, die erforderlichen Leute zu be= schaffen. In manchen Gegenden aber, wie in den höheren Gebirgen, ist der Winter die einzige Zeit, welche einen einigermaßen bequemen Holztransport erlaubt. Holz, das zum Flößen und Triften bestimmt ist, schlägt man am liebsten im Sommer. Es trocknet voll= ständiger aus und ist dann leichter.

Der zu schlagende Waldfleck wird vom Förster oder von den Arbeitern selbst in gleiche Theile getheilt, die auch in Bezug auf das Wegschaffen der Stämme wo möglich gleiche Vortheile oder Schwierigkeiten gewähren. Dann erhält jede Holzhauerpartie ihr Stück durchs Loos.

Beim Fällen der Stämme geht die Sorge der Arbeiter dahin, die Bäume nach be= stimmter Richtung zu werfen, möglichst wenig Holz dabei zu verschwenden und rasch von Statten zu kommen. Benutzt der Holzhauer hierbei ausschließlich die Axt und schrotet den Baum in der Weise ab, daß er auf zwei einander gegenüber stehenden Seiten Kerben haut, nach der Seite hin, nach welcher er fallen soll, tiefer, so geht besonders bei starken Stämmen ein nicht unerhebliches Prozent Nutzholz als Späne verloren. Die ausschließ= liche Verwendung der Baumsäge zwingt auf steinigem und steilem Terrain den Holzfäller, ziemlich hohe Stöcke zurückzulassen, die noch größere Verluste herbeiführen. Man giebt deshalb der gleichzeitigen Anwendung von Axt und Säge den Vorzug. Wenn die letztere tief genug eingedrungen ist, werden dann ein paar Keile in die Schnittfläche getrieben. Dabei muß aber der Holzhauer mit der gehörigen Vorsicht verfahren, damit nicht vor dem Lostrennen der Stamm weit hinauf in zwei Theile spaltet und dadurch als Nutzholz unbrauchbar wird.

Bei diesen Fällungsweisen bleiben die Stöcke im Boden zurück. Man betrachtet dies dann als einen Vortheil, wenn der Boden sonst leicht an seinem Halt verlieren würde, wie an steilen Gehängen der Sandsteingebirge; wenn ferner derselbe durch Streunutzung so verschlechtert ist, daß ihm der vermodernde Wurzelstock neuen Humus zuführen muß. Zugleich muß man aber möglichst darüber beruhigt sein, daß die Stöcke nicht zu Brutplätzen für Käfer werden, die dann in den jungen Schlägen Verwüstungen anrichten.

Fig. 242. Schwarzwalder Holzfäller

Die Aexte, deren sich der Holzhauer zum Fällen der Bäume bedient, sind in den verschiedenen Gegenden im Bau von einander abweichend. Die Axt der bayerischen und steierischen Alpen ist ein vollendeter Keil von schlankem Bau und ebenen Blättern und gehört zu den empfehlenswerthesten. Die amerikanische Axt hat auf den Blättern eine der Länge nach verlaufende Kante oder eine Beule, auf welche sich beim Hiebe allein die Klemmung beschränkt. Die Sägen sind ebenfalls in verschiedenen Formen üblich, am meisten im Gebrauche stehen die Bogen- oder Mondsägen von Gußstahl, mit geradem oder konkavem Rücken. Die Sägen der Holzarbeiter weichen übrigens in Bezug auf Zahnkonstruktion und Bau sehr von einander ab.

Ist es vortheilhaft, auf die Gewinnung der Stöcke mit zu sehen, so schreitet man zum Ausroden. Dabei wird stets ringsum zunächst die Erde von den Hauptwurzeln weggeschafft, letztere werden durchgehauen und dann der Stock mit der Rodehacke, mit Brechstange und Hebel, auch wol mit besonderen Rodemaschinen, vollends herausgezogen. Eine der ältesten und einfachsten ist der Waldteufel, Reutelzeug (Fig. 243). Er besteht aus einem kräftigen Hebel C, der seinen Stütz- und Drehpunkt am Ende einer starken Kette A findet. Letztere wird an einem Baumstamme festgeschlungen, der bedeutend stärker sein muß als der auszurodende. Ueber und unter diesem Unterstützungspunkte o sind zwei kurze Ketten mit Endhaken m. Eine zweite Kette wird mittels eines Taues an den zu rodenden Stock geschlungen, die eine Hebelkette in dieselbe straff eingehangen, der Hebel angezogen und dadurch die zweite kurze Kette B so weit nach dem Rodstock genähert, daß ein Kettenglied vorn eingehakt werden kann. In dieser Weise schreiten beide Hebelketten

Glied um Glied vor und ziehen den Stock aus. Die Schuster'sche Stockrodemaschine (Fig. 244) ist ein durch eine Kurbel in Bewegung gesetzter Haspel; der sogenannte Zahnbrecher ein einfacher Hebel, an welchem ein kräftiger Haken angehangen ist. Da, wo man überhaupt den Stock der Bäume aus dem Boden herausschaffen will, ist es unbedingt vortheilhafter, denselben gleich durch den fallenden Baum mit herauszuziehen zu lassen, d. h. den Baum zu roden. Es werden bei demselben daher zunächst die erreichbaren Wurzeln mit durchgehauen oder abgesägt und dann der Baum zum Fallen gebracht. Entweder setzt man an eine Hauptwurzel einen Hebel an und hebt diesen durch eine angestellte Wagenwinde, oder man hängt an einem obern Aste mittels einer lose eingesteckten Stange einen Eisenhaken ein, an welchem ein Tau befestigt ist. Mit letzterem bringt man den Baum zum Schwanken und schließlich zum Fallen. Sehr große und stark verwachsene Stöcke werden auch wol durch Pulver ge-

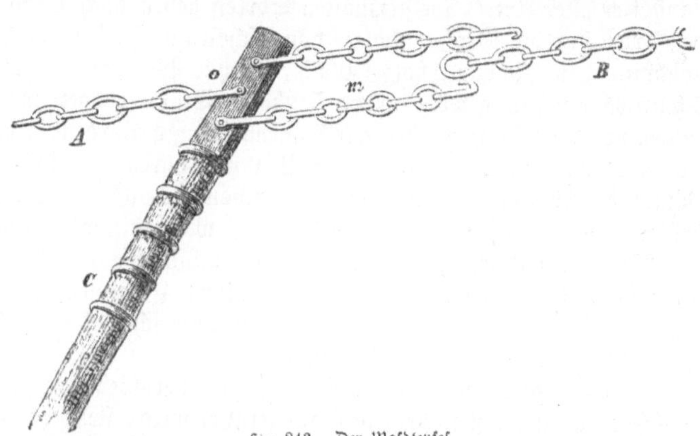

Fig. 243. Der Waldteufel.

sprengt. Bei werthvollen Nutzhölzern wendet der Arbeiter mitunter eine Fällungsart an, welche die Mitte hält zwischen dem Ausroden und Abschneiden. Er haut und sägt nämlich den Stamm so tief als möglich aus dem Boden heraus, daß ein großer Theil des Stockes an demselben verbleibt, und nennt dies den Baum „aus der Pfanne hauen" oder „auskesseln".

Aufstellen und Sortiren des Holzes.

Wenn nicht anderweitige, durch die örtlichen Verhältnisse bedingte Umstände es dem Förster anders vorschreiben, so hält er als Hauptgrundsatz beim Aussortiren seiner Holzernte fest, zunächst so viel Nutzholz aus derselben herauszuziehen als möglich, und zwar von diesem wiederum am sorgsamsten diejenigen Sorten, die am höchsten im Preise stehen. Erst dann wird das Uebrigbleibende zu Brennholz aufgearbeitet. Der Forstmann muß sich deshalb so viel wie möglich eine eingehende Kenntniß darüber verschaffen, welche Holzsorten von den verschiedenen

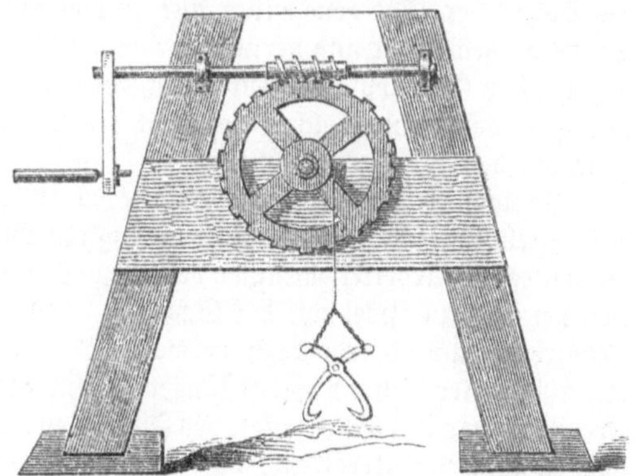

Fig. 244. Schuster'sche Rodemaschine.

Gewerken seines Gebietes gesucht werden; zugleich vermeidet er es aber dabei, mit einer und derselben Sorte den Markt zu überfüllen und sich selbst die Preise herabzudrücken. Da heutigen Tages die Preise des Nutzholzes bedeutend gestiegen sind und zum weiteren Transport desselben deshalb Eisenbahnen verwendet werden können, so kommen oft genug auch die Bedürfnisse entfernterer Gegenden mit in Frage.

Beim Aussortiren des Nutzholzes und dem Ausformen desselben aus dem Rohen, was sofort beim Aufarbeiten der gefällten Stämme auf dem Schlage geschieht, wird zunächst die Art des Baumes und dann die Stärke und Form der Nutzstücke berücksichtigt. Das geschätzteste Nutzholz ist jenes der Eiche. Das Stammholz (Langholz) derselben wird je nach der Stärke des Stammes, der Geradwüchsigkeit desselben, dem Verlaufe seiner Fasern

(nicht gedrehtfaserig) und der Gesundheit oder Fehlerhaftigkeit in verschiedene Klassen ge=
theilt und diese zu Schiffsbauhölzern, Schiffsplanken und Bohlen, Mühlwellen, Faßholz=
waare, Werkbohlen und besseren Landbauhölzern bestimmt. Bei den stärkeren Nadelholz=
stämmen entscheidet außer der Geradwüchsigkeit und den bereits angedeuteten Eigenschaften
auch der obere Stammdurchmesser (Zopfdurchmesser) über den höheren Werth des Lang=
holzes. Die besten Sorten haben bei einer Länge über 20—25 Meter einen Zopfdurch=
messer über 40 Centimeter. Sie liefern Mastbäume, Segelstangen und die vorzüglicheren
Bauhölzer aller Art. Die geringsten Sorten geben noch Dachsparren. Von den übrigen
Holzsorten sind die Großnutzhölzer von Eschen und Rüstern noch die gesuchtesten. Kleinere
Abschnitte von Eichennutzholz (Blöcke, Klötze, Walzen) sind mehr oder weniger noch zu
Schnittwaaren, zu gewöhnlichem Faßholz, Schreinerholz und Glaserholz geeignet; die=
jenigen von Nadelholz werden auf Sägemühlen zu Borden, Bretern und Latten verschnit=
ten. Die schwächeren Stämme geben Brunnenröhren, und solche Sortimente, die sich durch
vorzügliche Spaltbarkeit auszeichnen, können zu allerlei Spaltwaaren und musikalischen
Instrumenten, Geigen, Resonanzböden u. s. w., bestimmt werden.

Als Kleinnutzholz bezeichnet der Forstmann alle jene Hölzer, die zu Gerüststangen,
Wagner= und Hopfenstangen, Baumpfählen, Faschinenpfählen, Korbweiden, Gradir=
wellen u. s. w. dienen können. Außerdem unterscheidet er noch Müsselholz und dann die
sehr verschiedenen Sorten von Brennholz.

In Gegenden, wo das Ausformen der verschiedenen Nutzholzsortimente auch von
verschiedenen eingeübten Arbeitern ausgeführt wird, stellt der Förster zuerst die Nutzholz=
hauer (Schindeln, Böttcherwaaren u. s. w.), dann die Blockhauer, die Bauholzhauer und
zuletzt die Brennholzhauer in die Arbeit ein und erreicht dadurch finanziell das höchste
Ergebniß seiner Ernte.

Transport. In den meisten Fällen ist es nöthig, das gefällte Holz so rasch wie mög=
lich vom Schlage hinweg nach solchen Plätzen zu schaffen, von denen aus es seinem endlichen
Bestimmungsorte bequem zugeführt werden kann. Der Forstmann nennt dies das Rücken
des Holzes; er läßt gewöhnlich nur so viel auf einmal fällen, als binnen einem bis zwei
Tagen aufgearbeitet und gerückt werden kann. Man rückt das Holz auf den sogenannten
Stellplatz (Pollerplatz, Ganterplatz), der in der Nähe einer fahrbaren Straße gelegen ist,
und giebt dabei einer solchen Lokalität den Vorzug, welche trocken und luftig liegt und das
Holz vor dem Verderben schützt.

Je nachdem die Bodenverhältnisse es zulassen, wird das Holz vom Schlagorte nach
dem Stellplatze mit den verschiedenartigsten Mitteln geschafft. In sehr felsigem Terrain
müssen es die Arbeiter mitunter nach dem Stellplatze tragen, entweder auf der Rückentrage
(Kraxe) oder zu Zwei auf der Schulter. Ist ein Saumpfad vorhanden, so werden auch
Maulthiere und Pferde dazu verwendet. Stämme und Stangenhölzer werden geschleift,
mit möglichster Schonung des jungen Nachwuchses. Die Arbeiter bedienen sich dabei der
Krempe (einer Art Spitzhacke), des Floßhakens und der Hebelstangen. Bei schweren Stücken
werden Walzen untergelegt, oder die Bahn mit geschälten oder naßgemachten halbrunden
Spältern belegt. Verwendet man Rinder oder Pferde beim Schleifen, so befestigt man den
Stamm mittels des Lottnagels an den Lottbaum, d. h. an eine Deichselstange, welche
in ein schaufelartiges Bret ausläuft, auf dem das Stammende ruht. Geringe Lasten werden
auf dem Schubkarren oder auf dem Schlitten nach dem Stellplatze gebracht. Die Schlitten
finden in holzreichen Gebirgsgegenden nicht blos im Winter bei Schneebahn, sondern auch
im Sommer auf abschüssigem grasigen Boden eine ausgedehnte Verwendung, und jede
Gegend hat gewöhnlich ihre besondere Form der üblichen Fahrgeräthe. Die Winter=
schlitten, wie solche im Böhmer Walde gebräuchlich sind, werden meistens mit Stahl=
streifen beschlagen. Der Arbeiter hemmt ihren zu raschen Lauf dadurch, daß er die mit
Steigeisen bewehrten Schuhe gehörig gebraucht, dann aber auch durch Winden oder Ketten,
die er um die Schlittenkufen schlingt, durch Sperrhaken (Sperrtatzen) an den Kufen und
durch angehangene „Hunde". Letzteres sind Reisergebunde mit Steinen beschwert, Spalt=

klötze oder Scheite, die, an kurzen Ketten befestigt, hinter dem Schlitten herschleifen. Die Schlittenbahn muß häufig erst aus Holzstücken hergestellt und mit Schnee überworfen werden. Wird eine derartige Bahn nicht mehr benutzt, so wird sie von obenher selbst abgebrochen und verschüttet. Ist der Boden trocken und fest, namentlich im Winter mit harter, gefrorener Schneekruste bedeckt, so wirft der Holzhauer Scheite, Prügel und schwache Drehlinge aus der Hand in der Art bergab, daß sie sich kopfüber überschlagen. Er nennt diese Methode Bocken. Längere Stämme läßt er der Länge nach bergab schießen. Er stellt auch aus mehreren derselben eine Gleitbahn (Loite) her, über welche die nachfolgenden desto bequemer hinabrutschen. In neuerer Zeit hat man jedoch in den Alpen zu diesem Zweck an sehr steilen Stellen mit Vortheil Seile (besonders aus Draht) angewendet, an denen das Holz zum Abgleiten aufgehangen wird.

Auf dem Stellplatze wird das Brennholz durch den Holzärker genau sortirt, d. h. nach seiner Güte in Stöße zusammengelegt und jeder Stoß (Raummeter) numerirt und gebucht, das Reiserholz wird in Bunde oder auf Haufen zusammengebracht. Das Setzen der Brenn-

holz-Stöße geschieht durch vereidete Setzer. Auf dem Stellplatze erfolgt auch der Verkauf oder die Versteigerung des Holzes, wenn letztere überhaupt vorkommt.

Die ausgedehntesten Waldungen sind nicht selten in Hochgebirgen vorhanden, in denen die Hölzer einen sehr geringen Werth haben. Es ergiebt sich für den Forstmann hieraus die Nothwendigkeit, das Holz nach entfernteren Gegenden schaffen zu lassen, in denen es höher im Preise steht, und er hat deshalb auf Mittel und Wege zu denken, wie dies mit den

Fig. 245. Holzriese.

geringsten Kosten bewerkstelligt werden kann. Der Bau und die Instandhaltung dieser Transportmittel bilden einen wichtigen Theil der Forstpflege. In großen Staatswaldungen geschieht die Anlage derselben nach einem bestimmten Plane, der sich über den ganzen Forst erstreckt. Die Hauptwaldstraßen werden entweder macadamisirt oder chaussirt. Von ihnen zweigen sich die Nebenwege ab, die gleich Adern in das Innere der Waldungen führen und die ihrerseits durch die sogenannten Stellwege mit den jedesmaligen Schlägen in Verbindung stehen. An nassen Stellen müssen auch wol in Ermangelung von Besserem Faschinen eingelegt und so Knüppeldämme gebildet werden, die wenigstens so lange aushalten, als die Holzabfuhr dauert. In ausgedehntem Grade findet in Hochgebirgen der Holztransport mittels Riesen (Rutschen) Anwendung. Die gewöhnlichen Holzriesen sind Holzleitungen oder Rutschbahnen, aus mindestens vier, oft aber aus acht neben einander liegenden Stämmen gebildet, in denen Scheitholz oder Langholz entlang gleitet. Beim Bau solcher Riesen entwickeln die Holzhauer oft einen Scharfsinn im Auffinden der passendsten Richtung, in der Vertheilung des Gefälles und in der Benutzung der Unterlagen, welcher dem erfahrensten Ingenieur alle Ehre machen würde. Sie leiten dieselben mitunter stundenweit durch Wälder, über Abgründe und an Felswänden hin; hier muß ein hervorragender Baum, dort ein überhängender Steinblock, dort sogar das Dach einer Sennhütte als Stützpunkt dienen. Im Anfange geben sie dem Riesen meist ein starkes Gefälle, weiterhin wird dasselbe, besonders bei Wendungen der Bahn, gemäßigt, um das Ausschießen des Holzes zu vermeiden, und am untern Ende verläuft sie entweder horizontal oder steigt sogar etwas aufwärts. Scharfe Biegungen müssen stets vermieden werden, natürlich um so mehr, je länger die zu trans= portirenden Hölzer sind. In sehr steilen Riesen können die Hölzer trocken transportirt werden. Bei solchen von geringerem Gefälle wartet man Regenwetter ab oder benetzt die= selben durch aufgeschüttetes Wasser. Ist Schnee gefallen, so läßt sich mit dessen Hülfe auch eine glatte Bahn herstellen; noch besser wird diese aber durch eingetretenen Frost. Eine Eisriese, durch eingegossenes und dann aufgefrornes Wasser erzeugt, bedarf das geringste Gefälle. Will man fließendes Wasser mit zum Transportiren der Hölzer in den Riesen verwenden (Wasserriesen), so werden bei geringeren Wasservorräthen die Riesenstämme behauen, so daß sie möglichst dicht schließen.

Fig. 246. Klause.

Die für den Riesentransport bestimmten Hölzer müssen möglichst glatt und abgerundet sein. Langhölzer werden vorher entrindet. Die Holzknechte schaffen ihre Holzvorräthe nach dem oberen Theile der Riese und werfen sie dort ein. Ist der vorräthige Haufen abge= schossen, so steigt der Riesenhüter, mit Steigeisen versehen, in die Riese ein und säubert dieselbe von den Erdtheilen, Rindenstücken, Holzspänen und dergleichen, welche in dieselbe mit hineingelangt sind, während oben die Arbeiter neue Hölzer zum Einwerfen herbeiholen. Sind sie zu letzterem bereit, so geben sie dem Riesenhüter durch ein Horn oder durch lauten Zuruf: „Fluig ab!" das Zeichen, die Riese zu verlassen. Nachdem er diesem Folge geleistet, antwortet er: „Reit' ab!"; die Hölzer werden eingeworfen, und sobald das letzte abgeschossen ist, ertönt von droben der Ruf: „Zu hio!"; der Riesenhüter antwortet: „Hör' dich wohl!", und setzt seine Arbeit in der Riese wieder fort. Beim Riesen des Langholzes ist die Arbeit nicht ohne Gefahr, besonders beim Auffangen der wuchtigen Stämme am unteren Ende der Bahn.

Außer diesen gewöhnlicheren Mitteln für den Holztransport giebt es in einigen Gebirgsgegenden noch ganz besondere, durch die Lokalschwierigkeiten erzeugte, die so

mannichfach ſind, wie letztere ſelbſt. Die intereſſanteſten davon ſind die ſogenannten Auf=
züge (ſiehe Fig. 247), durch welche die mit Hölzern beladenen Wagen über ein ſteiles
Gebirgsjoch hinweg nach dem jenſeitigen Thale geſchafft werden. Auch die Schienen=
wege von Holz und Eiſen fangen an, zum Holztransport in den Waldungen Anwendung
zu finden; ſolche Holzbahnen beſtehen bereits in Oeſterreich=Schleſien, Oberöſterreich, im
Frankenwalde, am Pilatus in der Schweiz, Lothringen u. ſ. w.

Da in den Gebirgswaldungen die Quellen zahlreicher Bäche und Flüſſe liegen, ſo
iſt dadurch ein Mittel gegeben, mit Hülfe des Waſſers die Nutz= und Brennhölzer
auf verhältnißmäßig
wohlfeile Weiſe thal=
wärts zu transpor=
tiren, ſei es, daß man
dieſelben durch die ſo=
genannte Trift oder
Holzſchwemme ſich
ſelbſt überläßt, oder
daß man ſie in Flößen
durch Beihülfe von
Leuten weiter führt.
Iſt die Waſſermenge
zu gering, ſo wird nur
zeitweiſe getriftet. Um
die Wäſſer zu ſammeln,
legt man dann ſoge=
nannte Klauſen an.
Dies ſind Dämme, quer
durch das Thal des
Waſſerlaufes gezogen
und mit Waſſerthoren
verſehen, hinter wel=
chen man die Waſſer
zu wahren Seen auf=
ſtauen und die Trift=
ſtraße weiter hinab
vollauf bewäſſern kann.
Oder man benutzt zu
letzterem Zwecke die in
der Nähe vorfindliche
See, deren Waſſer
man durch Kanäle in
die Triftſtraße ein=
führt, oder man legt
Schwemmteiche an;

Fig. 247. Holzaufzug.

das ſind künſtliche Weiher, die durch die Bergwaſſer gefüllt und deren Waſſervorrath in
die ſeitlich vorüber fließende Triftſtraße geleitet werden kann.

Während des Winters und erſten Frühjahrs ſchafft man das zum Triften beſtimmte
Holz von den Bergen herab und wirft es in möglichſt lockeren Haufen gern dicht unterhalb
der Klauſen oder Schwemmteiche in das trockne Bett des Waſſerlaufes, oder pollert es am
Ufer auf, um es, wenn die Abwäſſerung beginnt, in das Waſſer einzuwerfen. Mit dem
Abtriften der ſchwächeren Seitenwaſſer beginnt man zuerſt, um die dort lagernden Hölzer ſo
zeitig als möglich der Haupttrift zuzuführen. Man läßt zunächſt ein ſogenanntes Vorwaſſer
aus der Klauſe austreten und etwa eine halbe Stunde lang fließen, um die Holzmaſſen etwas

in Gang zu bringen; dann erst folgt die Hauptflut, welche den Transport bis zur nächsten Klause besorgt. Gefährlich wird das Triften bei stärkeren Holzsorten, da sich hier in Schluchten und zwischen Felsblöcken nicht selten Stopfungen bilden, deren Lösung die schlimmste Aufgabe der Triftknechte ist. Es bleibt dann kein anderes Mittel übrig, als über das Holz hinabzusteigen und die störrigen Stämme mit dem Floßhaken (Griesbeil) zu beseitigen. Kaum wankt aber der Schlußstein dieses Baues, so beginnt der ganze Haufen sich zu blähen und zu krachen, und mit ungeheurer Wucht rollt er donnert in die Flut. Nicht selten wird der kühne Trifter bei solcher Gelegenheit mit fortgerissen und findet seinen Tod in den Wassern. Unterwegs müssen die Hölzer durch Rechen von Seitenkanälen abgehalten und endlich in Fangrechen aufgefangen werden. Diese Rechen sind wol vielfach aus Holz hergestellt, nicht selten aber sind es großartige Steinbauten in der mannichfaltigsten Entwicklung. Bei starken Triften staut sich an den Fangrechen das Holz zu 10—12 Meter hohen Haufen auf, setzt also einen entsprechend kräftigen Bau der letzteren voraus, wenn nicht ein Rechenbruch erfolgen soll. Liegen Befürchtungen zu einem solchen vor, so werden auch mehrere Sicherheitsrechen hinter einander aufgeführt. Mündet ein Triftwasser in einen See, an dessen entgegengesetzter Seite das Holz weiter passiren oder gelandet werden soll, so wird an der Einflußstelle eine schwimmende Kette aus Balken gebildet, die durch Eisenringe mit einander verbunden sind. Eine solche Schere umspannt in manchen Fällen bis 500 Klafter. Sie wird geschlossen, sobald sie gefüllt ist, dann entweder durch den Wind oder durch begleitende Boote oder auch, wie auf einigen Seen Norwegens, durch kleine Dampfer nach ihrem Bestimmungsorte bugsirt.

Beim Triften sind die Hölzer einzeln und sich selber überlassen. Bindet man dagegen die Hölzer in Partien für den Wassertransport zusammen, so nennt man diesen Transport das Flößen. Letzteres verlangt ein ruhigeres, gleichmäßig fließendes Wasser mit weniger starkem Gefälle. Sollen schwere Eichenhölzer geflößt werden, die zu tief im Wasser gehen, so bringt man dieselben zwischen Nadelholzstämmen an. Auf der Mosel verwendet man auch alte Weinfässer als Schwimmblasen dazu (Tragflöße).

In seichten Wassern, die erst durch Klausen fahrbar gemacht werden, erfordert die Flößerei eben so viel Umsicht und Geschick wie der Triftbetrieb. So werden z. B. die Flößer der Kinzig und Wolf im Schwarzwald als wahre Meister ihrer Kunst bezeichnet. Die Flöße, welche durch die kleineren Wasser dem Rheine zugeführt werden, baut man hier, wenn sie zum Transport nach den Niederlanden bestimmt sind, zu den bekannten großen Holländerflößen zusammen. Ein solches Floß hat mitunter einen Werth von einer Viertelmillion Thaler, besteht aus 4—5 Stammlagen und trägt außerdem eine Menge Schiffshölzer, Faßdauben, Breter, Pfosten, Latten und dergleichen. Seine Spitze wird durch zwei kleinere, bewegliche Flößen gebildet, welche zum Dirigiren des Hauptflosses dienen. Das Hauptstück des letzteren hat 150—250 Meter Länge. Am vorderen und hinteren Ende sind 20 und einige Ruder, deren jedes 6—7 Mann zum Bewegen bedarf. Daraus ergiebt sich, daß ein solches Floß mit Einschluß der sonstigen Mannschaft, eine Armee von 500 und mehr Personen führt. Auf dem Floß ist ein förmliches Lager aus Hütten errichtet; Fleischer, Köche, Bäcker, Proviantmeister und Aufwärter sorgen für den Lebensunterhalt der Leute und führen gegen anderthalb Tausend Centner an Proviant, Gepäck und dergleichen. Eine Stunde vorweg fährt ein Boot mit schwarz und roth geschachter Fahne, um die Ankunft der Flöße anzukündigen; außerdem sind 20—40 kleinere Kähne angehangen, und ehedem ward sogar noch ein besonderes Rheinschiff zur Rückfahrt der Mannschaft mitgenommen.

Die Axt erklingt, da klinkt schon jedes Beil —
Die Eiche fällt, und Jeder holzt sein Theil.
Goethe.

Die Nutzung des Waldes.

Das Holz. Entstehung, Eigenschaften. Konservirung. Die Aufarbeitung des Holzes. Sägemühlen u. s. w. Brennholz und Holzkohle. Meilerbau. Nebennutzung des Waldes. Pechsiederei. Theerschwelerei.
Waldstreu. Beeren u. s. w. Der Kork und seine Gewinnung. Fremde Hölzer und Holzhandel.

Das Holz bildet die Hauptnutzung des Waldes. Seine verschiedenen Eigenschaften machen es zu eben so vielerlei Verwendungsweisen geeignet. Ehe wir einen Blick auf die letzteren werfen, führen wir uns in Kürze die ersteren so weit vor, als es für vorliegenden Zweck erforderlich ist.

Das Holz ist nicht nur je nach der Baumart, von welcher es stammt, höchst verschieden, sondern es ist auch bei derselben Gewächssorte anders beschaffen, je nachdem es in der Krone und den Aesten, in oberen und unteren Stammtheilen, im Wurzelstock oder in den Wurzeln erzeugt ist; je nachdem es jung oder alt, auf trocknem oder nassem, auf einem wärmeren oder kälteren Standorte, in dichtem Schlusse oder in freier Lage gewachsen ist.

Alles Holz ist aus dem Bildungsgewebe (Cambium) entstanden, das bei unseren Bäumen zwischen Rinde und Mark vorhanden ist. Die sulzige Masse, welche wir im Frühjahre beim Eintritt des Saftes unter der Rinde lebenskräftiger Zweige finden, ist jene Cambialschicht, welche das Wachsthum des Baumes vorzugsweise vermittelt. Sie besteht aus mikroskopisch kleinen, dünnwandigen Zellen, die sich durch Längstheilung und Quertheilung vermehren, durch erstere einen Zuwachs in die Dicke, durch letztere einen solchen in der Längsrichtung herbeiführen. Im Frühjahr geht jene Vermehrung rasch vor sich, die Zellen werden dann großmaschig, das aus ihnen gebildete Holz lockerer, weniger fest und heller gefärbt. Nachdem sich die neuerzeugten Knospen geschlossen, wird zwar die

Holzbildung noch eine Zeit lang fortgesetzt, ist aber gewöhnlich schwächer, die Zellen sind kleiner, engmaschiger. Das Herbstholz hat deshalb ein dunkleres Ansehen und ist fester als das Frühjahrsholz. Durch die abweichende Beschaffenheit von Frühjahrs= und Herbstholz läßt sich das jährliche Holzerzeugniß eines Baumes erkennen; es bildet den sogenannten Jahresring, — in Rücksicht auf den ganzen Stamm gedacht eigentlich eine kegelförmige Mantelschicht. Bei Birken, Espen und Pappeln sind die Jahresringe wenig deutlich hervor= tretend, da diese Bäume spärlich Herbstholz erzeugen; bei manchen Gewächsen der Tropen, die keinen Knospenschluß, keine Zeit der Saftruhe besitzen, verschwinden sie gänzlich. Die Breite der Jahresringe ist bei unseren Hölzern verschieden, manche wachsen über 3 Centi= meter in der Dicke, andere nur um den 80sten Theil eines solchen. Auch innerhalb desselben Stammes ist die Stärke der Jahresringe häufig verschieden, je nachdem der Baum in einem Jahre durch günstige Verhältnisse in den Stand gesetzt war, eine größere Menge Holz zu erzeugen, oder je nachdem ihn ein trockner Sommer, Raupenfraß u. dergl. hieran hinderten. Nach der Südseite zu werden die Ringe gewöhnlich breiter ausgebildet als nach der Nordseite. Für manche technische Zwecke, z. B. für die Fabrikation von Resonanzböden zu musikalischen Instrumenten, ist es von Wichtigkeit, Holz zu verwenden, dessen Jahres=

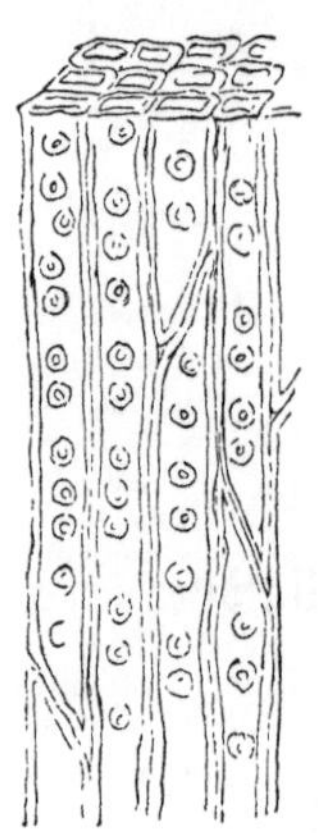 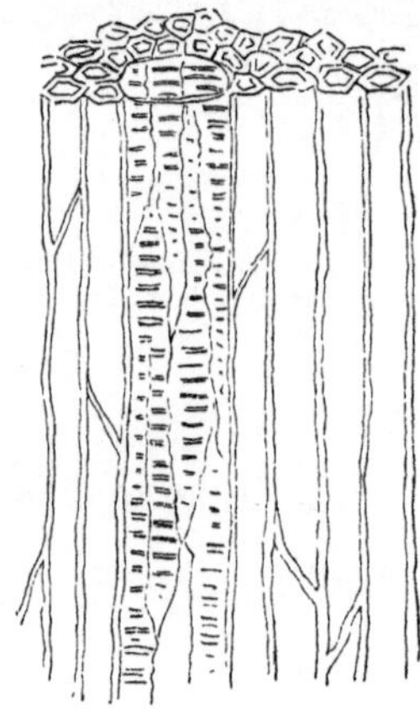

ringe möglichst schmal, gleiche Stärke und gleichen Verlauf haben. Es zeichnen sich hierin besonders Fichten vortheilhaft aus, welche in einer Höhe von 1000—1250 Meter über dem Meer auf sumpfigem, mineralisch nicht sehr kräftigem Boden gewachsen sind, z. B. in einigen Gegen= den des Böhmerwaldes. Die Jahresringe jener geschätzten Fichten haben viel Frühjahrsholz und nur einen schwachen, aber festen Ring Herbstholz.

Das Holz entsteht aus dem Bildungsge= webe dadurch, daß die dünnen, zarten Wände des letzteren sich verdicken und verhärten. Nach der Ansicht der meisten Physiologen verwandeln sie sich selbst in Holzstoff, nach Anderer Meinung lagern sie denselben innerhalb der Zellen ab. Die Zellenwände verdicken sich und gewinnen

Fig. 249. Holzzellen beim Nadelholz.

Fig. 250. Holzzellen und Gefäße beim Laubholz.

dadurch an Festigkeit und Zähigkeit. Das Holz der Nadelhölzer besteht nur aus langge= streckten Zellen, die sich mit ihren keilförmig ausgehenden Enden gegenseitig in einander schieben. Bei den meisten unserer Laubhölzer entstehen aus Verschmelzung mehrerer über einander liegende Holzzellen, sogenannte Gefäße. Auf dem Querschnitt erscheinen diesel= ben schon dem unbewaffneten Auge als Poren und zeigen sich am häufigsten im Frühjahrs= holze. Je nach der Größe ihres Querdurchmessers unterscheidet man weitporige und klein= porige Hölzer von einander. Jede Baumart hat in Bezug auf Vertheilung, Zahl und Größe der Poren (Gefäße) ihre Eigenthümlichkeiten. Den Nadelhölzern fehlen die Poren, dagegen besitzen sie Harzgefäße, besonders in den Herbstschichten des Holzes. Vom Mittel= punkte des Stammes aus setzen in strahlenförmiger Richtung nach dem Umfange hin Zellen= partien durch, die man Markstrahlen nennt. Jeder neue Jahresring erzeugt auch neue Markstrahlen und setzt sie nachmals durch die künftigen Jahresringe gleichfalls fort. Sehr lange und breite Markstrahlen besitzen z. B. Eiche, Buche, Erle, Platane; sehr feine, aber ungemein zahlreiche Markstrahlen besitzen die Nadelhölzer.

Kommt es für gewisse Zwecke, z. B. zu Mastbäumen aus Kiefernstämmen, vorzugs= weise darauf an, einen gleichmäßigen und dichten Bau der Jahresringe zu erzeugen, so kann der Forstmann hierzu das Seine dadurch beitragen, daß er den Bäumen den für sie geeigneten Standort anweist, auf eine möglichst gleichförmige Schlußstellung durch alle Lebensperioden hält und sie in entsprechender Weise ausästet.

Selbst innerhalb der bereits fertig gebildeten Holzmassen gehen beim weiteren Wachs=
thum des Baumes mancherlei chemische Veränderungen vor sich, die sich durch Erzeugung
von Harz, Gerbsäure, Farbstoffen u. dergl., noch mehr aber durch Härteverschiedenheiten
zu erkennen geben. Hierauf beruht die Unterscheidung des Holzes in junges Splintholz
und altes Kernholz. Manche Physiologen unterscheiden noch zwischen beiden das Reifholz.

Fast nur aus Splintholz bestehen die
Stämme der Birke und der Ahornarten,
aus Splint und Reifholz diejenigen der
Fichte und des Weißdorn, aus Splint
und Kern jene der Eiche und des Apfel=
baumes, endlich aus Splint, Reifholz
und Kern der Stamm der Rüster. Das
Kernholz zeichnet sich gewöhnlich durch
dunklere Farbe und größere Trocken=
heit vor dem helleren, saftreicheren
Splint aus.

Das spezifische Gewicht hat
für die technische Benutzung der Hölzer
insofern Bedeutung, als die Härte,
Dauer, Brennkraft u. s. w. durch dasselbe
bedingt wird. Es ist bei allen geraspel=
ten Hölzern größer als dasjenige des
Wassers, durch den Reichthum an Poren
und lufterfüllten Zellen werden aber die
meisten Hölzer schwimmend erhalten.

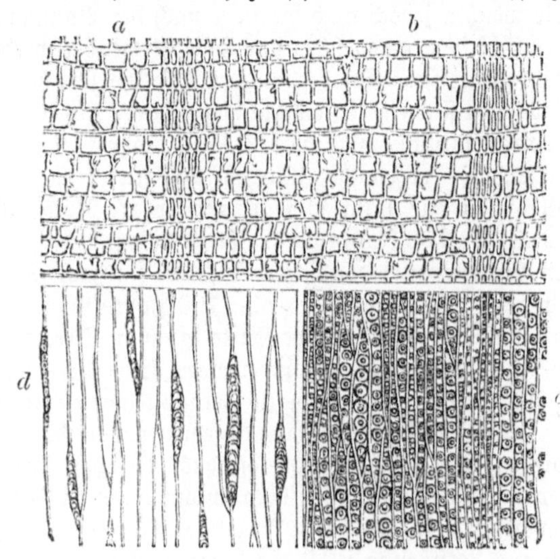

Fig 251. Der anatomische Bau des Nadelholzes (Abies pectinata).
a b Querschnitt, c radialer Schnitt, d tangentialer Schnitt.

Das frischgefällte Holz enthält ungefähr 50 Prozent seines Gewichts Wasser; bleibt
es im Walde an luftiger Stelle längere Zeit stehen, so verliert es einen Theil der Nässe und

enthält als sogenanntes waldtrocknes
Holz etwa noch 25 Prozent. Selbst
wenn das geschnittene oder gespaltene
Holz, wie es Tischler, Böttcher, Drechs=
ler u. s. w. bedürfen, in geschütztem
Raume zwei bis drei Jahre lang aus=
getrocknet worden ist, enthält es immer
noch 15 bis 20 Prozent Wasser. Beim
Trocknen zieht sich das Holz zusammen,
es verliert an Gesammtumfang, es
schwindet. Findet ein solches Zu=
sammenziehen rasch statt, so entstehen
Risse. Bei feuchter Luft oder bei Zu=
tritt von Wasser saugt das bereits ge=
trocknete Holz von Neuem Feuchtigkeit
ein und nimmt wieder an Umfang zu,
es quillt auf. Je mehr die Hölzer zum
Schwinden und Quellen geneigt sind,
und das sind die spezifisch schweren
mehr als die leichten, desto weniger

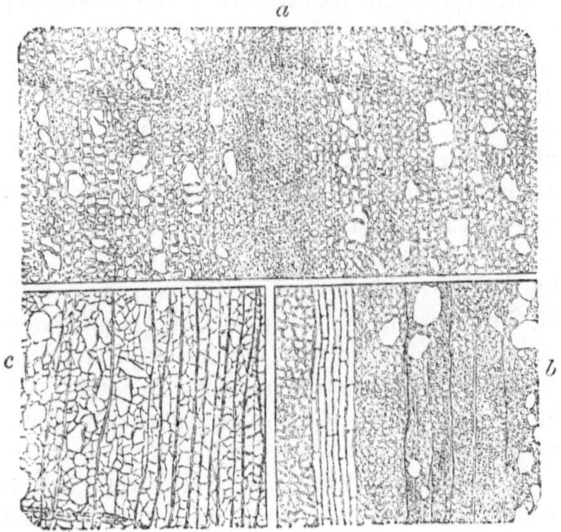

Fig. 252. Der anatomische Bau des Laubholzes. a Querschnitt aus
dem Holze der Weißbuche, b aus dem Holze der Eiche, c aus dem Holze
der Erle.

eignen sie sich zu bestimmten Verwendungsweisen, z. B. zu Möbeln, Musikinstrumenten,
Drechslerwaaren u. s. w. Als vorzügliches Mittel gegen das Reißen schlägt man das
Ausdämpfen und nachheriges langsames Trocknen des Holzes vor. Brunnenröhren, die
durchaus keine Risse haben dürfen, werden entweder gleich grün verwendet, oder bis zu
ihrer Benutzung in Wasser gelegt.

Von besonders großer Wichtigkeit ist die Widerstandsfähigkeit der verschiedenen Hölzer gegen die Einflüsse der Luft, Feuchtigkeit und Wärme, die Dauerhaftigkeit derselben. Im Allgemeinen vermodern und faulen Hölzer um so leichter und schneller, je mehr sie dem Wechsel von feucht und trocken bei höherer Temperatur ausgesetzt sind, während sie sich in trockner Luft, bei größerer Kälte oder auch gänzlich unter Wasser länger halten. Sie weichen jedoch auch hierin je nach der Baumart stark von einander ab, und je nach den Oertlichkeiten, an welchen das Holz verwendet werden soll, hat der Handwerker seine Auswahl zu treffen. Die harzreichen Nadelhölzer, besonders solche aus Gebirgen, welche fester gewachsen sind, haben eine längere Dauer als die meisten Laubhölzer. Holzbauten sind im Gebirge mitunter noch nach 2—300 Jahren ziemlich unversehrt. Unter Wasser halten sich Eichenholz, harzreiches Lärchen= und Kiefernholz sowie Erlen= und Rüsternholz vorzüglich gut; selbst das sonst so leicht zerstörbare Rothbuchenholz hält sich, gänzlich vom Wasser bedeckt, bis 100 Jahre lang. Es ist bekannt, daß die aus Eichen= und Lärchenholz bestehenden Brückenpfeiler der Römerbrücke bei Zurzach (Aargau) und der Trajansbrücke am eisernen Thor der Donau, die älter als 1700 Jahre waren, sich noch in so gutem Zustande befanden, daß dieselben wegen ihrer Härte kaum zu Drechslerwaaren sich verarbeiten ließen. Die über 500 Jahre alten Rostwerke aus Eibenholz hatten bei mehreren Palästen Venedigs sich so gut erhalten, daß man sie herausnehmen und zu feineren Sachen benutzen konnte.

In dumpfigen Räumen dagegen modert das Holz rasch und es siedeln sich dann verschiedene Pilze auf ihm an, die das Zersetzen in hohem Grade befördern. In den Bergwerken ist der sogenannte Grubenschwamm, in Gebäuden und Schiffen der Hausschwamm sehr gefürchtet. Auch eine Anzahl Holzkäfer stellen sich ein, und tragen diese in ihrer Weise mit zur Zerstörung selbst des verarbeiteten Holzes bei.

Man sucht die Dauerhaftigkeit des Holzes dadurch zu vermehren, daß man das Austrocknen möglichst befördert. Zu diesem Zwecke ringelt man die noch im Laube stehenden Bäume bereits vor dem Fällen und läßt den in ihnen befindlichen Saft durch die Blätter verdunsten, oder man läßt nach dem Fällen die Bäume einige Wochen mit belaubter Krone liegen, legt sie an trockne Stellen und verarbeitet sie erst nach längerem Liegen. Geringere Balken brauchen mindestens 5 bis 8 Jahre, stärkere oft 12 bis 15 Jahre, um vollständig trocken zu werden. Um die Hölzer rascher verarbeiten zu können und doch dem Verderben derselben möglichst vorzubeugen, hat man Vielerlei vorgeschlagen und versucht, so z. B. Auslaugen derselben in heißem Wasser, Ausdämpfen bei mehrfachem Atmosphärendruck, Behandeln mit Kochsalz, stellenweises Ankohlen (dessen Nutzen Viele sehr bezweifeln), Imprägniren des Holzes mit holzessigsaurem Eisen, Gastheer, Kreosot, Quecksilberchlorid, Eisenvitriol, Kupfervitriol, Zinkchlorid u. s. w.

Es giebt eine ganze Reihe verschiedener Verfahrungsarten, die beim Imprägniren der Stämme und Pfosten in Anwendung gebracht werden können. So hat man versucht, die Präparirflüssigkeit durch hydraulischen Druck sowol in den noch auf dem Stocke stehenden, als auch in den gefällten Baum einzubringen, hat die zugehauenen Hölzer in kalte oder warme Flüssigkeiten längere Zeit eingetaucht, dieselben darin gekocht und endlich die letzteren durch mechanischen Druck hineinzubringen gesucht. Am meisten sind die Methoden von Boucherie, Burnett und Bethell in Anwendung gekommen.

Boucherie läßt die noch mit der Rinde versehenen Stämme horizontal legen und eine Lösung von Kupfervitriol von einem 1 Meter hohen Gerüste herab in Guttapercha=Schläuchen nach dem Hirnende der Stämme leiten, an denen Metallgefäße zur Aufnahme der Flüssigkeit angesetzt sind. Burnett bringt die zugerichteten Hölzer, namentlich Eisenbahnschwellen, nachdem dieselben vorher gedämpft worden, in verschlossene Kessel und hitzt sie in der Flüssigkeit (bis 100° C.) bei erhöhtem Atmosphärendruck. Bethell verlangt, daß das Holz völlig gedörrt sei, und wendet dann gewöhnlichen Gastheer als Konservationsmittel an.

Obwol alle diese Imprägnirmethoden noch Vieles zu wünschen übrig lassen, so haben doch die auf solche Art zubereiteten Hölzer (Bahnschwellen) die doppelte, gewöhnlich sogar eine dreifache oder noch längere Dauer bewahrt als nicht präparirte; namentlich hat man mit ihrer Hülfe geringere Weichhölzer (mageres Kiefernholz) zu Verwendungen bringen können, zu denen man außerdem nur Eichenholz wählen durfte.

Die Verarbeitung des Holzes. Wir haben bereits oben angedeutet, daß schon beim Aufarbeiten des Holzes auf dem Schlage Rücksicht auf die Verwendungsweise desselben zu den verschiedenen technischen Zwecken genommen wird. Die Ausformung der Hölzer, und bis auf einen gewissen Grad auch die Verarbeitung derselben, bildet einen stehenden Erwerbsbetrieb mancher Waldgegenden, besonders in Gebirgen, die weniger zu anderen Beschäftigungsweisen Gelegenheit bieten. Ohne damit der Beschreibung der Verarbeitung des Holzes durch die Gewerbe vorgreifen zu wollen, führen wir hier dem Leser die hauptsächlichsten jener Arbeiten vor, die sich innig an die holzerzeugenden Distrikte selbst anknüpfen und mit deren Betrieb die Waldpflege häufig selbst in engem Zusammenhange steht.

Nach der Art der Verarbeitung unterscheidet man alles Nutzholz zunächst in Rundholz, Schnittholz und Spaltholz. Die größte Menge aller Nutzhölzer wird rund aus dem Walde verbracht und dient den verschiedenen Baugewerken. Alles Bauholz wird durch vierkantigen Beschlag zu Balkenholz hergerichtet, das dann beim Hoch-, Brücken-, Wasser-, Ufer-, Erdbau u. s. w. seine Verwendung findet. Die besten Holzsorten dienen aber zu Schnittholz. Breite Schnitthölzer sind die Bohlen, Planken, Breter, Dielen, Borde und Fourniere, — kantige dagegen die Halb- und Kreuzhölzer, Säulen- und Stollenhölzer, Rahmenschenkel und Latten. Nur in geringen Mengen werden dieselben mit der Säge aus freier Hand hergestellt, die Mehrzahl der genannten Schnittwaaren fällt den Schneidemühlen anheim. In den holzreichen und zugleich mit fließenden Wassern versehenen Gebirgsthälern reiht sich oft eine Schneidemühle so dicht an die andere, als es nur das Gefälle erlaubt. Sie sind gewöhnlich rings von wahren Holzbergen umgeben, die theils auf Verarbeitung warten, theils schon bestimmte Ausformung durch die Säge erhalten haben. In flacheren Gegenden, in denen die Wasserkräfte etwa fehlen und die Kraft des Windes nicht ausreicht, sind auch Dampfmühlen zu demselben Zwecke thätig.

Bei den einfachen Sägemühlen älterer Bauart wird der zu zerlegende Block horizontal auf einem sogenannten Wagen befestigt und durch eine senkrecht oder etwas schräg stehende breitklingige Säge mit großen Zähnen geschnitten. Die Säge ist in den sogenannten Gatter, einen starken Rahmen, eingespannt, geht in den Nuthen zweier Säulen und wird durch ein Hebelwerk bewegt, das die Radkurbel auf- und abschiebt. Beim Abwärtsgehen reißen die Zähne in das Holz ein, beim Aufwärtsbewegen gehen sie leer und währenddeß wird durch das Getriebe selbst der Wagen mit dem Schneidblock um eine schwache Schnittstärke näher herangeschoben. Die älteren Sägen hatten geschmiedete Klingen von bedeutender Dicke und ansehnlicher Hubhöhe. Sie arbeiteten verhältnißmäßig langsam und verwüsteten bedeutend viel Holz (10—12 Prozent), so daß von 9—10 Blöcken je einer in die Späne fiel. Bei den gesteigerten Holzpreisen und der stärkeren Nachfrage nach Schnitthölzern hat man sich bemüht, diesen Uebelständen möglichst abzuhelfen. Man hat die Sägeblätter aus Gußstahl hergestellt und sie nach dem Rücken sowie nach unten zu dünner gemacht. Sie bedürfen dann einer geringeren Schränkung (seitlichen Aussperrung der Zähne) und erzeugen weniger Späne, dagegen eine reinere Schnittfläche. Zugleich hat man ihnen eine geringere Länge, aber eine größere Schnelligkeit gegeben, und wo es an wohlfeilen Betriebskräften nicht fehlt, arbeiten mehrere Sägeblätter (5—20), sogenannte Bundsägen, gleichzeitig an demselben Blocke. Außerdem sind auch zur Herstellung dünnerer Hölzer, z. B. der Latten, Kreissägen in Anwendung gekommen; dies sind Stahlscheiben mit gezäheltem Rande, die äußerst schnell umlaufen.

Welche großartige Holzmengen allein zu den Eisenbahnbauten der Neuzeit nöthig waren, ergiebt sich leicht aus einem Ueberblick über die letzteren. Am 1. Januar 1871 hatte das jetzige Deutsche Reich 2633 geogr. Meilen Eisenbahnen, hierzu die Doppelstränge und die Rangir- und Weicheftränge der Bahnhöfe mit 897 Meilen, zusammen 3550 Meilen; per Meile liegen durchschnittlich 11,000 Schwellen, jede Schwelle im Runden zu 0,199 Kubikmeter gerechnet, giebt eine Schwellenholzmasse von 7,727,000 Kubikmeter. Die Eichen-

holzschwellen, welche man anfänglich ausschließlich hierzu verwendete, haben durchschnitt=
lich eine Dauer von sieben Jahren; harzreiches engringiges Lärchenholz hielt sich sechs
Jahre, — seit man die erwähnten Imprägnirungsmethoden angewendet hat, können auch
andere Holzsorten mit benutzt werden, so Kiefernholz, Buchenholz, Pappelholz u. s. w.

Auch der Bergbau bedarf einer großen Menge Schnitthölzer zum Auszimmern der
Stollen und Schachte, zur Unterstützung der Stockwerke, zu Förder= und Pumpwerken u. s. w.,
und die hier nöthigen Mengen sind um so mehr ins Gewicht fallend, da sie meist schon nach
vier, spätestens nach sechs Jahren ersetzt werden müssen. Eben so große, wenn nicht noch
bedeutendere Holzmengen bedurfte der Schiffsbau. Die bloße Schale eines Kriegsschiffs von
116 Kanonen erforderte über 3100 Kubikmeter Holz, und zwar gewöhnlich $^9/_{10}$ davon
Eichenholz und $^1/_{10}$ Nadelholz. Das dienstfähige Alter eines Kriegsschiffes ward auf 15
bis höchstens 20 Jahre, dasjenige eines Kauffahrers auf 20—25 Jahre berechnet. Zum
Glück für den Wald hat sich wenigstens dies geändert. Jetzt herrscht auf der See das
Eisenschiff und aus Holz werden nur noch kleinere Fahrzeuge gebaut.

Das bereits oben erwähnte Herstellen von Resonanzböden zu musikalischen In=
strumenten ist bei dem gesteigerten Bedarf an letzteren Gegenstand einer besonderen Fabrik=
thätigkeit geworden, die vorzüglich im Böhmerwalde für die ganze musikliebende Welt eine
große Bedeutung gewonnen hat. Wie gesagt, es kommt hier Alles auf die Auswahl des
geeigneten Holzes an. Man bevorzugt Fichten, die auf den Zoll bis 50 Jahresringe von
ganz gleichmäßigem Bau, lockeres Frühjahrsholz und sehr schmales, aber sehr hartes
Herbstholz haben, wie solches sich nur in höheren Gebirgslagen mit jährlich gleichmäßigem
Verlauf der Witterungsverhältnisse erzeugt. Eine der berühmtesten Fabriken von Resonanz=
böden ist die zu Madersdorf im Böhmerwalde, welche von Herrn Bienert errichtet worden
ist. Merkwürdig ist es, daß man das beste Holz in den Bäumen der dortigen Urwälder
findet, welche oft schon Jahrhunderte auf dem Boden liegen und mit Moos überwachsen
sind. Aehnliche Fabriken bestehen in dortiger Gegend zu Tussek und Außergefild.

Aber selbst der einzelne Stamm ist nur theilweise brauchbar. Starke Stämme werden
zuerst geviertheilt und dann die Stücke in der Richtung von der Rinde nach dem Kern (Radial=
richtung) in Tafeln von 1,5 Centimeter Dicke zerschnitten, die durch das Glatthobeln noch
weiter abgeschwächt werden. Die dabei abfallenden Stücke dienen noch zu Siebstreifen und
Zündholzspänen. Die Resonanzholzstücke haben gewöhnlich eine Länge von 1,25—2,50 Meter,
eine Breite von 5—35 Centimeter, werden mit der Kreissäge gesäumt und nach Tonhöhen
sortirt, auch die zusammenpassenden Stücke (womöglich desselben Stammes) genau bezeichnet
und verpackt. Von Deutschland aus gehen viele nach London, Amerika und Australien.

Zu manchen technischen Zwecken ist es vortheilhafter, die Hölzer zu spalten, statt
durch die Säge zu trennen. Es gilt dies besonders für Gegenstände von geringerem Durch=
messer. Beim Spalten werden die Holzfasern nicht verletzt, sie behalten deshalb ihre volle
Festigkeit und Elastizität; auch sind die Spaltstücke dem Quellen und Verwerfen viel weniger
ausgesetzt als die gesägten. Das Spalten geschieht von der Mitte aus. Der Block wird
zunächst in zwei oder drei gleiche Theile durch Keile zerlegt, die Theilstücke dann halbirt
oder geviertheilt. Dergleichen Spalthölzer benutzt der Wagner zur Herstellung der Rad=
felgen, der Böttcher zu Faßdauben. Sollen die Fässer zur Aufbewahrung trockner Gegen=
stände dienen, so wird das Holz mittels eines gebogenen Eisens in der Richtung der Jahres=
ringe gespaltet.

Eine große Menge Gebirgsbewohner beschäftigen sich mit Holzschnitzereien der
verschiedensten Art; vorzugsweise aus Buchenholz, mitunter aber auch aus Birken=, Espen=
und Pappelholz, werden Mulden, Schüsseln, Teller, Hackbrete, Schaufeln, Holzschuhe,
Stiefel= und Kummethölzer u. dergl. dargestellt; aus Eichen= und Eschenholz macht man
Ruder, aus Birken, Erlen, Rüstern dagegen Sattelbäume, aus Ahorn, Birke und Wach=
holder Eßlöffel u. s. w. Zur Ausarbeitung der größeren Höhlungen (Schüsseln, Mulden)
dient ein eigenthümliches Beil mit runder, gebogener Schneide, der sogenannte Tätel; die
Holzschuhe werden mit Hülfe eines stark gebogenen Beiles, mit Hohlmeißeln, Löffelbohrern

und knieförmig gebogenen Messern bearbeitet. Bei der Anfertigung der hunderterlei Kleinig=
keiten, welche als Spielzeug zu Weihnachten unseren Kindern so viele Freude machen, sind
in Waldgebirgen zahllose Hände thätig, und wir werden später darauf zurückkommen.

Eine besondere Abtheilung der Holzschnitzer wird durch die Schindelmacher gebildet.
Die Schindeln, d. h. Holzspäne zur Bedachung der Häuser, sind von verschiedenen Längen
und Breiten üblich, die gewöhnlichen haben 36—48 Centimeter Länge und 7—20 Centi=
meter Breite. An der einen Längsseite sind sie zugeschärft und an der andern haben sie
eine Nuth zur Aufnahme der benachbarten Seitenkante. Der Schindelmacher giebt zunächst
den Klötzen die erforderliche Länge, dann spaltet er sie durch fortgesetzte Halbirung bis
zur gewünschten Stärke und giebt ihnen auf der Schnitzbank die nöthige Glätte und Zu=
schärfung. Um die Nuth einzuschneiden, spannt er mehrere Schindeln neben einander ein
und stößt mit einem besonderen Schindelhobel oder Schindeleisen die Nuth aus. Die
meisten Schindeln werden gegenwärtig aber durch Maschinen hergestellt.

Die Herstellung der Holzspäne beansprucht jährlich eine bedeutende Menge gutspal=
tendes astfreies Holz, vorzüglich solches von den unteren Stammstücken. Die Spaltscheite
erhalten zunächst die Länge, welche die Späne haben sollen.

Zu den Leuchtspänen, welche in manchen Gebirgsgegenden noch gegenwärtig die
Stelle der Lampen versehen müssen, nimmt man am liebsten Buchenholz, das wenig raucht
und riecht. Vor dem Anzünden werden sie gewärmt. Aus demselben Holz macht man auch
die Späne zu Degenscheiden. Die fichtenen Sieb= und Schachtelspäne, die aus grünem
Holz gehobelt werden, weicht man in heißem Wasser ein und giebt ihnen die erforderliche
Rundbiegung, indem man sie zwischen einer mit Drahtstiften dichtbesetzten Walze und einer
vertieft eingebogenen Tischplatte hindurchgehen läßt. Die Schienenstreifen zu den Sieb=
böden lassen sich am schönsten aus Eschen=, Sahlweiden= und Eichenholz herstellen. Die
Schachtelmacher biegen die zugerichteten Späne über hölzerne Formstöcke, leimen sie mit
Matzleim (Kalk und Weichkäse) zusammen und halten sie bis zum Trocknen durch Zwingen
fest. Zwei geübte Kinder machen täglich aus den zugerichteten Spänen und Böden 1000
Stück Schachteln fertig. Von letzteren wird eine große Menge zum Verpacken der Spiel=
sachen, eine noch größere Zahl für die Aufbewahrung der Streichzündhölzer gebraucht.

Die Holzstäbchen zu den Zündhölzchen stellt man ähnlich wie die Späne mittels
Maschinenhobel dar. Die Hobeleisen haben hierzu statt der Schneide mehrere (bis 20)
scharfrandige, trichterförmige Röhrchen, welche aus dem aufgespannten Holzstück gleich=
mäßig dünne Stäbchen von der Länge des Scheites herausreißen. Bei der Handarbeit
haben letztere 60—90 Centimeter Länge, bei der Maschinenarbeit 1,5—2 Meter. Bei der
Herstellung der vierkantigen Hölzchen wirken zwei Hobeleisen dicht hinter einander, das
erste reißt mit 20—25 scharfen Zähnen Längsritzen, das zweite mit glatter Schneide
trennt die Spanstreifen ab. Hierauf werden die dünnen Schleißen in Stücken von 2,5—
6 Centimeter Länge zerschnitten. Ein Arbeiter macht deren täglich 200,000 Stück. Es
giebt Fabriken, welche einschließlich der Schachteln jährlich 3000—5000 Raummeter
Spaltholz bedürfen und aus dem Raummeter 1½ Million zweizöllige Zündhölzer machen.

Die schönsten Späne, die zu feineren Arbeiten verwendet werden, gewinnt man aus
den bei der Resonanzbodenfabrikation überbleibenden Spaltstücken. Noch sorgsamer als zu
diesen letztern muß die Auswahl des Holzes getroffen werden, wenn es sich um Späne zu
musikalischen Instrumenten: Violinen, Cellos, Baßgeigen u. s. w. handelt. Das hierzu
brauchbare Fichtenholz zählt auf den Zoll 50—60 Jahresringe und wird genau nach der
Spaltrichtung getrennt. Nachdem die Späne in heißem Wasser eingeweicht worden sind,
preßt man sie in Formen, um ihnen die nöthigen Ausbauchungen zu geben. Einer der be=
kanntesten Ausfuhrorte dieser Hölzer ist Mittenwald in Oberbayern.

Der seit einer Reihe von Jahren sich fortwährend steigernde Mangel von Hadern oder
Lumpen zur Papierfabrikation lenkte die Aufmerksamkeit auf mancherlei Surrogate, hier=
unter vorzüglich auf das Holz. Man hat Maschinen konstruirt, womit man das Holz unter
reichlichem Zuflusse von Wasser in einen feinen, verfilzungsfähigen Brei verwandelt, der

raffinirt, sortirt, gepreßt wird und in trocknen Tafeln in den Handel gebracht wird. Vorzüglich eignen sich hierzu die Weichhölzer mit möglichst weißer Farbe, z. B. Aspen- und
Lindenholz; doch verwendet man auch Tannen- und im Nothfall auch andere Hölzer. Das
meiste Schreibpapier hat heutzutage einen Zusatz von Holzstoff, der bis zu 70 Prozent
steigt; geringe Packpapiere bestehen ganz aus Holz, und viele Druckpapiere haben einen
Holzmassezusatz von 50—80 Prozent. — In Deutschland bestehen jetzt gegen 100 Fabriken,
welche diesen Holzstoff fertigen und einen erheblichen Rohverbrauch haben.

Brennholz und Holzkohle. Trotz den außerordentlichen Mengen von Holz, welche
durch die angedeuteten sowie durch andere Gewerbe: Zimmermann, Mühlen- und Maschinen-
bauer, Drechsler, Tischler, Stellmacher u. s. w., verbraucht werden, hat doch das bei weitem
größere Quantum der jährlichen Forsternte die Bestimmung, als Brennholz zu dienen.
Man unterscheidet hierbei die harten Hölzer von den weichen. Die ersteren geben eine
nachhaltigere Glut und werden bei Kesselfeuerung, Dampferzeugung, sowie vom Seifensieder, von Waschanstalten u. dergl. bevorzugt. Die letzteren dagegen erzeugen eine raschere,
kräftiger strahlende Hitze. Ihrer bedarf der Bäcker, Töpfer, Ziegel-, Kalk- und Steingut-
brenner und ähnliche Arbeiter. Soll der höchste Hitzegrad erreicht werden, der zugleich am
meisten anhaltend wirkt, so ist Holzkohle dazu erforderlich, wie solche der Schlosser,
Schmied, die Glashütte und andere Gewerbe bei ihren Arbeiten verbrennen.

Ein Haupterforderniß für die Brennhölzer ist möglichste Trockenheit. Sind sie feucht,
so bedürfen sie eine ansehnliche Menge Wärme, ehe sie das vorhandene Wasser verdunsten
und sich bis zu dem Grade erhitzen, daß sie Brenngase entwickeln und Flamme fangen.
Beim Brennen selbst verhalten sie sich je nach der Holzart verschieden. Lärche, Fichte und
Eiche knistern und prasseln stark, da sie Luft eingeschlossen enthalten; Kiefer, Tanne und
Espe thun dies schon weniger; sehr ruhig brennen Weißbuche, Birke, Erle u. s. w. Die
harzreichen Nadelhölzer, ebenso die Rothbuche, geben viel Rauch; die weichen Laubhölzer,
besonders Erle und Birke, dagegen sehr wenig. Bei den Laubhölzern ist das Holz von
mittelalten Bäumen brennkräftiger als solches von sehr alten, bei den Nadelhölzern dagegen
ist dies des größeren Harzgehalts wegen umgekehrt. Die Brennkraft des geflößten Holzes
ist nur um ein Geringeres kleiner, als jene des auf der Achse geförderten. Dabei ist freilich
vorausgesetzt, daß es nach dem Flößen gehörig getrocknet worden. Besondere Umstände,
z. B. Raupenfraß, Windbrüche, Waldbrände u. dergl., können den Forstmann auch in
außergewöhnlicher Weise zwingen, größere Holzmengen zu verkohlen, da sie in diesem
Zustande weniger dem Verderben ausgesetzt sind. Auch der leichtere Transport der weniger
schweren und weniger umfangreichen Kohlen kann örtlich mitbestimmend hierzu wirken.

Das Geschäft des Kohlenbrennens ist keineswegs so einfach und leicht, als man
oft geneigt ist anzunehmen. Es erfordert reiche Erfahrung und Berücksichtigung zahlreicher
Umstände, die sehr nach den örtlichen Verhältnissen wechseln. Man kann sich den Vorgang
beim Verkohlen auf bequeme Weise mittels jedes Holzspans verdeutlichen, den man am
unteren Ende anzündet. Durch die Hitze werden zunächst aus dem Holze verschiedene
brennbare Gase entwickelt, die bei der Entzündung auflodern. Ist dieser erste Akt der
Verbrennung aber vorüber, so bemerkt man ein ruhiges Glimmen der noch rückständigen,
überschüssigen Kohle. Steckt man den Holzspan, sobald das Auflodern seiner Flamme
nachläßt, in eine enge, an einem Ende geschlossene Röhre, etwa in einen Glascylinder, so
wird die Kohle nicht fortglimmen, da es ihr an der nöthigen Luft fehlt, und man kann
auf diese Weise fast den ganzen Span in Kohle verwandeln.

Je nach Art des Holzes behält man beim Verkohlen desselben einige Prozent Kohle
mehr oder weniger übrig, im Ganzen stimmen die meisten Hölzer jedoch auffallend mit
einander überein und zeigen mitunter sogar innerhalb derselben Art stärkere Abweichungen
als verschiedene Arten von einander. So giebt Eichenholz 22—26%, Rothbuche 17—
24%, Weißbuche 24%, Birke 17—24%, Pappel 17—23%, Fichte und Tanne 20—
23%, Kiefer 23%, Linde 16—23%, Esche 19—21%, Weide 15—22% seines Gewichts
Kohle. Auch für lufttrockne amerikanische Hölzer hat man 21—25% Kohle gefunden.

Der Zweck des Verkohlens geht darauf hinaus, zunächst das in jedem Holze noch vorhandene Wasser zu entfernen, dann aber auch die Prozente Wasserstoff und Sauerstoff zu verflüchtigen, welche den Holzkörper und die Harzbestandtheile in Gemeinschaft mit dem Kohlenstoff zusammensetzen, so daß nur der letztere möglichst rein übrig bleibt. Jene Veränderungen sind durch hinreichende Hitze zu ermöglichen, und um diese zu erzeugen, muß ein Theil des Holzes geopfert werden. Würde die sauerstoffreiche Luft ungehinderten Zutritt zum Holze erhalten, so würde letzteres in gewöhnlicher Weise verbrennen. Die Hauptsorge des Köhlers geht nun darauf, daß er dem zu erhitzenden Holze nur so viel Luft zuströmen läßt, als nöthig ist, die Temperatur bis zum Verkohlen desselben zu steigern, ohne unnützes Verbrennen herbeizuführen. Der Hauptzutritt der Luft geschieht durch den Boden, auf welchem die Verkohlung in sogenannten stehenden Meilern ausgeführt wird. Es erfordert derselbe deshalb eine besondere Sorgfalt in der Zubereitung, und es erklärt sich schon hieraus, daß der Köhler, wenn irgend thunlich, Plätze zu verwenden sucht, die bereits einmal benutzt waren. Der Boden wird von Unkraut, Gestrüpp und Steinen gereinigt, geebnet und nach der Mitte hin allmählig etwa um $\frac{1}{2}$ Meter erhöht. Zu thonreicher Boden würde sich festbrennen, reiner Sandgrund dagegen als zu locker zu viel Luft durchlassen. Wo der Grund nicht bereits von Natur die geeignete Mischung hat, muß solche vom Köhler bewerkstelligt werden. Ist derselbe gezwungen, auf einem Sumpffleck den Meiler zu errichten, so legt er einen Unterbau von Stämmen.

Bei den gewöhnlichen Meilern soll der Brand des Holzhaufens von innen und oben beginnen und langsam nach unten und außen gleichmäßig fortschreiten. Beim Bau des Meilers muß darauf Rücksicht genommen werden. Bei Errichtung des letzteren

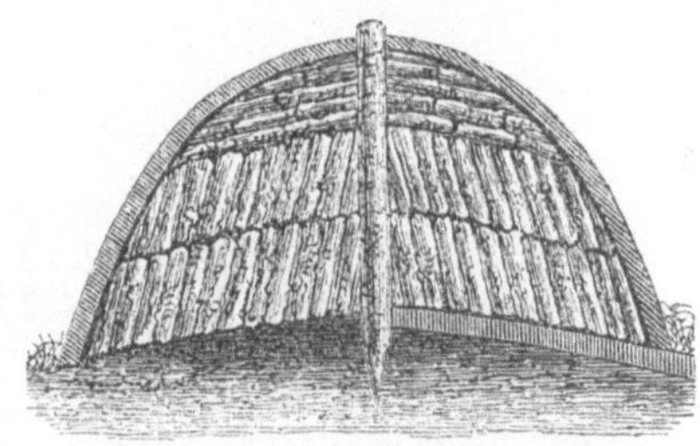

Fig. 253. Zusammensetzung des Meilers.

schlägt der Köhler zunächst einen starken Pfahl, den Quandelpfahl, in die Mitte des Platzes, der ziemlich die Höhe des beabsichtigten Meilers hat. Um denselben bindet er dürres Reisholz als Material zum Anzünden. Statt des einen Pfahles wird auch wol eine schmale Pyramide von drei Pfählen errichtet, die das Reisholz in der Mitte haben und etwa $\frac{1}{2}$ Meter am Grunde von einander entfernt sind. Dies Reisholz soll von unten angezündet werden, deshalb trägt man Sorge, daß am Boden des Meilers unter dem Winde ein Gang offen bleibt (siehe Abbildung Fig. 254); der Köhler legt einen Pfahl an die betreffende Stelle, stellt die zu verkohlenden Scheite und Stammstücke von Mannslänge dicht rings um das Zündholz und zieht später den Pfahl heraus. Zu innerst setzt er die stärksten Holzstücke. Am liebsten läßt er das zu verkohlende Holz einen Sommer hindurch austrocknen. Lassen aber die vorhandenen ungünstigen Verhältnisse etwa ein Verderben des Spaltholzes befürchten, oder handelt es sich um Verkohlen starker Stöcke, die mehrere Jahre Zeit zum völligen Trocknen brauchen würden, so setzt er diese sofort ein und zwar mit dem dicken Ende nach unten, mit der Spaltfläche nach innen, zu jedem Ringe wo möglich Stücke von gleicher Stärke und verwandter Beschaffenheit, nicht etwa leicht- und schwerbrennende Hölzer zusammen. . Es ist eine Hauptbedingung für das Gelingen des Brandes, daß der Meiler möglichst dicht gesetzt ist; deshalb werden alle vorstehenden Aststücke beseitigt und die noch vorhandenen Lücken mit dünneren Hölzern gefüllt. So schreitet der Bau des Meilers in ringförmigen Scheitlagen fort und hat gewöhnlich zwei Etagen. Er verjüngt sich durch die Beschaffenheit der Scheite und die etwas geneigte Stellung derselben nach oben und erhält eine regelmäßige halbkugelige Gestalt. Die äußerste Scheitlage erhält eine Decke von Fichten- und Tannenreisig oder von Moos und Rasenstücken. Hierauf kommt eine Lage festgeschlagener Erde, unten bis über 60 Centimeter dick, nach oben bis zu etwa 10 Centimeter abnehmend. Der Fuß des Umfangs erhält gewöhnlich ein Gestell aus Scheitstücken oder Steinen. Ist der Bau vollendet, so wird mittels des erwähnten Loches am Grunde das Quandelholz angezündet, indem man mit Hülfe einer Stange brennende Birkenrinde oder

Kienspäne hineinsteckt. Manche Köhler lassen auch zunächst die Seiten des Haufens ohne Erddecke und werfen dieselbe erst auf, nachdem der obere Theil gehörig in Brand gesetzt ist. Das Quandelholz brennt rasch aus und entzündet die nächstliegenden Scheite. Nun hat der Köhler die Glut aufmerksam zu regeln. Er sticht Löcher zunächst in die oberen Theile der Decke, beurtheilt nach der Farbe des Rauches das Fortschreiten des Brandes, stopft jene Löcher, die als Abzugskanäle der Gase dienen, später wieder zu und sticht tiefer neue ein, bis nach Verlauf von 2—3 Wochen der Meiler bis zum Grunde verkohlt ist. Der Brand muß an allen Seiten gleichmäßig von oben nach unten fortschreiten. Fehlt es an Luftzug, so wird am Grunde durch Oeffnen nachgeholfen; entstehen Senkungen, durch welche die Decke Risse erhält, so müssen jene durch nachgeworfene Hölzer gefüllt und die Decke erneuert werden. Vor dem Winde ist der Haufen sorgsam zu schützen. Konnte nicht ein Platz aufgefunden werden, der durch seine Lage hinreichend gedeckt ist, so werden geflochtene Schirme aufgestellt. Hat die Glut endlich den Grund erreicht, so wird sie durch aufgeworfene Erde möglichst erstickt; nach dem Abkühlen werden die Kohlen herausgenommen, die unvollkommen verkohlten Endstücke (Brander) zurückgestellt, die brauchbaren aber meist in zweirädrigen Korbwagen verfahren, deren jeder gewöhnlich 3 Kubikmeter faßt.

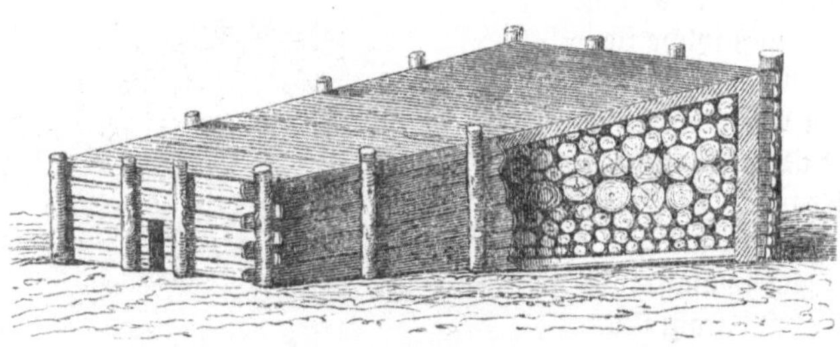

Fig. 254. Kohlenmeiler, sogenanntes liegendes Werk.

Das Holz verliert durch den Verkohlungsprozeß beträchtlich von seinem Umfange und mehr noch an seinem Gewichte.

Von diesen beschriebenen deutschen Meilern weichen die italienischen etwas in ihrer Bauart ab. Sie erhalten eine Grundlage von Stämmen in strahlenförmiger Richtung, mit den dünnen Stammenden nach dem Mittelpunkte des Meilers gerichtet. Hierauf kommt eine Schicht Knüppel oder Schwarten, und auf dieser wird der Meiler aufgebaut. Während ein deutscher Meiler gewöhnlich 50—75 Raummeter Holz enthält, faßt ein italienischer mehr als dreimal so viel. Reisig und Rasen bleiben bei der Decke der letzteren weg, dagegen wird die Erde angefeuchtet, um Schluß zu halten. Es werden in den italienischen Meilern die Hölzer ungespalten in 2,20 Meter langen Stücken eingesetzt. Die liegenden Werke, welche vorzüglich in Schweden und Oesterreich gebräuchlich sind, besonders wenn es sich um Bewältigung großer Holzmassen bei geringer Zahl von wenig kundigen Köhlern handelt, sind bis 12 Meter lang und gegen 6 Meter breit, an den Seiten und oben erhalten sie eine förmliche Erdwand, außen durch eine Holzwand gehalten. Außerdem werden Hölzer in Gruben, in Ofenmeilern oder in Kohlenöfen verkohlt. Die Ersparniß, die letztere an dem eingesetzten Holze gewähren, wird aber reichlich wieder aufgewogen durch das zu ihrer Heizung erforderliche Material und durch die Kosten ihres Unterhalts, so daß man sie mit Vortheil nur beim Verkohlen von Torf in Anwendung bringt.

Nebenbenutzungen. Außer dem Holz liefert der Wald noch einige Nebennutzungen, die an manchen Oertlichkeiten von Wichtigkeit werden können. Hierzu gehört die Gewinnung von Harz und Terpentin. Das erstere sammelt man in Fichten- und Kiefernwaldungen, die ihren Holzwuchs ziemlich beendigt haben. Es wird dabei von den betreffenden Bäumen je ein Streifen Rinde losgeschält und nachmals das Harz, das hier ausquillt und sich in Klumpen ansetzt, abgeschabt und gesammelt. Um den Terpentin zu erhalten, bohrt man in die Stämme der Lärchen (Loriet oder venetianischer Terpentin) oder in die der Weißtanne (Straßburger Terpentin) starke Löcher, verschließt diese durch einen Holzpfropfen und schöpft später den Terpentin aus. Zu starke Verletzungen der Bäume, besonders bei jüngerem Alter der letzteren, haben nachtheiligen Einfluß auf den Holzwuchs und das Gedeihen der Bäume, müssen deshalb sorgsam vermieden werden. Das rohe Harz kommt sodann in die Pechsiedereien, wo es in Töpfen geschmolzen, filtrirt und unmittelbar in die vorgestellten Tonnen abgelassen wird, in welchen es erhärtet und in Handel gebracht wird. Werden die Stöcke alter Kiefern im Boden gelassen, so sammelt sich im Laufe mehrerer Jahre in ihnen der ganze Harzreichthum der Wurzeln an, während der Splint in Fäulniß übergeht. Da gleichzeitig die Wurzeln mürbe werden, so lassen sich diese Stöcke dann ohne zu große Schwierigkeit ausroden und der starke Kern als Kienholz ausschälen. So lange das Holz selbst keine hohen Preise erreicht hatte, verwendete man jene Kienstöcke zur Theer=schwelerei, wobei jedoch nicht an das Produkt gedacht werden darf, welches von den Gasanstalten in großen Massen geliefert wird.

Fig. 255. Brennender Kohlenmeiler.

Zu diesem Behufe baute man einen Theerofen in Gestalt eines abgestumpften und oben abgewölbten Kegels, dessen innerer Raum möglichst dicht mit Kienholz vollgestopft ward. Außen erhielt der Ofen noch einen zweiten Mantel, und in den Zwischenraum beider Mauern kam das Feuer, so daß die Kienstücke im Innern nur die Glut erhielten. Zug=löcher im oberen Theile, besonders beim Beginn des Schwelens geöffnet, ließen die Dämpfe theilweise entweichen. Die ausfließenden Theermassen sammelten sich am Boden des Ofens und flossen nach außen in Fässer ab.

In Gegenden, die so abgelegen oder holzreich sind, daß sich die schwächeren Holzreiser nicht gut anders verwerthen lassen, brennt man dieselben zu Asche. Es werden zu diesem Zweck mannstiefe Gruben gegraben und in denselben die Reiser angezündet. Fortwährend aufgeworfene Reisholzmassen verhindern das zu lebhafte Brennen und man erhält schließ=lich ein Gemenge von dünneren Kohlen und Asche. Beide Produkte werden gesondert und die Asche an die Seifensieder und Potaschensieder verkauft.

Eine nicht unerhebliche Wichtigkeit hat die Verwerthung solcher Rinden, welche reich an Gerbstoff sind, auf Lohe; namentlich gehört hierher die Eichenrinde. Die forstliche Produktion derselben wurde oben kurz erwähnt. Am geschätztesten ist die feine Spiegel=rinde oder Glanzlohe von jungen, glatten Stangen, etwas geringer ist die rauhe Stangenrinde und am wenigsten werthvoll die Borke alter Stämme. Die im Frühjahr beim ersten Saftflusse gewonnene Rinde wird auf Böcken getrocknet und so viel als möglich vor Regen behütet, weil dieser den Gerbstoff bald auslaugt, und auf den Lohmühlen zu Lohe vermahlen. Außer den Eichen enthalten auch Birke, Fichte, Lärche, Weide, Esche, Erle, Kiefer und Rüster geringere Quantitäten Gerbstoff. In Waldungen, in denen Linden häufig sind, z. B. in Rußland, gewinnt man Bast zu Matten und anderen Flechtarbeiten. Die forstlich bedeutungsvollste Nebennutzung des Waldes ist die Waldstreu, d. h. das abgefallene dürre Laub und die Nadeln der Bäume, dann die in den Waldungen wachsenden Unkräuter. Eicheln und Bucheln werden als sogenannte Waldmast für die Schweine entweder gesammelt, oder das Vieh in die Waldungen eingetrieben. So nebensächlich die Waldbeeren für den Forstmann und die Waldkultur sind, so bedeutungsreich können sie für die Bewohnerschaft armer Gebirgsländer werden. Am geschätztesten ist bei uns die duftende Himbeere, nächst ihr die Preißel- und Heidelbeere. Erstere wird zu Himbeersaft, die zweite vorzugsweise zu Kompot, die letztgenannte zur Fabrikation des den Rothwein färbenden Heidelbeersaftes verwendet. Beispielsweise führen wir an, daß im Jahre 1859 in Linz für 16,000 Thaler Heidelbeeren aufgekauft wurden (das Pfund zu 7—8 Pfennigen) und daß man den Beerenertrag der hannöverischen Forsten jährlich auf 145,000 Thaler schätzt. Aehnliches gilt von den Haselnüssen.

An dieser Stelle dürfte es wol auch am passendsten sein, mit einigen Worten noch einer der interessantesten Nutzungen des Pflanzenreichs zu gedenken.

Die Korkgewinnung. Wie die Rinden zahlreicher Holzgewächse Ablagerungsstätten eigenthümlicher Stoffe sind, die sie dem Droguisten und Pharmazeuten werthvoll machen (Zimmt, Cassia, Chinarinde, Gerbstoff der Eichen, Birken u. s. w.), so giebt es andere, die durch physikalische Eigenthümlichkeiten sich mancher technischen Verwendung geschickt zeigen. Die zähe Rinde der Birke dient dem Indianer Nordamerika's zur Anfertigung seiner leichten Kanoes, sie dient dem Tungusen und Jakuten Sibiriens als Stoff zur Bekleidung der Sommerwohnungen sowie zur Verfertigung zahlreicher kleiner Artikel, die er bei seiner einfachen Lebensweise bedarf. In Europa ist sie hier und da zu fabrikmäßiger Herstellung gepreßter kleiner Kunstsachen: Kästchen, Tabaksdosen und dergleichen, verwendet worden. Letztgenannte Rinde ist nach der Bezeichnung der Pflanzenphysiologen eigentlich eine Korkbildung, und zwar jene Art derselben, die wegen ihrer Zähigkeit als Lederkork besonders unterschieden wird. Korkbildung tritt bei zahlreichen Holzgewächsen zwischen der ursprünglichen Oberhaut (Cuticula) und den Bastlagen auf. Sie erzeugt sich häufig da, wo das Gewächs eine Verwundung erfahren hat, und scheint für letzteres überhaupt die Rolle eines Schutzmittels zu spielen. Das Korkgewebe besteht meist aus tafelförmigen, mitunter zart verzweigten Zellen, deren Saftinhalt bald verschwindet und deren anfänglich aus Zellstoff bestehende Zellenwände eine Umwandlung in Korkstoff erfahren. Für die Technik ist außer der erwähnten Birkenrinde nur der Kork der Korkeichen von Wichtigkeit.

Die **echte Korkeiche** (Quercus suber) gehört dem Gebiete des Mittelmeerbeckens an und wird in Portugal, Spanien, Italien und Algerien eigens zum Zweck der Korkgewinnung kultivirt. Sie ist eine Eichenart mit steifem immergrünen Laube. Der Baum erreicht bis 10 Meter, ist also nur mittelgroß. Außer dieser echten Korkeiche werden noch ein paar nahe verwandte Arten (Quercus Pseudo-Suber und Quercus Ilex) in demselben Gebiete als Korkeichen bezeichnet. Einer besonderen forstgemäßen Kultur haben sich in neueren Zeiten die Korkwaldungen Algeriens zu erfreuen. Als Frankreich jenes Land überkam, wurden die Korkeichendistrikte fast ausschließlich von Kabylenstämmen als Viehweiden benutzt und deshalb jährlich das alte Gras zur Erzeugung einer frischen Narbe abgebrannt. Durch jenes Verfahren litten aber auch die jungen Eichbäume außerordentlich. Die französische Regierung schaffte durch Zwangsmittel das Grasbrennen ab, theilte die Waldungen in regelmäßige Reviere ein und sorgte für gehörige Nachzucht.

Je nach dem Standort der Bäume wird die Korkschicht, welche in fast handdicken Lagen den Stamm und die stärkeren Aeste umgiebt, binnen 8—10 Jahren zum Abschälen reif.

Bei letzterer Arbeit verwendet man vorzugsweise Kabylen, deren je 10 unter einem einzelnen Aufseher und je 100 unter der Kontrole eines Franzosen stehen. Mit Musik und möglichst großem Lärmen zieht beim Anfange der Schälzeit die Schar in den Forst, in welchem Gebäude zu Schlafstellen, Speisemagazinen und zur Aufnahme des Korkes errichtet sind. Man vertheilt sich nach den Revieren. Der Aufseher bezeichnet je nach der Stärke der Bäume die Höhe, bis zu welcher der Kork abgenommen werden soll. Die Arbeiter hauen in die letzteren zunächst oben und unten eine Furche rings um den Stamm, verbinden beide Endschnitte durch zwei gegenüberliegende Längsfurchen und trennen dann den Kork in Form zweier muldenförmiger Stücke mit dem Stiele der Axt los.

Das Leben des Baumes scheint durch das Abnehmen des Korkes nur wenig beeinflußt zu werden. Bei Bäumen, an denen man versuchsweise oben und unten den Kork abgeschält, in der Mitte dagegen gelassen hatte, wurden die neuen Holzringe an den geschälten Stellen sogar dicker. Nur auf den Fruchtansatz scheint eine nachtheilige Einwirkung stattzufinden. Die frischgeschälte Korkrinde wird zunächst in offenen Schuppen getrocknet, dann wieder angefeuchtet und die äußere holzige Schicht durch zweigriffige Schabemesser weggenommen. Hierauf wird der Kork in Packete von je zwei Centnern Gewicht zusammengepreßt, geschnürt und an die Fabrikanten versendet.

Holzhandel und fremde Hölzer. Es kann unsere Absicht nicht sein, dem Leser eine vollständige Liste aller Holzarten zu liefern, welche in sämmtlichen außerdeutschen Waldungen gedeihen; noch weniger würde es auf so beschränktem Raume möglich sein, die zahllosen Nebenerzeugnisse zu spezialisiren, die vorzüglich in den Wäldern heißer Zonen erhalten werden. Wir werden in Nachstehendem nur die wichtigsten derselben hervorheben, besonders die Holzarten, die durch den Handel zu uns gelangen. Es sind dies zunächst solche, die wegen ihrer Haltbarkeit und Elastizität als Schiffsbauhölzer von hohem Werthe, dann solche, die wegen ihrer Masern oder sonstigen interessanten Färbung dem Kunsttischler zu Fournieren und wegen ihrer Härte dem Drechsler dienen, endlich auch einige, die sich durch ihren Wohlgeruch auszeichnen. Ehedem wurden auch Hölzer zu medizinischem Gebrauche bei uns eingeführt. Wichtiger als letztere sind dagegen die Farbehölzer.

Wir erwähnten bereits, daß ansehnliche Holzmengen aus unserem Vaterlande nach Holland verflößt werden, um dort theils zum Schiffsbau, theils zu anderen Zwecken zu dienen. In noch bedeutenderem Grade findet die Holzzufuhr in England statt, dessen Waldungen bei dem außerordentlich hohen Bedarf sehr gelichtet sind. Die Skandinavische Halbinsel ist sehr waldreich und unterhält eine lebhafte Holzausfuhr. Frankreichs Forsten dagegen sind in so schlechten Verhältnissen, daß sie den Bedarf des Landes nicht decken; Spanien und überhaupt die Länder ums Mittelmeer besitzen zwar eine ganze Reihe schätzbarer Nutzhölzer, allein so geringe Forsten, daß sie am allerwenigsten an Ausfuhr denken können. Eine Ausnahme dürfte hierbei Algerien machen, das aus den Waldungen des Atlas ansehnliche Mengen Eichen, Pinien, wilde Oelbäume und Lebensbäume (Thuja) nach Frankreich verschifft. Das für uns interessanteste Holz jenes Gebietes ist dasjenige des Buchsbaums, bis jetzt fast ausschließlich das Material für den Holzschnitt liefernd und deshalb sehr hoch im Preise. Das italienische Nußbaumholz, durch angenehme braune Färbung und hübsche Masern ausgezeichnet, wird mitunter auch nach Norden verführt; selten findet dies statt mit dem hellgelben, sehr festen Citronenholz und dem Oelbaumholz, das einen weißlichgelben Splint und braunstreifiges Kernholz besitzt. Ungarn erzeugt mäßige Mengen des ungarischen Gelb- oder Fisetholzes vom Perrückensumach, auch schön gemasertes Eschenholz.

Asien ist in seinen südwestlichen Theilen meist holzarm, so daß hier Viehdünger als Brennmaterial dient, wie in Spanien Rosmaringestrüpp und andere niedere Stauden. Von den vor Alters so berühmten Cedern des Libanon sind nur wenige Reste noch übrig, und es wird selten echtes Cedernholz in den Handel gelangen, so viele Hölzer auch unter diesem Namen gehen. Oefter kommt noch das weißliche Cypressenholz vor. Die mittleren und nördlichen Theile des asiatischen Rußlands sind zwar reich an Waldungen, vorzugsweise an Nadelhölzern, in der Nähe der Berg= und Hüttenwerke hat man aber lange Jahre hindurch so übel gewirthschaftet, daß manche der letzteren durch Holzmangel ins Stocken gerathen sind und eine vernünftige Forstkultur zum unabweisbaren Bedürfniß geworden ist. Die entlegenen Waldungen sind leider außer dem Verkehr; die in ihnen fließenden flöß= und schiffbaren Ströme ergießen sich vorherrschend ins nördliche Eismeer und die durch die Hochwasser fortgerissenen Hölzer kommen höchstens den Samojeden und durch die Polarströmung etwa noch den Grönländern zu Gute.

Am wichtigsten für den Holzhandel sind unter den asiatischen Ländern Indien und die indischen Inseln. Als kostbarstes Schiffsbauholz gilt hier das Teakholz (von Tectonia grandis) wegen seiner Festigkeit, Elastizität und Dauer. Schiffe aus Teakholz sollen eichene Schiffe um das Dreifache an Haltbarkeit übertreffen. Es ist ein Beispiel bekannt, daß ein aus Teakholz im Jahre 1706 gezimmertes Schiff bis 1805 seetüchtig geblieben war. Auf Malabar, in Pegu, Tenasserim und Assam ist der geschätzte Baum noch am häufigsten vorhanden, in den zugänglicheren Theilen dagegen schon ziemlich selten. Java sichert sich durch forstliche Kultur eine dauernde Ausfuhr. Die Teakbäume Pegu's schätzt man auf höchstens 250,000 Stück, welche einen Jahresertrag von nur 2500 ergeben würden. Weiter landeinwärts, am Fuße des Himalaja, ist das Sal=Holz (von Shorea robusta), das Sissu=Holz (eine Dalbergia) und dasjenige von Lagerstroemia reginae am geschätztesten und noch ziemlich häufig. Als kostbares Holz für die Kunsttischlerei gilt das Ebenholz (d. h. das schwarze, schwere Kernholz des Ebenholzbaumes (Diospyros Melanoxylon und Maba Ebenus). Unter dem Namen Ebenholz kommen im Handel eine große Menge Hölzer vor, so z. B. auch eine Sorte von den Antillen (von Byra Ebenus), eine zweite von Madagaskar (von einer Milletia), eine dritte aus Westafrika (botanisch noch unbestimmt). Der Franzose Labry ließ sogar aus gefärbten Sägespänen und Thierblut ein künstliches Ebenholz fabriziren, das wenigstens dem äußeren Ansehen nach dem echten sehr ähnlich sein soll. Eine ostindische Sorte Ebenholz, welche schwarz und weiß gefleckt ist, soll von Diospyros leucomelas abstammen. Wie man fast jedes schwarze Holz Ebenholz nennt, so bezeichnet man im Handel ziemlich jede besonders harte Holzart als Eisenholz. Die meisten Tropenländer habe ihre eigenen Arten davon aufzuweisen. Das echte asiatische Eisenholz ist das Kernholz des auf den Molukken einheimischen Nanibaumes (Metrosideros vera); es läßt sich nur frisch oder nach Behandlung mit heißem Wasser bearbeiten und auch dann nur mit den besten Stahlwerkzeugen. Das indische Eisenholz stammt von Chrysophyllum glabrum und einigen Arten Sideroxylon. Das Eisenholz, welches in Indien als Intsi in den Handel gebracht wird, kommt von einer Akazienart (Acacia Intsia). Das Eisenholz von Cochinchina hat Baryxylum rufum zur Mutterpflanze, jenes von Ceylon Mesua ferrea, das von Java Cryptocarya ferrea.

Der ostindische Heuschreckenbaum (Hymenaea courbaril) besitzt ein schönes Holz, das unter dem Namen Lokustholz in den Handel kommt. Hierzu kommen noch kleine Quantitäten rothes Santelholz oder Caliaturholz (von Pterocarpus santalinus), von ostindischem, ebenfalls wohlriechendem Rosenholz (von Dalbergia latifolia). Von Farbehölzern ist noch das Java= oder Bimas=Rothholz, fälschlich auch wol Japanholz genannt (von Caesalpinia Sappan) im Handel gebräuchlich, sonst haben die wohlfeiler zu erlangenden amerikanischen Hölzer die asiatischen vom Markte verdrängt. China hat in manchen Gegenden selbst solche Holznoth, daß z. B. im Norden des innern Reichs das Nutzholz nach dem Pfunde verkauft wird. Japan besitzt hübsche Hölzer, besonders von Coniferen.

Die Inselwelt des Großen Ozeans einschließlich Australiens hat zwar mancherlei schätzbare Hölzer, wegen der bedeutenden Entfernung sind sie aber nur selten in den europäischen Handel gelangt. Australien hatte zur Pariser Ausstellung 262 Holzarten eingesendet, unter denen besonders jene von Eucalyptus, Podocarpus, Melaleuca und Daryphora durch ihre Schönheit auffielen. Sie zeigten neben einem feinen Korn die lebhaftesten Farben und ein natürliches Parfüm. Das australische Eisenholz stammt von Acacia melanoxylon, Stadtmannia australis und mehreren Eukalyptusarten. Das australische

Mahagoni, braunroth und veilchenduftend, ist das Holz des Eucalyptus robusta und Eucalyptus Globulus, zweier Bäume, welche 100—125 Meter Höhe und 20—25 Meter Umfang erreichen. Es ist auch als Eisenveilchenholz (blue gum-tree und red gum-tree) bekannt. Neuseeland hat an dem Pium (Dacrydium cupressinum) ein geschätztes Nutz= holz, ebenso sind daselbst Metrosideros robusta, Metrosideros tomentosa und Vitex lito- ralis hoch geschätzt. Zur Ausfuhr kommt fast nur das Harz der Damarafichte (Damara australis). Als Eisenholz gilt hier das Holz der Kasuarinen und des Metrosideros.

Auf den Sandwichinseln erfreuen sich Waldungen mit dem köstlich duftenden Santelholz (Santalum paniculatum und Santalum Freycinetianum) einer besonderen Pflege. Eugenia malaccensis und Acacia heterophylla wurden wegen ihrer Schönheit als Möbelholz bei der Londoner Ausstellung allgemein bewundert.

Das Kap der guten Hoffnung hat nur an seiner Ostseite einige Wälder mit stärkeren Stämmen, kann aber kaum den eigenen Bedarf damit decken. Seine Hölzer zeichnen sich vorzugsweise durch Festigkeit und Elastizität aus, so das Büffelhornholz von Burchellia capensis, das Eisenholz (Yserhout) von einer Art Oelbaum (Olea undu- lata) und von Gardenia Rothmanni. Das Holz von Cassine Maurocenia wird zu musi- kalischen Instrumenten geschätzt, desgleichen jenes von Cithaeroxylon quadrangulare, das auch Geigenholz heißt. Gelbholz (Geelhout) kommt von Podocarpus Thunbergii und Crocoxylon excelsum. Zu Stellmacherarbeiten nimmt man hier gern das feste Holz von Trichocladus crinitus. Isle de France führt kleine Quantitäten sogenanntes weißes Eisenholz aus, welches von Cossignia borbonica und Sideroxylum cinereum stammt.

Etwas bedeutender ist der Holzhandel an der Westküste Afrika's, besonders im Meer= busen von Guinea und am Senegal. Es wird von hier aus jährlich viel afrikanisches Roth= holz (rundes Santelholz, Camwood, von Baphia nitida) zur Farbefabrikation wie Kunst= tischlerei ausgeführt; nächst diesem afrikanisches Teak= oder Eichenholz von einer Euphorbiacee (Oldfieldia africana) und afrikanisches Mahagoni (von Khaja senegalensis). Woher das westafrikanische Ebenholz und Nymphenholz stammen, ist noch nicht bekannt.

Den stärksten Antheil am Holzhandel hat unter allen Erdtheilen Amerika, und zwar in den nördlichen und mittleren Theilen seiner Ostküste. Ein wahres Holzland ist Canada, das jährlich gegen 17 Millionen Thaler an Werth ausführt, meistens nach England. Das Holz der weißen und gelben Tanne (Pinus mitis), der rothen Lärche (Larix americana) und mehrerer Eichen wird in ähnlicher Weise gewonnen und verflößt wie in unseren Gebirgswaldungen. Es giebt dort Sägemühlen (z. B. bei Peterborough), welche 136 Sägen im Gange haben und innerhalb 9 Monaten 70,000 Stämme zerschneiden. Die Firma Egen & Comp. beschäftigte im Winter 1856 allein 2800 Mann mit Holzfällen, 1700 Pferde und 200 Zugochsen beim Rücken des Holzes und bedurfte 400 doppelter Züge, um Nahrung für Menschen und Vieh zuzuschaffen. Allein aus Quebek wurden binnen Jahresfrist 18 Millionen Kubikfuß Tannenholz ausgeführt.

In den Vereinigten Staaten liefert der Zuckerahorn schönes Maserholz, das als Vogelaugenholz in den Handel kommt, ähnlich auch die Walnußbäume (Juglans cinerea). Unter den 120 verschiedenen Eichenarten Amerika's genießt die Lebenseiche (Quercus virens) wegen ihres Holzes den größten Ruf, doch werden auch kleinere Mengen von der Schar- lacheiche u. a. ausgeführt. Von den zahlreichen Nadelhölzern nennen wir nur die Wey= mouthskiefer und die sogenannten Lebensbäume (Thuja occidentalis). Die Eibencypressen (Taxodium) bilden von Virginien bis Carolina ausgedehnte Sumpfwaldungen, und in Californien sind die Mammuthskiefern (Wellingtonia oder Sequoia gigantea) als die größ- ten aller bekannten Bäume überhaupt bekannt, wenn auch weniger für Technik und Handel wichtig geworden. Eine Aufzählung aller Nutzhölzer Nordamerika's würde eine lange Liste ergeben. Am bekanntesten sind bei uns jene Hölzer der südlichen Staaten und der West- indischen Inseln geworden, die unter dem gemeinschaftlichen Namen Cedernholz zu Cigarrenkästen, Zuckerkisten und Bleistiftshölzern Verwendung finden und zu diesem Zwecke viel nach Europa verführt werden. Es sind dies Hölzer von Bäumen zweier sehr ver=

schiedener Pflanzenfamilien. Das gewöhnliche Cedernholz zu Bleistiften stammt von Wach=
holderarten (Juniperus virginiana und Juniperus bermudiana), die weißes Splintholz und
einen röthlichen, wohlriechenden Kern haben. Das sogenannte westindische und das Cuba=
Cedernholz dagegen kommt von Cedrela=Arten (Cedrela odorata), es dient zur Fertigung
der Cigarrenkistchen und kommt zu diesem Zwecke in starken Blöcken zu uns. Im Norden
gehen auch Hölzer des Lebensbaumes (Thuja sphaeroïdea) als weißes Cedernholz. Die
erwähnte Gattung Cedrela ist dem Mahagonibaum (Swietenia Mahagoni) nahe verwandt,
der im Holzhandel eine Hauptrolle spielt. Das in der Möbeltischlerei so hoch geschätzte
Holz kommt gegenwärtig meistens von Cuba, Haiti, Yukatan und Honduras. Westindien
hat auch noch eine schlechte Sorte weißes Mahagoniholz von dem Elephantenlausbaume
(Anacardium occidentale).

Eisenhölzer werden in Mittelamerika eine ganze Reihe unterschieden. Das Eisen=
holz von Jamaika stammt von Fagara Pterota, jenes von St. Croix von Rhamnus ferreus,
das von Martinique soll von Siderodendron triflorum und Ceanothus reclinatus kommen;
das auf Guadeloupe von Ceanothus ferreus u. s. w. Das nahe verwandte Kieselholz der
Antillen wird von mehreren Akazienarten (Acacia Sideroxylon, Acacia guadeloupensis u. s. w.)
bezogen. Die Sumpfwaldungen der Meeresküste, aus dem Mangrovebaume (Rhizophora
Mangle) gebildet, liefern das wegen seiner Farbe sogenannte Pferdefleischholz (Horse-flesh-
wood) und Brya Ebenum das schwarze Granadilholz oder amerikanische Ebenholz. Von
den übrigen westindischen Hölzern, die in den Handel gelangen, nennen wir noch das
Korallenholz (Kondoriholz von Erythryna oder Adenanthera Pavonia), das blaue Santel=
holz (Griesholz, Lignum nephriticum von Guilandina Moringa), das westindische Citronen=
holz (Hisparilla von Amyris balsamifera oder Erythalis odorifera), das Rosenholz von
Martinique (von Cordia scabra) und jenes der Antillen (angeblich von Amyris balsamifera), das Brasiletholz (von Caesalpinia vesicaria), das Kokosholz (Granadilholz von Cuba
und Jamaika ist nicht von einer Palme, sondern wahrscheinlich von einer Leguminose),
das Guajakholz (Lignum sanctum, Franzosenholz, Pockenholz von Guajacum officinale).

Das holländische Guayana, ebenso Cayenne und die Nachbarländer, sind gleicherweise
reich an Holzschätzen, hierunter sowol sehr feste als auch hübsch gefärbte, gemaserte und
gefleckte Sorten enthaltend, von denen nicht wenige für Kunsttischler, einige auch zum
Schiffsbau nach Holland, Frankreich und England gebracht werden. So macht man
in Frankreich die Bleistifthölzer häufig aus Cedernholz von Caracas (Cedrela montana).
Cayenne liefert ferner ein Eisenholz (Panacoco= oder Cocoholz von Swartzia tomentosa), ein Ebenholz (grünes, von braungrüner Farbe, von Tecoma leucoxylon), ein soge=
nanntes blaues Ebenholz oder Luftholz (Amaranth=Cayenneholz, von Nissolia), welches
anfänglich röthlichgrau aussieht, dann aber dunkelroth und endlich veilchenblau und dunkel=
violet wird; Atlasholz (Bois satiné von Ferolia guianensis oder Chloroxylon Swieteni),
schön geflecktes Rebhuhnholz (Bocoholz von Boca prouacensis), Bagottholz, das dem
Jacaranda ähnlich aussieht, gestreiftes Zebraholz (von Omphalobium Lambertii), Lettern=
oder Buchstabenholz, Schlangenholz u. s. w. Daß Brasilien seinen Namen dem Reichthum
an Farbehölzern verdankt, ist bekannt. Man bezog letztere ehedem aus Südasien, gegen=
wärtig bilden sie einen wichtigen Gegenstand der Ausfuhr Südamerika's. Die vorzüglichsten
darunter sind das Fernambukholz (von Caesalpinia echinata), das rothe Brasilienholz (von
Caesalpinia brasiliensis und Caesalpinia crista), das Blauholz (von Haematoxylon campe-
chianum, Campecheholz, Blutholz) und das gelbe Brasilienholz (von verschiedenen Brousso-
netia=Arten). Hierzu kommen aber noch viele schöne, von den Kunsttischlern gesuchte
Hölzer, z. B. das rothe Ebenholz (Eisenvioletholz, unbekannten Ursprungs), das schwarze
Granadilholz, das rothbraune brasilianische Eisenholz von Genipa americana oder Xan-
thoxylon hiemale). Sehr weite Verbreitung hat das schwarzbraune, mit rothen Adern
durchzogene Jacarandenholz (Palisander, Polixandre, Black-rose-wood) gefunden, dessen
Abstammung man noch nicht einmal sicher ermittelt hat (vielleicht von Jacaranda brasiliensis oder Machaerium). Wunderschöne arabeskenartige Figuren zeigt das Padawaholz.

Es ist der Wurzelstock einer Palmenart (wahrscheinlich Iriartea); sehr schön ist auch das Königsholz (Royal-wood), Ficatinholz (angeblich von Dalbergia), das Kornährenholz (Palmyraholz, von Sebipira Bowdichii), das Tulpenholz der Engländer (brasilianisches Rosenholz, von einer Leguminose) u. s. w. Hierbei haben wir noch gar keine Rücksicht genommen auf diejenigen Hölzer, die als starke Stämme den Hauptbestand der Waldungen Brasiliens bilden und im Lande selbst als Nutz- und Brennhölzer Verwendung finden.

Fig. 256. Die Mahagonifäller.

Unstreitig bleibt dem Holzhandel noch ein sehr weites Feld offen und die Forstkultur wird muthmaßlich dann in ein neues Stadium ihrer Entwicklung treten, wenn sie die sogenannten Urwälder der Tropen in Angriff nimmt, die man jetzt nur an den Wasserstraßen entlang willkürlich plündert, aber nicht rationell bewirthschaftet. Wenn das begonnene Netz von Eisenbahnen und Dampfschiffahrtslinien die ganze Erde gleichmäßig umstrickt, wird es der Pflanzer nicht mehr nöthig haben, den Wald als seinen Feind zu betrachten, den er niederbrennt, um Kulturland zu gewinnen, sondern es wird dann auch in den Tropen= ländern ein harmonisches Ineinandergreifen von Wald und Feld angebahnt werden, wie es zum Wohle des Ganzen nothwendig ist.

———

Nachdem wir solchergestalt eine Umschau gehalten in der Kultur der Erdoberfläche, nachdem wir uns namentlich des großen Fortschrittes bewußt geworden sind, der sich in der rationellen Auffassung des Bodens, als des Ernährers der für das Thier= und Menschengeschlecht grünenden und fruchttragenden Pflanzendecke, zu erkennen giebt, bleibt uns eine Pflicht der Dankbarkeit gegen zwei Männer zu erfüllen, deren beider Denk= und Handlungsweise, Gesinnung und Erfolg, ja selbst deren äußere Lebensverhältnisse so viel Uebereinstimmendes und oft überraschend Gleichartiges zeigen, daß, wie ihre Gesichtszüge die diesem Bande vorgesetzte Porträtgruppe vereinigt zeigt, wir auch hier ihrer gemein= schaftlich gedenken dürfen: Thaer und Cotta.

Der Vater der deutschen Landwirthschaft, Albrecht Thaer, wurde am 14. Mai 1752 zu Celle in Hannover geboren. Er studirte von seinem achtzehnten Jahre an in Göttingen Medizin und wurde später praktischer Arzt. Schon frühzeitig wandte er sich zur Erholung von seinen Berufsgeschäften der Zucht und Pflege der Blumen zu, und was anfänglich Spielerei war, das entwickelte sich für den ernstdenkenden Mann zu einer bedeutsamen Neigung. Sein Blick fiel auf die Bewirthschaftung seines Grundeigenthums und kehrte beschämt zurück, weil er die Kultur der Aecker und Wiesen so weit hinter der seines Gar= tens zurückstehend fand. Zu den bereits ihm gehörigen Grundstücken kaufte Thaer noch andere hinzu und bewirthschaftete diesen Komplex auf seine völlig eigenthümliche Weise, obgleich er, ein vielbeschäftigter Arzt, nur die Frühstunden und den späten Abend seinen landwirthschaftlichen Studien und Geschäften widmen konnte. Auf manche an ihn ergangene Aufforderung errichtete er 1802 zu Celle eine landwirthschaftliche Lehranstalt, welche in= folge des Rufes, den die preußische Regierung an Thaer ergehen ließ, im Herbste 1804 nach Möglin in der Mittelmark verlegt und 1810 mit der Berliner Universität verbunden wurde. Um sich aber ganz der Bildung eigentlicher praktischer Landwirthe widmen zu können, legte Thaer 1819 seine Professur nieder und ging nach seinem inzwischen zur „königlichen akademischen Lehranstalt des Landbaues" erhobenen Möglin, wo er praktisch und literarisch bis an seinen am 26. Oktober 1828 erfolgten Tod thätig blieb.

Heinrich Cotta, geboren am 30. Oktober 1763 in einem einsamen Waldhause un= weit Meiningen, die kleine Zillbach genannt, gewann wie Thaer seine reformatorische Ueber= zeugung aus der lebendigen Quelle praktischer Thätigkeit. Er hatte sich in Jena mathe= matischen und kameralistischen Studien gewidmet. Eine während dieser Zeit ihm übertragene Forstvermessung, an der er mehrere wißbegierige junge Männer mit Interesse zu betheiligen wußte, erweckte in diesen wie in ihrem jungen Lehrer die Aussicht auf das große Arbeits= feld, welches das gesammte damalige Forstwesen einem rationellen Geiste darbot. Mit 12 Thalern jährlichem Gehalt als Forstläufer angestellt, unterrichtete er schon eine kleine Schar von zehn Schülern und hatte so die älteste deutsche Forstakademie gegründet, denn dies war sein Lehrunternehmen in der That. Im Jahre 1795 wurde dasselbe in das groß= herzogliche Jagdschloß Zillbach verlegt, 1810 aber Cotta, der mittlerweile zum Forstmeister in Eisenach ernannt worden war, nach Sachsen berufen, wo man ihm die Direktion der neuen Forsteinrichtung und der mit ihm herübergewanderten Anstalt in dem schönen Tharand ein freundliches Asyl überwies. Sechs Jahre später wurde die Akademie zur Landesanstalt erhoben und 1830 mit ihr eine Abtheilung für Landwirthschaft verbunden.

Hier ruht Cotta inmitten der 80 Eichen, die ihm an seinem achtzigsten Geburtstage, ein Jahr vor seinem Tode (25. Oktober 1844), Liebe und Verehrung gepflanzt hatte.

———

Die Jagd.

Gefchichtliches. Hohe, niedere und mittlere Jagd.
Schonung des Wildes. Thiergärten und Fafanerien.
Jagdwefen. Jägerfprache. Falkenbeize. Parforcejagd.
Jagd auf Edel-, Dam- und Rehwild. Wildfauen ɩc.
Federwild. Auer-, Birk- und Hafelwild. Feldhühner.
Schnepfen ɩc. Raubvögeljagd. Wildftand in Deutfch-
land. — Pelzthiere, deutfche. Sibirifche Pelzjägerei.
Zobel, Hermelin, Eichhörnchen. Jagden in den Hudfons-
bailändern. Biber. Seeotter. Pelzhandelsgefell-
fchaften. — Jagden auf katzenartige Raubthiere.

Die gewaltigen Jäger der Vorzeit avan-
cirten zu Fürften und Halbgöttern des
Volkes. Weidmänner, wie Nimrod, Orion,
Herakles, gingen den wilden Ochfen, grim-
migen Ebern und ähnlichem Wildpret mit
einem Baumafte entgegen, oder zerriffen
Löwen, wie Simfon, aus freier Fauft und
banden Dutzende von Füchfen paarweife
mit den Schwänzen zufammen, um fich einen Spaß zu machen. Ritter Georg und
St. Hubertus find zu Schutzpatronen und gefeierten Helden der Lieder geworden. Die
Volkspoefie hat ihrer zahllofe verherrlicht, vom wilden Jäger, der felbft am Sonntag nicht

feierte, bis zum luftigen Schneiderlein, welches das Einhorn fing, und bis zu den sieben Schwaben, die mit ihrem Speer gegen den Seehasen gingen.

Es war uranfänglich Niemandem verwehrt, sich mit Bären und Wölfen herumzuzausen, und um eine Wildsau oder einen Zwanzigender todtzuschlagen, bedurfte es keines Jagdscheines. Wildpret war ein stehendes Gericht auf der Tafel unserer Urahnen, und Mancher kann sich noch heutzutage einen alten Germanen und Teutonen nicht anders vorstellen als auf einer Bärenhaut. Als späterhin jedoch das Wild in den gelichteten Waldungen seltener ward, beanspruchten die Fürsten und Herren die Jagd als Regal, zunächst jene auf Hochwild, später auch die auf kleineres Gethier, und schließlich blieb dem Bauer nichts Anderes übrig, als dem unartigen Hasen, der ihm in den Kohl ging, eine Lektion mit dem Haselstock zu geben oder ein künstliches Konterfei seines werthen Ich, genannt „Wildscheuche", mit der Geste väterlicher Ermahnung ins Krautland zu setzen. Die Gesetzgebung nahm sich des Wildes in zärtlichster Weise an. Das Leben eines Hirsches stand höher im Werthe als das eines Menschen, und es begannen jene erbitterten Kämpfe zwischen zünftigen Jägern und unzünftigen Wilderern, die heutzutage noch nicht aller Orten ihr Ende erreicht haben.

Die Jagd ward einerseits zur noblen Passion vornehmer Herren, andererseits zum besonderen Berufszweig, der sich eigene Sitten und Bräuche, eine ausgedehnte Kunstsprache, besondere Wissenschaften und Künste schuf. Die Jäger von Profession theilen sich wiederum in Hirschgerechte, in Feldjäger, Parforcejäger, Fasanenjäger und Falkeniere; die letzteren drei Zweige sind gegenwärtig freilich nur noch schwach vertreten. Jäger und Förster waren früher meist in einer Person vereinigt, und davon rührt die Meinung des Laien häufig her, als müsse ein guter Forstmann auch Jäger sein, — wenn auch die Interessen beider mit einander oft sehr in Widerspruch kommen.

Die Eintheilung der Jagd in hohe und niedere Jagd hat heute, nach Aufhebung des Jagdregales und einer vollständig veränderten Gesetzgebung über das Jagdrecht, nicht mehr die frühere Bedeutung. Gleichwol hat man den Gebrauch beibehalten, das Edelwild, Elenwild, Damwild, Rehwild, Gemswild, Steinbock, Schwarzwild, Bär, Wolf und Luchs als Wildgattungen der hohen Jagd zu bezeichnen, und ebenso Auergeflügel, Birkgeflügel, Fasan, Trappe, Kranich, Reiher und Schwan, während man zur niederen Jagd alles übrige Gethier des Waldes und Feldes rechnet. In manchen Ländern unterschied man auch noch eine Mitteljagd und bezeichnete damit Rehwild, Schwarzwild, Birkhühner und Haselhühner.

In unserem lieben Vaterlande sind glücklicher Weise mehrere Wildsorten gänzlich ausgestorben, so der Bär und der Luchs; der Wolf findet sich zwar in Westdeutschland und im fernen Osten, ebenso das Elen, doch nur vereinzelt vor, und ist das Wildschwein in der Hauptsache auf die Wildparke zurückgedrängt worden, während die Hirsche in die größeren Waldkomplexe sich zurückziehen mußten. Selbst unter den Rehen und Hasen ist in einigen Gegenden, besonders 1848 während der zeitweisen Jagdfreiheit, sehr stark aufgeräumt worden. Landmann und Forstwirth sahen von jeher das hungrige Wild als natürlichen Feind an und hatten auch dann unbedingt Recht zur Klage, wenn der Wildstand (die Wildbahn) eines Gebietes zu stark war. Uebersteigt dagegen die Zahl des Wildes nicht eine bestimmte Höhe, so ist das zur Erhaltung desselben nöthige Futter verhältnißmäßig so geringfügig, daß von einem eigentlichen Schaden nicht mehr die Rede sein kann. Es überwiegen dann einerseits die durch den Jagderlös gebotenen materiellen Vortheile die noch vorhandenen Nachtheile entschieden, andererseits ist auch das mit der Jagd verbundene Vergnügen nicht zu gering anzuschlagen. Für Jagdliebhaber erhalten die körperlichen und geistigen Erfrischungen und Uebungen dieselbe, ja vielleicht eine noch mehr gesteigerte Wichtigkeit, als Turn- und Militärexerzitien für diejenigen Bewohner der Städte, welche vorwiegend zu einer sitzenden Lebensweise verurtheilt sind. Es ist für ein Volk durchaus nicht gleichgiltig, ob es, wie Tirol und die Schweiz, eine namhafte Mannschaft zählt oder nicht, die gewöhnt ist, unverdrossen bei Tag und Nacht den unwegsamen Bergwald zu durch-

streichen und mit sicherem Auge und fester Hand die nie fehlende Kugel nach einem be=
weglichen Ziele zu senden.

Sind in einer Gegend noch große, zusammenhängende Waldungen vorhanden, so
können ohne Schaden auf je 1000 Morgen Wald 2 bis 3 Stück Rothwild, 2 bis 4 Rehe
und 1 Stück Schwarzwild bestehen. Sind Felder dazwischen oder in der Nähe gelegen, so
müssen freilich die Wildsauen gänzlich wegbleiben und das Rothwild muß auf die Hälfte
reduzirt werden. In einem gewöhnlichen Forstrevier von 20,000 Morgen Wald mögen
deshalb, den jährlichen Zuwachs nicht gerechnet, bequem 40—60 Stück Edelwild und
80—100 Stück Rehe hausen, bei vorherrschendem Laubwald weniger als bei ausschließ=
lichem Nadelwald. An Jahreszuwachs rechnet man auf 4 Edelthiere 1 Stück, auf 3 Stück
Damthiere 1 Stück, auf 6 Stück Rehwild 3 Stück Zuwachs, auf 2 Hasen jedoch 4 Stück.
Die Zahl der geworfenen Jungen ist zwar größer, es sind hierbei aber die vielerlei Unglücks=
fälle mit in Rechnung gezogen, durch welche der Nachwuchs reduzirt wird. Eine gleiche
Stückzahl, wie der Jahreszuwachs beträgt, kann dann auch jährlich erlegt werden, um die
Wildbahn auf derselben Höhe zu erhalten.

Nicht jede Gegend ist für jegliche Wildart in gleichem Grade geeignet. Hirsche ver=
meiden Feldhölzer, lieben dagegen große Bergwaldungen mit Dickichten und Klippen, mit
etwas fließendem Wasser und einem versteckten Sumpfplatz zum Schlammbad (Suhlung).
Rehe halten sich in parzellirten Waldungen schon leichter. Ist ein Revier von allem Wild=
pret entblößt und soll mit solchem bevölkert werden, so bleibt dem Jäger nichts Anderes
übrig, als von anderwärts her dergleichen zu beziehen, das gefangen worden ist und in
besonderen Kästen transportirt wird. Dies wird zunächst in einem hinreichend großen, be=
sonders günstig gelegenen und gut umhegten Waldstück gepflegt, ihm hier hinreichendes
gutes Futter geboten, sowie der nöthige Schutz und völlige Ruhe verschafft. Raubthiere
und Hunde werden fern gehalten, Salzlecken (Lehmhaufen mit Salz vermischt) und beson=
ders im Winter hinreichend frisches Heu müssen den Gefangenen die neue Heimat so ange=
nehm als möglich machen. Haben die Thiere sich hier vermehrt und eingewöhnt, so öffnet
man im folgenden Jahre einen Theil der Umzäunung und gestattet ihnen den Austritt nach
Klee=, Hafer= und Rübenäckern, die zu diesem Zweck in der Nähe angebaut werden. Sie
gewöhnen sich so an weitere Ausflüge und kehren in ihre Verstecke zurück.

Ist die Wildbahn, d. h. das gesammte vorhandene Wild eines Reviers, sehr herunter=
gekommen und soll wieder gehoben werden, so muß zunächst einige Jahre alles Schießen
unterbleiben, die Hunde dürfen nicht in den Forst; rechtzeitig werden währenddeß Laub=
hölzer (Espen, Eschen) gefällt und bleiben während des Winters als Futter zum Benagen
liegen, Hafer= und Heugarben werden an stillen Lieblingsplätzen der Thiere aufgesteckt,
ebendahin Eicheln gestreut und Salzlecken angebracht. Hat der Schnee im Winter eine
harte Eiskruste erhalten, welche die durchtretenden Hirsche verwundet und dadurch ihren
Untergang herbeiführt, so läßt der Jäger sogar die Stellwege befahren, um den Thieren
Bahn nach den Futterplätzen zu brechen. Ueberhaupt ist es eine Hauptsorge des Jägers,
dem Wilde hinreichendes Winterfutter zu sichern; er bewahrt dadurch dasselbe vor jenen
Krankheiten, denen ausgehungerte und geschwächte Thiere im Frühjahr vielfach erliegen.
Zugleich schafft er das Raubwild (Füchse ꝛc.) so viel als möglich hinweg, da dasselbe die
jungen Thiere sehr dezimirt. Durch die genannten Mittel bewegt er auch Wild, welches
etwa aus benachbarten Revieren in das seinige wechselt, zum Bleiben, während er nöthigen=
falls alte Thiere des eigenen Wildstandes wegschießt, sobald diese sich geneigt zeigen, ihre
Rudel zum Auswandern zu verführen.

Um das letztere gänzlich zu verhüten und gleichzeitig sowol den Forst als auch die
Felder der Landleute vor jedem Wildschaden zu bewahren, hat man in den meisten Wal=
dungen bewohnter Gegenden größere Thiergärten oder Wildparke angelegt. Eine be=
sonders günstige Gegend wird mit einem Gehege umgeben, je nach der Art des Wildes
hinreichend hoch und fest, für Hirsche wenigstens 3 Meter hoch aus Palissaden= oder Planken=
zäunen, welche für Schwarzwild namentlich am Boden fest vermacht sein müssen. Innerhalb

eines solchen Thiergartens wechseln lichte Hochwaldbestände mit Dickichten, man sorgt für
Waldwiesen mit guten Gräsern und für fließendes Wasser, legt dann zur eigenen Bequem=
lichkeit Fahr=, Reit= und Fußwege parkähnlich an, bringt Hochstände auf Klippen, Bäumen
und Gerüsten zur Beobachtung und Erlegung der Thiere in der Nähe der Futterplätze und
Suhlungen an, setzt die Jägerwohnung, vielleicht auch ein herrschaftliches Jagdschloß mit
Garten und Zubehör hinein u. s. w., je nach Geschmack und disponiblen Geldmitteln.

Einen wichtigen Theil der Jägerstudien bildet das Abrichten der Hunde, von denen
der frühere Weidmann vorzüglich Leithunde, Schweißhunde (Bluthunde), Saubeller, Hatz=
hunde, Jagdhunde, Parforcehunde, Windhunde, Dachssucher, Täckel= und Hühnerhunde
unterschied (Fig. 258). Heute sind von allen diesen Hunden nur wenig reine Rassen mehr
vorhanden; nur der Hühnerhund, der Schweißhund und der Täckel haben sich erhalten.

Fig. 258. Jagdhunde.

Der Jäger muß durch systematische Dressur und mit Beachtung des Rasse= und des indi=
viduellen Charakters seine Hunde dahin bringen, daß sie, je nach ihrer Bestimmung, die
frische Spur des Wildes (Fährte) verfolgen, dem Schweiß (Blut) eines angeschossenen
Thieres nachgehen, das Lager des Wildes entweder durch Stillstehen oder durch Bellen
anzeigen, das Wild verfolgen und fassen, die Gegenwart des Fuchses und Dachses in der
Höhle melden und die kleineren erlegten Wildarten (Hasen, Vögel) dem Jäger bringen
(apportiren), ohne sie zu verzehren (anzuschneiden) oder zu quetschen. Jede Hundeart hat
dabei ihre besondere Schule mit Vor= und Hauptstudien durchzumachen. Einzelne mit
glänzenden Fähigkeiten begabte Hunde steigen dadurch bedeutend im Preise, gänzlich unfähige
Schüler werden todtgeschossen. Als Hauptregel beim Dressiren gilt, jeden Hund nur zu
einer bestimmten Verrichtung durch genau dieselben Worte und Zeichen zu gewöhnen.

Ehedem ward auch das Abrichten der Edelfalken und verwandter Raubvögel als
besondere Kunst von den Falkenieren gepflegt, und selbst fürstliche Personen gaben sich
leidenschaftlich damit ab. Man ließ sie hungern und verwehrte ihnen das Schlafen durch
Schaukeln in aufgehangenen Reifen. Sie saßen auf letzteren mit verhülltem Kopfe und
gefesselten Läufen. Dann gewöhnte man sie, auf der Faust des Jägers sitzend, die durch
einen dicken Handschuh geschützt war, aus dessen Hand Futter (Aesung) anzunehmen (zu
kröpfen). Nachmals mußten sie auf den Ruf aus immer weiteren Entfernungen nach der
Faust fliegen, dann auf einen künstlichen Vogel (Vogelspiel) stoßen, denselben gegen ge=
botenes Fleisch abgeben und zuletzt auf lebendige Vögel ihre Kunst bethätigen. Adler und

ähnliches großes Raubfederwild ließ man auch auf Füchse, Wölfe u. dgl. stoßen. Gegenwärtig ist aber diese Jagd ganz abhanden gekommen.

Daß der Jäger mit seinen Schießwaffen genau Bescheid wissen muß, versteht sich von selbst; ebenso verlangt man aber auch von ihm Kenntniß der verschiedenartigen Fallen, Netze und Garne, die zum Einfangen von lebendigem Wild, von Raubzeug und Vögeln dienen. Herrschaftliche Jägereien haben mitunter bedeutende Kapitalien in dergleichen Jagdgeräthen angelegt, deren Einzelbeschreibung uns zu weit führen würde.

Die Stimmen des Wildes muß der Weidmann nicht nur genau verstehen, sondern auch zum Theil nachahmen können, wenigstens diejenigen Rufe, durch welche er das vorbeigehende Wild zum zeitweiligen Stillstehen oder das noch entfernte zum Herbeikommen veranlassen kann. Er bedient sich hierbei vielfach besonderer Instrumente, als da sind: Hirschruf, Rehruf, Hasenquäke, Haselhuhnpfeife, Feldhuhnruf, Wachtelpfeife, Drosselklutter u. s. w. Oft musizirt der Jäger aber auch nur mit dem Munde und der vorgehaltenen Hand.

Deutsches Jagdwesen. Wir wollen uns über dasselbe in kürzester Zeit einen möglichst umfassenden Ueberblick verschaffen, ohne deshalb einen eigentlichen Kursus im edlen Weidwerk durchzumachen. Freilich würden wir am besten thun, wenn wir uns einen wohlerfahrenen Jäger als Führer wählten und uns von ihm draußen in seinem Revier darüber unterrichten ließen. Lassen wir uns wenigstens im Geiste von ihm führen, nachdem wir ihn gebeten haben, des Verständnisses wegen, wo es irgend angeht, unser gewöhnliches Deutsch zu Hülfe zu nehmen.

„Unsere edle Jägersprache", meint der alte Weidmann, „wird leider heutzutage von vielen jungen Leuten gar sehr vernachlässigt. Zu meiner Zeit, als ich noch ein junger Bursch war, nahm man's damit sehr scharf, und das war Rechtens. Hatte Einer sich gegen den Weidmannsgebrauch ausgedrückt, hatte er von Blutspuren statt von Schweiß, von Laubzweigen statt von Brüchen, von Hirschfüßen statt von Läufen und dergleichen gesprochen, oder hatte er sich eine unweidmännische Handlung zu Schulden kommen lassen, so hielt man strenges Gericht über ihn. Alle Jagdbetheiligten schlossen einen Kreis um den Sünder, zogen die Weidmesser mit entblößter Hand einige Zoll aus der Scheide und der Wildmeister forderte den Missethäter vor. Dieser wurde über ein gefälltes Edelwild oder einen Rehbock gelegt und erhielt dann drei Pfund ausgezahlt, d. h. drei Streiche mit dem Weidmesser auf den Hintern. Beim ersten Streiche hieß es: „Hoho! das ist für den gnädigsten Fürsten und Herrn!", beim zweiten: „Hoho! das ist für die Ritter und Knechte!", beim dritten: Hoho! das ist für das edle Jägerrecht!" Hierauf mußte der Delinquent aufstehen, den umstehenden Herren sein Kompliment machen und sich für die Zurechtweisung fein bedanken.

„Ueberhaupt", fährt der Alte fort, „ist es mit dem Weidwerk in vielen Stücken viel schlechter geworden als vor Alters. Nicht genug, daß weder Bären- noch Wolfshatz mehr abgehalten werden kann, auch die Sauhatzen sind sehr selten geworden, Falkeniere giebt's fast gar nicht mehr, und die edlen Parforcejagden, diese schönsten und aufregendsten aller Jagden, sind nur noch bei den Franzosen und Engländern gebräuchlich, selbst bei diesen freilich oft nur noch auf Füchse oder gar auf einen nichtsnutzigen Hasen. Das war ehedem ein ganz anderes Leben, wenn früh die ganze Jagdgesellschaft auszog, vorweg eine Meute von 50—100 der prächtigsten Parforcehunde, Windspiele der schönsten Rasse darunter, alle paarweise zusammengekoppelt, die Führer in Uniform. Dann kamen die Hornbläser und Jäger auf den famosesten Pferden. Die Piqueurs hatten mit dem Leithund bereits den Hirsch bestätigt, die Spur war noch warm, das Wild lag im Dickicht. Jetzt umlegten die Piqueurs das Dickicht, koppelten einige Hunde los, und mit „Halloh joho!" ging's hinein. Da brach ein prächtiger Zwölfender aus und stob über die Blöße, die Waldhörner blasen eine Fanfare, der ganze Jagdzug saust dem Wild nach, das sich versteckt und von Neuem aufgejagt wird. Es segte der Zug weiter über Wiesen und Felder, über Hecken, Bäche und Gräben, bis der Hirsch sich stellte (Hallali) und der Wildmeister ihn weidgerecht mit dem Weidmesser hinter das Blatt abfing. Die Läufe kamen als Ehrenzeichen an den Hirschfänger, die Haut mit dem Kopfe und Gehörn auf einen Wagen oder ein Pferd. Alle Hüte wurden mit Eichenbrüchen aufgeputzt, die Hörner bliesen den Siegesmarsch und der Zug ging lustig zurück zum Schmause, bei dem selbst der Rüdenbub nicht leer ausging. Heutzutage wollen die vornehmen Herren nicht mehr so viel an das Jagdzeug wenden, sondern das Vergnügen wohlfeiler und auch bequemer haben!" —

Da, wo der Wald an die Felder stößt, zeigt uns der Jäger die Fußspuren des Edel= wildes im weichen Boden. Nach der Größe der Fährte unterscheidet er ziemlich sicher, ob hier junges Wild: Kälber, Schmalthiere und Spießer, oder ob ältere Bursche, Sechs= oder Zwölfender, hier gewandelt sind. Er beachtet, wie vielmal die Spur aus dem Walde heraus aufs Feld und wie vielmal sie wieder ins Dickicht zurückführt. Hat der Jäger einen Leit= hund bei sich, so wird dieser die frischeste Spur anzeigen.

Der Jäger muß genau alle Gewohnheiten und Eigenthümlichkeiten des Wildes kennen und danach sein Verhalten einrichten. Es liegt z. B. das Edelwild während des Tages meistens ruhig im Dickicht versteckt, Abends geht es heraus auf die jungen Schläge, Wiesen und Felder, um sich zu äsen, besucht dann auch gern die Salzlecken und an schwülen Nach= mittagen die Suhlungen (Schlammwälzen). Hierdurch erhält der Jäger Gelegenheit, es auf dem Ansitz zu erlegen.

Auf dem Ansitz hält sich der Jäger schußfertig und so still als möglich. Raucht er sein Pfeifchen dabei, so bläst er nur ganz kleine Wölkchen. Der Schweißhund, den er etwa bei sich hat, muß gewöhnt sein, stundenlang still zu liegen, auch selbst dann, wenn das Wild kommt. Wo möglich sucht der Jäger das letztere von der breiten Seite zu fassen. Stürzt es beim Schuß zusammen, so eilt er sofort hinzu und giebt ihm entweder den Nickfang, was gehörige Uebung erfordert, oder stößt ihm den Hirschfänger hinter dem Blatt ein. Bringt er ihm den tödlichen Stich durch die Brust bei, so nennt er dies den Kälberfang. Mitunter kann er sich nicht anders helfen, als daß er ihm die Heesen (die Flechsen an den Hinterläufen) abschlägt. Hat das getroffene Wild noch Kraft genug gehabt, die Flucht zu ergreifen, so sucht der Jäger aus der Blutspur zu beurtheilen, wohin er das Thier ge= troffen, um danach zu entscheiden, ob er es sofort verfolgen oder einige Stunden warten müsse. Bei einem Schuß in die Lunge zeigt das Blut eine zinnoberrothe Färbung und ist schaumig. Ein Schuß in die Leber giebt braunrothen Schweiß, ein solcher ins Herz dunkel= rothen. Hat die Kugel Hals oder Schenkel durchbohrt und dabei nicht etwa den Knochen zersplittert, so hat das Blut die gewöhnliche Farbe und das Thier geht häufig dem Schützen verloren. Die Spur wird mit Hülfe des Schweißhundes aufmerksam verfolgt und von 10 zu 10 oder von 20 zu 20 Schritt mit Brüchen (abgebrochenen Zweigen) belegt. Diese zeigen mit dem untern Zweigende die Richtung der Spur an; die Unterseite der Blätter liegt nach oben, um leichter erkannt zu werden. Bei manchen Verwundungen, z. B. bei einem Schuß durchs Eingeweide (Weidwundschuß), läßt der Jäger dem Wild erst einige Stunden Zeit, um krank zu werden. Es legt sich dann nach kurzer Flucht ins nahe Dickicht und wird so matt, daß es vom Schweißhund leicht gestellt werden kann.

Zum Ansitz gehört viel Geduld, und wenn das Wild zufällig einen anderen Weg ein= schlägt, bleibt die Mühe erfolglos; deshalb zieht der Jäger den Pürschgang oder das Weidwerken oft vor. Bei gutem Winde, d. h. den Wind ins Gesicht, sucht er Abends oder Morgens futterreiche Oertlichkeiten im Walde auf, die das Wild als Lieblingsplätze besucht. Dabei vermeidet er jedoch möglichst jedes Geräusch und horcht und lugt von Zeit zu Zeit aufmerksam, ob er das Wild hört oder sieht. Kommt er an eine Blöße, so steckt er erst vorsichtig den Kopf hinaus, um zu sehen, ob Hirsche da sind, und schleicht dann diesen bis auf Schußweite möglichst gedeckt nahe. Er bewegt sich nur dann, wenn das Wild den Kopf senkt und äst; erhebt es dagegen den Kopf und sichert, so bleibt er unbeweg= lich still, möge auch seine Stellung so unbequem sein wie sie wolle.

Mitunter täuscht der Jäger das Wild, indem er sich ihm in unverdächtiger Gestalt oder mit Hülfe eines Wagens nähert, wie ihn die Holzleute gebrauchen. Dieser fährt un= unterbrochen langsam weiter, und der Schütze steigt vorsichtig ab, sobald er dem Wild nahe genug gekommen. Die Hirsche scheuen ein solches Fuhrwerk wenig und lassen es mitunter bis auf 80 Schritt herankommen. Auch Schießpferde werden gelegentlich zum Beschleichen des Wildes verwendet. Der Jäger fesselt den Kopf des Pferdes so an den Vorderfuß, daß es eine weidende Stellung erhält. Er verbirgt sich hinter demselben und rückt im Bogen dem Wilde langsam näher.

Sollen größere Mengen von Wild mit einem Male erlegt werden, so stellt man Treibjagden an. Hierzu sind natürlich auch um so mehr Menschen nöthig, je größer das Revier ist, das man abtreiben will. Die Schützen postiren sich dann in eine Linie, womöglich in eine Schneuße oder einen breiten Waldweg im Rücken. Sie müssen auf Schußweite von einander entfernt und so stehen, daß Einer den Andern sehen kann.

Fig. 259. Schreiender Hirsch.

Es ist dies nöthig, um Unglücksfälle zu vermeiden. Die Treiber bilden einen großen Bogen, der sich mit seinen Flügeln an die Schützen lehnt; auf ein gegebenes Zeichen rücken sie vor — die mittelsten, welche am entferntesten sind, am stärksten — und treiben so lang= sam das Wild auf die Schützen zu. Hunde verwendet man zum Treiben in Ebenen nicht, weil sonst das Wild zu rasch flieht und sich leicht aus einem solchen Revier gänzlich weg= zieht, höchstens langsam suchende Täckel. Im Hochgebirge dagegen ist beim Treibjagen ohne tüchtige Hunde gar nichts auszurichten.

Man wendet bei dergleichen Jagden auch auf Haspel gewickelte Schnüre, in welche Lappen oder Federn eingeknüpft sind (Blendzeug), ja selbst lange und oft 3 Meter hohe Garne oder ganze Tücher (lichtes und dunkles Zeug) an, mit welchen man das zusammen= getriebene Wild umstellt (Zeug= oder eingerichtete Jagden). Das Revier, aus welchem das Wild den Schützen zugetrieben werden soll, wird dann von einer doppelten Reihe Leute umstellt. Die innere Reihe ist mit Stöcken zum Scheuchen des Wildes bewaffnet und geht absatzweise auf Kommando vor. Ist durch sie ein Waldfleck vom Wilde gesäubert, so rückt die zweite Reihe mit den Netzen oder Tüchern nach und spannt dieselben von Neuem auf. Die vordere Reihe geht dann wieder vor und verengert auf diese Weise den Kreis

mehr und mehr. Reichen anfänglich die Tücher und Garne wegen der Größe des Gebietes
noch nicht aus, so wird die Linie mit Blendzeug verlappt. In Entfernungen von je
15 Schritt ruht die Leine auf Holzgabeln. Zu jeder Leine ist ein Posten gestellt, der sie
von Zeit zu Zeit bewegt, um das Wild zurückzuscheuchen. Bei Hochwild sind auch wol
zwei oder drei Leinen über einander nöthig. Während der Nacht nützen die Lappen und
Federn freilich nichts. Ist deshalb das Revier so groß, daß in einem Tage die Jagd nicht
beendigt werden kann, so müssen während der Nacht der ganzen Linie entlang helllodernde Wachtfeuer unterhalten werden. Je enger der umschlossene Bezirk wird, desto
leichter reicht nachher das Jagdzeug aus. Die Stelle, nach der man bei dergleichen mehr-
tägigen Zeugjagden das Wild hintreibt, um hier in wenigen Stunden von den Jägern
zusammengeschossen zu werden (der sogenannte Lauf), muß hinreichend mit Futter und

Fig. 260. Eine Familie Wildschweine.

Wasser versehen sein, auch Dickichte zum Bergen des Wildes enthalten. Diese Jagdmethode,
oder besser Wildschlächterei, kommt glücklicher Weise heutzutage nur selten mehr in Anwendung. Dagegen bedient man sich derselben noch manchmal zu dem Zwecke, das Wild
lebendig einzufangen. Man treibt es zunächst wie bei den beschriebenen Zeugjagden in
einen möglichst engen, umhegten Raum und läßt diesen auf einem freien Platze in einen
Trichter aus Tüchern und Fangnetzen endigen. In letzteren verwickeln sich die einlaufenden
Thiere, werden von den Jägern gefaßt und entweder in die Transportkästen geschoben oder
mit gebundenen Läufen auf Wagen mit Stroh gelegt.

Statt dieser früher gebräuchlichen Zeugjagden hat man heute in vielen Wildparken
ständige Einrichtungen getroffen, um eine größere Menge Hochwild blos allein durch An-
körnen zu fangen, auf einer verhältnißmäßig kleinen, gut umparkten Fläche aufzusammeln
und bis zum Abschuß gleichsam in Vorrath zu halten (Fangjagen).

Jagden auf Damwild und Rehe werden in derselben Weise ausgeführt wie jene
auf Edelwild, nur daß diese beiden Wildgattungen nicht die Suhlungen besuchen, also hier
nicht beschlichen werden können. Während der letzten Hälfte des Juli und im August schießt
man Rehböcke bequem mit Hülfe des Rehblattes. Der Schütz bringt nämlich auf einem
glatten, etwas steifen Blatte oder auf einem Stückchen Birkenrinde jenen Lockton mehrere
Male kurz nach einander hervor, den die Rehgeis während der Brunft zum Locken des

Bockes hören läßt. Er lockt dadurch die in der Nähe befindlichen Böcke, mitunter auch die
Ricken (weiblichen Rehe) herbei. Letztere läßt er natürlich unbehelligt.

Wildſauen werden ebenſowol auf dem Anſitz, dem Pürſchgang und durch Sau=
treiben, wie mittels Sauhatzen und früher durch Zeugjagden erlegt. Beim Abfangen der
geſtellten Thiere iſt aber größere Vorſicht nöthig als beim Rothwild, da alte Keiler und

Fig. 261. Gemſen.

Bachen ſchlimme Wunden austheilen können. Zum Abfangen bedient ſich der Jäger entweder
des Hirſchfängers, den er dabei auf das rechte Knie ſtützt, oder noch beſſer der ſogenannten
Saufeder, eines ſcharfen, zweiſchneidigen Spießes von etwa 1,5 Meter Länge. Der Stich
wird entweder vorn zwiſchen Hals und Bruſt oder tief hinter dem Blatt nach dem Herzen
geführt. Iſt eine Wildſau bereits angeſchoſſen und von den Schweißhunden geſtellt, ſo

sucht ihr der Jäger unbemerkt von hinten unter dem Winde beizukommen und ihr noch einen tödlichen Schuß hinter das Blatt zu geben. Auf den Kopf schießt er sie nur im höchsten Nothfall. Wo man noch gute Hatzhunde (Saurüden und Saufänger) hat, da benutzt man sie bei Gelegenheit der Treibjagden mit Vortheil zum Sprengen der Saurudel. Zu den Saujagden, welche vorzüglich im tiefen Winter abgehalten werden, bedarf man zum Gelingen unerläßlich eines tüchtigen Schnees.

Hoch oben in den ruhigen, entlegenen Revieren unserer deutschen Alpen lebt die Gemse, jenes flüchtige, genügsame und nur für den abgehärteten, echten Weidmann erreichbare Wild, das für jeden Alpenbesucher so lebhaftes Interesse besitzt und doch nur von den Wenigsten wirklich gesehen wird. In der Schweiz sind durch die lange fortgetriebene schonungslose Verfolgung der Thiere die Gemsstände sehr herabgekommen, um so reicher sind sie dagegen in den Bayerischen und Salzburger Alpen, wo es nichts Außergewöhnliches ist, Rudel von 40 und 60 Stück zu treffen, und wo alljährlich Hunderte erlegt werden. Die hintere Rieß, Berchtesgaden und Ischl sind klassische Reviere für den Gemsjäger. Die Jagd wird wol den ganzen Sommer über getrieben, in den geschonten Ständen beschränkt sie sich aber vorzüglich auf den Herbst und Vorwinter, in welche Zeit zugleich die Brunft fällt. Man bedient sich zum Erlegen der Gemsen auf den gut bestellten fürstlichen Jagdrevieren wol auch der Treibjagd, wozu durch auserlesene, verwegene Gebirgssöhne das Wild aus weitem Umkreise und aus den unzugänglichsten Wänden gegen sogenannte gezwungene Wechsel oft in großer Zahl beigetrieben wird, — die Hauptjagd für den echten Gebirgsschützen ist aber stets die Pürsche. Freilich fordert diese Jagd einen ganzen Mann; Tags vorher schon steigt der Jäger bis zur höchsten Sennhütte, die er lange vor dem ersten Dämmer schon andern Tags wieder verläßt, um sich nun mit gutem Winde und einer für den Sonntagsjäger unfaßbaren Vorsicht den Gemsständen möglichst zu nähern; er schleicht gebückt, jeden Fels oder Latschenbusch zur Deckung benutzend, jedes raschelnde Laub und jeden knackenden Ast mit dem Tritt vermeidend, ängstlich über die kahlen Hochflächen oder auf steinigem Gehänge wie ein Verbrecher dahin, Augen und Ohren überall und wohl wissend, daß das Kollern eines sich lösenden Steinchens in dieser lautlosen Welt dort oben hinreicht, um im weiten Umkreise die vorsichtigen Thiere zur Flucht zu veranlassen und dadurch für heute die Jagd in diesem Gebirgstheile erfolglos zu machen. Doch kein Unfall ist dazwischen getreten, auf Schußweite sieht er einen feisten Bock hinter jenem Felsen hervorbrechen, er schöpft Athem und sendet ihm das tödliche Blei nach, das sein Ziel nicht verfehlt. Doch der Bock ist nur angeschossen, er zieht mit weiten Sätzen auf schweißiger Fährte weiter, und nun beginnt der zweite und gefährlichere Theil der Jagd, — das Verfolgen des Wildes über die entlegensten, schlimmsten Wege, die es in der Welt giebt. Wahrlich, zu solcher Jagd gehören nicht blos Schützen, sie fordert Männer, und zwar die besten.

In den ausgedehnteren Kulturebenen unseres Vaterlandes sind Hasen und Hühner fast das einzige noch vorhandene Wildpret, während Hirsche und Wildsauen bald nur noch in den Bilderbüchern und Märchen existiren werden. Bei seiner Schlauheit, seiner Schnellfüßigkeit und Vorsichtigkeit, besonders aber infolge seiner großen Fruchtbarkeit, ist es dem Hasen gelungen, sich unter solch ungünstigen Verhältnissen noch zu erhalten, und wenn der Jagdpächter seinem Gehege nur einige Pflege angedeihen läßt, so gelingt es in der Regel leicht, eine gute Hasenjagd zu schaffen. Freilich scheitern oft alle Bemühungen des Jagdpächters an den Folgen der schlechten Jagdgesetze, welche da und dort bestehen, und es giebt dann, bei der stets wachsenden Zahl von sogenannten Sonntagsjägern, oft mehr Jäger als Hasen. Doch steht zu erwarten, daß die Mängel der Jagdgesetze beseitigt werden und dem Wildstand wieder jene Beachtung zugewendet wird, die er mit Rücksicht auf Fleischproduktion und unter Beschränkung auf das für Land- und Forstwirthschaft unschädliche Maß sicher verdient.

Handelt es sich um Erlegung einzelner Hasen, so geht der Jäger auf den Anstand. Er wählt hierzu die Abend- und Morgenstunden während der Monate Oktober, November

und Dezember, und wenn sein Revier einen Wechsel von Feld und Wald darbietet, so stellt
er sich etwa 30 oder 40 Schritt vom Waldrande in einer Erdgrube oder sonstwie gedeckt
an. Abends gehen die Hasen aus dem Walde heraus nach dem Feld, früh kehren sie nach
dem Walde zurück. Betheiligen sich mehrere Schützen, so verlappen sie auch wol das Feld.
Sie ziehen vor Anbruch der Morgendämmerung Leinen mit Federn oder weißen Lappen
am Felde entlang und schneiden dem Wild dadurch den Rückzug ab. Da, wo die Schützen
sich anstellen, läßt man Lücken in der Leine. Die Hasen scheuen sich, über oder unter der
Leine wegzupassiren, und folgen der letztern bis zu der Lücke.

Die Hasen legen sich gern in die gepflügten Aecker, ins Wintersaatfeld, hinter Knicke
und Feldhecken. Hier sucht sie der Schütz mit einem Vorsteh= oder Hühnerhund an, am
liebsten nach einem frischgefallenen Schnee. Er beachtet dabei, daß der Hase gern im Ueber=
wind liegt und lieber bergan läuft. Selbstverständlich verfolgt er die Spur gegen den
Wind und achtet vorzugsweise darauf, wo sie einen Widersprung oder Abzug zeigt, denn
er kann dann das Lager sicher in der Nähe vermuthen. Treibjagden werden in ähnlicher
Weise angestellt wie bei dem Edelwild. Die Treiber haben dabei gewöhnlich Hasenklappern
(Holzhämmer, welche auf ein Bretstück schlagen). Sehr gebräuchlich sind die Kesseltreiben

auf offenen Fluren. Treiber
und Schützen wechseln dann
mit einander ab und um=
zingeln das Revier in mög=
lichst großem Kreise. Alle
rücken langsam nach dem
Mittelpunkt hin vor; wenn
der Kreis aber zu eng wird,
werden die Hasen nur noch
geschossen, wenn sie die
Linie durchbrochen haben.

Die wilden Kanin=
chen können zwar auch auf
dem Anstande geschossen
werden, ähnlich wie die
Hasen; meistens zieht man
es aber vor, sie mit Hülfe
des Frettchens zu fangen.

Fig. 262. Eine Fuchsfamilie auf dem Ausgang.

Vor jedes Ausgangsloch ihres Baues wird dann ein Sacknetz oder ein Deckgarn aufge=
stellt. Durch einen Gang läßt der Jäger das Frettchen, das er bis dahin in einem Leder=
beutel verwahrte und vorher hungern ließ, in den Bau, und die Kaninchen stürzen bei An=
näherung ihres Todfeindes in wilder Flucht zu allen Röhren hinaus und in die Netze.
Sie verwickeln sich in dem Garn, und können nun herausgenommen und getödtet werden.
Unangenehm ist es freilich nicht selten bei der Jagd mit dem Frett, wenn letzteres sich am
Blute eines Kaninchens gesättigt hat und dann eingeschlafen ist. Findet es mehrere junge
Kaninchen im Bau, die nicht entwischen können, so vergehen mitunter sogar bis acht Tage,
ehe es wieder zum Vorschein kommt. Will man es nicht einbüßen, so muß entweder ein
Wächter an das Fluchtloch gestellt oder das Thier ausgegraben werden.

Das schlaueste unter dem einheimischen Wilde ist Reinecke, der Fuchs; seine Jagd
gehört deshalb zu den interessantesten. Der Jäger muß hier List der List entgegensetzen
und eben so vorsichtig als schnell entschlossen sein. Er muß genau die in seinem Revier
vorhandenen Fuchsbaue kennen. Will er dem alten Fuchs auf dem Ansitz am Baue auf=
lauern, so muß er natürlich sich sorgsam verbergen und jedes Geräusch vermeiden. Kriecht
der gut getroffene Fuchs doch noch in die Röhre ein, so geht er dem Jäger deshalb nicht
verloren. Ehe das Thier eingeht, arbeitet es sich noch bis zum Ausgange hervor, um
frische Luft zu holen, und nach ein paar Tagen findet es hier der Jäger. Wählt der Jäger

einen warmen Mainachmittag zum Anfitz, so kann er möglichenfalls das ganze Gehecke der jungen Füchse zum Schuß bekommen. Um diese Zeit werden die Kleinen von der Frau Mama hinausgeführt, um im Sonnenschein zu spielen. Der Fuchs trabt im Walde ebenso regelmäßige Wege wie das Rothwild, nur vermeidet er dabei möglichst die Blößen und hält sich immer im Dicicht entlang. An einem solchen Paß kann sich der Jäger bei gutem Winde anstellen, auch noch durch Geschleppe den lüsternen Reinecke reizen. Er wählt am besten eine mondhelle Nacht dazu, schleift dann ein frisches Hasengescheide an einem Stricke am Waldsaume entlang bis auf den Fuchspaß, und wenn das Füchslein dann sich etwa noch scheut, in die Nähe zu kommen, so reizt er es dadurch, daß er die Stimme der Mäuse, der jungen Hasen oder eines Vogels nachahmt. Hierbei muß er aber rasch schußfertig sein und den Kopf oder die Brust als Ziel nehmen. Ein zerschossener Lauf hindert den Fuchs nicht an der Flucht; sind ja doch Fälle bekannt, daß der Jäger dem scheintodten Fuchs die Hinter= läufe an den Heesen durcheinander gesteckt hatte und Reinecke nachmals doch noch davonlief. Stürzt der Fuchs auf den Schuß, so muß ihn der Jäger rasch beim Schweife fassen und einige Mal mit dem Kopf gegen einen Baum schlagen oder ihm einen zweiten Schuß in die Brust geben. Will man den Fuchs in seiner Burg Maupertus selbst angreifen, so besetzt ein Jäger mit gespannter Büchse die Fluchtröhren und schickt einen Dachshund hinein. Bleibt Reinecke im Bau und zeigt der Dächsel die Stelle an, wo er liegt, so gräbt man von oben herab ein Loch in solcher Richtung, daß man wo möglich zwischen Hund und Fuchs unten eintrifft. Den letzteren zieht man dann mit dem Fuchshaken oder der Dachszange hervor oder sticht ihn mit der zweizinkigen Dachsgabel todt (Fuchsgraben). Bei stürmischem, regnerischem Wetter läßt sich der Fuchs auch wol durch den Dächsel aus dem Bau herausjagen und in Netzen fangen, die an den Fluchtröhren aufgestellt sind. Ganz besondere Vorsicht ist nöthig, wenn der Fuchs im Eisen gefangen werden soll. Als kräftigstes Eisen ist der soge= nannte Schwanenhals bekannt. Eine Hauptregel ist hierbei, im Fuchs so wenig als möglich Verdacht zu erregen und deshalb ihn nicht durch Witterung die Betheiligung des Menschen merken zu lassen. Das Eisen wird in einer passenden Vertiefung des Bodens ver= borgen, erhält eine Unterlage von trocknem Häcksel, um es vor dem Rosten zu schützen, dann auch eine Decke von demselben Material; darauf streut der Jäger etwas frischen Pferdemist, dem er das Ansehen giebt, als sei derselbe etwa durch Raben aus einander ge= scharrt, und dann bringt er die Lockspeise an der Zunge des Eisens an. Als Köder prä= pariren die Jäger eine Mischung von gebratenem Schweineschmalz und Brotstückchen und setzen Schale von Bittersüß (Solanum dulcamara), Zwiebeln, Veilchenwurz, Honig, Kampher oder ähnliche stark riechende Dinge zu. Ehe sie das Eisen aufstellen, suchen sie den Fuchs mehrere Male durch ähnliche Brocken an den Platz zu gewöhnen, auch wol kleine Kalbs= knochen, Stücke von Kalbsleber, Wurstschalen, Hasengescheide und dergleichen ihm als Vor= kost zu bieten. In anderen Fällen wendet der Weidmann einen gebratenen Hering oder eine gebratene Katze als Lockspeise an.

Der Dachs wird durch dieselben Mittel überlistet, wie der Fuchs. Man schießt ihn theils auf dem Anstande, hetzt ihn auch bei Nacht mit Hunden, nachdem man vorher die Röhren seines Baues mit Sackgarn versehen hat, in welchem er sich flüchtend fängt, oder man gräbt ihn aus, wie den Fuchs. Sollen Dachs und Fuchs auf der Treibjagd erlegt werden, so muß möglichst still getrieben werden und die Triebe müssen verhältnißmäßig groß sein. Noch größere Vorsicht und Gewandtheit ist bei der Jagd auf Fischottern nöthig, zu welchen der Jäger durch den hohen Preis des Pelzwerks sich veranlaßt fühlt. Ihnen am Paß aufzulauern erfordert sehr viel Geduld und einen eben so raschen als sicheren Schuß. Ergiebiger und unterhaltender schon ist die Jagd mit Hunden bei Tage. Letztere müssen gewöhnt sein, ins Wasser zu gehen und die Ottern aus ihren Schlupfwinkeln auf= zustöbern; zu dieser Jagd fehlen übrigens gewöhnlich die brauchbaren Hunde. Sicherer geht man zu Werke, wenn man den Bach oder kleinen Fluß, in denen man Ottern vermuthet, streckenweise oben und unten mit Fangnetzen sperrt, die Ufer und Untiefen mit Schützen be= setzt und die Ottern durch Hunde und Treiber aus ihren Verstecken aufscheucht.

Zur Jagd auf den Baummarder und seine Verwandten lockt ebenso der Werth des Balges, wie andererseits der Schaden, den das kleine Raubzeug am Wildstand und in den Gehöften anrichtet. Der geschätzte Baummarder hält sich nur im Walde auf, jagt nur während der Nacht und verschläft den Tag in dem Neste eines Vogels, Eichhörnchens oder in einem hohlen Baume. Seine Spur und mit Hülfe derselben sein Lager können nur dann aufgefunden werden, wenn kurz vor Tagesanbruch neuer Schnee gefallen ist. Der Weid=mann folgt der Spur bis dorthin, wo sie auf einen Baum führt. Er achtet genau darauf, ob herabgefallener Schnee etwa verräth, welchen Weg das Thier auf den Baumästen weiter genommen hat. Hat er ein Nest auf dem betreffenden Baume ausfindig gemacht, so schießt er in dasselbe, während der Hund gelöst ist, den etwa verwundet herabstürzenden Marder zu würgen. Schwieriger ist das Wild zu erlangen, wenn der Baum hohl ist. Das Beste ist freilich, den Baum fällen, Loch für Loch zu untersuchen und dann zu verstopfen, während ein Jäger mit Büchse und Hund fortwährend bereit ist, den Flüchtling abzufangen. Ist der Marder in einem Loche endlich gefunden, so wird er entweder mit dem Flintenkrätzer her=ausgezogen oder in Ermangelung von etwas Besserem in einen vorgehaltenen, unten zu=gebundenen Rockärmel gejagt und dann todtgeschlagen. Kann der Baum nicht gefällt werden, so sucht man den Versteckten durch Holzrauch oder Schwefeldampf herauszujagen und zu schießen. Steckt das Thier aber in der Höhlung eines Seitenastes, so ist jenes Mittel erfolglos. Auf kleinen Waldblößen stellt dann der Jäger wol die kleinere Berliner Schwanenhalsfalle oder Tellereisen auf und ködert mit einem frisch getödteten Vogel, mit Hasenwildpret oder einem Stück gebratenen Hering. An den Dohnensteigen, die der Marder gern plündert, bringt er zu ebener Erde Mord= oder Prügelfallen an, die er mit einem frischgetödteten kleinen Vogel ködert und zu denen er von mehreren Seiten her Geschleppe von Hasengescheide macht. Letztgenannte Fallen sind in ähnlicher Weise aufgestellt, wie die sogenannte Studenten=Mäusefalle, und quetschen das Thier, sobald es den Köder nimmt.

Steinmarder und Iltis logiren sich bekanntlich gern in den Gebäuden, in Scheunen, Schuppen und dergleichen ein. Hat man erspäht, welchen Weg sie bei ihren Nachtausflügen zu nehmen pflegen, so lauert man ihnen dort mit der Flinte auf oder legt Tellereisen oder Klappfallen, in welche man ein Ei oder getrocknete Pflaumen als Köder bringt, dahin. Weiß man bestimmt, daß ein solcher unangenehmer Gast in einem Gebäude sich eingenistet hat, und erlauben es die Verhältnisse, so umstellt man dasselbe mit Schützen und läßt im Innern mit Trommeln, Sensenwetzen, Klappern mit Eisendeckeln und dergleichen den größtmöglichen Lärm machen, durch den der Versteckte zur Flucht ins Freie veranlaßt wird.

Jagd auf Federwild. Unter dem einheimischen Federwild genießen Auer= und Birkhühner bei dem Weidmanne das höchste Ansehen, weniger wegen der Kostbarkeit der Ausbeute als wegen der interessanten Jagdweise. Diese Wildsorten sind in der neueren Zeit etwas seltener geworden; man schießt deshalb fast nur die Männchen, und zwar meistens dann, wenn sie ihr verliebtes Stündchen haben und auf der Balze so mit Radschlagen, Wetzen und Reverenzmachen beschäftigt sind, daß die sonst höchst scheuen, vorsichtigen Vögel weder sehen noch hören. Zur Balzzeit der Auerhähne, welche zur Zeit des Knospenschwellens eintritt, sucht der Jäger den Platz schon am Abend ausfindig zu machen, wo der Vogel zur Nachtruhe sich niederläßt. Früh vor 2 Uhr, vor dem ersten Grauen des Morgens, muß er bis auf 150 oder 100 Schritt dem Baume sich nähern und in dieser Entfernung warten, bis der Vogel schleift oder wetzt, d. h. bis er sein aus knappenden oder schnalzenden Tönen bestehendes Lied durch solche unterbricht, die dem Wetzen einer Sense ähneln. Hört der Jäger diesen eigenthümlichen Klang, so springt er mit ein paar weiten Sätzen näher und ver=harrt dann unbeweglich still, bis der Hahn von Neuem schleift. Er wiederholt sein Manöver so oft, bis er zum Schuß kommt. An den Balzplätzen der Birkhähne errichtet man verdeckte Schießhütten, um verborgen und bequem den Vögeln auflauern zu können.

Fasanen (Fig. 263) werden durch den Hühner= oder Vorstehhund in ihrem Lager aufgesucht und zum Schuß gebracht. Man fängt sie auch, nachdem man ein Volk zerstreut hat, in Steckgarnen, beschleicht die Hähne beim Balzen und stellt, wenn viele mit einem

Male geschossen werden sollen, förmliche Treibjagden auf sie an. Hierbei werden die Vögel manchmal durch eine querüber gezogene Hürde in der Nähe der Schützen zum Auffliegen (Aufstehen) veranlaßt und im Fluge erlegt. Es ist bemerkenswerth, daß der Fasan in Deutschland sich mehr und mehr akklimatisirt, so daß seine künstliche Züchtung in Fasanerien, welche früher oft so höchst kostspielig war, nun ganz überflüssig wird. Das Gebiet, auf welchem der Fasan heimisch ist, erweitert sich an den Ufern des Oberrheines, der Donau, Isar u. s. w. von Jahr zu Jahr, wenn für Fütterung in strengen Wintern und Raubzeug=vertilgung nur Etwas gethan wird.

Das delikate Haselwild ist leider in vielen Revieren selten geworden oder ganz aus=gerottet; am zahlreichsten ist es noch in der Montblanc=Gegend vorhanden. Man sucht es entweder mit dem Hühnerhund auf, wendet auch wol die Steckgarne an, oder legt mit großem Erfolg Laufdohnen auf schmale Wege, die man zwischen den Gebüschen fegt.

Die Jagd auf Trappen ist mehr ein Ehrenpunkt als pekuniär vortheilhaft. Das Fleisch des großen, stattlichen Vogels ist nicht viel nütze, das Wild dagegen höchst scheu und vorsichtig, so daß der Schütz zu allerlei Listen seine Zuflucht nehmen muß, um auf den offenen Ebenen, die jener Vogel bevor=zugt, sich ihm zu nähern. Er be=schleicht ihn gelegentlich mit Hülfe des oben erwähnten Schießpferdes oder eines Bauern=wagens, verkleidet sich auch ge=legentlich einmal sogar als Bauernfrau mit obligatem Trag=korb. So lange die jungen Trap=pen noch nicht völlig ausgewach=sen sind, gelingt es mitunter, sie mittels des Hühnerhundes aufzustöbern oder sie vom Wind=hund fangen zu lassen. Bei Glatteis ist es schon vorgekom=men, daß man sie lebendig mit den Händen greifen konnte.

Weit bemerkenswerther ist die Jagd auf Feldhühner, die alljährlich im Herbst, wenn die Halmfrüchte geerntet sind, eine

Fig. 263. Fasanen.

Menge Jäger in allen Gauen Deutschlands in Bewegung setzen. Man schießt die Feld=hühner auf der Suche mit dem Vorstehhunde, und hier ist es, wo unsere Hunde haupt=sächlich ihre Kunstprobe zu bestehen haben. Der tüchtige Hund sucht im Gesichtskreise des Jägers alle Aecker und Gelände ab, bis er an Hühner kömmt; er wird plötzlich vor=sichtig, schleicht behutsam noch einige Schritte vorwärts und bleibt dann wie versteinert mit lang vorgestrecktem Hals stehen. Der Jäger erkennt daran, daß kurz vor dem Hunde Hühner liegen; er jagt sie heraus und schießt in gutem Falle zwei davon weg, indem er den fortstreichenden Hühnern nachsieht, um die Richtung und den Platz zu erkunden, wo er sie wieder aufzusuchen hat. — Der Fang in Netzen wurde früher eifrig betrieben, ist aber jetzt ganz verlassen.

In Waldrevieren gewinnt gelegentlich die Jagd auf Drosseln Wichtigkeit, da sie mitunter mehr abwirft als das ganze übrige Federwild. Das Schießpulver macht sich zwar selten bezahlt, desto lohnender aber ist der Fang mit Dohnen, die in Schneußen zu Hunderten aufgestellt werden. Die Hängedohnen (Fig. 264) bestehen aus Baum=

zweigen, die entweder als Dreiecke oder in Bügelform an den unteren Baumästen auf=
gehängt werden. An diese Zweige hängt man Vogelbeeren oder Hollundertrauben und
bringt Schleifen aus Pferdehaar rings um dieselben in der Weise an, daß die lüsternen
Vögel darin sich fangen. Für solche Drosselarten, die, wie die Wachholder= und Ringdrossel,
sich mehr an der Erde aufhalten, werden zwischen die Wachholderbüsche Laufdohnen,
d. h. Pferdehaarschleifen, am Boden befestigt. Größere Mengen auf einmal fängt man auf
dem Vogelherd. Zur Anlage eines solchen wählt der Vogelsteller zur Zugzeit im Herbst
einen etwas hochgelegenen Punkt, etwa einen bebuschten Hügel, der in einem Paß zwischen
höheren Bergen liegt und der von den Zugvögeln regelmäßig besucht wird. Hier richtet man
sich ein großes Schlagnetz ein, das aufgestellt wird. Ein Wasserbehälter, ausgestreutes
Futter und besonders Lockvögel laden die vorbeiziehenden Schwärme zum Niederlassen ein.
Der in einer Rasen= oder Laubhütte versteckte Papageno thut mit der Lockpfeife auch sein
Möglichstes und bringt dann, wenn genug Thiere sich niedergelassen haben, durch einen
Ruck an der Schnur das Netz zum Losschlagen. Will der Jäger den Vogelherd zum Fang
wilder Tauben benutzen, so bringt er ihn mit Vortheil an einer Salzlecke an, die von
den Tauben gern besucht wird.

Eine Lieblingsjagd der meisten Jäger ist der
Schnepfenstrich, der vorzüglich im Frühjahr, wenn
die Schnepfen aus ihren im südlichen Europa gelegenen Winterquartieren wieder zum Sommeraufent-
halte zu uns zurückkehren, mit meist großem Eifer
betrieben wird. Es ist das Wiedererwachen der Natur,
was dieser Jagd ihren besonderen Reiz verleiht; denn
es schwellen schon die Knospen, die Luft ist milder
geworden, es sind schon die Wildtauben, das Roth=
kehlchen, die Amsel, die Heidelerche, die Bachstelze
wieder eingetroffen, — und wenn man sich bei ruhiger
Luft am Abend auf einen passenden Stand im Walde
begiebt und ruhig das Anbrechen der Nacht erwartet,
so hört man den pfeifenden und quaxenden Falzton
der Schnepfe, die mit gesträubtem Gefieder und lang
herabhängendem Schnabel in geringer Höhe über dem
Gehölze gestrichen kommt und dem Jäger zum Schusse
sich darbietet. Außer dem Striche betreibt man
auch die Suche am Tage, und in unzugänglichen

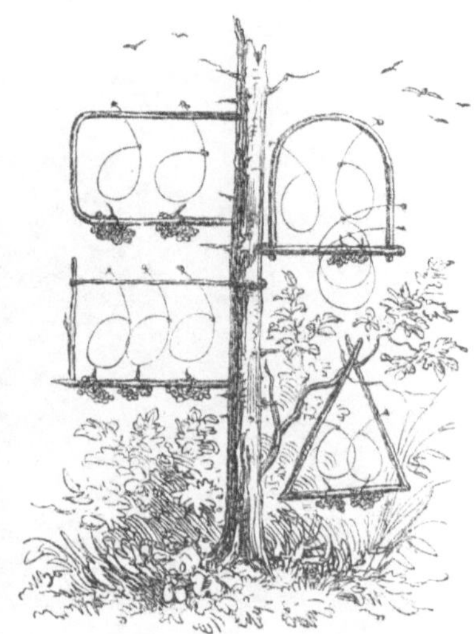

Fig. 264 Dohnen- und Drosselfang.

Waldorten veranstaltet man auch Treibjagden auf die Schnepfe. — Ein der Schnepfe
verwandtes Federwild ist die Bekassine, die sich vorzüglich in feuchten Wiesen aufhält
und wie die Schnepfe im Frühjahr bei uns brütet. Man sucht sie mit dem Hühnerhunde
zum Schuß zu bringen.

Mancherlei abweichende Jagdmethoden bietet die Jagd auf wilde Gänse und
Enten. Besonders sind die ersteren so außerordentlich scheu, daß der Jäger durch Be=
schleichen selten zum Schuß kommen wird. Er legt deshalb an Feldern und Teichen, auf
welche sie gern einfallen, Schießhütten an, die einem Heuschober, einem Schilfbüschel oder
Reisighaufen ähnlich aussehen, bringt möglichenfalls eine junge gezähmte Wildgans oder
zahme graue Gans als Lockvogel an und streut gelbe Rüben, Krautblätter und dergleichen
als Futter umher. Bei Gänsen und Enten veranstaltet man Jagden in Kähnen, läßt durch
die Schilfdickichte gerade Streifen frei aushauen und an einem Ende derselben die Schützen
postiren. Andere Kähne mit Treibern und Schützen dringen langsam vor, und die Hunde
stöbern das Wild aus den Dickichten auf. Den Enten kommt man mitunter mit Hülfe einer
tragbaren Wand aus Schilf (Wisch) schußnahe, auf dem Wasser gelingt dies in einem kleinen
Kahne, der am Vordertheil einen großen Schilfbüschel trägt und mit kurzem Schaufelruder
langsam stets so regiert werden muß, daß die Vögel nur das Schilf sehen. Schon aus des

Barons von Münchhausen berühmten Memoiren weiß Jeder, daß sich die Enten auch angeln lassen. Die Angelhaken verbirgt man in Darmstückchen und befestigt die Leinen an Pfählen unter Wasser. Um Wildenten einzufangen, richtet man auch große Garne auf Schilfteichen ein, die schließlich in einem bedeckten Kanal endigen, und sucht dann die Vögel langsam nach der eingerichteten Stelle hinzuscheuchen oder hineinzulocken. Gewöhnlich aber bedient man sich zum Fange der Enten des Entenherdes, eines auf einer Sandbank u. s. w. fängisch gestellten Schlaggarnes.

Zum Erlegen der Raubvögel, Raben und Elstern, dient häufig die Krähen= oder Schuhuhütte. Letztere ist auf einem freiliegenden, weithin sichtbaren Hügel angebracht und außen mit Rasen bedeckt. Ein Pfahl mit Querhölzern trägt den Uhu. Durch eine Stange oder einen Faden kann man den Lockvogel zum Flattern bringen, wenn ihn seine Feinde nicht bemerken sollten. Ringsum stehen eingegrabene Bäume mit dürren Aesten, auf denen sich die Vögel niederlassen können und von denen sie herabgeschossen werden.

Fig. 265. Waldschnepfen äsend.

Raubvögel fängt man auch sehr gut im Habichtskorbe. Dieser ist ein Käfig aus Drahtgitter, unten mit Doppelboden, zwischen denen eine Locktaube (im Sommer eine weiße, im Winter eine blaue) befindlich ist. Oben ist der Käfig offen, in der Mitte hat er ein Trittholz, das mit einem Schlagnetz in Verbindung steht. Stößt der Räuber auf die Taube herab und berührt das Trittholz, so löst sich das Schlagnetz aus und bedeckt die obere Abtheilung des Korbes. Raubvögel und Wildgänse werden gelegentlich auch in Tellereisen gefangen.

Das Raubwild verfolgt der Jäger zu jeder Jahreszeit, sobald er seiner habhaft werden kann, vorzüglich aber im Winter, wo der Balg brauchbar ist; das übrige Wild da= gegen schont er während der Zeit, in welcher es beschlagen geht und die Jungen säugt. Er schießt deshalb Hirsche vorzüglich in der Zeit vom Juli bis September, weibliche Thiere dagegen erst im September bis November, Rehböcke vom Juni bis Dezember, Hasen vom September bis Ende Januar, Fasanen und Feldhühner desgleichen. Die Hegezeiten, während welcher das Wild geschont werden muß, sind in allen deutschen Staaten gesetzlich fixirt, und auf ihre Mißachtung sind mitunter hohe Strafen gesetzt. Der Jäger muß ferner verstehen, die größeren Wildsorten regelrecht zu zerlegen und die Häute so zuzurichten, daß sie sich bis zum Verkauf aufbewahren lassen. Sie werden gewöhnlich mit Asche auf der Aasseite eingerieben und getrocknet. Rothwildhäute hängt er dabei einzeln senkrecht auf,

Schweins= und Dachsschwarten spannt er durch Zwecken auf Breter aus, um das Zu=
sammenschrumpfen zu verhüten. Kleinere Bälge (Hasen, Marder) werden erst über keil=
förmige Bretstücke gezogen, und wenn sie ziemlich trocken sind, umgewendet und das Pelz=
werk durch Kämmen gesäubert.

Wie bereits gesagt, sind die mittleren und nördlichen Kulturebenen unseres Vater=
landes arm an Wild geworden, in den Waldungen der südlicheren Gebirge finden sich aber
in eingehegten Wildparks noch ziemlich hohe Zahlen. So enthielten beispielsweise die
bayerischen Parks, Leibgehege und Reservejagden der jüngsten Jahre über 6500 Stück
Edelwild, 1200 Damwild, 1200 Schwarzwild, 7000 Gemsen, 7000 Rehe, 200 Murmel=
thiere, 9000 Hasen, 1200 Stück Auerwild, 1700 Stück Birkwild, 2400 Stück Haselwild,
250 Schnee= und 20 Steinhähne, 2600 Fasanen, 9000 Wildenten u. s. w. An Pelzen
kommen in Deutschland jährlich gegen 30,000 Edelmarder, 70,000 Steinmarder, 100,000
Füchse, 200,000 Iltisse, 5000 Fischottern und 5000 Dachse in den Handel, die einen Werth
von etwa einer Million Thaler repräsentiren. Außer den genannten kostbaren Pelzen werden
noch für eben so viel Geldwerth Hamster=, Katzen=, Hasen=, Kaninchen= und Lammfelle in
Deutschland produzirt, deren Gewinnung zum Theil ebenfalls Sache des Weidmanns ist.

Pelzjägerei. Bei denjenigen deutschen und außerdeutschen Jagden, bei welchen nicht
blos die Jagdlust Hauptveranlassung ist, sondern der Erlös aus der Beute zum vorwiegen=
den Beweggrunde wird, spielt die Erwerbung des Pelzwerkes eine hervorragende Rolle. Die
Rauchhändler theilen die Pelze zunächst in edlere und gemeine, ohne daß sie zur weiteren
Klassifizirung derselben sich wissenschaftlicher Prinzipien und Methoden bedienten. Letztere
sind unseres Wissens blos bei der Beurtheilung der Schafvließe in Anwendung. Man hat
hierbei sogenannte Cirometer, Haarstärkemesser, bei denen ein Grad einem Fünftausendstel
Millimeter entspricht. Ein menschliches Kopfhaar hat beispielsweise 30—40 solcher Grade,
grobe Schafwolle 20°, Primawolle 12°, Elektoralwolle 4—6° 2c. Bekanntlich unterscheidet
man an den Pelzen die kürzeren Grundhaare von den längeren, meist auch härteren Kontur=
haaren und verlangt von dem edleren Pelzwerk, daß die Haare lang, fein und weich sind,
einen lebhaften Glanz haben und sich beim Streichen nach allen Seiten hin gleichmäßig legen.

Es sind besonders zwei Ländergebiete der Erde, in denen Pelzgewinnung durch Jäger
in ausgedehntem Maße stattfindet: das nördliche asiatische Rußland (Sibirien) und die
nördlichen Gebiete Nordamerika's, die Hudsonsbailänder.

Unter dem russischen Pelzwerk nimmt der Zobel die erste Stelle ein. Das
Thier gehört bekanntlich zum Mardergeschlecht und variirt je nach den Landschaften, dem
Alter, der Jahreszeit und den Individuen mehrfach in der Färbung. Die vorherrschende
Färbung ist Braunschwarz und Schwarz, bei den Silberzobeln erscheinen die Grannen=
haare glänzendweiß, beim Goldzobel haben sie Goldglanz. Am geschätztesten sind die=
jenigen Zobel, welche ins Bläuliche spielen, und wird von ihnen das Stück mit mehr als
100 Rubeln (120 Thalern) bezahlt. Zobelpelze sind ein Monopol der russischen Krone.
Viele der halbwilden Völkerschaften Sibiriens haben Zobelpelze als Steuern zu entrichten,
und nicht wenige der dorthin Verbannten müssen ebenfalls jährlich eine Anzahl jener Thiere
erlegen und deren Bälge abliefern. Durch die fortwährende Verfolgung sind die ohnedies
sparsam vorhandenen und scheuen Zobel in den besuchteren Landschaften sehr selten geworden,
und es muß ihnen in immer entlegenere Distrikte nachgegangen werden. Wie bei allen
Thieren, die des Pelzes wegen erlegt werden, sucht der Jäger solche Verwundungen zu
vermeiden, durch die der Balg ernstlich beschädigt werden könnte. Zählebige Burschen, wie
die Arten des Mardergeschlechtes sind, sucht er in Prügel= und Mordfallen zu fangen, die
unseren Marderfallen ähneln, andere fängt er in Schlingen.

Die Pelzjäger und Pelzhändler unterscheiden, wie gesagt, von derselben Thierart mit=
unter eine ganze Anzahl Sorten, die der Naturhistoriker unter demselben Namen zusammen=
faßt. Andererseits werfen sie wiederum mancherlei Pelze unter derselben Bezeichnung zu=
sammen, die von verschiedenen Thiergattungen stammen.

Von den Verwandten des Zobels war ehedem mehr als jetzt das Hermelin sehr

gesucht, besonders der weiße, mit schwarzer Schwanzspitze versehene Winterpelz. Als un=
echter Hermelin gehen noch die russischen Schneewiesel, die auch Laschitz oder Laski genannt
werden, und in Deutschland werden weiße Kaninchen dazu benutzt. Die letzteren spielen
überhaupt im Pelzhandel eine große Rolle. Die silberfarbenen und braunen sind sehr ge=
sucht, und in Deutschland allein kommen jährlich gegen 250,000 Dutzend in den Handel.

Von sibirischem Rauchwerk werden Eichhörnchen jährlich in großen Mengen ver=
führt. Der Winterpelz, der eine angenehme silbergraue Färbung hat, geht unter dem
Namen Feh oder Grauwerk. Von Jeniseisk, Irkuzk, Jakuzk und Saccamenoy aus kommen
jährlich Unzahlen nach Europa, und allein in der Umgegend von Leipzig (Weißenfels,
Naumburg) werden gegen anderthalb Million Stück zubereitet, um dann nach Frankreich,
Italien, Polen und Amerika verführt zu werden. Es kommen auch Sorten von schwarzer
und weißer Farbe vor. Der Schweif der ersteren wird als Zobelschwanz verkauft. Die
Grannenhaare der Eichhörnchen, sowie jene der Dachse, Marder u. s. w., finden auch zu
feinen Malerpinseln Verwendung. Das bunte Eichhörnchen ist wenig geschätzt, mehr jenes
in der Berberei, das wegen seiner hübschen Zeichnung Livré=Eichhörnchen genannt
wird. Der Balg des sibirischen Iltis, auch als Kolonok=, Kalinka= oder Kulonkifell
im Handel, ist weniger hochgehalten, geschätzt dagegen um so mehr jener vom russischen
Edelmarder. Das Fell des nordischen Vielfraß ist schön gefärbt und glänzend, gilt aber,
da es grobhaarig ist, nur als ordinäres Pelzwerk. In dieselbe Kategorie fallen auch die
Pelze der Wölfe und Bären.

Die weiten Länderstrecken Nordamerika's, von Labrador und der Hudsonsbai an
bis zum Stillen Ozean, von Canada bis zum nördlichen Eismeere, sind fast noch ausschließ=
licher Jagdgrund. Hier nährten sich von Alters her die Indianerhorden vom Ertrag ihres
Bogens und lauschten den verschiedenen Wildsorten Sitten und Gewohnheiten ab, um die=
selben bei der Jagd zu berücksichtigen. Schon im Jahre 1670 hatte eine Anzahl Engländer
eine Handelsgesellschaft gebildet, um die Pelze der Hudsonsbailänder aufzukaufen. Sie
erwirkten von Karl II. ein Privilegium über jenes Gebiet, das England als das seine be=
trachtet. Es ist dies ein Länderkomplex von 125,000 deutschen Quadratmeilen, also
zwanzigmal größer als Großbritannien. Das Interesse dafür stieg, als Cook's Expedition
an der Westseite Amerika's die kostbaren Seeotterfelle antraf und auch andere Pelze spott=
billig erwarb, die sich in dem nahen China mit ungeheurem Gewinn verwerthen ließen.

Eine geraume Zeit hindurch zogen sich abenteuerlustige und verwegene Gesellen aller
Nationen nach den Jagdgebieten und stellten Fallen für Biber, Füchse und Bisamratten,
schossen Rothwild und Bären, Luchse und Wölfe und lieferten mit ihren abenteuerreichen
Zügen den Pelzhändlern jährlich eben so bedeutende Quantitäten frischer Waare, wie den
Novellisten Stoff zu Romanen. Gelegentlich geriethen sie mit den eingeborenen rothen
Jägern in blutige Konflikte, Andere wiederum verwilderten völlig und ließen sich unter den
Indianern häuslich nieder. Im Jahre 1783 entstand die Nordwest=Pelzcompagnie, durch
Kaufleute von Canada gebildet, und zwischen den Gliedern der beiden konkurrirenden Gesell=
schaften entspann sich in den abgelegenen Jagdgebieten ein erbitterter Einzelkampf, bis end=
lich 1821 eine gegenseitige Verständigung und allgemeiner Landfrieden hergestellt wurde.
Seit der Goldreichthum Californiens die Aufmerksamkeit der Welt auf sich zog, legten die
meisten Trapper die Fallen bei Seite und ergriffen Schaufel und Waschmulde, so daß jetzt die
Jagd in den Hudsonsbailändern fast ausschließlich wieder durch Indianer betrieben wird.

Das Hauptpelzthier ist hier der Biber. Man bemächtigt sich seiner durch Fallen in
der Nähe seiner Wasserbauten. Das Biberfell bildete schließlich sogar die Münzeinheit beim
Tauschhandel zwischen Jägern und Händlern. Zwei Marder galten einen Biber, zehn
Moschusratten desgleichen, vier Biber machten einen Silberfuchs u. s. w. Ueber die Werthe,
welche die Pelze im europäischen Handel besaßen, ließ man natürlich die Jäger so viel wie
möglich im Dunkel. Man zahlte in Artikeln europäischer Manufaktur und verkaufte ihnen
eine Flinte für 20 Biber, einen Tuchrock für vier, ein Messer für zwei u. s. w. Bei dem
wüsten Leben, dem sich viele Pelzjäger ergaben, geriethen dieselben gewöhnlich auch bald

Schulden halber in Abhängigkeit von den Händlern, die durch das ganze Gebiet hindurch ihre Voyageurs sendeten und Forts mit Waarenniederlagen errichten ließen. Um den Markt womöglich auf ziemlich gleicher Höhe zu erhalten, zahlte man für die kostbarsten Pelze verhältnißmäßig etwas weniger als für die geringeren Sorten. Man suchte dadurch zu verhüten, daß die werthvollsten Pelzthiere ausgerottet, die geringeren vernachlässigt würden. Von den Bibern werden zwar in manchen Jahren noch 30,000 Stück abgeliefert, im Verhältniß zu früher sind sie aber doch seltener geworden. Man schor sie ehedem fast sämmtlich und verarbeitete die Grundhaare zu feinen Filzen (Kastor), gegenwärtig entfernt man die längeren Konturhaare und macht sie dadurch der kostbaren Seeotter ähnlich. Letztere bewohnt die Küsten der Nordwestseite und ihre Jagd wird fast nur durch die Eingeborenen betrieben. Sie suchen das Thier mit ihren Kähnen im Meere zu umzingeln und beim Auftauchen oder Landen zu schießen, was bei seiner geringen Größe ein mühseliges Geschäft ist. Schon 1790 verkaufte man in Kanton die Bälge mit 100—150 Thalern das Stück, die Schwänze mit 6—20 Thalern; seit jener Zeit sind sie aber bei gesteigerter Seltenheit höher hinaufgegangen. Ein gutes Seeotterfell wird in Deutschland mit 350—500 Thalern berechnet.

Fig. 266. Der Seeotter und Seeotterjagd.

Hohe Preise haben auch gewisse Spielarten des Fuchses, die einzeln noch in Sibirien und Kamtschatka vorkommen. Weiße Füchse gelten etwa drei Thaler, sogenannte blaue dagegen sechsmal so viel, Silberfüchse mit weißem Grannenhaar kosten 130 Thaler das Stück, und schwarze Füchse sogar 250 Thaler. Der Pelzjäger unterscheidet außerdem noch gelbe, rothe, Grisfüchse u. s. w. Die amerikanischen Zobel sind weniger geschätzt als die asiatischen, ihr Haar soll rauher und gröber sein (unter dem Namen „amerikanische Zobel“ gehen oft auch die schwarzbraunen Pelze des canadischen Edelmarders), dagegen werden die virginischen Iltisse hoch geschätzt. Als edles Pelzwerk gilt ferner der Nörtz oder Norka, eine amerikanische Marderart, die fast dem Zobel im Preise gleichkommt; ebenfalls geachtet ist der Minx oder Vison, ein naher Verwandter desselben. Sogar die Felle der sonst so mißliebigen Stinkthiere werden wegen ihres feinen Haares hochgehalten; sie werden entstänkert und ähneln dem Marderpelz. Der Winterpelz der amerikanischen grauen Eichhörnchen geht unter dem Namen Petitgris, ist aber weniger geschätzt als der der russischen; das Letztere gilt auch vom Luchs, der in ansehnlichen Mengen vorkommt.

Sehr große Quantitäten Pelze erhält man von Waschbären (Schuppenpelze). Man zieht dieses Thier des Felles wegen jetzt sogar als Hausthier; je nach der Schönheit wechselt der Preis des Balges von ½ bis 15 Thaler das Stück. Als ein Beispiel der Mengen=

verhältnisse, in denen die amerikanischen Pelzthiere vorkommen, führen wir an, daß im Jahre 1848 auf einer einzigen Auktion in London davon versteigert wurden: 21,349 Biber=felle, 808 Flußotterfelle, 195 Seeotterfelle, 150 Robbenfelle, 744 Pekanfelle (canadische Marder), 1344 Fuchsfelle, 3000 Bärenfelle, 29,700 Marderfelle, 14,100 Nörtzfelle, 18,550 Bisamrattenfelle, 1015 Luchsfelle, 630 Katzenfelle, 1500 Wolfsfelle, 230 Vielfraß=felle, 3000 Waschbärfelle, 2800 Rehfelle. —

Die südliche Hälfte der Erde liefert auffallend wenige Pelzthiere; am beliebtesten ist das große und kleine Chinchilla wegen seiner Weichheit und Feinheit geworden. Es bewohnt die regenlosen Gebiete Chile's und Peru's sowie der Laplata=Staaten. Außer=dem sind noch die Seehunde der Südsee=Inseln von Wichtigkeit. Die Jagd dieser und der sonstigen Seethiere übergehen wir, da sie in einem anderen Abschnitt dieses Werkes behandelt ist. Da wir es hier nur mit den Jagdthieren zu thun haben, so übergehen wir auch die=jenigen, die man des Pelzes wegen als Hausthiere pflegt.

Jagd auf katzenartige Raubthiere. Die großen Raubthiere des Katzengeschlechts werden mehr ihrer Schädlichkeit wegen verfolgt, als wegen des Nutzens, den die Beute gewährt. Verhältnißmäßig am meisten ist noch das Fell der asiatischen Steppenkatze und der canadischen und sibirischen Wildkatze (Genotten, Janotten, fälschlich Genetten) geschätzt; Löwen=, Tiger=, Panther= und Leopardenfelle dagegen finden vorzüglich zu Decken Ver=wendung und steigen im Preise, wenn sie — was freilich selten der Fall ist — ohne Be=schädigungen sind, oder sich durch schöne, lebhafte Zeichnungen hervorheben. Die Einge=borenen vermeiden häufig lieber jene Raubthiere wegen ihrer Gefährlichkeit, als daß sie dieselben aufsuchen, oder greifen bei ihrer Vernichtung zu absonderlichen Mitteln, die, mit europäischen Jagdbegriffen gemessen, unweidmännisch erscheinen. Am interessantesten sind noch jene Tigerjagden, die von den chinesischen Kaisern und indischen Fürsten mit ganzen Heeren von Jägern und Treibern angestellt werden. Die Schützen lassen sich dabei durch Pikenträger schützen oder nehmen ihren Sitz auf dem Rücken gezähmter Elephanten, die den Raubthieren beherzt auf den Leib rücken. Fallgruben und Kastenfallen sind ebenfalls ge=bräuchlich, um die Bestien lebendig zu bekommen. Bei dem hohen Preise des Wildprets lohnt sich der Fang schon, denn in den europäischen Menagerien und den zoologischen Gärten wird ein schöner Tiger und Löwe mit mehreren hundert bis tausend Thalern bezahlt. Die Eingeborenen der Sunda=Inseln und die Indianer des heißen Amerika sowie die Ja=vanesen und die Buschmänner des Kaplandes erlegen die Raubthiere mit vergifteten Pfeilen und Bolzen. Es hat passionirte europäische Jäger genug gegeben, welche zur Jagd auf jenes große Raubwild sich jahrelang nach den Tropenländern begaben und sich welt=berühmte Namen dadurch gemacht haben. Die Franzosen fanden bei der Besetzung Algeriens hinreichend Gelegenheit, die nähere Bekanntschaft des „Wüstenkönigs" zu machen und dem=selben beim nächtlichen Anstand am Paß aufzulauern. Der Name Gerard's ist in dieser Beziehung sowol den Kabylen= und Araberstämmen als auch der europäischen Leserwelt bekannt geworden. Dieser renommirte Löwentödter machte einmal dem Gouvernement allen Ernstes den Vorschlag, Jagden auf afrikanisches Raubzeug in großartigem Maßstabe ein=zurichten und dabei zwei Fliegen mit einer Klappe zu schlagen. Einmal würde man dadurch die Provinz von einer großen Plage befreien, andererseits nicht unerhebliche Geschäfte machen, indem man die gefangenen Exemplare an die zoologischen Gärten verwerthete, die heutzutage in allgemeinere Aufnahme kommen.

Die afrikanischen Jäger verbinden mit ihren Partien auf Raubwild oft auch Jagd=züge auf Vielhufer: Elephanten, Nashorne und Flußpferde. Einzelschilderungen solcher an aufregenden Episoden überreichen Jagden sind dem Leser gewiß bereits aus ander=weitiger Unterhaltungslektüre hinreichend bekannt, so daß wir sie hier übergehen können. Wir erinnern nur an die Namen eines Anderson, Cumming, Wahlberg, sowie an die Elfen=beinjäger am Weißen Nil. In Afrika erlegt man den Elephanten fast nur des Elfen=beins wegen und beschleicht ihn deshalb am Tränkplatz oder auf der Weide. Der Schütz muß hier sicher im Treffen sein und die geeignetsten Stellen des Thieres als Zielpunkt

wählen, wenn er nicht von dem gereizten Koloß zu Brei zermalmt sein will. Die süd=
afrikanischen Neger, Kaffern, Buschmänner, Hottentotten u. s. w., umzingeln zu Vielen wol
den einzelnen Elephanten und überdecken ihn mit einer Unzahl von Speeren, an denen er
verblutet. Die Fan=Neger Guinea's umziehen die Lieblingsweideplätze des Wildes mit
Lianenranken, welche dem Elephanten unangenehm sind, und speeren von dem Versteck aus
die Thiere. Sehr interessant sind die großen Treibjagden, welche man in Ostindien und auf
Ceylon anstellt, um größere Zahlen von Elephanten mit einem Male zur Zähmung zu fangen.
Sie ähneln im Allgemeinen den Zeugjagden, die wir bereits oben beschrieben, nur umhegt
man den Fangplatz statt der Netze und Tücher mit einem Zaun aus starken Stämmen. Sind
die Elephanten durch Lärmen, Schießen, Trommeln u. s. w. in den Korral (Fangraum)
eingetrieben, so hält man sie während der Nacht durch helllodernde Feuer zurück und
scheucht sie bei Tage, wenn sie einen Angriff auf die immerhin schwache Umhegung unter=
nehmen, durch vorgehaltene weiße Holzstäbe, vor denen die großen Thiere sich fürchten.
Zahme Elephanten (Seelenverkäufer) tragen die Elephantenfänger zu den wilden Gesellen
hinein. Letztere werden an den Beinen mit Seilen gefesselt, an Bäume fest gebunden, ihre
Wildheit zunächst durch Hunger gebrochen und dann ihre Zähmung durch freundliche Pflege
leicht beendet. Außer dem südasiatischen Elfenbein spielt das afrikanische im Handel eine
Hauptrolle. Es kommt theils auf dem Nil herab, der an seinem Oberlauf noch größere
Mengen jenes Hochwildes hat, theils vom Kapland, theils endlich aus Guinea. Sibirien
liefert jährlich ansehnliche Quantitäten Elfenbein von den Zähnen des Mammuththieres,
einer ausgestorbenen großen Elephantenart, die nach der Meinung der sibirischen Urvölker
noch jetzt unter der Erde lebt, aber sofort stirbt, sobald sie das Licht des Tages erblickt. In
einzelnen Fällen hat man Kadaver jenes Thieres noch mit Fleisch und Haaren gefunden:
gewöhnlich gräbt man die Skelette an den Ufern der Flüsse aus dem Boden.

Die Nashorn= und Flußpferdjagd ist im Verhältniß zu jener auf Elephanten nur un=
bedeutend. Die Thiere haben einen guten Schutz in ihrer dicken Haut und sind gefährlich
bei Verwundungen, die sie nicht sofort tödten.

Bei den Jagden auf Zweihufer bildet das Fleisch die Hauptnutzung. Das Pelzwerk
ist nur ausnahmsweise geschätzt, da trotz der mitunter schönen Färbungen (bunte Antilope)
die Haare gewöhnlich rauh und brüchig sind. Werthvoll ist dagegen die Haut und wird fast
bei allen Völkern zu Leder verarbeitet. Die Jagd auf unser einheimisches Hirsch= und
Gemswild haben wir bereits vorn behandelt. Die Steinböcke sind in den deutschen Alpen
so selten geworden, daß ihre Jagd kaum in Rede kommen kann. Häufiger dagegen sind sie
und die wilden Schaf= und Ziegenarten auf den Gebirgen Mittelasiens. Hier wird auch
dem Moschusthier des Moschus wegen eifrig nachgestellt. Die wildzerrissenen Felskämme
machen in jenen rauhen Gebirgen die Jagd auf das scheue Thier fast so gefährlich wie die
Gemsjagd. Von den starken Hirschen Mittelasiens sind die Geweihe die geschätztesten Stücke.
Sie werden in China um hohe Summen verwerthet. Aus den jungen, noch sulzigen Ge=
weihen wird oft eine interessante Art Salat hergestellt.

Bei den Hirtenvölkern der asiatischen Steppen wird noch heutzutage die Jagd mit
Falken und Adlern hoch in Ehren gehalten. Man beizt sowol Hirsche und Antilopen als
auch Wölfe und Füchse, und die Jäger erscheinen dabei noch in Prunkaufzügen auf präch=
tigen Pferden, die ganz an die Jagdzüge des deutschen Mittelalters erinnern. Sehr gefeiert
werden ebendaselbst die Jäger, die sich beim Fang wilder Pferdearten: Dschiggetais und
dergleichen, hervorthun. Jene Thiere sind so außerordentlich scheu und vorsichtig, dabei so
schnell und gewandt, daß eine ungewöhnliche Umsicht und Ausdauer dazu gehört, sie zu be=
schleichen und durch Umzingeln in die Enge zu treiben. In Amerika werden auf den weiten
Prärien und Pampa's die Hirten sogar ihren Pfleglingen gegenüber zu halben Jägern
und in Bezug auf die Herden der verwilderten Pferde und Rinder sogar zu ganzen. Bei
ihnen sind der Lasso, die lange Wurfleine mit Schleife, und die Bolas, die Wurfkugeln
an langer Leine, das Hauptjagdgeräth. Mit denselben Instrumenten greift aber der Gaucho
und Pampa=Indianer auch den Puma und den Jaguar an und erlegt damit auf den

Plateaux der Anden das Guanaco und Alpaca, deren Fleisch er schätzt. Auf den nord=
amerikanischen Prärien ist der Bison, der wilde Büffel, das Hauptjagdthier. Auf seiner
glücklichen Jagd beruht noch jetzt nicht selten der Unterhalt ganzer Indianerstämme. Die
vielbesprochenen Jagdkünste der Rothhäute laufen vorzugsweise darauf hinaus, dem Wild
bis auf Bogenschußweite nahe zu kommen, was auf den freien Ebenen keine leichte Aufgabe
ist. Die Jäger bedienen sich dabei vielfacher Verkleidungen und üben sich bei ihren Tänzen
und Spielen hierauf mit ein. Sie vermummen sich vorzüglich in Büffelhäute, Wolfsfelle
oder Hirschhäute, wie auch die Jagdvölker Südafrika's ähnliche Masken bei der Einzeljagd
auf Antilopen und Strauße anwenden. In Nordafrika und in Arabien werden die letzt=
genannten Riesenvögel am liebsten von berittenen Jägern gehetzt, die sich gegenseitig unter=
stützen und ablösen. In Westafrika, Brasilien und anderen thierreichen Tropengegenden ist die
Erlegung seltener und schöner Säugethiere und Vögel neuerdings Gegenstand besonderer
Spekulation geworden, da naturhistorische Museen für gute Bälge oft hohe Preise zahlen.

Im großen Haushalt der Völker nehmen die Jagderzeugnisse noch jetzt eine nicht un=
wichtige Stufe ein. Außerdem daß auf dem Fleisch des Wildes der Unterhalt ganzer Völker=
schaften beruht, werden durch die Jäger auch Pelzwaaren, Elfenbein, Hörner, Knochen,
Moschus, Fett und noch vieles Andere dem Handel zugeführt. Wenn auch bei dem größern
Raubwild eine Ausrottung als Endziel wünschenswerth erscheinen möchte, so dürfte dies
jedoch keineswegs mit den pflanzenfressenden Thieren der Fall sein, und schon jetzt hat man
stellenweise eine vernünftige Schonung derselben eintreten lassen.

W. — G.

Gazellenjagd in Afrika.

Das Wasser und seine Schätze.

Vom Quell zum Meere.

Das Wasser und seine Bedeutung. Quellen. Flüsse. Seen. Das Meer und seine Küsten. Größe der Meere. Hebung und Senkung des Grundes. Veränderung der Küstenlinien. In der Tiefe des Meeres. Sondirungen. Temperatur. Strömungen des Wassers und der Luft. Meeresströmungen. Der Wind. Ursachen. Regelmäßigkeit. Passate. Monsuns. Drehungsgesetz. Cyklonen. Maury. Farbe und chemische Zusammensetzung des Meerwassers.

Unter den vier Elementen, welche nach den Anschauungen der alten Philosophie die Welt zusammensetzten, vermag keines eine solche Fülle der mannichfaltigsten Eindrücke auf unser Gemüth zu machen als das Wasser. Es ruht eine gewaltige erdgestaltende Macht in diesem Elemente, das uns bald freundlich lächelnd als Leben- und Blütenspender, bald zürnend als Vernichter und Zerstörer entgegentritt. Das Wasser, als die eigentliche Zugkraft in der Weltgeschichte, sammelt als Quell die unsteten Bewohner der Wüste und

Steppe um sich; es bedingte die ersten Staatenbildungen in den Stromgebieten des Orients (Aegypten eingeschlossen), es ließ ferner als Thalassa (Mittelmeer) mit seiner reich gegliederten Küste die Blüte des griechischen Lebens sich entwickeln und ermöglichte die gewaltige Konzentrirung des römischen Weltreiches rings um seine Gestade; es greift endlich universell als erdumflutender, alle Gewässer in sich zurücksammelnder Ozean in jene Aufgabe des germanischen Geistes bedeutsam ein, die Ausbreitung der Kultur über das Weltmeer hinweg zu vermitteln. Außer dieser weltgeschichtlichen Bedeutung äußert es aber auch auf das gesammte Thier= und Pflanzenleben in den verschiedensten Beziehungen seinen gewichtigen Einfluß, indem es auf räthselhafte Weise Eigenschaften, welche einander zu widersprechen scheinen, in sich vereinigt. Es ist ein uns befreundetes Element und doch flößt es uns Scheu ein; wir können auf seiner Oberfläche schwimmen, es trägt unsere Schiffe; aber doch kann unser Fuß es nicht betreten, wir müssen in ihm unsere Normalstellung aufgeben; flüssig wie die Luft, hat es doch seine bestimmten Grenzen und fügt in die unendlich vielgestaltigen Formationen der Erde seinen glatten Spiegel ein; wir können es greifen und doch ist es durchsichtig und locker. Thales ließ aus ihm die gesammte Erde sich entwickeln, die Neptunisten vertheidigten eine ähnliche Behauptung gegen die Vulkanisten in einem lebhaften Streit, sowie einst vor Troja der Skamandros mit Hephästos kämpfte. Die neuere Lehre von der Entstehung der Welt stellt uns die Erde in der Urzeit als eine Feuerkugel dar, in welcher alles Feste, welches nach und nach durch die allmählige Abkühlung stetig begrenzte Form annahm und zur Hervorbringung organischen Lebens befähigt wurde, als Gas vorhanden war. Dem sich kondensirenden Wasser aber wird bei diesem Bildungsprozesse stets eine wichtige Rolle zugeschrieben; es heißt in der Bibel: „Der Geist Gottes schwebte auf den Gewässern." Als es sich dann über die Höhen und Tiefen eines großen Theils der zerklüfteten Erdoberfläche wie eine gewaltige Brücke ausgespannt hatte, da erst wurde die zerstückelte Erde zu einem großen Ganzen vereint. Bald wagte es der kühne Erfindungsgeist des Menschen, wenigstens an den Küsten der Meere hinzufahren, und jetzt verbindet die Schiffahrt durch ihre Kurslinien die entferntesten Punkte der Erde, während ein einziger hoher Gebirgskamm die nächsten Nachbarn zu trennen vermag. Das Wasser ist aber nicht blos ein verbindendes Element, es kleidet und schmückt auch unseren Erdball. Alle Vegetation ist aber nur durch das Wasser hervorgerufen. Selbst in klarer Schönheit prangend, verleiht es auf mannichfache Weise der Natur ihre höchsten Reize; selbst ein Bild der Lauterkeit und Gesundheit, bringt es Tausenden in seinen Heilquellen Linderung ihrer Leiden. Wenn es aber in so reichem Maße Heil spendet, können wir uns da wundern, daß schon die Völker des Alterthums das Wasser als heilig verehrten?

Wenn wir einen frisch hervorsprudelnden Quell betrachten — welch eine Fülle von Gedanken quillt mit ihm in uns empor. Die Austrittspunkte der Quelle lassen uns Schlüsse auf die Schichtenlagerung in ihrer Nähe machen; die Stoffe und Gase, die sie mit sich führt, geben uns Andeutungen über die Mineralien, durch welche sie hinfließt. Je nachdem das Wasser länger oder kürzer mit seiner steinigen Unterlage in Berührung gewesen ist, wird es mehr oder weniger von deren löslichen Bestandtheilen aufgenommen haben. Die Natur der Gesteine muß dies natürlich erlauben, d. h. es muß die Gesteinsmasse Stoffe in ihrer Verbindung enthalten, welche von dem Wasser gelöst werden können. Ist dies der Fall, so erfolgt allmählig eine Scheidung, welche die unlöslichen Bestandtheile als seinen Schlamm, Sand oder Gruß zurückläßt. Druck und hohe Temperatur, die Gegenwart anderer Stoffe, Kohlensäure und dergleichen können diese zersetzende Fähigkeit des Wassers erhöhen und wir finden daher in vulkanischen Gegenden, wo die von der Oberfläche in die Erde eindringenden Wässer infolge der häufigen Zerklüftung der Gesteine weit hinab in die Tiefe gelangen können, wo höhere Erdtemperaturen und höhere Druckverhältnisse herrschen, die zu Tage tretenden Quellen mit mannichfachen Stoffen geschwängert als Mineralquellen. Selbst in der eisigen Kälte des Winters erstarrt die Quelle, die aus tieferen Erdschichten emporsteigt, wenigstens in der Nähe ihres Austrittspunktes, niemals, weil sie immer eine gewisse Quantität der Erdwärme aus dem Inneren mit herausbringt.

Die Heimat des Baches ist im Gebirge; je nach der Jahreszeit oder dem Zustande der Witterung führt er sehr verschiedene Wassermassen in seinem noch beweglichen Bette. Seine ungestüme, jugendliche Kraft muß sich aber bald in das Arbeitsjoch fügen, Mühlrad und Hämmer treiben. Nur wenig Bäche ergießen sich direkt in das Meer, vielmehr gehen bei weitem die meisten in Flüssen auf und verzichten dabei gewöhnlich auch auf ihren ursprüng-lichen Namen. Das ruhigere, stetige Dahinfließen in einem bestimmt geregelten Bette scheint

faſt in allen Sprachen dem „Fluß" ſeinen Namen gegeben zu haben; nur im griechiſchen
Potamos iſt die Trinkbarkeit des Flußwaſſers angedeutet, während das franzöſiſche rivière
an die Flußufer erinnert und alſo gewiſſermaßen ſchon auf das Flachland hindeutet, in dem
ſich die meiſten Flüſſe erſt ihr Bett ſelbſtändig zu bilden pflegen. Je länger der Lauf, je
allmähliger der Fall auf der ſchiefen Ebene bis zum Meere iſt, um ſo waſſerreicher wird in
der Regel der Fluß, der dann zum Strome wird. Denn um ſo mehr Nebenflüſſe werden ihm
ihr Waſſer zuführen, je größer das Gebiet iſt, das er beherrſcht. In der Abbildung Fig. 266
geben wir eine überſichtliche Zuſammenſtellung von den Stromlauflängen der bedeutendſten
Flüſſe aller Erdtheile; wir verfolgen die Betrachtungen darüber nicht weiter, indem wir an
dieſer Stelle nur den Fluß als ein wichtiges Mittelglied in dem ewigen Kreislauf der Land=
gewäſſer und des Weltmeeres anſehen.

Im eigentlichſten Sinne des Wortes giebt es keine ſtehenden Gewäſſer; ſelbſt der
rings eingeſchloſſene Sumpf iſt wenigſtens durch Verdampfung in fortwährender Bewegung
und giebt ſehr empfindliche Beweiſe dieſer Thätigkeit durch die Miasmen, die er entwickelt.
Viele Landſeen haben einen oder mehrere Abflüſſe, ſehr häufig ſind ſie eigentlich nichts
weiter als bedeutende Erweiterungen eines Flußbettes. Solchen Seen begegnet man nament=
lich da, wo ein Bergſtrom aus dem eigentlichen Gebirgsbereiche austritt. Sie laſſen ſich
meiſt durch Auswaſchungen, welche die vom Gebirge gewaltſam herabſtürzenden Gewäſſer
im Laufe der Jahrtauſende bewirkt haben, erklären, und erſcheinen als wohlthätige Regula=
toren, inſofern ſelbſt gewaltige Anſchwellungen, z. B. des Oberrheins, das Niveau des vor=
liegenden Sees mit ſeiner weit ausgedehnten Oberfläche nur wenig erhöhen und dadurch
höchſt gefährliche Ueberſchwemmungen auf dem weiteren Laufe des wiederaustretenden Fluſſes
verhüten. Jene Seen ſind recht eigentlich Regulatoren des Flußlaufs; welches Unheil hätte
z. B. über die lombardiſche Ebene hereinbrechen müſſen, wenn die Geſammtmaſſe der Ge=
wäſſer, die vor nicht langen Jahren einmal den Spiegel des 5 Quadratmeilen großen Lago
Maggiore gegen 10 Meter erhöhte, ohne Aufenthalt ſich von den Bergen in die Tiefe ergoſſen
hätte! So wie beim Austritt aus der Gebirgsregion, ſo finden wir an vielen Flüſſen auch
bei ihrem Eintritt in das Tiefland einzelne oder ganze Gruppen von Seen und dieſe bilden
endlich als Haff gewiſſermaßen den Uebergang zum Meere.

In vielen Beziehungen haben manche große Seen ſchon gewiſſe Aehnlichkeit mit dem
Weltmeere, und einige ſind deshalb geradezu Meere genannt worden; wir erwähnen nur
des merkwürdigen Todten Meeres, deſſen Spiegel tief unter dem Niveau des Mittelmeeres
liegt. Denken wir uns einmal die unter ſich zuſammenhängenden großen irdiſchen Waſſer=
maſſen, welche infolge des hydroſtatiſchen Druckes, daher auch überall gleich hoch ſtehen oder
mit ihren Spiegeln bis auf diejenige Ungleichheit, welche durch die ſphäroïdiſche Geſtalt der
Erde bedingt iſt, überall gleich weit von dem Erdmittelpunkte entfernt ſind; denken wir uns
die Oberfläche aller dieſer nur um 100 Meter plötzlich niedriger gelegt, welche gewaltigen
Umwälzungen würde dies ſogleich in der Oekonomie unſeres ganzen Erdenlebens herbei=
führen. Die waſſerverdampfende Oberfläche der Meere würde ſich dadurch ſehr bedeutend
verkleinern und das um eben ſo viel Areal zunehmende Feſtland würde nun kaum mehr die
Maſſe atmoſphäriſcher Niederſchläge erhalten, deren es zum Gedeihen der Pflanzenwelt in
ihrer heutigen Verfaſſung bedarf. Eine ähnliche Störung würde eintreten, wenn wir bei
der Vertheilung der Gewäſſer auf der Erdoberfläche die ſcheinbare Unregelmäßigkeit auf=
heben wollten, vermöge deren der ſüdlichen Hemiſphäre weit mehr Waſſer zukommt als der
nördlichen, der öſtlichen mit den alten Kontinenten weit weniger als der weſtlichen.

Das Meer und ſeine Küſten. Von den 9,280,000 Quadratmeilen, welche die Erde
an Oberfläche beſitzt, beträgt die Flächenausdehnung des Landes etwa 2,424,000 Quadrat=
meilen; davon kommen auf die Kontinente 2,325,200, auf die Inſeln 98,800 oder nahe
bei 99,000 Quadratmeilen, ferner auf die öſtliche Halbkugel 1,734,000, auf die weſtliche
nur 690,000, auf die nördliche 1,818,000, auf die ſüdliche nur 606,000 Quadratmeilen,
also nur ⅓ der Landmaſſe auf die nördliche Hemiſphäre. Wollen wir die Erde in zwei
Hälften theilen, von denen die eine Halbkugel die größte Länderfläche, die andere die größte

Wasseroberfläche zeigen soll, so giebt uns Fig. 270 die Art an, in welcher dies zu geschehen hat. Was ferner die Ausdehnung der Ozeane selbst betrifft, so füllt der Große oder Stille Ozean in runder Zahl 3,300,000, der Atlantische etwa die Hälfte (1,635,000), der Indische 1,380,000, das nördliche Eismeer wenigstens 200,000, das südliche vielleicht 350,000 Quadratmeilen.

Das für die Geschichte Europa's so überaus wichtige Mittelmeer füllt, wenn man die Oberfläche aller Meere auf 6,856,000 Quadratmeilen berechnet, nur etwa den 126. Theil derselben aus. Es hat eine Größe von ungefähr 54,345 geographischen Quadratmeilen. Die Länge der sämmtlichen Meeresküsten kann, da ein großer Theil des arktischen und antarktischen Meeres noch nicht vermessen ist, nur annähernd bestimmt werden. Man hat die Küstenentwicklung Europa's und seiner Inseln ungefähr dem Erdumfange (5400 Meilen) gleich gefunden, während das weit größere, aber in dieser Beziehung am wenigsten gegliederte und entwickelte Afrika eine fast um 1000 Meilen kürzere Küstenlinie besitzt. Amerika's Küsten strecken sich an der Südsee etwa so lang hin, wie die Gesammtküste Afrika's (3500 Meilen); von der Hudsonsbai bis zum Golf von Darien kann man beinahe 3000 Meilen und auf Südamerika's Nord- und Ostküste 2150 Meilen rechnen; addirt man für die Polarküsten Nordamerika's noch 2500 Meilen, so ergiebt sich für ganz Amerika eine Küstenlänge von wenigstens 11,000 Meilen, etwas mehr als das Doppelte der

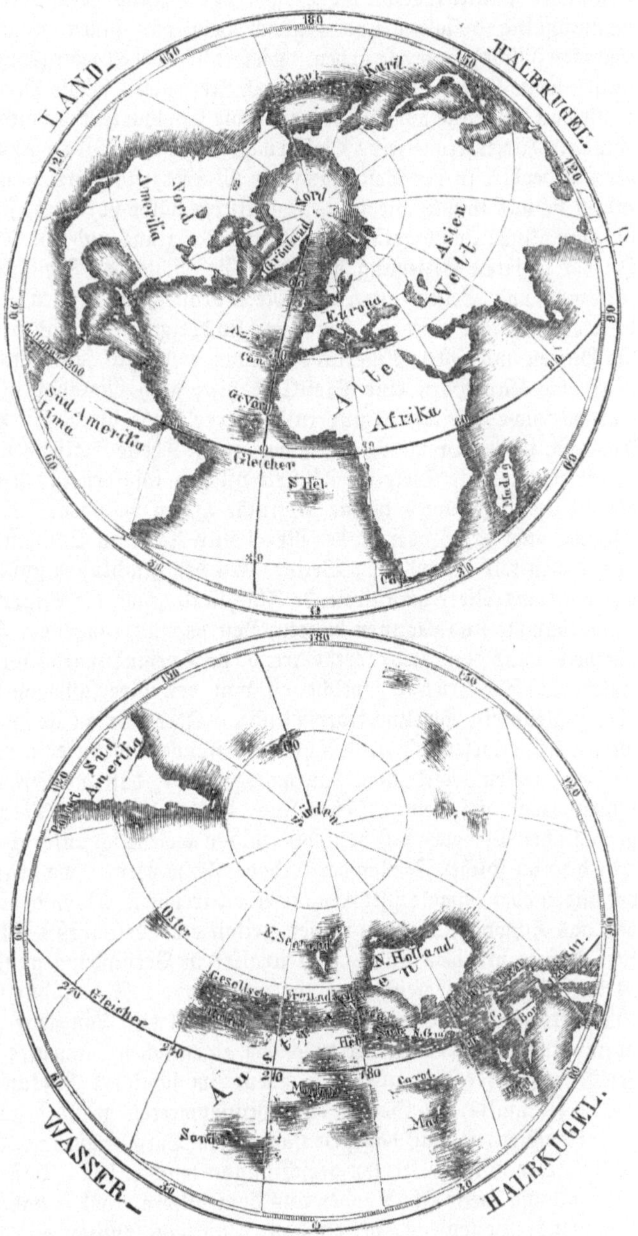

Fig. 270. Eintheilung der Erde in Hemisphären größter Land- und größter Wasseroberfläche.

europäischen und das Dreifache der afrikanischen. Asien und seine Inselwelt entwickelt seine Gestade auf wenigstens 10,000 Meilen Länge, während die Küste des australischen Kontinents nur etwa 2000 Meilen lang ist. Wenigstens eben so lang sind aber die Küsten der vielen in allen Meeren zerstreuten Inselgruppen, so daß die Gesammtlänge der Linien, in welchen Land und Meer zuſammenſtoßen, gewiß mehr als 34,000 Meilen beträgt. Selbſt ein rüſtiger Fußgänger würde eine ſolche Strecke erſt in 30 Jahren zurücklegen.

Da ferner das Land ſelbſt in ſeiner Oberflächengeſtaltung eine unendliche Mannich= faltigkeit entwickelt, ſo iſt es ganz natürlich, daß, je nachdem die eine oder andere Form des Feſtlandes unmittelbar an die Wogen des Ozeans herantritt, die Küſten ſich ebenfalls ſehr mannichfaltig geſtalten und zugleich dem von ihnen' eingeſchloſſenen Meeresbecken ſein charakteriſtiſches Gepräge geben. Hier fallen hohe Gebirgsmaſſen ſteil zum Waſſer ab, dort laufen weite Ebenen flach in das noch meilenweit ſeichte Meer aus, hier thürmen ſich Eis= maſſen an der Küſte auf und verdecken die Contouren des Landes, dort wälzt unter tropiſcher Glut ein Rieſenſtrom ſeine Waſſermaſſen in den Ozean und baut ſein Delta auf. Dieſe Verſchiedenheit in der Geſtaltung der Meeresgeſtade erregt aber nicht nur unſer Intereſſe, indem ſie uns immer wieder neue Naturgemälde vorführt, ſie übt auch ihren Einfluß auf die animaliſche und vegetabiliſche Welt des Ozeans und vor Allem auf den Seeverkehr ſelbſt. In der letzteren Beziehung ſteht eine Geſchichte der Schiffahrt mit einer genauen Durch= forſchung und Beſchreibung der Meeresküſten im engſten Zuſammenhang, ja ſie iſt ohne dieſelbe gar nicht denkbar. Einen merkwürdigen Gegenſatz in der Küſtenformation zeigt der Weſten und Oſten Amerika's. Dort zieht ſich faſt ununterbrochen von der Behrings= ſtraße bis Kap Horn eine Steilküſte hin; auch Malabar iſt ſteil, dagegen finden ſich in Europa ſolche Steilküſten nur in kleinerer Ausdehnung, z. B. im ſüdlichen und weſtlichen England, in der Bretagne, Spanien, einem Theile Italiens und Dalmatiens und beſonders in Griechenland. Dieſe Steilküſten pflegen inſofern für den Seeverkehr günſtig zu ſein, als ſich zwiſchen ihnen häufig treffliche Häfen befinden. Auch die Klippenküſten ſind an letzteren nicht arm, aber in der Regel nur kleineren Schiffen ohne Gefahr zugänglich und auch dieſen nur bei ruhigem Wetter. An den Flachküſten ſchützen häufig Dämme und Deiche das dicht ans Meer herantretende Flachland gegen die Angriffe des Ozeans, der hier nicht ſelten Sümpfe und Lagunen bildet. Den ſehr ungenügenden Häfen muß faſt allen die Kunſt nachhelfen und dann zwar fortwährend, da Verſandungen und Verſchlämmungen ſehr häufig eintreten. Die Dünen, welche oft von den Meereswogen ſelbſt aufgebaut werden, ſind aber zugleich ein Spielwerk der Winde. Jeder Orkan iſt im Stande, die Contouren einer ſolchen Küſte weſentlich zu verändern, beſonders wenn er gerade darauf losſtürmt.

An vielen Merkmalen hat man erkannt, daß die Grenzen des Meeres nicht immer unwandelbar dieſelben geblieben ſind, daß vielmehr die Strandlinien deſſelben in früheren geologiſchen Perioden ſich von den jetzigen weſentlich unterſchieden haben. Am auffälligſten tritt dies an ſolchen Stellen der Erdoberfläche hervor, wo gegenwärtig enge Straßen Meere verbinden oder ſchmale Iſthmen dieſelben trennen. Schon die alten Geographen behaupteten, daß das Schwarze Meer in frühen Zeiten eine weit größere Ausdehnung beſaß als zu ihrer Zeit, daß es mit dem Kaſpi= und Aralſee in Verbindung ſtand, aber vom Mittelmeer, dem es an Fläche etwa gleich kam, getrennt war. Ferner dürfte es kaum zu bezweifeln ſein, daß ſtatt der Straße von Gibraltar ſich einſt eine Landenge von Europa nach Afrika hin= überzog und das Mittelmeer zu einem eigentlichen Binnenſee machte, der in ſeinem Niveau gewiß weit tiefer ſtand als jetzt. Wenn im ſüdlichen Rußland jetzt weite Salzſteppen, die früher jedenfalls den Grund von Binnenmeeren gebildet haben, aus dem flachen Lande hervorleuchten, ſo mag dagegen nach jenen Durchbrüchen mancher geſegnete Küſtenſtrich am Mittelmeere von den Fluten verſchlungen worden ſein. Daß ſich an Flußmündungen durch Deltabildung weite Flachländer aus dem Meere erhoben haben, iſt bekannt; ſo iſt ein Theil Aegyptens, Bengalens, ja faſt ganz Louiſiana entſtanden. Die vulkaniſchen Kräfte aber, welche hohe Berge aus dem glühenden Schoße der Erde emporheben, bringen noch immer Hebungen und Senkungen des Meeresbodens und Küſtenrandes hervor und ändern ſo die Grenzlinie zwiſchen Land und Meer. An der Küſte Skandinaviens findet man eiſerne Ringe, an denen man vor Jahrhunderten Kähne anband und welche jetzt zu ſolchem Zwecke viel zu hoch angebracht ſein würden. Man hat dort an einzelnen Merkzeichen für eine Zeit von 36 Jahren eine Hebung von gegen 40 Centimeter beobachtet. An anderen Küſten hat man nicht dieses allmählige, sondern ein ruckweise erfolgendes Steigen und Sinken bemerkt, wie z. B. an der Küste Chile's nach den Erdbeben von 1822 und 1835. Die Westküste Grönlands sinkt fortwährend und Darwin beweist aus der Bildungsgeschichte der Korallenriffe, daß der Meeresboden im Indischen und Stillen Ozean ebenfalls im stetigen Niedersinken begriffen ist. Ein merkwürdiger unterseeischer Erdfall wurde einmal in der Nähe von Sinope beobachtet.

In der Tiefe des Meeres. Doch wir verlassen die Küste und fahren hinaus auf das „blaue Wasser". Noch vor wenigen Jahrzehnten war man über den Seeboden und die Tiefen des eigentlichen Ozeans sehr wenig unterrichtet. In der neuesten Zeit ist besonders auf Anregung des Amerikaners Maury in dieser Beziehung viel geleistet worden. Bei der Sondirung bedeutend großer Tiefen ist aber immer noch der Umstand von störendem Einfluß, daß die Schnur, welche das Senkblei trägt, durch unterseeische Strömungen mehr oder weniger von der vertikalen Richtung abgelenkt wird. Die größten Tiefen, in welchen der Meeresboden mit dem Senkloth — und zwar vorzugsweise mit Brooke's Apparat zum Sondiren großer Tiefen — sicher erreicht worden ist, befinden sich im Atlantischen Ozean und

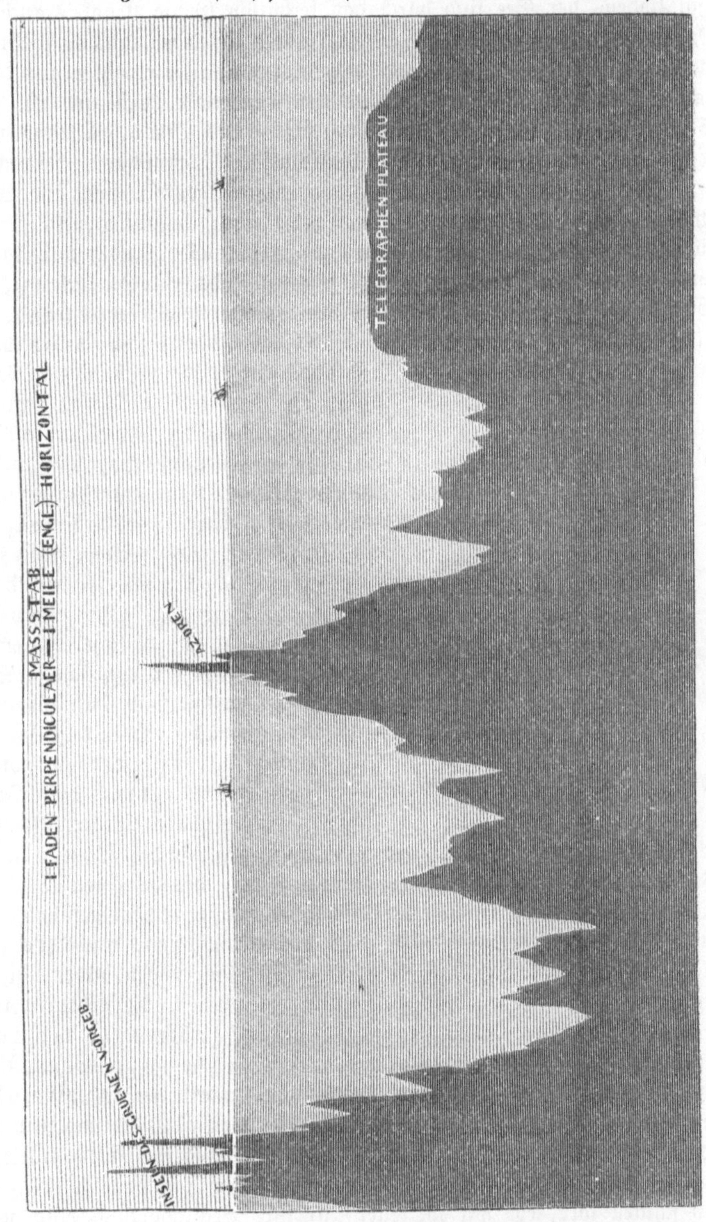

Fig. 271. Vertikaldurchschnitt des Atlantischen Ozeans.

gehen selten über 8000 Meter hinaus. Die tiefste Region scheint zwischen dem 35. und 40.° nördl. Breite und zwar unmittelbar südlich von den großen Bänken von Neufundland zu liegen. Mehr nördlich erhebt sich der Meeresboden und bildet zwischen Irland und Neufundland eine flache Ebene, die durchschnittlich nicht viel über 3000 Meter tief ist (siehe Fig. 271). Diese Ebene ist es, welche bei der telegraphischen Verbindung der alten und neuen Welt bestens begrüßt und benutzt wurde und deshalb auf dem beistehenden

Durchſchnitt, welcher die Horizontalentfernungen natürlich außer Verhältniß ſetzt, Tele=
graphenplateau genannt worden iſt. Die Tiefenmeſſungen im Atlantiſchen Ozean ſind in
Maury's phyſiſcher Geographie des Meeres, die des Mittelmeeres in Böttger's Mono=
graphie über daſſelbe zuſammengeſtellt worden. Im Indiſchen Ozean hat Maury an einer
Stelle den Grund erſt bei 7040 Faden (etwa 13,000 Meter) erreicht. Proben des Schlammes
und Bodens der See ſind durch das techniſche Genie Brooke's auch im nördlichen Stillen
Ozean aus einer Tiefe von 5000 Faden erhalten und vom Prof. Bailey unterſucht
worden. Alle dieſe Proben aus dem blauen Waſſer erzählen uns dieſelbe Geſchichte, daß
nämlich der Grund des tiefen Ozeans ein ungeheures Leichenfeld iſt. Ueberall, wo Brooke's
Sondirungsſtab (Fig. 272) aufſchlug, wurde das Bett des Ozeans weich und faſt ganz mit
den Reſten von Infuſorien und mikroſkopiſchen Organismen überdeckt gefunden.

Der Sondirungsapparat des Leutnant Brooke beſteht im Weſentlichen aus einer
ſchweren Kugel, die von zwei ſcherenartig eingreifenden Hebeln getragen wird. Sobald
dieſelbe den Boden berührt, gehen die Hebel aus einander und laſſen die Kugel fallen,
deren Abweſenheit beim Heraufwinden ein Zeichen für die erlangte Grundtiefe iſt; dafür
aber nimmt der unten vorſtehende Stab Proben vom Meeresgrunde auf, die an dem mit
Kitt beklebten Ende haften bleiben. Das Fehlen jeder Spur von Abſchabung oder Abreibung
und ebenſo jeder Beimiſchung von Trümmern aus der See
oder von fremdartigen Stoffen läßt uns vermuthen, daß
auf dem Grunde der See abſolute Ruhe herrſcht.

Binnenmeere ſind, wie ſich dies erwarten läßt, in
der Regel nicht ſo tief wie der offene Ozean. Die Oſtſee
hat eine ſo geringe Tiefe, daß man, wenn der Waſſerſtand
um 100 Meter fiele, trocknen Fußes von der pommerſchen
Küſte nach Schweden und Finnland gelangen würde. Die
Nordſee hat ganz die Natur eines Meerbuſens, der ſich
nach Norden zu immer tiefer einſenkt. Der iriſche Kanal
iſt weit tiefer als der engliſche. Statt weiterer Einzel=
heiten bemerken wir noch, daß ſich unter dem Waſſer höchſt
wahrſcheinlich das Land mit denſelben Hauptformen der
Oberflächengeſtalt fortgeſetzt hat, wie über demſelben, daß
aber Jahrtauſende hindurch dieſe Formen unter den Ein=
flüſſen der Atmoſphäre mit ihren Bewegungen und Meteoren

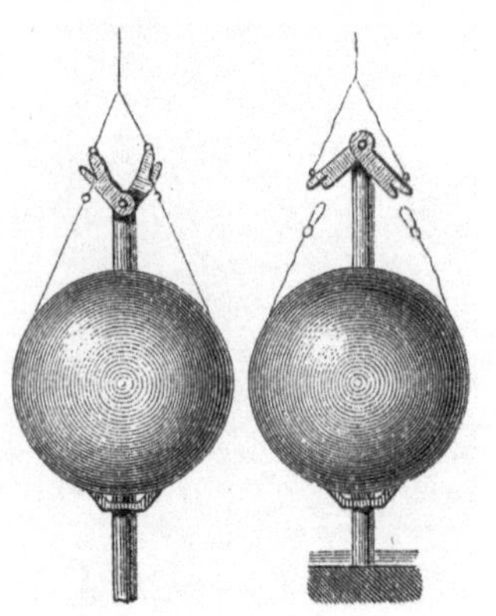

Fig. 272. Brooke's Apparat zur Sondirung
großer Meerestiefen.

ſich anders geſtalten mußten, als unter dem Einfluſſe des Waſſers und ſeiner Strömungen.
Wo irgend eine Verzögerung der Geſchwindigkeit des bewegten Waſſers eintritt, da erfolgt
auch ein Niederſchlag der ſtets von bewegtem Waſſer mit fortgeführten feſten Körper, und es
unterliegt ſomit keinem Zweifel, daß ſich fortwährend, beſonders an den Rändern der
Meeresſtrömungen, auf dem Meeresboden Ablagerungen bilden, die im Laufe der Jahr=
hunderte zu bedeutenden Schichten anwachſen können. Außerdem wirkt in großen Meeres=
tiefen ein gewaltiger, aber gleichmäßiger Druck, während an der Erdoberfläche der Druck
der Luft während der Windſtille und des Orkans höchſt ungleichmäßig einwirkt. An der
Umgeſtaltung der Erdoberfläche arbeiten ohne Unterbrechung Luft und Waſſer bei ſehr ver=
ſchiedenen Temperaturen, während über den Tiefen des Ozeans nur das Waſſer mit ſeiner
ſehr konſtanten Temperatur laſtet. Nehmen wir hierbei Gelegenheit, uns die Frage zur
Unterſuchung vorzulegen: welche Temperatur mag das Meer in ſeinen Tiefen zeigen?
und ſchicken wir, ehe wir ſpezieller auf ihre Beantwortung eingehen, einige allgemeine
Bemerkungen voran über die Temperatur des Meeres, welche an deſſen Oberfläche herrſcht.

Wenn man ſich über die Klimate des Ozeans zu belehren ſucht, ſo darf man nicht
vergeſſen, daß ſeine und die kontinentale Klimatologie in einem merkwürdigen Kontraſte
zu einander ſtehen. Auf dem Feſtlande ſieht man den Februar als den kälteſten, den Juli
oder Auguſt als den heißeſten Monat an; auf dem Ozeane zeigen ſich dieſe Extreme von
Kälte und Wärme im März und September (natürlich für die nördliche Hemiſphäre).

Auf dem trocknen Lande erhalten ferner, wenn der Winter vorüber ist, die festen Theile der Erde fortwährend am Tage mehr Wärme von der Sonne, als sie Nachts wieder ausstrahlen, und umgekehrt weniger, wenn der Winter herannaht; aber auf der See scheint eine andere Regel zu herrschen. Der Ozean ist die große Vorrathskammer, in welcher der gesammte Wärmeüberfluß des Sommers aufgespeichert wird, um gegen die Winterkälte anzukämpfen, und das Meerwasser nimmt, nachdem das Wetter an den Küsten bereits kühler geworden ist, noch einen ganzen Monat an Wärme zu. Man hat nun für diesen kältesten (März) und wärmsten Monat (September) Isothermenkarten*) entworfen, auf denen z. B. über den Atlantischen Ozean die Linien von 40, 50, 60, 70 und 80° F. (4,5° bis 26,5° C.) gezogen sind. Diese Karten sind unter Anderm auch deshalb sehr interessant, weil man auf sie gleichsam a priori die Konstruktion gewisser Strömungen basiren kann, mit deren Hülfe es sich allein erklären läßt, daß z. B. die Isotherme von 80° im nördlichen Atlantischen Ozean von ihrer weitesten Abweichung nach Süden zu der nördlichsten Abweichung — beide Extreme sind ungefähr 2000 Meilen von einander entfernt — in ungefähr drei Monaten überzugehen vermag. Die Strömungen sind überhaupt bei der Vertheilung der Wärme über die verschiedenen Theile des Ozeans noch wichtigere und noch wirksamere Kräfte als die Sonne selbst. Die Sonne würde, wenn keine Strömungen vorhanden wären, die Temperatur der tropischen Gewässer bis zur Blutwärme steigern. Bevor aber in Wirklichkeit dies geschehen kann, fließen sie polwärts ab und mildern das Klima bis weit nach Norden hinauf. So erklärt es sich, daß man selbst bei Spitzbergen unter 80° nördl. Br. die Temperatur des Wassers auf der offenen See nie unter + 0,7°, jedoch fast immer + 1°, und daß man sie zwischen Spitzbergen und Norwegen durchschnittlich + 3,94°, einen Grad höher als die durchschnittliche Lufttemperatur, gefunden hat. Auch in den so überaus kalten Regionen des asiatischen Meeres bemerkt man im Winter offene Stellen, Polinjen genannt, die sich nur mit Hülfe warmer unterseeischer Strömungen erklären lassen, welche dort allmählig zur Oberfläche emporkommen.

Wenn die Temperatur bekanntlich, je tiefer man in die feste Erde eindringt, fortwährend steigt, so scheint sie dagegen in den Meeren nach unten zu stetig abzunehmen und selbst unter den Gefrierpunkt zu sinken. Irving beobachtete im nördlichen Eismeer in einer Tiefe von 3900 Fuß — 3,3° und Kapitän Roß in der Baffinsbai in der Tiefe von 3960 Fuß sogar — 3,6°, während die Oberfläche + 1,6° zeigte. Der Kapitän Dumont d'Urville beobachtete einmal unter 9° nördl. Br. an der Oberfläche + 28,8° und bei 2000 Fuß Tiefe + 5,2°, also 23,6° Unterschied. Derselbe ist der Ansicht, daß die Temperatur des Wassers bei allen Meeren gleichen Thermometerstand erreiche, welchen er auf etwa — 2° annehmen zu können meint. Jedenfalls ist bei der Erklärung der Temperatur in großen Meerestiefen nicht zu vergessen, daß das Wasser bei einer Temperatur von etwa + 4,4° des hunderttheiligen Thermometers seine größte Dichtigkeit hat und also dann niedersinken muß. Ferner können die gewaltigen Eismassen, welche von Norden her bis weit in die gemäßigte Zone hinabtreiben, das Wasser in ihrer Nähe so bedeutend erkälten, daß man unter demselben aus der Tiefe wärmeres Wasser heraufholen kann. Unterseeische warme Strömungen können ebenfalls lokale Abweichungen hervorrufen, welche das allgemeine Gesetz, daß die dichteste Flüssigkeit sich zu unterst lagert und das Meer also in der Tiefe nicht kälter als 4,4° C. ist, noch keineswegs entkräften. In den Tiefen des Ozeans gewaltige Eismassen zu suchen ist eben so widersinnig, als den Meeresboden mit ungeheuren Salzlagern überdecken zu wollen.

Wenn ein Land, wie z. B. Centralamerika, von den Strahlen der tropischen Sonne in seinen Küstenstrichen bis auf + 30° erwärmt und dicht daneben der Boden der tiefen See (so im Karaibischen Meere, im Eingange zum mexikanischen Busen, 1800 Meter tief, Beobachtung von Sabine) konstant bis zu + 7,5°, also um mehr als 20°, erkältet ist, so

---

*) Isothermen sind Linien, welche diejenigen Punkte mit einander verbinden, an denen eine gleiche Mitteltemperatur herrscht.

müssen so bedeutende Differenzen in der ganzen Tiefe, durch welche sie sich erstrecken, Bewegungen der Wassermassen hervorrufen, die in dem leicht verschiebbaren Elemente weithin ihre Wirkung erkennen lassen.

Strömungen des Wassers und der Luft. Meeresströmungen. Das Meer hat eben so gut wie die Luft sein System des Kreislaufs; es finden in ihm gewisse Bewegungen im Großen statt, gegen die sich die kleinen lokalen Brandungen, Wirbel und selbst die Triftströmungen verhalten wie die lokalen Winde in Gebirgsthälern oder an Küstenrändern zu den großartigen Strömungen der gesammten Erdatmosphäre. Während das Wasser eine sehr bedeutende Wärmekapazität besitzt, ist dasselbe doch zugleich einer der vollkommensten Nichtleiter. Deshalb sind die mechanischen Bewegungen, die Strömungen, die Hauptursache, durch welche die Wärme im Wasser weitergeführt wird. Wenn aber eine Strömung von irgend einem Theile des Ozeans herkommt, so muß ihr wieder eine zweite — daneben oder darunter — entgegenströmen, denn sonst würde der Ozean sich in kurzer Zeit an gewissen Punkten der Erde aufthürmen. Auch ist es keineswegs nothwendig, mit den ozeanischen Strömungen, wie mit den Strömen des Festlandes, die Idee zu verbinden, daß sie von einem höheren Niveau stets einem tieferen zuströmen müßten. Einige Meeresströmungen, wie der Golfstrom, laufen sogar bergan, andere genau horizontal.

In der neueren Zeit hat man diese — insofern als sie sich an der Oberfläche zeigen, auch für die Nautik höchst wichtigen — Strömungen angefangen genauer zu verfolgen.

Es sind besonders drei verschiedene Ursachen, denen die Meeresströmungen ihre Entstehung verdanken. Die erste und wichtigste derselben ist die ungleiche Erwärmung des Meerwassers. In größeren Tiefen behält dasselbe zwar eben so gut im Polarmeer wie innerhalb der Tropenzone wahrscheinlich die unveränderliche Wärme von ungefähr 4,4° C., bei welcher es seine größte spezifische Schwere besitzt; zwischen den Wendekreisen erwärmt sich aber seine Oberfläche bis auf 30°, während sie in den Polarmeeren auf 0 sinkt. Das hierdurch gestörte Gleichgewicht wird dadurch wieder hergestellt, daß obere Strömungen die warmen Gewässer nach den Polen, unterseeische Strömungen die kalten nach den tropischen Meeren führen. Als zweite Ursache, die besonders auf die Richtung und die Schnelligkeit der Strömungen den entschiedensten Einfluß hat, macht sich die Umdrehung der Erde geltend. Sie wirkt auf das nach Nord und Süd fließende Meerwasser in derselben Weise, wie bei den regelmäßigen Winden; infolge der größeren Geschwindigkeit, welche die Gewässer in der Nähe des Aequators besitzen, erlangen dieselben eine Bewegung von West nach Ost, sobald sie in höhere Breiten übergehen; und umgekehrt werden die aus kühleren Klimaten in die Tropenzone eintretenden Wassermassen zu einer Strömung von Ost nach West veranlaßt. Da nun dieselben Ursachen auch die Passatwinde hervorrufen, letztere also der Hauptsache nach mit den Strömungen im Ganzen zusammenfallen, so befördern auch diese Winde als dritte der Hauptursachen die Strömungen wesentlich und verbreiten sie namentlich über größere Flächen. Der Meeresgrund hat als Fortsetzung der Oberfläche des Festlandes Berg und Thal, Tiefebenen, Schluchten, Hochebenen und Kämme, die ihrerseits auf Richtung, Breite und Schnelligkeit der Ströme ihren Einfluß ausüben können, sowie die Küstenformen des über den Meeresspiegel erhabenen Landes solches auch thun. Endlich können Verschiedenheiten in der chemischen Zusammensetzung des Seewassers in demselben Bewegungen hervorrufen.

Am genauesten sind die Strömungen des Atlantischen Ozeans bekannt. Die große Strömung warmen Wassers, welche zu beiden Seiten des Aequators in der Richtung von Ost nach West fließt, theilt sich am Kap Roque in zwei Arme, von denen der eine nach Süden an der Küste Brasiliens hin, der andere dagegen nordwestlich zum Karaibischen Meere abgelenkt wird. Hier, in letzterem, sowie in dem Meerbusen von Mexiko ist die Wärmschale, welcher die Wasser ihre hohe Temperatur verdanken; hier erhalten sie zugleich jene ausgezeichnete Geschwindigkeit, die sie bei ihrem weiteren Verlauf nach Nordosten besitzen. Sie verdanken letztere dem Umstande, daß sie gezwungen sind, sich zwischen der Halbinsel Florida und der Insel Cuba durchzuzwängen. Diese wichtigste Strömung des

Atlantischen Ozeans ist unter dem Namen des Golfstroms bekannt. Bei seinem Austritt aus dem Meerbusen nur 35—50 Meilen breit, entwickelt er eine Geschwindigkeit von fünf Meilen in der Stunde; weiterhin breitet er sich zu 100—250 Meilen aus und seine Geschwindigkeit sinkt in gleichem Grade, so daß sie bei den Azoren nur eine Meile auf die Stunde beträgt. Unter dem 50. Breitengrade theilt sich der Golfstrom und geht in einem Arme zwischen Island und den Britischen Inseln und Norwegen hindurch; sein zweiter Arm biegt nach Südosten um, trifft die Westküste Europa's und die Straße von Gibraltar und vereinigt sich, Afrika's Westküste entlang ziehend, schließlich wieder mit der Aequatorialströmung. So ist der große Zirkel geschlossen, der in seiner Mitte eine weite Fläche ruhigeren Wassers, das sogenannte Sargasso=Meer, umschließt, auf welchem unzählige Mengen einer Tangart in zusammengeballten Büscheln vegetiren und durch ihre Menge selbst dem durchsegelnden Schiffe hemmend werden. Es ergiebt sich schon aus der Kenntniß des Golfstroms, daß ein Schiff von Europa nach den Vereinigten Staaten einen ganz anderen Weg einzuschlagen hat als für die Rückreise. Während ihm bei letzterer der Golfstrom außerordentlich förderlich ist, muß es bei der Hinfahrt sich stark südlich halten, um in die Aequatorialströmung zu gelangen. Uebrigens liegt nur der Anfangspunkt des Golfstroms, dieses großen „Wetterbrüters" des Nordatlantischen Ozeans, unabänderlich fest; weiter nach Norden schiebt sich aber das Rinnsal, in welchem er fließt, je nach der Jahreszeit hin und her und erreicht im September seine nördliche Grenze. — Unmittelbar an der Küste der nördlichsten Länder Amerika's findet eine Strömung kalten Wassers von Nord nach Süd statt, sowie an der Südspitze dieses Erdtheils von Süd nach Nord.

Im Großen Ozean wird die mächtige Aequatorialströmung durch die australische und südasiatische Inselwelt in zwei Hauptarme gespalten. Der südliche davon zieht zwischen Neu=Caledonien und Neu=Seeland hindurch nach Süden und geht die Südküste Australiens, sowie ein rückkehrender Zweig die Westküste Neu=Seelands entlang. Der nördliche Arm berührt die Ostseite der Philippinen und der japanesischen Inseln und wendet sich, dem Golfstrom ähnlich, dann nordöstlich bis zur Behringsstraße und im Bogen an der Westküste Amerika's südlich bis wieder zur Aequatorialströmung zurück. Der durch die Behringsstraße eintretende kalte Strom des Polarmeeres folgt östlich der Küste Amerika's, westlich der asiatischen Küste, und die Gewässer des südlichen Eismeeres verursachen bis zum 30. Grad eine Strömung von West nach Ost, die sich an der Küste von Chile und Peru nach Norden lenkt, theilweise auch um das Kap Horn herum in den Atlantischen Ozean mündet. Man ersieht hieraus zugleich, daß kalte Strömungen nicht immer unterseeisch sein müssen; sogar warme Strömungen können unterseeisch sein, wenn ihr Wasser infolge verschiedener Zusammensetzung spezifisch schwerer ist als die Gewässer an der Oberfläche.

Im Indischen Ozean lenkt die an die Ostküste Afrika's antreffende Aequatorialströmung zur Hälfte nördlich nach dem Kap Guardafui, zur anderen Hälfte südlich zur Nadelbank des Kaps der guten Hoffnung, an welcher sie sich rückwärts biegt und zwischen dem 30. und 40.′ südl. Br. ihren Kreislauf vollendet.

Es ist besonders Maury's Verdienst, mit Hülfe genauer Rücksichtnahme auf die zu bestimmten Jahreszeiten regelmäßig eintreffenden Winde und die Strömungen des Ozeans den Schiffsführern klare Regeln an die Hand gegeben zu haben, durch deren Befolgung die bisherigen Wege bedeutend abgekürzt, auch viel Zeit und Geld erspart werden kann.

So ist z. B. der Weg von New=York nach San Francisco einer der schwierigsten und längsten, den der Welthandel kennt, und bereits eine durch Maury's Arbeiten in allen ihren Chancen, ihren Vortheilen und Hindernissen bekannte Route geworden, so daß man sich nicht scheut, ein „Wettrennen" darauf einzugehen. Durch Berücksichtigung von Maury's Regeln wird auf der Europa=Amerika=Route ein Gewinn von 10, nach Australien von 15, nach Californien von 40 Tagen erzielt.

Daß auf der See der geradeste Weg nicht immer der kürzeste ist, davon giebt die Fahrstraße nach und von Australien die besten Belege. Der Hinweg führt um das Kap der guten Hoffnung, der Heimweg um das Kap Horn. Beide Wege sind beinahe gleich groß.

Die englische Admiralität rechnete auf die von ihr vorgeschriebenen Wege eine Durchschnitts=
zeit von 120 Tagen. Maury beweist, daß auf seinem Wege von guten Klippern der Weg
hin in 60, heimwärts in 65—70 Tagen zurückgelegt werden kann. Die „Gem of the Sea“
lief 1853, Maury's Rath folgend (im September), in 37 Tagen von Port Philipp nach
Callao! Auf diesen Straßen können bloße Segelschiffe bloße Dampfer schlagen, da letztere
wegen Kohleneinnahme andere Kurse einhalten müssen.

Wir deuteten bereits an, daß es auch unterseeische Strömungen geben müsse, und
fügen noch hinzu, daß in neuester Zeit die bei den Sondirungen großer Seetiefen angestell=
ten Experimente bereits viel Licht auf ihre versteckten Wege geworfen haben. Sie führen
im Allgemeinen ungeheure Massen kalten Wassers gewissen Erwärmungsherden in den
Tropengegenden zu und üben indirekt bedeutenden Einfluß auf das Klima aus, indem sie
die Hitze des Südens abkühlen, und dadurch, daß ihre in den Tropengegenden emporsteigenden
und stark erwärmten Gewässer den Polargegenden wieder zuströmen, den Norden erwärmen.
Kalte Strömungen fließen, so lange sie unterseeisch sind, bergan; wenn sie sich vom Nord=
und Südpole her neben warmen Strömungen in entgegengesetzter Richtung hinbewegen,
erkennt man sie namentlich an den Eisbergen, die sie mit sich führen.

Der Wind. Von noch größerer Bedeutung für Klimatologie und für praktische Schiff=
fahrtskunde sind die Strömungen unserer Atmosphäre selbst, in denen durch rationelle Be=
nutzung zahlreicher Beobachtungen ein bestimmtes Gesetz nachgewiesen worden ist. Auch
die Winde entstehen aus Störungen im Gleichgewicht der Atmosphäre, die vor Allem durch
Verschiedenheit der Temperatur benachbarter Gegenden hervorgerufen werden. Denken
wir uns beispielsweise zwei große Luftsäulen neben einander, die eine etwa auf dem Atlan=
tischen Ozean, die andere über Frankreich. Wird nun die letztere stärker erwärmt, so dehnt
sie sich nach oben aus, wird also höher als das benachbarte Niveau und fließt auf dieses
über. Das feinfühlende Barometer giebt darüber Aufschluß: es sinkt in Frankreich und
steigt auf dem Ozean; folglich hat der Druck der Luft dort abgenommen und ist hier ver=
mehrt worden. Die Luft dicht auf der Meeresoberfläche ist aber kälter, also dichter als die
wärmere auf dem Lande; jene drückt mithin stärker seitwärts und muß sich demnach vom
Meere nach dem Lande hin bewegen. Daraus ergiebt sich als allgemeines Gesetz: Wenn
zwei neben einander liegende Luftmassen verschiedene Wärme haben, so entsteht in der
Höhe eine Luftströmung von der wärmeren zur kälteren Masse, in der Tiefe aber eine
Strömung in entgegengesetzter Richtung. Dauert die Erwärmung der einen fort, so wird
die eingedrungene kältere Luft sich mit erwärmen, dünner und leichter werden, in die Höhe
steigen und sich dann wiederum über die kältere Luftmasse ergießen. Dadurch entsteht eine
kreisende Bewegung, welche um so regelmäßiger auftritt, je gleichförmiger der Temperatur=
unterschied zweier solcher Luftmassen bleibt. Die Richtigkeit dieser Sätze kann man durch
einen einfachen Versuch darlegen, indem man die Verbindungsthür eines geheizten und kalten
Zimmers öffnet und mittels der Flamme eines Lichts die in der Thür entstehenden Luft=
strömungen untersucht (Fig. 273). Aus dem oben gegebenen Beispiel lassen sich zugleich die
Land= und Seewinde, welche man häufig an den Meeresküsten, namentlich aber auf den Inseln
wahrnimmt, erklären. Einige Stunden nach Sonnenaufgang erhebt sich ein vom Meere
nach der Küste zu gerichteter Wind, der Seewind, weil das feste Land unter dem Ein=
flusse der Sonnenstrahlen stärker erwärmt wird als das Meer; über dem Lande steigt die
Luft in die Höhe und fließt oben nach dem Meere hin ab, während unten die Luft vom
Meere nach den Küsten strömt. Dieser Seewind ist Anfangs schwach und nur an den Küsten
selbst fühlbar; später nimmt er zu und zeigt sich dann auf dem Meere schon in größerer Ent=
fernung von der Küste; zwischen 2 und 3 Uhr Nachmittags wird er am stärksten und nimmt
dann wieder ab; gegen Untergang der Sonne tritt eine Windstille ein. Dann erkaltet Land
und Meer durch die Wärmestrahlung nach dem Himmelsraume, ersteres aber rascher als das
zweite, und deswegen strömt nun die Luft in den unteren Regionen vom Lande nach dem
Meere, während in den oberen Luftregionen eine entgegengesetzte Strömung stattfindet.

Was hier gleichsam im Kleinen, auf beschränktem Raume und an jedem Tage vorgeht, das findet auf der Erde auch im Großen und zwar das ganze Jahr hindurch statt; demnach muß hier von den stärker erwärmten Erdtheilen auch stets die Luft aufsteigen und oben nach den Polen abfließen, also in der Höhe über unserer nördlichen Halbkugel ein Süd= wind, auf der südlichen ein Nordwind herrschen, während unten am Boden kalte Luft von den Polen zuströmt, demnach ein Nordwind auf der nördlichen und ein Südwind auf der südlichen Hemisphäre entstehen. Wir haben aber einen Umstand zu beachten, der auf diese Richtungen einen verändernden Einfluß ausübt. Die Umdrehungsgeschwindigkeit der Erde nimmt vom Aequator nach den Polen hin ab. Stellen wir uns nun vor, daß aus 50° Breite plötzlich eine Luftmasse nach dem Aequator versetzt würde, so würde dieselbe, weil sich jeder Punkt des Aequators schneller von Westen nach Osten bewegt als einer vom 50sten Grade, und also auch schneller als die dorthin versetzte Luft, an den Aequatorial=Bewohnern als Ostwind vorüberziehen. Eine solche Versetzung erfolgt aber in der That, wenn auch dieselbe nicht so plötzlich geschieht; die Luft strömt von den Polen auf beiden Halbkugeln nach dem Aequator, und aus einem Nordwinde und dessen Zurückbleiben gegen Osten entsteht somit

auf der nördlichen Halbkugel Nordostwind; auf der südlichen dagegen wird aus dem Südwind ein Südost. Diese Winde, die sogenannten Passatwinde (vents alizés, engl. trade winds), wehen in der heißen Zone das ganze Jahr hindurch mit großer Regelmäßigkeit in einerlei Richtung und sind deshalb für die Schiffahrt auf den Weltmeeren von ungemeiner Wichtigkeit. Als Columbus auf seiner Entdeckungsreise nach Amerika seine Schiffe durch einen beständigen Ostwind fortgetrieben sah, wur= den seine Gefährten mit Schrecken erfüllt, weil sie fürchteten, nimmer nach Europa zurückkehren zu können. Heute ist diese Furcht geschwunden und die Schiffe benutzen den Passat, um von Europa nach Amerika zu segeln, indem sie von Madeira aus südlich in die Nähe des Wendekreises steuern, wo sie dann durch den Passat nach Westen getrieben werden. Diese Reise ist so sicher und die Arbeit der Matrosen dabei so gering, daß die spanischen Seeleute diesen Theil des Atlantischen Ozeans den Frauengolf (el golfo de las damas) nannten, weil ein Frauenzimmer hier das Steuerruder führen könne.

Fig. 273. Versuch zur Erklärung der Winde.

Die auf beiden Halbkugeln in der Nähe des Aequators auf einander stoßenden Passate müßten nun eigentlich dem Parallelogramm der Kräfte zufolge einen Ostwind erzeugen; da aber hier die Luft zugleich stark emporzusteigen beginnt, so ist ihre Wirkung an der Erd= oberfläche fast unmerklich und es entsteht ein schmaler Gürtel, die Gegend der Wind= stillen (Calms, Aequatorialcalmen), oder wegen der furchtbaren Orkane mit Gewittern, welche zeitweilig hier eintreten, von den Seefahrern die Gegend der Veränderlichen genannt. Auf dem Großen Ozean erstreckt sich der Nordost=Passat von 2—28° nördl. Br., auf dem Atlantischen von 8—30° nördl. Br.; der Südost=Passat herrscht dort von 2—21° südl. Br., hier von 3° nördl. bis 28° südl. Br.; zwischen beiden liegt die Region der Calmen mit ihren den Seefahrern so gefährlichen Wechseln von Windstillen und Orkanen. Nun ist aber der Aequator selbst nicht das ganze Jahr die wärmste Gegend, und daher kommt es, daß die Windstillen und besonders die Polargrenze der Passate im Sommer, wo die Sonne dem Wendekreise im Zenith steht, mit der Sonne mehr gegen den Pol rücken, in den Aequinoktien aber sich mehr dem Aequator nähern.

Kehren wir nun wieder zur Entstehung der Passate zurück, um zu sehen, was aus der stets nach oben fließenden Luftmasse, dem sogenannten oberen Passat, geworden. Er würde auf den Halbkugeln als Süd= und Nordwind erscheinen, wenn die Erde nicht rotirte; so bringt auf der nördlichen Halbkugel der obere Passat, der von niederen Breiten in höhere abfließt, dahin eine größere Umdrehungsgeschwindigkeit mit, als diese besitzen, und läuft also schneller als die Erde von Westen nach Osten. Diese Tendenz zu einem Westwinde kann sich aber auf der nördlichen Halbkugel nur als ein Südwest zu erkennen geben. Auf der südlichen Halbkugel entsteht in gleicher Weise ein Nordwestwind, und diese beiden Winde werden somit an den Grenzen der Passate zu Boden sinken. Eben deshalb legt Maury an der Nordgrenze des Nordost= und an der Südgrenze des Südost=Passats noch je einen Gürtel der Windstillen oder, besser gesagt, der sich bekämpfenden, kreuzenden und in diesem Kampfe entweder zur Ruhe kommenden oder Sturm erzeugenden Winde über die Erde. Die Bewegung eines am Aequator aufsteigenden Lufttheilchens ist durch die Pfeile rings um den Erdball auf der beistehenden Fig. 274 so deutlich gemacht, daß eine weitere Erklärung wol nicht nöthig ist.

Beobachtungen aus den hohen Regionen der Atmosphäre, welche das Gesagte beweisen, sind nicht so selten. Auch die Luft führt in den Staubmeteoren feste Stoffe mit sich, welche den Wind signalisiren und die Existenz dieser oberen Passate beweisen. Die Wolken ziehen in den Tropengegenden nicht selten so hoch, daß sie in der oberen Passatregion liegen, und bewegen sich oft entgegengesetzt der Richtung des am Meere herrschenden Passats. Auf hohen Bergen, wie am Pic von Teneriffa und am Mauna=Loa auf Hawaii, herrscht häufig oben heftiger Südwest, wenn unten Nordwest weht; auch hat man es bei vulkanischen Aus= brüchen mehrmals erlebt, daß die Asche durch den unteren Passat hindurch in die Region des oberen geschleudert und von diesem in entgegengesetzter Richtung fortgetragen wurde. Die Bewohner der Insel Barbados waren nicht wenig erstaunt, am 1. Mai 1812 einen Aschenregen niederfallen zu sehen, unter dessen Last die Bäume zusammenbrachen. Bei dem dort herrschenden Nordostwinde war dieser Vorfall völlig unerklärlich. Die endlich ein= treffende Kunde von dem Ausbruch des Vulkans Garou auf der gen Westen liegenden Insel St. Vincent löste das Räthsel auf die angedeutete Art. Den schlagendsten Beweis aber lieferte der Ausbruch des Vulkans von Cosiguina an der Südseite des Busens von Fonseca in Guatemala am 20. Januar 1835. Nach beiden Seiten hin wurde die Asche verstreut. Nach Nordosten hin wurde sie bis in den mexikanischen Meerbusen getragen; sie fiel auf Jamaika in den Straßen von Kingston nieder, während der Wind gerade in entgegen= gesetzter Richtung wehte. Zu gleicher Zeit gelangte sie auch nach Südwesten bis in den Stillen Ozean; hier wurde auf offenem Meere, 240 geographische Meilen von dem Aus= bruchsorte entfernt, das Schiff „Conway" mit Asche überschüttet. Rückt der Nordostpassat unten mit der Sonne nach Süden, so kann man beobachten, daß der Südwestwind am Pic von Teneriffa immer tiefer herab kommt, bis er das Meer erreicht, wo er den ganzen Winter über herrschend bleibt. In dem eben betrachteten oberen Passat, der an der Grenze des unteren den Boden erreicht, liegen die gemäßigten Zonen.

Im Indischen Ozean ist die Regelmäßigkeit der Passatwinde durch die Gestaltung der Ländermassen, welche dieses Meer umgeben, namentlich aber durch den asiatischen Kontinent, zerstört. Im südlichen Theile zwischen Australien und Madagaskar herrscht noch das ganze Jahr hindurch der Südostpassat; in dem nördlichen Theile des Meeres aber weht während der einen Hälfte des Jahres ein beständiger Südwest, während der anderen Hälfte ein an= haltender Nordost. Diese regelmäßig abwechselnden Winde, von deren Kenntniß seit den ältesten Zeiten Schiffahrt und Handel auf diesem Meere abhängen, werden Monsuns= genannt. — Ein ähnlicher Wechsel der Winde zeigt sich übrigens auch anderwärts; namentlich sind die etesischen (jahreszeitlichen) Winde auf dem Mittelländischen Meere zu nennen. Während im Winter auf diesem Meeresbecken und in den angrenzenden Küstenländern der herabkommende obere Passat als Südwestwind herrscht, bewirkt im Sommer die große Hitze der afrikanischen Wüste ein sehr dauerndes Vorherrschen von nördlichen Winden, indem die kältere Luft im Norden von Afrika nach der heißen Zone hinfließt.

Sobald wir die Grenzen der Passate gegen die Pole überschreiten, treten wir in ein Gebiet, welches sich durch die Unregelmäßigkeit und Veränderlichkeit seiner Luftströmungen auffallend von den vorigen unterscheidet. Untersuchen wir in Zahlen, wie oft jeder Wind in diesen höheren Breiten während eines Jahres geweht hat, so finden wir, daß z. B. auf

unserer Halbkugel der Südwest und nächst ihm der Nordost am häufigsten vorkommen.
Jenes ist der herabgesunkene obere Passat, dieses der den unteren Passat unterhaltende
nördliche Strom. Fast alle Witterungserscheinungen der gemäßigten Zone werden daher
Folgen eines Kampfes zwischen diesen beiden Hauptströmen sein, welche manchmal über
einander wehen; zu anderen Zeiten aber neben einander sich fortbewegen und daher an ihrer
Berührungsstelle Wirbel erzeugen.

Wie aber geschieht die Veränderung des Windes aus dem nördlichen in den südlichen
Strom? Es herrscht die allgemein verbreitete Ansicht, daß sich der Wind von Nord durch
Ost, Süd und West zu drehen pflege, und man nimmt an, daß die Witterung minder ver=
änderlich sei und regelmäßiger von der regnerischen zur heiteren übergehe, wenn der Wind
sich in der angegebenen Richtung dreht, als wenn er die entgegengesetzte einschlägt. Bei
dieser Annahme hatte man allerdings nur Europa, hauptsächlich aber den Theil desselben
unter mittleren Breiten, wo die Windverhältnisse genauer bekannt waren, vor Augen.

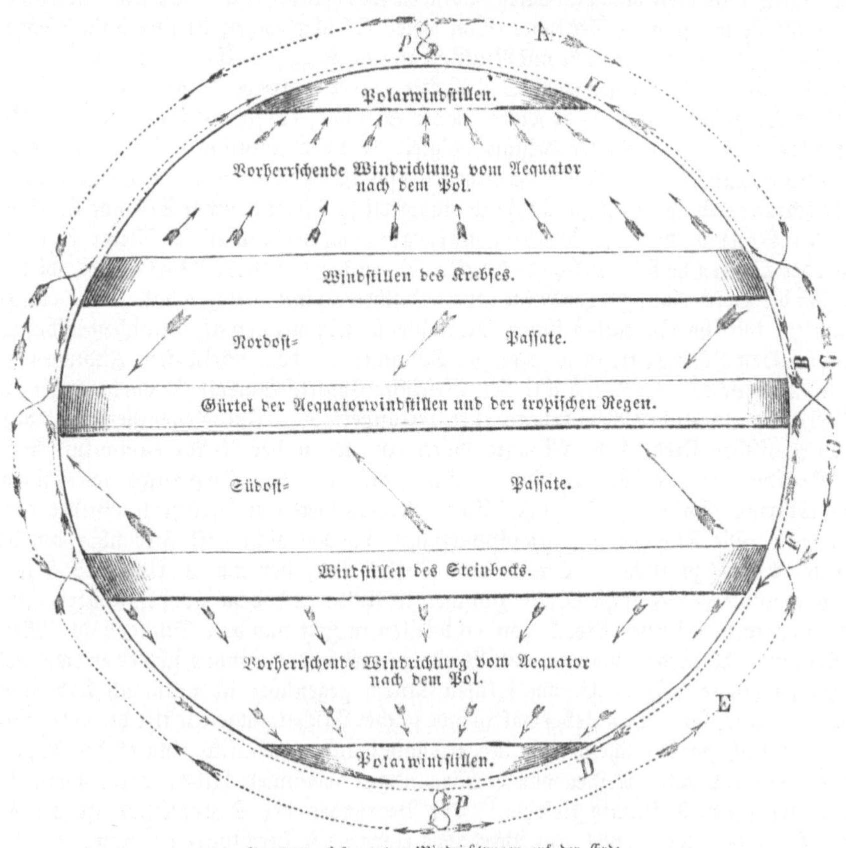

Fig. 274. Schema der Windrichtungen auf der Erde.

Nun ist erwiesen, daß im Allgemeinen bei Südwinden das Barometer am niedrigsten, bei
Nordwinden am höchsten steht, und man darf mit Recht schließen, daß der Wind von Ost
sich nach Süd wendet, wenn das Barometer fällt, und von West nach Nord, wenn dasselbe
steigt, und daß also die normale Drehung des Windes existiren muß, wenn Beides in der
Regel stattfindet. Um Letzteres zu zeigen, benutzte Galle die zu Danzig durch Kleefeld
in den Jahren 1813—27 dreimal täglich angestellten Beobachtungen und zeigte aus den
Unterschieden der Barometerstände, daß in der Regel der Wind aus Ost durch Südost nach
Süd und West, von West aber durch Nordwest über Nord nach Ost übergeht, ohne daß in
dieser Beziehung ein anderes Verhalten am Tage als bei Nacht stattfindet. Dove bekannte

sich als Anhänger des Drehungsgesetzes der Winde und unterstützte dasselbe theils durch allgemeine Gründe, theils durch die mittel= und unmittelbaren Resultate, die er aus seinen eigenen zweijährigen Beobachtungen zu Königsberg und an anderen Orten entnahm. Das Hauptresultat, zu welchem Dove gelangte, ist aber folgendes: In der nördlichen Erdhälfte dreht sich der Wind, wenn Polar= und Aequatorialströme mit einander abwechseln, im Mittel nach der Folge Süd, West, Nord, Ost und Süd durch die Windrose und springt zwischen Süd und West, zwischen Nord und Ost häufiger zurück als bei anderen Richtungen. Ferner dreht sich in der südlichen Erdhälfte der Wind, wenn Polar= und Aequatorialströme mit einander wechseln, im Mittel nach der Folge Süd, Ost, Nord, West und Süd durch die Windrose und springt zwischen Nord und West, zwischen Süd und Ost häufiger zurück.

Wie die mehr oder minder regelmäßig wehenden Winde ein Gesetz ihrer Veränderlich= keit erkennen ließen, so sind auch die heftig und plötzlich eintretenden Stürme in ihrer Ursache und ihrem Zusammenhange mehr und mehr erforscht worden.

Die Geschwindigkeit der Winde liegt zwischen sehr veränderlichen Grenzen, von 60 Centi= meter bis 50 Meter in einer Sekunde. Von dieser Verschiedenheit ist ihre Stärke abhängig, und die Seemannssprache nennt sie mit Rücksicht hierauf Kühlte. Eine flaue Kühlte hat eine Geschwindigkeit von 60 Centimeter bis 2 Meter in der Sekunde; eine labbere Kühlte ist ein mittelmäßiger Wind von 3—4 Meter in der Sekunde; frische Kühlte (Marssegelkühlte) heißt der Wind mit 4—6 Meter Geschwindigkeit in einer Sekunde. Nimmt seine Stärke zu, so wird er zur steifen Kühlte, zwischen 6 und 10 Meter; zwischen 10 und 12 Meter bläst der schwere Wind. Sobald die Geschwindigkeit 12 Meter in einer Sekunde überschreitet, beginnt der Sturm, der bei 15 Meter heftiger, bei 30 und mehr Meter fliegender Sturm oder Orkan heißt. Welche Schrecken sich an dieses letztere Wort heften, wird Jeder wissen, der die Beschreibung irgend eines westindischen Orkans gelesen hat. Die Orkansaison, sagt Jansen, tritt im Nordatlantischen Ozean gleichzeitig mit den afrikanischen Monsuns ein und in derselben Jahreszeit, in welcher die Monsuns auf dem nördlichen Indischen Ozean, auf dem Chinesischen Meere und auf der Westküste Central=Amerika's vorherrschen, haben alle Meere der nördlichen Hemisphäre ihre Orkanperiode. Im Gegentheil tritt diese im südlichen Indischen Ozean sechs Monate später ein, wenn der Nordwestmonsun im Ostin= dischen Archipel die Oberhand gewinnt. Die Teifuns oder Typhone des Chinesischen und die Stürme (Cyklonen) des Indischen Meeres bieten oft gräßliche Bilder der Zer= störung dar. Die Störung des atmosphärischen Gleichgewichts ist hier über den dürren Hochebenen Asiens zu suchen. Ein kleiner Wirbelwind, der am 8. April 1833 in einer Breite von nur $\frac{1}{2}$—$\frac{1}{4}$ engl. Meile zwischen Kalkutta und dem großen Salzwasser hin= durchging, brachte auf einer Strecke von 16 Meilen in Zeit von vier Stunden 215 Menschen den Untergang. Außerdem wurden 223 Personen mehr oder minder schwer verwundet und 1239 Häuser umgeworfen. Einem solchen Sturm gegenüber ist natürlich das Fahrzeug des Schiffers machtlos. Das Ueberwältigende solcher Erscheinungen lenkte die Naturforscher auf die Untersuchung der scheinbaren Regellosigkeit und namentlich sind es die Engländer, welche unermüdlich lange Reihen von Beobachtungen gesammelt haben, deren Vergleichung die überraschendsten Resultate lieferte. Der Begründer der Sturmlehre ist der Oberst Read. Derselbe erlebte 1831 auf Barbados einen jener furchtbaren Orkane, welche von Zeit zu Zeit die Westindischen Inseln heimsuchen. Es drängte sich ihm der Gedanke auf, daß diese Stürme trotz ihrer scheinbaren Plötzlichkeit und ihrer Wuth in einer bestimmten Richtung ihren Verlauf nehmen müßten, deren Entdeckung dazu beitragen könnte, ihren verheerenden Wirkungen zu entgehen. Um eine Begründung dieser Muthmaßung zu suchen, sammelte er mit Eifer die Loggbücher von englischen und amerikanischen Kriegsschiffen, Ostindienfahrern und anderen Handelsfahrzeugen erster Klasse, um aus ihnen die Fakta für seine Theorie zusammenzustellen. Das Loggbuch eines guten und gebildeten Kapitäns zeigt nämlich die genaue Lage eines Schiffes zu gewissen Stunden, den Zustand des Wetters, die Richtung des Windes, den Zustand der See, den Betrag der geführten Segel, die Führung des Schiffes in rauhem Wetter, kurz, es enthält das Material für eine fast stünd=

liche Chronik der See. Die täglichen Aufzeichnungen eines einzelnen Fahrzeuges würden natürlich ziemlich werthlos sein; allein Read hatte für jeden Sturm die Loggbücher vieler Schiffe aus verschiedenen Gegenden zur Verfügung, und er besaß auf diese Weise die Mittel, von bestimmten Stürmen nachzuweisen, wie weit sie sich erstreckt hatten, um welche Zeit sie einen gewissen Längen= oder Breitengrad erreichten, welche Richtung und welchen Grad der Heftigkeit sie an dem einen und dem anderen Punkte hatten. Er selbst machte sich daran, die Loggbücher des Atlantischen Ozeans zu studiren, während auf seine Anregung Piddington im Auftrage der Ostindischen Compagnie die Annalen der indischen Gewässer durchforschte. Das Datum jedes einzelnen Sturmes wurde genommen, die Fahrt von einem Schiffe nach dem anderen Tag für Tag verfolgt, die Richtungen des Windes aufge= zeichnet, kurz eine förmliche Sturmkarte nach den genauesten Urkunden kombinirt. Wie auf diese Weise Sturm nach Sturm berechnet worden war, so ergab sich die Thatsache, daß sämmtliche Orkane der Tropengegenden nichts Anderes als ungeheure Wirbelwinde von 100—300 geographischen Meilen Durchmesser sind, und daß ihr wirbelnder Kreislauf süd= lich vom Aequator der Bewegung des Uhrzeigers (von Nord durch Ost nach Süd und West), nördlich vom Aequator dagegen der entgegengesetzten Richtung folgt; ferner, daß auf der nördlichen Halbkugel die Orkane ungefähr auf dem 15. Breitengrade aufspringen und dann in der eben beschriebenen Bahn in ungeheuren Kreisen nordwestlich bis zum 25. oder 30.° fortlaufen, dort in ihrer Wuth nachlassen, eine Biegung nach Nordost machen, in welcher Richtung sie immer in ihrer spiralförmigen Bewegung mit erneuter Wuth bis zum 50.° fortstürmen, und dann zwischen dem 50. und 55.° allmählig ersterben. Auf der südlichen Halbkugel beginnt der Orkan ebenfalls etwa unter dem 15.°, geht südwestlich und biegt auf dem 25.° nach Südost ab, bis er auf dem 50.° aufhört. Weil der Orkan, einem spürenden Jagdhunde ähnlich, nicht geradeaus, sondern in weiten Kreisen läuft, so bewegt er sich nur langsam von Punkt zu Punkt, in gerader Linie $2\frac{1}{2}$—4 geographische Meilen in der Stunde. Um so furchtbarer aber ist die Schnelligkeit, mit welcher er die einzelnen Kreise seiner Spirallinie durchmißt. Oberst Read hat in zwei Werken dieses Gesetz genau festgestellt, zugleich aber gezeigt, daß die Kenntniß der Stürme auch die Macht ist, sie zu entwaffnen, indem sie dem Seemanne die einfachen Mittel an die Hand giebt, zu bemessen, sobald er in der Nähe eines Orkans ist, ob das Schiff den Sturm oder der Sturm das Schiff einholt, ob es sich im Centrum oder an der äußeren Grenze, ob vor oder hinter dem Orkan, rechts oder links von demselben befindet, und wie in jedem Falle das Schiff geleitet werden muß. In dem einen jener beiden Werke haben wir die genaue Geschichte eines Sturmes nach dem Loggbuche des von Indien kommenden Schiffes „Blenheim", Kapitän Metloven, mit Anmerkungen und einschlägigen Berichten.

Diese höchst merkwürdige Entdeckung im Auge behaltend, zugleich mit der doppelten Absicht, sie durch weitere zahlreiche Beobachtungen zu bestätigen und die Annahme eines gleichförmigen Systems der Anstellung meteorologischer Beobachtungen zur See zu bewerk= stelligen, fand im August und September 1853 zu Brüssel eine nautische Konferenz oder ein meteorologischer Kongreß statt, durch welchen ein in englischer und französischer Sprache gedrucktes Schema eines Auszuges des meteorologischen Journals veröffentlicht wurde, wie letzteres nach den Beschlüssen des Kongresses von nun an auf den Schiffen der vorhin genannten zehn Staaten regelmäßig gehalten und fortgeführt werden soll.

Der schon oft erwähnte Leut. Maury hat sich, gleich dem Obersten Read, ungemein hohe Verdienste um die Nautik und zwar dadurch erworben, daß er auf Grund einer sehr großen Menge zum Theil selbst angestellter Beobachtungen „Wind and Current Charts", d. h. Wind= und Strömungskarten, entworfen und herausgegeben hat. Maury, dessen sorg= fältigen und scharfsinnigen Untersuchungen die physische Geographie des Meeres und damit die neuere Schiffahrtskunde die bedeutsamsten Förderungen verdankt, oder Matthew F. Maury, wie er mit seinem vollen Namen heißt, ist zu Frederiksburg in Virginien am 14. Januar 1806 geboren. Unsere Porträtgruppe giebt uns die Züge dieses Mannes. Er war das siebente von neun Kindern. Er verlebte seine Jugend an den Grenzen der Civili=

sation, denn als er noch kaum vier Jahre alt war, zogen seine Eltern in den Staat Tennessee, wo der Knabe zwar die Eindrücke einer jungfräulichen, gewaltigen Natur empfing, aber keine anderen Bildungsmittel fand als die, welche ihm seine Eltern selbst geben konnten.

Seiner großen Vorliebe für das Seewesen that er in seinem 19. Jahre (1825) Genüge, wo er als Midshipman auf der Vereinigten Staaten-Fregatte „Brandywine“ Dienst nahm, welche in das Mittelländische Meer beordert ward. Die Einförmigkeit der Lebensweise weckte seinen Trieb zu Studien und hier wie auf den späteren Kreuzungen des Kriegsschiffes im Stillen Ozean beschäftigte sich sein Genie bereits mit der Erforschung jener Fragen, deren Beantwortung seinen Ruhm so weit verbreitet hat. Nach zwei und einem halben Jahre wurde Maury dem „Vincennes“ zubeordert, welcher nach Ostindien bestimmt war. Die Beobachtungen, welche er auf diesen seinen drei ersten Reisen, die ihn den interessantesten Punkten der Erde zugeführt hatten, in den verschiedensten Richtungen der Seewissenschaft gemacht hatte, riefen sein erstes schriftstellerisches Werk hervor, das er nach der Rückkehr des „Vincennes“ 1830 herausgab. Eine vierte Reise, die er nun als Leutnant der Vereinigten Staaten-Marine auf dem „Falmouth“ und später auf dem „Potomak“ nach dem Stillen Ozean unternahm und welche drei und ein halbes Jahr dauerte, gab ihm weitere Gelegenheit, seine Kenntnisse zu bereichern. Mit großer Sorgfalt verglich er die Loggbücher der Schiffe. Er hatte sehr bald gefunden, daß die gebräuchlichen Seewege nur auf Tradition beruhten, wie sie aus den Erzählungen der Schiffer und den mangelhaften nautischen Kenntnissen der Offiziere sich allmählig gebildet hatte. Maury fand auch sehr bald, daß unter rationeller Benutzung der regelmäßigen Wind- und Meeresströmungen ganz andere Routen sich ergeben müßten, welche wesentliche Abkürzungen der Fahrzeiten gestatten würden. Diese Reform der Seewege wurde seine Lebensaufgabe, in ihrem Dienste erforschte er die physische Geographie des Meeres und gab als die schöne Frucht seiner Untersuchungen „The Physical Geography of Sea“ (deutsch von Böttger) heraus, er stellte unzählige Beobachtungen Anderer zusammen, die er zu dem klassischen Werke „Wind and Current Charts“ verarbeitete. Beordert, an der Küstenstrecke der Südstaaten Sondirungen vorzunehmen, erlitt er, da die heiße Jahreszeit die Arbeiten unterbrach, auf einer Reise in das Innere einen Unfall, der ihn seeuntüchtig machte (1840). Von dieser Zeit an beschäftigte er sich mit Ausarbeitung und Publizirung seiner Ideen, bis er 1842 in dem Departement der Vereinigten Staaten-Marine für Hydrographie angestellt wurde. 1844 wurde er Direktor des National-Observatoriums zu Washington. Hier hat er in ununterbrochener Folge seine Karten und Instruktionen für Seeleute erscheinen lassen. Die letzte Zeit jedoch hat ihn seines Amtes, das ihm so segensreich zu wirken erlaubte, entsetzt, da er in dem noch wüthenden Kriege offen Partei für den Süden nahm, dessen Interesse zu verfechten er sich immer zur Aufgabe gemacht hatte. Er lebte dann in England, bis ihn der unglückliche Kaiser Maximilian nach Mexiko berief, um unter dem Titel eines kaiserlichen Staatsrathes der Kommission für Kolonisation vorzustehen. Sein Aufenthalt währte jedoch hier nicht lange; ziemlich enttäuscht verließ Maury Mexiko und kehrte wieder nach England zurück, wo er wissenschaftlichen Arbeiten sich widmete.

Das bedeutendste seiner Werke sind seine Karten, jede 35 englische Zoll lang und 24 Zoll breit, mit ungewöhnlichem Fleiß und trefflicher Sauberkeit ausgeführt. Auf diesen Karten sind die Winde durch kleine Büschel bezeichnet, die sich wie Kometen ausnehmen; der Kopf des Büschels giebt die Richtung des Windes an. Das Aussehen des Büschels bezeichnet die Art des Windes und die Divergenz der Seiten die außerordentliche Veränderung in der Windrichtung. Verschiedene Farben bezeichnen die Jahreszeiten, und zwar: Schwarz den Winter (Dezember bis Februar), Grün den Frühling (März bis Mai); Roth den Sommer (Juni bis August), Blau den Herbst (September bis November). Ferner bezeichnet — den ersten, — — — den zweiten und . . . . . den dritten Monat einer jeden der vier Jahreszeiten; endlich zeigen die römischen Zahlen die Grade der magnetischen Variation, eine unterstrichene Zahl die Temperatur des Meerwassers nach Fahrenheit's Skala; die Strömungen sind durch Pfeile dargestellt, deren Länge der Stärke der Strömung proportional ist, welche Stärke sich auch in Zahlen ausgedrückt findet u. s. w.

Durch die Bemühungen dieser Männer sind wir jetzt schon in den Stand gesetzt, vom Studirtische aus dem Seefahrer praktische Regeln für die Leitung des Schiffes aufzustellen, wie es Dove in Poggendorf's Annalen (Band 52) thut, um in der nördlichen gemäßigten Zone ein Fahrzeug so viel als möglich dem Bereich eines dasselbe treffenden Wirbelsturmes entgehen zu lassen: „Wenn bei stark fallendem Barometer der Wind als Südost einsetzt und sich durch Süd nach West hindreht, so muß das Schiff nach Südost hinsteuern; setzt hingegen der Wind in östlicher Richtung ein, um nach Nord hin umzuschlagen, so muß das Schiff nach Nordosten steuern."

Farbe des Meerwassers. Allzulange fast haben wir schon in den oberen Regionen der Atmosphäre verweilt; kehren wir zum Meere zurück, um zunächst dessen Farbe zu betrachten. Es ist durch vielfache Versuche jetzt erwiesen, daß tiefe und klare Meere im Allgemeinen eine blaue Färbung zeigen, die besonders in ihrem Kontrast zu Eis- und Schneemassen tief dunkelblau wird und bekanntermaßen die Grotte zu Capri mit herrlichen azurnen Tinten färbt. Diese schöne Bläue des Ozeans verliert sich bei abnehmender Tiefe in der Nähe der Küsten, theils weil das Wasser nicht mehr ganz rein ist oder weil Licht vom Grunde reflektirt wird. Aus dem durch Reflexe hinzutretenden gelben Lichte hat man die schöne smaragdgrüne Farbe erklären wollen, die das Meer — ebenso wie gewisse Alpenseen — bisweilen zeigt und neben der dann als Komplementärfarbe ein schönes Purpurroth erscheint. Daß die verschiedenen Farben des vom Grunde reflektirten Lichtes Einfluß auf die Meeresfarbe haben, läßt sich an vielen Beispielen zeigen; so verursachen Klippen einen bräunlichen oder schwärzlichen, Schlammgrund einen grauen, weißer Sandgrund einen grünlich-grauen, Korallen einen röthlichen Ton. Man hat auch nicht selten im reinen bläulichen Meere schmuzige kleine, olivengrün, weißlich, roth u. s. w. gefärbte Streifen bemerkt und bei näherer Untersuchung Thiere oder Pflanzen als Ursache der Farbe aufgefunden. So wird das klare Ultramarin der Arktischen Meere durch kleine gelbliche Medusen von $0{,}8$—$1{,}2$ Millimeter Durchmesser in ein trübes Grün verwandelt.

Das klare Meerwasser ist ferner sehr durchsichtig. Im Eismeer ist diese Durchsichtigkeit außerhalb der eben erwähnten Medusenzone außerordentlich groß. In der Nähe von Nowaja-Sembla hat man in einer Tiefe von 150 Meter nicht blos den Grund, sondern auch Muscheln auf demselben deutlich erkennen wollen. Auch die Karibische See zeigt große Durchsichtigkeit, während sonst in der heißen Zone die vielen beigemischten organischen Substanzen das Seewasser nicht selten trüben. Das bekannte und vielbesprochene Leuchten des Meerwassers scheint mit der Lebensthätigkeit vieler kleinen Mollusken, Crustaceen und Infusionsthierchen in Beziehung zu stehen. Da diese vorzugsweise unter den Tropen leben, so wird auch dieses Leuchten dort am auffälligsten bemerkt.

Das mittlere spezifische Gewicht des Meerwassers verhält sich zu dem des destillirten Wassers etwa wie $1{,}0277$ zu $1{,}0000$, oder wenn ein mit letzterem gefülltes Gefäß — das Gewicht des Gefäßes selbst nicht mitgerechnet — einen Zollcentner wiegt, so wiegt dasselbe voll Meerwasser $102^{77}/_{100}$ oder etwa $102^3/_4$ Pfund. Natürlich wird dieses Gewicht nahe bei den Mündungen großer Ströme etwas geringer sein, man wird aber auch aus solchen Stellen kein Wasser schöpfen, um sich über die Bestandtheile des eigentlichen Seewassers zu belehren. Man hat in demselben etwa $3{,}6\%$ feste Bestandtheile gefunden; Gay-Lussac giebt den mittleren Salzgehalt der Meere auf $3^1/_2\%$ an, während Andere bis $3{,}8\%$ beobachtet haben. Im Ostseewasser finden sich nur $1{,}18\%$ (also etwa nur $^1/_3$) feste Bestandtheile, im Mittelmeer dagegen wenigstens 4%. (Vgl. über dessen chemische Analysen 2c. Böttger, Mittelmeer, S. 156—169.) Kochsalz wiegt unter diesen festen Stoffen vor und seine Menge beträgt $2{,}2$ bis $2{,}5\%$. Zu demselben kommt aber vorzüglich salzsaure Magnesia (etwa $^1/_3\%$), welche dem Wasser den widerlich bitteren Geschmack verleiht. Murray giebt fernerhin noch salzsauren Kalk und schwefelsaures Natron als wesentlichen Bestandtheil des Seewassers an; aber nach Marcet ist es wahrscheinlicher, daß sich die Schwefelsäure an den Kalk gipsbildend bindet und also der Ueberschuß von Salzsäure dem Natron zu Gute kommt. Außerdem ist noch Kohlensäure im Meerwasser enthalten und endlich treten zu dieſen mineraliſchen Beſtandtheilen noch mancherlei organiſche Ausſcheidungen und Verweſungsprodukte, welche dem Meerwaſſer die ſchleimige Beſchaffenheit ertheilen und Urſache ſind, daß ruhig ſtehendes Meerwaſſer ſo leicht in Fäulniß übergeht und dann höchſt übelriechende und ungeſunde Miasmen verbreitet.

Man hat oftmals behauptet, daß das Salz das Waſſer vor Fäulniß bewahre. Durch einen einfachen Verſuch kann ſich Jeder leicht davon überzeugen, daß dies im Allgemeinen nicht der Fall iſt; in gewiſſer Beziehung bleibt dieſe Behauptung jedoch richtig, inſofern als die Cirkulation der ozeaniſchen Gewäſſer zum großen Theil mit von deren Salzgehalte abhängt. Wenn auch dieſer Kreislauf im Meere, dieſes Pulſiren nur erſt in einer Anzahl ganz beſonders hervorſtechender Erſcheinungen bekannt iſt, ſo wiſſen wir doch bereits ſo viel, daß es regelmäßige Kanäle giebt, durch welche das Waſſer aus einem Theile des Ozeans in den anderen ſtrömt, und daß jede Differenz in der Temperatur ſowol als auch in der chemiſchen Zuſammenſetzung eben ſo unfehlbar Strömungen im Waſſer hervorruft wie in der Atmoſphäre. Das Salz der See verurſacht vor Allem vertikale Strömungen, welche die Erwärmung des Waſſers allein nicht hervorrufen würde. Indem, beſonders unter den Strahlen der tropiſchen Sonne, das Waſſer ſchnell verdampft und der Dampf des Meerwaſſers keine oder faſt keine Salztheilchen mit fortnimmt, wird das zurückbleibende Waſſer an der Oberfläche ſalziger, demnach ſpezifiſch ſchwerer, und während es in die Tiefe ſinkt, iſt es zugleich geeignet, die ihm beiwohnende Wärme durch unterſeeiſche Strömungen zur Milderung des Klimas in weit entfernte Gegenden zu entführen.

Unterſucht man Meerwaſſer aus bedeutenden Tiefen, z. B. von 450 Faden, ſo findet man die ſchweren löslichen Salze in größerer Menge, namentlich mehr ſchwefelſaure Talkerde und Kalk. Alle Analyſen des Meerwaſſers ergeben im Allgemeinen ſehr wenig kohlenſauren Kalk, überhaupt wenig Kalkſalze, was in der nie raſtenden Bauthätigkeit einer großen Klaſſe der Meeresbewohner ſeinen Grund haben mag. Denn es baut die fleißige Koralle vor unſeren Augen ganze Gebirge kohlenſauren Kalkes im Meere, Muſcheln häufen Berge von Muſchelkalk auf; ja, nach den neueſten Reſultaten der Unterſuchung des Meeresgrundes bei der Legung des transatlantiſchen Kabels ſcheinen ſich auch große Kreideſchichten auf dem Meeresgrund, aus den Panzern mikroſkopiſcher Thierchen beſtehend, abzuſetzen. Die Menge des im Meerwaſſer enthaltenen Gipſes übertrifft weit diejenige des kohlenſauren Kalkes, aber es ſammeln jenen auch keine Thiere zu ihrer Bekleidung. Die einzig mögliche, uns jetzt bekannte Abſcheidung des Gipſes iſt diejenige durch Kryſtalliſation aus der damit geſättigten Löſung.

Indem nun Milliarden von Thieren wie kleine Architekten an den Fundamenten des Meeresbeckens arbeiten, verändern ſie zugleich durch die Ausſcheidung feſter Stoffe die ſpezifiſche Schwere des Waſſers und rufen auch in den Tiefen des Ozeans Bewegung und Leben hervor. Sowie ein friſch aufſproſſendes Getreidefeld, ein unter der Frühlingsſonne ſich belaubender Wald die Atmoſphäre in Bewegung zu ſetzen vermag, ſo wirken auch dieſe Wälder und Wieſen der See auf deren Cirkulation ein. Doch wir beſchließen jetzt dieſe phyſiſch-geographiſche Darſtellung des Meeres und betrachten im nächſten Kapitel diejenigen lebenden Erzeugniſſe des Meeres, welche der Menſch geeignet gefunden hat zur Befriedigung ſeiner Bedürfniſſe, und die zu erlangen er die Weiten und Tiefen der Ozeane durchfährt.

R.

Schwammfischerei.

Das Buch der Erfindungen. 6. Aufl. III. Bd.

Leipzig: Verlag von Otto Spamer.

Die Ernten aus dem Wasser.

Muscheln. Die Austern. Künstliche Austernzucht. Perlenmuschel und Perlenfischerei in Ostindien. Bayerische und sächsische Perlen. Die Korallen, ihre Natur und ihr Wachsthum. Korallenfischerei im Mittelmeer. Der Badeschwamm, seine Gewinnung und Zubereitung. Seetang u. s. w.

Die Muscheln zeigen so unendliche Mannichfaltigkeit in Form und Farbe, daß viele derselben, ganz abgesehen von ihrer sonstigen Nutzbarkeit, schon seit alter Zeit als Luxusgegenstände beliebt sind. Die Purpurschnecke war im Alterthum ihrer färbenden Kraft wegen hochgeschätzt, und bekanntlich werden die Kauri (Cypraea moneta) als Geld gebraucht, welche von den Malediven kommen und im Handel mit der Küste von Malabar und dem Innern Afrika's eine so wichtige Rolle spielen. Diese Muscheln gehen von Ceylon nach London und von dort wieder nach der Ostküste Afrika's und unterstützen insofern indirekt den Sklavenhandel. Sie werden entweder in bestimmter Menge an Schnuren aufgereiht oder bei größeren Zahlungen in Säcke verpackt. Ferner sind fast an allen Meeresküsten viele Seemuscheln und Meeresschnecken als gewöhnliche Speise gebräuchlich, so z. B. im Norden Europa's die Miesmuschel (Mytilus edulis), die Herzmuschel, Kammmuschel 2c. Im Apenrader Fjord pflegen die Fischer Pfähle in den Meeresboden einzuschlagen, die sich bald mit eßbaren Muscheln bedecken. Nach je vier Jahren sind diese zum Verspeisen reif. Weit verbreiteter und beliebter als alle die Muscheln sind aber die

Austern, die fast in allen Meeren der gemäßigten und heißen Zone nahe an der Küste leben und an passenden Stellen leicht angesiedelt werden können. Sie sitzen in unbeträchtlicher Tiefe — denn die bedeutenden Meerestiefen dürften eben so dünn bevölkert sein, wie die bedeutenden Höhen des Landes — oft millionenweise mit der größeren Schale an Felsen oder an einander gewachsen — Bergaustern — oder lagern auf lehmigem oder sandigem Boden, in beiden Fällen sogenannte Austernbänke bildend.

Um die Auster während der Laichzeit nicht zu stören, soll in den Monaten ohne r (Mai bis August) nicht gefischt werden. Tief liegende Austern pflegen nur langsam zu wachsen und nicht fett zu werden. Manche Austernbänke liegen aber so hoch, daß sie die Ebbe aufdeckt, wo dann die Thiere freilich öfters durch den Frost leiden. Sie werden hier mit den Händen aufgelesen oder mit eisernen Rechen herausgezogen. Sonst benutzt man einen verschiedenartig konstruirten Austernrechen, den man vom Kahne auf die Austern= bank wirft, darüber hin und dann in die Höhe zieht, um die brauchbaren, ausgewachsenen Austern auszulesen, die jüngeren aber dem Meere zurückzugeben. Was nicht gleich versendet wird, bewahrt man in sogenannten Austernparks auf, welche mit dem Meere in Ver= bindung stehen. Eben dahin bringt man auch zur Verbesserung des Geschmacks solche Austern, welche auf schlammigem Boden lagerten. Für den europäischen Kontinent ist einer der bedeutendsten Austernparks der bei Husum, aus welchem wir nicht nur die großen Holsteiner Austern beziehen, sondern in welchem auch die feinen Natives einige Rasttage zu

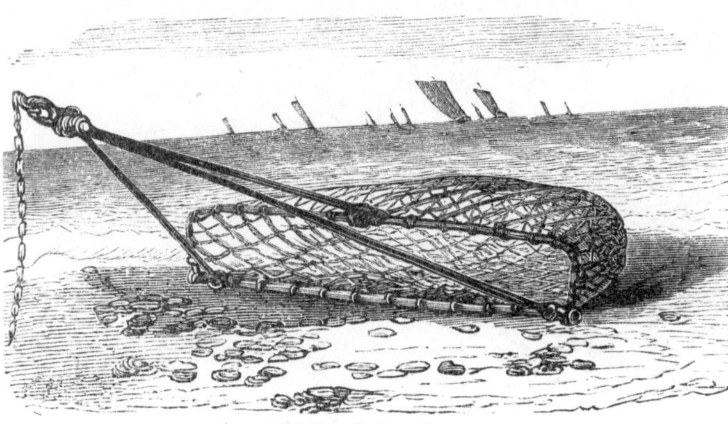

Fig. 276. Austernrechen.

halten pflegen, um sich von den Stra= pazen der Reise zu erholen, ehe sie wei= ter in das Binnen= land wandern.

Die Auster ist bekanntlich ein wenn auch nicht all= gemein beliebtes, so doch von vielen Gutschmeckern sehr geschätztes und, frisch genossen, auch gesundes, nahrhaf= tes Gericht. Schon die Alten liebten sie sehr; sie ist in eigentlichem Sinne des Worts ein lucullisches Mahl, da schon Lucullus auf seiner Villa an der Campanischen Küste großartige Austernparks besaß. Wenn freilich berichtet wird, daß Kaiser Vitellius tausend Stück während einer Mahlzeit verzehren konnte, so übersteigen solche Tafelfreuden unsere gastronomischen Begriffe. In Deutschland wird überhaupt nur eine mäßige Menge genossen, da die aus Holland, England, Holstein und Jütland eingeführten Austern so theuer sind, daß nur der Wohl= habendere sich den Genuß derselben verschaffen kann. Die Londoner Austernsaison beginnt um die Mitte des August, und man kann dann täglich in Billingsgate, dem eigentlichen Fischmarkt Londons, gewaltige Massen — man behauptet 800 Millionen jährlich — ver= kaufen sehen. Man hat dort auch Gelegenheit, die große Verschiedenheit der auf den Markt kommenden Austern kennen zu lernen. Eben so verschieden ist ihr Geschmack, der natürlich von der Nahrung, welche die Auster selbst genossen, von ihrem Alter, sowie nicht minder von der Oertlichkeit abhängt, wo sie gewachsen ist. Neben den von Colchester und Whit= stable rühmt man besonders die Ostender Austern, wie überhaupt das Thier im Kanal vor= trefflich gedeiht; auch von der Insel Jersey werden große Mengen Austern versandt.

Die berühmtesten Austern sind eigentlich mehr Kunst= als Naturprodukt; man züchtet sie nach gewissen Regeln, fast wie der Landwirth das Schlachtvieh. Daß man durch Ver= setzen der Auster in anderes Wasser ihre Eigenschaften veredeln könne, wußten schon die alten Römer; sie besaßen ihre Austernparks wie wir. Diese bilden für die Besitzer ein werth= volles Eigenthum, und ihre regelrechte Bewirthschaftung wird sogar obrigkeitlich kontrolirt.

In Frankreich iſt 1858 bei St. Brieux ein großartiger Verſuch auf Staatskoſten zur Ausſaat von Auſternbrut gemacht worden; andere Auſternanſtalten befinden ſich in Toulon und Cette. Dieſe Verſuche, welche hauptſächlich nach der im See Fuſaro bei Neapel mit gutem Erfolge angewendeten Methode geſchahen, ſind aber vollſtändig mißglückt.

Fig. 277. Auſternfiſcherei an der franzöſiſchen Küſte.

Nach dem Beiſpiel jener italieniſchen Zucht wurden auf den Meeresboden Schalen von Auſtern und anderen Muſcheln ausgeſtreut, Reisbündel durch Steine an den Grund geſenkt, rings um dieſelben Pfähle eingeſchlagen und reife Auſtern im Frühjahr über die Fläche ausgeſtreut. (Eine Auſter ſoll 2 bis 3 Millionen Eier legen können.) An den Reisbündeln ſoll ſich die junge Brut auffangen. Anfänglich schien man auf Erfolg hoffen zu dürfen, da in der That eine zahlreiche Austernbrut sich an den Reisbündeln niederließ. Allein sie pflanzten sich nicht fort. Die Beschaffenheit des Meeresbodens war nicht dazu geeignet und diese kost= spieligen Versuche schlugen also vollständig fehl. In Marennes in Frankreich bestehen groß= artige Anstalten, aber nicht zur Zucht, sondern nur zur Mästung und Färbung der Austern. Zu dem Ende sind dort schon im 16. Jahrhundert die sogenannten Claires angelegt. Es sind dies flache Bassins von sehr verschiedener Größe, welche mit etwa 1 Meter hohen kleinen Deichen (Erdwällen) umgeben und unter sich durch einfache Röhren (gebohrte Baumstämme, derases) mit einander verbunden sind.

Der Boden dieser Claires besteht aus sehr fettem Thon von bläulicher und röthlicher Farbe, auf den die Austern, nach vorhergegangener sorgfältiger Reinigung von Schlamm und sonstigem Unrath, niedergelegt werden. Die weitere Arbeit zur Mästung und Veredlung der Austern (Grünfärbung) besteht nun lediglich darin, daß sie stets vom Schlamm gesäubert und ab und zu von einem Bassin in das andere gelegt werden, um diese selbst von der ent= standenen Schlickanhäufung zu reinigen.

Fig. 278. Künstliche Austernbank im Fusaro-See.

Die jungen Austern, welche mindestens ein Jahr alt sein müssen, werden hauptsächlich von der Bretagne angebracht und erreichen erst nach 2jähriger Behandlung die Marktreife.

Es sollen an der Küste des alten Aunis an der Mündung der Sendre, Charente und Sèvre, in dem durch die Inseln Ré und Oléron gebildeten Golf „Pertius de Antioche" 23 Austernbänke gelegen haben, die reichen Ertrag und den Claires zu Marennes und Tremblade das Jungvieh lieferten; 18 davon sind aber jetzt vollständig erschöpft und nur noch 5 liefern einen sehr kärglichen Ertrag.

Infolge der allgemeinen Abnahme der Austernproduktion hat auch die Claire=Wirth= schaft, welche im Uebrigen ihren alten Ruf bewahrt hat, gelitten. Versuche, in den Claires selbst Austern zu züchten, sind vollständig mißglückt.

Der Ertrag der einst so reichen Austerngründe des Arrondissements Brest und des Arrondissements Cherbourg ist in Schrecken erregender Weise in Abnahme begriffen, wie aus den statistischen Nachweisen klar hervorgeht.

Die natürlichen Bänke sind fast völlig erschöpft. Die vorhandenen Parks beschränken sich im Wesentlichen auf die Mästung und Veredlung des von auswärts bezogenen Roh= materials und liefern infolge der allgemeinen Abnahme der Austernproduktionen von Jahr zu Jahr geringere Erträge.

In England sind namentlich an der Südseite der Themsemündung bedeutende Austern= züchtereien, „die glücklichen Fischergründe" genannt. Sie haben eine Größe von etwa 60 englischen Quadratmeilen und liefern die weltberühmten „Natives".

Je nach dem Alter (der Entwicklungsstufe) der Auster unterscheidet man in England „spat“ oder „spawn“, „brood“, „half ware“, „ware“ und „oyster“. Der Boden dieser Austerngründe, Sand mit Gerölle und feineren Sinkstoffen gemischt, ist als Standort für Austern ausgezeichnet, und das Wasser dieses Beckens, worin sich die Themse und sonstige kleinere Gewässer ergießen, hat einen vorwiegend brackischen Charakter und liefert den Mollusken reiche Nahrung, während eine mäßige Küstenströmung die Bänke vor Verschlammung bewahrt. Hier liegt der klassische Austernplatz Whitstable, ein kleiner Hafen, der bei Ebbe trocken läuft. Seine Bewohner betreiben schon seit Jahrhunderten den Austernfang. Die meisten Austernfischer sind Mitglieder einer Compagnie, einer Art Gilde, die schon seit 600—700 Jahren bestehen soll. Gegenwärtig zählt dieselbe mehr als 400 Theilhaber, welche mit 120 Fahrzeugen von durchschnittlich 14 Tons arbeiten. Zum Eintritt in die Compagnie sind nur Söhne früherer Mitglieder berechtigt. Seit 1793 besitzt die Gesellschaft laut Parlamentsbeschluß das ausschließliche Recht auf ihren bis dahin nur gewohnheitsmäßig in Anspruch genommenen Grund. Er liegt dicht vor dem Orte und hat ungefähr zwei englische Meilen Länge und eben so viel Breite. Von dieser ganzen Ausdehnung sind jedoch gegenwärtig nur ungefähr zwei englische Quadratmeilen in Betrieb genommen.

Ein Sandriff, das von der Küste ausläuft und 1½ Meile lang ist, schützt die Austerngründe gegen den Ostwind.

Dieselben sind nicht allein Zucht- und Maststätten, sondern auch große Depots für Austern aller Qualitäten und Preise. Denn auch für den Austernhandel ist Whitstable ein Ort ersten Ranges.

Fig. 279. Austern von verschiedenem Alter. A zehn Monate und darüber B sechs Monate. C drei Monate. D 1 Monat. E 14 Tage.

In den Monaten, in welchen keine Austern für den Markt gefischt werden, beschäftigt man eigens Leute mit dem Einfangen von Seesternen, welche letztere bekanntlich Austernfresser sind. Ein anderer berühmter Austerngrund, ebenfalls von einer Compagnie betrieben und bewirthschaftet, ist der der Herne-Bai. Im Ganzen soll die Austernzucht an der Südseite der Themsemündung fortwährend 3000 Mann beschäftigen. Der Werth der Whitstabler Fischerflotille wird zu 25,000 Pfd. Sterling angegeben, derjenige der Austernparks soll 200,000 Pfd. Sterling betragen. — Auch an der Nordseite der Themsemündung wird Austernfischerei mit Erfolg betrieben. Auf der Insel Hayling, östlich von Portsmouth, sind großartige Anstalten zu künstlicher Austernzucht errichtet mit Brutbassins, Lagerplätzen und frei auf dem Watte am Ausflusse eines Kanals liegenden Claires.

Oftende ist berühmt wegen seiner Austernparks (Huitrières), in denen Austern zwar nicht gezüchtet, aber doch gemäſtet werden. Faſt das ganze Jahr hindurch, und ſelbſt in der heißen Jahreszeit, d. h. außer der eigentlichen Auſternſaiſon, findet man in denſelben große Mengen von Auſtern, welche von Colcheſter, Harwich und anderen engliſchen Küſtenorten hierher gebracht, ſorgfältig von Algen und Schmarotzern rein geputzt und täglich mit friſchem geklärten Seewaſſer verſehen werden. Das Hundert gilt 6—12 Francs und mehr, je nach Qualität und Nachfrage. Gleichzeitig werden, hauptſächlich für den Badekonſum, neben den Auſtern in beſonderen Behältern Hummern verwahrt, die theils von Helgoland, zum bei weitem größeren Theile aber von der felſigen Küſte Norwegens kommen.

Großartig iſt die Auſternfiſcherei in den Vereinigten Staaten. Der Auſternhandel in Baltimore hat in den letzten Jahren bedeutenden Aufſchwung genommen. Ueber 1000 Schooner (von 10—100 Tons) und außerdem noch 1600 Böte betreiben jährlich die Auſternfiſcherei in der Cheſapeake-Bucht und liefern 11 Millionen Fäſſer an den Markt. Hundert Handlungshäuſer in Baltimore ſind beſchäftigt, dieſe Auſtern in hermetiſch verſchloſſenen Blechdoſen zu verſenden. Die meiſten gehen mit der Pacificbahn an die Küſte des Stillen Ozeans, wo noch keine Auſternbänke entdeckt ſind. Ein bekanntes Haus beſchäftigt 400—600 Perſonen, Weiße und Farbige, männlichen und weiblichen Geſchlechts. Ein gewandtes Mädchen kann täglich 2—3 Dollars mit Auſternöffnen verdienen. Die Nettoeinnahme ſämmtlicher Häuſer wird auf jährlich 10—15 Millionen Dollars angeſchlagen.

Neben der Auſter ſetzt keine Muſchel ſo viel Menſchen in Bewegung, als die

Perlenmuſchel. Die ſogenannten „echten" Perlen ſind ſchon ſeit uralten Zeiten ein Lieblingsſchmuck der Frauen geweſen und noch bis auf den heutigen Tag theuer und hochgeſchätzt. Ja, im Alterthume war die Sucht, mit Perlen zu glänzen, zu einer kaum glaublichen Höhe geſtiegen; reiche Leute verſchwendeten Millionen in dieſem theuren Artikel; man trug ſie nicht einzeln, ſondern haufenweiſe als Gehänge und Beſatz an Kleidern, Sandalen, Schuhen, Pferdegeſchirr, Wagen und Waffen. Auch Arzneikräfte und andere geheime Wirkungen wurden ihnen zugeſchrieben, und orientaliſche Völker thun dies noch jetzt, obwol die Perle aus demſelben Stoffe beſteht wie die Schale und nichts Anderes iſt als unſere Muſchelſchalen und Schneckenhäuſer: unſchuldiger kohlenſaurer Kalk. Die Bezugsquellen der Perlen waren damals ſchon die Gewäſſer des Perſiſchen Meerbuſens und der Oſtindiſchen Inſeln.

Die reichſten Perlenbänke liegen an der Weſtküſte Ceylons, zwiſchen dem 8. und 9°. nördl. Br., an den flachen, traurigen Geſtaden von Condatchy, Aripo und Manaar. Die Perlenfiſchereien ſtehen unter der Aufſicht der Regierung, und die Ausbeute derſelben iſt ihr Monopol. Die Regierung beanſprucht drei Viertel der ganzen Ernte für ſich, und der arme Taucher erhält für ſeine lebensgefährliche Arbeit durchſchnittlich nur 62 Thaler. Der Perlenauſternfang zu Aripo iſt zugleich eine Art Volksfeſt, welches jährlich zu Anfang Februar beginnt und ungefähr 20 Tage dauert. Nachdem die Kähne, deren jeder gewöhnlich zehn Taucher faßt, ſich auf die ihnen angewieſenen Stellen begeben haben, laſſen ſich die Taucher an Seilen, die mit Steinen beſchwert ſind, hinab in die Tiefe. Sie ſind hierbei vollſtändig entkleidet, haben einen Korb an einem Gürtel hängen, in den ſie die Muſcheln ſammeln, und ein ſtarkes, ſcharfes Meſſer zum Ablöſen der Muſcheln vom Felſen wie zur Vertheidigung gegen Haifiſche und dergleichen.

Der Taucher ſtopft ſich, bevor er ins Waſſer ſteigt, Ohren und Naſenlöcher mit Baumwolle oder Wachs zu, zieht die Lungen voll Luft, nimmt einen in Oel getränkten Schwamm in den Mund und ſinkt nunmehr ſchnell unter. Er muß gewöhnlich 10—12 Meter hinabtauchen, bevor er den Boden der Perlenbänke trifft. Hier angekommen, ſammelt er Muſcheln ſo ſchnell als möglich und ſo viel, als er erreichen kann, in ſeinen Korb; fühlt er, daß er es in der Tiefe nicht mehr aushalten kann, ſo ſchüttelt er zum Zeichen für die im Schiffe Wartenden ſein Tau und wird dann raſch nach oben gezogen.

Das Tauchen wechſelt in dieſer Weiſe 5—6 Stunden ohne Unterlaß, ſo daß jeder der zehn Taucher, die ſelten länger als 60 Sekunden unten bleiben, im Laufe des Tages 1—4000 Muſcheln heraufſchafft. In ſehr günſtigen Fällen ſteigt eine Korbladung bis auf 150 Stück.

Der fatalste Umstand bei der Perlenfischerei ist der, daß bei weitem nicht alle Muscheln Perlen führen und daß man ihnen den Inhalt auch nicht sicher von außen ansehen kann, obwol die Fischer sehr viel auf die äußeren Zeichen halten; nur dann, wenn viele Perlen in einem Stück sind, sieht dasselbe auch äußerlich höckerig und schief aus. Die Muschel aber in ihrem Gehäuse von 22—25 Centimeter Länge besitzt sehr tüchtige Schließmuskeln und läßt sich nicht gutwillig ins Innere sehen. Man weiß daher erst nach dem Tode des Thieres mit Bestimmtheit, was man gefangen hat. Deshalb legt man die Muscheln auf den Sand des Ufers hin, wo sie die glühende Sonne nicht nur bald tödtet, so daß sie von selbst aufklaffen, sondern auch eine äußerst rasche Fäulniß herbeiführt. Dieser abscheulich riechende Schlamm wird nun von den Perlensuchern emsig durchrührt, freilich oft ohne Erfolg.

Fig. 280. Perlenfischer auf Ceylon.

Finden sich Perlen, so kommt es auf Größe und Form an, wie viel der Fund werth ist. Die Größe wechselt im Allgemeinen von der einer Kirsche bis zu der eines Mohnkörnchens. Erstere Größe kommt natürlich nur den Prachtstücken zu, die äußerst selten sind. Die größeren heißen Zahlperlen, die kleinen, die zusammen verwogen werden, Lothperlen. Die ganz kleinen, unbrauchbaren Perlen, auch Saatperlen genannt, werden zum Brennen des Perlenkalkes für die reichen Malayen verwendet, die diesen kostbaren Kalk mit Betel und Arekanuß kauen. Was die Form betrifft, so sind die ganz runden die geschätztesten; nach ihnen kommen die abweichenden, aber in der Form regelmäßigen, wie birn=, ei=, zwiebelförmige, halbkugelige u. dgl. Schiefe, höckerige und sonst unförmliche Stücke heißen Barockperlen. Auch die Farbe ist nicht immer dieselbe. Die Haupt= und Staatsfarbe ist das eigenthümliche matte Weiß, das Perlweiß, mit einem silberähnlichen Schimmer, doch kommen auch abweichende Schattirungen vor.

Wenn man berechnet, daß bei dem äußerst lebhaft betriebenen Fange an den Küsten von Ceylon während einer 20tägigen Fischerei von jedem Boote mindestens 400,000 Muscheln aus der Tiefe geholt werden, so ist es kein Wunder, wenn selbst der Reichthum des Ozeans

ſtellenweiſe ſo erſchöpft wird, wie jene Bänke es wenigſtens eine Zeit lang geweſen ſind.
Gegenwärtig haben ſie ſich infolge rationellerer Bewirthſchaftung laut den Nachrichten
neuerer Reiſenden wieder erholt. In neueſter Zeit hat man, beſonders durch Dr. Delaort's
Unterſuchungen angeregt, den Gedanken gefaßt, der Perlenauſter, gleich der eßbaren Auſter
im ſüdlichen Frankreich, oder der künſtlichen Fiſchzucht überhaupt, eine beliebige Verbreitung
zu geben. Welch' ein großartiger Gedanke, die Meeresküſten Ceylons mit Perlen zu beſäen!
Welch eine Quelle für die großartigſte Spekulation, zumal da auch die reichen Schätze bei
Margareta und Cubagua, ſowie im Golf vom Panama, durch die Spanier längſt erſchöpft
worden ſind!

Ehedem brachte Spanien jährlich für faſt eine Million Thaler Werth Perlen von der
Oſtküſte Amerika's nach der Alten Welt, und in Carthagena nahmen vor 300 Jahren die
Perlenläden mehrere Straßen ein.

Im Perſiſchen und Rothen Meere haben die Perlenfiſchereien ihren alten Ruf noch
bis heute bewahrt, trotzdem daß in erſterem Meere es Jedem gegen eine kleine Abgabe
geſtattet iſt, Perlen zu fiſchen und ſo gegen 30,000 Menſchen ſich während der geeigneten
Zeit dabei betheiligen. Die Perlenbänke erſtrecken ſich dort von Sharja bis zur Biddulphs=
gruppe über eine Länge von 70 Meilen. Die Bänke von Bahrein liegen weiter im Nord=
weſten und ſind von geringerem Umfange.

Sehr ergiebig hat ſich ſchon von Alters her die Ausbeute im Stillen Meere gezeigt,
und zwar im ſogenannten Purpurmeere an der Weſtküſte Mexiko's. Dort iſt zwiſchen dem
Kap Pichilingue und der Inſel Cerralbo der Meeresboden mit Perlmuſcheln buchſtäblich
bedeckt. Mehrere Meilen weit überzieht den Grund ein Korallenwald, und in der Nähe
mehrerer benachbarter Inſeln ſind eben ſo reiche Maſſen von Badeſchwämmen.

Infolge dieſes Reichthums an Meeresſchätzen finden ſich hier jährlich mitunter mehr
als 200 Schiffe zuſammen, von denen manches Perlen im Werthe von 200,000 Dollars
gewonnen hat. Auch hier geſchieht das Aufbringen der Muſcheln aus einer Tiefe von
12—15 Meter nur durch Taucher, meiſtens Indianer, die den Unternehmern meiſt durch
Vorſchüſſe verpflichtet und dadurch zu Dienſtleiſtungen gezwungen ſind. Die Taucherglocke
iſt der Korallen wegen nicht anwendbar. Von je 100 Tauchern werden jährlich durch=
ſchnittlich 3 durch die Haifiſche getödtet, 15 verſtümmelt.

Der Haupthandelsplatz für Perlen war bis vor Kurzem Amſterdam; jetzt werden aber
auch in Paris, London, Hamburg und auf den Leipziger Meſſen bedeutende Geſchäfte in
Perlen gemacht. Ihr Preis beſtimmt ſich zunächſt, wie bei Edelſteinen überhaupt, nach
dem Gewicht; aber dennoch herrſcht zwiſchen den kleinen und großen Perlen im Preiſe ein
himmelweiter Unterſchied. Sobald die größeren Perlen an Form und Farbe tadelfrei ſind,
haben ſie einen ungleich höheren Werth, der ſich noch bedeutend ſteigert, wenn ſich mehrere
möglichſt gleiche Perlen zu einem Schmuck oder einer Schnur zuſammenſtellen laſſen. Die
einzige, ihres Gleichen nicht findende Perle nannte man daher unio, la pellegrina, l'incom-
parable, altdeutſch margarite nach dem griechiſchen Namen; Perle ſelbſt oder Verle iſt
wahrſcheinlich ſo viel als Beerlein.

Die Perlen liegen frei im Fleiſche des Muſchelthieres, beſonders im ſogenannten
Mantel deſſelben, und man hegt die Anſicht, daß die Muſchel die Perlen auf die Weiſe
erzeugt, daß ſie kleine fremde Körper, die in ihr Inneres gelangen, mit Schalenmaſſe um=
kleidet, um ſie abzuglätten und dadurch den Reiz zu vermindern. Solcher fremden Körper
können natürlich vielerlei ſein, Sandkörner, Pflanzenreſte, Eier von Schmarotzerthieren
oder vielleicht auch einzelne verdorbene, verhärtete Exemplare der eigenen Eier. Bei vielen
Exemplaren läßt ſich eine ſolche Entſtehung nachweiſen, indeſſen braucht die Urſache nicht
immer dieſelbe zu ſein.

Muſcheln ohne Perlen verlohnen immer noch die Mühe des Aufſuchens und werden keines=
wegs weggeworfen; ſie geben die Perlmutter, die ein ſo beliebtes Material zur Herſtellung
oder Ausſchmückung von vielerlei Gebrauchs= und Luxusartikeln bildet, daß ſie immer hoch
im Preiſe ſteht. In ihrem Ausſehen erinnert ſie wol an die Perlen, aber ſie hat dabei ein

eigenthümliches Farbenspiel, weil ihr Bau etwas abweichend ist. Die feinen Schichten, woraus Perle wie Muschel bestehen, liegen bei ersterer konzentrisch, etwa wie die Schalen der Zwiebel, über einander; bei der Schale dagegen sind die Schichtlagen außerdem noch mannichfach verbogen und gefältet, so daß sie das Licht in verschiedenen Richtungen zurückwerfen und farbig zerstreuen, wie dies andere dünne Plättchen unter solchen Umständen auch thun.

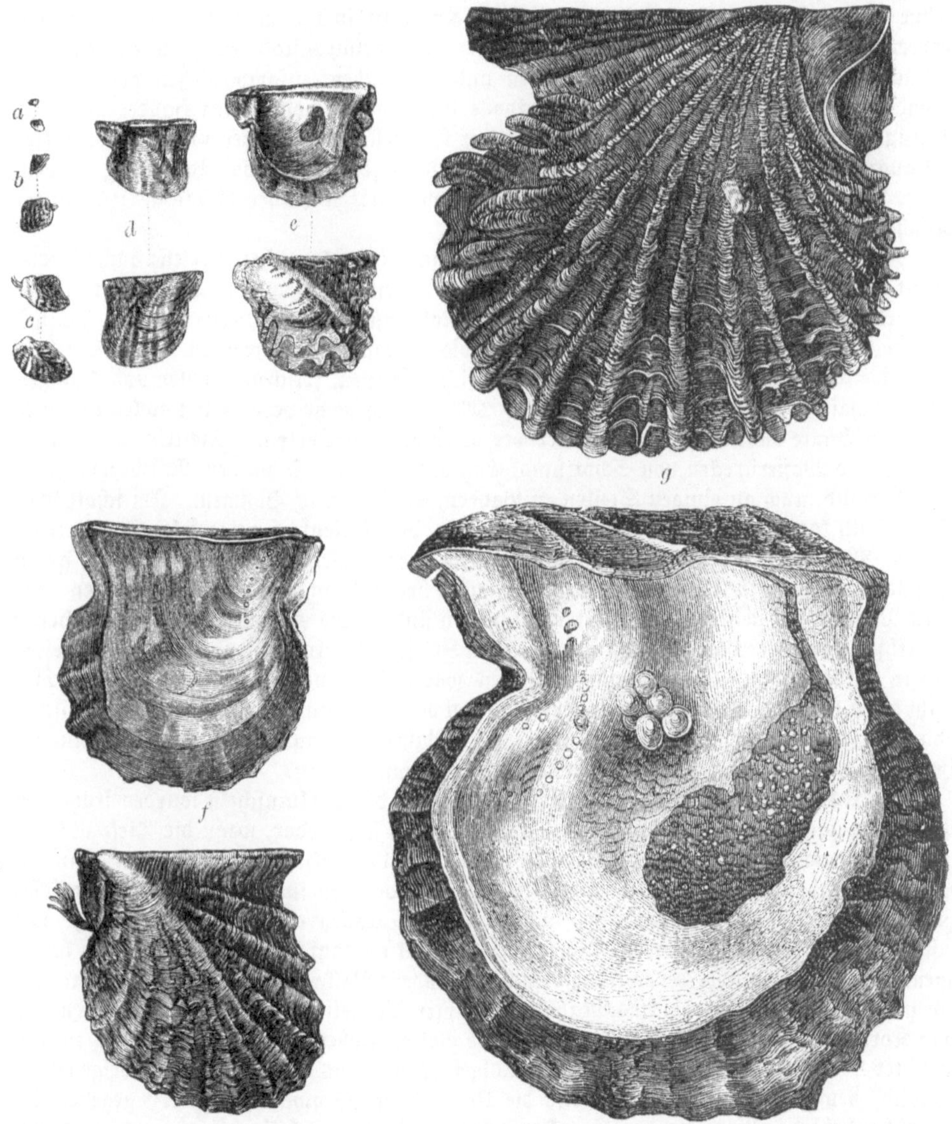

Fig. 281. Die Perlenmuschel.
a im frühesten Zustande, b im 1 Jahre, c im 2. Jahre, d im 3. Jahre, e im 4. Jahre, f im 5. Jahre, g im 6. Jahre

Es giebt selbst Muscheln, die in der Regel keine Perlen erzeugen, aber deren Schalen ein noch viel lebhafteres Farbenspiel zeigen. Man sieht schon an ihrem äußeren, mehr knorrigen Bau, daß die inneren Schichten mannichfach gefaltet sein müssen, etwa in der Art, wie man es an maserigem Holze bemerken kann. Daß die Farben nicht in der Masse selbst liegen, sondern in der Struktur derselben ihren Ursprung haben, läßt sich leicht dar= thun. Man kann nämlich den Schiller der Perlmutter geradezu überdrucken, wie ein

Petschaft, wenn man z. B. Kupfer auf galvanischem Wege auf einer glatt polirten Perl=
muttertafel niederschlägt, so daß es sich in die feinsten Unebenheiten und Ritzchen einlagern
und ein ganz genaues Abbild seiner Unterlage geben kann.

Wenn von der Schale eines anderen Meerthieres, des Schiffsbootes (Nautilus Pom-
pilius), die äußere Rinde weggebeizt oder weggeschnitten wird, so kommt eine prachtvolle
Perlmutterlage zum Vorschein. Auf diese Weise haben zuerst die industriellen Chinesen aller=
liebste Schmuckgegenstände erzeugt, und diese Kunst ist später nach Europa übertragen
worden. Man hat auch aus verschieden gefärbten und zierlich gestalteten kleineren Muscheln
vielfache Verzierungen an Schmuckkästchen und dergleichen zusammensetzen gelernt und
besonders von Paris aus höchst geschmackvolle derartige Sachen in den Handel gebracht.
Vorzüglich sind es die Italiener, die sich in der Darstellung reizender Gegenstände dieser
Art auszeichnen. Schon die gemeine Teichmuschel kann gelegentlich von Bedeutung werden,
wie z. B. ein Fabrikgeschäft in Nürnberg in einem einzigen Jahre 120,000 Stück dieser
Muscheln zu Farbenkästen für Kinder bedurfte.

Nicht fremde Länder allein empfingen das Geschenk der köstlichen Perlen; auch Europa
erhielt sein bescheidenes Theil davon. Hier aber ist es eine ganz andere Muschelart, welche
die Perlen liefert; sie ist unserer gewöhnlichen Malermuschel nahe verwandt und hat fast
ganz das Aeußere derselben, nur daß sie drei= bis viermal größer werden kann. Sie liebt
gerade die kälteren Gegenden Europa's, wo sie sich in reinen, frischen Quellen und Flüßchen
in Gesellschaft von Krebsen und Forellen ansiedelt, freilich mehr vereinzelt und keine so aus=
gedehnten Bänke bildend, wie die Mutter der orientalischen Perlen. Sie lebt in einzelnen
Wässern und Wasserstrecken von Schottland, England, Island, Schweden, Norwegen, Finn=
land, Livland, auch an einigen Stellen in Bayern, Sachsen und Böhmen. Im schottischen
Flusse Teith kann im Sommer, zur Zeit die Ebbe, die Perlenfischerei erfolgreich betrieben
werden. Man findet die Perlenmuscheln unter dem Kies haufenweise beisammen. Die größ=
ten sind etwa 4 Centimeter lang und 5 Centimeter breit; dennoch finden sich in ihnen nicht
selten Perlen, die mehrere Pfund Sterling werth sind. Die zahlreichsten und am besten
bewirthschafteten Perlbäche besitzt Bayern in den Kreisen Oberfranken, Oberpfalz und beson=
ders in Niederbayern. Die bayerischen Perlen waren schon vor Alters berühmt. Sachsen
besitzt einen kleinen Perlendistrikt im oberen Gebiet der Elster und ihrer Nebenbäche, zwischen
Adorf und Plauen. Die Perlen sind hier wie in Bayern Krongut. Die Kunstsammlungen
Dresdens haben hübsche Proben dieser Elsterfrüchte aufzuweisen.

Die Korallenfischerei. In ähnlicher Weise wie die Perlmuscheln wurden früher im
Mittelmeer die Korallen gewonnen. Taucher senkten sich nieder, wenn die Tiefe nicht zu
groß war, brachen Aeste und Zweige der Korallen von den Felsen ab und kehrten dann mit
denselben beladen auf die Oberfläche zurück. Heute, wo man in Bezug auf die technischen
Hülfsmittel weiter vorgeschritten ist, sucht man die Korallen auf minder gefährliche und
anstrengende Weise zu gewinnen. Die zu diesem Zweck auslaufenden leichten Schiffe haben
eigenthümliche Netze, über denen kreuzförmig verbundene Balken angebracht sind. Mit den=
selben sucht man durch geschicktes Manövriren unter die Felsen und Riffe zu kommen, wo
man Korallen vermuthet oder bemerkt hat; die Balken stoßen die Zweige ab und in den
darunter hängenden Netzen werden letztere aufgefangen. Das diesem Abschnitt beigegebene
Tonbild, dem zwar irrthümlicher Weise die Unterschrift „Schwammfischerei" gegeben ist,
veranschaulicht den Vorgang der Korallenfischerei. Andere Schiffe fahren auch blos mit
ausgespannten Netzen an den mit Korallen bedeckten Riffen vorbei; die starken Stricke der
Netze verwickeln sich in die Aeste, reißen sie los, brechen sie ab und nehmen sie mit. Hat
man genug gesammelt, so geht das Sortiren an; die schönsten und größten Exemplare,
die Kabinetsstücke, werden in ihrer natürlichen Gestalt an Naturalienkabinete und einzelne
Liebhaber verkauft, die übrigen verarbeitet man, und zwar am kunstvollsten in Italien, zu
Kameen, Dosen und ähnlichen Fabrikaten, die kleineren zu Perlen für Hals= und Armbänder,
die nach dem Orient großen Absatz finden und in Afrika ebenfalls sehr geschätzt werden.

Der rothe Korallenschmuck, welcher in der Neuzeit wieder sehr in die Mode gekommen ist, verdankt seinen Ursprung der Edelkoralle oder Blutkoralle (Fig. 282), deren Heimat das Mittelmeer und vorzüglich die den afrikanischen Küsten nahegelegenen Strecken desselben sind. Schon seit 1450 hatten die Franzosen hier in Calle (Afrika) ein großes Etablissement lediglich für die Korallenfischerei eingerichtet; provençalische Fischer hatten bis 1791 das Privilegium, von da an wurde die Korallenfischerei für alle Franzosen frei, welche mit der Levante und den Barbareskenstaaten Handel trieben. In der That setzten sich aber bald die Italiener gegen Entrichtung einer Abgabe in Besitz des alten Etablissements; neben diesen betrieb dann später (seit 1794) eine neue französische Gesellschaft die Fischerei, und von 1802 bis 1816 beuteten die Engländer, welche sich im erstgenannten Jahre in den Besitz von Calle gesetzt hatten, die Korallenbänke in der großartigsten Weise aus. Im Jahre 1816 gaben sie Calle wieder zurück, und jetzt ist die Korallenfischerei hier wieder Regal der franzö=sischen Verwaltung. Die französischen Schiffe sind von Abgaben frei, am meisten aber werden die Korallenbänke von Italienern besucht, und vorzüglich liefert Torre del Greco seit langen Zeiten ein großes Kontingent von Korallenfischern.

Die Zeit für die Korallenfischerei dauert vom März bis Oktober und das Unternehmen ist trotz der großen Konkurrenz ein sehr lohnendes. Ein Kahn kann täglich bis zu 100 Kilogramm sammeln, und es klingt nicht unwahrscheinlich, wenn Milne Edwards für 1852 das Ergebniß der französischen Korallenfischerei an der Küste von Algier zu 35,880 Kilogramm angiebt. Je nach der Größe und Farbe haben die Korallen einen sehr verschiedenen Werth; die herrschende Mode ist außerdem bei der Schätzung von wesentlichem Einfluß. Jetzt z. B. sind die blaß=rothen Nüancen beliebt, für die man vor dreißig Jahren, wo die dunkelrothen en vogue waren, kaum den zehnten Theil des heutigen Preises zahlte.

Die Familie der Korallen ist eine so zahlreiche und vielverbreitete, daß man schon über 400 Arten derselben kennt. Steinerne Bäume sind es, wenn man will, aber solche, welche da, wo der wahre Baum Blätter und Blüten hat, lebendige, empfin=

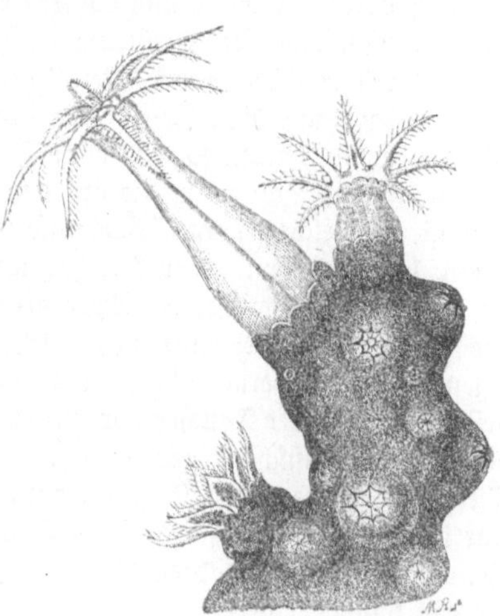

Fig. 282. Die Edelkoralle (Corallium rubrum).

bende Thiere tragen, Polypengattungen, denen die Fähigkeit innewohnt, den Kalk aus dem Wasser abzuscheiden und um sich anzuhäufen, sich solchergestalt ihre eigene Wohnung und zugleich ihr Grab zu bauen; denn während die zarten, weichen, kleinen Organismen sich nach oben fortwährend vermehren und immer neue Aeste ansetzen, sterben die unteren Partien ab und nur die ausgeschiedenen steinernen Korallenstöcke bleiben übrig. In dieser Art bauen manche Korallen ganze Felsenriffe, die bis nahe an die Oberfläche des Wassers reichen und der Schrecken des Schiffers sind, die aber auch die Grundlage ganzer Inseln abgeben und im stillen, aber unaufhaltsamen Schaffen neues Land entstehen lassen.

Die **Schwammfischerei** wird fast ausschließlich von Griechen und Arabern betrieben; in neuerer Zeit hat dieser Industriezweig sehr an Umfang gewonnen. Fast in allen Meeren trifft man auf Schwämme, wobei man freilich nicht an die Pilze zu denken hat, welche der Sprachgebrauch häufig auch mit diesem Namen bezeichnet. Hier sind die Spongien gemeint, die zu häuslichen und industriellen Zwecken vielfach und seit langen Zeiten in Gebrauch sind, über deren Wesen aber unsere Naturwissenschaft noch nicht völlig im Klaren ist; denn diese Seeprodukte bilden ein merkwürdiges Mittelding zwischen dem Thier= und Pflanzenreich; sie scheinen dem letzteren vermöge der Art ihres Wachsthums und ihrer Entwicklung, dem ersteren aber hinsichtlich ihrer chemischen Zusammensetzung näher zu stehen. Entreißt man den Schwamm seinem Elemente, so findet er sich mit einer schleimigen Materie überzogen, die durch kurze Zuckungen eine Art thierisches Leben verräth, bald in Fäulniß übergeht und auch noch durch ihren Geruch zu dem Schlusse führen könnte, daß sie thierischer Natur sei. Bringt man weiter den rohen, gereinigten Schwamm in eine Säure, so entsteht ein starkes Aufbrausen von Kohlensäure und es wird viel Kalk aufgelöst, so daß der Schwamm beträcht= lich an Gewicht verliert. Kohlensaurer Kalk also war gleichsam das Gerippe desselben. Ohne seine Form eingebüßt zu haben, ist er nun viel feiner und weicher geworden und seine Masse stellt wieder reines animalisches Gewebe dar, das man recht wohl mit der Substanz der Federn, Haare, des Hornes u. s. w. vergleichen kann und das beim Verbrennen einen ähnlichen Geruch ausstößt, wie jene Körper.

Die Qualität der Schwämme ist in den verschiedenen Meeren sehr verschieden; die besten liefert die Levante, und zwar sind die syrischen die zartesten und weichsten. Nach ihnen kommen die aus dem Griechischen Archipel und der Berberei.

Die Schwammfischerei, welche sehr viel Kühnheit, Ausdauer und Körperkraft erfordert, beginnt im Juni und endet im August oder, wenn es das Wetter erlaubt, auch erst im September. Um diese Zeit sieht man eine große Anzahl von Barken mit griechischen Fischern sich nach Beirut, Tripolis und Latakia begeben, wo die Fischer entweder auf eigene Rechnung oder für Rechnung ihrer Kaufleute die Fischerei betreiben. Je fünf bis sechs Fischer operiren immer unter Führung eines „Reïs" gemeinsam. Das Fahrzeug, dessen sie sich bedienen, ist klein, leicht und ohne Deck. Sie fahren mit demselben früh Morgens aus und begeben sich eine ziemlich große Strecke vom Strande aufs Meer. Dieses muß vollständig klar sein, so daß man im Stande ist, bis auf den Grund hinab zu sehen. Sobald ein Felsenriff ent= deckt ist, an welchem man Schwämme vermuthen kann, wird das Segel eingezogen und der Anker herabgelassen. Der Taucher läßt sich sodann mit Hülfe eines großen Steines, der an ein Seil gebunden ist, ins Meer hinab, reißt den Schwamm los, wozu sich die Bewohner der griechischen Insel Crapano, welche fast ausschließlich der Schwammfischerei nachgehen, eigenthümlicher eiserner Gabeln bedienen. Die losgelösten Schwämme werden in ein Netz gesteckt, welches der Taucher vor seiner Brust angebracht hat. Das Verfahren ist insofern dem des Perlenfischens ganz gleich. Die feinsten Schwämme befinden sich in der größten Tiefe und werden deshalb mit bedeutend mehr Mühe heraufgeholt als die groben, die oft nur wenige Ellen tief zu erreichen sind. Sie wachsen ziemlich schnell, so daß nach einem Zeitraum von zwei Jahren die von den Fischern geplünderten Stellen wieder abgeerntet werden können.

Sobald die Schwämme ans Land gebracht sind, wirft man dieselben in eine im Sande gemachte und mit Wasser gefüllte große Grube und tritt sie dann mit den Füßen aus, da= mit die schleimige Masse, die sie umgiebt, abgesondert und der schwarze Saft, der beim Treten aus der inneren, härteren Substanz dringt, ausgewaschen wird. Die auf diese Weise behandelten und getrockneten Schwämme enthalten zwar noch eine Menge Sand, der Fischer will denselben aber nicht auswaschen, damit seine Waare, die er nach dem Gewicht verkauft, schwerer wiege. Er bringt dieselbe nach Tripolis auf den Markt, wo sich um die Mitte des Monats September eine Menge Kaufleute von den größeren Handelsplätzen des Mittelländischen Meeres und selbst von Paris einfinden, um ihre Einkäufe zu machen.

Man hat den Seeschwamm noch zu veredeln gelernt, und zwar durch die schon ange= deutete Behandlung mit Säuren, wozu sich Salzsäure am besten eignet, und durch nach= folgende Bleichung mittels schwefliger Säure oder Chlor. Die Schwämme werden dadurch fast schneeweiß und ganz zart und weich; übrigens giebt es davon auch verschiedene Arten, welche nicht alle in gleicher Weise für die technische Verwendung vortheilhafte Eigen= schaften besitzen.

Seetang. Der Boden des Meeres ist durchaus nicht als eine öde Wüstenei zu denken, er hat seine Pflanzen wie das feste Land, ja an vielen Stellen wuchert darauf eine üppige Vegetation, deren Gebilde oft größere Länge erreichen, als die Höhe unserer größten Bäume beträgt. Vorzüglich sind es die Familien der Algen und Seetange, welche darin eine große Rolle spielen. Das Meer wird manchmal meilenweit damit überzogen, so daß seine Ober= fläche grünen Wiesen gleicht. Den am Strande wachsenden Seetang aber ziehen die Strand=

bewohner heraus und benutzen ihn mannichfach. Hauptsächlich dient er seines Gehaltes an Salzen wegen, die er dem Meerwasser entzogen hat, zur Darstellung von Soda (Varec und Kelp), und er wird zu diesem Behufe gedörrt und in Erdgruben eingeäschert.

Auf der Insel Jersey ist die Ernte des Seetangs (Sea Weed, Fig. 283) ein Fest, auf das sich Jung und Alt freut. An einem bestimmten Tage, Anfangs März, begiebt sich Alles, was Beine zu laufen und Hände zu greifen hat, nach dem Strande, die Flut beim Zurückweichen verfolgend, damit keine Minute der Ebbe, während welcher die Ernte allein geschehen kann, ungenutzt vorübergehe. Was in dieser Zeit abgeschnitten, ausgerissen, gerafft und gelöst werden kann, wird in Haufen zusammengeschichtet, welche die rückkehrende Flut an den Strand trägt. Ein großer Theil des Erntesegens wird gleich auf die Felder gefahren, wo er als Dünger ausgezeichnete Dienste leistet; ein anderer wird zu gleichem Zwecke für später aufbewahrt, und den Rest verbrennt man, um die Asche zur Sodabereitung zu benutzen.

Fig. 283 Seetangernte im Hafen von Jersey.

In Spanien baut man die Salsola soda durch jährliches Aussäen an den Küsten förm= lich an, um daraus die Barilla, von 25—30 Prozent reinen kohlensauren Natrons, zu ge= winnen. In ähnlicher Weise wird bei Narbonne aus der Salicornia annua der sogenannte Salicor, ferner die Blanquette und in der Normandie das Varec erzeugt. In Schottland, Irland und auf den Orkney=Inseln gewinnt man aus dem Seetang das Kelp als eine wichtige Quelle von Kalisalzen und Jod. Wir werden später, wenn wir im IV. Bande von den Alkalien reden, auch die technische Weiterverwendung dieser Seepflanzen in Betracht ziehen. — —

Wir haben früher schon von dem Bernstein gesprochen und wir müssen seiner auch hier wieder erwähnen. Denn obwol ein Produkt urweltlicher Harzbäume, die sicher auf dem trocknen Lande gegrünt haben, wird seine Gewinnung doch durch das Meer großen= theils vermittelt, so daß wir ihn, wenn auch nicht zu den Produkten, so doch zu den Geschenken rechnen dürfen, welche der nimmer versagende Okeanos den Menschen gewährt. Wir wenden uns aber von denjenigen Naturprodukten, welche, auf einem festen Standpunkte gleichsam festgewachsen, eine förmliche Ernte gestatten, zu denjenigen, die in freier Bewegung das leichtbewegliche Element durchschwimmen und denen der Mensch nachjagen muß, um sie zu gewinnen.

—Was lockst du meine Brut
Mit Menschenwitz und Menschenlist
Hervor an Tagesglut?
O wüßtest du, wie's Fischlein ist
So wohlig auf dem Grund,
Du stiegst hernieder, wie du bist,
Und würdest erst gesund.
                                    Goethe.

Fischerei und Seejagden.

Methoden des Fischfanges. Heringsfang. Kabeljau.
Sardelle. Schellfisch u. s. w. Die deutsche Fischerei in der Nordsee. Seejagden. Die Wale, ihre Natur-
geschichte und der Walfang. Robbenschlag. Walroßjagd. Jagd auf Seevögel. Eiderdaunen. Pinguine. Eßbare
Schwalbennester. Süßwasser-Fischzucht. Reusen und Angeln. Lachsfang. Hausen- und Störfang in
Rußland. Künstliche Fischzucht.

Wir haben bisher vorzugsweise die Erzeugnisse betrachtet, welche der in seinen Schätzen
wie in seinen Gewässern unerschöpfliche Ozean uns an dem Saume seiner Küsten
bietet; aber auch der Schoß des weiten Ozeans birgt eine unendliche Menge lebender
Wesen, von welchen die Naturgeschichte nur Oberflächliches berichtet; denn wenn auch die
neueren Forscher schon über 8000 verschiedene Fischspezies beschrieben und abgezeichnet
haben, so mag doch in den selten befahrenen Gegenden des Weltmeers noch mancher Fisch
sich der wissenschaftlichen Untersuchung völlig entzogen haben. Wie wenig weiß man
eigentlich von der Lebensgeschichte manches für sehr bekannt geltenden Seefisches! Ist doch
sogar in dem Lebenslauf des allbekannten Herings noch Vieles dunkel und geheimnißvoll!

Die Fische sowol, welche im salzigen, als die, welche im süßen Wasser leben, sind für
den Menschen ein höchst nutzbares Erzeugniß der Natur. Bedenkt man, welche Fülle von
Nahrungsstoff nur allein durch den Hering dem Nordwesten Europa's zugeführt wird, so
sieht man recht wohl ein, daß neben dem fruchtbaren Ackerboden, dem ährenwogenden Felde
und dem obstleuchtenden Gartenlande auch das Meer ein nie müde werdender und nie ver-
sagender Ernährer der Menschen ist. Es haben dies auch bereits die Menschen auf der
frühesten und niedrigsten Stufe der Bildung erkannt. Muscheln und Fische wissen sich die

unkultivirtesten Bewohner Australiens oder der südamerikanischen Küstenstriche zu ver=
schaffen und die Methoden ihres Fanges sind so mannichfach, wie die Natur der Fische
selbst. Wir können der Hauptsache nach drei Fangarten unterscheiden: die eine bedient sich
der Netze, die andere der Wurfspieße und Speere und die dritte der Angel. Dazwischen
aber wendet man noch mancherlei Mittel an, um die Fische zu überlisten; in unaufhörlicher
Verfolgung erschöpft man ihre Kräfte, man schießt sie mit Pfeilen oder Kugeln, ja man
vergiftet ihnen sogar ihr Element durch Hineinwerfen betäubend wirkender Früchte und
Samen, um sie leichter greifen zu können.

Bedeutung der Seefischereien. Man kann ohne Uebertreibung sagen, nicht Hundert=
tausende, sondern Millionen Menschen in verschiedenen Gegenden der Erde leben vorzugs=
weise oder ausschließlich von den Nahrungsmitteln, welche das Meer ihnen darbietet.
Ganze Völkerstämme, z. B. die Eskimos, die Grönländer, die Pescheräs in Südamerika,
viele Anwohner des Persischen Meerbusens, ein großer Theil der an den ostsibirischen
Küsten lebenden Völker sind wahre Ichthyophagen. Der Ertrag des Fischfanges über=
haupt, nach Geld berechnet, beläuft sich in jedem Jahre hoch, hoch in die Millionen, deren
annähernde Summen wir jedoch nicht einmal zu schätzen vermögen. Die Fischereien sind
von hervorragendster Wichtigkeit für die Schiffahrt und den Handel und von Deutschland
jetzt noch lange nicht genug in ihrem großen volkswirthschaftlichen Werthe geschätzt.

Der sogenannte große Fischfang begreift den Walfischfang, den Robbenschlag nebst der
Walroßjagd und den Stockfischfang. Die kleine Meeresfischerei erstreckt sich auf den
Herings=, Makrelen=, Sprotten= und Sardellenfang *). Zu der kleinen Fischerei werden
auch noch die Gewinnung der Austern, Hummern, Perlen, Schwämme, des Schildpatts,
des Tripangs u. s. w. gerechnet, während die Erlangung der Eiderdunen, der Salangan=
schwalbennester, des Guano nur indirekt mit den Seefischereien in Beziehung steht, da sie
theils von Schiffern betrieben werden, theils durch ihre Entstehung mit dem Meere sich im
Zusammenhang befinden. Beide Arten, der große und der kleine Fischfang, werden mit
Recht als eine vortreffliche Schule für die Ausbildung der Seeleute betrachtet und deshalb
von manchen Regierungen, so von der amerikanischen, holländischen, schwedischen, durch
Prämien aufgemuntert. In unseren deutschen Seehäfen wurde leider früher dem Fisch=
fang im weiten Ozean nicht die große Beachtung geschenkt, wie das von Seiten der
Holländer, Amerikaner, Engländer und selbst der sonst auf dem Felde der Seeschiffahrt
langsamen Franzosen der Fall ist. Diese Völker, die manche reiche Fischbänke noch heute
monopolisiren, holen alljährlich für viele Millionen Thaler der trefflichsten, gesundesten
und wohlschmeckendsten Nahrung aus dem Ozean, die auch wegen ihrer Billigkeit bald einen
guten Absatz findet und, seit die Eisenbahnen überall die Küsten erreichten, bis tief ins
Binnenland schnell versandt werden kann. In Deutschland lag die Vertretung der
maritimen Interessen nicht in e i n e r Hand, verschiedene Staaten des Deutschen Bundes
theilten sich in die Küsten der Nord= und Ostsee und die größten Seehandelsstädte waren
lediglich auf sich angewiesen. Diesen fehlte für ihre mit großer Energie bis auf die neueste
Zeit fortgesetzte Walfischerei jede staatliche Förderung. An anderen Fischereien, wie an den
ergiebigen Kabeljaufängen bei Neu=Fundland und bei Island, konnten sie sich nicht bethei=
ligen, weil ihnen früher der Schutz durch eine Flotte, später die Sicherung thatsächlich ge=
übter Rechte durch Verträge fehlte. Seit 1866 wurde es auch in Bezug auf die Seefischerei,
wenigstens bezüglich der Nordsee, anders. Nach dem Vorbilde der in England bestehenden
Fischereigesellschaften wurden in Hamburg und Bremen „Deutsche Nordseefischereigesell=
schaften“ gegründet. Man führte bessere Fahrzeuge und Geräthe, namentlich das Schlepp=
netz, die Kurre, an Stelle der Angel, ein, allein es mangelte einestheils auch noch die Fischer=
bevölkerung der englischen und schottischen Küsten, anderntheils kamen die Eisenbahnen in

---

*) Bei den Holländern hieß allerdings von jeher die Heringsfischerei die große Fischerei, und
zwar wegen ihres, die anderen Fischereien, und selbst die Walerei, bedeutend übertreffenden Umfangs
und Ertrags.

Beziehung auf den schnellen Transport der in Eis gepackten Fische zum Konsumplatz den Gesellschaften nicht genug entgegen. Dazu gesellten sich die bei neuen Unternehmungen in der ersten Zeit meist eintretenden, oft mit dem Mangel an Erfahrung verbundenen Unfälle; man hatte versäumt, von Anfang an die Betriebsmittel groß genug zu bemessen, um das zu erwartende Mißgeschick der Lehrjahre zu überdauern. Endlich trat der Krieg ein, welcher die mit Mühe und Noth herangebildete Mannschaft hinwegnahm und die Kutter in den Hafen bannte. Das Alles zusammen bewirkte, daß die Gesellschaften in Bremen und Hamburg sich auflösten und mit Verlust liquidirten. Zum Theil blieben aber doch die Kutter, als Eigenthum Einzelner, denen nun Erfahrung zur Seite stand, in Betrieb. Die Anregung zur Hebung der Fischerei war gegeben und in Berlin bildete sich im Jahre 1870 der „Deutsche Fischereiverein". Mit Energie und Geschick strebt dieser Verein durch sein äußerst thätiges Bureau seinem Ziele, der Hebung der Deutschen Binnen- und Seefischerei zu. Auf Betrieb des Fischereivereins geschah es vornehmlich, daß die Ostsee durch Fachmänner, namentlich Möbius in Kiel, auf einem deutschen Kriegsschiff, der „Pomerania", hinsichtlich ihres Thierlebens untersucht wurde. Eine gleiche Forschungsfahrt wird demnächst für die Nordsee beabsichtigt. Damit nicht genug, hat der Verein nach allen Richtungen hin, namentlich in allen Theilen Deutschlands, Verbindungen angeknüpft und Korrespondenten ernannt, welche ihm fortlaufend berichten. Von Zeit zu Zeit veröffentlicht er durch sein Korrespondenzblatt Nachrichten und Mittheilungen. Energisch nahm sich der Verein besonders auch der Hebung der deutschen Hochseefischerei an. Er ernannte eine Enquête-Kommission, welche u. A. auf Grund eingehender, in Holland gemachter Untersuchungen eine Verbindung der Frischfischerei mit der Heringsfischerei nach dem Vorbilde der mit gutem finanziellen Erfolg operirenden holländischen Fischereigesellschaften erwirkte. Es gelang, in Emden eine „Emder Heringsfischerei-Aktiengesellschaft" ins Leben zu rufen, und diese begann ihren Betrieb im Juni 1872 mit sechs Loggschiffen.

Eine rationelle Bewirthschaftung der Seefischereien ist in jeder Beziehung durch die Verhältnisse geboten und vor allen Dingen ist es nothwendig, sich zuerst ein vollständiges Bild der Verhältnisse zu verschaffen, um die Ernten aus dem Wasser möglichst reich machen, auf der anderen Seite aber auch der Erschöpfung vorbeugen zu können.

Es ist mehrfach die Befürchtung ausgesprochen worden, daß vielleicht in nicht gar langer Zeit ein Mangel an Seefischen eintreten könne. Doch sind, wie eine englische Kommission unter dem Vorsitze des berühmten Naturforschers Huxley nach eingehender Prüfung entschied, diese Befürchtungen ungegründet; der Fang, die Anzahl der damit beschäftigten Fahrzeuge hat sich vermehrt und dadurch wurde der Durchschnittsertrag für den Einzelnen häufig geringer. Ein ausgewachsener Stockfisch kann von seiner ungeheuren Rogenmenge etwa vier Millionen Junge zur Welt bringen; ein einziges Heringspaar, welches fünf Jahre sich ungestört fortpflanzen könnte, so daß alle Brut der verschiedenen Generationen am Leben bliebe, würde, wenn jene günstigen Bedingungen alle einträten, dadurch eine Masse vom Umfange unserer Erdkugel bilden. Aber die Natur erlaubt eine Fortpflanzung in diesen Potenzen nicht; sie stellt in ihrem Haushalte auf dem Lande wie im Wasser das Gleichgewicht her. Zu unzähligen Millionen werden die jungen Fische von ihresgleichen oder Raubfischen vernichtet, und der Mensch, der Herr der Schöpfung, der sich den Ozean gleich dem Lande unterthan machte, ist nicht viel glimpflicher mit den Meerbewohnern verfahren. Wer zählt die alljährlich verzehrten Fische? Schreiber dieser Zeilen sah im Mai 1864 zu Brighton am Kanal von vier kleinen Booten allein über 9000 Makrelen ans Land bringen und war im August desselben Jahres dabei, wie zu Wick in Nordschottland an einem Tage 1000 Heringsboote zum Fange ausliefen. Derartige Thatsachen lassen allerdings das Auftauchen der obengenannten Bedenken erklärlich erscheinen, indessen beruhigt wieder die ungeheure Ausdehnung der Meere, wenn auch nicht geleugnet werden kann, daß für einzelne Branchen und gewisse Gegenden eine Verminderung eingetreten ist.

Indem wir hier einen Ueberblick der hauptsächlichsten Arten des Fischfangs, sowie der Meeresschätze überhaupt geben, beginnen wir mit dem Fische der Armen, dem Heringe.

Heringsfischerei. Bis vor noch nicht langer Zeit war man in dem Wahne befangen, daß alle Seefische ein Wanderleben führten; wenn der Fang ungünstig ausfiel, dann sagte man, der Fisch sei ausgeblieben und nach anderen Gegenden gezogen. Aber dieser vermeint= liche Wandertrieb ist nicht vorhanden, sondern jede Art hat ihren heimatlichen Platz. Dasselbe gilt von dem Hering, der lange Zeit für einen Wanderfisch galt, von dem man sehr poetisch darzustellen wußte, wie er in ungeheuren Scharen aus dem nördlichen Eis= meer komme, um an den Küsten Europa's zu laichen. Allein in Schottland, dem Haupt= heringslande, angestellte Untersuchungen haben die Grundlosigkeit dieser Behauptung dar= gethan; man weiß jetzt, daß der Hering ein beständiger Bewohner seiner Heimat ist. In Großbritannien steht die Heringsfischerei unter der Aufsicht der Regierungsbehörden. Sie darf dort nur mit Treibnetzen von 33 Meter Länge und 20 Meter Breite betrieben werden.

Fig 285. Heringsfang in Dunbar

Die Fischer gehen gegen Sonnenuntergang in ihren Booten auf die „Fischereigründe", lassen das wie eine Wand im Wasser stehende Netz über Bord und treiben nun mit Ebbe und Flut ruhig dahin, falls nicht Sturm und hohe See eintreten. Der Fang gelingt, wenn ein Heringszug dem Netz begegnet und in den Maschen desselben hängen bleibt. Gegen Sonnenaufgang werden die Netze langsam aufgezogen und mit den Fischen ins Boot ge= worfen. Dann segelt man rasch der Küste zu, wo die Arbeit des Ausweidens durch Frauen mit Blitzesschnelle verrichtet wird. Peterhead z. B., ein berühmter Heringshafen, zählt zur Zeit der Heringsfischerei 2—3000 Einwohner mehr als gewöhnlich, welche vom Lande hierher ziehen, um die durch Zurichtung und Versendung der Fische bedingten Beschäftigungen mit ausführen zu helfen. Galle und Eingeweide werden, nachdem mit einem kurzen Messer ein Schnitt in den Hals des Fisches gemacht worden ist, herausgerissen. Die Arbeit ist natürlich keine saubere und die Frauen und Mädchen stehen binnen wenigen Minuten über und über mit Blut und Fischresten bespritzt. Hierauf werden die Fische zu 700 bis 800 Stück in Fäßchen wohl über einander gepackt und, mit Salz bedeckt, sogleich an die wartenden Händler verkauft. Ein Beamter der Fischereibehörde führt die Oberaufsicht und seine den Heringstonnen aufgebrannte Marke bezeugt, daß Alles ordnungsmäßig zugegangen. Der Hauptheringshafen ist Wick in Nord=Schottland, wo 8000 Menschen einzig und allein vom Heringsfange leben. Während der Monate Juli und August herrscht dort ein ungemein reges Leben, Alles duftet nach Hering, er liegt buchstäblich als Hundefutter auf den Straßen umher; unablässig laufen Boote ein und aus, an manchen Tagen über 1000 Stück, die dann das Meer wie mit Ameisen bedeckt erscheinen lassen. In Süd=Schottland ist Dunbar der größte Heringshafen, in England Yarmouth, von wo aus der Fang nicht wie in

Schottland mit offenen Booten, ſondern mit gedeckten „Byſen" betrieben wird. Man glaube jedoch nicht, daß aller Hering eingeſalzen oder geräuchert wird. Von den Endpunkten der Eiſenbahn an der Küſte werden die friſchen Heringe in ungeheurer Menge weit und breit verſandt. Der Verbrauch allein in London iſt koloſſal, denn er beträgt etwa 300,000 Fäſſer zu 700 Stück. Alſo über 200 Millionen jährlich an friſchen Heringen in der einen Stadt! Im Jahre 1864 nahm man an, daß in ſchottiſchen Fiſchereien überhaupt 11,000 Boote zum Heringsfang ausgerüſtet ſeien, die mit 41,000 Seeleuten bemannt waren und deren Fangnetze 92 Millionen Quadratellen einnahmen, alſo eine Oberfläche von 26½ Quadrat= meilen bedecken würden. Im Ganzen rechnete man, daß 69,000 Menſchen beim Fangen und Verpacken thätig waren, darunter 2000 Küper, 3700 Tagelöhner, 1200 Einſalzer und über 20,000 Frauen als Ausweiderinnen und Verpackerinnen. Vor 26 Jahren wurden weniger Netze gebraucht als jetzt, doch fing man damit eben ſo viel wie heute. Viele früher recht ergiebige Heringsſtationen geben in unſeren Tagen nur geringen Ertrag.

Fig. 286. Verſchiffen der Heringe im Hafen von Wick

Die Fiſche ſind in den am leichteſten zugängigen Meeresgegenden zuerſt verſchwunden, nament= lich in der Nähe ſtark bevölkerter Küſten. Seit 1864 haben die Schotten auch in den Winter= monaten mit gutem Erfolg zu fiſchen begonnen, doch iſt dieſe Neuerung noch zu jung, um ein Urtheil darüber abzugeben, ob ſie auch Beſtand haben werde. In der Grafſchaft Caithneß, deren Hauptſtadt das genannte Wick iſt, waren in jenem Jahre 1400 Boote und 10,000 Fiſcher beſchäftigt, deren Ertrag ſich auf 1,050,000 Thaler belief, wonach man den Geſammtbetrag der ſchottiſchen Heringsfiſcherei allein auf mindeſtens 1,750,000 Thaler jährlich ſchätzen kann.

Die Hauptverſchiffungshäfen von Heringen ſind in Schottland: Wick, Peterhead, Fraſerburgh, Dunbar. Die größten Quantitäten wurden nach Königsberg, Stettin, Ham= burg, Harburg und Helſingör verſchifft. Peterhead und Fraſerburgh allein führten im Jahre 1871 über 250,000 Barrels aus.

An dem Küſtenſtriche zwiſchen Bergen und Stavanger, hauptſächlich um und bei Stromöe und den Inſeln bis Skudesnaes hinab, am Eingange des großen Bukkefjord, ſind um die Zeit der Heringszüge wenigstens 2000 Boote, die eine Bemannung von 12,000 Menschen haben, mit dem Fange beschäftigt.

„Holländische Heringe" hatten in alten Zeiten in Holland eine viel größere Verbreitung als jetzt. Schon damals bildete aber, wie auch noch jetzt, die Heringsfischerei den eigentlichen Kern derselben. Um die Mitte des 17. Jahrhunderts pflegten jährlich 1—2000 holländische Heringsschiffe von Texel aus in See zu laufen und man schätzte den jährlichen Gewinn für das Nationalvermögen auf dreißig Tonnen Goldes oder fünfzehn Millionen Gulden.

Die häufigen Seekriege der Niederlande und die Beschränkungen, welche England und Frankreich der holländischen Fischerei zum Schutze ihrer eigenen Konkurrenz auferlegten, riefen jedoch einen allmähligen Verfall hervor. Auch die kräftige Staatsunterstützung, deren sich dieser Industriezweig in Holland zu erfreuen hatte, konnte nicht verhindern, daß die Zahl der Fischerschiffe im Lauf der Zeit ganz bedeutend herabsank. —

Im Jahre 1814 sandte Holland nur noch 98 größere Heringsschiffe aus und im Jahre 1855 sogar nur 79 Schiffe. Seitdem hat sich die Zahl wieder etwas gehoben, so daß im Jahre 1870 = 120, und 1871 = 123 größere Schiffe ausliefen, ohne die zahlreichen kleineren Fahrzeuge, sogenannte Bomschuiten oder Pinken, von denen allein Scheveningen im Jahre 1870 = 143 Stück auf die Küsten-Heringsfischerei aussandte.

Der Geldertrag der sogenannten großen Heringsfischerei Hollands war im Jahre 1870: 1,146,000 holländische Gulden.

Auch in Holland giebt es, wie in England und Schottland, Ortschaften, deren einzige Erwerbsbasis die Fischerei bildet, wie u. a. Vlaardingen mit 8—9000 Einwohnern und Maassluis mit über 4000 Einwohnern. Auf die speziellen Bedürfnisse der Fischerei ist in ihnen Alles eingerichtet, Alles hängt aufs Engste mit ihr zusammen. Das ganze wirth= schaftliche und gesellige Leben jener Plätze trägt einen gewissen Stempel. Bildliche Dar= stellungen der Fischerei machen sogar den Schmuck der Gotteshäuser aus.

Kabeljaufang. Der Fang der sogenannten **Weißfische** (Familie Gadus, in den ver= schiedenen Stadien als Kabeljau, Laberdan, Stock= und Klippfisch bezeichnet, sowie der Schellfisch und Dorsch) wird nicht so systematisch betrieben wie jener des Herings. Vor vierzig Jahren gewann man an 800 Angelhaken durchschnittlich 750 Fische, jetzt an 4000 Angelhaken kaum 100 Stück! Die Stockfischbank bei den Faröern ist jetzt beinahe erschöpft. Auch die Fischerei auf der großen Doggerbank (Dogg = Kabeljau in Altholländisch) vor der englischen Küste hat allgemein nachgelassen und es ist nicht unmöglich, daß selbst die neue, un= gemein ergiebige „Fischmine" bei Rockall schwächeren Ertrag geben werde. Rockall ist ein nur 6 Meter über dem Meeresspiegel emporragender kahler Felsen zwischen Island und den Hebriden, um den sich eine große Sandbank herumzieht. Auf dieser entdeckte man im Jahre 1860 die Stockfische in ungeheurer Masse und solcher Größe, wie sie bisher nirgends ge= funden wurden. Einzelne Exemplare waren bis zu einem Centner schwer und die bisher ungestörten Thiere bissen so eifrig an, daß jeder Haken einen Fang that. Das Meer um jenen einsamen Rockallfelsen ist Millionen werth, es ist ein Kalifornien in der See, das all= jährlich Tausende, meist englischer Fahrzeuge anzieht, die reiche Ernten halten.

Alle diese eben bezeichneten Fundorte des Kabeljaus werden jedoch durch die große Bank bei Neu=Fundland übertroffen, an die sich auch ein politisches Interesse knüpft. Unter der Regierung König Heinrich's VIII. (Anfang des 16. Jahrhunderts) ward der Stock= fisch von Neu=Fundland zuerst ein Handelsgegenstand, und von dieser Zeit an besuchten auch neben den Engländern die Spanier, Franzosen, Italiener und Portugiesen die höchst ergiebigen Bänke. Zwischen den einzelnen Nationen entstanden Fehden und häufig wurde das Meer vom Blute der Menschen statt von dem der Fische geröthet. Schon im Jahre 1615 waren bereits 250 englische Schiffe an den Küsten der Insel beschäftigt, die als Hauptstation den Hafen St. John ansahen, wohin Fahrzeuge aus ihrem Vaterlande kamen, um sie im Austausche gegen die Produkte ihrer Fischerei mit allen Bedürfnissen zu versehen. Auch die Franzosen gründeten Kolonien an der Nord= und Südseite der Insel und erbauten die Stadt Placentia. Außer Engländern und Franzosen haben nur noch die Amerikaner

das Recht, auf den Bänken von Neufundland zu fischen; denn als England die Unab=
hängigkeit der Union anerkennen mußte, sicherte sich letztere im Frieden ausdrücklich den
Mitgenuß der neufundländischen Fischereien. Welche Wichtigkeit müssen diese aber in der
That haben, wenn sie fortwährend zwischen den mächtigsten Staaten ein Zankapfel und ein
Gegenstand besonderer Traktate waren! Die Engländer beschäftigen dort in manchen Jahren
1500 Schiffe mit 14,000 Matrosen, und es werden von ihnen durchschnittlich 40—50
Millionen großer Fische gefangen; die Amerikaner über 2000 Schiffe mit mehr als 20,000
Matrosen und Fischern; die Franzosen 200 Schiffe mit 3000 Mann, so daß man schon
nach diesen Zahlen sich einen Begriff von der Größe des Fanges machen kann, der außer=
dem die vortrefflichste Seemannsschule abgiebt.

Fig. 287. Kabeljautrocknen auf Neufundland.

Die „große Bank“ im Osten Neu=Fundlands, welche durch ihren Fischreichthum alle
übrigen Fischerstationen verdunkelt, dehnt sich in einer Länge von ungefähr 600 und einer
Breite von 200 englischen Meilen aus. Im Winter zieht der Kabeljau sich in tieferes
Wasser zurück, im Frühjahr erscheint er dagegen wieder und dann beginnen auch die Flotten
mit seinen Verfolgern sich einzustellen.

An den isländischen und norwegischen Küsten dauert der Hauptfang vom Februar bis
Ende März, bei Neufundland — der Hauptstation, welche an Ergiebigkeit und Nahrungsfülle
den üppigsten Fluren des Festlandes gleichkommt, — von Anfang Juli bis Ende August.
Die Grundschnur der Angeln besteht aus einem Seil von etwa 200 Klaftern Länge, woran
eine Menge Angelhaken an kurzen Fäden hängen, die mit kleinen Fischen, Stücken Fisch=
fleisch, Krebsen, Sandwürmern und dergleichen beködert werden, namentlich mit dem Kaplan
oder Zwergdorsch, von dessen ergiebigem Fange die Kabeljauernte ganz wesentlich abhängt.
Das Grundseil wird durch Gewichte in die Tiefe versenkt; einige an langen Leinen daran
befestigte Tonnen zeigen den Ort an, wo das Seil liegt. Von Zeit zu Zeit wird dasselbe
in die Höhe gewunden und die Beute abgenommen. Man hängt auch das Grundseil oder

einzelne Angelschnüre an Kähne; die Kabeljaue beißen an, während man herumrudert.
Sind die auf den Fang ausgehenden Schiffe an einer ergiebigen Stelle angekommen, so
werden sie vor Anker gelegt, die Fischer hängen ihre Angeln vor sich ins Meer, ziehen jeden
gefangenen Fisch schnell herauf, stemmen ihm ein Hölzchen ins Maul, werfen ihn hinter sich
und hängen frisch beköderte Angeln in die Tiefe. Bei Gewandtheit und Ausdauer kann
jeder Fischer täglich 150—200 Stück fangen, die, nachdem Kopf, Leber, Eingeweide und
Rückgrat entfernt sind, gewöhnlich nur eingesalzen werden und dann als Laberdan in den
Handel kommen. Die Irländer halbiren den Kabeljau und trocknen die einzelnen Theile an
Steinen und Felsen. So zubereitet heißt er im Allgemeinen Stockfisch; Hängefisch,
wenn er an Stangen getrocknet wurde. Die Norweger, die sich vielfach mit der Zubereitung
des Kabeljau beschäftigen — die Stadt Bergen allein versendet jährlich an 12 Millionen
Pfund von diesem Fische und führt zu der Zubereitung desselben 40,000 Tonnen schwedisches
und französisches Salz ein — trocknen auch schon eingesalzene Fische auf Felsen, die sie
dann als Klippfische verkaufen.

Vom Kabeljau kann man ziemlich Alles benutzen. Das Fleisch wird gegessen; aus den
Lebern von 100 Centnern Fischen gewinnt man ein Faß Thran; man benutzt selbst die
abgeschnittenen Köpfe, indem man sie dörrt und ißt oder auch wol das Vieh damit füttert.
Die Zunge soll ein wahrer Leckerbissen sein; die Eingeweide werden für das Vieh gekocht,
die Fischblase giebt Leim, die ausgeschnittenen Rückengräten werden in holzarmen Gegenden
statt des Holzes verbrannt. Der Leberthran des Kabeljaus wird nicht nur in der Roth=
und Weißgerberei verwendet, sondern gilt zugleich als wichtiges Heilmittel. Seine Heil=
wirkung beruht auf seinem Jodgehalt, und es kann nur der klare, gelbliche Thran medizinisch
gebraucht werden, welcher von selbst aus der Leber fließt, wenn man sie der Sonne aussetzt.
Durch Ausschmelzen über Feuer erhält man gewöhnlichen übelriechenden Fischthran.

Pilschard, Sprotte, Sardelle. Neben dem ins Großartige gehenden Fischfang des
Herings und Kabeljaus treten die hier aufgeführten Meeresbewohner allerdings an Wichtig=
keit zurück, doch sind sie immerhin eine so bedeutende Quelle des Wohlstandes, daß ihre
Erwähnung in einem Buche über den Weltverkehr keineswegs übergangen werden darf.
Der Pilschard, ein dem Hering sehr nahe verwandter Fisch, wird in Schleppnetzen an
der Küste von Cornwallis in großer Menge gefangen. Den Mittelpunkt für seine Fischerei
bildet St. Ives. Um die Zeit, zu welcher man die laichenden Züge an der Küste erwartet,
wird ein Mann auf den Klippen ausgestellt, um zu lugen und die Ankunft des Pilschard zu
melden. Dann fahren die Boote aufs Neue hinaus, um den Zug mit Netzen zu umgeben;
wenn das gelungen ist, ziehen sie ihn gemächlich dem Strande zu und salzen die Fische ein.
Die Pilschards liegen einen Monat lang in geschichteten Lagen und während dieser Zeit
tropft ein theuer bezahlter Thran ab. Dann werden die Fische abgewaschen, gepreßt, in
Fässer verpackt und in großer Menge, besonders nach Italien verschifft, wo man sie während
der Fastenzeit verspeist.

Die Sprotte, gleichfalls ein heringsartiger, kleiner Fisch, wird in den Wintermonaten
in Schlagnetzen in der Ost= und Nordsee gefangen. In England beginnt der außerordentlich
ergiebige Fang im November; man bereitet die Sprotte dort einerseits häufig wie Sardinen
zu, während man andererseits ihrer oft übergroßen Menge wegen sie auch wol als Dünge=
mittel benutzt. Der Sprottenfang ergiebt in England durchschnittlich einen Werth von
1 Million Thaler im Jahre. In der Ostsee gelten die bei Kiel gefangenen und meist
geräuchert in den Handel kommenden Sprotten als die besten.

Was Sprotte und Pilschard für die Nordsee, das ist die Sardelle für das Mittel=
meer. Von ihrem Fange lebt dort eine große Menge Menschen, da sie wegen ihres zarten
Fleisches und feinen Geschmackes sehr beliebt ist. Vorzüglich wird sie eingesalzen versendet,
die größeren werden aber auch außerdem in Oel eingelegt und in luftdichten Büchsen ver=
schlossen in den Handel gebracht, wo sie dann Sardinen heißen. Die Sardellenfischerei
ist sehr in Abnahme begriffen und die Waare steigt im Preise. Diejenigen österreichischen
Küstenstädte, welche aller vier oder fünf Jahre einmal eine reiche Sardellenfischerei haben,

schätzen sich glücklich; an mehreren Punkten sind die Sardellen seit jetzt 16 Jahren ganz
ausgeblieben. Pirano, ein Haupthafen für Sardellenfischerei, lieferte 1852 3500 Centner,
1861 dagegen nur noch 1000 Centner. Die Abnahme ist überall ersichtlich. Nicht zu ver=
wechseln mit der Sardelle ist der Anschovis (Sardone bei den Italienern), der einer
anderen Gattung angehört und fortwährend in gleicher Menge gefangen wird.

Außer den aufgeführten Fischen treten in allen Meeren noch solche auf, die für die
Küstenbewohner von großer Bedeutung, für den Weltverkehr jedoch nicht maßgebend sind,
und die wir deswegen hier außer Acht lassen. Wir wollen uns aber, um uns ein Bild der
uns zunächst liegenden Fischereiverhältnisse zu verschaffen, die

Deutsche Fischerei in der Nordsee ansehen. Schon in der Einleitung ist des Um=
schwungs gedacht worden, den die deutsche Nordseefischerei in den letzten Jahren durch
Einführung neuer Methoden, namentlich des Grundnetzes an Stelle der Angelfischerei,
erfahren hat. Folgen wir der Schilderung einer Fahrt zur Fischerei in der Nordsee, wie
sie uns Professor Franz Buchenau in Bremen sachkundig und anschaulich giebt.

Fig. 288. Die gemeine Scholle

Er unternahm eine solche Fahrt mit einem der Kutter der Gesellschaft und erzählt
nun: „Am 19. Juli 1868 Morgens passirten wir die große, fast 200 Kutter starke
englische Fischerflotte, welche uns dort, fast angesichts der deutschen Küste, die Fische weg=
fängt und sie durch vier kleine, sehr rasche Dampfschiffe auf den englischen Markt liefert.
Einige Meilen im Nord=West von Helgoland vereinigten wir uns aber mit der etwa 12 Kutter
starken „Bremer Fleet.“ Bald unterschieden wir das Admiralschiff an seiner blauen Flagge,
deren Streichung „Netz über Bord“ bedeutet, während sie aufgezogen wird, wenn die
Netze aufgewunden werden sollen. Der Fischapparat selbst besteht aus einem etwa
40 Meter langen Beutelnetze aus starkem Hanf= und Manilagarn. Er verengert sich von
einem sehr großen Eingange bis zu einem Loche von etwa 1¼ Meter Durchmesser;
hat der Fisch dieses passirt, so kann er wieder nach vorn schwimmen, befindet sich dann
aber in einer Sackgasse (der sogenannten Tasche) und vermag seinem Schicksal nicht
mehr zu entgehen. Hinter dem Loche verengen sich die Wände der Taschen immer mehr,
bis sie in eine Oeffnung auslaufen, welche mit einer Leine zugeschnürt wird, und also
die äußerste Spitze des Netzes bildet. Ist das gefüllte Netz auf Deck gezogen, so wird
diese Leine aufgebunden und die Fische fallen wie die Kartoffeln aus einem geöffneten
Sacke heraus. Der Eingang des Netzes — das Wichtigste bei der ganzen Konstruktion —
hat eine rechteckige Gestalt, etwa wie ein sehr in die Länge gezogenes Briefcouvert, dessen
horizontale Seiten 12 Meter lang sind, während die senkrechten nur 1 Meter messen. Die
obere horizontale Seite wird von einem 12 Meter langen Balken, die beiden senkrechten

Seiten von starken, schmiedeeisernen Bügeln, sogenannten „Schuhen", gebildet; beide Bügel haben den Zweck, den Balken in der Höhe von 1 Meter über dem Meeresboden zu erhalten; die vierte Seite des Netzeinganges wird von einem armdicken Taue, einer sogenannten Trosse, gebildet, welche über den Meeresgrund hinschleift und den Fisch aufjagt; sie darf aber nicht etwa nur 12 Meter lang sein, wie der Baum, sondern muß eine Länge von 22 Meter haben, damit sie nicht mit dem Baume zugleich ankommt, sondern in einem großen „Busen" hinterherschleppt, und der Fisch, wenn er durch sie aufgeschreckt wird, bereits das Netz über sich hat und also nicht entweichen kann. An diese vier Theile: Baum, beide Bügel und Trosse, wird nun die Oeffnung des Netzes sorgfältig angeknüpft. Das Netz wird mit dem spitzen Ende voran in das Wasser geworfen und muß möglichst horizontal von dem Schiffe wegfluten, dann folgt der Baum mit den Bügeln. An diesen sind zwei starke Taue befestigt, welche sich weiterhin in ein noch stärkeres vereinigen, von dem 30, 40, ja selbst 50 bis 60 Faden über Deck gelassen werden und an welchem das Netz von dem langsam voransegelnden Schiffe nachgeschleppt wird.

Fig 289. Die gemeine Seezunge.

Gewöhnlich wird das Netz zweimal am Tage (den beiden Gezeiten entsprechend) ausgeworfen, bleibt 6 Stunden über Bord und muß dann beim Wechsel des Stromes aufgehißt werden. Es geht aus der Einrichtung des Fischereigeräthes hervor, daß dasselbe nur auf kiesigem, sandigem oder schlammigem Grunde benutzt werden kann. Auf Felsengrund hakt die dicke Trosse öfters hinter einen Felsblock, reißt, wenn ihr nicht sogleich Tau nachgelassen wird, leicht durch und das ganze Netz kann durch eine einzige Felszacke zerrissen werden. Geht Alles gut, so segelt das Schiff mit geringer Geschwindigkeit (während 5—6 Stunden vielleicht 2—4 Seemeilen) vor dem Netze her; das Netz gleitet ruhig über den Grund, und das auf den Schiffsrand aufgelegte Ohr hört deutlich die kratzende Fortbewegung der beiden Bügel auf dem Meeresgrunde. — Ist nun die „Tide" vorüber und wird das Netz mit Anstrengung heraufgewunden, so tritt ein Augenblick großer Spannung ein; denn auch das Glück spielt selbst bei der sorgfältigsten Behandlung des Fischzuges und genauer Kenntniß des Fischgrundes seine Rolle. Ist der lange Balken mit den Bügeln auf Deck gewunden, so wird das Netz oft unter Aufbietung aller Kraft mit den Händen heraufgezogen. Bald sieht man die weißen Bäuche der zappelnden und um sich schlagenden Fische aus dem Wasser heraufglänzen, immer dichter und dichter drängen sie sich in der Spitze des Netzes zusammen, zuletzt einen geballten Klumpen bildend, in welchem gar bald durch das gewaltsame Zusammendrängen alles Leben erstickt und der Tod seine Beute hält. So lange die Fische noch im Wasser schwimmen, vermögen die Fischer sie mit den Händen heran zu ziehen; treten sie aber über das Wasser empor, so ist bei einem einigermaßen ergiebigen Fischzuge ihr Gewicht so groß, daß ein Tau um die Spitze des Netzes geschlungen und dasselbe mit einem Flaschenzuge heraufgewunden werden muß. Nun werden die Fische auf Deck geschüttet, und es beginnt die Arbeit des Aussuchens. Plattfische aus der Familie der Seitenschwimmer oder Butte bilden bei weitem die Hauptmenge: der kräftige, höchst schmackhafte Steinbutt, der ihm wenig nachgebende Tarbutt, die wunderlich gestaltete Seezunge und die auf hellbraunem Grunde schön gelb gefleckte Scholle; dazwischen liegen in Menge die prachtvoll gefärbten und äußerst schmackhaften Knurrhähne, welche im Tode ihr großes Maul weit aufreißen und Einen mit ihren Glotzaugen, die in einem gewaltigen, eckigen Kopfe sitzen, sonderbar anstarren, stachlige Rochen, zahlreiche Haie, die aber hier nicht als des Meeres Hyänen

Fig 290. Der große Steinbutt.

erscheinen, sondern sehr harmlos aussehen, einzelne Petermännchen, auch wol Sandspierlinge, wie sie am sandigen Strande der Küste als Köder ausgegraben werden; im Herbst und Winter gesellen sich zahlreiche Vertreter der schmackhaften Sippschaft Schellfische dazu, der im Leben unruhige, aber sehr leicht verendende Schellfisch, welcher durch die Reibung im Netz gewöhnlich seine Schuppen verliert, der derbere Dorsch und der Kabeljau. Dazwischen liegen, als große, unförmliche Gallertklumpen, die im Wasser so anmuthig fortschwimmenden Quallen; zahlreiche Bernhardskrebse, den Leib in Schneckenhäuser verbergend, laufen auf dem Deck umher, ein Loch suchend, in welchem sie sich verstecken können, und selbst jetzt in der Angst ihre zänkische Gemüthsart nicht vergessend; einzeln finden sich Krabben und Meerspinnen, selten ein Hummer in seiner harten, stahlblauen Rüstung; ferner eine Menge von Seesternen, Schlangensternen, Blätterkorallen, Federbuschpolypen und jene sonderbaren Gebilde aus der Familie der Seeschwämme, welche sich die Zoologen und Botaniker längere Zeit hindurch gegenseitig zugeschoben haben, weil Keiner mit ihnen etwas anzufangen wußte, bis sie jetzt endlich definitiv dem Thierreiche einverleibt wurden. Zuweilen bringt das Netz auch ganze Massen von Schnecken (einschaligen Muscheln), z. B. Kiekhörner, Nabelschnecken, Fischreusen, mit herauf, selten dagegen zweischalige. —

Beim Aussuchen gelten nur die Steinbutte, Tarbutte, Zungen und Schellfische; alles Andere, Haie, Rochen, die wohlschmeckenden Knurrhähne und die Schollen, wird wieder über Deck geschaufelt und ins Meer geworfen! Das Herz blutete mir bei dem Anblick und selbst die Fischer beklagten es. Von jedem Fischzuge geht so die weitaus größte Menge verloren, und doch ist fast Alles Fisch, also ganz unnütz ruinirt. Bei einem Zuge schätzte ich die Zahl der 30—40 Centimeter langen Schollen (Weserbutte), welche so über Bord geschaufelt wurden, auf 500; die Fischer erklärten diese Zahl für viel zu niedrig. Wohl behalten sich die Fischer ein paar Mahlzeiten davon zurück (denn die Scholle ist sehr delikat); an mehreren

Kuttern ſahen wir auch die Strickleitern mit ſonderbaren Quaſten, nämlich mit Hunderten von
Schollen verziert, welche dort zum Trocknen aufgehängt waren, und deren weiße Bäuche hell
in der Sonne glänzten (ſie werden dann von den verheiratheten Leuten als Vorrath mit nach
Hauſe genommen und nach dem Aufweichen als ſchmackhafte Speiſe verzehrt), aber das iſt
auch Alles. Die ungeheure Mehrzahl geht verloren und wird unnütz vernichtet! Und
warum dieſe Barbarei und dieſe Verſchwendung? Das deutſche Volk iſt bis jetzt noch kein
fiſcheſſendes; es kauft nur die wenigen Fiſche, welche es kennt. Die Knurrhähne, welche
dickes Fleiſch haben und ſowol gekocht als gebraten ſehr gut ſchmecken, finden am Markte
keinen Abſatz; die Schollen, welche in den Straßen Bremens als „lebendige Butte" faſt
täglich ausgeboten werden, will Niemand haben, da ſie eben nicht lebend, ſondern geſchlachtet,
ausgenommen und in Eis verpackt an den Markt gebracht werden. Selbſt die kleinen Schell-
fiſche, welche viel in die Netze gehen und darin bleiben (obwol die deutſchen Netze weitere
Maſchen haben als die engliſchen), werden entweder gar nicht gekauft oder ſo gering
bezahlt, daß ſie den Transport nicht aufbringen, während in England jedes Stück doch
etwa 1 Penny einbringt. Die erwähnten Fiſchſorten könnten allein den größten Theil der
Koſten des Fanges decken; erſt durch ihren Vertrieb werden die Fiſchereigeſellſchaften das
werden, was ſie zu ſein wünſchen, eine Wohlthat für das Volk, nicht Verſorgungsanſtalten
für den Tiſch einiger Leckermäuler."

Der Fiſchfang auf dem Dollart (Emsmündung) wird hauptſächlich mit dem Kül, einem
großen beutelförmigen Netz, betrieben. Seine $5\frac{1}{2}$ Meter breite und $2\frac{1}{2}$ Meter hohe Mündung
wird dem Flut- oder Ebbeſtrom zugekehrt, zwiſchen ſtarken, in den Grund getriebenen
Pfählen ausgeſpannt. Je nach der Jahreszeit werden Heringe, Anchovis, Hornhechte,
Butte, Schollen, Aale, Stinte und Neunaugen gefangen. Der Ertrag dieſer Fiſcherei iſt
unbedeutend. Dagegen veranſchlagt man den Ertrag des von der Inſel Norderney und
dem der Inſel Spiekeroog gegenüber liegenden Ort Neuharlingerſiel aus betriebenen Schell-
fiſchfangs auf durchſchnittlich jährlich 50,000 Thaler. Dieſe „Norderneyer Fiſcherflotille" beſtand im Jahre 1871 aus 65 Fiſchſchaluppen, flachgehende Fahrzeuge (Tiefgang 80 Centimeter)
beſetzt mit 3—4 Mann. Jedes Fahrzeug führt 3000 Angeln, deren je 75, an eine „Liene"
befeſtigt, mit dem nöthigen Köder, dem „Fiſcherwurm", der in dem Sande der Küſte von
den Fiſchersfrauen und Kindern ausgegraben wird, in die Nordſee ausgeworfen werden.
Auf dieſelbe althergebrachte Weiſe wird der Schellfiſchfang in der Nordſee noch von Helgoland, von Blankeneſe und der Elbinſel Finkenwerder aus betrieben.

Thunfiſchfang. Weder der gemeine Hering, noch der Kabeljau, noch der Lachs werden
im Mittelmeere angetroffen; dagegen bietet aber der Fang des Thunfiſches (Thynnus
vulgaris) den Bewohnern von Sizilien und der Provence Erſatz. Man fängt den Thunfiſch
bisweilen an Angelſchnuren, aber doch vorzugsweiſe in großartigen und koſtbaren Netzen.
Gegenwärtig iſt der Thunfiſchfang bei Sardinien am ergiebigſten (jährlich gegen 52,000
Stück). Vom Anfang April jedes Jahres an erſcheinen an den Stellen der Küſten, wo ſich
die Fiſchereien befinden, von allen Seiten her Schiffe, theils um dem Fiſchfange beizu-
wohnen, theils auch, um den eingeſalzenen Thunfiſch zu kaufen. Der April wird mit Vor-
bereitungen hingebracht. Am 3. Mai wird die Linie zur Einſenkung des Netzes vom Anführer der Fiſcher beſtimmt. Am folgenden Tage wird das Netz mit Hülfe mehrerer Schiffe
und unter großen Feierlichkeiten eingeſenkt. Das Meer muß an dieſer Stelle wenigſtens
30 Meter Tiefe, das Netz aber 55 Meter haben. Es gleicht einem großen, kühnen
Gebäude und beſteht aus ſieben Kammern, deren Boden mit ſchweren Steinen am Grunde
des Meeres befeſtigt iſt. Die Außenwände haben Taue, welche von Ankern gehalten
werden; alle ſenkrechten Wände werden durch Maſſen von Kork aufrecht erhalten. Von
dem Gebäude aus läuft noch eine Netzwand ſchief bis ans Ufer, eine andere ſchief ins Meer,
wodurch ein Trichter gebildet wird, der die Fiſche ins Garn führt. Zuerſt gelangen ſie in
die größte Kammer und von da weiter in die übrigen. Iſt die vorletzte gefüllt, ſo wird ſie
hinter den Fiſchen geſchloſſen und man ſucht nun die Thiere in die letzte — die Todes-

kammer — zu drängen. Zu diesem Ende wirft der Anführer einen mit schwarzer Hammels-
haut umwundenen Stein unter die Fische, worauf sie voll Schrecken in die Todeskammer
flüchten. Gelingt diese List nicht, so wird die vorletzte Kammer mit großer Mühe so
verengt, daß die Fische heraus müssen. Sind alle in der Todeskammer und ist diese
hinter ihnen geschlossen, so steckt der Anführer eine weiße Fahne auf seinem Schiffe aus.

Im Augenblick sind alle vom Ufer herbeieilenden Boote voll Arbeiter und Neugieriger zur Hand
und die Luft ertönt von Freudengeschrei. Die Todeskammer umgiebt sich mit Schiffen; sie
wird langsam aus der Tiefe heraufgewunden und ihre Wände auf die Schiffe gezogen.

Endlich ist sie so hoch emporgekommen, daß alle Fische an die Oberfläche des Wassers gedrängt sind; der Anführer ruft „Ammazza!" (tödte), und man beginnt nun mit Stangen, welche vorn einen eisernen Widerhaken haben, die Fische zu packen und auf die Schiffe zu ziehen. Das Wallen des Meeres, welches die Thunfische hervorbringen, die sich in einem so engen Raume von allen Seiten eingeschlossen, angegriffen und töblich verwundet fühlen, der Kampf der Arbeiter, um die großen Fische zu überwinden, die Oberfläche des Meeres voll Schaum und Blut, das Jauchzen und Freudengeschrei der Zuschauer geben ein eigenthüm= liches Bild. Ist die Kammer leer gefischt, so wird die Beute unter Jubel und Gesang ans Ufer geschafft. Dort wird jeder Fisch des Kopfes beraubt und dann im Magazine, wo sich eine Linie von Seilen befindet, beim Schwanze aufgehangen, zerlegt und gesalzen. Die Eier ähneln dem Kaviar.

Den bei weitem großartigsten Charakter nicht blos in wirthschaftlicher, sondern auch in rein seemännischer Beziehung hat die Großfischerei, welche sich mit der Erlegung von Walen, Robben und dergleichen, und mit der Gewinnung von Thran, Fischbein, Seehunds= fellen u. s. w. befaßt.

Wale und Walfang. Wol an zwanzig und noch mehr Arten von Walen beleben die Meere unserer Erde. Nur wenige derselben entsprechen in ihren Größenverhältnissen der landläufigen Vorstellung, auch bewohnt die Mehrzahl nicht etwa die Eismeere, sondern die Gewässer der gemäßigten und heißen Zonen. Manche treiben sich mit Vorliebe in der Nähe der Küsten, sogar in Baien, Häfen und Flußmündungen umher, andere halten sich auf hoher See und werden selten in der Nähe des Landes gesehen; mit nur wenigen Ausnahmen aber überschreiten sie niemals gewisse klimatische Grenzen. Wir haben Walarten, welche nur in warmen, andere, welche nur in kalten Gewässern leben; wenige Arten nur halten sich bald in den einen, bald in den anderen auf. Ueberdies leben zwei Arten von Delphinen nur in Flüssen, und zwar im Ganges und im Amazonenstrom.

Mit den Fischen haben die Wale nichts gemein, als das Leben im Wasser und eine allgemeine Aehnlichkeit der Gestalt; während überdies bei jenen der Schwanz vertikal zum Körper gestellt ist, liegt er bei den Walen horizontal. Die Wale sind Säugethiere, athmen mittels Lungen und haben rothes, warmes Blut. An Herz= und Lungenschlag= ader befinden sich große, sackförmige Behälter, in welchen sich sowol gereinigtes als der Reinigung bedürftiges Blut ansammeln kann. (Hierdurch erlangen sie die Fähigkeit, lange Zeit unter Wasser verweilen zu können: große Wale durchschnittlich 10 bis 20 Minuten, eine Art aber (der Potwal) bleibt in seltenen Fällen auch eine Stunde und länger in der Tiefe.) Ihre Knochen sind massiv, ohne Markhöhlen, aber vollständig mit Thran durch= drungen. Ihr ganzer Körper, selbst Schwanz und Finnen, ist mit einer elastischen Fett= schicht (Blubber) bekleidet, welche ihn schwimmfähiger macht und zu schnellen Wärmeverlust verhindert. Dieser Blubber wird, je nach Art und Größe des Wales, bis zu 47 Centimeter dick und aus ihm gewinnt man durch Kochen den werthvollen Thran. Die Vorderglieder der Wale sind zu ruderähnlichen Stummeln, den Finnen, zusammengeschrumpft, die Hinter= glieder fehlen gänzlich; der knochenlose, nur aus Sehnen und Blubber bestehende, aber ver= hältnißmäßig sehr große Schwanz dient hauptsächlich zur Bewegung, er mißt in der Breite ein Drittel bis ein Fünftel der ganzen Körperlänge. Ein großer Wal legt, gemächlich schwimmend, bis sechs Seemeilen in der Stunde zurück, in voller Flucht aber vielleicht vierzehn Seemeilen, erreicht also die Schnelligkeit eines Seedampfers in bester Fahrt. Einzelne Arten, namentlich die kleinen Delphine, sind noch schneller. Die Sinneswerkzeuge der Wale sind nicht besonders entwickelt, das Gesicht ist schlecht, das Gehör ziemlich gut, der Geruch mangelt gänzlich. Die Nase ist nur noch Luftkanal und mündet auf dem höchsten Theile des Kopfes; ein umgebender Wulst oder auch eine Klappe wird beim Tauchen durch den Wasserdruck zusammengepreßt und verschließt die Oeffnung. Kein Wal wirft Wasserstrahlen durch das Blasloch aus. Diese und andere werthvolle Berichtigungen früher gehegter irrthümlicher Ansichten über die Wale verdanken wir hauptsächlich den Mit= theilungen des jungen Forschers Pechuel=Loesche, welcher mehrere Jahre auf amerikanischen,

dem Walfang obliegenden Fahrzeugen die Weltmeere befuhr und im „Ausland“ ſeine
Erfahrungen mitgetheilt hat. Der Wal athmet Luft ein und aus; die Feuchtigkeit, welche
aus den ungeheuren Lungen mitgeführt wird, ſteigt als leichter Dunſt, je nach der Tem=
peratur bald dichter bald dünner, empor und macht den Athemſtrahl, den Spaut, meilen=
weit ſichtbar. Selten, und zwar nur einmal unmittelbar nach dem Auftauchen, ſprudelt
mancher Wal etwas Waſſer mit dem Spaut empor; er hatte ſich dann, vielleicht wie ein
ungeſchickter Schwimmer, verſchluckt und huſtet die eingedrungene Flüſſigkeit einfach wieder
aus. Was er aber regelmäßig athmend ausbläſt (und zwar nach jedem Auftauchen 8
bis 30 und 40 Mal), iſt bloßer Dunſt. Das Blaſen großer Wale iſt bei ſtiller Luft
weithin hörbar; es gleicht dem Geräuſch, unter welchem aus einer ſchwer und ſehr langſam
arbeitenden Maſchine der Dampf entweicht; kleine Wale blaſen kurz und ſcharf, ihre Lungen
ſind zu klein, der Spaut ſelten zu erkennen.

Die Wale ſind meiſt dunkel, ſchwarz, grau oder auch braun gefärbt; einige Arten haben
hellere, oft milchweiße Unterſeiten, andere charakteriſtiſche helle Zeichnungen in Geſtalt von
Flecken oder Längsſtreifen, wenige Arten nur ſind vollſtändig weißgelb oder milchweiß von
Farbe. Ihre Größenverhältniſſe ſind noch viel mannichfaltiger; die kleinen echten Delphine
werden nur $1^1/_4$ und $1^1/_2$ Meter lang; andere, größere Delphinarten meſſen 7—8 Meter,
mehrere Arten von Bartenwalen werden 12, 15 und 22 Meter lang; noch andere, namentlich
einzelne Arten von Finnwalen, erreichen eine Länge von 100 Fuß. Auch die Geſtalt iſt
ſehr verſchieden: einige Arten ſind ſchlank und zierlich, andere dick und plump gebaut; ſie
haben eine niedrige oder ſehr hohe Finne auf dem Rücken, oder einen buckelförmigen Wulſt,
oder einen faſt ganz glatten Rücken (letztere ſind die ergiebigſten und darum am meiſten
verfolgten Wale), einzelne Arten haben kurze und dicke, oder lange und ſpitze, oder wahrhaft
ungeheure, abgerundete oder auch viereckige Köpfe. Viele Arten haben keine Zähne, ſondern
Barten: Fiſchbeinſiebe, welche vom Oberkiefer nach beiden Seiten dachförmig herabhängen
und oft nur wenige Dezimeter, bei vielen aber auch 4 und 5 Meter lang und eben ſo viele
Dezimeter breit werden. Das Fiſchbein von Walen der beſten Art wiegt zuweilen 3000
Pfund und iſt für die Induſtrie außerordentlich werthvoll, von anderen Arten aber iſt
es ſo kurz, ſchlecht und brüchig, daß es nur einen niedrigen Preis erzielt.

Die mit den längſten und beſten Barten ausgerüſteten Wale benutzen dieſelben als
Sieb, indem ſie das in das Maul aufgenommene Waſſer mittels der ungeheuren Zunge
ſeitwärts hindurchtreiben und die daran hängen bleibenden, oft winzig kleinen Meeres=
bewohner als Nahrung verſchlucken; für die mit kürzeren Barten ausgeſtatteten Wale
bilden dieſe gleichſam ein Netz, mit welchem ſie kleinere Fiſche, wie Heringe u. ſ. w., in
größerer Menge aufſchaufeln, um ſie zu verzehren; die mit Zähnen bewaffneten Wale
nähren ſich von Fiſchen, größeren Polypen und ähnlichen Meeresbewohnern; einige Arten
aber, die ſogenannten Mörder, Wale bis zu 7—8 Meter Länge, ſind die Feinde der
großen Bartenwale, verfolgen ſie herdenweiſe, tödten ſie durch Biſſe und freſſen die beſten
Theile von ihnen.

Alle Wale werden in zwei Hauptgruppen eingetheilt: in Zahnwale und in Barten=
wale. Erſtere erreichen, mit Ausnahme der Potwale, welche an 22 Meter lang werden, nur
ſelten eine Länge von 10 Meter, während letztere alle dieſes Maß überſchreiten, oft mehr
als das Doppelte und Dreifache meſſen.

Die Zahnwale halten ſich herdenweiſe zuſammen und bilden ſogenannte Schulen.
Die kleinſten Delphinarten ſieht man oft zu Hunderten, wol auch zu Tauſenden beiſammen,
die größeren Zahnwale bilden kleinere Schulen, doch ſieht man die rieſigen Potwale,
namentlich die kleineren Weibchen (Kühe), zuweilen auch in einer Anzahl von mehreren
Hunderten beiſammen. Die Bartenwale halten ſich nicht ſo ſtreng in Schulen beiſammen,
obgleich auch ſie die Geſelligkeit lieben; große männliche Wale aller Arten ſondern ſich
gern von den übrigen ab und ziehen allein ihres Weges.

Die Amerikaner ſind jetzt die Haupthelden der Großfiſcherei, ſowol was die Anzahl der
beſchäftigten Fahrzeuge und Mannſchaften als auch was die Kühnheit ihrer Unternehmungen

anbetrifft. Sie befahren alle Meere und senden auf weite Kreuzfahrten, welche 30 bis 40 Monate und länger dauern, Schiffe von 300 bis 400 Tonnen mit einigen dreißig Mann Besatzung, auf kürzere Reisen von 20, 10 und auch nur 3 bis 5 Monaten verhältniß= mäßig kleinere Fahrzeuge. Früher hielt man alte, schlechte Fahrzeuge noch immer gut genug für den Walfang, in neuerer Zeit aber werden viele Schiffe eigens zu diesem Zweck gebaut und vortrefflich ausgerüstet. Dampfkraft wird nur dann für Schiffe verwendet, wenn sie zugleich oder hauptsächlich dem Robbenfang obliegen und nur gelegentlich einen Wal fangen, die eigentlichen Walfänger dagegen sind immer Segelschiffe.

Die Mannschaften erhalten keine bestimmte Löhnung, sondern einen Antheil am Gewinn. Der Kapitän erhält, außer besonders stipulirter Prämie, vielleicht ein Zwanzigstel, der letzte Matrose ein Zweihundertstel des Gesammtertrages; die Offiziere und Harpuniere (gewöhnlich vier an der Zahl, je einer für jedes Boot), die Handwerker und tüchtigeren Matrosen erhalten, je nach Rang und Leistungen, einen entsprechenden, zwischen den ange= führten Extremen liegenden Antheil am Gewinn. „Die Bemannung eines Walers", sagt Pechuel=Loesche, „besteht aus einer äußerst gemischten Gesellschaft; man findet unter ihr Ver= treter fast aller Rassen und Nationen, vom blonden Germanen bis zum schwärzesten Neger und schiefäugigen Mongolen, und die Sprachenverwirrung ist wahrhaft babylonisch. Viele der Leute sind „Grüne". Junge Bürschchen in ihrer Sturm= und Drangperiode, die sich die Welt besehen wollen, Männer, welche ihren Beruf verfehlt haben, manche wahrhaft Unglückliche, aber auch viele Leichtsinnige, Ruhelose und schlechte Subjekte, welche am Lande mit den Gesetzen in Konflikt geriethen — sie alle finden sich auf einem solchen Weltumkreiser zu= sammen. Vom Schicksal bunt zusammengewürfelt, in der weiten Welt bald hierhin, bald dorthin verschlagen, sind sie ein rauhes, abgehärtetes Geschlecht, voll abenteuerlicher, ruhe= loser Gesinnungen, und stets bereit das Leben auf einen Wurf zu wagen, wie es ja die stete Gefahr, die Wildheit des Gewerbes, das piratengleiche Leben mit sich bringt. Vertraut mit der See, voll Muth und Entschlossenheit, an Entbehrungen aller Art und harten Dienst gewöhnt, sind sie aber auch ein vortreffliches und bewährtes Rohmaterial für die Kriegsflotte in Zeiten der Noth und des Kampfes." —

Nicht alle Walarten werden gewerbsmäßig verfolgt und gefangen, sondern nur die= jenigen, bei denen der Werth der Ausbeute die Gefahr und Mühe des Fangens und die Kosten der Ausrüstung aufwiegt. Beim Küstenfang aber, welcher nur gelegentlich betrieben wird, und zwar wenn eben Wale an der Küste erscheinen, ist man nicht besonders wählerisch; dann muß die Masse es bringen, wie man zu sagen pflegt. Dabei werden auch kleinere Walarten oft zu Hunderten mittels Booten in seichte Baien und Buchten getrieben und dort jämmerlich abgeschlachtet. Den Menschen kommt hierbei zu Statten, daß die Wale sehr furchtsam sind, sich leicht aufscheuchen lassen und kopflos wie eine Schafherde vor den mit lautem Gelärm anrückenden Booten entfliehen und sich auf den Strand treiben lassen. Brechen aber erst einige durch die Linie der Boote, so folgt ihnen unaufhaltsam in geschlossener Masse die ganze Schule und die Jäger haben das Nachsehen. Große Wale kommen selten der Küste so nahe und lassen sich auch nicht leicht auf den Strand treiben: sie müssen von der Küste aus, ebenso wie vom Schiffe, kunstgerecht verfolgt und erlegt werden. Doch wird auch dieser Fang an vielen Inseln und Küstenstrichen im Atlantischen und Stillen Ozean erfolgreich betrieben und wirft, da die theure Ausrüstung von Schiff und Mannschaft weg= fällt, einen erklecklichen Gewinn ab.

Die auf Kreuzfahrten ausgesandten Schiffe der Amerikaner beschäftigen sich haupt= sächlich nur mit dem Fang von drei Walarten: sie jagen den Nordwal, den Rechtwal und den Potwal. Bei günstiger Gelegenheit fangen sie auch den Buckelwal, den Graurücken oder californischen Wal und den Grindwal.

Der Nordwal, Bogenkopf, Bowhead-whale (Balaena mysticetus), lebt nur im hohen Norden in der Nähe des Eises. Er wird 12—18 Meter lang, sein Blubber 30—47 Centi= meter dick, sein Fischbein bis 5 Meter lang, sein Schwanz bis 8 Meter breit. Er ist der beste Bartenwal, wiegt vielleicht bis zu 1500 Centner, der Blubber allein 400 bis

600 Centner, das Fischbein (330 bis 350 Platten auf jeder Seite am Oberkiefer) zuweilen an 30 Centner. Er ist furchtsam und gutmüthig.

Der Rechtwal, Right-whale, findet sich, wahrscheinlich in verschiedenen Arten, in den mäßig kalten Gewässern beider Hemisphären, geht nie in die Eismeere und nie in die Tropen= meere, kann also den Aequator nicht passiren. Der Rechtwal ist dem Nordwal sehr ähnlich in Gestalt, giebt auch annähernd gute Thranausbeute; sein Fischbein ist etwas kürzer und dicker. Er ist ziemlich bösartig und schlägt mit dem Schwanze nach den Booten.

Der Potwal, Cachelot, Sperm-whale (Physeter macrocephalus), ist ein Zahnwal und findet sich nur in den Tropengewässern und warmen Strömungen, die von diesen aus= gehen. Er wird bis 22 Meter lang, hat einen ungeheuren, dicken Oberkopf und eine lange, schmale Unterkinnlade, in welcher allein 48 bis 52 pfundschwere mächtige Zähne stehen. Er giebt den besten Thran; der aus Höhlungen in dem ungeheuren Kopfe genommene Walrath gerinnt leicht zu einer festen Masse, wird namentlich zu Lichten u. s. w. verarbeitet und sehr gut bezahlt. Eine krankhafte Absonderung seiner Eingeweide, Ambra, ist sehr kost= bar, aber auch selten und außerordentlich theuer. Der Potwal ist das Edelwild des Meeres, kampflustig, muthvoll und klug und darum sehr gefährlich. Er zerschlägt ihn angreifende Boote mit dem Schwanz, zermalmt sie in seinem ungeheuren Rachen, oder zerstößt sie mit seinem dicken Kopfe; mit letzterem vermag er sogar durch die Wucht des Anpralles großen Seeschiffen die Seiten einzurennen; von manchem guten Fahrzeug ist konstatirt, daß es auf diese Weise zu Grunde gegangen.

Dies sind die drei brauchbarsten Walarten. Der Potwal giebt durchschnittlich 80—90 Faß (à 124 Quart) Thran, der Nordwal und Rechtwal 100—120 Faß und das werthvolle Fisch= bein. Früher sollen alle diese Wale viel größer und ergiebiger gewesen sein und noch im Jahre 1867 wurde im Beringsmeer ein Nordwal gefangen, der allein 310 Faß Thran lieferte. Der Werth eines der genannten Wale schwankt, je nach seiner Art und Größe und den Preisen, welche Thran und Fischbein gerade auf dem Markte haben, zwischen 5000 und 8000 Thalern, kann aber bei den Bartenwalen auch bis über 10,000 und 12,000 Thaler steigen.

Die Amerikaner allein gewannen in den letzten zwanzig Jahren an Thran und Fisch= bein eine durchschnittliche jährliche Ausbeute von 5 bis 7 Millionen Dollars. Die vielen Fahrzeuge, welche sie zum Fang ausschicken, erwählen sich gewöhnlich bestimmte Gebiete. Viele Walfänger jagen zur Sommerzeit im hohen Norden den Nordwal; wenn dort Winter eintritt, gehen sie südlicher, um dem Recht= und Potwal nachzustellen. Im Sommer 1871 traf die amerikanische Flotte nördlich der Beringsstraße ein harter Schlag: 33 Fahr= zeuge mit 16,000 Faß Thran und 40,000 Pfund Fischbein an Bord wurden vom Eise eingeschlossen und mußten im Stich gelassen werden.

Verschiedene Arten sehr großer Bartenwale, namentlich die zahlreichen Finnwale, jagte man bisher nicht, da sie verhältnißmäßig arm an Blubber, dagegen sehr schnell und bösartig und schwierig zu erlegen waren. Seit aber die Fangapparate verbessert worden sind, beginnt man auch diese an einzelnen Stellen zu verfolgen. Seit einigen Jahren hat ein Leipziger Kaufmann E. Meinert am Nordkap eine Fabrik eingerichtet, in welcher er aus den zum Strande geschleppten Walen zunächst den Thran auskocht, die übrig gebliebenen Fleisch= und Knochenmassen aber zu Guano verarbeitet. Auf diese Weise wird das ganze Thier nutzbar gemacht und für unsere Felder ein billiges und werthvolles Düngemittel geliefert; die auf hoher See beschäftigten Kreuzer können dagegen vom Wal nur den Blubber und das Fischbein benutzen und müssen den Rest des ungeheuren Leichnams den Wellen und Meeresbewohnern überlassen.

Ausrüstung. Die größeren Fahrzeuge der Amerikaner halten gewöhnlich vier Boote zum Gebrauch bereit und haben eben so viele als Reserve bei sich. Diese Boote sind sehr leicht, aber außerordentlich fest gebaut und vorzüglich geformt, und selbst in sehr schwerer See ganz zuverlässig. Sie sind bis 10 Meter lang und 2 Meter breit und an beiden Enden scharf zugeschnitten, um gleich gut vor= und rückwärts fahren zu können. Sie haben Mast und Segel, an den Seiten 2 bis 5 Meter lange Ruder (Riemen) und ein noch längeres,

gerade über das Hintertheil hinausragendes, als Steuerruder. Mit diesem kann während
der Jagd und des Kampfes das Boot sofort in jede beliebige Richtung gebracht und sogar
schnell um sich selbst gedreht werden; um dies zu ermöglichen, hat es keinen Kiel, und man
gebraucht statt dessen beim Segeln ein verschiebbares Bret, ein sogenanntes Schwert. Zu
jedem Boote gehören 6 Mann; der Offizier hat seinen Platz im Hintertheil, der Harpunier
im Vordertheil, jener kommandirt und steuert das Boot, dieser handhabt wie die übrigen
vier Ruderer seinen Riemen, wenn er nicht gerade mit dem Fangzeug beschäftigt ist.

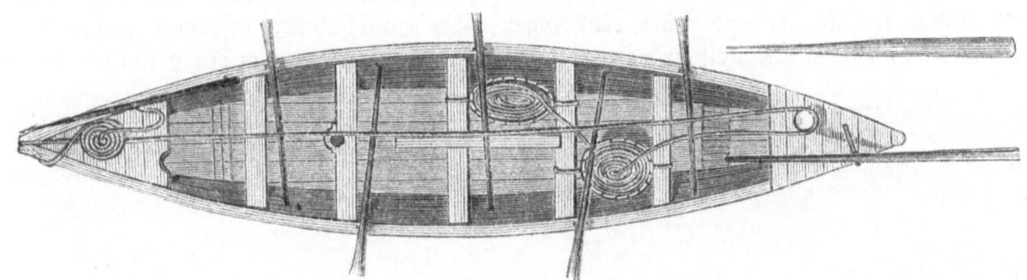

Fig. 292. Das Boot des Walfängers.

Die Ausrüstung des Bootes besteht aus vier bis sechs Harpunen, mehreren Lanzen,
einem schweren Gewehr, Speckspaten, Beil und Messer, welche im Vordertheil untergebracht
sind. Im Hintertheil befindet sich der Kompaß, ein Fäßchen mit Schiffszwieback, Laterne,
Lichter und Zündhölzchen, außerdem ein Fäßchen mit Wasser. Die Provisionen sind noth=
wendig, da die Boote oft über Nacht, fern vom Schiffe, bei einem erlegten Wal liegen bleiben,
oder sich oft so weit entfernen, daß sie tagelang umherirren; zuweilen können auch einzelne
Boote ihr Schiff nicht wieder erreichen und wenn sie nicht zufällig bei einem anderen
Fahrzeuge Rettung finden, hört man nie wieder von ihnen.

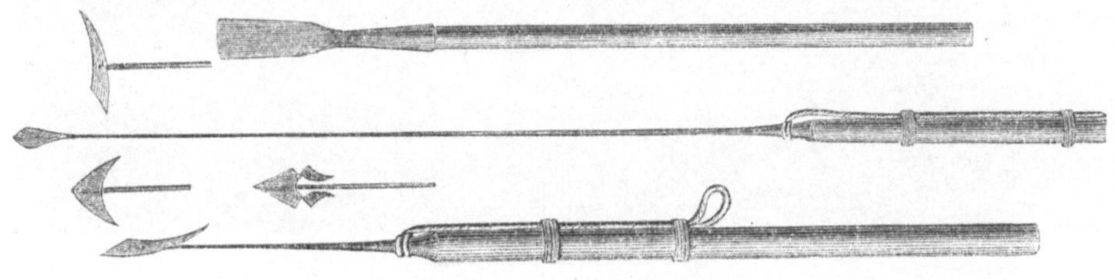

Fig. 293. Waffen des Walfängers.

„Der wichtigste Theil des Fanggeräthes“, sagt Pechuel=Lösche, „ist die Leine. Vom
besten Manilahanf gefertigt, hat sie die Dicke eines kräftigen Mannsdaumens und eine
Länge von 350 Faden. Sie ist mit der gewissenhaftesten Sorgfalt und Nettigkeit — weil
jede Verwirrung beim Ablauf Unglück bringen würde — in spiralförmigen Lagen in zwei
flache, hinten zwischen den Ruderbänken stehende Zuber eingerollt. Die beiden in den zwei
Gefäßen getrennt liegenden Leinenstücke werden vor dem Gebrauche schnell und leicht
gespleißt. Das freie Ende der Leine ist nach hinten, zur rechten Seite des Steuermanns,
um einen Kopf von hartem Holze geführt, und läuft von dort mitten zwischen der Beman=
nung hindurch über die ganze Länge des Bootes nach vorn und über eine kleine Messing=
rolle im Bug hinaus in die Tiefe. Von links außen nimmt man nun 5 bis 8 Faden Leine,
den sogenannten Vorgänger, wieder an Bord und befestigt an ihm die beiden Harpunen,
welche ein geübter Harpunier, der Sicherheit wegen, dem Wal beim ersten Angriff schnell
hinter einander in den Leib wirft. Um ein rasches und sicheres Erfassen zu ermöglichen,
legt er sie vorn rechts auf ein niedriges Gabelgestell.“

Die Form der Waffen ist aus der Abbildung leicht ersichtlich. Die alte Harpune mit den seitwärts stehenden Widerhaken und die verbesserte, bei welcher diese Widerhaken beweglich gemacht wurden, sind längst außer Gebrauch; statt ihrer wird die Harpune neuester Konstruktion verwendet, welche leicht und tief eindringt, das Ausreißen aber fast unmöglich macht, indem ihr vorderer beweglicher Theil sich nach dem Wurfe quer stellt. Der Schaft ist ungefähr 60 Centimeter lang, aus äußerst zähem Eisen geschmiedet und sitzt auf einem über armstarken, ungefähr 2 Meter langen Pfahl. Die Schwere und Länge der ganzen Harpune richtet sich nach der Kraft und Körpergröße des sie führenden Mannes. Auf 7—8 Meter Entfernung soll sie tief und sicher eindringen, ihre Handhabung erfordert außer Muth auch Kraft und Geschicklichkeit und ein tüchtiger Harpunier ist darum ein gesuchter Mann.

Fig. 294. Harpuniren des Wales.

Die Handlanze ist im Eisen bis 2 Meter lang, sehr dünn und hat ein sehr kleines, scharf geschliffenes Blatt an der Spitze; sie sitzt ebenfalls auf einem Pfahl, der aber leichter, dünner und besser bearbeitet ist, und wird in den Leib des Wales geworfen oder direkt hinein gestoßen. Mittels kurzer, dünner Leine ist sie am Boote befestigt. Die Lanze dient nur zum Tödten, die Harpune zum Festmachen des Wales.

Statt der Handlanze benutzt man oft auch die Bombenlanze zum Tödten des Wales. Sie ist ein bolzenförmiges Explosionsgeschoß, welches aus einem sehr schweren Gewehre auf den Wal abgefeuert wird und ihn im glücklichen Falle fast augenblicklich tödtet. Man hat weiter versucht, beim Walfang Elektrizität zu verwenden, oder vergiftete Harpunen, auch sind verschiedene Schießapparate mit Harpunen, Granaten und Raketen in Anwendung gebracht worden; von diesen hat jedoch nur das Geschütz von Cordes, Büchsenmacher in Bremen, einigen Anklang gefunden, doch kann auch dieses nur bedingungsweise verwendet werden. Die amerikanischen Walfänger bedienen sich für gewöhnlich nur der Waffen, die hier abgebildet sind.

Ist ein Kreuzer in See gegangen, so befinden sich auf seinen Masten stets Ausluger, welche nach Walen ausschauen. Sobald solche in Sicht kommen, segelt das Schiff entweder

in ihre Nähe oder die Boote werden sofort zu Wasser gebracht und machen sich zur Ver=
folgung auf. Ist ein Wal harpunirt, so sucht ihn nach seinem Auftauchen ein zweites Boot
festzumachen, und dann erst wird er möglichst schnell getödtet. Der Kampf dauert oft kaum
eine Stunde, oft auch einen ganzen Tag. Manchmal taucht ein Wal so schnell und tief
unter, daß er einem Boote die ganze Leine nimmt, ehe ein zweites die seinige anspleißen
kann, — dann hat man das Nachsehen. Oft werden Boote meilenweit in rasender Fahrt
von dem fliehenden Wal mit fortgerissen, oft muß man die Leinen abschneiden, um nur das
eigene Leben zu retten; zuweilen zertrümmert ein einziger Schlag mit dem Schwanze das
Boot, oder es wird von dem wüthenden Thiere überworfen, sogar mit sämmtlicher Mann=
schaft emporgehoben (wenn es auch nicht gerade, wie man oft abgebildet sieht, gleich einem
Federball hoch in die Luft geschleudert wird), oder mit Mann und Maus im Nu unter das
Wasser gezogen, wenn die Leine sich im Boote verfing. Mit Aufzählung der tiefernsten
und wieder höchst komischen Zwischenfälle, mit der Beschreibung bestandener Gefahren und
Abenteuer beim Kampfe mit den Meeresungeheuern ließen sich ganze Bände füllen.

Fig. 295. Verunglückendes Boot.

Ist ein Wal erlegt, so segelt das Schiff in seine Nähe, und nur wenn dies unmöglich
ist, schleppen die Boote die Riesenleiche mühsam bis zu dem ihrer harrenden Fahrzeuge.
Mit starker Kette um die Schwanzwurzel befestigt, liegt die Beute nun an der Seite des
Schiffes. Ein Gerüst wird darüber hinabgelassen, auf welchem die Offiziere sich umher
bewegen, wenn sie mit den scharfen Speckspaten dem Lostrennen des Blubbers vorarbeiten
und nachhelfen. Mit ungeheuren, am Mast befestigten Flaschenzügen, deren laufende Taue
um die vom größten Theil der Mannschaft bewegte Ankerwinde gelegt sind, wird nun der
Blubber durch den gewaltigen Zug in einem einzigen, bis 1 Meter breiten, mit dem Speck=
spaten schon vorgeschnittenen, Bande losgerissen, wie man das Deckblatt einer Cigarre
abwickelt, während der Wal sich um seine Längsachse dreht. Ist der Blubberstreifen mit dem
einen Flaschenzuge genügend hoch aufgewunden, so wird der zweite dicht über Deck in ihm

befestigt, das darüber befindliche Stück abgeschnitten und durch die Luke in den Blubber=
raum (das Zwischendeck) hinabgelassen. So geht es stetig fort, bis aller Blubber an Bord
ist; diese Arbeit nimmt unter günstigen Umständen ungefähr 6 Stunden in Anspruch.

Beim Bartenwal trennt man mittels der Axt den Oberkiefer vom Schädel los, windet
ihn an Bord und löst das Fischbein ab, dessen dicht an einander in einer Art Zahnfleisch
steckende Platten später von diesem befreit, geschabt, gewaschen und für den Versandt in
Bündel gepackt werden. Vom Potwal trennt man den langen Unterkiefer los, um aus ihm
die schönen Zähne auszubrechen, welche wie Elfenbein verarbeitet werden; den ungeheuren
Oberkopf nimmt man in zwei Stücken an Bord, um den daran sitzenden Blubber zu ge=
winnen und das Walrath auszuschöpfen.

Fig. 296. Aufwindung der Fischbeinbarten.

Der Blubber wird zunächst im Zwischendeck in handliche Stücken zerschnitten, dann
an Deck geworfen, läuft dort durch eine Maschine, in welcher die Stücken mit scharfem
Messer tief eingekerbt werden, und wird dann in den Kesseln ausgekocht. Diese stehen vor
dem Großmast in einem gemauerten Feuerplatz, unter welchem zum Schutz für das Deck
fortwährend Wasser cirkulirt. Gewöhnlich sind zwei Kessel in Gang, sie sind von Gußeisen
und gleichen genau großen Waschkesseln. Der gewonnene Thran wird in kupferne Kühler
gebracht, dann in Fässer gefüllt, im Raume weggestaut und bei günstiger Gelegenheit im
nächsten Hafen verschifft. Die braun gebratenen Ueberreste des Blubbers (Schraps) wandern
aus den Kesseln in das Feuer, da sie ein ausgezeichnetes Brennmaterial liefern. Aus der
Asche derselben gewinnt man eine vorzügliche Lauge, mit der das während dieser Arbeit
von Fett triefende Schiff so gut als möglich gereinigt wird.

Die Schiffe mancher Nationen kochen übrigens den Blubber nicht gleich aus, sondern
werfen ihn in große Behälter und bringen ihn so ans Land; auch wickeln nicht alle den
Blubber in vorgehend beschriebener Weise los, sondern hacken ihn direkt vom Wal in
Stücken ab, oder reißen ihn in einzelnen Streifen los. Diese Arbeit ist jedoch sehr mühselig
und das sofortige Auskochen des Thranes empfiehlt sich als die beste Methode. —

Uebrigens werden nicht nur einzelne Fischgründe von den Walen, die einst dort zahl=
reich waren, verlassen, sondern ganze ungeheure Gebiete, die einst reiche Ausbeute lieferten,
veröden im Laufe der Jahre und in ihnen finden sich Wale nur noch selten. Dies ist
namentlich der Fall mit dem Nordatlantischen Ozean und dem mit diesem zusammen=
hängenden Eismeere. Rechtwale und Nordwale, die sich dort einst zahllos vorfanden, sind
jetzt daselbst außerordentlich selten geworden; dagegen finden sie sich noch in erfreulicher
Anzahl im nördlichen Stillen Ozean, im Meere von Ochotsk und im nördlich von der
Beringsstraße liegenden Eismeere. Dort jagen hauptsächlich die Amerikaner. Auch andere
Walarten verschwinden gänzlich aus einzelnen Meerestheilen und tummeln sich wieder in
anderen, wo sie früher gar nicht bemerkt wurden. So findet ein, wenn auch nur nach
Jahrzehnten zu berechnender Wechsel, ein immerwährendes langsames Wandern statt. Ob
überhaupt das Gewerbe der Großfischerei im langsamen Zurückgehen begriffen ist, wie
Pessimisten bemerken wollen, das ist vorläufig noch stark zu bezweifeln; der Reichthum der
Weltmeere ist auch in dieser Beziehung fast unermeßlich. Es scheint, daß ein Umschwung
bezüglich des Betriebes der Großfischerei sich langsam anbahnt, daß man einst auch andere
noch zahllos vorhandene Walarten mit Nutzen verfolgen wird; vorläufig ist der Walfang,
wenn richtig betrieben, ein immer noch sehr vortheilhaftes Geschäft für den Einzelnen und
in jeder Hinsicht von großer national=ökonomischer Bedeutung.

Die hochnordischen Völkerschaften, welche bezüglich ihrer Nahrung hauptsächlich auf
das Meer angewiesen sind, haben den Walfang schon in der ältesten Vorzeit betrieben.
Später übten dies Gewerbe auch die Basken und Normannen. Letztere wurden in dieser
harten Schule kühne Seefahrer, gingen im 9. Jahrhundert schon bis Island, bald
darauf nach Grönland, und entdeckten im Jahre 1000 schon Theile von Nordamerika. Auch
andere Nationen warfen sich bald auf die Großfischerei; im Anfange des 17. Jahrhunderts
betrieben die Holländer, Engländer, die Hansestädte, Franzosen und Dänen den Walfang
in großartigem Maßstabe im Nordatlantischen Ozean und in den angrenzenden Theilen des
Polarmeeres. Neid und Haß, Kampf und Streit entbrannten und man lieferte sich förmliche
Seeschlachten um die ergiebigsten Fischgründe und gute Ankerplätze. Die Ausbeute war
fabelhaft. Die Holländer standen allen anderen voran, wurden aber bald von den ameri=
kanischen Kolonien, der jetzigen Union, überflügelt, welche dem Gewerbe einen ungeahnten
Aufschwung gaben und noch bis heute den ersten Rang darin einnehmen. Man jagte bald
auch im Südatlantischen Ozean, drang Ende des 18. Jahrhunderts in den Stillen Ozean
(Südsee) vor, befuhr im Laufe der Jahre den Indischen Ozean, die Chinesischen Meere, den
ganzen nördlichen Stillen Ozean, und endlich entdeckte ein amerikanischer Kapitän im
Jahre 1848 die Fischgründe der Beringsstraße und des asiatischen Eismeeres. So wurde die
Harpune von Meer zu Meer geführt, der Wohlstand und die Seetüchtigkeit vieler Nationen in
jeder Hinsicht gebessert und eine große Anzahl kühner und erfahrener Seeleute herangebildet,
deren Dienste nicht nur für die Handelsflotte von großer Wichtigkeit waren, sondern auch
vielfach in Seekriegen sich in entschiedener Weise geltend machten. Diesem Umstande legen
einige Nationen eine solche Bedeutung bei, daß die Regierungen für jedes auf die Groß=
fischerei ausgesendete Schiff hohe Prämien zahlen, um den Unternehmungsgeist in dieser
Hinsicht aufzumuntern. Um so mehr ist es zu bedauern, daß in Deutschland der einst so
eifrig und erfolgreich betriebene Walfang jetzt fast gänzlich daniederliegt.

Ueber die Geschichte des von deutschen Häfen aus im Grönländischen Meere betriebenen
Walfangs hat Dr. Moritz Lindeman ein eigenes Werk (die arktische Fischerei der deutschen
Seestädte, 1620—1868, Gotha, Justus Perthes, Ergänzungsheft Nr. 26 der Peter=
mann'schen Mittheilungen) veröffentlicht.

Wer die am Weserufer unterhalb Bremens gelegenen Dörfer einmal durchwandert
hat, dem sind ohne Zweifel jene seltsamen, mächtigen Knochenreste in das Auge gefallen,
welche vor den Gehöften oder am Wege aufgepflanzt sind. Von unkundigen und oberfläch=
lichen Beobachtern zuweilen für Holz, sonst aber in der Regel für „Walfischrippen" gehalten,
sind es in der That die Kiefern und Kinnbackenknochen des riesigen Thieres. Bald stehen sie

paarweise zu einem originellen Thorweg zusammengefaßt vor dem Eingang der Höfe; bald ragt ein einzelnes Kieferbein wie ein Wappenpfahl einsam aus dem üppigen Graswuchs einer Wiese hervor; bald bilden sie, in Stücke gesägt, die Prellsteine an den Dorfwegen und Straßen, Zeugnisse für die Bedeutung, welche vor unserer Zeit der Walfang für diese Gegenden hatte.   Wie jeder Jäger es liebt, sich mit bleibenden und sichtbaren Angedenken seiner Abenteuer zu umgeben, wie er Raubvögel über die Thür nagelt und die Wände seiner Wohnung mit Geweihen, Fellen und Federn schmückt, so brachten die alten Kommandeure der Walfänger jene Kieferbeine heim und stellten sie, da sie in den Zimmern nicht anzubringen waren, zur Erinnerung an ihre Fahrten vor dem Hause oder auf ihren Feldern auf.

Nimmt man sich die Mühe des Nachforschens, so wird man noch heutigen Tages fast in jedem Dorf „Grönlandsfahrer" treffen, Leute, welche im Februar oder März in See gehen und beinahe die Hälfte des Jahres im arktischen Eise dem Robbenschlag und dem Walfang obliegen, während sie den Herbst und Winter mit friedlicheren Arbeiten beschäftigt als Landbauer, Handwerker oder gar als Dorfmusikanten ruhig in ihrem Daheim zubringen. Aber das, was man heute vorfindet, ist doch nur ein schwacher Abglanz früherer Zeiten. Die zahlreichen Kinnbackentrophäen weisen auf Perioden zurück, in denen das Gewerbe in schwungvollerem Betriebe stand.. Es gab eine Zeit, in welcher von Bremen alljährlich über zwanzig, und von den Weser= und Elbhäfen zusammen zwischen fünfzig und sechzig Schiffe auf die nördlichen Gründe segelten — eine Zeit, in welcher der von deutschen Schiffen erzielte „Segen" jährlich auf 3—400 Wale stieg.

Auch in dem später aufgeschlossenen Fischereigebiet, in der Davisstraße, giebt es eine Hamburger Bai. Zu Zeiten hatte das Hamburger Geschäft allein eine größere Ausdehnung als das englische und schottische zusammengenommen.   Die Zahl der von den Mündungen der Weser und Elbe ausgesandten Schiffe betrug gewöhnlich mehr als ein Drittel, oft sogar die Hälfte der holländischen, welche Nation bis zum Ende des vorigen Jahrhunderts die unbedingte Führung behauptete.   Der Rang, den die Hanseaten einnahmen, war somit keineswegs ein untergeordneter und ihr Verdienst ist um so höher anzuschlagen, als sie im Allgemeinen keine Ermunterung und Unterstützung von Seiten ihrer Regierungen in der Gestalt von Prämien und Monopolen erhielten, sondern, ganz auf die eigene Kraft angewiesen, gegen die Konkurrenz der begünstigteren Nebenbuhler anzukämpfen hatten.

Robben- und Walroßfang. Wie dem Wal seines Thrans wegen und um der Barten willen nachgestellt wird, so jagt der Europäer, nicht minder wie der Grönländer, Eskimo, der Bewohner von Labrador, den zahlreichen Scharen der Robben wegen der Felle und des Thrans nach.   Fast in allen Meeren werden Robbenarten angetroffen, doch bewohnen sie vorzüglich die Küsten der kälteren Zone und nehmen im Allgemeinen an Zahl und Größe ab, je mehr man sich tropischen Gestaden nähert. Die nördliche wie südliche Halbkugel sind gleich gut mit Robben bedacht; im Norden sind der gemeine Seehund, die graue und grönländische, die mächtige Pelzrobbe und das Walroß die vorzüglichsten.   Im Süden finden wir dagegen den See=Elephanten oder die Rüsselrobbe, die Mützen=, Leoparden= und gemähnte Ohrenrobbe, denen sich noch manche andere minder zahlreiche Arten anschließen. Die Behauptung, daß ganze Völker in ihrer Existenz von den Gaben des Meeres abhängig sind, findet namentlich Anwendung auf Grönländer und Eskimos, denen die Robbe das ist, was uns das tägliche Brot. Die europäischen Robbenschläger: Deutsche, Skandinavier, Schotten und Russen, gehen meistens nach Neu=Fundland, dem Meere zwischen Grönland und Spitzbergen und nach Nowaja=Semlja. Die Amerikaner suchen vorzugsweise die südlichen Regionen in Patagonien und an der Magelhaensstraße auf. Auch die antarktische Inselwelt liefert Robben; namentlich ist die gewaltige Rüsselrobbe auf Süd=Georgien, bei der Kerguelen=Insel, auf dem Crozet= und Falkland=Archipel sehr häufig.

Wenn auch nicht ganz ohne Gefahren, so ist doch der Robbenschlag das müheloseste Geschäft im Bereiche der großen Fischerei, zu welcher er gerechnet wird. Selten schießt der Fischer die Thiere, meist erschlägt er sie mit der Keule, zieht das Fell ab und kocht den Speck aus. Nur das riesige Walroß wird dem Menschen zuweilen gefährlich; es liefert

keinen besonders guten Thran, doch werden seine langen weißen Hauer dem Elfenbein an
Güte gleich geschätzt. Der Walroßfang geschieht hauptsächlich bei Ostspitzbergen von
norwegischen Fischern, ferner im Arktischen Ozean durch die an der Beringsstraße ein=
bringenden Waljäger. Tausend Stück der gewaltigen, oft 7 Meter langen Geschöpfe werden
dort manchmal binnen einem halben Tage von den Schiffern erschlagen. Kommen die
Walrosse jetzt auch nicht mehr so zahlreich dort vor, so finden sich doch alljährlich daselbst
noch russische und norwegische Schiffe ein, die immer reich beladen heimkehren. Leider be=
theiligen sich die Deutschen, sowie am Walfang, auch am Robbenschlag nur sehr unbedeutend,
obgleich letzterer sicherere Beute darbietet als der erstere. Auf Labrador und in Neu=
Fundland werden in manchen Jahren bis 800,000 Stück erschlagen, die, abgesehen von den
Fellen, nur an Thran allein einen Ertrag von mehr als zwei Millionen Thalern liefern.

Fig. 297. Robbenschlag.

Hören wir den von Dr. Lindeman mitgetheilten Bericht über den Robbenschlag des
Schiffes „Hudson“ im Frühjahr 1868 im Grönländischen Meere. Der „Hudson“, ein Bremer
Schiff, ging im Frühjahr 1868 nach dem Grönländischen Meere auf den Robbenschlag.
Am 21. Februar verließ es die Weser und kam nach Anfang April auf die Robbenküste.
Die Robben lagen in diesem Jahre westlich und nördlich von Jan Mayen auf 72° nördl. Br.
und 2° östl. L. Verschiedene Fahrzeuge waren bereits zur Stelle. Am 11. begann der
„Enterfall“ (das Schlagen der jungen Robben) Nachmittags 3 Uhr, Abends 11 Uhr
waren 901 junge Robben an Bord und am 12. 8 Uhr Abends war die Zahl der von der
Mannschaft des „Hudson“ geschlagenen und an Bord gebrachten Robben 2171.

Das Gebiet der Robbenjagd, wenn man anders das Abschlachten der meist geduldig
herhaltenden Thiere so nennen darf, ist ein ungeheuer großes, denn die Robbenküste, welche
freilich keine Küste ist, sondern aus See und Eisfeldern besteht, umfaßt 6—8000 Quadrat=
meilen. In diesen Gegenden trifft man die Robben in ungeheuren Herden, welche nach
dem Berichte von Yeaman oft 20—30 engl. Meilen breit sein sollen. Die Engländer
nennen solche Herden „Seehundshochzeiten“ (seal-weddings) oder „Seehundswiesen“
(seal-meadows). Der Kommandeur, mit dem Fernrohr oben aus dem Krähennest lugend,
hat die Robbenherden zuerst entdeckt. Der Ruf „Over all!“ ertönt. Die Mannschaft wirft
sich in ihr Kostüm für den Robbenschlag. Dieses besteht aus grauem Linnenzeug; um den
Leib wird ein Riemen gegürtet und in diesen das Buffmesser gesteckt. Vor Allem aber ver=
sieht man sich mit Tauwerk und dem „Robbenknüppel“ (einem starken Stock mit eiserner

Spitze, Hammer und Haken). Bald liegen die Boote zu Wasser, die Mannschaften stürzen hinein, und mit lautem Ruf „Holulu!" aufs Eis. Das Schlagen der Robben auf dem Eis beginnt. Wenn die Robben getödtet sind, wird der Leib vom Halse an mit dem Buff= messer aufgeschlitzt und das Fell sammt der Speckhaut abgezogen. Die Schiffsjungen, und später alle Mann, ziehen die Felle der „Hunde", wie die Robben in der grönländischen Sprache heißen, mittels der Taue nach dem Schiffe, wo der sogenannte Doktor (der Barbier) sie in Empfang zu nehmen und, bevor sie ins Flenßgat kommen, sogleich zu zählen hat. Der Rest des Thieres, die sogenannte Krenge, bleibt, eine Beute der Vögel und Eisbären, auf dem Eise liegen. Die Ergiebigkeit des Robbenschlages ist wesentlich dadurch bedingt, daß der günstige Moment benutzt wird. Die Mannschaft muß fortwährend flink bei der Hand sein. 500—600 Robben können in einem Tage von der Mannschaft eines Schiffes von 180 Lasten geschlagen werden. Die Schwierigkeit für die Mannschaft, von Scholle zu Scholle springend das Schiff wieder zu erreichen, ist nicht gering.

Die Boots= oder Schaluppenjagd ist bequemer, sie wird vorzugsweise angewendet, wenn sich zwischen den Schollen viel offenes Wasser findet. Man springt aus den Booten auf die Schollen, schlägt die Robben auf dieselbe Weise, nimmt sie vorläufig ins Boot und bufft sie auf der ersten besten größeren Scholle ab. Das Trennen des Felles vom Speck geschieht bei Gelegenheit an Bord durch die Offiziere. Bei dieser Arbeit wird nach altholländischem Brauch reihum ein „Lütjer" genommen, auch wol gelegentlich zur Aufheiterung ein Gesang angestimmt. Das Fell wird auf einem Holzgestell festgehakt, der Speck abgetrennt und vorläufig in eine Balje geworfen. Die Küper haben dann den Speck in die im Unter= und Mittelraum befindlichen Fässer (oder eisernen Tanks) zu packen. Die Kunst des richtigen Loslösens des Speckes unter vollständiger Schonung des Felles ist nicht schnell zu lernen; besonders hängt der Werth der Felle davon ab. Die Felle werden mit Seesalz eingesalzen. Gegen Ende April ist die Zeit des eigentlichen Robbenschlages vorüber. Der Werth einer jungen Robbe ist 2½ bis 3 Thlr., während die alten den doppelten Werth haben.

Das Fell wurde bekanntlich früher vorzugsweise zu der Anfertigung von Tornistern und Koffern gebraucht, jetzt verwendet man es in England auch zur Schuhfabrikation, indem es zu diesem Zwecke gespalten wird. Es sollen sogar Handschuhe, Tapeten und Unterbeinkleider daraus verfertigt werden. Die Ausbeute des Robbenschlages an Thran von zehn jungen Robben wird auf eine Tonne durchschnittlich angenommen.

Der **Walroßfang** ist nicht minder bedeutend. Im Jahre 1788 brachte man 2800 Tonnen Walroßthran im Werthe von 280,000 Thalern nach England, 1810 über 6000 Tonnen, die mehr als eine Million Thaler werth waren, und seit 1819 ist sich diese Summe alljährlich ziemlich gleich geblieben.

Das Walroß hat schon eine bedeutende Größe, indem es eine Länge von 6—7 Meter und ein Gewicht von 1400—2000 Pfund erreichen kann. Von den übrigen Robben unter= scheiden es hauptsächlich die zwei 25—50 Centimeter langen, starken, walzenförmigen, etwas gekrümmten Hauzähne, welche den oberen Theil der Schnauze ungewöhnlich auftreiben. Die Jagd auf das Walroß ist nicht ohne Gefahr. Die Walrosse halten sich gewöhnlich in Herden zusammen, und der Angriff auf ein einziges derselben zieht alle anderen zur Ver= theidigung desselben herbei. In solchen Fällen versammeln sie sich oft rund um das Boot, von welchem der Angriff geschah, durchbohren seine Planken mit ihren Hauzähnen und heben sich bisweilen, trotz des nachdrücklichsten Widerstandes der Mannschaft, bis auf den Rand des Bootes und werden für die Jäger gefährliche Gegner.

Dr. Hayes sah am 3. Juli 1861 auf dem Eise bei Port Foulke, auf 78° nördl. Br., eine nach Tausenden zählende Walroßherde. Im Boot von Walrossen überfallen, vermochte er sich und seine Gefährten nur nach dem verzweifeltsten Kampfe zu retten.

Von Norwegen aus wird der Walroßfang hauptsächlich bei Ostspitzbergen betrieben. Im Jahre 1869 lieferten 23 Fahrzeuge an Thran, Fellen und Walroßzähnen u. s. w. einen Bruttowerth von 44,778 Speziesthalern.

Krebſe, Hummern. Anhangsweiſe dürfen wir hier noch einiger Meeresgeſchöpfe gedenken, welche bei den Fiſchen nicht wohl unterzubringen ſind: wir meinen die Seekrebſe und Hummern. Der Fang der erſteren bildet einen Hauptnahrungszweig in Granville; faſt die ganze Bevölkerung dieſer und der benachbarten Küſten, Männer, Weiber und Kinder, ſind auf dem Strande und unter den Felſen beſchäftigt, die beim Zurückgehen der Flut zurückgebliebenen Kruſtenthiere zu ſammeln. Fiſcher ſind mit langen Haken verſehen, mit deren Hülfe ſie das Seegras aufrichten und die Steine umdrehen, um die darunter befindlichen Krabben hervorzuholen. Andere haben Stöcke von anderthalb Meter Länge, deren Ende mit einem Angelhaken verſehen iſt, um die Hummern aus den Felſenlöchern ans Licht zu ziehen. Die eigentlichen Hummernfänger aber bedienen ſich hierbei kleiner Kähne, die mit drei oder vier Fiſchern bemannt und mit 8, 10 oder 12 Körben verſehen ſind. Man ſetzt dieſe durch Steine beſchwerten Körbe, nachdem man über die Mitte derſelben einige Stücke von weißen Fiſchen als Köder angebracht hat, auf Felſen, welche 7—8 Klafter tief unter Waſſer ſind, oder befeſtigt ſie an Stricke, damit ſie ſchwimmen können.

Fig. 298. Helgoländer Hummernfiſcher.

Die Hummern ſchlüpfen durch den engen Durchgang in die Körbe, die innen befindlichen Weiden verhindern die Rückkehr und ſo ſind ſie gefangen. Nach jeder Ebbe ſehen die Fiſcher nach, nehmen die Gefangenen heraus und legen ſie in eine große Hürde, die ſie als ihr Reſervoir am Meere ſtehen laſſen.

Wie viele andere Waſſerbewohner haben auch die Krebſe die Eigenthümlichkeit, dem hellen Lichtſcheine nachzugehen. Schon in unſeren kleinen Bächen wird ihnen dieſe Vorliebe ſchädlich, da man mit Hülfe brennender Kienſpäne die Krebſe aus ihren Schlupfwinkeln lockt und, ſobald die Bethörten hervorgekommen ſind, ſie leicht greift. Wer erinnert ſich nicht aus ſeiner Kindheit des „Krebsleuchtens"? Am Ufer des Meeres iſt daſſelbe freilich einträglicher, weil man es dort, wie die obige Abbildung zeigt, zum Fange der gewichtigeren Hummer anwendet. — Die größten Hummern fängt man an der norwegiſchen Küſte, und jährlich gehen allein von London und Amſterdam 30—40 und mehr Schiffe zum Fang dorthin ab, deren jedes 1000—1200 Stück in dem unteren Raume, der nach Art der Fiſchkäſten eingerichtet iſt, faſſen kann. Wie ſtark der mit ihnen getriebene Handel iſt, geht daraus hervor, daß er dem norwegiſchen Amte Stavanger allein jährlich

10,000 Thaler einbringt, obgleich dort selbst große Hummern nur zwei dänische Schillinge kosten. — Die kurzschwänzigen Krebse heißen bekanntlich Krabben. Unter ihnen sind namentlich der fast fußbreite und oft über fünf Pfund schwere Taschenkrebs sowie die gemeine Krabbe, welche beide sich an den europäischen Küsten aufhalten, sehr geschätzte Handelsartikel, insbesondere nach Italien, weshalb ihr Fang mit Eifer betrieben wird.

Aber eines ganz besonderen Thieres dürfen wir hier nicht vergessen, das ein ganz eigenartiges Produkt für den Welthandel liefert — die Schildkröte, als den Produzenten des Schildpatts, und zwar besonders die Meeresschildkröten, welche fast nur in der heißen Zone leben. Ihr Fang ist besonders im Sundameere wichtig und Singapur an der Südspitze der hinterindischen Halbinsel der Hauptstapelplatz der werthvollen hornartigen Schale, welche zu Kämmen, Dosen und ähnlichen Dingen verarbeitet wird. Das beste Schildpatt, im Werthe von 40 Thalern das Kilo, liefert die Karettschildkröte. Es wird von dem noch lebenden Thiere dadurch abgetrennt, daß man dasselbe den Strahlen eines starken Feuers aussetzt. Nach dieser grausamen Operation pflegen die Schiffer die Schildkröten wieder ins Meer zu werfen, weil sie glauben, daß die Thiere sofort wieder eine neue Schale ansetzen. Andere Schildkröten werden ihres wohlschmeckenden Fleisches wegen geschätzt, wie die 7 bis 8 Centner schwere Riesenschildkröte. Ihr eingesalzenes Fleisch bildet einen nicht unwichtigen Handelsartikel.

Fig. 299. Die Karettschildkröte.

Jagd auf Seevögel. Die auf und an dem Meere lebenden Vögel liefern dem Fischer und Seefahrer gelegentlich eine nicht zu verachtende Beute, sowol durch ihre Federn als durch ihr Fleisch und Fett, und wenn sie daher auch ihrer Natur nach wol nicht zu den eigentlichen Meeresprodukten zu zählen sind, so zeigen sie sich doch im Ganzen derartig vom Meere abhängig, daß wir ihren mit Fischerei und Seewesen so eng verknüpften Fang am passendsten hier besprechen.

Ihrer kostbaren Federbekleidung wegen hat von jeher die Eiderente den höchsten Ruf genossen, und die halsbrecherischen Jagden, welche mitunter angestellt werden müssen, um zu den Nestdaunen zu gelangen, waren oft Gegenstand lebhafter Schilderungen.

Die Eiderenten bewohnen die meisten der hochnordischen Länder und bedecken an geschützten Plätzen die Küstenfelsen des Eismeers in ansehnlichen Mengen mit ihren Nestern. Da, wo solche Brüteplätze an schwer zugänglichen Klippen liegen, verbindet sich der Jäger mit einigen Freunden, um die aus Moos gebauten und mit den zartesten Brustfedern ausgefütterten Nester zu berauben. In einem Kahne, mit Leitern und Stangen und starken, aus Seehundsleder geflochtenen Stricken versehen, begiebt sich die Gesellschaft in das Felsenlabyrinth. Dort sucht zunächst Einer davon die Höhen zu erklimmen; ist dies mit Hülfe von Steigeisen gelungen, so behält er das eine Ende eines langen Strickes in der Hand, während die anderen Jäger zum nächsten Felsen fahren, wo ein Zweiter den Gipfel zu erreichen sucht, das andere Ende des Seiles in der Hand, das nun, um eine zackige Klippe geschlungen, die beiden Felsen verbindet. An diesem Seile bringt man eine Rolle an, durch welche ein anderes Seil doppelt gezogen ist, so daß in der Mitte ein Korb hängen kann. Dieser wird, nachdem Alles gehörig befestigt ist, zur Meeresfläche niedergelassen; dort nimmt er einen dritten Mann aus dem Kahne auf und wird dann mit ihm dahin gezogen, wo ein Nest zu vermuthen steht. Nachdem die Vögel einmal ihrer Eier und Federn beraubt worden sind, paaren sie sich wieder und füllen das Nest abermals mit Federn aus; der Jäger beraubt sie aber auch dieser wieder, und erst gegen die Mitte des Sommers, wenn sie zum dritten Male gebaut und gelegt und nur eben noch Zeit zum Brüten haben, läßt er sie in Ruhe, um die Brut nicht zu zerstören. Die Mutterente rauft sich eine solche Fülle der weichsten Federn aus der Brust, daß sie in einem dicken Polster das Nest umgeben. Will der Vogel das Nest zeitweilig verlassen, so hüllt er die Eier völlig in die warme Schutzdecke ein. Ein solches Nest giebt eine Ausbeute von etwa $1/4$ Pfund gereinigter Federn im Werthe von $3/4$ Thaler. Nach der ersten Plünderung verwendet die Alte schon weniger Federn in das Nest, und muß sie zum dritten Male bauen, so liefert das Männchen die Dunen, die von weißer Farbe sind.

An Stellen, wo die Felsen ganz einzeln stehen und darum kein Seil über zwei derselben gespannt werden kann, wird das Geschäft für den Jäger noch gefahrvoller, indem er dann an einem Seile, das um seinen Gürtel geschlungen ist, von zwei Männern aus der Höhe hinabgelassen werden muß.

Als Beispiel, wie wichtig stellenweise die Jagd auf Seevögel wird, führen wir an, daß in dem außerordentlich schwach bevölkerten Grönland während des Jahres 1858 30,000 Eiderenten und 70,000 Alken erlegt und gegen 200,000 Stück Eier gesammelt wurden. Zwanzig bis dreißig Vogelbälge geben einen Anzug für einen erwachsenen Grönländer ab.

Die eben geschilderten halsbrecherischen Felsenfahrten sind wol nirgends so gebräuchlich als auf St. Kilda, der nördlichsten der Hebriden. Dies kleine, etwa eine deutsche Meile im Umfang messende Eiland steigt überall fast senkrecht aus dem Ozean empor und bildet am östlichen Ende eine Felswand von 460 Meter, bei welcher jeder Vorsprung mit brütenden Seevögeln bedeckt ist. Der wichtigste von allen diesen Vögeln ist für die Bewohner der Insel der Fulmar, der in unglaublicher Anzahl daselbst brütet. Sowie dieser Vogel ergriffen wird, erbricht er ein klares, bernsteinfarbiges Oel, das man ebenso zum Brennen in den Lampen wie als Heilmittel gegen vielerlei körperliche Leiden verwendet. Von den ebenfalls hier nistenden Baßtölpeln werden jährlich über 20,000 Stück erlegt, der Gewinnung zahlloser Eier gar nicht zu gedenken.

Kaum weniger wichtig und bedeutend ist die Jagd auf den wilden Schwan, der ebenfalls in den nordischen Gegenden, auf Island, Lappland, Spitzbergen u. s. w., brütet. Das Fleisch der jungen Thiere ist äußerst wohlschmeckend, die mit den Federn gar gemachten Häute liefern ein kostbares Pelzwerk (Schwanenpelz), die Dunen einen bedeutenden Handelsartikel. Möven, Segeltaucher und Pelikane liefern gleichfalls Federn und Eier und sind darum mehr oder weniger Gegenstand der Jagd. Unter den letztgenannten ist besonders die Baßtansgans (Sula alba) von Wichtigkeit, welche auf der unbewohnten schottischen Insel Baß im Golf von Edinburg zu Myriaden brütet, so daß die ganze Insel mit Nestern, Eiern und Jungen förmlich bedeckt ist, welche letztere frisch genossen oder auch für den Winter eingesalzen werden. Die Eier sind äußerst wohlschmeckend und werden eifrig gesammelt. Verschiedene Taucherarten fängt man ihres Federkleides wegen, besonders die Haubentaucher, welche die sogenannten Grebenhäute zu Muffen, Verbrämungen u. s. w. liefern.

Die Familie der Alken hat meistens wohlschmeckendes Fleisch, weshalb man auf sie Jagd macht. Unter ihnen verdienen die Seepapageien (Papageientaucher) namentliche Erwähnung, die an der französischen und englischen Küste, auf der Insel Wight und in großer Menge auf der Priestholminsel in der Nähe von Anglesea gesellig tief in verwitterten Schiefer oder in die Erde ihre Nester graben, aus denen dann zur Zeit die Jungen mittels langer Stangen herausgezogen werden.

Die genannten Vögel sind fast alle Bewohner der nördlichen Meere; wir müssen aber auch eines Südländers gedenken, dessen Jagd zwar äußerst einfach ist, der aber darum nicht weniger interessant sein dürfte. Wir meinen den Pinguin (Fettgans). Er lebt in vier verschiedenen Arten nur im südlichen Theile des Atlantischen und Indischen Ozeans zwischen Amerika und Neuseeland, und geht nur zum Eierlegen auf die Inseln und Landspitzen. Die Flügel dieses Vogels sind verkümmert, die Flügelfedern gefranс'ten Hornschuppen ähnlich; das Fliegen ist ihm darum unmöglich, dafür schwimmt er um so besser, wobei er die Flügelstumpfe als Ruder gebraucht. Dadurch, daß die Füße sehr weit nach hinten stehen, wird ihm das Gehen nicht wenig erschwert; ruhend hält er daher den Körper gerade aufrecht und scheint dann zu sitzen. Von dieser Vögeln schätzt man besonders die dichten Federpelze, die zum Putz dienen (besonders das Halsstück); die Häute werden zu Beuteln verarbeitet.

Fig. 300. Die eßbaren Nester der Salangan-Schwalbe.

Die Jagd auf diese Thiere ist ohne alle Schwierigkeit. Die am Lande überraschten Scharen lassen die Jäger ganz nahe an sich herankommen und werden dann mit Stöcken todtgeschlagen.

Einen von den Gourmands vielbesprochenen Vogel giebt es noch, der wegen seines eigenthümlichen Brüteplatzes und seiner Nahrung (Tange und Seethiere) zu den Seevögeln gerechnet werden könnte und dem der Mensch sein Nest raubt, um es zu verzehren. Jener Vogel ist eine Schwalbenart, die Salangane, deren Nester in Japan, China und Indien als Leckerei zu hohen Preisen gesucht werden. Die Salanganschwalbe nistet in tiefen Höhlen und Spalten am Meeresufer, und deshalb ist das Wegnehmen der Nester ebenfalls eine halsbrecherische Arbeit. Man sammelt dreimal im Jahre, sobald die Jungen flügge geworden; die Nester sind hellfarbig und durchscheinend, wie aus verhärteter Gallerte. Manche Umstände sprechen dafür, daß die ganze Masse sich vorerst im Magen des Vogels befunden habe. Man benutzt die Nester zu Suppen, ja man könnte sie geradezu natürliche Suppentafeln nennen. Ihr Geschmack ist an und für sich fade und ihr Hauptwerth liegt in der Einbildung.

Die Flußfischerei.

Die zahme Fischerei wird in besonders dazu eingerichteten Fischteichen betrieben und setzt die Aufzucht guten Fischsamens als Grundlage eines vortheilhaften Betriebes voraus. Diese Aufzucht befaßt sich hauptsächlich mit dem gemeinen Karpfen, der in manchen Gegenden fast ausschließlicher Gegenstand derselben ist. Wenn wir aber die Flußfischerei im Allgemeinen mit zur Süßwasserfischzucht rechnen, obwol dieselbe sich nicht mit der Erziehung der Fische beschäftigt, so müssen wir außer dem Karpfen eine große Anzahl anderer Geschlechtsgenossen mit erwähnen. Wir dürfen aber an dieser Stelle uns die Grenzen des zu behandelnden Gegenstandes nicht zu weit stecken, deshalb begnügen wir uns mit der bildlichen Vorführung einiger der hauptsächlichsten unserer Flußfische in den Abbildungen Fig. 301 und Fig. 302 und kehren auf einige Augenblicke zu dem Karpfen wieder zurück.

Die Teiche zerfallen in Streichteiche, kleinere, möglichst geschützte Gewässer, in welche die Laichkarpfen im Frühjahr gebracht werden, und in Streckteiche, die den Kuller oder Strich, die einjährige Brut, aufnehmen. Die Bezeichnung „Streck" gilt bis in das dritte Jahr, wo die jungen Thiere dann in die eigentlichen Haupt= oder Besetzteiche als eigentliche Karpfen versetzt werden. Winterhaltungen heißen besondere Behälter der Fische für den Winter. Raubfische — besonders Hechte — müssen natürlich fern gehalten werden, doch sind in den eigentlichen Karpfenteichen etwa 4—5 Prozent insofern sogar nützlich, als dadurch die Karpfen aus ihrer natürlichen Trägheit aufgestört und außerdem viele Frösche und kleinere Fische vernichtet werden, welche dem Karpfen die Nahrung schmälern. Das Ausfischen solcher Teiche mittels Ablassens des Wassers dürfte wol allgemein bekannt sein. Die zahme Fischerei beschäftigt sich aber nicht allein mit dem Besatz und dem Ausfischen der Teiche, sondern vor Allem auch mit der sorgfältigen Wartung der Fische. Dieser zahmen Fischerei steht die wilde oder auch natürliche Flußfischerei gegenüber, bei welcher im Allge= meinen Besetzung möglich ist. Man bedient sich hier zum Einfangen kleinerer und mittlerer Fische vorzugsweise der Angel. Die biegsame Angelruthe hält am unteren Ende einer langen Schnur den Haken mit der Lockspeise, bei uns meist einem Regenwurm oder einer Fliege. Gewöhnlich zeigt ein sogenannter Schwimmer, ein Korkstück mit Federspule, das auf der Oberfläche des Wassers bleibt, dem Angler an, ob ein Fisch angebissen hat oder nicht. In England ist das Angeln zur nobeln Passion geworden, der sich sogar vornehme Damen ergeben. Eine umfangreiche Literatur ergeht sich über die verschiedenen Angelweisen und Vorsichtsmaßregeln, die je nach der beabsichtigten Beute von einander abweichen. Die Fabri= kation der Angelhaken bildet in manchen Gegenden einen wichtigen Industriezweig und in England liefert allein Sheffield jährlich über 200 Millionen Stück dieser kleinen Mordwerk= zeuge. In Deutschland haben die steierischen den größten Ruf und ausgedehntesten Absatz.

In Nordamerika hat sich die Angelkunst ebenfalls sehr ausgebildet und man hat hier für den Fang größerer Fische eine eigene, ziemlich künstliche Art Angelhaken, die sogenannten „Sockdologer", welche aus einem Köderhaken und zwei seitlichen Fanghaken bestehen, die sich bei leiser Berührung des Köders in den Fisch einbohren. Sie wurde durch den Eng= länder E. W. Newton wesentlich vervollkommnet (siehe Fig. 303). Will der Fischer nicht bei dem einzelnen Angelhaken auf der Lauer bleiben, so bedient er sich der sogenannten Setzangeln und Angelleinen. Diese werden entweder einzeln mit ihren Haken ins Wasser geworfen oder in bestimmten Abständen an eine Hauptleine befestigt und letztere am Ufer angebunden. Bei schwimmenden Angeln befestigt man die Enden der Leine an ein Bret und an den Kahn und bewegt sie langsam rudernd durch das Gewässer. Die in unseren Flüssen gewöhnlich gebrauchten Netze oder Garne haben sehr verschiedene Formen. Eng= maschig haben sie zunächst nur den Zweck, die Fische aufzuhalten und anzusammeln; weit= maschig dienen sie dazu, den mit den Kiemen darin hängenbleibenden Fisch wirklich zu fangen. Es giebt ferner Garnsäcke von kegelförmiger Gestalt, Wurfgarne, Senker oder Senkgarne, Hamen, welche mittels eines Bügels an einer weiten hölzernen Gabel befestigt sind und besonders an seichten Stellen gebraucht werden, sogenannte Siebe, Kessel, Bou= raquen, Schauber und Streichwathen oder Scherenhamen. Eine sehr sinnreiche Vorrichtung ist ferner die Reuse, eine Art Korb, der aus Binsen, Weiden oder anderen biegsamen Ruthen geflochten wird. Sie müssen das Wasser ohne Widerstand durchlassen, doch je nach der Größe der Fische, deren Fang beabsichtigt wird, so eng zusammengeflochten sein, daß sie dieselben zurückhalten. Gewöhnlich haben die bloßen Reusen (Vollreusen) die Form eines Garnsackes, bestehen aus 5 Bügeln, und sind an jedem Ende mit trichterförmigen Einkehlen versehen, welche sich mittels der vier Schnüre, womit die in die Reuse hineinreichenden kleineren Oeffnungen zusammengefügt werden, so stramm ziehen, daß die Oeffnungen ein freies Viereck darstellen. Die Reusen werden öfter an Stellen, wohin man mit Garnsäcken nicht gelangen kann, eingesenkt, nachdem man sie mit einer Lockspeise versehen, und führen dann den Namen Senkreusen. In diesem Falle werden ganze Reihen von Reusen mit der Mündung dem Strome des Wassers entgegen gelegt und soweit mit Steinen beschwert, daß sie festgehalten, aber nicht zusammengedrückt werden. Dies geschieht namentlich da, wo die Fische ihren Strich haben. Auch bringt man sie, namentlich wenn man Aale darin fangen will, gern in der Nähe eines Mühlgerinnes und überhaupt da an, wo das Wasser am schnellsten fließt. In letzterem Falle wird auch in flachen Flüssen von geflochtenen Horden ein Fischzaun quer durch den Fluß, jedoch so, daß er einen Winkel bildet, gezogen, und nur die Reuseneingänge werden oben offen gelassen.

Lachsfang. Aehnliche Gitter bringt man auch in solchen Flüssen an, die vom Lachs alljährlich besucht werden. Man läßt deren entweder zwei nach einander folgen, das strom=aufwärts befindliche ansehnlich höher, und bemächtigt sich dann der zwischen beiden befind=lichen Fische, oder man legt Wehre mit besonderem Gitterwerk an, das den emporschnellenden Fisch aufnimmt. Der Lachs geht im Rhein hinauf bis in die Schweiz, in der Elbe bis Böhmen; häufig besucht er die Gewässer Schottlands, überhaupt Britanniens und Norwegens.

Fig. 301. 1. Hecht. 2. Karpfen. 3. Kaulkopf.

Im Tweed, einem Flusse zwischen England und Schottland, wo die Lachsfischerei bei Tag und Nacht mit großer Passion betrieben wird, werden jährlich etwa 200,000 Stück gefangen. Die meisten Lachse aber bergen die Ströme des nordwestlichen Amerika, der Columbiafluß mit seinen Nebenflüssen, von denen der Lachsfluß diesem Fische seinen Namen verdankt. Die Eingeborenen jener Gegenden leben fast ausschließlich von ihm und wissen ihn auf sehr sinnreiche Weise zu fangen. Kommandant Wilkes, der Gelegen=heit hatte, den Lachsfang am Fall des Willamette — eines der Columbiazuflüsse — zu beobachten, macht darüber einige Mittheilungen. Der Lachs sucht die sich ihm entgegen=stellende Felsenwand, über die der Fluß rasend niederstürzt, zu überspringen, was freilich unter zehn nur einem gelingt. Die übrigen fallen ermüdet zurück, um dann von den In=dianern weggefangen zu werden. Diese bedienen sich dazu zweier starker Ruthen, welche groß genug sind, um mit ihrem einen Ende den Schaumstrudel beherrschen zu können, während das andere Ende in den Felsen gesteckt ist, um mit raschem Ruck den Fisch ans Ufer zu schleudern. Man benutzt auch Netze, die in die Mitte des Stromes ausgeworfen und dort so lange hin= und herbewegt werden, bis sich einer der zurückfallenden Lachse ge=fangen hat. Da man darauf nie lange zu warten hat, so kann ein Einzelner binnen einer Stunde zwanzig große Fische fangen. Um diejenigen, denen es gelungen ist, die Felsenwand zu überspringen, und die die größten und besten sind, zu gewinnen, rudern die Indianer mit ihren Kähnen oberhalb des Falles, sichern sich mittels Pfählen, die in Felsspalten gesteckt werden, vor dem Fortreißen und werfen dann die an langen Ruthen befestigten Netze aus. Einer besonderen Lachsart, des Salmo fario oder der Forelle, müssen wir noch gedenken, die bekanntlich klares und kaltes Wasser liebt und deren Fang in den Alpen= und Gebirgs= bächen auch von manchem Sportsman mit Leidenschaft betrieben wird. Man fängt die Forellen bisweilen mittels des Forellensprunges. Dieser besteht aus einem liegenden Rechen, welcher da angebracht wird, wo die Forellen sich am häufigsten aufhalten. Die Forelle pflegt nämlich, wie der Lachs, an heißen Tagen hoch und weit aus dem Wasser empor zu springen. Geschieht dies nun in der Nähe einer solchen Vorrichtung, so fängt sie sich selbst, indem sie auf den Rechen fällt. Fischweide oder Garenne heißt der Fischfang, welcher in oder gewöhnlich an einem Flusse an einem mit einem 40—60 Ellen langen Netze halbkreisförmig umstellten Platze mit der Wathe vorgenommen wird.

Fig. 302. 1. Aal. 2. Plötze. 3. Aesche. 4. Rothfeder. 5. Weißfisch. 6. Barbe.

An Stellen, wo Flüsse aus einem Graben oder Bache Wasser aufnehmen, werden häufig Kasten zum Fischfang, sogenannte beständige Fischfänge, angebracht. Auch zieht man bei niedrigem Wasserstande Eggen auf dem Meersande fort und Weiber und Kinder, die ihnen folgen, fangen die aufspringenden Fische mit den Händen.

Neben diesen wichtigeren Methoden des Fischfanges giebt es noch hier und da örtliche Abweichungen. So erzählt man, daß die Eingeborenen von Guinea oft Gift anwenden, um die Fische zu betäuben. Die mit fließenden Wassern in Verbindung stehenden Uferlachen, in denen sich die Fische die Nacht über gern aufhalten, werden von ihnen mit dem anbrechenden Morgen aufgesucht und die Oeffnung gegen den Fluß hin so viel wie möglich durch Steine versperrt. Den abgeschlossenen Raum bestreuen sie dann mit fein geriebenem „Hai=arry“, einer stark narkotischen Pflanze. Nach wenigen Sekunden beginnt das Gift zu wirken, die Fische sterben und schwimmen auf der Oberfläche, wo sie mit der Hand ergriffen werden können. Dem Fleisch der Fische erwächst daraus kein Nachtheil. Von den sogenannten Kockels= oder Fischkörnern, welche gewissenlose Brauer auch zur Fälschung der Biere brauchen, ist es ebenfalls bekannt, daß sie die Fische betäuben.

Die Chinesen richten Kormoranscharben zum Fischfang ab, verwehren es den Vögeln durch einen Ring, den sie ihnen um den Hals legen, die Fische zu verschlucken, und laſſen ſie dann tauchen. Hier und da ſoll auch mitunter ſelbſt ein Fiſch, der Schiffshalter, dazu benutzt worden ſein, andere Fiſche ſowie Schildkröten zu fangen. Man bindet ihn zu dieſem Zweck an eine lange Schnur und läßt ihn ins Waſſer, ſobald man einen Fang merkt. Er ſaugt ſich dann ſofort an dem letzteren feſt.

Der Hauſen und der Stör. Der Stör kommt in allen europäiſchen Meeren vor und ſteigt periodiſch aus dem Meere in die Flüſſe hinauf, um dort ſeinen Laich abzuſetzen. In England iſt ſein Fang eine Hauptbeluſtigung der dortigen Sportsmen, vorzüglich iſt die Mündung des Tyne ihres Fiſchreichthums wegen berühmt und zu gewiſſen Zeiten bedecken ihre Oberfläche zahlreiche Anglerboote Tag und Nacht. Am intereſſanteſten iſt aber der Fang des Hauſens und des Störs in Rußland, wo er, wie an den Ufern der Wolga und des Ural, in das geſammte Volksleben bedeutend eingreift. Dort ziehen im Februar, wenn das Eis aufgeht, zuerſt die Hauſen aus dem Kaſpiſchen Meere 14 Tage lang aufwärts, denen ſpäter einen Monat lang in dichten Scharen die Sewrugen folgen. Gegen die Mitte Aprils ſtellen ſich die Störe mit den Sterleten und Welſen ein, die den größten Theil des Sommers hier verweilen, zu Anfang Septembers verſchwinden und den von Neuem kommenden Hauſen Platz machen. Man fängt dieſe Fiſche während des Sommers theils in Netzen, theils mit Angeln an eigens dazu hergerichteten Wehren in ſolcher Menge, daß die Aſtrachaniſchen Fiſchereien in einem Jahre über 100,000 Stück Hauſen, über 300,000 Stück Störe und 1½ Million Stück Sewrugen liefern. Von 1000 Stück Hauſen erhält man im Durchſchnitt 7½ Pud (1 Pud = 35 Leipziger Pfd.) Hauſenblaſe und 100 Pud Kaviar, von 1000 Stören 2½ Pud Blaſe und 60 Pud Kaviar, von 1000 Sewrugen 1¼ Pud Kaviar.

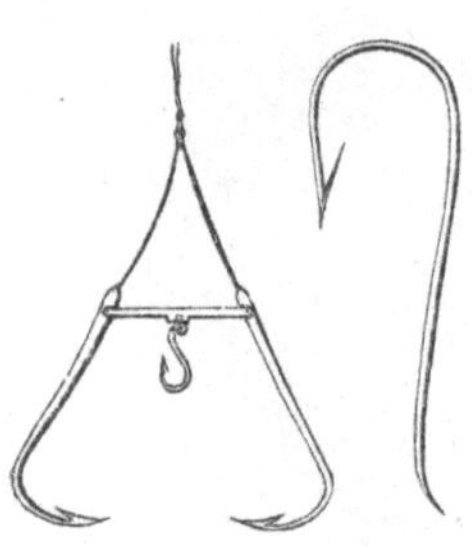

Fig. 303. Newton's Angelhaken.

Sobald im Spätherbſt der Uralfluß anfängt, ſich mit einer leichten Eisrinde zu bedecken, welches gewöhnlich Ende November oder im Dezember der Fall iſt, ſo ſuchen die Fiſche vorzugsweiſe die tieferen Stellen des Fluſſes auf, um hier reihenweiſe den Winter in einer Art von Ruhe zu verleben. Da ſich aber der Boden des Uralfluſſes durch die Strömungen alljährlich verändert, ſo daß die tieferen Lagerſtellen der Fiſche nicht immer bekannt ſein können, ſo merken ſich die Koſaken, ſobald der Fluß zufrieren will, diejenigen Stellen, wo die Fiſche an der Oberfläche erſcheinen, um zu ſpielen, oder ſie legen ſich, ſobald der Fluß nur eben zugefroren iſt, auf das dünne und wie Glas durchſichtige Eis, bedecken den Kopf mit einem dunklen Tuche und können dann die großen Fiſche auf dem Grunde ruhig liegen ſehen. Dieſe Andeutungen ſuchen ſie dann bei der allgemeinen Winterfiſcherei zu benutzen. Als Fiſchergeräth hat jeder Koſak eine 8—10 Fuß lange Stange, an deren unterem Ende ſtarke eiſerne, halbrunde und ſehr geſchärfte Haken befeſtigt ſind, mehrere kleine Haken an kurzen Stangen, um den Fiſch herauszuziehen, eine eiſerne Stange zum Aufbrechen des Eiſes und eine Schaufel.

Sobald der Tag erſcheint, wo die Fiſcherei beginnen ſoll, und wenn der Fiſcherei-Ataman gewählt worden, iſt Alles ſchon voller Erwartung und Leben. Tauſende von Koſaken ziehen an den Ort der Beſtimmung. Ihnen folgen eine Menge Ruſſen und Kirgiſen, welche wieder als gemiethete Arbeiter den Fiſchern an die Hand gehen. Hinter den Koſaken kommen große Züge ruſſiſcher Kaufleute mit ihren vielen Fuhren und Arbeitern, welche den Fiſchzug fortwährend begleiten, die Fiſche, ſobald ſie aus dem Waſſer kommen, ſofort von den Koſaken kaufen, den Kaviar herausnehmen, einſalzen und in Tonnen ſchlagen, die Fiſche ſelbſt aber, nachdem auch die ſogenannte Hauſenblaſe herausgenommen iſt, entweder ſtein-hart frieren laſſen oder ebenfalls einſalzen, um Alles ſo raſch wie möglich ins Innere des Reiches zu verſenden. Hat der große Zug dieſer Maſſe von Menſchen und Thieren die Ufer des Fluſſes erreicht, ſo wird in der Eile eine große Zahl, oft in die Tauſende, von Filzhütten, leichten Zelten und anderen kleinen Wohnlichkeiten errichtet, die aber, da ſie den Fiſchzug immer ſtromabwärts begleiten, nur auf kurze Zeit berechnet ſind. Endlich hat Alles einen Platz gefunden, am Ufer iſt die Signalkanone aufgeſtellt und neben ihr ſteht der Artillerist mit der brennenden Lunte. Nun erhalten die Kosaken den Befehl, sich in langen Reihen mit Fischhaken und Brechstangen an beiden Ufern des Flusses aufzustellen.

Fig. 304. Störfang in der Wolga.

Nachdem sich Alles geordnet und beide Ufer des Ural mit Kosaken besetzt sind, tritt endlich der Fischerei=Ataman aus seinem Zelte und geht langsam mitten auf den Fluß, den vor dem Kanonenschusse kein Kosak betreten darf. Nun erfolgt eine wahre Todtenstille: Alles ist voller Erwartung und mit vorgebeugtem Oberkörper ist schon Jeder zum Sprunge bereit. Alle Gesichter strahlen von Freude und Lust, die Augen entweder auf einen vorher ausgesuchten Fleck im Flusse oder starr auf den Fischerei=Ataman gerichtet, der das Zeichen

zum Abfeuern der Kanone geben soll. Doch dieser übereilt sich nicht — er geht gemüthlich
von einem Ufer zum andern und macht allerlei Bewegungen, um die Kosaken zu täuschen.
Dann giebt er endlich nach vielen Neckereien das geheime Zeichen, welches nur ihm und
dem Artilleristen bekannt ist.

Die Kanone kracht und sofort entsteht ein wahrer Höllenlärm. Das ganze Kosaken=
heer stürzt sich mit Geschrei und Jubel bunt durch einander aufs Eis. Jeder strebt mit
rasender Hast nach seinem vorher ausgesuchten Platz zum Fischen, oder wählt eine Stelle,
wie Eile, Zufall und Raum es gestatten. In einem Nu werden Tausende kleiner Löcher
von ein paar Fuß Durchmesser ins Eis gehauen; an vielen Stellen, wo man gerade viele
Fische erwartet, kaum 4—5 Schritte von einander entfernt, und nun erhebt sich ein ganzer
Wald von langen Fischerhaken, welche in diese Eislöcher bis auf ein oder zwei Fuß vom
Grunde hinabgesenkt und von den Kosaken in der Hand gehalten werden, damit der
Fischer sogleich fühlen kann, wenn ein Fisch über den Haken geht oder die Stange berührt.

Fig. 305. Fischfang am La Plata mit dem Schleppnetz.

Ist dies der Fall, so zieht der Kosak mit einem schnellen Ruck die Stange aufwärts, der scharfe
Haken faßt den Fisch unter dem Bauche ins Fleisch und er ist gefangen. Das Loch im Eise
wird nun vergrößert, der Fisch mit kleinen Haken noch besser gefaßt und endlich aufs Eis
gezogen. Durch das Hin= und Herlaufen und das Geschrei der vielen Menschen, durch das
Brechen der Eislöcher und durch die Tausende von langen Stangen, welche sich labyrinthisch
in die Tiefe senken, werden die Fische von ihren Lagerstätten aufgeschreckt, streichen unruhig
hin und her und gerathen so in die Fischhaken. Es ist eine wahre Schlacht; am Ufer häufen
sich Berge von Fischen, und sobald nur ein Fisch am Haken sitzt, erscheinen auch Kaufleute
auf dem Eise, um zu handeln und dem Kosaken seinen Fang abzukaufen. Oft geschieht dies,
wenn der Fisch noch unter dem Wasser ist und man seine Größe noch nicht kennt, in welchem
Falle dann auf gut Glück gekauft oder verkauft wird.

Am vorsichtigsten und daher am schwersten zu fangen sind die großen Hausen von
15—20 Pud (800 Pfund). Wird ein solcher Riesenfisch durch den fürchterlichen Lärm und
das Getöse, wovon das ganze Eis erdröhnt, aufgeschreckt, so kommt er oft an die Oberfläche
des Eises, um zu sehen, was da oben geschieht, oder er schwimmt schlau im halben Wasser.
Berührt nun so ein großer Bursche die Stange des vier oder fünf Faden·tiefer im Grunde
liegenden Hakens, so erfordert es viel Schnelligkeit und Gewandtheit, den Haken so weit
rasch heraufzuziehen, um den Fisch unter dem Bauche zu fassen. Oft zerbricht ein solcher

Fisch die Stange, fährt in den Haken des Nachbars, zerbricht auch diesen und sucht zu ent kommen, was aber doch nur selten gelingt. Denn da überall auf dem Flusse Haken ein= gesenkt sind, so entsteht, wenn ein so großer Fisch durchgeht, ein allgemeiner Lärm; Alle passen auf, wo sich die Stange rührt, und so wird der Flüchtling zuletzt doch eingefangen.

Zur Sommerfischerei gebrauchen die Kosaken unter Anderm ein gewaltig großes Netz, Newod genannt, das oft eine Länge von 100 Sfaschen, also etwa 330 Meter hat. Derartige große Schleppnetze werden mit Pferden gezogen, wie es auch am Rio de la Plata geschieht. Die Fischer begeben sich in der Morgenfrühe mit einem mit Häuten bedeckten und von Ochsen und zwei Pferden gezogenen Wagen an den Fluß. Jeder Fang beschäftigt vier Männer. Zwei von ihnen besteigen die Pferde und rücken so ins Wasser vor. Dabei bleiben sie so viel wie möglich in gleicher Linie dicht neben einander, bis sie so weit vorgedrungen sind, daß sie nicht mehr festen Fuß fassen können. Nun trennen sie sich und breiten, der Eine rechts, der Andere links reitend, ihr Netz aus, wenden sich dem Ufer zu und ziehen das Netz langsam bis ans Ufer nach sich, wo die Fische ausgesucht und dann in Wagen heimgebracht werden. —

Künstliche Fischzucht. Die Verminderung der Flußfische hat unter Anderem ihren Grund in der steigenden Industrie. Die zahlreichen Dampfschiffe verscheuchen die Fische und hindern die Entwicklung der Eier dadurch, daß dieselben von den Wasserpflanzen oder zwischen dem Sande vom Grunde aus durch die heftige Bewegung des Wassers fortgerissen und der Gefräßigkeit der übrigen Wasserthiere preisgegeben werden. Fabriken durchziehen die kleineren Nebenflüsse mit Wehren, so daß die Fische zum Eierlegen die kleineren Bäche mit immer gleichem Niveau nicht erreichen können, sondern in den künstlichen Kanälen der Fabriken laichen müssen, durch deren häufiges Ablassen Eier und Brut zerstört werden. Dazu enthält das von Fabriken abfließende Wasser nicht selten Chlor, Salzsäure, Kalk und andere Aetzstoffe, welche für Fische ebenso nachtheilig sind, wie die faulenden organischen Substanzen, welche durch die Abzugskanäle aus den Städten und besonders aus den Flachs= rösten in die Ströme gelangen. Fischer selbst schaden nicht nur durch zu engmaschige, die Brut mitfangende Netze, sondern auch dadurch, daß sie zur Erleichterung des Fanges un= gelöschten Kalk und verschiedene narkotische Stoffe ins Wasser werfen.

Durch diese und andere Ursachen ist eine auffallende Verminderung der Fische einge= treten. Das Bedenkliche dieser Thatsache hat bei Theoretikern und Praktikern den Wunsch nach möglichster Aufbesserung und Wiedergutmachung wach gerufen und zugleich über die hierzu tauglichen Mittel nachsinnen lassen, und zwar nicht ohne Erfolg. Die künstliche Be= fruchtung von Eiern, von den verschiedensten Seiten her versucht und in Anwendung gebracht, scheint das naturgemäßeste Mittel zu sein, Flüsse und Seen von Neuem zu bevölkern.

Schon in der Mitte des vorigen Jahrhunderts beschrieben der deutsche Graf von Holstein (1763), sowie Jacobi, Fischzüchter im Lippe=Detmoldschen, im „Hannoverschen Magazin" (1765, Nr. 62) das künstliche Ausbrüten der Forellen; später machten Spal= lanzani und Busconi in Italien und Vogt sowie Agassiz (1842) in der Schweiz Versuche mit dem künstlichen Ausbrüten der Fischeier. Die Erfindung — wenn wir es so nennen dürfen — ist also eine deutsche; der alte Satz aber: „Was der Deutsche längst ersann, bringt der Franke an den Mann", findet auch bei ihr Anwendung und Bestätigung. Zwei Fischer in La Bresse, einem Dorfe in den Vogesen, brachten die künstliche Befruchtung von Fischlaich von Neuem in Anwendung; nun nahm die französische Regierung die Sache in die Hand, und 1851 wurde zu Löchelbrunnen bei Hüningen am linken Rheinufer eine großartige Anstalt zur Fischproduktion gestiftet, durch welche sich die allgemeine Aufmerk= samkeit auf den neuen Industriezweig richtete.

Die meisten Süßwasserfische, auf die wir hier zunächst allein Rücksicht nehmen, legen Eier, die frei, nur wenig von Kieseln und Sand bedeckt, auf dem Boden liegen; nur wenige kleben ihre Eier an Wasserpflanzen oder Steine. Die Art und Weise, wie sich die Fische hierbei verhalten, ist verschieden; gewöhnlich reibt sich das Weibchen leicht am Boden, setzt die Eier ab und das begleitende Männchen überspritzt dieselben mit der sogenannten Milch. Die Zeit des Laichens tritt beim Lachs vom Oktober bis Dezember, bei der Lachsforelle vom November bis Dezember, bei der Bachforelle vom September bis November, beim Hecht im März, beim Karpfen im Mai und Juni, bei den gewöhnlichen Weißfischen eben= falls in den genannten Monaten ein. Die Zahl der gelegten Eier ist ungemein groß; beim Lachs 25,000, beim Hecht 100,000, beim Barsch 200,000 im Jahre. Deſſenungeachtet aber entwickeln sich verhältnißmäßig nur wenige; viele werden von Quappen, Kutten oder Trüschen, von Krebsen, verschiedenen Insektenlarven, Flohkrebsen und Karpfenläusen verzehrt; Wassermäuse, gründelnde Vögel (Gänse, Enten, Schwäne) suchen sie auf, ein schmarotzender Schimmel setzt sich ihnen an und richtet in kürzester Zeit Tausende zu Grunde.

Das sind lauter Gefahren, welche die künstliche Fischzucht neben den schon oben er= wähnten abzuhalten suchen muß. Wie aber geschieht dies? Ist die Laichzeit für die Fische gekommen, so wählt man die schönsten Exemplare aus, faßt sie an den Kiemen und streicht nun mit der Hand gelinde und mit geringem Drucke vom Kopfe gegen den Schwanz hin, worauf Eier und Milch in Strahlen hervorschießen. Am besten ist es, wenn zwei und mehr Personen hierbei thätig sind, von denen die einen Weibchen, die anderen Männchen zur Hand nehmen, damit die Operation gleichzeitig von Statten geht. Ist man allein, so

bringt man zuerst den Rogen in ein Gefäß mit flachem Boden und so viel Wasser, daß es die Eier, die man be= fruchten will und deren Menge man leicht schätzen lernt, gerade bedeckt, und fügt nun unter beständigem Um= rühren der Eier die auf gleiche Weise zu ge= winnende Milch eines Männchens zu. Ein Männchen reicht dabei zur Befruchtung von 5—6 Weibchen hin.

Nun folgt die Be= brütung, auf die der Fischzüchter seine besondere Aufmerksamkeit zu richten hat. Der zur Ausbildung der Eier nöthige Temperaturgrad ist für jede einzelne Art verschieden und ergiebt sich aus den äußeren Verhältnissen, unter denen die Fische laichen. Wie auf ihn ist auf die nöthige Rein= heit, Lufthaltigkeit und Frische des Wassers die erforderliche Rücksicht zu nehmen. Darüber lassen sich freilich keine allgemeinen Regeln aufstellen; diese giebt nur Erfahrung und genaue Beobachtung. Zum Schutz vor Feinden, namentlich vor dem oben erwähnten mikroskopischen Schimmel, ist es nöthig, die Eier häufig zu durchmustern und die angesteckten oder ver= dorbenen, welche durch weiße Trübung sich auszeichnen, alsbald zu entfernen.

Man hat, um die Ausbrütung so viel als möglich zu sichern, eigene Apparate erfunden, in denen die Eier ihren Entwicklungsgang verfolgen. Obige Abbildung, Fig. 306, stellt einen solchen im Ganzen dar, die zweite läßt die innere Einrichtung eines Brutkastens sehen. Der Apparat ist zusammengesetzt aus einer Anzahl kleiner laufender Kanäle, die stufenweise sich zu beiden Seiten eines oberen Kanals befinden, von dem sie alle beherrscht und gespeist werden. Das Wasser fällt an einem der äußersten Enden dieses oberen Kanals ein; es bildet sich eine Strömung nach dem entgegengesetzten Ende; die hier angebrachten Einschnitte leiten das Wasser zu dem folgenden Kanal und aus diesem auf ähnliche Weise zu allen übrigen. In den inneren Einrichtungen der Brüteräume finden indeß mancherlei Abweichungen statt. Es kommen mitunter wol solche Pläne zum

Vorschein, an denen zu viel Künstelei zu bemerken ist. Die Hauptsache ist möglichste Nachahmung der Natur in ihren günstigsten Verhältnissen, also, wie wir in dem Bilde auf folgender Seite sehen, ein reines Sand= oder Kiesbett für die Eier, überrieselt von gutem, reinem Wasser; dazu einige Wasserpflanzen und Steine. Manche junge Fischbrut schwärmt gern im hellen Lichte, während andere Arten mehr das Dunkel aufsuchen; letzteren kann es nur erwünscht sein, wenn sie eine überdeckte Zufluchtsstätte finden, wie sie im Bilde dargestellt ist. Uebrigens geht es auch wol ohne besondere künstliche Apparate; man be= nutze, was man eben hat: ein entsprechendes Gefäß und dazu den Strahl eines laufenden Brunnens, den Strom eines Bächleins oder Flusses, das reine Wasser eines Sees oder Teiches, wenn man nur für einige Bewegung sorgt — die Hauptsache bleibt die aufmerksame und sorgfältige Beobachtung der Be= handlung. Die Brutzeit ist verschieden; bei Eiern des Lachses, der Lachs= und Bachforellen dauert sie sechs Wochen, bei den Eiern des Hechts vier, bei denen des Karpfens nur drei Wochen.

Sobald das Junge seine vollständige Reife er= langt hat, durchbricht es die Eischale und erscheint nun als ein langgestrecktes, äußerst durchsichtiges Thierchen, dem der Dottersack anhängt. Dieser Sack enthält noch vorräthige Nahrung, und erst wenn diese vollständig aufgesogen ist, was in der Regel noch eben so lange wie die Brutzeit dauert, verlangt das junge Thier anderweitige Nahrungsmittel. Von diesem Zeitpunkte an beginnt die schwierigste Arbeit für den Fischzüchter. Er muß das entsprechende Futter herbeischaffen und zugleich die jungen Thier= chen vor nachstellenden Feinden sichern. Treibt man die Sache im Großen und hat dabei über bedeutende Mittel zu verfügen, so setzt man die sechs Wochen alten Fischchen in einen vorher wohlgereinigten Teich, wel= cher Zufluß von Quellwasser hat, und überläßt sie hier ihrem eigenen Instinkt. Ist auch nach einem Jahre vielleicht die Hälfte umgekommen, so hat man doch immer noch so viele Tausende, daß der Erfolg ein glänzender zu nennen ist. Für Forellen wählt man bei den erwähnten günstigen Verhältnissen einen vielfach hin= und hergeschlungenen Bach, dessen Ufer mit Wasserpflanzen bewachsen sind. Bei beschränkten Mitteln ist freilich mehr Mühe und Sorge noth= wendig; man muß eben die nöthige Nahrung —

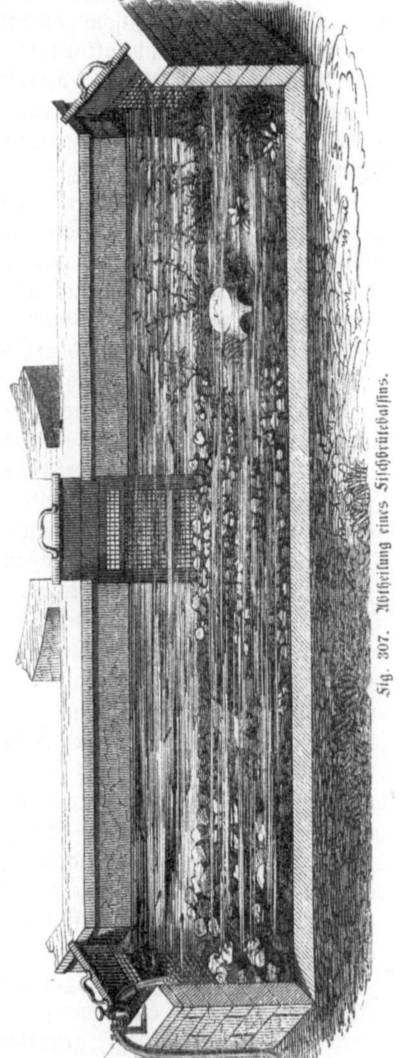

lebende Fliegen, Schnaken, Froschlaich u. dgl. — beschaffen und für die jungen Thiere so lange besorgt sein, bis man sie größeren Behältern und den in ihnen drohenden Gefahren mit weniger Bedenklichkeit übergeben kann. Für solche Arten, deren Nahrung zum Theil aus kleinen Fischen besteht, wie besonders Forellen, sorgt man natürlich in zweckmäßiger Weise dadurch, daß man kleine pflanzenfressende Fische mit ausbrütet und sie jenen überläßt.

In Lübeck besteht für die künstliche Fischzucht ein Verein. Frankreich errichtete vor 20 Jahren eine Staatsanstalt für Fischzucht in Hüningen bei St. Louis im Elsaß. Es geschah dies kurz nach der Zeit, als die Fischer Remy und Gehin in Frankreich aufs Neue die künstliche Befruchtung und Ausbrütung der Forelleneier erfunden hatten. Besonders war es der Professor Coste vom Collége de France in Paris, welcher durch seine Schriften und sonstigen Arbeiten auf diesem Gebiete die französische Regierung zu dieser großartigsten aller Fischzucht-Anlagen veranlaßte.

Die Wahl des Ortes für diese Anlagen wurde durch die Nähe des Rhein-Rhonekanals bestimmt, weil man hoffte, vermöge dieses Instituts und der mächtigen Wasserstraße binnen wenigen Jahren sämmtliche Gewässer Frankreichs mit Milliarden von Fischen bevölkern zu können. Professor Coste glaubte damals noch, die künstliche Fischzucht mit derselben Leichtig= keit auf die Sommerlaichfische anwenden zu können, wie er dies an Winterlaichfischen bereits erprobt hatte. Den Hauptfaktor der ganzen Fischzucht, die Ernährung, hatte Coste bei seinen schwindelerregenden, überaus verführerischen Berechnungen allerdings nicht mit in An= rechnung gebracht oder doch erheblich unterschätzt. Die Anstalt ist seitdem in den Besitz des Deutschen Reiches übergegangen und wird von demselben unter Leitung eines eigens dazu bestellten Dirigenten fortgeführt. Die Wahl der Lokalität war insofern keine günstige, als die Anstalt in einer völligen Ebene liegt, so daß es fast unmöglich ist, dem Wasser einen genügenden Fall zu geben. Sehr günstig liegt dagegen die Anstalt, um die befruchteten Eier von Edelfischen zu sammeln. In Bezug auf das Sammeln, Anbrüten und Versenden von Eiern hat die Anstalt eine bedeutende Thätigkeit entwickelt, und sind Millionen von Eiern jährlich unentgeltlich versendet worden, neuerdings namentlich nach Ostpreußen. Die Anstalt selbst besteht aus 3 großen, für Zwecke der Fischzucht eingerichteten Gebäuden, 2 Wärterhäusern, einem Wirthschaftsgebäude und mehreren Teichen und Weihern zur Auf= zucht von Edelfischen und Futterfischen. Die drei erwähnten großen Gebäude bestehen aus einem Mittelgebäude und 2 Seitengebäuden.

Die Vorhalle des Mittelgebäudes enthält Brutvorrichtungen. Es sind hier 130 Brut= gefäße, Coste's System, aufgestellt, in welchen circa 250,000 Eier an= und ausgebrütet werden können. Das Seitengebäude zur linken Hand enthält den sogenannten Brutsaal. Dieser Brutsaal macht einen großartigen Eindruck. Es sind hier im Ganzen 680 Brut= gefäße aufgestellt, in welchen circa $1\frac{1}{2}$ Million Eier gleichzeitig ausgebrütet werden können. Die unteren Räume des Mittelgebäudes dienen ebenfalls zu Brutvorrichtungen und zur ersten Aufzucht von jungen Fischen. Höchst zweckmäßig sind hier vier große Bruttische, jeder circa $12\frac{1}{2}$ Meter lang, und zehn kleinere, in Cement gemauerte Bassins, weil hier durch eine höchst einfache Vorrichtung, je nach Belieben, Quell= und Flußwasser gemischt oder jedes besonders zugeführt werden kann. Außerdem sind noch vier ebenso lange Bruttische vorhanden, welche jedoch nur durch Quellwasser gespeist werden können. Interessant sind die auf diesen Tischen angebrachten Lachsstiegen, durch welche es den jungen Fischen er= möglicht wird, auf die höhere Etage des Tisches zu gelangen. Zur Hebung der Lachszucht hat man neuerdings in England, Schottland, Irland und den Vereinigten Staaten von Nordamerika Fischwege angelegt, welche den Lachsen bei ihrem Aufsteigen in die Gewässer den Zugang durch die im Fluß vorhandenen Hindernisse (Dämme, Wehre und Wasserfälle) ermöglichen. Diese Fischwege, welche nach verschiedenen Systemen konstruirt werden, haben sich in vielen Fällen sehr erfolgreich erwiesen. Es gilt dies namentlich von der Lachsleiter, deren erster Erfinder ein Schotte Smith war. Diese in verschiedenen Abtheilungen zur Seite des Wehres angelegt, gestattet dem Fisch entweder das Durchschwimmen oder, wenn jede Kammer der Leiter für sich abgeschlossen ist, das Ueberspringen. Berühmt sind die künstlichen Fischwege des Ballisodareflusses in Irland, angelegt von Herrn Edward Cooper. Dieser Fluß, welcher durch die Verbindung des Avonmore und des Arrow gebildet wird, enthielt wegen der in ihm vorhandenen, für den Lachs unüberwindlichen 3 Wasserfälle bis 1856 keinen Lachs. Herr Cooper ließ nun drei Leitern anlegen, oberhalb der Wehre Lachs= eier und Brutlachse unterbringen und erzielte bereits 1870 in einem Jahre 9750 Lachse.